U0415288

China Forestry and Grassland

中国林业和草原年鉴

YEARBOOK

2022

国家林业和草原局◎编纂

中国林業出版社

·北 京·

图书在版编目（CIP）数据

中国林业和草原年鉴. 2022 / 国家林业和草原局编纂. -- 北京 : 中国林业出版社, 2022.12（2023.9 重印）
ISBN 978-7-5219-2053-6
Ⅰ. ①中… Ⅱ. ①国… Ⅲ. ①林业－中国－2022－年鉴 Ⅳ. ①F326.2-54

中国国家版本馆CIP数据核字(2023)第000705号

责任编辑：何　蕊　许　凯　杨　洋　李　静
责任校对：梁翔云　曹　慧
宣传营销：蔡波妮
图片提供：吴兆喆
封面设计：睿思视界视觉设计

出版发行：中国林业出版社
（100009，北京市西城区刘海胡同7号，电话010-83143666）
电子邮箱：cfphzbs@163.com
网址：www.forestry.gov.cn/lycb.html
印刷：北京中科印刷有限公司
版次：2022年12月第1版
印次：2023年9月第2次
开本：880mm×1230mm 1/16
印张：39.75
彩插印张：5.75
字数：2000千字
定价：450.00元

中国林业和草原年鉴

编辑委员会

周　瑄	国家林业和草原局机关服务中心党委书记、局长
吕光辉	国家林业和草原局信息中心副主任
丁晓华	国家林业和草原局林业工作站管理总站总站长
郝雁玲	国家林业和草原局财会核算审计中心主任
张利明	国家林业和草原局生态建设工程管理中心主任
冯德乾	国家林业和草原局西北华北东北防护林建设局党组书记、局长
王春峰	国家林业和草原局国际合作交流中心常务副主任
王永海	国家林业和草原局科技发展中心（植物新品种保护办公室）主任
袁继明	国家林业和草原局发展研究中心（法律事务中心）党委书记、主任
田勇臣	国家林业和草原局国家公园（自然保护地）发展中心主任
马国青	国家林业和草原局野生动物保护监测中心主任
许传德	国家林业和草原局森林草原火灾预防监测中心主任
储富祥	中国林业科学研究院院长、分党组副书记
张煜星	国家林业和草原局林草调查规划院院长、党委副书记
唐景全	国家林业和草原局产业发展规划院院长、党委副书记
刘春延	国家林业和草原局管理干部学院党委书记、党校副校长
马大轶	中国绿色时报社党委书记
费本华	国际竹藤中心主任
胡元辉	国家林业和草原局亚太森林网络管理中心副主任（主持日常工作）、国家林业和草原局国际合作司（港澳台办公室）副司长
李彦华	国家林业和草原局驻内蒙古自治区森林资源监督专员办事处（中华人民共和国濒危物种进出口管理办公室内蒙古自治区办事处）党组书记、专员（主任）
赵　利	国家林业和草原局驻长春森林资源监督专员办事处（中华人民共和国濒危物种进出口管理办公室长春办事处、东北虎豹国家公园管理局）党组书记、专员（主任、局长）
沈庆宇	国家林业和草原局驻黑龙江省森林资源监督专员办事处（中华人民共和国濒危物种进出口管理办公室黑龙江省办事处）党组成员、副专员（副主任）
纪　亮	国家林业和草原局驻大兴安岭林业集团公司森林资源监督专员办事处党组书记、专员
向可文	国家林业和草原局驻成都森林资源监督专员办事处（中华人民共和国濒危物种进出口管理办公室成都办事处、大熊猫国家公园管理局）党组书记、专员（主任、局长）
吴满元	国家林业和草原局驻云南省森林资源监督专员办事处（中华人民共和国濒危物种进出口管理办公室云南省办事处）党组书记、专员（主任）

孟广芹	国家林业和草原局驻福州森林资源监督专员办事处（中华人民共和国濒危物种进出口管理办公室福州办事处）党组书记、专员（主任）
郑　重	国家林业和草原局驻西安森林资源监督专员办事处（中华人民共和国濒危物种进出口管理办公室西安办事处、祁连山国家公园管理局）党组书记、专员（主任、局长）
杜晓明	国家林业和草原局驻武汉森林资源监督专员办事处（中华人民共和国濒危物种进出口管理办公室武汉办事处）专员（主任）、党组副书记
李天送	国家林业和草原局驻贵阳森林资源监督专员办事处（中华人民共和国濒危物种进出口管理办公室贵阳办事处）党组书记、专员（主任）
关进敏	国家林业和草原局驻广州森林资源监督专员办事处（中华人民共和国濒危物种进出口管理办公室广州办事处）党组书记、专员（主任）
李　军	国家林业和草原局驻合肥森林资源监督专员办事处（中华人民共和国濒危物种进出口管理办公室合肥办事处）党组书记、专员（主任）
张志刚	国家林业和草原局驻乌鲁木齐森林资源监督专员办事处（中华人民共和国濒危物种进出口管理办公室乌鲁木齐办事处）党组书记、专员（主任）
苏宗海	国家林业和草原局驻上海森林资源监督专员办事处（中华人民共和国濒危物种进出口管理办公室上海办事处）党组书记、专员（主任）
刘克勇	国家林业和草原局驻北京森林资源监督专员办事处（中华人民共和国濒危物种进出口管理办公室北京办事处）党组书记、专员（主任）
张克江	国家林业和草原局生物灾害防控中心党委书记、副主任
吴海平	国家林业和草原局华东调查规划院党委书记、院长
刘金富	国家林业和草原局中南调查规划院党委书记、副院长
李谭宝	国家林业和草原局西北调查规划院院长、党委副书记
周红斌	国家林业和草原局西南调查规划院党委书记、院长
路永斌	中国大熊猫保护研究中心党委书记、副主任
袁卫国	大兴安岭林业集团公司党委常委、副总经理
陈　蓬	中国绿化基金会办公室主任
刘家顺	中国绿色碳汇基金会副理事长兼秘书长
尹刚强	中国生态文化协会秘书长（国际竹藤中心党委书记、副主任）
杨文斌	中国治沙暨沙业学会副会长、秘书长
曹　靖	中国林业文学艺术工作者联合会秘书长
管长岭	中国林业职工思想政治工作研究会常务副会长、秘书长

特约委员

特约编辑

国家林业和草原局办公室　康　磊
国家林业和草原局生态保护修复司（全国绿化委员会办公室）　彭继平
国家林业和草原局森林资源管理司　李　磊
国家林业和草原局草原管理司　颜国强
国家林业和草原局湿地管理司（中华人民共和国国际湿地公约履约办公室）　俞　楠
国家林业和草原局荒漠化防治司（中华人民共和国联合国防治荒漠化公约履约办公室）　江天法
国家林业和草原局野生动植物保护司（中华人民共和国濒危物种进出口管理办公室）　刘盈含
国家林业和草原局自然保护地管理司　李　焰
国家林业和草原局林业和草原改革发展司　孙　友
国家林业和草原局国有林场和种苗管理司　李世峰
国家林业和草原局森林草原防火司　李新华
国家林业和草原局规划财务司　刘建杰
国家林业和草原局科学技术司　李　岩
国家林业和草原局国际合作司（港澳台办公室）　毛　锋
国家林业和草原局人事司　张绍敏
国家林业和草原局机关党委　张　华
国家林业和草原局机关服务中心　陈　鹏
国家林业和草原局信息中心　周庆宇
国家林业和草原局林业工作站管理总站　许慧娟
国家林业和草原局财会核算审计中心　张雅鸽
国家林业和草原局宣传中心　李茜诺
国家林业和草原局生态建设工程管理中心　徐　鹏
国家林业和草原局西北华北东北防护林建设局　孙佰宏
国家林业和草原局国际合作交流中心　汪国中
国家林业和草原局科技发展中心（植物新品种保护办公室）　杨玉林
国家林业和草原局发展研究中心（法律事务中心）　余　涛
国家林业和草原局国家公园（自然保护地）发展中心　蔡敬林
中国林业科学研究院　林泽攀
国家林业和草原局林草调查规划院　赵有贤
国家林业和草原局产业发展规划院　孙　靖
国家林业和草原局管理干部学院　李米龙
中国绿色时报社　吴兆喆
中国林业出版社　王　远
国际竹藤中心　夏恩龙
原国家林业和草原局人才开发交流中心　姜　嫄
国家林业和草原局驻内蒙古自治区专员办（濒管办）　金宇新
国家林业和草原局驻长春专员办（濒管办）　陈晓才
国家林业和草原局驻黑龙江省专员办（濒管办）　杨东霖
国家林业和草原局驻大兴安岭专员办　胡　军
国家林业和草原局驻成都专员办（濒管办）　曹小其

国家林业和草原局驻云南专员办（濒管办） 王子义
国家林业和草原局驻福州专员办（濒管办） 罗春茂
国家林业和草原局驻西安专员办（濒管办） 朱志文
国家林业和草原局驻武汉专员办（濒管办） 李建军
国家林业和草原局驻贵阳专员办（濒管办） 魏晓双
国家林业和草原局驻广州专员办（濒管办） 姜博为
国家林业和草原局驻合肥专员办（濒管办） 夏 倩
国家林业和草原局驻乌鲁木齐专员办
（濒管办） 何文秀
国家林业和草原局驻上海专员办（濒管办） 叶 英
国家林业和草原局驻北京专员办（濒管办） 于伯康
国家林业和草原局生物灾害防控中心 程相称
国家林业和草原局华东调查规划院 王 涛
国家林业和草原局中南调查规划院 肖 微
国家林业和草原局西北调查规划院 王孝康
国家林业和草原局西南调查规划院 余丽华
中国大熊猫保护研究中心 罗春涛
大兴安岭林业集团公司 辛凌旭
中国绿化基金会 张桂梅
中国绿色碳汇基金会 张志明
中国生态文化协会 付佳琳
中国治沙暨沙业学会 朱 斌
中国林业文学艺术工作者联合会 侯克勤
中国林业职工思想政治工作研究会 赵荣生
中国林学会 郭丽萍
中国野生动物保护协会 于永福
中国林业教育学会 康 娟
中国花卉协会 马 虹
中国林业产业联合会 白会学
中国林业工程建设协会 周 奇
中国水土保持学会 宋如华
中国林场协会 郭 远
北京市园林绿化局 齐庆栓
天津市规划和自然资源局 孙君普
河北省林业和草原局 袁 媛
山西省林业和草原局 李翠红 李 颖
内蒙古自治区林业和草原局 迟晓旭
辽宁省林业和草原局 何东阳
大连市自然资源局 刘春林
吉林省林业和草原局 耿伟刚
黑龙江省林业和草原局 李艳秀
上海市绿化和市容管理局（市林业局） 王 辉
江苏省林业局 王学东
浙江省林业局 沈国存
安徽省林业局 吴 菊
福建省林业局 陈科灶
江西省林业局 饶利军 张媛媛
山东省自然资源厅（省林业局） 李边疆 张彩霞
河南省林业局 李敏华
湖北省林业局 从卫国
湖南省林业局 王成家
广东省林业局 吴自华
广西壮族自治区林业局 施福军
海南省林业局 王瑞琦
重庆市林业局 周 旭
四川省林业和草原局 林荣岗
贵州省林业局 孙吉慧
云南省林业和草原局 杨 劼
西藏自治区林业和草原局 熊艳阳
陕西省林业局 朱建军
甘肃省林业和草原局 甘在福
青海省林业和草原局 宋晓英
宁夏回族自治区林业和草原局 马永福
新疆维吾尔自治区林业和草原局 张宗华
新疆生产建设兵团林业和草原局 赖 煜
中国内蒙古森林工业集团有限责任公司 杨建飞
中国吉林森林工业集团有限责任公司 路增春
中国龙江森林工业集团有限公司 王庆江
黑龙江伊春森工集团有限责任公司 杨玉梅
四川卧龙国家级自然保护区管理局 王 华
北京林业大学 焦 隆
东北林业大学 徐志成
南京林业大学 黄 红
西南林业大学 张志才
中南林业科技大学 易 锦

编辑说明

一、《中国林业和草原年鉴》（原《中国林业年鉴》，自2019卷起更名）创刊于1986年，是一部综合反映中国林草业建设重要活动、发展水平、基本成就与经验教训的大型资料性工具书。每年出版一卷，反映上年度情况。2022卷为第三十六卷，收录限2021年的资料，宣传彩页部分收录2021年和2022年资料。

二、《中国林业和草原年鉴》的基本任务是为全国林草战线和有关部门的各级生产和管理人员、科技工作者、林业院校师生和广大社会读者全面、系统地提供中国森林资源消长、森林培育、森林资源保护、草原资源管理、生态建设、森林资源管理与监督、森林防火、林业产业、林业经济、科学技术、专业理论研究、院校教育以及体制改革等方面的年度信息和相关资料。

三、第三十六卷编纂内容设27个栏目。统计资料除另有说明外，均不含香港特别行政区、澳门特别行政区、台湾省数据。

四、年鉴编写实行条目化，条目标题力求简洁、规范。长条目设黑体和楷体两级层次标题。全卷编排按内容分类。条头设【】。按分类栏目设书眉。

五、年鉴撰稿及资料收集由国家林业和草原局机关各司（局）、各派出机构、各直属单位以及各省（区、市）林业（和草原）主管部门承担。

六、释文中的计量单位执行GB 3100—93《国际单位制及其应用》的规定。数字用法按GB/T 15835—2011《出版物上数字用法》的规定执行。

七、条目、文章一律署名。

中国林业和草原年鉴编辑部

2022年12月

2021年1月26日，全国林业和草原工作视频会议

宋峥 摄

2021年8月3日，国家林业和草原局局长关志鸥考察塞罕坝机械林场

王龙 摄

2021年10月，国家林业和草原局局长关志鸥率团参加联合国生物多样性公约第15次缔约方大会

2021年11月30日，国家林业和草原局党组理论学习中心组集体学习研讨

宋峥　摄

2021年4月10日，共和国部长义务植树活动在北京举行

北京市园林绿化局　供图

2021年7月，天安门广场花坛

北京市园林绿化局　供图

2021年10月27日，陕西21只朱鹮回归华山故园

杜扶阳　摄

甘肃省古浪县群众参与治沙造林

王莉　摄

专业森林消防队开展直升机野外索降专项训练

大兴安岭林业集团公司　供图

伺机而动的猞猁

大兴安岭林业集团公司　供图

2021年4月23日，我国首次在黑龙江省密山成功救护放归野生东北虎

国家林业和草原局猫科动物研究中心　供图

黄河三角洲成为东方白鹳全球最大繁殖地

孙劲松　摄

冷杉树上的大熊猫

大熊猫国家公园管理局　供图

北上南归亚洲象群

云南省森林消防总队　供图

国家一级重点保护野生动物绿孔雀

熊王星、杨星　摄

2021年4月13日，广东省珠三角国家森林城市群正式建成（图为东莞城区绿化）

广东省林业局　供图

2021年4月8日，扬州世界园艺博览会开幕

谷昌旺　摄

广东湛江红树林

许志雄　摄

浙江省湖州市
安吉县山川乡
林农运送竹材
秦盱丰　摄

广东省肇庆市广宁县古水镇山川如画
广东省林业局　供图

黑龙江南瓮河国家级自然保护区

大兴安岭林业集团公司　供图

贵州省剑河县岑松镇巫亮林下仿野生食用菌种植基地

贵州省林业局　供图

三江源国家公园藏羚羊

索南　摄

中国丹霞世界自然遗产——湖南新宁

郑国华、兰建芳　摄

武夷山国家公园九曲溪

黄海　摄

四川省阿坝藏族羌族自治州红原县月亮湾草原

王辰　摄

黑龙江天然林保护区

冯晓光　摄

福建省三明市格氏栲自然保护区

黄海　摄

重庆市丰都县退耕还林栽植的雪桃

陶波拍　摄

龙江森工集团凤凰山国家森林公园

李春波　摄

海南热带雨林国家公园内
海南第一高山五指山

江西永丰石漠化荒山
披绿装

中国最北的杜鹃花兴安杜鹃
大兴安岭林业集团公司　供图

山西吕梁山三北工程区
景慎好　摄

奋进“十四五”
谱写竹藤产业高质量发展新篇章

——国际竹藤中心

2021年是中国共产党成立100周年，也是实施“十四五”规划的开局之年，国际竹藤中心（以下简称中心）在习近平新时代中国特色社会主义思想指引下，在国家林草局党组的坚强领导下，认真贯彻党的十九大及历次全会和全国林草工作会议精神，立足建设国际一流科研院所，打造世界竹藤科学中心和创新高地的目标，在科技创新方面取得较好成绩。

◎中心牵头项目获国家科技进步奖二等奖

“竹资源高效培育关键技术”项目从竹资源高质量增长对高效培育技术的巨大需求出发，通过国家科技支撑、国家自然科学基金、林业科技成果推广等项目的持续攻关，从竹资源精准培育、生态培育、健康保护、高效监测方面构建了竹资源培育关键技术体系，解决了竹林经营过程中管理粗而不精、精而不准，经济、生态效益难以兼顾，病虫害安全防控技术缺失，资源信息滞后等问题，为竹产业的健康快速发展提供了重要的资源保障和科技支撑。

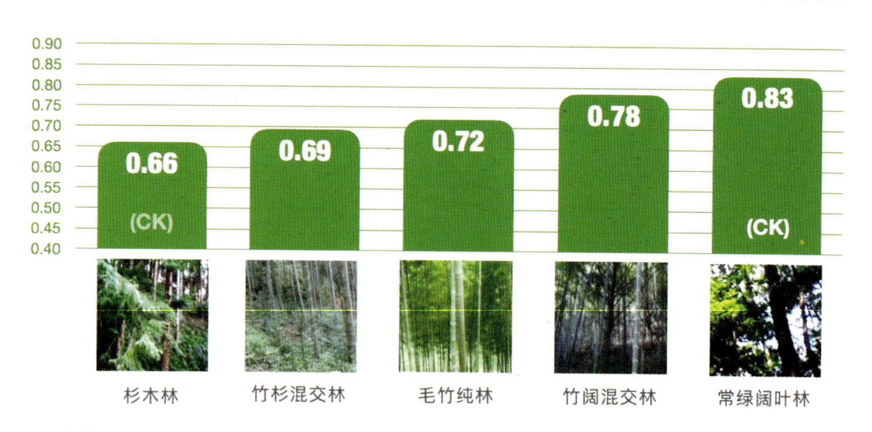

◆ 生态功能综合效益指数

◆ 竹资源主要病虫害信息平台

项目成果解决了我国主要经济和生态竹种资源的高效培育技术难题，通过在全国主要竹产区进行推广应用，有力地支撑了竹资源的高效、可持续利用和竹产业的高质量发展，部分竹产区农民竹业收益占可支配收入的20%以上，在促进农民增收、精准扶贫、助力乡村振兴过程中发挥了重要作用，经济、生态和社会效益显著。同时，项目成果积极服务国家“一带一路”倡议，完成国内外培训班143期，覆盖70多个国家和地区，产生了良好的国际影响，得到科技部、国家林草局专家组等的充分肯定和媒体的高度关注。

◎中心牵头森林资源核算项目取得重大突破

2016年以来，国际竹藤中心牵头开展了我国第三次森林资源核算研究。此次研究是按照联合国、欧盟、经济合作与发展组织、世界银行、联合国粮农组织共同发布的《2012年环境经济核算体系——中心框架》《2012年环境经济核算体系——实验性生态系统核算》的要求，基于第九次全国森林资源清查结果而开展。在前两期研究的基础上，充分吸收和借鉴国内外最新研究成果，在核算评估的理论和方法上不断创新并与中国森林资源管理实践紧密结合，进一步完善了我国森林资源核算的理论框架和方法体系，在理论与实践结合的应用方面处于世界领先水平。

◆ 中国森林资源核算研究成果新闻发布会

中国森林资源核算项目研究成果科学、客观地反映了我国森林资源的功能与价值，对打通“两山”转化通道、加快生态文明制度建设具有重要意义。2021年3月12日，国家林业和草原局与国家统计局联合举行新闻发布会，发布了中国森林资源核算研究成果：全国林地林木资产总价值为25.05万亿元，森林生态系统提供的生态服务价值为15.88万亿元、森林文化价值约为3.10万亿元。同年，该成果获得第十届“母亲河奖”绿色项目奖。

◎中心牵头起草竹产业创新发展纲领文件

中心充分发挥科研国家队的排头兵和领头雁作用，为竹产业发展提供科技支撑，历时两年研究起草的《关于加快推进竹产业创新发展的意见》由国家林业和草原局、国家发展改革委、科技部、工业和信息化部、财政部、自然资源部等十部委联合颁布实施。明确将大力保护和培育优质竹林资源，构建完备的现代竹产业体系，构筑美丽乡村竹林风景线。到2025年，全国竹产业总产值预计将突破7000亿元，现代竹产业体系基本建成；到2035年，全国竹产业总产值预计将超过1万亿元，现代竹产业体系更加完善，美丽乡村竹林风景线基本建成，主要竹产品进入全球价值链高端，我国成为世界竹产业强国。

第十届母亲河奖
证书
为表彰在美丽中国建设中作出突出贡献的个人、团队、组织、项目，特颁发此证书。
奖项类别：绿色项目奖
获 奖 者：国际竹藤中心中国森林资源核算项目
共青团中央
全国绿化委员会
全国人大环境与资源保护委员会
全国政协人口资源环境委员会
水利部
农业农村部
生态环境部
国家林业和草原局
2021年11月

◆ 国际竹藤中心荣获第十届“母亲河奖”绿色项目奖

七秩风雨　岁月如歌

——国家林业和草原局华东调查规划院

国家林业和草原局华东调查规划院（简称华东院）始建于1952年，是新中国成立以来建立最早的国家级林业调查规划专业队伍之一。原林垦部第一任部长梁希评价“林业调查设计工作者，是林业的开路先锋，也可以说是林业的开山祖师……”，2022年，华东院喜迎成立70周年华诞。

◆ 庆祝华东院成立70周年大会

70年来，华东院坚守林草特色，力行致远、敢为人先。在东北国有林区、南方集体林区开发建设中，为新中国摸清森林资源家底发挥了基础作用；在全国森林资源连续清查工作中，为我国建立森林资源调查体系发挥了重要作用；在全国沿海防护林体系规划、林地保护利用规划、湿地监测评估、天然林保护修复等重点工作中，发挥了骨干作用；在承担林草生态综合监测、国家公园建设、自然保护地监测评估、生态保护修复等指令性任务中，发挥了智库作用。

◆ 华东院办公楼

2011年迁址杭州后，华东院事业进入了快速发展时期。基础设施逐步完善，机构设置持续优化，队伍水平明显提高，创新能力显著增强，文化积淀更加厚重。这期间产出各类成果2000余项，获百余项省部级嘉奖，年产值保持10%以上的增长速度。

2022年党的二十大胜利召开。面对党的二十大所绘就的中国式现代化宏伟蓝图，华东院坚持以习近平新时代中国特色社会主义思想为指导，把加强党的建设作为事业发展的坚强保证，明确办院方向，打造坚强阵地；坚持践行习近平生态文明思想和围绕林草现代化建设与发展大局，紧扣重点工作、技术难点和热点问题，发挥好技术支撑保障作用；坚持围绕林业、草原、国家公园三位一体融合发展这一主线，深入推进林草综合性技术咨询服务的探索与创新，主动融入国家和地方林草生态建设。

站在“两个一百年”历史交会点，华东院将继续传承和弘扬“忠诚使命、响应召唤、不畏艰辛、追求卓越”的华东院精神，坚持“党建统院、文化立院、人才强院、创新兴院”的发展理念，保持定力，久久为功，为建设美丽中国、实现人与自然和谐共生的现代化作出更大贡献。

只为天更蓝、山更绿、水更清的大美河山

——记国家林业和草原局中南调查规划院成立60周年

◎ 筚路蓝缕，江山向美　党的十八大以来，生态文明建设纳入中国特色社会主义“五位一体”总体布局，我国林草工作深入践行习近平生态文明思想，统筹推进山水林田湖草沙一体化保护和系统治理，各项事业取得显著成效，进入高质量发展快车道。

◆ 中南院领导班子合影（2022年9月）

◎ 倏忽甲子，再逢壬寅　1962年，中南林业调查规划设计院成立，为国家林业和草原局直属调查队伍之一。60年间，中南院坚持走以林草调查规划设计为主业的发展道路，查勘山容林相、草地湿荒，服务国家决策，支持地方建设，成就自身发展，先后获得“全国五一劳动奖状”“全国厂务公开民主管理先进单位”“全国模范职工之家”“国家科技进步奖”“梁希林业科学技术奖”等多项国家级、省部级殊荣。60年间，中南院以推进中南监测区林草事业高质量发展、服务地方生态建设为目标，紧密围绕国家生态文明建设全局，圆满完成了国家林草局交办的生态保护修复、综合监测、区域性规划、林草信息化应用等一系列重要任务。为实现天更蓝、山更绿、水更清的优美生态环境，为建设人与自然和谐共生的现代化，中南院人始终在路上。

◎ 薪火相传，奋楫扬帆　站在新的历史起点上，我们有必要回眸，重温老一辈林业工作者“替河山妆成锦绣，把国土绘成丹青”的艰辛与收获，铭记林草人“化己为木，荫及后人”的初心与使命；此刻，我们更有必要瞻望，贯彻落实全面从严治党要求，践行新发展理念，弘扬自强不息、勇毅前行的中南院人精神与信念，激励起踔厉奋发、笃行不怠的勇气和信心，在推进生态文明和美丽中国建设的伟大征程上，继续发挥中南院人的智慧、担当和力量。

◆ 2022年9月29日，中南院开展“喜迎二十大　建功新时代”主题教育

◎ 行而不辍，未来可期　星霜荏苒，居诸不息。回首过去，激情满怀；展望未来，任重道远。中南院人将驰而不息，牢记“用户至上、用心服务，质量立院、追求卓越，创新推动、永无止境”的质量方针，为了共同的理想，携手扬帆启航，一起向未来，建功新时代！

助力青海在建立以国家公园为主体的自然保护地体系上走在前头

——国家林业和草原局西北调查规划院

国家林业和草原局西北调查规划院（以下简称西北院）以习近平生态文明思想为指导，以“保生物多样、护绿水青山”为宗旨，聚焦自然保护地，理论与实践并重，守正与创新并举，深度参与监测区各省份尤其是青海省自然保护地体系构建，为青海省自然保护地调查评估、整合优化、自然保护地发展规划、青海国家公园创建等工作做好技术支撑。组建青海国家公园工作专班，积极推进青海国家公园建设，为加快构建青藏高原国家公园群提供技术保障，助力青海在建立以国家公园为主体的自然保护地体系上走在前头。

◆ 昆仑山科考团队

西北院严格按照国家林草局要求开展工作，积极探索，在《关于建立以国家公园为主体的自然保护地体系的指导意见》尚未出台时便率先开展青海省自然保护地调查评估和整合优化工作，为全国自然保护地整合优化探索路径；依据国家公园设立要求，联合高校、科研院所组建专项团队，形成多方专业合力，持续推进青海国家公园创建及设立工作，体现了国家局直属院的责任担当。

西北院秉承以创新突破业务瓶颈的理念，研建了“智慧自然保护地”综合信息管理平台，在自然保护地整合优化审核专班以及各级自然保护地整合优化工作中得到广泛应用；研发了集传统界桩与感知系统于一体的新型智能界桩；重点关注自然保护地的各项理论与实践结合研究，形成多项专著及理论研究成果。

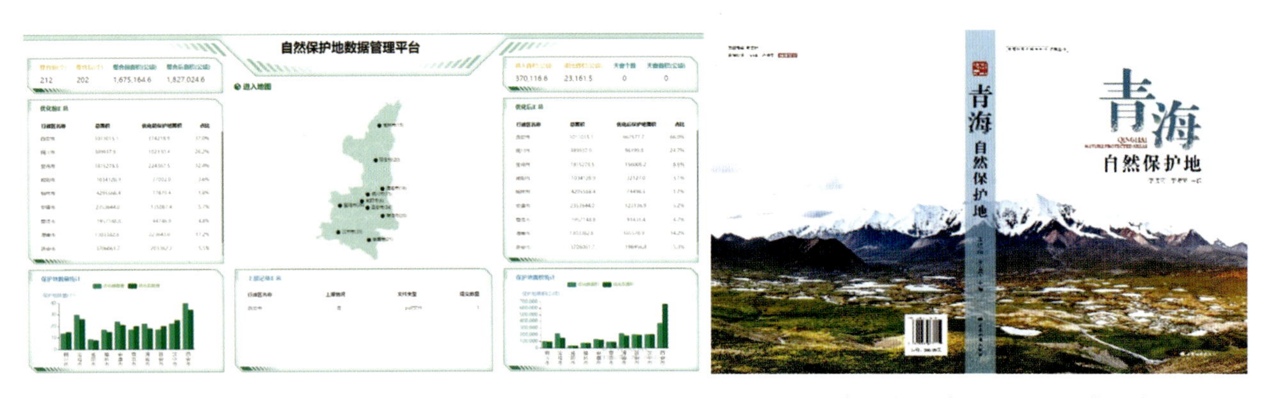

◆ “智慧自然保护地”平台

◆ 西北院与青海省林草局编纂的《青海自然保护地》

以数字化手段推动林草事业高质量发展

——国家林业和草原局西北调查规划院

国家林业和草原局西北调查规划院（以下简称西北院）研建的宁夏“智慧林草云平台”充分利用宁夏电信在5G、北斗、云计算、大数据以及AI分析等“云－网”技术优势，建立了一个覆盖全区，纵向联通国家生态感知平台与“区－市－县－乡－村”五级林草主管部门，横向服务于自治区各厅局的宁夏林草云，实现了“感知一张图、林草一张图、监管一条龙和共享一平台”，丰富了全区林草资源生态感知、动态监测、火险预警和智慧决策能力。平台涵盖林长制管理、林草火灾防控、自然保护地智慧管理和科学绿化等多个业务系统。

◆ 宁夏“智慧林草云平台”登录界面

林长制管理系统按照“数化万物、智在融合”的理念，采用大数据思维、技术，按照“平台+移动端”的“互联网+业务应用”模式进行设计，实现对各级林长、林长办成员、监管员、护林员（草管员）的管理。通过信息化的手段将林长的权利与责任落实到山头地块，将绩效考核落到实处，建立问题发现、处理、反馈的闭环机制，实现“林有人管、事有人做、责有人担”。同时建设林长制信息门户，引导公众参与，接受社会监督。

林草火灾防控系统旨在加强林草防火预警和风险分析，综合应用卫星监测、视频AI智能识别、无人机监测、电子围栏等技术，充分利用卡口视频、卫星火点、视频监控烟火识别信息及火情大数据综合分析结果，实现对重点林区人为干扰活动全天候监控，对林区火情高频次监测，实现火情“打早、打小、打了”。

◆ 宁夏“智慧林草云平台”操作界面

自然保护地智慧管理系统以消除信息孤岛、促进业务协同为原则，制定了宁夏自然保护区数据库建设标准，实现对全区自然保护地监测与管理数据的汇聚。通过5G、北斗通信与专网等技术，联通各自然保护地布设的红外相机、鸟类智能识别设备、虫情站、气象站、定位监测站、VR全景摄像头、野生动物追踪项圈等感知设备，为全区自然保护地动态监管与精准保护提供数据支撑。

科学绿化系统依据国土“三调”、国土空间规划、林草资源图、历史造林与规划等数据，精准区划造林地块；基于气象、自然植被、土壤、地形地貌、水资源等数据，结合旱区生态水文与灾害防治国家林草局重点实验室的研究成果、立地类型和自然植被分布对造林绿化适宜性进行定量评估分析，科学推荐适宜造林地块；通过科学绿化专家知识库，智慧化地推荐造林修复模式与抚育管理方案。

高质量建设国家储备林
打造绿色生态项目国家优质工程样板

——国家林业和草原局西南调查规划院

2020年3月16日，由国家林业和草原局西南调查规划院（原国家林业局昆明勘察设计院）承担设计的“蒙自市国家储备林建设项目”正式开工。项目利用政策性银行贷款，在不增加政府债务的情况下，通过建设单位自营，创新性地将EPC模式（设计、采购、施工总承包模式）用于营造林工程，对项目实施的全过程开展全面、系统的质量管理，仅耗时半年，在典型石漠化生态脆弱区完成2600余公顷的土地流转和人工造林及配套设施建设工作，苗木成活率、保存率和长势远高于类似立地条件的同类项目。项目的成功实施，走出了一条“石头缝里刨穷根”的乡村振兴绿色发展之路，打开了一扇“石头缝里藏碳库”的林工结合造林大门，形成了一个“石头缝里出样板”的国土绿化“蒙自模式”，可复制、可借鉴、可推广，对类似大规模绿色生态工程的开展具有指导意义。

◆ 2022年8月20日，国家优质工程奖现场复查（龚傲龙　摄）

2022年6月18日，项目获评中国林业工程建设协会2022年度绿色生态工程项目工程质量水平优秀工程项目，由协会推荐参与国家优质工程奖评选，并顺利通过初审。作为西南院首个通过国家优质工程奖初审的绿色生态项目，在8月20～21日的现场复查工作中得到专家组的高度评价，一致同意推荐参评2022～2023年度第一批国家优质工程奖。

（潘昆　供稿）

◆ 2020年1月、2022年8月项目实施前后对比照片（龚傲龙　摄）

不负绿水青山
绘就高质量发展生态底色

——大兴安岭林业集团公司

◆ 大兴安岭集团党委书记于辉在神州北极木业有限公司调研

2021年以来，大兴安岭林业集团公司（以下简称大兴安岭集团）紧紧围绕“强党建、优生态、促发展、惠民生”战略目标，突出“稳扎稳打、抓实抓细”工作主基调，加快推进绿水青山、冰天雪地向“金山银山”转变，绘就绿色发展底色，开创林区高质量发展新局面。

◎ 党建引领：永葆初心本色，凝聚发展向心力

始终坚持把加强党的全面领导作为引领发展的根本保证，创新开展“党建引领强堡垒，发展生态争先锋”主题实践活动，牢固树立党建与业务工作深度融合发展理念，探索“党建+N”发展模式，在大兴安岭集团各项工作中充分发挥“两个作用”。组织开展各类培训23期，培训1368人次，举办“两山”论坛4次，开展三轮“走学比”活动，组建前哨干部学院（党校），切实提升干部职工综合素质。开展两级党建共建，各林业局与国家林草局各司局开展共建活动26次，谋划项目12个；集团各部门党组织与基层党组织开展党建共建活动92次，形成以党建共建促业务提升的良好局面。

◎ 生态建设：厚植绿色底色，增强发展持久力

以生态保护建设为核心，着力让大兴安岭的天更蓝、山更绿、水更清。创新“人防+物防+技防”森林防火三位一体防控机制，“五统一”标准化体系基本建成，森林防火感知系统正式上线运行，无人机巡护监测系统投用。严格落实“林长制”，自上而下建立三级林长体系，全面推行“一长两站两员”森林资源管护机制，设立各级林长767名、督察长16名，资源管理实现网格化。深入开展森林督查和打击毁林专项行动，林政案件持续下降，资源保护管理能力得到进一步提升。持续开展“清风行

◆ 大兴安岭集团党委副书记、总经理李军慰问瞭望员并交流森林防火经验

动”等系列专项行动，野生动物案件零发生，野生动植物生境持续向好，物种及种群数量得以恢复性增长，新增鸟类30多种，时隔50多年重现野生东北虎踪迹。生态价值评估显示，大兴安岭集团森林和湿地生态系统服务功能总价值量为7975.03亿元/年。黑龙江大兴安岭九曲十八湾和黑龙江大兴安岭双河源2处湿地已纳入《湿地公约》国际组织认定的国际重要湿地名录。

◆ 大兴安岭集团利用森林防火感知系统开展扑火实战演练

◎ 改革创新：把准发展脉络，释放发展新潜力

加快完善现代企业制度，制定公司治理制度和改制方案37项，健全绩效考核评价体系，形成七大方面18项主要运行监测指标体系，全面掌握林业局和直属企业的绩效运行动态信息。新组建市场营销中心、僵困企业资产管理中心、社会保险管理中心和会计核算中心。设立集团、林业局两级科技创新专项资金，明确五大类57项科技需求，落地产学研合作项目16个，共建长期科创平台3个。推广轻基质无纺布容器育苗技术，实现一年多季造林。新谋划10个碳汇项目，涉及林地面积80万公顷，预计碳储备量400万吨。

◎ 产业转型：擦亮“两山”颜色，巩固发展转化力

坚持产业发展与生态保护协同共进，建立生态主导的绿色产业体系，“两地两带四园”生态产业布局基本成型。设立1500万元产业扶持资金，协调金融机构为职工量身定制“龙岭快贷”等金融产品，发放低息贷款13 505万元。坚持发展产业“三不干”（以破坏生态为代价的不干，赔本赚吆喝的不干，职工不受益的不干）原则，10个林业局确定主导产业27项、林场主营项目144个、管护站节点项目219个。在疫情形势严峻复杂的情况下，2022年上半年，特色产业实现产值1.76亿元，善融商城“大兴安岭林特馆”成为首批与省级并列的林特馆，集团产品获得第十四届森博会金奖20个。与地方政府联合举办中药产业高质量发展论坛、大兴安岭旅游发展大会、大兴安岭全国摄影作品展等活动，大幅提升“神州北极・大美兴安”的品牌知名度和美誉度。

◆ 中国林科院专家实地讲解轻基质容器育苗技术

◎ 民生改善：扮好大企业角色，提升发展真实力

始终坚持把满足职工对美好生活的向往作为奋斗目标，持续提升职工幸福指数。将职工增收作为“一号工程”，一线职工年均收入增长10%。深入开展“三送”进一线，为先优模范、职工及其子女送去关怀和温暖，慰问职工及子女6581人次，开展职工心理健康辅导32场次，实现驻防队员、瞭望员慰问辅导全覆盖。开展丰富多彩的文体活动，增强企业凝聚力、向心力。与国家电网公司共同完成18个无电林场通电可行性研究，投入资金1000余万元解决瞭望塔用电用水等问题，改善一线职工工作环境，组织1367名一线职工、先优模范进行疗休养。实施人才引进“绿色通道”和“职工大学生子女回归工程”。

夯实主业　发展助航

——大兴安岭林业集团公司加格达奇林业局

加格达奇林业局始建于1991年，隶属于大兴安岭林业集团公司，施业区总面积83.72万公顷，有林地面积54.26万公顷，活立木总蓄积量4300万立方米，森林覆盖率64.82%。

2021年，加格达奇林业局紧紧围绕集团党委“五大工程”，坚决答好“五张答卷”，全力“强党建、优生态、促发展、惠民生”，实现林业产业总产值23 120万元，同比增长9.18%，“十四五”实现良好开局。

◆ 加格达奇林业局2022年第二期“两山”论坛研讨会

◆ 古利库野生金莲花基地

◆ 那都里马场

◎ **党的建设坚强有力**　深入落实集团党委“五大工程”，开展“转型发展争先锋，活力加林党旗红”党建引领行动，实施党建“先锋、示范、活力、亮剑、联心”五大工程。

◎ **生态建设水平不断提升**　制订出台《林长制工作方案》，实现林长制工作科学化、规范化运行。高质量完成全年生态修复任务，森林资源持续保持“三增长”。研发“智慧加林、森防感知”系统，逐级落实“三清单一承诺”制度，全年无森林火灾发生。

◎ **企业管理能力不断提升**　开展“制度建设年”活动，制定《党群、行政制度汇编》，修订完善制度85项、工作流程64项，全面推进依法依规治企。

◎ **产业发展动能显著增强**　按照集团“两地两带四园”生态产业布局，大力发展绿色富民“六大产业”，建成各类种养基地40个，成立合作社7个，实施林下产业项目202个。那都里林场入选国家级林下经济典型案例；古利库金莲花示范基地荣获国家林草局第五批林下经济示范基地，被黑龙江省农业农村厅遴选为中药材基地示范强乡。

◎ **职工幸福指数显著增强**　深入开展“我为职工群众办实事”等系列惠民活动，办实事、解难事258件，增强职工群众的幸福感、获得感。

建设国家公园是我们共同享有的事业

—— 东北虎豹国家公园正式设立一周年

2022年，东北虎豹国家公园正式设立一周年。一年来，虎豹公园从思想、体制、保护、惠民等方面全面发力，全地域、全过程加强生态保护，开展了一系列根本性、开创性、长远性工作，通过探索实践生态创新融合发展之路，构建园区内人与自然和谐共生的新型发展模式，逐步打通了从“绿水青山”到“金山银山”的转化通道。

◆ 东北虎豹国家公园概貌（王兴林　摄）

通过试点以来的建设，东北虎豹国家公园首创跨省统一行使全民所有自然资源资产所有权模式，实现中央垂直管理和由中央直接行使事权。自然生态系统得到整体保护和修复，支撑保障体系逐步建立，森林蓄积量由2.12亿立方米增加到2.23亿立方米。野生东北虎、东北豹种群数量稳定增长，监测到野生东北虎幼虎10只、种群数量50只以上，野生东北豹幼豹7只、种群数量60只以上，达到了生态改善、虎豹归山的效果。2022年9月，东北虎豹国家公园勘界定标成果通过验收，成为中国正式设立国家公园后率先通过勘界验收的国家公园。

◆ 中俄边境瑚布图河（付明千　摄）

◎ **持续巩固巡山清套成果，强化旗舰物种保护** 试点期间，构建了全局统一的SMART巡护管理数据库，将3003名巡护员的巡护数据纳入数据库统一管理，划定7118平方千米重点巡护区开展重点区域精准巡护。建立网格化包保体系，层层签订责任状。截至2022年8月底，已连续4年开展清山清套、打击乱捕滥猎和非法种植养殖专项行动，共开展专项行动66次，出动巡护人员18.55万人次，清理猎捕工具3.61万套，猎套遇见率较试点前降低97.67%，累计查处各类案件875起，拆除围栏930千米，各类违法行为得到有效遏制。

◎ **拓展共建共治机制，鼓励多方参与社区管理** 面向林业系统和当地居民开展生态护林员选聘，实现"一户一岗"，优先聘用原住居民从事虎豹公园内自然资源管护巡护、生态监测、生态保护工程劳务、生态体验、科普教育服务、政策法规宣传等工作。截至2022年8月，生态公益岗共聘用珲春市、东宁市444户抵边居民，实现人均增收1万元/年。

◆ 工作人员开展清山清套工作

◆ 2022年7月29日，全球老虎日活动

◎ **引入商业保险机制，启动野生动物损害补偿** 自2022年1月全面引入商业保险机制至8月底，受理野生动物损害案件4000余件，补偿金额718万元。实现全域内野生动物造成损害补偿赔付100%。

◎ **加大资金投入，提升安全防范水平** 利用"天地空"监测平台，并联合乡镇政府、村委会持续加大"人防"力度。通过埋设振动光纤，架设电子围栏等技术试点，不断提升"人防、物防、技防"水平。2022年1～8月，共发布主动预警700余次，成功避免六道林场人虎相遇状况。

◆ 工作人员为野生动物补饲

◎ **加强基础设施建设，提升野生动物保护水平** 2022年，增设救护收容站3处，救护野生动物127只，其中国家一级重点保护野生动物10只，国家二级重点保护野生动物21只，康复放归102只，成功救治并放归东宁朝阳沟受伤的东北虎。

良好的生态是最普惠的民生福祉，也是人民群众追求高品质生活的共识和呼声。东北虎豹国家公园将继续把生态文明建设作为事关人民群众切身利益的大事来谋划和推动，加强保护和改善园区生态质量，积极拓宽"绿水青山就是金山银山"转化通道，让园区群众共享生态红利。

胸怀“国之大者”
建设出色出彩大熊猫国家公园

大熊猫国家公园四川片区面积1.93万平方千米，占大熊猫国家公园总面积的88%，保护着1200余只野生大熊猫。四川省委、省政府高度重视，胸怀“国之大者”，高质量推进建设名副其实、出色出彩的大熊猫国家公园。

◎ 强化规划引领　牵头编制并联合陕西、甘肃向国家林草局上报《大熊猫国家公园总体规划（送审稿）》，完成自然教育、社区发展等7个专项规划，强化引领。

◆ 最高人民法院党组书记、院长周强（左）与时任四川省委书记彭清华（右）出席四川大熊猫国家公园生态法庭揭幕仪式

◎ 实施分类管控　出台《关于加强大熊猫国家公园体制试点期间生产经营等人为活动管控的通知》，完成洪雅、安州436个界碑界桩设置，全面启动确界定标工作；退出97座小水电站和194宗矿业权。

◎ 加强资源保护　印发《关于加强大熊猫国家公园四川片区巡护和监测工作的通知》，设置巡护线路460条、重点区域监测样方352个，布设红外相机1736台，开展巡护20万余人次，监测到野生大熊猫影像724次，50%以上的集体所有自然资源实现合作保护。

◆ 大熊猫国家公园卧龙保护区红外相机拍摄到野生大熊猫妈妈带幼崽外出活动

◆ 2021年10月30日，四川省委副书记、省长黄强（左三）在大熊猫国家公园唐家河片区调研

◎ **创新司法机制** 印发《关于实行大熊猫国家公园四川片区环境资源案件集中管辖的意见》，设立四川大熊猫国家公园生态法庭，实现刑事、民事和行政案件“三审合一”。

◎ **强化科学研究** 出台《大熊猫国家公园（四川）科研指导意见》，到2021底投入1亿余元，开展栖息地修复研究、本底和专项资源调查、永久大样地建设、保护技术研发等课题200余项，其中四川省大熊猫科学研究院争取项目资金2701.86万元，开展项目28项，研究工作迈上新台阶。

◎ **智慧公园试点** 积极推动建设以国家林草局感知系统为载体的空天地一体化“智慧公园”。

◎ **推进标准化建设** 编制印发《大熊猫国家公园标桩标牌设计》《大熊猫国家公园标准化视觉设计》《大熊猫国家公园打桩定标技术方案》，在雅安市宝兴县、天全县开展标准化建设试点。

◎ **拓展自然教育** 举办首届“自然教育周”，省级自然教育基地达到22处，国家青少年自然教育绿色营地试点单位3处；启动“大熊猫国家公园（四川）自然教育先行试验区”建设，实施自然教育培训；完成多个片区自然教育实施方案，研发课程30余套。

◆ 2021年3月10日，首届“自然教育周”在大熊猫国家公园都江堰片区启动

◎ **共建共享大熊猫社区** 出台《大熊猫国家公园特许经营管理办法（试行）》《大熊猫国家公园（四川）入口社区建设管理标准（试行）》，推动建设13个入口社区，发布11个大熊猫国家公园（四川）原生态产品。

◎ **扎实推进项目建设** 落实中央和省级投资2.61亿元，实施勘界、调查监测、生态补偿、野生动植物保护、自然教育、保护设施6类建设项目171个，组织申报储备国家文保传承利用工程国家公园项目5个，中央投资0.72亿元。

（四川省林业和草原局　供稿）

◆ 大熊猫国家公园瓦屋山

开创中国国家公园建设先河

——三江源国家公园

党的十八大以来，习近平总书记高度重视三江源保护工作，多次实地考察生态保护和经济社会发展情况，多次就三江源生态保护和建设作出重要批示指示，亲自关心、亲自部署、亲自推动设立了三江源国家公园。三江源国家公园管理局牢记“国之大者”、勇担“国家使命”、肩负“源头责任”，沿着习近平总书记指引的方向，不断理顺管理体制，创新运行机制，打破“九龙治水”和执法监管“碎片化”藩篱，理顺人与自然辩证统一关系，像爱护眼睛一样，呵护三江源大地的山水林田湖草沙冰，使源头水资源量逐年增加，草原生态系统逐步恢复，藏羚羊、藏野驴等野生动物种群明显增多，过去难得一见的雪豹、金钱豹、欧亚水獭频频亮相，兔狲、藏狐、白唇鹿、野牦牛、黑颈鹤繁衍生息，三江源各族人民与山水相融、与生灵共处、与草木共生，实现了在保护中发展、在发展中保护，为全国生态文明制度建设和国家公园建设提供“青海方案”，贡献“青海智慧”。

◆ 楚玛尔河（李晓东　摄）

◆ 藏野驴（赵金德　摄）

面向未来，我们认真践行习近平生态文明思想，贯彻落实党的二十大精神和青海省第十四次党代会精神，严格保护自然生态系统，统筹推进山水林田湖草沙冰系统治理，建立健全保护管理制度，完善支持保障政策，接续实施一批具有创新性、引领性的改革举措，确保高标准建设三江源国家公园，努力打造具有高原特色和国家代表性的中国国家公园典范。

◆ 露蕊乌头（李有崇　摄）

◆ 雪豹（仁青才仁　摄）

亚热带常绿阔叶林之窗

——钱江源国家公园体制试点

钱江源国家公园体制试点区（以下简称钱江源国家公园），位于浙江省开化县，总面积252平方千米。这里是浙江母亲河——钱塘江的发源地，也是浙江乃至华东地区的重要生态屏障和水源涵养地，至今保存着全球稀有的大面积低海拔原生常绿阔叶林地带性植被，野生动植物资源极其丰富，是我国东部重要的生物基因库。

◆ 钱江源

2022年科考结果表明，钱江源国家公园共有苔藓植物382种、蕨类植物175种、种子植物1677种、大型真菌449种、昆虫2013种、鸟类264种、兽类44种、两栖类动物26种、爬行类动物38种、鱼类42种，其中有省级及省级以上野生珍稀濒危植物84种，国家一级重点保护野生动物3种——黑麂、白颈长尾雉、中国穿山甲，国家二级重点保护野生动物55种。

◆ 白鹇

亚热带常绿阔叶林是世界主要植被类型，是中国最具优势的生态系统。作为目前长三角地区唯一的国家公园体制试点区，钱江源国家公园具有自然资源、科学研究、生态服务、示范推广四方面核心价值。

◆ 秘境之眼

◆ 黑麂（我国特有的世界性受胁物种，国际上公认最为珍贵的鹿类之一）

心灵圣境　梦中天堂

——普达措国家公园体制试点区

◆ 碧塔海全景（丁文东　摄）

◆ 血雉（和正华　摄）

香格里拉普达措国家公园体制试点区，位于滇西北“三江并流”世界自然遗产中心地带，由国际重要湿地碧塔海自然保护区和“三江并流”世界自然遗产属都湖景区两部分构成，以碧塔海、属都湖和弥里塘亚高山牧场为主要组成部分，体制试点区总面积602平方千米。

主要保护对象为典型的封闭型森林—湖泊—沼泽—草甸复合生态系统、保存发育完好的寒温性针叶林和硬叶常绿阔叶林、低纬度高原冰川、珍稀濒危野生动植物、传统文化与历史遗迹等，涵盖了诸多重要资源，包括在自然生物地理区域中具有代表性的各类自然生态系统（寒温性针叶林、硬叶常绿阔叶林）、国家重点保护或其他具有特殊保护价值的野生动植物物种（中甸叶须鱼、黑颈鹤）较集中的分布地、具有重大科学意义的地质构造、自然遗迹（第四纪冰川地貌遗迹、七彩瀑布、高原湖泊）、最能体现“人与自然和谐”的自然人文复合型景观（尼汝村、洛茸村、地基塘草甸）等。

◆ 普达措国家公园体制试点区（王石宝　摄）

保护优先　绿色发展　统筹协调

——四川卧龙国家级自然保护区

卧龙保护区是全国第一批成立的以保护大熊猫等珍稀野生动植物和生态系统为主的国家级自然保护区，被称为“宝贵的生物广谱基因库”“天然动植物园”。保护区坚持以习近平生态文明思想为指导，深入践行“两山”理论，采取了一系列有效措施促进保护区生态文明建设和环境保护，以生态文明建设促进高质量发展，不断书写美丽繁荣和谐的卧龙新篇章。

◆ 红外相机拍摄到的大熊猫

坚持深入贯彻习近平生态文明思想，把保护工作放在更加突出的位置。先后提出“以保护为主、林副结合”“以保护为主，做到一手抓自然资源保护，一手抓经济建设，两副担子一起挑”“强化保护、抓好科研、发展经济、理顺关系、加强管理”“重保护、强科研、促发展、保稳定、促一流”等发展方针，都将保护放在工作第一位。进入新时代，提出了“保护优先、绿色发展、统筹协调”的发展方针，把生态保护工作放在更加突出的位置，努力为大熊猫栖息地保护和大熊猫国家公园建设奠定良好的环境基础。

◆ 红外相机拍摄到的雪豹

坚持完善生态环境保护举措，确保动植物资源不受破坏。与相邻11个县（市、区）和12个乡（镇、局）构建了护林联防体系，共同护卫以卧龙为中心的邛崃山系生态屏障。持续开展栖息地监测，坚持对105个大熊猫栖息地永久性森林动态监测样地、91条野外大熊猫固定样线进行巡护监测，获取到邛崃山系金钱豹影像资料，发现了纯白色大熊猫、特有物种巴朗山雪莲和成片独叶草，充分证明了卧龙生态系统的完整性。实施生态环境监测建设项目，6个气象空气质量监测站、3个水质监测站正式投入使用，填补了保护区50余年生态环境监测的空白。

◆ 红外相机拍摄到的川金丝猴

逐步扩大研究领域，揭开双旗舰物种研究新面纱。保护区积极整合现有资源、搭建科研平台、吸引人才，翻开了双旗舰物种研究的新篇章，正向“大熊猫+雪豹”双旗舰物种保护区努力。

立足生态保护和惠民富民，创新实施了一系列工作举措，提高了生态保护成效，同时让群众获得了实际收益，形成了人与自然共生、共融、共享的“卧龙模式”，实现了双赢。

高山生物多样性及多元生态系统的守护者

——四川贡嘎山国家级自然保护区

四川贡嘎山国家级自然保护区（以下简称保护区）于1997年经国务院批准建立为森林和野生动植物类型国家级自然保护区，以保护高山生物多样性及多元生态系统为主，行政区域横跨甘孜藏族自治州和雅安市4县16乡72村，面积40.91万公顷。保护区是全球36个生物多样性热点地区之一横断山地区的典型代表，是重要的物种基因库，也是长江上游的重要生态屏障。

◆ 海螺沟大冰瀑布

◎ **完善机制，强化管理**　四川贡嘎山国家级自然保护区管理局（以下简称管理局）于2003年设立，内设保护科、综合科，下设康定、泸定、九龙、石棉4个管理处，负责保护区建设管理工作。截至2021年底，已建成保护站9处、巡护道路防火通道385千米、野外视频监测系统5套，制作安装各类标准化界牌、指示牌、标牌2037个，基本满足当前保护管理工作需要。初步形成了以管理局为中心、管理处为枢纽、保护站为节点的辐射管理网络，建立了管理局领导、内委会决策、各科（处）负责实施、保护站社区协同、属地相关单位参与的工作运行机制。

◆ 西康玉兰

◎ **多措并举，强化保护**　保护区管理人员每月要完成10～15天的日常巡护，对保护区辖区常年保持监管态势；聘用的社区巡护队员随时监控保护区周边情况，出现问题及时发现、及时报告、及时处理；以管理局为主体，属地林草部门、所在乡镇街道配合，有效开展日常保护管理工作；协同地方公安、生态环境局开展反盗猎等专项行动，打击违法犯罪行为；开展环保督察，全面完成违规项目整改销号，纠正“唯发展论”，管理工作变被动为主动。

◆ 树生杜鹃

◆ 水母雪兔（张树仁　摄）

◆ 楔尾绿鸠雄鸟

◎ **摸清本底，针对管理**　管理局建局以来，开展并完成了保护区资源专项调查和专题研究30余项，摸清了保护区家底，增强了工作针对性。区内有高等植物4890种，其中，国家重点保护野生植物83种、中国特有种2280种、贡嘎山特有种68种；脊椎动物559种，其中，国家重点保护野生动物100种、中国特有种118种。

◆ 雪豹

◎ **强化宣传，外塑形象**　多途径、多方式加强宣教工作，动员全社会参与、关注保护区的建设管理。管理局建有门户网站、开通了微信公众号，设有智能触摸屏4台、宣传画框50余个；制作《蜀山之王》《守护雪山之王》两部宣传片，与《地理·中国》栏目合作拍摄《奇幻生境·贡嘎神石头》并在央视等媒体播放；结合日常巡护，利用保护野生动物宣传月与有关单位合作，进学校、进社区、进家庭，展示保护区生物多样性资源，宣传有关法律法规、方针政策。

◆ 雅家埂红石滩

◎ **注重培养，提升水平**　树立"人才是第一资源、专业人做专业事"的理念，与大专院校、科研院所合作，采取走出去、请进来、以项目为载体等方式培训培养一批"留得住、叫得响、用得上"的管理和技术人才，提升保护区建设管理水平。

◎ **展望未来，使命在肩**　习近平生态文明思想，已经为我们在生态环境保护过程中走生态优先、绿色发展之路指明了方向。一要保护优先，继续强化保护工作；二要查漏补缺，调查研究成果系统化；三要内展外宣，建立生物多样性展示馆，打造生物多样性示范小区；四要建立"空天地"一体化平台，加强数字化建设，提高保护管理效率与水平。

守护好保护区的生灵草木、万水千山是我们必须肩负的历史使命。立足创建全国一流国家级自然保护区，坚决筑牢长江黄河上游生态安全屏障，践行"守护好自然生态，保育好自然资源，维护好生物多样性"的自然保护新要求，为谱写美丽中国四川篇章作出甘孜贡献。（照片除署名外，均由贡嘎山保护区管理局提供）

天然植物陈列馆
国家珍贵的生物物种“基因库”

——重庆金佛山国家级自然保护区

◆ 金佛山睡佛（凌云霄　摄）

◆ 黑叶猴（陈荣森　摄）

重庆金佛山国家级自然保护区位于南川区东南部，总面积40 597公顷，涉11个乡镇（街道）、38个行政村及4个国有林场，是重庆市第一个国家级自然保护区。其生物区系起源古老，受第四纪冰川影响较小，濒危、特有、孑遗物种富集，具有古地理、古地质、古气候、古生物的历史研究价值和综合保护价值；其位于我国三大植物特有中心之一的“鄂西—川东”植物分布中心，也是东洋界和古北界一南一北两大动物区系交会地，是中国—日本、中国—喜马拉雅东西两大植物区系的交会区；其动植物种类极其丰富，是我国中亚热带常绿阔叶林森林生态系统保存最完好的地区之一，被誉为天然植物陈列馆、国家珍贵的生物物种“基因库”。

金佛山国家级自然保护区已知维管植物210科1133属4016种（其中，有国家重点保护野生植物银杉、银杏、南方红豆杉、罗汉松等103种，金佛山特有植物26种，南川模式植物232种）；已知野生兽类93种、鸟类268种、两栖动物33种、爬行动物42种、鱼类29种、昆虫2067种（其中，有国家重点保护野生动物黑叶猴、林麝、金雕、黄胸鹀等64种）。

金佛山国家级自然保护区是银杉、黑叶猴等野生珍稀濒危动植物富集的地区和分布的最北界。保护区在珍稀野生动植物的科研监测和保护方面取得了显著的成效。区内不但保存有树高1米以上的野生银杉572株（其中1个群落有野生植株287株），而且成功进行了银杉人工繁育和回归，人工栽培植株最高的已逾5米；区内动物“能见度”也大幅度提高，工作人员已发现野生林麝约95只，黑叶猴约180只，2022年还首次发现国家一级重点保护野生植物曲茎石斛、国家一级重点保护野生动物小灵猫。（王霞　撰稿）

◆ 金佛山喀斯特地貌（郑彬　摄）

踔厉奋进高乐山 绘就绿色新画卷

——河南高乐山国家级自然保护区

绿水青山不负人。在桐柏山东北部的崇山峻岭上，生长着一片茂密的森林。它不但景色宜人，更重要的是它保护着暖温带南缘、桐柏山北支的典型原生植被、林麝、榉树等珍稀濒危野生动植物及其栖息地，它还是淮河源头区的水源涵养森林，成为一道天然绿色屏障——它就是正在崛起中的河南高乐山国家级自然保护区。它像一条巨龙维系着淮河生态安全水体、守护着淮河源。

只此青绿，绘就高乐山。党的十九大以来，保护区管理局践行“绿水青山就是金山银山”的发展理念，不负使命，主动作为，在百舸争流中，奋楫扬帆，勇毅笃行，创下绿色阵地。如今，满山青绿，生机盎然。在保护区管理局的努力下，80余个违建矿厂生态全部修复，48个遥感点重披绿装；收回流失林地130余公顷；生态修复460余公顷；安装大小宣传牌36块；设立区界牌500块、界桩2100块、网栏1.5万米；考察记录野生动物318种、维管植物1840种；有害生物防控、疫源疫病监测设施逐步完善；森林防灭火监测智能化、信息化网络逐步形成；党建工作进一步加强，精神文明建设扎实推进。保护区内植被覆盖度达94%；环境空气质量级别为一级，空气污染指数（API）小于50。在保护区发展的恢宏画卷上，镌刻着保护区人对信念的坚守，对责任的执着，对梦想的追求。

◆ 保护区内宣传标语

立足新起点，续写新篇章。党的二十大胜利召开，吹响了新时代中国梦的号角！目标在前，使命催征。保护区管理局将认真贯彻落实习近平新时代中国特色社会主义思想和二十大精神，紧握奋进笔，绘就新画卷，踔厉奋发，惟实励新，为维护淮河源头生态系统安全和保护区事业发展贡献智慧和力量。

（汪海鸥、李玉国 撰稿）

◆ 高乐山北远景照

加强生态保护 谱写绿色华章

——甘肃民勤连古城国家级自然保护区

甘肃民勤连古城国家级自然保护区是2002年7月经国务院批准晋升的国家级荒漠生态系统类型自然保护区，地处甘肃省河西走廊东北部、石羊河流域下游的民勤县境内，总面积为389 882.5公顷，主要保护对象为极端脆弱的荒漠生态系统、荒漠天然植被群落、珍稀濒危野生动植物及古人类文化遗址。区内有荒漠野生植物45科150属246种，列入《国家重点保护野生植物名录》的有蒙古扁桃、绵刺、发菜等10种。有陆生野生动物4纲24目62科115属180种，列入《国家重点保护野生动物名录》的有41种，国家一级重点保护野生动物有金雕、草原雕、荒漠猫等11种，国家二级重点保护野生动物有鹅喉羚、赤狐、苍鹰、雀鹰、灰背隼、黑尾地鸦等30种。

◆ 连古城保护区人工梭梭林

近年来，甘肃民勤连古城国家级自然保护区管护中心坚持以习近平生态文明思想为指导，牢固树立“绿水青山就是金山银山”的理念，坚决扛起筑牢国家西部生态安全屏障的政治责任，开展内容丰富、形式多样的专题宣传活动，营造了广大群众积极参与生态保护的浓厚氛围。坚持护、封、造、管相结合、“自然恢复和人工修复”相结合，全面落实各项保护建设措施，加大保护区生态修复治理力度。完成重点公益林天窗区补植补造、三北工程造林、人工模拟飞播造林、义务植树、工程压沙造林等2.17万公顷，围栏封育1576千米、林业有害生物防治3万公顷。保护区植被盖度较建区初期提高了5个百分点，野生动物由原来的89种增加到180种，鹅喉羚最大种群数量达到21只。2022年8月，管护中心荣获“全国绿化先进集体”称号。

◆ 连古城保护区麦草网格沙障

◆ 国家一级重点保护野生动物——玉带海雕

聚力攻坚谋发展　绿色转型作典范

——江苏省东台黄海海滨国家森林公园

东台黄海海滨国家森林公园坐落于世界自然遗产——盐城黄海湿地，隶属于东台黄海海滨国家森林公园管理中心。公园前身是始建于1965年的国营东台市林场，在“艰苦奋斗、科学求真、守正创新、绿色发展”的“黄海林工”先进典型的示范引领下，一代又一代林业职工接续奋斗，将黄海森林公园建成全国沿海地区最大的平原森林。

◆ 水杉林环绕的森林驿站

公园总面积4533公顷，森林覆盖率超85%，负氧离子含量平均达到4500个/立方厘米，$PM_{2.5}$常年在8微克/立方米以下，是联合国教科文组织认定的太平洋西岸罕见的未被污染的海滨胜地。公园先后获得“全国先进基层党组织”“全国绿化先进集体”“全国森林康养基地”“江苏省旅游度假区”“江苏省委党校现场教学基地”“世界遗产青少年教育基地”等荣誉称号。

◆ “林隐微舍”小木屋

近年来，公园深入践行习近平生态文明思想，围绕“绿色、生态、养生”主题，以森林生态、海滨风情为特色，发展科普教育、湿地观光、生态度假、养生康体、运动健身、商务会展等休闲度假产品。稳妥推进基础设施和景点建设，先后建成木育森林、森林小火车、“森林之眼”高空瞭望塔等一批特色景观和配套设施。强化品牌宣传和市场营销，2022年上半年旅游经营收入超亿元，景区影响力和经济效益呈现良好发展态势。

◆ “森林之眼”瞭望塔

◆ “森活集”创意街区

构建生态绿核　打造城市绿心

——四川省成都龙泉山城市森林公园

龙泉山城市森林公园位于龙泉山脉成都段，总面积约1275平方千米，涉及四川天府新区和成都东部新区、龙泉驿区、青白江区、金堂县5个区域，是成渝城市群主轴上的重要生态绿核和重要生态屏障。

2017～2022年，成都龙泉山城市森林公园管委会始终坚持高点布局打造城市绿心，出台全国首部城市森林公园地方法规，编制形成四川省首个跨行政区域生态保护类的国土空间规划，创新划定“三线一单”和“三分区”，与中科院等开展31项专题研究，形成23个项目研究成果。科学推进国土绿化，累计造林植绿1.07万公顷，组织300多家省、市、县级单位创新开展“包山头”义务植树履责活动，造林200万余株、近1600公顷，构建国家“互联网+义务植树”基地信息系统，成功落户总投资125亿元的龙泉山国家储备林项目，入选国家首批20个国土绿化试点示范项目并获中央财政支持1.5亿元。推动乡村振兴和生态价值转化，建成丹景台、云顶牧场等高品质特色景点，建成旅游环线65千米，年吸引市民游客近千万人次到公园游览体验。

◆ “一山连两翼”规划图

◆ 龙泉山

2022年，成都龙泉山城市森林公园管委会被全国绿化委员会、人力资源和社会保障部、国家林业和草原局表彰为全国绿化先进集体。

◆ 丹景台景区秋景

河南着力推进黄河生态廊道建设

黄河流域作为我国重要的生态屏障，在国家和河南省的经济社会发展和生态安全方面具有十分重要的地位。黄河在河南流经三门峡、洛阳、济源、焦作、郑州、新乡、开封、濮阳8个市，沿黄生态建设始终是河南省林业建设的重点，尤其是黄河流域生态保护和高质量发展战略实施以来，河南省以黄河生态廊道建设为抓手，加大黄河流域生态保护力度，在黄河流域先后启动实施了天然林保护、退耕还林、中央财政补贴造林、山区困难地造林、廊道绿化、乡村绿化美化等一大批国家和省级工程项目。

◆ 王园线黄河绿色廊道焦作孟州市竹园村示范段

◆ 开封市黄河大堤绿化

沿黄各地结合黄河中游、下游不同地形地貌特征，积极行动，以山水林田湖草沙综合治理，改善沿线区域民生条件，促进沿线地区乡村振兴，推进沿线文旅产业繁荣为目标，按照河南省林业局编制的《黄河生态廊道建设标准》，分近城市段、近乡镇段、自然荒野段3类，因地制宜推进生态廊道建设。2021年完成黄河生态廊道绿化2440公顷，实现黄河南岸绿廊贯通。2022年计划完成黄河生态廊道绿化533.33公顷，重点推动黄河北岸和重要支流生态廊道绿化。黄河生态廊道既成为黄河的一道安全屏障，又将黄河湿地、绿地、林地、文化公园、景区等有效串联融合起来，形成“自然风光+黄河文化+慢生活”为一体各具特色的自然与人文景观，为沿线群众的文化、休闲、旅游提供了一个全新的平台。

◆ 开封市黄河大堤黑港口段绿化成效

◆ 三门峡市陕州区沿黄生态廊道成为欢乐的花海

擘画壮乡绿色发展蓝图
谱写绿水青山崭新篇章

——踔厉奋发开启广西林业高质量发展新征程

2021年是“十四五”开局之年，广西林业部门深入学习贯彻习近平生态文明思想、习近平总书记视察广西“4·27”重要讲话精神和对广西工作系列重要指示要求，按照自治区党委、政府工作部署，持续以“起步就要提速、开局就要争先”的奋斗姿态，扎实工作、开拓创新，攻坚克难、努力拼搏，林业主要经济指标持续攀升，发展动能加快释放，林业生态质量持续改善，总体呈现稳中有进、进中向好的态势，实现了“十四五”良好开局。

◎ 产业兴旺，打造壮乡经济强力引擎

2021年，广西林业产业继续保持良好发展态势，传统产业转型升级加快、产业结构更趋平衡、新旧动能转换提速，林业成为广西绿色经济发展的重要支柱产业。广西林业产业实现总产值8487亿元，木材加工和造纸、林下经济和林业生态旅游产值均突破千亿元大关，其中木材加工和造纸产业产值达3222亿元，首次突破3000亿元；人造板产量6412万立方米，同比增长27.4%，产量规模由2016年占全国总产量的1/9提升至2021年占全国总产量的1/5；木、竹、藤家具产值290.5亿元，同比增长21.5%；林浆纸产业产值404亿元，同比增长28.3%，基本形成以钦州、北海、南宁为中心的国内最大林浆纸一体化项目基地。2021年，广西油茶新造林完成2.13万公顷，低产林改造1.77万公顷，全区油茶种植面积达到约56.67万公顷，油茶产业综合产值达400多亿元。支持银行机构研发专属信贷产品，发放油茶项目贷款。自治区政

◆ 广西八桂林木种苗公司岑软油茶苗圃基地

◆ 广西恩城国家级自然保护区山水风光

◆ 广西国有钦廉林场纤维板厂年产10万立方米中（高）密度纤维板生产线

◆ 广西国有三门江林场国家储备林复合经营培育桉树大径材示范林（林下种植三叉苦）

府将油茶种植保险纳入自治区试点险种，油茶树享受商品林保险政策，保险费率从1%降至0.2%～0.4%，农户每亩自缴保费仅需0.4～0.8元，大幅减轻林农负担。继续推进油茶收入保险试点，承保面积3333.33公顷，提供风险保障约1亿元。林下经济产值达1235亿元；林业生态旅游产业综合产值达2073亿元，突破两千亿元大关，姑婆山、大容山、良凤江等森林公园成为城乡居民游憩、休闲、健身的理想场所。同时，广西林产化工、速生丰产林、油茶、特色经济林、花卉苗木等特色产业快速发展，松香、八角、肉桂、茴油、桂油等特色林化产品产量均居全国第一位；全区花卉生产种植面积达66 666.67公顷，花卉产业总产值达202亿元，花卉产销呈平稳增长势头，广西已成为全国重要的林业产业大省（区）。

◎ 改革创新，释放壮美林业内在潜能

2021年，广西全面建立实施林长制，共设置五级林长19 160名，设立林长公示牌17 363块；首创“1+N”林长年度任务清单制度，下达年度市级林长任务清单62项。广西建立林长制较中央规定的时限（2022年6月底前）提前了将近1年，进度位居全国前列。广西积极推进林业改革，形成长洲区、苍梧县等一批集体林地“三权分置”改革先进经验。全区政策性森林保险完成投保面积926.67万公顷。林业产权交易平台林权交易额达到48亿元，同比增长52.7%。成功举办第十一届世界木材与木制品贸易大会、2021中国—东盟博览会林产品及木制品展、第二届广西花卉苗木交易会、广西家具家居博览会、第二届广西“两山”发展论坛等重大展会和活动。2021年，广西新立林业科技项目96项，其中：国家自然科学基金项目4项，“十四五”广西科技计划项目22项，中央引导地方专项2项。巩固国有林场改革成果，基本完成广西国有林场发展“十四五”规划编制工作，依据《国有林场绩效管理办法》等，出台区直林场高质量发展考核体系办法，进一步规范和加强区直林场管理。组织开展国有林场主体改革后的配套制度完善工作，计划开展国有林场“一场两制”改革试点工作，积极推进国有林场薪酬制度改革，创新绩效考核及薪酬激励措施机制，激发国有林场内生动力。2021年，广西13家自治区直属国有林场与广

◆ 2021中国—东盟博览会林产品及木制品展开幕仪式

◆ 广西北海金海湾红树林生态保护区

西碳中和科技发展有限公司签订了林业碳汇项目开发协议，正式启动广西近千万亩林业碳汇项目开发；中国人寿财产保险股份有限公司南宁市中心支公司与广西金桂集团成功签订广西首单83 333公顷500万元商业性林业碳汇指数保险。

◎ 科学造“绿”，全面筑牢南方生态屏障

2021年，广西坚持以自然恢复为主，人工修复为辅，造林、封山育林、抚育管护相结合，深入实施珠防林工程、海防林工程、造林补贴项目、国家储备林项目、林业沃土工程试点项目，完成植树造林面积20.41万公顷，森林覆盖率达62.55%。2021年，完成2020年石漠化治理工程24 474.27公顷（由于2020年任务下达较晚，2021年度实施），其中，人工造林1090.64公顷、封山育林23 227.01公顷、森林抚育156.62公顷。开展广西第四次石漠化调查工作，对全区石漠化状况以及治理情况进行调查，截至2021年，广西石漠化面积相比于2016年减少约48万公顷，石漠化土地减少率和石漠化治理成效居全国前列。全面开展林草种质资源普查工作，组织十多家科研单位和专家深度参与，普查范围覆盖到广西所有市、县，并同步进行种质资源收集和利用评价；完成广西国家级林木种质资源库建设，项目总投入6211万元，建设面积480公顷，共收集和保存速生用材、乡土珍贵树种、经济林、观赏树种、竹藤5个大类共108种5000多份种质，成为全国林木种质资源的重要保存基地。2021年，广西审（认）定林木良种17个，累计通过审（认）定林木良种248个，其中选育出的香花油茶品种是目前全国单产最高的油茶品种；全区现有重点林木良种基地35处，

◆ 广西雅长兰科植物国家级自然保护区内生长着世界最大的野生莎叶兰居群

◆ 广西防城金花茶国家级自然保护区内的野生金花茶

总面积4333.33公顷，年产良种种子3.5万千克，基本满足全区主要造林树种的良种需求。2021年首次启动自治区级林木种苗质量“双随机、一公开”抽查。重点抽查苗圃地、种苗集散地、造林地苗木质量，抽查苗批合格率88%、生产经营档案建档率96.8%、标签使用率95.3%。2021年完成村屯绿化美化景观提升项目100个，累计种植各类苗木11.8万株。印发《城乡绿化珍贵树种进百城入万村行动方案》。新增全国生态文化村6个、广西生态文化村42个、广西生态文化示范基地12个，村庄绿化覆盖率达40.55%。广西地方标准《古树名木保护技术规范》《古树名木养护管理技术规程》于2021年4月25日正式公布，古树名木“过度硬化”专项整治工作在全区推进。

◆ 广西崇左白头叶猴国家级自然保护区里的白头叶猴

◎ 长效护林，壮美蓝图浸染生态底色

2021年，广西森林总蓄积量达9.78亿立方米，可采率超过60%；林地面积为1613.74万公顷，占全区国土面积的67.91%；森林面积1486.37万公顷，人工林面积890.85万公顷，天然林面积566.01万公顷。全年累计可使用林地定额12 463.20公顷，植被恢复费增收达16亿元。2021年12月9日，广西建立了打击野生动植物非法贸易厅际联席会议制度；“2021清风行动”“昆仑2021”“国门利剑2021”“守护者2021”、广西“绿网·飓风 2021”等系列专项行动取得了明显成效。广西持续开展迁徙候鸟调查监测，鳄蜥、东黑冠长臂猿、白头叶猴、穿山甲等珍稀濒危野生动物保护与繁育研究不断加强，全区陆生野生动物种类、高等植物种类数量居全国前列，现有陆生野生脊椎动物1151种，占全国的14%以上；已知高等植物9494种，仅次于云南省和四川省，居全国第三位。广西以全面推行林长制为契机，推进“自治区—市—县—乡—村—护林员”六级网格化管理体系建设，强化森林防灭火的政府领导责任、林业部门行业管理责任、森林经营者主体责任。2021年，广西发生并造成较严重危害的林业有害生物共有59种，发生总面积353 641.77公顷，比2020年下降7.74%。2021年广西共发生森林火灾97起，同比下降52.9%，森林火灾受害率控制在0.033‰，远低于0.8‰的设定目标。没有发生重大、特大森林火灾，没有发生火灾致人伤亡及扑火伤亡事故。2021年，广西营造红树林62.78公顷，修复红树林398.3公顷；组织编制《广西湿地保护“十四五”规划》《广西红树林保护修复专项行动实施方案》通过广西湿地保护修复工作厅际联席会议第四次会议审议。紧抓森林资源调查监测、草原基况监测、草原生态评价、草原年度性动态变化等工作，2021年完成林草湿数据与“国土三调”数据对接融合，常态化开展林草生态综合监测工作，构建“空天地”一体化林草资源监测监管体系，建立广西森林资源监管平台，截至2021年，完成草原种草改良3333.33公顷，草原综合植被盖度达82.82%。（翁旋峻 撰稿）

◆ 广西国有维都林场油茶“双高”示范基地

强化"五个坚持"
实现"城在林中　林在城中"

——广东省江门市

江门市认真贯彻落实习近平生态文明思想，牢固树立生态优先、绿色发展的导向，高度重视林业生态建设，持续深入推进城乡国土绿化，实现"城在林中、林在城中"；先后获"全省造林绿化先进集体""全国平原绿化先进单位""国家森林城市"等荣誉称号。

◆ 绿染江门

◎ **坚持生态优先导向**　江门市委、市政府牢固树立"绿水青山就是金山银山"的理念，守住发展和生态底线，持续推进林业生态建设。江门市成立全省首个以市长为组长的江门市自然资源统筹管理委员会，把生态建设纳入市委、市政府重点工作。多方筹措资金，大力开展植树造林、生态修复等工作，江门市年均投入林业生态建设5亿元、新造林1.3万公顷以上。截至2021年底，全市森林面积达42.9万公顷，森林覆盖率达45.12%，全市涉林产业总产值达416亿元。

◎ **坚持创新义务植树形式**　江门市将义务植树工作贯穿全年，除在植树节期间组织各级机关、事业单位集中开展义务植树活动，还将义务植树与各个节日、纪念活动有机串联起来，种植了巾帼林、青年林等一批节日主题林，发动企业积极参与，打造了外来务工人

◆ 台山市大隆洞水库

◆ 江门市2021年"互联网＋义务植树"活动

员义务植树基地；通过开展“云植树”“公益林认种认养”等“互联网+义务植树”以及党员义工植树活动，开启全民义务植树新模式。义务植树运动开展40年以来，全市累计义务植树1.54亿株，参加义务植树5241万人次，建成全省唯一一个国家级全民义务植树基地。

◎ **坚持管实管严森林资源** 江门市严格执行森林采伐限额和联审制度，加强森林火灾预防能力建设，加强松材线虫病、薇甘菊等重大林业有害生物防控，不断加强森林资源保育，实现森林面积、蓄积量双增。率先开展自然保护地整合优化工作，大力推进生态公益林扩面工作，不断优化森林结构，提升生态功能。“十三五”时期以来，江门市生态公益林占比提升到51%，建成生态公益林示范区14个，自然保护区12个。

◆ 广东新会小鸟天堂国家湿地公园

◎ **坚持深化国家森林城市建设** 江门市按照森林城市—森林县城—森林城镇—森林乡村的系列建设，创新性推进森林城市建设向纵深发展，向镇村延伸，实现“城在林中、林在城中”。“十三五”时期以来，全市建成各级各类公园1700多个，其中国家级湿地公园3个，人均公园绿地面积达20.16平方米；建成国家级绿色矿山5个，省级绿色矿山23个；建成“广东省森林小镇”23个；实施乡村绿化美化569个村，已建在建古树公园30个（含绿美古树乡村），有17个村被认定为“国家森林乡村”，26个村被认定为“广东省森林乡村”。

◎ **坚持全面从严治党** 江门市重视林业队伍建设，强化政治“铸魂”和正风肃纪，优化人员结构，提升林业队伍综合素质，深入推进“三大阳光工程”，开展“四风”问题整治，全力打造一支勤政廉政生态建设队伍，为林业事业发展提供保障。

◆ 广东台山镇海湾红树林国家湿地公园

滨海绿城　好心茂名

——广东省茂名市创建国家森林城市工作纪实

近年来，茂名市顺应人民群众对美好生活的热切期盼，立足资源禀赋和生态优势，于2016年率先在粤西提出创建国家森林城市，高起点规划、高标准建设、高水平管理，提交了一份令人满意的成绩单。截至2022年底，全市森林面积63.65万公顷，森林覆盖率55.70%，城区绿化覆盖率44.27%，道路绿化率96.63%，人均公园绿地面积18.16平方米。“创森”期间，茂名市空气质量综合指数持续优良，多年位居广东省前列，2021年空气优良天数达标率居全省第二。2022年11月2日，茂名市被国家林业和草原局授予“国家森林城市”称号。

◎ 注重顶层设计，厚植生态底色

茂名市把创建国家森林城市作为党政“一把手”工程来抓，将生态建设与经济社会发展同谋划、同推进。实行“政府主导，群众参与，部门配合，上下联动，整体推进”的创建机制，形成了创建国家森林城市的强大合力。每年召开高规格“创森”工作推进会，对“创森”工作重点督查督办，并纳入绩效考核。2017～2022年，全市累计投入超36亿元，大规模、大手笔全面铺开森林城市重点工程建设。“创森”期间，是茂名市绿化投入最多、绿地提质最快的时期，城市面貌焕然一新，形成了“主干道路有景观、重点区域有亮点、公园绿地有精品”的格局。

◆ 小东江十里景观休闲带

◎ 实施生态修复，造就城市绿肺

茂名市把生态环境综合治理作为打造滨海绿城的必答题，多项生态工程齐头并进。2017～2022年，新建及改建露天矿生态公园、水东湾海洋公园、官渡公园、新湖公园、春苑公园等一批公园绿地，全市公园绿地面积达3356.09公顷，构成星罗棋布的“城市绿肺”。曾经的“城市伤疤”露天矿，通过实施生态修复工程蝶变为生态公园，创造了工矿遗址生态修复的国家样板。曾经污染严重的“母亲河”小东江，如今变得水清、岸绿、景美，形成集防洪、景观、休闲于一体的十里滨水景观

◆ 茂名市露天矿生态公园

带。曾因围海造陆、围塘养殖遭到破坏的水东湾，如今变成远近闻名的人工种植红树林恢复基地。

◎ 紧扣生态主题，打造富民产业

茂名市积极做好绿色惠民“大文章”，大力推动特色经济林、林下经济、森林旅游等绿色产业发展，形成了多头并进的林业产业发展格局。2022年有省级以上林业龙头企业12家，其中国家级2家，省级以上林下经济示范基地7家，特色经济林24万公顷，荔枝、龙眼、三华李、番石榴等水果一应俱全，是中国水果第一市。荔枝种植面积和产量约占世界的五分之一，是世界最大的荔枝生产基地。电白沉香、化州橘红、信宜铁皮石斛、高州油茶等林产品品牌初具规模。2021年，全市实现林业产业总产值226.11亿元。森林生态旅游纳入全市旅游发展规划，成为林业产业的新兴力量。建成广东茂名森林公园、天马山等一批森林旅游景点，大力推进森林小镇、森林乡村建设，积极培育“乡村旅游+生态”新业态。依托森林景观资源，精心打造7条广东省森林旅游特色线路，成为生态旅游的打卡圣地。

◆ 广东云开山国家级自然保护区

◎ 加强资源管护，巩固生态成果

茂名市始终坚持在发展中“造绿”、在“造绿”中管护、在管护中发展。全面推行“林长制”，进一步加大森林、湿地资源保护力度，严格实行森林采伐限额管理、林地定额管理制度。严厉打击违法侵占、破坏林地资源和捕猎、出售野生动物等行为，严格落实有害生物防治责任制度。大力推动古树名木保护管理规范化、科学化和常态化，高州市根子镇柏桥荔枝贡园，被称为“活的荔枝博物馆”。新中国第一条沿海防护林带——博贺林带，如今更加郁郁葱葱，迸发出勃勃生机，继续发挥巨大的作用。

◎ 唱响绿色旋律，点燃“创森”激情

茂名市大力推动“创森”宣传进机关、进企业、进学校、进社区、进家庭，调动全社会参与森林城市建设的积极性。建成一批森林文化广场、湿地科普馆、森林博物馆，成为向市民普及森林文化知识的科普基地。广东茂名森林公园建成全省首个森林公园自然体验示范步道，被认定为全省首批自然教育基地之一。“森林城市·森林惠民”主题宣传、“创森”摄影大赛等宣传活动此起彼伏，生态文化示范企业、生态文明教育基地等“创森”评选活动热火朝天。开展“互联网+全民义务植树”“露天矿生态公园树木认种认养认捐”“有喜事来种树”等活动。

随着生态环境的变化、宜居指数的攀升，“茂名绿”已成为一张亮丽的名片，也为茂名的高质量发展积蓄了绿色新动能。茂名将继续全力推动生态建设，在绿美广东生态建设中作出茂名贡献，在全面建设社会主义现代化国家新征程中奋力谱写茂名高质量发展新篇章。

◆ 茂名博贺沿海防护林

山海林城 绿美阳江

——广东省阳江市创建国家森林城市工作纪实

近年来，阳江市委、市政府坚持以习近平生态文明思想为引领，以人民群众对美好生活的向往为奋斗目标，以生态优先、绿色发展为导向，全市上下凝心聚力，共谱绿美阳江高质量发展新篇章。至2022年底，全市森林面积达45.85万公顷，森林覆盖率57.62%。2022年11月2日，阳江市被国家林业和草原局授予“国家森林城市”称号。

◆ 阳江母亲河——漠阳江

◎ 科学统筹谋划，擘画和谐共生绿色发展新图景

阳江市委、市政府高度重视森林城市创建工作。2016年市第七次党代会正式提出创建国家森林城市，2021年市第八次党代会再次强调“创建国家森林城市，让绿色生态成为发展的亮丽底色”。以科学规划为指引，围绕“一核三星、两屏两网、多园多点”的总体规划布局，深入开展“森林提质、公园之城、生态绿廊、森林家园、绿美乡村、生态文化”六大主题行动，以全域联创的思路推进国家森林城市建设，充分调动社会资本参与创建的积极性，社会累计投入5.3亿元，齐奏全民共建交响曲。

◎ 推进科学绿化，凸显绿网交织林城相依新成效

“创森”以来，阳江市积极开展通道连绿，密织相通相融生态绿廊。完成了978.68千米道路绿化美化建设任务，构建了多树种、多层次、多色彩的道路生态景观，实现了绿与路同时延伸。完成485.19千米水岸绿化美化建设任务，以岸绿衬托水清，水岸林木绿化率达91.81%，水体岸线自然化率90.50%。“创森”期间，阳江市补植厚植沿海防护林带，以“绿色长城”护卫千里海疆，坚定地体现了生态担当。在保护建成区山体的基础上，全市推动完成89处城市公园绿地建设，其中金鸡岭森林公园将松、桉纯林改造为拥有50多个主要树种、10个专类园的城市“绿肺”，成为市民登高揽胜、休闲健身的理想场所。社区公园、森林公园、郊野公园、乡村公园覆盖全城，满足了城乡居民出行“300米见绿，500米见园”的休闲游憩需要。

◆ 鸳鸯湖公园（袁丹心　摄）

◎ 夯实绿色根基，实现生态涵养承载能力新提升

阳江市各级林长齐抓共管，着力构建健康稳定的森林生态系统，切实维护生态安全。持续推动森林碳汇造林、低质低效林改造、石漠化综合治理等工程建设，积极推进生态公益林示范区建设。立足城市滨海特点，大力推动生态修复，海陵岛红树林国家湿地公园获评广东生态修复十大样板工程之一。严格实施森林湿地资源网格化管理，重点加强自然保护地基础设施与科研监测建设，全市2512株古树名木得到“一树一档”管护。持续推进生物多样性保护，对猪血木、杜鹃红山茶等极小种群开展就地与迁地保护；野生动物保护救助能力显著提升，季节性迁徙途经阳江的野生鸟类逐年增多，勺嘴鹬、黑脸琵鹭等珍稀濒危鸟类频繁造访。2021年6月，阳江市鹅凰嶂自然保护区监测到国家一级重点保护野生动物中华穿山甲，这是近年来首次在粤西地区发现野生中华穿山甲活动。

◆ 阳东寿长河湿地（袁丹心　摄）

◆ 阳西龟岭

◎ 坚持生态惠民，开创“创森”成果有效转化新局面

阳江通过创建国家森林城市，不仅创实了生态基础，创美了人居环境，还创齐了民心，创高了群众生活质量，把“创森”成果转化为更普惠的民生福祉。2022年，城区绿化覆盖率44.01%，城区人均公园绿地面积17.92平方米，市区环境空气质量六项基本项目全面达标。由政府财政投资建设的各类公园、绿地、绿道均免费向公众开放，最大限度地让公众享受森林城市建设成果。经第三方机构调查结果显示，市民对“创森”工作支持率、满意度分别达到99.7%和99.2%。

◎ 弘扬生态文化，构建全民“创森”共建共享新格局

“创森”期间，阳江市启用推广“阳江全民义务植树”小程序，阳江森林城市公益林上线支付宝蚂蚁森林，组织建设“阳江援鄂抗疫纪念林”以及各类主题林，不断丰富义务植树参与形式，引导干部群众积极投身绿化阳江大行动。积极建设公益性质的森林教育基地，广泛组织植物认知、野生动植物保护等“森林课堂”自然教育活动，开展形式多样、内容丰富的群众性生态宣传活动百余场，森林城市理念更加深入人心。

◆ 鸡笼顶森林公园（袁丹心　摄）

重庆推深做实林长制
筑牢长江上游重要生态屏障

重庆地处长江上游，三峡库区腹地，生态区位十分重要。重庆市委、市政府深学笃用习近平生态文明思想，自觉强化“上游意识”、担起“上游责任”，以林长制为抓手，大力推动生态文明建设。

◆ 重庆市奉节县长江两岸生态景观林

重庆2017年率先探索推行林长制试点，2021年全面推行，出台《关于全面推行林长制的实施意见》，市委书记、市长共同担任全市总林长，发布1号全市总林长令，部署开展森林资源“四乱”突出问题专项整治，编制印发林长巡林等8项工作制度，建立健全市、区（县）、乡（镇）、村（社）全域覆盖的“四级林长+网格护林员”林长制责任体系，探索建立“林长+河长”“林长+警长”“林长+检察长”“林长+法院院长”等联动协作机制，落实林长近2万人、网格护林员4.8万人。

◆ 重庆大巴山国家级自然保护区

2017年7月以来，依托推行林长制，重庆大力实施国土绿化提升行动、科学建设“两岸青山·千里林带”、国家储备林，推广应用“森林防火一码通”，开展松材线虫病疫木除治“百日大会战”，创新开展森林覆盖率横向生态补偿，大力发展生态惠民产业，重庆绿水青山底色越来越亮、“金山银山”成色越来越足，生态优先、绿色发展的含绿量、含金量显著提升，生物多样性得到有效保护，生态系统的完整性、稳定性进一步增强，以林长制促“林长治”取得阶段性成效。全市森林覆盖率从2017年的46.3%提高到2021年的54.5%，排名从2017年的全国第12位首次跻身第10位，林业全产业链增加值占全市GDP总量的比例从2017年的4.4%提高到近5.6%，巫山五里坡成功入选世界自然遗产地，云阳县获2021年国务院林长制督查激励奖励，神农架国家公园（重庆片区）创建工作实质启动，中央全面深化改革委员会办公室印发专报肯定重庆全面推行林长制成效。

深化林长制改革　实现林业高质量发展

——安徽省太湖县

太湖县地处长江中下游，大别山南麓，是安徽省21个重点山区县之一。全县林业用地12万公顷，森林覆盖率56.15%；湿地1.2万公顷，湿地保护率达71%。太湖县先后获评全国科技兴林示范县、全国绿色小康示范县、全国森林旅游示范县、全国木本油料特色区域示范县、中国森林氧吧、国家生态文明建设示范县。太湖县林业局承担着全县林业生态保护、指导产业发展等职责。近年来，太湖县林业局认真践行习近平生态文明思想，推进林业高质量发展，并获得中国林业产业突出贡献奖、全国森林防火先进集体等荣誉。

◆ 安徽省林业局党组书记、局长牛向阳带队在太湖县寺前镇乔木寨村调研森林防火网格化管理工作

◆ 沪渝高速太湖段森林长廊和沿线乡村绿化

◎ **深化改革创新，健全发展机制**　2017年在全省率先启动林长制改革，全县区划为15个乡镇级网格、174个村级网格、2823个护林员网格，设立县、乡、村林长1135名，建成了“三级林长+护林员”的组织体系和“五个一”服务平台，建立完善考核评价等系列制度，统筹推进“六大森林行动”，积极探索森林生态产品价值实现机制，通过“林长制”实现“林长治”。

◎ **强化系统治理，呵护绿水青山**　强化森林、湿地和生物多样性一体保护，严格林地、林木、野生动植物管理，加强森林防火、林业有害生物等灾害防控。坚持分区、分类、因林施策，全面保育5.33万公顷公益林、科学经营6.67万公顷商品林，有力保障森林生态安全。

◆ 安徽天润好茶油股份有限公司喜摘油茶果

◎ **建强产业链条，打造“金山银山”**　培优扶强林业经营主体及主导产业，“消灭芭茅山三年行动计划”圆满收官，开展“森林质量提升三年行动计划”，实施“百村万树”行动，助力乡村振兴。全县林业经营主体385家，其中市级以上龙头企业（示范社）40家。建成油茶林1.97万公顷、竹林1.2万公顷，2021年林业产值达70亿元，形成了从“绿水青山”到“金山银山”有效转化的太湖样板。

（太湖县林业局鲁平焰　撰稿）

百里黄金地　江南聚宝盆

——湖北省大冶市大力推进国土绿化和林业产业发展

◆ 新冶大道俯瞰大冶城市美景

大冶市位于鄂东南商品林和生态公益林混合型建设区域，属于湖北省常绿落叶阔叶林区，以丘陵、山地、平畈地形为主，其中丘陵地带占境域面积的67%。全市林地面积54 141.52公顷，占全市国土面积155 672.41公顷的34.78%，湿地、水面占全市国土面积的10.78%。大冶的市域林木覆盖率达到35.20%，道路林木绿化率达91.20%，水岸林木绿化率92.81%，农田林网控制率为93.66%，城市建成区绿化覆盖率42.67%，人均公园绿地面积达14.04平方米。林业产业强劲发展，截至2022年9月底，林业产值达58亿元，与上年同期（54亿元）相比增长近8%，绿色已经成为大冶经济社会发展的底色。

市财政每年安排8400万元专项资金用于国土绿化、林业产业建设。其中森林乡村建设按每村5万元的标准落实苗木，茶产业链、水果产业链、中药材产业链等每个产业链预算资金2000万元，有力地激发了全社会投入国土绿化、“两山转化”工作的热情。

◆ 灵秀雷山

2022年1～10月，全市计划完成国土绿化1639.8公顷，其中石漠化治理人工造林373.33公顷，退化林修复266.47公顷，2021年中央财政补贴造林333.33公顷，封山育林666.67公顷。经第三方公司检查验收：实际完成造林1640.56公顷，其中人工造林707.23公顷（石漠化治理造林373.60公顷、2021年中央财政补贴造林333.63公顷），退化林修复266.67公顷，封山育林666.67公顷，分别占计划任务的100.1%、100.1%、

100.1%、100%。组织实施森林乡村绿化美化项目25个，申报创建省级森林城镇1个、森林乡村8个。

围绕“一亩山万元钱”做文章，大力发展以白茶、蓝莓、猕猴桃、铁皮石斛、竹制品、林下中药材等为主要品种的林业特色产业，建成白茶产业基地28个、红砾土猕猴桃产业基地2个、蓝莓采摘基地1个、森林康养园9个、林下中药材种植基地13个、竹制品加工企业1个。大冶康之堂农业发展有限公司的铁皮石斛林下经济示范基地入选第五批国家林下经济示范基地（全省共5家），大冶市龙凤山生态园入选省青少年自然教育绿色营地，保安湖湿地公园建成国家湿地公园。

◆ 龙角山十八拐四季景致

◆ 保安湖荷香鸟韵

◆ 龙凤山森林康养基地

贵州毕节黔西市发行全省首张林业碳票
探索实现生态产品价值新路径

实现碳达峰碳中和，是贯彻新发展理念、构建新发展格局、推动高质量发展的内在要求，是党中央统筹国内、国际两个大局作出的重大战略决策。

2022年2月，毕节市黔西市毕绿生态绿色产业发展有限公司（以下简称毕绿公司）获全省首张林业碳票，是贵州贯彻落实习近平总书记生态文明思想的生动实践，是积极稳妥推进碳达峰碳中和战略的重要举措，对黔西市毕绿公司有里程碑式的意义。

◆ 毕绿生态公司工作人员展示申办到的林业碳票

林业碳票是林地林木固碳释氧收益权凭证，是森林的固碳释氧功能作为资产交易的

◆ 黔西市金碧镇万家寨社区沙嘎坡国储林示范点

◆ 森林消防车在林间巡查

“身份证”。有利于加快形成节约资源和保护环境的产业结构、生产方式、生活方式和空间格局。黔西市毕绿公司申请获得林业碳票，能够从碳汇市场中得到额外的投资回报，进一步激发公司造林育林的内生动力，推动生态文明建设高质量发展。

黔西市毕绿公司是一家从事国家储备林项目建设的国有企业，经营林地9600余公顷。2022年1月，公司将2204公顷固碳释氧效益明显的国家储备林项目林地申请颁发林业碳票，于2月份获得编号为“0000001”的贵州首张林业碳票，5月，该碳票获得贵州银行质押担保贷款500万元。

贵州首张林业碳票的诞生得益于贵州省和毕节市积极适应新时代新要求，加强体制机制创新的决心和魄力。毕节市充分发挥森林资源优势，以绿色发展的思维开发国储林项目潜力和效益，稳步推进林业碳汇和国家储备林有机结合发展。

下一步，毕节市将持续全面贯彻新发展理念，践行“绿水青山就是金山银山”生态文明思想，积极稳妥推动碳达峰碳中和工作，深入实施林业生态工程，完善绿色低碳政策体系，探索“碳票”变“钞票”的生态产品价值实现机制，持续在新时代西部大开发上闯新路、开新局、抢新机、出新绩。

◆ 黔西市国储林项目中幼林抚育外业调查

昔日死亡之海　今朝绿色家园

——新疆生产建设兵团第一师十一团造林绿化纪实

塔克拉玛干沙漠中部北缘纵横着一片30多千米的绿洲，这就是新疆生产建设兵团第一师十一团的所在地。站在塔克拉玛干沙漠生态公益林的瞭望塔上，向南，是一望无垠的沙漠，沙海绵延；向北，是一片绿色的海洋，生机盎然。十一团建团57年来，历届党委以“植绿护绿兴绿”为己任，坚持“人走政不息”的执政理念，接续推进国土绿化和防沙治沙建设，通过加强天然荒漠林封育管护，规模化营造人工防护林，构建了由团场外围向内部依次分布的荒漠林、防风固沙基干林、道路林和农田防护林以及居住区绿化林四级生态安全屏障，同时通过大力建设特色果品林，形成了独具特色的人工绿洲防护林体系。截至2021年底，全团森林面积达到1.57万公顷，林网化达到90%，森林覆盖率由建团初期的5%提高到33.8%，将绿洲向塔克拉玛干沙漠延伸了整整20千米，在亘古沙海构筑起了一道坚实的生态屏障。

◆ 国土绿化方案研讨

◎ **天然荒漠林区形成固沙带**　坚持“保护优先、绿色发展”，2004年团场的3333公顷天然柽柳林纳入国家级公益林管护范围以来，通过制定施行《十一团重点公益林管护办法》，建设围栏、瞭望塔等管护设施，落实专职护林员日常巡查管护等，至今未发生一起侵占林地、毁林开垦案件，有力地保护和提升了天然荒漠林区林分质量和防风固沙等生态功能，遏制了沙丘活化，阻挡了塔克拉玛干沙漠北移。

◎ **“359”生态林有效阻挡风沙**　2012年起，第一师开始大规模推进国土绿化和防沙治沙建设，全师规划建设沿沙漠边缘宽100～400米、长84千米的“359”大型生态防护林，十一团党委连年发动干部、职工、群众齐上阵，全团义务植树大会战，累计投入人工12万多人次，资金3000万余元。截至2021年底，已造林20千米，面积433公顷，栽种树木143.83万株。“359”生态林绿树成荫，成了胡杨、沙枣、榆树、桑树、白蜡等沙生植物的家园，野兔、锦鸡、马鹿、刺猬、黄羊等野生动物的乐园。

◆ 生态公益项目阿拉尔工程初见成效

◎ **大力发展生态经济型防护林** 自2002年起，十一团以每年200公顷的规模将团场南部的沙化耕地实施退耕地还林，截至2021年底，累计实施退耕地还林1300公顷用于种植果树，累计种植216.45万株，其中新一轮退耕地还林700公顷。2014年起，团场在南线沙漠边缘种植柽柳、黑枸杞、甘草等生态经济型防护林3067公顷。2018年，与中华环境保护基金会形成长期合作关系，争取到凯迪拉克、腾讯QQ、支付宝等公益项目资金1100万元，新增217国道沿线高标准道路林100公顷，栽植树木53万余株。2019～2021年，通过实施三北防护林、塔里木盆地周边防沙治沙和水土保持工程等生态治沙项目，新增四翅滨藜、梭梭、沙拐枣等灌木林2200公顷。至此，人工生态经济型防护林达到6500公顷，在有效发挥护农促牧功能、维护农业稳产增收的同时，也有力地推进了绿色富民产业的发展。

◆ 醉美胡杨林

◎ **居住区绿化林成就宜居环境** 按照城镇居住小区绿化率45%的要求配套绿化。2015～2021年，在镇区先后营造了三横三纵的道路绿化和八大小区景观绿化面积38公顷，各类苗木500万株，漫步城镇和小区，树木葱绿、芳草萋萋、花香怡人。

◎ **经济林成为职工致富林** 十一团党委坚持生态林和经济林相统一，生态建设与脱贫攻坚相结合，截至2021年底，已经建成耕地面积1.55万公顷，生态治理面积1.52万公顷，其中特色经济林0.49万公顷，年产果品9万余吨，果品年销售产值8亿多元，林果从业人员1881户2821人，户年均纯收入7万多元。

生态环境改善后，十一团成为南疆休闲旅游胜地，2021年十一团荣获“国家体育旅游示范基地”称号、十一团十三连入选首批全国乡村旅游重点村名录，中华昆岗故地、环塔沙漠越野赛等自然生态旅游景点和活动，每年都吸引新疆内外游客数十万人。2021年、2022年春节期间，到十一团景区旅游的车辆达10万多辆次、旅游人次突破60万人次。

◆ 杏喜获丰收

清风轻拂，放眼望去，十一团人“劳作在林中，居住在景中，生活在城中，致富在市中，享乐在其中”，十一团日益成为投资创业的热土，吸引着八方商客来投资兴业，与十一团人共同创造、拥抱辉煌的明天。

盐城荣获"国际湿地城市"称号

2022年6月8日，国际湿地公约官网发布第二届国际湿地城市名单，全球25个城市获此殊荣，中国有7个城市上榜，江苏省盐城市名列其中。凭借优越的资源禀赋和对湿地资源的不懈保护，盐城在评选中脱颖而出，成功摘下"国际湿地城市"金字招牌。

◆ 湿地森林（戚晓云　摄）

湿地是盐城最宝贵的家底。盐城拥有太平洋西岸、亚洲大陆边缘最大、保存最完好的45.5万公顷沿海滩涂湿地。在2019年第43届世界遗产大会上，位于盐城的中国黄（渤）海候鸟栖息地（第一期）被列入《世界遗产名录》，成为中国首处滨海湿地类世界自然遗产。作为全国唯一拥有2处国际重要湿地、1处世界自然遗产的地级市，盐城湿地保护地数量与等级在全国乃至世界均属前列。科学保护与恢复湿地资源，维持健康的湿地生态系统，是盐城实现可持续发展的基石。

◆ 丹鹤朝阳（孙华金　摄）

2018年底，盐城市全面启动国际湿地城市创建工作，成立盐城市湿地管理委员会，组织编制《盐城市湿地保护总体规划（2019～2030）》，以国际湿地城市认证提名指标（五大类15项）为创建标准，以《盐城市湿地保护修复两年行动计划（2019～2020）》为抓手，深入开展整体保护、系统修复和综合治理工作，不断增强湿地生态功能，系统提升城市湿地品质，有效推动人与自然和谐共生。

创建过程中，盐城市加强湿地世界遗产生态价值探索，成立专门机构统筹全市湿地和世界自然遗产保护管理工作，积极开展河岸环境整治、退"渔"还"湿"、建设小微湿地等生态修复工程。

◆ 盐城城市湿地

为让湿地保护管理有法可依、有章可循，盐城市颁布实施了《盐城市黄海湿地保护条例》，并建立司法保护协作机制。

在此基础上，坚持通过科学手段适度开发利用湿地资源，将湿地生态服务功能与休闲旅游、文化推广、农业等相结合，全方位维持湿地与区域经济发展的良性循环，湿地资源逐步变为看得见、摸得着的生态实景。东方湿地之都，盐城实至名归。

非凡五年，梁平铸就国际湿地城市

2022年11月，重庆市梁平区作为第二批入选的国际湿地城市受邀参加《湿地公约》第十四届缔约方大会并获颁国际湿地城市证书，成为中国西南地区唯一的国际湿地城市。在国际舞台上，梁平作为小微湿地保护典范，向全球展示绿色发展成效，分享湿地生态产品价值实现路径的成功经验。

梁平自古以来就是一座湿地与城市和谐共生之城，湿地资源近2万公顷，境内408条流域水系纵横交错、78座湖库星罗棋布、5万余公顷稻田湿地蔚为壮观，遍布城乡的小微湿地串珠成链，临水而建的城区与逐水而居的百姓相融相依。

◆ 湖城相融相依（余先怀　摄）

近年来，重庆梁平坚持生态优先、绿色发展，创新性提出“全域治水·湿地润城”，统筹山、水、林、田、湖、草、城生态空间，完善湿地保护修复长效机制，全面推动生态之城、品质之城、魅力之城建设，重构稳定的湿地生态系统，充分利用城区“一湖四库六水”优质水生态资源，以双桂湖为核心，大力实施河、湖、塘、库、溪连通，引水进城区、进社区、进小区，贯通城市水系绿系，构建约30平方千米结构完整、功能连续的城市湿地连绵体，保持生态系统的原真性和完整性，实现“推窗见绿、处处见湿”的生态景象。梁平先后获得生态保护与建设典型示范区、国家水生态文明城市、国家森林城市、中国天然氧吧等荣誉称号。

◆ 猎神山地梯级小微湿地（熊伟　摄）

深入发掘沟、塘、渠、堰、井、泉、溪、田等乡村小微湿地资源，采用近自然修复手法，建成400余个具有典型示范效应的小微湿地，最大限度保护生态肌理和曲美岸线自然生态风貌，广泛推广“小微湿地+”保护与合理利用模式，助力城乡深度融合发展，形成经济作物种植、水产养殖、湿地康养、湿地旅游四大生态产业，“小微湿地+”成为老百姓经济致富的活水源、美好生活的幸福泉，有序构建城乡湿地有机共同体。

梁平将持续巩固国际湿地城市创建成果，擦亮国际湿地城市金字招牌，担负起湿地保护重任，输出梁平湿地保护模式，贡献梁平湿地保护智慧，共同绘就人与自然和谐共生的中国生态画卷。

（重庆市梁平区湿地保护中心余先怀　撰稿）

◆ 生态之城（余先怀　摄）

中国北方生态宜养地——北戴河新区

北戴河新区位于河北省秦皇岛市，环境优美，景色宜人，沿渤海82千米海岸线拥有碧海、金沙、湿地、绿地等景观，每年超千万计的中外游客慕名而来度假观光。

近年来，中共秦皇岛北戴河新区工作委员会、秦皇岛北戴河新区管理委员会坚持“绿水青山就是金山银山”理念，将创建“国家森林城市”作为工作重点，紧紧围绕“宜居、宜业、宜游”发展理念和“提升生态环境、打造绿色城市”工作核心，提出了“决策发力、贯穿基层、统筹发展”的发展方向。

◆ 北戴河新区沿渤海海岸线

◆ 北戴河新区管委会办公区

2016～2021年，北戴河新区累计争取省级以上投资0.23亿元，区级财政投入1.4亿元，完成造林绿化面积5620公顷。截至2021年末，北戴河新区林木覆盖率达到44.62%，较2016年提高16.27个百分点，建成区绿化覆盖率43.7%，绿地率42.7%，人均公园绿地面积14.51平方米。为丰富市民日常休闲生活，北戴河新区集中建设了蔚蓝海岸中央公园、幸福公园、东沙河公园，并对听涛公园、戴河景观园进行了景观提升，大大提高了城区市民的幸福指数。

2016年9月28日，国家发展改革委正式批复《北戴河生命健康产业创新示范区发展总体规划（2016～2030年）》。为落实秦皇岛市总体规划，实施城市总体发展战略建设，北戴河新区先后组织实施了沿海防护林体系建设、基干林带改造提升工程、大规模流转土地造林工程、苗木产业和经济林基地建设、湿地生态修复及休闲公园建设等重大生态环境建设工程，打造了以沿海廊道绿化、生态休闲公园、森林湿地公园为核心的生态绿色长廊，北戴河新区整体生态环境质量实现显著提升，助力秦皇岛市成功创建国家森林城市。

◆ 蔚蓝海岸中央公园

北戴河新区在林业生态建设工作中取得了优异成绩，并于2020年获得“河北省森林城市”荣誉称号。北戴河新区林业园林局局长王伟于2018年12月获得秦皇岛市委、市政府授予的秦皇岛市“创建国家森林城市先进个人”荣誉称号，2020年12月获河北省绿化委员会等四部门授予的“河北省绿化奖章”。

守护绿水青山　筑牢京津生态屏障

——河北丰宁大滩林场

河北丰宁国有林场管理处大滩林场地处内蒙古高原南部边缘地带，属高寒坝上地区，平均海拔1650米。林场始建于1958年，全场总经营面积8533.3公顷，其中有林地面积6066.7公顷，公益林面积2933.3公顷，天然林面积1600公顷，森林覆盖率为71%，属公益二类林场。辖区内有千松坝国家级森林公园、柳树沟省级森林公园、省级滦河源头湿地公园。2013年和2019年，大滩林场两度被中国林场协会评为“全国十佳林场”，并成为中国林场协会常务理事单位。2019年千松坝森林公园云杉林入选“中国最美森林”。2021年大滩林场入选“森林康养林场”。

◎ 践行“两山”理念，绘就绿色画廊

2019年度河北省张承地区植树造林项目第78标段落户大滩林场。该项目总面积757.5公顷，对推进京津冀协同发展、筹办2022年冬奥会等具有极其重要的政治意义和战略意义。在大滩林场职工夜以继日的奋战下，3年期的工程项目仅用了40天便高质量完成，得到了各级领导的高度赞扬，打造了丰宁县造林精品工程。

◆ 丰宁国家森林公园千松坝景区针、阔叶混交林交相辉映（杨照国　摄）

◎ 依托场外造林，助力精准扶贫

近年来，大滩林场针对生态环境相对薄弱地区大力推广场外造林，几年来共无偿社会造林933.3公顷，为当地居民提供了6000余个就业岗位、增加就业收入180余万元，为村集体增加年收入22万元。通过近年来的社会绿化和部门绿化，为精准扶贫与乡村振兴有效衔接提供了生态保障。

◆ 大滩林场2019年度实施的张承地区万亩造林项目区一角（杨照国　摄）

◎ 借力生态旅游，带动地方经济发展

大滩林场千松坝国家级森林公园以其独特的原始性见长，是一处集森林、花海、小溪为一体的生态旅游度假胜地。近几年，公园的发展已步入快车道，逐渐成为丰宁县大滩镇“京北第一草原”4A级景区内旅游行业的排头兵，每年慕名而来的游客络绎不绝，在带动林场经济大幅增长的同时也给当地的农家院提供了充足的客源，促进了地方经济的发展。

“习近平总书记在河北承德考察时所提的二次创业，不仅是塞罕坝林场的二次创业，也是丰宁国有林场的二次创业，更是基层林场的深层次创业。我们一定牢记总书记的嘱托，持续拼搏奋斗，让荒山变青山、青山变金山，实现绿色发展的中国梦！”2022年获评“全国绿化劳动模范”的大滩林场支部书记杨照国在接受承德市电视台专题采访时谈及林场未来的发展信心百倍。（杨照国、李秀臣　供稿）

以良种试验示范为核心 打造国家重点林木良种基地

——浙江省庆元县实验林场

浙江省丽水市庆元县实验林场创建于1982年，为公益二类事业单位，在职职工39人，下设6个科室、辖6个林区。场内有庆元县国家珍贵树种良种基地、浙江省林业保障性苗圃、浙江农林大学庆元县实验林场研究生联合培养基地和楠木森林公园。林场主要从事森林经营、林木良种繁育、生态公益林管护、园林绿化、林业科技示范推广、技术咨询等业务。

林场经营面积7753公顷，其中国乡合作造林5700公顷，国有林地2053公顷；生态公益林2887公顷，杉木大径材基地1573公顷，珍贵树种基地560公顷；活立木总蓄积量127.17万立方米。国乡合作造林涉及全县14个乡（镇、街道）、85个村，每年可为周边村集体和林农增加收入1000余万元。

◆ 苗圃基地

林场良种基地面积152公顷，收集保育了全国分布最广、数量最多的楠木、红豆树种质资源，共有浙江楠、闽楠、桢楠、紫楠、红豆树1272份，其他珍贵树种640多种，承担了浙江省楠木良种的供应。

林场与浙江农林大学、中国林科院亚林所建立了密切的科研合作关系，主持或参与科研项目30多项，相关成果获得浙江省科学技术二等奖2项，其他省、市级科技成果奖8项，主持或参与审（认）定良种8个、省级以上标准3项，获授权实用新型专利2项，发表论文40余篇。林场先后获得“全国绿化模范单位”“浙江省国有林场改革工作先进集体”“浙江省绿化模范——林业种苗先进单位”等荣誉称号10余个。

◆ 杉木人工林

◆ 轻基质容器苗

国有林场改革促发展 生态建设与产业发展双赢

——江西省浮梁县银坞林场

江西省景德镇市浮梁县银坞林场始建于1987年，其前身是区乡联营合办的林场。1989年恢复浮梁县制后，成立浮梁县银坞林场。林场依托世界银行贷款国家造林项目、森林资源发展与保护项目、日本政府贷款江西造林项目、欧洲投资银行贷款生物质能源——油茶造林项目逐渐发展壮大，是浮梁县唯一的国有林场，其造林山场坐落在浮梁县15个乡（镇），建设规模达13 463公顷。截至2021年底，林场森林覆盖率达90%以上，活林木蓄积量约92万立方米，其中人工造林面积8216公顷，大部分已进入采脂期、抚育间伐期，生态、社会、经济效益逐步显现。林场于2021年获评“全国十佳林场”。

◆ 油茶林

银坞林场实施国有林场改革以来，坚持把生态文明建设放在首位，不断加快转型升级，走出了一条生态建设与产业发展双赢之路。在大力发展森林特色新兴产业上，瞄准社会需求和行业发展前景，进行产业结构调整，践行“绿水青山就是金山银山”的理念，发挥资源和林业技术优势，转变机制，盘活资源，为巩固国有林场改革成果和深化国有林场改革，紧紧围绕国有林场改革总方针“一稳定、二建立、三增长”目标，积极探索“不砍树，也致富”的新发展路径，打造了6个示范基地：产业结构调整（茶叶+油茶）示范基地、大径材培育基地、良种良法示范基地、森林康养示范基地、一场一业示范基地、场外造林示范基地。

◆ 森林康养示范基地

◆ 林场培育的大径材

天然氧吧　鸟类天堂

——山东省聊城市茌平区国有广平林场

聊城市茌平区国有广平林场位于山东省聊城市黑龙江路沿线，距聊城市区8千米、国道105线6千米，位置优越，交通便利。2022年8月，广平林场被国家林业和草原局表彰为“全国绿化先进集体”。

广平林场是新中国成立后聊城市建立的第一个国有林场，总面积142公顷，其中林地面积120公顷（含国家级公益林38.72公顷），森林蓄积量0.74万立方米，森林覆盖率70%。林场东连茌新河，西接位山干渠，场内河网密布，水资源丰富，形成了独特的湿地生态环境，每年有上万只珍贵鸟类来此繁衍栖息。

多年来，广平林场紧紧围绕生态公益型职能定位，大力造林绿化，加强森林经营管理，科学防控森林病虫害，严防森林防火，加大湿地及生物多样性保护，取得显著成效。林场有杨树、法桐、柳树、白蜡、枣树、苹果树等几十个树种。

◆ 聊城市黑龙江路沿线林场概貌（戚宗华　摄）

2014年，整合广平林场、金牛湖和茌新河湿地资源，成功申报建立茌平金牛湖国家湿地公园（试点）。2019年12月，该湿地公园通过了国家林草局验收，正式晋级为国家级湿地公园，成为全市第二个国家湿地公园，为聊城市增添了一张亮丽的“国字号”生态名片。

2016年4月，林场与山东省林科院专家合作，建立面积达1.33公顷、涵盖84个品种速生白蜡示范园。经过几年的精心研究和培育，选育了白蜡新品种‘华蜡1号’和‘鲁绒’，被国家林草局授予植物新品种权。2022年2月，参与选育的‘银箭’绒毛白蜡、‘靓箭’绒毛白蜡、‘金翠’绒毛白蜡、‘绒红4号’白蜡4个白蜡品种被山东省林草品种审定委员会审定为良种。

◆ 金牛湖国家湿地公园内翱翔的白鹭（刘玥　摄）

◆ 广平林场场长王吉贵（全国五一劳动奖章获得者和全国林业系统劳动模范）向少先队员介绍如何保护森林（李华　摄）

科技引领　创新发展

——河南省国有南阳市黄石庵林场

国有南阳市黄石庵林场位于伏牛山主峰老界岭南麓腹地的西峡县行政区域内，幅域900多平方千米，森林面积1.28万公顷，森林覆盖率98.6%，活立木蓄积量117.61万立方米。林场与河南伏牛山国家级自然保护区黄石庵管理局实行“一个机构、两块牌子”的管理体制，为副处级事业建制，隶属南阳市林业局，内设17个机构（副科级），现有在职职工260人。

林场地处我国长江与黄河的分界线上，属北亚热带向暖温带的过渡带地区。区内有高等植物1054属2911种，占全省维管植物总科数的89.3%，其中，国家一级重点保护野生植物7种，国家二级重点保护野生植物45种；已查明的动物资源有脊椎动物387种，其中，国家一级重点保护野生动物14种，国家二级重点保护野生动物31种。

◆ 老界岭迎客松

◆ 老界岭日出

近年来，黄石庵林场认真贯彻落实习近平生态文明思想，提出了“科技引领发展 创新决定未来”工作理念，不断加强资源保护、科研监测、科技创新力度，提高干部职工素质能力，连续8年实现零火灾、零火警、零案件。林场2021年获评全省森林防灭火工作先进集体、河南省伏牛山区护林防火联防先进集体。近年来，林场先后开展了石斛、山茱萸、梅花鹿驯化、资源调查等方面的科研课题，其中，河南珍稀濒危石斛属植物资源调查及形态学鉴别与栽培技术研究荣获南阳市科技成果奖一等奖，大型真菌调查研究项目获得河南省林业科技成果奖一等奖，组织编写的曲茎石斛2个技术规程纳入河南省地方标准得到发布和实施，出版发行的《伏牛山大型真菌原色图鉴》荣获河南省自然科学学术一等奖。

◆ 林场组培室

中原大地冉冉升起的绿色明珠

——河南省国有洛宁县全宝山林场

◆ 全宝山日出

◆ 深山清泉

国有洛宁县全宝山林场位于河南省洛阳市洛宁县南部熊耳山北麓，其海拔最高点（2103.2米）为熊耳山主峰——全宝山，海拔最低点（500米）为神灵寨。林场总经营面积1.73万公顷，森林蓄积量90.1万立方米，森林覆盖率97.2%。林场为公益一类事业单位，正科级，编制135人。

林场旅游资源丰富。林场下辖神灵寨国家级森林公园、全宝山省级森林公园、西子湖省级湿地公园、洛阳熊耳山省级自然保护区。林区内负氧离子含量高，神灵寨、西子湖、全宝山负氧离子含量达9000～16 000个/立方厘米，是森林康养、旅游休闲的理想圣地。

◆ 国家一级重点保护野生动物黑鹳

林场林木资源丰富。林区有乔木400种，灌木210种，草本植物1120种，其中国家二级重点保护野生植物15种，代表植物有水曲柳、铁筷子、血皮槭等。此外，林场竹资源丰富，竹文化悠久。洛宁县淡竹栽植历史和竹文化历史悠久，现有淡竹1000公顷，据说伶伦制管的取竹地就在洛宁县陈吴乡金门山上。洛宁竹编久负盛名，为传承发扬竹编产业，林场曾组织开展6期竹编工艺培训班，培训贫困群众500余人，助力竹产业不断发展壮大，成为乡村振兴的绿色生态产业。

◆ 省级保护植物铁筷子花

近年来，林场以习近平生态文明思想为指导，践行“绿水青山就是金山银山”发展理念，持续加大森林资源保护力度，不断提升森林资源质量。2019年以来，林场战疫情、抗水灾、建基地、创名山，持续发挥“三牛”精神，荣获“中国特色竹乡”“中国生态文化名山”等称号，现已成为中原大地冉冉升起的绿色明珠！

绿色转型发展　打造一流现代化国有林场

——湖南省浏阳市浏阳湖国有林场

浏阳市浏阳湖国有林场成立于2009年，场部位于湖南省浏阳市关口街道境内。

林场森林资源丰富，是浏阳河水源涵养生态保护区、株树桥水库涵养区、浏阳市城市生态圈的重要组成部分和重要生态屏障。林场辖区风景优美，有西湖山、道吾山、天马山、象形山等风景名胜区。丰富的森林景观资源，是林场未来发展的重要依托，也是助力乡村振兴的宝贵资源。

◆ 道吾山风景区

自2016年国有林场改革以来，林场坚持“绿水青山就是金山银山”发展理念，以生态保护和森林资源培育为工作重心，全面推进森林经营工作。林场累计完成残次林改造800公顷、低产林改造800公顷，高质量实施珍稀树种造林2140公顷、国家储备林基地建设1213公顷、森林质量精准提升780公顷、生态廊道建设153公顷、国土绿化3927公顷、森林抚育6200公顷等一系列营造林项目，营造林工作多次迎接国家、省、市检查并获得高度评价，得到社会各界普遍认可。

◆ 天岩寨分场珍稀树种造林

近年来，林场转型发展迈上新台阶，实现了四大“转变”：工作重心从生产经营向生态建设转变；营林理念从注重经济效益向综合效益转变；森林管护由传统管护向智能管护转变；发展方向由“砍树经济”向“生态经济”转变。林场顺利实现从“砍树人”向“看树人”的角色转换，2018年获评“湖南省秀美林场”，2019～2021年连续三年获评“全省国有林场质量管理十佳林场”，2020年获评“全省绿化先进集体”。2022年，场长刘俊杰获评“全国绿化劳动模范”。

◆ 林场资源助力当地乡村振兴

展望未来发展，林场将以全新的姿态，积极进取，开拓创新，充分发挥森林资源优势，积极探索发展森林康养、森林旅游和林下经济，推动林业碳汇等新兴项目建设，寻找持续健康发展增长点，持续做好绿色文章，助力乡村振兴，为努力打造一流现代化国有林场而努力奋斗。

打造秀美林场　林业转型发展

——湖南省临武县西山国有林场

湖南省临武县西山国有林场始建于1958年，地处湖南省临武县西南部，位于湘粤边境南岭山脉，最高海拔1711.8米，最低海拔320米，属亚热带季风湿润气候区，年均气温16.0℃，气候宜人。

林场属正科级公益一类事业单位。林场经营总面积12 435.03公顷，有林地面积 11 875.44公顷，国家、省级生态公益林地面积6808.55公顷，活立木总蓄积量567 604立方米，森林覆盖率84.47%，林木绿化率94.12%。

林场内有维管植物213科787属1730种，其中国家一级重点保护野生植物3种，国家二级重点保护野生植物15种。有野生脊椎动物223种，其中国家一级重点保护野生动物4种，国家二级重点保护野生动物29种。

林场深入贯彻落实习近平生态文明思想，牢固树立“绿水青山就是金山银山”理念，严格落实林长制，强化森林资源管理，构筑守护绿水青山的坚固防线体系，保障林场连续42年无重大火灾事故。依托政策，以精准实施生态林业项目为支撑，提升森林资源质量，推动传统林业向现代林业转型发展。2014～2021年累计完成国家储备林基地建设1511公顷、森林质量精准提升项目1240公顷、欧投行贷款森林提质增效项目1726公顷、森林抚育1200公顷、草地改良260公顷、封山育林1933公顷、科技推广示范项目79公顷。强化科技兴林，加强与中国林科院热带林业研究所等科研院所合作，成功申报南岭北江源森林生态系统国家定位观测站，建立林业科技推广项目基地2个，种质资源库1个。

◆ 高山草原

近年来，林场辖区先后获得“湖南省生态旅游示范区”“郴州市十佳旅游目的地”“湖南省夏季避暑旅游目的地”“国家AAAA级旅游景区”“湖南省秀美林场”“湖南省十佳国有林场”等荣誉称号。

◆ 湖南省国家储备林基地

◆ 森林客栈

倡导生态优先　创新绿色发展

——广西天峨县林朵林场

天峨县林朵林场始建于1955年2月，全场经营总面积9400公顷，其中商品林6500公顷、公益林2767公顷、非林地133公顷，森林蓄积量125.9万立方米，森林覆盖率91.25%，主要经营杉木、马尾松、桉树、油茶、八角等。天峨县林朵林场是桂西北重要的杉木大径材生产基地、国家储备林建设基地、自治区级杉木良种基地，也是全国森林康养基地试点建设单位，曾荣获“全国五一劳动奖状”以及“全国精神文明建设工作先进单位”“全国十佳林场”等国家、省级荣誉。

◆ 杉木大径材

近年来，林场以生态优先、绿色发展为导向，大力推进森林资源培育、板材加工、森林旅游、林下经济等产业发展，天峨县林朵杉木产业现代化示范区被认定为2021年广西现代特色农业示范区。

◎ **强基固本，全力提升森林经营水平**　全面推行科学营林，坚持“调结构、用良种、选壮苗、精抚育、重科学、严管护”，持续提升林业经营的规模化、专业化和集约化水平。林木生长优势明显、林相整齐，杉木高产示范林的生长速度、树高、胸径、蓄积量比广西速丰林标准高出30%，居于广西第一，在全国名列前茅。大力推进油茶“高产高效”示范基地、国储林工程等建设。此外，林场还积极发展太秋甜柿和珍贵树种种植，依托森林种植林下中药材山豆根、益智仁、茯苓，不断探索优质、特色发展道路，实现森林质量、森林结构“双提升”。

◎ **关联拓展，推动二产发展**　立足自身资源优势，强化招商引资，先后有10家木材加工厂入驻林场，年加工木材10万立方米以上，年产销生态板6万立方米，年产值达1.5亿元，产品远销区内外。此外，林场还建设有酒店、液化气站、加油站，为县内居民的生活和出行提供保障，为林场的转型升级和高质量发展奠定坚实基础。

◆ 天峨县林朵杉木产业示范区

◎ **挖掘潜力，创新绿色发展**　依托自然禀赋和区位优势，发展森林旅游、森林康养产业。老福山生态园依山傍水，区位优良，旅游资源得天独厚。正在建设天峨县云岭梦乡田园综合体，持续推进森林研学体验基地、体育生态园等项目建设，努力打造林、文、旅融合发展和乡村振兴的示范标杆，力促产业转型融合升级，全面提升森林生态产品和优质林产品供给能力，促进生态增效、产业增值、林场增收。

◆ 杉木高产示范林

守护绿水青山　发展生态产业

——甘肃省甘州区黑河林场生态修复及产业发展

◆ 黑河林场局部俯瞰图

甘州区黑河国有林场于2020年11月正式成立，总管护面积1.51万公顷，隶属甘肃省张掖市甘州区林业和草原局管理，公益一类事业单位。林场成立以来，根据张掖市委、市政府和甘州区委、区政府提出的“将黑河滩打造为城市森林公园”的战略构想，认真落实习近平生态文明思想和“绿水青山就是金山银山”理念，大力实施大规模国土绿化和“一园四带”重点生态工程，为修复改善祁连山和甘州生态环境作出了积极贡献。

◎ 高位谋划，实现由戈壁荒漠到绿洲林海的蜕变

面对戈壁荒滩“没土怎么栽树？”“水从哪里来？”“栽什么树才能成活？”等一系列问题，黑河林场提出了“改地适树”工作思路。按照宜林则林、宜水则水的原则，将遗留的采石坑改造成蓄水塘坝解决林地灌水问题，采用荒滩覆盖种植土和布设灌溉管网解决满足造林的基本条件；选取土、水、苗梯次推进的作业方式推进造林绿化，栽植杨、柳、榆、槐等本土苗木以保证成活率；针对春季造林时间短暂的矛盾，创新性地提出了“四季造林”构想，开启了春夏季造林为主、秋冬季造林为辅的四季造林新模式，仅用5年时间就全面完成了4000公顷人工营造林任务。

◆ 黑河林场植树造林场面

◆ 黑河林场风景美如画

◆ 黑河林场秋景

◎ 科学实施，实现由修复治理到大见成效的质变

黑河林场将造林绿化和生态修复有机结合，先后实施了万亩常青苗木储备林基地、弱水花海、胡杨林营造、黑河生态带、黑河生态园一期、黑河生态园二期等项目，累计完成人工造林4000公顷，修建林区道路113.3千米，铺设灌溉管网1056.76千米，修建蓄水塘坝43座，疏通水系22.41千米，修建固床浅坝10座，水系拦水坎42座，栽植樟子松、云杉、油松、胡杨、白皮松等针阔类苗木1800余万株，种植各类地被花卉246万平方米，全区营造林规模、质量和示范效应创历史最高水平。

◎ 精管细护，实现由粗放零管到精准统管的转变

黑河林场坚持造管并重、造护并举，科学制订季节性管护计划，划定管护责任区域，健全护林队伍，配齐护林设施，不断提高管护质量。采取“化段包干，分片养护”方式，组织工作人员逐段进行灌水除草、修枝抹芽、防虫灭病，个别灌不到水的地段就发动干部职工肩挑手扛，一桶一桶取水，一棵一棵灌溉，争时间、抢进度，新植树木成活率平均达到95%以上，保存率达到92%，植树造林成果取得了明显成效。同时，林场充分利用各种媒体，积极开展防火宣传教育，坚持开展防火演练，在重要位置安装“森林眼”，有效防止了森林火灾的发生，连续5年达到了“零事故”，确保了林木资源安全。

◆ 居民在黑河林场奥森公园晨练

◎ 坚持共赢，实现由绿水青山到“金山银山”的转化

2016～2021年，黑河林场助力甘州区共完成国土绿化3.1万公顷，全区森林面积达到6.54万公顷，森林覆盖率15.08%。据有关部门报道，2022年1～8月，张掖市空气质量指数3.09，优良天数217天，优良比例达89.3%，空气质量得到持续改善。2021年张掖市被确定为全国大规模国土绿化示范区，黑河林场成功将黑河生态园一期林区创建为国家3A级旅游景区，并完成了森林康养试点基地申报，被国家林草局推荐为“全国绿化先进单位”。2021年10月，张掖市国储林总体规划获得国家林草局单报单批，2022年4月，甘肃首笔5亿元国家储备林项目政策性贷款落户甘州区。

聚焦改革谋发展 护得青山换新颜

——四川省合江县福宝国有林场

四川省泸州市合江县福宝国有林场地处川渝黔接合部，管护森林面积9807公顷，活立木蓄积量110万立方米，楠竹600多万株。林场于2021年被确定为“四川省示范国有林场”首批建设单位。

◎ **资源培育** 截至2021年，实施人工中幼林抚育3400公顷次，针阔混交补植桢楠、红豆杉等珍稀树种300公顷，发展笋用合江方竹233公顷，改造提升低产低效竹林533公顷，建成香椿母树林10公顷，建设保障性林木种苗基地7公顷，种植林下中药材67公顷。

◎ **资源保护** 建设森林防灭火指挥中心，在重点林区、路口安装12套智能语音播报器，对11个管护站点、32处重点区域实行视频监控管理。完善火势预测、人员物资调度等智慧化应急指挥功能。建立物资储备库6个，新建消防水池12个，实施笔架山、法王寺等风景名胜区森林病虫害防治660余公顷。

◆ 福宝国家森林公园玉兰山景区A区建筑全景

◎ **设施建设** 新建笔架山等标准化管护站（点）13个，对魂牵子等7个管护站进行维修改造。新架设输电线路10千米，改造输电线路16.8千米，新建光纤线路30千米。新建防灭火通道15千米，硬化改造25千米。实现所有管护站（点）通电、通公路、通网络。

◆ 玉兰山高山湿地公园（刘波 摄）

◆ 森林病虫害防治

◎ **资源利用** 配合支持四川能源投资集团、郑州浩创集团分别完成投资10亿元和27.5亿元，发展森林康养、森林旅游项目。四川华盛竹业和四川锦兰科技依托林场竹资源，生产竹基纤维板材、竹家具、竹装饰材料及室内外竹地板，年产量120万平方米，产值1.5亿元。

展望未来，福宝国有林场将进一步加强森林资源保护和培育，聚焦改革谋发展，提升林场形象。

（周小坪 撰稿）

科研助力中国国家公园发展

——北京林业大学国家公园研究中心

北京林业大学国家公园研究中心（以下简称研究中心）成立于2019年，致力于构建中国国家公园及新型自然保护地体系的理论研究与实践探索。近年来团队研究成果显著，为指导自然保护地体系构建、规划决策和区域治理起到推进和领航作用，也为落实人与自然生命共同体理念、共筑国家生态安全屏障、探索生态保护与治理的中国化模式提供了借鉴素材。

◎ **人才队伍** 研究中心的主要研究人员包括主任1人、副主任2人、秘书长1人、研究员数人，其中教授5人、副教授10人。同时研究中心还吸收了来自加拿大不列颠哥伦比亚大学林学院、北京林业大学生态与自然保护学院、园林学院的多位专家学者，与日本岛根大学、加拿大不列颠哥伦比亚大学、亚洲生态旅游联盟等科研机构建立了长久的合作关系。

◆ 2017年中国—新西兰国家公园建设研讨会

◎ **研究领域** 研究中心依托北京林业大学多门类的学科优势，瞄准自然保护地人地关系问题，运用生物多样性保护理论和风景园林规划理论，针对国家公园与自然保护地生态系统特征、自然保护地治理理论、国土空间管理与规划理论、环境解说与自然教育理论、生态价值识别与转化等方面进行深入系统的研究和实践探索。

◆ 调研海南热带雨林国家公园

◎ **科研成果** 研究中心围绕国家公园建设开展多维度的科研探索：联合举办数十场国家公园建设与管理国际学术会议；合作参与三江源、大熊猫、青海湖、秦岭等多个已建和拟建国家公园的规划研究；聚焦国家公园现存问题，承担和深度参与青海省生态系统服务功能价值评估、国家公园公众参与机制研究、海南热带雨林国家公园资源体系合理利用研究等国家级和省部级科研项目8项；在《中国园林》《风景园林》《旅游学刊》《人民日报》《光明日报》等上发表论文、文章近50篇；出版《中国国家公园建设发展报告（2022）》《国家公园体制建设与探索》《国家公园与绿色发展》等专著7部；获全国优秀工程咨询成果奖一等奖1项、梁希林业科学技术奖科技进步奖二等奖2项。

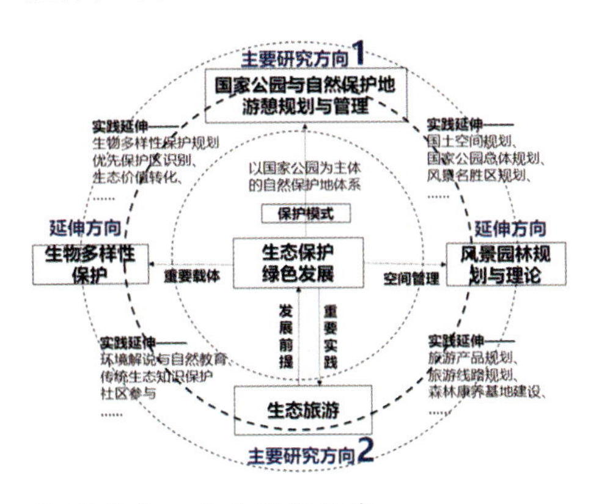

◆ 研究中心主要研究领域

北京林业大学国家公园研究中心将继续关注国家公园及自然保护地议题，建立以国家公园为主题的研究成果库，推进产学研合作，加强科研育人及队伍建设，充分发挥示范引导作用，为全球及中国自然保护战略、国家公园及自然保护地建设提供关键性支持，成为推动以国家公园为主体的自然保护地体系建设的重要力量。

牢记嘱托　奋志笃行
在生物多样性保护上见行动见成效

——西南林业大学

习近平总书记指出："生物多样性使地球充满生机，也是人类生存和发展的基础，保护生物多样性有助于维护地球家园，促进人类可持续发展。"在习近平生态文明思想的指引下，西南林业大学始终牢记"国之大者"，坚定践行绿色使命，主动服务和融入国家发展战略，多维度抓好生态文明建设，统筹推进生物多样性保护各项工作。以生物多样性保护学院为代表，学校在生物多样性保护领域展现了"西林智慧"，体现了"西林担当"。

◆ 云南生物多样性网上博物馆上线仪式

◎ **一流本科专业建设成绩显著**　生物多样性保护学院森林保护专业获批国家级一流本科专业建设点，该专业2022年获批云南省增A计划一流专业建设。目前，学院有国家级一流本科专业建设点1个、省级一流本科专业建设点3个。2022年云南省本科专业综合评估中，3个本科专业均评定为B。

◎ **科研平台建设取得实效**　云南生物多样性研究院作为学院重要科研平台之一，已获批筹建云南省生物多样性标准化技术委员会，将为进一步推进云南省生物多样性保护与利用标准体系建设，服务云南省乡村振兴、"绿美云南"及生态文明排头兵建设发挥积极作用。同时，该平台获批昆明市青少年科普教育基地，组织举办"国际生物多样性日——生物多样性与生态文明讲堂"4期，持续开展"国际生物多样性日"进校园活动。

◎ **建成云南生物多样性网上博物馆**　2022年5月20日，学院联合云南省生态环境厅建设的"云南生物多样性"网上博物馆正式上线。该博物馆由云南生物多样性研究院组织30余位校内专家历时3年打造而成，旨在以公众教育和生物多样性科普为目标，建设集生物多样性保护成效展示、科普宣传教育于一体的省级平台，有效提高全社会对生物多样性保护的重视度和参与度。

（张志才　供稿）

◆获评昆明市青少年科普教育基地

◆ 开展"国际生物多样性日"进校园活动

立足草学发展前沿　打造行业科研平台

——黄河三角洲草地资源与生态国家林业和草原局重点实验室

黄河三角洲草地资源与生态国家林业和草原局重点实验室依托青岛农业大学草业学院于2022年获批建立。重点实验室瞄准草学发展前沿，聚焦黄河下游盐碱地草资源收集与评价、耐盐碱草关键基因挖掘与种质创制、草种扩繁与生态改良等方面开展研究，努力在关键核心技术和创新领域取得国际领先的突破性成果，培养草业高层次创新人才，着力打造行业具有影响力的重要科研平台。

◆ 重点实验室工作人员

重点实验室由南志标院士任学术委员会主任，青岛农业大学草业学院院长王增裕教授、副院长孙娟教授分别担任主任、常务副主任。王增裕教授长期致力于牧草、能源草及草坪草的遗传改良研究工作，是国际牧草与草坪草分子育种大会国际组委会成员、美国体外生物学会杰出科学家奖获得者、山东省“一事一议”引进人才。孙娟教授长期从事牧草栽培与草地生态方面的研究工作，是中国草学会常务理事、国家草产业科技创新联盟常务理事、国家草产业科技创新联盟常务理事、青岛市第十三次党代会代表、“青岛市优秀共产党员”称号获得者。

近年来，重点实验室紧紧围绕山水林田湖草沙是生命共同体和黄河流域生态保护和高质量发展国家战略，扎实推进黄河下游盐碱地综合利用工作，在促进黄河下游草牧业发展和提升盐碱地农业产出效益等方面取得长足发展，“牧草持续丰产与提质增效关键技术创新与应用”获得山东省科学技术进步奖二等奖。

◆ 王增裕教授、孙娟教授和研究生在无棣盐碱地苜蓿基地采集种质资源

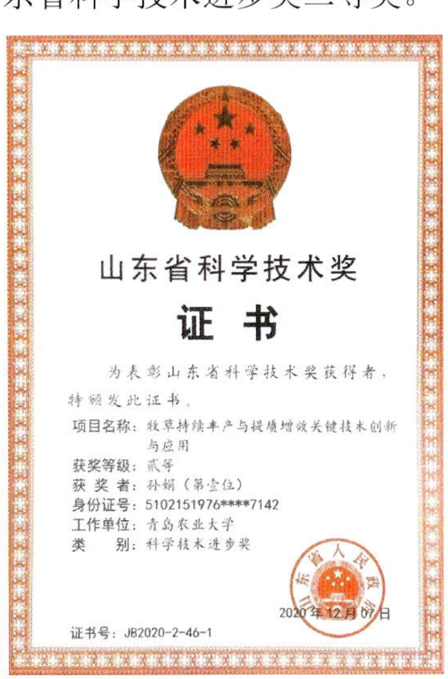

山东省科学技术奖

证　书

为表彰山东省科学技术奖获得者，特颁发此证书。

项目名称：牧草持续丰产与提质增效关键技术创新与应用

获奖等级：贰等

获 奖 者：孙娟（第壹位）

身份证号：5102151976****7142

工作单位：青岛农业大学

类　　别：科学技术进步奖

2020年12月07日

证书号：JB2020-2-46-1

◆ 青岛农大获奖证书

牢记使命　为海南林业科技事业发展提供技术和智力支撑

——海南省林业科学研究院（海南省红树林研究院）

海南省林业科学研究院（海南省红树林研究院）是海南省唯一的集科研推广为一体的省级综合性林业科研机构和甲B级林业调查规划设计单位。研究院现有国家级科研平台4个、省级平台9个、市级平台2个，拥有司法鉴定许可证（省级）、检验检测机构资质认定（省级）等技术咨询资质。建有热带树木园16公顷、省级林木种质资源保存库60公顷，收集保存海南大风子、无翼坡垒、海南木莲等珍稀濒危树种种苗30余种、100余万株。

◆ 海南省林业科学研究院林业调查设计甲级资质证书

研究院主要开展热带林业基础与应用研究、林业科学技术推广与成果转化、林业技术咨询等工作。2016～2022年，取得科研成果200余项，获省市级奖励7项，制定林业行业标准1项、地方标准7项，授权专利84项，软件著作权18项，认定林木良种6个，出版著作7部。海南黄花梨、土沉香、坡垒、母生、海南粗榧、斜叶檀等珍贵乡土树种的研究成果列入海南建省办经济特区30周年成就展。构建的海南岛海岸带生态修复与重建的综合配套技术体系在海南省沿海市县推广2.22万公顷，新增产值3.3亿元以上。

◆ 获海南省科学技术奖二等奖

研究院在全国率先开展国家公园范围内的生态系统生产总值（GEP）核算并发布核算成果，用科学数据指导和规范国家公园GEP核算工作，为全国国家公园建设提供“海南样本”，国内外反响热烈。建立的海南省森林资源数据库和全省森林生态系统碳汇检测系统，以及研发的海南省林长制信息化平台等，用于指导海南省各市、县林业“生态公益林区划”“森林资源调查”“碳汇交易项目试点”等工作。承接第五次、第六次全国荒漠化和沙化监测海南省监测，海南省林业高质量发展“十四五”规划编制，以及海南省2021年、2022年林草生态综合监测等国家级、省级林业重点工程项目。

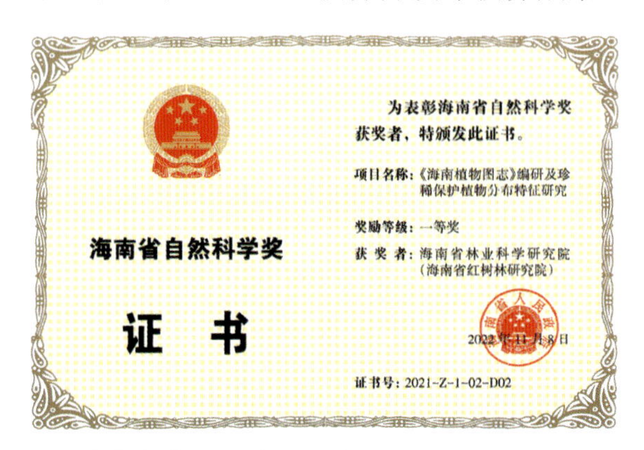

◆ 获海南省自然科学奖一等奖

全面推行林长制的高效管理工具

—— 林长制综合管理平台

自《关于全面推行林长制的意见》下发以来，全国各地积极推进，认真落实，有效压实资源保护的主体责任。其间，天立泰公司根据多年行业理解，以林长制“分级负责”为原则，以省、市、县、乡、村五级林长制体系为依据，遵照“统一标准、分级建设、上下联动、科学管理”的要求，搭建起数据统一、能力统建、业务统筹的林长制综合管理平台。

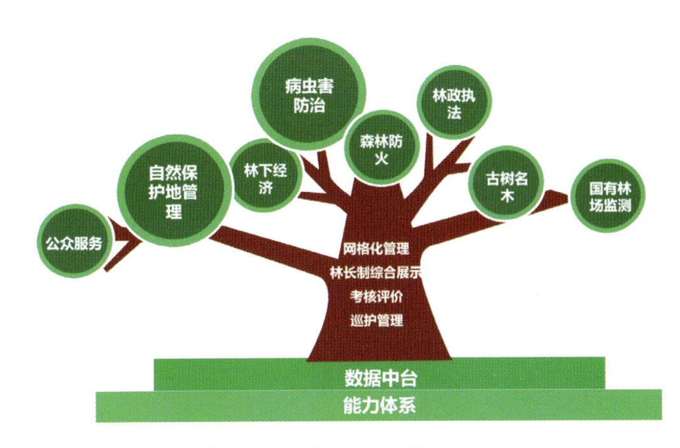

◆ 林长制综合管理平台的树形架构

平台以林长制核心功能模块为轴，扎根统一数据中台及统建的能力体系，按照系统方案高弹性设计思路，构建场景宽到边、数据沉到底的树型构架，实现多业务场景关联。在全面覆盖林长制全流程业务管理的基础上，根据需求选择拓展森林防火监测、林下经济管理、病虫害监测、自然保护地管理等功能，形成数据互通的大智慧林业平台。

同时，平台辅以统一移动应用入口，辐射大量用户，形成智能化、便捷化、协同化的林长制智慧管理平台，向林业管理人员及公众提供信息管理及交互服务。

◆ 平台移动端应用展示

目前，天立泰已在多个省份搭建了林长制信息化综合平台，涵盖了省、市、县三级。基于统一数据标准规范，集成已建和待建的林业业务信息化系统，平台实现了各级林业数据的统一管理、互融互通，林业业务流程进度可视、环节可控，真正实现林业信息的便捷、高效管理。

◆ 省级林长制平台

◆ 市级林长制平台

◆ 县级林长制平台

技术立足行业　服务创造未来

——西安绿环林业技术服务有限责任公司

西安绿环林业技术服务有限责任公司（以下简称绿环公司）于1992年12月24日成立，是国家林业和草原局西北调查规划院（以下简称西北院）控股的国有全资公司。

截至2022年9月，绿环公司现有职工90余人，其中，本科及以上学历67人，超视距无人机驾驶员7人。公司下设咨询规划信息部、评估监理部、调查监测部、招投标部、文印部、综合部、林产品展示服务中心、餐饮部、贵州分公司及太原分公司。

绿环公司在发展壮大的30年里，始终本着“安全经营、质量优质、诚信服务、合作共赢”的宗旨，独立承担或与西北院共同完成林业调查规划类、林业咨询设计类、园林绿化设计和施工类等项目共500余项。项目成果及服务得到了用户单位的高度评价，为各地生态文明建设作出了积极贡献。

◆ 绿环公司

◆ 公司荣誉

在促进林业产业发展和林农增收方面积极作为，结合防沙治沙工程打造的有机枸杞基地，着力推进枸杞向产业化和绿色有机发展，主打品牌“丝路江源”的系列有机产品已进入全国高端销售市场。依托西北地区特色林业产业国家创新联盟建立的首个西部特色林产品展示服务中心，通过线下展示和线上平台“双轮”驱动，探索灵活多样的产品展销模式，加大西部地区特色林产品推介力度，实现林业产业生态效益、经济效益和社会效益的有机统一。

公司在坚持求实创新、拼搏奉献的同时，不断提升企业业绩，在深化林业改革、加强森林资源保护的同时，积极履行国企社会责任，聚焦西部主战场定位，充分发挥林业产业的独特优势，全面提升服务乡村振兴的能力和水平，在探索生态产品价值转化路径上展现出新担当新作为。

◆ 拼搏奋进的公司团队

扎根乡村沃土　助力乡村振兴

——湖北鄂泰华农业科技股份有限公司

湖北鄂泰华农业科技股份有限公司成立于2011年，注册地址位于武汉市江夏区山坡街山新村山新林场，注册资本1000万元，年收入将近400万元，是一家以花卉、苗木、蔬菜、中草药种植，农业技术研发，园林绿化工程设计、施工及农业休闲观光为主营业务的公司。

公司成立以来，在竞争中求发展，注重品牌的建设，以“科技引导产业、服务创造市场”为经营理念，率先践行“专业化生产、规模化经营、商业化定位”的农林企业现代运作模式，不断推出新技术、新产品、新模式、新机制。

公司于2013年9月流转土地133公顷，正式启动“畔坡苑”田园综合体项目的建设开发，标志着公司在原来的农林设计、施工业务基础上增加了旅游休闲板块，业务范围扩展到在项目开发带动下的设计、施工、运营全产业链。

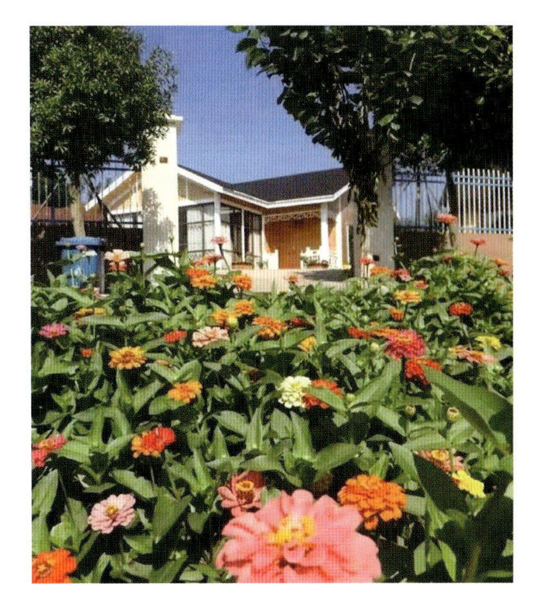

◆ 公园绿化景观

公司采取政府支持引导、企业主体建设、村民参与的方式，打造集农业大公园和美丽乡村建设、城市居民下乡休闲、精准扶贫、基地农旅开发于一体的“四合一”扶贫综合项目。一是针对园区周边的3个自然村48户村民，按照每户12万元的力度高标准支持建设美丽乡村。二是将“畔坡苑”田园综合体项目纳入区级农业大公园建设范围，支持园区道路等基础设施建设和提档升级，进一步提升赏花休闲功能与档次。三是吸引城市居民下乡，将美丽乡村建设改造完成的10多套乡村空闲农房和园区木屋别墅在武汉市农交所发布出租信息，吸引城市居民下乡休闲度假或参与农业创业、发展经营农家乐等。四是带动脱贫攻坚，将红砖村、山新村的12户建档立卡贫困户的脱贫工作整体纳入园区发展规划，通过土地流转、务工、参与农旅开发、经营农家乐等多种途径，因户施策帮扶贫困户脱贫致富。

◆ 公司获评“湖北省林业产业化省级重点龙头企业”

截至2021年底，公司已投资9000余万元，开发建成包含花卉苗木区、瓜果蔬菜采摘区、休闲垂钓区、住宿餐饮区、休闲垂钓区的生态基地130余公顷；建有度假木屋14栋，以合理的价格租赁给城市居民，满足其下乡休闲度假的需求。公司以科技为手段，以市场为导向，把基地建设成规模化、标准化、生态化、产业化并集观光采摘、科普教育、休闲旅游度假为一体的示范基地。

在董事长吴佑良的带领下，公司牢固树立“绿水青山就是金山银山”理念，用“畔坡苑”项目打造“智慧生产，农林体验，生态度假，健康娱乐，科普教育”五大功能于一体的田园综合区，以农业大公园推进美丽乡村建设。2022年，公司还建成6.6公顷经济林，矢志不渝地走国土绿化的道路。

中国林业出版社
2022 年度“林版”好书

◎《中国林业百科全书·森林培育卷》

作为《中国林业百科全书》首卷，该书是我国第一部全面、系统、权威地介绍森林培育相关知识的大型工具书，填补了我国林业行业百科全书的空白。该书以条目的形式系统梳理了我国森林培育科学研究成果和生产实践经验，同时展示了国际森林培育科技最新进展，是中国森林培育领域专家、学者历时6年多集体智慧的结晶，也是中国林业科技工作者对世界林业科技的贡献。

《森林培育卷》由张守攻院士、方升佐教授担任主编。中国林业科学研究院、北京林业大学、南京林业大学、东北林业大学、国际竹藤中心等55个教学科研单位共300余人组成阵容强大的编写队伍。该书权威性、科学性、系统性、前沿性兼具，适合林业行业管理、科研等从业人员，大中院校师生以及社会公众等了解林业知识。

◎ 大熊猫主题图书

《大熊猫！大熊猫！》是一次融媒体产品的尝试。书中内容为中英阿三语，以时间为线索，讲述了大熊猫从出生到成年的故事以及人们为保护大熊猫所做的努力。错落有致的竖排版，利用文字间的组合，形成抽象的竹林效果。希望读者在阅读的形与意中，感受大熊猫在竹林间穿梭的身影。

《大熊猫201问》为口袋本随身读物，是一本大熊猫的知识百科书，也是一本了解大熊猫的入门读物。全书采用中英双语，通过考证和权威数据，提炼出关于大熊猫的最具优先级的201个问题。

《中国大熊猫档案》创新性地采用“档案”的形式，首次对673只圈养大熊猫的名字、性别、谱系号、当前状况、标签故事进行汇总。该书的出版，不仅为野生动物保护工作者提供了资料参考，也为全世界的熊猫爱好者提供了一张“熊猫全家福”。

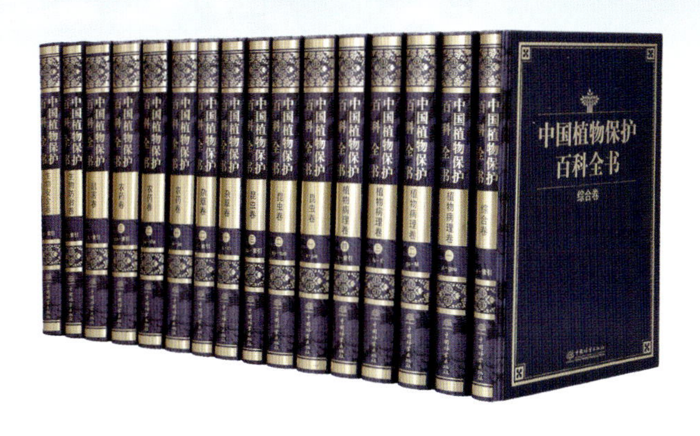

◎《中国植物保护百科全书》

该全书于2014年获批国家出版基金，是我国首部系统、全面、权威的植物保护领域权威工具书。包括综合卷、植物病理卷、昆虫卷、杂草卷、农药卷、鼠害卷、生物防治卷、生物安全卷共8卷16本。由李家洋、张守攻、吴孔明、方精云、方荣祥、朱有勇、康乐、南志林、钱旭红、陈剑平、康振生、陈宗懋、宋宝安、李正名、柏连阳、谢联辉16位院士领衔，中国科学研究院、中国农业科学院、中国林业科学研究院及各大院校等单位的专家团队担任撰稿人。

该全书是我国植物保护领域基本理论、全面知识、最新成果的集大成者。对粮食稳产高产、农民脱贫致富提供了科技支撑，是我国对世界植物保护领域作出的重大贡献。

◎《生态文明建设丛书》

该丛书是生态文明建设领域研究专家的研究成果。聚焦生态文明建设的实践，阐释应对气候变化、绿色产业转型发展、林长制体系构建、退耕还林还草文化构建、沙漠生态文化理论与实践、特色小镇建设、生态系统生产总值（GEP)与政府绩效评价等，以构建人与自然和谐发展的现代化建设新格局。本丛书有益于读者多视角地理解中国式现代化是人与自然和谐共生的现代化。

◎《湿地中国科普丛书》

该丛书由中国生态学学会科普工作委员会组织编写，由来自全国的200多位一线科研工作者共同创作，是全国首套全面解读中国湿地的科普丛书，从生态系统和物种两个维度解读中国湿地多样性。包括《水陆过渡——沼泽湿地》《神州明珠——湖泊湿地》《文明摇篮——河流湿地》《陆海拉链——滨海湿地》《人地和谐——农业湿地》《楼宇秘境——城市湿地》《水润草木——湿地植物》《水泽飞羽——湿地鸟类》《人与自然——湿地自然教育》共9册。内容丰富，既包括沼泽、滨海、湖泊、河流等各类天然湿地，也包括城市与农业中的人工湿地；既有湿地植物和湿地鸟类这些人们较为关注的湿地生物，也有湿地自然教育这种充分发挥湿地社会功能的内容；既以科学原理和科学事实为基础保障科学性，又重视图文并茂与典型案例增强可读性。

◎《湿地光影丛书》

该系列丛书是首套以中国湿地为主题的生态摄影丛书，包括《全景湿地》《微距生灵》《天鹅圣境》。首次从宏观、微观、旗舰物种三个层次展现湿地之美。不同主题、不同风格的生态摄影作品，再配以恬当的描述性文字，或诠释生态知识，或传达当下感受，或分享摄影技法，旨在让更多人关注湿地、保护湿地、珍爱湿地。

◎《守护绿水青山——中国林草生态实践》

本书全二册，分别从生态修护、林草改革、自然保护、生态惠民四个部分，讲述了塞罕坝机械林场的生态创业史、山西右玉沙地造林生态保护修复、甘肃八步沙林场防沙治沙、青海祁连山黑土滩治理、天津七里海湿地保护修复等30个全国林草生态实践的成果和经验，图文并茂，用鲜活的案例和生动的讲述让全国林草行业和社会各界更好地了解林草生态建设成就、经验和故事，让林草干部学有榜样、做有标尺、干有激情、赶有目标，进一步凝聚起开创林草工作高质量发展新局面的磅礴力量，让广大群众更加珍爱和保护我们赖以生存的自然环境，让人与自然和谐共生理念深入人心。

◎《北京林业大学学术思想文库》

文库第一辑共7本，分别追溯了汪菊渊、关君蔚、沈国舫、陈俊愉、朱之悌、孟兆祯、尹伟伦院士的青葱岁月，描绘了院士科研道路，梳理了院士学术体系，凝练了院士教育思想，展现了院士大家风范，学术性强、史料丰富、故事生动。该系列丛书首次系统梳理了当代林业科学家的科学思想、科学理念，对挖掘当代林业自主创新能力的经验和规律，弘扬院士们的科学精神、治学风范和人生态度，讲好当代学术故事，具有开创性的意义。

◎“美好生活”系列图书

为了积极配合中宣部和国家林业和草原局重大宣传工作，响应习近平总书记提出的“人民对美好生活的向往，就是我们的奋斗目标”，中国林业出版社花园时光工作室策划出版了“美好生活”系列图书——《跟着海妈学种花》《跟着海妈探花园》《全能花艺技法与设计百科》。系列图书的内容与花园和花艺相关，启发读者如何将自己的家以及居住的环境变美。

◎《“中国山水林田湖草生态产品监测评估及绿色核算”系列丛书》

丛书主要包括山水林田湖草生态监测与评估方法学研究、山水林田湖草长期野外观测数据集、山水林田湖草生态系统长期定位观测研究专著、山水林田湖草生态产品绿色核算与碳中和评估研究、山水林田湖草生态保护与修复监测区划布局与技术研究成果等。

该系列丛书目前已经出版了《河北省秦皇岛市森林生态产品绿色核算与碳中和评估》《天然林保护修复生态监测区划和布局研究》《内蒙古森工集团生态产品绿色核算与森林碳中和评估》等30部。向读者展示山水林田湖草生态产品监测评估及绿色核算在我国生态文明建设中的地位，进一步深化山水林田湖草在我国“碳中和”战略中具有重要作用的认识，把“钱库”“粮库”“水库”“碳库”“基因库”“氧吧库”这笔账算得清清楚楚。

目 录

特 辑

中国林业和草原概述

林草培育

森林资源管理与监督

森林资源保护

草原资源管理

湿地保护管理

荒漠化防治

自然保护地管理

林业生态建设

林草改革

林草产业

森林草原防火

林草法治建设

林草科学技术

林草对外开放

重要国际会议 ………………………………… 237

国际合作项目 ………………………………… 239

外事管理 ……………………………………… 240

国际金融组织项目 …………………………… 240

民间国际合作与交流 ………………………… 241

林草科技国际合作交流与履约 …… 243

国有林场与林业工作站建设

国有林场建设与管理 …… 246

林业工作站建设 …… 246

林草规划财务与审计监督

全国林业和草原统计分析 …… 252

林业和草原规划 …… 252

林业和草原中央投资 …… 254

林业和草原区域发展 …… 255

林业和草原对外经济贸易合作 …… 258

林业和草原扶贫 …… 259

林业和草原生产统计 …… 259

林业和草原投资统计 …… 270

劳动工资统计 …… 275

林草审计监督 …… 275

林草信息化

林草网络安全和信息化建设 …… 278

林草精神文明建设

各省、自治区、直辖市林(草)业

林业(和草原)人事劳动

国家林业和草原局直属单位

国家林业和草原局驻各地森林资源监督专员办事处工作

林草社会团体

林草大事记

附　　录

附表索引

索　　引

CONTENTS

特 辑

01

领导专论

弘扬塞罕坝精神 推进生态文明建设

国家林业和草原局党组书记、局长
关志鸥

习近平总书记8月23日亲自赴河北省塞罕坝林场考察，并与林场三代职工代表亲切交流。他强调，塞罕坝林场建设史是一部可歌可泣的艰苦奋斗史；你们用实际行动铸就了牢记使命、艰苦创业、绿色发展的塞罕坝精神，这对全国生态文明建设具有重要示范意义；抓生态文明建设，既要靠物质，也要靠精神；要传承好塞罕坝精神，深刻理解和落实生态文明理念，再接再厉、二次创业，在实现第二个百年奋斗目标新征程上再建功立业。早在2017年8月，习近平总书记就对河北塞罕坝林场建设者的感人事迹作出重要指示，称赞他们用实际行动诠释了“绿水青山就是金山银山”的理念，铸就了牢记使命、艰苦创业、绿色发展的塞罕坝精神，是推进生态文明建设的一个生动范例，并要求全党全社会要坚持绿色发展理念，弘扬塞罕坝精神，持之以恒推进生态文明建设。

习近平总书记多次强调要发扬传承好塞罕坝精神，并指出塞罕坝精神是中国共产党精神谱系的组成部分，这既是对塞罕坝林场建设者感人事迹的充分肯定，又是对塞罕坝精神的再次升华，更是对推进全国生态文明建设发出的伟大号召。塞罕坝精神是塞罕坝林场建设者用心血和汗水甚至生命凝结而成的文明成果，是几代共产党人探索人与自然关系的智慧结晶。在实现第二个百年奋斗目标新征程上，大力弘扬塞罕坝精神，对于全面推进生态文明建设具有重要而深远的意义。为此，必须认真学习领会和全面贯彻落实习近平总书记重要指示精神，准确把握塞罕坝精神的丰富内涵和时代意义，深刻理解和落实生态文明理念，从中汲取智慧力量、强化使命担当，推动生态文明和美丽中国建设不断取得新进步、继续迈上新台阶。

塞罕坝精神是对牢记使命的深刻诠释。从不毛之地到百万亩林海，塞罕坝林场三代人在近60年的时间里，始终牢记“为首都阻沙源、为京津涵水源”的神圣使命，以“咬定青山不放松”的韧劲、“绿了荒原白了头”的坚守、“献了青春献终身、献了终身献子孙”的执着，书写了一部不负重托、不辱使命的艰苦奋斗史，锻造了一部激荡人心、催人奋进的精神文明史。三代塞罕坝人用知重负重、攻坚克难的实际行动，诠释了对党的忠诚、对人民的赤诚，创造了令世界瞩目的绿色奇迹，打造了生态文明建设的生动范例。塞罕坝的百万亩林海成为三代共产党人牢记初心使命的生动写照，成为我国生态文明建设的不朽丰碑。传承和弘扬塞罕坝精神，就是要牢记全心全意为人民服务的根本宗旨，把不断满足人民群众对美好生活的向往作为奋斗目标，以百折不挠的韧性和坚定不移的信念，坚守初心，勇担使命，奋勇向前，始终像塞罕坝人那样为中国人民谋幸福、为中华民族谋复兴。

塞罕坝精神是对艰苦创业的生动写照。林草工作既是一项功在当代、利在千秋的伟大事业，也是一个任务艰巨、条件艰苦的传统行业。塞罕坝林场建设者们在极其艰苦的环境中迎难而上，以奋发拼搏的精神状态、科学务实的进取态度、持之以恒的顽强斗志，一代接着一代干，创造了荒原变林海的人间奇迹，谱写了一曲战天斗地、改天换地的绿色赞歌。河北塞罕坝与山西右玉、甘肃八步沙、新疆柯柯牙一样，都是我国林草战线涌现出的先进典型，他们锻造形成的塞罕坝精神、右玉精神、八步沙精神、柯柯牙精神，都是中华民族精神在林草行业的传承和发展，也是全社会共同的宝贵财富。当前，我国已经全面建成小康社会，各方面条件明显改善，但仍然需要牢记“两个务必”，始终保持艰苦奋斗的优良作风，大力弘扬塞罕坝精神，为生态文明建设注入强大动力。

塞罕坝精神是对绿色发展的引领示范。对绿色的渴望是塞罕坝林场从一棵树发展为一片林海的原动力，塞罕坝人始终坚信良好的生态是一切发展的基础，绿色发展的理念从建场初期就根植于思想深处。近60年来，塞罕坝林场将绿色发展理念融入生产建设发展的全过程，实现了从无到有、从小到大、从弱到强、从贫到富的历史性跨越。塞罕坝林场的成功实践证明，生态脆弱、生态退化地区，只要科学治理、久久为功，自然生态系统是完全可以修复的，让沙地荒山变成绿水青山；只要坚持生态优先、绿色发展，生态优势完全可以转化为经济优势，让绿水青山变为“金山银山”，走出一条生态效益、经济效益、社会效益并重的绿色发展之路。塞罕坝林场这一生态文明建设的生动范例深刻启示我们，必须牢固树立绿色发展理念，坚决摒弃消耗自然资源、损害生态环境的发展模式，持之以恒推进生态文明建设，为中华民族永续发展夯实生态基础。

伟大事业孕育伟大精神，伟大精神引领伟大事业。生态文明建设领域孕育形成的塞罕坝精神，必将以其独特的历史引领力、时代感召力，推动生态文明建设事业

行稳致远。在实现第二个百年奋斗目标的新征程上，建设人与自然和谐共生的现代化，必须深刻理解和落实生态文明理念，大力弘扬塞罕坝精神，保持牢记使命的坚强定力，砥砺艰苦创业的意志品格，咬住绿色发展的战略目标，凝聚起全社会的磅礴力量，努力建设人与自然和谐共生的现代化。

大力弘扬塞罕坝精神，要始终保持生态文明建设的战略定力。习近平总书记指出，建设生态文明是中华民族永续发展的千年大计。保护生态环境是“国之大者”，对“国之大者”要心中有数。必须咬紧牙关，爬过这个坡，迈过这道坎，保持加强生态文明建设的战略定力，不动摇、不松劲、不开口子。生态保护和修复是一个需要付出长期艰苦努力的过程，不可能一蹴而就。新时代推进生态文明建设，必须大力弘扬塞罕坝精神，学习三代塞罕坝人近60年如一日，始终牢记使命、不改初心、不易其志，在高寒荒漠沙地上艰苦奋斗、无私奉献的先进事迹，以“功成不必在我”的思想境界和“功成必定有我”的使命担当，保持战略定力，一代接着一代干，一棒接着一棒干，持续用力、久久为功，最终才能取得生态文明建设的决定性胜利，实现天蓝地绿水净的美好愿景。

大力弘扬塞罕坝精神，要认真践行“绿水青山就是金山银山”理念。塞罕坝林场成功营造的百万亩人工林，既极大地改善了生态环境，又通过科学利用实现了可持续经营，培育出生态旅游和森林康养、林下经济等绿色产业，增加了林场职工收入，带动了周边群众致富，荣获“全国脱贫攻坚楷模”荣誉称号，实现了生态效益、经济效益、社会效益有机统一，走出了一条生态优先、绿色发展的成功之路。塞罕坝从一棵树到一片林海，从不毛之地到绿色明珠，从绿水青山到“金山银山”，为林草事业高质量发展做出了示范。大力弘扬塞罕坝精神，就是要正确处理保护与发展的关系，在保护好生态的基础上，因地制宜发展绿色产业，加大改革创新力度，丰富“绿水青山就是金山银山”的转化路径，完善生态产品价值实现机制，努力实现生态良好、生产发展、生活富裕协调统一。

大力弘扬塞罕坝精神，要统筹推进山水林田湖草沙系统治理。习近平总书记深刻指出，人的命脉在田，田的命脉在水，水的命脉在山，山的命脉在土，土的命脉在林和草，这个生命共同体是人类生存发展的物质基础；从生态系统整体性出发，推进山水林田湖草沙一体化保护和修复，更加注重综合治理、系统治理、源头治理。近60年来，塞罕坝林场面对恶劣的生态状况和自然条件，坚持尊重自然、尊重科学，统筹推进山水林田湖草沙系统治理，在荒原上培育了稳定的森林生态系统，筑牢了华北地区生态屏障，极大地减轻了京津地区风沙危害，形成了可复制、可推广的生态治理模式。大力弘扬塞罕坝精神，就是要尊重自然规律和经济发展规律，改变过去的单一要素治理模式，统筹考虑自然生态要素之间的内在联系，用系统性思维、规模化投入、项目化管理，科学实施生态保护修复工程，全面提升生态治理的成效和水平。

大力弘扬塞罕坝精神，要科学推进大规模国土绿化。习近平总书记强调，坚持全国动员、全民动手、全社会共同参与，深入推进大规模国土绿化行动，推动国土绿化不断取得实实在在的成效。经过多年持续努力，我国已成为全球森林资源增长最多最快的国家，森林覆盖率达到23.04%，森林蓄积量超过175.6亿立方米。但是，我国总体上仍然缺林少绿、生态脆弱，森林覆盖率比世界平均水平低7个多百分点，人均森林面积不足世界平均水平的1/3；单位面积森林蓄积量只有世界平均水平的72%，人均森林蓄积量仅为世界平均水平的1/6。大力弘扬塞罕坝精神，就是要坚持因地制宜、分区施策、以水定绿，科学推进大规模国土绿化行动，全面加强草原保护修复和荒漠化、石漠化综合治理，不断增加林草资源总量，稳步提升自然生态系统的质量和稳定性，为建设生态文明和美丽中国提供良好的生态条件。同时，认真实施森林质量精准提升工程，加强森林抚育经营，增强林草碳汇能力，为实现碳达峰碳中和目标贡献力量。

大力弘扬塞罕坝精神，要加快构建以国家公园为主体的自然保护地体系。自然保护地是生态保护的核心载体、中华民族的宝贵财富、美丽中国的重要象征。国家公园是我国自然生态系统中最重要、自然景观最独特、自然遗产最精华、生物多样性最富集的区域，代表着全球价值、国家象征、全民认同。加快构建以国家公园为主体的自然保护地体系，是习近平总书记亲自谋划和推动的“国之大者”，是生态文明和美丽中国建设中具有全局性、统领性、标志性的重大制度创新。大力弘扬塞罕坝精神，就是要坚持保护优先、生态优先，加快自然保护地整合优化，尽快形成以国家公园为主体、自然保护区为基础、各类自然公园为补充的自然保护地体系，筑牢我国生态安全屏障，为子孙后代留下珍贵的自然资产。此外，要全面推行林长制，压实地方各级党委政府主体责任，切实加强林草资源管护，高度重视森林草原防火工作，全力抓好野生动植物保护，妥善解决“人兽冲突”，坚决维护国家林草资源安全和人民生命财产安全，推动实现人与自然和谐共生。

《学习时报》2021年9月20日刊登

重要法律和文件

中华人民共和国草原法

中华人民共和国主席令第八十二号

（1985年6月18日第六届全国人民代表大会常务委员会第十一次会议通过　2002年12月28日第九届全国人民代表大会常务委员会第三十一次会议修订　根据2009年8月27日第十一届全国人民代表大会常务委员会第十次会议《关于修改部分法律的决定》第一次修正　根据2013年6月29日第十二届全国人民代表大会常务委员会第三次会议《关于修改〈中华人民共和国文物保护法〉等十二部法律的决定》第二次修正　根据2021年4月29日第十三届全国人民代表大会常务委员会第二十八次会议《关于修改〈中华人民共和国道路交通安全法〉等八部法律的决定》第三次修正）

目录

第一章　总则

第一条　为了保护、建设和合理利用草原，改善生态环境，维护生物多样性，发展现代畜牧业，促进经济和社会的可持续发展，制定本法。

第二条　在中华人民共和国领域内从事草原规划、保护、建设、利用和管理活动，适用本法。

本法所称草原，是指天然草原和人工草地。

第三条　国家对草原实行科学规划、全面保护、重点建设、合理利用的方针，促进草原的可持续利用和生态、经济、社会的协调发展。

第四条　各级人民政府应当加强对草原保护、建设和利用的管理，将草原的保护、建设和利用纳入国民经济和社会发展计划。

各级人民政府应当加强保护、建设和合理利用草原的宣传教育。

第五条　任何单位和个人都有遵守草原法律法规、保护草原的义务，同时享有对违反草原法律法规、破坏草原的行为进行监督、检举和控告的权利。

第六条　国家鼓励与支持开展草原保护、建设、利用和监测方面的科学研究，推广先进技术和先进成果，培养科学技术人才。

第七条　国家对在草原管理、保护、建设、合理利用和科学研究等工作中做出显著成绩的单位和个人，给予奖励。

第八条　国务院草原行政主管部门主管全国草原监督管理工作。

县级以上地方人民政府草原行政主管部门主管本行政区域内草原监督管理工作。

乡（镇）人民政府应当加强对本行政区域内草原保护、建设和利用情况的监督检查，根据需要可以设专职或者兼职人员负责具体监督检查工作。

第二章　草原权属

第九条　草原属于国家所有，由法律规定属于集体所有的除外。国家所有的草原，由国务院代表国家行使所有权。

任何单位或者个人不得侵占、买卖或者以其他形式非法转让草原。

第十条　国家所有的草原，可以依法确定给全民所有制单位、集体经济组织等使用。

使用草原的单位，应当履行保护、建设和合理利用草原的义务。

第十一条　依法确定给全民所有制单位、集体经济组织等使用的国家所有的草原，由县级以上人民政府登记，核发使用权证，确认草原使用权。

未确定使用权的国家所有的草原，由县级以上人民政府登记造册，并负责保护管理。

集体所有的草原，由县级人民政府登记，核发所有权证，确认草原所有权。

依法改变草原权属的，应当办理草原权属变更登记手续。

第十二条　依法登记的草原所有权和使用权受法律保护，任何单位或者个人不得侵犯。

第十三条　集体所有的草原或者依法确定给集体经济组织使用的国家所有的草原，可以由本集体经济组织内的家庭或者联户承包经营。

在草原承包经营期内，不得对承包经营者使用的草原进行调整；个别确需适当调整的，必须经本集体经济组织成员的村（牧）民会议三分之二以上成员或者三分之二以上村（牧）民代表的同意，并报乡（镇）人民政府和县级人民政府草原行政主管部门批准。

集体所有的草原或者依法确定给集体经济组织使用的国家所有的草原由本集体经济组织以外的单位或者个人承包经营的，必须经本集体经济组织成员的村（牧）民会议三分之二以上成员或者三分之二以上村（牧）民代表的同意，并报乡（镇）人民政府批准。

第十四条 承包经营草原，发包方和承包方应当签订书面合同。草原承包合同的内容应当包括双方的权利和义务、承包草原四至界限、面积和等级、承包期和起止日期、承包草原用途和违约责任等。承包期届满，原承包经营者在同等条件下享有优先承包权。

承包经营草原的单位和个人，应当履行保护、建设和按照承包合同约定的用途合理利用草原的义务。

第十五条 草原承包经营权受法律保护，可以按照自愿、有偿的原则依法转让。

草原承包经营权转让的受让方必须具有从事畜牧业生产的能力，并应当履行保护、建设和按照承包合同约定的用途合理利用草原的义务。

草原承包经营权转让应当经发包方同意。承包方与受让方在转让合同中约定的转让期限，不得超过原承包合同剩余的期限。

第十六条 草原所有权、使用权的争议，由当事人协商解决；协商不成的，由有关人民政府处理。

单位之间的争议，由县级以上人民政府处理；个人之间、个人与单位之间的争议，由乡（镇）人民政府或者县级以上人民政府处理。

当事人对有关人民政府的处理决定不服的，可以依法向人民法院起诉。

在草原权属争议解决前，任何一方不得改变草原利用现状，不得破坏草原和草原上的设施。

第三章 规划

第十七条 国家对草原保护、建设、利用实行统一规划制度。国务院草原行政主管部门会同国务院有关部门编制全国草原保护、建设、利用规划，报国务院批准后实施。

县级以上地方人民政府草原行政主管部门会同同级有关部门依据上一级草原保护、建设、利用规划编制本行政区域的草原保护、建设、利用规划，报本级人民政府批准后实施。

经批准的草原保护、建设、利用规划确需调整或者修改时，须经原批准机关批准。

第十八条 编制草原保护、建设、利用规划，应当依据国民经济和社会发展规划并遵循下列原则：

（一）改善生态环境，维护生物多样性，促进草原的可持续利用；

（二）以现有草原为基础，因地制宜，统筹规划，分类指导；

（三）保护为主、加强建设、分批改良、合理利用；

（四）生态效益、经济效益、社会效益相结合。

第十九条 草原保护、建设、利用规划应当包括：草原保护、建设、利用的目标和措施，草原功能分区和各项建设的总体部署，各项专业规划等。

第二十条 草原保护、建设、利用规划应当与土地利用总体规划相衔接，与环境保护规划、水土保持规划、防沙治沙规划、水资源规划、林业长远规划、城市总体规划、村庄和集镇规划以及其他有关规划相协调。

第二十一条 草原保护、建设、利用规划一经批准，必须严格执行。

第二十二条 国家建立草原调查制度。

县级以上人民政府草原行政主管部门会同同级有关部门定期进行草原调查；草原所有者或者使用者应当支持、配合调查，并提供有关资料。

第二十三条 国务院草原行政主管部门会同国务院有关部门制定全国草原等级评定标准。

县级以上人民政府草原行政主管部门根据草原调查结果、草原的质量，依据草原等级评定标准，对草原进行评等定级。

第二十四条 国家建立草原统计制度。

县级以上人民政府草原行政主管部门和同级统计部门共同制定草原统计调查办法，依法对草原的面积、等级、产草量、载畜量等进行统计，定期发布草原统计资料。

草原统计资料是各级人民政府编制草原保护、建设、利用规划的依据。

第二十五条 国家建立草原生产、生态监测预警系统。

县级以上人民政府草原行政主管部门对草原的面积、等级、植被构成、生产能力、自然灾害、生物灾害等草原基本状况实行动态监测，及时为本级政府和有关部门提供动态监测和预警信息服务。

第四章 建设

第二十六条 县级以上人民政府应当增加草原建设的投入，支持草原建设。

国家鼓励单位和个人投资建设草原，按照谁投资、谁受益的原则保护草原投资建设者的合法权益。

第二十七条 国家鼓励与支持人工草地建设、天然草原改良和饲草饲料基地建设，稳定和提高草原生产能力。

第二十八条 县级以上人民政府应当支持、鼓励和引导农牧民开展草原围栏、饲草饲料储备、牲畜圈舍、牧民定居点等生产生活设施的建设。

县级以上地方人民政府应当支持草原水利设施建设，发展草原节水灌溉，改善人畜饮水条件。

第二十九条 县级以上人民政府应当按照草原保护、建设、利用规划加强草种基地建设，鼓励选育、引进、推广优良草品种。

新草品种必须经全国草品种审定委员会审定，由国务院草原行政主管部门公告后方可推广。从境外引进草种必须依法进行审批。

县级以上人民政府草原行政主管部门应当依法加强对草种生产、加工、检疫、检验的监督管理，保证草种质量。

第三十条 县级以上人民政府应当有计划地进行火情监测、防火物资储备、防火隔离带等草原防火设施的建设，确保防火需要。

第三十一条 对退化、沙化、盐碱化、石漠化和水土流失的草原，地方各级人民政府应当按照草原保护、建设、利用规划，划定治理区，组织专项治理。

大规模的草原综合治理，列入国家国土整治计划。

第三十二条 县级以上人民政府应当根据草原保护、建设、利用规划，在本级国民经济和社会发展计划中安排资金用于草原改良、人工种草和草种生产，任何单位或者个人不得截留、挪用；县级以上人民政府财政部门和审计部门应当加强监督管理。

第五章 利用

第三十三条 草原承包经营者应当合理利用草原，不得超过草原行政主管部门核定的载畜量；草原承包经营者应当采取种植和储备饲草饲料、增加饲草饲料供应量、调剂处理牲畜、优化畜群结构、提高出栏率等措施，保持草畜平衡。

草原载畜量标准和草畜平衡管理办法由国务院草原行政主管部门规定。

第三十四条 牧区的草原承包经营者应当实行划区轮牧，合理配置畜群，均衡利用草原。

第三十五条 国家提倡在农区、半农半牧区和有条件的牧区实行牲畜圈养。草原承包经营者应当按照饲养牲畜的种类和数量，调剂、储备饲草饲料，采用青贮和饲草饲料加工等新技术，逐步改变依赖天然草地放牧的生产方式。

在草原禁牧、休牧、轮牧区，国家对实行舍饲圈养的给予粮食和资金补助，具体办法由国务院或者国务院授权的有关部门规定。

第三十六条 县级以上地方人民政府草原行政主管部门对割草场和野生草种基地应当规定合理的割草期、采种期以及留茬高度和采割强度，实行轮割轮采。

第三十七条 遇到自然灾害等特殊情况，需要临时调剂使用草原的，按照自愿互利的原则，由双方协商解决；需要跨县临时调剂使用草原的，由有关县级人民政府或者共同的上级人民政府组织协商解决。

第三十八条 进行矿藏开采和工程建设，应当不占或者少占草原；确需征收、征用或者使用草原的，必须经省级以上人民政府草原行政主管部门审核同意后，依照有关土地管理的法律、行政法规办理建设用地审批手续。

第三十九条 因建设征收、征用集体所有的草原的，应当依照《中华人民共和国土地管理法》的规定给予补偿；因建设使用国家所有的草原的，应当依照国务院有关规定对草原承包经营者给予补偿。

因建设征收、征用或者使用草原的，应当交纳草原植被恢复费。草原植被恢复费专款专用，由草原行政主管部门按照规定用于恢复草原植被，任何单位和个人不得截留、挪用。草原植被恢复费的征收、使用和管理办法，由国务院价格主管部门和国务院财政部门会同国务院草原行政主管部门制定。

第四十条 需要临时占用草原的，应当经县级以上地方人民政府草原行政主管部门审核同意。

临时占用草原的期限不得超过二年，并不得在临时占用的草原上修建永久性建筑物、构筑物；占用期满，用地单位必须恢复草原植被并及时退还。

第四十一条 在草原上修建直接为草原保护和畜牧业生产服务的工程设施，需要使用草原的，由县级以上人民政府草原行政主管部门批准；修筑其他工程，需要将草原转为非畜牧业生产用地的，必须依法办理建设用地审批手续。

前款所称直接为草原保护和畜牧业生产服务的工程设施，是指：

(一)生产、贮存草种和饲草饲料的设施；

(二)牲畜圈舍、配种点、剪毛点、药浴池、人畜饮水设施；

(三)科研、试验、示范基地；

(四)草原防火和灌溉设施。

第六章 保护

第四十二条 国家实行基本草原保护制度。下列草原应当划为基本草原，实施严格管理：

(一)重要放牧场；

(二)割草地；

(三)用于畜牧业生产的人工草地、退耕还草地以及改良草地、草种基地；

(四)对调节气候、涵养水源、保持水土、防风固沙具有特殊作用的草原；

(五)作为国家重点保护野生动植物生存环境的草原；

(六)草原科研、教学试验基地；

(七)国务院规定应当划为基本草原的其他草原。

基本草原的保护管理办法，由国务院制定。

第四十三条 国务院草原行政主管部门或者省、自治区、直辖市人民政府可以按照自然保护区管理的有关规定在下列地区建立草原自然保护区：

(一)具有代表性的草原类型；

(二)珍稀濒危野生动植物分布区；

(三)具有重要生态功能和经济科研价值的草原。

第四十四条 县级以上人民政府应当依法加强对草原珍稀濒危野生植物和种质资源的保护、管理。

第四十五条 国家对草原实行以草定畜、草畜平衡制度。县级以上地方人民政府草原行政主管部门应当按照国务院草原行政主管部门制定的草原载畜量标准，结合当地实际情况，定期核定草原载畜量。各级人民政府应当采取有效措施，防止超载过牧。

第四十六条 禁止开垦草原。对水土流失严重、有沙化趋势、需要改善生态环境的已垦草原，应当有计划、有步骤地退耕还草；已造成沙化、盐碱化、石漠化的，应当限期治理。

第四十七条 对严重退化、沙化、盐碱化、石漠化的草原和生态脆弱区的草原，实行禁牧、休牧制度。

第四十八条 国家支持依法实行退耕还草和禁牧、休牧。具体办法由国务院或者省、自治区、直辖市人民政府制定。

对在国务院批准规划范围内实施退耕还草的农牧民，按照国家规定给予粮食、现金、草种费补助。退耕还草完成后，由县级以上人民政府草原行政主管部门核实登记，依法履行土地用途变更手续，发放草原权属证书。

第四十九条 禁止在荒漠、半荒漠和严重退化、沙化、盐碱化、石漠化、水土流失的草原以及生态脆弱区的草原上采挖植物和从事破坏草原植被的其他活动。

第五十条 在草原上从事采土、采砂、采石等作业活动，应当报县级人民政府草原行政主管部门批准；开采矿产资源的，并应当依法办理有关手续。

经批准在草原上从事本条第一款所列活动的，应当在规定的时间、区域内，按照准许的采挖方式作业，并采取保护草原植被的措施。

在他人使用的草原上从事本条第一款所列活动的，还应当事先征得草原使用者的同意。

第五十一条 在草原上种植牧草或者饲料作物，应当符合草原保护、建设、利用规划；县级以上地方人民政府草原行政主管部门应当加强监督管理，防止草原沙化和水土流失。

第五十二条 在草原上开展经营性旅游活动，应当符合有关草原保护、建设、利用规划，并不得侵犯草原所有者、使用者和承包经营者的合法权益，不得破坏草原植被。

第五十三条 草原防火工作贯彻预防为主、防消结合的方针。

各级人民政府应当建立草原防火责任制，规定草原防火期，制定草原防火扑火预案，切实做好草原火灾的预防和扑救工作。

第五十四条 县级以上地方人民政府应当做好草原鼠害、病虫害和毒害草防治的组织管理工作。县级以上地方人民政府草原行政主管部门应当采取措施，加强草原鼠害、病虫害和毒害草监测预警、调查以及防治工作，组织研究和推广综合防治的办法。

禁止在草原上使用剧毒、高残留以及可能导致二次中毒的农药。

第五十五条 除抢险救灾和牧民搬迁的机动车辆外，禁止机动车辆离开道路在草原上行驶，破坏草原植被；因从事地质勘探、科学考察等活动确需离开道路在草原上行驶的，应当事先向所在地县级人民政府草原行政主管部门报告行驶区域和行驶路线，并按照报告的行驶区域和行驶路线在草原上行驶。

第七章 监督检查

第五十六条 国务院草原行政主管部门和草原面积较大的省、自治区的县级以上地方人民政府草原行政主管部门设立草原监督管理机构，负责草原法律、法规执行情况的监督检查，对违反草原法律、法规的行为进行查处。

草原行政主管部门和草原监督管理机构应当加强执法队伍建设，提高草原监督检查人员的政治、业务素质。草原监督检查人员应当忠于职守，秉公执法。

第五十七条 草原监督检查人员履行监督检查职责时，有权采取下列措施：

（一）要求被检查单位或者个人提供有关草原权属的文件和资料，进行查阅或者复制；

（二）要求被检查单位或者个人对草原权属等问题作出说明；

（三）进入违法现场进行拍照、摄像和勘测；

（四）责令被检查单位或者个人停止违反草原法律、法规的行为，履行法定义务。

第五十八条 国务院草原行政主管部门和省、自治区、直辖市人民政府草原行政主管部门，应当加强对草原监督检查人员的培训和考核。

第五十九条 有关单位和个人对草原监督检查人员的监督检查工作应当给予支持、配合，不得拒绝或者阻碍草原监督检查人员依法执行职务。

草原监督检查人员在履行监督检查职责时，应当向被检查单位和个人出示执法证件。

第六十条 对违反草原法律、法规的行为，应当依法作出行政处理，有关草原行政主管部门不作出行政处理决定的，上级草原行政主管部门有权责令有关草原行政主管部门作出行政处理决定或者直接作出行政处理决定。

第八章 法律责任

第六十一条 草原行政主管部门工作人员及其他国家机关有关工作人员玩忽职守、滥用职权，不依法履行监督管理职责，或者发现违法行为不予查处，造成严重后果，构成犯罪的，依法追究刑事责任；尚不够刑事处罚的，依法给予行政处分。

第六十二条 截留、挪用草原改良、人工种草和草种生产资金或者草原植被恢复费，构成犯罪的，依法追究刑事责任；尚不够刑事处罚的，依法给予行政处分。

第六十三条 无权批准征收、征用、使用草原的单位或者个人非法批准征收、征用、使用草原的，超越批准权限非法批准征收、征用、使用草原的，或者违反法律规定的程序批准征收、征用、使用草原，构成犯罪的，依法追究刑事责任；尚不够刑事处罚的，依法给予行政处分。非法批准征收、征用、使用草原的文件无效。非法批准征收、征用、使用的草原应当收回，当事人拒不归还的，以非法使用草原论处。

非法批准征收、征用、使用草原，给当事人造成损

失的，依法承担赔偿责任。

第六十四条 买卖或者以其他形式非法转让草原，构成犯罪的，依法追究刑事责任；尚不够刑事处罚的，由县级以上人民政府草原行政主管部门依据职权责令限期改正，没收违法所得，并处违法所得一倍以上五倍以下的罚款。

第六十五条 未经批准或者采取欺骗手段骗取批准，非法使用草原，构成犯罪的，依法追究刑事责任；尚不够刑事处罚的，由县级以上人民政府草原行政主管部门依据职权责令退还非法使用的草原，对违反草原保护、建设、利用规划擅自将草原改为建设用地的，限期拆除在非法使用的草原上新建的建筑物和其他设施，恢复草原植被，并处草原被非法使用前三年平均产值六倍以上十二倍以下的罚款。

第六十六条 非法开垦草原，构成犯罪的，依法追究刑事责任；尚不够刑事处罚的，由县级以上人民政府草原行政主管部门依据职权责令停止违法行为，限期恢复植被，没收非法财物和违法所得，并处违法所得一倍以上五倍以下的罚款；没有违法所得的，并处五万元以下的罚款；给草原所有者或者使用者造成损失的，依法承担赔偿责任。

第六十七条 在荒漠、半荒漠和严重退化、沙化、盐碱化、石漠化、水土流失的草原，以及生态脆弱区的草原上采挖植物或者从事破坏草原植被的其他活动的，由县级以上地方人民政府草原行政主管部门依据职权责令停止违法行为，没收非法财物和违法所得，可以并处违法所得一倍以上五倍以下的罚款；没有违法所得的，可以并处五万元以下的罚款；给草原所有者或者使用者造成损失的，依法承担赔偿责任。

第六十八条 未经批准或者未按照规定的时间、区域和采挖方式在草原上进行采土、采砂、采石等活动的，由县级人民政府草原行政主管部门责令停止违法行为，限期恢复植被，没收非法财物和违法所得，可以并处违法所得一倍以上二倍以下的罚款；没有违法所得的，可以并处二万元以下的罚款；给草原所有者或者使用者造成损失的，依法承担赔偿责任。

第六十九条 违反本法第五十二条规定，在草原上开展经营性旅游活动，破坏草原植被的，由县级以上地方人民政府草原行政主管部门依据职权责令停止违法行为，限期恢复植被，没收违法所得，可以并处违法所得一倍以上二倍以下的罚款；没有违法所得的，可以并处草原被破坏前三年平均产值六倍以上十二倍以下的罚款；给草原所有者或者使用者造成损失的，依法承担赔偿责任。

第七十条 非抢险救灾和牧民搬迁的机动车辆离开道路在草原上行驶，或者从事地质勘探、科学考察等活动，未事先向所在地县级人民政府草原行政主管部门报告或者未按照报告的行驶区域和行驶路线在草原上行驶，破坏草原植被的，由县级人民政府草原行政主管部门责令停止违法行为，限期恢复植被，可以并处草原被破坏前三年平均产值三倍以上九倍以下的罚款；给草原所有者或者使用者造成损失的，依法承担赔偿责任。

第七十一条 在临时占用的草原上修建永久性建筑物、构筑物的，由县级以上地方人民政府草原行政主管部门依据职权责令限期拆除；逾期不拆除的，依法强制拆除，所需费用由违法者承担。

临时占用草原，占用期届满，用地单位不予恢复草原植被的，由县级以上地方人民政府草原行政主管部门依据职权责令限期恢复；逾期不恢复的，由县级以上地方人民政府草原行政主管部门代为恢复，所需费用由违法者承担。

第七十二条 未经批准，擅自改变草原保护、建设、利用规划的，由县级以上人民政府责令限期改正；对直接负责的主管人员和其他直接责任人员，依法给予行政处分。

第七十三条 对违反本法有关草畜平衡制度的规定，牲畜饲养量超过县级以上地方人民政府草原行政主管部门核定的草原载畜量标准的纠正或者处罚措施，由省、自治区、直辖市人民代表大会或者其常务委员会规定。

第九章 附则

第七十四条 本法第二条第二款中所称的天然草原包括草地、草山和草坡，人工草地包括改良草地和退耕还草地，不包括城镇草地。

第七十五条 本法自2003年3月1日起施行。

中华人民共和国湿地保护法

中华人民共和国主席令第一〇二号

（2021年12月24日第十三届全国人民代表大会常务委员会第三十二次会议通过）

目录

第一章 总则

第一条 为了加强湿地保护，维护湿地生态功能及生物多样性，保障生态安全，促进生态文明建设，实现人与自然和谐共生，制定本法。

第二条 在中华人民共和国领域及管辖的其他海域内从事湿地保护、利用、修复及相关管理活动，适用本法。

本法所称湿地，是指具有显著生态功能的自然或者人工的、常年或者季节性积水地带、水域，包括低潮时水深不超过六米的海域，但是水田以及用于养殖的人工的水域和滩涂除外。国家对湿地实行分级管理及名录制度。

江河、湖泊、海域等的湿地保护、利用及相关管理活动还应当适用《中华人民共和国水法》、《中华人民共和国防洪法》、《中华人民共和国水污染防治法》、《中华人民共和国海洋环境保护法》、《中华人民共和国长江保护法》、《中华人民共和国渔业法》、《中华人民共和国海域使用管理法》等有关法律的规定。

第三条 湿地保护应当坚持保护优先、严格管理、系统治理、科学修复、合理利用的原则，发挥湿地涵养水源、调节气候、改善环境、维护生物多样性等多种生态功能。

第四条 县级以上人民政府应当将湿地保护纳入国民经济和社会发展规划，并将开展湿地保护工作所需经费按照事权划分原则列入预算。

县级以上地方人民政府对本行政区域内的湿地保护负责，采取措施保持湿地面积稳定，提升湿地生态功能。

乡镇人民政府组织群众做好湿地保护相关工作，村民委员会予以协助。

第五条 国务院林业草原主管部门负责湿地资源的监督管理，负责湿地保护规划和相关国家标准拟定、湿地开发利用的监督管理、湿地生态保护修复工作。国务院自然资源、水行政、住房城乡建设、生态环境、农业农村等其他有关部门，按照职责分工承担湿地保护、修复、管理有关工作。

国务院林业草原主管部门会同国务院自然资源、水行政、住房城乡建设、生态环境、农业农村等主管部门建立湿地保护协作和信息通报机制。

第六条 县级以上地方人民政府应当加强湿地保护协调工作。县级以上地方人民政府有关部门按照职责分工负责湿地保护、修复、管理有关工作。

第七条 各级人民政府应当加强湿地保护宣传教育和科学知识普及工作，通过湿地保护日、湿地保护宣传周等开展宣传教育活动，增强全社会湿地保护意识；鼓励基层群众性自治组织、社会组织、志愿者开展湿地保护法律法规和湿地保护知识宣传活动，营造保护湿地的良好氛围。

教育主管部门、学校应当在教育教学活动中注重培养学生的湿地保护意识。

新闻媒体应当开展湿地保护法律法规和湿地保护知识的公益宣传，对破坏湿地的行为进行舆论监督。

第八条 国家鼓励单位和个人依法通过捐赠、资助、志愿服务等方式参与湿地保护活动。

对在湿地保护方面成绩显著的单位和个人，按照国家有关规定给予表彰、奖励。

第九条 国家支持开展湿地保护科学技术研究开发和应用推广，加强湿地保护专业技术人才培养，提高湿地保护科学技术水平。

第十条 国家支持开展湿地保护科学技术、生物多样性、候鸟迁徙等方面的国际合作与交流。

第十一条 任何单位和个人都有保护湿地的义务，对破坏湿地的行为有权举报或者控告，接到举报或者控告的机关应当及时处理，并依法保护举报人、控告人的合法权益。

第二章 湿地资源管理

第十二条 国家建立湿地资源调查评价制度。

国务院自然资源主管部门应当会同国务院林业草原等有关部门定期开展全国湿地资源调查评价工作，对湿地类型、分布、面积、生物多样性、保护与利用情况等进行调查，建立统一的信息发布和共享机制。

第十三条 国家实行湿地面积总量管控制度，将湿地面积总量管控目标纳入湿地保护目标责任制。

国务院林业草原、自然资源主管部门会同国务院有关部门根据全国湿地资源状况、自然变化情况和湿地面积总量管控要求，确定全国和各省、自治区、直辖市湿地面积总量管控目标，报国务院批准。地方各级人民政府应当采取有效措施，落实湿地面积总量管控目标的要求。

第十四条 国家对湿地实行分级管理，按照生态区位、面积以及维护生态功能、生物多样性的重要程度，将湿地分为重要湿地和一般湿地。重要湿地包括国家重要湿地和省级重要湿地，重要湿地以外的湿地为一般湿地。重要湿地依法划入生态保护红线。

国务院林业草原主管部门会同国务院自然资源、水行政、住房城乡建设、生态环境、农业农村等有关部门发布国家重要湿地名录及范围，并设立保护标志。国际重要湿地应当列入国家重要湿地名录。

省、自治区、直辖市人民政府或者其授权的部门负责发布省级重要湿地名录及范围，并向国务院林业草原主管部门备案。

一般湿地的名录及范围由县级以上地方人民政府或者其授权的部门发布。

第十五条 国务院林业草原主管部门应当会同国务院有关部门，依据国民经济和社会发展规划、国土空间规划和生态环境保护规划编制全国湿地保护规划，报国务院或者其授权的部门批准后组织实施。

县级以上地方人民政府林业草原主管部门应当会同有关部门，依据本级国土空间规划和上一级湿地保护规划编制本行政区域内的湿地保护规划，报同级人民政府批准后组织实施。

湿地保护规划应当明确湿地保护的目标任务、总体布局、保护修复重点和保障措施等内容。经批准的湿地保护规划需要调整的，按照原批准程序办理。

编制湿地保护规划应当与流域综合规划、防洪规划等规划相衔接。

第十六条 国务院林业草原、标准化主管部门会同国务院自然资源、水行政、住房城乡建设、生态环境、农业农村主管部门组织制定湿地分级分类、监测预警、生态修复等国家标准；国家标准未作规定的，可以依法制定地方标准并备案。

第十七条 县级以上人民政府林业草原主管部门建立湿地保护专家咨询机制，为编制湿地保护规划、制定湿地名录、制定相关标准等提供评估论证等服务。

第十八条 办理自然资源权属登记涉及湿地的，应当按照规定记载湿地的地理坐标、空间范围、类型、面积等信息。

第十九条 国家严格控制占用湿地。

禁止占用国家重要湿地，国家重大项目、防灾减灾项目、重要水利及保护设施项目、湿地保护项目等除外。

建设项目选址、选线应当避让湿地，无法避让的应当尽量减少占用，并采取必要措施减轻对湿地生态功能的不利影响。

建设项目规划选址、选线审批或者核准时，涉及国家重要湿地的，应当征求国务院林业草原主管部门的意见；涉及省级重要湿地或者一般湿地的，应当按照管理权限，征求县级以上地方人民政府授权的部门的意见。

第二十条 建设项目确需临时占用湿地的，应当依照《中华人民共和国土地管理法》、《中华人民共和国水法》、《中华人民共和国森林法》、《中华人民共和国草原法》、《中华人民共和国海域使用管理法》等有关法律法规的规定办理。临时占用湿地的期限一般不得超过二年，并不得在临时占用的湿地上修建永久性建筑物。

临时占用湿地期满后一年内，用地单位或者个人应当恢复湿地面积和生态条件。

第二十一条 除因防洪、航道、港口或者其他水工程占用河道管理范围及蓄滞洪区内的湿地外，经依法批准占用重要湿地的单位应当根据当地自然条件恢复或者重建与所占用湿地面积和质量相当的湿地；没有条件恢复、重建的，应当缴纳湿地恢复费。缴纳湿地恢复费的，不再缴纳其他相同性质的恢复费用。

湿地恢复费缴纳和使用管理办法由国务院财政部门会同国务院林业草原等有关部门制定。

第二十二条 国务院林业草原主管部门应当按照监测技术规范开展国家重要湿地动态监测，及时掌握湿地分布、面积、水量、生物多样性、受威胁状况等变化信息。

国务院林业草原主管部门应当依据监测数据，对国家重要湿地生态状况进行评估，并按照规定发布预警信息。

省、自治区、直辖市人民政府林业草原主管部门应当按照监测技术规范开展省级重要湿地动态监测、评估和预警工作。

县级以上地方人民政府林业草原主管部门应当加强对一般湿地的动态监测。

第三章 湿地保护与利用

第二十三条 国家坚持生态优先、绿色发展，完善湿地保护制度，健全湿地保护政策支持和科技支撑机制，保障湿地生态功能和永续利用，实现生态效益、社会效益、经济效益相统一。

第二十四条 省级以上人民政府及其有关部门根据湿地保护规划和湿地保护需要，依法将湿地纳入国家公园、自然保护区或者自然公园。

第二十五条 地方各级人民政府及其有关部门应当采取措施，预防和控制人为活动对湿地及其生物多样性的不利影响，加强湿地污染防治，减缓人为因素和自然因素导致的湿地退化，维护湿地生态功能稳定。

在湿地范围内从事旅游、种植、畜牧、水产养殖、航运等利用活动，应当避免改变湿地的自然状况，并采取措施减轻对湿地生态功能的不利影响。

县级以上人民政府有关部门在办理环境影响评价、国土空间规划、海域使用、养殖、防洪等相关行政许可时，应当加强对有关湿地利用活动的必要性、合理性以及湿地保护措施等内容的审查。

第二十六条 地方各级人民政府对省级重要湿地和一般湿地利用活动进行分类指导，鼓励单位和个人开展符合湿地保护要求的生态旅游、生态农业、生态教育、自然体验等活动，适度控制种植养殖等湿地利用规模。

地方各级人民政府应当鼓励有关单位优先安排当地居民参与湿地管护。

第二十七条 县级以上地方人民政府应当充分考虑保障重要湿地生态功能的需要，优化重要湿地周边产业布局。

县级以上地方人民政府可以采取定向扶持、产业转移、吸引社会资金、社区共建等方式，推动湿地周边地区绿色发展，促进经济发展与湿地保护相协调。

第二十八条 禁止下列破坏湿地及其生态功能的行为：

（一）开（围）垦、排干自然湿地，永久性截断自然湿地水源；

（二）擅自填埋自然湿地，擅自采砂、采矿、取土；

（三）排放不符合水污染物排放标准的工业废水、生活污水及其他污染湿地的废水、污水，倾倒、堆放、丢弃、遗撒固体废物；

（四）过度放牧或者滥采野生植物，过度捕捞或者灭绝式捕捞，过度施肥、投药、投放饵料等污染湿地的种植养殖行为；

（五）其他破坏湿地及其生态功能的行为。

第二十九条 县级以上人民政府有关部门应当按照职责分工，开展湿地有害生物监测工作，及时采取有效措施预防、控制、消除有害生物对湿地生态系统的危害。

第三十条 县级以上人民政府应当加强对国家重点保护野生动植物集中分布湿地的保护。任何单位和个人不得破坏鸟类和水生生物的生存环境。

禁止在以水鸟为保护对象的自然保护地及其他重要栖息地从事捕鱼、挖捕底栖生物、捡拾鸟蛋、破坏鸟巢等危及水鸟生存、繁衍的活动。开展观鸟、科学研究以及科普活动等应当保持安全距离，避免影响鸟类正常觅食和繁殖。

在重要水生生物产卵场、索饵场、越冬场和洄游通道等重要栖息地应当实施保护措施。经依法批准在洄游通道建闸、筑坝，可能对水生生物洄游产生影响的，建设单位应当建造过鱼设施或者采取其他补救措施。

禁止向湿地引进和放生外来物种，确需引进的应当进行科学评估，并依法取得批准。

第三十一条 国务院水行政主管部门和地方各级人民政府应当加强对河流、湖泊范围内湿地的管理和保护，因地制宜采取水系连通、清淤疏浚、水源涵养与水土保持等治理修复措施，严格控制河流源头和蓄滞洪区、水土流失严重区等区域的湿地开发利用活动，减轻对湿地及其生物多样性的不利影响。

第三十二条 国务院自然资源主管部门和沿海地方各级人民政府应当加强对滨海湿地的管理和保护，严格管控围填滨海湿地。经依法批准的项目，应当同步实施生态保护修复，减轻对滨海湿地生态功能的不利影响。

第三十三条 国务院住房城乡建设主管部门和地方各级人民政府应当加强对城市湿地的管理和保护，采取城市水系治理和生态修复等措施，提升城市湿地生态质量，发挥城市湿地雨洪调蓄、净化水质、休闲游憩、科普教育等功能。

第三十四条 红树林湿地所在地县级以上地方人民政府应当组织编制红树林湿地保护专项规划，采取有效措施保护红树林湿地。

红树林湿地应当列入重要湿地名录；符合国家重要湿地标准的，应当优先列入国家重要湿地名录。

禁止占用红树林湿地。经省级以上人民政府有关部门评估，确因国家重大项目、防灾减灾等需要占用的，应当依照有关法律规定办理，并做好保护和修复工作。相关建设项目改变红树林所在河口水文情势、对红树林生长产生较大影响的，应当采取有效措施减轻不利影响。

禁止在红树林湿地挖塘，禁止采伐、采挖、移植红树林或者过度采摘红树林种子，禁止投放、种植危害红树林生长的物种。因科研、医药或者红树林湿地保护等需要采伐、采挖、移植、采摘的，应当依照有关法律法规办理。

第三十五条 泥炭沼泽湿地所在地县级以上地方人民政府应当制定泥炭沼泽湿地保护专项规划，采取有效措施保护泥炭沼泽湿地。

符合重要湿地标准的泥炭沼泽湿地，应当列入重要湿地名录。

禁止在泥炭沼泽湿地开采泥炭或者擅自开采地下水；禁止将泥炭沼泽湿地蓄水向外排放，因防灾减灾需要的除外。

第三十六条 国家建立湿地生态保护补偿制度。

国务院和省级人民政府应当按照事权划分原则加大对重要湿地保护的财政投入，加大对重要湿地所在地区的财政转移支付力度。

国家鼓励湿地生态保护地区与湿地生态受益地区人民政府通过协商或者市场机制进行地区间生态保护补偿。

因生态保护等公共利益需要，造成湿地所有者或者使用者合法权益受到损害的，县级以上人民政府应当给予补偿。

第四章 湿地修复

第三十七条 县级以上人民政府应当坚持自然恢复为主、自然恢复和人工修复相结合的原则，加强湿地修复工作，恢复湿地面积，提高湿地生态系统质量。

县级以上人民政府对破碎化严重或者功能退化的自然湿地进行综合整治和修复，优先修复生态功能严重退化的重要湿地。

第三十八条 县级以上人民政府组织开展湿地保护与修复，应当充分考虑水资源禀赋条件和承载能力，合理配置水资源，保障湿地基本生态用水需求，维护湿地生态功能。

第三十九条 县级以上地方人民政府应当科学论证，对具备恢复条件的原有湿地、退化湿地、盐碱化湿地等，因地制宜采取措施，恢复湿地生态功能。

县级以上地方人民政府应当按照湿地保护规划，因地制宜采取水体治理、土地整治、植被恢复、动物保护等措施，增强湿地生态功能和碳汇功能。

禁止违法占用耕地等建设人工湿地。

第四十条 红树林湿地所在地县级以上地方人民政府应当对生态功能重要区域、海洋灾害风险等级较高地区、濒危物种保护区域或者造林条件较好地区的红树林湿地优先实施修复，对严重退化的红树林湿地进行抢救性修复，修复应当尽量采用本地树种。

第四十一条 泥炭沼泽湿地所在地县级以上地方人民政府应当因地制宜，组织对退化泥炭沼泽湿地进行修复，并根据泥炭沼泽湿地的类型、发育状况和退化程度等，采取相应的修复措施。

第四十二条 修复重要湿地应当编制湿地修复方案。

重要湿地的修复方案应当报省级以上人民政府林业草原主管部门批准。林业草原主管部门在批准修复方案前，应当征求同级人民政府自然资源、水行政、住房城乡建设、生态环境、农业农村等有关部门的意见。

第四十三条 修复重要湿地应当按照经批准的湿地修复方案进行修复。

重要湿地修复完成后，应当经省级以上人民政府林业草原主管部门验收合格，依法公开修复情况。省级以上人民政府林业草原主管部门应当加强修复湿地后期管理和动态监测，并根据需要开展修复效果后期评估。

第四十四条 因违法占用、开采、开垦、填埋、排污等活动，导致湿地破坏的，违法行为人应当负责修复。违法行为人变更的，由承继其债权、债务的主体负责修复。

因重大自然灾害造成湿地破坏，以及湿地修复责任主体灭失或者无法确定的，由县级以上人民政府组织实施修复。

第五章 监督检查

第四十五条 县级以上人民政府林业草原、自然资源、水行政、住房城乡建设、生态环境、农业农村主管部门应当依照本法规定，按照职责分工对湿地的保护、修复、利用等活动进行监督检查，依法查处破坏湿地的违法行为。

第四十六条 县级以上人民政府林业草原、自然资源、水行政、住房城乡建设、生态环境、农业农村主管部门进行监督检查，有权采取下列措施：

（一）询问被检查单位或者个人，要求其对与监督检查事项有关的情况作出说明；

（二）进行现场检查；

（三）查阅、复制有关文件、资料，对可能被转移、销毁、隐匿或者篡改的文件、资料予以封存；

（四）查封、扣押涉嫌违法活动的场所、设施或者财物。

第四十七条 县级以上人民政府林业草原、自然资源、水行政、住房城乡建设、生态环境、农业农村主管部门依法履行监督检查职责，有关单位和个人应当予以配合，不得拒绝、阻碍。

第四十八条 国务院林业草原主管部门应当加强对国家重要湿地保护情况的监督检查。省、自治区、直辖市人民政府林业草原主管部门应当加强对省级重要湿地保护情况的监督检查。

县级人民政府林业草原主管部门和有关部门应当充分利用信息化手段，对湿地保护情况进行监督检查。

各级人民政府及其有关部门应当依法公开湿地保护相关信息，接受社会监督。

第四十九条 国家实行湿地保护目标责任制，将湿地保护纳入地方人民政府综合绩效评价内容。

对破坏湿地问题突出、保护工作不力、群众反映强烈的地区，省级以上人民政府林业草原主管部门应当会同有关部门约谈该地区人民政府的主要负责人。

第五十条 湿地的保护、修复和管理情况，应当纳入领导干部自然资源资产离任审计。

第六章 法律责任

第五十一条 县级以上人民政府有关部门发现破坏湿地的违法行为或者接到对违法行为的举报，不予查处或者不依法查处，或者有其他玩忽职守、滥用职权、徇私舞弊行为的，对直接负责的主管人员和其他直接责任人员依法给予处分。

第五十二条 违反本法规定，建设项目擅自占用国家重要湿地的，由县级以上人民政府林业草原等有关主管部门按照职责分工责令停止违法行为，限期拆除在非法占用的湿地上新建的建筑物、构筑物和其他设施，修复湿地或者采取其他补救措施，按照违法占用湿地的面积，处每平方米一千元以上一万元以下罚款；违法行为人不停止建设或者逾期不拆除的，由作出行政处罚决定的部门依法申请人民法院强制执行。

第五十三条 建设项目占用重要湿地，未依照本法规定恢复、重建湿地的，由县级以上人民政府林业草原主管部门责令限期恢复、重建湿地；逾期未改正的，由县级以上人民政府林业草原主管部门委托他人代为履行，所需费用由违法行为人承担，按照占用湿地的面积，处每平方米五百元以上二千元以下罚款。

第五十四条 违反本法规定，开（围）垦、填埋自然湿地的，由县级以上人民政府林业草原等有关主管部门按照职责分工责令停止违法行为，限期修复湿地或者采取其他补救措施，没收违法所得，并按照破坏湿地面积，处每平方米五百元以上五千元以下罚款；破坏国家重要湿地的，并按照破坏湿地面积，处每平方米一千元以上一万元以下罚款。

违反本法规定，排干自然湿地或者永久性截断自然湿地水源的，由县级以上人民政府林业草原主管部门责令停止违法行为，限期修复湿地或者采取其他补救措施，没收违法所得，并处五万元以上五十万元以下罚款；造成严重后果的，并处五十万元以上一百万元以下罚款。

第五十五条 违反本法规定，向湿地引进或者放生外来物种的，依照《中华人民共和国生物安全法》等有关法律法规的规定处理、处罚。

第五十六条 违反本法规定，在红树林湿地内挖塘的，由县级以上人民政府林业草原等有关主管部门按照职责分工责令停止违法行为，限期修复湿地或者采取其他补救措施，按照破坏湿地面积，处每平方米一千元以上一万元以下罚款；对树木造成毁坏的，责令限期补种成活毁坏株数一倍以上三倍以下的树木，无法确定毁坏株数的，按照相同区域同类树种生长密度计算株数。

违反本法规定，在红树林湿地内投放、种植妨碍红树林生长物种的，由县级以上人民政府林业草原主管部门责令停止违法行为，限期清理，处二万元以上十万元以下罚款；造成严重后果的，处十万元以上一百万元以下罚款。

第五十七条 违反本法规定开采泥炭的，由县级以上人民政府林业草原等有关主管部门按照职责分工责令停止违法行为，限期修复湿地或者采取其他补救措施，没收违法所得，并按照采挖泥炭体积，处每立方米二千元以上一万元以下罚款。

违反本法规定，从泥炭沼泽湿地向外排水的，由县级以上人民政府林业草原主管部门责令停止违法行为，限期修复湿地或者采取其他补救措施，没收违法所得，并处一万元以上十万元以下罚款；情节严重的，并处十万元以上一百万元以下罚款。

第五十八条 违反本法规定，未编制修复方案修复湿地或者未按照修复方案修复湿地，造成湿地破坏的，由省级以上人民政府林业草原主管部门责令改正，处十万元以上一百万元以下罚款。

第五十九条 破坏湿地的违法行为人未按照规定期限或者未按照修复方案修复湿地的，由县级以上人民政府林业草原主管部门委托他人代为履行，所需费用由违法行为人承担；违法行为人因被宣告破产等原因丧失修复能力的，由县级以上人民政府组织实施修复。

第六十条 违反本法规定，拒绝、阻碍县级以上人民政府有关部门依法进行的监督检查的，处二万元以上二十万元以下罚款；情节严重的，可以责令停产停业整顿。

第六十一条 违反本法规定，造成生态环境损害的，国家规定的机关或者法律规定的组织有权依法请求违法行为人承担修复责任、赔偿损失和有关费用。

第六十二条 违反本法规定，构成违反治安管理行为的，由公安机关依法给予治安管理处罚；构成犯罪的，依法追究刑事责任。

第七章 附则

第六十三条 本法下列用语的含义：

（一）红树林湿地，是指由红树植物为主组成的近海和海岸潮间湿地；

（二）泥炭沼泽湿地，是指有泥炭发育的沼泽湿地。

第六十四条 省、自治区、直辖市和设区的市、自治州可以根据本地实际，制定湿地保护具体办法。

第六十五条 本法自2022年6月1日起施行。

中华人民共和国种子法

中华人民共和国主席令第一〇五号

（2000年7月8日第九届全国人民代表大会常务委员会第十六次会议通过　根据2004年8月28日第十届全国人民代表大会常务委员会第十一次会议《关于修改〈中华人民共和国种子法〉的决定》第一次修正　根据2013年6月29日第十二届全国人民代表大会常务委员会第三次会议《关于修改〈中华人民共和国文物保护法〉等十二部法律的决定》第二次修正　2015年11月4日第十二届全国人民代表大会常务委员会第十七次会议修订　根据2021年12月24日第十三届全国人民代表大会常务委员会第三十二次会议《关于修改〈中华人民共和国种子法〉的决定》第三次修正）

目录

第一章 总则

第一条 为了保护和合理利用种质资源，规范品种选育、种子生产经营和管理行为，加强种业科学技术研究，鼓励育种创新，保护植物新品种权，维护种子生产经营者、使用者的合法权益，提高种子质量，发展现代种业，保障国家粮食安全，促进农业和林业的发展，制定本法。

第二条 在中华人民共和国境内从事品种选育、种子生产经营和管理等活动，适用本法。

本法所称种子，是指农作物和林木的种植材料或者繁殖材料，包括籽粒、果实、根、茎、苗、芽、叶、花等。

第三条 国务院农业农村、林业草原主管部门分别主管全国农作物种子和林木种子工作；县级以上地方人民政府农业农村、林业草原主管部门分别主管本行政区域内农作物种子和林木种子工作。

各级人民政府及其有关部门应当采取措施，加强种子执法和监督，依法惩处侵害农民权益的种子违法行为。

第四条 国家扶持种质资源保护工作和选育、生产、更新、推广使用良种，鼓励品种选育和种子生产经营相结合，奖励在种质资源保护工作和良种选育、推广等工作中成绩显著的单位和个人。

第五条 省级以上人民政府应当根据科教兴农方针和农业、林业发展的需要制定种业发展规划并组织实施。

第六条 省级以上人民政府建立种子储备制度，主要用于发生灾害时的生产需要及余缺调剂，保障农业和林业生产安全。对储备的种子应当定期检验和更新。种子储备的具体办法由国务院规定。

第七条 转基因植物品种的选育、试验、审定和推广应当进行安全性评价，并采取严格的安全控制措施。国务院农业农村、林业草原主管部门应当加强跟踪监管并及时公告有关转基因植物品种审定和推广的信息。具体办法由国务院规定。

第二章 种质资源保护

第八条 国家依法保护种质资源，任何单位和个人不得侵占和破坏种质资源。

禁止采集或者采伐国家重点保护的天然种质资源。因科研等特殊情况需要采集或者采伐的，应当经国务院或者省、自治区、直辖市人民政府的农业农村、林业草原主管部门批准。

第九条 国家有计划地普查、收集、整理、鉴定、登记、保存、交流和利用种质资源，重点收集珍稀、濒危、特有资源和特色地方品种，定期公布可供利用的种质资源目录。具体办法由国务院农业农村、林业草原主管部门规定。

第十条 国务院农业农村、林业草原主管部门应当建立种质资源库、种质资源保护区或者种质资源保护地。省、自治区、直辖市人民政府农业农村、林业草原主管部门可以根据需要建立种质资源库、种质资源保护区、种质资源保护地。种质资源库、种质资源保护区、种质资源保护地的种质资源属公共资源，依法开放利用。

占用种质资源库、种质资源保护区或者种质资源保护地的，需经原设立机关同意。

第十一条 国家对种质资源享有主权。任何单位和个人向境外提供种质资源，或者与境外机构、个人开展合作研究利用种质资源的，应当报国务院农业农村、林业草原主管部门批准，并同时提交国家共享惠益的方案。国务院农业农村、林业草原主管部门可以委托省、自治区、直辖市人民政府农业农村、林业草原主管部门接收申请材料。国务院农业农村、林业草原主管部门应当将批准情况通报国务院生态环境主管部门。

从境外引进种质资源的，依照国务院农业农村、林业草原主管部门的有关规定办理。

第三章 品种选育、审定与登记

第十二条 国家支持科研院所及高等院校重点开展育种的基础性、前沿性和应用技术研究以及生物育种技术研究，支持常规作物、主要造林树种育种和无性繁殖材料选育等公益性研究。

国家鼓励种子企业充分利用公益性研究成果，培育具有自主知识产权的优良品种；鼓励种子企业与科研院所及高等院校构建技术研发平台，开展主要粮食作物、重要经济作物育种攻关，建立以市场为导向、利益共享、风险共担的产学研相结合的种业技术创新体系。

国家加强种业科技创新能力建设，促进种业科技成果转化，维护种业科技人员的合法权益。

第十三条 由财政资金支持形成的育种发明专利权和植物新品种权，除涉及国家安全、国家利益和重大社会公共利益的外，授权项目承担者依法取得。

由财政资金支持为主形成的育种成果的转让、许可等应当依法公开进行，禁止私自交易。

第十四条 单位和个人因林业草原主管部门为选育林木良种建立测定林、试验林、优树收集区、基因库等而减少经济收入的，批准建立的林业草原主管部门应当按照国家有关规定给予经济补偿。

第十五条 国家对主要农作物和主要林木实行品种审定制度。主要农作物品种和主要林木品种在推广前应当通过国家级或者省级审定。由省、自治区、直辖市人民政府林业草原主管部门确定的主要林木品种实行省级审定。

申请审定的品种应当符合特异性、一致性、稳定性要求。

主要农作物品种和主要林木品种的审定办法由国务院农业农村、林业草原主管部门规定。审定办法应当体现公正、公开、科学、效率的原则，有利于产量、品质、抗性等的提高与协调，有利于适应市场和生活消费需要的品种的推广。在制定、修改审定办法时，应当充分听取育种者、种子使用者、生产经营者和相关行业代表意见。

第十六条 国务院和省、自治区、直辖市人民政府的农业农村、林业草原主管部门分别设立由专业人员组成的农作物品种和林木品种审定委员会。品种审定委员会承担主要农作物品种和主要林木品种的审定工作，建立包括申请文件、品种审定试验数据、种子样品、审定意见和审定结论等内容的审定档案，保证可追溯。在审定通过的品种依法公布的相关信息中应当包括审定意见情况，接受监督。

品种审定实行回避制度。品种审定委员会委员、工作人员及相关测试、试验人员应当忠于职守，公正廉洁。对单位和个人举报或者监督检查发现的上述人员的违法行为，省级以上人民政府农业农村、林业草原主管部门和有关机关应当及时依法处理。

第十七条 实行选育生产经营相结合，符合国务院农业农村、林业草原主管部门规定条件的种子企业，对其自主研发的主要农作物品种、主要林木品种可以按照审定办法自行完成试验，达到审定标准的，品种审定委员会应当颁发审定证书。种子企业对试验数据的真实性负责，保证可追溯，接受省级以上人民政府农业农村、林业草原主管部门和社会的监督。

第十八条 审定未通过的农作物品种和林木品种，申请人有异议的，可以向原审定委员会或者国家级审定委员会申请复审。

第十九条 通过国家级审定的农作物品种和林木良种由国务院农业农村、林业草原主管部门公告，可以在全国适宜的生态区域推广。通过省级审定的农作物品种和林木良种由省、自治区、直辖市人民政府农业农村、林业草原主管部门公告，可以在本行政区域内适宜的生态区域推广；其他省、自治区、直辖市属于同一适宜生态区的地域引种农作物品种、林木良种的，引种者应当将引种的品种和区域报所在省、自治区、直辖市人民政府农业农村、林业草原主管部门备案。

引种本地区没有自然分布的林木品种，应当按照国家引种标准通过试验。

第二十条 省、自治区、直辖市人民政府农业农村、林业草原主管部门应当完善品种选育、审定工作的区域协作机制，促进优良品种的选育和推广。

第二十一条 审定通过的农作物品种和林木良种出现不可克服的严重缺陷等情形不宜继续推广、销售的，经原审定委员会审核确认后，撤销审定，由原公告部门发布公告，停止推广、销售。

第二十二条 国家对部分非主要农作物实行品种登记制度。列入非主要农作物登记目录的品种在推广前应当登记。

实行品种登记的农作物范围应当严格控制，并根据保护生物多样性、保证消费安全和用种安全的原则确定。登记目录由国务院农业农村主管部门制定和调整。

申请者申请品种登记应当向省、自治区、直辖市人民政府农业农村主管部门提交申请文件和种子样品，并对其真实性负责，保证可追溯，接受监督检查。申请文件包括品种的种类、名称、来源、特性、育种过程以及特异性、一致性、稳定性测试报告等。

省、自治区、直辖市人民政府农业农村主管部门自受理品种登记申请之日起二十个工作日内，对申请者提交的申请文件进行书面审查，符合要求的，报国务院农业农村主管部门予以登记公告。

对已登记品种存在申请文件、种子样品不实的，由国务院农业农村主管部门撤销该品种登记，并将该申请者的违法信息记入社会诚信档案，向社会公布；给种子使用者和其他种子生产经营者造成损失的，依法承担赔偿责任。

对已登记品种出现不可克服的严重缺陷等情形的，由国务院农业农村主管部门撤销登记，并发布公告，停止推广。

非主要农作物品种登记办法由国务院农业农村主管部门规定。

第二十三条 应当审定的农作物品种未经审定的，不得发布广告、推广、销售。

应当审定的林木品种未经审定通过的，不得作为良种推广、销售，但生产确需使用的，应当经林木品种审定委员会认定。

应当登记的农作物品种未经登记的，不得发布广告、推广，不得以登记品种的名义销售。

第二十四条 在中国境内没有经常居所或者营业场所的境外机构、个人在境内申请品种审定或者登记的，应当委托具有法人资格的境内种子企业代理。

第四章 新品种保护

第二十五条 国家实行植物新品种保护制度。对国家植物品种保护名录内经过人工选育或者发现的野生植物加以改良，具备新颖性、特异性、一致性、稳定性和适当命名的植物品种，由国务院农业农村、林业草原主管部门授予植物新品种权，保护植物新品种权所有人的合法权益。植物新品种权的内容和归属、授予条件、申请和受理、审查与批准，以及期限、终止和无效等依照本法、有关法律和行政法规规定执行。

国家鼓励和支持种业科技创新、植物新品种培育及成果转化。取得植物新品种权的品种得到推广应用的，育种者依法获得相应的经济利益。

第二十六条 一个植物新品种只能授予一项植物新品种权。两个以上的申请人分别就同一个品种申请植物新品种权的，植物新品种权授予最先申请的人；同时申请的，植物新品种权授予最先完成该品种育种的人。

对违反法律，危害社会公共利益、生态环境的植物新品种，不授予植物新品种权。

第二十七条 授予植物新品种权的植物新品种名称，应当与相同或者相近的植物属或者种中已知品种的名称相区别。该名称经授权后即为该植物新品种的通用名称。

下列名称不得用于授权品种的命名：

（一）仅以数字表示的；

（二）违反社会公德的；

（三）对植物新品种的特征、特性或者育种者身份等容易引起误解的。

同一植物品种在申请新品种保护、品种审定、品种登记、推广、销售时只能使用同一个名称。生产推广、销售的种子应当与申请植物新品种保护、品种审定、品种登记时提供的样品相符。

第二十八条 植物新品种权所有人对其授权品种享有排他的独占权。植物新品种权所有人可以将植物新品种权许可他人实施，并按照合同约定收取许可使用费；许可使用费可以采取固定价款、从推广收益中提成等方式收取。

任何单位或者个人未经植物新品种权所有人许可，不得生产、繁殖和为繁殖而进行处理、许诺销售、销售、进口、出口以及为实施上述行为储存该授权品种的繁殖材料，不得为商业目的将该授权品种的繁殖材料重复使用于生产另一品种的繁殖材料。本法、有关法律、行政法规另有规定的除外。

实施前款规定的行为，涉及由未经许可使用授权品种的繁殖材料而获得的收获材料的，应当得到植物新品种权所有人的许可；但是，植物新品种权所有人对繁殖材料已有合理机会行使其权利的除外。

对实质性派生品种实施第二款、第三款规定行为的，应当征得原始品种的植物新品种权所有人的同意。

实质性派生品种制度的实施步骤和办法由国务院规定。

第二十九条 在下列情况下使用授权品种的，可以不经植物新品种权所有人许可，不向其支付使用费，但不得侵犯植物新品种权所有人依照本法、有关法律、行政法规享有的其他权利：

（一）利用授权品种进行育种及其他科研活动；

（二）农民自繁自用授权品种的繁殖材料。

第三十条 为了国家利益或者社会公共利益，国务院农业农村、林业草原主管部门可以作出实施植物新品种权强制许可的决定，并予以登记和公告。

取得实施强制许可的单位或者个人不享有独占的实施权，并且无权允许他人实施。

第五章　种子生产经营

第三十一条　从事种子进出口业务的种子生产经营许可证，由国务院农业农村、林业草原主管部门核发。国务院农业农村、林业草原主管部门可以委托省、自治区、直辖市人民政府农业农村、林业草原主管部门接收申请材料。

从事主要农作物杂交种子及其亲本种子、林木良种繁殖材料生产经营的，以及符合国务院农业农村主管部门规定条件的实行选育生产经营相结合的农作物种子企业的种子生产经营许可证，由省、自治区、直辖市人民政府农业农村、林业草原主管部门核发。

前两款规定以外的其他种子的生产经营许可证，由生产经营者所在地县级以上地方人民政府农业农村、林业草原主管部门核发。

只从事非主要农作物种子和非主要林木种子生产的，不需要办理种子生产经营许可证。

第三十二条　申请取得种子生产经营许可证的，应当具有与种子生产经营相适应的生产经营设施、设备及专业技术人员，以及法规和国务院农业农村、林业草原主管部门规定的其他条件。

从事种子生产的，还应当同时具有繁殖种子的隔离和培育条件，具有无检疫性有害生物的种子生产地点或者县级以上人民政府林业草原主管部门确定的采种林。

申请领取具有植物新品种权的种子生产经营许可证的，应当征得植物新品种权所有人的书面同意。

第三十三条　种子生产经营许可证应当载明生产经营者名称、地址、法定代表人、生产种子的品种、地点和种子经营的范围、有效期限、有效区域等事项。

前款事项发生变更的，应当自变更之日起三十日内，向原核发许可证机关申请变更登记。

除本法另有规定外，禁止任何单位和个人无种子生产经营许可证或者违反种子生产经营许可证的规定生产、经营种子。禁止伪造、变造、买卖、租借种子生产经营许可证。

第三十四条　种子生产应当执行种子生产技术规程和种子检验、检疫规程，保证种子符合净度、纯度、发芽率等质量要求和检疫要求。

县级以上人民政府农业农村、林业草原主管部门应当指导、支持种子生产经营者采用先进的种子生产技术，改进生产工艺，提高种子质量。

第三十五条　在林木种子生产基地内采集种子的，由种子生产基地的经营者组织进行，采集种子应当按照国家有关标准进行。

禁止抢采掠青、损坏母树，禁止在劣质林内、劣质母树上采集种子。

第三十六条　种子生产经营者应当建立和保存包括种子来源、产地、数量、质量、销售去向、销售日期和有关责任人员等内容的生产经营档案，保证可追溯。种子生产经营档案的具体载明事项，种子生产经营档案及种子样品的保存期限由国务院农业农村、林业草原主管部门规定。

第三十七条　农民个人自繁自用的常规种子有剩余的，可以在当地集贸市场上出售、串换，不需要办理种子生产经营许可证。

第三十八条　种子生产经营许可证的有效区域由发证机关在其管辖范围内确定。种子生产经营者在种子生产经营许可证载明的有效区域设立分支机构的，专门经营不再分装的包装种子的，或者受具有种子生产经营许可证的种子生产经营者以书面委托生产、代销其种子的，不需要办理种子生产经营许可证，但应当向当地农业农村、林业草原主管部门备案。

实行选育生产经营相结合，符合国务院农业农村、林业草原主管部门规定条件的种子企业的生产经营许可证的有效区域为全国。

第三十九条　销售的种子应当加工、分级、包装。但是不能加工、包装的除外。

大包装或者进口种子可以分装；实行分装的，应当标注分装单位，并对种子质量负责。

第四十条　销售的种子应当符合国家或者行业标准，附有标签和使用说明。标签和使用说明标注的内容应当与销售的种子相符。种子生产经营者对标注内容的真实性和种子质量负责。

标签应当标注种子类别、品种名称、品种审定或者登记编号、品种适宜种植区域及季节、生产经营者及注册地、质量指标、检疫证明编号、种子生产经营许可证编号和信息代码，以及国务院农业农村、林业草原主管部门规定的其他事项。

销售授权品种种子的，应当标注品种权号。

销售进口种子的，应当附有进口审批文号和中文标签。

销售转基因植物品种种子的，必须用明显的文字标注，并应当提示使用时的安全控制措施。

种子生产经营者应当遵守有关法律、法规的规定，诚实守信，向种子使用者提供种子生产者信息、种子的主要性状、主要栽培措施、适应性等使用条件的说明、风险提示与有关咨询服务，不得作虚假或者引人误解的宣传。

任何单位和个人不得非法干预种子生产经营者的生产经营自主权。

第四十一条　种子广告的内容应当符合本法和有关广告的法律、法规的规定，主要性状描述等应当与审定、登记公告一致。

第四十二条　运输或者邮寄种子应当依照有关法律、行政法规的规定进行检疫。

第四十三条　种子使用者有权按照自己的意愿购买种子，任何单位和个人不得非法干预。

第四十四条　国家对推广使用林木良种造林给予扶持。国家投资或者国家投资为主的造林项目和国有林业单位造林，应当根据林业草原主管部门制定的计划使用林木良种。

第四十五条 种子使用者因种子质量问题或者因种子的标签和使用说明标注的内容不真实，遭受损失的，种子使用者可以向出售种子的经营者要求赔偿，也可以向种子生产者或者其他经营者要求赔偿。赔偿额包括购种价款、可得利益损失和其他损失。属于种子生产者或者其他经营者责任的，出售种子的经营者赔偿后，有权向种子生产者或者其他经营者追偿；属于出售种子的经营者责任的，种子生产者或者其他经营者赔偿后，有权向出售种子的经营者追偿。

第六章 种子监督管理

第四十六条 农业农村、林业草原主管部门应当加强对种子质量的监督检查。种子质量管理办法、行业标准和检验方法，由国务院农业农村、林业草原主管部门制定。

农业农村、林业草原主管部门可以采用国家规定的快速检测方法对生产经营的种子品种进行检测，检测结果可以作为行政处罚依据。被检查人对检测结果有异议的，可以申请复检，复检不得采用同一检测方法。因检测结果错误给当事人造成损失的，依法承担赔偿责任。

第四十七条 农业农村、林业草原主管部门可以委托种子质量检验机构对种子质量进行检验。

承担种子质量检验的机构应当具备相应的检测条件、能力，并经省级以上人民政府有关主管部门考核合格。

种子质量检验机构应当配备种子检验员。种子检验员应当具有中专以上有关专业学历，具备相应的种子检验技术能力和水平。

第四十八条 禁止生产经营假、劣种子。农业农村、林业草原主管部门和有关部门依法打击生产经营假、劣种子的违法行为，保护农民合法权益，维护公平竞争的市场秩序。

下列种子为假种子：

（一）以非种子冒充种子或者以此种品种种子冒充其他品种种子的；

（二）种子种类、品种与标签标注的内容不符或者没有标签的。

下列种子为劣种子：

（一）质量低于国家规定标准的；

（二）质量低于标签标注指标的；

（三）带有国家规定的检疫性有害生物的。

第四十九条 农业农村、林业草原主管部门是种子行政执法机关。种子执法人员依法执行公务时应当出示行政执法证件。农业农村、林业草原主管部门依法履行种子监督检查职责时，有权采取下列措施：

（一）进入生产经营场所进行现场检查；

（二）对种子进行取样测试、试验或者检验；

（三）查阅、复制有关合同、票据、账簿、生产经营档案及其他有关资料；

（四）查封、扣押有证据证明违法生产经营的种子，以及用于违法生产经营的工具、设备及运输工具等；

（五）查封违法从事种子生产经营活动的场所。

农业农村、林业草原主管部门依照本法规定行使职权，当事人应当协助、配合，不得拒绝、阻挠。

农业农村、林业草原主管部门所属的综合执法机构或者受其委托的种子管理机构，可以开展种子执法相关工作。

第五十条 种子生产经营者依法自愿成立种子行业协会，加强行业自律管理，维护成员合法权益，为成员和行业发展提供信息交流、技术培训、信用建设、市场营销和咨询等服务。

第五十一条 种子生产经营者可自愿向具有资质的认证机构申请种子质量认证。经认证合格的，可以在包装上使用认证标识。

第五十二条 由于不可抗力原因，为生产需要必须使用低于国家或者地方规定标准的农作物种子的，应当经用种地县级以上地方人民政府批准。

第五十三条 从事品种选育和种子生产经营以及管理的单位和个人应当遵守有关植物检疫法律、行政法规的规定，防止植物危险性病、虫、杂草及其他有害生物的传播和蔓延。

禁止任何单位和个人在种子生产基地从事检疫性有害生物接种试验。

第五十四条 省级以上人民政府农业农村、林业草原主管部门应当在统一的政府信息发布平台上发布品种审定、品种登记、新品种保护、种子生产经营许可、监督管理等信息。

国务院农业农村、林业草原主管部门建立植物品种标准样品库，为种子监督管理提供依据。

第五十五条 农业农村、林业草原主管部门及其工作人员，不得参与和从事种子生产经营活动。

第七章 种子进出口和对外合作

第五十六条 进口种子和出口种子必须实施检疫，防止植物危险性病、虫、杂草及其他有害生物传入境内和传出境外，具体检疫工作按照有关植物进出境检疫法律、行政法规的规定执行。

第五十七条 从事种子进出口业务的，应当具备种子生产经营许可证；其中，从事农作物种子进出口业务的，还应当按照国家有关规定取得种子进出口许可。

从境外引进农作物、林木种子的审定权限，农作物种子的进口审批办法，引进转基因植物品种的管理办法，由国务院规定。

第五十八条 进口种子的质量，应当达到国家标准或者行业标准。没有国家标准或者行业标准的，可以按照合同约定的标准执行。

第五十九条 为境外制种进口种子的，可以不受本法第五十七条第一款的限制，但应当具有对外制种合同，进口的种子只能用于制种，其产品不得在境内销售。

从境外引进农作物或者林木试验用种，应当隔离栽培，收获物也不得作为种子销售。

第六十条 禁止进出口假、劣种子以及属于国家规定不得进出口的种子。

第六十一条 国家建立种业国家安全审查机制。境外机构、个人投资、并购境内种子企业，或者与境内科研院所、种子企业开展技术合作，从事品种研发、种子生产经营的审批管理依照有关法律、行政法规的规定执行。

第八章 扶持措施

第六十二条 国家加大对种业发展的支持。对品种选育、生产、示范推广、种质资源保护、种子储备以及制种大县给予扶持。

国家鼓励推广使用高效、安全制种采种技术和先进适用的制种采种机械，将先进适用的制种采种机械纳入农机具购置补贴范围。

国家积极引导社会资金投资种业。

第六十三条 国家加强种业公益性基础设施建设，保障育种科研设施用地合理需求。

对优势种子繁育基地内的耕地，划入永久基本农田。优势种子繁育基地由国务院农业农村主管部门商所在省、自治区、直辖市人民政府确定。

第六十四条 对从事农作物和林木品种选育、生产的种子企业，按照国家有关规定给予扶持。

第六十五条 国家鼓励和引导金融机构为种子生产经营和收储提供信贷支持。

第六十六条 国家支持保险机构开展种子生产保险。省级以上人民政府可以采取保险费补贴等措施，支持发展种业生产保险。

第六十七条 国家鼓励科研院所及高等院校与种子企业开展育种科技人员交流，支持本单位的科技人员到种子企业从事育种成果转化活动；鼓励育种科研人才创新创业。

第六十八条 国务院农业农村、林业草原主管部门和异地繁育种子所在地的省、自治区、直辖市人民政府应当加强对异地繁育种子工作的管理和协调，交通运输部门应当优先保证种子的运输。

第九章 法律责任

第六十九条 农业农村、林业草原主管部门不依法作出行政许可决定，发现违法行为或者接到对违法行为的举报不予查处，或者有其他未依照本法规定履行职责的行为的，由本级人民政府或者上级人民政府有关部门责令改正，对负有责任的主管人员和其他直接责任人员依法给予处分。

违反本法第五十五条规定，农业农村、林业草原主管部门工作人员从事种子生产经营活动的，依法给予处分。

第七十条 违反本法第十六条规定，品种审定委员会委员和工作人员不依法履行职责，弄虚作假、徇私舞弊的，依法给予处分；自处分决定作出之日起五年内不得从事品种审定工作。

第七十一条 品种测试、试验和种子质量检验机构伪造测试、试验、检验数据或者出具虚假证明的，由县级以上人民政府农业农村、林业草原主管部门责令改正，对单位处五万元以上十万元以下罚款，对直接负责的主管人员和其他直接责任人员处一万元以上五万元以下罚款；有违法所得的，并处没收违法所得；给种子使用者和其他种子生产经营者造成损失的，与种子生产经营者承担连带责任；情节严重的，由省级以上人民政府有关主管部门取消种子质量检验资格。

第七十二条 违反本法第二十八条规定，有侵犯植物新品种权行为的，由当事人协商解决，不愿协商或者协商不成的，植物新品种权所有人或者利害关系人可以请求县级以上人民政府农业农村、林业草原主管部门进行处理，也可以直接向人民法院提起诉讼。

县级以上人民政府农业农村、林业草原主管部门，根据当事人自愿的原则，对侵犯植物新品种权所造成的损害赔偿可以进行调解。调解达成协议的，当事人应当履行；当事人不履行协议或者调解未达成协议的，植物新品种权所有人或者利害关系人可以依法向人民法院提起诉讼。

侵犯植物新品种权的赔偿数额按照权利人因被侵权所受到的实际损失确定；实际损失难以确定的，可以按照侵权人因侵权所获得的利益确定。权利人的损失或者侵权人获得的利益难以确定的，可以参照该植物新品种权许可使用费的倍数合理确定。故意侵犯植物新品种权，情节严重的，可以在按照上述方法确定数额的一倍以上五倍以下确定赔偿数额。

权利人的损失、侵权人获得的利益和植物新品种权许可使用费均难以确定的，人民法院可以根据植物新品种权的类型、侵权行为的性质和情节等因素，确定给予五百万元以下的赔偿。

赔偿数额应当包括权利人为制止侵权行为所支付的合理开支。

县级以上人民政府农业农村、林业草原主管部门处理侵犯植物新品种权案件时，为了维护社会公共利益，责令侵权人停止侵权行为，没收违法所得和种子；货值金额不足五万元的，并处一万元以上二十五万元以下罚款；货值金额五万元以上的，并处货值金额五倍以上十倍以下罚款。

假冒授权品种的，由县级以上人民政府农业农村、林业草原主管部门责令停止假冒行为，没收违法所得和种子；货值金额不足五万元的，并处一万元以上二十五万元以下罚款；货值金额五万元以上的，并处货值金额五倍以上十倍以下罚款。

第七十三条 当事人就植物新品种的申请权和植物新品种权的权属发生争议的，可以向人民法院提起诉讼。

第七十四条 违反本法第四十八条规定，生产经营假种子的，由县级以上人民政府农业农村、林业草原主管部门责令停止生产经营，没收违法所得和种子，吊销种子生产经营许可证；违法生产经营的货值金额不足二万元的，并处二万元以上二十万元以下罚款；货值金额二万元以上的，并处货值金额十倍以上二十倍以下罚款。

因生产经营假种子犯罪被判处有期徒刑以上刑罚的，种子企业或者其他单位的法定代表人、直接负责的主管人员自刑罚执行完毕之日起五年内不得担任种子企业的法定代表人、高级管理人员。

第七十五条 违反本法第四十八条规定，生产经营劣种子的，由县级以上人民政府农业农村、林业草原主管部门责令停止生产经营，没收违法所得和种子；违法生产经营的货值金额不足二万元的，并处一万元以上十万元以下罚款；货值金额二万元以上的，并处货值金额五倍以上十倍以下罚款；情节严重的，吊销种子生产经营许可证。

因生产经营劣种子犯罪被判处有期徒刑以上刑罚的，种子企业或者其他单位的法定代表人、直接负责的主管人员自刑罚执行完毕之日起五年内不得担任种子企业的法定代表人、高级管理人员。

第七十六条 违反本法第三十二条、第三十三条、第三十四条规定，有下列行为之一的，由县级以上人民政府农业农村、林业草原主管部门责令改正，没收违法所得和种子；违法生产经营的货值金额不足一万元的，并处三千元以上三万元以下罚款；货值金额一万元以上的，并处货值金额三倍以上五倍以下罚款；可以吊销种子生产经营许可证：

（一）未取得种子生产经营许可证生产经营种子的；

（二）以欺骗、贿赂等不正当手段取得种子生产经营许可证的；

（三）未按照种子生产经营许可证的规定生产经营种子的；

（四）伪造、变造、买卖、租借种子生产经营许可证的；

（五）不再具有繁殖种子的隔离和培育条件，或者不再具有无检疫性有害生物的种子生产地点或者县级以上人民政府林业草原主管部门确定的采种林，继续从事种子生产的；

（六）未执行种子检验、检疫规程生产种子的。

被吊销种子生产经营许可证的单位，其法定代表人、直接负责的主管人员自处罚决定作出之日起五年内不得担任种子企业的法定代表人、高级管理人员。

第七十七条 违反本法第二十一条、第二十二条、第二十三条规定，有下列行为之一的，由县级以上人民政府农业农村、林业草原主管部门责令停止违法行为，没收违法所得和种子，并处二万元以上二十万元以下罚款：

（一）对应当审定未经审定的农作物品种进行推广、销售的；

（二）作为良种推广、销售应当审定未经审定的林木品种的；

（三）推广、销售应当停止推广、销售的农作物品种或者林木良种的；

（四）对应当登记未经登记的农作物品种进行推广，或者以登记品种的名义进行销售的；

（五）对已撤销登记的农作物品种进行推广，或者以登记品种的名义进行销售的。

违反本法第二十三条、第四十一条规定，对应当审定未经审定或者应当登记未经登记的农作物品种发布广告，或者广告中有关品种的主要性状描述的内容与审定、登记公告不一致的，依照《中华人民共和国广告法》的有关规定追究法律责任。

第七十八条 违反本法第五十七条、第五十九条、第六十条规定，有下列行为之一的，由县级以上人民政府农业农村、林业草原主管部门责令改正，没收违法所得和种子；违法生产经营的货值金额不足一万元的，并处三千元以上三万元以下罚款；货值金额一万元以上的，并处货值金额三倍以上五倍以下罚款；情节严重的，吊销种子生产经营许可证：

（一）未经许可进出口种子的；

（二）为境外制种的种子在境内销售的；

（三）从境外引进农作物或者林木种子进行引种试验的收获物作为种子在境内销售的；

（四）进出口假、劣种子或者属于国家规定不得进出口的种子的。

第七十九条 违反本法第三十六条、第三十八条、第三十九条、第四十条规定，有下列行为之一的，由县级以上人民政府农业农村、林业草原主管部门责令改正，处二千元以上二万元以下罚款：

（一）销售的种子应当包装而没有包装的；

（二）销售的种子没有使用说明或者标签内容不符合规定的；

（三）涂改标签的；

（四）未按规定建立、保存种子生产经营档案的；

（五）种子生产经营者在异地设立分支机构、专门经营不再分装的包装种子或者受委托生产、代销种子，未按规定备案的。

第八十条 违反本法第八条规定，侵占、破坏种质资源，私自采集或者采伐国家重点保护的天然种质资源的，由县级以上人民政府农业农村、林业草原主管部门责令停止违法行为，没收种质资源和违法所得，并处五千元以上五万元以下罚款；造成损失的，依法承担赔偿责任。

第八十一条 违反本法第十一条规定，向境外提供或者从境外引进种质资源，或者与境外机构、个人开展合作研究利用种质资源的，由国务院或者省、自治区、直辖市人民政府的农业农村、林业草原主管部门没收种质资源和违法所得，并处二万元以上二十万元以下罚款。

未取得农业农村、林业草原主管部门的批准文件携带、运输种质资源出境的，海关应当将该种质资源扣留，并移送省、自治区、直辖市人民政府农业农村、林业草原主管部门处理。

第八十二条　违反本法第三十五条规定，抢采掠青、损坏母树或者在劣质林内、劣质母树上采种的，由县级以上人民政府林业草原主管部门责令停止采种行为，没收所采种子，并处所采种子货值金额二倍以上五倍以下罚款。

第八十三条　违反本法第十七条规定，种子企业有造假行为的，由省级以上人民政府农业农村、林业草原主管部门处一百万元以上五百万元以下罚款；不得再依照本法第十七条的规定申请品种审定；给种子使用者和其他种子生产经营者造成损失的，依法承担赔偿责任。

第八十四条　违反本法第四十四条规定，未根据林业草原主管部门制定的计划使用林木良种的，由同级人民政府林业草原主管部门责令限期改正；逾期未改正的，处三千元以上三万元以下罚款。

第八十五条　违反本法第五十三条规定，在种子生产基地进行检疫性有害生物接种试验的，由县级以上人民政府农业农村、林业草原主管部门责令停止试验，处五千元以上五万元以下罚款。

第八十六条　违反本法第四十九条规定，拒绝、阻挠农业农村、林业草原主管部门依法实施监督检查的，处二千元以上五万元以下罚款，可以责令停产停业整顿；构成违反治安管理行为的，由公安机关依法给予治安管理处罚。

第八十七条　违反本法第十三条规定，私自交易育种成果，给本单位造成经济损失的，依法承担赔偿责任。

第八十八条　违反本法第四十三条规定，强迫种子使用者违背自己的意愿购买、使用种子，给使用者造成损失的，应当承担赔偿责任。

第八十九条　违反本法规定，构成犯罪的，依法追究刑事责任。

第十章　附则

第九十条　本法下列用语的含义是：

（一）种质资源是指选育植物新品种的基础材料，包括各种植物的栽培种、野生种的繁殖材料以及利用上述繁殖材料人工创造的各种植物的遗传材料。

（二）品种是指经过人工选育或者发现并经过改良，形态特征和生物学特性一致，遗传性状相对稳定的植物群体。

（三）主要农作物是指稻、小麦、玉米、棉花、大豆。

（四）主要林木由国务院林业草原主管部门确定并公布；省、自治区、直辖市人民政府林业草原主管部门可以在国务院林业草原主管部门确定的主要林木之外确定其他八种以下的主要林木。

（五）林木良种是指通过审定的主要林木品种，在一定的区域内，其产量、适应性、抗性等方面明显优于当前主栽材料的繁殖材料和种植材料。

（六）新颖性是指申请植物新品种权的品种在申请日前，经申请权人自行或者同意销售、推广其种子，在中国境内未超过一年；在境外，木本或者藤本植物未超过六年，其他植物未超过四年。

本法施行后新列入国家植物品种保护名录的植物的属或者种，从名录公布之日起一年内提出植物新品种权申请的，在境内销售、推广该品种种子未超过四年的，具备新颖性。

除销售、推广行为丧失新颖性外，下列情形视为已丧失新颖性：

1. 品种经省、自治区、直辖市人民政府农业农村、林业草原主管部门依据播种面积确认已经形成事实扩散的；

2. 农作物品种已审定或者登记两年以上未申请植物新品种权的。

（七）特异性是指一个植物品种有一个以上性状明显区别于已知品种。

（八）一致性是指一个植物品种的特性除可预期的自然变异外，群体内个体间相关的特征或者特性表现一致。

（九）稳定性是指一个植物品种经过反复繁殖后或者在特定繁殖周期结束时，其主要性状保持不变。

（十）实质性派生品种是指由原始品种实质性派生，或者由该原始品种的实质性派生品种派生出来的品种，与原始品种有明显区别，并且除派生引起的性状差异外，在表达由原始品种基因型或者基因型组合产生的基本性状方面与原始品种相同。

（十一）已知品种是指已受理申请或者已通过品种审定、品种登记、新品种保护，或者已经销售、推广的植物品种。

（十二）标签是指印制、粘贴、固定或者附着在种子、种子包装物表面的特定图案及文字说明。

第九十一条　国家加强中药材种质资源保护，支持开展中药材育种科学技术研究。

草种、烟草种、中药材种、食用菌菌种的种质资源管理和选育、生产经营、管理等活动，参照本法执行。

第九十二条　本法自 2016 年 1 月 1 日起施行。

中华人民共和国动物防疫法

中华人民共和国主席令第六十九号

（1997年7月3日第八届全国人民代表大会常务委员会第二十六次会议通过　2007年8月30日第十届全国人民代表大会常务委员会第二十九次会议第一次修订　根据2013年6月29日第十二届全国人民代表大会常务委员会第三次会议《关于修改〈中华人民共和国文物保护法〉等十二部法律的决定》第一次修正　根据2015年4月24日第十二届全国人民代表大会常务委员会第十四次会议《关于修改〈中华人民共和国电力法〉等六部法律的决定》第二次修正　2021年1月22日第十三届全国人民代表大会常务委员会第二十五次会议第二次修订）

目录

第一章　总则

第一条　为了加强对动物防疫活动的管理，预防、控制、净化、消灭动物疫病，促进养殖业发展，防控人畜共患传染病，保障公共卫生安全和人体健康，制定本法。

第二条　本法适用于在中华人民共和国领域内的动物防疫及其监督管理活动。

进出境动物、动物产品的检疫，适用《中华人民共和国进出境动植物检疫法》。

第三条　本法所称动物，是指家畜家禽和人工饲养、捕获的其他动物。

本法所称动物产品，是指动物的肉、生皮、原毛、绒、脏器、脂、血液、精液、卵、胚胎、骨、蹄、头、角、筋以及可能传播动物疫病的奶、蛋等。

本法所称动物疫病，是指动物传染病，包括寄生虫病。

本法所称动物防疫，是指动物疫病的预防、控制、诊疗、净化、消灭和动物、动物产品的检疫，以及病死动物、病害动物产品的无害化处理。

第四条　根据动物疫病对养殖业生产和人体健康的危害程度，本法规定的动物疫病分为下列三类：

（一）一类疫病，是指口蹄疫、非洲猪瘟、高致病性禽流感等对人、动物构成特别严重危害，可能造成重大经济损失和社会影响，需要采取紧急、严厉的强制预防、控制等措施的；

（二）二类疫病，是指狂犬病、布鲁氏菌病、草鱼出血病等对人、动物构成严重危害，可能造成较大经济损失和社会影响，需要采取严格预防、控制等措施的；

（三）三类疫病，是指大肠杆菌病、禽结核病、鳖腮腺炎病等常见多发，对人、动物构成危害，可能造成一定程度的经济损失和社会影响，需要及时预防、控制的。

前款一、二、三类动物疫病具体病种名录由国务院农业农村主管部门制定并公布。国务院农业农村主管部门应当根据动物疫病发生、流行情况和危害程度，及时增加、减少或者调整一、二、三类动物疫病具体病种并予以公布。

人畜共患传染病名录由国务院农业农村主管部门会同国务院卫生健康、野生动物保护等主管部门制定并公布。

第五条　动物防疫实行预防为主，预防与控制、净化、消灭相结合的方针。

第六条　国家鼓励社会力量参与动物防疫工作。各级人民政府采取措施，支持单位和个人参与动物防疫的宣传教育、疫情报告、志愿服务和捐赠等活动。

第七条　从事动物饲养、屠宰、经营、隔离、运输以及动物产品生产、经营、加工、贮藏等活动的单位和个人，依照本法和国务院农业农村主管部门的规定，做好免疫、消毒、检测、隔离、净化、消灭、无害化处理等动物防疫工作，承担动物防疫相关责任。

第八条　县级以上人民政府对动物防疫工作实行统一领导，采取有效措施稳定基层机构队伍，加强动物防疫队伍建设，建立健全动物防疫体系，制定并组织实施动物疫病防治规划。

乡级人民政府、街道办事处组织群众做好本辖区的动物疫病预防与控制工作，村民委员会、居民委员会予以协助。

第九条　国务院农业农村主管部门主管全国的动物防疫工作。

县级以上地方人民政府农业农村主管部门主管本行政区域的动物防疫工作。

县级以上人民政府其他有关部门在各自职责范围内做好动物防疫工作。

军队动物卫生监督职能部门负责军队现役动物和饲

养自用动物的防疫工作。

第十条 县级以上人民政府卫生健康主管部门和本级人民政府农业农村、野生动物保护等主管部门应当建立人畜共患传染病防治的协作机制。

国务院农业农村主管部门和海关总署等部门应当建立防止境外动物疫病输入的协作机制。

第十一条 县级以上地方人民政府的动物卫生监督机构依照本法规定，负责动物、动物产品的检疫工作。

第十二条 县级以上人民政府按照国务院的规定，根据统筹规划、合理布局、综合设置的原则建立动物疫病预防控制机构。

动物疫病预防控制机构承担动物疫病的监测、检测、诊断、流行病学调查、疫情报告以及其他预防、控制等技术工作；承担动物疫病净化、消灭的技术工作。

第十三条 国家鼓励和支持开展动物疫病的科学研究以及国际合作与交流，推广先进适用的科学研究成果，提高动物疫病防治的科学技术水平。

各级人民政府和有关部门、新闻媒体，应当加强对动物防疫法律法规和动物防疫知识的宣传。

第十四条 对在动物防疫工作、相关科学研究、动物疫情扑灭中做出贡献的单位和个人，各级人民政府和有关部门按照国家有关规定给予表彰、奖励。

有关单位应当依法为动物防疫人员缴纳工伤保险费。对因参与动物防疫工作致病、致残、死亡的人员，按照国家有关规定给予补助或者抚恤。

第二章　动物疫病的预防

第十五条 国家建立动物疫病风险评估制度。

国务院农业农村主管部门根据国内外动物疫情以及保护养殖业生产和人体健康的需要，及时会同国务院卫生健康等有关部门对动物疫病进行风险评估，并制定、公布动物疫病预防、控制、净化、消灭措施和技术规范。

省、自治区、直辖市人民政府农业农村主管部门会同本级人民政府卫生健康等有关部门开展本行政区域的动物疫病风险评估，并落实动物疫病预防、控制、净化、消灭措施。

第十六条 国家对严重危害养殖业生产和人体健康的动物疫病实施强制免疫。

国务院农业农村主管部门确定强制免疫的动物疫病病种和区域。

省、自治区、直辖市人民政府农业农村主管部门制定本行政区域的强制免疫计划；根据本行政区域动物疫病流行情况增加实施强制免疫的动物疫病病种和区域，报本级人民政府批准后执行，并报国务院农业农村主管部门备案。

第十七条 饲养动物的单位和个人应当履行动物疫病强制免疫义务，按照强制免疫计划和技术规范，对动物实施免疫接种，并按照国家有关规定建立免疫档案、加施畜禽标识，保证可追溯。

实施强制免疫接种的动物未达到免疫质量要求，实施补充免疫接种后仍不符合免疫质量要求的，有关单位和个人应当按照国家有关规定处理。

用于预防接种的疫苗应当符合国家质量标准。

第十八条 县级以上地方人民政府农业农村主管部门负责组织实施动物疫病强制免疫计划，并对饲养动物的单位和个人履行强制免疫义务的情况进行监督检查。

乡级人民政府、街道办事处组织本辖区饲养动物的单位和个人做好强制免疫，协助做好监督检查；村民委员会、居民委员会协助做好相关工作。

县级以上地方人民政府农业农村主管部门应当定期对本行政区域的强制免疫计划实施情况和效果进行评估，并向社会公布评估结果。

第十九条 国家实行动物疫病监测和疫情预警制度。

县级以上人民政府建立健全动物疫病监测网络，加强动物疫病监测。

国务院农业农村主管部门会同国务院有关部门制定国家动物疫病监测计划。省、自治区、直辖市人民政府农业农村主管部门根据国家动物疫病监测计划，制定本行政区域的动物疫病监测计划。

动物疫病预防控制机构按照国务院农业农村主管部门的规定和动物疫病监测计划，对动物疫病的发生、流行等情况进行监测；从事动物饲养、屠宰、经营、隔离、运输以及动物产品生产、经营、加工、贮藏、无害化处理等活动的单位和个人不得拒绝或者阻碍。

国务院农业农村主管部门和省、自治区、直辖市人民政府农业农村主管部门根据对动物疫病发生、流行趋势的预测，及时发出动物疫情预警。地方各级人民政府接到动物疫情预警后，应当及时采取预防、控制措施。

第二十条 陆路边境省、自治区人民政府根据动物疫病防控需要，合理设置动物疫病监测站点，健全监测工作机制，防范境外动物疫病传入。

科技、海关等部门按照本法和有关法律法规的规定做好动物疫病监测预警工作，并定期与农业农村主管部门互通情况，紧急情况及时通报。

县级以上人民政府应当完善野生动物疫源疫病监测体系和工作机制，根据需要合理布局监测站点；野生动物保护、农业农村主管部门按照职责分工做好野生动物疫源疫病监测等工作，并定期互通情况，紧急情况及时通报。

第二十一条 国家支持地方建立无规定动物疫病区，鼓励动物饲养场建设无规定动物疫病生物安全隔离区。对符合国务院农业农村主管部门规定标准的无规定动物疫病区和无规定动物疫病生物安全隔离区，国务院农业农村主管部门验收合格予以公布，并对其维持情况进行监督检查。

省、自治区、直辖市人民政府制定并组织实施本行政区域的无规定动物疫病区建设方案。国务院农业农村主管部门指导跨省、自治区、直辖市无规定动物疫病区建设。

国务院农业农村主管部门根据行政区划、养殖屠宰产业布局、风险评估情况等对动物疫病实施分区防控，可以采取禁止或者限制特定动物、动物产品跨区域调运等措施。

第二十二条 国务院农业农村主管部门制定并组织实施动物疫病净化、消灭规划。

县级以上地方人民政府根据动物疫病净化、消灭规划，制定并组织实施本行政区域的动物疫病净化、消灭计划。

动物疫病预防控制机构按照动物疫病净化、消灭规划、计划，开展动物疫病净化技术指导、培训，对动物疫病净化效果进行监测、评估。

国家推进动物疫病净化，鼓励和支持饲养动物的单位和个人开展动物疫病净化。饲养动物的单位和个人达到国务院农业农村主管部门规定的净化标准的，由省级以上人民政府农业农村主管部门予以公布。

第二十三条 种用、乳用动物应当符合国务院农业农村主管部门规定的健康标准。

饲养种用、乳用动物的单位和个人，应当按照国务院农业农村主管部门的要求，定期开展动物疫病检测；检测不合格的，应当按照国家有关规定处理。

第二十四条 动物饲养场和隔离场所、动物屠宰加工场所以及动物和动物产品无害化处理场所，应当符合下列动物防疫条件：

（一）场所的位置与居民生活区、生活饮用水水源地、学校、医院等公共场所的距离符合国务院农业农村主管部门的规定；

（二）生产经营区域封闭隔离，工程设计和有关流程符合动物防疫要求；

（三）有与其规模相适应的污水、污物处理设施，病死动物、病害动物产品无害化处理设施设备或者冷藏冷冻设施设备，以及清洗消毒设施设备；

（四）有与其规模相适应的执业兽医或者动物防疫技术人员；

（五）有完善的隔离消毒、购销台账、日常巡查等动物防疫制度；

（六）具备国务院农业农村主管部门规定的其他动物防疫条件。

动物和动物产品无害化处理场所除应当符合前款规定的条件外，还应当具有病原检测设备、检测能力和符合动物防疫要求的专用运输车辆。

第二十五条 国家实行动物防疫条件审查制度。

开办动物饲养场和隔离场所、动物屠宰加工场所以及动物和动物产品无害化处理场所，应当向县级以上地方人民政府农业农村主管部门提出申请，并附具相关材料。受理申请的农业农村主管部门应当依照本法和《中华人民共和国行政许可法》的规定进行审查。经审查合格的，发给动物防疫条件合格证；不合格的，应当通知申请人并说明理由。

动物防疫条件合格证应当载明申请人的名称（姓名）、场（厂）址、动物（动物产品）种类等事项。

第二十六条 经营动物、动物产品的集贸市场应当具备国务院农业农村主管部门规定的动物防疫条件，并接受农业农村主管部门的监督检查。具体办法由国务院农业农村主管部门制定。

县级以上地方人民政府应当根据本地情况，决定在城市特定区域禁止家畜家禽活体交易。

第二十七条 动物、动物产品的运载工具、垫料、包装物、容器等应当符合国务院农业农村主管部门规定的动物防疫要求。

染疫动物及其排泄物、染疫动物产品，运载工具中的动物排泄物以及垫料、包装物、容器等被污染的物品，应当按照国家有关规定处理，不得随意处置。

第二十八条 采集、保存、运输动物病料或者病原微生物以及从事病原微生物研究、教学、检测、诊断等活动，应当遵守国家有关病原微生物实验室管理的规定。

第二十九条 禁止屠宰、经营、运输下列动物和生产、经营、加工、贮藏、运输下列动物产品：

（一）封锁疫区内与所发生动物疫病有关的；

（二）疫区内易感染的；

（三）依法应当检疫而未经检疫或者检疫不合格的；

（四）染疫或者疑似染疫的；

（五）病死或者死因不明的；

（六）其他不符合国务院农业农村主管部门有关动物防疫规定的。

因实施集中无害化处理需要暂存、运输动物和动物产品并按照规定采取防疫措施的，不适用前款规定。

第三十条 单位和个人饲养犬只，应当按照规定定期免疫接种狂犬病疫苗，凭动物诊疗机构出具的免疫证明向所在地养犬登记机关申请登记。

携带犬只出户的，应当按照规定佩戴犬牌并采取系犬绳等措施，防止犬只伤人、疫病传播。

街道办事处、乡级人民政府组织协调居民委员会、村民委员会，做好本辖区流浪犬、猫的控制和处置，防止疫病传播。

县级人民政府和乡级人民政府、街道办事处应当结合本地实际，做好农村地区饲养犬只的防疫管理工作。

饲养犬只防疫管理的具体办法，由省、自治区、直辖市制定。

第三章 动物疫情的报告、通报和公布

第三十一条 从事动物疫病监测、检测、检验检疫、研究、诊疗以及动物饲养、屠宰、经营、隔离、运输等活动的单位和个人，发现动物染疫或者疑似染疫的，应当立即向所在地农业农村主管部门或者动物疫病预防控制机构报告，并迅速采取隔离等控制措施，防止动物疫情扩散。其他单位和个人发现动物染疫或者疑似染疫的，应当及时报告。

接到动物疫情报告的单位，应当及时采取临时隔离控制等必要措施，防止延误防控时机，并及时按照国家规定的程序上报。

第三十二条 动物疫情由县级以上人民政府农业农

村主管部门认定；其中重大动物疫情由省、自治区、直辖市人民政府农业农村主管部门认定，必要时报国务院农业农村主管部门认定。

本法所称重大动物疫情，是指一、二、三类动物疫病突然发生，迅速传播，给养殖业生产安全造成严重威胁、危害，以及可能对公众身体健康与生命安全造成危害的情形。

在重大动物疫情报告期间，必要时，所在地县级以上地方人民政府可以作出封锁决定并采取扑杀、销毁等措施。

第三十三条 国家实行动物疫情通报制度。

国务院农业农村主管部门应当及时向国务院卫生健康等有关部门和军队有关部门以及省、自治区、直辖市人民政府农业农村主管部门通报重大动物疫情的发生和处置情况。

海关发现进出境动物和动物产品染疫或者疑似染疫的，应当及时处置并向农业农村主管部门通报。

县级以上地方人民政府野生动物保护主管部门发现野生动物染疫或者疑似染疫的，应当及时处置并向本级人民政府农业农村主管部门通报。

国务院农业农村主管部门应当依照我国缔结或者参加的条约、协定，及时向有关国际组织或者贸易方通报重大动物疫情的发生和处置情况。

第三十四条 发生人畜共患传染病疫情时，县级以上人民政府农业农村主管部门与本级人民政府卫生健康、野生动物保护等主管部门应当及时相互通报。

发生人畜共患传染病时，卫生健康主管部门应当对疫区易感染的人群进行监测，并应当依照《中华人民共和国传染病防治法》的规定及时公布疫情，采取相应的预防、控制措施。

第三十五条 患有人畜共患传染病的人员不得直接从事动物疫病监测、检测、检验检疫、诊疗以及易感染动物的饲养、屠宰、经营、隔离、运输等活动。

第三十六条 国务院农业农村主管部门向社会及时公布全国动物疫情，也可以根据需要授权省、自治区、直辖市人民政府农业农村主管部门公布本行政区域的动物疫情。其他单位和个人不得发布动物疫情。

第三十七条 任何单位和个人不得瞒报、谎报、迟报、漏报动物疫情，不得授意他人瞒报、谎报、迟报动物疫情，不得阻碍他人报告动物疫情。

第四章 动物疫病的控制

第三十八条 发生一类动物疫病时，应当采取下列控制措施：

(一)所在地县级以上地方人民政府农业农村主管部门应当立即派人到现场，划定疫点、疫区、受威胁区，调查疫源，及时报请本级人民政府对疫区实行封锁。疫区范围涉及两个以上行政区域的，由有关行政区域共同的上一级人民政府对疫区实行封锁，或者由各有关行政区域的上一级人民政府共同对疫区实行封锁。必要时，上级人民政府可以责成下级人民政府对疫区实行封锁；

(二)县级以上地方人民政府应当立即组织有关部门和单位采取封锁、隔离、扑杀、销毁、消毒、无害化处理、紧急免疫接种等强制性措施；

(三)在封锁期间，禁止染疫、疑似染疫和易感染的动物、动物产品流出疫区，禁止非疫区的易感染动物进入疫区，并根据需要对出入疫区的人员、运输工具及有关物品采取消毒和其他限制性措施。

第三十九条 发生二类动物疫病时，应当采取下列控制措施：

(一)所在地县级以上地方人民政府农业农村主管部门应当划定疫点、疫区、受威胁区；

(二)县级以上地方人民政府根据需要组织有关部门和单位采取隔离、扑杀、销毁、消毒、无害化处理、紧急免疫接种、限制易感染的动物和动物产品及有关物品出入等措施。

第四十条 疫点、疫区、受威胁区的撤销和疫区封锁的解除，按照国务院农业农村主管部门规定的标准和程序评估后，由原决定机关决定并宣布。

第四十一条 发生三类动物疫病时，所在地县级、乡级人民政府应当按照国务院农业农村主管部门的规定组织防治。

第四十二条 二、三类动物疫病呈暴发性流行时，按照一类动物疫病处理。

第四十三条 疫区内有关单位和个人，应当遵守县级以上人民政府及其农业农村主管部门依法作出的有关控制动物疫病的规定。

任何单位和个人不得藏匿、转移、盗掘已被依法隔离、封存、处理的动物和动物产品。

第四十四条 发生动物疫情时，航空、铁路、道路、水路运输企业应当优先组织运送防疫人员和物资。

第四十五条 国务院农业农村主管部门根据动物疫病的性质、特点和可能造成的社会危害，制定国家重大动物疫情应急预案报国务院批准，并按照不同动物疫病病种、流行特点和危害程度，分别制定实施方案。

县级以上地方人民政府根据上级重大动物疫情应急预案和本地区的实际情况，制定本行政区域的重大动物疫情应急预案，报上一级人民政府农业农村主管部门备案，并抄送上一级人民政府应急管理部门。县级以上地方人民政府农业农村主管部门按照不同动物疫病病种、流行特点和危害程度，分别制定实施方案。

重大动物疫情应急预案和实施方案根据疫情状况及时调整。

第四十六条 发生重大动物疫情时，国务院农业农村主管部门负责划定动物疫病风险区，禁止或者限制特定动物、动物产品由高风险区向低风险区调运。

第四十七条 发生重大动物疫情时，依照法律和国务院的规定以及应急预案采取应急处置措施。

第五章 动物和动物产品的检疫

第四十八条 动物卫生监督机构依照本法和国务院

农业农村主管部门的规定对动物、动物产品实施检疫。

动物卫生监督机构的官方兽医具体实施动物、动物产品检疫。

第四十九条 屠宰、出售或者运输动物以及出售或者运输动物产品前，货主应当按照国务院农业农村主管部门的规定向所在地动物卫生监督机构申报检疫。

动物卫生监督机构接到检疫申报后，应当及时指派官方兽医对动物、动物产品实施检疫；检疫合格的，出具检疫证明、加施检疫标志。实施检疫的官方兽医应当在检疫证明、检疫标志上签字或者盖章，并对检疫结论负责。

动物饲养场、屠宰企业的执业兽医或者动物防疫技术人员，应当协助官方兽医实施检疫。

第五十条 因科研、药用、展示等特殊情形需要非食用性利用的野生动物，应当按照国家有关规定报动物卫生监督机构检疫，检疫合格的，方可利用。

人工捕获的野生动物，应当按照国家有关规定报捕获地动物卫生监督机构检疫，检疫合格的，方可饲养、经营和运输。

国务院农业农村主管部门会同国务院野生动物保护主管部门制定野生动物检疫办法。

第五十一条 屠宰、经营、运输的动物，以及用于科研、展示、演出和比赛等非食用性利用的动物，应当附有检疫证明；经营和运输的动物产品，应当附有检疫证明、检疫标志。

第五十二条 经航空、铁路、道路、水路运输动物和动物产品的，托运人托运时应当提供检疫证明；没有检疫证明的，承运人不得承运。

进出口动物和动物产品，承运人凭进口报关单证或者海关签发的检疫单证运递。

从事动物运输的单位、个人以及车辆，应当向所在地县级人民政府农业农村主管部门备案，妥善保存行程路线和托运人提供的动物名称、检疫证明编号、数量等信息。具体办法由国务院农业农村主管部门制定。

运载工具在装载前和卸载后应当及时清洗、消毒。

第五十三条 省、自治区、直辖市人民政府确定并公布道路运输的动物进入本行政区域的指定通道，设置引导标志。跨省、自治区、直辖市通过道路运输动物的，应当经省、自治区、直辖市人民政府设立的指定通道入省境或者过省境。

第五十四条 输入到无规定动物疫病区的动物、动物产品，货主应当按照国务院农业农村主管部门的规定向无规定动物疫病区所在地动物卫生监督机构申报检疫，经检疫合格的，方可进入。

第五十五条 跨省、自治区、直辖市引进的种用、乳用动物到达输入地后，货主应当按照国务院农业农村主管部门的规定对引进的种用、乳用动物进行隔离观察。

第五十六条 经检疫不合格的动物、动物产品，货主应当在农业农村主管部门的监督下按照国家有关规定处理，处理费用由货主承担。

第六章　病死动物和病害动物产品的无害化处理

第五十七条 从事动物饲养、屠宰、经营、隔离以及动物产品生产、经营、加工、贮藏等活动的单位和个人，应当按照国家有关规定做好病死动物、病害动物产品的无害化处理，或者委托动物和动物产品无害化处理场所处理。

从事动物、动物产品运输的单位和个人，应当配合做好病死动物和病害动物产品的无害化处理，不得在途中擅自弃置和处理有关动物和动物产品。

任何单位和个人不得买卖、加工、随意弃置病死动物和病害动物产品。

动物和动物产品无害化处理管理办法由国务院农业农村、野生动物保护主管部门按照职责制定。

第五十八条 在江河、湖泊、水库等水域发现的死亡畜禽，由所在地县级人民政府组织收集、处理并溯源。

在城市公共场所和乡村发现的死亡畜禽，由所在地街道办事处、乡级人民政府组织收集、处理并溯源。

在野外环境发现的死亡野生动物，由所在地野生动物保护主管部门收集、处理。

第五十九条 省、自治区、直辖市人民政府制定动物和动物产品集中无害化处理场所建设规划，建立政府主导、市场运作的无害化处理机制。

第六十条 各级财政对病死动物无害化处理提供补助。具体补助标准和办法由县级以上人民政府财政部门会同本级人民政府农业农村、野生动物保护等有关部门制定。

第七章　动物诊疗

第六十一条 从事动物诊疗活动的机构，应当具备下列条件：

（一）有与动物诊疗活动相适应并符合动物防疫条件的场所；

（二）有与动物诊疗活动相适应的执业兽医；

（三）有与动物诊疗活动相适应的兽医器械和设备；

（四）有完善的管理制度。

动物诊疗机构包括动物医院、动物诊所以及其他提供动物诊疗服务的机构。

第六十二条 从事动物诊疗活动的机构，应当向县级以上地方人民政府农业农村主管部门申请动物诊疗许可证。受理申请的农业农村主管部门应当依照本法和《中华人民共和国行政许可法》的规定进行审查。经审查合格的，发给动物诊疗许可证；不合格的，应当通知申请人并说明理由。

第六十三条 动物诊疗许可证应当载明诊疗机构名称、诊疗活动范围、从业地点和法定代表人（负责人）等事项。

动物诊疗许可证载明事项变更的，应当申请变更或者换发动物诊疗许可证。

第六十四条 动物诊疗机构应当按照国务院农业农村

村主管部门的规定，做好诊疗活动中的卫生安全防护、消毒、隔离和诊疗废弃物处置等工作。

第六十五条 从事动物诊疗活动，应当遵守有关动物诊疗的操作技术规范，使用符合规定的兽药和兽医器械。

兽药和兽医器械的管理办法由国务院规定。

第八章 兽医管理

第六十六条 国家实行官方兽医任命制度。

官方兽医应当具备国务院农业农村主管部门规定的条件，由省、自治区、直辖市人民政府农业农村主管部门按照程序确认，由所在地县级以上人民政府农业农村主管部门任命。具体办法由国务院农业农村主管部门制定。

海关的官方兽医应当具备规定的条件，由海关总署任命。具体办法由海关总署会同国务院农业农村主管部门制定。

第六十七条 官方兽医依法履行动物、动物产品检疫职责，任何单位和个人不得拒绝或者阻碍。

第六十八条 县级以上人民政府农业农村主管部门制定官方兽医培训计划，提供培训条件，定期对官方兽医进行培训和考核。

第六十九条 国家实行执业兽医资格考试制度。具有兽医相关专业大学专科以上学历的人员或者符合条件的乡村兽医，通过执业兽医资格考试的，由省、自治区、直辖市人民政府农业农村主管部门颁发执业兽医资格证书；从事动物诊疗等经营活动的，还应当向所在地县级人民政府农业农村主管部门备案。

执业兽医资格考试办法由国务院农业农村主管部门商国务院人力资源主管部门制定。

第七十条 执业兽医开具兽医处方应当亲自诊断，并对诊断结论负责。

国家鼓励执业兽医接受继续教育。执业兽医所在机构应当支持执业兽医参加继续教育。

第七十一条 乡村兽医可以在乡村从事动物诊疗活动。具体管理办法由国务院农业农村主管部门制定。

第七十二条 执业兽医、乡村兽医应当按照所在地人民政府和农业农村主管部门的要求，参加动物疫病预防、控制和动物疫情扑灭等活动。

第七十三条 兽医行业协会提供兽医信息、技术、培训等服务，维护成员合法权益，按照章程建立健全行业规范和奖惩机制，加强行业自律，推动行业诚信建设，宣传动物防疫和兽医知识。

第九章 监督管理

第七十四条 县级以上地方人民政府农业农村主管部门依照本法规定，对动物饲养、屠宰、经营、隔离、运输以及动物产品生产、经营、加工、贮藏、运输等活动中的动物防疫实施监督管理。

第七十五条 为控制动物疫病，县级人民政府农业农村主管部门应当派人在所在地依法设立的现有检查站执行监督检查任务；必要时，经省、自治区、直辖市人民政府批准，可以设立临时性的动物防疫检查站，执行监督检查任务。

第七十六条 县级以上地方人民政府农业农村主管部门执行监督检查任务，可以采取下列措施，有关单位和个人不得拒绝或者阻碍：

(一)对动物、动物产品按照规定采样、留验、抽检；

(二)对染疫或者疑似染疫的动物、动物产品及相关物品进行隔离、查封、扣押和处理；

(三)对依法应当检疫而未经检疫的动物和动物产品，具备补检条件的实施补检，不具备补检条件的予以收缴销毁；

(四)查验检疫证明、检疫标志和畜禽标识；

(五)进入有关场所调查取证，查阅、复制与动物防疫有关的资料。

县级以上地方人民政府农业农村主管部门根据动物疫病预防、控制需要，经所在地县级以上地方人民政府批准，可以在车站、港口、机场等相关场所派驻官方兽医或者工作人员。

第七十七条 执法人员执行动物防疫监督检查任务，应当出示行政执法证件，佩带统一标志。

县级以上人民政府农业农村主管部门及其工作人员不得从事与动物防疫有关的经营性活动，进行监督检查不得收取任何费用。

第七十八条 禁止转让、伪造或者变造检疫证明、检疫标志或者畜禽标识。

禁止持有、使用伪造或者变造的检疫证明、检疫标志或者畜禽标识。

检疫证明、检疫标志的管理办法由国务院农业农村主管部门制定。

第十章 保障措施

第七十九条 县级以上人民政府应当将动物防疫工作纳入本级国民经济和社会发展规划及年度计划。

第八十条 国家鼓励和支持动物防疫领域新技术、新设备、新产品等科学技术研究开发。

第八十一条 县级人民政府应当为动物卫生监督机构配备与动物、动物产品检疫工作相适应的官方兽医，保障检疫工作条件。

县级人民政府农业农村主管部门可以根据动物防疫工作需要，向乡、镇或者特定区域派驻兽医机构或者工作人员。

第八十二条 国家鼓励和支持执业兽医、乡村兽医和动物诊疗机构开展动物防疫和疫病诊疗活动；鼓励养殖企业、兽药及饲料生产企业组建动物防疫服务团队，提供防疫服务。地方人民政府组织村级防疫员参加动物疫病防治工作的，应当保障村级防疫员合理劳务报酬。

第八十三条 县级以上人民政府按照本级政府职责，将动物疫病的监测、预防、控制、净化、消灭，动物、动物产品的检疫和病死动物的无害化处理，以及监

督管理所需经费纳入本级预算。

第八十四条 县级以上人民政府应当储备动物疫情应急处置所需的防疫物资。

第八十五条 对在动物疫病预防、控制、净化、消灭过程中强制扑杀的动物、销毁的动物产品和相关物品，县级以上人民政府给予补偿。具体补偿标准和办法由国务院财政部门会同有关部门制定。

第八十六条 对从事动物疫病预防、检疫、监督检查、现场处理疫情以及在工作中接触动物疫病病原体的人员，有关单位按照国家规定，采取有效的卫生防护、医疗保健措施，给予畜牧兽医医疗卫生津贴等相关待遇。

第十一章 法律责任

第八十七条 地方各级人民政府及其工作人员未依照本法规定履行职责的，对直接负责的主管人员和其他直接责任人员依法给予处分。

第八十八条 县级以上人民政府农业农村主管部门及其工作人员违反本法规定，有下列行为之一的，由本级人民政府责令改正，通报批评；对直接负责的主管人员和其他直接责任人员依法给予处分：

（一）未及时采取预防、控制、扑灭等措施的；

（二）对不符合条件的颁发动物防疫条件合格证、动物诊疗许可证，或者对符合条件的拒不颁发动物防疫条件合格证、动物诊疗许可证的；

（三）从事与动物防疫有关的经营性活动，或者违法收取费用的；

（四）其他未依照本法规定履行职责的行为。

第八十九条 动物卫生监督机构及其工作人员违反本法规定，有下列行为之一的，由本级人民政府或者农业农村主管部门责令改正，通报批评；对直接负责的主管人员和其他直接责任人员依法给予处分：

（一）对未经检疫或者检疫不合格的动物、动物产品出具检疫证明、加施检疫标志，或者对检疫合格的动物、动物产品拒不出具检疫证明、加施检疫标志的；

（二）对附有检疫证明、检疫标志的动物、动物产品重复检疫的；

（三）从事与动物防疫有关的经营性活动，或者违法收取费用的；

（四）其他未依照本法规定履行职责的行为。

第九十条 动物疫病预防控制机构及其工作人员违反本法规定，有下列行为之一的，由本级人民政府或者农业农村主管部门责令改正，通报批评；对直接负责的主管人员和其他直接责任人员依法给予处分：

（一）未履行动物疫病监测、检测、评估职责或者伪造监测、检测、评估结果的；

（二）发生动物疫情时未及时进行诊断、调查的；

（三）接到染疫或者疑似染疫报告后，未及时按照国家规定采取措施、上报的；

（四）其他未依照本法规定履行职责的行为。

第九十一条 地方各级人民政府、有关部门及其工作人员瞒报、谎报、迟报、漏报或者授意他人瞒报、谎报、迟报动物疫情，或者阻碍他人报告动物疫情的，由上级人民政府或者有关部门责令改正，通报批评；对直接负责的主管人员和其他直接责任人员依法给予处分。

第九十二条 违反本法规定，有下列行为之一的，由县级以上地方人民政府农业农村主管部门责令限期改正，可以处一千元以下罚款；逾期不改正的，处一千元以上五千元以下罚款，由县级以上地方人民政府农业农村主管部门委托动物诊疗机构、无害化处理场所等代为处理，所需费用由违法行为人承担：

（一）对饲养的动物未按照动物疫病强制免疫计划或者免疫技术规范实施免疫接种的；

（二）对饲养的种用、乳用动物未按照国务院农业农村主管部门的要求定期开展疫病检测，或者经检测不合格而未按照规定处理的；

（三）对饲养的犬只未按照规定定期进行狂犬病免疫接种的；

（四）动物、动物产品的运载工具在装载前和卸载后未按照规定及时清洗、消毒的。

第九十三条 违反本法规定，对经强制免疫的动物未按照规定建立免疫档案，或者未按照规定加施畜禽标识的，依照《中华人民共和国畜牧法》的有关规定处罚。

第九十四条 违反本法规定，动物、动物产品的运载工具、垫料、包装物、容器等不符合国务院农业农村主管部门规定的动物防疫要求的，由县级以上地方人民政府农业农村主管部门责令改正，可以处五千元以下罚款；情节严重的，处五千元以上五万元以下罚款。

第九十五条 违反本法规定，对染疫动物及其排泄物、染疫动物产品或者被染疫动物、动物产品污染的运载工具、垫料、包装物、容器等未按照规定处置的，由县级以上地方人民政府农业农村主管部门责令限期处理；逾期不处理的，由县级以上地方人民政府农业农村主管部门委托有关单位代为处理，所需费用由违法行为人承担，处五千元以上五万元以下罚款。

造成环境污染或者生态破坏的，依照环境保护有关法律法规进行处罚。

第九十六条 违反本法规定，患有人畜共患传染病的人员，直接从事动物疫病监测、检测、检验检疫，动物诊疗以及易感染动物的饲养、屠宰、经营、隔离、运输等活动的，由县级以上地方人民政府农业农村或者野生动物保护主管部门责令改正；拒不改正的，处一千元以上一万元以下罚款；情节严重的，处一万元以上五万元以下罚款。

第九十七条 违反本法第二十九条规定，屠宰、经营、运输动物或者生产、经营、加工、贮藏、运输动物产品的，由县级以上地方人民政府农业农村主管部门责令改正、采取补救措施，没收违法所得、动物和动物产品，并处同类检疫合格动物、动物产品货值金额十五倍以上三十倍以下罚款；同类检疫合格动物、动物产品货值金额不足一万元的，并处五万元以上十五万元以下罚款；其中依法应当检疫而未检疫的，依照本法第一百条的规定处罚。

前款规定的违法行为人及其法定代表人(负责人)、直接负责的主管人员和其他直接责任人员，自处罚决定作出之日起五年内不得从事相关活动；构成犯罪的，终身不得从事屠宰、经营、运输动物或者生产、经营、加工、贮藏、运输动物产品等相关活动。

第九十八条 违反本法规定，有下列行为之一的，由县级以上地方人民政府农业农村主管部门责令改正，处三千元以上三万元以下罚款；情节严重的，责令停业整顿，并处三万元以上十万元以下罚款：

(一)开办动物饲养场和隔离场所、动物屠宰加工场所以及动物和动物产品无害化处理场所，未取得动物防疫条件合格证的；

(二)经营动物、动物产品的集贸市场不具备国务院农业农村主管部门规定的防疫条件的；

(三)未经备案从事动物运输的；

(四)未按照规定保存行程路线和托运人提供的动物名称、检疫证明编号、数量等信息的；

(五)未经检疫合格，向无规定动物疫病区输入动物、动物产品的；

(六)跨省、自治区、直辖市引进种用、乳用动物到达输入地后未按照规定进行隔离观察的；

(七)未按照规定处理或者随意弃置病死动物、病害动物产品的。

第九十九条 动物饲养场和隔离场所、动物屠宰加工场所以及动物和动物产品无害化处理场所，生产经营条件发生变化，不再符合本法第二十四条规定的动物防疫条件继续从事相关活动的，由县级以上地方人民政府农业农村主管部门给予警告，责令限期改正；逾期仍达不到规定条件的，吊销动物防疫条件合格证，并通报市场监督管理部门依法处理。

第一百条 违反本法规定，屠宰、经营、运输的动物未附有检疫证明，经营和运输的动物产品未附有检疫证明、检疫标志的，由县级以上地方人民政府农业农村主管部门责令改正，处同类检疫合格动物、动物产品货值金额一倍以下罚款；对货主以外的承运人处运输费用三倍以上五倍以下罚款，情节严重的，处五倍以上十倍以下罚款。

违反本法规定，用于科研、展示、演出和比赛等非食用性利用的动物未附有检疫证明的，由县级以上地方人民政府农业农村主管部门责令改正，处三千元以上一万元以下罚款。

第一百零一条 违反本法规定，将禁止或者限制调运的特定动物、动物产品由动物疫病高风险区调入低风险区的，由县级以上地方人民政府农业农村主管部门没收运输费用、违法运输的动物和动物产品，并处运输费用一倍以上五倍以下罚款。

第一百零二条 违反本法规定，通过道路跨省、自治区、直辖市运输动物，未经省、自治区、直辖市人民政府设立的指定通道入省境或者过省境的，由县级以上地方人民政府农业农村主管部门对运输人处五千元以上一万元以下罚款；情节严重的，处一万元以上五万元以下罚款。

第一百零三条 违反本法规定，转让、伪造或者变造检疫证明、检疫标志或者畜禽标识的，由县级以上地方人民政府农业农村主管部门没收违法所得和检疫证明、检疫标志、畜禽标识，并处五千元以上五万元以下罚款。

持有、使用伪造或者变造的检疫证明、检疫标志或者畜禽标识的，由县级以上人民政府农业农村主管部门没收检疫证明、检疫标志、畜禽标识和对应的动物、动物产品，并处三千元以上三万元以下罚款。

第一百零四条 违反本法规定，有下列行为之一的，由县级以上地方人民政府农业农村主管部门责令改正，处三千元以上三万元以下罚款：

(一)擅自发布动物疫情的；

(二)不遵守县级以上人民政府及其农业农村主管部门依法作出的有关控制动物疫病规定的；

(三)藏匿、转移、盗掘已被依法隔离、封存、处理的动物和动物产品的。

第一百零五条 违反本法规定，未取得动物诊疗许可证从事动物诊疗活动的，由县级以上地方人民政府农业农村主管部门责令停止诊疗活动，没收违法所得，并处违法所得一倍以上三倍以下罚款；违法所得不足三万元的，并处三千元以上三万元以下罚款。

动物诊疗机构违反本法规定，未按照规定实施卫生安全防护、消毒、隔离和处置诊疗废弃物的，由县级以上地方人民政府农业农村主管部门责令改正，处一千元以上一万元以下罚款；造成动物疫病扩散的，处一万元以上五万元以下罚款；情节严重的，吊销动物诊疗许可证。

第一百零六条 违反本法规定，未经执业兽医备案从事经营性动物诊疗活动的，由县级以上地方人民政府农业农村主管部门责令停止动物诊疗活动，没收违法所得，并处三千元以上三万元以下罚款；对其所在的动物诊疗机构处一万元以上五万元以下罚款。

执业兽医有下列行为之一的，由县级以上地方人民政府农业农村主管部门给予警告，责令暂停六个月以上一年以下动物诊疗活动；情节严重的，吊销执业兽医资格证书：

(一)违反有关动物诊疗的操作技术规范，造成或者可能造成动物疫病传播、流行的；

(二)使用不符合规定的兽药和兽医器械的；

(三)未按照当地人民政府或者农业农村主管部门要求参加动物疫病预防、控制和动物疫情扑灭活动的。

第一百零七条 违反本法规定，生产经营兽医器械，产品质量不符合要求的，由县级以上地方人民政府农业农村主管部门责令限期整改；情节严重的，责令停业整顿，并处二万元以上十万元以下罚款。

第一百零八条 违反本法规定，从事动物疫病研究、诊疗和动物饲养、屠宰、经营、隔离、运输，以及动物产品生产、经营、加工、贮藏、无害化处理等活动的单位和个人，有下列行为之一的，由县级以上地方人民政府农业农村主管部门责令改正，可以处一万元以下罚款；拒不改正的，处一万元以上五万元以下罚款，并可以责令停业整顿：

（一）发现动物染疫、疑似染疫未报告，或者未采取隔离等控制措施的；

（二）不如实提供与动物防疫有关的资料的；

（三）拒绝或者阻碍农业农村主管部门进行监督检查的；

（四）拒绝或者阻碍动物疫病预防控制机构进行动物疫病监测、检测、评估的；

（五）拒绝或者阻碍官方兽医依法履行职责的。

第一百零九条 违反本法规定，造成人畜共患传染病传播、流行的，依法从重给予处分、处罚。

违反本法规定，构成违反治安管理行为的，依法给予治安管理处罚；构成犯罪的，依法追究刑事责任。

违反本法规定，给他人人身、财产造成损害的，依法承担民事责任。

第十二章 附则

第一百一十条 本法下列用语的含义：

（一）无规定动物疫病区，是指具有天然屏障或者采取人工措施，在一定期限内没有发生规定的一种或者几种动物疫病，并经验收合格的区域；

（二）无规定动物疫病生物安全隔离区，是指处于同一生物安全管理体系下，在一定期限内没有发生规定的一种或者几种动物疫病的若干动物饲养场及其辅助生产场所构成的，并经验收合格的特定小型区域；

（三）病死动物，是指染疫死亡、因病死亡、死因不明或者经检验检疫可能危害人体或者动物健康的死亡动物；

（四）病害动物产品，是指来源于病死动物的产品，或者经检验检疫可能危害人体或者动物健康的动物产品。

第一百一十一条 境外无规定动物疫病区和无规定动物疫病生物安全隔离区的无疫等效性评估，参照本法有关规定执行。

第一百一十二条 实验动物防疫有特殊要求的，按照实验动物管理的有关规定执行。

第一百一十三条 本法自2021年5月1日起施行。

国家林业和草原局办公室关于公布第一批“最美林草科技推广员”名单的通知

办科字〔2021〕8号

各省、自治区、直辖市、新疆生产建设兵团林业和草原主管部门，国家林业和草原局各有关直属单位、大兴安岭林业集团：

为选树一批扎根基层、服务群众的林草科技推广先进典型，弘扬他们爱岗敬业、甘于奉献精神，激发广大林草科技推广工作者的积极性、主动性和创造性，加快推进林草科技成果转移转化，助力打赢脱贫攻坚战和乡村振兴战略实施，2018年8月以来，我局启动了寻找“最美林草科技推广员”活动。经申报推荐、形式审查、专家评审和社会公示等环节，从各地申报的林草科技推广员中遴选出第一批200名“最美林草科技推广员”（详见附件），现予以公布。

希望“最美林草科技推广员”珍惜荣誉、再接再厉，充分发挥示范带动作用，在林草科技推广一线勇争一流、再创佳绩。

当前，我国林草事业正处于向高质量发展阶段转型的关键时期，推进生态保护修复和林草产业健康发展，破解科技推广“最后一公里”难题，迫切需要进一步发挥林草科技推广员的重要作用。全国广大林草科技推广工作者要以“最美林草科技推广员”为榜样，立足岗位，勇于担当，开拓创新，积极投身林草科技推广事业，为促进乡村振兴和林草事业高质量发展作出更大的贡献。

特此通知。

附件：第一批“最美林草科技推广员”名单

国家林业和草原局办公室

2021年1月15日

附件

第一批“最美林草科技推广员”名单(共200名)

序号	地区单位	姓名	工作单位
1	北京	孟丙南	北京市林业科技推广站
2		魏　琦	北京市林业科技推广站
3		周晓杰	北京京彩弘景园林工程有限公司
4		潘彦平	北京市林业保护站
5		袁启华	北京市温泉苗圃
6		吴丽娟	大兴区林业工作站
7	天津	李广宇	宝坻区林业事务中心
8		李玉奎	蓟州区林业局
9		付新爽	宁河区苗木良种服务中心
10		张　颖	武清区林业科学技术推广中心
11		王宝龙	静海区农业发展服务中心
12	河北	王百千	文安县自然资源和规划局
13		赵京献	河北省林业和草原科学研究院
14		刘子民	保定市林果技术推广站
15		佟景梅	青龙满族自治县林业局
16		王月霞	涉县自然资源和规划局
17		商贺利	宽城满族自治县林业和草原局
18	山西	冯　斌	晋中市规划和自然资源局
19		牛红霞	长治市林业技术推广站
20		高晋东	山西省林业推广和经济林管理总站
21		杨　飞	山西省林业科学研究院
22		程志枫	吕梁山国有林管理局有害生物防治检疫局
23		申向飞	晋城市林业技术推广站
24	内蒙古	吴向东	达拉特旗政法委(原单位:达拉特旗绿化委员会办公室、林业局)
25		刘宏义	阿拉善左旗林业工作站
26		王宝侠	通辽市林业科学研究院
27		闫　锋	鄂尔多斯市森林病虫害防治检疫站
28		焦慧芬	巴彦淖尔市造林技术推广站
29		金　宇	呼伦贝尔市林业工作站
30	辽宁	姜宗辉	朝阳市林业技术推广站
31		王云飞	建昌县自然资源事务服务中心
32		于　晶	本溪市林业发展服务中心
33		李　委	辽宁省实验林场
34	吉林	夏守平	辉南县林业局
35		玄永男	延边林技术推广站
36		阎立波	吉林市林业技术推广站
37		韩玉生	通榆县自然资源局
38		刘玉梅	大安市林业和草原局
39	黑龙江	胡振宇	佳木斯市孟家岗林场
40		刘昭明	黑龙江省草原站
41		徐连峰	黑龙江省林业科学院齐齐哈尔分院
42		隋鹏超	七台河市林业和草原局铁山林场
43		石艳霞	黑龙江省森林植物园
44	上海	韩玉洁	上海市林业总站
45		张岳峰	上海市林业总站
46		郁海东	上海市林业总站
47		顾旭忠	松江区林业站
48		龚洪斌	闵行区林业站
49	江苏	戴　蔚	盐城市林业局林业工作站
50		殷云龙	江苏省中国科学院植物研究所
51		冯育青	苏州市湿地保护管理站
52		佘广美	常州市林业工作站
53		刘　彬	江苏大丰麋鹿国家级自然保护区管理处
54		黄　冰	镇江市自然资源和规划局润州分局
55	浙江	楼　君	杭州市富阳区农业技术推广中心
56		严邦祥	景宁畲族自治县林业技术推广中心
57		胡文翠	东阳市林业种苗管理站(东阳市香榧研究所)
58		刘　军	杭州市余杭区林业改革和产业发展中心
59		潘晓路	温州市林业发展服务中心
60	安徽	余益胜	宁国市林业技术服务中心
61		刘若森	利辛县林业局
62		刘建中	青阳县林业技术推广服务中心
63		方明刚	广德市林业科学研究所
64		孙灿辉	太和县林业局
65		王　军	岳西县五河镇农业综合服务中心

（续表）

序号	地区单位	姓名	工作单位
66	福建	林振清	建瓯市竹类科研所
67		欧建德	明溪县林业科技推广中心
68		洪永辉	龙岩市林业种苗站
69		邹跃国	华安县林业局
70	江西	林朝楷	崇义县林木种苗站
71		刘　蕾	赣州市林业技术推广站
72		朱培林	江西省林业科学院
73		曾广腾	吉安市林业技术推广站
74		姜晓装	江西省林业科技推广总站
75		杨　军	江西婺源森林鸟类国家级自然保护区管理中心
76	山东	宋永贵	滨州市自然资源科技教育中心
77		赵之峰	山东省经济林管理站
78		吴全宇	菏泽市林业产业发展中心
79		杨庆山	山东省林业科学研究院
80		鲁仪增	山东省林木种质资源中心
81		刘国利	无棣县小泊头镇农业综合服务中心
82	河南	周耀伟	鲁山县林业技术推广站
83		何长敏	新乡市林业技术推广站
84		李红喜	栾川县林业技术服务站
85		王守龙	济源市林业工作站
86		李纪华	西峡县林业技术推广站
87		王铭敏	新密市林业局
88	湖北	肖之炎	武汉市林业工作站
89		陈贝贝	恩施土家族苗族自治州林业科学研究院
90		徐永杰	湖北省林业科学研究院
91		高　霜	咸宁市林业科学院
92		白　涛	湖北生态工程职业技术学院
93		解志军	襄阳市林业科学技术推广站
94	湖南	王国晖	怀化市林业科技推广站
95		刘欲晓	攸县林业局
96		龚雄夫	新化县林业科技推广站
97		和红晓	湘西自治州林业综合服务中心
98		高国宏	宁乡市林业技术推广中心
99		刘西苑	邵阳市林业技术推广站
100	广东	梁远楠	肇庆市林业科学研究所
101		汪求来	广东省林业调查规划院
102		张梅兰	南雄市林业科学研究所

（续表）

序号	地区单位	姓名	工作单位
103	广西	阳桂平	资源县资源林场
104		侯立英	三江县林业局
105		张　清	昭平县林业局
106		吴艺梅	岑溪市林业局
107		梁　运	东兰县林业局
108		龙永泰	永福县林业局
109	海南	陈喜蓉	海南省林业科学研究院
110		钟才荣	海南省林业科学研究院
111		陈宗铸	海南省林业科学研究院
112		陈飞飞	海南省林业科学研究院
113		洪文君	三亚市林业科学研究院
114	重庆	吕玉奎	荣昌区林业科学技术推广站
115		徐　兵	黔江区林业局
116		李秀珍	重庆市林业科学研究院
117		高勇军	梁平区林木种苗和林业科技站
118		肖国林	江津区先锋镇农业中心（林业站）
119	四川	何长斌	平昌县林业局
120		蒲元忠	剑阁县林业局
121		杨廷勇	甘孜州草原工作站
122		金银春	四川省林业科学研究院
123		罗　旭	通江县林业科学技术研究所
124		熊剑文	广安市广安区林业技术推广站
125	贵州	杨承荣	黎平县营林总站
126		杨先义	毕节市林业技术推广站
127		袁昌选	天柱县林业产业发展中心
128		刘四黑	玉屏侗族自治县林业局
129		韦昌盛	贞丰县林业局
130		杜维娜	关岭自治县林业局
131	云南	唐红燕	普洱市林业科学研究所
132		黄佳聪	保山市林业和草原技术推广站
133		熊竹兰	永胜县林业技术推广站
134		杨利华	普洱市林业技术推广站
135		楚永兴	红河哈尼族彝族自治州林业和草原科技推广站
136		梅徐海	禄劝县林业和草原局
137	西藏	拉　顿	那曲市林草局
138		赵　俊	西藏自治区林木科学研究院
139		普　罗	西藏自治区林业调查规划研究院
140		普布昌决	工布江达县林业和草原局

（续表）

序号	地区单位	姓名	工作单位
141	陕西	曹席铁	安康市林业技术推广中心
142		张治有	商洛市林业科学研究所
143		陈余朝	安康市林业技术推广中心
144		郭军成	渭南市林业工作站
145		王小亚	榆阳区林业和种苗工作站
146		刘　毅	陕西省林业科技与国际项目管理中心（陕西省林业工作站）
147	甘肃	魏秀红	酒泉市林果服务中心
148		姚宏渊	环县林业技术推广总站
149		辛　平	甘肃省林业科技推广总站
150		武　斌	临夏州林木种苗服务站
151		张广忠	甘肃省林业科学研究院
152	青海	赵昌宏	互助县北山林场
153		石长宏	玛可河林业局
154		马玉寿	青海省畜牧兽医科学院
155		索南江才	澜沧江源园区国家公园管理委员会
156		贡　保	循化县拉毛太云杉种植专业合作社
157	宁夏	韩映晶	固原市原州区林业技术推广服务中心
158		张国庆	宁夏林权服务与产业发展中心
159		史　宽	吴忠市利通区林业和草原局
160		陈克斌	彭阳县林业和草原局
161		唐希明	中卫市林业和草原局
162	新疆	赵玉玲	精河县枸杞产业发展中心
163		哈地尔·依沙克	新疆林业科学院经济林研究所
164		刘丽媛	吐鲁番市林果业技术推广服务中心
165		张　峰	库尔勒市林草局
166		帕坦木·艾沙	阿克苏地区林业技术推广服务中心
167	新疆兵团	王春芳	第二师31团农业发展服务中心
168		张建军	第四师林业工作管理站
169		杨　雪	第九师林业工作管理站
170		何　磊	第一师12团农业发展服务中心

（续表）

序号	地区单位	姓名	工作单位
171	中国林科院	曾炳山	热带林业研究所
172		裴　东	林业研究所
173		龚榜初	亚热带林业研究所
174		杜红岩	经济林研究开发中心
175		江锡兵	亚热带林业研究所
176		卢立华	热带林业实验中心
177		谷　勇	资源昆虫研究所
178	竹藤中心	刘广路	竹藤资源与环境研究所
179		李　岚	产业处
180		漆良华	安徽太平试验中心
181	中国林学会	邬玉芬	浙江省宁海县林特技术推广站
182	大兴安岭林业集团	庞启亮	大兴安岭地区农林科学院
183		李晓平	塔河林业局
184		李海臣	呼中林业局
185	内蒙古森工集团	马立新	阿龙山林业局
186		杨英新	吉文林业局
187		乔　莉	阿里河林业局
188	吉林森工集团	周春艳	露水河林业局
189	北京林业大学	敖　妍	林学院
190	东北林业大学	邹　莉	林学院
191		钱　程	科学技术研究院
192	南京林业大学	周建斌	材料科学与工程学院
193		王福升	竹类研究所
194		张往祥	林学院
195		葛之葳	生物与环境学院
196	西南林业大学	董文渊	林学院
197		辉朝茂	林学院
198		李莲芳	林学院
199	中南林业科技大学	李树战	林学院
200		侯金波	林学院

国家林业和草原局关于印发《国家林业和草原局行政许可工作管理办法》的通知

林办规〔2021〕1号

各省、自治区、直辖市、新疆生产建设兵团林业和草原主管部门，国家林业和草原局各司局、各派出机构、各直属单位、大兴安岭林业集团：

《国家林业和草原局行政许可工作管理办法》（见附件）已经国家林业和草原局2021年第1次局务会议审议通过，现印发给你们，请认真遵照执行。

特此通知。

附件：国家林业和草原局行政许可工作管理办法

国家林业和草原局

2021年3月8日

附件

国家林业和草原局行政许可工作管理办法

第一章 总则

第一条 为了规范林业和草原行政许可工作，保护公民、法人和其他组织的合法权益，根据《中华人民共和国行政许可法》、《优化营商环境条例》、《企业信息公示暂行条例》以及《国务院关于在线政务服务的若干规定》（国务院令第716号）等法律法规规定，结合林业和草原行政许可工作实际，制定本办法。

第二条 国家林业和草原局（以下简称"国家林草局"）实施行政许可，适用本办法。

第三条 国家林草局实施行政许可，应当依照法定的权限、范围、条件和程序，遵循公平、公开、公正、便民、高效、非歧视的原则。

第四条 国家林草局行政许可实行"集中服务，接办分离"的工作制度。

第二章 组织管理

第五条 国家林草局设立政务服务中心，政务服务中心承担下列职责：

（一）统一接收行政许可申请材料、送达行政许可决定；

（二）跟踪、提醒、督办具体行政许可事项；

（三）依法公开行政许可结果；

（四）组织开展审批服务评价；

（五）统计行政许可数据；

（六）提供行政许可工作咨询；

（七）提供行政许可事项办理进度查询。

同时，协助国家林草局办公室（以下简称"局办公室"）开展行政审批改革有关工作。

第六条 局办公室负责推进行政审批制度改革工作，承担下列职责：

（一）制定行政许可工作管理制度；

（二）编制行政许可事项清单；

（三）组织行政许可听证；

（四）汇总分析行政许可数据信息；

（五）组织实施行政许可监督检查；

（六）提供行政许可实施法律咨询；

（七）指导地方林业和草原主管部门依法实施行政许可。

第七条 国家林草局行政许可事项承办单位（以下简称"承办单位"）承担下列职责：

（一）办理行政许可事项；

（二）开展行政许可监督检查；

（三）归档行政许可案卷；

（四）负责行政许可信息公开；

（五）提供行政许可工作业务咨询；

（六）开展行政许可工作评估，提出改革意见；

（七）负责取消下放行政许可事项的后续监管。

第三章 工作制度

第八条 局办公室、政务服务中心、承办单位应当按照各自的职责和分工，制定具体工作制度。

第九条 国家林草局实行行政许可事项清单管理制度。行政许可事项清单应当向社会公布，清单之外不得以任何形式实施"变相审批"。

第十条 国家林草局实行行政许可网上办理制度，列入行政许可事项清单的事项都应当进行网上审批，所有审批信息都应当可查询、可追溯。

申请人通过网上审批平台提出申请的，符合相关要求的电子申请材料、电子证照、电子签名、电子档案与纸质申请材料、纸质证照、手写签名或者盖章、纸质档案具有同等法律效力。

国家林草局及其派出机构通过网上审批平台向申请人发送的相关文书、颁发的各种行政许可决定书和行政许可证件，与纸质文件具有同等法律效力。

第四章 一般程序

第一节 申请与受理

第十一条 国家林草局应当依法制作行政许可事项服务指南，按照规定在办公场所、互联网站公示行政许可事项及其适用范围、审查类型、审批依据、受理机构、承办机构、申请材料、申请接收方式和接收地址、办理流程和办理方式、审批条件和时限、收费依据、监督投诉渠道等信息，以及需要提交的申请材料目录和申请书(表)示范文本。

申请人要求对公示内容予以说明、解释的，事项承办单位应当说明、解释，并提供准确、可靠的信息。

申请书(表)需要采用格式文本的，该格式文本由国家林草局统一公布，并通过网上审批平台提供下载。申请书(表)格式文本中不得包含与申请行政许可事项无直接关系的内容。申请材料中不得要求申请人提交与其申请的行政许可事项无关的技术资料和其他材料。

申请人可以通过网上审批平台在线提交、邮寄以及现场申请等方式提出行政许可申请。

第十二条 申请人向国家林草局申请行政许可，应当如实提交有关材料和反映真实情况，并对其申请材料实质内容的真实性负责。国家林草局有权要求申请人提供申请材料真实性声明。

申请人可以委托代理人提出行政许可申请。申请人委托代理人提出行政许可申请的，还应当提供申请人、代理人的身份文件和授权委托书。

第十三条 政务服务中心应当在收到申请材料当日进行预审。申请材料符合形式要求的，办理接收手续，出具申请材料接收单；申请材料不符合形式要求的，退回申请人，出具申请材料退件单。

申请人现场办理的，申请材料接收单应当由申请人或者其委托代理人签字确认。

第十四条 政务服务中心收到申请人提出的行政许可申请，发现申请材料存在错误可以当场更正的，应当允许申请人当场更正。政务服务中心应当在当日将符合形式要求的申请材料转交承办单位。

申请材料不齐全、不符合法定形式或者存在错误不能当场更正的，承办单位应当在收到申请材料之日起5日内一次性告知申请人需要补正的全部内容，出具加盖国家林草局行政许可专用章并载明日期的补正通知书。逾期不告知的，自收到申请材料之日起即为受理。

申请人未在规定期限内补正材料且无正当理由的，或者补正后的申请材料仍不齐全、不符合法定形式的，视为放弃行政许可申请，补正期限届满后，承办单位出具加盖国家林草局行政许可专用章并载明日期的申请材料退回通知书，退回已经收到的全部申请材料。

第十五条 申请人提出的行政许可申请，依法不需要取得行政许可的，政务服务中心应当即时告知申请人不受理；申请事项需要办理行政许可但依法不属于国家林草局职权范围的，应当即时作出不予受理的决定，并告知申请人向有关行政机关申请。

第十六条 申请事项属于国家林草局职权范围，申请材料齐全、符合法定形式，或者申请人按照要求提交全部补正申请材料的，国家林草局应当受理行政许可申请。

依前款规定受理行政许可的，承办单位应当于收到申请材料或者全部补正申请材料之日起5日内，出具加盖国家林草局行政许可专用章并载明受理日期的行政许可受理单。

第二节　审查与决定

第十七条 承办单位依法对申请人提交的申请材料进行审查。需要对申请材料的实质内容进行核实的，承办单位应当指派两名以上工作人员，根据法定条件和程序进行核查。

承办单位可以通过信息核验、实地调查等方式对申请材料进行核实。申请人和有关人员应当配合；拒不配合的，应当自行承担相关不利后果。

通过实地调查等现场方式进行核实的，工作人员应当出示证件，并制作核实记录。

第十八条 承办单位审查行政许可申请时，发现行政许可事项直接关系他人重大利益的，应当告知该利害关系人。

申请人、利害关系人有权进行陈述和申辩，并自被告知之日起3日内提交书面陈述、申辩意见；承办单位应当听取申请人、利害关系人的意见。

第十九条 承办单位在审查过程中发现申请人提交的申请材料存在实质性问题，可能影响作出行政许可决定的，可以要求申请人限期对申请材料进一步修改、完善，或者解释说明。

申请人在合理期限内拒不修改、完善、解释说明，或者修改、完善、解释说明后仍存在实质性问题的，承办单位应当继续审查，不利后果由申请人承担。

第二十条 承办单位对行政许可申请进行审查后，应当根据下列情况分别作出处理：

(一)申请符合法定条件、标准，拟准予行政许可的，应当拟定准予行政许可决定书；

(二)申请不符合法定条件、标准，拟不予行政许可的，应当拟定不予行政许可决定书。

第二十一条 准予行政许可或者不予行政许可决定书由国家林草局负责人或者其授权人员审签。

准予行政许可或者不予行政许可决定书应当统一编号、加盖国家林草局公章，并载明日期；准予行政许可决定书应当明确行政许可的效力范围、有效期限、变更及延续方式等事项。

不予行政许可决定书应当说明不予行政许可的理由，并告知申请人享有依法申请行政复议或者提起行政诉讼的权利。

第二十二条 国家林草局作出准予行政许可决定，依照法律、行政法规、国务院决定、规章的规定需要颁发行政许可证的，依法向申请人颁发加盖国家林草局公章的行政许可证，可以不再制作行政许可决定书。

第二十三条 国家林草局作出行政许可决定前，申请人撤回申请的，应当提交正式书面申请，并说明理由。

同意申请人撤回申请的，承办单位应当出具加盖国家林草局行政许可专用章并载明日期的申请材料退回通知书，退回已经收到的全部申请材料。

第三节　期限与送达

第二十四条 除根据本办法适用简易程序作出行政许可决定的外，国家林草局应当自受理行政许可申请之日起20日内，作出行政许可决定。20日内不能作出行政许可决定的，经本局负责人批准，可以延长10日，并应当将延长期限的理由告知申请人。但法律、法规另有规定的，依照其规定。

第二十五条 国家林草局作出行政许可决定，依照法律、行政法规、国务院决定、规章的规定需要听证、招标、拍卖、检验、检测、检疫、鉴定和专家评审的，依法不计入审批时限内，但应当将所需时间书面告知申请人。

第二十六条 对于受理、不予受理、补正、评审以及退回行政许可申请材料等各类通知书，除即时告知的外，应当自作出通知之日起5日内送达申请人。

国家林草局作出准予或者不予行政许可决定的，应当自作出决定之日起10日内向申请人送达。

第二十七条 申请人应当在申请行政许可时，选择相关文书、行政许可证的送达方式，并如实告知通讯[①]地址、联系方式等信息。

申请人选择邮寄送达的，邮件签收，视为送达；因地址错误、拒收等原因被退回的，邮件到达上述地址的时间，即为送达时间。

申请人选择自行领取或者代理人领取的，应当按照政务服务中心通知的时间及时领取相关文书、行政许可证，并应当在领取时出示有关身份文件和授权委托书等，予以签收。

申请人或者代理人在接到领取通知10日内不领取相关文书、行政许可证且无法通过邮寄等方式送达的，可以公告送达，公告期为两个月。公告期满，视为送达。

第二十八条 申请人通过网上审批平台提出行政许可申请的，国家林草局可以通过网上审批平台，以电子形式出具本办法规定的申请材料接收单、补正通知书、行政许可受理单、不予受理决定书、准予行政许可决定书、不予行政许可决定书等。

申请人在网上审批平台完成申请书填写，并完成申请材料提交的日期为该行政许可的申请日期；国家林草局通过网上审批平台以电子形式出具文书并能够被申请人查阅，视为送达。

第四节 听证

第二十九条 法律、行政法规、国务院决定、规章规定实施行政许可应当听证的事项，或者国家林草局认为需要听证的其他涉及公共利益的重大行政许可事项，应当向社会公告，并举行听证。

第三十条 行政许可直接涉及申请人与他人之间重大利益关系的，国家林草局在作出行政许可决定前，应当告知申请人、利害关系人享有要求听证的权利；申请人、利害关系人在被告知听证权利之日起5日内提出听证申请的，国家林草局应当在收到听证申请之日起20日内组织听证。

申请人、利害关系人不承担组织听证的费用。

第三十一条 听证由国家林草局法治工作机构组织，按照下列程序公开举行：

（一）举行听证的7日前将听证的时间、地点通知申请人、利害关系人，必要时予以公告；

（二）听证由国家林草局法治工作机构工作人员担任主持人；主持人认为本人与该行政许可事项有直接利害关系的，应当主动提出回避；申请人、利害关系人认为主持人与该行政许可事项有直接利害关系的，有权申请回避；听证主持人是否回避，由本局负责人决定；

（三）举行听证时，承办单位应当提供作出审查意见的证据、理由；申请人、利害关系人可以提出证据，并进行申辩和质证；

（四）听证应当由听证主持人指定专人记录并制作听证笔录，笔录的内容包括：举行听证的时间、地点、参加听证的人员、听证事项、听证参加人的意见。听证笔录应当交听证参加人确认并签字或者盖章；听证参加人拒绝签字或者盖章的，应当记录在案，并由其他听证参加人签字或者盖章证明。国家林草局应当根据听证笔录，作出行政许可决定。

第三十二条 听证前，听证申请人可以书面提出撤回听证申请，并说明理由。

听证申请人撤回听证申请的，视为放弃听证权利，不得再次就同一行政许可事项提出听证申请。

第五章 特别程序

第三十三条 对申请材料齐全、符合法定形式，能够当场作出行政许可决定的事项以及适用告知承诺制的事项，按照以下简易程序办理：

（一）政务服务中心收到申请后，立即通知承办单位进行审查；

（二）经审查符合条件的，承办单位当场办结；

（三）政务服务中心当日送出行政许可决定。

适用简易程序的事项，应当在行政许可事项服务指南中载明，并由国家林草局公布。

第三十四条 适用简易程序的，承办单位受理后应当及时制作行政许可决定书或者依据有关规定制发行政许可证，由国家林草局负责人或者其授权人员签发。

适用简易程序办理行政许可的，政务服务中心应当出具申请材料接收单，承办单位可以不再出具行政许可受理单等过程性文书，并适当简化内部审批流程。

第三十五条 被许可人需变更准予行政许可决定书或者行政许可证记载事项的，应当向国家林草局提出申请，符合法定条件、标准的，国家林草局应当依法办理变更手续。

第三十六条 被许可人需延续行政许可有效期的，应当在该行政许可有效期届满30日前向国家林草局提出申请。但法律、行政法规、规章另有规定的，依照其规定。

国家林草局应当根据被许可人的申请，按照法律、行政法规、国务院决定、规章规定的行政许可条件，综合被许可人在该行政许可有效期内从事许可活动的情况，在有效期届满前作出是否准予延续的决定。

被许可人不符合法律、行政法规、国务院决定、规章规定的行政许可条件，或者在该行政许可有效期内存在重大违法违规行为的，国家林草局应当不予延续。

第三十七条 行政许可所依据的法律、法规、规章修改或者废止，或者准予行政许可所依据的客观情况发生重大变化的，为了公共利益的需要，国家林草局可以

① “通讯”应为“通信”。——编者注

依法变更或者撤回已经生效的行政许可；由此给公民、法人或者其他组织造成财产损失的，应当依法给予补偿。

第六章　评价与监督

第三十八条　国家林草局对已设定的行政许可的实施情况应当进行评价，可以自行评价，也可以委托第三方机构进行评价。评价可以采取问卷调查、听证会、论证会、座谈会等方式进行。

公民、法人或者其他组织可以向国家林草局就行政许可工作提出意见和建议。

政务服务中心组织开展审批服务“好差评”工作，全面准确了解企业和群众对审批服务的感受和诉求，接受社会监督，有针对性地改进审批服务。

第三十九条　行政许可评价的内容应当包括：

（一）行政许可实施整体情况；

（二）行政许可的实施是否达到预期的管理目标；

（三）行政许可在实施过程中的问题；

（四）行政许可继续实施的必要性、可行性；

（五）其他需要评价的内容。

第四十条　国家林草局应当加强行政许可事中事后监管，承办单位可以通过核查反映被许可人从事行政许可活动情况的有关材料、对被许可人生产经营场所等场地依法进行实地检查等方式履行监督检查责任。

承办单位依法对被许可人从事行政许可活动进行监督检查时，应当将监督检查的情况和处理结果予以记录，由监督检查人员签字后归档。公众有权查阅监督检查记录。

第四十一条　委托实施行政许可的，承办单位应当通过定期或者不定期检查等方式，加强对受委托机关实施行政许可的监督检查，及时发现和纠正行政许可实施中的违法或者不当行为。

第四十二条　行政许可依法需要实施检验、检测、检疫或者鉴定、专家评审的，承办单位应当加强对有关组织和人员的监督检查，及时发现和纠正检验、检测、检疫或者鉴定、专家评审活动中的违法或者不当行为。

第四十三条　受委托机关超越委托权限或者再委托其他组织和个人实施国家林草局委托行政许可事项的，国家林草局责令改正，予以通报。

第七章　附则

第四十四条　国家林草局在履行职责过程中产生的行政许可准予、变更、延续、撤销、注销等信息，按照有关规定予以公示。

第四十五条　国家林草局实施行政许可和对行政许可事项进行监督检查，不得收取任何费用。但法律、行政法规另有规定的，依照其规定。

第四十六条　本办法规定的期限以“日”为单位的，均以工作日计算，不含法定节假日。按照日计算期限的，开始的当日不计入，自下一日开始计算。

第四十七条　本办法由国家林草局负责解释。

第四十八条　本办法自2021年4月1日起施行。原《国家林业局行政许可工作管理办法》（办策字〔2004〕43号）同时废止。

国家林业和草原局 科学技术部关于印发《国家林草科普基地管理办法》的通知

林科规〔2021〕2号

各省、自治区、直辖市、新疆生产建设兵团林业和草原主管部门、科技厅（委、局），国家林业和草原局各司局、各派出机构、各直属单位、大兴安岭林业集团，科技部直属单位：

为贯彻落实习近平生态文明思想和习近平总书记关于科普工作重要指示精神，提升全民生态意识和科学素质，根据《国家林业和草原局科学技术部关于加强林业和草原科普工作的意见》（林科发〔2020〕29号）要求，切实加强国家林草科普基地建设和管理，提高科普基地服务能力，推动林草科普工作高质量发展，我们研究制定了《国家林草科普基地管理办法》（见附件），现印发给你们，请遵照执行。

特此通知。

附件：国家林草科普基地管理办法

国家林业和草原局
科学技术部
2021年6月21日

附件

国家林草科普基地管理办法

第一章　总则

第一条　根据《中华人民共和国科学技术普及法》和《国家林业和草原局 科学技术部关于加强林业和草原科普工作的意见》要求，为加强和规范国家林草科普基地建设和运行管理，充分发挥其科普功能和作用，制定本办法。

第二条　本办法适用于国家林草科普基地的申报、评审、命名、运行与管理等工作。

第三条　国家林草科普基地是依托森林、草原、湿地、荒漠、野生动植物等林草资源开展自然教育和生态体验活动、展示林草科技成果和生态文明实践成就、进行科普作品创作的重要场所，是面向社会公众传播林草科学知识和生态文化、宣传林草生态治理成果和美丽中国建设成就的重要阵地，是国家特色科普基地的重要组成部分。

第四条 国家林草科普基地应以习近平生态文明思想为指导，认真贯彻落实国家关于科学普及的工作部署和要求，坚持群众性、经常性和公益性的原则，在实施创新驱动发展战略、提高全民生态意识和科学素质的科普实践中发挥示范引领作用，为推进生态文明和美丽中国建设、实现碳达峰碳中和中国承诺作出应有贡献。

第五条 国家林草科普基地由国家林业和草原局会同科学技术部共同负责管理，具体工作由国家林业和草原局科学技术司和科学技术部科技人才与科学普及司共同承担。各省级林草主管部门会同科技主管部门负责本行政区域内国家林草科普基地的审核、推荐和日常管理工作。

第六条 国家林业和草原局联合科学技术部成立国家林草科普基地管理办公室（以下简称"管理办公室"），负责国家林草科普基地的申报、评审、命名、运行与管理等日常工作。管理办公室设在国家林业和草原局科学技术司。

第二章 申报条件

第七条 国家林草科普基地申报单位应具备以下基本条件：

（一）中国大陆境内注册，具有独立法人资格或受法人单位授权，能够独立开展科普工作的单位；

（二）具备鲜明的林草行业科普特色，开展主题明确、内容丰富、形式多样的科普活动，并拥有相关支撑保障资源；

（三）具备一定规模的专门用于林草科学知识和科学技术传播、普及、教育的固定场所、平台及技术手段；

（四）具有负责科普工作的部门，并配备开展科普活动的专（兼）职人员队伍和科普志愿者，定期对科普工作人员开展专业培训；

（五）具有稳定持续的科普工作经费，确保科普活动制度性开展和科普场馆（场所）等常态化运行；

（六）面向公众开放，具备一定规模的接待能力，符合相关公共场馆、设施或场所的安全、卫生、消防标准；

（七）具备策划、创作、开发林草科普作品的能力，并具有对外宣传渠道；

（八）管理制度健全，制定科普工作的规划和年度计划。

第三章 申报程序

第八条 国家林草科普基地申报工作原则上每两年开展 1 次。

第九条 符合申报条件的单位按要求提供《国家林草科普基地申报表》（见附表）以及相关证明材料，向所在地省级林草主管部门提出申请。

第十条 各省级林草主管部门会同本级科技主管部门审核、推荐。申报材料由两部门盖章后报送管理办公室。

第十一条 国家林业和草原局、科学技术部直属单位和中央直属的科研院所及高校可直接向管理办公室推荐申报。

第四章 评审与命名

第十二条 评审程序分为资格审查、现场核验和组织审定。

（一）资格审查。由管理办公室依据本办法对申报资格及相关材料进行核查，提出初核意见。通过资格审查后方可进入下一个评审阶段。

（二）现场核验。组织专家重点核查申报材料的真实性和实效性，由专家核验组形成书面意见。

（三）组织审定。由管理办公室根据核验意见组织评审后提出拟命名基地名单，按程序报批公示。

第十三条 国家林草科普基地评审工作实行公示制度。拟命名国家林草科普基地名单向社会公示，公示期为 7 个工作日。有异议者，应在公示期内提出实名书面材料，并提供必要的证明文件，逾期和匿名异议不予受理。

第十四条 公示无异议或异议消除的申报单位，由国家林业和草原局、科学技术部联合命名为"国家林草科普基地"，向社会公布并颁发证书和牌匾。

第五章 运行与管理

第十五条 国家林草科普基地须每年向管理办公室提交上一年度工作总结和本年度工作计划。

第十六条 管理办公室对已命名的国家林草科普基地给予一定的支持。科普基地可优先承担国家级科普项目、参加全国性科普活动、提供专业人才培训等。

第十七条 国家林业和草原局会同科学技术部对已命名的国家林草科普基地实行动态管理，命名有效期限为 5 年。有效期结束前，依据有关规定对已命名国家林草科普基地进行综合评估。评估结果分为优秀、合格、不合格 3 个等级。对评估为优秀的，予以通报表扬。对评估为不合格的提出整改意见，给予一年的整改期。对评估为优秀、合格或整改后达到要求的，命名继续有效。

第十八条 已命名国家林草科普基地有下列情况之一的，撤销授予称号：

（一）整改后仍达不到合格标准的；

（二）已丧失科普功能的；

（三）发生重大责任事故的或从事违法活动的。

第十九条 已命名国家林草科普基地如果遇到名称或法人等重要信息变更，需及时向管理办公室提交变更报告，经批准后方可办理相关变更手续。

第六章 附则

第二十条 本办法由国家林业和草原局、科学技术部负责解释。

第二十一条 本办法自印发之日起 30 天后施行。

国家林业和草原局关于印发《乡村护林（草）员管理办法》的通知

林站规〔2021〕3号

各省、自治区、直辖市、新疆生产建设兵团林业和草原主管部门，国家林业和草原局各司局、各派出机构、各直属单位、大兴安岭林业集团：

《乡村护林(草)员管理办法》(见附件)已经国家林业和草原局2021年第2次局务会议审议通过，现印发给你们，请遵照执行。

特此通知。

附件：乡村护林(草)员管理办法

国家林业和草原局

2021年8月20日

附件

乡村护林(草)员管理办法

第一章　总则

第一条　为贯彻习近平总书记重要指示精神，夯实全面推行林长制、建设生态文明的基层基础，根据《中华人民共和国森林法》《中华人民共和国草原法》《中华人民共和国防沙治沙法》《森林防火条例》《湿地保护管理规定》《林业工作站管理办法》等有关法律、法规和规章，制定本办法。

第二条　加强全国乡村护林(草)队伍建设，建立健全乡村护林(草)网络，规范乡村护林(草)员管理工作，保障乡村护林(草)员合法权益，充分发挥乡村护林(草)员在保护森林、草原、湿地、荒漠等生态系统和生物多样性方面的作用，实现森林、草原、湿地、沙化土地植被等资源(以下简称“林草资源”)管护网格化、全覆盖。

第三条　本办法所称乡村护林(草)员(以下统称“乡村护林员”)，是指由县级或者乡镇人民政府(以下简称“聘用方”)从农村集体经济组织成员中聘用的，就近对集体所有和国家所有依法确定由农民集体使用的林草资源进行管护的专职或者兼职人员。

第四条　国家林业和草原局负责指导全国乡村护林员队伍建设与管理工作，国家林业和草原局林业工作站管理总站承担具体工作。

县级以上地方各级林业和草原主管部门负责指导本行政区域的乡村护林员队伍建设与管理工作，并由其设立或者确定的林业工作站管理机构承担具体工作。

乡镇林业工作站或者乡镇负责林业工作的机构(以下简称“乡镇林业工作站”)在乡镇人民政府领导或者指导下加强乡村护林员的组织、管理、培训、监督和考核等工作，指导村民委员会成立护林小组，对乡村护林员进行日常管理。

第五条　乡村护林员在完成规定护林(草)任务的情况下，可以依法依规参与林业生态建设和林下经济等林草绿色富民产业发展，增加个人收入。

第二章　选聘

第六条　乡村护林员选聘工作坚持自愿、公开、公正、持续和统一管理的原则，实行一年一聘制。

第七条　选聘条件：

(一)热爱祖国，遵纪守法，责任心强；

(二)热爱护林(草)工作，熟悉周边林情、山情、村情、民情；

(三)年满十八周岁，身体条件能胜任野外巡护工作。

同等条件下，低收入人口、林草相关专业毕业生、从事过林业和草原相关工作的人员以及复退军人可以优先聘用。

第八条　选聘程序：

乡村护林员选聘工作应当按照公告、申报、审核、公示、聘用等程序进行。

(一)公告。

聘用方应当在乡(镇)和行政村办事场所醒目位置张贴选聘公告。公告内容应当包括：

1. 选聘对象、条件、名额；
2. 选聘原则、程序；
3. 岗位类别、管护任务、劳务报酬标准；
4. 报名时间、地点、方式和需要提交的相关材料；
5. 其他相关事宜。

公告时间不少于五个工作日。

(二)申报。

应聘人员向村民委员会提交申请，村民委员会根据选聘条件进行核实，出具推荐意见，并将申请材料以及核实、推荐意见等材料提交乡镇林业工作站。

(三)审核。

乡镇林业工作站对公告情况、申报材料和村民委员会推荐意见等进行初审，提出拟聘人员建议名单，按程序报聘用方。聘用方根据相关规定审查确定拟聘人员名单。

(四)公示。

聘用方在乡(镇)和行政村办事场所醒目位置对拟聘人员名单进行张榜公示，公示期不少于五个工作日。

在公示期内对拟聘人员提出异议的，由乡镇林业工作站对拟聘人员进行复查，并将复查结果按程序报聘用方做出是否聘用的决定。

(五)聘用。

公示期满后，聘用方与受聘人员签订管护劳务协议，并将管护劳务协议交由乡镇林业工作站报县级林业和草原主管部门备案。

管护劳务协议应当明确管护劳务关系、管护责任、管护区域、管护面积、管护期限、劳务报酬、人身意外伤害保险购买、考核奖惩等内容。

第九条 符合选聘条件，认真履行管护责任，年度考核合格的乡村护林员，本人申请续聘的，经聘用方公示和确认后，可以续聘。

第十条 乡村护林员因以下原因不适合履行管护责任的，应当予以解聘并解除管护劳务协议：

（一）本人提出解除管护劳务协议的；

（二）身体条件不能履行管护责任的；

（三）违反管护劳务协议或者考核不合格的；

（四）受到司法机关刑事处罚的；

（五）因移民搬迁等原因远离管护区域，不能继续承担管护任务的；

（六）其他原因不能承担管护任务的。

本人提出解除管护劳务协议的，应当由本人提前三十日向聘用方提出书面申请。

对解聘的人员，应当明确原因，办理解聘手续，由聘用方书面通知本人，并报县级林业和草原主管部门备案。

第十一条 乡村护林员岗位出现空缺时，应当按照选聘程序进行补聘。

第三章 责任和权利

第十二条 在管护劳务协议中应当明确乡村护林员的责任，主要包括：

（一）了解管护区域内林草资源状况，开展日常巡护，做好巡护记录，报告管护区域内的生产经营活动；

（二）协助管理野外用火，及时发现、处理火灾隐患和报告火情，并协助有关机关调查森林草原火灾案件；

（三）及时发现和报告管护区域内发生的有害生物危害情况；

（四）及时记录、保存和报告管护区域内破坏林草资源的情况，对正在发生的破坏林草资源的行为，进行劝阻；

（五）及时发现和报告管护区域内乱捕滥猎野生动物以及野生动物异常死亡等情况，对正在发生的乱捕滥猎野生动物的行为，进行劝阻；

（六）宣传林草资源保护的有关法律、法规、政策；

（七）完成管护劳务协议约定的其他林草资源管护工作。

第十三条 乡村护林员享有以下权利：

（一）按照管护劳务协议获取劳务报酬；

（二）提出解除管护劳务协议；

（三）接受并参加相关技能和安全教育培训；

（四）对林草资源管护提出合理化意见与建议；

（五）聘用期间被无故扣发劳务报酬或者解聘的，有权依法提起诉讼；

（六）管护劳务协议约定的其他权利。

第四章 劳务报酬和工作保障

第十四条 乡村护林员劳务报酬由中央与地方的相关资金和乡村自有资金等组成，并按各自资金渠道发放。

乡村护林员劳务报酬标准由各地根据本地经济社会发展情况统筹确定并在管护劳务协议中予以明确。劳务报酬标准保持相对稳定，原则上不得随意降低。

第十五条 县级以上地方人民政府林业和草原主管部门应当为乡村护林员提供必要的专业指导和技术支持。

第十六条 县级林业和草原主管部门在县级人民政府领导下可以根据实际工作需要安排必要的经费，用于为乡村护林员购置巡护装备、建立巡护信息系统和开展培训等支出。

鼓励有条件的地方为乡村护林员购买人身意外伤害保险。

第十七条 乡镇林业工作站应当在乡镇人民政府领导或者指导下为乡村护林员配备巡护标识、巡护手册、宣传品等必要的工作用品。

第十八条 鼓励各地建立巡护系统，应用无人机、卫星定位系统等新技术，实行巡护网络化管理和乡村护林员管理动态监控。

第五章 管理职责

第十九条 县级林业和草原主管部门应当在县级人民政府领导下加强对乡村护林员队伍建设与管理工作的组织领导，建立统一的乡村护林员管理制度。

第二十条 县级林业和草原主管部门应当加强对乡村护林员工作的指导和监督检查，逐步加大乡村护林员队伍标准化、规范化建设力度。

第二十一条 县级林业和草原主管部门应当编制乡村护林员培训方案。乡镇林业工作站应当组织对乡村护林员进行上岗前培训和定期培训，培训内容包括相关法律、法规、规章、政策、岗位职责、业务知识、基本技能、安全防护等，提升乡村护林员的管护能力和责任意识。

第二十二条 乡镇林业工作站应当在乡镇人民政府领导或者指导下统筹划定乡村护林员的管护责任区，统筹安排，实行网格化管理。

第二十三条 县级林业和草原主管部门应当指导乡镇林业工作站建立健全乡村护林员管理档案，档案内容包括乡村护林员的申请材料、审核表、管护劳务协议、考核表、解聘通知书等。

乡镇林业工作站应当进行乡村护林员有关数据统计和更新，定期上报县级林业和草原主管部门。

第二十四条 有乡村护林员三人以上的行政村，应当在村民委员会组织下成立村护林小组，指定负责人，制订巡护计划和方案，落实巡护责任。

乡村护林员不足三人的行政村，可以由乡镇林业工作站在乡镇人民政府领导或者指导下组织相邻行政村成立联合护林小组，指定责任人，制订巡护计划和方案，落实巡护责任。

第二十五条 乡镇林业工作站在乡镇人民政府领导或者指导下对乡村护林员进行考核，并将考核结果报县级林业和草原主管部门备案。

乡村护林员考核结果应当与奖惩、续聘挂钩。

第二十六条 乡村护林员有下列突出贡献的，按照国家有关规定给予表彰、奖励：

（一）模范履行巡护责任，管护区内连续两年未发生破坏林草资源情况，成绩显著的；

（二）严格执行森林草原防火法规制度，及时发现并报告森林草原火情，避免造成重大损失的；

（三）及时发现并报告有害生物危害，为主管部门有效防控提供信息的；

（四）劝阻、制止破坏林草资源的行为，使林草资源免遭重大损失的；

（五）为侦破破坏林草资源重特大案件提供关键线索的；

（六）在其他方面有突出贡献的。

第六章 附则

第二十七条 国家对承担生态工程任务或者政策性任务的乡村护林员管理有特殊规定的，从其规定。村民委员会聘用的乡村护林员管理，可以参照本办法执行。

第二十八条 各省、自治区、直辖市和新疆生产建设兵团林业和草原主管部门可以根据本办法结合实际制定相应细则或者补充规定。

第二十九条 本办法由国家林业和草原局负责解释。

第三十条 本办法自2021年10月1日起施行。

国家林业和草原局关于规范林木采挖移植管理的通知

林资规〔2021〕4号

各省、自治区、直辖市、新疆生产建设兵团林业和草原主管部门，国家林业和草原局各司局、各派出机构、各直属单位、大兴安岭林业集团：

为深入贯彻习近平生态文明思想，牢固树立绿水青山就是金山银山理念，坚决反对"大树进城"等急功近利行为，根据《森林法》第五十六条"采挖移植林木按照采伐林木管理"的规定，现就林木采挖移植管理有关事项通知如下：

一、从严控制林木采挖移植

各级林草主管部门要充分认识依法保护森林资源、严格管理林木采挖移植的重要意义，坚持以自然恢复为主、人工修复和自然恢复相结合，采取多种形式，加大宣传力度，引导全社会科学、生态、节俭绿化，坚持以苗木绿化为主，严禁采挖移植天然大树、古树名木搞绿化，切实减少城乡绿化对林木采挖移植的依赖。

二、明确禁止和限制采挖的区域和类型

除开展林业有害生物防治、森林防火、生态保护和修复重大工程、科学研究、公共安全隐患整治等特殊需要，以及经依法批准使用林地外，禁止采挖以下区域或类型的林木：古树名木；国家一级重点保护野生树木；名胜古迹和革命纪念地的林木；一级国家级公益林；省级以上林草主管部门设立的林木种质资源保存库和良种基地内的林木；坡度35度以上林地上的林木。法律法规和国务院林草主管部门规定禁止采挖的其他情形。

郁闭度低于0.6的森林、坡度25度以上的林地以及划入生态保护红线范围内的林木，要在保障生态安全的前提下，从严控制采挖移植。天然林仅允许结合经依法批准使用林地的清理和森林抚育进行合理采挖。结合森林抚育采挖林木的，要符合抚育的相关政策和技术规程。

三、规范林地上林木采挖的行政许可

采挖林地上的林木，应当依法办理采伐许可证，按照采伐许可证的规定进行采挖，依照《森林法》不需要申请采伐许可证的除外。采挖应当符合林木采伐技术规程中关于面积、蓄积、强度、坡度、生态区位等的相关规定，并严格控制单位面积的采挖株数和采挖间距。采挖胸径5厘米以上林木的，要纳入采伐限额管理。

采挖林木由林权权利人向相应的采伐许可证核发部门提出申请，提供包括采挖林木的地点、树种、面积、蓄积、株数、权属、更新措施和移植方案等内容的材料。采伐许可证核发部门应在采伐许可证上标注"林木采挖"。首次采挖后进行假植的林木，可凭原采伐许可证再次进行移植，不再重新申请办理采挖手续。

对林农个人申请采挖人工商品林，可按照《国家林业和草原局关于深入推进林木采伐"放管服"改革工作的通知》（林资规〔2019〕3号）要求，实行告知承诺方式审批。

四、加强采挖移植作业管理

采挖移植林木的单位和个人，必须采取有效措施保护好其他林木及周边植被，符合水土保持等的相关规定。采挖后要及时采取回填土壤等有效措施，防止水土流失，最大程度降低对原生地环境的影响。移植要讲究科学，切实提高移植成活率。

五、强化采挖移植的监督管理

各级林草主管部门要建立健全采挖移植管理制度，依法依规严格审批，切实维护采挖移植的管理秩序。要加强山林管护巡护，及时制止非法采挖行为。对未经批准擅自采挖移植的，或者运输、收购明知是非法采挖林木的，要按照《森林法》第七十六条、第七十八条等规定依法查处。对违规批准采挖林木的，要依法追究有关人员责任。

六、特殊情形的管理

采挖移植非林地上的农田防护林、防风固沙林、护路林、护岸护堤林和城镇林木，由有关主管部门按照《公路法》《防洪法》《城市绿化条例》等规定进行管理。

采挖移植国家重点保护野生植物、古树名木的，要同时按照《野生植物保护条例》和古树名木的相关规定执行。

苗圃中培育繁殖的苗木按《种子法》的相关规定管理。

各省级林草主管部门要结合本地实际，明确允许采挖移植林木的最高年龄和最大胸径，细化林木采挖移植的相关标准，纳入本省(自治区、直辖市)的林木采伐技术规程，进一步完善林木采挖移植管理措施。

本通知所称采挖，是指将林木从生长地连根(裸根或带土团)挖出的作业措施。移植，是指将采挖的林木移至他处栽植的作业措施。假植，是指当采挖的林木暂不具备定植条件时，将林木根系用湿润土壤等进行临时埋植的作业措施。

特此通知。

国家林业和草原局关于印发《建设项目使用林地审核审批管理规范》的通知

林资规〔2021〕5 号

各省、自治区、直辖市、新疆生产建设兵团林业和草原主管部门，国家林业和草原局各司局、各派出机构、各直属单位、大兴安岭林业集团：

为加强建设项目使用林地审核审批管理，进一步明确审核审批内容，规范审核审批程序，强化审核审批监管，我局研究制定了《建设项目使用林地审核审批管理规范》(见附件)，现印发给你们，请认真遵照执行。

特此通知。

附件：建设项目使用林地审核审批管理规范

国家林业和草原局

2021 年 9 月 13 日

附件

建设项目使用林地审核审批管理规范

一、建设项目使用林地申请材料

(一)《使用林地申请表》

提供统一式样的《使用林地申请表》(见附表 1)。

(二)建设项目有关批准文件

1. 审批制、核准制的建设项目，提供项目可行性研究报告批复或者核准批复文件；备案制的建设项目，提供备案确认文件。其他批准文件包括：需审批初步设计的建设项目，提供初步设计批复文件；符合城镇规划的建设项目，提供建设项目用地预审与选址意见书。

2. 乡村建设项目，按照地方有关规定提供项目批准文件。

3. 批次用地项目，指在土地利用总体规划(国土空间规划)确定的城市和村庄、集镇建设用地规模范围内，按土地利用年度计划分批次办理农用地转用的项目。提供有关县级以上人民政府同意(或出具)的批次用地说明书，内容包括年份、批次、用地范围、用地面积、开发用途(具体建设内容)、符合土地利用总体规划(国土空间规划)或城市、集镇、村庄规划情况，并附相关规划图。

4. 勘查、开采矿藏项目，提供勘查许可证、采矿许可证和项目有关批准文件。

5. 宗教、殡葬等建设项目，提供有关行业主管部门的批准文件。

(三)使用林地可行性报告或者使用林地现状调查表

提供符合《使用林地可行性报告编制规范》(LY/T 2492—2015)的建设项目使用林地可行性报告或者使用林地现状调查表。有建设项目用地红线矢量数据的，并附 2000 坐标系、shp 或 gdb 格式的矢量数据。

(四)其他材料

1. 修筑直接为林业生产经营服务的工程设施项目，占用国有林地的，提供被占用林地森林经营单位同意的意见；占用集体林地的，提供被占用林地农村集体经济组织或者经营者、承包者同意的意见。

2. 临时使用林地的建设项目，用地单位或者个人应当提供恢复林业生产条件和恢复植被的方案，包括恢复面积、恢复措施、时间安排、资金投入等内容。

二、建设项目使用林地审核审批实施程序

(一)用地单位或者个人向县级人民政府林业和草原主管部门提出申请后，县级人民政府林业和草原主管部门应当核对提供的申请材料，对材料不齐全的，应当一次性告知用地单位或者个人需要提交的全部申请材料。

(二)县级人民政府林业和草原主管部门对材料齐全的使用林地申请，指派 2 名以上工作人员进行用地现场查验。查验人员应当对建设项目使用林地可行性报告或者使用林地现状调查表符合现地情况进行核实，重点核实林地主要属性因子，以及是否涉及自然保护地，是否涉及陆生野生动物重要栖息地，有无重点保护野生植物，是否存在未批先占林地行为，并填写统一式样的《使用林地现场查验表》(见附表 2)。

(三)县级人民政府林业和草原主管部门对建设项目拟使用的林地组织公示，公示情况和第三人反馈意见要在上报的初步审查意见中予以说明，公示有关材料由县级林业和草原主管部门负责存档。公示格式、公示内容由各省（含自治区、直辖市，下同）林业和草原主管部门规定。已由地方人民政府及其自然资源部门依照法律法规规定组织公示公告的，林业和草原主管部门不再另行组织。涉密的建设项目不进行公示。

（四）需要报上级人民政府林业和草原主管部门审核审批的建设项目，下级人民政府林业和草原主管部门应当在收到申请之日起20个工作日内提出初步审查意见，并将初步审查意见和全部申请材料报送上级人民政府林业和草原主管部门。

三、建设项目使用林地审核审批办理条件

（一）建设项目使用林地应当严格执行《建设项目使用林地审核审批管理办法》（国家林业局令第35号，以下简称《办法》）的规定。列入省级以上国民经济和社会发展规划的重大建设项目，符合国家生态保护红线政策规定的基础设施、公共事业和民生项目，国防项目，确需使用林地但不符合林地保护利用规划的，先调整林地保护利用规划，再办理建设项目使用林地手续。因项目建设调整自然保护区、森林公园等范围、功能区的，根据其范围、功能区调整结果，先调整林地保护利用规划，再办理建设项目使用林地手续。

（二）建设项目使用林地，用地单位或者个人应当一次性申请办理使用林地审核手续，不得化整为零，随意分期、分段或拆分项目进行申请，有关人民政府林业和草原主管部门也不得随意分期、分段或分次进行审核。国家和省级重点的公路、铁路和大型水利工程，可以根据建设项目可行性研究报告、初步设计批复确定的分期、分段实施安排，分期、分段申请办理使用林地审核手续。

（三）各级人民政府林业和草原主管部门要严格执行建设项目占用林地定额管理规定，不得超过下达各省的年度占用林地定额审核同意建设项目使用林地。

（四）建设项目使用林地需要采伐林木的，应当按照《森林法》《森林法实施条例》《野生植物保护条例》等有关规定办理。

四、建设项目使用林地审核审批特别规定

（一）需要国务院或者国务院有关部门批准的公路、铁路、油气管线、水利水电等建设项目中的控制性单体工程和配套工程办理先行使用林地审核手续，提供项目有关建设依据（项目建议书批复文件、项目列入相关规划文件或相关产业政策文件），并按照《办法》第七条规定提供其他材料。

（二）经审核同意或批准使用林地的建设项目，因设计变更等原因需要增加、减少使用林地面积或者改变使用林地位置的，用地单位或者个人应当提出增加或者变更使用林地申请，并按照有关行业规定提供设计变更的批复文件。其中，新增使用林地面积部分还应当按照《办法》第七条规定提供材料，减少使用林地面积部分应当对不占范围予以说明并附图标注。

（三）公路、铁路、水利水电、航道等建设项目临时使用的林地在批准期限届满后需要继续使用的，用地单位或者个人应当在批准期限届满之日前3个月内，提出延续临时使用林地申请，说明延续的理由。对符合《办法》规定条件的，经原审批机关批准可以延续使用，每次延续使用时间不超过2年，累计延续使用时间不得超过项目建设工期。

（四）建设项目在使用林地准予行政许可决定书有效期内未取得建设用地批准文件的，用地单位或者个人应当在有效期届满之日前3个月内，提出延续有效期申请，说明延续的理由。经原审核同意机关批准，有效期可以延续2年；延续的有效期内仍未取得建设用地批准文件的，经原审核同意机关批准，有效期可以再延续1年，期满后不再延续。自然资源主管部门不办理建设用地手续的项目，已动工建设的不需办理延续手续。

（五）对非法占用林地、擅自改变林地用途的建设项目，要依法进行查处；涉嫌构成犯罪的，依法移送公安机关。确需使用林地的，有关林业和草原主管部门要在初步审查意见中对建设项目违法使用林地情况及查处情况进行说明。

五、建设项目使用林地审核审批监管要求

（一）县级以上人民政府林业和草原主管部门违反规定审核审批建设项目使用林地的，要依法追究有关人员和领导的行政责任；构成犯罪的，依法追究刑事责任。进行现场查验的工作人员应对《使用林地现场查验表》的真实性负责，凡提交虚假现场查验意见的，要追究有关人员和领导的行政责任。

（二）用地单位或者个人隐瞒有关情况或者提供虚假材料申请使用林地的，有审核审批权的林业和草原主管部门应当不予受理或者不予行政许可；已取得准予行政许可决定书的，应当依法撤销准予行政许可决定书。

（三）编制单位应当对建设项目使用林地可行性报告或者使用林地现状调查表的真实性、准确性负责。国家林业和草原局或者省级林业和草原主管部门对存在弄虚作假、粗制滥造、编制成果质量低下的编制单位建立不良信誉记录制度，采取告诫、不采用等具体惩戒措施。

（四）有审核审批权的林业和草原主管部门作出的准予、不予、变更、延续行政许可决定，应当抄送下级林业和草原主管部门。其中，国家林业和草原局和省级林业和草原主管部门作出的准予、不予、变更、延续行政许可决定还应当抄送国家林业和草原局相关派出机构。可以公开的使用林地项目，通过网站等方式向社会公布。县级以上地方人民政府林业和草原主管部门要对建设项目使用林地实施情况进行监督检查，发现违规问题及时纠正。国家林业和草原局各派出机构要切实履行监管责任。

（五）地方各级人民政府林业和草原主管部门对拟使用林地的建设项目要积极主动参与项目的前期论证工作，对建设项目使用林地的必要性、选址合理性和用地规模等提出意见，引导建设项目节约集约使用林地，加强对建设项目使用林地的服务和指导。

六、临时使用林地监管要求

（一）地方各级人民政府林业和草原主管部门对临时使用林地的建设项目，要严格审批。不得以临时用地名义批准永久性建设使用林地。

（二）临时使用林地选址应当遵循生态保护优先、合理使用的原则。除项目确需建设且难以避让外，临时使用林地原则上不得使用乔木林地。禁止在自然保护地以及易发生崩塌、滑坡和泥石流区域临时使用林地进行采石、挖沙、取土等。禁止以生态修复、环境治理、宕口整治等为名临时使用林地进行采石、挖沙、取土等。

（三）地方各级人民政府林业和草原主管部门要强化临时使用林地的监管。对提交的恢复林业生产条件和恢复植被方案的可行性要进行评估，经评估不可行的应当要求用地单位或者个人修改。对未按临时用地批准内容使用林地的，要责令用地单位或者个人限期改正。对建设项目临时使用林地期满后一年内恢复林业生产条件、恢复植被要组织验收。

（四）县级人民政府林业和草原主管部门要监督用地单位或者个人的施工过程。严禁随意使用或者扩大临时使用林地规模；施工结束后，要督促及时清除临时建设的设施、表面硬化层，将原剥离保存的地表土进行回土覆盖，并按方案恢复植被。

七、有关概念释义

（一）生态区位重要和生态脆弱地区包括国家和省级公益林林地、生态保护红线范围内的林地、陆生野生动物重要栖息地、重点保护野生植物集中分布区域。单位面积蓄积量高的林地由各省人民政府林业和草原主管部门根据本省实际情况确定。

（二）国务院有关部门和省级人民政府及其有关部门批准的基础设施、公共事业、民生建设项目包含其批复的有关规划中的，或列入省级重点建设项目的基础设施、公共事业、民生建设项目。

（三）建设项目类别划分

1. 基础设施项目，包括公路、铁路、机场、港口码头、水利、电力、通信、能源基地、国家电网、油气管网、储备库等。

2. 公共事业和民生项目，包括科技、教育、文化、卫生、体育、社会福利、公用设施、环境和资源保护、防灾减灾、文物保护、乡村道路、农村宅基地等。

3. 经营性项目，包括商业、服务业、工矿业、物流仓储、城镇住宅、旅游开发、养殖、经营性墓地等。

（四）生态旅游项目，以有特色的生态环境为主要景观，以开展生态体验、生态教育、生态认知为目的，不破坏生态功能的必要的相关公共设施建设项目。

（五）战略性新兴产业项目，以《战略性新兴产业分类》为依据。

（六）大中型矿山，不包括普通建筑用砂、石、黏土等，以原国土资源部《关于调整部分矿种矿山生产建设规模标准的通知》（国土资发〔2004〕208 号）为依据，自然资源部门出台新规定的，按新规定执行。

（七）临时使用林地类别划分

1. 工程施工用地，包括施工营地、临时加工车间、搅拌站、预制场、材料堆场、施工用电、施工通道和其他临时设施用地。

2. 电力线路、油气管线、给排水管网临时用地，包括架设地上线路、铺设地下管线和其他需要临时使用林地的。

3. 工程建设配套的取（弃）土场用地，包括采石、挖砂、取土等和弃土弃渣用地，以及堆放采矿剥离物、废石、矿渣、粉煤灰等固体废弃物压占用地。

4. 工程勘察、地质勘查用地，包括厂址、坝址、铁路公路选址等需要对工程地质、水文地质情况进行勘测，探矿、采矿需要对矿藏情况进行勘查。

5. 其他确需临时使用林地的。

本规范自发布之日起施行。

国家林业和草原局关于印发修订后的《国有林场管理办法》的通知

林场规〔2021〕6 号

各省、自治区、直辖市林业和草原主管部门，国家林业和草原局各司局、各派出机构、各直属单位、大兴安岭林业集团：

为进一步规范和加强国有林场管理，促进国有林场高质量发展，我局组织修订了《国有林场管理办法》（见附件），现印发给你们，请遵照执行。

特此通知。

附件：国有林场管理办法

国家林业和草原局
2021 年 10 月 9 日

附件

国有林场管理办法

第一章 总则

第一条 为规范和加强国有林场管理，促进国有林场高质量发展，根据《中华人民共和国森林法》和有关法律法规、规章制度，制定本办法。

第二条 国有林场的建设和管理，适用本办法。

本办法所称国有林场是指依法设立的从事森林资源保护、培育、利用的具有独立法人资格的公益性事业、企业单位。

第三条 国有林场应当坚持生态优先、绿色发展，严格保护森林资源，大力培育森林资源，科学利用森林资源，切实维护国家生态安全和木材安全，不断满足人民日益增长的对良好生态环境和优质生态产品的需要。

第四条 国有林场应当根据生态区位、资源禀赋、生态建设需要等因素，科学确定发展目标和任务，因地制宜、分类施策，积极创新经营管理体制，增强发展动力。

第五条 县级以上林业主管部门按照管理权限，负责本行政区域内的国有林场管理工作。

跨地(市)、县(市、区)的国有林场，由所跨地区共同上一级林业主管部门负责管理。

第六条 国有林场依法取得的国有林地使用权和林地上的森林、林木使用权，任何组织和个人不得侵犯。

第七条 国有林场应当依法对经营管理范围内的森林等自然资源资产进行统一经营管理，主要职责包括：

(一)按照科学绿化的要求和山水林田湖草沙系统治理的理念，组织开展造林绿化和生态修复工作；

(二)按照严格保护和科学保护的要求，组织开展森林资源管护、森林防火和林业有害生物防治工作；

(三)按照科学利用和永续利用的原则，组织开展国家储备林建设、森林资源经营利用工作；

(四)组织开展科学研究、技术推广、试点示范、生态文化、科普宣传工作；

(五)法律、法规规定的其他职责。

第八条 国有林场应当在经营管理范围的边界设置界桩或者其他界线标识，任何单位和个人不得破坏或者擅自移动。

第二章 设立与管理

第九条 设立国有林场，除具备法律、法规规定设立法人的基本条件外，还应当具有一定规模、权属明确、"四至"清楚的林地。

新设立的国有林场，应当自成立之日起 30 日内，将批准设立的文件逐级上报到国家林业和草原局。

第十条 鼓励在重点生态功能区、生态脆弱地区、生态移民迁出区等设立国有林场。

第十一条 国有林场隶属关系应当保持长期稳定，不得擅自撤销、分立或者变更。

第十二条 国有林场应当建立健全森林资源保护、培育、利用和人、财、物等各项管理制度，提升经营管理水平。

第十三条 实行岗位管理制度。国有林场应当按照《关于国有林场岗位设置管理的指导意见》要求，科学合理设置管理、专业技术、林业技能、工勤技能等岗位，制定岗位工作职责和管理措施。

第十四条 实行财务管理制度。国有林场应当按照《国有林场(苗圃)财务制度》规定，制定财务管理办法，完善财务管理措施。

第十五条 实行职工绩效考核制度。国有林场应当按照《国有林场职工绩效考核办法》规定，因地制宜制定职工绩效考核具体办法。

鼓励国有林场建立职工绩效考核结果与薪酬分配挂钩制度，探索经营收入、社会服务收入在扣除成本和按规定提取各项基金后用于职工奖励的措施。

第十六条 实行档案管理制度。国有林场应当按照《国有林场档案管理办法》规定，完善综合管理类、森林资源类和森林经营类等档案材料，确保国有林场档案真实、完整、规范、安全。

第三章 森林资源保护与监管

第十七条 国有林场森林资源实行国家、省、市三级林业主管部门分级监管制度，对林地性质、森林面积、森林蓄积等进行重点监管。

第十八条 保持国有林场林地范围和用途长期稳定，严格控制林地转为非林地。

经批准占用国有林场林地的，应当按规定足额支付林地林木补偿费、安置补助费、植被恢复费和职工社会保障费用。

第十九条 国有林场应当合理设立管护站，配备必要的管护人员和管护设施设备，加强森林资源管护能力建设。

第二十条 国有林场应当认真履行森林防火职责，建立完善森林防火责任制度，制定防火预案，组织防扑火队伍，配备必要的防火设施设备，提高防火和早期火情处置能力。

第二十一条 国有林场应当根据国家林业有害生物防治的有关要求，配备必要的技术人员和设施设备，提高林业有害生物监测和防治能力。

第二十二条 国有林场应当严格保护经营管理范围内的野生动物和野生植物。对国家或者地方立法保护的野生动植物应当采取必要的措施，保护其栖息地和生长环境。

第二十三条 符合法定条件的国有林场，可以受县级以上林业主管部门委托，在经营管理范围内开展行政执法活动。

县级以上林业主管部门可以根据需要协调当地公安机关在国有林场设立执法站点。

第四章 森林资源培育与经营

第二十四条 实行以森林经营方案为核心的国有林场森林经营管理制度，建立健全以森林经营方案为基础的内部决策管理和外部支持保障机制。国有林场应当编制森林经营方案，原则上由省级林业主管部门批准后实施。

第二十五条 国有林场应当按照采伐许可证和相关技术规程的规定进行林木采伐和更新造林。

第二十六条 国有林场应当采用良种良法，开展造林绿化，采取中幼林抚育、退化林修复、低质低效林改造等措施，提高森林资源质量。

第二十七条 鼓励国有林场采取多种形式开展场外营造林，发挥国有林场在国土绿化中的带动作用。

第二十八条 鼓励国有林场建设速生丰产、珍贵树种和大径级用材林，增加木材储备，发挥国有林场在维护国家木材安全中的骨干作用。

第二十九条 鼓励国有林场和林木种苗融合发展，发挥国有林场生产和提供公益性种苗的主体作用。

第三十条 国有林场可以合理利用经营管理的林地资源和森林景观资源，开展林下经济、森林旅游和自然教育等活动，引导支持社会资本与国有林场合作利用森林资源。

第三十一条 国有林场的森林资源资产未经批准不得转让、不得为其他单位和个人提供任何形式的担保。

第五章 保障措施

第三十二条 各级林业主管部门应当将国有林场的森林资源保护培育、基础设施、人才队伍建设和财政支持政策等纳入林长制实施内容，发挥林长制对巩固扩大国有林场改革成果、推动国有林场绿色发展的作用。

第三十三条 省级林业主管部门应当根据实际需要，编制国有林场中长期发展规划，推动制定国有林场地方性法规、规章，争取出台各类支持政策。

第三十四条 国有林场经营管理范围内的道路、供电、供水、通讯、管护用房等基础设施和配套服务设施等，应当纳入同级人民政府国民经济和社会发展规划。

第三十五条 鼓励金融保险机构开发适合国有林场特点的金融保险产品，筹集国有林场改革发展所需资金，提高国有林场抵御自然灾害能力。鼓励社会资本参与国有林场建设。

第三十六条 各级林业主管部门应当积极派遣业务骨干到国有林场任职、挂职。鼓励采取定向招生、定向培养、定向就业等方式补充国有林场专业技术人员。

第三十七条 各级林业主管部门应当加强对国有林场干部职工的教育培训，提升干部职工素质能力。

第三十八条 县级以上林业主管部门应当对在国有林场建设管理工作中作出突出成绩的国有林场或者职工给予表彰奖励，并提请县级以上人民政府按照有关规定给予表彰奖励。

第六章 附则

第三十九条 本办法由国家林业和草原局负责解释。

第四十条 本办法自公布之日起实施，原国家林业局于2011年11月11日印发的《国有林场管理办法》同时废止。

国家林业和草原局公告

国家林业和草原局公告

2021年第1号

根据新修订的《中华人民共和国森林法》有关规定，我局决定对下列规范性文件予以废止。

一、《国家林业局关于确定“林区”有关问题的复函》（林函策字〔2001〕44号）

二、《国家林业局关于在林区非法收购木炭行为如何定性的复函》（林函策字〔2001〕48号）

三、《国家林业局关于森林资源采伐、运输管理等有关问题的复函》（林函策字〔2002〕18号）

四、《国家林业局关于适用森林法实施条例有关问题的复函》（林函策字〔2004〕33号）

五、《国家林业局办公室关于发放林权证有关问题的复函》（办资字〔2006〕42号）

特此公告。

国家林业和草原局
2021年1月19日

国家林业和草原局公告

2021年第2号

为进一步贯彻落实“放管服”改革要求，根据《中华人民共和国行政许可法》《国家林业局委托实施林业行政许可事项管理办法》（国家林业局令第45号）的规定，现将国家林业和草原局委托实施的矿藏勘查、开采以及其他各类工程建设占用林地，在森林和野生动物类型国家级自然保护区修筑设施，矿藏开采、工程建设征收、征用或者使用草原行政许可事项公告如下：

一、委托事项

（一）将《中华人民共和国森林法》第三十七条第一款规定的矿藏勘查、开采以及其他各类工程建设占用林地审核事项，按照《中华人民共和国森林法实施条例》第十六条第二项规定审核权限为国家林业和草原局的（占用东北、内蒙古重点国有林区林地的除外），委托各省、自治区、直辖市、新疆生产建设兵团林业和草原主管部门实施。

（二）将《森林和野生动物类型自然保护区管理办法》第十一条规定的在森林和野生动物类型国家级自然保护区修筑设施审批事项，委托各省、自治区、直辖市、新疆生产建设兵团林业和草原主管部门实施。

(三)将《中华人民共和国草原法》第三十八条规定的矿藏开采、工程建设征收、征用或者使用草原审核事项，征收、征用或者使用草原七十公顷以上的，委托各省、自治区、直辖市、新疆生产建设兵团林业和草原主管部门实施。

二、委托时间

委托时间为2021年2月1日~2023年2月1日。

国家林业和草原局对其委托的行政许可事项可进行变更、中止或者终止，并将及时向社会公告。

三、受托机关名称、地址、联系方式

自2021年2月1日起，国家林业和草原局原则上不再受理本公告委托的行政许可事项，请符合本公告委托范围的申请人到各省、自治区、直辖市、新疆生产建设兵团林业和草原主管部门申办以上行政许可事项。受托机关名称、地址、联系方式见附件。

四、有关要求

各省、自治区、直辖市、新疆生产建设兵团林业和草原主管部门要按照法律、行政法规和有关政策规定，严格审核审批。特别要严格审查涉及占用国家级公益林林地、基本草原的建设项目，占用生态保护红线、国家公园等各类自然保护地范围内林地和草原的建设项目，以及在森林和野生动物类型国家级自然保护区内建设的旅游项目和经营性项目。不得对承接的审核审批委托工作实施再委托。

国家林业和草原局将加强对委托项目办理的事前事中事后监管，推进各地开展网上审批，采取数据共享模式实时跟进工作进度；强化对各省、自治区、直辖市、新疆生产建设兵团林业和草原主管部门的业务指导，明确委托许可工作要求和标准；定期开展委托工作的监督检查，重点检查是否依法依规办理许可、有无超期许可等情况。对监督检查中发现违规问题的，督促纠正；对违法审批项目较多、情节严重的省份，提前终止委托工作。

五、注意事项

2021年2月1日之前国家林业和草原局已经受理的申请，仍然由国家林业和草原局继续办理相关许可事宜。

特此公告。

附件：受托机关名称、地址、联系方式(略)

国家林业和草原局
2021年1月28日

国家林业和草原局　农业农村部公告

2021年第3号

《国家重点保护野生动物名录》(见附件)于2021年1月4日经国务院批准，现予以公布，自公布之日起施行。

本公告发布前已经合法开展人工繁育经营活动，因名录调整依法需要变更、申办有关管理证件、行政许可决定的，应当于2021年6月30日前提出申请，在行政许可决定作出前，可依法继续从事相关活动。

特此公告。

附件：国家重点保护野生动物名录

国家林业和草原局
农业农村部
2021年2月1日

附件

国家重点保护野生动物名录

中文名	学名	保护级别		备注
脊索动物门 CHORDATA				
哺乳纲 MAMMALIA				
灵长目#	**PRIMATES**			
懒猴科	**Lorisidae**			
蜂猴	*Nycticebus bengalensis*	一级		
倭蜂猴	*Nycticebus pygmaeus*	一级		
猴科	**Cercopithecidae**			
短尾猴	*Macaca arctoides*		二级	
熊猴	*Macaca assamensis*		二级	

(续表)

中文名	学名	保护级别		备注
灵长目#	**PRIMATES**			
台湾猴	*Macaca cyclopis*	一级		
北豚尾猴	*Macaca leonina*	一级		原名“豚尾猴”
白颊猕猴	*Macaca leucogenys*		二级	
猕猴	*Macaca mulatta*		二级	
藏南猕猴	*Macaca munzala*		二级	
藏酋猴	*Macaca thibetana*		二级	
喜山长尾叶猴	*Semnopithecus schistaceus*	一级		

（续表）

中文名	学名	保护级别		备注
印支灰叶猴	*Trachypithecus crepusculus*	一级		
黑叶猴	*Trachypithecus francoisi*	一级		
菲氏叶猴	*Trachypithecus phayrei*	一级		
戴帽叶猴	*Trachypithecus pileatus*	一级		
白头叶猴	*Trachypithecus leucocephalus*	一级		
肖氏乌叶猴	*Trachypithecus shortridgei*	一级		
滇金丝猴	*Rhinopithecus bieti*	一级		
黔金丝猴	*Rhinopithecus brelichi*	一级		
川金丝猴	*Rhinopithecus roxellana*	一级		
怒江金丝猴	*Rhinopithecus strykeri*	一级		
长臂猿科	**Hylobatidae**			
西白眉长臂猿	*Hoolock hoolock*	一级		
东白眉长臂猿	*Hoolock leuconedys*	一级		
高黎贡白眉长臂猿	*Hoolock tianxing*	一级		
白掌长臂猿	*Hylobates lar*	一级		
西黑冠长臂猿	*Nomascus concolor*	一级		
东黑冠长臂猿	*Nomascus nasutus*	一级		
海南长臂猿	*Nomascus hainanus*	一级		
北白颊长臂猿	*Nomascus leucogenys*	一级		
鳞甲目#	**PHOLIDOTA**			
鲮鲤科	**Manidae**			
印度穿山甲	*Manis crassicaudata*	一级		
马来穿山甲	*Manis javanica*	一级		
穿山甲	*Manis pentadactyla*	一级		
食肉目	**CARNIVORA**			
犬科	**Canidae**			
狼	*Canis lupus*		二级	
亚洲胡狼	*Canis aureus*		二级	
豺	*Cuon alpinus*	一级		
貉	*Nyctereutes procyonoides*		二级	仅限野外种群
沙狐	*Vulpes corsac*		二级	
藏狐	*Vulpes ferrilata*		二级	
赤狐	*Vulpes vulpes*		二级	
熊科#	**Ursidae**			
懒熊	*Melursus ursinus*		二级	
马来熊	*Helarctos malayanus*	一级		
棕熊	*Ursus arctos*		二级	

（续表）

中文名	学名	保护级别		备注
黑熊	*Ursus thibetanus*		二级	
大熊猫科#	**Ailuropodidae**			
大熊猫	*Ailuropoda melanoleuca*	一级		
小熊猫科#	**Ailuridae**			
小熊猫	*Ailurus fulgens*		二级	
鼬科	**Mustelidae**			
黄喉貂	*Martes flavigula*		二级	
石貂	*Martes foina*		二级	
紫貂	*Martes zibellina*	一级		
貂熊	*Gulo gulo*	一级		
* 小爪水獭	*Aonyx cinerea*		二级	
* 水獭	*Lutra lutra*		二级	
* 江獭	*Lutrogale perspicillata*		二级	
灵猫科	**Viverridae**			
大斑灵猫	*Viverra megaspila*	一级		
大灵猫	*Viverra zibetha*	一级		
小灵猫	*Viverricula indica*	一级		
椰子猫	*Paradoxurus hermaphroditus*		二级	
熊狸	*Arctictis binturong*	一级		
小齿狸	*Arctogalidia trivirgata*	一级		
缟灵猫	*Chrotogale owstoni*	一级		
林狸科	**Prionodontidae**			
斑林狸	*Prionodon pardicolor*		二级	
猫科#	**Felidae**			
荒漠猫	*Felis bieti*	一级		
丛林猫	*Felis chaus*	一级		
草原斑猫	*Felis silvestris*		二级	
渔猫	*Felis viverrinus*		二级	
兔狲	*Otocolobus manul*		二级	
猞猁	*Lynx lynx*		二级	
云猫	*Pardofelis marmorata*		二级	
金猫	*Pardofelis temminckii*	一级		
豹猫	*Prionailurus bengalensis*		二级	
云豹	*Neofelis nebulosa*	一级		
豹	*Panthera pardus*	一级		
虎	*Panthera tigris*	一级		
雪豹	*Panthera uncia*	一级		
海狮科#	**Otariidae**			
* 北海狗	*Callorhinus ursinus*		二级	

（续表）

中文名	学名	保护级别		备注
*北海狮	*Eumetopias jubatus*		二级	
海豹科#	**Phocidae**			
*西太平洋斑海豹	*Phoca largha*	一级		原名“斑海豹”
*髯海豹	*Erignathus barbatus*		二级	
*环海豹	*Pusa hispida*		二级	
长鼻目#	**PROBOSCIDEA**			
象科	**Elephantidae**			
亚洲象	*Elephas maximus*	一级		
奇蹄目	**PERISSODACTYLA**			
马科	**Equidae**			
普氏野马	*Equus ferus*	一级		原名“野马”
蒙古野驴	*Equus hemionus*	一级		
藏野驴	*Equus kiang*	一级		原名“西藏野驴”
偶蹄目	**ARTIODACTYLA**			
骆驼科	**Camelidae**			原名“驼科”
野骆驼	*Camelus ferus*	一级		
鼷鹿科#	**Tragulidae**			
威氏鼷鹿	*Tragulus williamsoni*	一级		原名“鼷鹿”
麝科#	**Moschidae**			
安徽麝	*Moschus anhuiensis*	一级		
林麝	*Moschus berezovskii*	一级		
马麝	*Moschus chrysogaster*	一级		
黑麝	*Moschus fuscus*	一级		
喜马拉雅麝	*Moschus leucogaster*	一级		
原麝	*Moschus moschiferus*	一级		
鹿科	**Cervidae**			
獐	*Hydropotes inermis*		二级	原名“河麂”
黑麂	*Muntiacus crinifrons*	一级		
贡山麂	*Muntiacus gongshanensis*		二级	
海南麂	*Muntiacus nigripes*		二级	
豚鹿	*Axis porcinus*	一级		
水鹿	*Cervus equinus*		二级	
梅花鹿	*Cervus nippon*	一级		仅限野外种群

（续表）

中文名	学名	保护级别		备注
马鹿	*Cervus canadensis*		二级	仅限野外种群
西藏马鹿（包括白臀鹿）	*Cervus wallichii* （*C. w. macneilli*）	一级		
塔里木马鹿	*Cervus yarkandensis*	一级		仅限野外种群
坡鹿	*Panolia siamensis*	一级		
白唇鹿	*Przewalskium albirostris*	一级		
麋鹿	*Elaphurus davidianus*	一级		
毛冠鹿	*Elaphodus cephalophus*		二级	
驼鹿	*Alces alces*	一级		
牛科	**Bovidae**			
野牛	*Bos gaurus*	一级		
爪哇野牛	*Bos javanicus*	一级		
野牦牛	*Bos mutus*	一级		
蒙原羚	*Procapra gutturosa*	一级		原名“黄羊”
藏原羚	*Procapra picticaudata*		二级	
普氏原羚	*Procapra przewalskii*	一级		
鹅喉羚	*Gazella subgutturosa*		二级	
藏羚	*Pantholops hodgsonii*	一级		
高鼻羚羊	*Saiga tatarica*	一级		
秦岭羚牛	*Budorcas bedfordi*	一级		
四川羚牛	*Budorcas tibetanus*	一级		
不丹羚牛	*Budorcas whitei*	一级		
贡山羚牛	*Budorcas taxicolor*	一级		
赤斑羚	*Naemorhedus baileyi*	一级		
长尾斑羚	*Naemorhedus caudatus*		二级	
缅甸斑羚	*Naemorhedus evansi*		二级	
喜马拉雅斑羚	*Naemorhedus goral*	一级		
中华斑羚	*Naemorhedus griseus*		二级	
塔尔羊	*Hemitragus jemlahicus*	一级		
北山羊	*Capra sibirica*		二级	
岩羊	*Pseudois nayaur*		二级	
阿尔泰盘羊	*Ovis ammon*		二级	
哈萨克盘羊	*Ovis collium*		二级	
戈壁盘羊	*Ovis darwini*		二级	
西藏盘羊	*Ovis hodgsoni*	一级		
天山盘羊	*Ovis karelini*		二级	
帕米尔盘羊	*Ovis polii*		二级	

（续表）

中文名	学名	保护级别		备注
中华鬣羚	*Capricornis milneedwardsii*		二级	
红鬣羚	*Capricornis rubidus*		二级	
台湾鬣羚	*Capricornis swinhoei*	一级		
喜马拉雅鬣羚	*Capricornis thar*	一级		
啮齿目	**RODENTIA**			
河狸科#	**Castoridae**			
河狸	*Castor fiber*	一级		
松鼠科	**Sciuridae**			
巨松鼠	*Ratufa bicolor*		二级	
兔形目	**LAGOMORPHA**			
鼠兔科	**Ochotonidae**			
贺兰山鼠兔	*Ochotona argentata*		二级	
伊犁鼠兔	*Ochotona iliensis*		二级	
兔科	**Leporidae**			
粗毛兔	*Caprolagus hispidus*		二级	
海南兔	*Lepus hainanus*		二级	
雪兔	*Lepus timidus*		二级	
塔里木兔	*Lepus yarkandensis*		二级	
海牛目#	**SIRENIA**			
儒艮科	**Dugongidae**			
* 儒艮	*Dugong dugon*	一级		
鲸目#	**CETACEA**			
露脊鲸科	**Balaenidae**			
* 北太平洋露脊鲸	*Eubalaena japonica*	一级		
灰鲸科	**Eschrichtiidae**			
* 灰鲸	*Eschrichtius robustus*	一级		
须鲸科	**Balaenopteridae**			
* 蓝鲸	*Balaenoptera musculus*	一级		
* 小须鲸	*Balaenoptera acutorostrata*	一级		
* 塞鲸	*Balaenoptera borealis*	一级		
* 布氏鲸	*Balaenoptera edeni*	一级		
* 大村鲸	*Balaenoptera omurai*	一级		
* 长须鲸	*Balaenoptera physalus*	一级		
* 大翅鲸	*Megaptera novaeangliae*	一级		
白鱀豚科	**Lipotidae**			
* 白鱀豚	*Lipotes vexillifer*	一级		
恒河豚科	**Platanistidae**			
* 恒河豚	*Platanista gangetica*	一级		
海豚科	**Delphinidae**			

（续表）

中文名	学名	保护级别		备注
* 中华白海豚	*Sousa chinensis*	一级		
* 糙齿海豚	*Steno bredanensis*		二级	
* 热带点斑原海豚	*Stenella attenuata*		二级	
* 条纹原海豚	*Stenella coeruleoalba*		二级	
* 飞旋原海豚	*Stenella longirostris*		二级	
* 长喙真海豚	*Delphinus capensis*		二级	
* 真海豚	*Delphinus delphis*		二级	
* 印太瓶鼻海豚	*Tursiops aduncus*		二级	
* 瓶鼻海豚	*Tursiops truncatus*		二级	
* 弗氏海豚	*Lagenodelphis hosei*		二级	
* 里氏海豚	*Grampus griseus*		二级	
* 太平洋斑纹海豚	*Lagenorhynchus obliquidens*		二级	
* 瓜头鲸	*Peponocephala electra*		二级	
* 虎鲸	*Orcinus orca*		二级	
* 伪虎鲸	*Pseudorca crassidens*		二级	
* 小虎鲸	*Feresa attenuata*		二级	
* 短肢领航鲸	*Globicephala macrorhynchus*		二级	
鼠海豚科	**Phocoenidae**			
* 长江江豚	*Neophocaena asiaeorientalis*	一级		
* 东亚江豚	*Neophocaena sunameri*		二级	
* 印太江豚	*Neophocaena phocaenoides*		二级	
抹香鲸科	**Physeteridae**			
* 抹香鲸	*Physeter macrocephalus*	一级		
* 小抹香鲸	*Kogia breviceps*		二级	
* 侏抹香鲸	*Kogia sima*		二级	
喙鲸科	**Ziphidae**			
* 鹅喙鲸	*Ziphius cavirostris*		二级	
* 柏氏中喙鲸	*Mesoplodon densirostris*		二级	
* 银杏齿中喙鲸	*Mesoplodon ginkgodens*		二级	
* 小中喙鲸	*Mesoplodon peruvianus*		二级	
* 贝氏喙鲸	*Berardius bairdii*		二级	
* 朗氏喙鲸	*Indopacetus pacificus*		二级	
鸟纲 AVES				
鸡形目	**GALLIFORMES**			
雉科	**Phasianidae**			
环颈山鹧鸪	*Arborophila torqueola*		二级	

（续表）

中文名	学名	保护级别		备注
四川山鹧鸪	*Arborophila rufipectus*	一级		
红喉山鹧鸪	*Arborophila rufogularis*		二级	
白眉山鹧鸪	*Arborophila gingica*		二级	
白颊山鹧鸪	*Arborophila atrogularis*		二级	
褐胸山鹧鸪	*Arborophila brunneopectus*		二级	
红胸山鹧鸪	*Arborophila mandellii*		二级	
台湾山鹧鸪	*Arborophila crudigularis*		二级	
海南山鹧鸪	*Arborophila ardens*		一级	
绿脚树鹧鸪	*Tropicoperdix chloropus*		二级	
花尾榛鸡	*Tetrastes bonasia*		二级	
斑尾榛鸡	*Tetrastes sewerzowi*	一级		
镰翅鸡	*Falcipennis falcipennis*		二级	
松鸡	*Tetrao urogallus*		二级	
黑嘴松鸡	*Tetrao urogalloides*	一级		原名“细嘴松鸡”
黑琴鸡	*Lyrurus tetrix*	一级		
岩雷鸟	*Lagopus muta*		二级	
柳雷鸟	*Lagopus lagopus*		二级	
红喉雉鹑	*Tetraophasis obscurus*	一级		
黄喉雉鹑	*Tetraophasis szechenyii*	一级		
暗腹雪鸡	*Tetraogallus himalayensis*		二级	
藏雪鸡	*Tetraogallus tibetanus*		二级	
阿尔泰雪鸡	*Tetraogallus altaicus*		二级	
大石鸡	*Alectoris magna*		二级	
血雉	*Ithaginis cruentus*		二级	
黑头角雉	*Tragopan melanocephalus*	一级		
红胸角雉	*Tragopan satyra*	一级		
灰腹角雉	*Tragopan blythii*	一级		
红腹角雉	*Tragopan temminckii*		二级	
黄腹角雉	*Tragopan caboti*	一级		
勺鸡	*Pucrasia macrolopha*		二级	
棕尾虹雉	*Lophophorus impejanus*	一级		
白尾梢虹雉	*Lophophorus sclateri*	一级		
绿尾虹雉	*Lophophorus lhuysii*	一级		
红原鸡	*Gallus gallus*		二级	原名“原鸡”
黑鹇	*Lophura leucomelanos*		二级	
白鹇	*Lophura nycthemera*		二级	
蓝腹鹇	*Lophura swinhoii*	一级		原名“蓝鹇”

（续表）

中文名	学名	保护级别		备注
白马鸡	*Crossoptilon crossoptilon*		二级	
藏马鸡	*Crossoptilon harmani*		二级	
褐马鸡	*Crossoptilon mantchuricum*	一级		
蓝马鸡	*Crossoptilon auritum*		二级	
白颈长尾雉	*Syrmaticus ellioti*	一级		
黑颈长尾雉	*Syrmaticus humiae*	一级		
黑长尾雉	*Syrmaticus mikado*	一级		
白冠长尾雉	*Syrmaticus reevesii*	一级		
红腹锦鸡	*Chrysolophus pictus*		二级	
白腹锦鸡	*Chrysolophus amherstiae*		二级	
灰孔雀雉	*Polyplectron bicalcaratum*	一级		
海南孔雀雉	*Polyplectron katsumatae*	一级		
绿孔雀	*Pavo muticus*	一级		
雁形目	**ANSERIFORMES**			
鸭科	**Anatidae**			
栗树鸭	*Dendrocygna javanica*		二级	
鸿雁	*Anser cygnoid*		二级	
白额雁	*Anser albifrons*		二级	
小白额雁	*Anser erythropus*		二级	
红胸黑雁	*Branta ruficollis*		二级	
疣鼻天鹅	*Cygnus olor*		二级	
小天鹅	*Cygnus columbianus*		二级	
大天鹅	*Cygnus cygnus*		二级	
鸳鸯	*Aix galericulata*		二级	
棉凫	*Nettapus coromandelianus*		二级	
花脸鸭	*Sibirionetta formosa*		二级	
云石斑鸭	*Marmaronetta angustirostris*		二级	
青头潜鸭	*Aythya baeri*	一级		
斑头秋沙鸭	*Mergellus albellus*		二级	
中华秋沙鸭	*Mergus squamatus*	一级		
白头硬尾鸭	*Oxyura leucocephala*	一级		
白翅栖鸭	*Asarcornis scutulata*		二级	
䴙䴘目	**PODICIPEDIFORMES**			
䴙䴘科	**Podicipedidae**			
赤颈䴙䴘	*Podiceps grisegena*		二级	
角䴙䴘	*Podiceps auritus*		二级	
黑颈䴙䴘	*Podiceps nigricollis*		二级	
鸽形目	**COLUMBIFORMES**			
鸠鸽科	**Columbidae**			
中亚鸽	*Columba eversmanni*		二级	
斑尾林鸽	*Columba palumbus*		二级	
紫林鸽	*Columba punicea*		二级	
斑尾鹃鸠	*Macropygia unchall*		二级	
菲律宾鹃鸠	*Macropygia tenuirostris*		二级	

（续表）

中文名	学名	保护级别		备注
小鹃鸠	*Macropygia ruficeps*	一级		原名“棕头鹃鸠”
橙胸绿鸠	*Treron bicinctus*		二级	
灰头绿鸠	*Treron pompadora*		二级	
厚嘴绿鸠	*Treron curvirostra*		二级	
黄脚绿鸠	*Treron phoenicopterus*		二级	
针尾绿鸠	*Treron apicauda*		二级	
楔尾绿鸠	*Treron sphenurus*		二级	
红翅绿鸠	*Treron sieboldii*		二级	
红顶绿鸠	*Treron formosae*		二级	
黑颏果鸠	*Ptilinopus leclancheri*		二级	
绿皇鸠	*Ducula aenea*		二级	
山皇鸠	*Ducula badia*		二级	
沙鸡目	**PTEROCLIFORMES**			
沙鸡科	**Pteroclidae**			
黑腹沙鸡	*Pterocles orientalis*		二级	
夜鹰目	**CAPRIMULGIFORMES**			
蛙口夜鹰科	**Podargidae**			
黑顶蛙口夜鹰	*Batrachostomus hodgsoni*		二级	
凤头雨燕科	**Hemiprocnidae**			
凤头雨燕	*Hemiprocne coronata*		二级	
雨燕科	**Apodidae**			
爪哇金丝燕	*Aerodramus fuciphagus*		二级	
灰喉针尾雨燕	*Hirundapus cochinchinensis*		二级	
鹃形目	**CUCULIFORMES**			
杜鹃科	**Cuculidae**			
褐翅鸦鹃	*Centropus sinensis*		二级	
小鸦鹃	*Centropus bengalensis*		二级	
鸨形目#	**OTIDIFORMES**			
鸨科	**Otididae**			
大鸨	*Otis tarda*	一级		
波斑鸨	*Chlamydotis macqueenii*	一级		
小鸨	*Tetrax tetrax*	一级		
鹤形目	**GRUIFORMES**			
秧鸡科	**Rallidae**			
花田鸡	*Coturnicops exquisitus*		二级	
长脚秧鸡	*Crex crex*		二级	
棕背田鸡	*Zapornia bicolor*		二级	
姬田鸡	*Zapornia parva*		二级	
斑胁田鸡	*Zapornia paykullii*		二级	
紫水鸡	*Porphyrio porphyrio*		二级	
鹤科#	**Gruidae**			
白鹤	*Grus leucogeranus*	一级		
沙丘鹤	*Grus canadensis*		二级	
白枕鹤	*Grus vipio*	一级		

（续表）

中文名	学名	保护级别		备注
赤颈鹤	*Grus antigone*	一级		
蓑羽鹤	*Grus virgo*		二级	
丹顶鹤	*Grus japonensis*	一级		
灰鹤	*Grus grus*		二级	
白头鹤	*Grus monacha*	一级		
黑颈鹤	*Grus nigricollis*	一级		
鸻形目	**CHARADRIIFORMES**			
石鸻科	**Burhinidae**			
大石鸻	*Esacus recurvirostris*		二级	
鹮嘴鹬科	**Ibidorhynchidae**			
鹮嘴鹬	*Ibidorhyncha struthersii*		二级	
鸻科	**Charadriidae**			
黄颊麦鸡	*Vanellus gregarius*		二级	
水雉科	**Jacanidae**			
水雉	*Hydrophasianus chirurgus*		二级	
铜翅水雉	*Metopidius indicus*		二级	
鹬科	**Scolopacidae**			
林沙锥	*Gallinago nemoricola*		二级	
半蹼鹬	*Limnodromus semipalmatus*		二级	
小杓鹬	*Numenius minutus*		二级	
白腰杓鹬	*Numenius arquata*		二级	
大杓鹬	*Numenius madagascariensis*		二级	
小青脚鹬	*Tringa guttifer*	一级		
翻石鹬	*Arenaria interpres*		二级	
大滨鹬	*Calidris tenuirostris*		二级	
勺嘴鹬	*Calidris pygmaea*	一级		
阔嘴鹬	*Calidris falcinellus*		二级	
燕鸻科	**Glareolidae**			
灰燕鸻	*Glareola lactea*		二级	
鸥科	**Laridae**			
黑嘴鸥	*Saundersilarus saundersi*	一级		
小鸥	*Hydrocoloeus minutus*		二级	
遗鸥	*Ichthyaetus relictus*	一级		
大凤头燕鸥	*Thalasseus bergii*		二级	
中华凤头燕鸥	*Thalasseus bernsteini*	一级		原名“黑嘴端凤头燕鸥”
河燕鸥	*Sterna aurantia*	一级		原名“黄嘴河燕鸥”
黑腹燕鸥	*Sterna acuticauda*		二级	

（续表）

中文名	学名	保护级别		备注
黑浮鸥	*Chlidonias niger*		二级	
海雀科	**Alcidae**			
冠海雀	*Synthliboramphus wumizusume*		二级	
鹱形目	**PROCELLARIIFORMES**			
信天翁科	**Diomedeidae**			
黑脚信天翁	*Phoebastria nigripes*	一级		
短尾信天翁	*Phoebastria albatrus*	一级		
鹳形目	**CICONIIFORMES**			
鹳科	**Ciconiidae**			
彩鹳	*Mycteria leucocephala*	一级		
黑鹳	*Ciconia nigra*	一级		
白鹳	*Ciconia ciconia*	一级		
东方白鹳	*Ciconia boyciana*	一级		
秃鹳	*Leptoptilos javanicus*		二级	
鲣鸟目	**SULIFORMES**			
军舰鸟科	**Fregatidae**			
白腹军舰鸟	*Fregata andrewsi*	一级		
黑腹军舰鸟	*Fregata minor*		二级	
白斑军舰鸟	*Fregata ariel*		二级	
鲣鸟科#	**Sulidae**			
蓝脸鲣鸟	*Sula dactylatra*		二级	
红脚鲣鸟	*Sula sula*		二级	
褐鲣鸟	*Sula leucogaster*		二级	
鸬鹚科	**Phalacrocoracidae**			
黑颈鸬鹚	*Microcarbo niger*		二级	
海鸬鹚	*Phalacrocorax pelagicus*		二级	
鹈形目	**PELECANIFORMES**			
鹮科	**Threskiornithidae**			
黑头白鹮	*Threskiornis melanocephalus*	一级		原名“白鹮”
白肩黑鹮	*Pseudibis davisoni*	一级		原名“黑鹮”
朱鹮	*Nipponia nippon*	一级		
彩鹮	*Plegadis falcinellus*	一级		
白琵鹭	*Platalea leucorodia*		二级	
黑脸琵鹭	*Platalea minor*	一级		
鹭科	**Ardeidae**			
小苇鳽	*Ixobrychus minutus*		二级	
海南鳽	*Gorsachius magnificus*	一级		原名“海南虎斑鳽”
栗头鳽	*Gorsachius goisagi*		二级	
黑冠鳽	*Gorsachius melanolophus*		二级	

（续表）

中文名	学名	保护级别		备注
白腹鹭	*Ardea insignis*	一级		
岩鹭	*Egretta sacra*		二级	
黄嘴白鹭	*Egretta eulophotes*	一级		
鹈鹕科#	**Pelecanidae**			
白鹈鹕	*Pelecanus onocrotalus*	一级		
斑嘴鹈鹕	*Pelecanus philippensis*	一级		
卷羽鹈鹕	*Pelecanus crispus*	一级		
鹰形目#	**ACCIPITRIFORMES**			
鹗科	**Pandionidae**			
鹗	*Pandion haliaetus*		二级	
鹰科	**Accipitridae**			
黑翅鸢	*Elanus caeruleus*		二级	
胡兀鹫	*Gypaetus barbatus*	一级		
白兀鹫	*Neophron percnopterus*		二级	
鹃头蜂鹰	*Pernis apivorus*		二级	
凤头蜂鹰	*Pernis ptilorhynchus*		二级	
褐冠鹃隼	*Aviceda jerdoni*		二级	
黑冠鹃隼	*Aviceda leuphotes*		二级	
兀鹫	*Gyps fulvus*		二级	
长嘴兀鹫	*Gyps indicus*		二级	
白背兀鹫	*Gyps bengalensis*	一级		原名“拟兀鹫”
高山兀鹫	*Gyps himalayensis*		二级	
黑兀鹫	*Sarcogyps calvus*	一级		
秃鹫	*Aegypius monachus*	一级		
蛇雕	*Spilornis cheela*		二级	
短趾雕	*Circaetus gallicus*		二级	
凤头鹰雕	*Nisaetus cirrhatus*		二级	
鹰雕	*Nisaetus nipalensis*		二级	
棕腹隼雕	*Lophotriorchis kienerii*		二级	
林雕	*Ictinaetus malaiensis*		二级	
乌雕	*Clanga clanga*	一级		
靴隼雕	*Hieraaetus pennatus*		二级	
草原雕	*Aquila nipalensis*	一级		
白肩雕	*Aquila heliaca*	一级		
金雕	*Aquila chrysaetos*	一级		
白腹隼雕	*Aquila fasciata*		二级	
凤头鹰	*Accipiter trivirgatus*		二级	
褐耳鹰	*Accipiter badius*		二级	
赤腹鹰	*Accipiter soloensis*		二级	
日本松雀鹰	*Accipiter gularis*		二级	
松雀鹰	*Accipiter virgatus*		二级	
雀鹰	*Accipiter nisus*		二级	
苍鹰	*Accipiter gentilis*		二级	

（续表）

中文名	学名	保护级别		备注
白头鹞	*Circus aeruginosus*		二级	
白腹鹞	*Circus spilonotus*		二级	
白尾鹞	*Circus cyaneus*		二级	
草原鹞	*Circus macrourus*		二级	
鹊鹞	*Circus melanoleucos*		二级	
乌灰鹞	*Circus pygargus*		二级	
黑鸢	*Milvus migrans*		二级	
栗鸢	*Haliastur indus*		二级	
白腹海雕	*Haliaeetus leucogaster*	一级		
玉带海雕	*Haliaeetus leucoryphus*	一级		
白尾海雕	*Haliaeetus albicilla*	一级		
虎头海雕	*Haliaeetus pelagicus*	一级		
渔雕	*Icthyophaga humilis*		二级	
白眼鵟鹰	*Butastur teesa*		二级	
棕翅鵟鹰	*Butastur liventer*		二级	
灰脸鵟鹰	*Butastur indicus*		二级	
毛脚鵟	*Buteo lagopus*		二级	
大鵟	*Buteo hemilasius*		二级	
普通鵟	*Buteo japonicus*		二级	
喜山鵟	*Buteo refectus*		二级	
欧亚鵟	*Buteo buteo*		二级	
棕尾鵟	*Buteo rufinus*		二级	
鸮形目#	**STRIGIFORMES**			
鸱鸮科	**Strigidae**			
黄嘴角鸮	*Otus spilocephalus*		二级	
领角鸮	*Otus lettia*		二级	
北领角鸮	*Otus semitorques*		二级	
纵纹角鸮	*Otus brucei*		二级	
西红角鸮	*Otus scops*		二级	
红角鸮	*Otus sunia*		二级	
优雅角鸮	*Otus elegans*		二级	
雪鸮	*Bubo scandiacus*		二级	
雕鸮	*Bubo bubo*		二级	
林雕鸮	*Bubo nipalensis*		二级	
毛腿雕鸮	*Bubo blakistoni*	一级		
褐渔鸮	*Ketupa zeylonensis*		二级	
黄腿渔鸮	*Ketupa flavipes*		二级	
褐林鸮	*Strix leptogrammica*		二级	
灰林鸮	*Strix aluco*		二级	
长尾林鸮	*Strix uralensis*		二级	
四川林鸮	*Strix davidi*	一级		
乌林鸮	*Strix nebulosa*		二级	
猛鸮	*Surnia ulula*		二级	
花头鸺鹠	*Glaucidium passerinum*		二级	

（续表）

中文名	学名	保护级别		备注
领鸺鹠	*Glaucidium brodiei*		二级	
斑头鸺鹠	*Glaucidium cuculoides*		二级	
纵纹腹小鸮	*Athene noctua*		二级	
横斑腹小鸮	*Athene brama*		二级	
鬼鸮	*Aegolius funereus*		二级	
鹰鸮	*Ninox scutulata*		二级	
日本鹰鸮	*Ninox japonica*		二级	
长耳鸮	*Asio otus*		二级	
短耳鸮	*Asio flammeus*		二级	
草鸮科	**Tytonidae**			
仓鸮	*Tyto alba*		二级	
草鸮	*Tyto longimembris*		二级	
栗鸮	*Phodilus badius*		二级	
咬鹃目#	**TROGONIFORMES**			
咬鹃科	**Trogonidae**			
橙胸咬鹃	*Harpactes oreskios*		二级	
红头咬鹃	*Harpactes erythrocephalus*		二级	
红腹咬鹃	*Harpactes wardi*		二级	
犀鸟目	**BUCEROTIFORMES**			
犀鸟科#	**Bucerotidae**			
白喉犀鸟	*Anorrhinus austeni*	一级		
冠斑犀鸟	*Anthracoceros albirostris*	一级		
双角犀鸟	*Buceros bicornis*	一级		
棕颈犀鸟	*Aceros nipalensis*	一级		
花冠皱盔犀鸟	*Rhyticeros undulatus*	一级		
佛法僧目	**CORACIIFORMES**			
蜂虎科	**Meropidae**			
赤须蜂虎	*Nyctyornis amictus*		二级	
蓝须蜂虎	*Nyctyornis athertoni*		二级	
绿喉蜂虎	*Merops orientalis*		二级	
蓝颊蜂虎	*Merops persicus*		二级	
栗喉蜂虎	*Merops philippinus*		二级	
彩虹蜂虎	*Merops ornatus*		二级	
蓝喉蜂虎	*Merops viridis*		二级	
栗头蜂虎	*Merops leschenaulti*		二级	原名“黑胸蜂虎”
翠鸟科	**Alcedinidae**			
鹳嘴翡翠	*Pelargopsis capensis*		二级	原名“鹳嘴翠鸟”
白胸翡翠	*Halcyon smyrnensis*		二级	
蓝耳翠鸟	*Alcedo meninting*		二级	
斑头大翠鸟	*Alcedo hercules*		二级	
啄木鸟目	**PICIFORMES**			

（续表）

中文名	学名	保护级别		备注
啄木鸟科	**Picidae**			
白翅啄木鸟	*Dendrocopos leucopterus*		二级	
三趾啄木鸟	*Picoides tridactylus*		二级	
白腹黑啄木鸟	*Dryocopus javensis*		二级	
黑啄木鸟	*Dryocopus martius*		二级	
大黄冠啄木鸟	*Chrysophlegma flavinucha*		二级	
黄冠啄木鸟	*Picus chlorolophus*		二级	
红颈绿啄木鸟	*Picus rabieri*		二级	
大灰啄木鸟	*Mulleripicus pulverulentus*		二级	
隼形目#	**FALCONIFORMES**			
隼科	**Falconidae**			
红腿小隼	*Microhierax caerulescens*		二级	
白腿小隼	*Microhierax melanoleucos*		二级	
黄爪隼	*Falco naumanni*		二级	
红隼	*Falco tinnunculus*		二级	
西红脚隼	*Falco vespertinus*		二级	
红脚隼	*Falco amurensis*		二级	
灰背隼	*Falco columbarius*		二级	
燕隼	*Falco subbuteo*		二级	
猛隼	*Falco severus*		二级	
猎隼	*Falco cherrug*	一级		
矛隼	*Falco rusticolus*	一级		
游隼	*Falco peregrinus*		二级	
鹦鹉目#	**PSITTACIFORMES**			
鹦鹉科	**Psittacidae**			
短尾鹦鹉	*Loriculus vernalis*		二级	
蓝腰鹦鹉	*Psittinus cyanurus*		二级	
亚历山大鹦鹉	*Psittacula eupatria*		二级	
红领绿鹦鹉	*Psittacula krameri*		二级	
青头鹦鹉	*Psittacula himalayana*		二级	
灰头鹦鹉	*Psittacula finschii*		二级	
花头鹦鹉	*Psittacula roseata*		二级	
大紫胸鹦鹉	*Psittacula derbiana*		二级	
绯胸鹦鹉	*Psittacula alexandri*		二级	
雀形目	**PASSERIFORMES**			
八色鸫科#	**Pittidae**			

（续表）

中文名	学名	保护级别		备注
双辫八色鸫	*Pitta phayrei*		二级	
蓝枕八色鸫	*Pitta nipalensis*		二级	
蓝背八色鸫	*Pitta soror*		二级	
栗头八色鸫	*Pitta oatesi*		二级	
蓝八色鸫	*Pitta cyanea*		二级	
绿胸八色鸫	*Pitta sordida*		二级	
仙八色鸫	*Pitta nympha*		二级	
蓝翅八色鸫	*Pitta moluccensis*		二级	
阔嘴鸟科#	**Eurylaimidae**			
长尾阔嘴鸟	*Psarisomus dalhousiae*		二级	
银胸丝冠鸟	*Serilophus lunatus*		二级	
黄鹂科	**Oriolidae**			
鹊鹂	*Oriolus mellianus*		二级	
卷尾科	**Dicruridae**			
小盘尾	*Dicrurus remifer*		二级	
大盘尾	*Dicrurus paradiseus*		二级	
鸦科	**Corvidae**			
黑头噪鸦	*Perisoreus internigrans*	一级		
蓝绿鹊	*Cissa chinensis*		二级	
黄胸绿鹊	*Cissa hypoleuca*		二级	
黑尾地鸦	*Podoces hendersoni*		二级	
白尾地鸦	*Podoces biddulphi*		二级	
山雀科	**Paridae**			
白眉山雀	*Poecile superciliosus*		二级	
红腹山雀	*Poecile davidi*		二级	
百灵科	**Alaudidae**			
歌百灵	*Mirafra javanica*		二级	
蒙古百灵	*Melanocorypha mongolica*		二级	
云雀	*Alauda arvensis*		二级	
苇莺科	**Acrocephalidae**			
细纹苇莺	*Acrocephalus sorghophilus*		二级	
鹎科	**Pycnonotidae**			
台湾鹎	*Pycnonotus taivanus*		二级	
莺鹛科	**Sylviidae**			
金胸雀鹛	*Lioparus chrysotis*		二级	
宝兴鹛雀	*Moupinia poecilotis*		二级	
中华雀鹛	*Fulvetta striaticollis*		二级	
三趾鸦雀	*Cholornis paradoxus*		二级	
白眶鸦雀	*Sinosuthora conspicillata*		二级	
暗色鸦雀	*Sinosuthora zappeyi*		二级	
灰冠鸦雀	*Sinosuthora przewalskii*	一级		

（续表）

中文名	学名	保护级别		备注
短尾鸦雀	*Neosuthora davidiana*		二级	
震旦鸦雀	*Paradoxornis heudei*		二级	
绣眼鸟科	**Zosteropidae**			
红胁绣眼鸟	*Zosterops erythropleurus*		二级	
林鹛科	**Timaliidae**			
淡喉鹩鹛	*Spelaeornis kinneari*		二级	
弄岗穗鹛	*Stachyris nonggangensis*		二级	
幽鹛科	**Pellorneidae**			
金额雀鹛	*Schoeniparus variegaticeps*	一级		
噪鹛科	**Leiothrichidae**			
大草鹛	*Babax waddelli*		二级	
棕草鹛	*Babax koslowi*		二级	
画眉	*Garrulax canorus*		二级	
海南画眉	*Garrulax owstoni*		二级	
台湾画眉	*Garrulax taewanus*		二级	
褐胸噪鹛	*Garrulax maesi*		二级	
黑额山噪鹛	*Garrulax sukatschewi*	一级		
斑背噪鹛	*Garrulax lunulatus*		二级	
白点噪鹛	*Garrulax bieti*	一级		
大噪鹛	*Garrulax maximus*		二级	
眼纹噪鹛	*Garrulax ocellatus*		二级	
黑喉噪鹛	*Garrulax chinensis*		二级	
蓝冠噪鹛	*Garrulax courtoisi*	一级		
棕噪鹛	*Garrulax berthemyi*		二级	
橙翅噪鹛	*Trochalopteron elliotii*		二级	
红翅噪鹛	*Trochalopteron formosum*		二级	
红尾噪鹛	*Trochalopteron milnei*		二级	
黑冠薮鹛	*Liocichla bugunorum*	一级		
灰胸薮鹛	*Liocichla omeiensis*	一级		
银耳相思鸟	*Leiothrix argentauris*		二级	
红嘴相思鸟	*Leiothrix lutea*		二级	
旋木雀科	**Certhiidae**			
四川旋木雀	*Certhia tianquanensis*		二级	
䴓科	**Sittidae**			
滇䴓	*Sitta yunnanensis*		二级	
巨䴓	*Sitta magna*		二级	
丽䴓	*Sitta formosa*		二级	
椋鸟科	**Sturnidae**			
鹩哥	*Gracula religiosa*		二级	
鸫科	**Turdidae**			
褐头鸫	*Turdus feae*		二级	
紫宽嘴鸫	*Cochoa purpurea*		二级	
绿宽嘴鸫	*Cochoa viridis*		二级	
鹟科	**Muscicapidae**			

（续表）

中文名	学名	保护级别		备注
棕头歌鸲	*Larvivora ruficeps*	一级		
红喉歌鸲	*Calliope calliope*		二级	
黑喉歌鸲	*Calliope obscura*		二级	
金胸歌鸲	*Calliope pectardens*		二级	
蓝喉歌鸲	*Luscinia svecica*		二级	
新疆歌鸲	*Luscinia megarhynchos*		二级	
棕腹林鸲	*Tarsiger hyperythrus*		二级	
贺兰山红尾鸲	*Phoenicurus alaschanicus*		二级	
白喉石䳭	*Saxicola insignis*		二级	
白喉林鹟	*Cyornis brunneatus*		二级	
棕腹大仙鹟	*Niltava davidi*		二级	
大仙鹟	*Niltava grandis*		二级	
岩鹨科	**Prunellidae**			
贺兰山岩鹨	*Prunella koslowi*		二级	
朱鹀科	**Urocynchramidae**			
朱鹀	*Urocynchramus pylzowi*		二级	
燕雀科	**Fringillidae**			
褐头朱雀	*Carpodacus sillemi*		二级	
藏雀	*Carpodacus roborowskii*		二级	
北朱雀	*Carpodacus roseus*		二级	
红交嘴雀	*Loxia curvirostra*		二级	
鹀科	**Emberizidae**			
蓝鹀	*Emberiza siemsseni*		二级	
栗斑腹鹀	*Emberiza jankowskii*	一级		
黄胸鹀	*Emberiza aureola*	一级		
藏鹀	*Emberiza koslowi*		二级	
爬行纲 REPTILIA				
龟鳖目	**TESTUDINES**			
平胸龟科#	**Platysternidae**			
＊平胸龟	*Platysternon megacephalum*		二级	仅限野外种群
陆龟科#	**Testudinidae**			
缅甸陆龟	*Indotestudo elongata*	一级		
凹甲陆龟	*Manouria impressa*	一级		
四爪陆龟	*Testudo horsfieldii*	一级		
地龟科	**Geoemydidae**			
＊欧氏摄龟	*Cyclemys oldhamii*		二级	
＊黑颈乌龟	*Mauremys nigricans*		二级	仅限野外种群
＊乌龟	*Mauremys reevesii*		二级	仅限野外种群

（续表）

中文名	学名	保护级别		备注
＊花龟	*Mauremys sinensis*		二级	仅限野外种群
＊黄喉拟水龟	*Mauremys mutica*		二级	仅限野外种群
＊闭壳龟属所有种	*Cuora* spp.		二级	仅限野外种群
＊地龟	*Geoemyda spengleri*		二级	
＊眼斑水龟	*Sacalia bealei*		二级	仅限野外种群
＊四眼斑水龟	*Sacalia quadriocellata*		二级	仅限野外种群
海龟科#	**Cheloniidae**			
＊红海龟	*Caretta caretta*	一级		原名“蠵龟”
＊绿海龟	*Chelonia mydas*	一级		
＊玳瑁	*Eretmochelys imbricata*	一级		
＊太平洋丽龟	*Lepidochelys olivacea*	一级		
棱皮龟科#	**Dermochelyidae**			
＊棱皮龟	*Dermochelys coriacea*	一级		
鳖科	**Trionychidae**			
＊鼋	*Pelochelys cantorii*	一级		
＊山瑞鳖	*Palea steindachneri*		二级	仅限野外种群
＊斑鳖	*Rafetus swinhoei*	一级		
有鳞目	**SQUAMATA**			
壁虎科	**Gekkonidae**			
大壁虎	*Gekko gecko*		二级	
黑疣大壁虎	*Gekko reevesii*		二级	
球趾虎科	**Sphaerodactylidae**			
伊犁沙虎	*Teratoscincus scincus*		二级	
吐鲁番沙虎	*Teratoscincus roborowskii*		二级	
睑虎科#	**Eublepharidae**			
英德睑虎	*Goniurosaurus yingdeensis*		二级	
越南睑虎	*Goniurosaurus araneus*		二级	
霸王岭睑虎	*Goniurosaurus bawanglingensis*		二级	
海南睑虎	*Goniurosaurus hainanensis*		二级	

（续表）

中文名	学名	保护级别		备注
嘉道理睑虎	*Goniurosaurus kadoorieorum*		二级	
广西睑虎	*Goniurosaurus kwangsiensis*		二级	
荔波睑虎	*Goniurosaurus liboensis*		二级	
凭祥睑虎	*Goniurosaurus luii*		二级	
蒲氏睑虎	*Goniurosaurus zhelongi*		二级	
周氏睑虎	*Goniurosaurus zhoui*		二级	
鬣蜥科	**Agamidae**			
巴塘龙蜥	*Diploderma batangense*		二级	
短尾龙蜥	*Diploderma brevicaudum*		二级	
侏龙蜥	*Diploderma drukdaypo*		二级	
滑腹龙蜥	*Diploderma laeviventre*		二级	
宜兰龙蜥	*Diploderma luei*		二级	
溪头龙蜥	*Diploderma makii*		二级	
帆背龙蜥	*Diploderma vela*		二级	
蜡皮蜥	*Leiolepis reevesii*		二级	
贵南沙蜥	*Phrynocephalus guinanensis*		二级	
大耳沙蜥	*Phrynocephalus mystaceus*	一级		
长鬣蜥	*Physignathus cocincinus*		二级	
蛇蜥科#	**Anguidae**			
细脆蛇蜥	*Ophisaurus gracilis*		二级	
海南脆蛇蜥	*Ophisaurus hainanensis*		二级	
脆蛇蜥	*Ophisaurus harti*		二级	
鳄蜥科	**Shinisauridae**			
鳄蜥	*Shinisaurus crocodilurus*	一级		
巨蜥科#	**Varanidae**			
孟加拉巨蜥	*Varanus bengalensis*	一级		
圆鼻巨蜥	*Varanus salvator*	一级		原名“巨蜥”
石龙子科	**Scincidae**			
桓仁滑蜥	*Scincella huanrenensis*		二级	
双足蜥科	**Dibamidae**			
香港双足蜥	*Dibamus bogadeki*		二级	
盲蛇科	**Typhlopidae**			
香港盲蛇	*Indotyphlops lazelli*		二级	
筒蛇科	**Cylindrophiidae**			

（续表）

中文名	学名	保护级别		备注
红尾筒蛇	*Cylindrophis ruffus*		二级	
闪鳞蛇科	**Xenopeltidae**			
闪鳞蛇	*Xenopeltis unicolor*		二级	
蚺科#	**Boidae**			
红沙蟒	*Eryx miliaris*		二级	
东方沙蟒	*Eryx tataricus*		二级	
蟒科#	**Pythonidae**			
蟒蛇	*Python bivittatus*		二级	原名“蟒”
闪皮蛇科	**Xenodermidae**			
井冈山脊蛇	*Achalinus jinggangensis*		二级	
游蛇科	**Colubridae**			
三索蛇	*Coelognathus radiatus*		二级	
团花锦蛇	*Elaphe davidi*		二级	
横斑锦蛇	*Euprepiophis perlaceus*		二级	
尖喙蛇	*Rhynchophis boulengeri*		二级	
西藏温泉蛇	*Thermophis baileyi*	一级		
香格里拉温泉蛇	*Thermophis shangrila*	一级		
四川温泉蛇	*Thermophis zhaoermii*	一级		
黑网乌梢蛇	*Zaocys carinatus*		二级	
瘰鳞蛇科	**Acrochordidae**			
* 瘰鳞蛇	*Acrochordus granulatus*		二级	
眼镜蛇科	**Elapidae**			
眼镜王蛇	*Ophiophagus hannah*		二级	
* 蓝灰扁尾海蛇	*Laticauda colubrina*		二级	
* 扁尾海蛇	*Laticauda laticaudata*		二级	
* 半环扁尾海蛇	*Laticauda semifasciata*		二级	
* 龟头海蛇	*Emydocephalus ijimae*		二级	
* 青环海蛇	*Hydrophis cyanocinctus*		二级	
* 环纹海蛇	*Hydrophis fasciatus*		二级	
* 黑头海蛇	*Hydrophis melanocephalus*		二级	
* 淡灰海蛇	*Hydrophis ornatus*		二级	
* 棘眦海蛇	*Hydrophis peronii*		二级	
* 棘鳞海蛇	*Hydrophis stokesii*		二级	
* 青灰海蛇	*Hydrophis caerulescens*		二级	

（续表）

中文名	学名	保护级别		备注
* 平颏海蛇	*Hydrophis curtus*		二级	
* 小头海蛇	*Hydrophis gracilis*		二级	
* 长吻海蛇	*Hydrophis platurus*		二级	
* 截吻海蛇	*Hydrophis jerdonii*		二级	
* 海蝰	*Hydrophis viperinus*		二级	
蝰科	**Viperidae**			
泰国圆斑蝰	*Daboia siamensis*		二级	
蛇岛蝮	*Gloydius shedaoensis*		二级	
角原矛头蝮	*Protobothrops cornutus*		二级	
莽山烙铁头蛇	*Protobothrops mangshanensis*	一级		
极北蝰	*Vipera berus*		二级	
东方蝰	*Vipera renardi*		二级	
鳄目	**CROCODYLIA**			
鼍科#	**Alligatoridae**			
* 扬子鳄	*Alligator sinensis*	一级		
两栖纲 AMPHIBIA				
蚓螈目	**GYMNOPHIONA**			
鱼螈科	**Ichthyophiidae**			
版纳鱼螈	*Ichthyophis bannanicus*		二级	
有尾目	**CAUDATA**			
小鲵科#	**Hynobiidae**			
* 安吉小鲵	*Hynobius amjiensis*	一级		
* 中国小鲵	*Hynobius chinensis*	一级		
* 挂榜山小鲵	*Hynobius guabangshanensis*	一级		
* 猫儿山小鲵	*Hynobius maoershanensis*	一级		
* 普雄原鲵	*Protohynobius puxiongensis*	一级		
* 辽宁爪鲵	*Onychodactylus zhaoermii*	一级		
* 吉林爪鲵	*Onychodactylus zhangyapingi*		二级	
* 新疆北鲵	*Ranodon sibiricus*		二级	
* 极北鲵	*Salamandrella keyserlingii*		二级	
* 巫山巴鲵	*Liua shihi*		二级	
* 秦巴巴鲵	*Liua tsinpaensis*		二级	
* 黄斑拟小鲵	*Pseudohynobius flavomaculatus*		二级	
* 贵州拟小鲵	*Pseudohynobius guizhouensis*		二级	
* 金佛拟小鲵	*Pseudohynobius jinfo*		二级	
* 宽阔水拟小鲵	*Pseudohynobius kuankuoshuiensis*		二级	
* 水城拟小鲵	*Pseudohynobius shuichengensis*		二级	
* 弱唇褶山溪鲵	*Batrachuperus cochranae*		二级	

（续表）

中文名	学名	保护级别		备注
*无斑山溪鲵	*Batrachuperus karlschmidti*		二级	
*龙洞山溪鲵	*Batrachuperus londongensis*		二级	
*山溪鲵	*Batrachuperus pinchonii*		二级	
*西藏山溪鲵	*Batrachuperus tibetanus*		二级	
*盐源山溪鲵	*Batrachuperus yenyuanensis*		二级	
*阿里山小鲵	*Hynobius arisanensis*		二级	
*台湾小鲵	*Hynobius formosanus*		二级	
*观雾小鲵	*Hynobius fucus*		二级	
*南湖小鲵	*Hynobius glacialis*		二级	
*东北小鲵	*Hynobius leechii*		二级	
*楚南小鲵	*Hynobius sonani*		二级	
*义乌小鲵	*Hynobius yiwuensis*		二级	
隐鳃鲵科	**Cryptobranchidae**			
*大鲵	*Andrias davidianus*		二级	仅限野外种群
蝾螈科	**Salamandridae**			
*潮汕蝾螈	*Cynops orphicus*		二级	
*大凉螈	*Liangshantriton taliangensis*		二级	原名“大凉疣螈”
*贵州疣螈	*Tylototriton kweichowensis*		二级	
*川南疣螈	*Tylototriton pseudoverrucosus*		二级	
*丽色疣螈	*Tylototriton pulcherrima*		二级	
*红瘰疣螈	*Tylototriton shanjing*		二级	
*棕黑疣螈	*Tylototriton verrucosus*		二级	原名“细瘰疣螈”
*滇南疣螈	*Tylototriton yangi*		二级	
*安徽瑶螈	*Yaotriton anhuiensis*		二级	
*细痣瑶螈	*Yaotriton asperrimus*		二级	原名“细痣疣螈”
*宽脊瑶螈	*Yaotriton broadoridgus*		二级	
*大别瑶螈	*Yaotriton dabienicus*		二级	
*海南瑶螈	*Yaotriton hainanensis*		二级	
*浏阳瑶螈	*Yaotriton liuyangensis*		二级	
*莽山瑶螈	*Yaotriton lizhenchangi*		二级	
*文县瑶螈	*Yaotriton wenxianensis*		二级	
*蔡氏瑶螈	*Yaotriton ziegleri*		二级	
*镇海棘螈	*Echinotriton chinhaiensis*	一级		原名“镇海疣螈”
*琉球棘螈	*Echinotriton andersoni*		二级	

（续表）

中文名	学名	保护级别		备注
*高山棘螈	*Echinotriton maxiquadratus*		二级	
*橙脊瘰螈	*Paramesotriton aurantius*		二级	
*尾斑瘰螈	*Paramesotriton caudopunctatus*		二级	
*中国瘰螈	*Paramesotriton chinensis*		二级	
*越南瘰螈	*Paramesotriton deloustali*		二级	
*富钟瘰螈	*Paramesotriton fuzhongensis*		二级	
*广西瘰螈	*Paramesotriton guangxiensis*		二级	
*香港瘰螈	*Paramesotriton hongkongensis*		二级	
*无斑瘰螈	*Paramesotriton labiatus*		二级	
*龙里瘰螈	*Paramesotriton longliensis*		二级	
*茂兰瘰螈	*Paramesotriton maolanensis*		二级	
*七溪岭瘰螈	*Paramesotriton qixilingensis*		二级	
*武陵瘰螈	*Paramesotriton wulingensis*		二级	
*云雾瘰螈	*Paramesotriton yunwuensis*		二级	
*织金瘰螈	*Paramesotriton zhijinensis*		二级	
无尾目	**ANURA**			
角蟾科	**Megophryidae**			
抱龙角蟾	*Boulenophrys baolongensis*		二级	
凉北齿蟾	*Oreolalax liangbeiensis*		二级	
金顶齿突蟾	*Scutiger chintingensis*		二级	
九龙齿突蟾	*Scutiger jiulongensis*		二级	
木里齿突蟾	*Scutiger muliensis*		二级	
宁陕齿突蟾	*Scutiger ningshanensis*		二级	
平武齿突蟾	*Scutiger pingwuensis*		二级	
哀牢髭蟾	*Vibrissaphora ailaonica*		二级	
峨眉髭蟾	*Vibrissaphora boringii*		二级	
雷山髭蟾	*Vibrissaphora leishanensis*		二级	
原髭蟾	*Vibrissaphora promustache*		二级	
南澳岛角蟾	*Xenophrys insularis*		二级	
水城角蟾	*Xenophrys shuichengensis*		二级	
蟾蜍科	**Bufonidae**			
史氏蟾蜍	*Bufo stejnegeri*		二级	
鳞皮小蟾	*Parapelophryne scalpta*		二级	
乐东蟾蜍	*Qiongbufo ledongensis*		二级	
无棘溪蟾	*Bufo aspinius*		二级	
叉舌蛙科	**Dicroglossidae**			
*虎纹蛙	*Hoplobatrachus chinensis*		二级	仅限野外种群
*脆皮大头蛙	*Limnonectes fragilis*		二级	

（续表）

中文名	学名	保护级别		备注
＊叶氏肛刺蛙	*Yerana yei*		二级	
蛙科	**Ranidae**			
＊海南湍蛙	*Amolops hainanensis*		二级	
＊香港湍蛙	*Amolops hongkongensis*		二级	
＊小腺蛙	*Glandirana minima*		二级	
＊务川臭蛙	*Odorrana wuchuanensis*		二级	
树蛙科	**Rhacophoridae**			
巫溪树蛙	*Rhacophorus hongchibaensis*		二级	
老山树蛙	*Rhacophorus laoshan*		二级	
罗默刘树蛙	*Liuixalus romeri*		二级	
洪佛树蛙	*Rhacophorus hungfuensis*		二级	
文昌鱼纲 AMPHIOXI				
文昌鱼目	**AMPHIOXIFORMES**			
文昌鱼科#	**Branchiostomatidae**			
＊厦门文昌鱼	*Branchiostoma belcheri*		二级	仅限野外种群。原名“文昌鱼”
＊青岛文昌鱼	*Branchiostoma tsingdauense*		二级	仅限野外种群
圆口纲 CYCLOSTOMATA				
七鳃鳗目	**PETROMYZONTIFORMES**			
七鳃鳗科#	**Petromyzontidae**			
＊日本七鳃鳗	*Lampetra japonica*		二级	
＊东北七鳃鳗	*Lampetra morii*		二级	
＊雷氏七鳃鳗	*Lampetra reissneri*		二级	
软骨鱼纲 CHONDRICHTHYES				
鼠鲨目	**LAMNIFORMES**			
姥鲨科	**Cetorhinidae**			
＊姥鲨	*Cetorhinus maximus*		二级	
鼠鲨科	**Lamnidae**			
＊噬人鲨	*Carcharodon carcharias*		二级	
须鲨目	**ORECTOLOBIFORMES**			
鲸鲨科	**Rhincodontidae**			
＊鲸鲨	*Rhincodon typus*		二级	
鲼目	**MYLIOBATIFORMES**			
魟科	**Dasyatidae**			
＊黄魟	*Dasyatis bennettii*		二级	仅限陆封种群
硬骨鱼纲 OSTEICHTHYES				
鲟形目#	**ACIPENSERIFORMES**			
鲟科	**Acipenseridae**			

（续表）

中文名	学名	保护级别		备注
＊中华鲟	*Acipenser sinensis*	一级		
＊长江鲟	*Acipenser dabryanus*	一级		原名“达氏鲟”
＊鳇	*Huso dauricus*	一级		仅限野外种群
＊西伯利亚鲟	*Acipenser baerii*		二级	仅限野外种群
＊裸腹鲟	*Acipenser nudiventris*		二级	仅限野外种群
＊小体鲟	*Acipenser ruthenus*		二级	仅限野外种群
＊施氏鲟	*Acipenser schrenckii*		二级	仅限野外种群
匙吻鲟科	**Polyodontidae**			
＊白鲟	***Psephurus gladius***	一级		
鳗鲡目	**ANGUILLIFORMES**			
鳗鲡科	**Anguillidae**			
＊花鳗鲡	*Anguilla marmorata*		二级	
鲱形目	**CLUPEIFORMES**			
鲱科	**Clupeidae**			
＊鲥	*Tenualosa reevesii*	一级		
鲤形目	**CYPRINIFORMES**			
双孔鱼科	**Gyrinocheilidae**			
＊双孔鱼	*Gyrinocheilus aymonieri*		二级	仅限野外种群
裸吻鱼科	**Psilorhynchidae**			
＊平鳍裸吻鱼	*Psilorhynchus homaloptera*		二级	
亚口鱼科	**Catostomidae**			原名“胭脂鱼科”
＊胭脂鱼	*Myxocyprinus asiaticus*		二级	仅限野外种群
鲤科	**Cyprinidae**			
＊唐鱼	*Tanichthys albonubes*		二级	仅限野外种群
＊稀有鮈鲫	*Gobiocypris rarus*		二级	仅限野外种群
＊鯮	*Luciobrama macrocephalus*		二级	
＊多鳞白鱼	*Anabarilius polylepis*		二级	
＊山白鱼	*Anabarilius transmontanus*		二级	
＊北方铜鱼	*Coreius septentrionalis*	一级		
＊圆口铜鱼	*Coreius guichenoti*		二级	仅限野外种群
＊大鼻吻鮈	*Rhinogobio nasutus*		二级	

（续表）

中文名	学名	保护级别		备注
* 长鳍吻鮈	*Rhinogobio ventralis*		二级	
* 平鳍鳅鮀	*Gobiobotia homalopteroidea*		二级	
* 单纹似鳡	*Luciocyprinus langsoni*		二级	
* 金线鲃属所有种	*Sinocyclocheilus* spp.		二级	
* 四川白甲鱼	*Onychostoma angustistomata*		二级	
* 多鳞白甲鱼	*Onychostoma macrolepis*		二级	仅限野外种群
* 金沙鲈鲤	*Percocypris pingi*		二级	仅限野外种群
* 花鲈鲤	*Percocypris regani*		二级	仅限野外种群
* 后背鲈鲤	*Percocypris retrodorslis*		二级	仅限野外种群
* 张氏鲈鲤	*Percocypris tchangi*		二级	仅限野外种群
* 裸腹盲鲃	*Typhlobarbus nudiventris*		二级	
* 角鱼	*Akrokolioplax bicornis*		二级	
* 骨唇黄河鱼	*Chuanchia labiosa*		二级	
* 极边扁咽齿鱼	*Platypharodon extremus*		二级	仅限野外种群
* 细鳞裂腹鱼	*Schizothorax chongi*		二级	仅限野外种群
* 巨须裂腹鱼	*Schizothorax macropogon*		二级	
* 重口裂腹鱼	*Schizothorax davidi*		二级	仅限野外种群
* 拉萨裂腹鱼	*Schizothorax waltoni*		二级	仅限野外种群
* 塔里木裂腹鱼	*Schizothorax biddulphi*		二级	仅限野外种群
* 大理裂腹鱼	*Schizothorax taliensis*		二级	仅限野外种群
* 扁吻鱼	*Aspiorhynchus laticeps*	一级		原名“新疆大头鱼”
* 厚唇裸重唇鱼	*Gymnodiptychus pachycheilus*		二级	仅限野外种群
* 斑重唇鱼	*Diptychus maculatus*		二级	
* 尖裸鲤	*Oxygymnocypris stewartii*		二级	仅限野外种群
* 大头鲤	*Cyprinus pellegrini*		二级	仅限野外种群
* 小鲤	*Cyprinus micristius*		二级	
* 抚仙鲤	*Cyprinus fuxianensis*		二级	
* 岩原鲤	*Procypris rabaudi*		二级	仅限野外种群

（续表）

中文名	学名	保护级别		备注
* 乌原鲤	*Procypris merus*		二级	
* 大鳞鲢	*Hypophthalmichthys harmandi*		二级	
鳅科	**Cobitidae**			
* 红唇薄鳅	*Leptobotia rubrilabris*		二级	仅限野外种群
* 黄线薄鳅	*Leptobotia flavolineata*		二级	
* 长薄鳅	*Leptobotia elongata*		二级	仅限野外种群
条鳅科	**Nemacheilidae**			
* 无眼岭鳅	*Oreonectes anophthalmus*		二级	
* 拟鲇高原鳅	*Triplophysa siluroides*		二级	仅限野外种群
* 湘西盲高原鳅	*Triplophysa xiangxiensis*		二级	
* 小头高原鳅	*Triphophysa minuta*		二级	
爬鳅科	**Balitoridae**			
* 厚唇原吸鳅	*Protomyzon pachychilus*		二级	
鲇形目	**SILURIFORMES**			
鲿科	**Bagridae**			
* 斑鳠	*Hemibagrus guttatus*		二级	仅限野外种群
鲇科	**Siluridae**			
* 昆明鲇	*Silurus mento*		二级	
𩷶科	**Pangasiidae**			
* 长丝𩷶	*Pangasius sanitwangsei*	一级		
钝头鮠科	**Amblycipitidae**			
* 金氏䱀	*Liobagrus kingi*		二级	
鮡科	**Sisoridae**			
* 长丝黑鮡	*Gagata dolichonema*		二级	
* 青石爬鮡	*Euchiloglanis davidi*		二级	
* 黑斑原鮡	*Glyptosternum maculatum*		二级	
* 魾	*Bagarius bagarius*		二级	
* 红魾	*Bagarius rutilus*		二级	
* 巨魾	*Bagarius yarrelli*		二级	
鲑形目	**SALMONIFORMES**			
鲑科	**Salmonidae**			
* 细鳞鲑属所有种	*Brachymystax* spp.		二级	仅限野外种群
* 川陕哲罗鲑	*Hucho bleekeri*	一级		
* 哲罗鲑	*Hucho taimen*		二级	仅限野外种群
* 石川氏哲罗鲑	*Hucho ishikawai*		二级	

（续表）

中文名	学名	保护级别		备注
＊花羔红点鲑	*Salvelinus malma*		二级	仅限野外种群
＊马苏大马哈鱼	*Oncorhynchus masou*		二级	
＊北鲑	*Stenodus leucichthys*		二级	
＊北极茴鱼	*Thymallus arcticus*		二级	仅限野外种群
＊下游黑龙江茴鱼	*Thymallus tugarinae*		二级	仅限野外种群
＊鸭绿江茴鱼	*Thymallus yaluensis*		二级	仅限野外种群
海龙鱼目	**SYNGNATHIFORMES**			
海龙鱼科	**Syngnathidae**			
＊海马属所有种	*Hippocampus* spp.		二级	仅限野外种群
鲈形目	**PERCIFORMES**			
石首鱼科	**Sciaenidae**			
＊黄唇鱼	*Bahaba taipingensis*	一级		
隆头鱼科	**Labridae**			
＊波纹唇鱼	*Cheilinus undulatus*		二级	仅限野外种群
鲉形目	**SCORPAENIFORMES**			
杜父鱼科	**Cottidae**			
＊松江鲈	*Trachidermus fasciatus*		二级	仅限野外种群。原名“松江鲈鱼”
半索动物门 HEMICHORDATA				
肠鳃纲 ENTEROPNEUSTA				
柱头虫目	**BALANOGLOSSIDA**			
殖翼柱头虫科	**Ptychoderidae**			
＊多鳃孔舌形虫	*Glossobalanus polybranchioporus*	一级		
＊三崎柱头虫	*Balanoglossus misakiensis*		二级	
＊短殖舌形虫	*Glossobalanus mortenseni*		二级	
＊肉质柱头虫	*Balanoglossus carnosus*		二级	
＊黄殖翼柱头虫	*Ptychodera flava*		二级	
史氏柱头虫科	**Spengeliidae**			
＊青岛橡头虫	*Glandiceps qingdaoensis*		二级	
玉钩虫科	**Harrimaniidae**			
＊黄岛长吻虫	*Saccoglossus hwangtauensis*	一级		
节肢动物门 ARTHROPODA				
昆虫纲 INSECTA				
双尾目	**DIPLURA**			
铗虮科	**Japygidae**			

（续表）

中文名	学名	保护级别		备注
伟铗虮	*Atlasjapyx atlas*		二级	
䗛目	**PHASMATODEA**			
叶䗛科#	**Phyllidae**			
丽叶䗛	*Phyllium pulchrifolium*		二级	
中华叶䗛	*Phyllium sinensis*		二级	
泛叶䗛	*Phyllium celebicum*		二级	
翔叶䗛	*Phyllium westwoodi*		二级	
东方叶䗛	*Phyllium siccifolium*		二级	
独龙叶䗛	*Phyllium drunganum*		二级	
同叶䗛	*Phyllium parum*		二级	
滇叶䗛	*Phyllium yunnanense*		二级	
藏叶䗛	*Phyllium tibetense*		二级	
珍叶䗛	*Phyllium rarum*		二级	
蜻蜓目	**ODONATA**			
箭蜓科	**Gomphidae**			
扭尾曦春蜓	*Heliogomphus retroflexus*		二级	原名“尖板曦箭蜓”
棘角蛇纹春蜓	*Ophiogomphus spinicornis*		二级	原名“宽纹北箭蜓”
缺翅目	**ZORAPTERA**			
缺翅虫科	**Zorotypidae**			
中华缺翅虫	*Zorotypus sinensis*		二级	
墨脱缺翅虫	*Zorotypus medoensis*		二级	
蛩蠊目	**GRYLLOBLATTODAE**			
蛩蠊科	**Grylloblattidae**			
中华蛩蠊	*Galloisiana sinensis*	一级		
陈氏西蛩蠊	*Grylloblattella cheni*	一级		
脉翅目	**NEUROPTERA**			
旌蛉科	**Nemopteridae**			
中华旌蛉	*Nemopistha sinica*		二级	
鞘翅目	**COLEOPTERA**			
步甲科	**Carabidae**			
拉步甲	*Carabus lafossei*		二级	
细胸大步甲	*Carabus osawai*		二级	
巫山大步甲	*Carabus ishizukai*		二级	
库班大步甲	*Carabus kubani*		二级	
桂北大步甲	*Carabus guibeicus*		二级	
贞大步甲	*Carabus penelope*		二级	
蓝鞘大步甲	*Carabus cyaneogigas*		二级	

（续表）

中文名	学名	保护级别		备注
滇川大步甲	*Carabus yunanensis*		二级	
硕步甲	*Carabus davidi*		二级	
两栖甲科	**Amphizoidae**			
中华两栖甲	*Amphizoa sinica*		二级	
长阎甲科	**Synteliidae**			
中华长阎甲	*Syntelia sinica*		二级	
大卫长阎甲	*Syntelia davidis*		二级	
玛氏长阎甲	*Syntelia mazuri*		二级	
臂金龟科	**Euchiridae**			
戴氏棕臂金龟	*Propomacrus davidi*		二级	
玛氏棕臂金龟	*Propomacrus muramotoae*		二级	
越南臂金龟	*Cheirotonus battareli*		二级	
福氏彩臂金龟	*Cheirotonus fujiokai*		二级	
格彩臂金龟	*Cheirotonus gestroi*		二级	
台湾长臂金龟	*Cheirotonus formosanus*		二级	
阳彩臂金龟	*Cheirotonus jansoni*		二级	
印度长臂金龟	*Cheirotonus macleayii*		二级	
昭沼氏长臂金龟	*Cheirotonus terunumai*		二级	
金龟科	**Scarabaeidae**			
艾氏泽蜣螂	*Scarabaeus erichsoni*		二级	
拜氏蜣螂	*Scarabaeus babori*		二级	
悍马巨蜣螂	*Heliocopris bucephalus*		二级	
上帝巨蜣螂	*Heliocopris dominus*		二级	
迈达斯巨蜣螂	*Heliocopris midas*		二级	
犀金龟科	**Dynastidae**			
戴叉犀金龟	*Trypoxylus davidis*		二级	原名“叉犀金龟”
粗尤犀金龟	*Eupatorus hardwickii*		二级	
细角尤犀金龟	*Eupatorus gracilicornis*		二级	
胫晓扁犀金龟	*Eophileurus tetraspermexitus*		二级	
锹甲科	**Lucanidae**			
安达刀锹甲	*Dorcus antaeus*		二级	
巨叉深山锹甲	*Lucanus hermani*		二级	
鳞翅目	**LEPIDOPTERA**			
凤蝶科	**Papilionidae**			
喙凤蝶	*Teinopalpus imperialism*		二级	
金斑喙凤蝶	*Teinopalpus aureus*	一级		
裳凤蝶	*Troides helena*		二级	
金裳凤蝶	*Troides aeacus*		二级	

（续表）

中文名	学名	保护级别		备注
荧光裳凤蝶	*Troides magellanus*		二级	
鸟翼裳凤蝶	*Troides amphrysus*		二级	
珂裳凤蝶	*Troides criton*		二级	
楔纹裳凤蝶	*Troides cuneifera*		二级	
小斑裳凤蝶	*Troides haliphron*		二级	
多尾凤蝶	*Bhutanitis lidderdalii*		二级	
不丹尾凤蝶	*Bhutanitis ludlowi*		二级	
双尾凤蝶	*Bhutanitis mansfieldi*		二级	
玄裳尾凤蝶	*Bhutanitis nigrilima*		二级	
三尾凤蝶	*Bhutanitis thaidina*		二级	
玉龙尾凤蝶	*Bhutanitis yulongensisn*		二级	
丽斑尾凤蝶	*Bhutanitis pulchristriata*		二级	
锤尾凤蝶	*Losaria coon*		二级	
中华虎凤蝶	*Luehdorfia chinensis*		二级	
蛱蝶科	**Nymphalidae**			
最美紫蛱蝶	*Sasakia pulcherrima*		二级	
黑紫蛱蝶	*Sasakia funebris*		二级	
绢蝶科	**Parnassidae**			
阿波罗绢蝶	*Parnassius apollo*		二级	
君主绢蝶	*Parnassius imperator*		二级	
灰蝶科	**Lycaenidae**			
大斑霾灰蝶	*Maculinea arionides*		二级	
秀山白灰蝶	*Phengaris xiushani*		二级	
蛛形纲 ARACHNIDA				
蜘蛛目	**ARANEAE**			
捕鸟蛛科	**Theraphosidae**			
海南塞勒蛛	*Cyriopagopus hainanus*		二级	
肢口纲 MEROSTOMATA				
剑尾目	**XIPHOSURA**			
鲎科#	**Tachypleidae**			
* 中国鲎	*Tachypleus tridentatus*		二级	
* 圆尾蝎鲎	*Carcinoscorpius rotundicauda*		二级	
软甲纲 MALACOSTRACA				
十足目	**DECAPODA**			
龙虾科	**Palinuridae**			
* 锦绣龙虾	*Panulirus ornatus*		二级	仅限野外种群
软体动物门 MOLLUSCA				
双壳纲 BIVALVIA				
珍珠贝目	**PTERIOIDA**			
珍珠贝科	**Pteriidae**			
* 大珠母贝	*Pinctada maxima*		二级	仅限野外种群
帘蛤目	**VENEROIDA**			

（续表）

中文名	学名	保护级别		备注
砗磲科#	**Tridacnidae**			
* 大砗磲	*Tridacna gigas*	一级		原名“库氏砗磲”
* 无鳞砗磲	*Tridacna derasa*		二级	仅限野外种群
* 鳞砗磲	*Tridacna squamosa*		二级	仅限野外种群
* 长砗磲	*Tridacna maxima*		二级	仅限野外种群
* 番红砗磲	*Tridacna crocea*		二级	仅限野外种群
* 砗蚝	*Hippopus hippopus*		二级	仅限野外种群
蚌目	**UNIONIDA**			
珍珠蚌科	**Margaritanidae**			
* 珠母珍珠蚌	*Margaritiana dahurica*		二级	仅限野外种群
蚌科	**Unionidae**			
* 佛耳丽蚌	*Lamprotula mansuyi*		二级	
* 绢丝丽蚌	*Lamprotula fibrosa*		二级	
* 背瘤丽蚌	*Lamprotula leai*		二级	
* 多瘤丽蚌	*Lamprotula polysticta*		二级	
* 刻裂丽蚌	*Lamprotula scripta*		二级	
截蛏科	**Solecurtidae**			
* 中国淡水蛏	*Novaculina chinensis*		二级	
* 龙骨蛏蚌	*Solenaia carinatus*		二级	
头足纲 CEPHALOPODA				
鹦鹉螺目	**NAUTILIDA**			
鹦鹉螺科	**Nautilidae**			
* 鹦鹉螺	*Nautilus pompilius*	一级		
腹足纲 GASTROPODA				
田螺科	**Viviparidae**			
* 螺蛳	*Margarya melanioides*		二级	
蝾螺科	**Turbinidae**			
* 夜光蝾螺	*Turbo marmoratus*		二级	
宝贝科	**Cypraeidae**			
* 虎斑宝贝	*Cypraea tigris*		二级	
冠螺科	**Cassididae**			

（续表）

中文名	学名	保护级别		备注
* 唐冠螺	*Cassis cornuta*		二级	原名“冠螺”
法螺科	**Charoniidae**			
* 法螺	*Charonia tritonis*		二级	
刺胞动物门 CNIDARIA				
珊瑚纲 ANTHOZOA				
角珊瑚目#	**ANTIPATHARIA**			
* 角珊瑚目所有种	ANTIPATHARIA spp.		二级	
石珊瑚目#	**SCLERACTINIA**			
* 石珊瑚目所有种	SCLERACTINIA spp.		二级	
苍珊瑚目	**HELIOPORACEA**			
苍珊瑚科#	**Helioporidae**			
* 苍珊瑚科所有种	Helioporidae spp.		二级	
软珊瑚目	**ALCYONACEA**			
笙珊瑚科#	**Tubiporidae**			
* 笙珊瑚	*Tubipora musica*		二级	
红珊瑚科#	**Coralliidae**			
* 红珊瑚科所有种	Coralliidae spp.	一级		
竹节柳珊瑚科	**Isididae**			
* 粗糙竹节柳珊瑚	*Isis hippuris*		二级	
* 细枝竹节柳珊瑚	*Isis minorbrachyblasta*		二级	
* 网枝竹节柳珊瑚	*Isis reticulata*		二级	
水螅纲 HYDROZOA				
花裸螅目	**ANTHOATHECATA**			
多孔螅科#	**Milleporidae**			
* 分叉多孔螅	*Millepora dichotoma*		二级	
* 节块多孔螅	*Millepora exaesa*		二级	
* 窝形多孔螅	*Millepora foveolata*		二级	
* 错综多孔螅	*Millepora intricata*		二级	
* 阔叶多孔螅	*Millepora latifolia*		二级	
* 扁叶多孔螅	*Millepora platyphylla*		二级	
* 娇嫩多孔螅	*Millepora tenera*		二级	
柱星螅科#	**Stylasteridae**			
* 无序双孔螅	*Distichopora irregularis*		二级	
* 紫色双孔螅	*Distichopora violacea*		二级	
* 佳丽刺柱螅	*Errina dabneyi*		二级	
* 扇形柱星螅	*Stylaster flabelliformis*		二级	
* 细巧柱星螅	*Stylaster gracilis*		二级	
* 佳丽柱星螅	*Stylaster pulcher*		二级	
* 艳红柱星螅	*Stylaster sanguineus*		二级	
* 粗糙柱星螅	*Stylaster scabiosus*		二级	

注：* 代表水生野生动物；#代表该分类单元所有种均列入名录。

国家林业和草原局公告

2021 年第 4 号

根据《中华人民共和国种子法》第十九条、第九十三条的规定，现将由国家林业和草原局草品种审定委员会审定通过的淮扬 4 号等 18 个草品种(详见附件)予以公告。自公告发布之日起，上述品种可以在本公告规定的适宜种植范围内推广。

特此公告。

附件：草品种名录

国家林业和草原局

2021 年 2 月 3 日

附件

草品种名录

1.‘淮扬 4 号’紫花苜蓿

草种名称：紫花苜蓿

品种类别：育成品种

学名：*Medicago sativa*‘Huaiyang 4’

编号：国 S-BV-MS-001-2020

申报单位：扬州大学

选育人：魏臻武、武自念、王仪明、吕林有、张兵

品种特性

多叶型苜蓿，群体多叶率 50%以上。复叶 5~7 小叶，以 7 叶居多，单株多叶率为 79%。株型直立，茎秆较粗，分枝数 30~70 个，自然高度 100~130cm。江淮地区每年可刈割 4~7 次，平均干草产量为 11479kg/hm^2，粗蛋白含量为 20.2%。

主要用途

用作牧草，刈割利用。

栽培技术要点

浅耕灭茬，播前进行种子处理，接种根瘤菌。一般进行条播，行距 15~30cm，播种深度 1~2cm。江淮地区一般秋播，播种量 18.75kg/hm^2。可以结合整地施基肥，亦可在后期追肥，一般以磷、钾肥为主，少施氮肥或不施。田间管理注重苗期杂草的防除以及生育期芽虫等病虫害的防治。现蕾或初花期刈割，留茬 5~6cm。

适宜种植范围

适宜长江中下游地区种植。

2.‘中天 3 号’杂花苜蓿

草种名称：杂花苜蓿

品种类别：育成品种

学名：*Mcdicago varia*‘Zhongtian 3’

编号：国 S-BV-MV-002-2020

申报单位：中国农业科学院兰州畜牧与兽药研究所

选育人：杨红善、段慧荣、周学辉、王春梅、朱新强、常根柱、路远、张茜、崔光欣

品种特性

豆科多年生草本植物。根系发达，株型直立或半直立，株高 80~135cm。乳白色花占 90%左右，少有紫色、淡紫色和浅黄色。在西北干旱、半干旱地区越冬率为 90%以上，人工草地干草产量为 11947.6~15232.2kg/hm^2，种子产量为 310.6~713.8kg/hm^2，初花期粗蛋白含量为 18.86%。

主要用途

牧草和生态修复草兼用，既可用于退化草地补播或撂荒地、贫瘠土地改良，也可用于人工草地种植。

栽培技术要点

退化草地、撂荒地改良可与其他草种混播。人工草地播种前要精细整地，保持土壤墒情。春播或夏秋播。收草田以条播为宜，也可撒播，行距 12~25cm，播种量 18~75kg/hm^2。种子田可稀条播或穴播，稀条播行距 70~100cm，播种量 4.5~15kg/hm^2，穴播行距 70~100cm，穴株距 15~30cm，每穴 6~10 粒种子，播种深度 1~2cm。收草田在初花期刈割利用，种子田在 75%左右荚果成熟时即可收获。

适宜种植范围

适宜黄土高原、内蒙古中西部、陕西、山西、宁夏、新疆及北方相似气候区域种植。

3.‘中科 5 号’羊草

草种名称：羊草

品种类别：育成品种

学名：*Leymus chinensis*‘Zhongke 5’

编号：国 S-BV-LC-003-2020

申报单位：中国科学院植物研究所

选育人：刘公社、齐冬梅、陈双燕、刘辉、李晓霞、程丽琴、董晓兵、高利军、王岩、赵强、侯升林

品种特性

禾本科多年生草本。具发达的地下横走根茎，株型紧凑，平均株高 109cm。干草产量为 6245~8123kg/hm^2，种子产量 236kg/hm^2。适宜在年降水量 300~650mm、含盐量 0.4%以下的土壤生长，播种当年最大覆盖度为 31%~55%。

主要用途

牧草和生态修复草兼用，主要用于我国北方天然草场补播改良、退化草地生态修复、盐碱地改良、人工草地建设等。

栽培技术要点

人工草地播前深耕除杂草，随整地施有机肥 750kg/hm^2。春播，播种量 60~90kg/hm^2，盐碱地可适当加大播种量。条播，行距 15~20cm，播深 1~3cm。生态修复可与其他草籽混播，多为免耕补播，亦可撒播，羊草用种量 7.5~30kg/hm^2。拔节前追施氮磷钾复合肥 300kg/hm^2，刈割后追施尿素 225kg/hm^2，返青期、拔节期、越冬前以及施肥的同时配合灌溉。

适宜种植范围

适宜我国东北、西北和华北地区及青藏高原适宜地区种植。

4. ‘中科 7 号’羊草

草种名称：羊草

品种类别：育成品种

学名：*Leymus chinensis* ‘Zhongke 7’

编号：国 S-BV-LC-004-2020

申报单位：中国科学院植物研究所

选育人：齐冬梅、刘公社、刘辉、陈双燕、程丽琴、李晓霞、董晓兵、侯升林、高利军、王岩、赵强、姚彧

品种特性

禾本科多年生草本。具发达的地下横走根茎，主要分布于地表 5~10cm。地下生物量最高达 9134kg/hm^2，干草产量为 5660~7188kg/hm^2，种子产量 279kg/hm^2。适宜在年降水量 300~650mm、含盐量 0.4%以下的土壤生长，播种当年最大覆盖度为 33%~59%。

主要用途

生态修复草、牧草兼用，主要用于我国北方天然草场补播改良、退化草地生态修复、盐碱地改良、人工草地建设等。

栽培技术要点

人工草地播前深耕除杂草，随整地施有机肥 750kg/hm^2。适宜春播，播种量 60~90kg/hm^2，盐碱地可适当加大播种量。条播，行距 15~20cm，播深 1~3cm。用于生态修复可与其他草籽混播，多为免耕补播，亦可撒播，羊草用种量为 7.5~30kg/hm^2。拔节前追施氮磷钾复合肥 300kg/hm^2，刈割后追加尿素 225kg/hm^2，返青期、拔节期、越冬前以及施肥的同时配合灌溉。

适宜种植范围

适宜我国东北、西北和华北地区及青藏高原适宜地区种植。

5. ‘甘绿 1 号’百脉根

草种名称：百脉根

品种类别：育成品种

申报单位：甘肃创绿草业科技有限公司

学名：*Lotus corniculatus* ‘Ganlv 1’

编号：国 S-BV-LCO-005-2020

选育人：曹致中、柴惠、闫向忠、崔亚飞、姜华

品种特性

豆科百脉根属多年生草本。须根系发达，分枝多，明黄色花中有少量金黄色花。对土壤要求不严，pH5.0~8.2 均能生长。生育期为 84~90d，较原始亲本提前 10d 左右成熟。在甘肃河西及类似地区能收二茬种子，平均种子产量为 597.7kg/hm^2，平均干草产量为 9083kg/hm^2，平均粗蛋白含量为 17.1%。

主要用途

主要用于生态修复、水土保持、土壤改良。

栽培技术要点

土地深耕，耙平，使土粒细碎。3 月下旬至 8 月上旬播种，条播，行距 15~30cm，播种量 5~10kg/hm^2，播种深度 1cm。苗期保持地表湿润，注意杂草防除。开花期不要缺水，越冬前灌足冬水。结荚 30d 左右，当荚果由绿变红，大部分变黄，少量开始裂荚时及时收获种子。收草时在盛花期收获，可以刈割 2~3 茬。

适宜种植范围

适宜我国华北、西北大部分地区种植。

6. ‘中林育 1 号’野牛草

草种名称：野牛草

品种类别：育成品种

学名：*Buchloe dactyloides* ‘Zhonglinyu 1’

编号：国 S-BV-BD-006-2020

申报单位：中国林业科学研究院林业研究所

选育人：钱永强、孙振元、韩蕾、巨关升、刘俊祥

品种特性

多年生低矮暖季型草本植物。匍匐茎发达且分枝多，匍匐茎直径 0.12cm，节间长度 7.3cm 左右，单节分株数 4~9 个。叶片深绿、被毛，叶片长 22.4~29.3cm，叶片宽 2.6~3mm。建植 45~60d 盖度可达 85%，在华北地区越冬成活率达 100%。

主要用途

主要用于退化草原生态修复、公园绿地建设等。

栽培技术要点

退化草原生态修复：机械植苗，雨季前穴植，株行距 1m×1m，随种随压实，充分灌溉，建植成活后常规管理；免耕补播，可与其他草种混播，野牛草用种量为 7.5~15kg/hm^2。绿地建植：建植前首先清除杂草，整平地面后，按株行距 30cm×30cm 穴植，然后培土镇压、整平。建植一周内保证土壤湿润，之后正常管理。

适宜种植范围

适宜华北地区低养护、困难立地建植。

7. ‘鲁滨 1 号’沟叶结缕草

草种名称：沟叶结缕草

品种类别：育成品种

申报单位：鲁东大学

学名：*Zoysia matrella* ‘Lubin 1’

编号：国 S-BV-ZM-007-2020

选育人：傅金民、徐筱、范树高、王广阳、殷燕玲

品种特性

禾本科结缕草属多年生草本。具地下根茎和匍匐茎，节间短，节上产生不定根。异花授粉，主要通过营养器官繁殖。叶宽 2.77mm，密度为 708 个/100cm^2，全年绿期 242~259d。在滨海盐碱地建植后，0~10cm 土层含盐量下降 50%~60%，有机质增加 18%~47%。

主要用途

主要用于海滨盐碱地生态修复、草坪绿化。

栽培技术要点

暖季型草，适于 5~10 月种植，6~9 月最优。采用草茎栽植法繁殖，在滨海盐碱地采用铺草皮法建植，按 30cm×30cm 铲下草皮，土厚 1~2cm。栽后及时浇水，入冬前和返青期及时浇透水。建植前施复合肥 450kg/hm^2；建植后施尿素 105~120kg/hm^2，晚秋施肥较好。

适宜种植范围

适宜北纬 39°以南滨海地区种植。

8. ‘阿勒泰戈宝’白麻

草种名称：白麻

品种类别：野生驯化品种

学名：*Poacynum pictum* ‘Altay Gaubau’

编号：国 S-WDV-PP-008-2020

申报单位：阿勒泰戈宝茶股份有限公司、兰州大学

选育人：刘起棠、张吉宇、王莉、何伟、王彦荣、黄景凤

品种特性

夹竹桃科白麻属多年生草本。具有水平根和垂直根，茎红色或红棕色，株高 100~200cm。顶生伞房状花序，花内面玫瑰红色，背面淡粉色，5 月底初花期，6 月中下旬盛花期，花期 2 个月。在年降水量 130mm 左右、pH8.7 的盐碱地可良好生长。产麻率为 16.3%，可用于加工生产高质量麻类纺织品。

主要用途

主要用于生态修复、盐碱地改良、生态旅游观赏。

栽培技术要点

播种前冷水浸种 12h 以上催芽。春季大棚育苗，将催芽种子伴入 2~3 倍细沙混合后播于营养钵中，每钵 10 粒左右，覆盖细土 2~3mm。苗高 10cm 时揭去大棚薄膜，2 周后移栽。春季 5~6 月移栽，秋季 10 月上、中旬移栽。带土起苗，株、行距 1.5m×3m 穴栽，穴直径 40cm、深度 30cm。移栽后浇透水，除草，施肥（有机肥 3~5kg/穴），锈病喷施波尔多液防治。

适宜种植范围

适宜我国北方年降水量 130~400mm 的干旱半干旱地区、荒漠戈壁、盐碱地种植。

9. ‘阿勒泰戈宝’罗布麻

草种名称：罗布麻

品种类别：野生驯化品种

学名：*Apocynum venetum* ‘Altay Gaubau’

编号：国 S-WDV-AV-009-2020

申报单位：阿勒泰戈宝茶股份有限公司、兰州大学

选育人：刘起棠、张吉宇、王莉、黄景凤、王彦荣

品种特性

夹竹桃科罗布麻属多年生草本。具水平根和垂直根，叶片对生，株高 100~120cm。顶生单歧聚伞花序，花紫红色。5 月底初花期，6 月中下旬盛花期，花期 2 个月。在年降水 130mm 左右、pH8.7 的盐碱地可良好生长。叶片黄酮含量达 2%以上，可用于生产罗布麻茶叶。

主要用途

主要用于生态修复、盐碱地改良、生态旅游观赏。

栽培技术要点

播种前冷水浸种 12h 以上催芽。春季大棚育苗，将催芽种子伴入 2~3 倍细沙混合后播于营养钵中，每钵 10 粒左右，覆盖细土 2~3mm。苗高 10cm 时揭去大棚薄膜，2 周后移栽。春季 5~6 月移栽，秋季 10 月上、中旬移栽。带土起苗，按株行距 1.5m×3m 穴栽，穴直径 40cm、深度 30cm。栽后浇透水，除草，施肥（有机肥 3~5kg/穴），锈病喷施波尔多液防治。

适宜种植范围

我国北方年降水量 130~400mm 的干旱半干旱地区、荒漠戈壁、盐碱地种植。

10. ‘西乌珠穆沁’羊草

草种名称：羊草

品种类别：野生驯化品种

申报单位：中国农业科学院草原研究所

学名：*Leymus chinensis* ‘Xiwuzhumuqin’

编号：国 S-WDV-LC-010-2020

选育人：武自念、侯向阳、李志勇、常春、黄帆

品种特性

禾本科多年生草本植物。具有发达的地下横走根茎，根茎节间长 3~5cm，集中分布在 10~15cm 土层。茎秆直立，主茎粗 0.2cm，株高 90~115cm，叶层高 60~75cm。种子土培发芽率 85%以上，平均种子产量 250.43kg/hm^2，平均干草产量 8174kg/hm^2，花期粗蛋白含量为 14.97%。

主要用途

生态修复草、牧草兼用，主要用于退化草地补播改良、草原生态修复及人工草地建设。

栽培技术要点

秋翻地，深度 20cm 以上，彻底灭除杂草后，翻后及时耙地和压地，有条件时可进行灌溉、施基肥。春播、夏播、秋播均可，以 6~7 月雨季播种最好，秋播不得迟于 8 月下旬。条播，行距 40~50cm，播量 10~20kg/hm^2，播深 1.5~2cm，播后及时镇压，以利出苗。常规田间管理，播种当年，不宜放牧。

适宜种植范围

适宜在我国内蒙古及其相邻省区种植。

11. ‘雅江’老芒麦

草种名称：老芒麦

品种类别：野生驯化品种

学名：*Elymus sibiricus* ‘Yajiang’

编号：国 S-WDV-ES-011-2020

申报单位：四川农业大学、四川省草原科学研究院、西南民族大学

选育人：马啸、白史且、苟文龙、闫利军、陈仕勇、刘琳、赵俊茗、雷雄、张建波、刘伟

品种特性

禾本科披碱草属多年生草本。根系发达，分蘖能力强，株高 100~135cm。叶长 8~25cm，叶宽 7~15mm，种子千粒重 3.8~4.2g。在川西高原生育期 150~160d，越冬率 97.4%。平均干草产量 8485.6kg/hm^2，平均种子产量 1346.4kg/hm^2，抽穗期粗蛋白含量 9.3%。

主要用途

牧草和生态修复草兼用，主要用于青藏高原海拔3700m以下地区退化草原生态修复及人工草地建设。

栽培技术要点

选择肥力适中、土层深厚的地块整地，结合整地施复合肥 150～225kg/hm^2 或腐熟的牛羊粪 15000～20000kg/hm^2 做底肥。4月中旬至5月中旬播种，条播或撒播，条播播量 22.5～30kg/hm^2，行距 30cm，撒播播量 30～37.5kg/hm^2，播种深度 2～3cm。在分蘖拔节期，可追施化肥 45～75kg/hm^2。抽穗期或盛花期进行刈割利用，留茬 5cm。

适宜种植范围

适宜在青藏高原海拔 3700m 以下、降水量 500mm 以上的地区种植。

12.‘麦洼’老芒麦

草种名称：老芒麦

品种类别：野生驯化品种

申报单位：四川省草原科学研究院

学名：*Elymus sibiricus*‘Maiwa’

编号：国 S-WDV-ES-012-2020

选育人：白史且、张昌兵、李达旭、游明鸿、鄢家俊、闫利军、季晓菲、陈丽丽、常丹

品种特性

禾本科披碱草属多年生草本。须根系，茎秆疏丛直立，株高 100～130cm。叶长 9.8cm、叶宽 9.6mm，穗紫红色，种子千粒重 3.6～3.9g。在川西高原生育期 133d，生长天数 157d。平均种子产量 1802.9kg/hm^2，平均干草产量 5146.57kg/hm^2，抽穗期粗蛋白含量 9.6%。

主要用途

牧草和生态修复草兼用，主要用于青藏高原东部退化草原生态修复及人工草地建设。

栽培技术要点

青藏高原东部在5月至6月中旬播种，种子生产以条播(行距 40cm)为宜，播量 15.0～22.5kg/hm^2，牧草生产可条播(行距 30～40cm)亦可撒播，播种量 27.0～37.5kg/hm^2，播深 1～2cm。分蘖期追施尿素 75kg/hm^2 加复合肥 45kg/hm^2。牧草利用一般在花期至灌浆期刈割，留茬 5～6cm；种子收获在 80%进入蜡熟期开始，收种后需及时刈割残茬。

适宜种植范围

适宜青藏高原东部及北方寒冷湿润地区种植，降水量在 600mm 以上为最适区域。

13.‘康南’垂穗披碱草

草种名称：垂穗披碱草

品种类别：野生驯化品种

学名：*Elymus nutans*‘Kangnan’

编号：国 S-WDV-EN-013-2020

申报单位：西南民族大学、四川农业大学

选育人：陈仕勇、张新全、马啸、冯光燕、陈有军

品种特性

禾本科披碱草属多年生草本。须根系，根系发达，株高 125～148cm。叶长 9～18cm，叶宽 7～12mm。小穗多偏于穗轴一侧，略带紫色，长 20～28cm，种子千粒重 3.3～3.8g。川西高原生育期达到 150～160d。干草产量为 5000～8000kg/hm^2，种子产量为 1000～1600kg/hm^2。

主要用途

牧草和生态修复草兼用，主要用于青藏高原东部退化草原生态修复及人工草地建设。

栽培技术要点

在青藏高原地区为春播，气候稍暖地区可以早播或者夏播，在川西北高原最适宜播种期为4月中旬至5月中旬。撒播、条播均可，条播播种量 30～37.5kg/hm^2，行距 20～30cm，播种深度 3～5cm，撒播时播种量 37.5～45kg/hm^2。注意苗期的田间管理，适时中耕除草。抽穗期或开花期刈割利用，留茬高度在 5～8cm。

适宜种植范围

适宜于青藏高原东南缘及内蒙古东部年降水量 400mm 以上地区种植。

14.‘盐池’沙芦草

草种名称：沙芦草

品种类别：野生驯化品种

申报单位：宁夏大学

学名：*Agropyron mongolicum*‘Yanchi’

编号：国 S-WDV-AM-014-2020

选育人：伏兵哲、兰剑、高雪芹、谢应忠、许兴、马红彬、彭文栋、杨发林

品种特性

禾本科冰草属多年生草本。根系发达，须根具沙套；茎秆直立，株高 78～95cm；分蘖数 95 个，茎粗 1.68mm。叶片长 10～12cm，叶片宽 2～3mm，叶片灰绿色；种子千粒重 2.43g，发芽率 70%，在盐池地区生育期 120d 左右，生长期 230d 以上。一年可刈割 2 次，平均干草产量为 6900kg/hm^2，平均种子产量为 694.1kg/hm^2。抽穗期的盖度能够达到 97.7%。

主要用途

生态修复草和牧草兼用，主要用于退化草原补播改良，生态修复、边坡防护、水土保持和人工草地种植等。

栽培技术要点

精细整地和防除杂草，结合整地施底肥磷酸二胺 375～450kg/hm^2。人工草地在 4～5 月或 7～8 月播种，天然草原补播在7月初至8月中旬雨季来临时播种。人工草地：条播，行距 20～30cm，播量 22.5kg/hm^2；种子田：条播，行距 30～40cm，播种量 12～22.5kg/hm^2；天然草原补播：条播或撒播，播量 22.5～30kg/hm^2。苗期及时铲除杂草，播种当年不施肥，春季返青或刈割后根据土壤肥力情况施入磷酸二胺 375～525kg/hm^2。

适宜种植范围

适宜我国西北、华北年降水量 200～400mm 温带干旱半干旱地区种植。

15.‘黔南’山麦冬

草种名称：山麦冬

品种类别：野生驯化品种

申报单位：贵州省草业研究所、四川省草原科学研

究院

学名：*Liriope spicata* ‘Qiannan’

编号：国 S-WDV-LS-015-2020

选育人：范国华、谢彩云、左相兵、张文、张建波

品种特性

百合科山麦冬属多年生草本。具地下茎，花期株高50~70cm。叶基生，叶长30~68cm，叶宽4~8mm。千粒重56.5g，种子产量900kg/hm²。喜温暖湿润气候，肥沃土壤上生长良好。四季常绿，具多数花，花淡紫色，6月初花葶出现，7月初为盛花期，花序观赏期56d以上。

主要用途

观赏草，主要用于风景林下，公路复层绿化带以及城市公共绿地和庭院绿化。

栽培技术要点

通常采用分株法栽培，多在春季种植，每个株丛分3~5株，每株10~15枚叶片，株行距25cm×25cm，栽植深度7~10cm。在移栽和秋季分施氮肥150~225kg/hm²，群落形成前除杂1~3次。在南方雨季，注意黑斑病防治，一般发病初期用1：100波尔多液防治，每10d喷一次，连续喷3~4次。

适宜种植范围

适宜亚热带中低海拔地区及相似气候区种植。

16.‘雷司令’白三叶

草种名称：白三叶

品种类别：引进品种

申报单位：云南农业大学

学名：*Trifolium repens* ‘Riesling’

编号：国 S-IV-TR-016-2020

选育人：姜华、何承刚、吴晓祥、周凯、李鸿祥

品种特性

豆科车轴草属多年生草本。匍匐枝长而发达，草层高40~60cm。头型总状花序，含白色小花30~80朵，种子黄色心形，直径1.0~1.2mm，千粒重0.5~0.6g。喜温凉湿润气候，尚能耐荫，生育期299d。粗蛋白含量21.6%，每年可刈割4~6次，干草产量可达6000~8000kg/hm²。

主要用途

牧草、生态修复草兼用，主要用于混播人工草地建设、生态修复以及景观绿地营造。

栽培技术要点

播前精细整地，初次种植应接种根瘤菌。南方秋播最佳，撒播或条播，行距10~15cm，播量8~10kg/hm²，宜浅播，混播播量2.5~4.5kg/hm²。注意排水防涝，苗期控制杂草。混播草地适合轮牧或刈割利用，应至少2~3周恢复时间，留茬3~5cm。

适宜种植范围

适宜南北方温和湿润气候区种植，南方适宜海拔800m以上，降水量650~1500mm温和湿润地区种植。

17.‘克朗德’白三叶

草种名称：白三叶

品种类别：引进品种

学名：*Trifolium repens* ‘Klondike’

编号：国 S-IV-TR-017-2020

申报单位：四川省草业技术研究推广中心、西南民族大学、凉山彝族自治州畜牧站、四川农业大学

选育人：姚明久、王同军、陈仕勇、聂刚、程明军、苟文龙

品种特性

豆科车轴草属多年生草本。匍匐枝长而发达，草层高30~60cm。头型总状花序，含白色小花30~80朵，种子千粒重0.5~0.6g，生育期298d左右。粗蛋白含量21.4%，年可刈割4~5次，干草产量7400~8700kg/hm²。

主要用途

牧草、生态修复草兼用，主要用于混播人工草地建设、生态修复以及景观绿地营造。

栽培技术要点

播前精细整地，初次种植应接种根瘤菌。南方秋播最佳，条播，播量8~10kg/hm²，行距30cm，播种深度1cm，混播播量2.5~4.5kg/hm²。保证水肥需要，每刈割2~3次或放牧后施适量复合肥。混播草地适合轮牧或割草利用，利用后至少2~3周恢复时间，留茬3~5cm。

适宜种植范围

适宜在长江中上游地区海拔600m以上，年降水量1000mm以上的温凉湿润地区或相似气候区种植。

18.‘百诺达’多年生黑麦草

草种名称：多年生黑麦草

品种类别：引进品种

学名：*Lolium perenne* ‘Barnauta’

编号：国 S-IV-LP-018-2020

申报单位：四川农业大学、百绿(天津)国际草业有限公司

选育人：黄琳凯、张新全、周思龙、聂刚、杨志远

品种特性

多年生冷季型草本。须根系，株高80~100cm。叶片长10~18cm，穗长15~25cm，种子长4~7mm，千粒重1.9g。利用时间长达3~5年，每年可刈割4~5次，年平均干草产量10500kg/hm²，第一次刈割粗蛋白含量20.7%。

主要用途

用作牧草，主要用于混播人工草地建植，刈割或放牧利用。

栽培技术要点

适宜秋播(9~10月)，地温稳定在10~15℃为宜。一般条播，行距30cm，播种量为15.0~22.5kg/hm²，播种深度1~2cm。播后及时查苗补缺、防除杂草、施肥、排灌并防治病虫害。头茬一般在株高45~50cm时进行刈割，留茬5cm。

适宜种植范围

适宜我国西南地区亚热带海拔800~2500m，降水量800~1500mm的温凉湿润山区种植。

国家林业和草原局公告

2021年第5号

根据《植物检疫条例》和《全国检疫性林业有害生物疫区管理办法》(林造发〔2018〕64号)的有关规定，现将我国2021年松材线虫病疫区公告如下：

辽宁省：沈阳市浑南区，大连市中山区、西岗区、沙河口区、甘井子区、长海县，抚顺市东洲区、顺城区、抚顺县、新宾满族自治县、清原满族自治县，本溪市溪湖区、明山区、本溪满族自治县，丹东市凤城市、宽甸满族自治县，辽阳市灯塔市、辽阳县，铁岭市开原市、铁岭县。

江苏省：南京市玄武区、浦口区、栖霞区、雨花台区、江宁区、六合区、溧水区、高淳区，无锡市惠山区、滨湖区、宜兴市，常州市金坛区、溧阳市，连云港市连云区、海州区、赣榆区※(※表示国家林业和草原局公告2020年第4号发布后新发生的县级行政区，下同)、灌云县※，淮安市盱眙县，扬州市仪征市，镇江市润州区、丹徒区、句容市、镇江高新技术产业开发区。

浙江省：杭州市萧山区、余杭区、富阳区、临安区、建德市、桐庐县、淳安县，宁波市海曙区、北仑区、鄞州区、奉化区、余姚市、慈溪市、象山县、宁海县，温州市鹿城区、龙湾区、瓯海区、洞头区、瑞安市、乐清市、龙港市、永嘉县、平阳县、苍南县、文成县、泰顺县，湖州市吴兴区、德清县、长兴县、安吉县，绍兴市越城区、柯桥区、上虞区、诸暨市、嵊州市、新昌县，金华市婺城区、金东区、兰溪市、义乌市、东阳市、永康市、武义县、浦江县、磐安县，衢州市柯城区、衢江区、江山市、常山县、开化县、龙游县，舟山市定海区，台州市椒江区※、黄岩区、温岭市、临海市、玉环市、三门县、天台县、仙居县，丽水市莲都区、龙泉市、青田县、缙云县、遂昌县、松阳县、云和县、庆元县、景宁畲族自治县。

安徽省：合肥市巢湖市、肥东县、肥西县、庐江县，芜湖市无为市、南陵县，马鞍山市博望区、当涂县，铜陵市郊区、枞阳县，安庆市大观区、宜秀区、桐城市、潜山市、怀宁县、太湖县、宿松县、望江县、岳西县，黄山市屯溪区、黄山区、徽州区、歙县、休宁县、黟县、祁门县，滁州市南谯区、明光市、来安县、全椒县、定远县、凤阳县，六安市金安区、裕安区、叶集区、霍邱县、舒城县、金寨县、霍山县，池州市贵池区、东至县、石台县、青阳县，宣城市宣州区、宁国市、广德市、泾县、绩溪县、旌德县。

福建省：福州市马尾区、晋安区、长乐区、福清市、闽侯县、连江县、罗源县、闽清县、永泰县，厦门市同安区、翔安区，莆田市城厢区、涵江区、荔城区※、仙游县，三明市三元区、沙县区、永安市※、大田县※、清流县、将乐县、泰宁县、建宁县※，泉州市丰泽区、洛江区、晋江市、南安市、惠安县、安溪县、永春县，漳州市云霄县、诏安县、南靖县，南平市延平区、建阳区※、邵武市※、武夷山市※、建瓯市、顺昌县※、浦城县※、光泽县※、松溪县※、政和县※，龙岩市漳平市※、上杭县※、连城县※，宁德市蕉城区、福安市、福鼎市、霞浦县、古田县※、寿宁县、周宁县※、柘荣县。

江西省：南昌市新建区、进贤县、安义县，九江市柴桑区、濂溪区、瑞昌市、共青城市、庐山市、修水县、武宁县、都昌县、永修县、德安县，景德镇市昌江区、乐平市、浮梁县，新余市渝水区、分宜县，鹰潭市余江区、月湖区、贵溪市，赣州市章贡区、南康区、赣县区、龙南市、瑞金市、信丰县、大余县、上犹县、崇义县、安远县、全南县、定南县、兴国县、宁都县、于都县、会昌县、寻乌县，宜春市袁州区、樟树市、丰城市、高安市、靖安县、奉新县、上高县、宜丰县、铜鼓县、万载县，上饶市信州区、广丰区、广信区、德兴市、玉山县、铅山县、横峰县、弋阳县、余干县、鄱阳县、万年县、婺源县，吉安市青原区、井冈山市、吉安县、吉水县、新干县、峡江县、永丰县、遂川县、万安县、泰和县、安福县、永新县，抚州市临川区、东乡区、南城县、黎川县、南丰县、崇仁县、乐安县、宜黄县、金溪县、资溪县、广昌县。

山东省：济南市莱芜区，青岛市西海岸新区(黄岛区)、崂山区、李沧区、城阳区、即墨区，烟台市芝罘区、福山区、牟平区、莱山区、长岛综试区、栖霞市，济宁市泗水县，泰安市泰山区、岱岳区※，威海市环翠区、文登区、荣成市、乳山市，日照市东港区、岚山区、五莲县，临沂市莒南县、临沭县。

河南省：洛阳市栾川县，三门峡市卢氏县，南阳市西峡县、淅川县，信阳市罗山县※、光山县※、新县、固始县，驻马店市确山县※。

湖北省：武汉市武昌区、青山区、洪山区、武汉东湖新技术开发区、武汉东湖生态旅游风景区、武汉经济技术开发区(汉南区)、蔡甸区、江夏区、黄陂区、新洲区，黄石市黄石港区、下陆区、铁山区、大冶市、阳新县，十堰市茅箭区、张湾区、郧阳区、十堰经济技术开发区、武当山旅游经济特区、丹江口市、郧西县、竹山县、竹溪县、房县，宜昌市点军区、猇亭区、宜昌高新技术产业开发区、夷陵区、宜都市、当阳市、枝江市、远安县、兴山县、秭归县、长阳土家族自治县、五峰土家族自治县，襄阳市襄城区、樊城区、襄州区、枣阳市、宜城市、南漳县、谷城县、保康县，鄂州市梁子湖区、鄂城区，荆门市东宝区、掇刀区、钟祥市、京山市，孝感市安陆市、孝昌县、大悟县，荆州市荆州区、石首市、松滋市，黄冈市麻城市、武穴市、团风县、红安县、罗田县、英山县、浠水县、蕲春县、黄梅县，咸宁市咸安区、赤壁市、嘉鱼县、通城县、崇阳县、通山县，随州市曾都区、广水市、随县，恩施土家族苗族自治州恩施市、利川市、建始县、巴东县、宣恩县、咸丰县、来凤县。

湖南省：长沙市岳麓区、开福区、雨花区、望城区、浏阳市、宁乡市、长沙县，株洲市芦淞区、石峰区、醴陵市、攸县、茶陵县※、炎陵县，湘潭市雨湖区、昭山示范区、湘乡市、湘潭县，衡阳市珠晖区、雁峰区、蒸湘区、南岳区※、常宁市、衡阳县、衡南县、衡山县、衡东县、祁东县，邵阳市双清区、大祥区、武冈市、邵东市、新邵县、邵阳县、绥宁县、城步苗族自治县，岳阳市云溪区、汨罗市※、临湘市、岳阳县、平江县，常德市鼎城区、安乡县、临澧县、桃源县，张家界市永定区、武陵源区、慈利县，益阳市赫山区、桃江县、安化县，郴州市资兴市、桂阳县、宜章县、永兴县、安仁县，永州市零陵区、冷水滩区、东安县、江永县、宁远县，怀化市中方县、沅陵县、芷江侗族自治县、靖州苗族侗族自治县，娄底市娄星区、涟源市、双峰县、新化县※，湘西土家族苗族自治州吉首市、凤凰县、花垣县、保靖县、古丈县、永顺县、龙山县。

广东省：广州市白云区、黄埔区、花都区、从化区、增城区，珠海市香洲区，汕头市澄海区※、濠江区、潮南区※、南澳县，佛山市南海区※、高明区、三水区※，韶关市浈江区、武江区、曲江区、乐昌市、南雄市、仁化县、始兴县、翁源县、新丰县、乳源瑶族自治县，河源市源城区、东源县、和平县、龙川县、紫金县、连平县，梅州市梅江区、梅县区、兴宁市、平远县、蕉岭县、大埔县、丰顺县、五华县，惠州市惠城区、惠阳区、惠东县、博罗县、龙门县，汕尾市海丰县、陆河县，东莞市，中山市※，江门市蓬江区、新会区※、鹤山市※，阳江市江城区※、阳春市，茂名市高州市，肇庆市鼎湖区※、广宁县、德庆县、封开县、怀集县，清远市清城区、清新区、英德市、连州市、佛冈县、阳山县、连山壮族瑶族自治县，潮州市潮安区、湘桥区、饶平县，揭阳市揭东区、榕城区※、空港经济区※、普宁市※、惠来县※、揭西县※，云浮市郁南县※、罗定市※。

广西壮族自治区：南宁市西乡塘区、江南区、兴宁区、青秀区、武鸣区※、横州市，柳州市城中区、柳北区、柳南区※、鱼峰区※、柳城县，桂林市临桂区※、恭城瑶族自治县※、全州县、兴安县、永福县、灵川县，梧州市万秀区※、长洲区※、岑溪市、苍梧县，防城港市防城区※，钦州市浦北县、灵山县，贵港市港北区、桂平市，玉林市玉州区※、兴业县、容县、博白县，百色市靖西市、田林县※，贺州市平桂区、八步区、钟山县，河池市宜州区※，来宾市金秀瑶族自治县，崇左市大新县、龙州县。

重庆市：万州区、黔江区、涪陵区、大渡口区、江北区、沙坪坝区、九龙坡区、南岸区、北碚区、渝北区、巴南区、长寿区、江津区、合川区、永川区、南川区、綦江区、大足区、璧山区、铜梁区、潼南区、荣昌区、开州区、梁平区、武隆区、城口县、丰都县、垫江县、忠县、云阳县、巫山县、石柱土家族自治县、秀山土家族苗族自治县、酉阳土家族苗族自治县、彭水苗族土家族自治县、万盛经济技术开发区。

四川省：自贡市自流井区、贡井区、富顺县，泸州市泸县、古蔺县，绵阳市涪城区、平武县，广元市剑阁县，内江市隆昌市、资中县，乐山市市中区，南充市顺庆区、高坪区、阆中市、仪陇县，宜宾市翠屏区、南溪区、叙州区、江安县、长宁县、高县、珙县、筠连县、屏山县，广安市华蓥市※、邻水县，达州市通川区、达川区、万源市、宣汉县、开江县※、大竹县、渠县，雅安市名山区、石棉县，巴中市巴州区、恩阳区、通江县、平昌县，资阳市安岳县，凉山彝族自治州西昌市、喜德县。

贵州省：遵义市播州区、仁怀市、凤冈县※、习水县，毕节市金沙县，铜仁市碧江区、万山区、松桃苗族自治县，黔东南苗族侗族自治州剑河县※、榕江县、从江县、雷山县，黔南布依族苗族自治州福泉市※、荔波县。

云南省：昭通市水富市。

陕西省：西安市鄠邑区，汉中市洋县、西乡县、勉县、宁强县、略阳县、镇巴县、留坝县、佛坪县，安康市汉滨区、汉阴县、石泉县、宁陕县、紫阳县、岚皋县、平利县、旬阳县、白河县，商洛市商州区※、洛南县※、丹凤县※、商南县、山阳县、镇安县、柞水县。

特此公告。

国家林业和草原局
2021 年 3 月 24 日

国家林业和草原局公告

2021 年第 6 号

根据《植物检疫条例》和《全国检疫性林业有害生物疫区管理办法》（林造发〔2018〕64 号）有关规定，现将我国 2021 年撤销的松材线虫病疫区公告如下：

天津市：蓟州区。

辽宁省：本溪市南芬区。

安徽省：马鞍山市花山区。

福建省：泉州市泉州台商投资区，漳州市漳浦县、平和县。

特此公告。

国家林业和草原局
2021 年 3 月 24 日

国家林业和草原局公告

2021年第7号

根据《植物检疫条例》和《全国检疫性林业有害生物疫区管理办法》(林造发〔2018〕64号)有关规定，现将我国2021年美国白蛾疫区公告如下：

北京市：东城区、西城区、朝阳区、海淀区、丰台区、石景山区、门头沟区、房山区、通州区、顺义区、大兴区、昌平区、平谷区、怀柔区、密云区。

天津市：和平区、河东区、河西区、南开区、河北区、红桥区、滨海新区、东丽区、西青区、津南区、北辰区、武清区、宝坻区、宁河区、静海区、蓟州区。

河北省：石家庄市长安区、桥西区、新华区、裕华区、藁城区、鹿泉区、新乐市、井陉县、正定县、行唐县、灵寿县、高邑县、深泽县、无极县、平山县、元氏县，唐山市路南区、路北区、古冶区、开平区、丰南区、丰润区、曹妃甸区、滦州市、遵化市、迁安市、滦南县、乐亭县、迁西县、玉田县，秦皇岛市海港区、山海关区、北戴河区、抚宁区、青龙满族自治县、昌黎县、卢龙县，邯郸市邯山区、丛台区、复兴区、肥乡区、永年区、临漳县、成安县、大名县、邱县、广平县、馆陶县、魏县、曲周县、鸡泽县，邢台市襄都区、信都区、任泽区、南和区、南宫市、沙河市、临城县、柏乡县、隆尧县、宁晋县、广宗县、平乡县、威县、清河县、临西县、内丘县、巨鹿县，保定市竞秀区、莲池区、满城区、清苑区、徐水区、涿州市、安国市、高碑店市、涞水县、定兴县、唐县、高阳县、望都县、易县、曲阳县、蠡县、顺平县、博野县，承德市鹰手营子矿区、平泉市、兴隆县、宽城满族自治县，沧州市新华区、运河区、泊头市、任丘市、黄骅市、河间市、沧县、青县、东光县、海兴县、盐山县、肃宁县、南皮县、吴桥县、献县、孟村回族自治县，廊坊市安次区、广阳区、霸州市、三河市、固安县、永清县、香河县、大城县、文安县、大厂回族自治县，衡水市桃城区、冀州区、深州市、枣强县、武邑县、武强县、饶阳县、安平县、故城县、景县、阜城县，定州市，辛集市，雄安新区容城县、安新县、雄县。

内蒙古自治区：通辽市科尔沁左翼后旗、科尔沁左翼中旗。

辽宁省：沈阳市苏家屯区、浑南区、沈北新区、于洪区、辽中区、新民市、康平县、法库县，大连市甘井子区、旅顺口区、金普新区、普兰店区、瓦房店市、庄河市、长海县，鞍山市千山区、海城市、台安县、岫岩满族自治县，抚顺市顺城区、抚顺县，本溪市平山区、溪湖区、明山区、南芬区、本溪满族自治县、桓仁满族自治县，丹东市振兴区、元宝区、振安区、合作区、东港市、凤城市、宽甸满族自治县，锦州市太和区、凌海市、北镇市、黑山县、义县，营口市鲅鱼圈区、老边区、盖州市、大石桥市，阜新市清河门区、细河区、阜新蒙古族自治县、彰武县，辽阳市文圣区、宏伟区、弓长岭区、太子河区、灯塔市、辽阳县，盘锦市大洼区、盘山县，铁岭市银州区、清河区、调兵山市、开原市、铁岭县、西丰县、昌图县，葫芦岛市连山区、龙港区、南票区、兴城市、绥中县。

吉林省：长春市双阳区、长春经济技术开发区、长春汽车经济技术开发区、长春高新技术开发区、公主岭市，四平市铁西区、双辽市、梨树县，辽源市龙山区、西安区、东辽县、东丰县，通化市梅河口市、集安市。

上海市：闵行区※(※表示2020年以来美国白蛾新发生县级行政区，下同)、宝山区、嘉定区、浦东新区、金山区、松江区、青浦区、奉贤区※。

江苏省：南京市秦淮区※、建邺区、鼓楼区、浦口区、栖霞区、江宁区、六合区，徐州市鼓楼区、云龙区、贾汪区、泉山区、铜山区、新沂市、邳州市、丰县、沛县、睢宁县，连云港市连云区、海州区、赣榆区、东海县、灌云县、灌南县，淮安市淮安区、淮阴区、清江浦区、洪泽区、涟水县、盱眙县、金湖县，盐城市亭湖区、盐都区、大丰区、东台市、响水县、滨海县、阜宁县、射阳县、建湖县，扬州市广陵区、邗江区、江都区、仪征市、高邮市、宝应县，镇江市润州区※、丹徒区※、扬中市※，泰州市海陵区※、姜堰区、兴化市，宿迁市宿城区、宿豫区、沭阳县、泗阳县、泗洪县。

安徽省：合肥市瑶海区、庐阳区、蜀山区、包河区、巢湖市、长丰县、肥东县，芜湖市鸠江区、弋江区、繁昌区、无为市，蚌埠市龙子湖区、蚌山区、禹会区、淮上区、怀远县、五河县、固镇县，淮南市大通区、田家庵区、谢家集区、八公山区、潘集区、毛集区、凤台县、寿县，马鞍山市雨山区※、当涂县、含山县，淮北市杜集区、相山区、烈山区、濉溪县，铜陵市义安区、郊区，阜阳市颍州区、颍东区、颍泉区、界首市、临泉县、太和县、阜南县、颍上县，宿州市埇桥区、砀山县、萧县、灵璧县、泗县，滁州市南谯区、琅琊区、天长市、明光市、来安县、全椒县、定远县、凤阳县，六安市霍邱县，亳州市谯城区、涡阳县、蒙城县、利辛县，池州市贵池区。

山东省：济南市历下区、市中区、槐荫区、天桥区、历城区、长清区、章丘区、济阳区、莱芜区、钢城区、平阴县、商河县，青岛市市南区、市北区、青岛西海岸新区、崂山区、李沧区、城阳区、即墨区、胶州市、平度市、莱西市，淄博市周村区、张店区、淄川区、博山区、临淄区、桓台县、高青县、沂源县，枣庄市市中区、薛城区、峄城区、台儿庄区、山亭区、滕州市，东营市东营区、河口区、垦利区、利津县、广饶县，烟台市芝罘区、福山区、牟平区、莱山区、蓬莱区、龙口市、莱阳市、莱州市、招远市、栖霞市、海阳市，潍坊市潍城区、寒亭区、坊子区、奎文区、青州市、诸城市、寿光市、安丘市、高密市、昌邑市、临朐县、昌乐县，济宁市任城区、兖州区、曲阜市、邹城市、微山县、鱼台县、金乡县、嘉祥县、汶上县、泗水县、梁山县，泰安市泰山区、岱岳区、新泰市、肥城市、宁阳县、东平县，威海市环翠区、文登区、荣成市、乳山市，日照市东港区、岚山区、五莲县、莒县，临沂市兰山区、罗庄区、河东区、沂南县、郯城县、沂水县、兰陵县、费县、平邑县、莒南县、蒙阴县、临沭县，德州市德城区、陵城区、乐陵市、禹城市、宁津县、庆云县、临邑县、齐河县、平原县、夏津县、武城县，聊城市东昌府区、茌平区、临清市、阳谷县、莘县、东阿县、冠县、高唐县，滨州市滨城区、沾化区、邹平市、惠民县、阳信县、无棣县、博兴县，菏泽市牡丹区、定陶区、曹县、单县、成武县、巨野县、郓城县、鄄城县、东明县。

河南省：郑州市金水区、惠济区、郑东新区、中牟县，开封市龙亭区、顺河回族区、鼓楼区、祥符区、开封新区、通许县、尉氏县，平顶山市叶县※，安阳市文峰区、北关区、安阳县、汤阴县、内黄县，鹤壁市山城区、淇滨区、浚县、淇县，新乡市红旗区、卫滨区、卫辉市、新乡县、原阳县、延津县、封丘县，焦作市修武县、武陟县，濮阳市华龙区、濮阳经济技术开发区、清丰县、南乐县、范县、台前县、濮阳县，许昌市建安区、魏都区※、鄢陵县、襄城县※，漯河市源汇区、郾城区、召陵区、舞阳县、临颍县，商丘市梁园区、睢阳区、民权县、夏邑县、虞城县、睢县，周口市川汇区、淮阳区、项城市、扶沟县、西华县、商水县、沈丘县、郸城县，驻马店市驿城区、确山县、泌阳县、遂平县、西平县、上蔡县、汝南县、平舆县、正阳县，信阳市浉河区、平桥区、罗山县、光山县、潢川县、淮滨县、息县、商城县、新县，滑县，兰考县，固始县，新蔡县，长垣市，永城市。

湖北省：孝感市孝南区、应城市、安陆市、云梦县、孝昌县、大悟县，襄阳市襄州区、枣阳市，随州市广水市、随县，黄冈市红安县。

陕西省：西安市西咸新区沣西新城、西咸新区沣东新城、高新区、鄠邑区。

特此公告。

国家林业和草原局

2021 年 3 月 24 日

国家林业和草原局公告

2021 年第 8 号

根据《植物检疫条例》和《全国检疫性林业有害生物疫区管理办法》（林造发〔2018〕64 号）的有关规定，现将我国 2021 年撤销的美国白蛾疫区公告如下：

吉林省：吉林市吉林经济技术开发区。

特此公告。

国家林业和草原局

2021 年 3 月 24 日

国家林业和草原局公告

2021 年第 9 号

根据《中华人民共和国种子法》第十九条的规定，现将由国家林业和草原局林木品种审定委员会审定通过的湘杉 43 等 18 个品种和认定通过的彰武松等 9 个品种作为林木良种（详见附件）予以公告。自公告发布之日起，这些品种在林业生产中可以作为林木良种使用，并在本公告规定的适宜种植范围内推广。

特此公告。

附件：林木良种名录

国家林业和草原局

2021 年 3 月 31 日

附件

林木良种名录

审定通过品种

1. 湘杉 43

树种：杉木

类别：无性系

编号：国 S-SC-CL-001-2020

学名：*Cunninghamia lanceolate* ‘Xiangsha 43’

通过类别：审定

申请人：中国林业科学研究院林业研究所

选育人：段爱国、黄开勇、孙建军、张建国、邓宗

富、聂林芽、钟建德、罗启亮、唐红亮、何振革、张雄清、许忠坤

品种特性

湖南会同杉木第1代种子园半同胞子代选优后扦插繁殖获得的无性系。常绿针叶乔木，树冠尖塔形，主干通直圆满；木材基本密度平均值为0.2903g/cm^3，对照一般杉木生产用种木材基本密度平均值为0.2838g/cm^3。在16指数级立地28年生时，胸径年均生长量近1cm，树高年均生长量达0.68m以上，单株材积年均生长量可达0.017m^3。

主要用途

可作为用材林树种。

栽培技术要点

一年生苗造林，选择12地位指数以上立地，局部整地。在12月到次年3月的阴天或雨后晴天栽植，造林密度2.0m×2.0m或2.0m×1.5m。前3年每年抚育2次，第4年抚育1~2次；下层间伐法，间伐2次，第1次在林龄8~10年时，第2次在林龄13~15年时。不耐水湿。

适宜种植范围

江西、广西杉木适宜栽培区。

2. 欧美杨2012杨

树种：杨树

类别：引种驯化品种

编号：国S-ETS-PE-002-2020

学名：*Populus×euramericana* 'Portugal'

通过类别：审定

申请人：中国林业科学研究院林业研究所

选育人：李金花、胡建军、卢孟柱、路露、王雷、孟宪伟、安金明、贾素苹、李振江、郭东环、唐国梁、李刚、王岭、刘振廷、吴丽娟、刘喜荣、张绮纹

品种特性

1994年中国林业科学研究院林业研究所从意大利杨树研究所引进，雌株。主干通直圆满，树冠窄，卵形。无性繁殖插条造林成活率达90%以上。6年生木材纤维长度1080μm，长宽比24.4，综纤维素含量83.97%，1%NaOH抽提物21.66%；基本密度0.328g/cm^3，气干密度0.393g/cm^3，顺纹抗压强度35.4MPa，端面强度3517.4N，弦面强度1983.34N，径面强度2118.76N，抗弯强度66.45MPa。

主要用途

可作为用材林树种。

栽培技术要点

选择地势平坦、土壤肥力中等以上、土壤有效层厚度≥80cm地段造林。春季用1~2年生扦插苗造林，栽植密度500~1100株/hm^2。栽植后及时灌水，每年至少灌水3次。造林后第2年开始施追肥氮肥用量一般为每株50~200g。造林3年后适当修枝。采伐后种农作物1~3年。对水肥条件有一定要求，不耐盐碱地；不宜于山地造林，适宜于地势平坦地区造林。

适宜种植范围

河北、山东杨树适宜栽培区。

3. '娇红1号'红花玉兰

树种：红花玉兰

类别：品种

编号：国S-SV-MW-003-2020

申请人：北京林业大学

学名：*Magnolia wufengensis* 'Jiaohong 1'

通过类别：审定

选育人：马履一、桑子阳、朱仲龙、陈发菊、贾忠奎、段劼、刘鑫、王罗荣、赵航文、马知一、丁向阳

品种特性

落叶乔木，树高可达15~20m。花芳香，单生枝顶，直立，先叶开放；花被片大部分为9个，偶有10或11个，均为花瓣状，内外侧均为鲜红色，通过英国皇家园林协会RHS植物比色卡2015版比色，外侧颜色为Red Group系列的53B或54A，内侧颜色为Red Group系列的52A或54B。湖北宜昌、北京、云南大理、河南南阳花期分别为3月6~27日、3月9~27日、12月21日~2月23日、3月6~29日。

主要用途

可用作园林绿化树种。

栽培技术要点

最佳栽植时间为春初和晚秋，适宜栽种于深厚肥沃的砂质壤土或有机质丰富的酸性或弱碱性土壤，定植株行距2.0m×3.0m或3.0m×3.0m。根系严忌水涝，地势平坦区域最好起垄种植。移栽后需缓苗1~2年。可培育控根容器苗克服移植缓苗，同时也可以打破栽植季节的约束。

适宜种植范围

北京、湖北、云南、河南玉兰适宜栽培区。

4. '娇红2号'红花玉兰

树种：红花玉兰

类别：品种

编号：国S-SV-MW-004-2020

申请人：北京林业大学

学名：*Magnolia wufengensis* 'Jiaohong 2'

通过类别：审定

选育人：马履一、贾忠奎、朱仲龙、陈发菊、桑子阳、段劼、王罗荣、赵航文、马知一、丁向阳

品种特性

红花玉兰变种多瓣红花玉兰。落叶乔木，树高可达15~20m。花芳香，单生枝顶，直立，先叶开放；花被片大部分为12个，偶有13或14个，均为花瓣状，外侧鲜红色内侧粉红色，通过英国皇家园林协会RHS植物比色卡2015版比色，花瓣外侧颜色为Red Group54A，内侧颜色为Red Group54C。湖北宜昌、北京、云南大理、河南南阳花期分别为3月8~29日、3月11~25日、12月23日至翌年2月23日、3月10~29日。

主要用途

可用作园林绿化树种。

栽培技术要点

最佳栽植时间为春初和晚秋，适宜栽种于深厚肥沃的砂质壤土或有机质丰富的酸性或弱碱性土壤，定植株行距2.0m×3.0m或3.0m×3.0m。根系严忌水涝，必须

做好排涝工作，地势平坦区域最好起垄种植。移栽后需缓苗 1~2 年。可培育控根容器苗克服移植缓苗，同时也可以打破栽植季节的约束。

适宜种植范围

北京、湖北、云南、河南玉兰适宜栽培区。

5. SC1 苹果矮化砧木

树种：苹果

类别：品种

编号：国 S-SV-MH-005-2020

学名：*Malus honanensis* ‘SC1’

通过类别：审定

申请人：山西农业大学(山西省农业科学院现代农业研究中心)

选育人：牛自勉、蔚露、赵桂兰、林球、王红宁、李全、廉国武、杨勇、李志强、张素霞、李鸿雁、王建新

品种特性

SH3 的自然授粉杂交后代，父本不详。成熟龄树高 3.0~3.5m。与富士系、嘎拉系等主栽品种嫁接，接口平滑，无大小脚现象；在山西省嫁接长富 2 号，5~8 年生盛果期平均亩产 3178~3504kg，比使用 SH 系砧木果园平均增产 12.6%~15.4%；果实平均可溶性固形物含量 16.2%~16.8%，果肉硬度 9.13~9.30kg/cm^2。嫁接红富士苹果在冬季绝对低温-25℃环境下能够正常生长发育，无明显冻害，在年降水 500mm 左右的半干旱地区果园能正常结果。

主要用途

砧木品种。

栽培技术要点

丘陵半干旱果园栽植密度 2.0m×4.0m，自由纺锤树形，成熟龄树每株选留 15~20 个骨干枝，更新周期 8~10 年，采用自然生草或人工生草的方法培肥土壤，调节土壤 pH 值，并减少水土流失；高肥水平地果园栽植密度 1.5m×4.0m，细长纺锤树形，成熟龄树每株选留 25~30 个大型结果枝，更新周期 5~8 年。平均每亩留果量 1.05 万~1.20 万个，并在 5 月中旬之前进行疏果定果。

适宜种植范围

山西、河北、河南年平均温度 8.5℃~13℃、冬季绝对低温高于-25℃，土壤 pH 值 6.5~8.0，无霜期大于 160 天的苹果适宜栽培区。

6. ‘皮瓜尔’油橄榄

树种：油橄榄

类别：引种驯化品种

编号：国 S-ETS-OE-006-2020

申请人：云南省林业和草原科学院

学名：*Olea europaea* ‘Picual’

通过类别：审定

选育人：宁德鲁、姜成英、张艳丽、李勇杰、邓先珍、吴文俊、马婷、赵海云、耿树香、陈海云、赵梦炯

品种特性

1979 年我国林业部从西班牙引进。树冠紧凑，总状花序。果实长椭圆形，果顶具嘴，不对称。定植 3 年开始挂果，8 年进入盛果期，盛果期平均亩产鲜果可达 596.5kg；鲜果含油率 23.06%。脂肪酸组成为棕榈油酸含量 1.5%，棕榈酸含量 13.8%，硬脂酸含量 2.2%，油酸含量 75.5%，亚油酸含量 5.6%，亚麻酸含量 0.6%。

主要用途

可作为油料植物，鲜果用于榨取橄榄油。

栽培技术要点

选择光照充足的地块，土层厚度≥80cm、质地疏松、排水良好通透性好，pH 值 6.5~8.5 的壤土。在秋季、春季初用扦插苗造林，栽植密度 4.0m×5.0m，种植时挖大穴(不小于 80cm)，每穴施有机肥 50~80kg。定植后每年秋冬季采果后，进行一次扩穴，扩穴深度 30~40cm，穴沟宽 30~40cm。树形以三大主枝开心形为最佳，注意防治病虫害。

适宜种植范围

云南、甘肃、湖北土壤 pH 值 6.5~8.5 的油橄榄适宜栽培区。

7. ‘科拉蒂’油橄榄

树种：油橄榄

类别：引种驯化品种

编号：国 S-ETS-OE-007-2020

申请人：甘肃省林业科学研究院

学名：*Olea europaea* ‘Coratina’

通过类别：审定

选育人：姜成英、吴文俊、宁德鲁、赵海云、姜德志、李勇杰、陈海云、赵梦炯、闫仲平、马婷、张艳丽、陈炜青、戚建莉、李娜

品种特性

1979 年我国林业部从意大利引进。树势中等，树冠圆头形；果卵圆形或椭圆形，不对称。定植 3 年开始挂果，8 年进入盛果期，盛果期平均亩产鲜果 669.7kg，鲜果含油率 23.11%。脂肪酸主要组成为：油酸含量 75.5%~77.8%，亚油酸含量 4.9%~6.4%，亚麻酸含量 0.7%~0.9%，棕榈酸含量 12.7%~13.1%，棕榈一烯酸含量 1.6%~1.8%，硬脂酸含量 1.5%~1.9%，花生酸含量 0.3%。

主要用途

可作为油料植物，鲜果用于榨取橄榄油。

栽培技术要点

选择光照充足的地块，土层厚度≥80cm、质地疏松、排水良好通透性好，pH 值 6.5~8.5 的壤土。在秋季、春季初用扦插苗造林，栽植密度 4.0m×5.0m，种植时挖大穴(不小于 80cm)，每穴施有机肥 20~50kg，降雨较多或土壤较黏重的或地下水位较高地区可采用起垄方式。定植后每年秋冬季采果后，进行一次扩穴，扩穴深度 30~40cm，沟宽 30~40cm。结果前施肥。树形以三大主枝开心形为最佳，注意防治病虫害。

适宜种植范围

云南、甘肃、湖北土壤 pH 值 6.5~8.5 的油橄榄适宜栽培区。

8. ‘京沧 8 号’枣

树种：枣

类别：品种
编号：国 S-SV-ZJ-008-2020
申请人：北京林业大学
学名：*Ziziphus jujuba*‘Jingcang 8’
通过类别：审定
选育人：庞晓明、曹明、张琼、樊丁宇、王中堂、王祺龙、李国松、王继贵、薄文浩、闫继峰、郝庆、周广芳、李颖岳、张巨兵、孔德仓、黄涛、王刚、刘顺义

品种特性

从河北省沧县冬枣园选育出的芽变单株。果实圆形，果肩平，果顶凹，果实颜色红，果面光滑亮泽。平均单果重 29.8g，可溶性固形物含量 30.8%，Vc 含量 266mg/100g；9 月下旬进入脆熟期；成熟期较普通冬枣早 7 天左右。河北省沧县 2012 嫁接植株在 2016～2019 年连续四年的平均亩产分别为：415.8kg、590.7kg、680.5kg 和 700.3kg。

主要用途

鲜食。

栽培技术要点

栽植密度以 2.0m×3.0m 或 3.0m×4.0m 为宜。采用开心型和纺锤型等树型，采用摘心、抹芽等方式进行夏剪。盛花初期可以喷施 10mg/L 赤霉素加 0.03% 硼砂，也可以适当环剥，促进生长和提高坐果率。早春施用基肥(以有机肥为主)，春夏秋适时追肥；结合施肥适时浇水。及时防治绿盲蝽、桃小食心虫、枣瘿蚊、红蜘蛛、枣锈病等危害，冬季和早春注意冻害预防。

适宜种植范围

河北、山东、新疆枣适宜栽培区。

9.‘红艳无核’葡萄

树种：葡萄
类别：品种
编号：国 S-SV-VV-009-2020
学名：*Vitis vinifera*‘Hongyanwuhe’
通过类别：审定
申请人：中国农业科学院郑州果树研究所
选育人：刘崇怀、樊秀彩、张颖、姜建福、李民、张瑛、龚林忠、杨顺林、孙磊、孙海生、顾红、韩佳宇、刘斌、曹雄军、魏志峰、李道春、孙现怀、田野、郑先波、叶霞、乔宝营

品种特性

从‘红地球’×‘森田尼无核’杂交后代中选出，中早熟品种。果穗圆锥形，带副穗，平均穗长 29.8cm，穗宽 17.8cm，平均穗重 1200g。果粒椭圆形，紫红色，平均单粒重 4.0g，果粒成熟一致，着生中等紧密。果肉脆，汁少，有清香味，无种子。可溶性固形物含量 17.3%～26.0%。在河南郑州地区，7 月中旬浆果始熟，8 月上旬果实充分成熟，定植第 2 年开始结果，第 3 年进入盛果期，平均亩产可达 1500kg。

主要用途

鲜食。

栽培技术要点

双十字架，单干水平树形栽培，株行距 1.5m×2.5～3.0m；棚架，龙干树形栽培株行距 1.0m×3.5～4.0m。元月到伤流前 20 天左右进行冬季修剪，宜中短梢修剪。夏季修剪将过多不必要的新梢尽早抹除。基肥宜在 9 月底 10 月初进行，4 次追肥，分别在萌芽期和幼果膨大期追施氮磷钾等量三元复合肥。入冬后应至少进行 3 次灌水，分别在落叶后，土壤上冻前，土壤解冻后。

适宜种植范围

河南、云南、广西葡萄适宜栽培区。

10.‘京香玉’葡萄

树种：葡萄
类别：品种
编号：国 S-SV-VV-010-2020
申请人：中国科学院植物研究所
学名：*Vitis vinifera*‘Jingxiangyu’
通过类别：审定
选育人：李绍华、范培格、梁振昌、王利军、段伟、杨美容、吴本宏、张玉玉、任冲、王毅

品种特性

以‘京秀’为母本，‘香妃’为父本杂交选育而成。果穗整齐度良好，紧密度中等，平均穗重 463.2g。平均果粒重 8.2g。果实具玫瑰香味，可溶性固形物含量 15.6%～16.8%，可滴定酸含量 0.54%。北京地区 4 月上旬萌芽，5 月下旬开花，8 月上旬浆果成熟，从萌芽到浆果成熟需 120 天，成熟后可在树上挂 20 天以上。副梢结实性能强。栽后第 2 年即可结果，亩产可达 300kg。第 3 年丰产，控制亩产量约 1500kg。

主要用途

鲜食。

栽培技术要点

喜肥水，底肥与基肥宜多施有机肥，肥料有机质含量在 45%以上；应严格控制产量，亩产控制在 1000～1500kg 以内。坐果后去掉发育不良及朝向不好的果粒，对果穗进行稍微的修整；疏果后套袋，果面卫生、整洁；采收前 10 天摘袋或架面透光有利于提高果实香气物质含量；注意防治病虫害。

适宜种植范围

适宜北京、河北、河南进行露地、温室及避雨栽培。

11.‘京艳’葡萄

树种：葡萄
类别：品种
编号：国 S-SV-VV-011-2020
申请人：中国科学院植物研究所
学名：*Vitis vinifera*‘Jingyan’
通过类别：审定
选育人：李绍华、范培格、梁振昌、王利军、段伟、杨美容、吴本宏、张玉玉、任冲、王毅

品种特性

以‘京秀’为母本，‘香妃’为父本杂交选育而成。果穗整齐度良好，紧密度中等，平均穗重 391.2g，平均果粒重 7.0g，果实成熟时果实玫瑰红或紫红色，味酸甜，有玫瑰香味，种子多为 3 粒。果实可溶性固形物含

量16.9%，总酸含量0.49%。北京地区露地4月上旬萌芽，5月下旬开花，7月底8月初浆果成熟，从萌芽到浆果成熟需110天。副梢结实性能强。栽后第2年即可结果，亩产可达200kg，第3年丰产，控制亩产量约1500kg。

主要用途

鲜食。

栽培技术要点

喜肥水，底肥与基肥宜多施有机肥，肥料有机质含量在45%以上；应严格控制产量，亩产控制在1500kg以内。坐果后去掉发育不良及朝向不好的果粒，对果穗进行稍微的修整；疏果后套袋，果面卫生、整洁；注意防治病虫害。

适宜种植范围

适宜北京、河北、河南进行露地、温室及避雨栽培。

12.‘华仲20号’杜仲

树种：杜仲

类别：品种

编号：国S-SV-EU-012-2020

学名：*Eucommia ulmoides*‘Huazhong 20’

通过类别：审定

申请人：中国林业科学研究院经济林研究开发中心

选育人：杜庆鑫、刘攀峰、杜兰英、王璐、杜红岩、孙志强、岳慧、王运钢、张海让、朱景乐、刘梦培、朱利利、庆军、何凤

品种特性

果实弯刀形，果实长3.47～4.01cm，宽1.01～1.20cm。在河南省，平均果实千粒质量79.8g，种仁粗脂肪含量36%～42%，亚麻酸含量59%～64%；比普通杜仲开花期晚7～10天，果实9月中旬至10月上旬成熟。嫁接苗2～3年开花，第4～6年进入盛果期，每年产果量达170～230kg/亩。

主要用途

可作为油料植物，鲜果用于榨取亚麻酸油。

栽培技术要点

需配置授粉品种，‘华仲5号’、‘华仲11号’、‘华仲22号’为宜，配置比例3%～5%。一般栽植密度为4.0m×5.0m～2.0m×3.0m。规模化机械化示范基地可宽窄行种植，宽行5.0～6.0m，窄行2.0～3.0m，株距3m。适宜树形为自然开心形、两层疏散开心形、自然纺锤形。5月下旬～8月上旬环剥或环割。加强土壤管理，果园专用N、P、K复合肥中N∶P_2O_5∶K_2O＝1.00∶1.20∶0.55。

适宜种植范围

河南、山东杜仲适宜栽培区。

13.‘华仲21号’杜仲

树种：杜仲

类别：品种

编号：国S-SV-EU-013-2020

学名：*Eucommia ulmoides*‘Huazhong 21’

通过类别：审定

申请人：中国林业科学研究院经济林研究开发中心

选育人：刘攀峰、杜庆鑫、杜红岩、杜兰英、王璐、孙志强、岳慧、张海让、王运钢、张吉、陈博、刘梦培、朱利利、庆军、何凤

品种特性

萌芽力强，成枝力强，雄花紧凑，先花后叶。嫁接苗2～3年开花，4～5年进入盛花期，雄花花径2.11～2.62cm，花高1.98～2.25cm，雄蕊长0.95～1.18cm，每芽雄蕊109～125个，盛花期每年可产鲜雄花220～350kg/亩。建园第8年单株雄花产量可达3.55kg，雄花氨基酸含量平均为18.50%。

主要用途

可用于营建杜仲雄花茶园。

栽培技术要点

杜仲雄花茶园栽植密度2.0m×3.0m～2.0m×4.0m；春季结合采摘雄花修剪花枝，保留3～8个芽；夏季5～6月份，在当年生枝条基部进行环剥或环割，宽度0.3～1.0cm，留0.2～0.5cm的营养带。每3～5年将开花枝组逐步回缩短截一轮。

适宜种植范围

河南、山东杜仲适宜栽培区。

14.‘中宁强’核桃

树种：核桃

类别：品种

编号：国S-SV-JM-014-2020

学名：*Juglans major*×*J. regia*‘Zhongningqiang’

通过类别：审定

申请人：中国林业科学研究院林业研究所

选育人：裴东、张俊佩、宋晓波、徐虎智、徐永杰、韩传明、封斌奎、朱升祥、奚声珂、王占霞、张建武

品种特性

从‘魁核桃’×‘核桃’远缘杂交后代中选出。树干通直、生长势旺盛，6年生树平均树高10.6m，平均胸径11.65cm，较对照实生核桃提高33.60%；扦插生根率达95%以上。与核桃属中核桃、泡核桃和东部黑核桃等7个种的枝接成活率达到90%以上，芽接成活率达到95%；嫁接‘辽宁1号’，新梢生长量较核桃本砧提高24%。盛果期平均亩产较核桃本砧提高21.4%。气干密度0.687g/m^3、全干密度0.646g/m^3、抗弯强度105.5MPa，硬度(径面)5690N。

主要用途

可用作砧木品种、用材林品种。

栽培技术要点

果园型栽培密度4.0m×6.0m为宜，树形疏散分层形，定干高度80～100cm，果材兼用型栽培，定干在2.0～4.0m，可收获用材；春栽为宜，幼树期加强骨干枝培养，定干后注意其余枝条的拉枝缓放；盛果期树注意回缩强度和控制背后枝，保持中庸树势。加强田间土肥水管理。冬季结合树干涂白和土壤深翻防控病虫害。作为材用树种时，早期需要注意干形的培养。

适宜种植范围

河南、山东、湖北、陕西核桃适宜栽培区。

15. ‘中石 4 号’文冠果

树种：文冠果

类别：品种

编号：国 S-SV-XS-015-2020

学名：*Xanthoceras sorbifolium*‘Zhongshi 4’

通过类别：审定

申请人：中国林业科学研究院林业研究所

选育人：王利兵、崔德石、毕泉鑫、于海燕、崔天鹏、王涛、石长春、尚忠海、张玉君、李迎超、刘肖娟、吴健、张明俊、冯长虹、李芳霞、范春晖、史有庄、蒋浩、王海涛

品种特性

树势强，枝密，雌花占比 60%以上。种子黑褐色，平均单粒重 1.5g，种仁含油率 65.65%；不饱和脂肪酸含量 91.67%，神经酸含量为 3.51%。辽宁省 2013 年嫁接植株，2015~2019 年五年平均亩产量为 74.5kg，是对照的 1.48 倍。

主要用途

可用作油料树种。

栽培技术要点

果园选址为黄土母质的山地、丘陵，沙地，不适宜排水不良的低湿地、重盐碱地、多石的山地；株行距 2.0m×4.0m 或 3.0m×4.0m，需选择实生文冠果配置授粉树或采集花粉进行人工授粉。采果后基肥以有机肥为主，追肥 7 月前以氮肥为主，磷、钾肥配合，7 月后，以钾肥为主。雨季注意排水，防止渍水导致根部腐烂。修剪时可采用轮流坐果法修剪。注意控制蚜虫、粉虱、煤污病等。

适宜种植范围

辽宁、内蒙古、河南、陕西黄土母质的山地、丘陵及沙地种植。

16. ‘中石 9 号’文冠果

树种：文冠果

类别：品种

编号：国 S-SV-XS-016-2020

学名：*Xanthoceras sorbifolium*‘Zhongshi 9’

通过类别：审定

申请人：中国林业科学研究院林业研究所

选育人：王利兵、崔德石、毕泉鑫、于海燕、崔天鹏、王涛、石长春、尚忠海、张玉君、李迎超、刘肖娟、吴健、张明俊、冯长虹、李芳霞、范春晖、史有庄、蒋浩、王海涛

品种特性

树势强，枝密，雌花占比 60%以上。种子黑褐色，平均单粒重 1.8g，种仁含油率 66.06%，比普通文冠果高 1.68%，不饱和脂肪酸含量 90.90%。辽宁省 2013 年嫁接植株，2015~2019 年干种子平均亩产量为 78.3kg，是对照的 1.6 倍。

主要用途

可用作油料树种。

栽培技术要点

果园选址为黄土母质的山地、丘陵，沙地，不适宜排水不良的低湿地、重盐碱地、多石的山地；株行距 2.0m×4.0m 或 3.0m×4.0m；需选择实生文冠果配置授粉树或采集花粉进行人工授粉。采果后基肥以有机肥为主，追肥 7 月前以氮肥为主，磷、钾肥配合，7 月后，以钾肥为主。雨季注意排水，防止渍水导致根部腐烂。修剪时可采用轮流坐果法修剪。注意控制蚜虫、粉虱、煤污病等。

适宜种植范围

辽宁、内蒙古、河南、陕西黄土母质的山地、丘陵及沙地种植。

17. ‘桑梓 1 号’桑树

树种：桑树

类别：品种

编号：国 S-SV-MA-017-2020

申请人：安徽省农业科学院蚕桑研究所

学名：*Morus abla*‘Sangzi 1’

通过类别：审定

选育人：邓永进、任杰、刘健、李冰、张富友、杨璐、刘和洋、王朝晖、韩智宏、王晶晶、霍开军、陈艳英、章守富、潘听党、马世鲜、刘斌、王锐

品种特性

2009 年开展离子束辐射诱变育种，2012 年始选出变异优株。安徽省 8 年生嫁接树体，树高 1.5m。桑果均匀，呈紫褐色，果长 2~4cm，单果重 3~5g，果柄极短，无籽，味偏酸，出汁率 74.8%，花青素含量 0.80g/100g，春季、夏季分别结果一次，以春季产量最大，夏季产量约为春季的 15%，全年产果量 3000kg/亩。桑果始熟期 5 月上旬，盛熟期在 5 月中下旬，6 月上旬果期结束，采果期一个月，果实易落地。

主要用途

可用于鲜食或加工果汁。

栽培技术要点

选择质地疏松、土层深厚、排管良好的土壤定植，定植时施足熟腐的厩肥作底肥。株行距按 2.0m×3.0m。每年 3 月上中旬发芽后喷施甲基托布津、啶酰菌胺等药剂防治病害。6 月上旬果期结束后加强修剪，树形以主干、主枝、结果枝三级结构的中空外心型为宜。通风透光，及时去除病果；可采用地面覆盖等方式，以减少土传菌核病的发生。

适宜种植范围

安徽、新疆、河南桑树适宜栽培区。

18. ‘翠玉’梨

树种：梨

类别：品种

编号：国 S-SV-PP-018-2020

申请人：浙江省农业科学院

学名：*Pyrus pyrifolia*‘Cuiyu’

通过类别：审定

选育人：施泽彬、戴美松、孙田林、王月志、胡征令、王津娥、吴顺法

品种特性

以‘西子绿’为母本，‘翠冠’为父本杂交选育而成。

果实圆形或近圆形，果皮浅绿色，基本无果锈，果点极小，平均单果重257g，可溶性固形物含量10.5%～12%，Vc含量4.3mg/100g、可溶性总糖含量6.6%、总酸含量0.8g/kg。浙江杭州地区7月中旬成熟，果实成熟期早于‘翠冠’10天左右。常温下果实贮藏期比‘翠冠’长5天以上。

主要用途

鲜食。

栽培技术要点

初始种植密度2.0m×4.0m，2.0m×3.0m，根据封行情况，进行疏移，使种植密度逐渐变成4.0m×4.0m，4.0m×3.0m。需配置授粉品种‘翠冠’、‘玉冠’等，配置密度25%～30%。果实早期膨大迅速，疏果宜适当提早并及时套袋。整形修剪方法以目前主流的开心形、棚架整形为主。

适宜种植范围

浙江、福建砂梨适宜栽培区。

认定通过品种

1. 彰武松

树种：赤松

类别：无性系

编号：国 R-SC-PD-001-2020

申请人：辽宁省沙地治理与利用研究所

学名：*Pinus densiflora* ‘Zhangwu’

通过类别：认定5年（2021年3月31日～2026年3月30日）

选育人：张学利、张树杰、雷泽勇、尤国春、白雪峰、袁春良、刘淑玲、刘亚萍、王曼、周凤艳、张柏习、乌志颜、包哈森高娃、范东东、王浩、程瑞春、吴志萍、陆昕、姜鹏、张晓伟、黄平、王斯彤

品种特性

赤松的天然杂交种。树皮呈灰黑色，鳞片状开裂。25年生时平均树高7.96m，平均胸径16.76cm，平均材积0.094m^3，分别超过对照樟子松11.80%，43.86%和100.0%。木材含水率110.5%，抗弯强度42.2MPa，抗弯弹性模量7210MPa，冲击韧性52KJ/m^2，端面、弦面和径面硬度分别为1580N、1430N和1400N。

主要用途

可用作防护林、用材林树种。

栽培技术要点

作为防护林、用材林树种造林时，宜营建混交林。春季、夏季用容器苗造林。宜采取穴状整地，坑穴规格为50cm×50cm×40cm，株行距为4.0m×4.0m或3.0m×4.0m。根据造林季节不同，一般采用1/4、1.5/4.5、1/5、1.5/5.5苗龄的1～2级嫁接苗造林。

适宜种植范围

辽宁、内蒙古、黑龙江、陕西、河北省年降水量≥330mm，活动积温（≥10.0℃）≥2600℃·d，极端气温-40.0℃～42.8℃，土壤pH值6.0～8.5的区域。

2. ‘泓森’槐

树种：刺槐

类别：无性系

编号：国 R-SC-RP-002-2020

学名：*Robinia pseudoacacia* ‘Hongsen’

通过类别：认定3年（2021年3月31日～2024年3月30日）

申请人：安徽省林业科学研究院、中南林业科技大学、安徽泓森高科林业股份有限公司

选育人：侯金波、夏尚光、张明龙、王廷敞、彭晶晶、杨倩倩、谭晓风、夏尚斌、袁德义、苏守香、杨浩、陈培培、石冠旗、李鹏翔、刘振华、董绍贵

品种特性

树干通直，分枝角度在30°～40°。1～2年生树体的刺短、软，3年生之后树体基本无刺。在河南驻马店，5年生树高12.56m，胸径13.8cm，单株材积0.064m^3，比普通刺槐分别提高了27.90%，31.43%，42.22%。全干密度为0.636g/cm^3，含水率12.7%时抗弯强度为104.9MP。

主要用途

可作为用材林、防护林树种。

栽培技术要点

容器扦插苗造林，选苗高≥30cm苗木，栽植后不截干；大田扦插苗造林在春季或秋季进行，选地径≥1.5cm苗木，栽植后离地面5.0cm处截干。平原和川地可选全面整地、带状整地或穴状整地；低山及丘陵坡地可选反坡梯田、水平阶、水平条或鱼鳞坑等措施。造林株行距3.0m×4.0m。

适宜种植范围

湖南、河南、山东刺槐适宜栽培区。

3. ‘洛红美’杏

树种：杏

类别：品种

编号：国 R-SV-PA-003-2020

申请人：洛阳农林科学院

学名：*Prunus armeniaca* ‘Luohongmei’

通过类别：认定3年（2021年3月31日～2024年3月30日）

选育人：梁臣、刘丹、王治军、赵罕、丁成会、陈哲、解孝满、张军、畅凌冰、尹华、马晓洁、魏素玲、徐慧敏

品种特性

树势中庸，树冠呈自然圆头形。果肉橙黄色，平均单果重60g，可食率>95%。可溶性固形物含量14.5%，蛋白质含量0.64%，脂肪含量0.1%、氨基酸含量0.42%，Vc含量8.96mg/100g。河南省洛阳地区3月底至4月初开花，嫁接苗栽后3～4年结果，6～7年进入盛产期，亩产可达1700kg。常温下可贮藏15天以上。

主要用途

鲜食。

栽培技术要点

对土壤要求不严，喜土层深厚、富钾的土壤。选择

背风向阳、地势平缓的地块，秋末或春季均可栽植。株行距 3.0m×4.0m～4.0m×5.0m，选择花期一致的‘美国杏李’作授粉树，比例 9∶1。栽植时挖大穴，每穴施入有机肥 30～50kg，与表土混合填入穴内，踏实浇透水。80cm 左右定干，50cm 以下抹芽，开心形整形。

适宜种植范围

河南、山东杏适宜栽培区。

4.‘无核翠宝’葡萄

树种：葡萄

类别：品种

编号：国 R-SV-VV-004-2020

学名：*Vitis vinifera*‘Wuhecuibao’

通过类别：认定 3 年(2021 年 3 月 31 日～2024 年 3 月 30 日)

申请人：山西农业大学(山西省农业科学院)果树研究所

选育人：陈俊、唐晓萍、马小河、赵旗峰、董志刚、王世平、潘明启、王振平、杨顺林、雷奠、李晓梅、谭敏、杨锴兆、刘政海、李国庆、郭淑萍、冯骝、朱彬彬、王磊、牛锦凤、王建平

品种特性

以‘瑰宝’为母本，‘无核白鸡心’为父本杂交选育而成。果穗圆锥形，平均穗重 345g，果粒为倒卵圆形，最大粒重 5.7g；果皮黄绿色，果肉脆，具玫瑰香味，可溶性固形物含量 18.2%，总糖含量为 15.7%，总酸含量为 0.39%，糖酸比为 46∶1；无种子或有 1～2 粒残核，果实成熟期在 8 月上旬，盛果期亩产可达 1200kg。生长日数为 105 天，较父本‘无核白鸡心’提早 20 天，较母本‘瑰宝’提早 40 天。

主要用途

鲜食。

栽培技术要点

长势较强，适宜篱架、棚架、V 形架栽培。篱架栽植行距为 2.5m，株距为 1.0m；棚架及 V 形架栽培行距为 2.8～3.0m，株距为 1.0m。定植时一次施入腐熟的有机肥 5～8m^3。露地栽培产量控制在 1000～1500kg/亩之内为宜，设施栽培控制在 1500～2000kg/亩为宜。结果母枝粗度控制在 1cm 以内为宜。

适宜种植范围

宁夏、山西可设施、避雨栽培或露地栽培，云南、上海需设施或避雨栽培。

5.‘盐源早’核桃

树种：核桃

类别：品种

编号：国 R-SV-JR-005-2020

学名：*Juglans regia*‘Yanyuanzao’

通过类别：认定 5 年(2021 年 3 月 31 日～2026 年 3 月 30 日)

申请人：凉山州现代农林开发有限公司、四川省林业科学研究院、盐源县林业和草原局

选育人：陈明松、李丕军、胡定林、邢文曦、陈先富、胡聪林、毛国慧、罗成荣、王泽亮、吴泞孜、郑崇文、陈良富、陆斌、李秀珍、冯大兰、吴万波、金迎春、唐佳佳、马明、吴正涛、刘忠杰

品种特性

树势中庸，树冠开张，中短果枝为主，具有侧花结果习性。雌雄同期，花期 3 月上旬，果实成熟期 8 月上旬，四川盐源县嫁接 10 年后亩产可达 220kg。坚果中等偏大，腹径 3.71cm，果高 4.27cm。平均单果重 17.31g，壳厚 1.2mm，可取整仁，出仁率 55.64%；核仁充实饱满，粗脂肪含量 64.62%，粗蛋白含量 15.44%。

主要用途

可用于鲜食或加工干果。

栽培技术要点

密植园栽培适宜株行距 5.0m×6.0m，大穴(80cm×80cm×60cm)整地，重施基肥 20～30kg/穴(必须厩肥加复合肥)。栽植时“三填两踩一提苗”，足量定根水。树高 1.2m 以上可开展定干整形和树体修剪。树形采用 2～3 层分层形或自然开心形。嫁接成活后注意除萌、剪叶、解膜等工序，水肥管理同其他品种。海拔 2200m 以上的阴坡，果实不饱满。

适宜种植范围

四川、云南、重庆海拔在 400～2200m 的区域以及 2200～2500m 的阳坡土层深厚区域栽培。

6.‘丰园 77’杏

树种：杏

类别：品种

编号：国 R-SV-AV-006-2020

申请人：榆林市丰园果业科技有限公司

学名：*Armeniaca vulgaris*‘Fengyuan 77’

通过类别：认定 3 年(2021 年 3 月 31 日～2024 年 3 月 30 日)

选育人：杜锡莹、李迁恩、杜燕萍、杜燕群、李建宏、张益宁、杜少恳、陈堪鹏、郭晓成、张创新、李江涛、李颖飞

品种特性

从金太阳杏的自然杂交后代中选育。株型紧凑，冠幅是金太阳的 70%。平均单果重 70g，果实可溶性固形物含量 9.7%，总糖含量 3.55%，苹果酸含量 1.38%。在西安市鄠邑区试验点连续五年观测，比金太阳杏早熟 2 天，盛果期平均亩产 2900kg，亩产量高出约 240kg；比大银杏早熟 14 天，亩产量高出约 1120kg。

主要用途

鲜食。

栽培技术要点

需配置 15%以上的授粉品种；避开重茬地、地势低洼和容易积水地块；规模种植行株距规划一般 4.0m×2.0m，小面积种植可按 4.0m×3.0m；树形宜采用有主干半圆形或自然开心形；重视疏果，控制产量；注意病虫防治。

适宜种植范围

陕西、辽宁、河北、甘肃、安徽杏适宜栽培区。

7.‘郑艳无核’葡萄

树种：葡萄

学名：*Vitis vinifera*×*V. labrusca*‘Zhengyanwuhe’

类别：品种通过类别：认定 3 年（2021 年 3 月 31 日~2024 年 3 月 30 日）

编号：国 R-SV-VV-007-2020

申请人：中国农业科学院郑州果树研究所

选育人：刘崇怀、樊秀彩、张颖、姜建福、李民、龚林忠、张瑛、杨顺林、孙磊、郭景南、孙海生、顾红、刘三军、魏志峰、刘斌、韩佳宇、郭蓉蓉、孙现怀、李道春、田冲、刘启山

品种特性

以‘京秀’为母本，‘布朗无核’为父本杂交选育而成，早熟品种。果穗圆锥形，平均穗重 618.3g；果粒成熟一致，平均粒重 3.1g；果肉有草莓香味；自然无核，可溶性固形物含量约为 19.9%。一般定植第 2 年开始结果，盛果期亩产可达 2400kg。在河南郑州地区，7 月中下旬充分成熟，从萌芽到果实成熟为 120 天左右。

主要用途

鲜食。

栽培技术要点

篱架“高宽垂”树形栽培适宜密度 1.5m×2.5~3.0m；棚架龙干架式栽培密度 1.0m×3.5~4.0m；棚架 T 型架式栽培密度 2.0m×6.0m；棚架 H 型架式栽培密度 4.0m×6.0m。冬季修剪一般在秋季落叶后一月左右到翌年萌发前 20 天左右进行，强蔓长留，弱蔓短留；棚架前段长留，下部短留。夏季修剪将不必要的新梢尽早抹除。1 个结果枝上以留 1 个发育良好的花序为宜，花后适当疏粒。基肥宜在 9 月底 10 月初进行。追肥一般在花前 10 天左右追施速效性氮肥。

适宜种植范围

河南、广西、云南葡萄适宜栽培区。

8.‘华仲 19 号’杜仲

树种：杜仲

类别：品种

编号：国 R-SV-EU-008-2020

学名：*Eucommia ulmoides*‘Huazhong 19’

通过类别：认定 3 年（2021 年 3 月 31 日~2024 年 3 月 30 日）

申请人：中国林业科学研究院经济林研究开发中心

选育人：王璐、杜兰英、刘攀峰、杜红岩、杜庆鑫、孙志强、岳慧、张海让、王运钢、张吉、陈博、刘梦培、朱利利、庆军、何凤

品种特性

萌芽力强，成枝力中等。在河南省，成熟果实千粒质量 80.4g。种仁粗脂肪含量 35%~40%，其中 α-亚麻酸含量 60%~65%；果实 9 月中旬至 10 月上旬成熟。嫁接苗 2~3 年开花，第 4~6 年进入盛果期，每年产果量达 160~210kg/亩。

主要用途

可作为油料植物，鲜果用于榨取亚麻酸油。

栽培技术要点

配置授粉品种，‘华仲 5 号’、‘华仲 11 号’、‘华仲 22 号’等，配置比例 3%~5%。一般栽植密度为 4.0m×5.0m~2.0m×3.0m，33~110 株/亩。规模化机械化示范基地可宽窄行种植，宽行 5.0~6.0m，窄行 2.0~3.0m，株距 3m，50~64 株/亩。适宜树形为自然开心形、两层疏散开心形、自然纺锤形。5 月下旬~8 月上旬环剥或环割。加强土壤管理，果园专用 N、P、K 复合肥中 N∶P_2O_5∶K_2O=1.00∶1.20∶0.55。

适宜种植范围

河南、山东杜仲适宜栽培区。

9.‘华仲 26 号’杜仲

树种：杜仲

类别：品种

编号：国 R-SV-EU-009-2020

学名：*Eucommia ulmoides*‘Huazhong 26’

通过类别：认定 5 年（2021 年 3 月 31 日~2026 年 3 月 30 日）

申请人：中国林业科学研究院经济林研究开发中心

选育人：杜红岩、王璐、杜兰英、杜庆鑫、刘攀峰、孙志强、岳慧、王运钢、张海让、朱景乐、刘梦培、朱利利、庆军、何凤

品种特性

萌芽力强，成枝力中等。在河南省，成熟果实千粒质量 90.5g，果皮杜仲橡胶含量 15%~18%，种仁粗脂肪含量 28%~32%，其中亚麻酸含量 59%~63%。果实 9 月中旬至 10 月上旬成熟。嫁接苗或高接换雌后 2~3 年开花，第 4~6 年进入盛果期，年产果量达 170~220kg/亩。

主要用途

可作为油料植物，鲜果用于榨取亚麻酸油。

栽培技术要点

配置授粉品种，‘华仲 5 号’、‘华仲 11 号’、‘华仲 22 号’等，配置比例 3%~5%。一般栽植密度为 4.0m×5.0m~2.0m×3.0m，33~110 株/亩。规模化机械化示范基地可宽窄行种植，宽行 5.0~6.0m，窄行 2.0~3.0m，株距 3m，50~64 株/亩。适宜树形为自然开心形、两层疏散开心形、自然纺锤形。5 月下旬~8 月上旬环剥或环割。加强土壤管理，果园专用 N、P、K 复合肥中 N∶P_2O_5∶K_2O=1.00∶1.20∶0.55。

适宜种植范围

河南、山东杜仲适宜栽培区。

注：通过认定的林木良种，认定期满后不得作为良种继续使用，应重新进行林木品种审定。

国家林业和草原局公告

2021 年第 10 号

根据《中华人民共和国行政许可法》、《中华人民共和国种子法》和《林木种子生产经营许可证管理办法》规定，我局决定对有效期届满未延续的湖北华饴生物科技有限公司等 8 家公司，以及依法终止的厦门亚热带植物科技开发公司和广东省友和对台贸易公司的林木种子生产经营许可证予以注销（详见附件）。自许可证有效期届满之日起，被注销的林木种子生产经营许可证（正本、副本）和许可证编号停止使用，由省级林业和草原主管部门将被注销的林木种子生产经营许可证（正本、副本）予以收回。

特此公告。

附件：注销林木种子生产经营许可证的企业名单（略）

国家林业和草原局

2021 年 4 月 15 日

国家林业和草原局公告

2021 年第 11 号

根据《中华人民共和国种子法》《中华人民共和国植物新品种保护条例》《中华人民共和国植物新品种保护条例实施细则（林业部分）》的规定，经国家林业和草原局植物新品种保护办公室审查，‘荣耀’等 275 项植物新品种权申请符合授权条件，现决定授予植物新品种权（名单见附件），并颁发《植物新品种权证书》。

特此公告。

附件：国家林业和草原局 2021 年第一批授予植物新品种权名单

国家林业和草原局

2021 年 6 月 25 日

附件

国家林业和草原局 2021 年第一批授予植物新品种权名单

序号	品种名称	所属属（种）	品种权号	品种权人	申请号	申请日	培育人
1	荣耀	忍冬属	20210001	陕西省西安植物园	20160075	2016. 03. 16	刘安成、尉倩、杨群力、李淑娟、王庆、王宏
2	中桐 1 号	泡桐属	20210002	国家林业和草原局泡桐研究开发中心	20160311	2016. 11. 05	李芳东、李荣幸、乔杰、王保平、朱培林、李康琴、彭纪南、赵阳、冯延芝、周海江
3	阿娇	蔷薇属	20210003	云南锦科花卉工程研究中心有限公司	20160378	2016. 11. 25	倪功、曹荣根、田连通、白云评、乔丽婷、阳明祥、何琼
4	贝 06-540 富乐-12（BB06-540FL-12）	越橘属	20210004	美国贝利蓝莓有限公司（Berry Blue LLC. USA）	20170213	2017. 05. 04	埃德蒙德 J. 威乐（Edmund J. Wheeler）、詹姆斯 F. 汉库克（James F. Hancock）
5	科盆 026（KORpot026）	蔷薇属	20210005	科德斯月季育种公司（W. Kordes’ Söhne Rosenschulen GmbH & Co KG）	20170431	2017. 08. 08	威廉-亚历山大·科德斯（Wilhelm-Alexander Kordes）、蒂姆-赫尔曼·科德斯（Tim-Hermann Kordes）、玛格丽特·科德斯（Margarita Kordes）

（续表）

序号	品种名称	所属属（种）	品种权号	品种权人	申请号	申请日	培育人
6	科盆 045（KORpot045）	蔷薇属	20210006	科德斯月季育种公司（W. Kordes' Söhne Rosenschulen GmbH & Co KG）	20170433	2017. 08. 08	威廉·科德斯(Wilhelm Kordes)、蒂姆-赫尔曼·科德斯(Tim-Hermann Kordes)、玛格丽特·科德斯(Margarita Kordes)
7	甬之梦	杜鹃花属	20210007	浙江万里学院、宁波北仑亿润花卉有限公司	20170470	2017. 09. 03	谢晓鸿、吴月燕、沃科军、沃绵康、章辰飞
8	甬之彤	杜鹃花属	20210008	浙江万里学院、宁波北仑亿润花卉有限公司	20170471	2017. 09. 03	吴月燕、谢晓鸿、沃科军、沃绵康、章辰飞
9	甬之焰	杜鹃花属	20210009	宁波北仑亿润花卉有限公司	20170477	2017. 09. 03	沃科军、沃绵康
10	贝 07-7 富乐-4（BB07-7FL-4）	越橘属	20210010	美国贝利蓝莓有限公司（Berry Blue LLC. USA）	20170548	2017. 10. 28	埃德蒙德 J. 威乐（Edmund J. Wheeler）、詹姆斯 F. 汉考克（James F. Hancock）
11	玉秀	杜鹃花属	20210011	上海植物园、宁波北仑亿润花卉有限公司	20170552	2017. 10. 29	奉树成、张春英、黄军华、张杰、顾海燕、谢军峰、沈烈英、沃科军、谢晓鸿
12	艳秀	杜鹃花属	20210012	上海植物园、宁波北仑亿润花卉有限公司	20170553	2017. 10. 29	张春英、奉树成、黄军华、张杰、沈烈英、顾海燕、谢军峰、沃科军、谢晓鸿
13	紫魅	杜鹃花属	20210013	杭州赛石园林集团有限公司	20170554	2017. 11. 01	戴瑜豫、马丽、陈黎、任韡、朱娅、沃科军
14	晨迷	蔷薇属	20210014	云南锦科花卉工程研究中心有限公司	20170564	2017. 11. 02	倪功、曹荣根、田连通、白云评、乔丽婷、阳明祥、何琼
15	紫色梦幻	蔷薇属	20210015	云南省农业科学院花卉研究所	20170573	2017. 11. 09	李世峰、李树发、宋杰、田联通、解玮佳、张露、李慧敏
16	英特格力蒂普（Intergretip）	蔷薇属	20210016	英特普兰特月季育种公司（Interplant Roses B. V.）	20180019	2017. 12. 22	范·多伊萨姆（ir. A. J. H. van Doesum）
17	英特鲁鲁劳瑙（Interululonoh）	蔷薇属	20210017	英特普兰特月季育种公司（Interplant Roses B. V.）	20180025	2017. 12. 22	范·多伊萨姆（ir. A. J. H. van Doesum）
18	奥莱卡拉罗（Olijcaralu）	蔷薇属	20210018	荷兰多盟集团公司（Dummen Group B. V.）	20180090	2018. 01. 12	菲利普·韦斯(Philipp Veys)
19	玉玲珑	蔷薇属	20210019	宜良多彩盆栽有限公司	20180228	2018. 05. 17	刘天平、胡明飞、罗开春、何云县、卢燕
20	恋美人	李属	20210020	浙江省林业科学研究院、福建天苗农业发展有限公司、福建金香韵农业发展有限公司	20180239	2018. 05. 22	沈鑫、欧强、柳新红、蒋冬月、黄勇军、李因刚
21	舞美人	李属	20210021	浙江省林业科学研究院、福建天苗农业发展有限公司、福建金香韵农业发展有限公司	20180241	2018. 05. 22	蒋冬月、欧强、柳新红、沈鑫、黄勇军、李因刚
22	丽润 1 号	悬钩子属	20210022	丽水市本润农业有限公司、丽水市农林科学研究院、丽水市中药材产业发展中心	20180250	2018. 05. 25	华金渭、胡理滨、陈军华、吴剑锋、吉庆勇
23	金叶粉玉	山茶属	20210023	上海植物园	20180333	2018. 06. 29	张亚利、郭卫珍、李湘鹏、宋垚、奉树成

（续表）

序号	品种名称	所属属（种）	品种权号	品种权人	申请号	申请日	培育人
24	鱼叶粉香	山茶属	20210024	上海植物园	20180334	2018.06.29	张亚利、李湘鹏、郭卫珍、宋垚、奉树成
25	嫣粉	木莲属	20210025	中国科学院华南植物园	20180336	2018.06.29	陈新兰、杨科明、林金妹、何飞龙、刘慧、叶育石、韦强、樊锦文、廖景平
26	国泰	李属	20210026	广州天适集团有限公司、广州旺地园林工程有限公司、广州红树林生态科技有限公司	20180368	2018.07.08	叶小玲、胡晓敏、朱军、何宗儒、邱晓平、鲁好君
27	鸿运	李属	20210027	广州红树林生态科技有限公司、韶关市旺地樱花种植有限公司、广州天适集团有限公司	20180369	2018.07.08	叶小玲、胡晓敏、李振权、朱军、何宗儒、李园凤
28	江山美人	李属	20210028	广州天适集团有限公司、韶关市旺地樱花种植有限公司、广州红树林生态科技有限公司	20180370	2018.07.08	胡晓敏、叶小玲、朱军、何宗儒、何晓怡、李乐怡
29	千禧	李属	20210029	韶关市旺地樱花种植有限公司、广州旺地园林工程有限公司、英德市旺地樱花种植有限公司	20180371	2018.07.08	胡晓敏、叶小玲、朱军、何宗儒、周世均、阮文俊
30	富贵	李属	20210030	广州天适集团有限公司、广州旺地园林工程有限公司、广州红树林生态科技有限公司	20180373	2018.07.08	胡晓敏、叶小玲、朱军、何晓怡、何宗儒、张婷英
31	天适	李属	20210031	广州天适集团有限公司、广州红树林生态科技有限公司、广州旺地园林工程有限公司	20180374	2018.07.08	胡晓敏、叶小玲、何晓怡、朱军、邱晓平、何宗儒
32	旺地	李属	20210032	广州旺地园林工程有限公司、广州天适集团有限公司、广州红树林生态科技有限公司	20180375	2018.07.08	胡晓敏、叶小玲、朱军、阮文俊、熊育明、何宗儒
33	旺万代	李属	20210033	广州天适集团有限公司、广州旺地园林工程有限公司、广东天适樱花悠乐园有限公司	20180376	2018.07.08	周世均、叶小玲、朱军、谢畅、李园凤、何宗儒、胡晓敏
34	南粤红樱	李属	20210034	广州天适集团有限公司、广州红树林生态科技有限公司、广州旺地园林工程有限公司	20180377	2018.07.08	胡晓敏、叶小玲、朱军、熊育明、何宗儒、黄俊
35	状元	李属	20210035	广州旺地园林工程有限公司、广州红树林生态科技有限公司、英德市旺地樱花种植有限公司	20180380	2018.07.08	叶小玲、胡晓敏、李振权、朱军、谢畅、何宗儒
36	妍蕊	文冠果	20210036	北京林业大学、胜利油田胜大生态林场（东营市试验林场）	20180393	2018.07.10	敖妍、刘金凤、马履一、张行杰、李勇、朱照明、苏淑钗

（续表）

序号	品种名称	所属属（种）	品种权号	品种权人	申请号	申请日	培育人
37	妍紫	文冠果	20210037	北京林业大学、胜利油田胜大生态林场（东营市试验林场）	20180394	2018.07.10	敖妍、刘金凤、马履一、张行杰、李勇、朱照明、苏淑钗
38	妍东	文冠果	20210038	胜利油田胜大生态林场（东营市试验林场）、北京林业大学	20180395	2018.07.10	刘金凤、敖妍、张行杰、马履一、李勇、朱照明、苏淑钗
39	丹霞	李属	20210039	福建丹樱生态农业发展有限公司、南京林业大学	20180405	2018.07.11	王琳、伊贤贵、林玮捷、王贤荣、王珉
40	宗儒樱	李属	20210040	韶关市旺地樱花种植有限公司、英德市旺地樱花种植有限公司、广州天适集团有限公司	20180482	2018.08.27	叶小玲、胡晓敏、朱军、何宗儒、梁灿莲、陈端妮、高红菊
41	伏羲	李属	20210041	韶关市旺地樱花种植有限公司、英德市旺地樱花种植有限公司、广州天适集团有限公司	20180484	2018.08.27	胡晓敏、唐国锋、叶小玲、何宗儒、朱军、陈端妮、张婷英
42	玉翡翠	木兰属	20210042	上海市园林科学规划研究院、南召县林业局	20180503	2018.08.29	张冬梅、张浪、田彦、尹丽娟、余洲、罗玉兰、周虎、徐功元、张哲、王鹏飞、王良、谷珂、有祥亮、申洁梅
43	倾城	李属	20210043	英德市旺地樱花种植有限公司、韶关市旺地樱花种植有限公司、广州旺地园林工程有限公司	20180512	2018.09.01	胡晓敏、叶小玲、唐国锋、何宗儒、朱军、陈端妮、冯钦钊
44	丹霞映娇	木兰属	20210044	上海市园林科学规划研究院、南召县林业局	20180519	2018.09.01	张浪、张冬梅、田彦、周虎、余洲、尹丽娟、王建勋、徐功元、王庆民、靳三恒、谷珂、申洁梅、朱涵琦
45	玉玲珑	木兰属	20210045	上海市园林科学规划研究院、南召县林业局	20180521	2018.09.01	尹丽娟、田文晓、周虎、张冬梅、张浪、田彦、罗玉兰、有祥亮、徐功元、余洲、王庆民、仝炎、李玲鸽、杨谦、曾凡培
46	变叶莲	木兰属	20210046	陕西省西安植物园、棕榈生态城镇发展股份有限公司	20180522	2018.09.02	叶卫、王亚玲、吴建军、王晶、赵珊珊、严丹峰、岳琳
47	小芙蓉	木兰属	20210047	陕西省西安植物园、棕榈生态城镇发展股份有限公司	20180523	2018.09.02	刘立成、王亚玲、叶卫、樊璐、吴建军、赵强民、赵珊珊、王晶
48	芙蓉姐姐	木兰属	20210048	陕西省西安植物园、棕榈生态城镇发展股份有限公司	20180524	2018.09.02	刘立成、王亚玲、樊璐、叶卫、吴建军、赵强民、赵珊珊、王晶
49	小可人	木兰属	20210049	棕榈生态城镇发展股份有限公司、陕西省西安植物园	20180528	2018.09.02	赵珊珊、王亚玲、叶卫、樊璐、吴建军、赵强民、王晶
50	长安玉盏	含笑属	20210050	陕西省西安植物园、中南林业科技大学、棕榈生态城镇发展股份有限公司	20180530	2018.09.02	王亚玲、金晓玲、胡希军、徐昊、叶卫、吴建军、赵珊珊、王晶
51	尼尔普3D（NIRP3D）	蔷薇属	20210051	尼尔普国际有限公司（NIRP INTERNATIONAL SA）	20180540	2018.09.03	亚历山德罗·吉奥恩（Alessandro Ghione）

（续表）

序号	品种名称	所属属（种）	品种权号	品种权人	申请号	申请日	培育人
52	尼尔帕夫（NIRPAV）	蔷薇属	20210052	尼尔普国际有限公司（NIRP INTERNATIONAL SA）	20180619	2018.09.14	亚历山德罗·吉奥恩（Alessandro Ghione）
53	曼巴娅（MANBAIA）	蔷薇属	20210053	尼尔普国际有限公司（NIRP INTERNATIONAL SA）	20180620	2018.09.14	亚历山德罗·吉奥恩（Alessandro Ghione）
54	曼德瑞梦（MANDREAM）	蔷薇属	20210054	尼尔普国际有限公司（NIRP INTERNATIONAL SA）	20180621	2018.09.14	安德里亚·曼苏英诺（Andrea Mansuino）
55	可丽包斯（KRIBOISE）	蔷薇属	20210055	尼尔普国际有限公司（NIRP INTERNATIONAL SA）	20180622	2018.09.14	米切尔·可丽洛夫（Michael Kriloff）
56	尼尔普格力（NIRPGRY）	蔷薇属	20210056	尼尔普国际有限公司（NIRP INTERNATIONAL SA）	20180625	2018.09.14	亚历山德罗·吉奥恩（Alessandro Ghione）
57	尼尔派（NIRPAL）	蔷薇属	20210057	尼尔普国际有限公司（NIRP INTERNATIONAL SA）	20180632	2018.09.14	亚历山德罗·吉奥恩（Alessandro Ghione）
58	尼尔普宫（NIRPGO）	蔷薇属	20210058	尼尔普国际有限公司（NIRP INTERNATIONAL SA）	20180633	2018.09.14	亚历山德罗·吉奥恩（Alessandro Ghione）
59	尼尔普高（NIRPGOO）	蔷薇属	20210059	尼尔普国际有限公司（NIRP INTERNATIONAL SA）	20180634	2018.09.14	亚历山德罗·吉奥恩（Alessandro Ghione）
60	尼尔品客思（NIRPINEX）	蔷薇属	20210060	尼尔普国际有限公司（NIRP INTERNATIONAL SA）	20180636	2018.09.14	亚历山德罗·吉奥恩（Alessandro Ghione）
61	湘粉娇	山茶属	20210061	湖南省林业科学院	20180681	2018.10.19	王湘南、陈永忠、王瑞、陈隆升、彭邵锋、张震、许彦明、李志钢、唐炜、彭映赫
62	湘艳	山茶属	20210062	湖南省林业科学院	20180682	2018.10.19	王湘南、陈永忠、彭邵锋、王瑞、陈隆升、许彦明、张震、李志钢、马力、唐炜、彭映赫
63	信诺春晖	李属	20210063	山东省林业科学研究院、青岛樱花谷科技生态园有限公司、青岛市黄岛区林业局	20180704	2018.10.22	胡丁猛、王松、许景伟、囤兴建、李贵学、丁守和
64	齐鲁风韵	李属	20210064	山东省林业科学研究院、青岛樱花谷科技生态园有限公司、青岛市黄岛区林业局	20180705	2018.10.22	胡丁猛、王松、许景伟、囤兴建、李贵学、丁守和
65	迎春红	李属	20210065	山东省林业科学研究院、青岛樱花谷科技生态园有限公司、青岛市黄岛区林业局	20180706	2018.10.22	胡丁猛、王松、许景伟、囤兴建、李贵学、丁守和
66	晨雾	桃花	20210066	王燕	20180717	2018.11.05	王燕
67	朝霞	桃花	20210067	王燕	20180720	2018.11.05	王燕
68	烟云	桃花	20210068	王燕	20180721	2018.11.05	王燕
69	金琉鹤舞	芍药属	20210069	上海辰山植物园	20180732	2018.11.15	胡永红、叶康、秦俊、张颖
70	点绛唇	芍药属	20210070	甘肃省林业科技推广站	20180767	2018.11.23	李京璟、张延东、张兴莹、白建军、张莉、何丽霞
71	尘尽光生	芍药属	20210071	甘肃省林业科技推广站	20180768	2018.11.23	成娟、滕保琴、马春鲤、何丽霞、王花兰、李楠
72	茶花韵	芍药属	20210072	甘肃省林业科技推广站	20180769	2018.11.23	何丽霞、李建强、李睿、王花兰、李京璟、李楠
73	权紫嫣红	芍药属	20210073	甘肃省林业科技推广站	20180770	2018.11.23	何丽霞、成娟、李建强、李楠、张莉、王花兰

（续表）

序号	品种名称	所属属（种）	品种权号	品种权人	申请号	申请日	培育人
74	粉脂绣球	芍药属	20210074	甘肃省林业科技推广站	20180771	2018.11.23	金辉亮、李睿、马春鲤、何智宏、李京璟、何丽霞
75	红荷韵	芍药属	20210075	甘肃省林业科技推广站	20180772	2018.11.23	孔芬、沈延民、金辉亮、赵生春、李京璟、何智宏
76	红珊瑚	芍药属	20210076	甘肃省林业科技推广站	20180773	2018.11.23	李睿、张莉、张韬、李楠、李建强、何丽霞
77	旧颜新貌	芍药属	20210077	甘肃省林业科技推广站	20180774	2018.11.23	张延东、李睿、王花兰、成娟、李建强、金辉亮
78	蜡花梅影	芍药属	20210078	甘肃省林业科技推广站	20180775	2018.11.23	何丽霞、杨国州、成娟、张莉、金辉亮、张延东
79	落日熔金	芍药属	20210079	甘肃省林业科技推广站	20180776	2018.11.23	张延东、苏宏斌、何丽霞、成娟、何智宏、李楠
80	秋林	芍药属	20210080	甘肃省林业科技推广站	20180777	2018.11.23	李睿、滕保琴、辛中尧、李楠、何丽霞、沈延民
81	珊瑚映绿	芍药属	20210081	甘肃省林业科技推广站	20180778	2018.11.23	成娟、何丽霞、张延东、李睿、张莉、杨国州
82	深墨红	芍药属	20210082	甘肃省林业科技推广站	20180779	2018.11.23	张莉、李睿、何丽霞、金辉亮、杨国州、成娟
83	紫霞心	芍药属	20210083	甘肃省林业科技推广站	20180780	2018.11.23	李楠、何丽霞、沈延民、辛中尧、成娟、李睿
84	紫楼蕴金	芍药属	20210084	甘肃省林业科技推广站	20180781	2018.11.23	杨国州、杨全生、杨雅琪、何丽霞、李睿、李京璟
85	丝路花语	芍药属	20210085	甘肃省林业科技推广站	20180782	2018.11.23	王花兰、汪淑娟、杨国州、何智宏、何丽霞、李睿
86	素彩融绛罗	芍药属	20210086	甘肃省林业科技推广站	20180783	2018.11.23	王花兰、何丽霞、张莉、汪淑娟、成娟、李京璟
87	洮玫	芍药属	20210087	甘肃省林业科技推广站	20180784	2018.11.23	杨国洲、张韬、潘鑫、金辉亮、白建军、何丽霞
88	陶然	芍药属	20210088	甘肃省林业科技推广站	20180785	2018.11.23	李建强、白建军、郭军霞、杨国州、张延东、何丽霞
89	小叶丽堇	芍药属	20210089	甘肃省林业科技推广站	20180786	2018.11.23	杨全生、王丽、汪淑娟、李睿、何丽霞、何智宏
90	雪绣球	芍药属	20210090	甘肃省林业科技推广站	20180787	2018.11.23	何智宏、辛平、撤静、何丽霞、李睿、李建强
91	余霞散绮	芍药属	20210091	甘肃省林业科技推广站	20180788	2018.11.23	何丽霞、张延东、杨国州、李睿、李楠、何智宏
92	玉龙双艳	芍药属	20210092	甘肃省林业科技推广站	20180789	2018.11.23	杨全生、辛中尧、王永兰、杨国州、滕保琴、王花兰
93	紫珊瑚	芍药属	20210093	甘肃省林业科技推广站	20180790	2018.11.23	张延东、赵生春、王丽、何丽霞、金辉亮、李建强
94	紫燕归巢	芍药属	20210094	甘肃省林业科技推广站	20180791	2018.11.23	李楠、苏宏斌、李睿、何丽霞、李建强、成娟
95	紫韵轮回	芍药属	20210095	甘肃省林业科技推广站	20180792	2018.11.23	李睿、何丽霞、杨国州、李京璟、金辉亮、李建强

（续表）

序号	品种名称	所属属（种）	品种权号	品种权人	申请号	申请日	培育人
96	玉蝴蝶	连翘属	20210096	北京林业大学	20180819	2018.12.07	潘会堂、申建双、张启翔、马帅、程堂仁、王佳
97	日晕	连翘属	20210097	北京林业大学	20180820	2018.12.07	潘会堂、张启翔、申建双、马帅、程堂仁、王佳
98	素衣	连翘属	20210098	北京林业大学	20180821	2018.12.07	潘会堂、申建双、张启翔、马帅、程堂仁、王佳
99	纷飞	连翘属	20210099	北京林业大学	20180822	2018.12.07	潘会堂、申建双、张启翔、马帅、程堂仁、王佳
100	玉堇	连翘属	20210100	北京林业大学	20180823	2018.12.07	潘会堂、申建双、张启翔、马帅、程堂仁、王佳
101	侏玉	连翘属	20210101	北京林业大学	20180824	2018.12.07	潘会堂、申建双、张启翔、马帅、程堂仁、王佳
102	紫盈	连翘属	20210102	北京林业大学	20180825	2018.12.07	潘会堂、申建双、张启翔、马帅、程堂仁、王佳
103	尼尔普提坎（NIRPTICAN）	蔷薇属	20210103	尼尔普国际有限公司（NIRP INTERNATIONAL SA）	20180826	2018.12.07	亚历山德罗·吉奥恩（Alessandro Ghione）
104	尼尔维尔迪（NIRPVERDI）	蔷薇属	20210104	尼尔普国际有限公司（NIRP INTERNATIONAL SA）	20180835	2018.12.07	亚历山德罗·吉奥恩（Alessandro Ghione）
105	尼尔普丁（NIRPDIN）	蔷薇属	20210105	尼尔普国际有限公司（NIRP INTERNATIONAL SA）	20180837	2018.12.07	亚历山德罗·吉奥恩（Alessandro Ghione）
106	尼尔普 ASC（NIRPASC）	蔷薇属	20210106	尼尔普国际有限公司（NIRP INTERNATIONAL SA）	20180844	2018.12.07	亚历山德罗·吉奥恩（Alessandro Ghione）
107	尼尔宝特（NIRPOT）	蔷薇属	20210107	尼尔普国际有限公司（NIRP INTERNATIONAL SA）	20180851	2018.12.07	亚历山德罗·吉奥恩（Alessandro Ghione）
108	尼尔普拉西（NIRPRUSH）	蔷薇属	20210108	尼尔普国际有限公司（NIRP INTERNATIONAL SA）	20180854	2018.12.07	亚历山德罗·吉奥恩（Alessandro Ghione）
109	淑女	蔷薇属	20210109	宜良多彩盆栽有限公司	20190025	2018.12.18	刘天平、胡明飞、何云县、卢燕、叶晓念
110	先锋 3 号	柳属	20210110	李发荣	20190102	2018.12.25	李发荣、冯战友
111	坦 08051EDV（TAN08051EDV）	蔷薇属	20210111	德国坦涛月季育种公司（Rosen Tantau KG，Germany）	20190109	2018.12.25	克里斯汀安· 埃维尔斯（Christian Evers）
112	金色王子	栎属	20210112	日照金枫园林科技有限公司、山东省林业科学研究院、日照市林业科学研究院	20190131	2019.01.02	刘桂民、王洪永、马丙尧、王振猛、高伟、张兰英、刘德玺
113	银粟紫染	芍药属	20210113	上海辰山植物园	20190144	2019.01.08	胡永红、叶康、秦俊、张颖
114	紫伊	丁香属	20210114	北京农学院	20190163	2019.01.22	刘建斌、张炎、王文和、赵祥云、王树栋、张克
115	宇攀	丁香属	20210115	北京农学院	20190164	2019.01.22	刘建斌、张炎、王文和、赵祥云、王树栋、张克
116	舞遐	丁香属	20210116	北京农学院	20190165	2019.01.22	刘建斌、张炎、王文和、赵祥云、王树栋、张克
117	红妃	槭属	20210117	溧阳映山红花木园艺有限公司	20190185	2019.01.27	陈惠忠、王伟伟

（续表）

序号	品种名称	所属属（种）	品种权号	品种权人	申请号	申请日	培育人
118	阿萨薇吉（ARSWEJU）	蔷薇属	20210118	A. R. B. A. 公司（A. R. B. A. B. V.）	20190192	2019. 01. 29	艾尔·皮·德布林（Ir. P. de Bruin）
119	瑞克 1938B（RUICK1938B）	蔷薇属	20210119	迪瑞特知识产权公司（De Ruiter Intellectual Property B. V.）	20190204	2019. 02. 22	汉克·德·格罗特（H. C. A. de Groot）
120	瑞可吉 0712A（RUICJ0712A）	蔷薇属	20210120	迪瑞特知识产权公司（De Ruiter Intellectual Property B. V.）	20190205	2019. 02. 22	汉克·德·格罗特（H. C. A. de Groot）
121	瑞克恩 1052A（RUICN1052A）	蔷薇属	20210121	迪瑞特知识产权公司（De Ruiter Intellectual Property B. V.）	20190206	2019. 02. 22	汉克·德·格罗特（H. C. A. de Groot）
122	红铃	山茶属	20210122	怀化市林业科学研究所、湖南省森林植物园	20190213	2019. 03. 06	颜立红、唐娟、蒋利媛、向光锋、田晓明、张凌宏、钟凤娥、王耀辉、李菊美、向奕芳、周芳芝、邱玲
123	粉魅	山茶属	20210123	怀化市林业科学研究所、湖南省森林植物园	20190214	2019. 03. 06	张凌宏、颜立红、张华、丁建国、唐娟、蒋利媛、李雯、田晓明、袁春、向红艳、毛桂玲、江贤方
124	玲曲	山茶属	20210124	怀化市林业科学研究所、湖南省森林植物园	20190215	2019. 03. 06	钟凤娥、唐娟、蒋利媛、颜立红、陈海峰、王国晖、向光锋、黄新兵、唐忠、李旭、张良勇
125	鸿运	蜡梅	20210125	河南省林业科学研究院	20190219	2019. 03. 08	沈植国、王安亭、王志刚、尚忠海、岳长平、丁鑫、孙萌、汤正辉、程建明、沈希辉、韩健
126	豫香	蜡梅	20210126	河南省林业科学研究院	20190220	2019. 03. 08	王安亭、沈植国、丁鑫、尚忠海、岳长平、孙萌、汤正辉、汪世忠、常娟、董玄希、韩健、郭征
127	瑞可吉 2051A（RUICJ2051A）	蔷薇属	20210127	迪瑞特知识产权公司（De Ruiter Intellectual Property B. V.）	20190235	2019. 03. 14	汉克·德·格罗特（H. C. A. de Groot）
128	瑞普吉 0248A（RUIPJ0248A）	蔷薇属	20210128	迪瑞特知识产权公司（De Ruiter Intellectual Property B. V.）	20190238	2019. 03. 14	汉克·德·格罗特（H. C. A. de Groot）
129	南湘骄	山茶属	20210129	湖南省林业科学院	20190242	2019. 03. 15	王湘南、陈永忠、王瑞、彭邵锋、陈隆升、张震、许彦明、李志钢、唐炜、马力、彭映赫、李美群
130	南湘珍	山茶属	20210130	湖南省林业科学院	20190243	2019. 03. 15	王湘南、陈永忠、王瑞、彭邵锋、陈隆升、张震、许彦明、李志钢、唐炜、马力、彭映赫、李美群
131	熙春	李属	20210131	山东省林业科学研究院、青岛樱花谷科技生态园有限公司、青岛市黄岛区林业局	20190330	2019. 04. 24	胡丁猛、许景伟、王松、王子玉、囤兴建、李贵学、丁守和、朱文成

（续表）

序号	品种名称	所属属（种）	品种权号	品种权人	申请号	申请日	培育人
132	和煦阳光	李属	20210132	山东省林业科学研究院、青岛樱花谷科技生态园有限公司、青岛市黄岛区林业局	20190331	2019.04.24	胡丁猛、许景伟、王松、王子玉、囤兴建、李贵学、丁守和、朱文成
133	东方报春	李属	20210133	青岛樱花谷科技生态园有限公司、山东省林业科学研究院、青岛市黄岛区林业局	20190332	2019.04.24	王松、胡丁猛、王子玉、许景伟、囤兴建、李贵学、丁守和
134	明媚阳光	李属	20210134	青岛樱花谷科技生态园有限公司、山东省林业科学研究院、青岛市黄岛区林业局	20190333	2019.04.24	王松、胡丁猛、王子玉、许景伟、囤兴建、李贵学、丁守和
135	英姿	芍药属	20210135	山东农业大学	20190362	2019.05.29	郭先锋、孟凡志、臧德奎、马燕
136	岱粉	芍药属	20210136	山东农业大学	20190363	2019.05.29	郭先锋、刘爱青、孟凡志、边廷廷
137	金鸾轻舞	芍药属	20210137	山东农业大学	20190364	2019.05.29	郭先锋、孟凡志、臧德奎、边廷廷
138	金色年华	芍药属	20210138	山东农业大学	20190365	2019.05.29	郭先锋、孟凡志、臧德奎、边廷廷
139	钟秀	桃花	20210139	江苏省农业科学院	20190366	2019.05.29	马瑞娟、许建兰、俞明亮、张妤艳、张斌斌、宋宏峰、蔡志翔、丁辉、何鑫
140	钟雪	桃花	20210140	江苏省农业科学院	20190367	2019.05.29	许建兰、马瑞娟、俞明亮、张斌斌、张春华、沈志军、郭磊、沈江海、郭绍雷
141	钟丽	桃花	20210141	江苏省农业科学院	20190368	2019.05.29	俞明亮、张斌斌、许建兰、马瑞娟、郭磊、严娟、张妤艳、丁辉、宋娟
142	瑞斯 1068A（RUICE1068A）	蔷薇属	20210142	迪瑞特知识产权公司（De Ruiter Intellectual Property B. V.）	20190395	2019.06.06	汉克·德·格罗特（H. C. A. de Groot）
143	小飞寒	李属	20210143	厦门市园林植物园	20190399	2019.06.11	蔡长福、蔡邦平、陈润泉、张万旗、彭春华、丁友芳、马丽娟、吕燕玲、王勇、罗文熠、黄碧华
144	女儿红	李属	20210144	厦门市园林植物园	20190400	2019.06.11	蔡邦平、蔡长福、陈润泉、张万旗、彭春华、丁友芳、马丽娟、吕燕玲、王勇、罗文熠、黄碧华
145	元旦红	李属	20210145	厦门市园林植物园	20190401	2019.06.11	蔡邦平、蔡长福、陈润泉、张万旗、彭春华、丁友芳、马丽娟、吕燕玲、王勇、罗文熠、黄碧华
146	厦美人	李属	20210146	厦门市园林植物园	20190402	2019.06.11	蔡长福、蔡邦平、陈润泉、张万旗、彭春华、丁友芳、马丽娟、吕燕玲、王勇、罗文熠、黄碧华

（续表）

序号	品种名称	所属属（种）	品种权号	品种权人	申请号	申请日	培育人
147	相思红	李属	20210147	厦门市园林植物园	20190403	2019.06.11	陈润泉、蔡邦平、蔡长福、张万旗、彭春华、丁友芳、马丽娟、吕燕玲、王勇、罗文熠、黄碧华
148	双旗	李属	20210148	厦门市园林植物园	20190404	2019.06.11	蔡长福、蔡邦平、陈润泉、张万旗、彭春华、丁友芳、马丽娟、吕燕玲、王勇、罗文熠、黄碧华
149	怀脑樟 1 号	樟属	20210149	湖南医药学院	20190405	2019.06.12	郑钦方、汪冶、肖聪颖
150	火芙蓉	山茶属	20210150	福建省龙岩市秀峰茶花有限公司	20190415	2019.06.24	张陈环、张寿丰、段明霞
151	南农丰羽	梅	20210151	南京农业大学	20190421	2019.06.27	高志红、倪照君、侍婷、韩键、章镇
152	南农丰茂	梅	20210152	南京农业大学	20190423	2019.06.27	高志红、倪照君、侍婷、章镇
153	南农丰艳	梅	20210153	南京农业大学	20190424	2019.06.27	高志红、倪照君、侍婷、章镇
154	南农龙霞	梅	20210154	南京农业大学	20190425	2019.06.27	高志红、倪照君、侍婷、章镇
155	化蝶	叶子花属	20210155	厦门木林深处苗木有限公司	20190426	2019.07.01	蔡峰
156	红霞	油桐属	20210156	赵吉伟、张卓然、丁熊秀	20190428	2019.07.02	张卓然、赵吉伟、王彭伟、丁熊秀
157	盛世长安	忍冬属	20210157	陕西省西安植物园	20190440	2019.07.09	刘安成、李艳、尉倩、王庆、杨群力
158	赤焰 1 号	忍冬属	20210158	陕西省西安植物园	20190441	2019.07.09	刘安成、王庆、李艳、杨群力、尉倩
159	丹韵	李属	20210159	福建丹樱生态农业发展有限公司、南京林业大学	20190443	2019.07.09	王珉、伊贤贵、阙平、王贤荣、胡坚平、林玮捷、王琳、林荣光、李蒙
160	落霞	李属	20210160	福建丹樱生态农业发展有限公司、南京林业大学	20190444	2019.07.09	胡坚平、伊贤贵、肖缤、刘福辉、王贤荣、李蒙、王珉、阙平、王琳、叶菁、晏琴梅
161	荷瓣	李属	20210161	福建丹樱生态农业发展有限公司、南京林业大学、福州植物园	20190445	2019.07.09	林玮捷、庄莉彬、伊贤贵、李庆晞、胡坚平、王贤荣、阙平、李蒙、林荣光
162	粉黛	李属	20210162	福建丹樱生态农业发展有限公司、南京林业大学、福建省农业科学院作物研究所	20190446	2019.07.09	林荣光、伊贤贵、钟淮钦、叶秀仙、王贤荣、林榕燕、王珉、王琳、林玮捷、李蒙、阙平、胡坚平
163	含羞	李属	20210163	浙江省林业科学研究院、杭州市园林绿化股份有限公司	20190471	2019.08.02	柳新红、蒋冬月、沈鑫、李因刚、郭娟、沈柏春、彭志声、田伟莉
164	粉蝶	李属	20210164	浙江省林业科学研究院、杭州市园林绿化股份有限公司	20190472	2019.08.02	柳新红、蒋冬月、沈鑫、郭娟、李因刚、魏建芬、沈柏春、陈浩
165	雪妃	李属	20210165	浙江省林业科学研究院、杭州市园林绿化股份有限公司	20190473	2019.08.02	柳新红、蒋冬月、沈鑫、李因刚、魏建芬、邱帅、郭娟、崔晓燕

（续表）

序号	品种名称	所属属（种）	品种权号	品种权人	申请号	申请日	培育人
166	恋蝶	李属	20210166	浙江省林业科学研究院、杭州市园林绿化股份有限公司	20190474	2019.08.02	沈鑫、柳新红、蒋冬月、邱帅、李因刚、杨浩、王霁、余磊
167	风车	李属	20210167	浙江省林业科学研究院、杭州市园林绿化股份有限公司	20190475	2019.08.02	蒋冬月、柳新红、沈鑫、沈柏春、高凯、李因刚、孙丽娜、陈林敬
168	宛梅	李属	20210168	浙江省林业科学研究院、杭州市园林绿化股份有限公司	20190476	2019.08.02	蒋冬月、柳新红、沈鑫、沈柏春、郭娟、邱帅、李因刚、王霁
169	紫婉	李属	20210169	浙江省林业科学研究院、杭州市园林绿化股份有限公司	20190477	2019.08.02	沈鑫、柳新红、蒋冬月、郭娟、沈柏春、李因刚、张楠、王琳锋
170	骄子	李属	20210170	浙江省林业科学研究院、杭州市园林绿化股份有限公司	20190478	2019.08.02	柳新红、蒋冬月、沈柏春、沈鑫、郭娟、李因刚、魏建芬、叶佳
171	纤秀	李属	20210171	杭州市园林绿化股份有限公司、浙江省林业科学研究院	20190479	2019.08.02	邱帅、高凯、柳新红、郭娟、蒋冬月、邱影、孙丽娜、沈鑫、李因刚
172	彩云	李属	20210172	杭州市园林绿化股份有限公司、浙江省林业科学研究院	20190480	2019.08.02	郭娟、魏建芬、柳新红、杨浩、王霁、蒋冬月、沈鑫、李因刚
173	螺蛳粉儿	李属	20210173	杭州市园林绿化股份有限公司、浙江省林业科学研究院、恩施土家族苗族自治州林业科学研究院	20190481	2019.08.02	沈柏春、柳新红、吴代坤、沈鑫、陈徐平、张俊林、蒋冬月、李双龙、李因刚
174	秦草语嫣	木兰属	20210174	陕西秦草生态环境科技有限公司、陕西省西安植物园	20190483	2019.08.06	王亚玲、牛梦莹、姜泓艺、叶卫
175	秦草粉梦	木兰属	20210175	陕西秦草生态环境科技有限公司、陕西省西安植物园	20190484	2019.08.06	王亚玲、牛梦莹、姜泓艺、叶卫
176	科园金碧 3 号	侧柏属	20210176	中国科学院植物研究所	20190497	2019.08.12	唐宇丹、邢全、李霞、姚涓、法丹丹、李锐丽、孙雪琪、张会金
177	科园金碧 5 号	侧柏属	20210177	中国科学院植物研究所	20190499	2019.08.12	唐宇丹、李慧、法丹丹、张会金、李霞、姚涓、孙雪琪、白红彤
178	雪清香	流苏树属	20210178	山东农业大学、泰安东昊园林工程有限公司	20190515	2019.08.13	李际红、李卫东、曲凯、国浩平、郭海丽、周文玲、王宝锐、侯丽丽、刘佳庚、王如月
179	雪早花	流苏树属	20210179	山东农业大学	20190518	2019.08.13	李际红、刘会香、曲凯、国浩平、郭海丽、周文玲、王宝锐、侯丽丽、刘佳庚、王如月
180	雪玲珑	流苏树属	20210180	山东农业大学	20190520	2019.08.13	李际红、刘会香、曲凯、国浩平、郭海丽、周文玲、王宝锐、侯丽丽、刘佳庚、王如月
181	雪灯笼	流苏树属	20210181	山东农业大学	20190522	2019.08.13	李际红、邢世岩、曲凯、国浩平、郭海丽、周文玲、王宝锐、侯丽丽、刘佳庚、王如月
182	雪璇	流苏树属	20210182	山东农业大学	20190524	2019.08.13	李际红、邢世岩、曲凯、国浩平、郭海丽、周文玲、王宝锐、侯丽丽、刘佳庚、王如月

（续表）

序号	品种名称	所属属（种）	品种权号	品种权人	申请号	申请日	培育人
183	如意	李属	20210183	广州旺地园林工程有限公司、广州天适集团有限公司、韶关市旺地樱花种植有限公司	20190528	2019.08.19	胡晓敏、何宗儒、叶小玲、朱军、冯钦钊
184	盛世红	李属	20210184	广州旺地园林工程有限公司、广州天适集团有限公司、英德市旺地樱花种植有限公司	20190529	2019.08.19	胡晓敏、何宗儒、叶小玲、朱军、陈端妮
185	凤求凰	李属	20210185	广州旺地园林工程有限公司、广州天适集团有限公司、韶关市旺地樱花种植有限公司	20190530	2019.08.19	胡晓敏、叶小玲、何宗儒、朱军、冯钦钊
186	美人羞	李属	20210186	广州天适集团有限公司、广州旺地园林工程有限公司、韶关市旺地樱花种植有限公司	20190531	2019.08.19	胡晓敏、叶小玲、何宗儒、朱军、冯钦钊
187	喜盈门	李属	20210187	广州天适集团有限公司、英德市旺地樱花种植有限公司、广州旺地园林工程有限公司	20190532	2019.08.19	胡晓敏、叶小玲、何宗儒、朱军、陈端妮
188	香妃	李属	20210188	广州天适集团有限公司、英德市旺地樱花种植有限公司、广州旺地园林工程有限公司	20190533	2019.08.19	胡晓敏、叶小玲、何宗儒、朱军、陈端妮
189	合家欢	李属	20210189	广州天适集团有限公司、英德市旺地樱花种植有限公司、广州旺地园林工程有限公司	20190534	2019.08.19	胡晓敏、叶小玲、何宗儒、朱军、刘雅思、陈端妮
190	好运来	李属	20210190	广州天适集团有限公司、韶关市旺地樱花种植有限公司、广州旺地园林工程有限公司	20190535	2019.08.19	胡晓敏、叶小玲、何宗儒、朱军、冯钦钊
191	吉祥	李属	20210191	韶关市旺地樱花种植有限公司、广州旺地园林工程有限公司、广州天适集团有限公司	20190536	2019.08.19	胡晓敏、何宗儒、叶小玲、朱军、冯钦钊
192	吉星高照	李属	20210192	韶关市旺地樱花种植有限公司、英德市旺地樱花种植有限公司、广州天适集团有限公司	20190537	2019.08.19	胡晓敏、叶小玲、何宗儒、朱军、陈端妮
193	小桃红	李属	20210193	韶关市旺地樱花种植有限公司、广州旺地园林工程有限公司、广州天适集团有限公司	20190538	2019.08.19	叶小玲、胡晓敏、何宗儒、朱军、冯钦钊
194	醉红颜	李属	20210194	英德市旺地樱花种植有限公司、韶关市旺地樱花种植有限公司、广州天适集团有限公司	20190539	2019.08.19	胡晓敏、何宗儒、叶小玲、朱军、刘雅思、陈端妮

（续表）

序号	品种名称	所属属（种）	品种权号	品种权人	申请号	申请日	培育人
195	笑开颜	李属	20210195	英德市旺地樱花种植有限公司、广州旺地园林工程有限公司、广州天适集团有限公司	20190540	2019.08.19	胡晓敏、叶小玲、何宗儒、朱军、陈端妮
196	香满园	李属	20210196	英德市旺地樱花种植有限公司、广州旺地园林工程有限公司、广州天适集团有限公司	20190544	2019.08.19	胡晓敏、叶小玲、何宗儒、朱军、陈端妮
197	锦绣	李属	20210197	英德市旺地樱花种植有限公司、广州天适集团有限公司、广州旺地园林工程有限公司	20190545	2019.08.19	胡晓敏、何宗儒、叶小玲、朱军、陈端妮
198	紫嫣	苹果属	20210198	南京林业大学、扬州小苹果园艺有限公司	20190546	2019.08.19	张往祥、陈永霞、范俊俊、江皓、张龙、曹福亮
199	夏荷	苹果属	20210199	南京林业大学、扬州小苹果园艺有限公司	20190547	2019.08.19	张往祥、江皓、谢寅峰、周婷、范俊俊、曹福亮
200	西子姑娘	苹果属	20210200	南京林业大学、扬州小苹果园艺有限公司	20190548	2019.08.19	张往祥、范俊俊、江皓、徐立安、周婷、曹福亮
201	水袖	苹果属	20210201	南京林业大学、扬州小苹果园艺有限公司	20190549	2019.08.19	张往祥、陈永霞、周婷、江皓、张全全、曹福亮
202	浪花	苹果属	20210202	南京林业大学、扬州小苹果园艺有限公司	20190550	2019.08.19	张往祥、江皓、彭冶、周婷、张龙、曹福亮
203	红云	苹果属	20210203	南京林业大学、扬州小苹果园艺有限公司	20190551	2019.08.19	张往祥、江皓、徐立安、范俊俊、周婷、曹福亮
204	红色经典	苹果属	20210204	南京林业大学、扬州小苹果园艺有限公司	20190552	2019.08.19	张往祥、周婷、江皓、范俊俊、张全全、曹福亮
205	红粉佳人	苹果属	20210205	南京林业大学、扬州小苹果园艺有限公司	20190553	2019.08.19	张往祥、张龙、周婷、江皓、范俊俊、曹福亮
206	红晨	苹果属	20210206	南京林业大学、扬州小苹果园艺有限公司	20190554	2019.08.19	张往祥、江皓、范俊俊、周婷、张龙、曹福亮
207	二乔	苹果属	20210207	南京林业大学、扬州小苹果园艺有限公司	20190555	2019.08.19	张往祥、周婷、张龙、彭冶、江皓、曹福亮
208	茶花女	苹果属	20210208	南京林业大学、扬州小苹果园艺有限公司	20190556	2019.08.19	张往祥、张全全、范俊俊、江皓、周婷、曹福亮
209	飘	苹果属	20210209	南京林业大学、扬州小苹果园艺有限公司	20190557	2019.08.19	张往祥、周婷、江皓、范俊俊、张全全、曹福亮
210	白云	苹果属	20210210	南京林业大学、扬州小苹果园艺有限公司	20190558	2019.08.19	张往祥、范俊俊、张全全、谢寅峰、江皓、曹福亮
211	嫣碧蕊香	桃花	20210211	鄢陵县东华种植农民专业合作社	20190562	2019.08.20	岳长平、王力荣、朱更瑞、孙萌、张文建、汪世忠、汤正辉、程建明、沈希辉、闫晓丹、郭群、李全红、晋志慧
212	嫣粉娇香	桃花	20210212	鄢陵县东华种植农民专业合作社	20190563	2019.08.20	岳长平、王力荣、朱更瑞、沈植国、王安亭、丁鑫、汪世忠、刘俊美、宋建军、张丽英、晋志慧、李全红、郭群

（续表）

序号	品种名称	所属属（种）	品种权号	品种权人	申请号	申请日	培育人
213	名贵泊里	李属	20210213	胶南明桂园艺场、南京林业大学	20190565	2019.08.21	丁明贵、伊贤贵、赵瑞英、王贤荣、李文华、李蒙、段一凡、陈林、李雪霞、朱淑霞
214	普天红1号	木瓜属	20210214	杨恩普、邸葆、陈段芬	20190593	2019.08.26	杨恩普、邸葆、陈段芬
215	名贵粉	李属	20210215	胶南明桂园艺场、南京林业大学	20190597	2019.08.27	丁明贵、伊贤贵、赵瑞英、王贤荣、李文华、李蒙、段一凡、陈林、李雪霞、朱淑霞
216	名贵荷瓣	李属	20210216	南京林业大学、胶南明桂园艺场	20190598	2019.08.27	丁明贵、伊贤贵、赵瑞英、王贤荣、李文华、李蒙、段一凡、陈林、李雪霞、朱淑霞
217	名贵月光	李属	20210217	南京林业大学、胶南明桂园艺场	20190599	2019.08.27	丁明贵、伊贤贵、赵瑞英、王贤荣、李文华、李蒙、段一凡、陈林、李雪霞、朱淑霞
218	名贵鹊桥	李属	20210218	南京林业大学、胶南明桂园艺场	20190600	2019.08.27	丁明贵、伊贤贵、赵瑞英、王贤荣、李文华、李蒙、段一凡、陈林、李雪霞、朱淑霞
219	名贵翠	李属	20210219	胶南明桂园艺场、南京林业大学	20190601	2019.08.27	丁明贵、伊贤贵、赵瑞英、王贤荣、李文华、李蒙、段一凡、陈林、李雪霞、朱淑霞
220	妍雪	文冠果	20210220	北京林业大学、辽宁文冠实业开发有限公司	20190607	2019.08.28	敖妍、雒小菲、颜秉舟、马履一、田秀铭、杨长文、朱菲、姜雅歌
221	辰星	木兰属	20210221	上海辰山植物园、陕西省西安植物园	20190611	2019.08.28	叶康、王亚玲、秦俊、胡永红、叶卫、杜习武
222	紫云	木兰属	20210222	上海辰山植物园、陕西省西安植物园	20190612	2019.08.28	叶康、王亚玲、胡永红、秦俊、叶卫、杜习武
223	宛绿	榉属	20210223	浙江省林业科学研究院	20190638	2019.09.05	袁位高、李婷婷、朱锦茹、金凯、邵慰忠、陈庆标、吴初平、江波
224	秦荷	木兰属	20210224	陕西省西安植物园	20190644	2019.09.10	王亚玲、吴建军、叶卫、张莹、樊璐、丁芳兵、谢斌
225	辰紫	木兰属	20210225	陕西省西安植物园	20190645	2019.09.10	王亚玲、吴建军、叶卫、张莹、樊璐、丁芳兵、谢斌
226	大唐红	木兰属	20210226	豫兰（河南）生态科技有限公司、陕西省西安植物园	20190646	2019.09.10	刘青发、王亚玲、吴建军、叶卫、张莹、樊璐、丁芳兵、谢斌
227	长安贵妃	木兰属	20210227	陕西省西安植物园	20190647	2019.09.10	王亚玲、吴建军、叶卫、张莹、樊璐、丁芳兵、谢斌
228	长安丽人	木兰属	20210228	陕西省西安植物园	20190648	2019.09.10	王亚玲、吴建军、叶卫、张莹、樊璐、丁芳兵、谢斌
229	柠香	樟属	20210229	广西壮族自治区林业科学研究院	20190650	2019.09.11	安家成、朱昌叁、李开祥、梁晓静、蔡玲、王坤、梁文汇、王军锋
230	溜溜梅1号	梅	20210230	溜溜果园集团股份有限公司	20190651	2019.07.02	杨帆、胡燕
231	阿尼尔乐（ARNEORLE）	蔷薇属	20210231	A. R. B. A. 公司（A. R. B. A. B. V.）	20190690	2019.09.26	艾尔·皮·德布林（Ir. P. de Bruin）

（续表）

序号	品种名称	所属属（种）	品种权号	品种权人	申请号	申请日	培育人
232	瑞克慕 0046A（RUICM0046A）	蔷薇属	20210232	迪瑞特知识产权公司（De Ruiter Intellectual Property B. V.）	20190697	2019. 09. 29	汉克·德·格罗特（H. C. A. de Groot）
233	普拉布鲁 1502（Plablue1502）	越橘属	20210233	纳瓦拉植物股份有限公司（Plantas de Navarra, S. A.）	20190761	2019. 10. 29	亚历山大·皮尔罗恩-达尔邦尼（Alexandre Pierron-Darbonne）
234	普拉布鲁 1542（Plablue1542）	越橘属	20210234	纳瓦拉植物股份有限公司（Plantas de Navarra, S. A.）	20190763	2019. 10. 29	亚历山大·皮尔罗恩-达尔邦尼（Alexandre Pierron-Darbonne）
235	普拉布鲁 1545（Plablue1545）	越橘属	20210235	纳瓦拉植物股份有限公司（Plantas de Navarra, S. A.）	20190764	2019. 10. 29	亚历山大·皮尔罗恩-达尔邦尼（Alexandre Pierron-Darbonne）
236	普拉布鲁 15122（Plablue15122）	越橘属	20210236	纳瓦拉植物股份有限公司（Plantas de Navarra, S. A.）	20190768	2019. 10. 30	亚历山大·皮尔罗恩-达尔邦尼（Alexandre Pierron-Darbonne）
237	醉西施	木瓜属	20210237	临沂市海棠园林工程有限公司、临沂市沂州海棠花卉研究所有限公司	20190776	2019. 10. 08	管学迎、管其德、徐宗义、诸葛绪欣
238	彩玉	木瓜属	20210238	临沂大学、临沂市沂州海棠花卉研究所有限公司	20190777	2019. 10. 08	周金川、张渝洁、管其德、张海娟、刘港华
239	梦绘卷	木瓜属	20210239	临沂大学、临沂市沂州海棠花卉研究所有限公司	20190778	2019. 10. 08	陈之群、周金川、管其德、胡晓君、高月恒、刘港华
240	花天女	木瓜属	20210240	临沂大学、临沂市沂州海棠花卉研究所有限公司	20190779	2019. 10. 08	张海娟、管其德、周金川、高月恒
241	洒翠	卫矛属	20210241	青州市博绿园艺场	20190781	2019. 11. 05	魏玉龙、王华田、刁久新、邓运川、梁中贵、孟诗原
242	玉镶金	卫矛属	20210242	青州市博绿园艺场	20190782	2019. 11. 05	魏玉龙、王华田、刁久新、邓运川、梁中贵、孟诗原
243	金富椿	香椿属	20210243	中国林业科学研究院亚热带林业研究所	20190784	2019. 11. 08	刘军、姜景民、李彦杰、谭梓峰
244	玉泉鹤舞	芍药属	20210244	中国林业科学研究院林业研究所	20190786	2019. 11. 13	王雁、周琳、郑宝强、律春燕、李奎、郭欣、缪崑
245	玉泉春燕	芍药属	20210245	中国林业科学研究院林业研究所	20190787	2019. 11. 13	王雁、周琳、郑宝强、律春燕、李奎、郭欣、缪崑
246	紫玲珑	丁香属	20210246	内蒙古和盛生态科技研究院有限公司、蒙树生态建设集团有限公司	20200001	2019. 11. 23	赵泉胜、铁英、田菊、刘洋
247	丹霞	丁香属	20210247	内蒙古和盛生态科技研究院有限公司、蒙树生态建设集团有限公司	20200002	2019. 11. 23	赵泉胜、铁英、田菊、刘洋
248	穗美人	丁香属	20210248	内蒙古和盛生态科技研究院有限公司、蒙树生态建设集团有限公司	20200003	2019. 11. 23	赵泉胜、铁英、田菊、刘洋
249	金星	杨属	20210249	北京农业职业学院	20200004	2019. 12. 02	石进朝

（续表）

序号	品种名称	所属属（种）	品种权号	品种权人	申请号	申请日	培育人
250	笑脸	卫矛属	20210250	河北省林业科学研究院	20200044	2019. 12. 11	黄印冉、闫淑芳、冯树香、刘易超、黄晓旭、樊彦聪、陈丽英、代嵩华、黄印朋
251	司金香	鹅掌楸属	20210251	南京林业大学	20200045	2019. 12. 11	陈金慧、陈婷婷、施季森、成铁龙、肖保荣
252	助邦榆	榆属	20210252	保定筑邦园林景观工程有限公司	20200059	2019. 12. 17	高龙肖、岳彩伟
253	上农 1 号	杨属	20210253	江苏庆丰林业发展有限公司	20200061	2019. 12. 20	贾祖春、方伍生、单连友、吕晓明、施士争、王红玲、李淑婧
254	美脉榆	榆属	20210254	保定筑邦园林景观工程有限公司	20200068	2019. 12. 25	高龙肖、岳彩伟
255	彩玉	木兰属	20210255	陕西省西安植物园	20200069	2019. 12. 25	王亚玲、吴建军、叶卫、张莹、樊璐、丁芳兵、谢斌
256	大棠博来	苹果属	20210256	青岛市农业科学研究院	20200074	2019. 12. 30	沙广利、葛红娟、黄粤、张蕊芬、马荣群、孙吉禄、李磊
257	中碧小粉菊	桃花	20210257	中国农业科学院郑州果树研究所	20200076	2019. 12. 30	曹珂、方伟超、王力荣、朱更瑞、陈昌文、王新卫、王蛟
258	中碧粉垂菊	桃花	20210258	中国农业科学院郑州果树研究所	20200077	2019. 12. 30	王力荣、方伟超、朱更瑞、曹珂、陈昌文、王新卫、王玲玲
259	中碧小绯菊	桃花	20210259	中国农业科学院郑州果树研究所	20200078	2019. 12. 30	朱更瑞、王力荣、方伟超、曹珂、陈昌文、王新卫、李勇
260	中碧白线菊	桃花	20210260	中国农业科学院郑州果树研究所	20200079	2019. 12. 30	方伟超、朱更瑞、王力荣、陈昌文、曹珂、王新卫、谢景梅
261	齐金	冬青属	20210261	浙江森城种业有限公司	20200090	2020. 01. 02	沈劲余、沈鸿明、朱王微、张晓杰、薛桂芳、李盼盼
262	森红	南天竹属	20210262	浙江森城种业有限公司	20200093	2020. 01. 02	沈鸿明、沈劲余、王国联、朱王微、张晓杰、徐琴、李盼盼、薛桂芳
263	小桃红	南天竹属	20210263	浙江森城种业有限公司	20200094	2020. 01. 02	沈鸿明、沈劲余、李盼盼、徐琴、朱王微、张晓杰、王国联、薛桂芳
264	曲优	卫矛属	20210264	樊英利、河北农业大学、衡水市林业科学研究所	20200095	2020. 01. 02	樊英利、张军、杜向前、杨敏生
265	金玫	紫薇	20210265	江苏省中国科学院植物研究所	20200098	2020. 01. 03	王鹏、王淑安、李亚、李林芳、杨如同、汪庆
266	粉金	紫薇	20210266	江苏省中国科学院植物研究所	20200099	2020. 01. 03	汪庆、王淑安、李亚、王鹏、李林芳、杨如同
267	紫铜	紫薇	20210267	江苏省中国科学院植物研究所	20200100	2020. 01. 03	王淑安、王鹏、杨如同、李林芳、李亚、汪庆
268	北国	李属	20210268	山东省果树研究所	20200101	2020. 01. 06	王甲威、刘庆忠、朱东姿、洪坡、魏海蓉、谭钺、陈新、徐丽、张力思、宗晓娟、赵琳琳
269	北园	李属	20210269	山东省果树研究所	20200102	2020. 01. 06	刘庆忠、朱东姿、魏海蓉、王甲威、洪坡、谭钺、陈新、徐丽、张力思、宗晓娟

（续表）

序号	品种名称	所属属（种）	品种权号	品种权人	申请号	申请日	培育人
270	北春	李属	20210270	山东省果树研究所	20200103	2020.01.06	朱东姿、刘庆忠、王甲威、魏海蓉、洪坡、谭钺、陈新、徐丽、张力思、宗晓娟、赵琳琳
271	新桉7号	桉属	20210271	国家林业和草原局桉树研究开发中心	20200105	2020.01.10	谢耀坚、罗建中、卢万鸿、林彦、王楚彪、高丽琼
272	新桉8号	桉属	20210272	国家林业和草原局桉树研究开发中心	20200106	2020.01.10	罗建中、卢万鸿、林彦、王楚彪、高丽琼、谢耀坚
273	新桉9号	桉属	20210273	国家林业和草原局桉树研究开发中心	20200107	2020.01.10	卢万鸿、林彦、王楚彪、罗建中、高丽琼、谢耀坚
274	新桉10号	桉属	20210274	国家林业和草原局桉树研究开发中心	20200108	2020.01.10	林彦、王楚彪、罗建中、卢万鸿、高丽琼、谢耀坚
275	新桉11号	桉属	20210275	国家林业和草原局桉树研究开发中心	20200109	2020.01.10	王楚彪、罗建中、卢万鸿、林彦、高丽琼、谢耀坚

国家林业和草原局公告

2021年第12号

国家林业和草原局批准发布《棕榈培育技术规程》等51项林业行业标准(见附件)，自2022年1月1日起实施。

特此公告。

附件：《棕榈培育技术规程》等51项林业行业标准目录

国家林业和草原局

2021年6月30日

附件

《棕榈培育技术规程》等51项林业行业标准目录

序号	标准编号	标准名称	代替标准号
1	LY/T 3247—2021	棕榈培育技术规程	—
2	LY/T 3248—2021	南酸枣用材林培育技术规程	—
3	LY/T 3249—2021	印度紫檀育苗造林技术规程	—
4	LY/T 3250—2021	丝棉木苗木培育技术规程	—
5	LY/T 3251—2021	困难立地沙枣造林技术规程	—
6	LY/T 3252—2021	林用烟雾载药施药技术规程	—
7	LY/T 3253—2021	林业碳汇计量监测术语	—
8	LY/T 1812—2021	林地分类	LY/T 1812—2009
9	LY/T 3254—2021	国家森林资源连续清查数据采集器规范	—
10	LY/T 3255—2021	国家森林资源连续清查遥感专题图制作规范	—
11	LY/T 3256—2021	全国优势乔木树种(组)基本木材密度测定	—
12	LY/T 3257—2021	荒漠化防治工程效益监测与评价规范	—
13	LY/T 3258—2021	岩溶石漠生态系统定位观测技术规范	—
14	LY/T 3259—2021	极小种群野生植物水松保护与回归技术规程	—
15	LY/T 3260—2021	绢蝶监测与保护技术规程	—

（续表）

序号	标准编号	标准名称	代替标准号
16	LY/T 3261—2021	金裳凤蝶和裳凤蝶人工繁育技术规范	—
17	LY/T 1532—2021	油橄榄	LY/T 1532—1999 LY/T 1937—2011 LY/T 2036—2012 LY/T 2298—2014 LY/T 2783—2016 LY/T 2784—2016 LY/T 3007—2018
18	LY/T 1207—2021	黑木耳	LY/T 1207—2018 LY/T 2841—2018
19	LY/T 1941—2021	薄壳山核桃	LY/T 1941—2011 LY/T 2314—2014 LY/T 2433—2015 LY/T 2033—2016
20	LY/T 3262—2021	主要香调料产品质量等级	—
21	LY/T 3263—2021	澳洲坚果栽培技术规程	—
22	LY/T 3264—2021	主要林副产品质量等级　菌类	—
23	LY/T 3265—2021	食用林产品质量追溯要求　通则	—
24	LY/T 3266—2021	主要木本油料树种苗木质量等级	—
25	LY/T 3267—2021	白蜡属品种鉴定技术规程 SSR 分子标记法	—
26	LY/T 3268—2021	东北红豆杉扦插育苗技术规程	—
27	LY/T 3269—2021	钟花樱育苗技术规程	—
28	LY/T 3270—2021	马银花容器育苗技术规程	—
29	LY/T 3271—2021	丝棉木播种育苗技术规程	—
30	LY/T 3272—2021	柳杉扦插育苗技术规程	—
31	LY/T 2946—2021	流苏树育苗技术规程	LY/T 2946—2018
32	LY/T 3273—2021	海州常山扦插繁殖技术规程	—
33	LY/T 3274—2021	木塑复合材料分级	—
34	LY/T 3275—2021	室外用木塑复合板材	—

（续表）

序号	标准编号	标准名称	代替标准号
35	LY/T 3276—2021	轻质黄麻/聚酯纤维复合板	—
36	LY/T 3277—2021	竹马赛克	—
37	LY/T 3278—2021	竹木材料及其制品表面防霉变效果评价环境试验箱法	—
38	LY/T 3279—2021	工业水处理用活性炭技术指标及试验方法	—
39	LY/T 3280—2021	漆树提取物	—
40	LY/T 3281—2021	余甘子原汁	—
41	LY/T 3282—2021	塔拉多糖胶	—
42	LY/T 3283—2021	桧烯	—
43	LY/T 3284—2021	工业有机废气净化用活性炭技术指标及试验方法	—
44	LY/T 1087—2021	栲胶	LY/T 1087—1993 LY/T 1090—1993 LY/T 1084—2010 LY/T 1085—2010 LY/T 1091—2010 LY/T 1096—2010 LY/T 1932—2010
45	LY/T 1082—2021	栲胶原料与产品试验方法	LY/T 1082—2008 LY/T 1083—2008
46	LY/T 3285—2021	植物新品种特异性、一致性、稳定性测试指南　金露梅	—
47	LY/T 3286—2021	植物新品种特异性、一致性、稳定性测试指南　珍珠梅属	—
48	LY/T 3287—2021	植物新品种特异性、一致性、稳定性测试指南　青檀属	—
49	LY/T 3288—2021	植物新品种特异性、一致性、稳定性测试指南　含笑属	—
50	LY/T 3289—2021	植物新品种特异性、一致性、稳定性测试指南　拟单性木兰属	—
51	LY/T 3290—2021	植物新品种特异性、一致性、稳定性测试指南　槭属	—

国家林业和草原局公告

2021年第13号

根据《中华人民共和国种子法》的规定，现将《中华人民共和国主要草种目录(2021年)》(见附件)予以公布。

特此公告。

附件：中华人民共和国主要草种目录(2021年)

国家林业和草原局
2021年7月19日

附件

中华人民共和国主要草种目录(2021年)

科	拉丁名	序号	属	种	学 名
百合科	Liliaceae	1	山麦冬属	山麦冬	*Liriope spicata* (Thunb.) Lour.
鸢尾科	Iridaceae	2	鸢尾属	马蔺	*Iris lactea* Pall. var. *chinensis* (Fisch.) Koidz.
禾本科	Gramineae	3	芨芨草属	芨芨草	*Achnatherum splendens* (Trin.) Nevski
		4	芨芨草属	醉马草	*Achnatherum inebrians* (Hance) Keng
		5	冰草属	冰草(扁穗冰草)	*Agropyron cristatum* (L.) Gaertn.
		6	冰草属	沙芦草(蒙古冰草)	*Agropyron mongolicum* Keng
		7	剪股颖属	西伯利亚剪股颖(匍匐剪股颖)	*Agrostis stolonifera* L.
		8	看麦娘属	大看麦娘	*Alopecurus pratensis* L.
		9	芦竹属	芦竹	*Arundo donax* L.
		10	燕麦属	燕麦	*Avena sativa* L.
		11	地毯草属	地毯草(大叶油草)	*Axonopus compressus* (Sw.) Beauv.
		12	雀麦属	无芒雀麦	*Bromus inermis* Leyss.
		13	野牛草属	野牛草	*Buchloe dactyloides* (Nutt.) Engelm.
		14	隐子草属	无芒隐子草	*Cleistogenes songorica* (Roshev.) Ohwi
		15	狗牙根属	狗牙根	*Cynodon dactylon* (L.) Pers.
		16	狗牙根属	杂交狗牙根	*Cynodon transvaalensis* Burtt Davy × *C. dactylon* (L.) Pers.
		17	鸭茅属	鸭茅	*Dactylis glomerata* L.
		18	发草属	发草	*Deschampsia caespitosa* (L.) Beauv.
		19	披碱草属	短芒披碱草	*Elymus breviaristatus* (Keng) Keng f.
		20	披碱草属	垂穗披碱草	*Elymus nutans* Griseb.
		21	披碱草属	老芒麦	*Elymus sibiricus* L.
		22	披碱草属	麦蓍草	*Elymus tangutorum* (Nevski) Hand. -Mazz.
		23	偃麦草属	长穗偃麦草	*Elytrigia elongata* (Host) Nevski
		24	偃麦草属	中间偃麦草	*Elytrigia intermedia* (Host) Nevski
		25	偃麦草属	偃麦草	*Elytrigia repens* (L.) Nevski

（续表）

科	拉丁名	序号	属	种	学　名
禾本科	Gramineae	26	蜈蚣草属	假俭草	*Eremochloa ophiuroides*（Munro）Hack.
		27	羊茅属	苇状羊茅（苇状狐茅、高羊茅）	*Festuca arundinacea* Schreb.
		28	羊茅属	紫羊茅	*Festuca rubra* L.
		29	大麦属	短芒大麦草（野大麦）	*Hordeum brevisubulatum*（Trin.）Link
		30	以礼草属（仲彬草属）	糙毛以礼草（糙毛仲彬草）	*Kengyilia hirsuta*（Keng）J. L. Yang, Yen et Baum.
		31	以礼草属（仲彬草属）	硬秆以礼草（硬秆仲彬草）	*Kengyilia rigidula*（Keng）J. L. Yang, Yen et Baum
		32	赖草属	羊草	*Leymus chinensis*（Trin.）Tzvel.
		33	赖草属	赖草	*Leymus secalinus*（Georgi）Tzvel.
		34	黑麦草属	多花黑麦草	*Lolium multiflorum* Lamk.
		35	黑麦草属	黑麦草（多年生黑麦草）	*Lolium perenne* L.
		36	黑麦草属	羊茅黑麦草	*Lolium perenne* L.×*Festuca arundinacea* Schreb.
		37	荻属	荻	*Triarrhena sacchariflora*（Maxim.）Nakai
		38	芒属	芒	*Miscanthus sinensis* Anderss.
		39	雀稗属	海雀稗（夏威夷草、海滨雀稗）	*Paspalum vaginatum* Sw.
		40	狼尾草属	狼尾草	*Pennisetum alopecuroides*（L.）Spreng.
		41	狼尾草属	象草	*Pennisetum purpureum* Schum.
		42	虉草属	虉草	*Phalaris arundinacea* L.
		43	猫尾草属	梯牧草（猫尾草）	*Phleum pratense* L.
		44	早熟禾属	草地早熟禾	*Poa pratensis* L.
		45	早熟禾属	华灰早熟禾	*Poa sinoglauca* Ohwi
		46	早熟禾属	冷地早熟禾	*Poa crymophila* Keng
		47	新麦草属	新麦草	*Psathyrostachys juncea*（Fisch.）Nevski
		48	碱茅属	星星草（小花碱茅）	*Puccinellia tenuiflora*（Griseb.）Scribn. et Merr.
		49	碱茅属	朝鲜碱茅	*Puccinellia chinampoensis* Ohwi
		50	碱茅属	碱茅	*Puccinellia distans*（L.）Parl.
		51	鹅观草属	鹅观草	*Roegneria kamoji* Ohwi
		52	甘蔗属（蔗茅属）	斑茅	*Saccharum arundinaceum* Retz. / *Erianthus arundinaceus*（synonym）
		53	甘蔗属	甜根子草（割手蜜）	*Saccharum spontaneum* L.
		54	狗尾草属	狗尾草	*Setaria viridis*（L.）Beauv.
		55	高粱属	苏丹草	*Sorghum sudanense*（Piper）Stapf
		56	针茅属	克氏针茅	*Stipa krylovii* Roshev
		57	结缕草属	结缕草（日本结缕草）	*Zoysia japonica* Steud.

（续表）

科	拉丁名	序号	属	种	学 名
禾本科	Gramineae	58	结缕草属	沟叶结缕草（马尼拉草、半细叶结缕草）	*Zoysia matrella*（L.）Merr.
		59	结缕草属	中华结缕草	*Zoysia sinica* Hance
		60	结缕草属	细叶结缕草（台湾草）	*Zoysia tenuifolia* Willd. ex Trin.
		61	结缕草属	杂交结缕草	*Zoysia japonica* Steud. × *Z. matrella*（L.）Merr.
莎草科	Cyperaceae	62	薹草属	灰化薹草	*Carex cinerascens* Kukenth.
		63	薹草属	大披针薹草	*Carex lanceolata* Boott
		64	嵩草属	嵩草	*Kobresia myosuroides*(Villars) Fiori
马鞭草科	Verbenaceae	65	牡荆属	荆条	*Vitex negundo* L. var. *heterophylla*（Franch.）Rehd.
旋花科	Convolvulaceae	66	马蹄金属	马蹄金	*Dichondra repens* Forst.
菊科	Compositae	67	蒿属	黑沙蒿	*Artemisia ordosica* Krasch
		68	蒿属	圆头蒿（白沙蒿）	*Artemisia sphaerocephala* Krasch.
		69	菊苣属	菊苣	*Cichorium intybus* L.
		70	苦荬菜属	苦荬菜	*Ixeris polycephala* Cass.
夹竹桃科	Apocynaceae	71	罗布麻属	罗布麻	*Apocynum venetum* L.
		72	白麻属	白麻	*Poacynum pictum*(Schrenk) Baill.
豆科	Leguminosae	73	黄耆属	沙打旺（斜茎黄耆）	*Astragalus adsurgens* Pall.
		74	黄耆属	黄花黄耆	*Astragalus luteolus* Tsai et Yu
		75	黄耆属	草木樨状黄耆	*Astragalus melilotoides* Pall.
		76	黄耆属	紫云英	*Astragalus sinicus* L.
		77	锦鸡儿属	中间锦鸡儿	*Caragana intermedia* Kuang et H. C. Fu
		78	锦鸡儿属	柠条锦鸡儿	*Caragana korshinskii* Kom.
		79	锦鸡儿属	小叶锦鸡儿	*Caragana microphylla* Lam.
		80	锦鸡儿属	狭叶锦鸡儿	*Caragana stenophylla* Pojark.
		81	羊柴属(岩黄耆属)	蒙古山竹子（羊柴、杨柴）	*Corethrodendron fruticosum* var. Mongolicum
		82	岩黄耆属	华北岩黄耆（华北岩黄芪）	*Hedysarum gmelinii* Ledeb.
		83	甘草属	甘草	*Glycyrrhiza uralensis* Fisch.
		84	木蓝属	马棘	*Indigofera pseudotinctoria* Matsum.
		85	胡枝子属	胡枝子	*Lespedeza bicolor* Turcz.
		86	胡枝子属	兴安胡枝子（达乌里胡枝子）	*Lespedeza daurica*（Laxm.）Schindl.
		87	胡枝子属	多花胡枝子	*Lespedeza floribunda* Bunge
		88	胡枝子属	尖叶胡枝子	*Lespedeza juncea*（L. f.）Pers.
		89	胡枝子属	牛枝子	*Lespedeza potaninii* Vass.
		90	百脉根属	百脉根	*Lotus corniculatus* L.

（续表）

科	拉丁名	序号	属	种	学　名
豆科	Leguminosae	91	苜蓿属	野苜蓿（黄花苜蓿）	*Medicago falcata* L.
		92	苜蓿属	天蓝苜蓿	*Medicago lupulina* L.
		93	苜蓿属	南苜蓿（金花菜）	*Medicago polymorpha* L.
		94	苜蓿属	花苜蓿（扁蓿豆）	*Medicago ruthenica* (L.) Trautv.
		95	苜蓿属	紫苜蓿（紫花苜蓿）	*Medicago sativa* L.
		96	苜蓿属	杂花苜蓿	*Medicago varia* Martyn
		97	草木樨属	白花草木樨	*Melilotus albus* Medic. ex Desr.
		98	草木樨属	草木犀（黄花草木樨）	*Melilotus officinalis* (L.) Pall.
		99	含羞草属	无刺含羞草	*Mimosa diplotricha* var. *inermis* (Adelb.) Verdc.
		100	驴食草属	驴食草(红豆草、驴食豆)	*Onobrychis viciifolia* Scop.
		101	棘豆属	蓝花棘豆	*Oxytropis caerulea* (Pall.) DC.
		102	田菁属	田菁	*Sesbania cannabina* (Retz.) Poir.
		103	柱花草属	圭亚那柱花草	*Stylosanthes guianensis* (Aubl.) Sw.
		104	车轴草属	野火球	*Trifolium lupinaster* L.
		105	车轴草属	红车轴草（红三叶）	*Trifolium pratense* L.
		106	车轴草属	白车轴草（白三叶）	*Trifolium repens* L.
		107	野豌豆属	广布野豌豆	*Vicia cracca* L.
		108	野豌豆属	救荒野豌豆（箭筈豌豆）	*Vicia sativa* L.
		109	野豌豆属	歪头菜(野豌豆、歪头草、偏头草)	*Vicia unijuga* A. Br.
		110	野豌豆属	长柔毛野豌豆（毛苕子、毛叶苕子、柔毛苕子）	*Vicia villosa* Roth
		111	野豌豆属	光叶紫花苕（稀毛苕子、光叶苕子）	*Vicia villosa* Roth var. *glabrescens* Koch.
蔷薇科	Rosaceae	112	地榆属	地榆（黄爪香、山地瓜、猪人参、血箭草）	*Sanguisorba officinalis* L.
藜科	Chenopodiaceae	113	沙蓬属	沙蓬（沙米、登相子）	*Agriophyllum squarrosum* (L.) Moq.
		114	藜属	藜麦	*Chenopodium quinoa* Willd.
		115	梭梭属	梭梭	*Haloxylon ammodendron* (C. A. Mey.) Bunge
		116	地肤属	木地肤	*Kochia prostrata* (L.) Schrad.
		117	地肤属	地肤	*Kochia scoparia* (L.) Schrad.
		118	驼绒藜属	华北驼绒藜	*Ceratoides arborescens* (Losinsk.) Tsien et C. G. Ma

（续表）

科	拉丁名	序号	属	种	学 名
藜科	Chenopodiaceae	119	碱蓬属	碱蓬	*Suaeda glauca*（Bunge）Bunge
石竹科	Caryophyllaceae	120	瞿麦属	瞿麦	*Dianthus superbus* L.

国家林业和草原局公告

2021 年第 14 号

根据《植物检疫条例》《全国检疫性林业有害生物疫区管理办法》（林造发〔2018〕64 号）和《松材线虫病疫区和疫木管理办法》（林生发〔2018〕117 号）有关规定，现将我国 2021 年 3~7 月新发生的松材线虫病县级疫区公告如下：

吉林省：通化市东昌区，延边朝鲜族自治州汪清县。

广东省：肇庆市四会市，清远市连南瑶族自治县。

贵州省：贵阳市乌当区。

云南省：昆明市西山区。

甘肃省：陇南市康县。

特此公告。

国家林业和草原局

2021 年 8 月 3 日

国家林业和草原局　农业农村部公告

2021 年第 15 号

《国家重点保护野生植物名录》（见附件，以下简称《名录》）于 2021 年 8 月 7 日经国务院批准，现予以公布，自公布之日起施行。现将有关事项公告如下：

一、本公告发布前，已经合法获得行政许可证件和行政许可决定的，在有效期内，可依法继续从事相关活动。

二、《名录》所列野生植物已调整主管部门的，于本公告发布前，已经向原野生植物主管部门提出申请的，由原野生植物主管部门继续办理审批手续，审批通过的行政许可证件或决定，有效期至 2021 年 12 月 31 日。

三、《国家重点保护野生植物名录》（第一批）自本公告发布之日起废止。

特此公告。

附件：国家重点保护野生植物名录

国家林业和草原局

农业农村部

2021 年 9 月 7 日

附件

国家重点保护野生植物名录

中文名	学名	保护级别		备注
苔藓植物 Bryophytes				
白发藓科	**Leucobryaceae**			
桧叶白发藓	*Leucobryum juniperoideum*		二级	
泥炭藓科	**Sphagnaceae**			
多纹泥炭藓 *	*Sphagnum multifibrosum*		二级	
粗叶泥炭藓 *	*Sphagnum squarrosum*		二级	
藻苔科	**Takakiaceae**			
角叶藻苔	*Takakia ceratophylla*		二级	

（续表）

中文名	学名	保护级别		备注
藻苔	*Takakia lepidozioides*		二级	
石松类和蕨类植物 Lycophytes and Ferns				
石松科	**Lycopodiaceae**			
石杉属（所有种）	*Huperzia* spp.		二级	
马尾杉属（所有种）	*Phlegmariurus* spp.		二级	
水韭科	**Isoëtaceae**			
水韭属（所有种）*	*Isoëtes* spp.	一级		
瓶尔小草科	**Ophioglossaceae**			

（续表）

中文名	学名	保护级别		备注
七指蕨	*Helminthostachys zeylanica*		二级	
带状瓶尔小草	*Ophioglossum pendulum*		二级	
合囊蕨科	**Marattiaceae**			
观音座莲属（所有种）	*Angiopteris* spp.		二级	
天星蕨	*Christensenia assamica*		二级	Flora of China 使用 *Christensenia aesculifolia*
金毛狗科	**Cibotiaceae**			
金毛狗属（所有种）	*Cibotium* spp.		二级	其他常用中文名：金毛狗蕨属
桫椤科	**Cyatheaceae**			
桫椤科（所有种，小黑桫椤和粗齿桫椤除外）	*Cyatheaceae* spp.（excl. *Alsophila metteniana* & *A. denticulata*）		二级	
凤尾蕨科	**Pteridaceae**			
荷叶铁线蕨 *	*Adiantum nelumboides*	一级		
水蕨属（所有种）*	*Ceratopteris* spp.		二级	
冷蕨科	**Cystopteridaceae**			
光叶蕨	*Cystopteris chinensis*	一级		
铁角蕨科	**Aspleniaceae**			
对开蕨	*Asplenium komarovii*		二级	
乌毛蕨科	**Blechnaceae**			
苏铁蕨	*Brainea insignis*		二级	
水龙骨科	**Polypodiaceae**			
鹿角蕨	*Platycerium wallichii*		二级	其他常用中文名：绿孢鹿角蕨
裸子植物 Gymnosperms				
苏铁科	**Cycadaceae**			
苏铁属（所有种）	*Cycas* spp.	一级		
银杏科	**Ginkgoaceae**			
银杏	*Ginkgo biloba*	一级		
罗汉松科	**Podocarpaceae**			
罗汉松属（所有种）	*Podocarpus* spp.		二级	
柏科	**Cupressaceae**			
翠柏	*Calocedrus macrolepis*		二级	
岩生翠柏	*Calocedrus rupestris*		二级	
红桧	*Chamaecyparis formosensis*		二级	

（续表）

中文名	学名	保护级别		备注
岷江柏木	*Cupressus chengiana*		二级	
巨柏	*Cupressus gigantea*	一级		
西藏柏木	*Cupressus torulosa*	一级		
福建柏	*Fokienia hodginsii*		二级	
水松	*Glyptostrobus pensilis*	一级		
水杉	*Metasequoia glyptostroboides*	一级		
台湾杉（秃杉）	*Taiwania cryptomerioides*		二级	包括 *Taiwania flousiana*
朝鲜崖柏	*Thuja koraiensis*		二级	
崖柏	*Thuja sutchuenensis*	一级		
越南黄金柏	*Xanthocyparis vietnamensis*		二级	
红豆杉科	**Taxaceae**			
穗花杉属（所有种）	*Amentotaxus* spp.		二级	
海南粗榧	*Cephalotaxus hainanensis*		二级	
贡山三尖杉	*Cephalotaxus lanceolata*		二级	
篦子三尖杉	*Cephalotaxus oliveri*		二级	
白豆杉	*Pseudotaxus chienii*		二级	
红豆杉属（所有种）	*Taxus* spp.	一级		
榧树属（所有种）	*Torreya* spp.		二级	
松科	**Pinaceae**			
百山祖冷杉	*Abies beshanzuensis*	一级		
资源冷杉	*Abies beshanzuensis* var. *ziyuanensis*	一级		
秦岭冷杉	*Abies chensiensis*		二级	
梵净山冷杉	*Abies fanjingshanensis*	一级		
元宝山冷杉	*Abies yuanbaoshanensis*	一级		
银杉	*Cathaya argyrophylla*	一级		
油杉属（所有种，铁坚油杉、云南油杉、油杉除外）	*Keteleeria* spp.（excl. *K. davidiana* var. *davidiana*, *K. evelyniana* & *K. fortunei*）		二级	
大果青杄	*Picea neoveitchii*		二级	
大别山五针松	*Pinus dabeshanensis*	一级		其他常用学名：*Pinus armandii* var. *dabeshanensis*, *Pinus fenzeliana* var. *dabeshanensis*
兴凯赤松	*Pinus densiflora* var. *ussuriensis*		二级	

（续表）

中文名	学名	保护级别		备注
红松	*Pinus koraiensis*		二级	
华南五针松	*Pinus kwangtungensis*		二级	
雅加松	*Pinus massoniana* var. *hainanensis*		二级	
巧家五针松	*Pinus squamata*	一级		
长白松	*Pinus sylvestris* var. *sylvestriformis*		二级	
毛枝五针松	*Pinus wangii*	一级		
金钱松	*Pseudolarix amabilis*		二级	
黄杉属（所有种）	*Pseudotsuga* spp.		二级	
麻黄科	**Ephedraceae**			
斑子麻黄	*Ephedra rhytidosperma*		二级	
被子植物 Angiosperms				
莼菜科	**Cabombaceae**			
莼菜 *	*Brasenia schreberi*		二级	
睡莲科	**Nymphaeaceae**			
雪白睡莲 *	*Nymphaea candida*		二级	
五味子科	**Schisandraceae**			
地枫皮	*Illicium difengpi*		二级	属的系统学位置发生变动
大果五味子	*Schisandra macrocarpa*		二级	
马兜铃科	**Aristolochiaceae**			
囊花马兜铃	*Aristolochia utriformis*		二级	
金耳环	*Asarum insigne*		二级	
马蹄香	*Saruma henryi*		二级	
肉豆蔻科	**Myristicaceae**			
风吹楠属（所有种）	*Horsfieldia* spp.		二级	
云南肉豆蔻	*Myristica yunnanensis*		二级	
木兰科	**Magnoliaceae**			
长蕊木兰	*Alcimandra cathcartii*		二级	
厚朴	*Houpoëa officinalis*		二级	包括种下等级，凹叶厚朴并入本种
长喙厚朴	*Houpoëa rostrata*		二级	其他常用学名：*Magnolia rostrata*
大叶木兰	*Lirianthe henryi*		二级	其他常用学名：*Magnolia henryi*
馨香玉兰（馨香木兰）	*Lirianthe odoratissima*		二级	其他常用学名：*Magnolia odoratissima*

（续表）

中文名	学名	保护级别		备注
鹅掌楸（马褂木）	*Liriodendron chinense*		二级	
香木莲	*Manglietia aromatica*		二级	
大叶木莲	*Manglietia dandyi*		二级	
落叶木莲	*Manglietia decidua*		二级	
大果木莲	*Manglietia grandis*		二级	
厚叶木莲	*Manglietia pachyphylla*		二级	
毛果木莲	*Manglietia ventii*		二级	
香子含笑（香籽含笑）	*Michelia hypolampra*		二级	
广东含笑	*Michelia guangdongensis*		二级	
石碌含笑	*Michelia shiluensis*		二级	
峨眉含笑	*Michelia wilsonii*		二级	
圆叶天女花（圆叶玉兰）	*Oyama sinensis*		二级	其他常用学名：*Magnolia sinensis*
西康天女花（西康玉兰）	*Oyama wilsonii*		二级	其他常用学名：*Magnolia wilsonii*
华盖木	*Pachylarnax sinica*	一级		
峨眉拟单性木兰	*Parakmeria omeiensis*	一级		
云南拟单性木兰	*Parakmeria yunnanensis*		二级	
合果木	*Paramichelia baillonii*		二级	其他常用学名：*Michelia baillonii*
焕镛木（单性木兰）	*Woonyoungia septentrionalis*	一级		
宝华玉兰	*Yulania zenii*		二级	其他常用学名：*Magnolia zenii*
番荔枝科	**Annonaceae**			
蕉木	*Chieniodendron hainanense*		二级	其他常用学名：*Meiogyne hainanensis*
文采木	*Wangia saccopetaloides*		二级	其他常用中文名：囊瓣亮花木、亮花假鹰爪
蜡梅科	**Calycanthaceae**			
夏蜡梅	*Calycanthus chinensis*		二级	
莲叶桐科	**Hernandiaceae**			
莲叶桐	*Hernandia nymphaeifolia*		二级	
樟科	**Lauraceae**			
油丹	*Alseodaphne hainanensis*		二级	
皱皮油丹	*Alseodaphne rugosa*		二级	

（续表）

中文名	学名	保护级别	备注
茶果樟	*Cinnamomum chago*	二级	
天竺桂	*Cinnamomum japonicum*	二级	其他常用中文名：普陀樟
油樟	*Cinnamomum longepaniculatum*	二级	
卵叶桂	*Cinnamomum rigidissimum*	二级	
润楠	*Machilus nanmu*	二级	
舟山新木姜子	*Neolitsea sericea*	二级	
闽楠	*Phoebe bournei*	二级	
浙江楠	*Phoebe chekiangensis*	二级	
细叶楠	*Phoebe hui*	二级	
楠木	*Phoebe zhennan*	二级	
孔药楠	*Sinopora hongkongensis*	二级	其他常用学名：*Syndiclis hongkongensis*
泽泻科	**Alismataceae**		
拟花蔺 *	*Butomopsis latifolia*	二级	
长喙毛茛泽泻 *	*Ranalisma rostrata*	二级	
浮叶慈姑 *	*Sagittaria natans*	二级	
水鳖科	**Hydrocharitaceae**		
高雄茨藻 *	*Najas browniana*	二级	
海菜花属（所有种）*	*Ottelia* spp.	二级	其他常用中文名：水车前属
冰沼草科	**Scheuchzeriaceae**		
冰沼草 *	*Scheuchzeria palustris*	二级	
翡若翠科	**Velloziaceae**		
芒苞草	*Acanthochlamys bracteata*	二级	
藜芦科	**Melanthiaceae**		
重楼属（所有种，北重楼除外）*	*Paris* spp.（excl. *P. verticillata*）	二级	
百合科	**Liliaceae**		
荞麦叶大百合 *	*Cardiocrinum cathayanum*	二级	
贝母属（所有种）*	*Fritillaria* spp.	二级	
秀丽百合 *	*Lilium amabile*	二级	
绿花百合 *	*Lilium fargesii*	二级	
乳头百合 *	*Lilium papilliferum*	二级	
天山百合 *	*Lilium tianschanicum*	二级	
青岛百合 *	*Lilium tsingtauense*	二级	

（续表）

中文名	学名	保护级别	备注
郁金香属（所有种）*	*Tulipa* spp.	二级	
兰科	**Orchidaceae**		
香花指甲兰	*Aerides odorata*	二级	
金线兰属（所有种）*	*Anoectochilus* spp.	二级	其他常用中文名：开唇兰属
白及 *	*Bletilla striata*	二级	
美花卷瓣兰	*Bulbophyllum rothschildianum*	二级	
独龙虾脊兰	*Calanthe dulongensis*	二级	
大黄花虾脊兰	*Calanthe striata* var. *sieboldii*	一级	其他常用学名：*Calanthe sieboldii*
独花兰	*Changnienia amoena*	二级	
大理铠兰	*Corybas taliensis*	二级	
杜鹃兰	*Cremastra appendiculata*	二级	
兰属（所有种，被列入一级保护的美花兰和文山红柱兰除外。兔耳兰未列入名录）	*Cymbidium* spp.（excl. *C. insigne*，*C. wenshanense*，*C. lancifolium*）	二级	
美花兰	*Cymbidium insigne*	一级	
文山红柱兰	*Cymbidium wenshanense*	一级	
杓兰属（所有种，被列入一级保护的暖地杓兰除外。离萼杓兰未列入名录）	*Cypripedium* spp.（excl. *C. subtropicum*，*C. plectrochilum*）	二级	
暖地杓兰	*Cypripedium subtropicum*	一级	包括 *Cypripedium singchii*
丹霞兰属（所有种）	*Danxiaorchis* spp.	二级	
石斛属（所有种，被列入一级保护的曲茎石斛和霍山石斛除外）*	*Dendrobium* spp.（excl. *D. flexicaule*，*D. huoshanense*）	二级	
曲茎石斛 *	*Dendrobium flexicaule*	一级	
霍山石斛 *	*Dendrobium huoshanense*	一级	
原天麻 *	*Gastrodia angusta*	二级	
天麻 *	*Gastrodia elata*	二级	
手参 *	*Gymnadenia conopsea*	二级	
西南手参 *	*Gymnadenia orchidis*	二级	
血叶兰	*Ludisia discolor*	二级	

（续表）

中文名	学名	保护级别	备注
兜兰属（所有种，被列入二级保护的带叶兜兰和硬叶兜兰除外）	*Paphiopedilum* spp.（excl. *P. hirsutissimum*, *P. micranthum*）	一级	
带叶兜兰	*Paphiopedilum hirsutissimum*	二级	
硬叶兜兰	*Paphiopedilum micranthum*	二级	
海南鹤顶兰	*Phaius hainanensis*	二级	
文山鹤顶兰	*Phaius wenshanensis*	二级	
罗氏蝴蝶兰	*Phalaenopsis lobbii*	二级	
麻栗坡蝴蝶兰	*Phalaenopsis malipoensis*	二级	
华西蝴蝶兰	*Phalaenopsis wilsonii*	二级	
象鼻兰	*Phalaenopsis zhejiangensis*	一级	
独蒜兰属（所有种）	*Pleione* spp.	二级	
火焰兰属（所有种）	*Renanthera* spp.	二级	
钻喙兰	*Rhynchostylis retusa*	二级	
大花万代兰	*Vanda coerulea*	二级	
深圳香荚兰	*Vanilla shenzhenica*	二级	
鸢尾科	**Iridaceae**		
水仙花鸢尾*	*Iris narcissiflora*	二级	
天门冬科	**Asparagaceae**		
海南龙血树	*Dracaena cambodiana*	二级	其他常用中文名：柬埔寨龙血树
剑叶龙血树	*Dracaena cochinchinensis*	二级	
兰花蕉科	**Lowiaceae**		
海南兰花蕉	*Orchidantha insularis*	二级	
云南兰花蕉	*Orchidantha yunnanensis*	二级	
姜科	**Zingiberaceae**		
海南豆蔻*	*Amomum hainanense*	二级	
宽丝豆蔻*	*Amomum petaloideum*	二级	其他常用中文名：拟豆蔻；其他常用学名：*Paramomum petaloideum*
细莪术*	*Curcuma exigua*	二级	
茴香砂仁	*Etlingera yunnanensis*	二级	
长果姜	*Siliquamomum tonkinense*	二级	
棕榈科	**Arecaceae**		
董棕	*Caryota obtusa*	二级	

（续表）

中文名	学名	保护级别	备注
琼棕	*Chuniophoenix hainanensis*	二级	
矮琼棕	*Chuniophoenix humilis*	二级	
水椰*	*Nypa fruticans*	二级	
小钩叶藤	*Plectocomia microstachys*	二级	
龙棕	*Trachycarpus nanus*	二级	
香蒲科	**Typhaceae**		
无柱黑三棱*	*Sparganium hyperboreum*	二级	其他常用中文名：北方黑三棱
禾本科	**Poaceae**		
短芒芨芨草*	*Achnatherum breviaristatum*	二级	
沙芦草	*Agropyron mongolicum*	二级	
三刺草	*Aristida triseta*	二级	
山涧草	*Chikusichloa aquatica*	二级	
流苏香竹	*Chimonocalamus fimbriatus*	二级	
莎禾	*Coleanthus subtilis*	二级	
阿拉善披碱草*	*Elymus alashanicus*	二级	
黑紫披碱草*	*Elymus atratus*	二级	
短柄披碱草*	*Elymus brevipes*	二级	
内蒙披碱草*	*Elymus intramongolicus*	二级	
紫芒披碱草*	*Elymus purpuraristatus*	二级	
新疆披碱草*	*Elymus sinkiangensis*	二级	
无芒披碱草	*Elymus sinosubmuticus*	二级	
毛披碱草	*Elymus villifer*	二级	
铁竹	*Ferrocalamus strictus*	一级	
贡山竹	*Gaoligongshania megalothyrsa*	二级	
内蒙古大麦	*Hordeum innermongolicum*	二级	
纪如竹	*Hsuehochloa calcarea*	二级	
水禾*	*Hygroryza aristata*	二级	
青海以礼草	*Kengyilia kokonorica*	二级	
青海固沙草*	*Orinus kokonorica*	二级	
稻属（所有种）*	*Oryza* spp.	二级	
华山新麦草	*Psathyrostachys huashanica*	一级	
三蕊草	*Sinochasea trigyna*	二级	
拟高粱*	*Sorghum propinquum*	二级	
箭叶大油芒	*Spodiopogon sagittifolius*	二级	

（续表）

中文名	学名	保护级别		备注
中华结缕草 *	*Zoysia sinica*		二级	
罂粟科	**Papaveraceae**			
石生黄堇	*Corydalis saxicola*		二级	其他常用中文名：岩黄连
久治绿绒蒿	*Meconopsis barbiseta*		二级	
红花绿绒蒿	*Meconopsis punicea*		二级	
毛瓣绿绒蒿	*Meconopsis torquata*		二级	
防己科	**Menispermaceae**			
古山龙	*Arcangelisia gusanlung*		二级	
藤枣	*Eleutharrhena macrocarpa*		二级	
小檗科	**Berberidaceae**			
八角莲属（所有种）	*Dysosma* spp.		二级	其他常用中文名：鬼臼属
小叶十大功劳	*Mahonia microphylla*		二级	
靖西十大功劳	*Mahonia subimbricata*		二级	
桃儿七	*Sinopodophyllum hexandrum*		二级	
星叶草科	**Circaeasteraceae**			
独叶草	*Kingdonia uniflora*		二级	
毛茛科	**Ranunculaceae**			
北京水毛茛 *	*Batrachium pekinense*		二级	
槭叶铁线莲 *	*Clematis acerifolia*		二级	含种下等级
黄连属（所有种）*	*Coptis* spp.		二级	
莲科	**Nelumbonaceae**			
莲 *	*Nelumbo nucifera*		二级	
昆栏树科	**Trochodendraceae**			
水青树	*Tetracentron sinense*		二级	
芍药科	**Paeoniaceae**			
芍药属牡丹组（所有种，被列入一级保护的卵叶牡丹和紫斑牡丹除外，牡丹未列入名录）*	*Paeonia* sect. *Moutan* spp.（excl. *P. qiui*, *P. rockii* & *P. suffruticosa*）		二级	牡丹为栽培物种，不列入保护植物
卵叶牡丹 *	*Paeonia qiui*	一级		
紫斑牡丹 *	*Paeonia rockii*	一级		
白花芍药 *	*Paeonia sterniana*		二级	
阿丁枫科	**Altingiaceae**			
赤水蕈树	*Altingia multinervis*		二级	
金缕梅科	**Hamamelidaceae**			
山铜材	*Chunia bucklandioides*		二级	
长柄双花木	*Disanthus cercidifolius* subsp. *longipes*		二级	
四药门花	*Loropetalum subcordatum*		二级	
银缕梅	*Parrotia subaequalis*	一级		
连香树科	**Cercidiphyllaceae**			
连香树	*Cercidiphyllum japonicum*		二级	
景天科	**Crassulaceae**			
长白红景天	*Rhodiola angusta*		二级	
大花红景天	*Rhodiola crenulata*		二级	
长鞭红景天	*Rhodiola fastigiata*		二级	
喜马红景天	*Rhodiola himalensis*		二级	其他常用中文名：喜马拉雅红景天
四裂红景天	*Rhodiola quadrifida*		二级	
红景天	*Rhodiola rosea*		二级	
库页红景天	*Rhodiola sachalinensis*		二级	
圣地红景天	*Rhodiola sacra*		二级	
唐古红景天	*Rhodiola tangutica*		二级	
粗茎红景天	*Rhodiola wallichiana*		二级	
云南红景天	*Rhodiola yunnanensis*		二级	
小二仙草科	**Haloragaceae**			
乌苏里狐尾藻 *	*Myriophyllum ussuriense*		二级	
锁阳科	**Cynomoriaceae**			
锁阳 *	*Cynomorium songaricum*		二级	其他常用学名：*Cynomorium coccineum* subsp. *songaricum*
葡萄科	**Vitaceae**			
百花山葡萄	*Vitis baihuashanensis*	一级		
浙江蘡薁	*Vitis zhejiang-adstricta*		二级	
蒺藜科	**Zygophyllaceae**			
四合木	*Tetraena mongolica*		二级	
豆科	**Fabaceae**			
沙冬青	*Ammopiptanthus mongolicus*		二级	
棋子豆	*Archidendron robinsonii*		二级	

（续表）

中文名	学名	保护级别	备注
紫荆叶羊蹄甲	*Bauhinia cercidifolia*	二级	
丽豆 *	*Calophaca sinica*	二级	
黑黄檀	*Dalbergia cultrata*	二级	
海南黄檀	*Dalbergia hainanensis*	二级	
降香	*Dalbergia odorifera*	二级	其他常用中文名：降香黄檀
卵叶黄檀	*Dalbergia ovata*	二级	
格木	*Erythrophleum fordii*	二级	
山豆根 *	*Euchresta japonica*	二级	
绒毛皂荚	*Gleditsia japonica* var. *velutina*	一级	
野大豆 *	*Glycine soja*	二级	其他常用学名：*Glycine max* subsp. *soja*
烟豆 *	*Glycine tabacina*	二级	
短绒野大豆 *	*Glycine tomentella*	二级	
胀果甘草	*Glycyrrhiza inflata*	二级	
甘草	*Glycyrrhiza uralensis*	二级	其他常用中文名：乌拉尔甘草
浙江马鞍树	*Maackia chekiangensis*	二级	
红豆属（所有种，被列入一级保护的小叶红豆除外）	*Ormosia* spp.（excl. *O. microphylla*）	二级	
小叶红豆	*Ormosia microphylla*	一级	
冬麻豆属（所有种）	*Salweenia* spp.	二级	
油楠	*Sindora glabra*	二级	
越南槐	*Sophora tonkinensis*	二级	其他常用中文名：广豆根
海人树科	**Surianaceae**		
海人树	*Suriana maritima*	二级	
蔷薇科	**Rosaceae**		
太行花	*Geum rupestre*	二级	其他常用学名：*Taihangia rupestris*
山楂海棠 *	*Malus komarovii*	二级	
丽江山荆子 *	*Malus rockii*	二级	
新疆野苹果 *	*Malus sieversii*	二级	
锡金海棠 *	*Malus sikkimensis*	二级	
绵刺 *	*Potaninia mongolica*	二级	
新疆野杏 *	*Prunus armeniaca*	二级	其他常用学名：*Armeniaca vulgaris*

（续表）

中文名	学名	保护级别	备注
新疆樱桃李	*Prunus cerasifera*	二级	其他常用中文名：樱桃李
甘肃桃 *	*Prunus kansuensis*	二级	其他常用学名：*Amygdalus kansuensis*
蒙古扁桃 *	*Prunus mongolica*	二级	其他常用学名：*Amygdalus mongolica*
光核桃 *	*Prunus mira*	二级	其他常用学名：*Amygdalus mira*
矮扁桃（野巴旦，野扁桃）*	*Prunus nana*	二级	其他常用学名：*Amygdalus nana*
政和杏 *	*Prunus zhengheensis*	二级	其他常用学名：*Armeniaca zhengheensis*
银粉蔷薇	*Rosa anemoniflora*	二级	
小檗叶蔷薇	*Rosa berberifolia*	二级	
单瓣月季花	*Rosa chinensis* var. *spontanea*	二级	
广东蔷薇	*Rosa kwangtungensis*	二级	
亮叶月季	*Rosa lucidissima*	二级	
大花香水月季	*Rosa odorata* var. *gigantea*	二级	
中甸刺玫	*Rosa praelucens*	二级	
玫瑰	*Rosa rugosa*	二级	
胡颓子科	**Elaeagnaceae**		
翅果油树	*Elaeagnus mollis*	二级	
鼠李科	**Rhamnaceae**		
小勾儿茶	*Berchemiella wilsonii*	二级	
榆科	**Ulmaceae**		
长序榆	*Ulmus elongata*	二级	
大叶榉树	*Zelkova schneideriana*	二级	
桑科	**Moraceae**		
南川木波罗	*Artocarpus nanchuanensis*	二级	
奶桑	*Morus macroura*	二级	
川桑 *	*Morus notabilis*	二级	
长穗桑 *	*Morus wittiorum*	二级	
荨麻科	**Urticaceae**		
光叶苎麻 *	*Boehmeria leiophylla*	二级	Flora of China 将本种处理为腋球苎麻 *Boehmeria glomerulifera*
长圆苎麻 *	*Boehmeria oblongifolia*	二级	Flora of China 将本种处理为腋球苎麻 *Boehmeria glomerulifera*
壳斗科	**Fagaceae**		
华南锥	*Castanopsis concinna*	二级	其他常用中文名：华南栲

（续表）

中文名	学名	保护级别		备注
西畴青冈	*Cyclobalanopsis sichourensis*		二级	其他常用学名：*Quercus sichourensis*
台湾水青冈	*Fagus hayatae*		二级	
三棱栎	*Formanodendron doichangensis*		二级	
霸王栎	*Quercus bawanglingensis*		二级	其他常用中文名：坝王栎
尖叶栎	*Quercus oxyphylla*		二级	
胡桃科	**Juglandaceae**			
喙核桃	*Annamocarya sinensis*		二级	
贵州山核桃	*Carya kweichowensis*		二级	
桦木科	**Betulaceae**			
普陀鹅耳枥	*Carpinus putoensis*	一级		
天台鹅耳枥	*Carpinus tientaiensis*		二级	
天目铁木	*Ostrya rehderiana*	一级		
葫芦科	**Cucurbitaceae**			
野黄瓜 *	*Cucumis sativus* var. *xishuang bannanensis*		二级	
四数木科	**Tetramelaceae**			
四数木	*Tetrameles nudiflora*		二级	
秋海棠科	**Begoniaceae**			
蛛网脉秋海棠 *	*Begonia arachnoidea*		二级	
阳春秋海棠 *	*Begonia coptidifolia*		二级	
黑峰秋海棠 *	*Begonia ferox*		二级	其他常用中文名：刺秋海棠
古林箐秋海棠 *	*Begonia gulinqingensis*		二级	
古龙山秋海棠 *	*Begonia gulongshanensis*		二级	
海南秋海棠 *	*Begonia hainanensis*		二级	
香港秋海棠 *	*Begonia hongkongensis*		二级	
卫矛科	**Celastraceae**			
永瓣藤	*Monimopetalum chinense*		二级	
斜翼	*Plagiopteron suaveolens*		二级	
安神木科	**Centroplacaceae**			
膝柄木	*Bhesa robusta*	一级		
金莲木科	**Ochnaceae**			
合柱金莲木	*Sauvagesia rhodoleuca*		二级	
川苔草科	**Podostemaceae**			
川苔草属（所有种）*	*Cladopus* spp.		二级	

（续表）

中文名	学名	保护级别		备注
川藻属（所有种）*	*Dalzellia* spp.		二级	
水石衣 *	*Hydrobryum griffithii*		二级	
藤黄科	**Clusiaceae**			
金丝李	*Garcinia paucinervis*		二级	
双籽藤黄 *	*Garcinia tetralata*		二级	
青钟麻科	**Achariaceae**			
海南大风子	*Hydnocarpus hainanensis*		二级	
杨柳科	**Salicaceae**			
额河杨	*Populus × irtyschensis*		二级	发表时名称：*Populus × jrtyschensis*
大花草科	**Rafflesiaceae**			
寄生花	*Sapria himalayana*		二级	
大戟科	**Euphorbiaceae**			
东京桐	*Deutzianthus tonkinensis*		二级	
使君子科	**Combretaceae**			
萼翅藤	*Getonia floribunda*	一级		
红榄李 *	*Lumnitzera littorea*	一级		
千果榄仁	*Terminalia myriocarpa*		二级	
千屈菜科	**Lythraceae**			
小果紫薇	*Lagerstroemia minuticarpa*		二级	
毛紫薇	*Lagerstroemia villosa*		二级	
水芫花	*Pemphis acidula*		二级	
细果野菱（野菱）*	*Trapa incisa*		二级	
野牡丹科	**Melastomataceae**			
虎颜花 *	*Tigridiopalma magnifica*		二级	
漆树科	**Anacardiaceae**			
林生杧果	*Mangifera sylvatica*		二级	
无患子科	**Sapindaceae**			
梓叶槭	*Acer amplum* subsp. *catalpifolium*		二级	
庙台槭	*Acer miaotaiense*		二级	羊角槭并入本种
五小叶槭	*Acer pentaphyllum*		二级	其他常用中文名：五小叶枫

（续表）

中文名	学名	保护级别	备注
漾濞槭	*Acer yangbiense*	二级	其他常用中文名：漾濞枫
龙眼 *	*Dimocarpus longan*	二级	
云南金钱槭	*Dipteronia dyeriana*	二级	
伞花木	*Eurycorymbus cavaleriei*	二级	
掌叶木	*Handeliodendron bodinieri*	二级	
爪耳木	*Lepisanthes unilocularis*	二级	
野生荔枝 *	*Litchi chinensis* var. *euspontanea*	二级	*Flora of China* 使用名称 *Litchi chinensis*
韶子 *	*Nephelium chryseum*	二级	
海南假韶子	*Paranephelium hainanense*	二级	
芸香科	**Rutaceae**		
宜昌橙 *	*Citrus cavaleriei*	二级	其他常用学名：*Citrus ichangensis*
道县野桔 *	*Citrus daoxianensis*	二级	*Flora of China* 使用名称：柑橘 *Citrus reticulata*
红河橙 *	*Citrus hongheensis*	二级	*Flora of China* 使用名称：宜昌橙 *Citrus cavaleriei*
莽山野橘 *	*Citrus mangshanensis*	二级	*Flora of China* 使用名称：柑橘 *Citrus reticulata*
山橘 *	*Fortunella hindsii*	二级	*Flora of China* 使用名称：金柑 *Citrus japonica*
金豆 *	*Fortunella venosa*	二级	*Flora of China* 使用名称：金柑 *Citrus japonica*
黄檗	*Phellodendron amurense*	二级	其他常用中文名：黄波椤
川黄檗	*Phellodendron chinense*	二级	
富民枳 *	*Poncirus × polyandra*	二级	*Flora of China* 使用名称 *Citrus × polytrifolia*
楝科	**Meliaceae**		

（续表）

中文名	学名	保护级别	备注
望谟崖摩	*Aglaia lawii*	二级	
红椿	*Toona ciliata*	二级	毛红椿并入本种
木果楝	*Xylocarpus granatum*	二级	
锦葵科	**Malvaceae**		
柄翅果	*Burretiodendron esquirolii*	二级	
滇桐	*Craigia yunnanensis*	二级	
海南椴	*Diplodiscus trichospermus*	二级	
蚬木	*Excentrodendron tonkinense*	二级	
广西火桐	*Erythropsis kwangsiensis*	一级	其他常用学名：*Firmiana kwangsiensis*
梧桐属（所有种，梧桐除外）	*Firmiana* spp.（excl. *F. simplex*）	二级	
蝴蝶树	*Heritiera parvifolia*	二级	
平当树	*Paradombeya sinensis*	二级	
景东翅子树	*Pterospermum kingtungense*	二级	
勐仑翅子树	*Pterospermum menglunense*	二级	
粗齿梭罗	*Reevesia rotundifolia*	二级	
紫椴	*Tilia amurensis*	二级	
瑞香科	**Thymelaeaceae**		
土沉香	*Aquilaria sinensis*	二级	
云南沉香	*Aquilaria yunnanensis*	二级	
半日花科	**Cistaceae**		
半日花 *	*Helianthemum songaricum*	二级	
龙脑香科	**Dipterocarpaceae**		
东京龙脑香	*Dipterocarpus retusus*	一级	
狭叶坡垒	*Hopea chinensis*	二级	多毛坡垒并入本种
坡垒	*Hopea hainanensis*	一级	
无翼坡垒（铁凌）	*Hopea reticulata*	二级	
西藏坡垒	*Hopea shingkeng*	二级	
望天树	*Parashorea chinensis*	一级	
云南娑罗双	*Shorea assamica*	一级	

（续表）

中文名	学名	保护级别		备注
广西青梅	*Vatica guangxiensis*	一级		
青梅	*Vatica mangachapoi*		二级	
叠珠树科	**Akaniaceae**			
伯乐树(钟萼木)	*Bretschneidera sinensis*		二级	
铁青树科	**Olacaceae**			
蒜头果	*Malania oleifera*		二级	
瓣鳞花科	**Frankeniaceae**			
瓣鳞花	*Frankenia pulverulenta*		二级	
柽柳科	**Tamaricaceae**			
疏花水柏枝	*Myricaria laxiflora*		二级	
蓼科	**Polygonaceae**			
金荞麦 *	*Fagopyrum dibotrys*		二级	其他常用中文名:金荞
茅膏菜科	**Droseraceae**			
貉藻 *	*Aldrovanda vesiculosa*	一级		
石竹科	**Caryophyllaceae**			
金铁锁	*Psammosilene tunicoides*		二级	
苋科	**Amaranthaceae**			
苞藜 *	*Baolia bracteata*		二级	
阿拉善单刺蓬 *	*Cornulaca alaschanica*		二级	
蓝果树科	**Nyssaceae**			
珙桐	*Davidia involucrata*	一级		含种下等级，光叶珙桐并入本种
云南蓝果树	*Nyssa yunnanensis*	一级		
绣球花科	**Hydrangeaceae**			
黄山梅	*Kirengeshoma palmata*		二级	
蛛网萼	*Platycrater arguta*		二级	
五列木科	**Pentaphylacaceae**			
猪血木	*Euryodendron excelsum*	一级		
山榄科	**Sapotaceae**			
滇藏榄	*Diploknema yunnanensis*	一级		其他常用中文名：云南藏榄
海南紫荆木	*Madhuca hainanensis*		二级	
紫荆木	*Madhuca pasquieri*		二级	
柿树科	**Ebenaceae**			

（续表）

中文名	学名	保护级别		备注
小萼柿 *	*Diospyros minutisepala*		二级	
川柿 *	*Diospyros sutchuensis*		二级	
报春花科	**Primulaceae**			
羽叶点地梅 *	*Pomatosace filicula*		二级	
山茶科	**Theaceae**			
圆籽荷	*Apterosperma oblata*		二级	
杜鹃红山茶	*Camellia azalea*	一级		其他常用中文名：杜鹃叶山茶
山茶属金花茶组(所有种)	*Camellia* sect. *Chrysantha* spp.		二级	
山茶属茶组(所有种，大叶茶、大理茶除外) *	*Camellia* sect. *Thea* spp. (excl. *C. sinensis* var. *assamica*, *C. taliensis*)		二级	
大叶茶	*Camellia sinensis* var. *assamica*		二级	其他常用中文名：普洱茶
大理茶	*Camellia taliensis*		二级	
安息香科	**Styracaceae**			
秤锤树属(所有种)	*Sinojackia* spp.		二级	
猕猴桃科	**Actinidiaceae**			
软枣猕猴桃 *	*Actinidia arguta*		二级	
中华猕猴桃 *	*Actinidia chinensis*		二级	
金花猕猴桃 *	*Actinidia chrysantha*		二级	
条叶猕猴桃 *	*Actinidia fortunatii*		二级	
大籽猕猴桃 *	*Actinidia macrosperma*		二级	
杜鹃花科	**Ericaceae**			
兴安杜鹃	*Rhododendron dauricum*		二级	
朱红大杜鹃	*Rhododendron griersonianum*		二级	
华顶杜鹃	*Rhododendron huadingense*		二级	
井冈山杜鹃	*Rhododendron jingangshanicum*		二级	
江西杜鹃	*Rhododendron kiangsiense*		二级	
尾叶杜鹃	*Rhododendron urophyllum*		二级	

（续表）

中文名	学名	保护级别	备注
圆叶杜鹃	*Rhododendron williamsianum*	二级	
茜草科	**Rubiaceae**		
绣球茜	*Dunnia sinensis*	二级	
香果树	*Emmenopterys henryi*	二级	
巴戟天	*Morinda officinalis*	二级	
滇南新乌檀	*Neonauclea tsaiana*	二级	
龙胆科	**Gentianaceae**		
辐花	*Lomatogoniopsis alpina*	二级	
夹竹桃科	**Apocynaceae**		
驼峰藤	*Merrillanthus hainanensis*	二级	
富宁藤	*Parepigynum funingense*	二级	
紫草科	**Boraginaceae**		
新疆紫草 *	*Arnebia euchroma*	二级	其他常用中文名:软紫草
橙花破布木	*Cordia subcordata*	二级	
茄科	**Solanaceae**		
黑果枸杞 *	*Lycium ruthenicum*	二级	
云南枸杞 *	*Lycium yunnanense*	二级	
木樨科	**Oleaceae**		
水曲柳	*Fraxinus mandschurica*	二级	其他常用学名：*Fraxinus mandshurica*
天山梣	*Fraxinus sogdiana*	二级	
毛柄木樨	*Osmanthus pubipedicellatus*	二级	
毛木樨	*Osmanthus venosus*	二级	
苦苣苔科	**Gesneriaceae**		
瑶山苣苔	*Dayaoshania cotinifolia*	二级	
秦岭石蝴蝶	*Petrocosmea qinlingensis*	二级	
报春苣苔	*Primulina tabacum*	二级	
辐花苣苔	*Thamnocharis esquirolii*	一级	
车前科	**Plantaginaceae**		
胡黄连	*Neopicrorhiza scrophulariiflora*	二级	
丰都车前 *	*Plantago fengdouensis*	二级	

（续表）

中文名	学名	保护级别	备注
玄参科	**Scrophulariaceae**		
长柱玄参 *	*Scrophularia stylosa*	二级	
狸藻科	**Lentibulariaceae**		
盾鳞狸藻 *	*Utricularia punctata*	二级	
唇形科	**Lamiaceae**		
苦梓	*Gmelina hainanensis*	二级	其他常用中文名：海南石梓
保亭花	*Wenchengia alternifolia*	二级	
列当科	**Orobanchaceae**		
草苁蓉 *	*Boschniakia rossica*	二级	
肉苁蓉 *	*Cistanche deserticola*	二级	
管花肉苁蓉 *	*Cistanche mongolica*	二级	其他常用学名：*Cistanche tubulosa*
崖白菜	*Triaenophora rupestris*	二级	其他常用中文名:呆白菜
冬青科	**Aquifoliaceae**		
扣树	*Ilex kaushue*	二级	
桔梗科	**Campanulaceae**		
刺萼参 *	*Echinocodon draco*	二级	
菊科	**Asteraceae**		
白菊木	*Leucomeris decora*	二级	
巴朗山雪莲	*Saussurea balangshanensis*	二级	
雪兔子	*Saussurea gossipiphora*	二级	
雪莲	*Saussurea involucrata*	二级	其他常用中文名:雪莲花
绵头雪兔子	*Saussurea laniceps*	二级	
水母雪兔子	*Saussurea medusa*	二级	
阿尔泰雪莲	*Saussurea orgaadayi*	二级	
革苞菊	*Tugarinovia mongolica*	二级	
忍冬科	**Caprifoliaceae**		
七子花	*Heptacodium miconioides*	二级	
丁香叶忍冬	*Lonicera oblata*	二级	

（续表）

中文名	学名	保护级别		备注
匙叶甘松	*Nardostachys jatamansi*		二级	其他常用中文名：甘松；其他常用学名：*Nardostachys chinensis*，*N. grandiflora*
五加科	**Araliaceae**			
人参属（所有种）*	*Panax* spp.		二级	
华参 *	*Sinopanax formosanus*		二级	
伞形科	**Apiaceae**			
山茴香 *	*Carlesia sinensis*		二级	
明党参 *	*Changium smyrnioides*		二级	
川明参 *	*Chuanminshen violaceum*		二级	
阜康阿魏 *	*Ferula fukanensis*		二级	
麝香阿魏 *	*Ferula moschata*		二级	
新疆阿魏 *	*Ferula sinkiangensis*		二级	
珊瑚菜（北沙参）*	*Glehnia littoralis*		二级	
藻类 Algae				
马尾藻科	**Sargassaceae**			
硇洲马尾藻 *	*Sargassum naozhouense*		二级	
黑叶马尾藻 *	*Sargassum nigrifolioides*		二级	
墨角藻科	**Fucaceae**			
鹿角菜 *	*Silvetia siliquosa*		二级	
红翎菜科	**Solieriaceae**			
珍珠麒麟菜 *	*Eucheuma okamurai*	一级		
耳突卡帕藻 *	*Kappaphycus cottonii*		二级	
念珠藻科	**Nostocaceae**			
发菜	*Nostoc flagelliforme*	一级		
真菌 Eumycophyta				
线虫草科	**Ophiocordycipitaceae**			
虫草（冬虫夏草）	*Ophiocordyceps sinensis*		二级	
口蘑科（白蘑科）	**Tricholomataceae**			
蒙古口蘑 *	*Leucocalocybe mongolica*		二级	
松口蘑（松茸）*	*Tricholoma matsutake*		二级	
块菌科	**Tuberaceae**			
中华夏块菌 *	*Tuber sinoaestivum*		二级	

注：1. 标 * 者归农业农村主管部门分工管理，其余归林业和草原主管部门分工管理。

2. 本《名录》以《中国生物物种名录（植物卷）》为物种名称的主要参考文献，同时参考目前的分类学和系统学研究成果。

3. Flora of China 指《中国植物志（英文版）》。

4. 本《名录》所保护的对象仅指《中华人民共和国野生植物保护条例》定义的野生植物。

国家林业和草原局公告

2021 年第 16 号

为保障新修订《中华人民共和国行政处罚法》贯彻实施，我局决定修改和废止部分文件。

一、删除《国家林业局关于印发〈国家级森林公园监督检查办法〉的通知》（林策发〔2009〕206 号）附件第十三条中的“对整改不力的，由国家林业局视情节给予通报、警告”。

二、废止《国家林业局关于印发〈林木种苗质量检验机构考核办法〉的通知》（林场发〔2003〕131 号）、《国家林业局关于印发〈国家林业局产品质量检验检测机构监督检查办法〉的通知》（林科发〔2009〕106 号）。

特此公告。

国家林业和草原局

2021 年 9 月 13 日

国家林业和草原局公告

2021 年第 18 号

根据《中华人民共和国种子法》《中华人民共和国植物新品种保护条例》《中华人民共和国植物新品种保护

条例实施细则(林业部分)》的规定，经国家林业和草原局植物新品种保护办公室审查，“白雪”等 277 项植物新品种权申请符合授权条件，现决定授予植物新品种权(名单见附件)，并颁发《植物新品种权证书》。

特此公告。

附件：国家林业和草原局 2021 年第二批授予植物新品种权名单

国家林业和草原局

2021 年 10 月 21 日

附件

国家林业和草原局 2021 年第二批授予植物新品种权名单

序号	品种名称	所属属(种)	品种权号	品种权人	申请号	申请日	培育人
1	白雪	流苏树属	20210276	山东丫森苗木科技开发有限公司	20150243	2015. 11. 13	王召伟、张玉华、刘金达、王小青、张振田、邵明亮、张霞、李柏霖
2	瑞雪	流苏树属	20210277	山东丫森苗木科技开发有限公司	20160193	2016. 07. 29	张玉华、王召伟、李文勇、张振田、王富青、李柏霖、邵明亮、张霞
3	翠玉风铃	木兰属	20210278	北京林业大学、三峡大学、五峰博翎红花玉兰科技发展有限公司	20160250	2016. 09. 20	马履一、王罗荣、桑子阳、陈发菊、贾忠奎、张德春、朱仲龙、段劼
4	热火	蔷薇属	20210279	云南锦科花卉工程研究中心有限公司	20170033	2016. 12. 27	倪功、曹荣根、田连通、白云评、乔丽婷、阳明祥、何琼
5	秾苑春	芍药属	20210280	中国农业科学院蔬菜花卉研究所	20170160	2017. 04. 06	张秀新、王顺利、薛璟祺、张萍、薛玉前
6	秾苑红霞	芍药属	20210281	中国农业科学院蔬菜花卉研究所	20170166	2017. 04. 06	张秀新、薛璟祺、王顺利、薛玉前
7	科鲜 0100 (KORcut0100)	蔷薇属	20210282	科德斯月季育种公司 (W. Kordes' Söhne Rosenschulen GmbH & Co KG)	20170206	2017. 05. 03	威廉-亚历山大·科德斯(Wilhelm-Alexander Kordes)、蒂姆-赫尔曼·科德斯(Tim-Hermann Kordes)、玛格丽·科德斯(Margarita Kordes)
8	银雪	流苏树属	20210283	山东丫森苗木科技开发有限公司	20170255	2017. 05. 19	张玉华、王召伟、孔令娜、张振田、耿宗琴、张霞、李柏霖、邵明亮
9	幻蝶	蔷薇属	20210284	北京林业大学	20170389	2017. 07. 19	罗乐、张启翔、潘会堂、于超、王金耀、徐庭亮、赵红霞、王蕴红、程堂仁、王佳
10	科盆 050 (KORpot050)	蔷薇属	20210285	科德斯月季育种公司(W. Kordes' Söhne Rosenschulen GmbH & Co KG)	20170434	2017. 08. 08	蒂姆-赫尔曼·科德斯(Tim-Hermann Kordes)、约翰-文森特·科德斯(John-Vincent Kordes)、威廉·科德斯(Wilhelm Kordes)
11	科盆 074 (KORpot074)	蔷薇属	20210286	科德斯月季育种公司(W. Kordes' Söhne Rosenschulen GmbH & Co KG)	20170438	2017. 08. 08	蒂姆-赫尔曼·科德斯(Tim-Hermann Kordes)、约翰-文森特·科德斯(John-Vincent Kordes)、威廉·科德斯(Wilhelm Kordes)
12	素雅	蔷薇属	20210287	云南锦科花卉工程研究中心有限公司	20180045	2017. 12. 29	曹荣根、张力、倪功、田连通、白云评、乔丽婷、阳明祥、何琼

(续表)

序号	品种名称	所属属(种)	品种权号	品种权人	申请号	申请日	培育人
13	科鲜 0272 (KORcut0272)	蔷薇属	20210288	科德斯月季育种公司(W. Kordes' Söhne Rosenschulen GmbH & Co KG)	20180408	2018. 07. 11	威廉-亚历山大·科德斯(Wilhelm-Alexander Kordes)
14	科鲜 0392 (KORcut0392)	蔷薇属	20210289	科德斯月季育种公司(W. Kordes' Söhne Rosenschulen GmbH & Co KG)	20180409	2018. 07. 11	威廉-亚历山大·科德斯(Wilhelm-Alexander Kordes)
15	科鲜 0393 (KORcut0393)	蔷薇属	20210290	科德斯月季育种公司(W. Kordes' Söhne Rosenschulen GmbH & Co KG)	20180410	2018. 07. 11	威廉-亚历山大·科德斯(Wilhelm-Alexander Kordes)
16	科鲜 0394 (KORcut0394)	蔷薇属	20210291	科德斯月季育种公司(W. Kordes' Söhne Rosenschulen GmbH & Co KG)	20180411	2018. 07. 11	威廉-亚历山大·科德斯(Wilhelm-Alexander Kordes)
17	科鲜 0396 (KORcut0396)	蔷薇属	20210292	科德斯月季育种公司(W. Kordes' Söhne Rosenschulen GmbH & Co KG)	20180412	2018. 07. 11	威廉-亚历山大·科德斯(Wilhelm-Alexander Kordes)
18	科鲜 0397 (KORcut0397)	蔷薇属	20210293	科德斯月季育种公司(W. Kordes' Söhne Rosenschulen GmbH & Co KG)	20180413	2018. 07. 11	威廉-亚历山大·科德斯(Wilhelm-Alexander Kordes)
19	英特尧克洛普(Interyorcrop)	蔷薇属	20210294	英特普兰特月季育种公司(Interplant Roses B. V.)	20180416	2018. 07. 11	范·多伊萨姆(Ir. A. J. H. van Doesum)
20	英特切 411113 (IPK411113)	蔷薇属	20210295	英特普兰特月季育种公司(Interplant Roses B. V.)	20180417	2018. 07. 11	范·多伊萨姆(Ir. A. J. H. van Doesum)
21	安富海棠	苹果属	20210296	山东农业大学	20180423	2018. 07. 15	沈向、陈学森、毛志泉、吴树敬、魏绍冲、胡艳丽
22	安尊海棠	苹果属	20210297	山东农业大学	20180424	2018. 07. 15	沈向、陈学森、毛志泉、吴树敬、陈晓流、胡艳丽
23	安荣海棠	苹果属	20210298	山东农业大学	20180425	2018. 07. 15	沈向、陈学森、毛志泉、吴树敬、王文莉、胡艳丽
24	安公海棠	苹果属	20210299	山东农业大学	20180426	2018. 07. 15	沈向、赵静、王荣、盖瑞、倪伟、张曼曼
25	安府海棠	苹果属	20210300	山东农业大学	20180427	2018. 07. 15	沈向、王增辉、毛云飞、倪蔚如、张文会、张曼曼
26	安第海棠	苹果属	20210301	山东农业大学	20180428	2018. 07. 15	胡艳丽、张曼曼、孙凡雅、吴曼、李新、沈向
27	粉云	杜鹃花属	20210302	上海植物园、宁波北仑亿润花卉有限公司	20180441	2018. 07. 19	奉树成、张春英、黄军华、张杰、龚睿、顾海燕、谢军峰、沃科军、谢晓鸿
28	胭脂	杜鹃花属	20210303	上海植物园、宁波北仑亿润花卉有限公司	20180442	2018. 07. 19	张春英、奉树成、黄军华、龚睿、张杰、谢军峰、顾海燕、沃科军、谢晓鸿
29	海螺	蔷薇属	20210304	北京林业大学	20180476	2018. 08. 22	于超、张启翔、杨玉勇、罗乐、潘会堂、韩瑜、周利君
30	奥斯奥特瑞(AUSOUTCRY)	蔷薇属	20210305	英国大卫奥斯汀月季公司(David Austin Roses Limited)	20180495	2018. 08. 28	大卫·奥斯汀(David J. C. Austin)

（续表）

序号	品种名称	所属属（种）	品种权号	品种权人	申请号	申请日	培育人
31	奥斯凯琳（AUSKINDLING）	蔷薇属	20210306	英国大卫奥斯汀月季公司（David Austin Roses Limited）	20180514	2018.09.01	大卫·奥斯汀（David J. C. Austin）
32	防川 3 号	蔷薇属	20210307	吉林翠绿农业综合开发有限公司	20180547	2018.09.03	许刚、张吉清
33	楚红	李属	20210308	武汉市园林科学研究院	20180607	2018.09.05	聂超仁、夏文胜、张思思、丁昭全、许小过
34	满园春	蔷薇属	20210309	云南省农业科学院花卉研究所	20180666	2018.10.09	李淑斌、王其刚、唐开学、张颢、晏慧君、蹇洪英、周宁宁、邱显钦、陈敏、张婷
35	秾滟香语	芍药属	20210310	中国农业科学院蔬菜花卉研究所	20180708	2018.10.31	张秀新、薛璟祺、王顺利、薛玉前、任秀霞、杨若雯
36	秾苑虹妆	芍药属	20210311	中国农业科学院蔬菜花卉研究所	20180709	2018.10.31	张秀新、王顺利、薛璟祺、薛玉前、任秀霞、高洁
37	秾苑缃月	芍药属	20210312	中国农业科学院蔬菜花卉研究所	20180710	2018.10.31	张秀新、王顺利、薛璟祺、薛玉前、房桂霞、任秀霞、高洁
38	秾醉墨香	芍药属	20210313	中国农业科学院蔬菜花卉研究所	20180711	2018.10.31	张秀新、薛璟祺、王顺利、薛玉前、任秀霞、杨若雯
39	云薇二号	蔷薇属	20210314	云南艾蔷薇园艺科技有限公司	20180734	2018.11.18	严莎莎、谭思艳、卢秀慧
40	小甜心	蔷薇属	20210315	云南艾蔷薇园艺科技有限公司	20180736	2018.11.18	程小毛、卢秀慧、谭思艳、张林华
41	甬绿 1 号	杜鹃花属	20210316	浙江万里学院、宁波北仑亿润花卉有限公司	20180743	2018.11.20	谢晓鸿、吴月燕、沃科军、沃绵康
42	甬绿 2 号	杜鹃花属	20210317	宁波北仑亿润花卉有限公司	20180744	2018.11.20	沃科军、沃绵康
43	甬绿 3 号	杜鹃花属	20210318	浙江万里学院、宁波北仑亿润花卉有限公司	20180745	2018.11.20	吴月燕、谢晓鸿、沃科军、沃绵康
44	甬绿 4 号	杜鹃花属	20210319	宁波北仑亿润花卉有限公司	20180746	2018.11.20	沃绵康、沃科军
45	甬绿 6 号	杜鹃花属	20210320	宁波北仑亿润花卉有限公司	20180748	2018.11.20	沃绵康、沃科军
46	甬绿 7 号	杜鹃花属	20210321	宁波北仑亿润花卉有限公司	20180749	2018.11.20	沃科军、沃绵康
47	甬紫蝶	杜鹃花属	20210322	浙江万里学院、宁波北仑亿润花卉有限公司	20180751	2018.11.20	谢晓鸿、章辰飞、吴月燕、沃科军、沃绵康
48	甬小雪	杜鹃花属	20210323	浙江万里学院、宁波北仑亿润花卉有限公司	20180752	2018.11.20	柳海宁、吴月燕、沃科军、沃绵康、谢晓鸿
49	甬小春	杜鹃花属	20210324	宁波北仑亿润花卉有限公司	20180753	2018.11.20	沃科军、沃绵康
50	甬小阳	杜鹃花属	20210325	宁波北仑亿润花卉有限公司	20180754	2018.11.20	沃科军、沃绵康
51	甬小桃	杜鹃花属	20210326	宁波北仑亿润花卉有限公司	20180755	2018.11.20	沃科军、沃绵康
52	甬小彤	杜鹃花属	20210327	宁波北仑亿润花卉有限公司	20180756	2018.11.20	沃科军、沃绵康
53	甬小霞	杜鹃花属	20210328	浙江万里学院、宁波北仑亿润花卉有限公司	20180757	2018.11.20	吴月燕、沈梓力、谢晓鸿、沃科军、沃绵康
54	甬小娇	杜鹃花属	20210329	宁波北仑亿润花卉有限公司	20180758	2018.11.20	沃科军、沃绵康
55	甬绵之光	杜鹃花属	20210330	宁波北仑亿润花卉有限公司	20180759	2018.11.20	沃绵康、沃科军
56	甬绯玫	杜鹃花属	20210331	宁波北仑亿润花卉有限公司	20180760	2018.11.20	沃绵康、沃科军
57	甬金玫	杜鹃花属	20210332	宁波北仑亿润花卉有限公司	20180761	2018.11.20	沃科军、沃绵康

（续表）

序号	品种名称	所属属（种）	品种权号	品种权人	申请号	申请日	培育人
58	甬红玫	杜鹃花属	20210333	宁波北仑亿润花卉有限公司	20180762	2018. 11. 20	沃绵康、沃科军
59	坦 12320（TAN12320）	蔷薇属	20210334	德国坦涛月季育种公司（Rosen Tantau KG，Germany）	20180857	2018. 12. 07	克里斯汀安·埃维尔斯（Christian Evers）
60	坦 12377（TAN12377）	蔷薇属	20210335	德国坦涛月季育种公司（Rosen Tantau KG，Germany）	20180858	2018. 12. 07	克里斯汀安·埃维尔斯（Christian Evers）
61	璎络	杜鹃花属	20210336	虹越花卉股份有限公司	20180869	2018. 12. 10	方永根
62	燕京彩虹	蔷薇属	20210337	北京市园林科学研究院	20180871	2018. 12. 11	周燕、冯慧、巢阳、陈晓、陈洪菲、卜燕华
63	赤璧	蔷薇属	20210338	北京市园林科学研究院	20180873	2018. 12. 11	周燕、赵世伟、冯慧、吉乃喆、卜燕华
64	燕山粉	蔷薇属	20210339	北京市园林科学研究院、北京林业大学	20180882	2018. 12. 11	周燕、高述民、张西西、杨慕菡、孙亚红、马俊丽
65	飞燕	蔷薇属	20210340	北京市园林科学研究院、北京林业大学	20180883	2018. 12. 11	周燕、高述民、杨慕菡、吴洪敏、李纳新
66	百蕊红	蔷薇属	20210341	中国农业科学院蔬菜花卉研究所、云南鑫海汇花业有限公司	20190088	2018. 12. 21	葛红、杨树华、贾瑞冬、赵鑫、李秋香、朱应雄、孙纲
67	圆月魅影	蔷薇属	20210342	北京市园林科学研究院、辽阳市千百汇月季种植专业合作社	20190124	2018. 12. 29	陈洪菲、张西西、华莹、樊德新、赵世伟、卜燕华、马俊丽
68	圆月彩霞	蔷薇属	20210343	北京市园林科学研究院、辽阳市千百汇月季种植专业合作社	20190126	2018. 12. 29	华莹、陈洪菲、张西西、樊德新、赵世伟、卜燕华、马俊丽
69	早红	悬钩子属	20210344	江苏省中国科学院植物研究所、南京林业大学	20190140	2019. 01. 07	闾连飞、吴文龙、李维林、张春红、赵慧芳
70	夜华	蔷薇属	20210345	成都农业科技职业学院、成都金品花卉种苗有限责任公司	20190156	2019. 01. 16	练华山、李春文、吴珊、舒彬、禹婷
71	红颜妒	木兰属	20210346	棕榈生态城镇发展股份有限公司、陕西省西安植物园	20190166	2019. 01. 22	王晶、王亚玲、岳琳、严丹峰、赵强民、唐春艳、简向阳、冯承婷
72	玲珑美人	木兰属	20210347	棕榈生态城镇发展股份有限公司、陕西省西安植物园	20190167	2019. 01. 22	严丹峰、王晶、王亚玲、赵珊珊、岳琳、赵强民、陈娜娟、唐春艳
73	霞蔚	木兰属	20210348	棕榈生态城镇发展股份有限公司、陕西省西安植物园	20190170	2019. 01. 22	岳琳、王晶、甘美娜、王亚玲、严丹峰、唐春艳、简向阳、冯承婷
74	小娇黄	含笑属	20210349	陕西省西安植物园、棕榈生态城镇发展股份有限公司	20190171	2019. 01. 22	王亚玲、王晶、赵珊珊、严丹峰、岳琳、冯承婷、陈娜娟
75	春晖	含笑属	20210350	棕榈生态城镇发展股份有限公司、陕西省西安植物园、深圳市中科院仙湖植物园	20190176	2019. 01. 22	岳琳、王晶、王亚玲、甘美娜、简向阳、严丹峰、赵强民、赵珊珊
76	瑞普恩 0210A（RUIPN0210A）	蔷薇属	20210351	迪瑞特知识产权公司（De Ruiter Intellectual Property B. V.）	20190232	2019. 03. 14	汉克·德·格罗特（H. C. A. de Groot）

（续表）

序号	品种名称	所属属（种）	品种权号	品种权人	申请号	申请日	培育人
77	瑞普恩 0113A（RUIPN0113A）	蔷薇属	20210352	迪瑞特知识产权公司（De Ruiter Intellectual Property B. V.）	20190233	2019. 03. 14	汉克·德·格罗特（H. C. A. de Groot）
78	瑞普慕 0779A（RUIPM0779A）	蔷薇属	20210353	迪瑞特知识产权公司（De Ruiter Intellectual Property B. V.）	20190236	2019. 03. 14	汉克·德·格罗特（H. C. A. de Groot）
79	瑞普赫 0194A（RUIPH0194A）	蔷薇属	20210354	迪瑞特知识产权公司（De Ruiter Intellectual Property B. V.）	20190257	2019. 03. 28	汉克·德·格罗特（H. C. A. de Groot）
80	京红插翠	芍药属	20210355	北京林业大学	20190284	2019. 04. 11	钟原、成仿云、郭鑫
81	京墨楼烟	芍药属	20210356	北京林业大学	20190285	2019. 04. 11	成仿云、钟原、刘娜
82	京都紫	芍药属	20210357	北京林业大学	20190287	2019. 04. 11	成仿云、钟原
83	京冠紫	芍药属	20210358	北京林业大学	20190288	2019. 04. 11	成仿云、钟原、郭鑫
84	京鹤妁	芍药属	20210359	北京林业大学	20190289	2019. 04. 11	成仿云、郭鑫、钟原
85	京玉丹	芍药属	20210360	北京林业大学	20190290	2019. 04. 11	成仿云、崔虎亮、郭鑫
86	京明粉	芍药属	20210361	北京林业大学	20190291	2019. 04. 11	成仿云、钟原
87	京魅蓝	芍药属	20210362	北京林业大学	20190292	2019. 04. 11	郭鑫、成仿云、钟原
88	京红飞荷	芍药属	20210363	北京国色牡丹科技有限公司	20190294	2019. 04. 11	成信云、陶熙文
89	京龙耀辉	芍药属	20210364	北京国色牡丹科技有限公司	20190296	2019. 04. 11	成信云、陶熙文
90	京霜紫	芍药属	20210365	北京国色牡丹科技有限公司	20190297	2019. 04. 11	成信云、陶熙文
91	京妁紫	芍药属	20210366	北京国色牡丹科技有限公司	20190300	2019. 04. 11	成信云、陶熙文
92	京绣	芍药属	20210367	北京国色牡丹科技有限公司	20190301	2019. 04. 11	成信云、陶熙文
93	京燕绯	芍药属	20210368	北京国色牡丹科技有限公司	20190302	2019. 04. 11	成信云、陶熙文、王旭
94	京光红	芍药属	20210369	北京林业大学、北京国色牡丹科技有限公司	20190305	2019. 04. 11	成仿云、成信云、陶熙文、崔虎亮、钟原
95	京羞	芍药属	20210370	北京林业大学、北京国色牡丹科技有限公司	20190306	2019. 04. 11	成仿云、王旭、成信云、陶熙文、郭鑫
96	京绢	芍药属	20210371	北京国色牡丹科技有限公司、北京林业大学	20190308	2019. 04. 11	成信云、成仿云、陶熙文、钟原
97	京钩紫	芍药属	20210372	北京国色牡丹科技有限公司、北京林业大学	20190310	2019. 04. 11	成信云、成仿云、陶熙文、钟原
98	京优王	芍药属	20210373	北京国色牡丹科技有限公司、北京林业大学	20190311	2019. 04. 11	成信云、成仿云、陶熙文
99	京玉香	芍药属	20210374	北京国色牡丹科技有限公司、北京林业大学	20190312	2019. 04. 11	王旭、成信云、成仿云、陶熙文、郭鑫
100	杨选杏一号	杏	20210375	杨添慧、李鸿亮、杨明	20190328	2019. 04. 21	杨添慧、李鸿亮、杨明
101	多盟卡苏（Dorokarsu）	蔷薇属	20210376	多盟集团公司（Dümmen Group B. V.）	20190346	2019. 05. 21	西尔万·卡穆斯塔（Silvan Kamstra）
102	莱克斯莱布（Lexsuraleb）	蔷薇属	20210377	多盟集团公司（Dümmen Group B. V.）	20190350	2019. 05. 21	菲利普·威斯（Philippe Veys）
103	莱克兹布（Lexzeulb）	蔷薇属	20210378	多盟集团公司（Dümmen Group B. V.）	20190351	2019. 05. 21	菲利普·威斯（Philippe Veys）
104	蓝美 88 号	越橘属	20210379	浙江蓝美技术股份有限公司	20190380	2019. 06. 05	杨曙方、於虹、赵荣芳、洪麒明

（续表）

序号	品种名称	所属属（种）	品种权号	品种权人	申请号	申请日	培育人
105	蓝美 119 号	越橘属	20210380	浙江蓝美技术股份有限公司	20190382	2019. 06. 05	杨曙方、於虹、赵荣芳、洪麒明
106	奥莱维皮驰（Olijvipeach）	蔷薇属	20210381	多盟集团公司（Dümmen Group B. V.）	20190386	2019. 06. 06	西尔万·卡穆斯塔（Silvan Kamstra）
107	奥莱维皮克（Olijvipink）	蔷薇属	20210382	多盟集团公司（Dümmen Group B. V.）	20190387	2019. 06. 06	西尔万·卡穆斯塔（Silvan Kamstra）
108	奥莱维斯科瑞（Olijvisecre）	蔷薇属	20210383	多盟集团公司（Dümmen Group B. V.）	20190388	2019. 06. 06	西尔万·卡穆斯塔（Silvan Kamstra）
109	多盟斯威弗洛（Doroswefolo）	蔷薇属	20210384	多盟集团公司（Dümmen Group B. V.）	20190390	2019. 06. 06	菲利普·威斯（Philippe Veys）
110	多盟斯威图（Doroswetu）	蔷薇属	20210385	多盟集团公司（Dümmen Group B. V.）	20190391	2019. 06. 06	菲利普·威斯（Philippe Veys）
111	丰果玫一号	蔷薇属	20210386	马荣申、韩子衍、杜宪臣	20190409	2019. 06. 18	马荣申、韩子衍、杜宪臣、赵红艳、杜君如
112	楚锦	李属	20210387	武汉市园林科学研究院	20190429	2019. 07. 05	聂超仁、夏文胜、王青华、蒋细旺、况红玲、章晓琴、李娜、周俐
113	丹映梧桐	杜鹃花属	20210388	深圳市梧桐山风景区管理处	20190460	2019. 07. 29	王定跃、徐滔、林贝满、白宇清、张开文、景慧娟、徐立平
114	梧桐波影	杜鹃花属	20210389	深圳市梧桐山风景区管理处	20190461	2019. 07. 29	王定跃、徐滔、林贝满、白宇清、张开文、景慧娟、徐立平
115	梧桐粉黛	杜鹃花属	20210390	深圳市梧桐山风景区管理处	20190462	2019. 07. 29	王定跃、徐滔、林贝满、白宇清、张开文、景慧娟、徐立平
116	梧桐粉秀	杜鹃花属	20210391	深圳市梧桐山风景区管理处	20190463	2019. 07. 29	王定跃、徐滔、林贝满、白宇清、张开文、景慧娟、徐立平
117	梧桐红	杜鹃花属	20210392	深圳市梧桐山风景区管理处	20190464	2019. 07. 29	王定跃、徐滔、林贝满、白宇清、张开文、景慧娟、徐立平
118	梧桐胭脂	杜鹃花属	20210393	深圳市梧桐山风景区管理处	20190465	2019. 07. 29	王定跃、徐滔、林贝满、白宇清、张开文、景慧娟、徐立平
119	梧桐紫霞	杜鹃花属	20210394	深圳市梧桐山风景区管理处	20190466	2019. 07. 29	王定跃、徐滔、林贝满、白宇清、张开文、景慧娟、徐立平
120	夏雪斑斓	蔷薇属	20210395	北京林业大学	20190566	2019. 08. 21	于超、罗乐、周利君、潘会堂、张启翔
121	秋日余晖	蔷薇属	20210396	北京林业大学	20190567	2019. 08. 21	于超、周利君、罗乐、潘会堂、张启翔
122	粉精灵	杜鹃花属	20210397	云南省农业科学院花卉研究所	20190595	2019. 08. 27	彭绿春、李世峰、解玮佳、王继华、李树发、宋杰、蔡艳飞、张露
123	黛玉	杜鹃花属	20210398	云南省农业科学院花卉研究所	20190596	2019. 08. 27	解玮佳、李世峰、彭绿春、王继华、宋杰、李树发、张露、蔡艳飞
124	妍柳	文冠果	20210399	北京林业大学、辽宁文冠实业开发有限公司	20190608	2019. 08. 28	敖妍、刘思雪、颜秉舟、马履一、雒小菲、朱菲、姜雅歌、杨长文、田秀铭

（续表）

序号	品种名称	所属属（种）	品种权号	品种权人	申请号	申请日	培育人
125	妍雅	文冠果	20210400	北京林业大学、辽宁文冠实业开发有限公司	20190610	2019. 08. 28	敖妍、朱菲、颜秉舟、马履一、雒小菲、姜雅歌、田秀铭、杨长文
126	瑞斯 2602A（RUICI2602A）	蔷薇属	20210401	迪瑞特知识产权公司（De Ruiter Intellectual Property B. V.）	20190631	2019. 09. 04	汉克·德·格罗特（H. C. A. de Groot）
127	燕语	杜鹃花属	20210402	江苏省农业科学院	20190662	2019. 09. 17	刘晓青、苏家乐、李畅、肖政、周惠民、何丽斯、孙晓波、陈尚平
128	映荷	杜鹃花属	20210403	江苏省农业科学院	20190663	2019. 09. 17	李畅、苏家乐、刘晓青、肖政、周惠民、何丽斯、孙晓波、陈尚平
129	英特斯曼德（INTERCIMANYD）	蔷薇属	20210404	英特普兰特月季育种公司（Interplant Roses B. V.）	20190666	2019. 09. 18	范·多伊萨姆（ir. A. J. H. van Doesum）
130	丰果玫三号	蔷薇属	20210405	山东朴润源农业发展有限公司	20190721	2019. 10. 17	赵红艳、雷胜明、秦庆燕、董辉
131	丰果玫六号	蔷薇属	20210406	山东朴润源农业发展有限公司	20190722	2019. 10. 17	赵红艳、雷胜明、秦庆燕、董辉
132	瑞克拉 1805B（RUICL1805B）	蔷薇属	20210407	迪瑞特知识产权公司（De Ruiter Intellectual Property B. V.）	20190750	2019. 10. 21	汉克·德·格罗特（H. C. A. de Groot）
133	雅馨	含笑属	20210408	棕榈生态城镇发展股份有限公司、陕西省西安植物园	20190795	2019. 11. 15	王晶、王亚玲、岳琳、甘美娜、简向阳、赵强民、赵珊珊
134	金艳	杜鹃花属	20210409	金华市永根杜鹃花培育有限公司	20200014	2019. 12. 09	方永根
135	紫霞	杜鹃花属	20210410	青岛永根园艺有限公司	20200016	2019. 12. 09	方永根、马云、赵玉弟
136	粉团	杜鹃花属	20210411	青岛永根园艺有限公司	20200018	2019. 12. 09	方永根
137	爱丽 1 号	杜鹃花属	20210412	青岛永根园艺有限公司	20200020	2019. 12. 09	方永根
138	爱丽 2 号	杜鹃花属	20210413	青岛永根园艺有限公司	20200021	2019. 12. 09	方永根
139	爱丽 3 号	杜鹃花属	20210414	青岛永根园艺有限公司	20200022	2019. 12. 09	方永根
140	银边春	杜鹃花属	20210415	青岛永根园艺有限公司	20200025	2019. 12. 09	方永根
141	秾苑绡红	芍药属	20210416	中国农业科学院蔬菜花卉研究所	20200026	2019. 12. 10	张秀新、薛璟祺、王顺利、薛玉前、任秀霞
142	秾苑金科	芍药属	20210417	中国农业科学院蔬菜花卉研究所	20200028	2019. 12. 10	张秀新、王顺利、薛璟祺、薛玉前、任秀霞
143	秾苑娇娃	芍药属	20210418	中国农业科学院蔬菜花卉研究所	20200029	2019. 12. 10	薛璟祺、张秀新、任秀霞、王顺利、王芳
144	秾苑仲春	芍药属	20210419	中国农业科学院蔬菜花卉研究所	20200031	2019. 12. 10	张秀新、薛璟祺、石颜通、高洁、吴蕊
145	秾苑彤霞	芍药属	20210420	中国农业科学院蔬菜花卉研究所	20200033	2019. 12. 10	薛璟祺、张秀新、任秀霞、高洁、吴蕊
146	秾苑皎月	芍药属	20210421	中国农业科学院蔬菜花卉研究所	20200034	2019. 12. 10	王顺利、张秀新、黄振、薛玉前、薛璟祺
147	秾墨煜金	芍药属	20210422	中国农业科学院蔬菜花卉研究所	20200035	2019. 12. 10	张秀新、薛璟祺、任秀霞、王顺利、王芳

（续表）

序号	品种名称	所属属（种）	品种权号	品种权人	申请号	申请日	培育人
148	秾染天衣	芍药属	20210423	中国农业科学院蔬菜花卉研究所	20200036	2019. 12. 10	张秀新、王顺利、薛玉前、薛璟祺、石颜通
149	秾月呈祥	芍药属	20210424	中国农业科学院蔬菜花卉研究所	20200037	2019. 12. 10	张秀新、王顺利、薛玉前、任秀霞、石丰瑞
150	秾俪唱春	芍药属	20210425	中国农业科学院蔬菜花卉研究所	20200038	2019. 12. 10	张秀新、薛玉前、王顺利、任秀霞
151	秾滟春华	芍药属	20210426	中国农业科学院蔬菜花卉研究所	20200039	2019. 12. 10	张秀新、薛璟祺、石颜通、薛玉前、黄振
152	秾俪染衣	芍药属	20210427	中国农业科学院蔬菜花卉研究所	20200040	2019. 12. 10	张秀新、任秀霞、薛璟祺、黄振、薛玉前
153	秾星映月	芍药属	20210428	中国农业科学院蔬菜花卉研究所	20200041	2019. 12. 10	张秀新、薛玉前、任秀霞、王顺利
154	古田红	杜鹃花属	20210429	福建洋塔园艺有限公司	20200085	2019. 12. 30	游文聪、方永根、黄泽春、陈孝丑、魏观希、林春平
155	中植 1 号	越橘属	20210430	江苏省中国科学院植物研究所、南京林业大学、江苏中植生态农林科技集团股份有限公司	20200123	2020. 01. 14	李维林、吴文龙、闾连飞、张春红、赵慧芳、朱宁、王小敏、杨海燕、黄正金、刘洪霞
156	中植 2 号	越橘属	20210431	江苏省中国科学院植物研究所、南京林业大学、江苏中植生态植物科学研究院有限公司	20200124	2020. 01. 14	吴文龙、闾连飞、李维林、张春红、赵慧芳、朱宁、王小敏、杨海燕、黄正金、刘洪霞
157	中植 3 号	越橘属	20210432	江苏省中国科学院植物研究所、南京林业大学、江苏中植生态植物科学研究院有限公司	20200125	2020. 01. 14	闾连飞、吴文龙、李维林、张春红、赵慧芳、朱宁、王小敏、杨海燕、黄正金、刘洪霞
158	中植 4 号	越橘属	20210433	江苏省中国科学院植物研究所、南京林业大学、江苏中植生态植物科学研究院有限公司	20200126	2020. 01. 14	吴文龙、闾连飞、李维林、张春红、赵慧芳、朱宁、王小敏、杨海燕、黄正金、刘洪霞
159	硕丰 2 号	悬钩子属	20210434	江苏省中国科学院植物研究所、南京林业大学、江苏中植生态植物科学研究院有限公司	20200127	2020. 01. 14	张春红、吴文龙、闾连飞、李维林、赵慧芳、朱宁、王小敏、杨海燕、黄正金、刘洪霞
160	早黑	悬钩子属	20210435	江苏省中国科学院植物研究所、南京林业大学、江苏中植生态植物科学研究院有限公司	20200128	2020. 01. 14	吴文龙、张春红、闾连飞、李维林、赵慧芳、朱宁、王小敏、杨海燕、黄正金、刘洪霞
161	晚丰	悬钩子属	20210436	南京林业大学、江苏省中国科学院植物研究所、江苏中植生态植物科学研究院有限公司	20200129	2020. 01. 14	李维林、张春红、吴文龙、闾连飞、赵慧芳、朱宁、王小敏、杨海燕、黄正金、刘洪霞
162	君之梦	叶子花属	20210437	云南为君开园林工程有限公司	20200134	2020. 01. 16	钱永康
163	金科状元	芍药属	20210438	扬州大学	20200163	2020. 02. 28	陶俊、汤寓涵、赵大球、孟家松
164	彤云金焰	芍药属	20210439	扬州大学	20200164	2020. 02. 28	赵大球、陶俊、汤寓涵、孙静

（续表）

序号	品种名称	所属属（种）	品种权号	品种权人	申请号	申请日	培育人
165	金光辉	卫矛属	20210440	徐培钊	20200166	2020. 03. 06	徐培钊、徐浩桂、高伟
166	四季夺目	卫矛属	20210441	徐培钊	20200167	2020. 03. 06	徐培钊、徐浩桂、尚慧珍、潘为兵、葛文华、高伟
167	高原翠柳	柳属	20210442	北京林业大学	20200170	2020. 03. 13	周金星、罗久富、普布次仁、王玉婷
168	高原华柳	柳属	20210443	北京林业大学	20200171	2020. 03. 13	周金星、罗久富、拉顿、格桑曲珍、王玉婷
169	高原贞柳	柳属	20210444	北京林业大学	20200172	2020. 03. 13	周金星、罗久富
170	高原珠柳	柳属	20210445	北京林业大学	20200173	2020. 03. 13	周金星、罗久富、拉顿、赵俊、格桑曲珍
171	高原嘉柳	柳属	20210446	北京林业大学	20200174	2020. 03. 13	周金星、罗久富、普布次仁、柯裕州
172	高原袅柳	柳属	20210447	北京林业大学	20200175	2020. 03. 13	周金星、罗久富
173	高原琼柳	柳属	20210448	北京林业大学	20200176	2020. 03. 13	周金星、罗久富、米玛次仁、柯裕州、赵俊
174	高原丹柳	柳属	20210449	北京林业大学	20200177	2020. 03. 13	周金星、罗久富、李桂静
175	高原茸柳	柳属	20210450	北京林业大学	20200178	2020. 03. 13	周金星、罗久富、王丽娜、徐赟、郭耀允
176	高原灰柳	柳属	20210451	北京林业大学	20200179	2020. 03. 13	周金星、罗久富、徐赟、王丽娜、尤勇刚
177	高原郁柳	柳属	20210452	北京林业大学	20200180	2020. 03. 13	周金星、罗久富、米玛次仁、拉顿、赵俊
178	锦碧玉	木槿属	20210453	成都市植物园	20200181	2020. 03. 11	周安华、朱章顺、李方文、石小庆、刘晓莉、刘川华、高远平、杨苑钊、马娇、杨昌文
179	彩霞	木槿属	20210454	成都市植物园	20200182	2020. 03. 11	周安华、李方文、朱章顺、石小庆、高远平、刘晓莉、刘川华、杨苑钊、马娇、杨昌文
180	金秋颂	木槿属	20210455	成都市植物园	20200183	2020. 03. 11	周安华、朱章顺、李方文、石小庆、刘晓莉、高远平、刘川华、杨苑钊、王莹、杨昌文
181	锦蕊	木槿属	20210456	成都市植物园	20200184	2020. 03. 11	周安华、李方文、朱章顺、石小庆、刘晓莉、刘川华、高远平、杨苑钊、曾心美、杨昌文
182	金秋红	木槿属	20210457	成都市植物园	20200185	2020. 03. 11	周安华、朱章顺、李方文、高远平、石小庆、刘晓莉、刘川华、杨苑钊、王莹、杨昌文
183	爱普特 276214（IPT276214）	蔷薇属	20210458	荷兰英特普兰特月季育种公司（Interplant Roses B. V.）	20200188	2020. 03. 13	范・多伊萨姆（ir. A. J. H. van Doesum）
184	爱普特 285914（IPT285914）	蔷薇属	20210459	荷兰英特普兰特月季育种公司（Interplant Roses B. V.）	20200189	2020. 03. 13	范・多伊萨姆（ir. A. J. H. van Doesum）
185	美雪	木樨属	20210460	安徽润一生态建设有限公司、段一凡	20200196	2020. 03. 16	汪小飞、王贤荣、赵昌恒、段一凡、王玉义
186	辽冠 8 号	文冠果	20210461	大连民族大学、辽宁文冠实业开发有限公司	20200203	2020. 03. 18	阮成江、颜如雪、杜维、颜秉舟、丁健、杨长文、顾生金

（续表）

序号	品种名称	所属属（种）	品种权号	品种权人	申请号	申请日	培育人
187	冬日烈焰（Winter Flame）	槭属	20210462	青岛风和日丽环境景观工程有限公司、上海市农业科学院、上海星辉种苗有限公司	20200206	2020.03.24	杨韶东、孙翊、董静、殷丽青
188	京沧 6 号	枣	20210463	北京林业大学、沧州市农林科学院、沧县国家枣树良种基地	20200207	2020.03.30	庞晓明、王继贵、薄文浩、曹明、黄素芳、付晶、孔德仓、李颖岳、李美育
189	京沧 8 号	枣	20210464	北京林业大学、沧州市农林科学院、沧县国家枣树良种基地	20200208	2020.03.30	庞晓明、王继贵、薄文浩、曹明、黄素芳、付晶、孔德仓、李颖岳、李美育
190	皖娇	杜鹃花属	20210465	安徽农业大学、六安市郁花园园艺有限公司	20200209	2020.03.31	王华、何玉敏、王华斌、郁书俊
191	格拉 14525（GRA14525）	蔷薇属	20210466	澳大利亚巨花苗圃有限公司（Grandiflora Nurseries Pty. Ltd.）	20200210	2020.03.31	H. E. 舒德尔斯（H. E. Schreuders）
192	爱普开 090916（IPK090916）	蔷薇属	20210467	荷兰英特普兰特月季育种公司（Interplant Roses B. V.）	20200212	2020.03.31	范·多伊萨姆（ir. A. J. H. van Doesum）
193	祥沟油栗	板栗	20210468	山东省果树研究所	20200234	2020.04.02	洪坡、刘庆忠、陈新、朱东姿、王甲威、张力思、徐丽、魏海蓉、谭钺、姚光胜
194	国丰 2 号	板栗	20210469	山东省果树研究所	20200236	2020.04.02	洪坡、刘庆忠、张力思、陈新、徐丽、朱东姿、王甲威、魏海蓉、宗晓娟、邹强
195	凝脂香	桂花	20210470	浙江农林大学	20200237	2020.04.02	赵宏波、董彬、冯成庸、杨丽媛
196	暖金香	桂花	20210471	浙江农林大学	20200238	2020.04.02	赵宏波、董彬、冯成庸、杨丽媛
197	曼歇 1 号	牡竹属	20210472	国际竹藤中心	20200239	2020.04.04	高健、孙茂盛、张兴波
198	多盟肯达（Dorokinda）	蔷薇属	20210473	多盟集团公司（Dümmen Group B. V.）	20200247	2020.04.07	菲利普·威斯（Philippe Veys）
199	瑞克恩 1433A（RUICN1433A）	蔷薇属	20210474	迪瑞特知识产权公司（De Ruiter Intellectual Property B. V.）	20200254	2020.04.07	汉克·德·格罗特（H. C. A. de Groot）
200	笑红梅	桂花	20210475	福建新发现农业发展有限公司	20200263	2020.04.10	陈日才、陈朝暖、陈小芳、陈菁菁
201	黑法师	桂花	20210476	福建新发现农业发展有限公司	20200265	2020.04.10	陈日才、陈朝暖、陈小芳、陈菁菁
202	紫玲珑	桂花	20210477	福建新发现农业发展有限公司	20200267	2020.04.10	陈日才、陈朝暖、陈小芳、陈菁菁
203	冠金	桂花	20210478	福建新发现农业发展有限公司	20200268	2020.04.10	陈日才、陈朝暖、陈小芳、陈菁菁
204	蝶之恋	李属	20210479	漳平市绿丰林业家庭农场、福建省林业科学研究院	20200278	2020.04.11	黄云鹏、陈江海、陈大华、陈艺鑫、陈江泉
205	醉美人	李属	20210480	漳平市绿丰林业家庭农场	20200279	2020.04.11	陈江海、陈大华、陈艺鑫、陈江泉、黄云鹏
206	平安果	紫金牛属	20210481	漳平市绿丰林业家庭农场、福建省林业科学研究院	20200280	2020.04.11	黄云鹏、陈江海、陈江泉、陈村田、李茂瑾、陈宜进、陈艺鑫

（续表）

序号	品种名称	所属属（种）	品种权号	品种权人	申请号	申请日	培育人
207	串串金	紫金牛属	20210482	漳平市绿丰林业家庭农场	20200281	2020. 04. 11	陈江海、陈村田、陈江泉、陈艺鑫、黄云鹏
208	娇颜	胡枝子属	20210483	北京农学院	20200289	2020. 04. 12	杨晓红、冷平生、李伟、胡增辉
209	扶风	胡枝子属	20210484	北京农学院	20200290	2020. 04. 12	杨晓红、张克中、李伟、崔金腾、葛伟
210	黄冠	木棉属	20210485	广东省林业科学研究院	20200298	2020. 04. 23	潘文、朱报著、王裕霞、张卫华、杨晓慧、徐放
211	金色年华	木棉属	20210486	广东省林业科学研究院	20200299	2020. 04. 23	朱报著、徐斌、潘文、杨会肖、廖焕琴
212	金丝带	木棉属	20210487	广东省林业科学研究院	20200300	2020. 04. 23	潘文、朱报著、徐斌、张卫华、廖焕琴、杨会肖
213	新和 1 号	核桃属	20210488	新疆林业科学院	20200305	2020. 04. 27	王宝庆、徐业勇、张志刚、虎海防、李明昆、买买提托合提·艾合买提、力提甫·艾合买提、努尔曼·卡的、李宏
214	爱普特 035215（IPT035215）	蔷薇属	20210489	荷兰英特普兰特月季育种公司（Interplant Roses B. V.）	20200311	2020. 04. 30	范·多伊萨姆（ir. A. J. H. van Doesum）
215	蒙图桑 1 号	桑属	20210490	内蒙古蒙桑桑产业研究院、内蒙古意腾生物资源开发有限责任公司	20200332	2020. 05. 10	图布新、毕力夫、洪海明、朝鲁巴根、肖飞
216	蒙图桑 2 号	桑属	20210491	内蒙古蒙桑桑产业研究院、内蒙古意腾生物资源开发有限责任公司	20200333	2020. 05. 10	图布新、毕力夫、洪海明、朝鲁巴根、肖飞
217	霓裳	李属	20210492	福建丹樱生态农业发展有限公司	20200347	2020. 05. 22	林荣光、王珉、王琳、林玮捷、阙平、胡坚平
218	丹妃	李属	20210493	福建丹樱生态农业发展有限公司	20200348	2020. 05. 22	林荣光、王珉、王琳、林玮捷、阙平、胡坚平
219	云裳	李属	20210494	福建丹樱生态农业发展有限公司	20200354	2020. 05. 22	王琳、王星榕、阙平、林荣光、王珉、林玮捷
220	清韵	李属	20210495	福建丹樱生态农业发展有限公司	20200356	2020. 05. 22	阙平、廖鹏辉、朱玲、陈文团、林蔚、林荣光、王珉、王琳、王星榕、胡坚平、何碧珠
221	元红	李属	20210496	福建丹樱生态农业发展有限公司	20200357	2020. 05. 22	王珉、林玮捷、阙平、胡坚平、林荣光、王琳
222	东韵	李属	20210497	福建丹樱生态农业发展有限公司	20200358	2020. 05. 22	王琳、林荣光、王珉、阙平、林玮捷、胡坚平、王星榕
223	粉韵	李属	20210498	福建丹樱生态农业发展有限公司	20200360	2020. 05. 22	王珉、林荣光、王琳、林玮捷、阙平、胡坚平
224	中柿雄 1 号	柿	20210499	国家林业和草原局泡桐研究开发中心	20200376	2020. 05. 29	孙鹏、索玉静、韩卫娟、刁松锋、李华威、傅建敏、李芳东
225	华紫	石榴属	20210500	中国农业科学院郑州果树研究所	20200377	2020. 06. 02	曹尚银、李好先、骆翔、姚方、李兴平
226	红美人	石榴属	20210501	中国农业科学院郑州果树研究所	20200378	2020. 06. 02	曹尚银、李好先、骆翔

（续表）

序号	品种名称	所属属（种）	品种权号	品种权人	申请号	申请日	培育人
227	华冠	石榴属	20210502	中国农业科学院郑州果树研究所	20200379	2020.06.02	曹尚银、李好先、骆翔
228	酸美	石榴属	20210503	中国农业科学院郑州果树研究所	20200380	2020.06.02	曹尚银、李好先、骆翔、姚方、李兴平
229	天使红	石榴属	20210504	中国农业科学院郑州果树研究所	20200381	2020.06.02	曹尚银、李好先、骆翔
230	早红	石榴属	20210505	中国农业科学院郑州果树研究所	20200382	2020.06.02	曹尚银、李好先、骆翔、姚方、李兴平
231	朝霞 3 号	桦木属	20210506	东北林业大学	20200383	2020.06.03	姜静、刘桂丰、杨蕴力、陈肃、顾宸瑞、李慧玉、李天芳
232	凤尾 1 号	桦木属	20210507	东北林业大学	20200384	2020.06.03	姜静、刘桂丰、韩锐、陈肃、李天芳、李慧玉
233	苏枫丹霞	槭属	20210508	江苏省林业科学研究院、溧阳映山红花木园艺有限公司	20200392	2020.06.05	窦全琴、陈惠忠
234	苏枫灿烂	槭属	20210509	江苏省林业科学研究院、溧阳映山红花木园艺有限公司、江苏朗森林业科技有限公司	20200393	2020.06.05	窦全琴、陈惠忠、王成
235	苏枫绯红	槭属	20210510	江苏省林业科学研究院、溧阳映山红花木园艺有限公司	20200394	2020.06.05	窦全琴、陈惠忠
236	瑞珀 1782A（RUICP1782A）	蔷薇属	20210511	迪瑞特知识产权公司（De Ruiter Intellectual Property B.V.）	20200404	2020.06.12	汉克·德·格罗特（H.C.A. de Groot）
237	森森橙红冠	文冠果	20210512	宁夏林业研究院股份有限公司	20200408	2020.06.12	王娅丽、李毅、李永华、朱丽珍、曾继娟、王丽、吴保兵
238	森森红粉冠	文冠果	20210513	宁夏林业研究院股份有限公司	20200410	2020.06.12	王娅丽、秦彬彬、谢军、岳少莉、顾志杰、王伟、郭晓婧
239	苏柳 2011	柳属	20210514	江苏省林业科学研究院	20200413	2020.06.15	周洁、王保松、施士争、黄瑞芳
240	苏柳 2031	柳属	20210515	江苏省林业科学研究院	20200414	2020.06.15	周洁、王保松、隋德宗、王伟伟
241	苏柳 2032	柳属	20210516	江苏省林业科学研究院	20200415	2020.06.15	周洁、王保松、王红玲、王伟伟
242	四季春 7 号	紫荆属	20210517	河南四季春园林艺术工程有限公司、鄢陵中林园林工程有限公司、许昌樱桐生态园林有限公司	20200416	2020.06.24	张林、刘双枝、张文馨
243	双馨	紫荆属	20210518	河南四季春园林艺术工程有限公司、鄢陵中林园林工程有限公司、许昌樱桐生态园林有限公司	20200417	2020.06.24	张林、刘双枝、张文馨
244	国捷	杏	20210519	辽宁省果树科学研究所	20200426	2020.06.27	徐铭、刘威生、张玉萍、刘宁、章秋平、刘硕、张玉君、马小雪
245	国锦	杏	20210520	辽宁省果树科学研究所	20200427	2020.06.27	刘威生、徐铭、张玉萍、刘宁、章秋平、刘硕、张玉君、马小雪

（续表）

序号	品种名称	所属属（种）	品种权号	品种权人	申请号	申请日	培育人
246	金粉佳人	叶子花属	20210521	厦门市园林植物园	20200428	2020. 06. 28	周群、王荣圣
247	金玉	叶子花属	20210522	厦门市园林植物园	20200429	2020. 06. 28	周群、陈松河
248	闽红 1 号	叶子花属	20210523	厦门市园林植物园	20200430	2020. 06. 28	周群、刘维刚
249	中闽 2 号	叶子花属	20210524	厦门市园林植物园	20200431	2020. 06. 28	周群、张万旗
250	情缘	檵木属	20210525	德兴市荣兴苗木有限责任公司	20200434	2020. 06. 28	周建荣、张桧、周卫荣、周卫信、王樟富、倪尉廷
251	铁心杉	杉木	20210526	中南林业科技大学、湖南省林业科学院、株洲市方绿生态园林绿化有限公司	20200444	2020. 06. 29	朱宁华、韩志强、张勰、沈晓春、黄帆、沈小毛
252	英姿	李属	20210527	广州旺地园林工程有限公司、广州天适集团有限公司、英德市旺地樱花种植有限公司	20200446	2020. 06. 29	朱军、胡晓敏、叶小玲、陈端妮、杨梓滨、高珊、熊海坚、苏捷
253	凤双飞	李属	20210528	韶关市旺地樱花种植有限公司、英德市旺地樱花种植有限公司、广州天适集团有限公司	20200449	2020. 06. 29	叶小玲、胡晓敏、冯钦钊、陈端妮、朱军、杨梓滨、何宗儒
254	粉提灯	李属	20210529	英德市旺地樱花种植有限公司、韶关市旺地樱花种植有限公司、广州旺地园林工程有限公司	20200450	2020. 06. 29	叶小玲、丘洪锋、朱军、杨梓滨、熊育明、冯钦钊、陈端妮、胡晓敏
255	伊人	李属	20210530	韶关市旺地樱花种植有限公司、英德市旺地樱花种植有限公司、广州旺地园林工程有限公司	20200452	2020. 06. 29	胡晓敏、叶小玲、朱军、冯钦钊、熊海坚、陈端妮、杨梓滨、何宗儒
256	芳菲	李属	20210531	韶关市旺地樱花种植有限公司、广州天适集团有限公司、广州旺地园林工程有限公司	20200453	2020. 06. 29	梁荣、叶小玲、朱军、熊育明、冯钦钊、胡晓敏、熊海坚、高珊
257	玉镯	杜鹃花属	20210532	中国科学院昆明植物研究所、西南林业大学	20200458	2020. 06. 30	马永鹏、刘德团、常宇航、田斌
258	德油 2 号	山茶属	20210533	中南林业科技大学	20200462	2020. 07. 01	袁德义
259	德油 3 号	山茶属	20210534	中南林业科技大学	20200463	2020. 07. 01	袁德义
260	德油 4 号	山茶属	20210535	中南林业科技大学	20200464	2020. 07. 01	袁德义
261	攸杂 2	山茶属	20210536	中南林业科技大学	20200465	2020. 07. 01	袁德义、肖诗鑫
262	苏柳 2041	柳属	20210537	江苏省林业科学研究院	20200470	2020. 07. 02	何旭东、王红玲、黄瑞芳、施士争
263	苏柳 2042	柳属	20210538	江苏省林业科学研究院	20200471	2020. 07. 02	周洁、隋德宗、王伟伟、姜开朋
264	墨宝	核桃属	20210539	新疆林科院经济林研究所	20200473	2020. 07. 02	张强、黄闽敏、宁万军、李丕军、李西萍
265	新辉	核桃属	20210540	新疆林科院经济林研究所	20200474	2020. 07. 02	黄闽敏、张强、宁万军、李丕军、李西萍
266	新盛	核桃属	20210541	新疆林科院经济林研究所	20200475	2020. 07. 02	张强、黄闽敏、宁万军、李丕军、李西萍
267	红塔红	蔷薇属	20210542	玉溪迪瑞特花卉有限公司	20200476	2020. 07. 05	杜秀娟

（续表）

序号	品种名称	所属属（种）	品种权号	品种权人	申请号	申请日	培育人
268	瑞可 01625A（RUICO1625A）	蔷薇属	20210543	迪瑞特知识产权公司（De Ruiter Intellectual Property B. V.）	20200478	2020. 07. 05	汉克·德·格罗特（H. C. A. de Groot）
269	瑞克慕 0032A（RUICM0032A）	蔷薇属	20210544	迪瑞特知识产权公司（De Ruiter Intellectual Property B. V.）	20200480	2020. 07. 05	汉克·德·格罗特（H. C. A. de Groot）
270	坦 13053（TAN13053）	蔷薇属	20210545	德国坦涛月季育种公司（Rosen Tantau KG, Germany）	20200490	2020. 07. 08	克里斯汀安·埃维尔斯（Christian Evers）
271	娇乐	杜鹃花属	20210546	华南农业大学、六安市郁花园园艺有限公司	20200498	2020. 07. 09	郁书君、郁晓涵
272	霓虹	桃花	20210547	王燕	20200500	2020. 07. 10	王燕
273	玉玲珑	桃花	20210548	王燕	20200502	2020. 07. 10	王燕
274	醉春风	桃花	20210549	王燕	20200504	2020. 07. 10	王燕
275	楚天飞雪	李属	20210550	武汉市园林科学研究院	20200506	2020. 07. 11	聂超仁、章晓琴、夏文胜、涂继红、周俐、段庆明
276	楚园丰后	李属	20210551	武汉市园林科学研究院	20200507	2020. 07. 11	聂超仁、夏文胜、章晓琴、涂继红、周俐、段庆明
277	艳红	槭属	20210552	安徽东方金桥农林科技股份有限公司、安徽东方金桥种苗科技有限公司、安徽省林业科技推广总站	20200520	2020. 07. 15	丁增成、丁燕、陈峰

国家林业和草原局公告

2021 年第 19 号

根据《中华人民共和国种子法》第十九条、第九十三条的规定，现将由国家林业和草原局草品种审定委员会审定通过的‘兰箭 1 号’春箭筈豌豆等 14 个草品种(详见附件)予以公告。自公告发布之日起，这些品种可以在本公告规定的适宜种植范围内推广。

特此公告。

附件：2021 年度草品种名录

国家林业和草原局

2021 年 10 月 21 日

附件

2021 年度草品种名录

1. ‘兰箭 1 号’春箭筈豌豆

草种名称：春箭筈豌豆

学名：*Vicia sativa* ‘Lanjian 1’

品种类别：育成品种

编号：国 S-BV-VS-001-2021

申报单位：兰州大学

选育人：南志标、王彦荣、聂斌、张卫国、马隆喜

品种特性

豆科一年生草本。主根发达，入土深 40~60cm，苗期侧根 20~35 条，有根瘤着生，株高 90~120cm。在海拔 3000m 左右的区域能够完成生育周期，生育期 110 天左右。平均干草产量 4740kg/hm^2，平均种子产量 2130kg/hm^2，地上部分氮素产量约 120kg/hm^2。

主要用途

生态修复草和牧草兼用，主要用于退化草地及传统农区改土肥田，也可与燕麦混播建植一年生人工草地。

栽培技术要点

播前深耕施肥，5月上旬播种，播前进行根瘤菌拌种。播深3~4cm。收种田宜采用条播，行距30cm，播种量30~35kg/hm^2；收草田，条播或撒播，单播播种量为120~150kg/hm^2；与燕麦混播，播种量是单播的40%~50%。出苗后30天除草1次，分枝至现蕾期可灌溉1~2次。盛花期刈割，头茬草刈割时留茬高度5~10cm。

适宜推广区域

适合在我国温带地区，尤其是青藏高原、黄土高原和云贵高原地区种植。

2.‘甘绿2号’鹰嘴紫云英

草种名称：鹰嘴紫云英

学名：*Astragalus cicer*‘Ganlv 2’

品种类别：育成品种

编号：国S-BV-AC-002-2021

申报单位：甘肃创绿草业科技有限公司、甘肃农业大学

选育人：曹致中、马晖玲、赵波、牛奎举、陈水红、戴德荣、董文科

品种特性

豆科多年生草本。根系强大、侧根发达，具根茎繁殖特性，根着生白色或浅黄色根瘤。地上茎匍匐生长，株高60~80cm。平均干草产量8910kg/hm^2，平均种子产量428.9kg/hm^2，初花期粗蛋白含量为17.81%。对轻度、中度干旱胁迫有很强的耐受性，模拟试验条件下能耐100~120mmol/L混合盐碱胁迫，在苜蓿生长不良的粗砂地、中度盐碱地可以正常生长。

主要用途

生态修复草和牧草兼用，主要用于沙荒地、盐碱地改良，保持水土、防风固沙，也可用于人工草地种植，放牧或刈割利用。

栽培技术要点

精细整地，结合整地施足基肥。在北方地区夏末秋初雨季播种较易成功。播种量30kg/hm^2，播深1~2cm，播后镇压。苗期生长缓慢，应注意杂草防除，生长期可施氮肥和复合肥150~300kg/hm^2。在生长5~6年后，大田土质紧实，草层容易衰败，可翻耕，更新后的草层可恢复生机。初花期刈割，可年刈2~3次。

适宜推广区域

适宜我国北方风沙沿线沙荒地、低产田、盐碱地种植。

3.‘中林育2号’野牛草

草种名称：野牛草

学名：*Buchloe dactyloides*‘Zhonglinyu 2’

品种类别：育成品种

编号：国S-BV-BD-003-2021

申报单位：中国林业科学研究院林业研究所

选育人：钱永强、孙振元、刘俊祥、巨关升、刘凤山、刘文国

品种特性

多年生暖季型草本。具矮化特性，株高6.0~8.0cm。叶片深绿色，密布茸毛，近基株叶长5.0~7.0cm，叶宽2.6~3.0mm。匍匐茎发达，节间长7.0~8.0cm，直径0.12cm。按株行距30cm×30cm建植，60天左右盖度可达到85%，在华北地区越冬率90%以上。

主要用途

主要用于贫瘠丘陵、工程创面、退化草原、公园绿地、机场等生态修复与绿地建设。

栽培技术要点

用于生态修复时，机械植苗，雨季前穴植，株行距1m×1m，随种随压实，充分灌溉，建植成活后无须特殊管理。用于绿地建植时，机械清除杂草，按行距30cm开沟，株距30cm栽植，覆土镇压。一周内保证土壤湿润，之后正常管理。

适宜推广区域

适宜华北地区低养护困难立地生态修复与绿地建设。

4.‘中林育3号’野牛草

草种名称：野牛草

学名：*Buchloe dactyloides*‘Zhonglinyu 3’

品种类别：育成品种

编号：国S-BV-BD-004-2021

申报单位：中国林业科学研究院林业研究所

选育人：钱永强、孙振元、刘俊祥、巨关升

品种特性

多年生暖季型草本，不结实。株高15.4~20.3cm，叶片深绿色，密布茸毛，近基株叶长18.5±3.6cm，叶宽2.2~2.6mm。匍匐茎发达，节间长7.3±1.4cm，直径0.12cm。按株行距30cm×30cm建植，60天左右盖度可达到85%。

主要用途

主要用于机场绿化或生态修复。

栽培技术要点

用于生态修复时，机械植苗，雨季前穴植，株行距1m×1m，随种随压实，充分灌溉，建植成活后无须特殊管理。用于绿地建植时，机械清除杂草，按行距30cm开沟，株距30cm栽植，覆土镇压。一周内保证土壤湿润，之后正常管理。

适宜推广区域

适宜于我国北方地区机场绿地建植或困难立地生态修复。

5.‘鲁滨2号’杂交狗牙根

草种名称：杂交狗牙根

学名：*Cynodon transvaalensis* × *C. dactylon*‘Lubin 2’

品种类别：育成品种

编号：国S-BV-CT-005-2021

申报单位：鲁东大学

选育人：傅金民、李晓宁、殷燕玲

品种特性

禾本科多年生三倍体草本，不能结实，通过草茎繁殖。具发达横走根茎，地上部匍匐地面，节上常生不定根，株高约30cm。叶宽2.05mm，密度为219个/100cm^2。

在滨海盐碱地建植后，0～10cm 土层含盐量降低35.0%，有机质含量增加 16.5%，全氮含量增加45.5%。

主要用途

主要用于滨海盐碱地生态修复及绿化。

栽培技术要点

适于5～10月种植，6～9月最优。一般采用草茎栽植，在滨海盐碱地采用铺草皮法进行建植，按 30cm×30cm 铲下草皮，土厚 2～3cm。栽植完成后及时浇水，入冬前和返青期及时浇透水。建植前施复合肥 450kg/hm^2；晚秋施尿素 105～120kg/hm^2。

适宜推广区域

适宜我国黄河以南的华中、华东地区种植。

6.‘鲁滨3号’海雀稗

草种名称：海雀稗

学名：*Paspalum vaginatum*‘Lubin 3’

品种类别：育成品种

编号：国 S-BV-PV-006-2021

申报单位：鲁东大学

选育人：傅金民、范树高、王广阳

品种特性

禾本科多年生草本植物。具根状茎或匍匐茎，茎秆细而坚韧，节上常生不定根，株高约 30cm。叶宽2.9mm，密度为 238 个/100cm^2。2.5%海水处理 20 天，表型性状良好；在海滨盐渍土地建植后，0～10cm 土层含盐量降低 32.4%～57.7%，有机质含量增加 11.4%～46.0%。

主要用途

主要用于海滨地区盐渍土地生态修复及绿化，也可用于公共绿地建设。

栽培技术要点

适于5～10月种植，6～9月最优。一般采用草茎栽植，在滨海盐碱地采用铺草皮法进行建植，按 30cm×30cm 铲下草皮，土厚 2～3cm。栽植完成后及时浇水，入冬前和返青期及时浇透水。建植前施复合肥 450kg/hm^2；晚秋施尿素 105～120kg/hm^2。

适宜推广区域

适宜北纬 36 度以南的华东、华中、华南地区种植。

7.‘丽秋’狼尾草

草种名称：狼尾草

学名：*Pennisetum alopecuroides*‘Liqiu’

品种类别：育成品种

编号：国 S-BV-PA-007-2021

申报单位：北京草业与环境研究发展中心

选育人：武菊英、滕文军、岳跃森、范希峰、张辉、滕珂、温海峰、韩朝

品种特性

禾本科多年生暖季型草本。植株丛生，株高 101～117cm，冠幅 92～125cm。叶丛浓密呈深绿色，叶长80cm 左右，叶宽 12mm 左右。穗状圆锥花序呈白玉色，花序长 20cm 左右，单株花序数 80～124 个。7 月下旬至8 月初花，8 月中旬至 8 月下旬进入盛花，10 月下旬至11 月初为枯黄期，绿色期 200 天左右。

主要用途

园林绿化，花坛、花镜材料，也可用于荒山、坡地的生态修复或景观营造。

栽培技术要点

一般采用穴栽，深度以 15～20cm 为宜，移栽后充分灌溉。植株成活后，一般不需要进行灌溉，雨季注意排水；施足底肥后不需要额外施肥；生长季不修剪，来年返青前刈割，留茬高度 15cm 左右。

适宜推广区域

适宜我国华中、华北地区种植。

8.‘武陵’假俭草

草种名称：假俭草

学名：*Eremochloa ophiuroides*‘Wuling’

品种类别：野生驯化品种

编号：国 S-WDV-EO-008-2021

申报单位：四川省草原科学研究院、四川农业大学、江苏农林职业技术学院、贵州大学

选育人：苟文龙、白史且、闫利军、马啸、刘南清、李平、童琪、张建波、李西、张丽霞、陈莉敏、孙飞达

品种特性

禾本科多年生暖季性草本。植株低矮，高 10～20cm，茎秆基部直立，叶片常基生，叶长 2～8cm，叶宽 1.5～4mm，密度 81.3 个/100cm^2。在成都地区生育期 210 天左右，绿期 290～300 天。匍匐茎发达，修复效率高，按 15～20cm 株行距栽植，70 天左右盖度可达到75%以上。

主要用途

主要用于边坡生态修复、水土保持及低养护绿化。

栽培技术要点

用于生态修复时，清除坡面杂草、石块，结合整地施复合肥 500kg/hm^2；草茎直播，用量 150～200g/m^2，覆土 1～1.5cm，适度镇压；分株移栽，条栽行距 20cm；建植期及时浇水。用于绿地建植时，精细整地，结合整地施复合肥 500kg/hm^2。草茎切成含 2～3 节茎段，均匀撒在土表，用量 150～200g/m^2，覆土 1～1.5cm，适度镇压，浇透水；建植成功后，常规草坪管理。

适宜推广区域

适宜我国西南地区及长江中下游海拔 1500m 以下区域种植。

9.‘小哨’马蹄金

草种名称：马蹄金

学名：*Dichondra repens*‘Xiaoshao’

品种类别：野生驯化品种

编号：国 S-WDV-DR-009-2021

申报单位：四川农业大学、云南农业大学、成都时代创绿园艺有限公司

选育人：彭燕、干友民、李州、马啸、任健、刘伟、周凯、赵俊茗、冯光燕、徐杰

品种特性

旋花科马蹄金属多年生草本。草层低矮，平均高度

2.39cm，以匍匐茎分枝繁殖，主匍匐茎长近20cm，节着地生根，节间短，长度约1.1cm。观赏部分由叶柄和叶片构成，叶片近似圆形，呈马蹄状，翠绿色。全年绿期，最佳观赏期6~8月。

主要用途

主要用于城市绿化、观赏草坪及水土保持等。

栽培技术要点

长江流域的最佳栽植期为4~7月。草皮块铺植，10cm×10cm的草皮块按行距20~30cm、窝距20~25cm均匀铺植，每天灌溉，湿润土层5~7cm，直至草块定根。成坪后，夏季高温干旱季节每2天灌溉1次，生长季每月施氮肥1次，用量20kg/hm^2。注意杂草防除和病虫害防治。

适宜推广区域

适宜我国西南地区及长江中下游海拔2000m以下区域种植。

10.‘川西’斑茅

草种名称：斑茅

学名：*Erianthus arundinaceus* ‘Chuanxi’

品种类别：野生驯化品种

编号：国S-WDV-EA-010-2021

申报单位：四川省草原科学研究院、贵州省草业研究所

选育人：鄢家俊、白史且、张建波、李英主、常丹、张文、张劲、闫利军、李达旭、游明鸿、季晓菲、龙忠富

品种特性

禾本科多年生高大丛生草本。主根不明显，须根系发达，茎秆直立粗壮，高4.3~5.8m，茎粗14.8~32.3mm，茎节数13~21个，单株分蘖数180~256个。适应性强，极粗生，各类土壤均能生长。纤维素含量33.28%，乙醇转化率170.9g/kg，TS甲烷转化率80.63ml/g。

主要用途

能源草和生态修复草兼用，可直接作为燃料，也可用于生物乙醇或生物甲烷转化，还可用于固土护坡、水土保持等。

栽培技术要点

种植前翻耕20~30cm，结合整地施有机肥15000~20000kg/hm^{2}作基肥。春季3~4月，秋季9~10月种植，育苗移栽或种茎无性繁殖，株行距80cm×80cm。移栽后或冬春季遇旱时及时灌溉；拔节期追施复合肥500~600kg/hm^2，刈割后追施尿素150kg/hm^2；苗期及时中耕除草。成熟期刈割利用，留茬10~15cm。

适宜推广区域

适宜我国西南、华南和华中等热带和亚热带地区种植。

11.‘科尔沁沙地’扁蓿豆

草种名称：扁蓿豆

学名：*Medicago ruthenica* ‘Keerqinshadi’

品种类别：野生驯化品种

编号：国S-WDV-MR-011-2021

申报单位：中国农业科学院草原研究所

选育人：李鸿雁、李志勇、武自念、郭茂伟、黄帆、闫晓红

品种特性

豆科多年生二倍体草本。根系发达，株高115cm左右，株丛直径205cm左右，生育期120~140天。平均干草产量4456.8kg/hm^2，平均种子产量172.9kg/hm^2，开花期粗蛋白质含量14.03%。生长第二年根系入土深度可达120cm左右，成株在−45℃的低温条件下能安全越冬，年降水量250mm以上的地区能良好生长。

主要用途

生态修复草、牧草兼用，主要用于水土保持、防风固沙、草地植被恢复及人工草地建设。

栽培技术要点

精细整地，结合整地施足基肥。春、夏、秋播种均可，适合雨季播种。播前应进行种子硬实处理，条播或穴播均可，条播行距30~40cm，播量为7.5kg/hm^2，播深2~3cm；穴播，每穴3~5粒种子，株距40cm左右，播后及时镇压。苗期及时除草，分枝期适当补充水肥。

适宜推广区域

适宜在内蒙古中西部、陕西、甘肃等年降水量250mm以上地区种植。

12.‘忻州’偏穗鹅观草

草种名称：偏穗鹅观草

学名：*Roegneria komarovii* ‘Xinzhou’

品种类别：野生驯化品种

编号：国S-WDV-RK-012-2021

申报单位：中国农业科学院草原研究所

选育人：解继红、于林清、王运涛、李元恒、马玉宝

品种特性

禾本科多年生草本。株型直立，疏丛型，须根系，根系主要集中在0~20cm土层，株高110~160cm。干草产量5158~5387kg/hm^2，种子产量591~621kg/hm^2，抽穗期粗蛋白含量13.8%。在我国北方高纬度地区−32.0℃可安全越冬，在含盐量0.3%~0.5%，pH=8.5左右的土壤正常生长发育。

主要用途

生态修复草和牧草兼用，主要用于北方退化草地补播、盐碱地改良及人工草地建植。

栽培技术要点

深耕20cm，平整耙细，结合整地施足基肥。5月初至8月底均可播种，以条播为主，播种深度1~2cm；收草田播种行距30~40cm，播量22.5kg/hm^2；种子田行距40~50cm，播量18kg/hm^2。退化草地补播采用免耕播种机播种，播种量为27kg/hm^2。苗期生长缓慢，应及时除杂，注意灌水和施肥，以施氮肥为主。

适宜推广区域

适宜我国内蒙古、河北、甘肃、山西等半干旱及中度盐碱地区种植。

13.‘梦龙’燕麦

草种名称：燕麦

学名：*Avena sativa*‘Magnum’

品种类别：引进品种

编号：国 S-IV-AS-013-2021

申报单位：四川省草原科学研究院、北京百斯特草业有限公司

选育人：游明鸿、季晓菲、闫利军、白史且、杨江山、雷雄、张建波、李达旭、郎建辉

品种特性

禾本科一年生草本。根系发达，茎秆粗壮直立，株高 130～185cm。分蘖能力强，分蘖数达 792.6 个/m^2。对土壤要求不严，适于凉爽湿润气候区种植，在四川红原地区生育期 134 天。干草产量 9761.3～13299.37kg/hm^2，种子产量 2220.6～3785.6kg/hm^2，粗蛋白含量 9.45%～12.6%。

主要用途

主要作饲草刈割利用。用于牧区高产人工草地建植、卧圈种草及南方农区冬闲田种草，也用作多年生草地建植的保护草种。

栽培技术要点

播种前精细整地，结合整地施足基肥。高寒牧区 4 月底至 5 月中旬播种，农区冬闲田秋播种植。条播或撒播，条播行距 20～40cm，播量 120～180kg/hm^2，播深 2～3cm。分蘖期至拔节期追施尿素 150～225kg/hm^2。乳熟期稍高于地面刈割，蜡熟期收获种子。

适宜推广区域

适宜川西、甘南等青藏高原东部、北方冷凉地区以及南方农区冬闲田种植。

14.‘福瑞至’燕麦

草种名称：燕麦

学名：*Avena sativa*‘ForagePlus’

品种类别：引进品种

编号：国 S-IV-AS-014-2021

申报单位：四川农业大学、四川省草原科学研究院、北京正道农业股份有限公司、山东省畜牧总站

选育人：马啸、雷雄、游明鸿、李达旭、闫利军、赵俊茗、翟桂玉、季晓菲、苟文龙、赵利

品种特性

禾本科一年生草本。根系发达，株型紧凑，茎秆粗壮直立光滑，株高 130～185cm。叶片宽大，叶长 43.5～56.7cm。晚熟品种，在成都平原秋季种植生育期 232 天。干草产量为 9784～15008kg/hm^2，种子产量为 2410～2583kg/hm^2，粗蛋白含量为 10%～15%。

主要用途

主要作饲草刈割利用。用于西南农区草田轮作、高原牧区一年生人工草地建植，也可作为多年生草地建植当年的先锋草种等。

栽培技术要点

播种前精细整地，结合整地施足基肥。在农区冬闲田秋播，牧区一般春播。条播或撒播，条播行距 20～30cm，播量 90～120kg/hm^2，播深 2～3cm。分蘖期至拔节期追施尿素 150～225kg/hm^2。乳熟期稍高于地面刈割。

适宜推广区域

适宜我国西南农区、青藏高原海拔 3500m 以下地区及北方相似生态区种植。

国家林业和草原局公告

2021 年第 20 号

国家林业和草原局批准发布《自然保护地分类分级》等 3 项林业行业标准和《竹产品分类》等 10 项林业行业标准外文版(见附件 1、2)。

特此公告。

附件：1.《自然保护地分类分级》等 3 项林业行业标准目录

2.《竹产品分类》等 10 项林业行业标准外文版目录

国家林业和草原局

2021 年 10 月 27 日

附件 1

《自然保护地分类分级》等 3 项林业行业标准目录

序号	标准编号	标准名称	代替标准号	实施日期
1	LY/T 3291—2021	自然保护地分类分级	—	2022 年 5 月 1 日
2	LY/T 3292—2021	自然保护地生态旅游规范	—	2022 年 5 月 1 日
3	LY/T 3293—2021	野生动物人工繁育管理规范　金丝猴	—	2022 年 5 月 1 日

附件 2

《竹产品分类》等 10 项林业行业标准外文版目录

序号	标准编号	标准名称	标准外文名称	翻译语种
1	LY/T 2608—2016	竹产品分类	Bamboo products classification	英文
2	LY/T 2483—2015	竹炭产品术语	Terminology of bamboo charcoal products	英文
3	LY/T 3205—2020	专用竹片炭	Special bamboo charcoal flake	英文
4	LY/T 2150—2013	竹窗帘	Bamboo curtain	英文
5	LY/T 2499—2015	野生动物饲养场总体设计规范	Overall design specification for wild animal farms	英文
6	LY/T 2017—2012	养鹿场良好管理规范	Good management practice for deer farm	英文
7	LY/T 2279—2019	中国森林认证 野生动物饲养管理	Forest certification in China-Wildlife husbandry and management	英文
8	LY/T 2229—2013	木质相框	Wooden photo frame	英文
9	LY/T 2904—2017	沉香	Agarwood	英文
10	LY/T 2874—2017	陈列用木质挂板	Wood-based slot board for exhibition	英文

国家林业和草原局公告

2021 年第 21 号

根据《中华人民共和国植物新品种保护条例》《中华人民共和国植物新品种保护条例实施细则(林业部分)》的规定，现将《中华人民共和国植物新品种保护名录(林草部分)(第八批)》(见附件)予以公布，自 2021 年 12 月 1 日起施行。

特此公告。

附件：中华人民共和国植物新品种保护名录(林草部分)(第八批)

国家林业和草原局

2021 年 11 月 5 日

附件

中华人民共和国植物新品种保护名录(林草部分)(第八批)

序号	种或者属名	学名
1	漆树属	*Toxicodendron* Mill.
2	黄檀属	*Dalbergia* L. f.
3	猕猴桃属	*Actinidia* Lindl.
4	芦竹属	*Arundo* L.
5	黄耆属	*Astragalus* L.

(续表)

序号	种或者属名	学名
6	苍术	*Atractylodes lancea* (Thunb.) DC.
7	木蓝属	*Indigofera* L.
8	独蒜兰属	*Pleione* D. Don
9	虎耳草属	*Saxifraga* L.

国家林业和草原局公告

2021 年第 22 号

根据《中华人民共和国种子法》《中华人民共和国植物新品种保护条例》《中华人民共和国植物新品种保护条例实施细则(林业部分)》的规定，经国家林业和草原局植物新品种保护办公室审查，‘恋曲’等 209 项植物新品种权申请符合授权条件。现决定授予植物新品种权(名单见附件)，并颁发《植物新品种权证书》。

特此公告。

附件：国家林业和草原局2021年第三批授予植物新品种权名单

国家林业和草原局

2021年12月31日

附件

国家林业和草原局2021年第三批授予植物新品种权名单

序号	品种名称	所属属(种)	品种权号	品种权人	申请号	申请日	培育人
1	恋曲	蔷薇属	20210553	云南锦苑花卉产业股份有限公司、云南锦科花卉工程研究中心有限公司	20150250	2015. 12. 03	倪功、曹荣根、田连通、白云评、乔丽婷、阳明祥
2	莱克斯劳塞洛夫(Lexsnosaesruof)	蔷薇属	20210554	多盟集团公司(Dümmen Group B. V.)	20160313	2016. 11. 06	斯儿万·卡姆斯特拉(Silvan Kamstra)
3	福K1号	柿	20210555	日本福冈县政府	20170137	2017. 03. 23	千千和浩幸、平川信之、林公彦、矢羽田第二郎、白石美树夫、藤岛宏之、石坂晃、福本晃司
4	澧滨金凤	木通属	20210556	中国林业科学研究院林业研究所	20170201	2017. 05. 03	李斌、郑勇奇、林富荣、郭文英、向明宏、肖光听、张功茂、王汝平、黄廷武
5	磐甜榧	榧树属	20210557	陈红星、张苏炯、姚小华	20170231	2017. 05. 11	陈红星、张苏炯、姚小华、李海波、傅志华、卢美芬、杨骏鹏、傅旭红、李公荣、金罗卿
6	根尾新甜	柿	20210558	日本国岐阜县政府	20170444	2017. 08. 04	新川猛、铃木哲也、尾关健
7	京沧1号	枣属	20210559	北京林业大学、沧县国家枣树良种基地	20180178	2018. 03. 27	庞晓明、孔德仓、曹明、李颖岳、王刚、王爱华、续九如、朱保庆
8	紫玉之恋	蔷薇属	20210560	玉溪紫玉花卉产业有限公司、玉溪市农业科学院	20180220	2018. 05. 09	张军云、段家彬、张钟、张建康、王文智、杨世先、钱遵姚、杨光炤、董广、卢玉娥、张艳华
9	本朴丽1095(BONPRI 1095)	大戟属	20210561	澳大利亚本雅植物有限公司(Bonza Botanicals Pty Ltd.)	20180351	2018. 07. 03	安德鲁·伯纽兹(Andrew Bernuetz)
10	本朴丽9172(BONPRI 9172)	大戟属	20210562	澳大利亚本雅植物有限公司(Bonza Botanicals Pty Ltd.)	20180352	2018. 07. 03	安德鲁·伯纽兹(Andrew Bernuetz)
11	英特多119113(IPT119113)	蔷薇属	20210563	英特普兰特月季育种公司(Interplant Roses B. V.)	20180420	2018. 07. 11	范·多伊萨姆(Ir. A. J. H. van Doesum)
12	英特切192213(IPK192213)	蔷薇属	20210564	英特普兰特月季育种公司(Interplant Roses B. V.)	20180422	2018. 07. 11	范·多伊萨姆(Ir. A. J. H. van Doesum)
13	金虎	爬山虎属	20210565	句容市仑山花木场、江苏农林职业技术学院	20180445	2018. 07. 20	邱国金、钱阳升、戴文、胡卫霞、崔舜、吴林燕
14	迷离星际	蔷薇属	20210566	北京林业大学	20180477	2018. 08. 22	于超、张启翔、杨玉勇、罗乐、潘会堂、万会花、马玉杰
15	尼尔卜琳娜(NIRPBRINA)	蔷薇属	20210567	尼尔普国际有限公司(NIRP INTERNATIONAL SA)	20180624	2018. 09. 14	亚历山德罗·吉奥恩(Alessandro Ghione)

（续表）

序号	品种名称	所属属（种）	品种权号	品种权人	申请号	申请日	培育人
16	芳心	蔷薇属	20210568	云南省农业科学院花卉研究所	20180663	2018.10.09	蹇洪英、王其刚、李淑斌、陈敏、晏慧君、邱显钦、张婷、周宁宁、张颢、唐开学
17	橙色多梦	蔷薇属	20210569	云南省农业科学院花卉研究所	20180664	2018.10.09	晏慧君、王其刚、张颢、唐开学、蹇洪英、邱显钦、陈敏、李淑斌、张婷、周宁宁
18	梦想家	蔷薇属	20210570	云南锦科花卉工程研究中心有限公司	20180677	2018.10.17	曹荣根、张力、倪功、田连通、白云评、乔丽婷、阳明祥、何琼
19	粤桂明珠	山茶属	20210571	棕榈生态城镇发展股份有限公司、广东省农业科学院环境园艺研究所、肇庆棕榈谷花园有限公司	20180763	2018.11.21	刘信凯、孙映波、高继银、于波、严丹峰、张佩霞、黄丽丽
20	夏日红霞	山茶属	20210572	棕榈生态城镇发展股份有限公司、肇庆棕榈谷花园有限公司	20180764	2018.11.21	钟乃盛、刘信凯、黎艳玲、叶琦君、高继银、严丹峰、谢雨慧
21	夏蝶群舞	山茶属	20210573	棕榈生态城镇发展股份有限公司、广东省农业科学院环境园艺研究所、肇庆棕榈谷花园有限公司	20180765	2018.11.21	赵强民、孙映波、黎艳玲、于波、叶琦君、黄丽丽、钟乃盛、张佩霞
22	简之爱	蔷薇属	20210574	云南锦科花卉工程研究中心有限公司	20180797	2018.11.24	倪功、曹荣根、田连通、乔丽婷、何琼、阳明祥、白云平
23	尼尔普金（NIRPKIN）	蔷薇属	20210575	尼尔普国际有限公司（NIRP INTERNATIONAL SA）	20180850	2018.12.07	亚历山德罗・吉奥恩（Alessandro Ghione）
24	燕京红	蔷薇属	20210576	北京市园林科学研究院、北京林业大学	20180881	2018.12.11	周燕、高述民、杨慕菡、孙亚红、马俊丽
25	燕京贵妃	蔷薇属	20210577	北京市园林科学研究院、北京林业大学	20180885	2018.12.11	周燕、高述民、丛日晨、杨慕菡、吴洪敏、祝园园
26	天女散花	蔷薇属	20210578	宜良多彩盆栽有限公司	20190002	2018.12.18	刘天平、胡明飞、何云县、卢燕、叶晓念
27	粉儿	蔷薇属	20210579	宜良多彩盆栽有限公司	20190014	2018.12.18	刘天平、胡明飞、何云县、卢燕、叶晓念
28	彩霞	蔷薇属	20210580	宜良多彩盆栽有限公司	20190017	2018.12.18	刘天平、胡明飞、何云县、卢燕、叶晓念
29	凤凰	蔷薇属	20210581	宜良多彩盆栽有限公司	20190047	2018.12.18	刘天平、胡明飞、何云县、卢燕、叶晓念
30	大鱼海棠	蔷薇属	20210582	宜良多彩盆栽有限公司	20190056	2018.12.18	刘天平、胡明飞、何云县、卢燕、叶晓念
31	派尔 1295（PER1295）	大戟属	20210583	多盟集团公司（Dümmen Group B. V.）	20190113	2018.12.25	林顿・维恩・德鲁诺（Lyndon Wayne Drewlow）
32	派尔 1303（PER1303）	大戟属	20210584	多盟集团公司（Dümmen Group B. V.）	20190114	2018.12.25	鲁斯・考巴雅茜（Ruth Kobayashi）
33	圆月时代	蔷薇属	20210585	北京市园林科学研究院、辽阳市千百汇月季种植专业合作社	20190125	2018.12.29	张春和、张西西、陈洪菲、华莹、樊德新、赵世伟
34	流星	蔷薇属	20210586	成都农业科技职业学院、四川省植物工程研究院	20190157	2019.01.16	练华山、许震寰、陈君梅、白为、熊丙全、唐霄铧

（续表）

序号	品种名称	所属属（种）	品种权号	品种权人	申请号	申请日	培育人
35	九儿	蔷薇属	20210587	成都农业科技职业学院、四川省植物工程研究院	20190158	2019. 01. 16	练华山、许震寰、欧阳丽莹、阳淑、韩菊兰、李臻
36	木州手毬（Kishutemari）	柿	20210588	和歌山县（和歌山県）	20190202	2019. 02. 22	熊本昌平、小松英雄
37	瑞克慕 1623A（RUICM1623A）	蔷薇属	20210589	迪瑞特知识产权公司（De Ruiter Intellectual Property B. V. ）	20190207	2019. 02. 22	汉克・德・格罗特（H. C. A. de Groot）
38	瑞珀 0679A（RUIPO0679A）	蔷薇属	20210590	迪瑞特知识产权公司（De Ruiter Intellectual Property B. V. ）	20190234	2019. 03. 14	汉克・德・格罗特（H. C. A. de Groot）
39	福胖	柳杉属	20210591	四川省林业科学研究院、珙县林业科技推广和种苗站、陈五明、陈正乾	20190248	2019. 03. 21	罗建勋、陈五明、陈正乾、刘芙蓉、王勋杰、熊万里
40	丹紫 1 号	红豆杉属	20210592	曾庆安、张彦文、曾凡广	20190280	2019. 03. 28	曾庆安、张彦文、曾凡广
41	云上紫魁	山茶属	20210593	云南省农业科学院花卉研究所	20190282	2019. 04. 10	蔡艳飞、黄文仲、王继华、胡虹、李树发、李世峰
42	多盟丽塔克（Dorolipitac）	蔷薇属	20210594	多盟集团公司（Dümmen Group B. V. ）	20190348	2019. 05. 21	菲利普・威斯（Philippe Veys）
43	坦 11273（TAN11273）	蔷薇属	20210595	德国坦涛月季育种公司（Rosen Tantau KG, Germany）	20190373	2019. 06. 05	克里斯汀安・埃维尔斯（Christian Evers）
44	多盟卡塔（Dorocatal）	蔷薇属	20210596	多盟集团公司（Dümmen Group B. V. ）	20190393	2019. 06. 06	西尔万・卡穆斯塔（Silvan Kamstra）
45	朴丰一号	枣属	20210597	马荣申、杜宪臣、赵红艳	20190408	2019. 06. 18	马荣申、杜宪臣、赵红艳
46	银盏	栀子属	20210598	江西省林业科学院	20190451	2019. 07. 19	邓绍勇、朱培林、李康琴、龚斌、黄丽莉、房海灵、杨春霞、贾全全、李婷、聂韡
47	纵横	栀子属	20210599	江西省林业科学院	20190452	2019. 07. 19	朱培林、邓绍勇、房海灵、龚斌、李康琴、杨春霞、黄丽莉、贾全全、李婷、聂韡
48	绿城梦	蔷薇属	20210600	郑州植物园	20190470	2019. 08. 02	宋良红、杨志恒、何彦召、郭欢欢、张娟、林博
49	可爱泡泡	蔷薇属	20210601	玉溪迪瑞特花卉有限公司	20190487	2019. 08. 09	杜秀娟
50	闪电	蔷薇属	20210602	云南锦科花卉工程研究中心有限公司	20190501	2019. 08. 12	田连通、倪功、乔丽婷、何琼
51	傲娇女郎	蔷薇属	20210603	云南锦科花卉工程研究中心有限公司	20190514	2019. 08. 12	倪功、曹荣根、田连通、乔丽婷、何琼
52	华茗二号	流苏树属	20210604	孙增援	20190614	2019. 08. 28	孙增援
53	北茶一号	流苏树属	20210605	孙增援	20190615	2019. 08. 28	孙增援
54	北茶二号	流苏树属	20210606	孙增援	20190616	2019. 08. 28	孙增援
55	北茶三号	流苏树属	20210607	孙增援	20190617	2019. 08. 28	孙增援
56	红箭	栎属	20210608	苏州工业园区园林绿化工程有限公司	20190686	2019. 09. 25	龚伟、赵志华、李萍、沈颀、朱建清、赵崇九、陈日明、严志豪
57	利箭	栎属	20210609	苏州工业园区园林绿化工程有限公司	20190687	2019. 09. 25	孔芬、刘鹏、徐丽娅、陈鑫、王曦君、方月敏、沈名扬、任煜

（续表）

序号	品种名称	所属属（种）	品种权号	品种权人	申请号	申请日	培育人
58	瑞可吉 0923A（RUICJ0923A）	蔷薇属	20210610	迪瑞特知识产权公司（De Ruiter Intellectual Property B. V.）	20190696	2019. 09. 29	汉克·德·格罗特（H. C. A. de Groot）
59	朴丰二号	枣属	20210611	山东朴润源农业发展有限公司	20190719	2019. 10. 17	赵红艳、雷胜明、秦庆燕、董辉
60	舞彩	紫薇	20210612	湖南省林业科学院、长沙湘莹园林科技有限公司	20190725	2019. 10. 17	王湘莹、曾慧杰、乔中全、蔡能、李永欣、王晓明、刘思思、陈艺、王惠
61	紫仙子	紫薇	20210613	湖南省林业科学院、长沙湘莹园林科技有限公司	20190726	2019. 10. 17	王湘莹、王晓明、乔中全、蔡能、曾慧杰、李永欣、刘思思、陈艺、王惠
62	潇湘紫	紫薇	20210614	湖南省林业科学院、长沙湘莹园林科技有限公司	20190735	2019. 10. 17	曾慧杰、王晓明、乔中全、蔡能、李永欣、王湘莹、刘思思、陈艺、张翼、王惠
63	瑞克普 1443A（RUICP1443A）	蔷薇属	20210615	迪瑞特知识产权公司（De Ruiter Intellectual Property B. V.）	20190751	2019. 10. 21	汉克·德·格罗特（H. C. A. de Groot）
64	紫韵	野牡丹属	20210616	广州市绿化有限公司、中山大学	20200064	2019. 12. 23	黄颂谊、周仁超、金海湘、黄桂莲、丰盈、邓建忠、刘莹、周秋杰
65	秀叶紫青	箭竹属	20210617	西南林业大学	20200080	2019. 12. 30	王曙光、于丽霞、王昌命、李娟、詹卉
66	一撮毛	箭竹属	20210618	西南林业大学	20200081	2019. 12. 30	王曙光、李娟、王昌命、于丽霞、詹卉
67	紫绦	箭竹属	20210619	西南林业大学	20200082	2019. 12. 30	王曙光、詹卉、王昌命、于丽霞、李娟
68	金方 1 号	方竹属	20210620	贵州大学	20200137	2020. 01. 17	苟光前、代朝霞、郑涛、李家雪、朱潇
69	金方 3 号	方竹属	20210621	贵州大学	20200138	2020. 01. 17	代朝霞、苟光前、王灯、彭买买、刘艳江
70	爱普开 472114（IPK472114）	蔷薇属	20210622	荷兰英特普兰特月季育种公司（Interplant Roses B. V.）	20200187	2020. 03. 13	范·多伊萨姆（ir. A. J. H. van Doesum）
71	奥斯格雷（AUSGRAY）	蔷薇属	20210623	英国大卫奥斯汀月季公司（David Austin Roses Limited）	20200240	2020. 04. 07	大卫·奥斯汀（David J. C. Austin）
72	奥莱布特森（Olijbutsen）	蔷薇属	20210624	多盟集团公司（Dümmen Group B. V.）	20200245	2020. 04. 07	菲利普·威斯（Philippe Veys）
73	多盟麦斯（Doromais）	蔷薇属	20210625	多盟集团公司（Dümmen Group B. V.）	20200248	2020. 04. 07	西尔万·卡穆斯塔（Silvan Kamstra）
74	多盟芙如（Doroferu）	蔷薇属	20210626	多盟集团公司（Dümmen Group B. V.）	20200249	2020. 04. 07	菲利普·威斯（Philippe Veys）
75	瑞克 2024A（RUICK2024A）	蔷薇属	20210627	迪瑞特知识产权公司（De Ruiter Intellectual Property B. V.）	20200251	2020. 04. 07	汉克·德·格罗特（H. C. A. de Groot）
76	吉祥龙	木麻黄属	20210628	福建省惠安赤湖国有防护林场	20200262	2020. 04. 10	李茂瑾、吴惠忠、林伟东、王小红、李秀明、苏亲桂、吴柳清、黄金塔、陈江海

（续表）

序号	品种名称	所属属（种）	品种权号	品种权人	申请号	申请日	培育人
77	四芒星	桂花	20210629	长泰金诺农业科技有限公司	20200266	2020. 04. 10	董金龙、陈日才、陈朝暖、陈小芳、陈菁菁
78	彩云	桂花	20210630	长泰金诺农业科技有限公司	20200269	2020. 04. 10	董金龙、陈日才、陈朝暖、陈小芳、陈菁菁
79	红琊栎	栎属	20210631	安徽省林业科学研究院	20200294	2020. 04. 16	吴中能、王新洋、台建武、王懿君、刘俊龙、苗婷婷、张春祥、曹志华、孙慧、陈郢
80	莱克亚莱格（Lexaylug）	蔷薇属	20210632	多盟集团公司（Dümmen Group B. V.）	20200302	2020. 04. 24	西尔万・卡穆斯塔（Silvan Kamstra）
81	奥莱斯潘娜（Olijespana）	蔷薇属	20210633	多盟集团公司（Dümmen Group B. V.）	20200304	2020. 04. 24	菲利普・威斯（Philippe Veys）
82	爱普特 240814（IPT240814）	蔷薇属	20210634	荷兰英特普兰特月季育种公司（Interplant Roses B. V.）	20200308	2020. 04. 30	范・多伊萨姆（ir. A. J. H. van Doesum）
83	爱普特 124215（IPT124215）	蔷薇属	20210635	荷兰英特普兰特月季育种公司（Interplant Roses B. V.）	20200310	2020. 04. 30	范・多伊萨姆（ir. A. J. H. van Doesum）
84	金方 2 号	方竹属	20210636	南京林业大学	20200315	2020. 04. 30	刘国华、王福升、张春霞、丁雨龙、林树燕
85	金方 4 号	方竹属	20210637	南京林业大学	20200316	2020. 04. 30	林树燕、丁雨龙、张春霞、王福升、刘国华
86	朝霞	越橘属	20210638	大连森茂现代农业有限公司	20200327	2020. 05. 01	王贺新、徐国辉
87	奥莱博尼塔森（Olijbonitasen）	蔷薇属	20210639	多盟集团公司（Dümmen Group B. V.）	20200365	2020. 05. 25	菲利普・威斯（Philippe Veys）
88	多盟赫利尔（Dorohelior）	蔷薇属	20210640	多盟集团公司（Dümmen Group B. V.）	20200366	2020. 05. 25	西尔万・卡穆斯塔（Silvan Kamstra）
89	多盟克拉森（Doroclasen）	蔷薇属	20210641	多盟集团公司（Dümmen Group B. V.）	20200367	2020. 05. 25	菲利普・威斯（Philippe Veys）
90	莱克姆帕斯（Lexemerpus）	蔷薇属	20210642	多盟集团公司（Dümmen Group B. V.）	20200368	2020. 05. 25	西尔万・卡穆斯塔（Silvan Kamstra）
91	莱克诺塔乐维（Lexnoitalever）	蔷薇属	20210643	多盟集团公司（Dümmen Group B. V.）	20200369	2020. 05. 25	西尔万・卡穆斯塔（Silvan Kamstra）
92	坝上一号	李属	20210644	张维利	20200424	2020. 06. 27	张维利
93	坝上二号	李属	20210645	张维利	20200425	2020. 06. 27	张维利
94	初心	李属	20210646	英德市旺地樱花种植有限公司、广州天适集团有限公司、韶关市旺地樱花种植有限公司	20200445	2020. 06. 29	朱军、叶小玲、鲁好君、冯钦钊、陈端妮、杨梓滨、何宗儒、胡晓敏
95	国色	李属	20210647	韶关市旺地樱花种植有限公司、广州旺地园林工程有限公司、广州天适集团有限公司	20200447	2020. 06. 29	胡晓敏、朱军、苏捷、叶小玲、冯钦钊、何宗儒、熊海坚、邱晓平
96	惊鸿	李属	20210648	广州旺地园林工程有限公司、广州天适集团有限公司、英德市旺地樱花种植有限公司	20200448	2020. 06. 29	叶小玲、朱军、陈端妮、周世均、高珊、杨梓滨、熊海坚、胡晓敏
97	德栗 1 号	栗属	20210649	中南林业科技大学	20200459	2020. 07. 01	袁德义

（续表）

序号	品种名称	所属属（种）	品种权号	品种权人	申请号	申请日	培育人
98	德栗 2 号	栗属	20210650	中南林业科技大学、中国林业科学研究院林业研究所	20200460	2020. 07. 01	袁德义、唐芳、肖诗鑫
99	德栗 3 号	栗属	20210651	中南林业科技大学	20200461	2020. 07. 01	袁德义、朱周俊
100	瑞克拉 1521A（RUICL1521A）	蔷薇属	20210652	迪瑞特知识产权公司（De Ruiter Intellectual Property B. V. ）	20200479	2020. 07. 05	汉克・德・格罗特（H. C. A. de Groot）
101	瑞克普 0135B（RUICP0135B）	蔷薇属	20210653	迪瑞特知识产权公司（De Ruiter Intellectual Property B. V. ）	20200481	2020. 07. 05	汉克・德・格罗特（H. C. A. de Groot）
102	坦 12388（TAN12388）	蔷薇属	20210654	德国坦涛月季育种公司（Rosen Tantau KG，Germany）	20200489	2020. 07. 08	克里斯汀安・埃维尔斯（Christian Evers）
103	鑫栗 1 号	栗属	20210655	中南林业科技大学、中国林业科学研究院林业研究所	20200508	2020. 07. 11	肖诗鑫、唐芳、范晓明、朱周俊
104	晋丹	核桃属	20210656	山西省林业和草原科学研究院	20200511	2020. 07. 14	常月梅、高俊仙、李永琛、崔亚琴
105	希尔斯塔（HILstar）	蔷薇属	20210657	E. G. 希尔公司（E. G. Hill Company Inc. ）	20200543	2020. 07. 17	迪恩・如勒（Dean Rule）
106	扎斯普瑞（ZARspray）	蔷薇属	20210658	E. G. 希尔公司（E. G. Hill Company Inc. ）	20200544	2020. 07. 17	迪恩・如勒（Dean Rule）
107	曼佛劳（MANFLOR）	蔷薇属	20210659	尼尔普国际有限公司（NIRP INTERNATIONAL SA）	20200552	2020. 07. 22	亚历山德罗・吉奥恩（Alessandro Ghione）
108	尼尔盼缇（NIRPANTE）	蔷薇属	20210660	尼尔普国际有限公司（NIRP INTERNATIONAL SA）	20200553	2020. 07. 22	亚历山德罗・吉奥恩（Alessandro Ghione）
109	尼尔普瑞夫（NIRPRIV）	蔷薇属	20210661	尼尔普国际有限公司（NIRP INTERNATIONAL SA）	20200556	2020. 07. 22	亚历山德罗・吉奥恩（Alessandro Ghione）
110	湘韵	李属	20210662	湖南省森林植物园	20200568	2020. 07. 23	吴思政、柏文富、禹霖、李建挥、聂东伶
111	双铃椒	花椒属	20210663	四川省林业科学研究院、四川安龙天然林技术有限责任公司、四川兴荟生态农林科技开发有限责任公司	20200569	2020. 07. 24	吴宗兴、徐惠、熊量、吴玉丹、宋小军、梁颇、彭晓曦、王丽华、叶敏、李奎阳、李玉、王莎
112	金铃椒	花椒属	20210664	四川省林业科学研究院、四川安龙天然林技术有限责任公司、四川兴荟生态农林科技开发有限责任公司	20200570	2020. 07. 24	徐惠、吴宗兴、梁颇、吴玉丹、宋小军、熊量、彭晓曦、王丽华、叶敏、李玉、李奎阳、王莎
113	京枫 2 号	枫香属	20210665	北京林业大学	20200573	2020. 07. 30	张金凤、赵健、张炎、齐帅征、孔立生（LiSheng Kong）、范英明、刘学增、张红喜、康向阳
114	京枫 3 号	枫香属	20210666	北京林业大学	20200574	2020. 07. 30	张金凤、范英明、张炎、齐帅征、孔立生（LiSheng Kong）、赵健
115	京枫 4 号	枫香属	20210667	北京林业大学	20200575	2020. 07. 30	张金凤、赵健、张炎、齐帅征、范英明、孔立生（LiSheng Kong）、陈思源、江帅菲、李云

（续表）

序号	品种名称	所属属（种）	品种权号	品种权人	申请号	申请日	培育人
116	京枫5号	枫香属	20210668	北京林业大学	20200576	2020.07.30	张金凤、齐帅征、张炎、范英明、赵健、王泽伟、董明亮、何清伟、孔立生(LiSheng Kong)
117	川珠香	核桃属	20210669	四川省林业科学研究院、凉山州喜德县林业和草原局	20200578	2020.07.31	李丕军、邢文曦、刘建军、王泽亮、王静、吴泞孜、郑崇文
118	伊榛1号	榛属	20210670	黑龙江省林业科学院伊春分院	20200579	2020.08.03	倪柏春
119	伊榛2号	榛属	20210671	黑龙江省林业科学院伊春分院	20200580	2020.08.03	倪柏春
120	豫荚2号	皂荚属	20210672	南召县林业局、河南省林业科学研究院、南召县金豆皂业有限公司	20200581	2020.08.04	周虎、刘艳萍、田彦、刘继红、臧明杰、祝亚军、刘耀、张宏、吴永军、李恒涛、王鹏飞、曾凡培
121	豫荚3号	皂荚属	20210673	河南省林业科学研究院、南召县林业局、南召县金豆皂业有限公司	20200582	2020.08.04	范定臣、臧明杰、杨伟敏、周虎、刘艳萍、田彦、侯志华、毕学伟、吴永军、王保杰、辛华、樊清圃
122	豫荚4号	皂荚属	20210674	南召县林业局、河南省林业科学研究院、南召县金豆皂业有限公司	20200583	2020.08.04	田彦、祝亚军、刘耀、王晶、周虎、张根梅、徐功元、魏亚平、刘艳萍、张新毅、吴永军、杜奇、王浩
123	紫娟	紫薇	20210675	华南农业大学、广州市林业和园林科学研究院	20200589	2020.08.04	邓小梅、代色平、奚如春、阮琳、李晓东
124	甘杞2号	枸杞属	20210676	靖远县农业技术推广中心	20200596	2020.08.05	许臻文、樊东隆、张建金、许论文、赵树春、孙冰洁、张克鹏、李振谋、朱静、张斌祥、朱正明、王金平、刘占强、李永堂、朱久锋、张永洋
125	多盟慕卡塔(Doromutcat)	蔷薇属	20210677	多盟集团公司(Dümmen Group B. V.)	20200604	2020.08.07	菲利普·威斯(Philippe Veys)
126	多盟斯卡塔(Doroswcata)	蔷薇属	20210678	多盟集团公司(Dümmen Group B. V.)	20200605	2020.08.07	法比安·塔珀(Fabian Topper)
127	多盟普瑞珀(Dororiper)	蔷薇属	20210679	多盟集团公司(Dümmen Group B. V.)	20200606	2020.08.07	西尔万·卡穆斯塔(Silvan Kamstra)
128	星晴	铁线莲属	20210680	宁波二淘铁线莲农业有限公司	20200607	2020.08.07	孙同冰、王豪、陆云峰
129	飞燕迎春	木兰属	20210681	南召县林业局、上海市园林科学规划研究院	20200614	2020.08.07	徐功元、张冬梅、尹丽娟、田彦、周虎、罗玉兰、张哲、范定臣
130	玉壶润春	木兰属	20210682	南召县林业局、上海市园林科学规划研究院	20200615	2020.08.07	周虎、田彦、张冬梅、尹丽娟、徐功元、张哲、有祥亮、杜奇
131	仲思枣	枣	20210683	解涛	20200624	2020.08.15	解巨胜、解涛
132	中桐10号	泡桐属	20210684	国家林业和草原局泡桐研究开发中心	20200629	2020.08.17	李芳东、王保平、乔杰、冯延芝、赵阳、周海江、杨超伟、崔鸿侠、李荣幸、陈兴国、赵兴慈、熊启云

（续表）

序号	品种名称	所属属（种）	品种权号	品种权人	申请号	申请日	培育人
133	中桐 11 号	泡桐属	20210685	国家林业和草原局泡桐研究开发中心	20200630	2020. 08. 17	王保平、乔杰、赵阳、唐万鹏、杨超伟、冯延芝、李芳东、周海江、段伟、陈兴红、伊焕、薛艳春
134	中桐 12 号	泡桐属	20210686	国家林业和草原局泡桐研究开发中心	20200631	2020. 08. 17	乔杰、李玲、王保平、赵阳、冯延芝、周海江、杨超伟、庞宏东、李芳东、陈明泉、李荣幸、赵冬
135	中桐 19 号	泡桐属	20210687	国家林业和草原局泡桐研究开发中心	20200632	2020. 08. 17	冯延芝、乔杰、杨超伟、王保平、周海江、赵阳、杨代贵、王炜炜、李芳东、李荣幸、张坤峰、杨帆
136	中桐 20 号	泡桐属	20210688	国家林业和草原局泡桐研究开发中心	20200633	2020. 08. 17	赵阳、王保平、冯延芝、乔杰、唐万鹏、李芳东、李荣幸、周海江、杨超伟、崔令军、胡建硕、王志勇
137	粉莲恋秾	芍药属	20210689	中国农业科学院蔬菜花卉研究所	20200634	2020. 08. 07	张秀新、薛玉前、薛璟祺、王小平
138	秾华映月	芍药属	20210690	中国农业科学院蔬菜花卉研究所、城发集团（青岛）旅游发展有限公司	20200637	2020. 08. 07	张秀新、董昱、范俊峰、贾立华、王顺利
139	秾圜一品	芍药属	20210691	中国农业科学院蔬菜花卉研究所	20200638	2020. 08. 07	张秀新、王顺利、范俊峰、慈惠婷
140	秾墨飞金	芍药属	20210692	中国农业科学院蔬菜花卉研究所	20200639	2020. 08. 07	张秀新、薛璟祺、薛玉前、柳志勇
141	秾雪凝金	芍药属	20210693	中国农业科学院蔬菜花卉研究所	20200641	2020. 08. 07	张秀新、王顺利、任秀霞、尚国强
142	秾艳群芳	芍药属	20210694	中国农业科学院蔬菜花卉研究所	20200642	2020. 08. 07	张秀新、任秀霞、王顺利、吴蕊、刘蓉
143	秾玉擎天	芍药属	20210695	中国农业科学院蔬菜花卉研究所	20200643	2020. 08. 07	张秀新、薛璟祺、薛玉前、唐兆亮
144	秾苑白莲	芍药属	20210696	中国农业科学院蔬菜花卉研究所	20200644	2020. 08. 07	张秀新、王顺利、任秀霞、王小平
145	秾苑川色	芍药属	20210697	中国农业科学院蔬菜花卉研究所	20200645	2020. 08. 07	张秀新、薛玉前、薛璟祺、范俊峰
146	秾苑叠玉	芍药属	20210698	中国农业科学院蔬菜花卉研究所	20200646	2020. 08. 07	张秀新、薛璟祺、石颜通、王小平
147	秾苑繁华	芍药属	20210699	中国农业科学院蔬菜花卉研究所、城发集团（青岛）旅游发展有限公司	20200647	2020. 08. 07	张秀新、董昱、范俊峰、贾立华、王顺利
148	秾苑墨云	芍药属	20210700	中国农业科学院蔬菜花卉研究所	20200650	2020. 08. 07	张秀新、王顺利、任秀霞、慈惠婷
149	秾苑奇丽	芍药属	20210701	中国农业科学院蔬菜花卉研究所	20200652	2020. 08. 07	张秀新、王顺利、任秀霞、房桂霞
150	秾苑晴雯	芍药属	20210702	中国农业科学院蔬菜花卉研究所	20200653	2020. 08. 07	张秀新、薛璟祺、薛玉前、李丰见、柳志勇

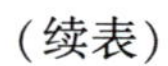

（续表）

序号	品种名称	所属属（种）	品种权号	品种权人	申请号	申请日	培育人
151	秾苑鞓红	芍药属	20210703	中国农业科学院蔬菜花卉研究所	20200654	2020. 08. 07	张秀新、薛璟祺、石颜通、王小平
152	秾苑玉桃	芍药属	20210704	中国农业科学院蔬菜花卉研究所	20200659	2020. 08. 07	张秀新、薛玉前、薛璟祺、范俊峰
153	秾紫点金	芍药属	20210705	中国农业科学院蔬菜花卉研究所	20200660	2020. 08. 07	张秀新、王顺利、任秀霞、李丰见、尚国强
154	华妃笑靥	芍药属	20210706	中国科学院植物研究所	20200661	2020. 08. 18	王亮生、李珊珊、杨勇、朱瑾、张玲、王晓晗、杜会、任红旭
155	华妃点绛	芍药属	20210707	中国科学院植物研究所	20200662	2020. 08. 18	李珊珊、王亮生、杨勇、王倩玉、苏治帆、吴倩、肖红强、徐文忠
156	华玉脂凝	芍药属	20210708	中国科学院植物研究所	20200663	2020. 08. 18	李珊珊、王亮生、杨勇、尹丹丹、李冰、吴杰、冯成庸、刘成
157	飞琼	李属	20210709	山东省林业科学研究院、青岛樱花谷科技生态园有限公司、青岛市园林和林业综合服务中心	20200668	2020. 08. 19	胡丁猛、王松、许景伟、王子玉、董运斋、于琳倩、李宗泰
158	信诺红	李属	20210710	青岛樱花谷科技生态园有限公司、山东省林业科学研究院、青岛市园林和林业综合服务中心	20200669	2020. 08. 19	王松、胡丁猛、王子玉、许景伟、董运斋、戴月欣、李宗泰
159	红吉野	李属	20210711	青岛樱花谷科技生态园有限公司、山东省林业科学研究院、青岛市园林和林业综合服务中心	20200670	2020. 08. 19	王松、胡丁猛、王子玉、许景伟、董运斋、戴月欣
160	希尔普拉姆（HILplum）	蔷薇属	20210712	E. G. 希尔公司（E. G. Hill Company Inc. ）	20200671	2020. 08. 21	迪恩·如勒（Dean Rule）
161	靓亮	槭属	20210713	宁波城市职业技术学院、宁海县力洋镇野村苗木专业合作社	20200675	2020. 08. 23	祝志勇、林乐静、叶国庆
162	红颜珊瑚	槭属	20210714	宁波城市职业技术学院、宁海县力洋镇野村苗木专业合作社	20200676	2020. 08. 23	祝志勇、林乐静、叶国庆、俞小国
163	四明锦	槭属	20210715	宁波城市职业技术学院、宁海县力洋镇野村苗木专业合作社	20200677	2020. 08. 23	林乐静、祝志勇、叶国庆、夏乐家
164	金丝龙鳞	刚竹属	20210716	国际竹藤中心、扬州大禹风景竹园	20200678	2020. 08. 24	高健、禹在定、禹迎春
165	国润 6 号	李属	20210717	国润民富科技发展有限公司、鲍鑫焱	20200681	2020. 08. 26	刘志国、鲍重卓
166	国润 8 号	李属	20210718	国润民富科技发展有限公司、鲍鑫焱	20200682	2020. 08. 26	刘志国、鲍重卓
167	金粉世家	栎属	20210719	江苏省林业科学研究院	20200683	2020. 08. 26	孙海楠、汪有良、黄利斌、董筱昀
168	兆红	苹果属	20210720	山东省林业科学研究院、昌邑海棠苗木专业合作社、昌邑市林业发展中心	20200685	2020. 08. 26	胡丁猛、王立辉、朱升祥、贺燕、国兴建、明建芹、许景伟、齐伟婧

（续表）

序号	品种名称	所属属（种）	品种权号	品种权人	申请号	申请日	培育人
169	红蕾雪	苹果属	20210721	昌邑海棠苗木专业合作社、山东省林业科学研究院、昌邑市林业发展中心	20200686	2020.08.26	许景伟、胡丁猛、王立辉、姚兴海、囤兴建、明建芹、王清华、刘浦孝
170	赤丹	紫金牛属	20210722	武平县罗兰花场、福建农林大学	20200690	2020.08.28	彭东辉、兰思仁、蓝祥禄、刘梓富、陈进燎、王星孚、韩文超、李龙、郑燕
171	锦绣	紫金牛属	20210723	武平县罗兰花场、福建农林大学	20200691	2020.08.28	王永华、彭东辉、兰思仁、王星孚、刘梓富、罗盛金、蓝祥禄、孙佳婷、姚李燕
172	绿翡翠	紫金牛属	20210724	武平县富贵籽花卉专业合作社、福建农林大学	20200692	2020.08.28	吴沙沙、兰思仁、彭东辉、王星孚、刘梓富、罗盛金、黄国华、陆彭城
173	粉佳人	紫金牛属	20210725	福建省武平县盛金花场、福建农林大学	20200693	2020.08.28	艾叶、兰思仁、彭东辉、罗盛金、黄捷、刘梓富、王星孚
174	平安富贵	紫金牛属	20210726	武平县剑锋生态花场、福建农林大学、中国中医科学院中药研究所	20200694	2020.08.28	翟俊文、兰思仁、彭东辉、刘梓富、王星孚、罗盛金、王剑锋、陈云、孙伟
175	金冠	紫金牛属	20210727	武平县剑锋生态花场、福建农林大学	20200695	2020.08.28	周育真、彭东辉、兰思仁、刘梓富、郝杨、王剑锋、王星孚、罗盛金
176	福满堂	紫金牛属	20210728	福建省武平县盛金花场、福建农林大学	20200696	2020.08.28	刘梓富、彭东辉、兰思仁、王星孚、陈桂珍、罗盛金、谢亮秀、邢玥
177	碧霞珠	紫金牛属	20210729	武平县富贵籽花卉专业合作社、福建农林大学	20200697	2020.08.28	张森行、彭东辉、兰思仁、刘梓富、王星孚、罗盛金、刘舒雅、黄国华
178	金富贵	紫金牛属	20210730	福建省武平县盛金花场、福建农林大学	20200698	2020.08.28	王星孚、彭东辉、兰思仁、罗盛金、刘梓富、王永华、陈斌
179	梁野富贵	紫金牛属	20210731	武平县富贵籽花卉专业合作社、福建农林大学	20200699	2020.08.28	张森行、彭东辉、兰思仁、刘梓富、谢亮秀、张继文、何益平、周小琴
180	云上妃	山茶属	20210732	云南省农业科学院花卉研究所	20200725	2020.09.02	蔡艳飞、李树发、王继华、宋杰、张露、彭绿春、解玮佳
181	飞天	李属	20210733	英德市旺地樱花种植有限公司、广东宝地南华产城发展有限公司、韶关市旺地樱花种植有限公司	20200726	2020.09.03	梁荣、胡晓敏、叶小玲、朱军、冯钦钊、陈端妮、杨梓滨、何宗儒、高珊
182	玲珑	李属	20210734	韶关市旺地樱花种植有限公司、英德市旺地樱花种植有限公司、广州旺地园林工程有限公司	20200727	2020.09.03	梁荣、叶小玲、朱军、陈端妮、黄礼康、杨梓滨、冯钦钊、胡晓敏
183	宝石瀑布	紫荆属	20210735	鄢陵中林园林工程有限公司、河南四季春园林艺术工程有限公司、许昌樱桐生态园林有限公司	20200728	2020.09.03	张林、刘双枝、张文馨
184	华仲21号	杜仲	20210736	国家林业和草原局泡桐研究开发中心	20200729	2020.09.04	王璐、杜兰英、杜红岩、刘攀峰、杜庆鑫、孙志强、庆军、何凤

（续表）

序号	品种名称	所属属（种）	品种权号	品种权人	申请号	申请日	培育人
185	华仲 22 号	杜仲	20210737	国家林业和草原局泡桐研究开发中心	20200730	2020. 09. 04	刘攀峰、杜庆鑫、王璐、杜兰英、杜红岩、孙志强、庆军、何凤
186	华仲 23 号	杜仲	20210738	国家林业和草原局泡桐研究开发中心	20200731	2020. 09. 04	杜庆鑫、刘攀峰、王璐、杜兰英、杜红岩、孙志强、庆军、何凤
187	华仲 24 号	杜仲	20210739	国家林业和草原局泡桐研究开发中心	20200732	2020. 09. 04	杜红岩、王璐、杜兰英、刘攀峰、杜庆鑫、孙志强、庆军、何凤
188	丽润 2 号	悬钩子属	20210740	丽水市本润农业有限公司、丽水市农林科学研究院、丽水市农作物总站	20200735	2020. 09. 06	华金渭、胡理滨、陈军华、吴剑锋、谢建秋、李艳、黄海华
189	绿舞	槭属	20210741	江苏省中国科学院植物研究所	20200737	2020. 09. 07	刘科伟、杨虹、顾永华、佟海英、李乃伟、杨军、李冬玲
190	国润 3 号	李属	20210742	国润民富科技发展有限公司、鲍鑫毳	20200742	2020. 09. 07	刘志国、鲍重卓
191	国润 4 号	李属	20210743	国润民富科技发展有限公司、鲍鑫毳	20200743	2020. 09. 07	刘志国、鲍重卓
192	国润 5 号	李属	20210744	国润民富科技发展有限公司、鲍鑫毳	20200744	2020. 09. 07	刘志国、鲍重卓
193	国润 9 号	李属	20210745	国润民富科技发展有限公司、鲍鑫毳	20200745	2020. 09. 07	刘志国、鲍重卓
194	国润 10 号	李属	20210746	国润民富科技发展有限公司、鲍鑫毳	20200746	2020. 09. 07	刘志国、鲍重卓
195	蜀椒 1 号	花椒属	20210747	四川省植物工程研究院、四川省林业科学研究院、四川农业大学	20200748	2020. 09. 09	龚霞、吴银明、罗成荣、龚伟、陈政、李佩洪、曾攀、唐伟
196	蜀椒 2 号	花椒属	20210748	四川省植物工程研究院、汉源县农业农村局、四川省林业科学研究院	20200749	2020. 09. 09	吴银明、龚霞、胡文、彭兴刚、罗成荣、王雪强、曾攀、杜洪俊、陈政、李佩洪、唐伟
197	格桑樱	李属	20210749	云南格桑花卉有限责任公司	20200753	2020. 09. 13	熊灿坤、李江荣、王兴龙、仇明华、熊劲、于菲、张晏
198	中泰 5 号	皂荚属	20210750	中国林业科学研究院林业研究所、山东泰瑞药业有限公司	20200764	2020. 09. 15	李斌、林富荣、郭文英、黄平、张西秀、张光田、张明昊、张亮
199	中泰 6 号	皂荚属	20210751	中国林业科学研究院林业研究所、山东泰瑞药业有限公司	20200765	2020. 09. 15	李斌、林富荣、郭文英、黄平、张光田、张明昊、张亮
200	中泰 7 号	皂荚属	20210752	中国林业科学研究院林业研究所、山东泰瑞药业有限公司	20200766	2020. 09. 15	李斌、林富荣、郭文英、黄平、张光田、张明昊、张亮
201	紫鹃	铁线莲属	20210753	江苏省中国科学院植物研究所	20200779	2020. 09. 18	李林芳、王淑安、李亚、王鹏、李素梅、高露璐、杨如同、汪庆、吕芬妮
202	昭君	铁线莲属	20210754	江苏省中国科学院植物研究所	20200776	2020. 09. 18	李林芳、王淑安、李亚、王鹏、李素梅、高露璐、杨如同、汪庆、吕芬妮

（续表）

序号	品种名称	所属属（种）	品种权号	品种权人	申请号	申请日	培育人
203	大棠吉祥	苹果属	20210755	青岛市农业科学研究院	20200784	2020.09.18	沙广利、尹涛、张蕊芬、葛红娟、马荣群、孙吉禄、孙红涛、黄粤、柳伟英
204	传奇	栎属	20210756	日照金枫园林科技有限公司、山东省林业科学研究院	20200802	2020.09.28	王洪永、荣生道、陈睿、马丙尧、王霞、王振猛、杜振宇、王世才、王燕、李永涛、高嘉、毛秀红
205	鸿运当头	栎属	20210757	日照金枫园林科技有限公司、山东省林业科学研究院	20200803	2020.09.28	马丙尧、王洪永、荣生道、王霞、王振猛、王燕、王清华、朱文成、张新慰、毛秀红、王世才、高嘉
206	沃红 8 号	文冠果	20210758	山东沃奇农业开发有限公司	20200807	2020.09.29	李守科、赵祥树、朱亮庆、王蕾、陈仁鹏、孙伟
207	沃丰 1 号	文冠果	20210759	山东沃奇农业开发有限公司	20200808	2020.09.29	李守科、赵祥树、朱亮庆、王蕾、陈仁鹏、孙伟
208	大洁白	文冠果	20210760	山东沃奇农业开发有限公司	20200811	2020.09.29	李守科、赵祥树、朱亮庆、王蕾、陈仁鹏、孙伟
209	春霞	槭属	20210761	江苏省中国科学院植物研究所、沈寿大	20200812	2020.09.29	刘科伟、沈寿大、杨虹、顾永华、佟海英、李乃伟、李冬玲、杨军

中国林业和草原概述

02

2021年的中国林业和草原

【综　述】　2021年，国家林草局党组坚持以习近平新时代中国特色社会主义思想为指导，认真践行习近平生态文明思想，深入贯彻落实习近平总书记重要讲话指示批示精神和党中央、国务院决策部署，在自然资源部党组的指导下，着力建设“讲政治、守纪律、负责任、有效率”的政治机关，持续推行“1+N”工作机制，聚焦重点、合力攻坚，各项工作取得阶段性成果。

党史学习教育　一是坚持把学习习近平新时代中国特色社会主义思想贯穿始终，成立领导小组和6个指导组，精心组织党的百年奋斗史、习近平总书记“七一”重要讲话精神、十九届六中全会精神、塞罕坝精神等专题学习研讨，举办了党史学习教育读书班、培训班、青年演讲，开展了主题党日活动、讲党课，学习教育实现全员覆盖，党员干部的党史知识、政治素质和历史自信明显增强。二是扎实开展“我为群众办实事”活动，20项为基层群众和10项为干部职工办实事项目取得明显成效，建立林特产品馆、我为英烈种棵树、林草科技下乡等工作被纳入《党史学习教育简报》。三是努力建立党史学习教育长效机制，着力打造绿色大讲堂学习平台，持续开展网上“建言献策”活动。

全面从严治党　一是坚持从严监督管理，层层压实管党治党政治责任，制定修订加强对“一把手”和领导班子监督的具体措施、加强巡视整改日常监督的实施办法等15项制度。二是组织开展违规“吃喝”、违规收送礼品礼金问题专项治理，继续加强内部巡视和审计，坚决整治形式主义、官僚主义。三是持续抓好中央巡视反馈问题整改，263项整改措施已完成254项，中央纪委审核评估反馈意见20项整改措施已完成18项。四是坚持公开公平公正选人用人，司局单位领导班子结构得到优化，年轻干部培养使用力度明显加大。

【科学绿化】　一是认真落实《关于科学绿化的指导意见》和《关于加强草原保护修复的若干意见》，科学开展大规模国土绿化行动，全国共完成造林375.44万公顷，种草、改良草原329.49万公顷，治理沙化、石漠化土地173万公顷。二是首次开展年度造林任务“直达到县、落地上图”管理，与自然资源部联合印发《造林绿化落地上图技术规范》，建立国家、省、市、县四级管理体系，造林完成任务落地上图率达96.7%。三是启动辽宁朝阳、河南南阳等20个国土绿化试点示范项目，山东、辽宁、宁夏、河南、重庆5省（区、市）被确定为科学绿化试点示范。四是积极创新义务植树尽责形式，配合全国政协开展“全民义务植树行动的优化提升”网络议政远程协商。五是大力推广使用乡土树种草种，审定林草良种36个，首次发布中国主要草种目录，28个省份发布乡土树种目录。六是积极应对气候变化，完成全国林草碳储量和碳汇量测算，2020年全国林草碳汇量为12.62亿吨。

【第一批国家公园正式设立】　一是习近平总书记在《生物多样性公约》第十五次缔约方大会上宣布我国正式设立三江源、大熊猫、东北虎豹、海南热带雨林、武夷山5个第一批国家公园。国务院批复5个国家公园设立方案。确定了国家公园标志，与中国科学院共建国家公园研究院。二是注重协调解决国家公园体制试点过程中出现的永久基本农田、矿业权、人工商品林等矛盾冲突，督促完成东北虎豹国家公园问题整改。三是编制形成《国家公园空间布局方案》，基本完成自然保护地整合优化预案编制工作。四是按照“成熟一个，设立一个”原则，启动黄河口、亚洲象等国家公园创建工作。五是印发《自然保护地监督工作办法》，规范国家级自然保护区总体规划审批管理。

【野生动植物保护】　一是国家林草局领导带队成立工作组，会同云南省相关部门、专家，科学引导北移亚洲象群返回传统栖息地，实现人象平安；成功救护和放归黑龙江进村野生东北虎，生动讲述了人与自然和谐共生的中国故事。二是调整发布国家重点保护野生动物名录和野生植物名录，珍贵濒危野生动植物拯救保护持续加强，繁育成活大熊猫幼崽46只，新增2只海南长臂猿幼崽。国务院批准在北京设立国家植物园。三是受国务院委托向全国人大常委会报告全面禁食野生动物工作情况，持续做好转产转型等后续工作，解决了部分人工繁育鹦鹉和部分蛇类的出路问题。联合开展“清风行动”，严厉打击野生动植物非法贸易。四是在14个省份开展防控野猪危害综合试点，积极稳妥处置人兽冲突问题。排查人工繁育场所，规范野生动物收容救护。

【资源保护管理】　一是认真落实《关于全面推行林长制的意见》，各省（区、市）已基本建立林长制组织体系和制度体系，均由党委、政府主要负责人担任总林长。林长制被列入国务院办公厅督查激励措施。二是开展全国打击毁林专项行动，严肃查处一大批重大毁林案件，“绿剑行动”重点督办的26个国家级自然保护区完成问题整改。全国共发生林草行政案件9.59万起，查结9.05万起。三是组织开展林草生态综合监测评价，建成以国土“三调”数据为底版的林草资源管理统一底图。完成了“十三五”省级政府防沙治沙目标责任期末综合考核和第六次全国荒漠化沙化调查工作。四是确定了全国和各省（区、市）“十四五”期间年森林采伐限额，委托省级林草主管部门实施占用林地草原审核审批，出台《建设项目使用林地审核审批管理规范》。五是《中华人民共和国湿地保护法》正式出台，新增和修复湿地7.27万公顷。

【防灾减灾】　一是制订出台森林草原火灾应急预案，开展防火规划中期评估，实施防火包片蹲点指导，联合

开展野外火源治理、输配电设施火灾隐患排查等专项行动，推动建立京津冀晋蒙联防联动机制。启动林火阻隔系统建设。全国共发生森林火灾 616 起、受害森林面积 4456.6 公顷、因灾伤亡 28 人，同比分别下降 47%、48%、32%；发生草原火灾 18 起、受害草原面积 4199 公顷，火灾次数同比上升 39%，受害面积同比下降 62%。二是印发《关于科学防控松材线虫病疫情的指导意见》，启动松材线虫病防控五年攻坚行动，发生面积和病死树数量同比分别下降 5.12%、27.69%。三是加强美国白蛾、红火蚁等外来物种防控，林业、草原有害生物防治面积分别达 1008.81 万公顷、1375.53 万公顷。四是沙尘暴和陆生野生动物疫源疫病监测预警能力稳步提高，有效处置沙尘暴天气过程 9 次、野生动物疫情 21 起。

【林草产业】 一是主要林产品供给能力继续增强，全国经济林面积保持在 4000 万公顷以上，干鲜水果、森林食品等产量达 2 亿吨；林产品进出口贸易额达到 1800 亿美元，同比增长 17.8%；油茶面积超过 446.67 万公顷，茶油产量 88.94 万吨；鲜草产量达到 11 亿吨。二是推动巩固拓展生态脱贫成果同乡村振兴有效衔接，出台生态护林员管理办法，保持扶持政策连续稳定。三是组织认定一批林业龙头企业、产业示范园区、林下经济示范基地，联合中国建设银行建立林特产品馆，成功举办义乌国际森林产品博览会等系列展会。四是十部委联合印发《关于加快推进竹产业创新发展的意见》，出台林下经济、核桃、板栗等产业发展指导性文件，确定进口种用野生动植物种源免税商品清单。

【基础保障】 一是组织编制《“十四五”林业草原保护发展规划纲要》和“双重”工程 4 个专项规划，开展三北工程总体规划修编。二是提高造林种草投资补助标准，完善第三轮草原补奖政策，启动沙化土地封禁保护补偿、草原保险试点，全年中央林草领域投入 1161.89 亿元。三是松材线虫病、森林雷击火防控“揭榜挂帅”等重点课题研究取得阶段性成果，林草行业 1 人入选中国工程院院士，2 项科研成果获国家科技进步奖二等奖，发布第三期中国森林资源核算研究成果。四是林草生态网络感知系统形成总平台和五大类数据库，森林草原防火、森林资源监督管理等业务系统已接入应用。五是开展深化集体林权制度政策调研，启动 6 个林业改革发展综合试点。大兴安岭林业集团公司完成办社会职能和机构人员移交，启动国有林场绩效考核激励机制试点。深化事业单位改革试点平稳有序。六是全国新建标准化林业工作站 319 个，累计达 4071 个。林草行业纳入第四轮高校毕业生“三支一扶”(到农村基层从事支农、支教、支医和扶贫工作)计划实施范围。七是积极开展对外合作，参与主办第三次中国—中东欧国家林业合作高级别会议、《生物多样性公约》第十五次缔约方大会等国际会议和论坛。

【意识形态工作】 一是严格落实意识形态工作责任制，认真开展风险隐患排查，及时应对处置突发敏感舆情，编发舆情快(专)报 260 期。二是建党百年、义务植树 40 周年、国家公园、林长制、科学绿化、野生动植物保护等主题宣传活动丰富多彩，国家公园宣传片点击量超过 12 亿次，中央主流媒体全年播发林草报道 8 万条次。三是塞罕坝机械林场获联合国防治荒漠化“土地生命奖”，林草系统工作人员获得“时代楷模”“全国道德模范”各 1 名，3 人荣获“七一勋章”，联合中央宣传部选树 20 名“最美生态护林员”。四是“绿色中国行”活动线上线下观众过千万，央视“秘境之眼”节目持续热播，国家林草局官方微信公众号上线运行。五是《莫尔道嘎》《绿色誓言》《圣地可可西里》等影视作品拍摄完成。

（国家林业和草原局办公室供稿）

林草培育

03

林草种苗生产

【综　述】 2021年，全国林草种苗数量和质量基本满足需求，但乡土珍贵树种和适合困难地造林树种苗木结构性不足。乡土树种、珍贵树种、特色经济林良种和优良苗木，抗寒抗风抗病虫害、耐旱耐盐碱耐瘠薄等生态树种需求持续增强，常规生态树种、用材林和园林绿化树种的苗木需求量持续下降。

种苗生产情况

种子采收　全国共采收林草种子和林木种子5115万千克，其中，林木种子1634万千克，草种3481万千克。林木良种539万千克，穗条23亿株。树种主要有：花椒、银杏、红松、核桃、板栗、山杏、油茶、连翘、油松、山桃、柠条、锦鸡儿、侧柏、栓皮栎、辽东栎、枣、桃、澳洲坚果、文冠果、刺槐等。草种主要有：燕麦、披碱草、红豆草、羊草、黑麦草、燕麦、苜蓿、早熟禾、冰草等。与2020年相比，林木种子产量减少34.3%，草种增加16%。

苗木生产　全国实际育苗总面积124.67万公顷，其中国有苗圃育苗面积7.33万公顷，占总面积5.9%。全国新增育苗面积10万公顷，占育苗总面积的8.0%。同比2020年，实际育苗总面积和新增育苗面积分别减少10.6%和27.2%；树种主要为油松、云杉、红叶石楠、樟子松、侧柏、红松、油茶、国槐、杉木、白皮松、栾树、华山松、海棠、白蜡、银杏、刺槐、青海云杉、花椒、桉树、樟树等。

全国生产苗木总量532亿株，容器苗91亿株，良种苗106亿株。除留床苗外，出圃可供造林绿化苗木287亿株，其中容器苗56亿株，良种苗81亿株。同比2020年，苗木生产总量与出圃可供造林绿化苗木数量分别减少12.9%和19.4%。

林草种子库存情况　截至2021年种子采收前，库存种子7895万千克，其中：林木种子249万千克，良种61万千克；草种7646万千克。树种主要有：核桃、桃、板栗、花椒、香椿、红桧、沙枣、油松、侧柏、柠条、银杏、山杏、文冠果、槭树、华山松、刺槐、樟子松等。草种主要有：披碱草、紫花苜蓿、羊草、燕麦、早熟禾、中华羊茅、苜蓿、碱茅、红豆草等。

种苗使用情况　造林绿化实际使用林木种子1526万千克，其中良种367万千克，良种穗条57亿条(根)。与2020年相比，实际使用林木种子减少415万千克；除留圃苗木外，实际用苗木量为116亿株，容器苗木46亿株，良种苗木34亿株。实际用苗总量与2020年相比减少13亿株。主要树种依次为：油松、云杉、石楠、樟子松、侧柏、油茶、红松、国槐、杨树、杉木、白皮松、栾树、华山松、海棠、白蜡、桂花、银杏、刺槐、青海云杉、红豆杉、沙棘、连翘、桉树等。

林木种苗基地情况　全国共有各类苗圃27.97万个，同比减少19.3%。其中，国有性质苗圃为0.37万个，占苗圃总数1.32%；林木良种基地1037个(其中国家重点良种基地294个)，面积22.2万公顷，生产良种129万千克、穗条6亿条(根)；林木采种基地1323个，面积34.2万公顷，可采种面积28.47万公顷，采种数量482万千克。　（于滨丽）

【主要草种目录】 7月19日，国家林业和草原局发布公告，公布《中华人民共和国主要草种目录(2021年)》，共包含12科71属120种。这是国家林草局首次公布主要草种目录，在牧草的基础上增加生态修复用草、能源草、药用草等草种类型，引导草种质资源的有序保护和合理开发利用。　（宋知远）

【林木品种审定】 国家林业和草原局林木品种审定委员会审定通过22个林木良种，河北、山西、内蒙古、辽宁、吉林、黑龙江、江苏、浙江、安徽、福建、江西、山东、河南、湖北、湖南、广西、海南、四川、贵州、云南、陕西、甘肃、青海、新疆24个省级林木品种审定委员会审(认)定通过林木良种441个。内蒙古、浙江、河南、重庆、宁夏、新疆6个省(区)引种备案林木良种11个。　（李允菲）

【草品种审定】 国家林业和草原局草品种审定委员会收到29个申请参试品种，经专家评审后通过17个，将于2022年安排开展区域试验。草品种审定收到21个申报品种，审定通过14个。辽宁、吉林、黑龙江、贵州、云南、甘肃、新疆7个省(区)共审定通过草品种39个。　（李允菲）

【采种基地建设】 3月，国家林草局林场种苗司召开视频会议，对省级乡土树种采种基地建设进行专题部署，特别要求在造林任务较重、林木良种使用率较低的华北、西北地区要重点开展省级采种基地建设。截至12月底，内蒙古、河北、山西、河南、青海、宁夏等省(区)公布沙枣、花棒、毛条、山桃、山杏、柽柳、沙棘、核桃楸、栓皮栎等灌木树种和乡土阔叶树种采种基地63处，重庆、福建公布珍贵树种、乡土阔叶树种采种基地20处。　（宋知远）

【国家重点林木良种基地建设】 国家林草局林场种苗司组织各地编制《国家重点林木良种基地"十四五"发展规划》，先后召开专家评审会和两次南北方线上会议，逐一对国家重点基地建设目标、任务进行讨论、完善，批复全国294处国家重点林木良种基地"十四五"发展规划。"十四五"期间将调减红松、樟子松等母树林面积1.24万公顷，增加种子园面积1133.33公顷，新增产能的乡土树种75个，将逐步实现由母树林向种子园的转型升级、初级种子园向高世代种子园的换代升级，不断提升林木良种供给能力和水平。　（宋知远）

【全国林草种质资源普查与收集】 6月7~11日，在云南省昆明市石林县举办普查技术培训班，培训相关人员110余人。11月27~28日，在云南省德宏傣族景颇族自治州芒市召开标本鉴定会，鉴定标本4460份，涉及672个树种。12月10日，召开线上总结交流会。完成陕西省汉中市略阳县、留坝县，云南省德宏傣族景颇族自治州芒市3个县级行政区域的普查和收集工作，完成野生资源136条样线、279个样方的调查，样线总长度553千米；上传数据15 709条、植物照片6.3万余张；采集植物标本10 267份、DNA样品3627份、植物种子1003份，分别提交山东省林草种质资源中心、中国林科院林业研究所等单位保存。 （吴府胜）

秦岭地区野外林木种质资源普查工作

【全国草种质资源技术协作组】 8月5日，全国草种质资源技术协作组成立大会在鲁东大学召开。协作组整合国内草种质资源领域相关技术人才60余人，将协助业务主管部门完善草种质资源保护相关政策、标准，为草种质资源保护利用提供技术指导和咨询服务等。

（王艺霖）

【国家林草种质资源设施保存库内蒙古分库】 9月26日，国家林草局林场种苗司在北京召开国家林草种质资源设施保存库内蒙古分库专家论证会，来自中国科学院、中国农科院、中国林科院、兰州大学等单位的8位专家参加论证会。与会专家认为在内蒙古布局建设国家林草种质资源设施保存库分库合理且十分必要，内蒙古分库将作为我国草种质资源保存中心库，并纳入国家林草种质资源设施保存库分库序列，重点开展草种质资源收集保存、评价鉴定等工作，以尽快补齐草种质资源保护工作的短板。10月25日，国家林草局印发《国家林业和草原局关于同意布局建设国家林草种质资源设施保存库内蒙古分库的函》。 （吴府胜）

【《全国苗木供需分析报告》】 国家林草局林场种苗司组织北京林业大学和合肥苗木交易信息中心，根据全国各地造林绿化任务和2015~2020年林草种苗生产情况，对2022年全国苗木的供需趋势进行预测，于10月15日在安徽·合肥苗木交易大会发布《2022年度全国苗木供需分析报告》。报告分为全国苗木供需分析、分地区苗木供需分析两大部分。其中全国苗木供需分析部分包括全国苗木供需总体情况、全国用苗量前十树种价格及分树种苗木供需分析；分地区苗木供需分析部分，分别对东北、华北、西北、华中、华东、华南、西南七大地区的苗木供需总体情况、用苗量前十树种价格和分树种苗木的供需情况（含各省）进行分析。 （于滨丽）

【林草种苗行政许可随机抽查】 按照《国家林业局行政许可随机抽查检查办法》的要求，国家林草局林场种苗司于7月开展林草种苗行政许可随机抽查。抽查随机抽取检查人员，组成2个检查组，赴北京、山东2个省（市）的4家公司开展“林木种子（含园林绿化草种）生产经营许可证核发”“林木种子苗木（种用）进口审批”许可事项的事后监督检查。重点检查被许可企业按照许可内容从事相关生产经营的活动情况、是否具备准予许可时的生产经营条件情况、依法从业情况等。检查过程中，检查人员听取被检查企业的情况介绍，现场查看企业生产基地、经营场所、设施设备、技术人员等情况，查阅近三年来的生产经营档案，并现场向被检查企业提出改进工作的意见建议。检查结果显示，4家企业中3家合格，1家存在问题待整改。检查结束后，国家林草局向被检查企业反馈了抽查结果，要求待整改的企业在30日内整改完毕并反馈整改情况。同时，将本次检查全部结果录入国家“互联网+监管”系统。（薛天婴）

【林草种苗质量抽检】 4月1日，国家林草局林场种苗司印发《关于开展2021年林草种苗质量抽检工作的通知》，委托国家级林草种苗质量检验机构于4~6月对河南、湖北、四川、贵州、陕西、宁夏、新疆、甘肃8个省（区）开展林草种苗质量抽检工作，重点检查国家投资或以国家投资为主的造林绿化项目使用的林草种子和苗木的质量。此次抽查共抽检林木种子样品60个，涉及7个县、7个单位；草种样品60个，涉及8个县、12个单位；苗木苗批113个，涉及28个县、44个单位。检测结果显示，林木种子样品合格率达100%，草种样品合格率为56.7%，苗木苗批合格率为93.8%。供种单位和供苗单位种子生产经营许可制度落实率为100%，林木种苗标签使用率为100%，草种标签使用率为76.7%。造林种草作业设计对种苗的遗传品质和播种品质提出准确要求的单位数量占93.2%和94.9%；83.1%的单位按造林种草作业设计使用种苗；涉及招投标的49个种苗使用单位中，有1个单位招投标文件对种苗质量与造林作业设计不一致；6个单位采取“最低价中标”的评标方式。 （薛天婴）

【打击制售假劣种苗和保护植物新品种权工作】 7月5日，印发《国家林草局办公室关于组织开展2021年打击制售假劣种苗和保护植物新品种权工作的通知》，要求各地充分认识新形势下打击侵权假冒工作的重要性，加强种苗市场监管，强化植物新品种权保护，加大案件查处力度。全国共查处假冒伪劣、无证、超范围生产经营、未按要求备案、无档案等各类种苗违法案件219起，同比增长170.4%；罚没金额264.1万元，同比增长145.9%；移送司法机关10起。其中，查处制售假冒伪劣种苗案件33起，同比增长83.3%；罚没金额85万元，同比增长108.1%；移送司法机关9起。查处侵犯林业植物新品种权案件2起，罚没金额1.03万元。

（薛天婴）

【种苗行政审批制度改革】 根据《国务院关于深化"证照分离"改革 进一步激发市场主体发展活力的通知》要求，直接取消林草种子质量检验机构资质考核；林草种子(林木良种苗木)生产经营许可证核发、林草种子(选育生产经营相结合单位)良种苗木生产经营许可证核发2项审批，按照林草种子(普通)生产经营许可证核发程序，由县级以上地方林草主管部门办理；对林草种子(普通)生产经营许可证核发实行告知承诺；对林草种子(进出口)生产经营许可证核发、林草种子(林木良种籽粒、穗条等繁殖材料，主要草种杂交种子及其亲本种子、常规原种种子)生产经营许可证核发、草种进出口审批3项审批优化服务。12月24日，国家林草局办公室印发《关于启用〈林草种子生产经营许可证〉的通知》，将林木种子、草种生产经营许可证整合为林草种子生产经营许可证。 (薛天婴)

【全国林草种苗质量监管及种苗生产统计专题网络培训班】 于12月在"林草网络学堂"举办，县级以上林草主管部门负责种苗质量监管及统计工作的人员、国家级种苗质量检验检测机构质检员1万余人参加培训。国家林草局林场种苗司、湖北省森林公安局、北京林业大学、南京林业大学、中国林科院林业研究所、北京大陆康腾科技股份有限公司的有关专家，对林草种苗"证照分离"改革形势、种苗执法、种苗生产经营档案管理、种苗质量检验技术、种苗供需分析、许可证及数据库系统应用操作等进行讲解。 (薛天婴)

【行政许可事项】

林木种子苗木(种用)进口审批 1月，印发《关于进一步做好林木种子苗木进口审批工作的通知》，调整审批范围和方式，修改国家林草局林木种子苗木进口申请表。2021年共办结林木种子苗木进口审批418件。

向境外提供、从境外引进或者与境外开展合作研究利用林木种质资源审批 共收到申请2件，其中撤销申请1件，为北京林大林业科技股份有限公司申请向匈牙利提供紫藤种质资源；不批准1件，为陕西省汪兴杰申请向德国提供葡萄种质资源。

林木种子生产经营许可证核发 全国发放(含新发和延续)林木种子生产经营许可证19823份，其中国家林草局发放许可证69份，注销8家有效期届满未延续的企业以及2家依法终止的企业。截至2021年底，全国持证林木种子生产经营者100 513个，其中在国家林草局领取许可证的305个。 (李允菲 薛天婴)

【林草种苗网络市场治理】 为深入贯彻落实《中华人民共和国种子法》《中华人民共和国电子商务法》，进一步强化部门间和政企间协调配合，加强林草种苗网络市场治理，促进中国种苗网络市场持续健康发展，6月11日，国家林草局联合国家市场监管总局组织召开由国家林草局林场种苗司、科技发展中心，国家市场监管总局执法稽查局、网监司，阿里巴巴、京东、拼多多等电子商务平台参加的林草种苗网络市场治理座谈会。会议要求，电商平台要严格做好准入审查，平台内经营者要公示种苗经营许可信息；要提升平台工作人员专业素养和识别能力，树立保护植物新品种、濒危物种的意识，发现违法销售或超范围经营的，及时下架；要做好信息共享，发现涉嫌违法的经营行为，及时报告或依法移送相关主管部门。市场监管部门要继续做好对电子商务经营者的监管，与林草部门合作开展治理工作。林草部门要在许可证信息查询、植物新品种查询、质量检验、品种鉴别等方面为电商平台提供专业支持，为电商平台加强对入驻经营者的监管提供便利条件。京东、阿里巴巴、拼多多三大电商采取一系列措施强化平台内经营者及种苗商品的监管，共下架无证经营的种苗商品81 453件，处理劣质种苗商品链接17 273个，对6696家店铺作出处罚。 (赵 兵)

【全国苗木信息采集点】 为及时收集、分析和发布苗木供需与价格信息，引导苗木生产者合理安排生产，林场种苗司组织开发"全国苗木信息采集系统App"，确定首批1107个全国苗木信息采集点。全年共采集各类苗木供需信息4300多条，包括树种、规格、苗木类型、数量及价格等，实时掌握各地苗木生产及价格信息。 (赵 兵)

森林培育

【珍稀林木培育】 2021年，珍稀林木培育投资规模进一步扩大，投资达到1.3亿元。统筹考虑各地自然条件、资源本底和珍稀林木培育潜力，采取集中支持方式，支持辽宁、吉林、安徽、福建、江西、山东、河南、湖南、重庆和陕西10个省份实施珍稀林木新造及改培任务1.08万公顷。下发《关于科学开展2021年国家特殊及珍稀林木培育项目建设的通知》，充分发挥重点项目示范引领作用，带动全国珍稀林木培育工作。 (刘 畅)

林业生物质能源

【综 述】 2021年，通过开展行业协调指导，打造合作交流平台，开展关键技术研究，推进示范基地建设，

健全标准规范体系，持续推进林业生物质能源工作。

【打造林业生物质能源合作交流平台】 依托中国经济林协会，并与北京林业大学、福建源华林业生物科技有限公司联合在福建省建宁县召开中国经济林协会无患子产业分会成立大会暨国家林业和草原局无患子产业国家创新联盟第二次理事会，会间同步召开“全国无患子产业发展研讨会”。落实国家林草局对林业和草原国家创新联盟工作的要求，进一步推动中国无患子产业更好更快发展。

【全国林业能源管理分委会换届】 面向全国各有关单位公开征集第三届技术委员会委员，开展全国能源基础与管理标准化技术委员会林业能源管理分技术委员会换届工作。

【中国主要能源林树种适生区区划研究报告】 围绕国家林草局提出的具有发展潜力的 31 个林业生物质能源树种，通过收集各树种在当前气候下的分布数据，使用国际上主流的物种分布模型分析得到了各树种的潜在适宜分布区域，同时对各分布区进行了适宜性等级划分。经过模型验证及与相关资料进行对比，确定了我国主要能源树种适宜分布区。本报告结果可为我国林业生物质能源产业规划与布局提供指导。

（林业生物质能源由杨海军供稿）

森林资源管理与监督

04

林长制

【林长制工作】 2021年，紧紧围绕“年底前全面建立林长制”目标，一是成立国家林草局林长制工作领导小组，制订印发《实施方案》，组建专责机构，建立双周调度等工作制度，召开全国推进林长制工作会议。科学制订《林长制督查考核办法》，积极争取纳入中组部党政领导考核。推动林长制作为林草唯一内容纳入国务院激励措施。二是指导各省（区、市）特别是涉及重点国有林区三省编制实施文件，及时回应各省（区、市）关于机构设置、经费保障、创新机制等普遍关切问题。深入海南、新疆等8省（区），实地调研进展，提出督导建议。与国家林草局发展研究中心、北京林业大学合作开展理论研究。支持帮助安徽、江西等省林长制立法、建立林长补助政策等深化林长制改革举措实施。三是收集整理全国推进情况和地方典型经验做法，向中央办公厅、国务院办公厅、中央改革办和国家林草局领导小组汇报阶段性工作进展13次，在中央电视台、《人民日报》等主流媒体宣传报道10余篇，刊发《林长制简报》31期。举办全国培训班2期，110个地市林草部门和15个专员办共160人参加培训。在国家林草局局长和局党组高度重视下，通过全局上下的共同努力，截至2021年年底，全国林长制体系全面建立，各省份均已发布省级实施文件，党委政府主要领导全部担任总林长。

（李　磊　孙伟娜）

全国基本情况　各省（区、市）聚焦森林草原资源保护发展重点，系统谋划、精准发力，推进林长制改革，基本建立上下衔接、职责明确的组织体系和责任体系，逐步形成保障有力、运行有效的制度体系和工作机制。全国呈现“试点先行、局部运行、全面推开、有序推进”的良好态势，中央确定的“2022年6月全面建立林长制”目标有望提前实现。

全国各省（区、市）均已出台实施文件，由党委政府主要领导担任总林长。98%的市（地、州、盟）和96.7%的县（市、区、旗）已出台实施文件。建立起省、市、县、乡、村各级林长体系，构建以党政主要领导负责制为核心的责任体系，形成了一级抓一级、层层抓落实的工作格局。27个省份出台相关意见，要求建立配套制度，多地创新推出“林长+”、总林长令、巡林督查等制度。安徽创新制度供给，先后出台《关于推深做实林长制改革优化林业发展环境的意见》《安徽省林长制条例》。17个省份出台林长制考核评价办法，9个省份已开展考核工作。江西从严实施林长制工作考核，强化考核结果运用，将“绿色发展政绩”作为地方党政领导干部综合考核的重要依据。

各省级总林长亲自部署、亲自推动。25个省份召开省级林长会议42次，10个省份发布总林长令12次，19个省级总林长调研巡林111次，25个省批示173次。贵州20位省级林长全部开展巡林调研，河北省委书记巡林督导22次。各省份充分发挥林长办参谋助手和协调中枢作用，在建立机制、落实责任、组织协调、督促指导上持续发力。四川、重庆、新疆等省（区、市）由省级领导担任林长办主任。已发布配套制度的各省（区、市）积极召开林长会议，加强部门协作，实施督查考核，主动公开信息，推动形成“长”按“制”办，以“制”促“治”的工作格局。

（白卫国　林章楠）

【全面推行林长制工作】 各地以“长”为核心，明晰责任主体，划分责任权限，强化激励问责，不断压紧压实责任。严格制定林长责任清单，明确协作单位职责，初步建立横向到边、纵向到底、全域覆盖的责任网格，做到知责明责；建立信息公开、督查督办、考核问责机制，明确奖惩措施，推动履职担责。各地以“制”为保障，形成林长统领、部门协作、社会参与的工作模式，构建齐抓共管、资源整合、同向发力的林草治理新格局。总林长统筹谋划，将生态文明建设融入经济社会发展大局。建立部门协作机制，着力解决制约林草发展的重点难点问题，形成改革合力。开展宣传培训，加强政策解读，积极营造氛围，引导社会参与。以“林”为主线，明确保护发展林草资源总目标，加强保护、严格管控，推动林草事业高质量发展。生态保护修复不断加强，林草资源保护管理有力强化，林草资源灾害防控能力有效提升。

（孙伟娜　林章楠）

【林长制督查考核】 在国家林业和草原局党组统一部署下，林长办会同相关司局、直属单位，利用近半年时间，共同制订了《林长制督查考核办法（试行）》（以下简称《办法》）和《林长制督查考核工作方案（试行）》。《办法》将国家林业和草原局已开展和正在开展的各项督查、检查和考核事项，统一到林长制督查考核平台上来，实现“一张试卷，共同答题”，强化各级党委政府落实保护发展林草资源责任的同时，又切实为基层减负，真正发挥督查考核“指挥棒”的作用，以构建党委领导、党政同责、属地负责、部门协同、源头治理、全域覆盖的长效机制。

（王　威）

【林长制激励】 2021年4月，为充分发挥督查激励杠杆效应，推动党中央、国务院重大决策部署落地见效，由国务院统一部署，对督查激励措施进行调整完善。在国务院办公厅的指示下，国家林业和草原局与财政部、水利部多伦沟通商榷，12月14日，印发《国务院办公厅关于新形势下进一步加强督查激励的通知》（以下简称《通知》），将“林长制激励措施”列入其中（第24项），这是国家林业和草原局首次列入国务院督查激励事项。

根据《通知》要求，国家林业和草原局、财政部共同制定并印发《林长制激励措施实施办法（试行）》。聚焦国土绿化、资源保护管理、以国家公园为主体的自然保护地体系建设、野生动植物保护、森林草原灾害防控、

林长制实施运行情况等林草核心工作。通过对全面推行林长制工作真抓实干、成效明显的市、县予以表扬激励，充分调动和激发各地保护发展林草资源的积极性、主动性和创造性，构建森林草原保护发展长效机制，进一步增强全面推行林长制工作成效，推动林草事业高质量发展。（王　威）

森林资源保护管理

【综　述】 2021年，资源司聚焦重点任务，锐意进取、攻坚克难，强化模范政治机关建设，扎实开展党史学习教育和“我为群众办实事”实践活动，持续推动全面从严治党向纵深发展，全力推动林长制落地见效，强力推进林草生态综合监测评价，扎实开展专项行动和森林督查，严肃督查督办以甘肃阳关林场毁林案等为代表的一批涉林违法案件，严格林地保护和林木采伐管理，切实履行重点国有林区改革和管理职责，积极完善全国森林经营制度体系，严格落实“放管服”改革要求，森林资源保护发展各项工作高质量推进。

（郑思洁　徐骁巍）

【深化重点国有林区改革】

2021年，按照国家林草局党组的有关要求和工作部署，采取有力措施，督促指导各地做好相关工作，巩固和提升改革成果。

指导督促大兴安岭林区签订政企分开人员移交协议 落实国家林草局局长关志鸥1月5日专题会议指示和副局长李树铭召开的专题会议要求，指导集团公司做好行政和办社会职能移交划转工作，组织专班成员单位对集团公司报送的职能移交协议研究提出修改意见，经专班会议三次审议，最终促成大兴安岭林业集团公司和大兴安岭行署签订政企分开移交人员协议，并据此确定人员划转基数，进一步深化了大兴安岭国有林区改革成果。

（王晓丽）

加强重点国有林区改革总结 协助国家发展改革委体制改革综合司做好改革总结总报告起草和分报告修改完善，以及相关资料收集整理等工作。2021年8月，与发改委共同将《国有林区改革总结报告》呈报中央改革办，中央改革办有关领导同志作出重要指示，圆满完成中央赋予国家林草局的林区改革指导、协调和督导职责，推动了七项改革任务的全面完成，实现了林区森林资源增长、职工收入增加的改革初步目标。

（沙永恒）

协调帮助推动森工企业改革 帮助内蒙古、吉林森工集团解决企业改制所涉有关问题，以局办文分别印发《关于商请支持内蒙古森工集团所属重要子企业变更登记的函》和《吉林森工集团国有林区公司制改革有关事项意见的函》，明确国家林草局有关意见，为森工集团推进公司制改革工作创造良好条件。积极协助规财司推进大兴安岭林业集团公司公司制改制工作，协助人事司做好生态公益类企业考核指标的研究设定，及时就有关问题提请改革专班就有关工作进行研究，推动相关工作顺利进行。（沙永恒）

切实履行重点林区所有者职责 积极组织协调有关部门，研究建立重点林区森林资源管理长效机制，研究起草相关文件，多次就有关问题进行研究，征求有关部门意见，并送专班会议进行研究审议。配合自然资源部做好中央政府直接行使所有权的自然资源资产清单编制工作，受自然资源部委托，组织完成了《重点国有林区全民所有自然资源委托代理机制试点实施方案》编制，充分考虑重点林区委托代理机制的履职模式，研究制定委托代理行权的重点工作内容。（王晓丽）

森林资源监测

【全国林草生态综合监测评价工作】 一是按国家林草局局长关志鸥和局党组“一体化”工作要求，抽调精干力量，集中攻关2个月，科学制订相关技术方案和技术规程，创新引入院士领衔的专家团队进行指导、咨询、评审，得到有关专家高度评价。二是召开全国工作启动会，全国各级林草部门共组织1.7万人的一体化外业调查团队，克服时间紧、任务重、人手不足、经费紧张、酷暑炎热、疫情影响和野生动物危害等多重困难，利用4个月的时间，采用遥感与现地结合方式，全面完成45.7万个样地监测，处理完成全国范围6838景、覆盖954.9万平方千米的高分辨率遥感数据，判读区划变化图斑82.7万个。三是严格制订督导方案，分8个督导组分区分片包保负责，采用现场、视频、智慧平台等全程督导，有效推动工作。通过《中国绿色时报》《综合监测简报》和官方微信公众号等，及时报道经验做法，营造比学赶超氛围。四是充分利用网络数据库等技术，研发样地判读子系统、外业调查数据采集软件、数据统计分析软件等，并融入感知系统，有效提高现地调查数据上传效率。五是组织各直属院骨干120余人，采取到京集中办公、远程对接汇总相结合工作模式，紧锣密鼓开展监测成果检查验收及模型研建、统计汇总、分析评价和成果编制等工作，同步开展数据标准化处理与入库，初步成果如期产出。（红　玉）

【林草湿数据与国土"三调"对接融合及国家级公益林优化情况】 一是在2020年开展对接融合试点的基础上，印发工作通知，编制对接融合工作方案和技术指南，组织近1.2万人团队开展林草湿数据与"三调"数据对接融合、森林资源管理"一张图"年度更新等工作，厘清林草湿与其他土地范围界线，解决地类交叉重叠问题，形成与"三调"无缝衔接的林草资源图。二是依据"三调"林地范围，同步优化落实国家级公益林范围，核定保护等级信息，及时预审各省优化成果，并组织专家集中审核，确保成果质量，为森林生态效益补偿补助提供支撑。 （张单阳）

【全国森林资源标准化技术委员会工作】 申报全国森林资源标准化技术委员会（以下简称标委会）重组和换届，于2021年5月获得国家标准化管理委员会的重组批复。召开了第三届全国森林资源标准化技术委员会成立大会暨年会，修订并审议通过了标委会章程和秘书处工作细则，研究制订并审议通过了森林资源标委会国家标准体系，审核了12项林业行业标准，申报了15项国标立项。森林生态系统林下灌草碳库调查技术规范等4项标准，获得了国家标准化管理委员会的立项评估审查资格，标委会秘书处组织编制单位参加了答辩。 （张单阳）

森林经营

【全国森林经营试点】 认真做好全国森林经营试点。9月，经国家林草局局长专题会议和局党组会议决定，在全国率先开展以建立森林经营方案制度和探索有效的森林经营投入决策机制为重点的试点工作。9月15日，成立全国森林经营试点推进工作专班领导小组及办公室，组织编制《全国森林经营试点推进工作方案》《全国森林经营试点工作实施方案》，印发《关于下达2022年度全国森林经营重点试点任务的通知》。从73个全国森林经营试点单位、6个林业发展改革综合试点地区和大兴安岭集团中选定70个单位开展森林经营任务落地上图的重点试点，拟安排2022年度试点任务2.34万公顷，作业小班3811个，经营模式112个，成效监测样地1697个。另外，对未纳入本次重点试点的其他24家森林经营试点单位的2022年工作计划也进行了审核批复。

【全国森林经营制度体系建设】 一是积极协商将森林经营规划和方案等更详细、可操作的措施写入正在修订的《森林法实施条例》。修订完善《森林经营规划编制指南》《森林经营方案编制技术规程》和《森林经营方案编制与实施管理办法》，待《森林法实施条例》出台后发布。二是结合《林业和草原保护发展规划纲要》（2021～2025年）和《重点国有林区森林资源委托经营考核评价办法》等编制工作，将加强森林经营方案制度体系建设等内容作为规划纲要和考核办法的重要事项。三是针对重点国有林区重点树种（红松、落叶松）人工林森林经营欠账问题，于7月6～11日，赴长白山、龙江、伊春等森工集团开展实地调研，组织吉林、黑龙江两省资源管理部门、森工集团、驻区专员办等单位召开工作座谈会，广泛征求各方的意见，并在梳理龙江森工集团开展人工红松林大径材培育试点经验基础上，形成专题调研报告和人工林质量提升建议方案，为下一步提升重点国有林区人工林的森林质量提供支撑。

【森林抚育管理】 一是完成审核各省份上报的2021年度森林抚育任务计划，组织各省份将2021年中央财政森林抚育补贴任务2000万亩分解落实到具体森林经营单位；根据各省份上报需求数据和全国急需抚育的中幼林资源分布情况，编制了2022年中央财政补贴森林抚育项目建议书。二是印发《关于上报2020年度中央财政森林抚育补贴任务工作总结的通知》，组织各地开展2020年度中央财政补贴森林抚育项目总结工作，对35个省级单位上报的工作总结进行汇总分析，形成了全国森林抚育项目总结报告。三是选取12个典型林业（草）局部署开展重点国有林区2021年度森林抚育监测评估工作。因受疫情影响，于11月底，组织国家林草局规划院开展外业工作，预计2023年3月底前将形成监测评估报告。

【技术培训与国际交流】 9月15～16日，组织召开线上"第三十次蒙特利尔进程工作组会议"，研讨森林资源监测和森林可持续经营等技术问题。10月24～28日，组织举办森林可持续经营与森林抚育质量提升培训班，提升各省级管理人员的专业知识和业务水平。11月18日，组织举办线上森林经营试点任务落地上图技术培训会议，提高基层熟练掌握落地上图要求和技术操作水平。积极推进蒙特利尔进程履约、中芬森林可持续经营示范基地建设等工作，汲取国外先进技术和管理经验，提升中国森林经营水平。

（森林经营由崔武社、王雪军供稿）

采伐管理

【全国"十四五"期间年森林采伐限额备案审核情况】 根据《森林法》和《国务院办公厅关于重点林区"十四五"

期间年森林采伐限额的复函》的有关要求，9~12 月，国家林草局对国务院办公厅转来的 11 批次 31 个省（区、市）和新疆生产建设兵团“十四五”期间年森林采伐限额备案报告进行了汇总，形成了《关于全国“十四五”期间年森林采伐限额备案情况的报告》并报国务院办公厅。该报告从三方面对全国“十四五”期间年森林采伐限额等情况进行总结：一是汇总全国“十四五”期间年森林采伐限额总体情况。经统计，全国“十四五”期间年森林采伐限额为 27 550 万立方米，是全国同期森林年净生长量 69 602 万立方米的 39.6%（商品林采伐限额 21 600 万立方米，占同期商品林年净生长量 36 721.95 万立方米的 58.8%；公益林采伐限额 5950 万立方米，占同期公益林年净生长量 32 880.05 万立方米的 18.1%），符合《森林法》“国家严格控制森林年采伐量”“消耗量低于生长量”的规定和要求。二是整理各地限额批准和备案情况。按照《森林法》第五十四条的规定，截至 2021 年 8 月，全国 31 个省（区、市）和新疆生产建设兵团完成了“十四五”期间年森林采伐限额的批复、公布实施和国务院备案工作。从批准方式上看，天津等 18 个省级单位由省级人民政府直接下发通知至市县级人民政府公布实施；上海等 9 个省级单位由省级人民政府批复至省级林草主管部门，并抄送市县级人民政府公布实施；北京等 5 个省级单位经省级人民政府授权，由省级林草主管部门发文公布实施。从各省级人民政府批复结果来看，除山东省将“十四五”期间年森林采伐限额进一步压减到 504 万立方米外，其余 30 个省（区、市）和新疆生产建设兵团均与国家林草局审核的结果保持了一致。三是提出“十四五”期间林木采伐管理的意见。在采伐限额执行方面，严格执行森林限额采伐和凭证采伐制度，以推进林长制为契机，压紧压实各级党政领导干部保护发展森林资源目标责任，将采伐限额执行情况纳入林长制督查的重要内容。以构建稳定、健康、优质、高效的森林生态系统为目标，进一步调整完善采伐限额使用和管理，增强各地对重大自然灾害、公共安全等应急采伐的保障能力。在森林分类经营管理方面，继续全面停止天然林商业性采伐，科学实施天然林抚育、低产（效）林改造，逐步提升天然林生态功能。支持保障森林抚育、低产低效林改造采伐限额需求。加快构建森林经营方案为基础的采伐管理机制。依法落实商品林自主经营，实行集体人工商品林主伐限额年度结转机制，切实提高木材供给能力。在林木采伐“放管服”改革方面，全面推行“一窗受理”“一站式办理”以及林木采伐 App、在线申请等多种模式，进一步完善采伐限额使用和林木采伐公示制度，提高林木采伐许可办证效率。对林农个人申请采伐人工商品林蓄积 15 立方米以下的，全面实行告知承诺方式审批。加快构建以信用为基础的林木采伐监管机制，依法公开限额分配、采伐申请、审批及监管情况，接受社会公众监督。在林草执法监督方面，加强林草生态状况综合监测评价，强化常态化森林督查和执法检查，严厉打击乱砍滥伐等破坏森林资源行为，对造成森林资源破坏的要依法依规追究责任，进一步加强森林资源保护和管理，加快推进生态文明和美丽中国建设。（张　敏　王鹤智）

【全国“十四五”林木采伐管理】 为规范全国“十四五”期间林木采伐和限额管理，国家林草局印发《关于加强“十四五”期间林木采伐管理的通知》。该通知制定了放管并重、灵活创新的采伐管理政策，指导各地“十四五”期间科学使用采伐限额，合理利用森林资源。第一，严格执行“十四五”期间年采伐限额。通知明确年采伐限额是每年采伐消耗林地上胸径 5 厘米以上林木蓄积的最大限量，各地区、各部门必须严格执行，不得突破。根据森林资源保护和科学经营实际需要，抚育采伐、低产低效林改造分项限额不足的，可调整使用主伐和更新采伐限额。发生森林火灾、林业有害生物等重大自然灾害确需清理受害木的，其采伐限额可在县域范围内不分类型集中使用；限额不足的，可申请使用省级不可预见性采伐限额。采伐经依法批准占用林地上的林木，不纳入采伐限额管理。省级不可预见性采伐限额由省级林草主管部门统筹管理，专项用于森林火灾、林业有害生物等重大自然灾害的受灾林木清理，影响电力、交通、水利设施安全运营和日常维护等公共安全的林木采伐，以及自然保护区等特殊情况的采伐。因重大自然灾害等特殊情况需要采伐林木且在采伐限额内无法解决的，由各省级林草主管部门按原采伐限额编制和批准程序申请追加。第二，从严管控天然林和公益林采伐。继续全面停止天然林商业性采伐，严格控制天然林皆伐改造，不得将天然林改造为人工林。加强国家级公益林抚育和更新采伐、低质低效林改造管理，不得擅自将公益林改变为商品林。严格执行相关技术规程和政策要求，合理确定采伐对象、采伐方式和采伐强度，科学实施森林抚育和低产低效林改造，加快森林正向演替，逐步提升天然林和公益林生态功能。符合《森林法》第五十五条规定的特殊情况，必须采伐自然保护区范围内林木的，应由自然保护区管理机构征求自然保护区省级主管部门的意见。采伐涉及国家重点保护野生植物名录中的树木、古树名木以及各类自然保护地范围内的森林、林木，其采伐管理按照相关法律、法规、规章和政策的规定执行。第三，加大改革力度，依法放活人工商品林采伐。在不突破年采伐限额的前提下，科学开展人工商品林采伐。集体和个人的人工商品林依法实行自主经营，人工商品林主伐限额年度有结余的，可以在“十四五”期间向以后各年度结转使用。省级林草主管部门可组织有条件的国有森林经营单位，探索开展“人工商品林主伐限额五年总控，年采伐量按经营方案确定”的采伐限额管理改革试点。林农个人采伐人工商品林蓄积不超过 15 立方米的，全面实行告知承诺方式审批。各地要全面推行“一窗受理”“一站式办理”以及林木采伐 App、在线申请等多种服务模式，进一步完善采伐限额分配机制和林木采伐公示制度，有效保障告知承诺方式审批所需的采伐限额。健全完善采造挂钩、伐育同步机制，确保采伐迹地及时更新造林。第四，不断提升林木采伐执法监管效果。林木采伐的组织和个人、伐区调查设计提供技术服务的机构要对林木采伐申报和设计材料的真实性和准确性负责。各地要创新林木采伐监管方式，提高监管效率，加快构建以信用为基础的林木采伐监管机制，依法公开采伐限额分配、申请审批及采伐监管情况，接受社会公众监督。县级以上林草主管部门要按照“双随机、一公开”原则，加强对伐区调查设计、采伐作业和伐区更新质量抽查，建立采伐失信名单，将其作为严格审核和重点监管对象。加大卫星遥感、“互联网+”等高新技术手段应用，加快推进林草生态感知系统建设，强化林草生态状况综合监测评价，持续开展“天上看、地面查”的森林督查和执法检查，严厉打击乱砍滥伐等破坏森林资源行为。对造成森林资源破坏的要依法依规追究责任。 （黄 发 李 彪）

【规范林木采挖移植管理】 为加强森林资源保护和巩固生态建设成果，严防不规范采挖树木造成原生森林植被、自然生态、景观破坏，根据《森林法》第五十六条“采挖移植林木按照采伐林木管理”的规定，9月，国家林草局制定出台《关于规范林木采挖移植管理的通知》。一是从严控制林木采挖移植。严禁采挖移植天然大树、古树名木搞绿化，切实减少城乡绿化对林木采挖移植的依赖。二是明确禁止和限制采挖的区域和类型。除开展林业有害生物防治、森林防火、生态保护和修复重大工程、科学研究、公共安全隐患整治等特殊需要，以及经依法批准使用林地外，禁止采挖以下区域或类型的林木：古树名木；国家一级重点保护野生植物；名胜古迹和革命纪念地的林木；一级国家级公益林；省级以上林草主管部门设立的林木种质资源保存库和良种基地内的林木；坡度35度以上林地上的林木。法律法规和国务院林草主管部门规定禁止采挖的其他情形。三是规范林地上林木采挖的行政许可。采挖林地上的林木，应当依法办理采伐许可证，按照采伐许可证的规定进行采挖，采挖应当符合林木采伐技术规程中关于面积、蓄积、强度、坡度、生态区位等的相关规定，并严格控制单位面积的采挖株数和采挖间距。采挖胸径5厘米以上林木的，要纳入采伐限额管理。四是加强采挖移植作业管理。采挖移植林木的单位和个人，必须采取有效措施保护好其他林木及周边植被，符合水土保持等的相关规定。采挖后要及时采取回填土壤等有效措施，防止水土流失，最大程度降低对原生地环境的影响。移植要讲究科学，切实提高移植成活率。五是强化采挖移植的监督管理。对未经批准擅自采挖移植的，或者运输、收购明知是非法采挖的林木的，要按照《森林法》第七十六条、第七十八条等规定依法查处。对违规批准采挖林木的，要依法追究有关人员责任。通知要求各省级林业主管部门结合本地实际进一步细化林木采挖移植管理措施，研究明确允许采挖移植林木的最高年龄和最大胸径，制定细化林木采挖移植的相关标准，及时纳入本省（区、市）的林木采伐技术规程。 （张 敏）

【林木采伐“放管服”】 落实国务院“放管服”改革和国家林草局党组“我为群众办实事”的有关要求，国家林草局完成了林木采伐管理系统升级、林木采伐App研发和积极推广林木采伐App、在线申请和告知承诺审批。先后印发《国家林业和草原局办公室关于启动新版全国林木采伐管理系统和采伐许可证的通知》《国家林业和草原局森林资源管理司关于加快推进林木采伐App、在线申请和实行告知承诺审批工作的通知》，督促各地推进林木采伐系统与省级“政务一体化”平台的数据对接、系统互联互通工作。为督促各地全面落实林木采伐App推广使用、实现网络在线申请和实行告知承诺制审批等便民举措，截至10月底，国家林草局根据疫情防控要求，完成13个省（区、市）的指导工作，加快推进林木采伐App、在线申请、小额采伐告知承诺制审批的实施进度。8~12月，全国21个省（区、市）通过此项便民举措，直接为林农办理林木采伐许可证31 152份。河南、四川、山东、浙江、安徽、内蒙古、云南、广东、湖南、重庆10个省（区、市）办理数量超过1000份。林农实现通过互联网、手机“足不出户”即可直接申请采伐许可证，并可及时了解办理进度，通过手机扫描二维码即可查询并查验采伐证真伪。通过开展此项工作，大幅压减林木采伐办理时间，显著提高采伐许可证办理效率，有效解决林木采伐“办证难、办证繁、办证慢”的问题。 （王鹤智 李 彪）

林地管理

【《建设项目使用林地审核审批管理规范》】 为加强建设项目使用林地审核审批管理，进一步明确审核审批内容，规范审核审批程序，强化审核审批监管，国家林业和草原局印发《建设项目使用林地审核审批管理规范》的通知（以下简称《通知》），《通知》明确了建设项目使用林地申请材料，规范了审核审批的实施程序，规定了审核审批的办理条件，细化了有关审核审批的特别规定，强化了审核审批监管责任，针对实践中对临时使用林地监管不力的问题提出了临时使用林地监管要求，进一步明晰了有关概念。 （聂大仓）

【委托下放国家林草局审核权限的建设项目使用林地行政许可事项】 为进一步贯彻落实“放管服”改革要求，国家林草局于2021年2月发布《国家林业和草原局公告》（2021年第2号），将审核权限为国家林草局的建设项目使用林地（东北、内蒙古重点国有林区除外）行政许可事项委托各省级林业和草原主管部门实施。同时，制定委托监管办法，明确事前、事中、事后的监管要求，为工作开展提供制度遵循；完善网上审批系统，确保国家林草局和专员办可实时跟进委托项目办理情况。

委托下放以来，国家林草局与各省级林草主管部门、专员办各司其职，建立上下联动机制，实行三方有效把关，切实加强林地保护管理和项目审核监管，督促发现问题、及时整改，形成了齐抓共管的良好局面。各省级林草主管部门高度重视，采取有效措施，切实加强对委托事项的管理，审批效率明显提升，对优化营商环

境发挥了重要作用，得到了地方各级党委、政府、林草主管部门和被许可人的普遍欢迎和广泛认同，有力支持地方经济和社会的发展。（胡长茹）

【《建设项目使用林地、草原及在森林和野生动物类型国家级自然保护区建设行政许可委托工作监管办法》的通知】 为加强建设项目使用林地、草原及在森林和野生动物类型国家级自然保护区建设行政许可委托工作监管，促进监管工作规范化和制度化，国家林业和草原局印发了《建设项目使用林地、草原及在森林和野生动物类型国家级自然保护区建设行政许可委托工作监管办法》的通知(以下简称《通知》)，《通知》进一步明确了加强委托事项事前、事中、事后监管要求，即事前明确审批要求，加强业务培训；事中实行网上监管，建立随时报告机制，特别提出委托审批中遇到重大问题，需及时与国家林业和草原局共同商定；事后充分发挥各专员办的属地监管职责，加强监督检查、督导纠正，确保各省委托审批工作“放得下、接得住、管得好”。

（聂大仓）

【《国家林业和草原局关于开展“十四五”期间占用林地定额测算和推进新一轮林地保护利用规划编制工作的通知》】 为深入贯彻习近平生态文明思想，落实《森林法》有关规定，加快推进“十四五”期间占用林地定额测算工作和新一轮林地保护利用规划编制工作，国家林业和草原局印发了《国家林业和草原局关于开展“十四五”期间占用林地定额测算和推进新一轮林地保护利用规划编制工作的通知》(以下简称《通知》)。《通知》要求，一是各省(区、市、新疆生产建设兵团，下同)要充分认识占用林地定额测算工作的重要性和紧迫性，按照实行占用林地总量控制、各类建设项目占用林地总控制指标要求，依据《“十四五”期间占用林地定额编制工作技术方案》，采取定量测算与定性分析相结合，政策导向与统筹需求相结合，科学测算与数据支撑相结合的方式，科学预测林地需求量与可供给量，确定“十四五”期间占用林地定额建议指标。二是扎实做好新一轮林地保护利用规划编制基础工作。各单位应对照方案要求，落实工作任务，做好对接融合，落实基准数据，深入开展试点，总结可借鉴试点经验。《通知》同时对推进新一轮林地保护利用规划编制工作的有关要求作出了具体说明，并要求各单位加强组织领导，强化技术支撑并建立联系机制。（叶　楠）

【2021年建设项目使用林地及在国家级自然保护区建设行政许可人监督检查】 为落实《行政许可法》有关规定，根据《国家林业和草原局建设项目使用林地及在国家级自然保护区建设行政许可随机抽查工作细则》，2021年，国家林业和草原局组织15个派出机构(以下统称“专员办”)开展了国家林业和草原局建设项目使用林地及在国家级自然保护区建设行政许可被许可人监督检查工作。共投入265名检查人员，检查了174项国家林业和草原局审核同意或批准的使用林地及在国家级自然保护区建设的项目，涉及190个县级单位。检查结果表明，多数主体工程做到按照行政许可规定的地点、面积、用途、期限等依法依规使用林地及在国家级自然保护区建设。但检查也发现了一些建设项目不同程度地存在超审核(批)使用、异地使用林地等问题。部分建设项目附属设施或辅助工程也不同程度存在违法违规使用林地情况，其中，23个建设项目存在超审核(批)范围使用、异地使用等问题，违法使用林地面积264.34公顷；37项附属设施或辅助工程违法使用林地面积125.34公顷；4项在国家级自然保护区，违法使用林地6.00公顷。各专员办已对检查出的违法违规使用林地项目进行了督查整改，截至2021年年底，大部分项目已整改到位。（金　赟）

【全国建设项目使用林地审核审批情况】 2021年，全国(不含台湾省，下同)共审核使用林地项目35 575项，审核同意面积170 449.97公顷；批准临时占用林地和直接为林业生产服务的工程设施使用林地项目28 664项，批准面积92 031.32公顷；征收森林植被恢复费387.46亿元。其中，国家林业和草原局审核(含委托部分)使用林地项目924项，审核同意面积81 233.65公顷，征收森林植被恢复费131.46亿元。各省(区、市)和新疆生产建设兵团林业和草原主管部门审核使用林地项目34 651项，审核同意面积89 216.32公顷；批准临时占用林地和直接为林业生产服务的工程设施使用林地项目28 664项，批准面积92 031.32公顷；征收森林植被恢复费256亿元。

表4-1　2021年度建设项目使用林地审核审批情况统计表

省(区、市)、集团、兵团	审核使用林地		
	项目数(个)	面积(公顷)	森林植被恢复费(万元)
全国总计	924	81 233.65	1 314 577.92
北京	7	176.43	71 892.59
天津	1	17.05	303.93
河北	11	1 028.29	8 440.22
山西	27	2 754.32	30 626.32
内蒙古	96	6 636.90	101 647.03
辽宁	8	732.40	10 976.26
吉林	35	1 279.50	21 787.63
黑龙江	51	2 658.78	49 897.98
上海	4	71.24	0
江苏	16	997.71	16 458.49
浙江	30	2 104.09	51 969.58
安徽	20	1 839.23	31 295.49
福建	29	2 000.11	40 678.43
江西	39	3 319.37	47 673.64
山东	27	2 470.25	36 019.76
河南	32	3 499.64	47 028.76
湖北	21	4 032.73	44 260.62

（续表）

省(区、市)、集团、兵团	审核使用林地		
	项目数（个）	面积（公顷）	森林植被恢复费（万元）
湖南	20	3 447.96	46 189.00
广东	44	3 128.98	78 527.89
广西	32	5 283.25	64 277.62
海南	7	1 191.97	15 234.81
重庆	12	487.72	16 889.58
四川	50	5 731.42	75 403.90
贵州	36	4 284.62	66 596.55
云南	42	6 089.87	68 345.86
西藏	82	3 220.37	48 740.27

（续表）

省(区、市)、集团、兵团	审核使用林地		
	项目数（个）	面积（公顷）	森林植被恢复费（万元）
陕西	41	5 715.90	134 432.97
甘肃	16	863.48	13 123.04
青海	4	1 782.63	30 467.50
宁夏	4	134.85	2 027.90
新疆	30	2 133.65	19 632.52
新疆兵团	29	1 204.83	11 228.05
内蒙古森工	6	645.16	8 707.12
大兴安岭	15	268.98	3 796.62

（叶　楠）

森林资源监督与执法

【全国林业和草原行政案件统计分析】　2021年，全国共发生林草行政案件9.59万起，查结9.05万起，恢复林地0.64万公顷，自然保护区或栖息地3.45公顷；没收木材0.60万立方米、种子0.25万千克、幼树或苗木25.66万株；没收野生动物1.05万只、野生植物5.92万株，收缴野生动物制品136件、野生植物制品810件；案件处罚总金额18.31亿元，其中，罚款18.28亿元，没收非法所得300万元；行政处罚人数9.26万人次，责令补种树木791.13万株。案件共造成损失林地1.39万公顷、草原1.68万公顷、自然保护区或栖息地17.43公顷；林木12.10万立方米、竹子205.31万根、幼树或苗木224.66万株、种子1.17万千克；野生动物0.85万只、野生植物9.78万株。

全国林业和草原行政案件呈现以下特点。一是案件发生总量同比减少2.56万起，下降21.08%，连续三年呈大幅下降趋势，且首次降至10万起以内。其中，林木案件同比减少1.18万起，下降32.71%，野生动物案件同比减少0.86万起，下降83.52%，森林、草原防火案件同比减少0.56万起，下降53.60%。二是草原、林地案件数量有所上升，草原案件同比增加0.63万起，上升74.33%，林地案件同比增加0.18万起，上升4.08%。三是林地案件连续5年占比居首，2021年共发生4.50万起，占比46.88%。（班　奇　戴明睿）

【森林督查"天上看、地面查"】　2021年，根据森林资源保护的新形势、新任务，国家林草局坚持高位推动，按照"国家统筹、省负总责、分级负责、上下联动、齐抓共管"的总体部署，以全面推行林长制为契机，结合全国打击专项行动，持续开展"天上看、地面查"的森林督查，通过全国通报、函告政府、挂牌督办、警示约谈、媒体曝光、适用贯通机制等多项举措，打"组合拳"，全力督促地方履行主体责任，严惩违法主体，震慑违法行为，严肃追责问责，形成严打高压态势。森林督查已经上升为党中央、国务院对各级林长的具体要求，成为各级林草部门加强森林资源保护管理的重要抓手，充分发挥了督查"利剑"作用。

从结果看，全国毁林案件数量、毁林面积和林木蓄积消耗等连续3年呈下降态势，各地保护发展森林资源的思想认识、基础能力等逐年提升，基层执法工作有所加强，社会群众关注度日益提高。

（戴明睿　徐骁巍）

【全国打击毁林专项行动】　2021年，为深入贯彻落实习近平生态文明思想，严厉打击毁林违法犯罪行为，国家林草局立足去存量、遏增量、破难题、建机制，部署启动全国打击毁林专项行动，充分运用森林督查管理和技术体系，组织各地全面清查党的十八大以来各类违法违规破坏森林资源问题，突出大案要案排查整治，纠正各地违法违规的政策文件，督导各省全面开展清查整治，及时反思问题，总结经验教训，建立长效机制，不断提升林业治理现代化水平。按照"案件查处、林地回收、追责问责"3个到位原则，协调指导各地联合自然资源、公检法等部门力量，全力推动涉林违法违规问题整改。（艾　畅）

【破坏森林资源重大要案督查督办情况】　一是围绕中央环保督察通报、媒体报道、群众举报等线索，下发查办通知69份，重点挂牌督办、现(驻)地督办甘肃敦煌、山西和顺、云南滇池、黑龙江沾河等地重大毁林问题，及时处理处置问题。二是采取警示约谈、挂牌督办、适用贯通机制等严厉手段，严肃督办浙江省青田县等10个县级地区破坏森林资源问题和30起重点案件，约谈相关政府主要负责人。三是强化宣传曝光，以新闻发布会、网络等形式，公开曝光2批27起破坏森林资源典型案件，组织新华社等329家媒体进行广泛宣传。

四是配合中央政法委、国家发改委、自然资源部、民政部，发挥职责作用，牵头开展涉林草领域扫黑除恶专项斗争、违建别墅、高尔夫球场和豪华墓地等违法问题专项治理，落实中央环保督察整改，开展黄河流域生态保护。五是参与长三角生态保护工作，配合自然资源部做好三省一市生态保护红线评估和调整，加快推进长三角区域林长制改革，统筹推进区域林草资源保护工作。

（戴明睿　徐骁巍）

【森林资源监督与案件查处】 2021 年，资源司组织各派出机构深入贯彻落实习近平生态文明思想，按照局党组的安排部署，不断强化案件督办“第一职责”，创新监督手段，提高监督能力，扩大监督影响，森林资源监督取得显著成效。2021 年，15 个派出机构共督查督办破坏森林资源案件 3493 起，办结 2289 起，办结率 65.53%。向 33 个省级被监督单位提交监督通报，反映 127 个主要问题，提出 128 条建议意见，23 个省份的 33 位省级领导作出批示，落实监督通报。各派出机构通过约谈，督促森林资源管理问题严重地区加强整改。2021 年共约谈地方政府 89 次、494 人，其中地市级 149 人，县处级及以下 345 人。积极落实贯通机制要求，向省级纪检监察部门移送破坏森林资源案件线索 8 起，有力推动案件查处整改和警示作用的发挥。全程督导全国打击毁林专项行动，确保各项任务按时保质完成，并取得显著成效。

（段秀廷）

森林资源保护

05

林业有害生物防治

【综　述】 2021年，全国主要林业有害生物呈高发、频发态势，偏重发生，局地成灾。据统计，全年林业有害生物共发生1255.37万公顷、同比下降1.81%，但中重度面积上升2.89%。其中，虫害发生776.65万公顷、同比下降1.77%；病害发生284.74万公顷、同比下降3.53%；林业鼠(兔)害发生174.67万公顷、同比持平；有害植物发生19.31万公顷、同比上升3.41%。

松材线虫病 疫情发生面积171.65万公顷，同比减少9.27万公顷；病死（含枯死、濒死）松树1407.92万株，同比减少539.12万株。老疫区疫情仍呈现持续扩散趋势，疫情北扩西进趋势明显。2021年新增县级疫区24个，撤销天津1个省级和19个县级疫区，县级疫区总量731个。

美国白蛾 累计发生面积73.14万公顷、同比下降2.02%，中度以下发生面积占比99.12%。2021年新增县级疫区4个，县级疫区总量611个。疫情持续向南扩散，第三代美国白蛾在华北、黄淮下游地区局部危害严重。

林业鼠(兔)害 发生面积174.67万公顷，同比基本持平。整体轻度危害，在东北和西北局部地区的荒漠林地和新植林地造成偏重危害。鼢鼠类在宁夏南部、甘肃东部、青海东北部、陕西北部等局部地区危害偏重。䶄鼠类在大兴安岭北部和河北北部局地偏重危害。沙鼠类在内蒙古西部、新疆北疆等局地有偏重危害。草兔在宁夏石嘴山、内蒙古鄂尔多斯等地危害较重，陕西延安、宝鸡局地成灾。

2021年，林业有害生物防治工作深入贯彻中央领导批示精神，以松材线虫病、美国白蛾等重大林业有害生物防治为重点，扎实推进防治工作，取得明显成效。

【松材线虫病防治】 认真贯彻落实中央领导同志关于松材线虫病防治批示精神，以林长制为抓手，将松材线虫病等重大有害生物防治纳入林长制考核，推动落实省级林长责任。印发《关于科学防控松材线虫病疫情的指导意见》，启动实施松材线虫病疫情防控五年攻坚行动，确定了“十四五”防控目标任务和防控策略措施。13个部委联合下发《关于进一步加强松材线虫病疫情防控工作的通知》，强化部门协同联动机制。建立并运行皖浙赣环黄山、蒙辽吉黑、秦巴山区松材线虫病疫情联防联控机制，健全区域联防联控机制。推进建立包片蹲点机制，将黄山等7个重点生态区域包片蹲点扩大到全国。制订印发《松材线虫病防治技术方案(2021年版)》。

【重大林业有害生物治理】 协调落实中央财政防治补助资金和中央预算内投资13.3亿元，支持松材线虫病、美国白蛾等重大林业有害生物防治工作。应急处置第三代美国白蛾局地暴发舆情，深入查找存在问题，研提对策措施，相关地区第一时间组织开展应急除治，加强监测巡查。举办全国松材线虫病防控管理培训班。据统计，全年采取各类措施防治1001.03万公顷，累计防治作业面积1720.5万公顷次，无公害防治率达90%以上。

【松材线虫病疫情防控科技攻关“揭榜挂帅”项目】 国家林草局启动松材线虫病防控攻关“揭榜挂帅”项目，设置6个课题，之后中国林科院揭榜并组织国内优势团队参加合作攻关研究，在疫情快速鉴定、监测技术、防治药剂等方面取得积极进展，达到了中期考核目标。松材线虫病、美国白蛾防控等科技攻关列入了“十四五”国家重点研发计划。研发了松材线虫病疫情防控监管平台，融入林草感知系统并实现业务化应用，初步实现疫情精细化管理。卫星遥感监测技术在识别新发疫情、追溯等方面发挥重要作用。

（林业有害生物防治由孟觉供稿）

野生动植物保护

【综　述】 2021年，野生动植物保护司(中华人民共和国濒危物种进出口管理办公室)(以下简称动植物司)以习近平新时代中国特色社会主义思想为指引，践行习近平生态文明思想，心怀“国之大者”，切实做好野生动植物保护管理各项工作。

提升依法行政的效能 开展法律法规修订工作。配合全国人大常委会修订《野生动物保护法》，完成“一决定一法”执法检查以及审议意见落实情况的报告，国家林草局局长关志鸥于2月27日在十三届全国人民代表大会常务委员会第二十六次会议上作出汇报。调整发布《国家重点保护野生动物名录》《国家重点保护野生植物名录》。起草《野生植物保护条例(征求意见稿)》《野生动物专用标识管理办法(征求意见稿)》；完成《有重要生态、科学、社会价值的陆生野生动物名录(征求意见稿)》《人工繁育陆生野生动物分类管理办法(暂行)》《陆生野生动物重要栖息地评估认定技术规定》《陆生野生动物重要栖息地名录(第一批)》征求意见。

加强人工繁育野生动物行业安全管理。印发《关于妥善解决人工繁育鹦鹉有关问题的函》，启动人工繁育鹦鹉专用标识管理，解决河南商丘934户养殖户养殖鹦

东北虎

鹉出路问题。开展全国野生动物收容救护机构排查整治和监督检查。继续严格执行犀牛、虎及其制品和象牙有关管制措施。加强实验用猴进出口管理，开展实验用猴人工繁育情况调查，研究“一猴难求”原因，妥善应对美国一再要求开放进出口问题，起草呈报国务院关于调整实验用猴管控措施的请示和拟下发的通知。编制国家重点保护野生动物人工繁育许可证电子证照标准。完成部分鹤类人工繁育情况调查；制定种用野生动植物种源引进政策。

推进资源调查及保护规划，切实提高管理水平。开展全国第二次重点保护陆生野生植物、陆生野生动物资源调查数据、成果汇总及全国野生兰科植物资源专项调查；参与《“十四五”林业草原保护发展规划纲要》、“双重”规划子规划以及朱鹮、绿孔雀、虎等专项规划编写；起草常规和专项监测技术方案，统筹推进林草野生动植物监测体系建设；开展野生动物保护领域标准制定修订，印发《野生动物保护领域标准体系》，发布金丝猴人工繁育管理规范行业标准；推动《鸟类环志技术规程(试行)》修订和全国鸟类环志网络建设。

提升野生动植物保护管理的效能 深入开展重点物种保护工作。继续推进大熊猫、海南长臂猿、穿山甲、绿孔雀、兰科植物、苏铁等濒危野生动植物拯救保护。指导编制海南长臂猿、穿山甲等相关保护规划，实施海南长臂猿、穿山甲保护监测项目，2021 年海南长臂猿种群再次繁育成活 2 只幼崽，种群数量增长到 5 群 35 只；全年有 7 个省份 20 余处地点 29 次新监测到穿山甲活动。在陕西华阴和内蒙古大青山自然保护区成功实施朱鹮、麋鹿、普氏野马野化放归活动，进一步扩大野生种群的栖息地范围。实施 2021 年度全国圈养大熊猫优化繁育配对方案，全年共繁育成活大熊猫幼崽 32 胎 46 只，开展全国大熊猫借展单位摸底调查，全面清理整顿大熊猫借展项目，部署第五次全国大熊猫调查、候鸟保护专项工作。

推进禁食野生动物养殖转产转型。在基本完成 8444.58 万只(条、头)禁食野生动物妥善处置、对 42 424 户养殖户补偿兑现的工作基础上，坚持调度督导机制，深入开展调研，掌握养殖户转产转型实际情况和困难，研究印发《关于妥善解决蛇类有关问题的通知》，解决人工繁育乌梢蛇、尖吻蝮的出路问题；指导广西落实人工繁育眼镜蛇、灰鼠蛇、滑鼠蛇原料进药店的问题，协调乡村振兴局支持将养殖户纳入巩固拓展脱贫攻坚成果与乡村振兴有效衔接扶持范围，基本实现成功转产就业；稳妥做好信访舆情应对工作，及时督促各有关省(区)关心养殖户诉求，妥善解决相关问题，维护养殖户群众的稳定。

国家重点保护野生动植物执法监管 加强野生动植物案件宣传报道管理，指导林草系统强化野生动植物执法。联合 8 个部门开展“清风行动”联合打击野生动植物非法贸易活动，行动期间共查办野生动物案件 6617 起，收缴野生动物 78 817 只(头、尾)，制品 23 313 件；明确禁限售野生动植物种类及禁用猎具，配合各有关部门强化行政执法工作；出台管理办法，规范罚没野生动植物及其制品移交和保管处置工作；制修订平安建设考评办法，考评各地野生动植物非法贸易打击整治工作；聘请野生动植物义务监督员，发现并及时向地方举报非法贸易案件。

国际履约执法协调 妥善处理国际热点敏感议题。参加《濒危野生动植物种国际贸易公约》(以下简称 CITES 公约)常委会、动物委员会和植物委员会等国际会议。向 CITES 公约秘书处提交年度报告、三年度报告和非法贸易年度报告以及虎、豹、象、犀、穿山甲等敏感物种专项报告。

加强协调合作，提升履约成效。充分发挥打击野生动植物非法贸易部际联席会议制度作用，组织有关部门参加 CITES 公约秘书处、国际刑警组织等国际机构组织的合作交流及联合执法行动。指导国内有关机构开展对亚、非国家履约管理和执法人员的培训交流活动，加强与履约管理机构及有关国际非政府组织交流合作。

加强国际合作，提升中国保护形象。认真履行中俄等政府间候鸟保护协定以及东亚-澳大利西亚迁飞区合作伙伴关系，参与东北亚环境合作机制谈判及相关会议，完成候鸟保护双边协定 2019~2020 国家报告，将山东黄河三角洲国家级自然保护区提名为东亚-澳大利西亚迁飞区合作伙伴关系网络保护地。

疫源疫病监测防控 完成新冠病毒疫情防控组、科研攻关组以及国家林草局疫情防控领导小组部署的各项防控工作；配合中国-世界卫生组织全球新冠病毒联合溯源研究，提供 15 份调查材料约 4 万余份野生动物样本检测数据；开展重点保护野生动物疫病主动监测预警，采集样品 3.2 万份；坚持野生动物疫源疫病监测信息报告制度，全年共上报异常情况 432 起，死亡黑颈䴙䴘等野生动物 85 种 9814 只(头)，妥善处置野生动物疫情 21 起，未发生疫情扩散蔓延；召开风险评估、趋势会商、主动预警工作会，针对重点保护野生动物疫病进行趋势研判。

加强外来物种防控 成立外来物种入侵防控专班，组建专家组，会同有关部门建立外来入侵物种防控部际协调机制；联合印发外来物种入侵防控工作方案普查总体方案；梳理全国森林、草原、湿地生态系统外来入侵物种现状，分析传播机制和危害情况，完成普查试点工作；发布有害生物防控信息系统，改造搭建普查监测信息平台及手机应用软件 App，研发外来入侵物种图库及人工智能识别软件；会同有关部门起草《外来入侵物种管理办法》，参与编制《“十四五”林业草原保护发展规划纲要》。

建议提案办理 针对52项建议提案深化与代表委员的沟通商议，高质量完成涉及野猪等野生动物致害、药用野生动植物资源规范化管理、外来入侵物种防治、濒危野生动植物种保护工作等各方面的建议提案的办结，其中主办建议和主办提案按时办结率100%。

多措并举宣传保护成效 评选发布“2020年野生动植物保护十大事件”；开展“世界野生动植物日”“爱鸟周”“415”全民国家安全教育日等宣传活动；制作20集公益科普宣传片《看春天》(第二季)、《看夏天》(第二季)，参与制作《野猪与人冲突》科普视频，开展野生动物疫病与生物安全科普教育进校园、进社区活动；召开加入CITES公约40周年座谈会；配合央视频等主流媒体开展生物多样性保护宣传工作，为联合国《生物多样性公约》第十五次缔约方大会营造氛围。（刘盈含）

【“清风行动”】 1月31日至3月31日，由国家林草局牵头，联合农业农村部、中央政法委、公安部、交通运输部、海关总署、市场监管总局、中央网信办共8个部门，在全国范围内组织开展代号为“清风行动”的打击野生动物非法贸易联合行动。行动期间，全国共出动执法车辆461 050台次，执法人员1 729 852人次；监督检查各类场所1 116 040处，其中野生动物栖息地36 407处，人工繁育场所17 164次，经营利用场所611 452处，交通运输站点60 174处，口岸和沿海地区6336处，长江流域禁捕水域及其他周边区域54 088处，其他地区330 419处；查办野生动物案件6617起，其中行政案件3036起，刑事案件3581起；打掉犯罪团伙261个，打击处理违法犯罪人员6830人；收缴野生动物78 817只(头、尾)，野生动物制品23 313件、38 411.36千克，非法猎具渔具53 967个(张、台)，没收违法所得1748.22万元，处以罚款和罚金616.14万元。（栾福林）

【调整发布《国家重点保护野生动物名录》】 经国务院批准，2021年2月1日，会同农业农村部发布调整后的《国家重点保护野生动物名录》(下称《名录》)。此次调整是自1989年首次发布名录并施行以来第一次系统、全面调整。与原名录相比，《名录》新增517种(类)野生动物，总数达980种和8类，包括国家一级重点保护野生动物234种和1类、国家二级重点保护野生动物746种和7类，原名录所列物种全部保留，其中部分物种保护等级有所调整。其中，686种陆生野生动物由林草主管部门管理，294种和8类水生野生动物由渔业部门管理。（杨亮亮　王　伦）

【2021联合国第八个“世界野生动植物日”中国宣传活动】 2~3月，以“推动绿色发展　促进人与自然和谐共生”为主题，组织开展第八个“世界野生动植物日”主题宣传活动，通过制作宣传视频，印制主题海报、易拉宝等宣传材料，在学习强国App和中动协微信公众号分别推出“世界野生动植物日”专项答题和有奖问答等方式，全面提升宣传覆盖面和影响力，取得良好成效。（田　姗）

【全国持续开展候鸟保护工作】 3月3日和9月30日，国家林草局分别下发《国家林业和草原局关于加强春季候鸟等野生动物保护工作的通知》和《国家林业和草原局关于切实加强秋冬季候鸟等野生动物保护工作的通知》，并于3月26日和9月15日分别组织召开2021年春季和秋冬季候鸟保护电视电话会议。要求全国林草主管部门和国家林草局各派出机构提高政治站位，进一步加强春季和秋冬季候鸟迁飞的保护和督导工作，为候鸟的迁飞提供有效的保障。（周秀清）

丹顶鹤

【破解鹦鹉养殖出路难题】 针对鹦鹉养殖户养不起、卖不掉、放不了的困局，国家林草局于4月2日印发《关于妥善解决人工繁育鹦鹉有关问题的函》，指导河南省林草局以及商丘市人民政府等有关部门主动对接养殖户，面对面宣讲政策，点对点进行审核，简化鹦鹉人工繁育许可证件核发程序，开展费氏牡丹鹦鹉、紫腹吸蜜鹦鹉、绿颊锥尾鹦鹉、和尚鹦鹉4种鹦鹉专用标识管理试点，妥善解决鹦鹉交易困难问题，推动人工繁育鹦鹉产业得到规范、健康、良性发展。其他省份积极借鉴商丘鹦鹉养殖销售模式，推动解决长期以来存在的鹦鹉养殖出路难题。（杨亮亮　苏　锐）

【成功对野生东北虎实施救助并放归自然】 4月，一只野生东北虎误入黑龙江省密山市一村庄，黑龙江省林草局会同当地人民政府对其成功实施救助。国家林草局积极指导黑龙江省林草局组织各方专家对东北虎健康状况、疫病风险等各项指标进行充分评估，科学选定适宜栖息地，并成功实施放归自然。为确保人、虎安全，相关科研机构一直坚持对该虎野外生存情况、活动规律等进行持续实时监测预警。（苏　锐）

【中国加入CITES公约40周年】 4月8日，国家林草局在北京召开中国加入CITES公约40周年座谈会，总结并宣传中国40年来在野生动植物保护领域所做的努力和取得的成效。近年来，中国政府继续高度重视生态建设，积极履行国际义务，在强化履约管理、完善监管执法、打击非法贸易、推进履约合作、提高公众意识和增强履约能力等多方面取得了显著成效，为维护全球野生动植物资源安全、促进生态文明建设作出了重要贡献。（田　姗）

【“爱鸟周”主题宣传活动】 4月13日，以“爱鸟护鸟 万物和谐”为主题的全国“爱鸟周”40周年纪念活动暨北京市“爱鸟周”宣传活动在北京市植物园启动，来自国家林草局、北京市园林绿化局、公安部等打击非法贸易部际联席会议制度成员单位代表，世界自然基金会等国际组织、鸟类保护个人代表，野生动物保护志愿者代表以及社会各界群众等千余人参加活动。 （刘盈含）

【全国野生动物疫病与生物安全培训班】 于4月15~16日在湖南省长沙市举办，来自各省(区、市)林业和草原主管部门有关负责同志及处室负责人共计130余人参加培训，邀请中国工程院院士夏咸柱、宁波大学教授翟勇、中国科学院动物研究所研究员张知彬分别讲授了“野生动物与生物安全”“生物安全法与林草工作”“野生动物疫病暴发成因及其防控对策”课程。此次培训班通过线下与线上同步开展的方式，为林草系统广大干部职工学习贯彻《生物安全法》提供了平台，起到了良好的宣贯效果。 （钟 海）

【参与CITES公约第73次常务委员会】 5月5~7日，组织协调外交部、公安部、农业农村部、海关总署、市场监管总局、中医药局、中科院(国家濒科委)和香港特别行政区渔农自然护理署等部门(单位)参加CITES公约第73次常委会会议，全程参与会议29项议题，对直接涉中方议题，积极应对处理，最大程度表明立场；对中方有潜在影响的议题，合理适度介入，密切跟踪进展。 （田 姗）

【妥善处理北移大象南返赢得广泛赞誉】 5月中旬，云南亚洲象北移情况引起国内外广泛关注。国家林草局第一时间派出专家组并成立由分管局领导为组长的北移大象处置工作指导组，始终蹲守云南第一线，指导做好北移大象处置工作。会同云南省按照“柔性干预，诱导南返，把握节奏”的原则，及时组织国内外专家研判趋势，加强科普宣传和正面引导，不仅成功引导北移象群迁回活动1400多千米后全部返回适宜栖息地及未发生人象伤亡情况，还指导督促云南省对象群沿途肇事损失申报是1634件案件予以全部赔付，有效保障了受损群众的切身利益。特别是，全球180多个国家和地区3000家以上媒体进行了报道，社交平台点击量超过110亿次，向全世界生动、详细讲述了保护亚洲象，促进人与自然和谐共生的中国故事，赢得广泛赞誉。国家主席习近平在出席《生物多样性公约》第十五次缔约方大会领导人峰会并作主旨讲话时指出，中国生态建设取得了显著成效，云南大象的北上及返回之旅，让我们看到了中国保护野生动物的成果。 （苏 锐）

【提升人工繁育行业安全及管理水平】 针对个别野生动物园等野生动物人工繁育机构先后发生野生动物逃逸、伤人等事件，对公众人身安全、公共卫生安全构成较大威胁，引起社会高度关注的情况，国家林草局于5月15日印发《关于切实加强人工繁育野生动物安全管理的紧急通知》，切实防范野生动物逃逸、伤人等事件发生，全面提高野生动物人工繁育行业安全及管理水平。 （苏 锐）

“短鼻家族”亚洲象

【野生动物收容救护排查整治和监督检查】 为进一步规范野生动物收容救护管理，国家林草局于5月25日印发《关于开展野生动物收容救护排查整治和监督检查通知》，对全国野生动物收容救护机构相关活动开展排查整治和监督检查，要求各地做好辖区(监督区)内野生动物收容救护机构问题排查、各项整改工作，严格禁止以野生动物收容救护为名买卖野生动物及其制品以及违规谋利等不当行为，确保排查整治取得实实在在的成效。 （苏 锐）

【人工繁育蛇类转产转型帮扶】 为妥善解决人工繁育蛇类有关问题，国家林草局于7月23日印发《国家林业和草原局关于妥善解决人工繁育蛇类有关问题的通知》，明确乌梢蛇、尖吻蝮人工繁育个体及制品，除科研、药用、观赏、皮革等目的外，按照食品安全法等法律法规的规定，履行法定程序后可作为保健食品原料，发挥其药用、健康调理等功效。 （苏 锐 杨亮亮）

【督导地方强化野生动植物执法工作】 7~10月，国家林草局会同公安部、海关总署、市场监管总局和国家邮政局，组成联合调研组，分赴西藏、广西、贵州和云南对当地的野生动植物保护和打击野生动植物及其制品非法贸易方面存在的困难和问题进行实地考察，并提出督导意见和建议。 （栾福林）

【内蒙古雪豹放归】 9月，内蒙古四子王旗境内牧民发现疑似雪豹进入草原并报警，内蒙古自治区林草局会同当地公安机关成功将其救护。国家林草局积极指导内蒙古自治区林草局组织专家对雪豹的健康状况、疫病传播风险等各项指标进行充分评估，科学选定栖息地并成功实施放归。放归后，科研人员将持续对雪豹的野外健康状况、活动规律、生存能力等情况进行监测。 （栾福林）

【调整发布《国家重点保护野生植物名录》】 经国务院批准，2021年9月7日调整后的《国家重点保护野生植物名录》(以下简称《名录》)由国家林草局、农业农村部联合发布，此次修订是自1999年《名录》(第一批)发布以来第一次大幅度调整，调整后的《名录》收录有455种和40类，共约1200种野生植物，其中国家一级重点保护野生植物54种和4类，国家二级重点保护野生植物401种和36类，所列物种是原来的3倍多。

（李开凡）

紫斑牡丹

【野化放归普氏野马和麋鹿】 9月28~29日，为进一步扩展野马、麋鹿野外栖息地范围，国家林草局、内蒙古自治区人民政府成功在内蒙古大青山国家级自然保护区实施普氏野马和麋鹿野化放归，新增野马、麋鹿放归地点各1处，有望在该区域建立稳定的野外种群。

（朱寒松）

【参加CITES公约秘书处“石首鱼原产国、中转国和消费国”在线会议】 10月18~20日、10月22日，参加CITES公约秘书处“石首鱼原产国、中转国和消费国”在线会议，对打击非法石首鱼贸易的工作进度开展评估。

（田 姗）

【推进野猪危害防控和肇事补偿】 成立工作专班，统筹部署推进各项工作。一是会同中央农村工作领导小组(简称农办)印发通知，对31个省份野猪等野生动物致害情况进行全面摸底调查。二是会同全国人大环境与资源保护委员会研究制订《关于开展野猪等野生动物致害问题联合调研工作的方案》，并会同中央农办、全国人大环资委、公安部、财政部、乡村振兴局等开展野猪等野生动物致害情况摸底调研，联合呈报《关于野猪致害问题的调研报告》。三是印发《国家林业和草原局关于开展防控野猪致害综合试点的通知》《国家林业和草原局关于进一步做好野猪危害防控工作的通知》《防控野猪危害技术要点》，安排部署14个省(区)开展野猪危害防控综合试点。四是各地按照国家林草局部署，成立117支狩猎队，在173个受损乡(镇、地区)完成猎捕野猪1982头，并采用建设阻隔设施、加强宣传教育等方式加强主动预防，有效缓解野猪致害。五是召开电视电话会议，总结防控野猪危害综合试点情况，分析野猪等野生动物危害防控存在的不足，并印发《国家林业和草原局关于进一步强化野猪危害防控工作有关事项的通知》，全面安排部署下一阶段工作。六是会同中央农办总结当前工作进展，起草《关于加强野猪等野生动物危害防控工作的报告》。七是积极探索野生动物致害综合保险业务，多渠道筹措补偿资金，累计为5960户群众补偿损失376.23万元。

（刘盈含）

【印发加强野生植物保护的通知】 11月16日，印发《国家林业和草原局关于加强野生植物保护的通知》，从提高思想认识、压实各方责任，完善制度建设、加强资源监测，落实工作任务、强化全面保护，提高监管效能、加大执法力度，创新宣传形式、营造保护氛围等方面提出具体工作要求，督促指导各级林草部门全面强化野生植物保护，为保护工作指明方向和道路。

（李开凡）

【印发关于加强野生动植物执法工作的通知】 11月29日，印发《国家林业和草原局关于加强野生动植物执法工作的通知》，指导各地林草主管部门进一步健全野生动植物执法机制，压实各级林长和生态护林员责任，积极动员社会各界力量，及时发现并报告野生动植物违法犯罪线索，各林草主管部门要依法采取有效措施对案件进行查处，并每年向国家林草局报告上年度野生动植物案件办理情况。

（栾福林）

【2021年度野生动植物跨区域执法会议(WIRE 2021)】 11月30日至12月2日，参加联合国毒品和犯罪问题办公室组织的2021年度野生动植物跨区域执法会议(WIRE 2021)，会议邀请包括中国在内的30多个国家的公安、海关、检察院、金融调查机构等部门的执法和刑事司法官员参会，主要目的在于促进亚洲和非洲国家在打击野生动植物犯罪上的合作，加强与相关国家密切交流合作。

（田 姗）

【珍稀濒危野生动物及其栖息地保护】 为强化大熊猫、虎、豹等珍稀濒危物种及其栖息地保护，有效遏制非法猎杀、经营、利用野生动物等恶劣事件的发生，科学规范开展救护管理工作，国家林草局于12月6日印发《关于进一步强化珍稀濒危野生动物其栖息地保护管理的通知》，切实维护抢救性保护珍稀濒危野生动物种群及其栖息地的安全。

（苏 锐）

【全国鸟类保护管理培训班】 于12月11~13日在江西省九江市永修县举办。各省份林业和草原主管部门、国家林草局各派出机构、打击野生动植物非法贸易部际联席会议制度成员单位、东亚-澳大利西亚迁飞区栖息地网络成员单位参加培训。培训班交流了鸟类保护管理经验，分享了鸟类保护科研成果，总结了中国鸟类保护成就，部署了全国鸟类保护工作。国家林草局野生动植物司强调，要切实履行好鸟类保护职责，建立联合执法机制，深化国际合作，加强宣传引导，提升保护意识，开创“政府全面主导、部门依法监管、社会广泛参与”的鸟类保护新格局。

（周秀清）

【国务院批复同意在北京设立国家植物园】 12月28日，国务院批复同意在北京建立国家植物园，由国家林草局、住房城乡建设部、中科院、北京市人民政府合作共建。批复要求，国家植物园建设要坚持人与自然和谐共生，尊重自然、保护第一、惠益分享；坚持以植物迁地保护为重点，体现国家代表性和社会公益性；坚持对

植物类群系统收集、完整保存、高水平研究、可持续利用，统筹发挥多种功能作用；坚持将植物知识和园林文化融合展示，讲好中国植物故事，彰显中华文化和生物多样性魅力，强化自主创新，接轨国际标准，建设成中国特色、世界一流、万物和谐的国家植物园。

（李开凡）

【全面启动林草生态系统外来入侵物种普查】 12月28日，召开全国森林、草原、湿地生态系统外来入侵物种普查工作电视电话会议，国家林草局副局长李春良出席会议并讲话，普查工作正式全面启动。2021年完成高黎贡山、东北林区、内蒙古、青藏高原、长江中游、黄河口、广东福建沿海等有代表性的森林、草原、湿地生态系统普查工作试点；开展问卷调查，初步掌握全国林草外来物种入侵现状；8月31日印发《全国森林、草原、湿地生态系统外来入侵物种普查工作方案》。

（岳方正）

【中新、中法大熊猫合作研究项目举办新生大熊猫幼崽命名仪式】 12月29日，中国国务院副总理韩正和新加坡副总理王瑞杰，在以视频连线方式召开的中新双边合作联合委员会第十七次会议上，共同揭晓旅新大熊猫“沪宝”于8月14日产下的首只大熊猫宝宝的名字“叻叻”(意为聪明能干)。11月18日，法国博瓦勒野生动物园举办盛大的大熊猫幼崽命名仪式，中国跳水奥运会冠军张家齐与法国著名球星姆巴佩共同揭晓旅法大熊猫“欢欢”于8月2日产下的双胞胎幼崽的最终命名“圆嘟嘟”和“欢黎黎”。大熊猫幼崽的命名寄托着中新、中法人民对熊猫宝宝健康快乐成长、延续两国友谊的祝愿和期许。

（张　玲）

旅新大熊猫“沪宝”诞下幼崽

【大熊猫保护繁育成效显著】 年内，中国持续加强大熊猫保护繁育工作，人工圈养种群数量持续稳定增长，保护繁育成效凸显，促进国际交流合作作用更加显著。全年共繁育成活大熊猫幼崽32胎46只，全球圈养种群总数达到673只，其中旅居马来西亚、日本、法国、新加坡、西班牙的大熊猫成功繁育成活8只大熊猫幼崽，成为开展国际合作研究以来海外产仔数量历年之最。

（张　玲）

【野生动物疫病与生物安全科普教育活动】 通过播放野生动物科普视频动画、发放宣传折页、邀请专家解读、开展主题班会等方式，在全国25个省份115家单位，包括29所学校、43个保护区管理局、7家野生动物救护中心和疫源疫病检测中心及10个地方协会和林业局开展野生动物疫源疫病防控科普宣传。开展“415”全民国家安全教育日科普宣传活动。通过播放《建设生态屏障，维护生态安全——记野生动物疫源疫病防控发展历程》视频、发放宣传材料、组织野生动物生物安全科普有奖知识问答活动等形式，向林草职工普及野生动物疫源疫病等生物安全知识。（钟　海）

【建立林草生物安全工作领导小组】 为切实履行《中华人民共和国生物安全法》，有效防范化解林草生物安全风险，保障国家生物安全，年内，国家林草局建立国家林业和草原局生物安全工作领导小组，明确相关单位职责分工，提出具体工作要求，为全面做好林草生物安全工作提供制度保障。（钟　海）

【推动放管服改革，优化营商环境】 为深入贯彻落实《国务院办公厅关于加快推进政务服务“跨省通办”的指导意见》，全面推动“放管服”改革，优化营商环境，提高濒危物种进出口行政许可审批效率，印发《国家濒管办公告》(2021年第2号)，申请人办理非《进出口野生动植物种商品目录》物种证明，不再受地域限制；全力支持上海市举办第四届中国国际进口博览会，印发《国家林业和草原局　国家濒管办公告》(2021年第17号)，委托授权上海市林业局、国家濒管办上海办事处直接办理野生动植物进出口行政许可事项，提高进口博览会濒危物种展品行政许可审批效率，为国内外展商提供便捷高效服务。（钟　海）

【聘请野生动植物义务监督员】 为充分发挥和调动社会各界力量，积极参与野生动植物保护事业，及时发现、监测并配合有关执法部门打击破坏野生动植物资源违法犯罪行为，动植物司聘请9名野生动植物义务监督员并统一发放聘书。年内，义务监督员共发现并举报野生动植物案件近200起。（栾福林）

【成立防范和打击网络非法野生动植物交易工作组】 为健全防范和打击网络非法野生动植物交易活动的长效机制，坚决清除线上野生动植物非法交易信息，严厉打击网络非法野生动植物交易行为，年内，在打击野生动植物非法贸易部际联席会议机制下，成立防范和打击网络非法野生动植物交易工作组。工作组下设办公室、执法小组、专家小组和网络平台小组。工作组主要由野生动植物行政刑事执法部门、野生动植物标识认定专家、野生动植物保护组织、志愿者和打击网络野生动植物非法贸易互联网企业联盟成员单位构成。（栾福林）

【印发关于禁限售野生动植物种类以及禁止使用猎捕工具的函】 为支持有关部门开展野生动植物保护执法工作，根据《野生动物保护法》《野生植物保护条例》等法律法规，经咨询有关野生动植物保护专家、野生动植物保护相关组织和志愿者，印发《国家林业和草原局野生动植物保护司关于禁限售野生动植物种类以及禁止使用的猎捕工具有关事宜的函》，对网上销售的野生动植物及其制品以及相关猎具的俗称、别名、暗语等进行梳理，明确禁限售野生动植物种类以及禁止使用的猎捕工具。 （栾福林）

【启动研究罚没野生动植物及其制品的移交处置管理办法】 3月，贯彻执行国务院办公厅要求，规范罚没野生动植物及其制品移交处置工作，依据《野生动物保护法》《野生植物保护条例》《濒危野生动植物种进出口管理条例》等法律法规，动植物司草拟《罚没野生动植物及其制品移交处置管理办法（征求意见稿）》和《罚没野生动植物及其制品移交管理办法（征求意见稿）》和《罚没野生动植物及其制品保管处置管理办法（征求意见稿）》，并多次组织相关部门和有关专家进行研讨和修订，2022年，将在重点省（区）先行试点。 （栾福林）

草原资源管理

06

草原监测

【综　述】 2021年，草原管理司在国家林草生态综合监测评价工作领导小组的统一领导下，会同各直属规划院指导全国31个省(区、市)林草部门全力以赴开展草原监测评价工作，有序推进各项工作取得实效。

【草原监测体系与林草综合监测评价体系有机融合】 2021年初，草原司组织编写了《草原监测评价工作手册》。林草综合监测评价工作部署后，草原司将草原监测评价体系整体纳入林草综合监测评价工作，将监测评价指标、任务、方法等有机融入林草综合评价工作方案和技术规程中，实现林草监测一盘棋。

【草原监测31个省(区、市)全覆盖】 过去，草原监测工作集中在主要草原省(区)。2021年林草生态综合监测评价在全国31个省(区、市)全面开展草原监测评价工作，解决部分省(区、市)"有草无数"的问题，全国共完成2.9万个样地、8.7万个样方，为下一步开展全国数据测算和林(草)长制实施奠定了基础。

【全面提高草原监测信息化水平】 研发了全国草原监测评价数据采集手机应用软件(App)及草原植被盖度测算模型，实现了草原监测外业无纸化记录、实时数据上传，提高了草原监测外业工作效率。针对草原动态变化强，提出利用遥感数据、现地图片、数据逻辑关系等方法进行质量审核，在草原监测评价管理平台自动进行110项数据逻辑关系批量检查。

【草班、小班区划工作】 在国土三调图斑基础上，首次开展草班、小班区划，将草原落实到山头地块，在全国初步划定约2000万个小班，开展了部分小班的现地核实，按照标准库进行小班数据整理，完成了全国草原小班数据的逻辑检查及数据入库。

【草原内业汇总和主要指标测算工作】 开展多种遥感指数、多类模型研究，在各类约束条件控制下，最终确定了约300组模型，完成了草原植被盖度遥感测算。在完成草原植被盖度、鲜草产量、干草产量、生物量、碳储量、碳密度、净初级生产力等指标测算及草原分区、分级、健康评价的基础上，全部指标与因子赋值到小班，进行基于图斑的指标测算，初步实现了全国草原一张图、一套数、一平台。

【编制年度草原监测报告】 对2021年草原监测数据进行全面汇总分析，对草原生态质量、数量、功能、结构、碳汇等指标进行科学测算，编制《2021年全国草原监测报告》，丰富林草生态白皮书草原相关内容的体现形式，更加全面地介绍了草原保护修复成效。

(草原监测由王冠聪、赵欢供稿)

草原资源保护

【草原有害生物防治】 一是积极做好草原有害生物防治工作。2021年，全国草原生物灾害防治工作投入经费5亿元，全国共完成草原生物灾害防治任务1376.07万公顷，共挽回鲜草损失604.39万吨，按每千克鲜草300元计算，挽回牧草直接经济损失18.1亿元。通过开展草原生物灾害防治工作，总体上遏制了草原有害生物加重的趋势，最大限度地控制了草原有害生物的危害，最大限度地减轻了草原有害生物灾害造成的损失，进一步改善了草原生态环境，提升了草原生态生产功能，维护了农牧民的生产生活资料，取得了良好的生态效益、社会效益和经济效益。二是防治水平不断提升。2021年草原鼠害共完成防治面积1019.38万公顷，绿色防治面积519.73万公顷，绿色防治比例达到50.99%；草原虫害完成防治面积324.29万公顷，绿色防治面积241.84万公顷，绿色防治比例达到74.57%；草原有害植物共完成防治面积32.41万公顷。

(王卓然　郝　明)

【组织实施第三轮草原生态保护补助奖励政策】 草原生态保护补助奖励政策是新中国成立以来，覆盖草原最广、投入规模最大、受益农牧民最多的重大政策，累计投入中央财政资金已超过1700亿元，实施草原禁牧和草畜平衡，引导农牧民合理配置载畜量，科学利用天然草原，657个县、旗(团场、农场)，1200多万户农牧民，2.54亿公顷草原受益。通过草原生态补奖政策实施，农牧民保护草原意识明显增强，草原牧区生产、生活、生态在保护中得到了发展，取得了显著的阶段性成效，有力促进了草原牧区绿色可持续发展，深受广大农牧民群众的欢迎和拥护。

8月，财政部、农业农村部、国家林草局联合印发《第三轮草原生态保护补助奖励政策实施指导意见》，明确"十四五"期间，国家在河北、山西、内蒙古、辽宁、吉林、黑龙江、四川、云南、西藏、甘肃、青海、宁夏、新疆13个省(区)以及新疆生产建设兵团和北大荒农垦集团继续实施第三轮草原补奖政策，全面推行草原禁牧和草畜平衡制度，政策投入资金规模和实施面积均有提高。第三轮草原补奖政策保持政策目标、实施范围、补助标准、补助对象“四稳定”，确保政策实施的连贯性，稳定农牧民的政策预期。第三轮草原补奖政策总结了各地成熟经验模式，提出进一步优化禁牧和草畜平衡任务，前两轮实施禁牧的草原植被恢复达到解禁标准的，要转为草畜平衡，科学有序利用，动态调整，防止一刀切，完善绩效评价机制，综合评价牲畜控制情况和草原生态改善情况。这充分体现了科学治理的原则，符合地方实际，对发挥资金使用效益有积极作用。

11月，国家林草局、农业农村部联合印发《关于落实第三轮草原生态保护补助奖励政策，切实做好草原禁牧和草畜平衡有关工作的通知》，对草原禁牧和草畜平衡相关工作提出明确要求，重点做好优化调整草原禁牧和草畜平衡区、认真做好草原禁牧管理、扎实推进草畜平衡制度落实、加强基础信息共享互通等工作。

（草原资源保护由孙暖、郭旭供稿）

草原修复

【综　述】　2021年，国家林草局草原管理司全面贯彻落实习近平生态文明思想，统筹山水林田湖草整体保护、系统修复、综合治理，促进草原生态系统良性循环，不断优化国家生态安全屏障体系，科学布局和组织实施草原生态修复工程项目，对工程实施成效进行全面评价，推广免耕补播等科学修复措施，着力提升草原生态系统自我修复能力，改善草原生态系统质量，稳定和提升草原生态系统功能。

【草原生态修复工程】　2021年，草原生态修复工程实施省（区）扩大到山西、内蒙古、辽宁、湖南、四川、贵州、云南、西藏、陕西、甘肃、青海、宁夏、新疆等13个省（区）和新疆生产建设兵团。安排中央预算内投资25亿元，安排草原围栏54万公顷、退化草原改良60.73万公顷、人工种草20.93万公顷、黑土滩治理2.4万公顷、毒害草治理18.27万公顷。通过工程措施的持续性投入促进了工程区草原植被恢复，保护和修复了草原生态系统。

【草原国土绿化行动】　指导各省（区）完成年度种草改良任务306.67万公顷，其中人工种草119.70万公顷、草原改良186.96万公顷。

【草原生态保护修复工程项目管理评价】　印发《关于开展草原生态保护修复工程项目实施成效评价的通知》，组织各省（区）对工程项目的管理和实施成效开展自评，对重点省（区）组织国家级调查评价，分析存在的问题，指导各地更好地推进工程项目的实施。

【免耕补播技术试点推广】　国家林草局和九三学社中央委员会联合印发《关于大力推广免耕补播技术提升草原生态质量的通知》，指导各地在推进草原生态修复工程中积极开展免耕补播试点。

【中央财政草原生态修复治理补助项目】　2021年，中央财政投入草原生态修复治理项目资金35亿元，较2020年增加2亿元，用于支持有关省（区）开展草原生态修复治理、草原有害生物防治、防火隔离带建设和草种繁育。

（草原修复由王卓然、郝明供稿）

草原征占用审核审批

【综　述】　2021年，全国各级草原行政主管部门共审核审批征占用草原申请12 069批次，比上年度增加9213批次；审核审批草原面积78 752.48公顷，比上年度增加41 841.20公顷；征收草原植被恢复费用134 678.07万元，比上年度减少2483.56万元。

征占用草原面积按用途分：公路、铁路、机场建设等基础类项目338批次，面积21 129.07公顷；水利、水电设施类项目98批次，面积5985.52公顷；矿藏开采类项目359批次，面积30 938.33公顷；草原保护、畜牧业类项目8388批次，面积4740.54公顷；光伏、光电类项目304批次，面积3872.83公顷；油田、气田建设类项目104批次，面积1296.12公顷；其他类项目2478批次，面积10 790.06公顷。

（草原征占用审核审批由韩丰泽、赵金龙供稿）

草原执法监督

【草原执法监管专项检查督查】 4月，印发《国家林业和草原局关于进一步加强草原执法监管 坚决打击开垦草原和非法征占用草原等违法行为的通知》，要求各地提高认识，强化草原执法监管工作；指导各地加大力度，依法打击开垦草原和非法征占用草原等违法行为。5月，印发《国家林业和草原局办公室关于组织开展2021年草原执法监管专项检查督查的通知》和《关于重点抽查2021年草原执法监管专项检查督查开展情况的通知》，要求各地按照通知要求开展全面自查。组织4个检查组，分赴四川、甘肃、宁夏和新疆4个省(区)和新疆生产建设兵团的10个县(市、区、团场)，就草原执法监管工作进行重点检查督查。

【草原违法案件基本情况】 2021年，全国各类违反草原法律法规案件立案14 710件，结案14 018件，结案率95.91%。全年违法案件共破坏草原面积16 605.07公顷。

在各类违反草原法律法规案件中，违反草原禁牧、休牧规定案件、非法开垦草原案件以及非法使用草原案件立案数量较高，分别为11 060、1450、1413起，分别占总立案数的75.19%、9.86%、9.61%；未按确认的行驶区域、路线行驶破坏草原案件、非法转让草原案件、违反规定采集、出售甘草和麻黄草案件的结案率最高，均为100%；非法使用草原案件、非法开垦草原案件、擅自改变草原用地性质案件破坏草原面积较大，分别为9380.41、5400.90、927.08公顷，分别占破坏草原总面积的56.49%、32.53%、5.58%。

【2021年草原普法宣传月活动】 5月19日，印发《国家林业和草原局办公室关于组织开展2021年草原普法宣传月活动的通知》。6月，国家林草局和各地林草管理部门围绕“依法保护草原，建设生态文明”主题，组织开展了草原普法宣传月活动，获得良好反响。6月23日，国家林草局草原管理司联合四川省林草局、阿坝藏族羌族自治州人民政府，在红原县举办“草原普法宣传月”现场活动。在活动现场，主办方向参加现场活动的各界群众发放草原普法宣传材料，提供相关法律和技术咨询，举办了送法进机关、进学校、进乡镇、进牧户“四进活动”及现场种草仪式，600余人参加现场活动。

(草原执法监督由孙暖、郭旭供稿)

湿地保护管理

07

湿地保护

【综　述】 2021年，在国家林草局党组的正确领导下，湿地管理司继续完善湿地法治建设，积极宣传《湿地公约》，加强湿地资源管理落实湿地监测、保护与修复各项工作，均取得了不错的进展。

【湿地法治建设】 一是湿地保护立法工作取得重大突破，积极配合全国人大环资委、法工委、法律委起草、修改《湿地保护法(草案)》，开展立法重大问题调研，参加全国人大各类专题会议。12月24日，第十三届全国人大常委会第三十二次会议表决通过了《中华人民共和国湿地保护法》，国家主席习近平同日签署第102号主席令予以公布，自2022年6月1日起施行。二是系统梳理并研究提出《湿地保护法》配套法规、政策文件清单。三是扎实推进重要湿地分级管理，制定《国家重要湿地认定和发布规定(征求意见稿)》。四是制定《国家林业和草原局湿地保护约谈暂行办法》。（秦英英）

【湿地监测】 一是根据国土三调，建立了湿地矢量数据库。二是将湿地纳入国家林草生态综合监测评价工作范畴，研究提出湿地相关技术方案和技术规程，研发湿地监测软件；根据试点情况，修改完善湿地监测指标体系。三是开展林草一张图与国土三调数据融合工作，提出湿地融合技术规则和要求。四是继续开展泥炭沼泽碳库调查工作，指导开展西藏泥炭沼泽碳库调查任务，四川、甘肃等省有序推进外业调查工作。五是发布了2019年度《国际重要湿地生态状况》白皮书，开展了2020年度63处国际重要湿地监测工作，研发了国际重要湿地监测系统和评价系统，并完成了数据填报审核。六是完善林草生态感知系统湿地版块建设，将江西智慧监测平台、湖北视频监控系统、浙江杭州湾、辽宁辽河口等湿地系统纳入林草生态感知系统。（赵忠明）

【湿地生态修复】 一是完成了《全国湿地保护"十四五"实施规划》部门征求意见和线上专家论证会，形成了送审稿。二是启动编制《黄河三角洲湿地保护修复规划》，形成了第二次征求部门意见稿。三是配合编制并印发长江经济带、黄河流域等重大战略区湿地保护修复实施方案。四是2021年安排中央预算内投资约5.35亿元，实施湿地保护修复重大工程15个；安排中央财政湿地保护补助资金20亿元，包括退耕还湿0.92万公顷、湿地生态效益补偿29个，新增和修复湿地7.27万公顷。五是调度"十三五"期间和2021年实施的湿地保护修复重大工程和湿地保护修复补助项目进展，初步完成"十三五"期间和2021年湿地保护修复补助成效评估。六是对新增投资渠道的80个2021年长江经济带国家湿地公园湿地保护修复项目进行了业务核对。安排重大区域发展战略(长江经济带绿色发展方向)中央预算内投资2.65亿元，实施国家湿地公园保护和修复项目15个。七是对重点区域生态保护和修复工程中央预算内投资的专项管理办法、投资估算指南和可行性研究报告编制指南提出了湿地保护方面的意见。八是与科技司联合印发了湿地领域标准体系和相关工作安排的通知，组织召开第二届全国湿地保护标准化技术委员会2021年年会，成功申报国家标准《湿地术语》《湿地生态风险评估技术规范》2项。（刘　平）

【湿地保护】 一是组织国家湿地公园试点验收考察49处，其中通过验收44处，组织国家湿地公园范围和功能区调整考察26处、晋升考察2处，进一步提升了国家湿地公园建设管理水平。二是为加强辽河三角洲、杭州湾、长江经济带等重点区域高生态价值湿地保护，组织中国科学院地理科学与资源研究所和中国科学院东北地理与农业生态研究所，开展了以上区域12个省份湿地保护空缺分析，并将研究报告印发有关省份林草主管部门，指导地方采取适当形式加强区域内湿地保护。（李　明）

【湿地资源监督管理】 一是首次实现63处国际重要湿地、29处国家重要湿地、899处国家湿地公园疑似违建卫片判读全覆盖，印发通知，督促地方制订整改方案，明确整改时限，加大整改力度。二是认真落实中央文件精神，重点对《长江经济带生态环境警示片》披露的湖北省、四川省、云南省涉湿问题进行督办，督促地方落实整改。三是推动建立湿地破坏预警防控系统，有效提升湿地破坏问题监管效能，将湿地资源保护管理纳入林长制督查考核内容。（张　葳）

【《湿地公约》履约】 一是经国务院批准，认真筹备2022年11月在湖北武汉举办的《湿地公约》第十四届缔约方大会，成立大会组织委员会和执行委员会，执行委员会办公室设在国家林草局。二是深度参与湿地履约，参加《湿地公约》第59次常委会，向公约提交了两个决议草案，与韩国共同提出两个联合决议草案；积极与外交部及常驻联合国代表团沟通，推动2月2日被确定为联合国世界湿地日。三是强化国际重要湿地管理，完成国际重要湿地数据更新，处理国际重要湿地历史遗留问题。四是积极开展国际合作，启动实施全球环境基金赠款"东亚—澳大利西亚迁飞线路中国候鸟保护网络建设项目"，指导承办"一带一路"国家湿地保护与管理线上研修班。（周　瑞）

荒漠化防治

08

防沙治沙

【综　述】 2021年，北方12个省(区)和新疆生产建设兵团完成防沙治沙任务140.4万公顷，西南8个省(区、市)完成石漠化防治任务33万公顷。

一是加强顶层设计。组织编制《全国防沙治沙规划》和《全国沙产业发展指南》，指导全国防沙治沙和沙区产业发展。二是科学推进荒漠化、石漠化综合治理。组织起草《北方防沙带防沙治沙技术指南》和《科学推进岩溶地区石漠化治理的指导意见》，发挥防沙治沙示范区引领作用，对53个示范区进行考核验收，保留6个地市级和35个县级示范区，全年完成沙化土地治理任务140.4万公顷，完成石漠化治理任务33万公顷。三是做好沙化土地封禁保护区建设和荒漠保护补偿试点工作。加大封禁保护区建设，续建9个沙化土地封禁保护区；加强沙化土地封禁保护区的管理，组织修订《沙化土地封禁保护区管理办法》，研发沙化土地封禁保护区建设管理平台，对沙化土地封禁保护区内的建设活动实施全面监管；2021年中央财政安排1.1亿元，依托沙化土地封禁保护区开展荒漠生态保护补偿试点。做好国家沙漠(石漠)公园优化调整工作，国家沙漠(石漠)公园建设中央投资实现了零的突破。四是完成"十三五"省级政府防沙治沙目标责任期末综合考核工作，考核结果经国务院审定后向各有关部门和相关省(区)进行了通报，并报送中组部作为对省级政府领导班子和领导干部考核的重要依据。五是完成调查监测工作。完成第六次全国荒漠化和沙化调查，取得重大成果。开展岩溶地区第四次石漠化调查监测，内外业工作已全面完成。开展国家林草综合监测评价荒漠化、沙化、石漠化监测评价工作。六是提高沙尘暴应急处置能力，及时有效应对春季9次沙尘天气。修订《重大沙尘暴灾害应急预案》。七是国家林草局局长关志鸥以视频形式出席联合国防治荒漠化、干旱与土地退化高级别会议并发表讲话，组织相关部委参加《联合国防治荒漠化公约》履约审查委员会第十九次会议及缔约方大会第二次特别会议。参与G20、生物多样性等相关环境宣言文本征求意见及谈判工作。八是针对荒漠化地区水资源问题、沙区气候要素变化趋势、植被变化趋势等问题开展专项研究。成立荒漠化防治标准委员会，编发《荒漠化防治领域标准体系》。九是开展第27个"世界防治荒漠化与干旱日"纪念活动，联合科技部、内蒙古人民政府主办第八届库布其国际沙漠论坛。开展"风沙万里党旗红"主题宣传活动。组织各地开展《防沙治沙法》实施20周年宣传纪念活动。在沙尘暴多发季节以及"5·12""6·17"等重要节点，联动开展荒漠化、石漠化和沙尘暴应急科普宣传。（江天法）

【沙化土地封禁保护区试点建设】 一是在广泛调研的基础上，组织修订《沙化土地封禁保护区管理办法》，并征求相关省(区)和司局的意见。二是组织研发沙化土地封禁保护区建设管理系统，包括：项目申报、审批、建设项目管理、日常巡护监管、开发建设活动审查、建设成效监测等内容。2021年底，正导入沙化土地封禁保护区属性数据进行试运行。三是组织对封禁保护区开发建设活动审核工作。对内蒙古恩格贝防洪治沙、陕17地下储气库两个项目占用国家沙化土地封禁保护区征求意见事项进行答复，对甘肃玛曲机场占用沙化土地封禁保护区提出优化调整方案。组织专家对青海输电线穿越共和县塔拉滩国家沙化土地封禁保护区项目进行审查。四是组织开展9个国家沙化土地封禁保护区续建工作。（石建华）

【京津风沙源治理二期工程】 工程建设范围包括北京、天津、河北、山西、陕西及内蒙古6个省(区、市)138个县(旗、市、区)，比一期工程增加63个县(旗、市、区)。工程区总面积70.60万平方千米，沙化土地面积20.22万平方千米。京津风沙源治理二期工程6个省(区、市)全年共完成林业建设任务21.25万公顷，占年度计划的100%，其中：人工造林11.04万公顷，封山育林9.39万公顷，飞播造林0.80万公顷。完成工程固沙0.67万公顷。全年京津风沙源治理二期工程完成投资30亿元，其中林业建设项目投资9.85亿元，占总投资的32.8%。（刘　勇）

【国家沙漠(石漠)公园进展】 自2013年以来，已批复国家沙漠(石漠)公园125个，范围涉及内蒙古、甘肃、青海、新疆、云南、广西、湖南、四川等14个省(区)及新疆生产建设兵团，公园总面积为44万公顷。国家沙漠(石漠)公园建设中央投资实现零的突破，有9个国家沙漠(石漠)公园作为重点国家级自然遗产地，纳入国家发展改革委"十四五"文化保护传承利用工程项目储备库。及时调度近些年已批准建立的国家沙漠(石漠)公园优化整合和建设情况，做好国家沙漠公园整合优化工作。（滕秀玲）

【第六次全国荒漠化和沙化监测】 完成第六次全国荒漠化沙化调查监测，直接参与的技术人员达5100余人，区划和调查图斑5721万个，建立现地调查图片库36.66万个，采集照片146.65万张。组织国家林草局规划院、西北院等相关直属院，先后对多省(区)进行现场技术指导与调研，并确立定期上报制度，通过微信、QQ、电话等方式准确掌握各省份工作进度和存在问题，并及时做好解答。根据荒漠化和沙化调查监测与国土"三调"全面对接的要求，先后组织研建数据融合软件和基于大数据的汇总统计软件，并通过网络或者现场等

方式对各省技术人员进行软件使用专题培训。组织规划院严格按照《全国荒漠化和沙化监测技术规定》《全国荒漠化和沙化监测管理办法》等规定，完成对全国 30 个省(区)的第六次荒漠化和沙化监测数据对接工作，对各省(区)存在的问题提出具体意见，与各省(区)主管部门和技术负责人开展充分的交流与技术探讨，共计接收各类邮件近 180 封，文字反馈意见 407 条，平均每个省(区)数据反馈指导 3 次以上。安排专人对 30 个省(区)上交的数据库进行数据检查和报表统计，已完成全国荒漠化和沙化数据的现状和动态变化统计，同时对可治理沙化土地、双重工程布局区沙化土地、不同降水量等级区域等部分专项数据进行了统计。

（林　琼）

【岩溶地区第四次石漠化调查监测】 根据《自然资源调查监测体系构建总体方案》及有关监测新要求，形成《岩溶地区石漠化调查监测技术规定》(2021 年修订)，研建石漠化调查监测数据与国土三调成果融合软件平台和野外数据采集系统。根据各省份水文地质图岩溶分布状况、各省份已开展石漠化调查情况及国家“双重”规划长江上中游及湘桂石漠化综合治理工程县名单，研究制订《调查监测范围调整方案》，并于 5 月中旬在北京组织召开专家论证会，经各省申请，共新增调查县 41 个。下发《关于开展岩溶地区第四次石漠化调查工作的通知》，明确调查范围、调查内容、组织管理、时间节点及任务等；线上组织举办第四次石漠化调查启动暨国家级技术培训会，10 个省(区)及局相关直属院 300 余名分管领导、技术骨干参加。督促各省(区)完成省级工作方案与实施细则编制，全面开展省级及县级调查人员技术培训与试点任务，参与调查监测的技术人员 5000 余人；组织各直属院对各省(区)调查监测工作开展全过程技术跟踪指导和质量检查工作，发现调查问题及时进行整改，确保调查成果质量。各省(区)第三次石漠化调查数据与全国第三次国土调查数据融合、图斑区划细化等内业工作以及外业调查工作已全面完成。（陈　列）

【沙尘暴灾害及应急处置】 2021 年春季，中国北方地区共发生 9 次沙尘天气过程。一是坚持值班值守。实行领导带班加双值班制度，每天专人负责值周值守，严格执行日报告和零报告制度，实行 24 小时通信畅通。每天早晚 6 点发布沙尘天气工作信息，实行 24 小时在岗监测，及时报送汇总处理和报送灾情信息，滚动播报发布沙尘发生实况，对于重大沙尘暴天气结果及时向两办报送，部署应急处置工作，指导各省级林草部门做好应对，做好宣传，应对舆情。自 3 月以来编发沙尘暴应急工作信息 174 期、周报 13 期、专报 9 期，灾情评估简报 14 期。二是建立会商机制。与中国气象局联合召开 2021 年春季沙尘天气趋势预测会商；与气候中心、气象中心开展中短期会商研判，分析研判沙尘天气趋势，提前预测沙尘天气信息并部署应急工作；3 月 26 日，与中国气象局组织多领域专家会商分析“3・15”强沙尘暴天气过程的成因，研判后期沙尘天气趋势。4 月中旬，与中国气象局联合派出专家组赴沙区开展沙尘源路径区调研；6 月上旬，与中国气象局召开 2021 年春季沙尘天气总结研讨会，总结分析 2021 年春季沙尘天气特征和成因。三是组织对《重大沙尘暴灾害应急预案》进一步补充完善。四是针对沙尘暴灾害应急管理平台建设模块、数据传输、建设资金等召开沟通协调会议 10 余次，已经完成系统部分模块功能开发和林草感知系统华为云平台的布设工作，完成沙尘暴感知数据支撑系统、沙尘暴监测分析与评估系统、沙尘暴灾害应急管理系统三个子模块，初步满足沙尘暴灾害的实时监测和应急值班值守管理的需求。五是强化科普教育。积极向公众普及沙尘暴及沙尘暴应急知识，每次沙尘暴发生期间，滚动播报，同时做好宣传，应对舆情；联合国家林草局规划院、管理干部学院组织开展“5・12”沙尘暴灾害应急科普宣传活动。（刘旭升）

【荒漠化公约履约和国际合作】 积极参与本领域重要国际进程，国家林草局局长关志鸥以视频形式出席联合国防治荒漠化、干旱与土地退化高级别会议并发表讲话；组织相关部委参加《公约》履约审查委员会第十九次会议及缔约方大会第二次特别会议，在核心议题上主动发声，全力争取话语权及中国权益；组织专家对国家报告计划指标进行专项研究评议并向外方反馈，在指标体系发布后及时组建技术支撑团队，启动国家报告工作；联合科技部、内蒙古人民政府主办第八届库布其国际沙漠论坛，国家林草局副局长刘东生出席并讲话，推荐塞罕坝机械林场获得联合国荒漠化防治领域最高奖项“土地生命奖”；更新中国防治荒漠化协调小组成员和联络员，组织有关单位启动编制中国土地退化防治专题报告。

做好重点国际合作与国际传播，与蒙古国召开中蒙林业工作组荒漠化防治专题会议并建立专项联络机制，协调有关单位与乌兹别克斯坦、伊朗举行双边会谈，探讨荒漠化治理。配合商务部与有关沙产业企业开展座谈，推动企业对非合作，积极参与 G20 环境次长会进程并应邀在 G20 国家介绍中国荒漠化防治做法经验，完善《中国防治荒漠化 70 年》英文版的编译，进一步讲好中国故事。（曲海华）

【防沙治沙科学研究】 指导重新组建“全国荒漠化防治标准化技术委员会”。指导中国林科院编写标委会重组总体方案和实施方案，完成新一届标委会委员征集，并组织召开荒漠化防治标委会成立大会。组织编发《荒漠化防治领域标准体系》，包括术语、分类与编目、调查监测与评价、保护与修复、资源利用、管理 6 个大类、26 个标准；结合第六次荒漠化监测工作，针对荒漠化地区水资源问题、沙区气候要素变化趋势、植被变化趋势等问题与中国科学院、中国气象局、中国水科院等有关部门开展多部门、多学科、多层次的联合研究。

（林　琼）

【荒漠化生态文化及宣传】 举办第 27 个“世界防治荒漠化与干旱日”纪念活动。联合科技部、内蒙古自治区人民政府主办第八届库布其国际沙漠论坛，营造全社会参与荒漠化防治的浓厚氛围。开展“风沙万里党旗红”主题宣传活动，组织记者赴北京、山西、甘肃等地采访报道，全方位展现基层党组织和党员在防沙治沙工作中不忘初心、使命在肩的精神风范。正式出版《中国防治荒漠化70年(英文版)》，撰写并在学习强国App上刊登《党领导新中国防沙治沙工作的历史经验与启示》。组织各地开展《防沙治沙法》实施20周年宣传纪念活动，强化全民依法治沙理念。在沙尘暴多发季节以及“5·12”“6·17”等重要节点，联动开展荒漠化、石漠化和沙尘暴应急科普宣传，宣传声势大、效果好，仅“6·17”世界防治荒漠化与干旱日期间，相关报道6700余条，进一步提升了公众防沙治沙意识。 (王　帆)

自然保护地管理

09

建设发展

【综　述】　2021年，据初步统计，中国现有各级各类自然保护地9195个，总面积22 645.3万公顷(含交叉重叠)，约占陆域国土面积的18%。其中，国家公园5处，国家级自然保护区474处，国家级自然公园2522处。同时，全国拥有世界自然遗产14处，世界自然与文化双遗产4处，世界地质公园41处，数量均居世界首位。

为深入贯彻落实中央办公厅、国务院办公厅《关于建立以国家公园为主体的自然保护地体系的指导意见》精神，组织编写《构建以国家公园为主体的自然保护地体系规划(2021~2035年)》等规划，科学谋划中国特色自然保护地布局和发展。配合完成《国家公园等自然保护地建设及野生动植物保护重大工程建设规划(2021~2035年)》编制。基本完成黄河流域国家级自然保护区第三方管理评估工作。配合安排15亿元支持国家级自然保护区进行基础设施和能力建设。

(安思博　陈涤非)

立法监督

【印发《自然保护地监督工作办法》】　7月22日，国家林草局印发《自然保护地监督工作办法》(以下简称《办法》)。《办法》共19条，明确了各级林业和草原主管部门自然保护地监督工作职责和监督具体事项，对监督的方式、实施以及实地核查做出了相应规定，明确了督促问题整改的责任和程序，并对地方林业和草原主管部门、自然保护地管理机构以及参加自然保护地监督工作的人员提出了严格要求。《办法》主要适用于国家林草局组织和实施的自然保护地监督工作，省级及以下林业和草原主管部门可参照执行。《办法》的印发施行，为林业和草原主管部门统一规范监督各类自然保护地提供了制度保障。

【印发《国家林业和草原局关于加强自然保护地明查暗访的通知》】　8月22日，印发《国家林业和草原局关于加强自然保护地明查暗访的通知》，要求各省级林业和草原主管部门在组织和开展自然保护地实地监督工作中建立明查暗访工作机制，逐步形成懂业务、专业化的明查暗访人员力量，落实工作经费，保障明查暗访工作开展。各省级林业和草原主管部门每年定期或不定期组织开展明查暗访工作，明查暗访的国家级自然保护地数量不少于5%，建立明查暗访问题清单并强化问题整改的定期调度和跟踪督导，确保查处到位、整改到位、问责到位。各省级林业和草原主管部门每年12月底前报送本年度自然保护地明查暗访工作总结。

【自然保护地人类活动监测与核查】　年内，国家林草局继续定期组织开展国家级自然保护区和国家级海洋保护地人类活动遥感监测。根据遥感监测结果，共派发4个批次2142个人类活动疑似问题点位。有关省级林业和草原主管部门积极组织实地核查，年度核查完成率达90%以上，自然保护地违法违规开发活动得到有效遏制。

【自然保护地立法】　年内，自然保护地立法工作持续推进。《自然保护地法》在研究吸纳国务院有关部门业务司局和各省级林业和草原主管部门意见的基础上，修改形成较为成熟的草案第3稿。《自然保护区条例(修改稿)》，经多次国家林草局局长专题会研究和局党组会审议，并进一步修改完善，已按程序报自然资源部。《风景名胜区条例》修改工作，在联合自然资源部召开专题会、专家座谈会并进行实地调研的基础上，形成《关于风景名胜区有关事宜的报告》，并上报自然资源部；按照"小改"原则，修改完成《风景名胜区条例修改草案(征求意见稿)》，印送党中央、国务院有关部门及各省级林业和草原主管部门征求意见。

【"绿剑行动"整改验收】　为进一步推进"绿剑行动"整改验收，7月5日，国家林草局保护地司致函有关省级林业和草原主管部门，重申对未通过整改验收的湖南小溪等4处国家级自然保护区继续暂停修筑设施行政许可审批。9月10日，印发《国家林草局保护地司关于加快推进湖南小溪、广东南岭、广东象头山、甘肃祁连山国家级自然保护区"绿剑行动"整改验收工作的通知》，要求对问题整改到位的自然保护区抓紧办理销号，同时提出对已制订整改方案，但确实因政策、补偿、时间等因素造成短期内无法整改到位的自然保护区采取"挂账"处理，允许正常办理国家级自然保护区内修筑设施行政许可审批。11月12日，根据文件要求并经审核，同意对广东象头山国家级自然保护区"挂账"处理。

【自然保护地违法违规问题督办】　年内，进一步加强对自然保护地违法违规问题的督办。一是对中央环境保护督察集中通报典型案例、国务院第八次大督查、审计署自然资源资产审计、长江经济带生态环境警示片、黄河流域生态环境警示片以及媒体披露的近50个涉自然保护地违法违规问题，通过专函督办或组织现场督导等方式，定期调度相关自然保护地整改落实情况，督促问

题查处到位。二是对反映自然保护地违法违规问题的15件群众来信，按照《信访条例》规定全部办结。

【《关于建立以国家公园为主体的自然保护地体系的指导意见》贯彻落实情况专项督察】 5月25日，中央改革办督察组赴国家林草局对《关于建立以国家公园为主体的自然保护地体系的指导意见》落实情况进行专项督察。按照要求，国家林草局保护地司会同相关司局单位对《关于建立以国家公园为主体的自然保护地体系的指导意见》贯彻落实情况进行全面汇总和梳理，27项督查任务共形成106项工作成果，受到督察组肯定，顺利通过督察。

（立法监督由许晶供稿）

生物多样性保护与监测

【参与联合国《生物多样性公约》第十五次缔约方大会】 10月11～15日，联合国《生物多样性公约》第十五次缔约方大会在云南昆明举行，国家林草局局长关志鸥率国家林草局代表团全程参加会议。会前，国家林草局建议将国家公园设立及国家植物园体系建设作为中国生物多样性保护成果纳入领导人讲话内容，得到中央办公厅、国务院办公厅的支持。10月12日，在《生物多样性公约》第十五次缔约方大会领导人峰会上，习近平主席正式对外宣布中国设立三江源、大熊猫、东北虎豹、武夷山、海南热带雨林5个第一批国家公园，同时启动北京、广州等国家植物园体系建设。会议期间，国家林草局承办“基于自然解决方案的生态保护修复”“生态文明与生物多样性保护主流化”2个专题论坛，线上有超过70万人次观看。

国家林草局代表团参加联合国《生物多样性公约》第十五次缔约方大会

同时，国家林草局积极配合中央宣传部做好大会成果发布工作，副局长李春良10月8日赴国务院新闻办公室出席《中国的生物多样性保护》白皮书发布会并答记者问。组织有关司局单位对大会成果性文件《关于进一步加强生物多样性保护的意见（征求意见稿）》研提意见。在北京植物园和华南植物园举办“全国林草生物多样性保护成就展”，仅北京就有近30万人次参观。

【自然保护地生物多样性监测】 组织编制生物多样性监测标准规范，《自然保护地分类分级规则》等标准通过审批并颁布。根据《国家林草局保护地司关于全国自然保护地生物多样性监测体系建设设备选型与软件标准参考技术指标的通知》精神，湖南、湖北等省开展自然保护区生物多样性监测体系建设试点；依托中国林科院建设自然保护地生物多样性监测平台，初步建成平台软件框架，300多个自然保护区红外相机监测资料已纳入其中；建立高黎贡山等野外生物多样性长期监测基地；将湖北、湖南、云南、内蒙古等省（区）的50多个自然保护区纳入世界银行生物多样性监测暨红外相机野生动物标准化监测试点项目。

（生物多样性保护与监测由李希供稿）

合作交流

【双多边国际合作】 一是积极推进中德非（洲）自然保护三方合作项目。开展支持赞比亚建立“绿色名录保护地”项目及自然保护地绿色名录评审专家委员会的相关工作，多次参加（线上）会议讨论，就专家组建议和非洲绿色保护地标准，提出中方意见建议；梳理中德非三方自然保护地合作项目（一期）工作情况，围绕二期合作项目方案开展研讨交流；配合国家林草局国际司参加中德第七次林业工作组会、第二次中新林业政策对话会，并围绕生物多样性等议题准备备答口径材料。二是积极推进《国家林业和草原局与法国生物多样性署关于在自然保护领域合作的谅解备忘录》落实工作，参加中法政策对话合作2021年工作计划（草案）会议、中国生物多样性基金年度战略与监督会议并作主旨发言。三是参加中俄总理定期会晤机制环保分委会第十五次会议及其自然保护区与生物多样性工作组第十五次会议，向俄方介绍中国开自然保护地整合优化工作。继续与俄方磋商关于中俄东北虎豹跨境自然保护区合作政府间协议事宜。

（陈涤非）

【国际项目实施】 与财政部、全球环境基金、联合国开发计划署、联合国粮农组织等部门保持密切沟通，持续推动“白海豚”“河口”等涉海国际项目的组织实施，提升国家海洋公园的规范化建设和保护管理水平。

（程梦旎）

宣传教育

【全国自然保护地在线学习】 2月1日，全国自然保护地在线学习系统正式启用，同步上线微信小程序。3月2日，邀请国家林草局调查规划设计院副院长唐小平讲授“自然保护区整体规划编制”视频直播课程，各级自然保护地管理机构和技术支撑单位数万人同时观看。5月25日起，开展“社区共建月”直播活动，邀请相关内容专家与保护地一线管理人员分享经验，推动自然保护区社区共建能力提升。截至12月，录制课程104节，系统注册人数达2.9万，累计学习时长24万小时，学习人次达28.9万人次，基本实现全国自然保护地全覆盖。 （陈涤非）

3月2日，四川王朗国家级自然保护区保护站职工观看自然保护地在线学习直播课

【《秘境之眼》栏目支撑保障】 全力组织自然保护地监测视频征集和物种审核鉴定工作。全年共收到247个国家级自然保护区提交的红外相机照片108万张、野生动物监测视频48.7万段，以及单反相机、摄像机和监控视频拍摄的素材超过2280条，总文件大小超过40.87TB，组织专家筛选出9600多条精彩视频，全部推送《秘境之眼》栏目组，为《秘境之眼》栏目提供素材支撑，确保《秘境之眼》的稳定播出和持续向好。《秘境之眼》全年播出355期，传播总触达6.76亿人次，在“央视一套”微博、微信、秒拍等新媒体平台发布累计覆盖超3.6亿人；在央视频手机应用软件推出白头叶猴、河狸等8路慢直播，首推VR长、短动物纪录片及“乐在秘境”“爱在秘境”“奇在秘境”等精彩视频4.6万余条，总播放量达1810.1万。 （李　希）

【“中国自然保护地十件大事”评选】 组织开展“2020年中国自然保护地十件大事”评选活动，评选结果在国家林草局官网、微信公众号、微博同时发布，新华网、新华号、央视一套、《人民日报海外版》、光明网、中国新闻网、封面新闻等36家新闻机构进行转载，仅新华号的阅读量就突破150万人次，总量超过200万人次。

（李　希）

【国际生物多样性日】 为配合做好“国际生物多样性日”宣传，组织开展“秘境之眼”精彩视频评选活动。在往届评选活动基础上，增加了面向自然保护地的“我为野生动物代言”和“直击G拍视频”等全新宣传方式，以更生动、多维角度呈现自然保护地。各省级林业和草原主管部门和保护地管理机构积极协调驻地党委、政府，广泛发动群众参与点赞，活动总视频点赞数达4.87亿次，活动期间32期入围节目及相关“我为野生动物代言”系列视频、直击G拍视频总播放量达423万余次。最终评选出一、二、三等奖及优胜奖。通过点赞活动，既展示了中国生物多样性保护状况，普及了物种保护知识，又使更多的公众认识了自然保护地，提升了公众参与保护的积极性。 （李　希）

【文化和自然遗产日】 4月30日，印发《关于开展2021年“文化和自然遗产日”主题宣传活动的通知》，对“文化和自然遗产日”宣传工作进行安排部署。6月11~12日，会同江苏省林业局、盐城市人民政府在盐城市举办2021年“文化和自然遗产日”主题宣传活动。

（程梦旎）

【世界海洋日】 6月8日，组织“保护海洋生物多样性 人与自然和谐共生”宣传布展并协调在国家林草局主楼大厅播放宣传视频。参加自然资源部“2021世界海洋日暨全国海洋宣传日”活动。向中央办公厅、国务院办公厅报送的关于海洋保护地管理成效的信息被采纳。

（程梦旎）

【自然保护地相关宣传】 配合局宣传中心组织出版《中国自然保护地》系列宣传册，在《中国绿色时报》刊发自然保护地宣传专版，多渠道宣传自然生态保护成效。

（李　希）

自然保护区管理

【自然保护地整合优化】 2021年，自然资源部、国家林草局深入研究生态保护红线划定和自然保护地整合优化中有关矛盾冲突处理规则，部署各地开展生态保护红线方案、自然保护地整合优化预案完善工作。6月15日，召开自然保护地整合优化领导小组第二次会议，通报预案进展和下一步工作打算，形成自然保护地整合优化预案有关情况报告报送自然资源部。7~8月，组织10个调研复核组对山西等13个省(区、市)的48个国家级自然保护区整合优化矛盾冲突调整情况进行实地调研。9月3日，按中央关于"三区三线"划定的新要求，部署各地进行自然保护地整合优化预案"回头看"。

【国家级自然保护区新建调整审查】 8月30日，国家林草局批复宁夏中卫沙坡头国家级自然保护区功能区调整方案。对山西人祖山申请新建国家级自然保护区，黑龙江饶河口黑蜂、河南新乡湿地、湖北堵河源、海南三亚珊瑚礁、贵州麻阳河5处国家级自然保护区功能区调整申报材料进行初审并反馈审查意见，组织专家进行现场考察。

【国家级自然保护区总体规划审查批复】 3月23日，国家林草局印发《国家级自然保护区总体规划审批办法》，进一步规范国家级自然保护区总体规划审批管理。4月19日，发文部署各地梳理国家级和省级自然保护区总体规划，建立台账。在组织专家对国家级自然保护区总体规划进行实地考察和评审基础上，7月12日，国家林草局批复辽宁五花顶、辽宁努鲁尔虎山、江西井冈山、江西官山、河南高乐山、河南小秦岭、广西银竹老山资源冷杉、甘肃安南坝野骆驼8个国家级自然保护区总体规划；12月28日，批复黑龙江七星砬子东北虎、西藏珠穆朗玛峰、甘肃小陇山、甘肃洮河4个国家级自然保护区总体规划。

【国家级自然保护区行政许可审批】 为进一步贯彻落实"放管服"改革要求，1月28日，国家林草局发布公告(国家林业和草原局公告2021年第2号)，将森林和野生动物类型国家级自然保护区修筑设施审批委托各省级林业和草原主管部门实施。10月22日，国家林草局印发《建设项目使用林地、草原及在森林和野生动物类型国家级自然保护区建设行政许可委托工作监督办法》。为进一步规范该项审批工作，12月2日，国家林草局印发《国家林业和草原局关于规范在森林和野生动物类型国家级自然保护区修筑设施审批管理的通知(征求意见稿)》，向社会公开征求意见。

(自然保护区管理由陈涤非供稿)

自然公园管理

【国家级自然公园管理制度】 组织编制《国家海洋公园管理办法》《国家地质公园管理办法》《中国世界地质公园管理办法》《世界自然遗产、自然与文化双遗产管理办法》。起草《国家级风景名胜区总体规划技术审查要求和规程》《国家级风景名胜区详细规划技术审查要求和规程》《国家海洋公园专家评审技术标准》。

【国家级自然公园评审】 9月，按照《国家林业和草原局国家级自然公园评审委员会评审规则》，印发《关于开展2021年度国家级自然公园评审工作的通知》，明确各类自然公园申报项目审核要件，严格规范申报项目评审材料。与相关主管司局研究修改《国家级自然公园统一评审标准指南》等规范标准。

【编制《2020国家级自然公园数据统计手册》】 通过梳理现有国家级自然公园的数量、面积等，编制形成《2020国家级自然公园数据统计手册》。截至2021年底，全国建立各类国家级自然公园2561处，其中国家级风景名胜区244处，国家森林公园906处，国家湿地公园899处，国家地质公园(含资格)281处，国家海洋公园67处，国家沙漠公园125处，国家草原公园(试点)39处。

【风景名胜区改革事项研究】 在梳理在审国家级风景名胜区总体规划涉及的国家级、省级建设项目清单，统计汇总全国风景名胜区基本情况和人为活动情况数据的基础上，组织3个调研组先后赴广东、浙江、江苏3个省开展风景名胜区改革事项专题调研，组织召开2次风景名胜区改革事项专题座谈会，针对风景名胜区改革、规划审批、重大项目落地等堵点难点问题建言献策、深入研讨。

【国家级风景名胜区规划审查】 截至2021年底，原则通过五台山等7处国家级风景名胜区总体规划。分别组织部际联席会成员单位对39处总体规划进行审查。已将莫干山等13处国家级风景名胜区总体规划报至自然资源部，待报国务院。组织专家对五大连池等17处国家级风景名胜区详细规划进行审查。组织召开两次专家论证会，对太湖阳羡等8处详细规划进行审查，批复武当山等8处详细规划。

【国家地质公园管理】 4月，印发《关于进一步加强自然保护地内地质遗迹管理的通知》，对全面加强自然保护地内地质遗迹保护，切实抓好国家地质公园监督管理，严格规范地质公园建设活动提出要求，明确世界地质公园与自然保护地的关系定位。严格按照中央领导同志重要指示批示精神，妥善处理中央环保督察组通报的国家地质公园违规开采和建设问题。正式批复命名陕西汉中黎坪国家地质公园。

【国家海洋公园建设】 5月27日，印发《国家林业和草原局关于同意青岛胶州湾国家级海洋公园总体规划(2016~2025年)(修改)的函》。组织专家对山东省林业和草原主管部门报送的蓬莱国家级海洋公园总体规划进行审查。11月，根据国家林草局《关于支持浙江共建林业践行绿水青山就是金山银山理念先进省、推动共同富裕示范区建设的若干意见》，印发《关于审批国家级海洋特别自然保护区(海洋公园)总体规划有关事项的函》，将浙江省国家海洋特别自然保护区(海洋公园)的总体规划审批职能下放各省级林业和草原主管部门，并对浙江省规范审批工作提出要求。

(自然公园管理由程梦旎供稿)

世界自然遗产/双遗产

【第44届世界遗产大会】 7月16~31日，联合国教科文组织第44届世界遗产大会在福建省福州市举行。国家林草局局长关志鸥出席大会并在大会《世界遗产》杂志中国特刊上发表署名文章。受新冠肺炎疫情影响，此届世界遗产大会首次采用在线形式审议世界遗产议题，审议了2020年和2021年两个年度的世界遗产项目。中国重庆五里坡国家级自然保护区以湖北神农架世界自然遗产边界微调的形式被列入世界遗产地。大会期间，国家林草局主办世界自然遗产与生物多样性：滨海候鸟栖息地的保护与可持续发展和世界自然遗产与自然保护地协同保护两场边会，国内外专家学者通过线上线下视频会议的方式，围绕世界自然遗产保护与发展进行充分交流研讨，达成一系列共识。大会通过《福州宣言》，重申世界遗产保护和开展国际合作的重要意义，强调世界各国携手努力、共同应对气候变化的必要性。

7月26日，国家林草局副局长李春良在第44届世界遗产大会边会上作主旨演讲

【中国黄(渤)海候鸟栖息地(第二期)申遗】 协调相关4个省(市)11个提名地开展申遗准备工作，召开4次申遗工作推进会，研究申遗工作问题和难点。5月28日，印发《关于做好中国黄(渤)海候鸟栖息地(第二期)申遗材料相关工作的函》，组织技术团队编制完成申遗材料，于9月30日将申报文本报送联合国教科文组织世界遗产中心预审，并计划于2022年2月1日前完成正式申报。

【"巴丹吉林沙漠—沙山湖泊群"申遗】 起草"巴丹吉林沙漠—沙山湖泊群"世界遗产申报有关情况的报告报送中国联合国教科文组织全国委员会秘书处。6月16日，印发《国家林业和草原局自然保护地管理司关于就迎接"巴丹吉林沙漠—沙山湖泊群"申遗项目实地评估研提意见的函》，督促内蒙古做好申遗相关工作。

【与国家文物局签署合作协议】 12月17日，国家林草局与国家文物局签署《关于加强世界遗产保护传承利用合作协议》。双方将在世界自然与文化双遗产申报、协同保护机制、管理能力建设和国际宣传推广等方面深入开展合作。

【世界遗产管理】 指导海南、西藏、陕西等省(区)申报世界自然遗产，组织专家论证海南"热带雨林和黎族文化"申报世界遗产预备清单项目，并按程序报联合国教科文组织世界遗产中心。9月2日，印发《国家林业和草原局自然保护地管理司关于落实第44届世界遗产委员会会议决议的函》，对湖北神农架、武陵源、三江并流、中国南方喀斯特4项世界自然遗产的决议落实进行部署。为认真贯彻落实习近平总书记关于世界遗产的重要指示批示精神，10月22日，印发《国家林业和草原局办公室关于加强世界自然遗产保护管理工作的通知》，从管理机制、规划调查、建设管控、履行公约等方面提出明确要求，推动解决当前全国世界自然遗产保护管理存在的主要问题。

(世界自然遗产/双遗产由程梦旎供稿)

世界地质公园

【世界地质公园申报】 按照联合国教科文组织世界地质公园秘书处反馈要求，组织中国长白山和临夏地质公园进一步完善世界地质公园申报材料并完成向教科文组织报送工作。继续配合有关部门妥善应对处理中国周边有关国家世界地质公园申报项目。

【组织审定相关意向书和再评估报告】 组织审定2022年度中国武功山、坎布拉和乐业—凤山（扩园）申报世界地质公园意向书和申报书，宁德和石林世界地质公园范围调整申请书以及2021年度中国克什克腾、雁荡山、香港等9处世界地质公园再评估进展报告，并报送联合国教科文组织。

【第九届联合国教科文组织世界地质公园大会】 12月14~16日，组织中国世界地质公园和候选地参加第九届教科文组织世界地质公园大会（线上会议）。会上，中国龙岩地质公园的微电影获第一届世界地质公园网络电影节第二名。向世界地质公园网络正式推荐中国青年代表1名。 （世界地质公园由程梦旎供稿）

国家公园管理

【综　述】 2021年是国家公园体制建设具有里程碑意义的一年，10月12日，习近平主席在《生物多样性公约》第十五次缔约方大会领导人峰会上宣布中国正式设立第一批国家公园，标志着中国生态文明领域又一重大制度创新落地生根，也标志着国家公园由试点转向建设新阶段。

【国家公园体制试点总结】 在国家公园体制试点第三方评估验收基础上，国家林草局（国家公园管理局）会同有关部门和地方形成《国家公园体制试点工作总结报告》，全面梳理总结了国家公园在自然生态系统保护、管理体制机制、保护与发展的融合模式及社会多方参与机制等方面的成效和经验。

【第一批国家公园设立】 10月12日，习近平主席在《生物多样性公约》第十五次缔约方大会领导人峰会上宣布，中国正式设立三江源、大熊猫、东北虎豹、海南热带雨林、武夷山第一批国家公园，保护面积达23万平方千米，涵盖近30%的陆域国家重点保护野生动植物种类。此前，国家林草局（国家公园管理局）组织开展了野外科考、数据分析、矛盾调处、专家咨询等基础工作，会同相关部门和地方政府编制完成5个国家公园设立方案。9月，国务院批复同意设立5个国家公园，为高质量建设第一批国家公园提供了基本遵循。

海南热带雨林国家公园——海南长臂猿

【第一批国家公园建设】 国家林草局（国家公园管理局）分别与第一批国家公园涉及的10个省（区）建立了完善局省联席会议机制，下设协调推进组，合力推进国家公园建设。主要负责同志与10个相关省（区）党委政府“一对一”召开第一批5个国家公园建设管理工作推进会，细化落实国务院批复的各项任务，协调推动国家公园生态系统保护修复、区域协调发展、监测监管、社会参与等重点工作。以国家公园管理局名义印发《关于加强第一批国家公园保护管理工作的通知》，对第一批国家公园保护管理工作提出明确要求。

【优化空间布局方案】 国家林草局（国家公园管理局）在全面分析自然地理格局、生态功能格局、保护管理条件等多种因素的基础上，从具有国家代表性乃至全球价值的自然生态系统、生物多样性和自然遗迹集中分布区中遴选出一批国家公园候选区。同时充分对接全国国土空间规划和生态保护红线评估成果，对各国家公园候选区初步范围进行细化，并再次征求有关部委意见，修改完善《国家公园空间布局方案》。

【系列专题宣传】 围绕第一批国家公园设立时间节点，提前谋划制订国家公园节点宣传方案，提前布局对接各级各类媒体平台。正式宣布设立第一批国家公园后，《人民日报》、新华社、新华网、中央电视台等主流媒体连续多日推出重磅报道，微信、微博等社交平台“国家公园”话题阅读量超5亿次，抖音开屏海报推送超8亿次，以全媒体方式掀起国家公园宣传热潮。国家公园作为独立单元，在《生物多样性公约》第十五次缔约方大会线上展览主展区集中体现。国务院新闻办公室举办国家公园专场新闻发布会，国家林草局（国家公园管理局）举办国家公园标准专题新闻发布会，回应公众关切，引导社会舆论。

【国家公园支撑保障】 国家林草局（国家公园管理局）组建国家公园（自然保护地）发展中心，为国家公园及自然保护地发展提供支持保障。配合国家发展改革委出台《国家公园基础设施建设项目指南（试行）》，统筹做好“十四五”时期文化保护传承利用工程中央预算内投资项目储备。衔接财政部推进国家公园财政事权和支出责任划分，完善相关政策措施，开展国家公园基金研究。研究起草《国家公园管理暂行办法》，确保上位法出台前国家公园管理工作平稳有序推进。与中国科学院共建国家公园研究院。推动各国家公园建设“天空地”一体化综合监测体系，并纳入林草生态网络感知系统。

（国家公园管理由王雅萱供稿）

林业生态建设

10

国土绿化

【综　述】 2021年，各地全面贯彻落实党的十九大和十九届历次全会精神，坚定不移走科学、生态、节俭的绿化发展之路，统筹抓好新冠病毒疫情防控和国土绿化工作，实现了"十四五"良好开局。全国共完成造林360万公顷。（刘　畅）

【国务院办公厅印发《关于科学绿化的指导意见》】 5月18日，国务院办公厅印发《关于科学绿化的指导意见》，共3个部分16条。总体要求部分，以习近平新时代中国特色社会主义思想为指导，全面贯彻党的十九大和十九届二中、三中、四中、五中全会精神，深入贯彻习近平生态文明思想，坚持"绿水青山就是金山银山"理念，统筹推进山水林田湖草沙系统治理，围绕科学、生态、节俭要求，提出了科学推进国土绿化高质量发展的指导思想和应该遵循的工作原则。主要任务部分，针对制约科学绿化的突出问题和薄弱环节，坚持问题导向，按照建立国土空间规划体系并监督实施的要求，结合制止耕地"非农化"、防止"非粮化"等文件精神，对科学编制国土绿化相关规划、强化规划实施提出要求，突出规划的引领和约束作用；落实科学、生态、节俭绿化要求，从合理安排绿化用地、合理利用水资源、科学选择树种草种、规范开展绿化设计施工、科学推进重点区域植被恢复、稳步有序开展退耕还林还草、节俭务实推进城乡绿化、巩固提升绿化质量和成效、创新开展监测评价等关键环节和重点方面，提出了一系列技术措施和管理要求。保障措施部分，从完善政策机制、健全管理制度、强化科技支撑、加强组织领导等方面，提出了引导和促进科学绿化的政策制度措施。各地积极贯彻国务院办公厅《关于科学绿化的指导意见》，29个省级单位研究制定关于科学绿化的实施意见或方案。（刘　畅）

【造林绿化落地上图】 2021年，首次实行造林任务"直达到县、落地上图"。国家林草局印发了《造林绿化落地上图工作方案》，构建了以一张底图、一项规范、一套系统、一个应用为主要内容的造林绿化落地上图技术体系。联合自然资源部印发实施《造林绿化落地上图技术规范(试行)》。建立了国家、省、市、县四级联动的管理体系，覆盖了县级以上造林单位3880个。全国造林计划任务全部上图，造林完成任务上图率达91.8%。（刘　畅）

【科学绿化试点示范省建设】 为落实科学绿化理念，落实国家重大区域发展战略，根据国家重点生态功能区、重要生态系统保护和修复重大工程总体布局，统筹考虑地方工作基础和积极性，在黄河流域、长江流域等重点区域，选择具有代表性的山东、辽宁、河南、宁夏、重庆、湖南、四川7个省(区、市)，启动了科学绿化试点示范省建设。（刘　畅）

【科学绿化试点示范项目】 会同财政部根据国土绿化现状，统筹考虑区域自然地理条件、水资源状况差异性，坚持科学绿化、以水定绿，采取竞争性评选的方式，选取生态区位重要、生态基础脆弱、国土绿化任务重、具有典型代表的相对集中连片地区，通过一体化、综合系统的治理措施，启动开展国土绿化试点示范。2021年，安排中央财政资金30亿元，支持实施了辽宁省朝阳市、河南省南阳市、安徽省池州市、山东省济宁市、吉林省辽源市、浙江省衢州市、内蒙古自治区呼和浩特市、黑龙江省鹤岗市、河北省邯郸市、福建省龙岩市、四川省成都市、西藏自治区日喀则市、青海省海南州、山西省太原市、云南省昭通市、甘肃省张掖市、湖南省长沙市、陕西省渭南市、江西省赣州市、广东省韶关市第一批20个国土绿化试点示范项目。（刘　畅）

【义务植树】 2021年是全民义务植树40周年。4月2日，习近平总书记参加了首都义务植树活动，并作出重要指示。全国政协召开"全民义务植树行动的优化提升"网络议政远程协商会。全国人大、全国政协、中央军委分别开展"全国人大机关义务植树""全国政协机关义务植树""百名将军义务植树"活动。全国绿化委员会组织开展第20次共和国部长义务植树活动。全国31个省(区、市)和新疆生产建设兵团领导以不同方式参加了义务植树。（赵　琦）

【党和国家领导人参加首都义务植树活动】 4月2日，党和国家领导人习近平、李克强、栗战书、汪洋、王沪宁、赵乐际、韩正、王岐山等来到北京市朝阳区温榆河植树点，同首都群众一起参加义务植树活动。植树期间，习近平对在场的干部群众表示，今年是全民义务植树开展40周年。40年来，全国各族人民齐心协力、锲而不舍，祖国大地绿色越来越多，城乡人居环境越来越美，成为全球森林资源增长最多的国家。同时，我们也要清醒看到，同建设美丽中国的目标相比，同人民对美好生活的新期待相比，我国林草资源总量不足、质量不高问题仍然突出，必须持续用力、久久为功。习近平指出，生态文明建设是新时代中国特色社会主义的一个重要特征。加强生态文明建设，是贯彻新发展理念、推动经济社会高质量发展的必然要求，也是人民群众追求高品质生活的共识和呼声。中华民族历来讲求人与自然和谐发展，中华文明积累了丰富的生态文明思想。新发展阶段对生态文明建设提出了更高要求，必须下大气力推动绿色发展，努力引领世界发展潮流。我们要牢固树立"绿水青山就是金山银山"理念，坚定不移走生态优先、绿色发展之路，增加森林面积、提高森林质量，提升生态系统碳汇增量，为实现我国碳达峰碳中和目标、维护全球生态安全作出更大贡献。习近平强调，美丽中国建设离不开每一个人的努力。美丽中国就是要使祖国大好

河山都健康，使中华民族世世代代都健康。要深入开展好全民义务植树，坚持全国动员、全民动手、全社会共同参与，加强组织发动，创新工作机制，强化宣传教育，进一步激发全社会参与义务植树的积极性和主动性。广大党员、干部要带头履行植树义务，践行绿色低碳生活方式，呵护好我们的地球家园，守护好祖国的绿水青山，让人民过上高品质生活。在京中共中央政治局委员、中央书记处书记、国务委员等参加了植树活动。

（赵　琦）

【2021 年共和国部长义务植树活动】 4 月 10 日，2021 年共和国部长义务植树活动在北京举行。来自中共中央直属机关、中央国家机关各部门和北京市的 122 名部级领导干部参加义务植树活动，共栽下白皮松、油松、银杏、栾树、国槐、西府海棠等 1200 株。经统计，共和国部长义务植树活动开展 20 年来，累计有部级干部 3351 人次参加，共栽下树木 39 430 株。

（赵　琦）

【全民义务植树 40 周年系列活动】 全国绿化委员会办公室部署开展全民义务植树 40 周年系列活动，启动全民义务植树立法工作，深入推进“互联网+全民义务植树”，广泛开展宣传发动。北京市推出 8 个大类 37 种义务植树尽责方式。黑龙江省发布网络捐款项目、举办树木认养活动等。上海市举办第七届市民绿化节。浙江省组织开展“千校万人同栽千万棵树”等主题活动。福建省线上推出 43 个劳动尽责活动。重庆市推出《春季义务植树地图》。吉林、江苏、海南、四川、贵州、西藏、陕西、甘肃、新疆等省份积极开展植纪念林活动和义务植树基地建设。

（赵　琦）

【部门绿化】 交通运输系统新增公路绿化里程 21 万千米；国铁集团新增铁路绿化里程 4208 千米；水利系统新增水土流失治理面积 6.2 万平方千米；中央军委后勤保障部开展营区植树、海防林建设等绿化活动；中央直属机关组织干部职工义务植树（含折算）16 万余株；中央国家机关组织干部职工义务植树（含折算）11.8 万余株；教育部支持高校增设造林绿化、自然保护领域相关专业，在生态文明、国土绿化领域布局建设了 12 个重点实验室；科技部部署国家重点研发计划专项，支持国土绿化关键技术研发；人力资源社会保障部会同全国绿化委员会、国家林草局开展全国绿化先进集体、劳动模范和先进工作者评选工作；生态环境部确定第五批国家生态文明建设示范区，鼓励探索生态产品价值多元化实现机制；住房城乡建设部积极开展园林城市建设，全国城市建成区绿化覆盖率达 42.06%；农业农村部持续开展村庄清洁行动，农村人居环境不断改善；文化和旅游部、国家发展改革委公布第三批 199 个全国乡村旅游重点村名单和第一批 100 个全国乡村旅游重点镇（乡）名单；人民银行探索开展林业经营收益权等抵押贷款，林权抵押贷款余额 830 亿元；广电总局策划推出《青海·我们的国家公园》等一批优秀生态题材文艺作品；中国气象局持续做好国土绿化气象保障服务工作；全国工会系统干部职工义务植树（含折算）1000 余万株；共青团组织开展国土绿化实践活动 2.6 万场、青少年生态文明宣传教育活动近 9.9 万次；妇联组织开展“美丽庭院”建设，带动各地 1000 余万户家庭参与庭院绿化美化；中国石油组织 41.4 万人次实地植树 199.45 万株；中国石化义务植树（含折算）200 万余株；全国冶金系统绿化投资近 30 亿元开展企业绿化、矿山复垦行动；中国邮政推进绿色邮政建设行动和绿色邮路建设。 （赵　琦）

【确定第五届中国绿化博览会举办地】 经过协商和考察调研，全国绿化委员会办公室确定河北雄安新区为 2025 年第五届中国绿化博览会承办地，并上报全国绿化委员会主任韩正副总理批准同意。6 月 3 日，全国绿化委员会向河北省人民政府印发文件，正式确定河北雄安新区为第五届中国绿化博览会举办地。 （张朝晖）

古树名木保护

【综　述】 2021 年，古树名木保护工作有序推进，完成了全国第二次古树名木资源普查并形成报告。古树名木抢救复壮、立法保护、工作规划等工作取得了显著成效。

【全国第二次古树名木资源普查】 全国绿化委员会办公室组织完成全国第二次古树名木资源普查，形成《全国古树名木资源普查结果报告》。结果显示，全国普查范围内的古树名木共计 508.19 万株，包括散生 122.13 万株，群状 386.06 万株。

【古树名木抢救复壮试点工作】 扎实推进古树名木抢救复壮试点工作，完成北京、河北、贵州 3 省（市）第三批试点，启动开展湖北、重庆、宁夏 3 省（区、市）第四批试点。

【编制古树名木保护条例及保护规划】 稳步推进《古树名木保护条例》制定工作，广泛征求各省级绿委办意见，形成了条例（初稿）第七稿。组织编制《全国古树名木保护规划（2021～2035 年）》。编制完成古柏树、古油松、古银杏等养护技术规范。全国古树名木信息管理系统运维工作状况良好。

（古树名木保护由张朝晖供稿）

森林城市建设

【综 述】 2021年，共有14个省(区、市)的5个地级城市和38个县级城市备案建设国家森林城市，全国开展国家森林城市建设的城市达483个，其中地级及以上城市257个，县级城市226个。截至2021年末，全国有193个城市被授予国家森林城市称号，包括地级及以上城市170个，县级城市23个。

【规范森林城市建设有关制度】 印发《国家森林城市建设总体规划编制导则》，制定《国家森林城市管理办法(试行)》，编制《国家森林城市测评体系操作手册(试行)》，完善了森林城市建设制度体系。

【森林城市监测评估】 依据《国家森林城市评价指标(GB/T 37342—2019)》国家标准，完成对193个国家森林城市达标情况摸底，督导各地巩固和提升国家森林城市建设成效。

【森林城市建设成果显著】 2021年，《中共中央国务院关于新时代推动中部地区高质量发展的意见》和中共中央办公厅、国务院印发的《关于推动城乡建设绿色发展的通知》将森林城市建设列为重要内容。全国评比达标表彰工作协调办公室印发《关于备案第三批全国创建示范活动保留项目工作方案的通知》，将国家森林城市纳入第三批《全国创建示范活动保留项目名录(部门)》。

(森林城市建设由董博源供稿)

林草应对气候变化

【综 述】 国家林草局深入贯彻落实习近平总书记关于碳达峰碳中和重要讲话和批示指示精神，多措并举，积极推进落实碳达峰碳中和工作。

调整充实林草应对气候变化工作领导小组 成立由国内气候变化和碳汇研究领域的院士和著名专家组成的国家林草局应对气候变化专家咨询委员会。筹建国家林草局碳汇研究院。

抓好方案制订 会同自然资源部、国家发展改革委、财政部共同牵头编制《生态系统碳汇能力巩固提升实施方案(2021~2030年)》。组织编制《实现2030年森林蓄积量目标实施方案》《林业和草原碳汇行动方案(2021~2030年)》。积极参与温室气体自愿减排交易市场建设，探索推进林草碳汇项目开发与多元化、市场化补偿制度和机制建设工作。

【全国林业碳汇计量监测工作】 完成第二次和第三次全国林草碳储量和碳汇量测算，编制了《2020年全国林草碳汇计量分析主要结果报告》。测算结果显示，2020年，全国林草碳储量超过880亿吨，年度碳汇量超过12亿吨二氧化碳。

【科技支撑】 设立“林草碳中和愿景实现目标战略研究”重点课题，积极开展森林生态系统碳汇能力及对策、林草碳汇计量监测技术与方法集成、林草碳汇产品价值实现机制、碳中和木竹替代可行性四个方面的政策与技术研究。

【交流合作】 与中国科学技术协会、中国石化签订战略合作协议，在林草科技创新、生态文明科普教育、林草碳汇功能提升等方面深化合作。赴上海宝武集团开展现场调研。与中国建筑集团在绿色建筑、绿色建材等方面开展合作。

【积极参与国家碳达峰碳中和战略部署】 配合制定《贯彻新发展理念做好碳达峰碳中和工作的意见》《碳达峰碳中和“1+N”制度体系建设方案》《碳达峰碳中和工作领导小组工作规则》《碳达峰碳中和工作领导小组办公室工作规则》。配合完成《关于实现碳达峰和碳中和的总体思路和主要举措的汇报》《二氧化碳达峰工作思路报告》《中国本世纪中叶长期温室气体低排放发展战略》《中国应对气候变化的政策与行动2020年度报告》《国家适应气候变化战略2035》《中国落实国家自主贡献成效和新目标新举措》。

【应对气候变化宣传】 开展应对气候变化教育、媒体宣传和科普工作。编写《林草应对气候变化基础知识手册》，印发《林业和草原应对气候变化科普宣传工作方案》。通过“绿色大讲堂”开展“我国林草应对气候变化行动报告”。

7月12日，2021年生态文明贵阳国际论坛“气候变化、全球碳汇与生态保护”主题论坛在贵阳举行，国内外气候问题专家学者汇聚一堂，围绕能源转型与绿色低碳发展、气候变化与生态保护、气候变化与农业生态化发展三个议题，共商应对气候变化挑战之策。

【第15期全国林业和草原应对气候变化政策与管理培训班】 10月10~14日，国家林草局生态司与干部学院在北京举办第15期全国林业和草原应对气候变化政策与

管理培训班。国家发展改革委、生态环境部、中国林科院、国家林草局规划院、北京绿色交易所等单位领导和专家，分别就国家碳达峰碳中和目标及国家政策、国家自愿减排交易平台建设及自愿减排交易与国内最新碳市场抵消政策、林业和草原应对气候变化基础知识与管理、生态产品价值实现机制、国际应对气候变化最新进展和趋势及我国碳市场建设相关政策、林业碳汇项目开发与交易等内容进行详细讲解。广东省林业局、福建省林业局、三明市林业局分别介绍了广东省林业碳普惠项目开发及交易情况、福建省林业碳汇项目开发交易和三明市碳票开发等情况。

（林草应对气候变化由张锴供稿）

生态建设工程管理

【综　述】 2021年，按照国家林草局党组决策部署，原天然林保护工程管理中心、退耕还林（草）工程管理中心和世界银行贷款项目管理中心（部分职能）组建成立生态建设工程管理中心（以下简称生态中心）。生态中心主要承担林业草原生态保护和修复相关重大工程管理任务，为局机关履职提供支撑保障。主要职能：一是参与拟定全国林业和草原生态保护和修复工作方针、政策、法规。二是参与编制天然林保护修复、退耕还林还草、国家储备林建设、林业血防等工程规划、标准和规程。三是组织实施天然林保护修复、退耕还林还草、国家储备林建设、林业血防工程等建设；拟定工程管理办法、专项实施方案，提出年度建议计划；组织开展核查验收、监测评估、信息统计、技术推广和培训宣传等工作。四是受托承担其他林业和草原相关生态建设工程、项目的组织实施工作。五是完成国家林草局交办的其他任务。

年内，生态中心紧紧围绕局党组决策部署和生态保护修复重点工作，精心组织推进事业单位改革，坚持稳中求进工作主基调，认真谋划“十四五”新开局，高质量推进天然林保护修复、退耕还林还草、国家储备林和林业血防工程建设，各项工作取得新成效，实现新发展。全年累计落实中央投入资金760多亿元，基本实现天然林全面管护，完成天然林抚育近113.33万公顷、退耕还林38.07万公顷、退耕还草2.4万公顷、国家储备林建设40.53万公顷、抑螺防病林建设8.4万公顷。同时，根据生态保护修复新的形势和任务要求，主动创新工作思路，加快统筹融合发展，综合施策，精准发力，持续推动综合管理水平取得新提升。

年度核查验收　加强年度任务完成情况的核查验收工作，是提升工程质量的重要抓手之一。年内，生态中心完成退耕还林2020年度省级复查和县级自查验收结果汇总并形成总结报告。印发《国家林业和草原局退耕中心关于开展2021年度新一轮退耕还林省级和县级检查验收工作的通知》，完成部署2021年度省级和县级检查验收工作。组织筹备2021年退耕还林国家级核查验收工作。研究新时代天保核查方式和技术指标。汇总印发2019~2020年度国家级验收报告并通报结果。积极推进《退耕还林还草检查验收办法》修订工作。起草完成《天然林保护修复验收评价管理办法》。

效益监测　持续开展生态工程建设综合效益监测工作，是科学评价生态工程实施成效的基础。年内，生态中心继续做好天然林保护、退耕还林还草效益监测工作，先后完成生态连清监测区划与布局研究，对定位站总体建设和新建需求进行科学研究，启动天保工程黄河流域效益监测国家报告的编写，组织开展长江流域天然林效益评估工作，完成《退耕还林工程综合效益监测国家报告（2020）》。

信息化管理　年内，生态中心组织开展省级和基层骨干管理及技术培训，继续加强工程信息化管理和科技支撑，升级完善工程管理信息系统，通过局感知专班对退耕还林还草综合管理系统应用的考核验收。利用网站、微信公众号等对相关政策、新闻、信息和工作动态等进行宣传报道，刊载各地全面落实《天然林保护修复制度方案》重要进展情况，刊发《2020年退耕还林还草十件大事》《2020年度退耕还林还草典型成果》。做好《中国林业》杂志天然林保护专辑宣传工作，在《中国绿色时报》专题宣传《退耕还林还草示范模式》。组织开展“访红色圣地　看绿色新貌”之“守林护绿开新局”主题采访宣传、“重走长征路——退耕还林还草作家记者行”调研采访等活动。

国际合作　年内，完成“中国典型水土流失区退化天然林用地修复与管理项目”文本并报送全球环境基金会（GEF）总部，待批复后正式启动实施。深入开展世界自然基金会（WWF）“国家储备林人工林可持续经营”二期合作项目。制订《选树退耕还林还草示范工作方案》，在全国范围内筛选出退耕还林还草示范模式20个。编制《退耕还林工程信息管理规程》《退耕还林工程社会经济效益监测与评价指标》2个标准，并将《天然林术语与等级》《天然林质量等级》2个标准纳入2022年林业行业标准制定计划。（杨子超）

【天然林保护修复】 年内，生态中心全面贯彻落实《天然林保护修复制度方案》，深入研究天然林保护发展新形势、新要求，准确把握天然林保护修复工作新机遇、新挑战，始终贯穿高质量发展主线，紧紧围绕构建健康稳定的以天然林为主体的森林生态系统和建设优质高效的国家木材战略储备基地两大目标，实行天然林保护与修复并重，逐步推进天然林保护与公益林管理并轨，扎实做好天然林保护修复工作。全年落实中央财政天然林保护修复资金457亿元，基本实现天然林全面管护，完成天然林抚育任务近113.33万公顷，有序推进东北、内蒙古重点国有林区后备森林资源培育。

年内，生态中心集中专门力量开展《全国天然林保护修复中长期规划（2021~2035年）》编制工作，优化调整天然林保护政策体系，落实《天然林保护修复制度方案》关于加强管护能力建设、建立管护人员培训制度、强化基础设施建设、完善监管体制等任务，推动天然林保护与修复并重、天然林保护与公益林管理并轨。印发《国家林业和草原局办公室关于开展天然林资源保护工程省级自评估工作的通知》，组织开展天保工程实施20年省级自评估工作。分别赴青海、陕西、四川、重庆等地开展调研，召开天保评估专班会议，研究开展天保工程国家级自评估工作，确定国家级自评估主报告提纲、典型案例和专题论证主体框架，组织专人集中撰写评估报告。委托中国科学院重庆绿色智能技术研究院，对长江上游退化天然林林分修复技术方法、措施进行深入研究，形成可推广退化天然林修复研究专题报告，计划在全国范围内选取8~10个省份，开展天然林修复试验示范。与相关部门共同开展天然林保护立法调研，依托技术支撑单位研究起草《天然林保护条例》，推进天然林保护立法工作。会同有关部门开展天然林保护重点区域划定工作，拟定《确定天然林保护重点区域技术指南》。完成天保工程东北、内蒙古重点国有林区效益监测国家报告，对该区生态系统服务价值进行科学测算。完成天然林保护生态连清监测区划与布局研究，启动天保工程黄河流域效益监测工作，并对长江流域天然林效益监测数据进行采集。

天保工程自1998年试点、2000年正式实施，标志着中国林业从以木材生产为主向以生态建设为主的重大转变。20多年来，特别是党的十八大以来，逐步实行全面停止天然林商业性采伐，天然林保护扩大到全国，实现了把所有天然林都保护起来的目标。根据第九次森林资源连续清查数据，对1.23亿公顷天然乔木林实行了严格保护，对5940万公顷天然灌木林、竹林、天然疏林等进行了有效管护。累计完成公益林建设任务2000万公顷、中幼林抚育任务1800万公顷、后备森林资源培育任务110.07万公顷，全国已建立近700万人参与的管护队伍，建设国有林区管护站点3.2万个。经过持续建设，天然林保护生态、经济、社会等效益进一步凸显，天然林面积、蓄积量持续“双增长”，生物多样性保护不断增强，天然林碳汇能力有效提升，林区民生进一步得到改善，重点国有林区在岗职工社会保险参保率达95%以上，林区经济转型有序推进，为林区社会可持续发展打下良好基础。（金　川）

黑龙江天然林保护区（冯晓光　摄）

【退耕还林还草】　生态中心按照习近平总书记关于“坚持不懈开展退耕还林还草”的重要指示精神，以及2021年中央1号文件关于“巩固退耕还林还草成果，完善政策、有序推进”的要求，协调有关部门积极研究完善退耕还林还草政策，统筹谋划顶层设计，有序推进退耕还林还草工作。全年完成2020年下达的退耕还林任务38.07万公顷、退耕还草任务2.4万公顷，分别占年度任务的81%、60%，累计落实中央财政投入110亿元。

印发《自然资源部办公厅　国家林业和草原局办公室关于报送退耕还林还草任务需求的通知》《国家林业和草原局退耕中心关于做好2021年退耕还林还草申报任务落实图斑工作的紧急通知》，编制《退耕还林还草工程落地上图工作方案》，协调自然资源部有关司局赴湖北、贵州、云南、陕西、甘肃5个省开展督导调研，多措并举协调落实年度任务和资金，积极推进落地上图工作。针对农民退耕还林还草积极性下降、已退耕地块存在不稳定因素等问题，深入推进巩固成果政策研究，加强与有关部门沟通协调，就延长补助期限、提高补助标准达成共识。成立退耕还林还草“十四五”规划编制工作组，制订规划编制方案，印发《关于做好退耕还林还草工程规划编制工作的通知》，布置各地开展调查摸底，并赴国家发展改革委、自然资源部有关司局研究“十四五”规划编制等工作。会同国家发展改革委、财政部、自然资源部等部委，协同中国国际工程咨询有限公司开展退耕还林还草实施情况评估。与中国科学院联合开展退耕还林还草发展战略研究。与国家林草局内相关司局及6个规划院组成联合调研组，对12个省（区）开展中央生态环保审计发现问题整改督导。总结推广退耕还林还草典型模式，为退耕还林还草提质增效树立样板，印发《关于转发山西省扶持造林专业合作社开展退耕还林还草经验做法的通知》，供各省借鉴学习，推动造林施工科学化、规范化。修订《退耕还林还草检查验收办法》，探索新形势下的退耕还林还草检查验收方式。健全综合效益监测评价体系，开展退耕还林还草综合效益监测评价。完成全国退耕还林还草综合管理子系统建设，纳入林草感知系统试运行。

寻甸清水海（张艳春　摄）

退耕还林还草工程启动以来，第一轮（1999~2013年）退耕还林2980万公顷，其中，退耕地还林926.67万公顷、宜林荒山荒地造林1746.67万公顷、封山育林306.67万公顷。2014年启动新一轮退耕还林还草，已实施496.67万公顷，荒山荒地造林6.67万公

顷。截至2021年底，中央共投入5515亿元，累计造林3486.67万公顷，造林面积占同期全国重点工程造林的40.5%，工程区森林覆盖率提高4个百分点，年生态效益价值量达到1.42万亿元，惠及4100万农户、1.58亿农民。特别是2016年以来，贫困地区实施退耕还林311.02万公顷，占全国总任务的78.3%，为全面完成脱贫任务作出了重要贡献。（乐　也）

【国家储备林建设】　年内，生态中心坚持把木材安全作为生态文明和习近平新时代中国特色社会主义建设的重大战略问题，坚持按照党中央、国务院建立国家储备林制度的战略部署，持续加强工程组织管理。全年完成国家储备林建设任务40.53万公顷，其中集约人工林栽培13.14万公顷、现有林改培10.75万公顷、中幼林抚育16.64万公顷。广西、重庆、四川等19个省份共落实国家储备林建设资金259.71亿元，其中中央投资7.13亿元、金融贷款240.9亿元、地方投资及配套资金11.68亿元。

年内，生态中心主动创新机制，强化项目管理，积极防控金融风险，扎实推动国家储备林工程建设取得新成效。积极与有关司局紧密配合，高效完成国家储备林建设交接工作。接续做好相关规划、管理办法编制修订工作等。在研究论证、摸排调查、深入探讨的基础上，形成《"十四五"国家储备林建设实施方案》征求意见稿和编制说明。组织编制《国家储备林建设绩效评价指南》，并列入科技司2021年行业标准制定计划。开展国家储备林制度建设研究，通过梳理政策、总结经验、分析问题挖掘现存制度短板，形成《国家储备林制度建设研究》。完善国家木材战略安全研究，进行2020年国内外木材供需及进出口珍稀大径材结构分析，持续推动国家储备林战略研究工作。继续深化与世界自然基金会(WWF)项目合作，组织开展"人工林可持续经营"二期合作项目。分别与国家林草局规财司、国家林草局产业发展规划院、中国林科院、北京林业大学及世界自然基金会等部门组织召开座谈会，进一步明确工作思路，科学确定工作目标任务，有序推动工程建设迈上新台阶。

国家储备林工程自2012年启动实施以来，全国累计建设国家储备林570万公顷，建设范围涵盖25个省(区、市)和4个森工集团。截至2021年底，共利用开发性、政策性金融贷款798亿元。（张家驹）

【林业血防工程】　年内，生态中心积极承接林业血防工程建设管理工作，组织编制《全国林业血防工程建设规划(2021~2025年)》《林业血防抑螺成效提升技术规程》。稳步开展林业血防工程质量与效益监测工作，在安徽、江西、湖北等省建立长期固定监测样地，完成第三期血防工程质量与效益监测，正在开展第四期血防监测工作，助力健康中国战略。全年落实林业血防工程投资7.2亿元，开展抑螺防病林建设8.4万公顷。

林业血防工程自2006年启动以来，国家和地方累计投资110.95亿元，建设抑螺防病林54.89万公顷，完成防护林、退耕还林、退化林修复等林业重点生态工程建设任务60.55万公顷(包括地方自建抑螺防病林)，构建试验示范区8个，建立56个长期固定监测样点。先后制定《林业血防工程建设导则》《抑螺防病林营造技术规程》等技术标准。林业血防"生物抑螺、生态控螺"的作用得到充分发挥，取得兴林、抑螺、利民、富民的良好效果，受到疫区群众广泛欢迎和积极支持，群众将之称为抑螺防病的"健康工程"、增收兴业的"致富工程"、增绿防灾的"生态工程"。（贯治国）

三北防护林体系工程

【综　述】　2021年，在国家林草局党组的正确领导下，国家林草局西北华北东北防护林建设局(以下简称三北局)坚决贯彻落实习近平总书记对三北工程的重要指示精神，围绕重点抓关键，强化措施抓落实，《三北防护林体系建设总体规划方案(2021年修编)》和《三北防护林体系建设六期工程规划(2021~2030年)》已进入报审阶段，三北五期工程总结评估报告通过专家审定并正式出版，科学绿化工作实现良好开局，退化林修复有序推进，精准治沙总结评估工作基本完成，规模化林场中期评估正在开展，一批绿色生态屏障重点项目正在筹备启动。

三北工程区2021年度重点项目落实营造林计划任务94.38万公顷，已完成89.59万公顷，占计划任务的95%。

【全国政协副主席李斌调研三北工程】　5月17~22日，全国政协副主席李斌带领人口资源环境委员会、农业和农村委员会有关委员，以及国家林草业、气象领域的专家，深入内蒙古自治区和山西省，采取实地考察、座谈交流等方式，调研三北工程建设情况。围绕习近平总书记对三北工程的重要指示精神，从工程的战略定位、规划修编、政策完善、机制创新等方面提出意见建议，形成专题调研报告，并对三北工程建设提出新要求。

【修编《三北防护林体系建设总体规划方案》和编制《三北防护林体系建设六期工程规划(2021~2030年)》】　2021年，三北局先后组织开展了重大课题研究、召开规划文本研讨会、征求部委意见、召开专家论证会、委托第三方评估等工作，《三北防护林体系建设总体规划方案(2021年修编)》和《三北防护林体系建设六期工程规划(2021~2030年)》已进入报审阶段。

【三北工程科学绿化现场会】　于9月29日在陕西榆林召开，国家林草局副局长刘东生出席会议并讲话，三北局党组书记冯德乾主持会议。三北地区13个省(区、市)林业和草原主管部门和新疆生产建设兵团林业和草原局的分管领导、三北站(局)主要负责同志，国家林草局有关司局、直属单位有关负责同志，三北工程科学绿化典型地区政府领导等90余人参加会议。会议学习习近平总书记关于科学开展国土绿化的系列重要指示批示精神，提出贯彻落实《关于科学绿化的指导意见》的措施，安排部署"十四五"三北工程科学绿化工作。陕西省榆林市、山西省右玉县、辽宁省彰武县、宁夏回族自治区彭阳县政府负责人分别作典型发言，介绍推进三北工程科学绿化建设的主要做法和成功经验。参会代表观摩小纪汗林场昌汗界毛乌素沙地乔灌草综合治理示范点和米脂县高西沟黄土高原综合治理示范点。

【三北工程建设水资源承载力与林草资源优化配置研究项目验收】 1月8日，国家林草局科技司会同三北局组织有关专家在北京召开三北工程建设水资源承载力与林草资源优化配置研究项目验收评审会。中国科学院院士郑度、蒋有绪和中国工程院院士张守攻、尹伟伦，以及北京林业大学、中国水利水电科学研究院的有关专家应邀参加评审会。专家组通过听取汇报、质疑、答询等形式，对研究报告进行了认真评审。国家林草局副局长刘东生出席评审会并讲话，会议由国家林草局科技司司长郝育军主持，三北局党组书记冯德乾汇报项目的研究背景。

【三北五期工程总结评估】 作为三北工程第二阶段的末期工程，三北五期工程具有承上启下的重要意义，为扎实做好总结评估工作，三北局积极谋划总结三北五期工程建设成效与经验，分析形势与任务，科学部署当前和今后一个时期工程建设。7月8日，三北局在北京组织召开三北五期工程总结评估报告审定会。专家一致通过评估报告并提出了相关建议意见。三北局认真吸纳各位专家、领导的意见和建议，进一步修改完善总结评估报告，提升报告的科学性、权威性，为三北六期工程建设规划提供重要指导依据。

【精准治沙有序推进】 年内，三北局对30个精准治沙重点县建设情况进行了阶段性总结。精准治沙重点县启动以来，各地以治沙造林种草、改善区域生态环境为目标，把三北工程精准治沙重点县建设与保护发展区域生态环境、助力脱贫攻坚有机结合起来，逐步由粗放式管理向精准化、精细化管理转变。9月，三北局与中国治沙暨沙业学会共同启动"三北工程精准治沙与乡村振兴"课题研究。12月，课题顺利完成。

【三北工程退化林草修复】 三北局安排退化林草摸底调查工作，就退化林草的分布、成因、数量等方面，要求以省(区)为单位进行统计。同时，将退化林修复作为推动工程建设提质增效和巩固提升的主要措施，协调争取补助标准提高到9750元/公顷，完成退化林修复12.47万公顷，灌木平茬4.2万公顷，全年投资计划和任务基本完成。9月16~17日，在甘肃省张掖市举办三北工程退化林草修复技术培训班，三北地区各省(区、市)工程管理部门共65人参加培训。培训班邀请国家林草局西北调查规划院、北京林业大学及河北省木兰林场的教授和专家围绕退化林修复技术规程、近自然生态修复、森林质量精准提升等主题进行讲授和研讨。现场观摩民乐县九龙江林场退化林修复项目、临泽县规模化防沙治沙和生态建设供水项目以及甘州区黑河系统治理示范项目。

【三北地区林(草)长制】 国家林草局把三北工程统筹纳入林长制管理体系，对标《关于全面推行林长制的意见》，三北局制订《贯彻落实林长制工作方案》。截至2021年底，三北地区各省(区)和新疆生产建设兵团均印发《实施意见(方案)》，设立省级党政双林长或总林长，在省林业和草原主管部门成立省级林长制办公室，省级林(草)长通过召开工作部署会、发布林长令、开展巡林调研等方式带动各级加快推进林长制落实，建立健全省、市、县、乡、村五级组织机构，确保山有人管、林有人造、树有人护、责有人担。

【三北工程建设实地调研】 2021年，三北局以调研为抓手，围绕退化林修复、农田防护林建设、高质量推进三北工程建设等重点课题，先后深入11个省(区)开展调研，形成20余篇高质量的调研报告。赴陕西省榆林市就毛乌素沙地治理进行专题调研，实地查看樟子松造林、生态定位站、地下水监测站、草原保护和修复等建设情况，考察科学绿化现场会及沙产业协会筹备情况。赴内蒙古鄂尔多斯市乌审旗、伊金霍洛旗就毛乌素沙地治理成效、林草植被资源现状及相关生态因子变化情况进行调研。赴山西省就三北工程建设以及国家储备林建设、三北工程林产业情况进行专题调研。赴吉林省开展三北工程管理体制机制专题调研。赴新疆阿克苏地区，就三北工程沙化土地精准治理开展专题调研。赴青海省开展三北工程黄河上游科学绿化专题调研。联合宁夏林草局、中国林科院相关人员成立专题调研组，对宁夏三北防护林体系工程管理服务平台试点运行情况进行专题调研。赴河北省就退化林修复进行专题调研。赴黑龙江省开展"新时代三北工程发展战略研究"专题调研。与国家林草局规划院组成调研组赴湖北、甘肃两省对农田防护林建设情况进行专题调研，分析研究制约农田防护林持续健康发展的困难和问题，探讨加快农田防护林建设的对策和措施。

【工程建设宣传工作】 3月，中央电视台纪录片频道启动《望三北》大型生态纪录片拍摄工作。8月，瑞士广播电视台(德语频道)面向德国、瑞士、奥地利等国播出三北工程专题新闻片《中国的植树造林工程将阻止沙漠的蔓延》。9月，围绕三北工程科学绿化，新华社、中央电视台、《经济日报》、《中国日报》、《工人日报》、《中国财经报》、《中国绿色时报》、新华网、央广网、中国科普网等发布《国家林草局32个示范项目助力三北工程科学绿化》《"十四五"时期将推进三北地区国土科学绿化》《国家林草局部署推进三北工程科学绿化》《从沙进人退到人进沙退——三北工程绘就绿色发展美景》等新闻数十条。11月30日，《中国绿色时报》刊发文章

《科学绿化，构筑三北绿色生态屏障》，邀请朱教君、卢琦、朱清科三位专家围绕科学绿化作解读，并在新媒体平台集中发布，其中新华网客户端文章阅读量超过17万。12月，新华社采写编发动态清样《生态持续稳中向好，林草质量亟需提升——三北工程建设40余年成效调查》。新华社《半月谈》2021年第23期刊发文章《三北工程造林4亿亩，北疆绿色生态屏障如何筑得更牢》。12月17日，《中国绿色时报》刊发头版头条《三北工程带动全民义务植树热》。

【三北工程科学绿化试点县建设】 9月2日，三北局组织召开三北工程科学绿化试点县启动视频会，首批启动内蒙古巴彦淖尔市磴口县、甘肃省平凉市崆峒区两个科学绿化试点县。全面落实国家林草局关于科学绿化、落地上图、精细化管理等要求，有效解决北方旱区林草植被恢复特别是三北工程建设中面临的突出问题，研究探索科学绿化的有效措施。12月19日，中央电视台《新闻联播》报道三北工程科学绿化试点县建设情况。中共中央党校(国家行政学院)《学习时报》刊发三北局党组署名文章《扎实推动三北工程科学绿化》。

【开展“三北工程架构体系研究”课题】 12月，三北局在宁夏回族自治区银川市召开“三北工程架构体系研究”子课题验收会，经专家评审组审议，一致通过6项子课题验收。“三北工程架构体系研究”是三北局于2020年同国家林草局科技司签订的历时2年的“三北工程架构研究项目”，分别对生产技术、生态安全、生态产业、生态文化、政策、效益评价6个课题项目进行集中攻关，全面总结40余年工程建设成就、经验，深入分析工程建设中存在的问题、困难，研究对策和办法。

【其他事件】

2月25日，三北局与中国林业科学研究院沙漠林业实验中心在宁夏银川召开座谈会，双方就新时代如何进一步推进三北工程建设，围绕旱区生态修复理念，旱区绿化新品种、新技术、新模式的推广，旱区定位监测和相关科研数据获取等方面进行了深入交流。

3月3日，三北局赴陕西省看望慰问全国劳动模范、治沙英雄石光银和牛玉琴，就三北六期工程推进防沙治沙工作进行交流，认真听取他们的意见和建议。

3月12日，三北局以电视电话会议的形式召开三北防护林体系工程管理服务平台项目推进会。中国林业科学院资源信息研究所研发人员进行汇报，三北局党组书记冯德乾、一级巡视员武爱民，信息处相关人员参加会议。

4月22日，三北局召开国家科技进步奖项目申报推进会，三北局一级巡视员武爱民，相关业务处室负责同志及专班成员参加会议。会议审定《国家科技进步奖申报工作方案》，分析近年来工程类项目授奖情况以及三北局申报国家科技奖的现状，提出相关工作举措。

6~12月，国家林草局抽调三北局人员参加成都市全国林业改革发展综合试点驻点工作。

7月26日，三北局与北京林业大学在银川召开《生态产业体系研究》《生态安全体系研究》报告座谈讨论会。

9月17日，三北局联合国家林草局规划院，开启三北工程服务国家“双碳”战略实践路径研究。

11月22日，三北局在北京召开《“十四五”县级三北工程规划指导手册》专家论证会。中国科学院、中国林科院、北京林业大学，国家林草局野生动物保护监测中心和发展研究中心等科研院所专家以及三北局、规划院等有关部门负责同志参加会议。通过广泛深入论证，专家一致同意通过《“十四五”县级三北工程规划指导手册》。

11月，三北局根据有关规定要求，就专项工作台账管理，制定出台《国家林业和草原局三北局专项工作台账管理办法(试行)》。

11月，三北局与国家林草局西南调查规划院共同开展三北干旱半干旱地区乔灌草结合科学绿化模式研究，并签订委托研究协议书。

12月，三北局赴宁夏南林建设集团开展草原保护发展座谈。宁夏南林建设集团董事长、中国林业产业联合会三北分会相关负责同志参加会议。

12月，陕西、甘肃和山西三省与三北局对接三北“绿色生态屏障”示范项目并进行座谈。“十四五”期间，三北工程将在8个省(区)谋划开展12个绿色生态屏障项目建设。

12月8日，三北局召开三北工程督查监测技术研究工作座谈会，会议邀请国家林草局西北调查规划院开发科技处负责同志参会。

12月14日，国务院发展研究中心经济研究院院长李布一行到三北局开展调研。当日，双方就“三北工程高质量发展战略研究”进行座谈。

(三北防护林体系工程由李昌根供稿)

长江流域等防护林工程

【综 述】 长江流域等防护林工程(含长江流域、沿海、珠江流域防护林体系工程)2021年，长江流域、珠江流域、沿海防护林、太行山绿化四项工程完成年度营造林任务28.55万公顷。长江流域防护林体系建设工程完成年度计划任务21.14万公顷，其中人工造林6.96万公顷，封山育林7.40万公顷，退化林修复6.78万公顷。珠江流域防护林建设工程完成年度计划任务2.42万公顷，其中人工造林1.01万公顷，封山育林0.67万公顷，退化林修复0.74万公顷。全国沿海防护林建设工程完成计划任务1.56万公顷，其中人工造林1.17万公顷，封山育林0.14万公顷，退化林修复0.24万公顷。太行山绿化工程完成计划任务3.43万公顷，其中人工造林 1.73 万公顷，封山育林 1.32 万公顷，飞播造林 0.22 万公顷，退化林修复 0.16 万公顷。通过“十三五”时期持续建设以及其他国家重点生态工程、地方造林工程的协同推进，长江流域森林资源总量持续增长，工程区森林覆盖率已达 44.28%，保水固土和防灾减灾能力显著增强，为长江经济带发展筑牢了绿色根基。珠江流域森林面积持续增加，工程区森林覆盖率已达 61.2%，水土侵蚀量下降尤为明显，上游南、北盘江水土流失面积持续减少，东江、北江中上游水质持续保持Ⅰ类、Ⅱ类，有效保障了珠江三角洲和港澳地区的饮用水安全。沿海防护林工程区森林覆盖率已达 39.74%，沿海地区自然岸线基干林带基本合拢，以消浪林带、海岸基干林带、纵深防护林为重点的沿海防护林体系主体框架初步形成，抵御台风、风暴潮等自然灾害的能力持续增强。太行山区森林覆盖率达 22.75%，水土流失强度大幅降低，地表径流量明显减少，基本改变了过去“土易失、水易流”的状况。长江等防护林工程建设为实施长江经济带发展、粤港澳大湾区建设、海上丝绸之路建设、京津冀协同发展等国家重大战略提供强有力的生态支撑。

【河北省张家口市及承德市坝上地区植树造林项目】 自 2019 年河北省张家口市及承德市坝上地区植树造林项目启动实施以来，已完成营造林 11.61 万公顷。2021 年 9 月 27~28 日，国家林草局生态司会同国家发改委农经司、北京市发改委等开展了联合督导调研，督促指导张家口市和承德市保质、保量完成项目任务。

【在国土空间规划中明确造林绿化空间】 12 月 31 日，国家林草局与自然资源部联合印发《关于在国土空间规划中明确造林绿化空间的通知》（自然资发〔2021〕198 号），部署开展造林绿化空间适宜性评估，将规划造林绿化空间明确落实到国土空间规划中并上图入库。

【科学推进农田防护林建设】 组织制定农田防护林建设标准。2021 年 4 月 20 日，国家林草局生态司组织河北、吉林、河南、新疆等省（区）林业和草原主管部门召开座谈研讨会。5~6 月，联合三北局、规划院、农业农村部农田建设管理司、中科院沈阳生态所等单位开展农田防护林建设专题调研，分赴东北、中部、西北等 5 个省份 13 个产粮大省进行实地调研。6 月 30 日，与农业农村部、国家发改委、财政部、水利部、科技部、中科院等七部门联合印发《国家黑土地保护工程实施方案（2021~2025 年）》，强化对东北黑土地保护区农防林的建设要求，保障粮食生产安全。

（长江流域等防护林工程由沈佳烨供稿）

林草改革

11

国有林场改革

【综　述】 2021年8月23日，习近平总书记在考察塞罕坝机械林场时明确指示，要在深化国有林场改革、推动绿色发展、增强碳汇能力等方面进行大胆探索。一年来，国有林场改革紧紧围绕“激发活力”这个主题，积极鼓励基层创新，不断加强顶层设计，全力支持二次创业，重点强化基础建设，深化改革的思路更加清晰，推动绿色发展的路径更加明确，为深化国有林场改革发展奠定了基础。（张　志）

【国有林场深化改革试点】 确定浙江省金华市东方红林场、福建省三明市省属国有林场、山东省淄博市原山林场为深化国有林场改革试点，深化改革试点方案通过批复。试点方案聚焦探索经营性收入分配激励机制，建立健全职工绩效考核制度，激活推动绿色发展的内生动力，促进国有林场事业高质量发展，形成一批可复制可推广的成功经验。（张　志）

东方红林场

【深化改革发展战略研究】 为研究国有林场行政管理体制、激励发展机制、绿色经济发展、加强基础建设等方面的支持政策，国家林草局林场种苗司会同国家发展改革委体改司、体改所，开展国有林场深化改革绿色发展调研。调研采取选择部分省（区）进行重点调研、各省（区、市）全面调研和问卷调研相结合的方式开展，赴广西、福建、山东、吉林、宁夏和安徽6个省（区）开展重点调研，共27个省（区、市）提交调研报告。10月22日，印发通知向各省（区、市）和有关科研院校征集深化改革发展政策建议，收到政策建议123条。（张　志）

【支持塞罕坝林场“二次创业”】 贯彻落实习近平总书记在考察塞罕坝林场时的重要指示精神，按照国家林草局党组的部署安排，支持塞罕坝林场“二次创业”。8月25日，印发《国家林业和草原局关于印发〈中国国家林业和草原局党组为塞罕坝林场办实事项目清单〉》，统筹安排资金3000万元，用于林场管护站点升级改造，加强林场有害生物监测，提高科技宣教能力等方面。9月16日，印发《国家林业和草原局关于印发〈关于支持塞罕坝机械林场二次创业的若干措施〉的通知》，从建设生态文明教育培训基地，开展国有林场深化改革、绿色发展探索，建立实现“双碳”目标林草示范区等方面支持塞罕坝机械林场二次创业。（张　志）

【国有林场纳入第四轮高校毕业生“三支一扶”范围】 5月28日，中组部、人社部等10个部门联合印发《关于实施第四轮高校毕业生“三支一扶”计划的通知》，首次将林草资源管理、生态修复工程、营林生产等生态文明建设服务岗位纳入“三支一扶”（支教、支农、支医和帮扶乡村）计划，将择优选拔高校毕业生参加“三支一扶”到国有林场兼任场长助理。国家林草局林场种苗司印发通知，要求各地主动对接人社、财政等部门，积极协调落实好这项政策。全年共有26名高校毕业生到国有林场兼任场长助理。（付光华）

【国有林场管护用房建设试点】 继续推进国有林场管护用房建设试点工作，下达内蒙古、江西、广西、重庆、云南5个省份管护用房新建和改建任务402处，中央投资8365万元。6月17日，印发《国家林业和草原局林场种苗司关于报送2020年和2021年国有林场管护用房试点建设进展情况的通知》，建立管护用房建设进展季报制度，督促试点省份加快建设进度。截至12月底，开工362处，完工141处，完成中央投资4416万元。（张　志）

【国有林场GEF项目】 国有林场GEF项目稳步推进。河北、江西和贵州7个国有林场试点的林草主管部门批复试点林场的新型森林经营方案。编制完成贵州毕节市、河北丰宁县和江西信丰县以林为主的山水林田湖草沙规划。组织河北、江西和贵州3个省编制完成9个新增林场新型森林经营方案。举办2期项目培训班，项目试点省相关人员共210人参加。配合世界自然保护联盟（IUCN），完成项目审计和中期评估工作。（张　志）

集体林权制度改革

【综　述】 2021年，党中央、国务院对集体林权制度改革工作高度重视。3月，习近平总书记在福建考察调研时指出，三明集体林权制度改革探索很有意义，要坚持正确改革方向，尊重群众首创精神，积极稳妥推进集体林权制度创新，探索完善生态产品价值实现机制，力争实现新的突破。集体林权制度改革进一步深化，截至2021年末，实有集体林地经营权流转面积1200万公顷，农户林地承包经营权转让面积393.3万公顷，林权抵押贷款余额883.76万元。全国林业专业大户、家庭林场、林业合作社和林业企业等新型经营主体达29.47万个。

【全国林业改革发展综合试点】 为贯彻落实习近平总书记关于集体林权制度改革的重要指示批示精神，国家林草局在山西省晋城市、吉林省通化市、安徽省宣城市、福建省三明市、江西省抚州市和四川省成都市6个市启动全国林业改革发展综合试点工作，选派12名年轻干部组成6个工作组到6个林业改革发展综合试点市开展为期6个月的蹲点调研，与地方共同推进试点工作。试点工作立足新变化新形势，着力在完善集体林权制度、创新林业经营方式、探索生态产品价值实现机制、推动林业产业高质量发展、建立健全林业支持政策、优化集体林业管理服务等方面开展探索创新，力争3~5年形成一批可复制、可推广的典型模式，为深化集体林权制度改革、更好地实现"生态美、百姓富"的有机统一探路子、做示范。

【深入调查研究集体林改】 国家林草局联合中央有关部门、相关部委等组成专题调研组赴福建、江西调研集体林权制度改革工作。国家林草局局领导带队分别赴福建、江西、湖南、四川、贵州等地深入开展集体林权制度改革专题调研。采取组织召开座谈会、研讨会等形式广泛听取专家学者、基层林草部门意见，研究深化改革的对策措施。委托北京大学国家发展研究院作为第三方机构对集体林权制度改革进行调研评估，了解林农、经营主体、乡村干部、基层林业部门等对集体林权制度改革的认识和评价、当前存在的主要问题及原因、政策诉求以及深化改革的对策建议。

【印发第二批林业改革发展典型案例】 11月，国家林草局办公室印发《林业改革发展典型案例(第二批)》，推荐12个地方的典型经验和做法，包括完善林权抵押贷款制度、探索"森林生态银行"运行机制、建立林权大数据服务机制等，供各地学习借鉴。加强对林业改革发展典型的宣传，中央电视台报道集体林权制度改革取得的成效。《国家林业和草原局简报》《林业改革动态》等推介有关地区深化集体林权制度改革的典型经验。

【林权管理信息化】 国家林草局联合自然资源部开展清理规范林权确权登记历史遗留问题试点工作，推进集体林权管理与不动产登记有序衔接。开发集体林权综合监管系统，编写使用手册，组织线上培训，共培训1000余人次。

(集体林权制度改革由郭宏伟供稿)

草原改革

【推动出台《关于加强草原保护修复的若干意见》】 经过深入调研、认真起草、反复沟通征求意见，国务院办公厅于2021年3月发布《关于加强草原保护修复的若干意见》(以下简称《意见》)，明确了草原工作的指导思想、工作原则和主要目标，提出了16条具体措施，对新时代草原工作作出全面顶层设计。

切实抓好《意见》贯彻落实，组织召开全国草原保护修复推进工作会议 《意见》发布后，研究制订并印发国家林草局贯彻落实《意见》分工方案，明确相关司局单位任务，及时举办新闻发布会，全面解读《意见》精神。充分利用培训班、专题讲座等平台，先后在林干院、北京林业大学及云南、青海、内蒙古、西藏等地开展宣讲和政策解读。在青海西宁召开全国草原保护修复推进工作会议，分析研判草原工作面临的形势，对贯彻落实《意见》精神进行部署，国家林草局副局长刘东生出席会议并作主旨报告。

全国草原保护修复推进工作会议现场

指导各地制定出台实施意见 组织各省（区、市）结合本行政区域草原资源特点和工作实际，制定出台更加细化、更有针对性和操作性的实施意见。截至12月，已有17个省(区、市)出台了《意见》配套实施意见。

(草原改革由颜国强供稿)

林草产业

12

林业产业发展

【综　述】 2021年，全国林业产业总产值达到8.7万亿元，进出口贸易额达到1850多亿美元。林业产业的快速发展，不仅为中国经济社会发展和人民群众生活提供了丰富的林产品，而且在加快农村产业结构调整、推动山区农民增收致富、促进社会就业等方面发挥了重要作用。（孙　友）

【出台竹产业创新发展文件】 11月，国家林草局等10个部门出台《关于加快推进竹产业创新发展的意见》，提出要加强优良竹种保护培育，培育优质竹林资源，做大做强特色主导产业，聚力发展新产品新业态，推进竹材仓储基地建设，加快机械装备提档升级，提升自主创新能力，优化竹产业发展环境。到2025年，全国竹产业总产值突破7000亿元，到2035年，全国竹产业总产值突破1万亿元，主要竹产品进入全球价值链高端，中国成为世界竹产业强国。（张　阳）

【油茶产业】 年内，全国完成新造油茶林10.2万公顷，改造低产油茶林10.73万公顷。油茶经济效益从2020年的平均每公顷22 500元提高到24 750元，对巩固200多万脱贫人口的脱贫成果起到重要作用。在湖南、江西、广西、贵州等多个省（区），种植油茶实现长期稳定收益已成为现实。江西省油茶林面积达108万公顷，茶果产量406万吨，产值突破400亿元。广西壮族自治区百色市油茶林面积达13.85万公顷，油茶产业覆盖全市12个县（市、区）101.4万农村人口。浙江省衢州市常山县通过打造“产学研旅”生态模式，促进油茶三产融合发展，全县年均“油+游”收入达1.2亿元。（高均凯）

【经济林产业】 年内，全国经济林种植面积保持在4000万公顷以上，年产量超过2亿吨，产值超过2.2万亿元。核桃、油茶、板栗、枣、苹果、柑橘等主要经济林面积和产量均居世界首位。从事经济林种植、加工和经营的国家林业重点龙头企业达到104家，核桃、油茶、板栗、枣、花椒、枸杞、苹果、柑橘等174个经济林产区入选中国特色农产品优势区。云南、陕西、甘肃、湖南、四川等省（区）部分县（市）农民年人均收入的50%以上来自经济林。全国已建成经济林类国家重点林木良种基地86个、种质资源库50个。国家林草局组织建立经济林类国家创新联盟75个、工程技术研究中心34个、质量检验检测机构17个。发布《经济林产品领域标准体系》，形成包括基础通用、管理服务、干果坚果林、鲜果林、油料林、香（调）料林、工业原料林、林源药材及产品和其他等9个大类60个主干标准。发布首批全国经济林咨询专家56名，涉及核桃、油茶、板栗、枣、仁用杏、花椒、山核桃、榛子8个优势特色经济林树种。（高均凯）

【现代林业产业示范省（区）】 为贯彻落实2021年中央一号文件“创建现代林业产业示范区”的要求，应广西壮族自治区人民政府、江西省人民政府商请，3月，国家林草局研究决定与广西壮族自治区人民政府、江西省人民政府分别共建广西现代林业产业示范区、江西现代林业产业示范省。广西现代林业产业示范区、江西现代林业产业示范省建设列入《“十四五”林业草原保护发展规划纲要》。10月，国家林草局党组审议《广西现代林业产业示范区实施方案》《江西现代林业产业示范省实施方案》。（孙　友）

【第五批国家林下经济示范基地】 12月，国家林草局办公室印发《关于公布第五批国家林下经济示范基地名单的通知》，认定北京市怀柔区平安富兴种植专业合作社等123家单位为第五批国家林下经济示范基地。此前，国家林草局印发《关于取消和变更部分国家林下经济示范基地命名的通知》，对24家经营管理不善、示范带动作用不强的基地，取消其国家林下经济示范基地称号。截至2021年12月底，国家林下经济示范基地总数达649个。（徐　波）

【林下经济发展典型案例】 12月，国家林草局办公室印发《林下经济发展典型案例》，向各地推介“贵州省黔东南州高位推进林下经济”等28个典型案例。这些案例集中体现了各地践行“绿水青山就是金山银山”理念，科学利用林地资源发展林下经济的最新实践成果。内容涵盖高位推进、科学规划的有效举措，统筹生态保护与产业发展的好机制，开展立体经营、提升林地收益的新思路，延伸拓展产业链条、做强精深加工的好经验，多产业融合发展、提升综合收益的好做法，实行定产定销、多渠道宣传推介的新模式，强化标准化生产、做优做强品牌的好路径，优化利益联结机制、促进林农增收和乡村振兴的好措施等。（徐　波）

【全国林下经济发展指南】 11月，国家林草局印发《全国林下经济发展指南（2021～2030年）》（以下简称《指南》），明确全国林下经济的发展布局、重点领域和主要任务。《指南》提出到2030年，全国林下经济经营和利用林地总面积达4666.67万公顷，实现林下经济总产值1.3万亿元。年内，全国林下经济经营和利用林地面积超过4000万公顷，各类经营主体超过90万个，从业人数达3400万人，总产值稳定在1万亿元左右。（徐　波）

【林草中药材规范化种植】 7月，国家林草局印发林草中药材生态种植、野生抚育、仿野生栽培3个通则，推进林草中药材规范化种植。林草中药材生态种植通则规定林草中药材生态种植的基本原则、种植模式、种植区选择、品种选择、关键技术、产品采收、生产管理、质

量管理以及基地建设等基本要求。林草中药材野生抚育通则规定林草中药材野生抚育的基本原则、抚育模式、抚育区选择、技术要点、关键环节管控以及基地管理等基本要求。林草中药材仿野生栽培通则规定林草中药材仿野生栽培的基本原则、典型模式、栽培区选择、品种选择、关键技术、产品采收、生产管理、质量管理以及基地建设等基本要求。（徐　波）

【线上林特产品馆】　12月，国家林草局、中国建设银行联合打造的林特产品馆正式上线。依托中国建设银行善融商务电商平台，重点展示销售干鲜果品、木本油料、调料饮料、森林蔬菜等八大类产品。全国30个省级分馆完成上线。583家扎根产区、信誉良好的生产经营企业、合作社上线，其中省级及以上龙头企业212家，占36.4%。上线产品8000余款，半年时间内实现交易140万笔、销售额突破1.4亿元。（高均凯）

【第十四届中国义乌国际森林产品博览会】　11月1～4日，国家林草局与浙江省人民政府联合举办第十四届中国义乌国际森林产品博览会。本届森博会采取线上线下方式办展，线下展会设国际标准展位3009个，展览面积7万平方米，23个国家和地区的1878家企业参展，到会客商10.2万人次，累计实现成交额18.5亿元。线上森博会入驻企业340家，上线产品近3652个，线上流量132万人次。（张　阳）

【中国农民丰收节经济林节庆活动】　9月，国家林草局发改司通报表扬2020年中国农民丰收节经济林品牌活动；重点部署13个省份2021年中国农民丰收节经济林节庆活动30余项；组织有关企业和机构参与中国农民丰收节嘉兴主会场木本油料、特色林果、精深加工产品展示展销活动，推动举办陕西韩城花椒丰收节、四川中国·天府油橄榄节、北京花果蜜、河北临城核桃、山西稷山板枣、浙江临安山核桃、湖北保康核桃、湖南长沙油茶、江苏泗洪碧根果、安徽淮北石榴、江西赣南油茶、山东乐陵红枣、贵州遵义方竹、宁夏吴忠果品、青海有机枸杞、新疆且末红枣等一系列丰富多彩的经济林节庆活动。（高均凯）

草产业发展

【草产品】　2021年我国草产品进口总量为204.52万吨，同比增加19%。其中：苜蓿干草进口178.03万吨，同比增加31%，进口价格同比上涨6%，主要来自美国、南非、西班牙、意大利、加拿大及苏丹；燕麦草进口21.27万吨，同比减少36%，进口价格同比下跌1%，全部来自澳大利亚；苜蓿粗粉及颗粒进口5.23万吨，同比增加84%；进口价格同比下跌8%，主要来自西班牙。

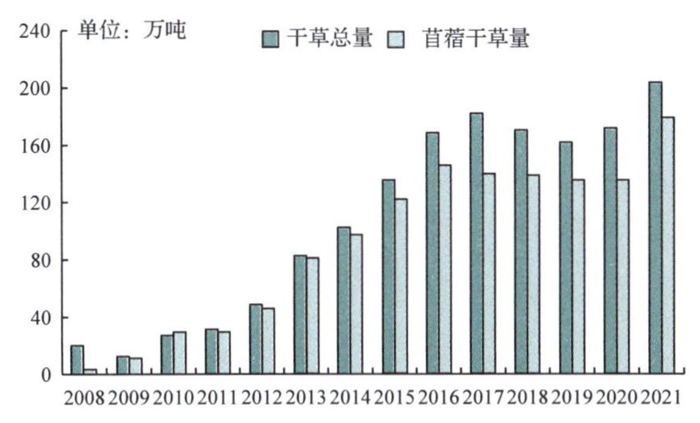

图12-1　2008～2021年我国苜蓿干草进口情况

2021年我国进口草种7.16万吨，同比增加17%，进口总量相比上年呈增长趋势。进口草种来源国比较稳定，主要来自美国、丹麦、加拿大、意大利和阿根廷。其中，黑麦草种子进口3.40万吨，同比减少15%；羊茅种子进口2.09万吨，同比增加75%；草地早熟禾种子进口0.79万吨，同比增加159%；紫花苜蓿种子进口0.52万吨，同比增加46%；三叶草种子进口0.36万吨，同比增加15%。

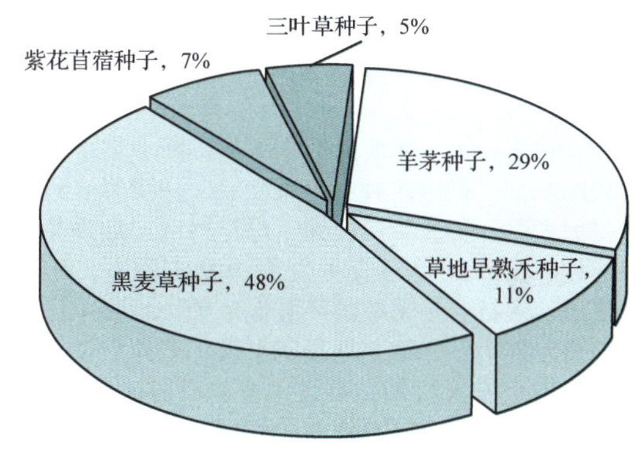

图12-2　2021年我国进口草种所占比例情况

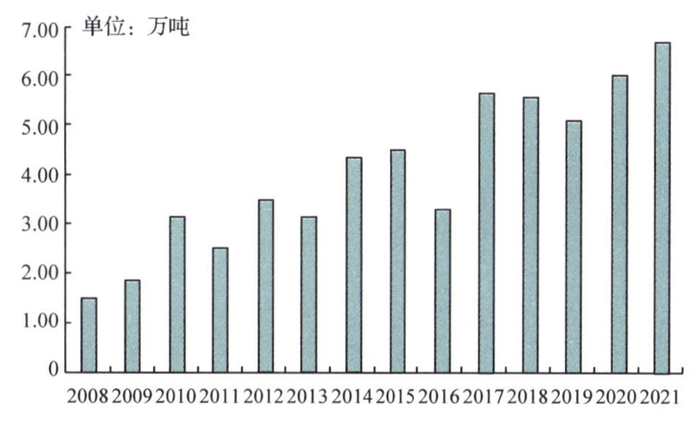

图12-3　2008～2021年我国草种进口总量变化情况

【《中华人民共和国主要草种目录（2021年）》】　7月19日，国家林草局公布《中华人民共和国主要草种目录（2021年）》（以下简称《目录》），这是国家林草局首次公布主要草种目录。《目录》在牧草的基础上增加了生态修复用草、能源草、药用草等草种类型，标志着草种管理工作由侧重牧草管理进入到全口径草种管理的新阶段。

《目录》以原农业部第56号令《草种管理办法》中列出的24个主要草种，以及各省（区、市）政府草原行政主管部门分别确定的其他2～3种草种为基础，共收录12科72属120个草种。《目录》充分考虑沙化退化草地修复、重要饲草产业发展、城市绿化等对草种的多种需求，涵盖了牧草、生态修复用草、草坪草、观赏草、能源草、药用草等多种用途的草种类型。羊草、无芒隐子草、老芒麦、垂穗披碱草、硬秆仲彬草、偃麦草、沙打旺等草种在我国重点草原牧区生态修复、草牧业发展中不可或缺、应用广泛、选育水平较高，这些草种都已优先列入《目录》。沙蓬、碱蓬、蒿草、芦竹、马蔺、发草、克氏针茅等目前没有选育基础，但具有发展潜力的部分草种也纳入《目录》。

【草种业高质量发展学术研讨会】 2021年6月3日，草种业高质量发展学术研讨会在北京举行。与会专家围绕草种质资源收集、保存与利用，草品种选育等专题开展深入研讨，为推动中国草种业高质量发展，落实中国草原生态文明建设与乡村振兴战略建言献策。国家林草局副局长刘东生出席会议。

会议认为，实现草种业健康发展，是满足草原生态修复需求、破解草种业发展滞后等“卡脖子”问题的必要手段，是提升中国生态修复能力和生物产业发展的重要举措，对维护国家生态安全、保证我国食品安全具有重要意义。

会议指出，下一步要从四个方面不断夯实中国草种业发展的基础，推进草种业健康发展。一要开展科技攻关。要加大草种种质资源收集、保存力度，加强草种种子库建设。要布局草种育种创新国家实验室，研发高产、优质、多抗、易机收的突破性草种，增强中国创新草种的研发能力。二要拓展投资渠道。要建立长期稳定的草种业资金投入机制，扩大国家良种补助资金规模。在实施草原生态修复、草牧业发展和国土绿化等重大工程项目中，要优先使用国产乡土草种。三要加强行业管理。要推进有关草种管理法律法规的制定修订工作。要加强进口草种、草坪等材料的检疫管理，严防检疫物种进入我国境内。要开展草种子质量认证，不断提高国产草种的品质。四要强化机制创新。要围绕草种企业做大做强出台政策措施。要深化科企合作，推动种业企业和科研单位建立利益联结机制，切实推进科技资源整合和产学研深度合作。

【首届草坪业健康发展论坛】 为贯彻新发展理念，推动草坪业健康发展，4月10日，首届草坪业健康发展论坛在北京举行。国家林草局草原司、生态司、科技司代表，北京林业大学、中国农业大学等高校和科研院所专家学者、草坪生产经营企业代表、有关新闻媒体代表等200余人参加论坛。与会人员围绕“推动草坪业健康发展 助力美丽中国建设”主题就中国草坪业如何规范、有序、健康、平稳发展问题发表了看法。

首届草坪业健康发展论坛

草原管理司主要负责同志提出，草坪产业是草业的重要组成部分，是朝阳产业，是国土绿化的特色产业。现阶段我国草坪产业发展还处于自发生长的初级阶段，存在许多发展瓶颈。

中国工程院院士、草业与草原学院名誉院长任继周通过视频致辞，他指出，草坪是生态文明时代的名片。中国工程院院士沈国舫、中国工程院院士尹伟伦、草业与草原学院教授韩烈保分别作主题报告。沈国舫强调，开展生态建设和国土绿化应当尊重自然规律，宜林则林，宜草则草，林草结合。尹伟伦表示，草坪必须要走节水的道路。韩烈保介绍了草坪概况、草坪科技、草坪业及存在的问题，并提出应对策略。

（草产业由韩丰泽、赵金龙供稿）

森林公园和森林旅游

【综　述】 2021年，国家林草局制定生态旅游标准体系，编制出版《2020全国林草系统生态旅游发展报告》，开展生态旅游游客量数据采集、测算和发布工作，生态旅游发展的基础性工作得到加强。各地积极发展森林步道、自然教育、冰雪旅游等新业态、新产品，进一步满足人民群众对高品质、多样化户外游憩产品的需求。年内，全国林草系统生态旅游游客量约为20.83亿人次，超过国内旅游人数的一半。国家森林公园整合优化工作全面深入推进，各类历史遗留问题得到妥善处理，国家级森林公园行政审批工作进一步加强，森林公园适应自然保护地和生态保护红线管理的条件初步具备。

【生态旅游游客量数据采集测算和发布】 国家林草局生态旅游管理办公室组织建立生态旅游游客量制度体

黑龙江青山国家森林公园冰雪运动

系，开展游客量数据采集和测算工作，按月和主要节假日收集样本数据，测算并公布全国生态旅游游客量数据体系。搭建“全国林草系统生态旅游游客量信息管理系统”，制定《全国林草系统生态旅游游客量数据采集和信息发布管理办法》《全国林草系统生态旅游游客量数据采集和测算方法》，确定公布509家“全国林草系统生态旅游游客量数据采集样本单位”。

【《2020全国林草系统生态旅游发展报告》】 国家林草局生态旅游管理办公室组织编制出版《2020全国林草系统生态旅游发展报告》，全面反映2020年全国林草系统生态旅游发展的动态和热点。相较于2019年，《2020全国林草系统生态旅游发展报告》在内容和形式上做了调整，在内容上增加游客量测算、森林旅游扶贫、制度设计、各省(区、市)工作亮点、节庆活动等内容，在形式上减少文字，增加照片、图形和表格。

【国家森林步道】 国家林草局生态旅游管理办公室组织启动《全国国家森林步道中长期发展规划(2021～2050年)》以及太行山、秦岭国家森林步道总体规划的编制工作。各地积极探索推进森林步道建设，江西省抚州市把发展森林步道作为开展全国林业改革发展综合试点市建设的重要内容，福建省新建300千米森林步道，福建武平等地在森林步道示范段建设中取得新进展，北京市、福建省制定森林步道标示系统规范。

【生态旅游标准化】 5月24日，国家林草局召开国家林业和草原局生态旅游标准化技术委员会成立大会和第一届委员会工作会议，国家林业和草原局副局长彭有冬出席会议并讲话。会议评审通过《自然教育导则》《国家森林步道总体规划规范》林业行业标准。

【森林公园整合优化工作】 3月3日，国家林草局林场种苗司召开工作交流视频会，对森林公园整合优化工作进行全面部署。9月，在全国范围开展森林公园整合优化专题问卷调查，并赴江西、河南、广东等省份进行森林公园整合优化工作专题调研。经过反复协调推动，广东观音山等10余个国家级森林公园的矿业权权属等“老大难”问题得到妥善解决。

(森林公园和森林旅游由程子岳供稿)

草原旅游

【草原自然公园建设】 对第一批国家草原自然公园试点建设进行总结，其中17处试点建设的国家草原自然公园总体规划通过省级评审。对额仑草原及周边地区进行的国家草原自然公园群建设规划编制、评审予以指导。

【“红色草原　绿色发展”典型遴选】 结合党史学习教育，系统梳理与中国革命、建设和改革时期发生的重大事件、会议、文件及重要人物等密切相关的草原，并联合国家文物局开展“红色草原　绿色发展”遴选工作，以绿色发展促进红色资源保护传承，以红色资源赋能草原高质量发展。

(草原旅游由韩丰泽、赵金龙供稿)

竹藤花卉产业

【综　述】 2021年，全国竹产量为48.98亿根，总产值3813.87亿元。年末实有花卉种植面积159.41万公顷，销售额2160.65亿元人民币，出口额6.87亿美元。

【2021年扬州世界园艺博览会】 4月8日至10月8日，2021年扬州世界园艺博览会在江苏省扬州市举办。由国际园艺生产者协会(AIPH)指导，国家林业和草原局、中国花卉协会和江苏省人民政府联合主办，扬州市人民政府承办，主题为“绿色城市，健康生活”。园区总面积230公顷，室外展园共有64个，包括国外城市或国际组织展园25个、国内城市和企业展园26个、江苏城市展园13个。主承办单位精心组织，做好新冠病毒疫情防控，呈现了一届具有“国际水准、中国特色、时代特征”的高水平花卉园艺盛会。45个国家和国际组织的驻华使节和代表、有关部门领导、各参展单位代表等700余人参加了4月8日举行的开幕式。世园会期间，线上线

下累计接待游客近220万人次，组织举办各类活动近1800场。

【第十届中国花卉博览会】 5月21日至7月2日，第十届中国花卉博览会在上海市崇明区举办，主题是“花开中国梦”。由国家林草局、中国花卉协会、上海市人民政府联合主办，上海市绿化和市容管理局、上海市花卉协会、上海市崇明区人民政府共同承办。花博园总面积10平方千米，分为北园和南园，布局为“三区、一心、一轴、六馆、六园”。这是首次在岛上、在森林里举办的花博会，共有189个国内外单位参展，开展了900余场专题活动，入园参观人数212.6万人次，网上观展人数达2408万人次，为历届花博会中园区规模最大、展园数量最多、会展时间最长、国际参展最丰富、办展水平最高的一次。

【第十一届中国竹文化节】 10月19~21日，第十一届中国竹文化节在四川省宜宾市举办。由国家林业和草原局、四川省人民政府和国际竹藤组织共同主办，中国竹产业协会、四川省林业和草原局、宜宾市人民政府联合承办。本届竹文化节以“竹福美丽中国，促进乡村振兴”为主题，开展了开幕式、投资推介、植竹、高峰论坛、特色竹文化展、竹文化体验6项主要活动，以及主题晚会、竹书法、竹摄影、竹主题非遗展、竹食品、民间竹艺技能赛6项专项活动。组织了“竹美食地标城市”“成渝竹产业协同创新中心”授牌，“蜀南竹海生态价值核算和竹文化价值评估”发布，以及现场签约、竹企业参展产品评选等活动。300多名国内外嘉宾和线上直播访客114万人次参加和观看开幕式；活动期间万名观众现场参观，VR看展访客量60.1万人次；130多家企业的716种产品参展；直播带货访客量201.2万人次；签约项目35个，协议总投资159.16亿元；线上线下交易金额达15.06亿元。

（竹藤花卉产业由宿友民供稿）

森林草原防火

13

林草防火工作

【综　述】 2021年，全国共发生森林火灾616起、受害森林面积4292公顷、因灾伤亡28人，同比分别下降47%、50%、32%；发生草原火灾18起、受害草原面积4170公顷，火灾次数同比上升39%，受害面积同比下降62%。

强化防火工作部署，完善制度体系建设 在吉林省组织召开全国森林草原防火工作会议，这是国家森林草原防火机构改革后林草系统关于森林草原防火工作的第一个全国性现场会议。会议全面总结林草系统防火工作成效，研究谋划在更高起点推进防火工作。国家林草局在重点时段先后组织开展防火包片蹲点工作调研分析、全国林草行业安全生产风险形势分析、东北华北地区秋季防火形势分析及应对、全国秋冬季防火暨安全生产工作调度等，层层传导工作压力，压实各项责任。为确保冬奥会顺利召开，推动建立京津冀晋蒙五省(区)联防联动协作机制。联合国家森防办、应急部、公安部、文旅部印发《关于深入落实习近平总书记视察塞罕坝机械林场时的重要指示精神 切实加强旅游景区森林草原防灭火工作的通知》，制订出台《国家林业和草原局森林草原火灾应急预案(试行)》，推进《森林草原防灭火条例》修订。联合国家森防办、应急部印发《关于进一步做好森林草原火情早期处理工作的通知》，与应急部联合起草《关于全面加强新形势下森林草原防灭火工作的意见》《关于加强地方森林草原消防队伍建设的指导意见》。结合全面推行林长制，将防火作为林长制考核评价重要内容。积极发挥防火工作专班作用，研究解决重大问题。

强化一线督导检查，落实包片蹲点责任 制订包片蹲点实施方案，由国家林草局领导和12个业务司局参与包片蹲点，实现对全国31个省(区、市)和新疆兵团、六大森工集团包片蹲点全覆盖，按照“谁包片、谁负责”的原则，与属地共同做好防火工作。共派出21个督导组、144人次，累计开展包片蹲点308天，共走访152个市、228个县(区)、570个基层单位，发放问题清单近70份，发现问题近200处。同时，在重点时段对火灾高发省(区)开展专项督查，并对火灾多发的广东省林业局和梅州市政府进行约谈，促使梅州市出台全面落实森林防火十项措施。

强化野外火源管控，狠抓隐患排查治理 会同应急部、中国气象局分析研判火险形势，提前发布预警响应信息。联合国家森防办、公安部、应急部开展野外火源治理和查处违规用火行为专项行动，累计派出检查、执法人员471.85万余人次，排查火灾隐患15.79万处，整改火灾隐患13.62万处，查处、制止野外违规用火4.53万余起，9242人受到行政处罚，860名党政干部受到问责。会同国家森防办、应急部、国家能源局、国家电网公司、南方电网公司联合开展林牧区输配电设施火灾隐患专项排查治理，全面排查整改输配电设施各类火灾隐患，推进建立全国林牧区输配电设施防火责任台账和长效机制。全面推进火灾风险普查工作，印发《2021年度森林和草原火灾风险普查工作要点》，修订林草系统火灾风险普查实施方案、12项技术规程以及2项数据质检办法，开展风险评估指标权重专家评分。全面完成122个试点县外业调查任务，全国森林和草原火灾风险外业调查任务已完成35%(标准地35%、大样地28%、草原样地43%)，内业调查任务完成21%。

强化重点项目保障，提升火灾防控能力 全力推进《全国森林防火规划(2016~2025年)》中期评估和《全国草原防火规划(2021~2025年)》编制工作。积极争取扩大防火基建投入，2021年中央财政安排用于林草系统森林、草原防火工作的基本建设投资增加到24亿元，较上年增加5.6亿元，2021年度林草部门实施森林草原防火项目131个。协调争取落实补助资金5亿元，较上年增加约2600万元。重点围绕总书记提出的“四问”，着力加强防火道、隔离带等建设，编制《全国重点区域林火阻隔系统(含防火道)工程建设规划(2021~2025年)》，印发《关于加快林火阻隔系统建设的通知》，启动《林火阻隔系统建设标准》修订。向北京、河北等24个省(区、市)和森工集团调拨5.5万台(套)价值5455万元物资，有力支援地方防火工作。组织开展森林消防专用车辆购置免税需求申报，将使基层1800多辆车受益。

强化防火科技应用，提高支撑保障水平 研发建设“国家林草生态感知平台——森林草原防火子系统”并上线运行。推进雷击火防控应急科技项目研究，加强关键技术攻关，实现大兴安岭林区全波闪电探测监测全覆盖。配合科技司推进全国森林草原防火标准化技术委员会重组工作，研究制定防火标准体系框架和标准明细表。选定30个市级、80个县级单位和内蒙古大兴安岭、黑龙江大兴安岭作为先进技术装备示范单位，积极引导和推进无人机在防火工作中应用。积极开展“防火码2.0”深化应用试点，“防火码”扫码总量突破2675万人次，处理各类火情报警、违规举报、紧急求助信息800余起。

强化防火宣传培训，营造浓厚宣传氛围 依托各类宣传媒体、媒介推送防火文章233条，阅读量1797万次。邀请林草防火领域专家编辑制作完成“卫星遥感技术在林火监测中的应用”“无人机技术在森林防火中的应用”“智能视频监控系统在林火管理中的应用”“雷击火发生规律及防控对策”“森林火灾扑救方法和技战术”五大专题17节课程的录制。以“网络专题班”的形式开展防火业务培训，在全国乡镇林业工作站岗位在线学习平台累计播放《森林火灾扑救方法》等防火课程1万多次，点击分享近20多万人次。

履行安全生产办公室职能，保持安全稳定形势 组织全局干部观看学习《生命重于泰山——学习习近平总

书记关于安全生产重要论述》电视专题片。强化行业工作指导，调整国家林草局安全生产工作领导小组人员。在重要节假日前及其他行业领域发生重特大生产安全事故时召开会议分析研判安全风险形势，加强林草行业安全生产工作指导。编制印发《林业和草原主要灾害种类及其分级（试行）》，明确林业和草原主要灾害的种类，规范林业和草原主要灾害的定义和分级。稳步推进专项整治三年行动集中攻坚，精心组织“安全生产月”和“安全生产万里行”活动。在第32个“国际减灾日”，与中国移动通信集团有限公司签订战略合作协议。

（李新华）

林草防火重要活动及会议

【全国森林草原防火和安全生产工作电视电话会议】于1月26日召开。会议学习习近平总书记关于森林草原防火和安全生产工作重要论述，传达李克强总理关于安全生产工作的重要批示，部署当前和春节、全国两会期间的森林草原防火工作。会议要求，各地要提高政治站位，切实把思想认识统一到党中央的决策部署上来，进一步认识做好森林草原防火和安全生产工作重要性、紧迫性，敢于动真碰硬，以更高标准、更严要求做好各项工作，坚决遏制和防范重特大森林草原火灾和安全事故的发生。

会议要求：一是严格落实责任。二是开展隐患排查治理。三是强化火源管控。四是持续加大宣传力度。五是强化应急措施。

（李新华）

【全国森林草原防灭火工作电视电话会议】 于3月18日召开。国务委员、国家森林草原防灭火指挥部总指挥王勇出席会议并讲话。会议指出，当前森林草原防火形势仍很严峻，各地各有关部门和单位要认真贯彻党中央、国务院决策部署，按照党政同责、一岗双责、齐抓共管、失职追责的要求，扣紧责任链条，强化督导检查，狠抓举措落地。突出抓好源头管控，推进野外火源和违法用火专项治理，彻查整改火灾隐患，强化网格化管理和群防群控。严格应急值守，完善应急预案，加强监测预警和应急力量准备，及时科学处置突发火情，做到打早打小打了，避免小火酿成大灾。系统谋划“十四五”时期森林草原防灭火工作，持续理顺体制机制，全面提升基层基础能力，加快推进森林草原防灭火治理体系和治理能力现代化。

（张　良）

【全国春季森林草原防火工作电视电话会议】 于3月19日召开。会议深入贯彻落实习近平总书记关于森林草原防火工作的系列重要指示批示精神，传达学习李克强总理重要批示和国家森防指全国森林草原防灭火工作电视电话会议精神，分析研判当前面临的火险形势，安排部署林草系统春季森林草原防火工作。会议指出，今年春季森林草原防火工作形势严峻，任务艰巨，责任重大，意义特殊。全国各级林草部门要深入贯彻落实党中央、国务院决策部署，按照国家森防指的统一指挥，坚持“人民至上、安全至上”理念，以防范重大人员伤亡和重大财产损失、重特大森林草原火灾发生为目标，以“林长制”为重要载体，以网格化管理为抓手，认真落实“防灭火一体化”要求，实现“防未、防危、防违”“打早、打小、打了”全链条管理，采取强有力措施，确保春防全胜。

（李新华）

【森林草原防火包片蹲点工作动员部署会】 于3月19日召开。国家林草局建立森林草原防火包片蹲点责任制，相关局领导和12个业务司局、15个驻地专员办对31个省（区、市）和新疆生产建设兵团、六大森工集团实行全覆盖包片，谁包片谁负责，与属地共同做好防火工作。此次包片蹲点工作围绕习近平总书记“增强责任意识，压实各方责任”总要求，通过实施包片蹲点责任制，督促指导落实地方政府行政首长负责制、部门行业监管责任和经营者主体责任，实现与网格化管理责任无缝对接，深入查摆工作中存在的问题，全面推动整改落实，确保森林草原防火工作不出现大的问题。

（李　杰）

【森林雷击火防控应急科技项目启动会】 于3月30日召开。森林雷击火防控应急科技项目拟围绕雷击火感知体系构建、火险预警、防控系统研制和集成等关键科学问题开展4项课题研究。中国是世界上发生森林雷击火最多的国家之一。雷击火具有监测发现难、精准定位难、扑救处置难的特点。国家林草局党组高度重视森林雷击火防控应急科技项目揭榜挂帅工作，7月以来，经过有关司局、科研单位反复研究，项目已完成前期准备。国家林草局防火司、科技司等相关司局单位以及中国林科院、中国科学院、东北林业大学、北京林业大学等科研院校专家30余人参加会议。

（蒋　立）

【野外火源治理和查处违规用火行为专项行动】 3月30日，国家森林草原防灭火指挥部办公室、国家林草局、公安部、应急管理部联合印发通知，决定自4月1日起至12月20日，分两个阶段联合组织开展野外火源治理和查处违规用火行为专项行动。专项行动分为两个阶段：第一阶段，4月1日至5月31日在全国范围组织开展野外火源治理专项行动；第二阶段，9月20日至12月20日在全国范围组织开展查处违规用火行为专项行动。

（贡琳琳）

【视频连线慰问吉林省林草局】 4月20日，国家林草局局长、党组书记、自然资源部党组成员关志鸥通过视频连线方式，慰问吉林省林草局防火值班人员，并听取吉林省林草局局长孙光芝相关工作汇报。 （程逸伦）

【加强林草生态网络感知系统森林草原防火模块建设】 国家林草局林草生态网络感知系统自2020年7月启动建设，森林草原防火司按照局党组的部署和要求，在感知工作专班的统一组织协调下，全力推进"森林草原防火模块"的技术对接、功能研发、升级改造及系统应用等各方面工作，多措并举推进建设。2021年初，国家林草局森林草原防火司会同规财司和感知工作专班，与国家森防指指挥中心专门接通网络专线，并成功试用。4月20日，国家林草局利用林草生态网络感知系统，与应急管理部指挥中心、大兴安岭林业集团防火指挥中心、吉林省林草局进行视频连线，调度掌握近期森林草原防火工作情况，并通过视频通话方式，慰问坚守在基层防火一线的检查站点工作人员。（贺 飞）

【全国春季森林草原防火视频调度会议】 于4月28日召开。会议进一步贯彻落实习近平总书记关于森林草原防火工作的重要指示精神和李克强总理、王勇国务委员批示要求，认真分析存在的主要问题，对森林草原防火工作进行再动员、再部署。16个督导组进驻22个省(区、市)、新疆生产建设兵团、大兴安岭林业集团开展蹲点式督导检查，并对发现的问题向地方有关部门及时反馈，实行清单式、台账式督导管理。"五一"期间，国家林草局对各地防火部门领导带班、人员值班情况进行抽查。（李新华）

【国务院安全生产考核组考核国家林草局森林草原防火和安全生产】 5月13日，国务院安全生产考核组第十五组到国家林草局开展2020年度森林草原防火和安全生产考核工作。考核组第十五组组长、国家文物局副局长出席国家林草局安全生产考核汇报会并介绍了考核工作内容和要求，国家林草局局长关志鸥作表态讲话。国家林草局副局长彭有冬汇报2020年森林草原防火和林草行业安全生产工作情况，在京局领导班子成员参加汇报会。（胡 鸿）

【深入推进森林草原防火包片蹲点机制】 6月1日，国家林草局开展2021年春季森林草原防火包片蹲点阶段性调研分析，深入贯彻中央领导同志关于森林草原防火的重要指示批示精神，认真落实国家森防指和局党组的决策部署，梳理总结防火包片蹲点前期工作情况，分析研究工作中存在的问题和不足，并就下一步抓好森林草原防火包片蹲点工作进行部署。包片蹲点工作组由国家林草局相关局领导和12个业务司局、15个驻地专员办组成，督导工作覆盖31个省(区、市)、新疆生产建设兵团和六大森工集团。截至5月28日，国家林草局共派出16个工作组、128人次，累计开展包片蹲点281天，走访132个市、198个县(区)、495个基层单位，发放问题清单近60份，发现问题180处。从通报的情况看，大部分地区存在机构队伍、火源管控、基础设施、经费保障等方面问题。（蒋 立）

【开展全国林草行业安全生产风险形势分析】 6月23日，国家林草局开展全国林草行业安全生产风险形势分析，深入学习习近平总书记近期关于安全生产重要指示精神和李克强总理有关批示要求，全面落实全国安全生产工作电视电话会议和第一次全国自然灾害综合风险普查工作电视电话会议精神，动员部署全系统扎实做好安全生产防范、推进林火阻隔系统建设、开展森林和草原火灾风险普查三项重点工作。（胡 鸿）

【全国森林和草原火灾风险普查技术指导和技术培训会议】 于7月6日在北京召开。会上，国家林草局调查规划设计院就森林和草原火灾风险普查的总体方案、调查类技术规程、质量检查办法、调查过程中的注意事项、风险评估与区划方法体系等进行全面系统的讲解。培训对象包括国家林草局直属规划院技术人员，省、市、县各级林草部门和具体承担普查工作单位，以及各级林草部门确定的风险普查业务、技术、培训、数据等业务的支撑与服务单位，受训人员超过5000人。（田云鹏）

【全国森林草原防火工作会议】 于7月14日在吉林长春召开。会议总结机构改革以来森林草原防火工作成效，认真学习吉林省40年未发生重大火灾的好经验好做法，深入研究分析新形势、新任务、新要求，部署今后一个时期全国森林草原防火工作。国家林草局副局长李树铭讲话，吉林省副省长韩福春致辞。（李新华）

【全国森林草原火灾风险普查内外业工作】 7月29日，国务院第一次全国自然灾害综合风险普查领导小组办公室召开视频会议，全国森林草原火灾风险普查内外业工作已全面铺开，各级林草主管部门正在细化工作措施，调动多方力量，强化技术支撑，全力以赴推进落实。全国24个省级单位已全面完成森林和草原火灾风险普查试点任务，122个试点县总体完成度达到92%。其中，历史火灾、野外火源、减灾能力三项调查任务基本完成。4924个森林可燃物标准地，已调查完成4872个，完成率99%；503个大样地，已调查完成442个，完成率88%。（贺 飞）

【林牧区输配电设施火灾隐患专项排查治理】 8月13日，国家森林草原防灭火指挥部办公室、国家林草局、应急管理部、国家能源局、国家电网公司、南方电网公司六部门联合印发通知，决定在全国范围开展林牧区输配电设施火灾隐患专项排查治理。此次专项排查治理的工作目标是：用一年半(2021年8月至2022年底)时间，在全国范围开展林牧区输配电设施火灾隐患专项排查治理，落实工作责任和防范措施，全面排查各类火灾隐患并整改到位。同时，认真总结排查治理工作经验，建立输配电设施防火责任台账，形成长效工作机制。（卢 渊）

【"森林雷击火防控应急科技项目"落地安装】 8月，国家林草局揭榜挂帅项目"森林雷击火防控应急科技项目"在大兴安岭林业集团公司呼中林业局落地安装。项目组在大兴安岭林业集团公司科技创新处、防火办及呼中林业局相关人员协调配合下，历时3天，安装4个雷击火气象监测站、1台全波三维闪电定位仪和1台大气电场仪。雷击火气象监测站、大气电场仪与全波三维闪电感知体系协同使用，为呼中林业局建立起雷击火气象可燃物综合观测系统，实现高精度、多要素雷击火相关要素综合监测和预报，为雷击火发生预警、林火蔓延分析、扑火安全、扑火指挥等提供重要依据。

（贡琳琳）

【印发《“十四五”林业草原保护发展规划纲要》】 9月，国家林草局、国家发展改革委联合印发《“十四五”林业草原保护发展规划纲要》，明确“十四五”期间中国林业草原保护发展的总体思路、目标要求和重点任务。其中，第十章专门提出共建森林草原防灭火一体化体系。贯彻落实习近平总书记“生命至上”“安全第一”“源头管控”“科学施救”重要指示批示精神，坚持预防为主，加强与应急、公安、气象等部门协调配合，一盘棋共抓、一体化共建。（卢　渊）

【东北、华北地区秋冬季森林草原防火工作形势分析】 8月25日，国家林草局组织开展东北、华北地区秋冬季森林草原防火工作形势分析，深入贯彻落实习近平总书记8月23日在河北省塞罕坝机械林场考察调研时的重要指示精神，总结东北、华北地区春夏季防火工作情况，安排部署秋冬季森林草原防火工作。（蒋　立）

【全国秋冬季森林草原防火暨安全生产工作调度】 9月24日，国家林草局开展全国秋冬季森林草原防火暨安全生产工作调度，深入学习贯彻习近平总书记关于森林草原防火工作的重要指示批示精神，传达落实国家森防指全国秋冬季森林草原防灭火工作电视电话会议和国务院安委会办公室中秋国庆假期安全防范工作视频会议精神，分析研判秋冬季防火形势，安排部署全国林草系统森林草原防火和安全生产工作。（李新华）

【国家林草局与中国移动签订战略合作协议】 10月13日，第32个“国际减灾日”，国家林草局与中国移动通信集团有限公司在北京签订战略合作协议。双方将充分利用中国移动的云计算、物联网、大数据、移动互联网和5G等新一代信息技术，推进“天空地”一体化生态感知体系和智慧林业建设。党的十八大以来，党中央和国务院高度重视防灾减灾工作。在刚结束的全国秋冬季森林草原防灭火工作电视电话会议上，中央领导同志对森林草原防灭火工作作出重要批示强调，构建群防群治工作格局，切实加强隐患排查整治，坚决防范重特大森林草原火灾和扑火人员伤亡事件发生。国家林草局按照中央领导同志的批示指示要求，全面加强各类灾害防治工作，防灾减灾能力不断提高。2012~2020年，森林火灾年发生次数由3966起下降到1153起，减少了71%；草原火灾年发生次数由110起下降到13起，减少了88%；沙尘天气年均发生8.4次；松材线虫病成灾率控制在8.2‰以下，其他林业有害生物成灾率控制在4‰以下，但林草行业防灾减灾的任务仍然十分艰巨。

（王铁东）

【第一届京津冀晋蒙森林草原防火联席会议】 于10月19日在河北张家口召开。会议深入学习贯彻习近平总书记关于做好北京2022年冬奥会、冬残奥会筹办工作的讲话以及对森林草原防火系列批示指示精神，贯彻落实国家森防指、国家林草局有关2021年秋冬季森林草原火灾防控部署要求，签署华北五省(区、市)森林草原防火联防联控合作协议，进一步加强华北地区森林草原防火协作，提高冬奥赛区及周边森林草原火灾综合防控能力。在国家林草局防火司指导协调，河北省林草局牵头组织下，经五省(区、市)林草主管部门深入研究、反复讨论、共同协商，最终形成《北京市、天津市、河北省、山西省、内蒙古自治区森林草原防火联防联控合作协议》。合作协议为五省(区、市)防火联防工作提供了合作框架，明确了联防区域，明晰了目标任务。协议的签订标志着华北五省(区、市)林草主管部门正式结成合作伙伴关系，五方将共同携手，充分发挥各自优势，本着“目标同向、措施一体、优势互补、互利共赢”的发展理念，秉持“常态协作、资源共享、齐抓保护、区域联动”的合作原则，强化“行政区划有边界、森林草原防火无边界”的工作导向，着力在火灾预防、火情早期处理、防火项目建设、合作指导等方面深入合作，在成立工作组织、召开联席会议、建立协作机制、实行信息共享等工作上创新探索，积极构建京津冀晋蒙交界区森林草原资源保护屏障。（李　杰）

【国家林草局规范林草主要灾害种类及其分级】 10月，国家林草局下发通知，对林业和草原主要灾害种类及其分级进行划分，规范林业和草原主要灾害的定义和分级，指导林业和草原防灾、减灾、救灾、评估。通知明确，林业和草原灾害是指由于自然因素、人为因素或二者共同作用导致森林、草原、湿地、荒漠及野生动植物资源及其环境一定程度破坏的灾害，包括森林草原火灾、林业和草原生物灾害、陆生野生动物疫病、外来生物入侵、森林草原气象灾害、森林草原地质灾害、森林草原地震灾害。通知要求，林业和草原主要灾害中已有相关政策法规和标准的，沿用现行政策法规和标准，保持现有灾害等级的延续性和相对稳定。林业和草原各类灾害的定义和分级并非一成不变，一旦发布了新的灾害标准，相应灾种的定义和分级也随之修正。林业和草原主要灾害中没有相关标准的，根据灾害对森林、草原、湿地、荒漠及野生动植物资源及其环境的破坏特征和损害程度，结合地方工作实际，研究并创新提出灾害的定义和分级。（王铁东）

【森林草原防灭火规划领导小组工作会议】 于11月召开。会议研究《〈全国森林防火规划(2016~2025年)〉中期评估报告(审议稿)》和《全国草原防灭火规划(2021~2025年)(审议稿)》。会议通报了编撰《〈全国森林防火规划(2016~2025年)〉中期评估报告》和《全国草原防灭火规划(2021~2025年)》有关情况，各有关部门就森林防火规划中期评估工作、草原防灭火规划编制工作和相关材料提出意见建议。国家发展改革委、财政部、应急管理部有关同志和国家林草局森林草原防火工作专班成员参加会议。（贺　飞）

【印发《关于加强全国秋冬季森林草原防火工作的通知》】 11月5日，国家林草局办公室印发《关于加强全国秋冬季森林草原防火工作的通知》，要求深入贯彻落

实习近平总书记关于森林草原防灭火工作的重要指示和李克强总理批示精神，进一步夯实责任，加强野外火源管理，严防发生森林草原火灾。（李新华）

【国家五部门联合发文要求切实加强旅游景区森林草原防灭火工作】 12月，国家森林草原防灭火指挥部办公室、应急管理部、国家林草局、公安部、文化和旅游部联合发布通知，要求深入落实习近平总书记视察塞罕坝林场时的重要指示精神，切实加强旅游景区森林草原防灭火工作。8月23日，习近平总书记在河北省塞罕坝机械林场视察期间，再三叮嘱要抓好森林草原防灭火工作，一定要处理好防火和旅游的关系，强调防火责任重于泰山。习近平总书记的重要指示精神充分彰显了“以人民为中心”的发展思想，体现了对森林草原防灭火工作的高度重视，为加强森林草原防灭火工作指明了前进方向、提供了根本遵循。（程逸伦）

【设立国家林业和草原局森林草原火灾预防监测中心】 2021年，按照中央编委批复的《国家林业和草原局深化事业单位改革实施方案》，国家林草局正式设立森林草原火灾预防监测中心（简称“防火中心”）。防火中心是国家林草局所属公益一类事业单位，正司局级，编制总数为20人，内设4个处室，于2021年10月开始正式运行。主要职能包括：（一）参与拟订森林草原火灾预防和火情早期处理的有关政策、法规、规划等，承担部门间森林草原火灾预防监测相关技术支持工作。（二）参与拟订森林草原火灾预防和火情早期处理标准、规程，指导开展林草系统森林草原防火技术、装备创新与应用。（三）组织开展森林草原火险预测预防，参与火情和火灾损失评估，开展火灾风险调查及高风险地区可燃物载量动态监测等工作。（四）开展森林草原防火信息调度、值班值守等工作，负责航空护林、防火通信等技术支撑，承担防火数据管理和国家森林草原防火物资储备库管理等相关工作。（五）组织开展森林草原消防员专业培训考核等相关工作，参与相关信息化建设应用、行业队伍建设、社会宣传、国际交流等，承担防火资金项目评估等具体工作。（六）完成国家林草局交办的其他任务。（赵佳音）

林草法制建设

14

林草立法

【《湿地保护法》】 1月，全国人大常委会对《湿地保护法（草案）》进行了初次审议，10月进行了二次审议。其间，国家林草局派员参加了全国人大宪法法律委、全国人大环资委、全国人大常委会法工委组织召开的工作座谈会、专题论证会、部门协调会以及立法评估会等会议；陪同全国人大常委会法工委有关领导赴青海开展立法调研；提出修改意见和建议，推动草案进一步明确湿地定义、适用范围、工作职责分工和措施以及法律责任等重点制度内容。12月，第十三届全国人大常委会第三十二次会议审议通过了《湿地保护法》。

【《种子法》】 4月，《〈种子法〉修正案（草案）》由国务院提请全国人大常委会进行审议；8月，草案由全国人大农委提请全国人大常委会进行审议；10月，全国人大常委会再次对草案进行了审议。其间，国家林草局派员参加了由全国人大宪法法律委、全国人大农委、全国人大常委会法工委组织召开的工作座谈会、专题论证会以及立法评估会等会议，就草案提出了建立合理可行的林木种子行政许可制度等意见和建议。12月，第十三届全国人大常委会第三十二次会议审议通过了《全国人民代表大会常务委员会关于修改〈中华人民共和国种子法〉的决定》。

【《野生动物保护法》】 国家林草局派员参加全国人大宪法法律委、全国人大环资委、全国人大常委会法工委组织召开的座谈会、专题论证会等会议，就修订草案提出意见和建议，配合全国人大做好野生动物保护法修改工作。

【《国家公园法》】 形成《国家公园法（草案）》（第二次征求意见稿），再次征求了国家林草局各内设机构、试点国家公园管理机构、地方政府和有关部门意见，修改完善后形成了《国家公园法（草案）》。

【《自然保护地法》】 在研究吸纳国务院有关部门业务司局和省级林草主管部门反馈意见的基础上，修改形成《自然保护地法（草案）》（第三稿）。

【《森林法实施条例》】 2021年1月和9月，国家林草局对《森林法实施条例（修订草案）（征求意见稿）》两次征求了地方林草主管部门和森工集团的意见，同年4月征求了中央编办等48个中央国家机关意见。国家林草局组织多个司局单位共同研究意见反馈情况，对有关林长制、林地占用、造林绿化、森林经营等重点问题进行了研讨，并就森林资源调查监测、乡镇林业工作机构等问题与自然资源部、中央编办等单位进行了沟通。

【《自然保护区条例》】 《自然保护区条例（修订草案）》分别征求了国务院各部门和地方林草主管部门意见，并经国家林草局两次局党组会议审议，且对有关修改情况与国务院办公厅和司法部进行了沟通汇报。

【《风景名胜区条例》】 国家林草局联合自然资源部召开专题会、专家座谈会，并进行实地调研，初步形成《风景名胜区条例（修改草案）（征求意见稿）》，征求了国务院各部门与地方林草主管部门意见，且与司法部就条例修订进行了沟通。

（林草立法由左妮供稿）

林草行政执法

【林草执法制度建设】 一是结合新修订《行政处罚法》实施，对与该法密切相关的5部部门规章进行了系统研究，起草形成《林业草原行政处罚程序规定》，拟以自然资源部规章形式发布。目前草案已完成征求省级林草部门和中央有关部门意见，拟报国家林草局领导审定后进入下一步立法程序。二是按照国务院统一部署，先后开展了两轮《行政处罚法》配套法规、规章清理，对不符合法律规定和不合理设定的行政处罚提出修改意见。三是继续推动涉林刑事司法解释修改，与最高人民法院研究室有关处室保持密切沟通，正式报送了关于破坏森林资源刑事司法解释的修改意见稿，在破坏野生动物资源刑事司法解释修改中积极反映国家林草局诉求。四是采取多种形式开展调查研究，积极向国家林草局领导反映基层林草执法困难和问题，为地方加强执法出谋划策，目前已有10余个省级林草部门设立了专门的执法监督处室。

【规范文件管理工作】 一是严格执行规范性文件计划管理，2021年规范性文件制定计划共列入规范性文件25件，其中一档8件、二档17件。截至11月30日，一档文件完成率达到87.5%。二是主动做好上行文件审核服务。全年共审核国家林草局上报国务院文件12件，《第一批国家公园设立方案》《关于科学绿化的指导意见》《关于加强草原保护修复的若干意见》等文件由国务院印发，取得良好社会效果。

【专班工作】 认真落实重点工作专班任务，参与国家公园规划、重点国有林区改革、松材线虫病防治3个专班，及时从合法性角度对有关政策措施提出建议。

【规范工作制度】 一是首次向党中央、国务院报送年度林草法治建设情况，明确了报送程序，为今后向中央反映林草法治工作打下了基础。二是按照中央编办要求，会同人事司做好国家林草局权责清单编制工作，目前权责清单已经过中央编办工作层面审核通过，即将由中央编办正式征求中央有关部门意见。三是按照驻部纪检监察组要求，协调落实行政监督与纪检监督贯通机制，起草报送有关材料。

【业务培训】 在林干院举办为期5天的林草法治工作培训班，各省级林草部门法治机构、执法监督机构负责人和局有关司局单位、各派出机构相关人员参加。

【法治保障】 一是坚持关口前移，对政策性强、社会关注度高的野生动植物保护、自然保护地管理方面制度规范和事件处理，提前介入、全程参与，最大限度避免法律风险。二是加强与最高人民法院研究室、环境资源审判庭、最高人民检察院公益诉讼检察厅、司法部执法监督协调局的工作联系，在有关司法解释制修订、指导案例遴选、执法制度建设等方面反映国家林草局诉求，争取理解支持。

（林草行政执法由赵东泉供稿）

林草行政审批改革

【林草行政审批制度改革】 一是将行政许可事项全部纳入清单管理，完成了中央层面设定的林草行政许可事项清单复核确认，同步修改完善了要素表。二是制订印发《国家林业和草原局深化“证照分离”改革实施方案》，按照直接取消、实行告知承诺制、优化审批服务3种方式，分类推进中央层面设定的林草领域15项涉企经营许可事项“证照分离”全国全覆盖改革。三是将建设项目使用林地、草原审核以及在森林和野生动物类型国家级自然保护区修筑设施审批等3项行政许可事项委托省级林草主管部门实施，并制定委托工作监管办法。四是制定印发《国家林业和草原局行政许可工作管理办法》《国家林业和草原局政务服务中心行政审批服务工作管理办法》，进一步规范许可行为，明确许可职责，优化许可服务。五是组织编制国家重点保护陆生野生动物人工繁育许可证、普及型国外引种试种苗圃资格证书电子证照标准，开发电子证照功能，积极推进涉企证照电子化。六是开展“双随机、一公开”监管，完成2020年检查工作总结及问题整改，印发实施2021年检查工作计划。七是网上行政审批平台正式投入使用，全面实现全流程网上审批，申请人网上办理比例近60%，线上线下好评率达100%。八是加强政务服务中心建设，开展综合咨询服务，为社会公众提供涉林草法律法规、政策措施、行政复议等方面的咨询服务。

（林草行政审批改革由杨娜供稿）

草原法制建设

【综　述】 《草原法》是我国草原管理的根本大法，是草原保护修复利用的总章程。自2018年9月《草原法》修改被列入《十三届全国人大常委会立法规划》二类立法项目后，国家林业和草原局高度重视，及时启动并推进《草原法》修改工作。2021年，国家林草局草原司坚持以问题为导向，强化法律科学性、精准性和可操作性，继续完善草原法律体系，有序推进修法工作。

【《草原法》修改重点问题研究】 组织中国草学会、国家林草局发展研究中心、北京林业大学、中国农业科学院草原研究所等单位专家和研究团队，围绕基层贯彻实施草原法情况问题、事例案例、相关法律条文衔接、处罚标准、草原名词术语以及重点条款内容等，开展深入研究，广泛搜集素材，对《草原法》修改工作提供了比较扎实的技术支撑。

结合中央关于草原决策部署进行集中修改 《国务院办公厅关于加强草原保护修复的若干意见》对新时期草原工作进行了全面部署。《草原法》修改起草小组结合研究、调研成果、征求意见情况，贯彻国办草原文件精神要求，吸收重要制度政策内容，对草原法条文进行了集中修改。

征求国家林草局各司局和地方意见 在前期修改的基础上，形成《草原法（修订征求意见稿）》，发文征求了国家林草局各司局和单位意见。共收到120余条意见，主要涉及林（草）长制、保护地、野生动物保护等。组织起草小组和专家对意见进行了逐条研究处理，吸收修改。9月，发文征求各省（区、市）林草主管部门意见，对意见进行研究整理，对草原法条款进行第四轮修改，形成《草原法（修改草案稿）》。

（草原法制建设由王冠聪、赵欢供稿）

林草科学技术

15

林草科技概述

【林业科技投入】 中央财政安排林业科技资金74 514万元。其中，部门预算5225万元。中央财政林业科技推广示范补贴资金5亿元，生态站、重点实验室和推广站等科技平台基本建设经费1.06亿元，中国林科院及国际竹藤中心基本科研业务费项目8689万元。

争取科技部各类中央财政科技计划项目经费1.29亿元。通过公开竞争方式，积极争取科技部“十四五”重点研发项目17项，中央预算投入5.29亿元。

（李 岩）

林草科技创新发展

【重点课题研究】 6月1日，国家林草局召开2021年度局重点课题启动会，启动实施揭榜挂帅类、基础类、应用类、调研类等2021年度重点课题19项。其中，松材线虫病防控、雷击火防控揭榜挂帅类2项，林草碳中和战略研究等基础类5项，国家公园管理制度研究等应用类6项，《林草工作手册》1项，调研类5项。

【发布第三期中国森林资源核算研究成果】 3月12日，国家林草局联合国家统计局发布第三期中国森林资源核算研究成果。研究结果显示，全国林地林木资产总价值25.05万亿元，森林生态服务价值15.88万亿元，森林文化价值3.1万亿元。

【建立局专家库并发布第一批专家名单】 在充分征求各局领导、各司局单位意见基础上，研究提出了国家林草局专家库第一批专家名单共159人，包括生态、草原、国家公园和自然保护地、荒漠化防治、野生动植物、湿地保护、林草产业、政策法规、灾害防控等领域。

【《“十四五”林草科技创新规划》编制完成】 7月16日，《“十四五”林草科技创新规划》通过专家咨询论证。《规划》共5章26节，主要包括迈入创新引领新阶段、构筑科技创新新体系、推动重点工作新跃升、实现重点领域新突破、强化组织保障新举措等内容。

【全面加强与科技部、中科院和中国科协三部门战略合作】 6月8日，与中科院签署全面战略合作框架协议，共建国家公园研究院，围绕林草行业发展重大科技需求开展全面战略合作，加快推动林草科技创新，支撑引领林草事业高质量发展。9月1日，与中国科协签署全面战略合作协议，共同打造高端智库和学术交流，推动中国林学会创建中国特色世界一流学会。12月6日，国家林草局局长关志鸥带队到科技部，与科技部部长王志刚共商推进推动“林科协同”工作机制，加大草原、国家公园、林草病虫害防控、林草碳汇、林草机械装备研发、重点实验室建设等方面支持，推进签订全面战略合作协议，形成长期稳定支持林草科研机制。

（林草科技创新发展由程强供稿）

林草科技推广服务

【林草技术下乡惠农活动】 举办了16期国家林草科技大讲堂，先后在青海、河南、云南等13个省份邀请100余名专家进行授课直播，并在国家林草局官网、抖音和哔哩哔哩应用程序(App)、林草科技推广公众号等平台上开通专栏或账号，让林农随时随地可以学到所需实用技术。大讲堂推出以来，累计1000多万人次收看，大讲堂抖音号上线4个月，有460多万次播放。

（吴世军）

【成果推广转化服务】 遴选出800余项林草科技成果进入国家林草科技推广成果库，入库总数超过1万项，发布2021年重点推广林草科技成果100项。发布黄精、铁皮石斛、文冠果等10项林草产业致富技术信息。全国累计组织1300多个服务团，有5300多人深入基层开展科技服务。实施中央财政林业科技推广示范项目512个，推广良种750余个，推广实用技术930余项，建立示范林近2万公顷。组织开展“林草科技进青海行动”和林草科技援藏活动，举办西藏“江水上山”水能提灌技术现场演示推广，援助林草科技书籍1万册。

（吴世军）

【定点县科技帮扶活动】 组织召开林草科技结对帮扶工作对接会，组织国家林草局科技口单位抓好4个定点县结对帮扶，实施好近年来落实的51个帮扶项目，总

经费 2650 万元。组织林草高等科研院所专家与林草乡土专家结成精准“互助对子”，69 名专家与 4 个定点县 69 名乡土专家结对子。（楼暨康）

【开展林草科学普及活动】 召开国家林草局科普工作领导小组全体会议。联合科技部出台《国家林草科普基地管理办法》，开展首批国家林草科普基地认定工作。组织“回望百年奋进路 共筑美丽中国梦”2021 年全国林业和草原科技活动周系列活动，开展林草科普微视频大赛、科技下乡、生态文化进校园、“基于自然的解决方案”青年行动、全国未成年人生态道德教育交流等活动。举办 2021 年全国林业和草原科普讲解大赛，10 人被聘为“国家林业和草原局金牌讲解员”。（唐红英）

林草科技平台建设

【条件平台制度建设】 印发《科技司关于进一步加强林草科技创新平台建设管理的通知》，从 7 个方面全面加强科技条件平台建设管理工作。出台《科技司科技平台管理办法》，印发《林业和草原国家创新联盟管理办法(试行)》，修订《国家陆地生态系统定位观测研究站管理办法》。编制《国家陆地生态系统定位观测研究站网建设发展实施方案(2021～2025 年)》。

【条件平台布局建设】 河南宝天曼站和河南黄河小浪底站 2 个生态站入选国家野外台站；新建河北崇礼森林等 5 个生态站，生态站总数达 215 个；新批复建立东北林草危险性有害生物防控、暖温带林草种质资源保存与利用、竹林生态与资源利用、西藏野生植物多样性保育与恢复、黄河三角洲草地资源与生态 5 个局重点实验室；批复第三批长期科研基地 41 个，长期科研基地总数达 151 个。认定 1 个国家林业科技园区、2 个国家林业生物产业基地和 15 个国家林业草原工程技术研究中心，总数分别达到 13 个、20 个和 117 个。开展国家林草科技推广转化基地遴选，第一批拟认定 100 家。

表 15-1 第三批 41 个国家林业和草原长期科研基地名单

序号	基地名称	申报单位	基地负责人
1	北方海岸带生态修复国家长期科研基地	中国林业科学研究院林业研究所	褚建民
2	黑龙江大兴安岭森林防火国家长期科研基地	中国林业科学研究院森林生态环境与保护研究所	舒立福
3	河北宣化林草综合性国家长期科研基地	中国林业科学研究院	储富祥
4	湖南黄丰桥森林监测与模拟国家长期科研基地	中国林业科学研究院资源信息研究所	陈永富
5	云南元谋干热河谷荒漠综合治理国家长期科研基地	中国林业科学研究院资源昆虫研究所	孙永玉

（续表）

序号	基地名称	申报单位	基地负责人
6	子午岭落叶阔叶次生天然林保护国家长期科研基地	国家林业和草原局西北调查规划设计院	王得军
7	四川长宁竹林生态类国家长期科研基地	国际竹藤中心	蔡春菊
8	亚洲象监测与研究国家长期科研基地	国家林业和草原局昆明勘察设计院(国家林业和草原局亚洲象研究中心)	陈　飞
9	大相岭濒危野生动植物保护生物学国家长期科研基地	中国大熊猫保护研究中心	张和民
10	河北石家庄榆树资源保存与育种国家长期科研基地	河北省林业和草原科学研究院	王玉忠
11	山西右玉草原生态系统国家长期科研基地	山西农业大学	董宽虎
12	辽宁特色经济林育种国家长期科研基地	辽宁省经济林研究所	尤文忠
13	上海城市森林生态系统国家长期科研基地	上海市林业总站	杨储丰
14	江苏城市森林与滨海湿地生态国家长期科研基地	江苏省林业科学研究院	王　磊
15	安徽扬子鳄人工繁育与保护国家长期科研基地	安徽扬子鳄国家级自然保护区管理局(安徽省扬子鳄繁育研究中心)	吴　荣
16	安徽升金湖湿地生态学国家长期科研基地	安徽大学	周立志
17	江西退化红壤森林植被恢复国家长期科研基地	江西农业大学	杨光耀
18	山东日照暖温带观赏树种培育国家长期科研基地	山东省林业科学研究院	陈俊强

（续表）

序号	基地名称	申报单位	基地负责人
19	广州海珠湿地国家长期科研基地	广州市海珠区湿地保护管理办公室	范存祥
20	广州城市林业国家长期科研基地	广州市林业和园林科学研究院	阮　琳
21	四川大熊猫等特有濒危野生动物保护国家长期科研基地	成都大熊猫繁育研究基地、四川省大熊猫科学研究院	张志和
22	高原山地马尾松国家长期科研基地	贵州大学	丁贵杰
23	陕西榆林荒漠化防治国家长期科研基地	陕西省林业科学院	石长春
24	祁连山生态监测国家长期科研基地	大熊猫祁连山国家公园甘肃省管理局张掖分局	廖空太
25	甘肃小陇山次生林培育国家长期科研基地	甘肃省小陇山林业实验局林业科学研究所	马建伟
26	青海草原保护与恢复国家长期科研基地	青海省草原改良试验站	仁钦端智
27	青海班玛藏茶资源保护开发国家长期科研基地	青海省果洛藏族自治州班玛县林业站	李德成
28	青海沙珠玉防沙治沙国家长期科研基地	青海省治沙试验站	何艳龙
29	青藏高原雪豹繁育研究国家长期科研基地	西宁野生动物园(青海野生动物救护繁育中心)	汪晓飞
30	黑龙江大兴安岭兴安落叶松种质资源保存与育种国家长期科研基地	大兴安岭林业集团公司森林经营部技术推广站	宋光辉
31	羊草种质资源研究与利用国家长期科研基地	中国科学院植物研究所	刘公社
32	内蒙古额尔古纳冻土区森林草原综合生态系统国家长期科研基地	东北林业大学	孙　龙
33	南京都市圈城市水土保持国家长期科研基地	南京林业大学	张金池
34	云南澄江抚仙湖森林生态国家长期科研基地	西南林业大学	何霞红
35	广西南宁青秀山风景园林国家长期科研基地	中南林业科技大学	沈守云
36	陕北温带草原生态系统国家长期科研基地	西北农林科技大学	樊　军
37	内蒙古林草过渡区草原国家长期科研基地	北京林业大学	董世魁
38	黑龙江兴凯湖湿地生态国家长期科研基地	中国科学院东北地理与农业生态研究所	姜　明
39	辽东湾滨海盐碱地综合治理国家长期科研基地	中国林业科学研究院(荒漠化研究所)	卢　琦
40	北京麋鹿与生物多样性保护国家长期科研基地	北京麋鹿生态实验中心	白加德
41	高黎贡山生物多样性保护国家长期科研基地	中国林业科学研究院森林生态环境与保护研究所	李迪强

表 15-2　新认定科技推广平台(科技园区、生物产业基地、工程中心)

序号	平台名称	依托单位
1	福建洋口国家林业科技园区	福建省洋口国有林场
2	贵州独山国家油桐生物产业基地	贵州省独山县人民政府
3	贵州赤水国家竹浆生物产业基地	贵州省赤水市人民政府
4	国家林业草原生态景观草工程技术研究中心	北京市农林科学院
5	国家林业草原沙生灌木高效开发利用工程技术研究中心	内蒙古农业大学
6	国家林业草原三叶青西红花工程技术研究中心	浙江农林大学
7	国家林业草原栀子工程技术研究中心	江西省林业科学院
8	国家林业草原森保无人机与果园自主作业装备工程技术研究中心	洛阳中清众智科学与工程研究院有限公司
9	国家林业草原山桐子工程技术研究中心	湖北旭舟林农科技有限公司
10	国家林业草原西南森林与草原生态防火工程技术研究中心	四川农业大学
11	国家林业草原防沙治沙工程技术研究中心	中国林业科学研究院沙漠林业实验中心、内蒙古农业大学
12	国家林业草原通用航空应用工程技术研究中心	中国林业科学研究院资源信息研究所
13	国家林业草原柿工程技术研究中心	中国林业科学研究院亚热带林业研究所
14	国家林业草原林下药用蟾蜍生态养殖工程技术研究中心	中国中医科学院中药研究所
15	国家林业草原运动场与护坡草坪工程技术研究中心	北京林业大学

（续表）

序号	平台名称	依托单位
16	国家林业草原人工智能与装备工程技术研究中心	东北林业大学
17	国家林业草原森林精准培育与监测工程技术研究中心	南京林业大学
18	国家林业草原猕猴桃工程技术研究中心	西北农林科技大学

【科技协同创新】 联合浙江省人民政府建立国家林草装备科技创新园。推进油茶科创谷建设，印发《中国油茶科创谷规划（2020～2025年）》。新批复筹建古树健康保护等9家联盟，联盟总数达257个。联合15家单位成立塞罕坝林草科学研究院。

【科技平台管理】 成立生态站建设管理工作专班，发布生态站总论、森林、草原、湿地、荒漠、城市、竹林7个专题报告；完成2020年度生态站评估，评估优、中、差的生态站分别为50个、95个、20个。公布2020年度工程中心评估结果。

（林草科技平台建设由刘庆新供稿）

林草科技人才队伍建设

【提高林草科技奖励激励力度】 会同国家林草局规财司、中国林学会研究提出，将获国家科技进步奖二等奖奖金从20万元提高到30万元，梁希林业科学技术奖一等奖奖金从20万元提高到25万元，激发林草科技人员干事创新活力。

【林草科技创新人才培养】 遴选第三批林草科技创新青年拔尖人才24人、领军人才23人、创新团队35个，截至2021年底，共有青年拔尖人才56人、领军人才55人、创新团队95个。

表15-3 第三批林业和草原科技创新青年拔尖人才入选名单

序号	姓名	所在单位
1	周建波	中国林业科学研究院
2	唐启恒	中国林业科学研究院木材工业研究所
3	张代晖	中国林业科学研究院林产化学工业研究所
4	李　勇	中国林业科学研究院湿地研究所
5	王汉坤	国际竹藤中心
6	孙忠秋	国家林业和草原局调查规划设计院
7	刘永杰	国家林业和草原局昆明勘察设计院
8	原作强	中国科学院沈阳应用生态研究所
9	姜霁珊	中国农业大学
10	田　佶	北京农学院
11	高慧琳	沈阳农业大学
12	赵大球	扬州大学
13	娄和强	浙江农林大学
14	王　年	山东农业大学
15	鄢家俊	四川省草原科学研究院
16	许细薇	华南农业大学
17	赵龙山	贵州大学
18	杜庆章	北京林业大学
19	孟　冬	北京林业大学
20	牛　犇	东北林业大学
21	韩景泉	南京林业大学
22	蒋少华	南京林业大学
23	万才超	中南林业科技大学
24	张　超	西北农林科技大学

表15-4 第三批林业和草原科技创新领军人才入选名单

序号	姓名	所在单位
1	罗志斌	中国林业科学研究院林业研究所
2	王利兵	中国林业科学研究院林业研究所
3	崔　凯	中国林业科学研究院资源昆虫研究所
4	余养伦	中国林业科学研究院木材工业研究所
5	王基夫	中国林业科学研究院林产化学工业研究所
6	官凤英	国际竹藤中心
7	陈振雄	国家林业和草原局中南调查规划设计院
8	张忠涛	国家林业和草原局林产工业规划设计院
9	庾　强	中国农业科学院农业资源与农业区划研究所
10	王忠武	内蒙古农业大学
11	戴永务	福建农林大学
12	刘方春	山东省林业科学研究院

（续表）

序号	姓名	所在单位
13	李永峰	山东农业大学
14	肖志红	湖南省林业科学院
15	黄开勇	广西林业科学研究院
16	汪继超	海南师范大学
17	宁德鲁	云南省林业和草原技术推广总站
18	芦娟娟	新疆农业大学
19	王丰俊	北京林业大学
20	董世魁	北京林业大学
21	孙　龙	东北林业大学
22	曹　林	南京林业大学
23	雷　洪	西南林业大学

表 15-5　第三批林业和草原科技创新团队入选名单

序号	团队名称	负责人	所在单位
1	木材加工装备与智能化创新团队	张　伟	中国林业科学研究院
2	森林植被水碳通量研究创新团队	张劲松	中国林业科学研究院林业研究所
3	林草种质资源保护与创新利用创新团队	郑勇奇	中国林业科学研究院林业研究所
4	气候变化与生态系统管理创新团队	肖文发	中国林业科学研究院森林生态环境与保护研究所
5	森林和草原火灾防控创新团队	舒立福	中国林业科学研究院森林生态环境与保护研究所
6	木材标本资源信息挖掘与利用创新团队	殷亚方	中国林业科学研究院木材工业研究所
7	基于激光雷达的森林资源监测创新团队	刘道平	国家林业和草原局华东调查规划设计院
8	自然资源评价评估创新团队	武健伟	国家林业和草原局调查规划设计院
9	亚洲象研究创新团队	张光元	国家林业和草原局昆明勘察设计院
10	林草智慧监测创新团队	闵志强	国家林业和草原局西北调查规划设计院
11	竹子优良新品种选育与创制创新团队	高　健	国际竹藤中心
12	大熊猫种群安全体系建设创新团队	李德生	中国大熊猫保护研究中心
13	草地土壤健康评价与功能提升研究创新团队	金　轲	中国农业科学院草原研究所

（续表）

序号	团队名称	负责人	所在单位
14	高寒草地适应性管理与绿色发展创新团队	邵新庆	中国农业大学
15	观赏草种质资源发掘与遗传育种创新团队	范希峰	北京市农林科学院
16	板栗科技创新团队	秦　岭	北京农学院
17	林木良种培育研究创新团队	郝向春	山西省林业和草原科学研究院
18	石墨烯林业应用创新团队	赵建国	山西大同大学
19	寒旱草原区草种质资源创新与利用创新团队	石凤翎	内蒙古农业大学
20	北方特色经济林育种与栽培创新团队	尤文忠	辽宁省经济林研究所
21	芍药等花卉品质调控与种质创新团队	陶　俊	扬州大学
22	石斛黄精创新团队	斯金平	浙江农林大学
23	暖温带林草种质资源保护与利用创新团队	解孝满	山东省林草种质资源中心
24	中原地区主要乡土树种资源研究与利用创新团队	范国强	河南农业大学
25	热带雨林生物多样性保护及恢复创新团队	龙文兴	海南大学
26	枇杷种质资源创制与利用创新团队	郭启高	西南大学
27	草地啮齿动物危害防控创新团队	花立民	甘肃农业大学
28	长江上游生态屏障创新团队	慕长龙	四川省林业科学研究院
29	北方草地资源与生态保护创新团队	纪宝明	北京林业大学
30	紫薇等花卉种质创新与分子育种创新团队	潘会堂	北京林业大学
31	西南地区困难立地生态修复创新团队	周金星	北京林业大学
32	木质材料保护理论与技术创新团队	曹金珍	北京林业大学
33	林业生物质资源高效利用创新团队	谢延军	东北林业大学
34	南方重要经济林精准栽培创新团队	李建安	中南林业科技大学
35	林草制度创新与林牧区治理创新团队	赵敏娟	西北农林科技大学

（林草科技人才队伍建设由李兴供稿）

林草标准质量工作

【林草标准体系】 批准发布54项林业行业标准，下达81项林业行业标准计划，申请122项国家标准制定修订项目，获批发布54项国家标准。组织召开生态旅游、木雕2个行业标委会成立大会，完成林草种子等6个林草领域全国标委会重组。印发森林资源、湿地保护等10个领域标准体系。组织制定1项ISO国际标准，参加制定1项ISO国际标准，获批2项ISO国际标准项目，发布10项林业行业标准外文版。召开国家公园标准新闻发布会，发布《国家公园设立规范》等5项国家标准。

【林产品质量监管】 组织开展近2500批次国家级林产品质量监测，监测范围涵盖食用林、木质林、林化、花卉产品等20个品类，组织冬奥会食用林产品安全调研督导，指导北京、河北林草部门做好2022北京冬奥会食用林产品供应基地遴选和生产基地监管工作。发布"十三五"期间林产品质量十件大事，开展食用林产品质量安全工作调研，推荐1人获评"全国食品安全工作先进个人"。

（林草标准质量工作由佟金权供稿）

林草知识产权保护

【实施林业和草原知识产权转化运用项目】 2021年，国家林草局科技发展中心组织实施"'一种木耳挂袋栽培的方法'在贵州荔波县的转化运用""生物质多羟基土壤修复材料的关键制备技术转化运用"2项林业专利技术转化运用项目，"华桉3号新品种转化运用""龙丰1、2号杨新品种转化运用""青海高寒荒漠地区小叶杨优良抗逆新品种转化运用"和"美人椒花椒新品种标准化栽培转化运用"4项林业授权植物新品种转化运用项目。

表15-6　2021年林草知识产权转化运用项目

序号	项目名称	承担单位	负责人
1	"一种木耳挂袋栽培的方法"在贵州荔波县的转化运用	东北林业大学	邹　莉
2	生物质多羟基土壤修复材料的关键制备技术转化运用	东北林业大学	黄占华
3	华桉3号新品种转化运用	华南农业大学	莫晓勇
4	龙丰1、2号杨新品种转化运用	黑龙江省林科院	王福森
5	青海高寒荒漠地区小叶杨优良抗逆新品种转化运用	北京林业大学	张德强
6	美人椒花椒新品种标准化栽培转化运用	四川省林科院	吴宗兴

【5项林业知识产权转化运用项目通过验收】 年内，国家林草局科技发展中心组织专家分别对"红花玉兰新品种娇红1号、娇红2号产业化示范与推广""铁皮石斛原生态栽培专利技术产业化"和"'湘韵'紫薇新品种及高效繁育技术产业化开发"等5项林业知识产权转化运用项目进行现场查定和验收。项目均完成了合同规定的任务和考核指标，取得了良好的社会经济效益，促进了林业专利技术和授权植物新品种的产业化应用。

专家指导当地种植户种植木耳

表15-7　2021年通过验收的林业知识产权转化运用项目

序号	实施年份	项目名称	承担单位	负责人
1	2017	红花玉兰新品种娇红1号、娇红2号产业化示范与推广	北京林业大学	马履一
2	2018	铁皮石斛原生态栽培专利技术产业化	浙江森宇有限公司	俞巧仙
3	2018	'湘韵'紫薇新品种及高效繁育技术产业化开发	湖南省林科院	蔡　能
4	2019	杂交相思新品种'赤云相思'推广与示范	广西壮族自治区林科院	曹艳云

（续表）

序号	实施年份	项目名称	承担单位	负责人
5	2019	紫薇免移栽的嫩枝扦插育苗药剂及方法示范推广	湖南省林科院	曾慧杰

【2021年全国林业和草原知识产权宣传周活动】 4月20~26日是全国知识产权宣传周，主题为“全面加强知识产权保护 推动构建新发展格局”。国家林业和草原局科技发展中心组织开展2021年全国林草知识产权宣传周活动，通过媒体集中报道、出版科技图书等活动，向公众普及和宣传林业与草原知识产权知识，展示林草业实施知识产权战略取得的新进展、新成就。旨在通过系列活动，全面展示我国林草知识产权保护工作取得的显著成效，面向社会广泛宣传普及林草知识产权知识，提高大众知识产权保护意识，使林草知识产权保护工作更好地融入林草事业发展大局，力争在提升林草治理体系和治理能力现代化中展现更大作为。

【中国专利奖组织推荐工作】 8月，国家林草局科技发展中心下发《关于推荐第二十三届中国专利奖的通知》，组织中国林科院、国际竹藤中心及6所涉林高校进行林业专利项目申报，在积极动员、广泛征集的基础上，严格按照申报程序、参评条件等要求对申报的专利项目进行专家评审、推荐和公示，推荐中国林科院林产化学工业研究所的“一种改性生漆防腐涂料的制备方法”（ZL201610161400.X）、中国林科院木材工业研究所的“分层阻燃人造板及其制造方法、表层阻燃剂在阻燃材料中的应用”（ZL201810932183.9）和南京林业大学的“一种生物质气化供气联产电、炭、热、肥的工艺方法”（ZL201510851255.3）3项林业发明专利项目，参加第二十三届中国专利奖评选。

【国际林业知识产权动态跟踪与专利分析研究】 国家林草局知识产权研究中心跟踪世界各国林业知识产权动态，开展欧盟实施《国际植物新品种保护公约》概况、遗传资源惠益分享与植物新品种保护的相互关系、亚太地区植物新品种保护法实施情况、韩国遗传资源获取和惠益分享制度、植物育种者权利的权力平衡、日本2020年植物新品种保护法修正案概况、与森林繁殖材料生产和使用有关的遗传问题等研究，提供林业知识产权信息服务，为国际履约和谈判提供技术支撑。组织开展主要优势经济林树种、竹结构材、打枝机、栗属植物、正交胶合木、树木移栽、沉香等专利的分析研究，形成研究报告。

【林业知识产权基础数据库和共享平台】 国家林草局知识产权研究中心系统收集和整理国内外与林草知识产权相关的主要科学数据和文献资料，完善和建设林草专利、植物新品种权、林产品地理标志、知识产权动态等15个林草知识产权基础数据库，2021年新增数据量10万条，累计数据量160万条。维护和管理中国林业知识产权网和中国林业植物新品种保护网，2021年用户访问量超过10万人次，网站提供全年不间断、安全稳定的在线检索服务。开通“2021年全国林草知识产权宣传周”网站，图文并茂地展示林草知识产权成果和最新进展，扩大了林草知识产权的影响力。

【出版《2020中国林业和草原知识产权年度报告》】 4月，国家林草局科技发展中心、国家林草局知识产权研究中心编著的《2020中国林业和草原知识产权年度报告》，由中国林业出版社出版发行。

【出版《美国植物新品种法律法规解读》】 4月，国家林草局知识产权研究中心译著的《美国植物新品种法律法规解读》由中国林业出版社出版发行。知识产权研究中心组织专家对美国植物新品种法律法规进行解读，旨在让更多的人了解、关心和支持植物新品种保护制度，共同促进中国植物新品种保护事业发展。

【编印《林业知识产权动态》】 编印《林业知识产权动态》6期，全年共发表动态信息36篇，政策探讨论文6篇，研究综述报告6篇，统计分析报告6篇。《林业知识产权动态》是由国家林草局科技发展中心主办，国家林草局知识产权研究中心承办的内部刊物。

（林草知识产权保护由杨玉林供稿）

林草植物新品种保护

【林草植物新品种申请和授权】 2021年，国家林草局科技发展中心共受理国内外植物新品种权申请1442件，同比增长38%，年度申请量再创新高；授予植物新品种权761件，同比增长73%，增量为历年最高。完成DUS（特异性、一致性、稳定性）专家现场审查550件、DUS田间测试208件，购买DUS测试国外报告3份。发布申请公告6批、事务公告6批、授权公告3批，完成品种权变更、申请人变更、品种更名等274份。截至2021年底，国家林草局科技发展中心共受理国内外植物新品种申请7008件，授予植物新品种权3404件。

表 15-8　1999~2021 年林草植物新品种申请量和授权量统计

单位：件

年度	申请量			授权量		
	国内申请人	国外申请人	合计	国内品种权人	国外品种权人	合计
1999	181	1	182	6	0	6
2000	7	4	11	18	5	23
2001	8	2	10	19	0	19
2002	13	4	17	1	0	1
2003	14	35	49	7	0	7
2004	17	19	36	16	0	16
2005	41	32	73	19	22	41
2006	22	29	51	8	0	8
2007	35	26	61	33	45	78
2008	57	20	77	35	5	40
2009	62	5	67	42	13	55
2010	85	4	89	26	0	26
2011	123	16	139	11	0	11
2012	196	26	222	169	0	169
2013	169	8	177	115	43	158
2014	243	11	254	150	19	169
2015	208	65	273	164	12	176
2016	328	72	400	178	17	195
2017	516	107	623	153	7	160
2018	720	186	906	359	46	405
2019	656	146	802	351	88	439
2020	897	150	1047	332	109	441
2021	1228	214	1442	637	124	761
合计	5826	1182	7008	2849	555	3404

（陈　光　段经华）

【推进种子法修订】　积极参与全国人大组织的《种子法》修订工作，针对加强植物新品种保护提出意见建议。12 月 24 日，第十三届全国人民代表大会常务委员会第三十二次会议通过《关于修改〈中华人民共和国种子法〉的决定》，该决定自 2022 年 3 月 1 日起施行。新修订的种子法扩大了植物新品种权的保护范围，建立了实质性派生品种制度，加大了侵犯植物新品种权行为的处罚力度。（陈　光）

【发布第八批植物新品种保护名录】　11 月 5 日，国家林草局公布《中华人民共和国植物新品种保护名录（林草部分）（第八批）》，自 2021 年 12 月 1 日起施行。为贯彻林草融合发展，第八批名录围绕国土绿化、生态修复、林草产业等重点领域，纳入漆树属、芦竹属、苍术等 9 个具有生态修复和产业价值的属（种）。截至 2021 年底，国家林草局发布的林草植物新品种保护名录受保护的植物已累计达 293 个属（种）。

（陈　光　段经华）

【推出“林草植物新品种保护管理系统”】　1 月 1 日，“林草植物新品种保护管理系统”正式上线运行，实现植物新品种权在线申报、在线审查、在线通知等功能。依托该管理系统，林草植物新品种权审批质量和效率进一步提高。2021 年在线受理申请 1442 件，全年线上反馈初步审查修改意见 1432 条，初审质量得到明显提升。植物新品种保护档案电子化工作逐步推进，全年实现 2800 份新品种权申请材料的电子化。

（段经华　刘　源）

【打击侵犯植物新品种权行为】　结合林草知识产权宣传周活动，认真研究制订打击侵犯植物新品种权行为实施方案，组织全国林草系统开展行动。各级林草主管部门建立健全植物新品种权行政执法体系，加强行政执法队伍建设，加强培训，提高执法人员素质，加大植物新品种权行政执法能力建设，强化宣传引导，形成打击侵犯植物新品种权的强大态势。（周建仁）

【林草植物新品种保护行政管理部门执法工作座谈会】 5 月 27 日，在浙江杭州与浙江、江苏、江西、福建四省林草行政主管部门植物新品种保护工作负责人，就林草植物新品种行政执法工作开展情况进行座谈，特别对面临的困难、存在的问题进行认真研究，听取大家的建议，此外就《林草植物新品种保护行政执法办法》起草工作进行讨论。座谈会上，四省负责同志围绕当前各省林草植物新品种授权情况、侵权案件受理查处情况及行政执法工作的困难与诉求等方面内容进行汇报和交流。华东四省高度重视林草知识产权工作，部分省、市陆续推出针对林草植物新品种培育的奖励措施，通过“真金白银”的资金扶持鼓励育种创新，但仍存在主管部门行政执法能力严重不足、执法能力亟待提升等问题，具体表现为执法机构不健全、缺少专职执法人员、执法经费少、执法专业装备不足、侵权鉴定能力弱等，存在品种权人维权成本较高、维权效果不佳等问题，一定程度上影响了育种权人的育种积极性。10 月 11 日，在湖北武汉又召集湖南、湖北、河南、山东四省林草行政主管部门植物新品种保护工作负责人进行执法工作座谈。

（周建仁）

【加强植物新品种侵权证据鉴定能力建设】　5 月 26 日，在国家林草植物新品种杭州测试站开展调研，旨在加强植物新品种侵权证据鉴定能力。杭州测试站依托中国林科院亚热带林业研究所设立，该站构建了山茶、油茶品种资源库，建立了测试标准体系，完善了测试操作规程，已具备新品种种植测试能力。为加强侵权证据鉴定能力，该站正筹备建立品种分子测定实验室，进一步提升植物新品种侵权技术鉴定水平，以期为侵权案件提供鉴定证据。在此调研等基础上，研究在其他测试站拓展分子鉴定业务，服务广大品种权人，助力新品种惠农工作。（周建仁）

【启动国家林草植物新品种菏泽测试站】　4 月 9 日，组织专家对国家林草植物新品种菏泽测试站进行测试能力评估，旨在增加测试能力，加快新品种授权工作，促进新品种尽快服务经济建设，经专家组现场考察，并按“林草植物新品种测试能力评估指标”逐项打分，一致认为该测试站基本满足开展芍药属植物新品种测试基本条件。自2021年8月1日起，正式启用此测试站。

（周建仁）

【植物新品种测试工作】 为加强测试工作，提高测试质量，对分子测定实验室、杭州测试站、菏泽测试站等进行工作调研、技术指导。同时为适应林草新品种申请快速增长的形势，研究改进现有测试方式，提出尝试采信品种权申请人自测试结果的可能，以期加快测试速度，以便更好地为品种权申请人服务。（周建仁）

【组织研制植物新品种测试标准模板】 6月2日，在中国林科院林业研究所举办座谈会交流林草植物新品种测试技术与测试标准制定经验，以期进一步提高植物新品种测试指南标准的质量，中科院植物研究所、北京林业大学、中国林科院等单位的有关专家参加会议。会上讨论了测试标准模板，规范了标准用语，统一了特异性、一致性、稳定性判定条件，为编制分植物属（种）的测试指南制定了总则。同时探讨了新品种测试领域的新技术应用问题。（马　梅）

【审查通过14项植物新品种测试指南】 测试指南是对申请品种权的林木新品种进行技术审查和描述的技术标准，是开展植物新品种实质审查和DUS测试的重要技术文件。为进一步完善林草植物新品种测试技术标准体系，对山东省林科院、北京林业大学等单位的专家分别编制的木麻黄属、皂荚属、杜仲属等14个属（种）的DUS测试指南完成专家会审查，报送林业标准审批部门按程序发布。（马　梅）

【完成232个申请品种田间种植测试】 年内，共委托林草植物新品种昆明测试站、上海测试站、杭州测试站对526个绣球属、蔷薇属、大戟属、杜鹃花属申请品种开展测试工作。截至2021年底，已完成232个品种的田间种植测试工作，其中有2个山茶品种、40个杜鹃花品种、186个月季品种和4个一品红品种，形成正式测试报告，按程序报批授予新品种权。（周建仁）

【提升植物新品种审查效率】 国家林草局科技发展中心通过加强信息化管理、优化工作流程提升林草植物新品种权审批效率。2021年，林草植物新品种权审查周期再次缩短，初步审查时间由规定的6个月压缩至50天以内；克服新冠病毒疫情影响，提升现场审查效率，安全高效组织专家现场审查1600人次；大力推进林草植物新品种“快保护”，授权批次由以往一年两批增加到一年三批。（陈　光　段经华）

【办理人大建议和政协提案】 年内，高质量办结人大建议和政协提案6件，提前12天完成全部建议提案的回复工作。对照《中华人民共和国种子法》《中华人民共和国植物新品种保护条例》《中华人民共和国植物新品种保护条例实施细则（林业部分）》以及国家林草局内部相关规章制度，结合林草植物新品种保护工作实际系统性答复代表提出的建议，确保答复对于代表们的诉求有针对性和可操作性。（陈　光　柳玉霞）

林草生物安全管理

【林木转基因工程活动】 2021年，共受理东北林业大学、广西林科院、青岛农业大学和中国林科院开展转基因林木中间试验申请11项，组织专家进行安全评审，通过网上审批平台下发17项许可决定。

【林木转基因安全性监测】 年内，贯彻落实《生物安全法》，采用长期监测与随机检查相结合的实施方式，对国家林草局许可的转基因林木试验进行6批次长期监测，委托科研单位科学评价转基因林木的生长特性和遗传稳定性，常态化跟踪监测转基因林木对生态环境的影响，同时在山东省、河北省和辽宁省行政区划内，严格按照“双随机，一公开”工作程序对转基因林木试验情况进行监督检查。

转基因林木试验“双随机，一公开”现场检查

【防范外来物种入侵工作】 配合局外来物种防治工作专班制定与审查外来入侵物种普查技术规程，做好植物组的普查试点工作，赴贵州省和云南省参加红火蚁外来入侵物种防控联合调研。基于国家林草局科技发展中心在林草外来物种调查与研究的工作基础上，对承担外来物种调查与研究项目的各有关单位下发通知文件，要求高质量完成项目收尾工作。

（林草生物安全管理由李启岭、杜冉供稿）

林草遗传资源保护与管理

【林草遗传资源多样性评价】 新增10项林草遗传资源遗传多样性调查与评价项目，同时继续支持2020年委托的10个项目，涉及短萼黄连、枫香等珍贵濒危树种，以及对高寒牧区的生态修复具有重要意义的老芒麦等草类资源，以加强生物遗传资源的评价，提高林草遗传资源保护利用效率。 （李启岭 杜 冉）

森林认证

【森林认证制度建设】 2021年，制定完成并正式发布《中国森林认证 森林经营》(GB/T 28951—2021)国家标准，该标准作为绿色环保领域重要国家标准由市场监管总局进行重点推介。完成《中国森林认证 产销监管链认证审核导则》《中国森林认证 产销监管链认证操作指南》《中国森林认证 非木质林产品经营审核导则》《中国森林认证 竹林经营审核导则》《中国森林认证 自然保护地资源可持续经营管理》5项标准的审定，即将正式发布。在重庆、贵州组织《中国森林认证 竹林经营》国家标准制定研讨会和实地测试，在广泛征求意见的基础上，开展标准审查，并形成报批稿。组织申报《中国森林认证 森林碳汇》《中国森林认证 碳中和产品》2项国家标准制定项目，并通过国标委组织的专家答辩。向国家标准化管理委员会申报《中国森林认证 森林经营》国家标准外文版项目。按照有关要求，对森林认证领域现行、在编的标准进行优化整合，形成森林认证标准体系表。启动全国森林可持续经营与森林认证标准化委员会委员换届工作。

【森林认证试点示范】 国家林草局科技发展中心共组织实施森林认证项目5项，在山西中条山林管局、云南卫国林业局持续推进天然林保护修复认证试点工作，认证面积超过20万公顷。启动新疆阿克苏地区森林认证实践工作，指导阿克苏地区有关单位建立符合可持续要求的经营管理体系，并通过森林认证审核获得证书，阿克苏地区的核桃、苹果和红枣加载认证标识进入市场。在湖南开展储备林认证试点工作，在陕西、黑龙江等地积极开展非木质林产品认证工作。在江苏、江西等地选取10余家有代表性的木材生产加工企业开展产销监管链认证。

【森林认证能力建设】 发布森林认证项目申报指南，进一步完善项目库管理。联合相关行业协会以及地方主管部门，结合试点项目，先后在吉林、广东、湖南、江苏、山东等地举办多次标准宣贯与培训活动，重点解读各类认证标准，累计培训超过2000人次。组织开展包括天然林保护区森林可持续经营认证研究、竹林经营认证模式研究2项研究。指导森林认证信息平台开展“二级等保”和森林认证数据库的运维。

（森林认证由于玲、李屹峰供稿）

林草智力引进

【申报2021年度中国政府友谊奖】 中国政府友谊奖是为表彰对中国现代化建设和中外交流事业作出突出贡献的外国专家而设立的最高荣誉奖项。按照科技部相关要求，国家林草局科技发展中心组织开展2021年中国政府友谊奖申报工作，通过认真组织申报材料，深度挖掘专家事迹，最终推荐的德国籍森林问题国际知名专家海因里希·施皮克尔获得2021年度中国政府友谊奖。这是国家林草局推荐的第21位林草行业外国专家获此荣誉。 （蔡天娇）

【林草“一带一路”科技创新人才交流合作成果征集工作】 根据科技部要求，国家林草局科技发展中心积极组织、认真收集、仔细梳理近几年林草系统科技创新人才交流合作工作开展情况，成果显著的5家单位提供了材料。国家林草局科技发展中心全面总结并形成内容扎实、做法经验丰富的成果报告，为今后一段时间的林草“一带一路”科技创新人才交流合作工作奠定发展基础，提供方案遵循。 （蔡天娇）

【制定《引进国外人才、示范推广项目管理办法》】 为进一步加强林草引进国外人才、示范推广项目管理，规范项目申报、实施、验收流程，提高资金的使用效益，使项目管理和经费使用更具林草行业特点，国家林草局科技发展中心制定《引进国外人才、示范推广项目管理办法》。该办法共计六章二十四条，分别在项目组织管理、申报与审批、项目管理、监督检查、项目验收等方面作了详细规定。 （蔡天娇）

【申报国家外国专家项目】 2021年，国家林草局科技发展中心组织申报国家外国专家项目8项，获批国家外国专家项目8项，共计140万元。国家引智基地中国林业科学研究院林产化学工业研究所获批资金45万元。开展林草引智示范推广项目3项，为推进林草重点领域发展提供外国高端智力支持。 （蔡天娇）

【参加国家外国专家项目解读会并作典型发言】 11月5日，科技部组织召开外国专家项目政策解读视频会议，来自中央国家机关、各高校及省级归口管理部门的近100人参加会议，国家林草局科技发展中心在会上对林草引专工作经验和成绩作典型发言。 （柳玉霞）

【引智项目服务“我为群众办实事”工作】 依托林草引智示范推广项目，在国家级贫困县陕西省镇巴县开展“我为群众办实事”实践活动。此次活动形式多样、内容丰富，以开展科普宣传活动、提供现场技术咨询、摸底公众需求诉求等方式开展，共计发放调查问卷900份，主题培训2次，培训66人次，免费检测61份样品。使引智服务基层，切实为百姓做好事、办实事。

（柳玉霞）

【组织引智出国(境)培训团组成果报告评选】 为总结好出国(境)培训团组成果应用情况，进一步推广引智成果，国家林草局科技发展中心针对2018年因公出国(境)培训团组成果报告组织开展评选活动。该活动收集高质量成果报告5篇，经多位专家评选，最终《赴德参加林业生态工程绩效评价培训成果报告》和《赴澳大利亚湿地生态修复管理和法律制度建设培训成果报告》被评选为优秀报告。 （柳玉霞）

【出版《林业和草原引智出国(境)培训报告汇编(2016～2019)》】 2021年6月，《林业和草原引智出国(境)培训报告汇编(2016～2019)》正式出版，汇编整理收集“十三五”期间28个因公出国(境)培训团组赴澳大利亚、美国、南非、日本等12个国家开展技术和管理培训的总结报告。共培训433人次，借鉴、利用和吸收了各国先进技术和管理经验，充分展示了林草引智培训工作成果。

（柳玉霞）

林草对外开放

16

重要外事活动

【关志鸥会见华晨宝马总裁兼首席执行官魏岚德一行】 7月5日，国家林业和草原局局长关志鸥在北京会见华晨宝马汽车有限公司总裁兼首席执行官魏岚德一行，就宝马中国和华晨宝马与中国绿化基金会拟在辽河口国家级自然保护区共同建立的“生物多样性保护教育基地”进行了交流。国家林业和草原局副局长彭有冬、全国绿化委员会办公室专职副主任胡章翠出席会见，国际司、办公室、保护地司派员参会。 （肖望新）

【李春良会见世界银行中国和蒙古局局长芮泽】 3月3日，国家林业和草原局副局长李春良会见世界银行中国和蒙古局局长芮泽一行，双方回顾了国家林业和草原局和世界银行长期以来开展的友好合作。并拟考虑下一步在长江经济带、黄河流域生态保护和高质量发展、林业草原生态建设、国家公园体系构建、生物多样性保护与生态修复、世界自然遗产和世界地质公园保护等领域开展全方位合作。 （何金星）

【彭有冬会见联合国粮农组织驻华代表文康农】 5月12日，国家林业和草原局副局长彭有冬会见联合国粮农组织驻华代表文康农一行。双方就林草减贫、森林应对气候变化和自然保护地等方面开展合作进行会谈，并探讨了合作领域。 （廖　菁）

对外交流与合作

【参加中新双边合作机制会议，签署协议并举办旅新大熊猫幼崽命名仪式】 12月29日，中共中央政治局常委、国务院副总理韩正和新加坡副总理王瑞杰共同主持召开了中新双边合作机制会议。国家林业和草原局局长关志鸥参会，并同新方就“自然保护”议题展开深入探讨，签署了《关于自然保护的谅解备忘录》并纳入会议成果。会议同期还举办了旅新大熊猫幼崽命名仪式。 （颜　鑫）

【联合主办第二届国际森林城市大会】 4月6~7日，由国家林业和草原局、南京市人民政府和国际竹藤组织主办，南京市园林绿化局、国际竹藤中心和国家林业和草原局城市森林研究中心承办的第二届国际森林城市大会在江苏省南京市召开。国家林业和草原局局长关志鸥出席大会开幕式，副局长彭有冬作题为《推进森林城市高质量发展，建设人与自然和谐共生的美丽家园》的专题报告。 （郑思贤）

【与法国开发署签署关于《开展中国生物多样性基金合作的谅解备忘录》】 4月12日，国家林业和草原局会同财政部、自然资源部与法国开发署签署了关于《开展中国生物多样性基金合作的谅解备忘录》。中国生物多样性基金是由欧盟出资、法国开发署(法开署)负责执行的赠款项目，旨在支持法开署在华开展生物多样性领域合作，并与国家林业和草原局及自然资源部等有关部门开展相关政策对话。 （陈　琳）

【参加中蒙林业工作组荒漠化防治专题会议】 为落实中蒙两国领导人就荒漠化防治合作达成的重要共识，4月21日，国家林业和草原局与蒙古国环境和旅游部召开了中蒙林业工作组荒漠化防治专题会议，并签署了会议纪要，成立了中蒙荒漠化防治专项工作组。 （颜　鑫）

【参加韩国国家公园管理局“国家公园与气候变化”主题线上研讨会】 6月15日，“国家公园与气候变化”主题研讨会以视频形式召开，研讨会由韩国国家公园管理局与世界自然保护联盟(IUCN)共同举办，讨论了自然保护区在减缓、适应和减少灾害风险方面的作用，分享了国家公园在气候变化和碳中和政策方面的研究。国家林业和草原局国际合作司代表参会。 （吴　青）

【中蒙荒漠化防治合作系列活动】 9月27~29日，邀请蒙古驻华使馆代表参加了第八届库布其国家沙漠论坛，蒙古总统环境与绿色发展政策顾问线上参会并介绍了蒙古荒漠化情况及荒漠化防治需求。另外，蒙古环境与旅游部等部门共派出10余名代表，参加了甘肃治沙所于10月12~31日召开的科技部援外培训班“荒漠化防治和生态工业技术培训班”。 （颜　鑫）

【参加第18届国际青少年林业比赛】 11月，国家林业和草原局积极响应俄罗斯林务局主办的第18届国际青少年林业比赛，指导合作中心和生态协会组织南林大学生积极参加，最终一名学生获得三等奖，一名学生获得专业成果奖。 （吴　青）

重要国际会议

【参加亚太经合组织(APEC)打击非法采伐及相关贸易专家组第19次会议】 2月19~20日，亚太经合组织(APEC)打击非法采伐及相关贸易专家组第19次会议以视频形式召开，国家林业和草原局派代表团参加了会议。会议交流了打击木材非法采伐及促进合法林产品贸易工作进展，讨论了APEC悉尼林业目标终期评估倡议及新冠病毒疫情对打击木材非法采伐工作的影响。

(徐　欣)

【参加中欧森林执法与治理双边协调机制第11次会议】 3月11日，中欧森林执法与治理双边协调机制(BCM)第11次会议以视频方式召开。国家林业和草原局国际司负责人和欧盟委员会环境总司全球可持续发展司司长共同主持会议。会议交流了2020年双方打击木材非法采伐及相关贸易工作进展，通过了《BCM十年自评估报告》，并对后续合作机制达成了共识。国家林业和草原局办公室、规财司、中国林科院派员参会。

(陈　琳)

【参加"中德非自然保护地三方合作项目"赞比亚实施小组第一次会议】 3月11日，"中德非自然保护地三方合作项目"赞比亚实施小组第一次会议以视频形式召开。会议回顾了项目自启动以来在赞比亚的实施进展，明确了项目实施工作组的职责，通过了项目在赞比亚的工作计划，选定了赞比亚8个保护地作为开展绿色名录认证的备选保护地。国家林业和草原局国际司、保护地司、中国林科院和中国驻赞比亚使馆派员参会。

(陈　琳)

【参加第八次"森林欧洲"部长级会议】 4月14~15日，国家林业和草原局派代表团以观察员身份线上参加第八次"森林欧洲"部长级会议并发言，分享了中国在推动森林可持续经营方面所开展的工作和对实现联合国可持续发展目标的贡献。"森林欧洲"，即欧洲森林保护部长级会议，创立于1990年，是一个泛欧自愿性高级别林业政策进程，旨在推动欧洲国家制定统一的森林保护与可持续经营战略。此次部长级会议由斯洛伐克以线上形式主办，45个欧洲国家和欧盟作为成员参会。

(陈　琳)

【参加中国-中东欧国家林业生物经济合作与发展线上研讨会】 4月20日，中国-中东欧国家林业生物经济发展与合作线上研讨会成功举办。会议介绍了全球森林生物经济发展概况，中国、斯洛文尼亚、希腊、斯洛伐克等国分享了各自国家森林生物经济发展现状及相关政策支持，探讨了中国和中东欧国家在森林生物经济方面合作的潜在领域，包括森林培育、木材加工、林产化工、木本油料、非木质林产品、森林生态旅游等。

来自中国-中东欧国家合作机制10个成员国、观察员国的政府、科研机构和企业近70名代表以视频方式参会。该研讨会为于6月2日举办的中国-中东欧国家林业合作机制第三次高级别会议提供了政策和技术建议。此次会议由国家林业和草原局国际合作司、中国-中东欧国家林业合作协调机制秘书处、希腊环境与能源部森林和森林环境司联合主办，中国林业科学研究院组织承办。

(陈　琳)

【参加中国-中东欧国家林业合作协调机制联络小组第五次会议】 5月13日，中国-中东欧国家林业合作协调机制联络小组第五次会议以视频方式举行。来自12个中东欧国家和中国的联络员及其代表参会。国家林业和草原局国际司和中国林科院派员代表中方参会。会议回顾讨论了2021~2022年工作计划，就第三次中国-中东欧国家林业合作高级别会议成果文件草案进行了磋商。

(陈　琳)

【参加中欧应对全球毁林和绿色供应链研讨会】 5月18日，国家林业和草原局派员参加了中欧环境项目办主办的中欧应对全球毁林和绿色供应链研讨会，分享了新修订《森林法》有关情况，并对中欧环境项目委托的《全球毁林与商品供应链绿化——中国大型进口商和金融机构的最佳实践总结》报告提出了意见。(肖望新)

【参加中法自然保护地管理社区发展线上研讨会】 5月19日，为落实双方签署的《关于自然保护领域合作的谅解备忘录》，国家林业和草原局与法国生物多样性局共同召开了"中法自然保护线上研讨会——考虑到环境因素和当地发展的地区治理模式"。双方介绍了各自在自然公园管理方面的框架和政策，法国卡马格自然公园介绍了当地社区如何参与共同制定自然公园章程的过程，中国辽河口国家级自然保护区介绍了保护区管理情况和管理经验。双方表达了开展保护地结对和加强交流的积极意愿。法国生物多样性局欧洲和国际关系司副司长西里尔·巴尔纳利先生致开幕词并主持讨论，国家林业和草原局国际司相关负责人作会议总结。(陈　琳)

【举办第三次中国-中东欧国家林业合作高级别会议】 6月2日，国家林业和草原局以线上线下结合方式成功主办"第三次中国-中东欧国家林业合作高级别会议"。会议通过了《中国-中东欧国家关于林业生物经济合作的北京声明》，指出中国和中东欧国家将进一步加强林业合作协调，促进林业生物经济发展，为减缓气候变化、实现全球森林目标和联合国可持续发展目标作出贡献。

此次会议是落实2021年2月中国-中东欧国家领导人峰会成果的具体行动，主题为"森林和林业产业在生物经济中的重要作用"。国家林业和草原局局长关志鸥出席会议并致辞，副局长彭有冬主持，总经济师杨超作主旨技术报告，外交部欧洲司参赞崔志民致辞。来自中国、斯洛伐克、斯洛文尼亚、希腊等16个国家林业主管部门的高级别代表出席此次会议，奥地利、欧盟以观察员身份参会。与会各国代表积极评价中国-中东欧国家林业合作成果，表达了继续在中国-中东欧林业合作协调机制框架下，加强林业高层政策对话、林业生物经济、林业科研教育、林业贸易投资等相关领域合作的积极意愿。

中国-中东欧国家林业合作协调机制于2016年5月启动，在政策对话、科研教育、林产品贸易和林业投资等领域开展了良好合作，取得了丰硕成果。

（陈 琳）

【参加联合国防治荒漠化、土地退化和干旱高级别会议】 6月14日，国家林业和草原局局长关志鸥视频参加在联合国纽约总部召开的防治荒漠化、土地退化和干旱高级别会议并发表题为《共同推动全球荒漠化防治事业行稳致远》的视频讲话。（廖 菁）

【参加中英合作国际林业投资与贸易项目二期指导委员会第二次会议】 7月15日，中英合作国际林业投资与贸易项目二期指导委员会第二次会议以视频方式召开。会议听取了各项目执行方项目二期的进展报告，审阅了项目二期延展期总体工作计划和预算安排。国家林业和草原局国际司相关负责人主持会议并致辞，并于会前与商务部，英国外交、联邦和发展事务部就后续合作进行视频会谈。（陈 琳）

【参加第44次世界遗产大会】 第44次世界遗产大会于7月16~31日在福建省福州市举行。国家林业和草原局局长关志鸥、副局长彭有冬、副局长李春良参加了大会开幕式及相关边会等活动。国家林业和草原局派员全程参会，配合教育部、外交部等妥善处理相关敏感议题，主办了“世界自然遗产与生物多样性：滨海候鸟栖息地的保护与可持续发展”和“世界自然遗产与自然保护地协同保护”两场边会。（何金星）

【参加二十国集团(G20)环境部长公报磋商】 7月22日，国家林业和草原局派员参加了二十国集团(G20)领导人第十五次峰会下环境部长视频会。会议围绕减少土地退化、加强陆地栖息地保护、设定2020年后全球生物多样性框架中保护地面积目标、打击野生动植物非法贸易和非法采伐等议题进行讨论。

（廖 菁）

【参加亚太经合组织(APEC)打击非法采伐及相关贸易专家组第20次会议】 8月13~14日，亚太经合组织(APEC)打击非法采伐及相关贸易专家组第20次会议以视频形式召开，国家林业和草原局派代表团参加了会议。会议交流了打击木材非法采伐及相关贸易工作进展，分享了促进合法林产品贸易工作进展，讨论了APEC悉尼林业目标终期评估倡议及新冠病毒疫情对打击木材非法采伐工作的影响。（徐 欣）

【世界自然保护联盟(IUCN)第7次世界自然保护大会】 于9月3~11日以线上线下相结合的形式在法国马赛召开。9月8~11日，国家林业和草原局组织相关司局、单位、高校专家在北京集中在线参加了自然资源部牵头组成的中国政府代表团，会议期间妥善应对生物多样性保护、当地社区、自然保护地、原始森林保护、濒危物种保护、加湾石首鱼、新冠病毒疫情下的野生动物资源管理和利用等涉国家林业和草原局议题。（何金星）

【参加法国生物多样性局组织的“自然保护地管理机构国际论坛”】 9月7日，国家林业和草原局以线上形式参加了“自然保护地管理机构国际论坛”，介绍了国家林业和草原局在保护地管理方面的具体职能及加入“国际自然保护地机构网络”的兴趣。此次会议由法国生物多样性局发起和组织，作为世界自然保护大会边会，中国、法国、美国、德国、英国、阿联酋、墨西哥、南非、加拿大、巴西10个国家保护地管理机构派员参会。

（陈 琳）

【出席新西兰驻华大使馆举办的“东亚-澳大利西亚迁飞路线之友”招待会】 9月16日，国家林业和草原局副局长谭光明应新西兰驻华大使傅恩莱邀请出席新西兰驻华大使馆举办的“东亚-澳大利西亚迁飞路线之友”招待会并致辞，国际合作司派员陪同。（徐 欣）

【《生物多样性公约》第15次缔约方大会第一次会议】 于10月11~15日在昆明召开，国家林业和草原局派员参会。会议达成“昆明宣言”，宣布成立昆明生物多样性基金，凝聚广泛政治意愿，形成强大政治推动力，为推进全球生物多样性治理注入了强大信心和政治推动力。

（廖 菁）

【参与《联合国气候变化公约》及《巴黎协定》下林业相关议题谈判】 10月31日至11月12日，《联合国气候变化框架公约(UNFCCC)》第26次缔约方大会在英国格拉斯哥召开，国家林业和草原局派员随生态环境部团组赴英国参加此次会议，参与《联合国气候变化框架公约》和《巴黎协定》下林业相关议题谈判，并为“世界领导人峰会”通过的《关于森林和土地利用的格拉斯哥领导人宣言》提出反馈意见。（郑思贤）

【参加中德林业工作组第七次会议】 11月17日，国家林业和草原局与德国食品和农业部以视频形式召开了中德林业工作组第七次会议。国家林业和草原局国际司负责人与德国食品与农业部森林、可持续和可再生资源司司长伊娃·穆勒共同主持会议。会议交流了2020年12月第六次工作组会议后两国林业领域的最新发展，回顾了中德林业政策对话平台(FPF)及中德合作山西森林可持续经营示范林场建设项目进展，同意加强FPF同其他在华林业项目和倡议的合作。由于德国大选新政府组阁还未确定，双方同意保持密切沟通，适时探讨FPF二期合作。双方还就打击木材非法采伐及国际森林问题等交换意见。国家林业和草原局生态司、资源司、保护地司、规财司、经研中心、中国林科院、山西省林草局代表参会。（陈 琳）

【组织召开第二次中新林业政策对话(线上)会议】 11月18日，国家林业和草原局在北京以视频方式与新

西兰初级产业部共同召开了第二次中新林业政策对话。国家林业和草原局副局长刘东生与新西兰初级产业部林业副部长杰森·威尔逊共同主持会议。双方就森林恢复与管理、木材合法性体系、提升森林韧性、碳排放交易体系和林业应对气候变化、林业产业转型、林产品贸易、生物多样性保护等事宜进行深入交流，表达了在中新林业合作备忘录框架下，继续深化政府、科研教育机构、企业层面全方位林业政策对话和务实合作的积极意愿。国家林业和草原局相关司局及单位、中方企业代表、新西兰驻华使馆代表参加此次会议。（徐　欣）

【持续推进《湿地公约》第14届缔约方大会筹备工作】《湿地公约》缔约方大会将于2022年11月在湖北武汉召开。国家林业和草原局和湿地公约秘书处、武汉市政府多次举行线上会议，积极推进大会各项筹备工作，基本就大会东道国协议达成一致。（何金星）

国际合作项目

【中日植树造林国际联合事业新造林项目】　3～4月，中日双方共同启动中日植树造林国际联合事业黑龙江大庆、山东单县2个项目，为疫情期间的林业国际合作注入新动力。（吴　青）

【2021年"澜湄周"活动参加澜沧江-湄公河合作五周年成果展】　国家林业和草原局组织开展"澜湄周"活动，与老挝方面召开澜湄合作亚洲象研讨会，宣介澜湄合作成果。积极参与澜沧江-湄公河合作五周年成果展，木材贸易、油茶良种选育及亚洲象种群调查与监测3个澜湄基金项目获得展出。（颜　鑫）

【澜湄基金项目、亚洲区域专项资金项目及亚洲合作资金项目】　国家林业和草原局组织实施了亚洲专项资金项目"东盟跨界保护区构建与培训"，澜湄基金项目"澜湄合作跨境亚洲象种群调查与监测"及2021年亚洲合作资金项目"中国-东盟林业合作回顾与展望"。6月，根据外交部和财政部通知，申报了13个2022年亚洲合作资金项目，并对8个外方申请的亚合资项目（2个柬埔寨项目、1个缅甸项目、1个老挝项目、4个泰国项目）进行了评审。（颜　鑫）

【林草援外工作】　林草援外工作努力克服疫情不利影响，取得稳步进展。野生动植物保护、荒漠化防治、中非竹子中心项目等援助领域被列入中非合作论坛达喀尔行动计划。在线举办了林业应对气候变化、竹子种植与加工技术等15期援外培训班，组织申报了59期2022年援外培训班。（余　跃）

【国家林业和草原局主管的GEF项目】　第五增资期"中国东北野生动物保护景观方法"已基本完成，准备结题；第六增资期"通过森林景观规划和国有林场改革，增强中国人工林的生态系统服务功能""中国林业可持续管理提高森林应对气候变化能力""中华白海豚关键生境保护项目""中国典型河口生物多样性保护、修复和保护区网络建设示范项目"平稳开展，第七增资期"中国水鸟迁徙路线保护网络项目"正式启动，开始实施。（何金星）

【中德合作"山西森林可持续经营技术示范林场建设"项目指导委员会第三次会议】　10月26日，中德合作"山西森林可持续经营技术示范林场建设"项目指导委员会第三次会议以视频形式召开。会议听取了项目实施进展报告，总结了项目技术成果和经验，并针对当前面临的形势提出了下一步工作意见和举措。国家林业和草原局国际司、资源司、发展研究中心、山西林草局及中条山国有林管理局、德国联邦食品和农业部、德方项目管理单位和执行单位参会。（陈　琳）

【大熊猫保护研究国际合作项目】　中日大熊猫合作研究。国家林业和草原局稳妥应对神户大熊猫"爽爽"病情，多次组织专家与日方举行视频会，进行远程诊断和指导，并启动专家赴日实地诊治程序。持续推动东京大熊猫幼崽"香香"的运返事宜，因无适合的承运航班，再次延长"香香"在日期限。中卡大熊猫合作研究。为落实中卡两国领导人关于大熊猫合作研究达成的重要共识，积极促成中动协与卡塔尔市政环境部于2021年5月完成技术协议的签署工作。9月，组织卡塔尔驻华使馆代表赴中国大熊猫保护研究中心参观调研，了解学习大熊猫饲养繁殖的经验。与卡塔尔市政环境部多次召开视频会，讨论大熊猫场馆建设进度及安排，确保大熊猫于2022年世界杯前到卡。（吴　青　颜　鑫）

【亚太经合组织（APEC）悉尼林业目标终期评估项目】10月，APEC悉尼林业目标终期评估项目报告正式在APEC网站上发布。项目由国家林业和草原局国际合作司会同亚太森林组织和联合国粮农组织成功实施，项目成果纳入2021年APEC领导人非正式会议成果文件。（徐　欣）

外事管理

【林草国际人才工作】 国家林业和草原局国际合作司推进林草国际人才库构建，制订实施方案，完成软件建设，组织国家林业和草原局各司局单位、各省林草主管部门、各林草高校填报，纳入国家林业和草原局10个司局、18个直属单位、3个专员办、5家林草高校以及22个省份共计752人。组织推荐国家林业和草原局人员参加联合国教科文组织青年专业人员计划，配合人事司推荐相关人员参与联合国教科文组织空缺职位人选推荐，做好《联合国防治荒漠化公约》秘书处任职人员续任工作。（何金星）

【组织召开"外事政策与形势通报会"】 7月8日，国家林业和草原局国际司会同办公室、人事司、宣传中心、合作中心组织召开国家林业和草原局2021年外事政策与形势通报会。通报了新形势、新政策、新要求，并强调了意识形态、保密、反间防谍等工作要求，国家林业和草原局各司局、有关直属单位参会。（毛　锋）

【组织翻译编印宣介《"十四五"林业草原保护发展规划纲要》外文版】 9~10月，国家林业和草原局国际司组织合作中心、亚太中心、林干院翻译编印《"十四五"林业草原保护发展规划纲要》英文、法文、日文、西班牙文4种语言版本，并发放给驻华使馆及在华国际组织等相关单位，予以宣介。（毛　锋）

【国家林业和草原局国际合作和外语应用能力第五期培训班】 为加快培养与林草国际合作业务发展相适应的人才队伍、满足新形势下中国林业草原事业国际化发展，9~12月，国家林业和草原局国际合作和外语应用能力第五期培训班在上海外国语大学举办，来自局机关、事业单位的12名人员参加了为期16周的培训，培训主要内容为英语应用能力、跨文化知识、外事礼仪等。（王　海）

国际金融组织项目

【综　述】 2021年，国际金融组织贷款项目以习近平新时代中国特色社会主义思想为指导，立足于服务国家生态文明建设和林草事业改革发展，以长江经济带大保护、黄河流域生态保护、绿色"一带一路"建设为重点，坚持统筹新冠病毒疫情防控和重点合作业务，线上、线下活动有机结合，相关工作取得积极进展。（汪国中）

【国际金融组织项目合作】 强化规范指导，管好在建贷赠款项目。世界银行、欧洲投资银行联合贷款"长江经济带珍稀树种保护与发展项目"（世界银行贷款1.5亿美元，欧洲投资银行贷款2亿欧元）和全球环境基金赠款"中国森林可持续管理提高森林应对气候变化能力项目"（赠款800万美元）实施进展顺利。加强组织协调，推动待建项目筹备工作。欧洲投资银行贷款"黄河流域沙化土地可持续治理项目"（贷款4亿欧元）准备工作取得阶段性重要进展；亚洲开发银行贷款"丝绸之路沿线地区生态治理与保护项目"（贷款2亿美元）和全球环境基金赠款"长江经济带生物多样性就地保护项目"（赠款360万美元）准备基本完成。深化合作交流，超前谋划新的国际金融组织项目。与世界银行、欧洲投资银行等机构保持密切沟通，协商开展新项目合作。（汪国中）

【全球环境基金中国森林可持续管理提高森林应对气候变化能力项目指导委员会会议】 于3月在北京召开，会议通过项目年度工作计划和经费预算。（万　杰）

【全球环境基金"中国森林可持续管理提高森林应对气候变化能力项目"年度审计】 于10月在北京开展，联合国粮农组织委托第三方对该项目进行年度审计，对项目实施管理给予"满意"评价。（万　杰）

【欧洲投资银行贷款黄河流域沙化土地可持续治理项目推进会】 于10月11日召开，财政部国际财经合作司与国家发展改革委利用外资和境外投资司会同欧洲投资银行总部、北京代表处及项目专家组织项目推进会。国家林草局国际合作交流中心、各项目省、规划院、林科院等项目科技支撑团队及项目管理人员参加此次会议。（陈京华）

【世界银行检查组对世界银行贷款长江流域上游森林生态系统恢复项目进行检查督导】 10月24~28日，世界银行官员和专家对四川省世界银行贷款长江流域上游森林生态系统恢复项目进行检查督导。国家林草局国际合作交流中心和四川省林草局与世界银行检查组就项目检查和评估情况举行会谈和交换意见。核查组认为，该省严格执行项目评估文件及相关协议约定，稳步推进项目建设，各项工作取得积极成效。（陈京华）

【国家林草局与世界银行驻华代表处进行会谈】 11月25日，国家林草局国际合作交流中心会同规财司与世界银行驻华代表处进行会谈。会议就生态修复和保护生物多样性方面的合作方向，为实现双方联动发展、互利共赢，进行了深入探讨。双方一致认为，应进一步加强

合作，为推进林草事业高质量发展发挥积极作用。

（于　一）

【“长江经济带生物多样性就地保护项目”准备基本就绪】 12月20日，“长江经济带生物多样性就地保护项目”详细设计文件报送全球环境基金秘书处审批。

（万　杰）

【亚洲开发银行贷款“丝绸之路沿线地区生态治理与保护项目”准备基本完成】 12月23日，国家林草局向国家发展改革委报送亚洲开发银行贷款“丝绸之路沿线地区生态治理与保护项目”资金使用报告及其申请文件，待批准后项目即可开展项目签约谈判。（万　杰）

【欧洲投资银行贷款黄河流域沙化土地可持续治理项目技术指南评审会】 于12月31日在线上召开，会议就项目技术指南初稿征求有关专家和项目省（区）林草部门意见。

（陈京华）

民间国际合作与交流

【综　述】 2021年，林草民间合作与交流以习近平新时代中国特色社会主义思想为指导，立足于服务国家外交大局与林草保护和发展，以履行联合国森林文书、拓展绿色“一带一路”建设、规范境外非政府组织合作为重点，坚持统筹新冠病毒疫情防控和重点合作业务，“线上”“线下”活动有机结合，相关工作取得了积极进展。

（汪国中）

【履行《联合国森林文书》】 圆满完成联合国森林论坛（UNFF）第十六届会议参会任务，积极宣传中国林草发展成就，深入参与各议题磋商，提出中国主张。针对“全球森林资金网络办公室落户北京”谈判难点，在坚守中方底线的基础上，反复与UNFF秘书处沟通，确保其定位与历届会议决议保持一致。扎实推进履行《联合国森林文书》示范单位建设项目，新增两家示范单位，加强项目管理，总结示范成效。创新开展“国际森林日”履约科普宣教活动，提升履约影响力和基层科普能力。

（汪国中）

【民间合作和“一带一路”项目建设】 推动中日植树造林国际联合项目落户山东单县和黑龙江大庆，每个项目年投入2000万日元，各实施2年。积极协调推进实施德国复兴银行绿色促进贷款对话专题项目，争取技术援助基金100万欧元。协调推进实施英国曼彻斯特桥水花园“中国园”项目，努力将此园建设成为宣传中国生态文明理念和建设成就的重要窗口。加强与非洲国家公园网络、瑞典家庭林主联合会、大森林论坛等组织的交流，支持中俄木业联盟发展。完成林草援外培训“十四五”规划课题研究。

（汪国中）

【境外非政府组织监管与合作】 强化制度建设，规范监管程序和措施，出台《国家林业和草原局关于业务主管及有关境外非政府组织境内活动指南（试行）》。强化共商机制，支持林草重点工作，落实2021年林草合作项目166个，资金7000万元人民币。加强重点环节监管，重点强化对广告宣传、敏感活动的监管，敦促国际鸟盟主动解决涉台问题。积极发挥境外非政府组织优势，全力支持第七届世界自然保护大会、第15届《生物多样性公约》缔约方大会讲好中国林草故事。

（汪国中）

【联合国森林论坛“新冠疫情对森林可持续经营的影响”专家组会议】 于1月19～21日以线上形式召开，国家林草局对外合作项目中心组织局有关单位参加此次会议，会议介绍了新冠病毒疫情对中国林业影响评估的初步结果，对减缓新冠病毒疫情给林业造成的影响提出了建议。

（毛　琪）

【2020年度履行《联合国森林文书》示范单位建设项目及专家技术支持项目评审会】 于1月28～29日以线上线下相结合的形式召开。由国家林草局对外合作项目中心、规财司和履约专家组组成的项目评审组对北京市西山试验林场等7家履约示范单位和中国林科院进行履约项目评审。

（吴　凝）

【中日植树造林国际联合项目山东单县项目和黑龙江大庆项目】 分别于3月17日和4月27日举行启动仪式。日本驻华使馆特命全权公使志水史雄、经济部公使七泽淳、日本驻青岛总领事馆副领事入江遥和日本驻沈阳领馆领事久保田晃及国家林草局国际司、国家林草局合作中心、山东省自然资源厅、黑龙江省林草局等相关负责同志出席启动仪式。

（徐映雪）

【联合国2021年“国际森林日”线上庆祝活动】 于3月19日在纽约联合国总部举办。联合国副秘书长刘振民、联合国大会主席沃尔坎·博兹克尔、联合国粮农组织总干事屈冬玉等出席开幕式并致辞。国家林草局对外合作项目中心主要负责同志参加活动并致辞，中方代表介绍中国将森林纳入应对气候变化行动的相关情况，指出中国政府高度重视生态文明建设，为改善中国生态环境、提高人民健康和人居生活水平采取了一系列保护和修复森林的措施，取得了举世瞩目的成就。（毛　琪）

【联合国森林论坛第十六届会议】 于4月26～29日以线上形式召开。会议重点审议全球森林目标1～3相关议题，正式启动全球森林资金网络（GFFFN）信息交换平台网站，正式发布《2021全球森林目标报告》。国家林草局对外合作项目中心组团参加本届会议，在高级别圆桌会上介绍了新冠病毒疫情对中国林业的影响，并应邀在2021全球森林目标报告发布会上致辞，深入参与其他各项议题的分享讨论。中方的意见和建议被充分纳入会议成果文件。（毛 琪）

【履行《联合国森林文书》示范单位建设培训研讨班】 于5月24~27日在福建永安举办。国家林草局对外合作项目中心组织履约专家面向14家履行《联合国森林文书》的示范单位开展提升履约能力、总结提炼履约典型模式的培训。（吴 凝）

【大森林论坛“新冠疫情对林业管理机构和林业产业影响”专题视频会议】 于6月21日在线上召开。此次会议由大森林论坛秘书处主办，来自中国、巴西、印度尼西亚、墨西哥、秘鲁、瑞典和美国七国林业部门代表共30余人参会。国家林草局对外合作项目中心应邀参会，并在会上介绍了新冠病毒疫情对中国林草发展和森林可持续经营活动的影响及应对措施。（李 博）

【《国家林业和草原局关于业务主管及有关境外非政府组织境内活动指南（试行）》】 于8月6日出台，该指南明确了有关境外非政府组织向国家林草局申请登记设立代表机构、开展活动或与相关下属单位开展临时活动的备案程序，为指导、监督、管理国家林草局业务主管境外非政府组织及其代表机构在境内依法开展活动提供了制度保障。（荣林云）

【关于实施德国复兴银行绿色促进贷款技术援助赠款（TAG-China）对话专题项目赠款执行协议】 于9月6日以换文形式签署。财政部副部长余蔚平和国家林草局副局长彭有冬分别签字，协议进一步明晰了境外出资方、财政部和项目执行单位三方的责任与义务，理顺了境外资金境内使用的流程和程序。（李 博）

【境外非政府组织林草合作培训班】 于9月26~29日在北京召开，涉林草11家境外非政府组织北京代表处首席代表及项目总监共计40人参加此次培训班。培训班介绍了林长制、生态保护补偿制度、境外非政府组织法律法规，同时对各代表机构参与在昆明召开的《生物多样性公约》缔约方大会提出了相应要求。（郭潇潇）

【新组建“国家林业和草原局国际合作交流中心”】 9月29日，经国家林业和草原局党组会议审议通过，在原“国家林业和草原局对外合作项目中心”基础上新组建“国家林业和草原局国际合作交流中心”，在保持“开展对外民间合作交流、履行联合国森林文书、管理境外非政府组织、实施外事管理与服务”等原有职能的基础上新增“国际金融组织贷赠款项目管理”职能。（呼 慧）

【履行《联合国森林文书》示范单位增至17家】 11月1日，国家林草局正式批准将福建省上杭白砂国有林场和北京市雾灵山自然保护区列为履行《联合国森林文书》的示范单位，履约示范建设队伍进一步扩大。（吴 凝）

【南京林业大学学生获得第18届俄罗斯国际青少年林业比赛三等奖】 11月17~19日，国家林草局国际合作交流中心会同中国生态文化协会组织林业大学生线上参加第18届俄罗斯国际青少年林业比赛，南京林业大学学生覃旭荣获三等奖。国际青少年林业比赛由俄罗斯联邦自然资源和生态部举办，从2004年开始，每年举办一次。（徐映雪）

【国际森林安排中期评估筹备工作专家组会议】 于11月17日以线上形式召开。会议围绕国际森林安排的各个组成部分及其他相关议题，讨论如何开展中期评估工作。国家林草局国际合作交流中心会同局国际司、中国林科院参加本届会议。中方代表在会上就全球森林资金网络等7项议题表达中方观点，提出修改建议，积极履行成员国义务，妥善维护中方关切。（毛 琪）

【《联合国森林战略规划》国家进展报告专家组会议】 于12月13~14日以线上形式召开，主要讨论交流国家进展报告编写的有关经验、教训，为联合国森林论坛第十七届会议（UNFF17）的“监测、评估和报告”议题讨论做准备。国家林草局国际合作交流中心会同中国林科院参加此次会议，中方代表在会上介绍了中国编写国家报告的主要做法，并就各项议题提出中方观点和建议。（毛 琪）

【国家林草局与世界自然基金会等7家境外非政府组织2021年合作年会】 于12月在北京以线上形式陆续召开。国家林草局各有关司局，青海、云南等省级林草主管部门代表及7家境外非政府组织代表机构负责人参加会议。会议回顾了上一年度项目实施情况，并就2022年项目进行了磋商，形成了2022年合作计划。（孙颖哲）

【林业草原援外培训“十四五”规划研究课题】 于12月24日结题。林业草原援外培训“十四五”规划研究，旨在为新时期合理引导林业草原援外培训需求、做大做强林业草原援外培训工作提供管理参考。（徐映雪）

【中英共建“中国园”项目】 年内，国家林草局合作中心会同中国花卉协会积极推动英国曼彻斯特桥水公园“中国园”项目合作进展，成立中方工作组，在中国驻曼彻斯特总领馆的参与指导下，与英方就中国园概念性设计方案、施工流程和项目预算等内容共召开了4次线上磋商会。（杨瑗铭）

林草科技国际合作交流与履约

【参加 2021 年国际植物新品种保护联盟年度会议】 10 月 25~29 日，国际植物新品种保护联盟(UPOV)年度系列会议在线上召开，包括技术委员会第 57 届会议(TC/57)、行政法律委员会第 78 届会议(CAJ/78)、顾问委员会第 98 届会议(CC/98)、理事会第 55 届会议(C/55)，国家林草局、国家知识产权局、农业农村部组成的中国政府代表团参加会议。世界知识产权组织(WIPO)总干事兼 UPOV 秘书长邓鸿森出席会议并致辞。中国政府代表团就相关议题进行讨论交流，并积极回应国际关切的问题。（陈　光　柳玉霞）

【推动中文成为国际植物新品种保护联盟工作语言】 10 月 29 日，国际植物新品种保护联盟(UPOV)理事会第 55 届会议(C/55)审议通过使用中文作为 UPOV 工作语言的议题，内容主要包括在日内瓦 UPOV 会议上提供中文口译服务，将 UPOV 重要文件翻译成中文，UPOV 国际申请平台提供中文导航界面和中文技术调查问卷，为中国培训中心提供中文培训材料等。中国一直以来积极推进“中文加入 UPOV 工作语言”，并做了大量争取性工作，中文正式成为 UPOV 工作语言是中国在 UPOV 履约工作中的重大突破，将极大方便中国育种人了解国际植物新品种保护形势和进展，有利于提升中国植物新品种保护水平，提高中国植物新品种保护在国际上的参与度和发言权。（陈　光　柳玉霞）

【首次在 UPOV 社交媒体平台发布中国林草新品种】 2021 年 4 月 23 日是中国加入国际植物新品种保护联盟(UPOV)22 周年纪念日，也恰逢“全国知识产权宣传周”。为在国际上宣传中国植物新品种保护成就，筛选 4 个中国优良林草新品种，包括‘盛春 8 号’杜鹃、‘美人榆’(俗称金叶榆)、‘京仲’系列杜仲、‘四季春 1 号’紫荆，在 UPOV 媒体介绍其品种特性、转化应用、市场推广情况，展现中国林草植物新品种在促进区域产业进步和经济发展方面的潜力，展示中国植物新品种保护工作取得的巨大进步，提高中国植物新品种保护的国际影响力。（柳玉霞）

【中欧植物品种权技术培训班和提升植物新品种保护意识研讨会】 11 月 3~5 日和 3 月 8 日，在中欧知识产权合作项目(IPKey 项目)和国际植物新品种保护联盟(UPOV)支持下，欧盟植物新品种保护办公室(CPVO)、国家林业和草原局科技发展中心及农业相关部门联合主办的植物品种权技术培训班(简称“培训班”)和提升植物新品种保护意识研讨会(简称“研讨会”)在线上召开。IPKey 中国项目负责人、UPOV 副秘书长、CPVO 代理主任及中方代表参加会议并致辞。培训班邀请来自 CPVO 和法国国家品种与种子检测中心、荷兰园艺植物检测总署、德国植物品种办公室的专家针对特异性、一致性、稳定性(DUS)测试等植物新品种保护的相关技术要求进行授课。研讨会邀请 UPOV 法律顾问、UPOV 亚洲区技术官员、国外育种者、育种单位和相关从业人员讲解植物品种权行政执法、新品种保护对农民的重要性等内容。国内外植物新品种保护管理人员、测试机构专家和育种者共 110 人参加培训班和研讨会。（柳玉霞）

邀请育种人到测试现场进行确认

【参加东亚植物新品种保护论坛】 8 月 31 日至 9 月 1 日，第十四届东亚植物新品种保护论坛(EAPVPF)会议和国际植物新品种保护研讨会在文莱通过视频会议的方式召开。来自国际植物新品种保护联盟(UPOV)办公室、欧盟植物新品种保护办公室(CPVO)、中日韩及东盟 10 国的近 80 名代表参加会议。中国代表在会上介绍在东亚论坛“10 年战略规划”框架下，中国 2021~2023 年的发展计划及合作活动建议。（柳玉霞　刘　源）

【组织学员参加 UPOV 远程学习课程】 国家林草局科技发展中心组织 71 名林草学员参加 UPOV 远程学习课程。UPOV 每年定期组织两期远程学习(春季和秋季)，课程全程用英语教学。学员通过世界知识产权网络学习中心(WIPO eLearning Center)线上学习《UPOV 公约》框架下植物新品种保护体系介绍(DL-205)、管理育种者权利(DL-305A)、DUS 测试(DL-305B)等内容。学习课程结束后，学员须参加线上期末考试，成绩合格的将获得 UPOV 颁发的结业证书。通过 UPOV 远程学习课程，中国从事植物新品种保护工作的管理和技术人员将有机会深入了解 UPOV 植物新品种保护体系，进一步强化中国植物新品种保护人才队伍，为深入参与国际交流与合作奠定人才基础。（柳玉霞）

【组织参加 UPOV 线上技术工作组会议】 6 月 7~11

日，国际植物新品种保护联盟(UPOV)第53届观赏植物和林木工作组(TWO)会议在线上召开，国家林草局科技发展中心组织中国林科院、陕西西安植物园等单位的专家参加会议。会议讨论了一批UPOV测试指南，其中包括陕西西安植物园专家负责起草的木兰属测试指南。
（马 梅）

【参加联合国粮农组织(FAO)等国际履约会议】 5月，线上参加联合国粮农组织(FAO)森林遗传资源政府间技术工作组第六届会议，中国政府代表团成员被工作组选举为主席，就森林遗传资源获取与利益分享、数字化序列信息和闭会期间的工作安排进行了讨论。9月，线上参加联合国粮农组织(FAO)粮食和农业遗传资源委员会第18届例会。会议重点讨论森林遗传资源政府间技术工作组第六届会议报告、《森林遗传资源保护、可持续利用和开发全球行动计划》落实情况和《世界森林遗传资源状况》第二份报告编制状况。派员全程参加《生物多样性公约》第十五次缔约方大会中方代表团系列会议，积极参会跟踪会议相关议题，并提出备答口径和参考意见。
（杜 冉）

【森林认证国际化】 按照森林认证体系认可计划(PEFC)的要求，提交互认材料，完成互认文件的首轮评估，并根据评估意见修改完善互认文件，加强与PEFC秘书处的沟通，及时跟进森林认证国际进展。线上参加PEFC年会、木材和木制品可持续进程技术委员会(ISO TC287)全体会议。
（于 玲 李屹峰）

国有林场与林业工作站建设

17

国有林场建设与管理

【综　述】 2021年，国有林场建设工作取得阶段性成果。推动绿色发展，全力抓好国有林场和种苗融合发展示范。推进制度建设，印发修订后的《国有林场管理办法》。强化国有林场信息化管理，推进矢量化数据收集。加强政策支持，调整完善中央财政支持国有贫困林场扶贫资金政策。

【国有林场和种苗融合发展】 3月，制订工作方案，指导两省上报福建洋口国有林场、广西东门国有林场与种苗融合发展情况总结。4月，完成全国国有林场所属种苗基地和保障性苗圃建设情况摸底调度。7月，组织北京林业大学专家赴福建、广西调研，完成国有林场与种苗融合发展模式(典型案例)报告。

【《国有林场管理办法》】 10月9日，印发《国家林业和草原局关于印发修订后的〈国有林场管理办法〉的通知》，进一步明确国有林场属性、功能和职责，为规范引导国有林场分类施策、不断增强发展动力提供遵循。11月3日，召开各省(区、市)国有林场主管部门负责人工作交流视频会，督促指导各省(区、市)深入贯彻落实修订出台的《国有林场管理办法》。

【国有林场信息化管理】 7月7日，印发《国家林草局办公室关于开展国有林场矢量边界数据收集工作的通知》，对国有林场矢量数据收集工作进行全面部署。9月、10月分别召开视频会议，对各省(区、市)国有林场矢量边界数据收集工作进行指导，推进国有林场落界成图工作并协调对接国家林草局林草生态网络感知系统。

【中央财政支持国有贫困林场扶贫资金】 协调财政部农业农村司，将中央财政国有贫困林场扶贫资金转为中央财政衔接推进乡村振兴补助资金欠发达国有林场巩固提升任务，连续三年用于巩固拓展国有林场脱贫攻坚成果，并落实财政资金2021年7亿元、2022年提前下达6.3亿元。11月22日，印发《国家林草局办公室关于报送欠发达国有林场名单和财政专项资金使用管理情况的通知》，明确欠发达国有林场界定原则。协调中国农林水利气象工会开展为国有林场困难职工送温暖活动，为河南省40名受汛情灾害严重、生活困难的国有林场职工发放慰问金共4万元。

(国有林场建设与管理由杜书翰供稿)

林业工作站建设

【综　述】 2021年，国家林草局林业工作站管理总站深入贯彻党的十九大和十九届历次全会精神，认真落实国家林业和草原局党组决策部署，实现“一个突破”“五项创新”。“一个突破”：首批由省级财政支持的草原保险试点工作在内蒙古正式启动。“五项创新”：一是林业站建设、护林员管理等工作首次纳入林长制对地方政府绩效考核体系；二是出台和修订护林员管理办法，对各类护林员开始实施统筹管理；三是转变标准化林业站中央投资方式，首次开展分级分类建设投资；四是基层林业站站长综合业务线上培训首次实现省、市、县、乡四级学员全参与；五是首次对已授牌标准站开展自查清理。

行业指导 一是加强顶层设计。加强林业站法治建设，积极参与《森林法实施条例》修订。参与制订《林长制督查考核办法(试行)》《林长制督查考核方案》，将相关工作纳入林长制对地方政府绩效考核体系。主动参与国家发改委等9部委《生态保护和修复支撑体系重大工程建设规划(2021~2035年)》编制，将基层林业站能力建设有关内容纳入其中，为今后一个时期林业站建设提供了政策支撑。二是谋划“十四五”建设。贯彻《“十四五”林业草原保护发展规划纲要》，组织编制《全国林业工作站“十四五”建设实施方案》，明确了目标任务。三是指导年度工作。围绕全国林草工作视频会议精神和国家林草局重点工作要求，对全年行业工作作出总体部署，指导各省站科学安排年度工作，强化行业统筹。

基层基础 一是扩大基本建设投资规模。2021年度国家林草局安排用于林业站建设的中央预算内基本建设投资达到1.06亿元，实现中央资金连续2年过亿元，带动福建、广西等9个省份安排省级财政资金2955万元投入基层林业站建设。二是加强标准站建设与管理。修订《乡镇林业工作站工程项目建设标准》，首次实行分级分类建设投资，将单个站的投资标准从20万元提高到一级站40万元、二级站30万元，新安排15个省份的319个乡镇林业站开展标准化建设。完成2021年度全国标准站建设验收工作，授予407个站“全国标准化林业工作站”称号。同时，对2020年之前建成的2691个站开展自查清理，对168个由于行政区划和业务工作调整等原因无法履职的，撤销名称、收回站牌。三是实施本底调查。组织开展全国林业站本底调查关键数据更新，分析掌握行业现状及动态变化情况，为顶层设计提供支持。四是稳定基层队伍。组派3个调研组赴福建、浙江等5个省份开展专题调研，梳理、总结各地

在林长制中推进林业站建设的经验做法，多措并举指导各地稳定林业站队伍。截至2021年底，全国共有乡镇林业站2.2万个、7.6万人，浙江青田、四川宣汉、河北青龙、辽宁凌海等地恢复乡镇林业站127个。

能力建设　一是提升林业站有害生物防治能力。认真履行国家林草局松材线虫病防治专班职责，开展林业站有害生物防治能力提升专题培训。组织录制"松材线虫病诊断技术"等有害生物防治系列课程，供全国乡镇林业站干部职工在线学习，充分发挥林业站和护林员队伍的作用。二是提升林业站公共服务能力。系统总结"十三五"期间各地开展公共服务能力建设成效及问题，探索优化服务新模式，具备条件的5210个林业站均开展了"一站式""全程代理"服务。全年为群众办理林业有关证件138.6万份，培训林农479.1万人次。三是提升林业站履职能力。推广福建、江西"三定向"人才培养经验做法，优化基层人才队伍。全国基层林业站站长综合业务线上培训首次实现省、市、县、乡四级学员全参与。组织开展乡镇林业站站长能力培训与测试，全年培训测试2500余人。利用"全国乡镇林业站岗位培训在线学习平台"及"林业站学习"App开展日常培训。

护林员管理　一是加强制度建设。配合国家林草局规财司，修订出台护林员管理办法，对全国各类生态护林员实行统筹管理，并明确了林业站在管理工作中的主要职责。二是推动信息化管理。在22个项目省推广应用生态护林员联动管理系统，12月30日通过国家林草局考核验收，推动了生态护林员管理的信息化、精细化和规范化。三是扩大社会影响。在国家林草局第四季度新闻发布会上对护林员管理办法进行详细解读，在《中国绿色时报》发表政策解读和评论文章。印制《生态护林员风采录》1万册，宣传提升生态护林员社会影响力。四是积极发挥作用。全国林业站共管理指导各类护林员186.2万人，较上年度增加61.8万人，增幅达49.7%；管护林地19 451.7万公顷；参加林业有害生物防治654.3万公顷。

森林草原保险　一是草原保险实现新突破。全国首个由省级财政支持的草原保险试点在内蒙古正式启动，共参保171.16万公顷，省级财政补贴1624.27万元，占总保费的50%。二是野生动物致害保险开展新探索。贯彻落实国家林草局领导对野生动物致害保险工作的批示指示精神，协调财政部和银保监会将"野生动物毁损"责任纳入中央财政农业保险保费补贴政策。三是森林保险制度建设取得新进展。修改完善《森林保险查勘定损技术规程》并通过科技司评审。积极协调财政部、银保监会修订《中央财政农业保险保费补贴管理办法》和《农业保险承保理赔管理办法》，在中央财政农业保险保费补贴总体下调的背景下，实现了森林保险补贴政策的总体稳定。四是森林保险"提标、扩面、增品"获得新成效。推动宁夏正式启动政策性森林保险工作，指导天津印发政策性森林保险工作实施方案，推动浙江公益林火灾险向综合险升级。截至2021年底，全国森林保险覆盖27个省份、4个计划单列市和四大森工企业，在保面积1.65亿公顷，总保额1.71万亿元。

案件稽查　一是加强案件统计分析与研判预警。出版印刷《林业和草原行政案件典型案例评析》2万册，编印《2020年全国林业和草原行政案件统计分析报告汇编》《全国林草行政案件统计分析工作资料汇编》，对2021年全国林草行政案件按照14类120项进行划分，从案件类型、发展趋势、影响因素等方面作出分析判断，发挥统计数据的前瞻性和预警作用，为资源保护决策提供支持。二是加强举报案件的规范处理。严格执行《林业行政案件受理与稽查办法》，接听群众咨询、举报电话1253个，受理并批转督办信件39件，基本查结或查实。三是加强执法管理相关工作。赴北京市开展专题调研，深入基层了解林政案件查处工作和执法机构设置。启动森林资源行政案件档案数字化工作，确保案件可溯源、可追踪。协助开展局机关行政执法管理工作，开展互联网环境下执法资格考试研究。

创新发展　一是开展建言献策活动。落实国家林草局党组"聚焦主责主业，创新工作思路，开拓工作新局面"要求，深入开展"把握新形势　创新再发展"建言献策活动，共收集到7个方面154条意见和建议，研究形成了《工作总站关于新形势下创新发展的意见》，明确了聚焦"一站一员一窗口"、着力"抓虫抓险抓稽查"，稳队伍、强职能、优服务的总体发展思路。二是加强内控建设。以问题为导向，以经济责任审计整改落实和审计全覆盖工作为抓手，全面梳理"三重一大"等各项制度，新建、修订31项，强化以制度管人管事管权。三是加大青年干部培养力度。针对青年干部多、基层经历少的现状，研究制定了《关于加强青年培养工作的若干措施》，促进青年干部更快更好成长，全年共有4名青年干部晋级、3人参加局重点工作、1人在基层挂职、1人遴选至局机关工作、1人受聘为局党史学习教育青年宣讲团成员。

（唐　伟）

【林业站服务林长制实施工作】　一是积极参与制订《林长制督查考核办法（试行）》《林长制督查考核方案》，围绕《关于全面推行林长制的意见》中关于"加强基层基础建设"的要求，研究制定了有关考核指标。指导23个省级林业站管理部门将加强乡镇林业站或林业工作机构能力建设纳入各省推行林长制实施方案。二是指导各地抓住推行林长制契机，稳定基层队伍，加强乡镇林业站能力建设，推动林长制落实落地。梳理、总结各地在全面推行林长制过程中加强林业站建设的好做法，运用国家林业和草原局简报刊载有关文章，宣传浙江、辽宁、河北、广西、福建、湖南、安徽等省（区）以全面推行林长制为契机，加强基层林业站建设的典型经验。在国家林业和草原局林业工作站管理总站简报上刊发有关文章，宣传吉林省通化县推行"林长制"工作的实践，以及宣传广东省林长制试点县增城区落实全面推行林长制工作的典型经验。在《中国绿色时报》"推行林长制"专栏发表《推动林长制成为生态惠民长效保障》《深化林长制改革　保障高质量发展》《安徽旌德乡镇林业站为林长制提供支撑保障》，宣传林业站服务林长制的典型经验。

（程小玲）

【全国林业工作站基本情况】　截至2021年底，全国有地级林业站155个，管理人员2425人；有县级林业站1371个，管理人员19 682人。有乡镇林业站22 499个，其中按设置形式分，乡镇独立设置的林业站共有

6012个，占总站数的26.7%；管理两个以上乡镇的林业站(区域站)842个，占3.8%；农业综合服务中心等加挂林业站牌子的乡镇机构6577个，占29.2%；无正式机构编制文件仍正常履行林业站职能的“林业站”9068个，占40.3%。按管理体制分，垂直管理的林业站有4081个，占总站数的18.1%；县、乡双重管理的林业站有2029个，占9.0%；乡镇管理的林业站16 389个，占72.9%。

全国乡镇林业站职工核定编制65 019人，年末在岗职工75 949人，其中长期职工72 016人。在岗职工中，纳入财政全额人员67 357人，占职工总数的88.7%；纳入财政差额人员2695人，占3.5%；依靠林业经费的3179人，占4.2%；自收自支供养人员有2718人，占3.6%。35岁以下的15 402人，占20.3%；36~50岁的41 715人，占54.9%；51岁以上的18 832人，占24.8%。在岗职工中，具有大专及以上学历人数为52 001人，占职工总数的68.5%；专业技术人员41 743人，占职工总数的55.0%。与2020年相比，大专以上学历人数占比提高1.5个百分点；专业技术人员占比提高0.6个百分点，乡镇林业站职工整体素质有所提升。

2021年，全国共完成林业站建设投资22 079万元，较2020年减少4872万元，减幅18.1%。其中，国家投资11 373万元，地方配套10 706万元；地方配套中，省级投资2955万元。各省份以标准化林业站建设为抓手，多措并举筹措地方资金，不断强化林业站基础建设，福建、广西、湖南、浙江等9个省份争取省级专项资金用于林业站建设。全国共有11 649个、51.8%的林业站拥有自有业务用房，面积共217.5万平方米，站均自有业务用房面积186.7平方米，其中有118个乡镇林业站新建了业务用房，新建业务用房面积24 289平方米；有6501个、28.9%的林业站拥有交通工具，共有10 267台，其中有428个站新购置了交通工具；有16 777个、74.6%的林业站拥有计算机，共有45 893台，站均2.7台，其中有1403个站新购置了计算机。

全国共有5487个林业站受上级林草主管部门的委托行使林业行政执法权，占总站数的24.4%；加挂林长办牌子的有3220个，占14.3%；加挂野生动植物保护站牌子的有2786个，占12.4%；加挂科技推广站牌子的有1646个，占7.3%；加挂公益林管护站牌子的有2168个，占9.6%；加挂森林防火指挥部(所)牌子的有2405个，占10.7%；加挂病虫害防治(林业有害生物防治)站牌子的有1505个，占6.7%；加挂天然林资源管护站牌子的有1818个，占8.1%；加挂生态监测站牌子的有520个，占2.3%。全年办理林政案件58 679件，调处纠纷36 506件。全国共有5210个、23.2%的林业站开展一站式、全程代理服务，共有8494个、37.8%的林业站参与开展森林保险工作。全年共开展政策等宣传工作172.3万人天；培训林农479.1万人次。指导、扶持林业经济合作组织6.1万个，带动农户228.3万户。拥有科技推广站办示范基地13.2万公顷，开展科技推广40.8万公顷。全国林业站共管理指导乡村生态护林员186.2万人，站均管理83人；护林员共管护林地面积19 451.7万公顷，人均管护面积104.5公顷。全国林业站指导扶持乡村林场19 345个，其中，集体林场9736个，占林场总数的50.3%；家庭林场9421个，占48.7%。林场经营面积共计583.4万公顷，林场从业人员14.7万人。（谢　娜）

【全国林业工作站本底调查关键数据年度更新】　组织全国31个省(区、市)和新疆生产建设兵团开展2021年全国林业站本底调查关键数据年度更新工作。调查内容包括地、县级林业站管理部门及人员情况，乡镇林业站机构，队伍及基本建设投资，主要装备，职能作用发挥，指导管理护林员以及辖区乡村林场7个方面的情况。使用“林业工作站本底数据报表管理系统”，采用网络在线填报的方式，以县级林业站管理部门为单元，对全国乡镇林业站及地、县级管理部门情况进行采集、录入、上报，共收集数据35万余个，并对全国数据进行审核、汇总，撰写《2021年全国林业工作站本底调查关键数据年度更新统计分析报告》。（谢　娜）

【标准化林业工作站建设】　继续抓好标准站建设，通过标准站建设带动林业站整体建设水平的提升。一是加大标准站投资力度。在国家林草局规财司指导下，调度相关省份情况，了解标准站建设投资需求；加大标准站建设投入标准，将单个站的投资标准从20万元提高到了一级站40万元、二级站30万元；中央标准站投资1.06亿元，实现连续2年超过1亿元。二是转变标准站投资方式。突出重点、集中推进，分级建设、示范引领，安排全国15个省(区、市)一级站、二级站共319个开展标准化建设。三是指导省级林业站管理部门根据2021年中央预算内投资计划安排，编制标准站建设实施方案，对各有关省份提交的实施方案进行认真审核，做好项目实施方案汇总、实施进度追踪等工作，按照“不重复安排建设”的原则，向相关省级林业站管理部门反馈实施方案存在的问题，提出修改完善建议，督促指导各省级林业站管理部门顺利开展标准站建设任务，项目均已进入开工阶段。四是组织开展标准站建设项目验收。印发《国家林业和草原局林业工作站管理总站关于开展2021年度标准化林业工作站建设验收工作的通知》，在县级自查、省级验收的基础上，对国家林业和草原局2019年下达投资、完成建设的标准站项目，2019年以前下达投资、延期完成建设的标准站项目，以及地方自筹资金投资建设、申请国家验收的415个站开展书面验收，确认有407个站合格，以《国家林业和草原局办公室关于公布2021年度全国标准化林业工作站建设验收情况的通知》公布授予“全国标准化林业工作站”称号，并寄发站牌。五是加强对已授牌标准站的管理。印发《国家林业和草原局林业工作站管理总站关于开展“全国标准化林业工作站”挂牌自查工作的通知》，在全国范围内，对2020年之前已授予“全国标准化林业工作站”名称的2691个林业站，围绕林业站和人员现状、履职作用发挥、基础设施条件及工作手段、是否有重大生态安全问责等方面情况，开展全面摸底自查。经自查，共有2468个已授牌标准站符合要求，“保留名称、继续授牌”；55个站因职能弱化、履职不够充分等原因，“保留名称、暂时收牌”；168个站由于行政区划

调整、业务工作调整等原因，无法履职，“撤销名称、收回站牌”。（罗　雪）

【林业站专项调研】　一是开展实地调研。制订2021年度调研工作方案，组织2个调研组赴福建、浙江、安徽3个省份开展乡镇林业站工作专题调研，调研了7个县的林业站情况，深入9个乡镇林业站，在基层召开8场座谈会，撰写2份调研报告。二是组织开展林业站系统大调研，印发《国家林业和草原局林业工作站管理总站关于开展乡镇林业工作站情况调研工作的通知》，部署开展全国林业站专项调研，共收集29个省（区、市）及新疆生产建设兵团的35份调研报告。（罗　雪）

【林业站培训工作】　2021年，林业站培训工作取得新进展。一是开展乡镇林业站站长能力测试工作。2021年，继续推行“线下（线上）培训+线上测试”的培训测试模式，提高了学员测试的便利性，组织完成了2500余名林业站长能力培训、测试任务，测试合格率达到90%。二是举办线上培训班。9月6～10日，首次采用线上方式举办了“全国基层林业工作站站长综合业务培训班”，对各省（区、市）及重点市、县负责林业站本底调查和标准站建设工作的人员，以及重点地区林业站站长共200余人次进行了培训，实现省、市、县、乡四级学员全参与。三是充分利用“全国乡镇林业工作站岗位培训在线学习平台”及“林业站学习”应用程序开展培训。截至2021年底，“平台”注册人数8.7万人，总访问量1936万人次，上线课程660余门，涵盖“林业政策法规”“森林资源管理”“森林保护”“林业工作站管理”等多个版块，2021年“平台”访问量184万人次，学习时长41.2万小时。（张桐瑞）

【林业站宣传工作】　一是开展了“添绿筑梦　奋斗有我”全国林业站短视频征集展示活动，进一步引导和激励广大基层林业站干部职工“听党话、跟党走”，钻研业务知识、苦练技能本领、牢记初心使命、锐意进取奉献，用短视频的方式展示基层林业站工作新风貌。二是继续与《中国绿色时报》合作，以《乡村护林（草）员管理办法》（以下简称《办法》）为主题进行专版宣传。深入学习《办法》出台的相关背景和主要内容，包括乡村护林员的管理体制、选聘程序、签订协议，护林员的责任与权利等，为贯彻落实护林员管理办法、充分发挥乡村护林员作用、强化林草治理基层力量提供保障。三是加强站务信息管理，宣传各地林业站关于贯彻践行“绿水青山就是金山银山”的发展理念，在履职尽责特别是强化森林资源保护、开展国土绿化、大力推动林长制工作落实、助力乡村振兴等工作亮点以及在推进标准化林业站建设、提升林业站公共服务能力、提高林业站队伍素质等方面的亮点，2021年共采用各地林业站站务信息4840条。（张桐瑞）

【落实生态护林员选聘任务】　2021年，生态护林员中央资金稳定在64亿元，与地方资金共同选（续）聘脱贫人口生态护林员110万人，带动300多万人增收，有力地巩固了脱贫攻坚成果，有效地衔接了乡村振兴。（朱天琦）

【出台《乡村护林（草）员管理办法》】　为进一步加强全国乡村护林队伍建设，建立健全乡村护林网络，整合并推进形成一支稳定可靠的乡村护林员队伍，8月，出台了《乡村护林（草）员管理办法》（以下简称《办法》）。《办法》分为总则、选聘、责任和权利、劳务报酬和工作保障、管理职责、附则，共6章30条。《办法》的出台为各地规范乡村护林员管理工作提供法律依据，对于保障乡村护林员合法权益，充分发挥乡村护林员在保护森林、草原、湿地、荒漠等生态系统和生物多样性方面的作用，推动实现林草资源管护网格化、全覆盖具有十分重要的意义。（朱天琦）

【修订《生态护林员管理办法》】　配合国家林草局规财司修订《生态护林员管理办法》，进一步做好项目资金使用和管理工作，通过新增林业工作站在脱贫人口生态护林员管理工作中的主要职责、生态护林员考核和监督相关要求等内容，促进生态护林员政策的优化调整。（朱天琦）

【启用全国生态护林员联动管理系统】　为推动生态护林员队伍信息化、精细化和规范化管理，2021年7月，全国生态护林员联动管理系统正式在中西部22个脱贫人口生态护林员项目省全面铺开。系统通过生态护林员基本档案信息的收集管理、相关数据信息的统计分析、对生态护林员实时工作动态的感知，实现了对生态护林员实时工作情况的科学化管理和考核，有利于及时掌握全国生态护林员队伍建设和管理的基本状况，为生态护林员政策优化调整和项目资金合理使用提供决策支持，初步实现了生态护林员信息化动态管理。（朱天琦）

【生态护林员调研】　2021年5月和7月，站领导带队分别赴贵州、湖南两省，深入5个市（州）、7个县、9个乡镇，开展生态护林员管理情况调研。组织省、市、县、乡四级座谈会10场，深入了解各地生态护林员统筹管理基本情况，研究探讨生态护林员管理工作存在的问题，总结推广典型经验，推动生态护林员管理工作规范化开展。（朱天琦）

【护林员宣传工作】　2021年10月，参加国家林草局第四季度新闻发布会，详细解读《乡村护林（草）员管理办法》（以下简称《办法》），中央人民政府网、《人民日报》、《法制现场》、《中国财经报》等30多家媒体进行相关报道；在《中国绿色时报》发表《〈乡村护林（草）员管理办法〉新政速览》和《贯彻落实护林员管理办法　夯实生态文明建设基础》两篇文章，深入宣传解读《办法》内涵和意义；9月和10月，分别在基层林业工作站站长综合业务培训班以及全国推行林长制改革培训班上，讲授《办法》政策解读课程，进一步深化政策理解；11月，印制《生态护林员风采录》1万册，记载了77个生态护林员个人和集体优秀事迹，激发生态护林员创业热情，引导各地积极宣传生态护林员先进事迹以及开展生态护林员工作的好经验和好做法，进一步提升社会影响力。（朱天琦）

【案件稽查】　严格执行《林业行政案件受理与稽查办法》，规范举报电话和信件的办理程序，强化信访举报案件的制度化管理。2021年共接听群众咨询、举报电话1253个，受理并批转督办举报信件39件。启动森林资源行政案件档案数字化归档工作，研发单机版数字化归档程序，逐步实现受理的所有举报案件历史档案可溯源、可追踪。开展林业行政案件专题调研，深入基层了解林政案件查处工作开展情况、执法机构设置情况及行政案件统计分析工作开展情况，挖掘和推广"街乡吹哨、部门报到"等基层执法模式。出版《林业和草原行政案件典型案例评析》，下发至各级林草行政案件管理、案件统计分析部门和受委托行使行政执法权的林业站。编印《2020年全国林业和草原行政案件统计分析报告汇编》《全国林草行政案件统计分析工作资料汇编》，进一步强化案件统计分析工作人员业务能力和综合素质。完善"全国林业和草原行政案件统计分析系统"，完成2021年全国林业和草原行政案件统计分析工作。数据显示，2021年全国共发生林草行政案件9.59万起，其中，乡镇林业站直接受理和协助受理林业行政案件5.87万起，占全国案件发生总量的61.21%。

（黄彦涵）

【行政执法资格管理】 贯彻落实《国务院办公厅关于全面推行行政执法公示制度执法全过程记录制度重大执法决定法制审核制度的指导意见》《司法部办公厅关于做好全国统一行政执法证件标准样式实施工作的通知》和国家林草局领导批示精神，进一步强化行政执法人员主体资格管理，在国家林草局办公室指导下，组织完成国家林业和草原局行政执法证件制作、核发、备案工作，落实执法人员持证上岗要求，核发执法证件328个。修订印发《国家林业和草原局行政执法资格考试题库》《国家林业和草原局行政执法资格考试参考资料汇编》，以考促学，提升执法人员的业务能力和工作水平。优化国家林业和草原局行政执法人员信息采集系统，更新局本级行政执法人员个人信息，开展互联网环境下行政执法人员执法资格考试研究。 （黄彦涵）

【森林保险发展】 2021年，中央财政森林保险保费补贴工作覆盖27个省（区、市）、4个计划单列市和四大森工企业。总参保面积1.65亿公顷，同比增长1.39%，其中公益林1.23亿公顷，商品林0.42亿公顷。总保额1.71万亿元，总保费37.37亿元。各级财政补贴33.13亿元，占总保费的89%，其中，中央财政补贴16.80亿元，林业生产经营主体自缴保费4.25亿元。全年完成理赔9319起，赔付面积59.78万公顷，已决赔款7.84亿元，简单赔付率20.97%。

2021年，宁夏回族自治区正式启动政策性森林综合保险工作，印发有关通知及实施方案，在6个自然保护区和1个林场开展公益林保险试点。天津市印发《关于全面推进天津市政策性森林保险实施方案》。浙江省明确将"推动公益林火灾险向综合险升级"作为省政府加快农业保险高质量发展的一项重要举措。

（马婞玥）

【出版《2021中国森林保险发展报告》】 与中国银行保险监督管理委员会合作出版《2021中国森林保险发展报告》。报告共6章、20万字，梳理了2020年森林保险相关政策，反映了行业发展情况，展示了在产品、技术、服务等方面的创新实践。报告认为，2020年中国森林保险维持了平稳发展总体态势，参保规模持续扩大，商品林参保实现突破；保障能力稳步提升，产品创新层出不穷；防灾减损全面投入，抗风险能力有效提升，为保护林草资源、稳定林草生产、助推林草改革、助力脱贫攻坚提供了有效保障。 （马婞玥）

【草原保险工作】 全国首批省级财政支持的草原保险试点工作在内蒙古自治区正式启动。试点区域按照草原类型划分为温性草甸草原、温性典型草原和温性荒漠化草原，保险责任包括旱灾、火灾、病虫鼠害及沙尘暴灾害。完成投保面积171.16万公顷，涉及8个盟（市）13个旗（县），总保费3248.53万元，其中自治区财政补贴占50%盟（市）财政补贴占20%、旗（县）财政补贴占10%、投保草原承包经营者自缴20%。 （马婞玥）

【野生动物致害保险工作】 深入贯彻落实国家林草局领导对野生动物致害补偿相关工作的指示批示精神，就野生动物致害保险工作情况和推进思路组织多层面座谈研讨。配合财政部对《中央财政农业保险保费补贴管理办法》进行修订，成功将"野生动物损毁"责任纳入中央财政农业保险保费补贴政策。 （马婞玥）

林草规划财务与审计监督

18

全国林业和草原统计分析

【林业草原投资】 2021年，林草投资完成总额4170亿元，比2020年减少11.60%。从资金来源看，中央资金投资完成额为1162亿元，与2020年基本持平；地方财政资金投资完成额为1182亿元，比2020年减少30.51%；社会资金（含国内贷款、企业自筹等其他社会资金）投资完成额为1826亿元，与2020年基本持平。国家资金（含中央资金和地方资金）为2344亿元，其中56.44%的资金投资用于造林抚育与森林质量提升等生态建设与保护项目。林草实际利用外资金额为5.03亿美元，比2020年增加1.06亿美元。

【林业草原产业】

林草产业规模 2021年，林草产业总产值达到87 342亿元（按现价计算），比2020年增长6.88%。其中，林业产业总产值为86 764亿元。

林业产业结构 2021年，超过万亿元的林业支柱产业分别是经济林产品种植与采集业、木材加工及木竹制品制造业和以森林旅游为主的林业旅游与休闲服务业，产值分别达到1.73万亿元、1.40万亿元和1.61万亿元。全年林草旅游和休闲的人数为32.89亿人次，比2020年增加1.21亿人次。

【主要林产品产量】

木材产量 2021年，全国木材总产量为11 589万立方米，比2020年增长12.99%。其中：原木产量为10 331万立方米，薪材产量为1259万立方米。

竹材产量 2021年，大径竹产量为32.56亿根，比2020年略有增长。其中：毛竹19.27亿根，其他直径在5厘米以上的大径竹13.29亿根。竹产业产值达3606亿元。

人造板产量 2021年，全国人造板总产量为33 673万立方米，比2020年增长3.47%。其中：胶合板19 296万立方米，纤维板6417万立方米，刨花板产量3963万立方米，其他人造板3997万立方米。

木竹地板产量 2021年，木竹地板产量为8.23亿平方米，比2020年增长6.47%。其中：实木地板9937万平方米，实木复合地板17 890万平方米，强化木地板（浸渍纸层压木质地板）21 091万平方米，竹地板等其他地板7031万平方米。

林产化工产品产量 2021年，全国松香类产品产量103万吨，与2020年基本持平。栲胶类产品产量5675吨，紫胶类产品产量6502吨。

各类经济林产品产量 2021年，全国各类经济林产品产量达到2.07亿吨，比2020年增长3.50%。从产品类别看，水果产量16 796万吨，干果产量1261万吨，林产饮料246万吨，花椒、八角等林产调料产品80万吨，食用菌、竹笋干等森林食品479万吨，杜仲、枸杞等木本药材479万吨，核桃、油茶等木本油料993万吨，松脂、油桐等林产工业原料392万吨。木本油料产品中油茶籽产量394万吨，种植面积达到459万公顷，年产值达1920亿元。

【林草系统在岗职工收入】 2021年，受国家机构改革影响，林草系统单位个数和人员有所调整。林草系统单位个数共计24 626个，年末人数共计97万人，其中：在岗职工81万人，其他从业人员6.5万人，离开本单位仍保留劳动关系人员9.5万人。林草系统在岗职工年平均工资达到71 905元，比2020年增长6.08%，但与2020年城镇单位就业人员平均工资相比仍低26.16%。

（刘建杰　林　琳）

林业和草原规划

【林草规划】 2021年7月23日，国家林草局会同国家发展改革委印发《"十四五"林业草原保护发展规划纲要》。

12月7日，国家发展改革委、自然资源部、水利部、国家林草局联合印发《青藏高原生态屏障区生态保护和修复重大工程建设规划（2021~2035年）》。

12月15日，国家发展改革委、科技部、自然资源部、生态环境部、水利部、农业农村部、应急管理部、中国气象局、国家林草局联合印发《生态保护和修复支撑体系重大工程建设规划（2021~2035年）》。

12月30日，国家林草局会同国家发展改革委、自然资源部、水利部联合印发《东北森林带生态保护和修复重大工程建设规划（2021~2035年）》《北方防沙带生态保护和修复重大工程建设规划（2021~2035年）》《南方丘陵山地带生态保护和修复重大工程建设规划（2021~2035年）》。

【京津冀协同发展】

科学绿化 一是科学开展国土绿化。2021年，国家林草局安排京津冀三省（市）造林种草任务22.87万公顷。会同国家发展改革委安排三省（市）重点区域生态保护和修复专项中央预算内造林投资20.3亿元，会同财政部安排河北省中央财政造林补助3.94亿元、河北省国土绿化试点示范项目中央投资1.5亿元。二是推进草原保护修复。安排河北省人工种草和草原改良任务

2.4万公顷(其中人工种草0.93万公顷、草原改良1.47万公顷)，主要在坝上高原地区的张家口和承德两市实施。三是加强京津风沙源治理。2021年京津风沙源治理二期工程完成营造林21.24万公顷，工程固沙0.67万公顷，为京津阻沙源、涵水源，为地方增资源、拓财源起到了保障和推动作用。

湿地保护修复　2021年，安排中央林业改革发展资金湿地保护修复补助8666万元，支持京津冀地区开展湿地保护修复、退耕还湿、湿地生态效益补偿，修复退化湿地面积2722公顷。组织开展林草生态综合监测评价和国际重要湿地生态状况监测，编制了包括天津北大港国际重要湿地在内的2021年度《中国国际重要湿地生态状况》白皮书。组织开展京津冀地区1处国际重要湿地、3处国家重要湿地、28处国家湿地公园的卫片判读工作，部署并督导省级林业和草原主管部门对疑似问题点位开展核查、对存在问题督促地方整改。

自然保护地建设　摸清自然保护地本底，指导完成自然保护地整合优化预案编制工作，统筹规划京津冀地区自然保护地布局和建设任务，着力保障京津冀生态安全。继续开展自然保护地监督管理。协调推动京津冀地区重要候鸟栖息地申报世界自然遗产，其中天津、河北多处候鸟栖息地已纳入中国黄(渤)海候鸟栖息地(第二期)申遗项目提名地。

林草产业发展　印发《全国林下经济发展指南(2021~2030年)》，对京津冀地区林下经济发展模式和适宜发展品种进行布局。认定第五批国家林下经济示范基地，其中京津冀地区9个；发布28个林下经济发展典型案例，北京市大兴区北臧村镇、天津市静海区忠涛蚯蚓养殖专业合作社入选。开展第五批国家林业重点龙头企业推荐评选工作，引导京津冀地区林业产业集聚发展，发挥重点龙头企业的带动作用。

灾害风险防控　一是有害生物防治能力不断提升。扎实开展鼠害防治，有效保护生态资源安全。2021年安排中央及省级防治补助资金560万元支持张家口市及崇礼区，重点用于鼠(兔)害等重大林业有害生物防治。防治工作持续开展，崇礼冬奥核心区及周边林木鼠害得到初步遏制。二是做好森林草原火灾联防联控。2021年，中央累计安排河北省森林草原防火中央预算内投资9866万元(森林防火4372万元，草原防火5494万元)，启动实施4个建设项目(森林、草原防火项目各2个)；安排防火补助资金约700万元(北京市约150万元、河北省约550万元)，支持开展火灾预防和火情早期处理工作。三是在张家口召开第一届京津冀晋蒙森林草原防火联席会议，签署华北五省(区、市)森林草原防火联防联控合作协议，进一步加强华北地区森林草原防火协作，着力提高冬奥赛区及周边森林草原火灾综合防控能力。四是提前部署开展林草火灾风险普查。全面完成冬奥赛区(张家口崇礼、北京延庆)火灾风险普查外业调查任务，为建立火灾风险模型积累了全部数据，组织开展评估和区划工作。

国家森林城市建设　围绕推动京津冀协同发展战略实施，启动编制《京津冀国家森林城市群发展规划》，明确在“两市一省”之间扩大城市组团之间的生态空间、贯通生态斑块之间的生态廊道、建设互联互通的休闲绿道网络等重点建设任务。截至2021年12月，新增14个“创森”城市，共有41个城市正在开展国家森林城市建设；完成京津冀地区9个国家森林城市建设情况摸底评估，督导各城市巩固和提升森林城市建设质量，努力为京津冀地区生态建设和绿色发展一体化推进奠定坚实基础。

张家口首都“两区”(水源涵养功能区、生态环境支撑区)建设　践行“绿色办奥”理念，打造森林生态景观。国家发展改革委、国家林草局于2019年启动河北省张家口市及承德市坝上地区植树造林项目。项目建设期为2019~2022年，营造林任务13.97万公顷(其中，人工造林6.67万公顷、森林质量精准提升7.3万公顷)，项目总投资34.86亿元。自实施以来，国家发展改革委、国家林草局每年组织一次联合调研督导。8月，河北省发展改革委、河北省林草局专门组成工作组，逐县督导推进，确保项目进度和质量。截至2021年12月底，该项目计划任务已全部下达。冬奥赛区核心区森林覆盖率超过80%。

第五届中国绿化博览会筹备　2021年6月，全国绿化委员会印发文件，正式确定将河北雄安新区作为2025年第五届中国绿化博览会承办地。

【海南自贸港建设】　制定印发《国家林业和草原局办公室关于印发〈《推进海南全面深化改革开放“十四五”实施方案》林草任务分工〉的通知》。

正式设立海南热带雨林国家公园　2021年9月，国务院正式批复同意设立海南热带雨林国家公园。10月12日，习近平总书记在《生物多样性公约》第十五次缔约方大会领导人峰会上宣布中国正式设立海南热带雨林等第一批国家公园。11月，正式建立了由国家公园管理局和海南省委、省政府主要领导为召集人，国家公园管理局相关司局单位和海南热带雨林国家公园管理机构、海南省林业局、相关职能部门为成员的局省联席会议机制。11月30日，国家公园管理局会同海南省委、省政府召开海南热带雨林国家公园建设管理工作推进视频会议暨局省联席会议，研究部署高质量推进海南热带雨林国家公园建设工作。配合海南省研究提出《海南热带雨林国家公园机构设置方案》，积极推进公园管理机构设置工作。指导海南省修改完善《海南热带雨林国家公园总体规划(2022~2030年)》，由海南省政府报送国家公园管理局。指导海南省组建旗舰物种海南长臂猿专职监测队伍，持续监测并采集长臂猿声学数据，制订《海南长臂猿大调查方案》并启动实施。指导编制《海南长臂猿保护拯救实施方案(2021~2050年)》。

自然保护地建设　指导海南省完成自然保护地整合优化预案编制工作，谋划海南省自然保护地布局和建设任务。支持海南省推进“海南热带雨林和黎族传统聚落”世界文化和自然双遗产申报工作，将“海南热带雨林和黎族传统聚落”世界遗产预备清单申报材料报至联合国教科文组织世界遗产中心。

山水林田湖草沙一体化保护和修复　2021年，支持海南开展人工造林220公顷、退化林修复3000公顷。配合国家发展改革委组织编制《海南自由贸易港湿地生态保护和修复实施方案》。在海南推进实施《红树林保护修复专项行动计划(2020～2025年)》，指导海南2021年营造红树林375.33公顷，对海南红树林监测进行现地督导，组织研发红树林监测App并在海南进行应用试点推广。强化湿地监督管理，对海南省7处国家湿地公园、1处国际重要湿地、3处国家重要湿地开展疑似违建卫片判读，督促、指导海南省林业主管部门开展核实，并对发现的问题进行整改。开展海南东寨港国家重要湿地生态状况监测评估工作，编写监测评估报告。将海南湿地监测纳入国家林草综合监测评价体系，完成2021年度海南省湿地监测工作。

(荆 涛)

林业和草原中央投资

【中央基本建设投资】 2021年，共安排中央预算内投资265.5亿元，其中："双重"工程235亿元(重点区域生态保护和修复210.4亿元，生态保护修复支撑体系24.6亿元)，国家公园5.9亿元，国家级自然公园2.4亿元，国家湿地公园(长江经济带绿色发展方向)2.6亿元，林业有害生物防治2亿元，草原防火等部门专项15.5亿元，部门自身建设等其他2.1亿元。

严格履行基本建设程序，按照有关规划和可行性研究报告批复情况安排投资，做到年度投资规模与建设任务相适应。保续建、保收尾，适度安排新开工项目；依托国家重大建设项目库平台做好项目跟踪调度；加强业务司局投资计划执行协同监管职责，归口督促指导，形成监管合力；根据国家发展改革委要求，组织做好项目绩效评估工作。 (郭 伟 张 凯)

【中央财政资金投入】 2021年，国家林草局积极协调财政部，认真落实党中央、国务院决策部署，紧紧围绕科学推进大规模国土绿化，全面保护天然林，加强森林资源管护，实施草原生态修复治理和退耕还林还草，建立以国家公园为主体的自然保护地体系，强化湿地保护修复、国家重点野生动植物保护、林业有害生物防治及森林防火等重点工作，不断完善财政政策，加大资金支持力度，中央财政共安排资金1078.72亿元，其中林业草原生态保护恢复资金504.06亿元、林业改革发展资金567.66亿元、中央财政衔接资金欠发达国有林场巩固提升任务(原国有贫困林场扶贫资金)7亿元，为加快林业草原生态建设和改革发展提供了重要保障。主要包括：一是支持科学推进大规模国土绿化，安排国土绿化支出173.56亿元，支持林木良种培育、造林、森林抚育、沙化土地封禁保护补偿、油茶营造、国土绿化试点示范项目等，其中，联合财政部组织竞争性评审，安排30亿元支持20个国土绿化试点示范项目。二是支持全面保护天然林，安排资金404.39亿元，其中天然林管护补助156.88亿元、天保工程社会保险补助74.61亿元、天保工程政策性社会性支出补助32.53亿元、全面停止天然林商业性采伐补助140.37亿元。三是支持森林生态效益补偿，安排资金182.37亿元，用于国家级公益林和符合国家级公益林区划界定条件、政策到期的上一轮退耕还生态林等森林资源的保护、管理以及非国有国家级公益林权利人的经济补偿等。四是支持以国家公园为主体的自然保护地体系建设，安排15亿元支持国家公园体制建设，安排10亿元支持国家级自然保护区能力建设。五是支持退耕还林还草，安排完善退耕还林政策补助3.82亿元、新一轮退耕还林还草补助138.38亿元。六是支持草原生态修复治理，安排35.34亿元，用于退化草原生态修复治理、草种繁育、草原边境防火隔离带建设、草原有害生物防治等。七是支持脱贫地区继续选聘生态护林员，安排生态护林员补助64亿元，用于脱贫地区选聘开展森林、草原、湿地、沙化土地等资源管护人员的劳务报酬支出。八是支持湿地等生态保护建设，安排45.05亿元开展湿地保护修复、森林防火、林业有害生物防治、国家重点野生动植物保护和林业科技推广示范等。 (孔 卓 张 媛)

【中央财政资金政策】 为切实加强林业草原转移支付资金管理，提高林业草原转移支付资金预算安排的科学性、规范性和精准度，按照中央财政预算管理有关要求，不断完善制度建设。一是修订资金管理办法，与财政部联合修订《林业草原生态保护恢复资金管理办法》、修订《林业改革发展资金管理办法》。二是完善项目储备制度，联合财政部等部门印发《中央生态环保转移支付资金项目储备制度管理暂行办法》。三是加强中央补助地方森林草原航空消防租机经费管理。联合财政部、应急部出台《中央补助地方森林草原航空消防租机经费管理暂行规定》。四是创新国土绿化资金管理方式。为贯彻落实党中央、国务院关于开展大规模国土绿化行动的决策部署，积极做好碳达峰、碳中和工作，提升碳汇能力，联合财政部印发《关于组织申报中央财政支持国土绿化试点示范项目的通知》，并组织竞争性评审，择优选取支持20个国土绿化试点示范项目，安排中央财政补助30亿元，每个项目补助1.5亿元。五是完善生态保护补偿政策。落实《中华人民共和国防沙治沙法》，安排1.1亿元支持内蒙古等7个省份开展沙化土地封禁保护补偿。 (孔 卓 张 媛)

林业和草原区域发展

【援疆情况】 2021年，国家林草局深入贯彻落实新时代党的治疆方略和党中央、国务院关于新疆工作的一系列决策部署，积极协调有关部门安排新疆中央林草资金55.75亿元(其中：自治区50.57亿元，兵团5.18亿元)，在生态安全屏障建设、国土绿化、草原生态保护修复、防沙治沙等方面全力予以支持，积极推动建设团结和谐、繁荣富裕、文明进步、安居乐业、生态良好的新时代中国特色社会主义新疆。

大规模国土绿化行动 一是科学开展造林绿化，宜林则林、宜草则草，支持自治区完成造林面积10.47万公顷，占年度计划任务的75.46%；支持兵团完成造林面积3.62万公顷，占年度计划任务的83.45%。二是实施草原生态修复治理，支持自治区完成退化草原改良任务49.98万公顷、围栏封育任务27.33万公顷；支持兵团完成退化草原改良任务2.77万公顷、围栏封育任务0.33万公顷。三是指导新疆积极落实退耕还林还草年度计划任务，做好任务带图斑申报和图斑落实工作。四是加强防沙治沙，支持自治区完成防沙治沙任务25.16万公顷；支持兵团完成防沙治沙任务4万公顷。

林草资源保护管理 一是全面推行林长制，跟踪指导林长制体系建设工作，支持新疆出台全面推行林长制实施文件。二是指导自治区、兵团编制完成《新疆天然林保护修复中长期规划》《兵团天然林保护修复制度实施方案》。落实中央财政天保工程区天然林资源管护面积337.87万公顷，其中，自治区327.87万公顷、兵团10万公顷。三是指导新疆完成自然保护地整合优化预案编制，厘清各类自然保护地基本情况，为有效解决自然保护地交叉重叠、矛盾冲突等问题奠定基础。强化阿尔金山、霍城四爪陆龟等国家级自然保护区基础设施建设和能力提升，启动天牧国家草原公园试点建设，支持艾比湖湿地和阿勒泰科克苏湿地国家级自然保护区湿地保护修复工程建设，续建吉木乃县金思克沙化土地封禁保护区。截至2021年末，支持自治区建设国家湿地公园51处，总面积93.95万公顷，有效保护湿地面积63.48万公顷；支持兵团建设国家湿地公园6处，总面积3.02万公顷，有效保护湿地面积1.96万公顷；支持自治区建设沙化土地封禁保护区43个，封禁保护面积53.94万公顷。四是支持自治区实施吐鲁番市、和田地区、阿尔泰山等5个森林草原防火项目；支持兵团实施第十三师和第四师可克达拉市2个森林草原防火项目。

巩固脱贫攻坚成果 一是会同有关部门进一步建立健全生态保护补偿机制，配合财政部研究起草《关于深化生态保护补偿制度改革的指导意见》，配合国家发展改革委研究起草《生态保护补偿条例》。二是倾斜支持生态护林员选聘工作，新增新疆中央财政生态护林员补助资金310万元，年度资金规模达4.46亿元，助推新疆巩固脱贫攻坚成果同乡村振兴有效衔接。三是组织编制《全国经济林发展规划(2021~2030年)》，优化新疆经济林发展布局，在林特产品展示展销平台设立新疆馆，推广新疆经济林等林业特色品牌。四是指导第五批国家林业重点龙头企业和国家林下经济示范基地申报认定工作，支持阿克苏实验林场国家核桃、枣树等14个良种基地和英吉沙县杏等2个国家林木种质资源库建设。

工作管理变化及创新 一是建立林草援疆工作台账，细化任务分工和阶段性时间进度安排，明确承担工作单位、责任人，定期督促调度工作进展情况。二是筹备成立“国家林业和草原局援疆工作专班”，协调解决重大问题，切实推进各项林草援疆工作落实落地。三是组织筹备“国家林业和草原局援疆工作座谈会”，研究起草推动新疆林草事业高质量发展的支持措施。

【援藏情况】 国家林草局认真贯彻落实新时代党的治藏方略和党中央、国务院关于西藏和四川、云南、甘肃、青海涉藏工作的一系列决策部署，积极协调有关部门安排西藏和四川、云南、甘肃、青海四省中央林草资金292.27亿元(西藏39.75亿元，四省252.52亿元)，在生态安全屏障建设、国土绿化、草原生态保护修复、防沙治沙等方面全力予以支持，为推进西藏和四省涉藏地区长治久安和高质量发展，建设美丽中国、实现中华民族永续发展奠定坚实生态基础。

重大生态保护修复工程 落实《全国重要生态系统保护和修复重大工程总体规划(2021~2035年)》要求，配合国家发展改革委编制《青藏高原生态屏障区生态保护和修复重大工程建设规划(2021~2035年)》，统筹考虑自然条件相似性、生态系统完整性、生态地理单元连续性和工程实施可操性，在青藏高原启动实施三江源生态保护和修复、祁连山生态保护和修复、藏西北高原生态保护和修复、藏东南高原生态保护和修复、西藏“两江四河”造林绿化与综合整治等一批重大生态工程。根据《“十四五”林业草原保护发展规划纲要》布局安排，重点支持拉萨河、雅江中上游、三江并流森林保护带等林草区域性系统治理项目建设。

大规模国土绿化行动 一是支持西藏、青海实施日喀则市、海南藏族自治州2个国土绿化试点示范项目，通过采取一体化、系统治理的措施，按照集中连片、综合治理的方式，开展国土绿化试点示范。二是科学开展造林绿化，宜林则林、宜草则草，支持西藏完成造林面积7.83万公顷；支持四省完成造林面积72.85万公顷。三是实施草原生态修复治理，安排西藏人工种草和草原改良任务54.97万公顷、围栏封育任务19.07万公顷；安排四省人工种草和退化草原改良任务160.82万公顷、围栏封育任务43.73万公顷。四是加强荒漠化防治，支持西藏完成防沙治沙任务13.31万公顷；支持四省完成防沙治沙任务9.90万公顷。

林草资源保护管理 一是国家林草局局长关志鸥、副局长彭有冬、副局长李春良等局领导分别带队赴拉萨、林芝、那曲等地调研督导林草工作；组织专家团队赴西藏蹲点调研，解决一系列实际问题；启动建立青藏高原林草工作基地。二是指导西藏和四省制订省（自治区）级天然林保护修复制度实施方案，编制省（自治区）级天然林保护修复中长期规划，加强西藏1093.33万公顷、四省2066.67万公顷国家级公益林管护。三是指导西藏和四省完成第二次陆生野生动物资源调查，开展兰科植物资源和金钱豹、马鹿、雪豹等国家重点保护物种的专项调查，会同央视新闻频道《朝闻天下》组织实施“我们与藏羚羊”科考活动。四是支持西藏实施草原防火物资储备库和山南市森林重点火险区综合治理系统建设2个森林草原防火项目；支持四省实施海北藏族自治州草原防火建设、凉山彝族自治州森林火灾高危区综合治理工程建设、迪庆藏族自治州森林火灾高危区综合治理工程建设等6个森林草原防火项目。

自然保护地体系建设 一是习近平总书记在联合国《生物多样性公约》第十五次缔约方大会上宣布中国正式设立的第一批5个国家公园中包括三江源和大熊猫国家公园；会同有关部门和省份对祁连山、普达措国家公园体制试点验收工作进行全面总结。二是组织编制青藏高原自然保护地建设实施方案，指导西藏和四省完成自然保护地整合优化预案编制，厘清各类自然保护地基本情况，为有效解决自然保护地交叉重叠、矛盾冲突等问题奠定基础。三是支持青海省建设以国家公园为主体的自然保护地体系示范省，与西藏自治区共建青藏高原国家公园示范区，推进西藏神山圣湖世界自然和文化双遗产申报进程。四是支持可可西里、隆宝等3个国家级自然保护区湿地保护修复工程建设，续建措勤县等3个沙化土地封禁保护区，指导西藏发布省级重要湿地15处。截至2021年底，支持西藏建设国家湿地公园22处、国际重要湿地4处、省级重要湿地15处，有效保护湿地面积17.4万公顷，实施封禁保护补偿面积4.8万公顷；支持四省建设国家湿地公园78处、国际重要湿地13处、省级重要湿地70处，有效保护湿地面积30.2万公顷，实施封禁保护面积73.28万公顷。

巩固脱贫攻坚成果 一是进一步建立健全生态保护补偿机制，配合财政部研究起草《关于深化生态保护补偿制度改革的指导意见》，配合国家发展改革委研究起草《生态保护补偿条例》。二是倾斜支持生态护林员选聘工作，安排西藏和四省中央财政生态护林员补助资金20.62亿元，占全国总规模64亿元的32.22%，推广应用生态护林员联动管理系统，加强生态护林员精细化管理。三是配合有关部门起草西藏边境地区特色产业“十四五”发展规划，组织编制《全国经济林发展规划（2021～2030年）》《全国林下经济发展指南（2021～2030年）》《全国森林康养发展指南（2021～2025年）》，优化西藏和四省经济林、林下经济、森林康养等产业布局。四是将3家基地纳入第五批国家林下经济示范基地公示名单，拟将8处林木种质资源库列入国家林木种质资源库，支持32个良种基地和种质资源库建设。

工作管理变化及创新 一是在拉萨召开国家林业和草原局援藏工作座谈会，会议深入学习了习近平总书记关于西藏工作的重要指示批示精神，总结了2016年以来林草援藏工作成效，研究部署了今后一个时期林草援藏工作。会议期间，与西藏自治区人民政府签署了《关于“十四五”林草援藏支持举措的协议》，在启动实施林草区域性系统治理项目、共建青藏高原国家公园示范区、全面推行林长制等7个方面共同推动西藏林草事业高质量发展。二是建立林草援藏工作台账，细化任务分工和阶段性时间进度安排，明确承担工作单位、责任人，定期督促调度工作进展情况。三是成立国家林业和草原局援藏工作专班，制定印发《关于支持西藏生态保护修复和林草高质量发展的若干措施》，协调解决重大问题，统筹推进各项林草援藏重点工作落实落地。

【西部大开发】 2021年，国家林草局积极协调有关部门安排西部省份中央林草资金666.46亿元，在生态安全屏障建设、国土绿化、草原生态保护修复、以国家公园为主体的自然保护地体系建设等方面全力予以支持，全力推动西部地区林草高质量发展。

大规模国土绿化行动 一是科学推动造林绿化，指导西部省份完成造林面积193.71万公顷，启动实施内蒙古呼和浩特市、甘肃张掖市等7个国土绿化试点示范项目，组织编制《关中平原国家森林城市群发展规划（2021～2030年）》，完成对西部地区47个国家森林城市的监测评估工作。二是督促落实退耕还林还草建设任务，指导西部省份完成造林种草任务23.75万公顷。三是在陕西榆林召开三北工程科学绿化现场会，邀请陕西榆林市、宁夏彭阳县进行典型发言，全面总结三北工程推动国土绿化的成效和经验，安排部署“十四五”三北工程科学绿化工作。结合《全国重要生态系统保护和修复重大工程总体规划（2021～2035年）》和《“十四五”林业草原保护发展规划纲要》，在西部省份规划布局74个三北工程重点工程示范项目，启动内蒙古巴彦淖尔市磴口县和甘肃平凉市崆峒区2个科学绿化试点县建设。四是实施草原生态修复治理，支持西部省份完成人工种草任务109.04万公顷、草原围栏建设任务107.6万公顷和退化草原改良任务84.76万公顷，启动31处国家草原公园试点和12处国有草场试点建设。五是持续开展防沙治沙，支持西部省份完成防沙治沙任务97.67万公顷、石漠化治理任务30万公顷。

林草资源保护管理 一是全面推行林长制，跟踪指导林长制体系建设工作，截至2021年底，西部各省份全面推行林长制实施文件已全部出台，由党委、政府主要领导担任总林长，省、市、县、乡、村林长制组织体系和制度体系基本建立。二是进一步贯彻落实“放管服”改革要求，发布国家林业和草原局公告（2021年第2号），将矿藏勘查、开采以及其他各类工程建设占用林地审核事项，森林和野生动物类型国家级自然保护区修筑设施审批事项，矿藏开采、工程建设征收、征用或者使用草原70公顷以上的审核事项委托省级林草主管部门实施，进一步减少审批环节，提高审核效率，有力推动西部地区基础设施、公共事业和民生等项目建设。三是会同云南省和有关专家，采取柔性干预措施，圆满完成云南亚洲象北移南归处置工作，受到各方充分肯定，全球180多个国家和地区3000家以上媒体报道，社交平台点击量超过110亿次。四是开展梵净山、秦巴山区等西部重点区域松材线虫病防治工作督导，支持重庆市开展试点探索松材线虫病疫情防控与森林经营相结合、疫木除害处理与加工利用相结合的新模式。

自然保护地体系建设　一是2021年10月，习近平总书记在联合国《生物多样性公约》第十五次缔约方大会领导人峰会上宣布中国正式设立三江源、大熊猫等第一批国家公园。二是会同青海、西藏、四川、陕西、甘肃等省（区）政府建立局省联席会议机制，下设协调推进组，实行包片督导，积极推动三江源、大熊猫国家公园管理机构设置工作，协调推进总体规划编制和勘界立标。三是积极推进青藏高原国家公园群建设和秦岭等国家公园创建前期工作，持续推动青海省以国家公园为主体的自然保护地体系示范省建设，与西藏自治区共建青藏高原国家公园示范区。四是指导甘肃张掖地质公园成功申报联合国教科文组织世界地质公园，积极推进内蒙古“巴丹吉林沙漠-沙山湖泊群”世界自然遗产和青海坎布拉联合国教科文世界地质公园申报工作。截至2021年底，西部地区共建立各级各类自然保护地2839处，其中：国家级自然保护区209处、国家级自然公园905处、世界地质公园14处、世界自然遗产9项、世界自然与文化双遗产1项。

生态富民产业　一是组织编制《林草产业发展规划（2021～2025年）》《全国经济林发展规划（2021～2030年）》《全国林下经济发展指南（2021～2030年）》，优化西部地区林草产业布局。二是在四川宜宾举办主题为“竹福美丽中国，促进乡村振兴”的第十一届中国竹文化节，130家企业参展，近万名群众现场观展，开展线上线下同步展示展销和旅游推介，吸引广大网民和现场游客积极参与。三是指导和支持西部地区举办陕西韩城花椒节、四川金堂油橄榄节、贵州遵义方竹农民丰收节和第四届枸杞产业博览会。四是指导第五批国家林下经济示范基地认定工作，西部地区有39家基地入选公示名单，支持22处国家林木种质资源库建设。五是倾斜支持生态护林员选聘工作，安排西部省份中央财政生态护林员补助资金44.48亿元，占全国总规模64亿元的69.5%，积极推动西部地区巩固脱贫攻坚成果同乡村振兴有效衔接。

【中部崛起】　2021年，国家林草局认真贯彻落实《中共中央　国务院关于新时代推动中部地区高质量发展的意见》，制订印发林草任务分工方案，积极协调有关部门安排中部地区中央林草资金196.75亿元，在生态安全屏障建设、国土绿化、草原生态保护修复、防沙治沙等方面全力予以支持，加快打造人与自然和谐共生的美丽中部，为推动中部地区高质量发展奠定坚实生态基础。

重点生态工程　落实《全国重要生态系统保护和修复重大工程总体规划（2021～2035年）》及其专项规划，配合有关部门启动实施秦岭生态保护和修复工程、黄河下游地区生态保护和修复工程、长江上中游岩溶地区石漠化综合治理工程等一批重点生态工程。根据《“十四五”林业草原保护发展规划纲要》，重点支持黄河下游河南段、洞庭湖流域、赣江源等林草区域性系统治理项目建设。

大规模国土绿化行动　贯彻落实《国务院办公厅关于科学绿化的指导意见》，指导中部地区科学开展国土绿化工作，会同财政部安排5个国土绿化试点示范项目，与河南共建科学绿化试点示范省。对已建成的62个国家森林城市进行国家标准达标情况摸底，支持74个城市开展国家森林城市建设。全年完成造林90.33万公顷，石漠化治理6.05万公顷，防沙治沙2.29万公顷。

林草资源保护管理　通过实施天然林资源保护、退耕还林还草等措施，980.6万公顷天然商品林得到有效管护，完成退耕还林还草7067公顷、人工种草和退化草原改良1.87万公顷，建设国家储备林7.31万公顷、抑螺成效林6.08万公顷。指导完成第二次全国陆生野生动物资源调查任务，开展金钱豹和野生兰科植物资源专项调查，推进人工繁育鹦鹉专用标识试点和主动防范野猪致害。启动实施森林草原防火项目17个，支持火灾预防和火情早期处理工作。

自然保护地体系建设　正式设立武夷山国家公园，组织召开国家公园建设管理工作推进会暨局省联席会，部署国家公园总体规划修编和勘界立标工作，细化完善武夷山等国家公园管理机构设置方案。指导完成自然保护地整合优化预案编制，批复《武当山风景名胜区八仙观-水磨河片区详细规划》，支持武功山申报世界地质公园。组织验收8处国家湿地公园试点和6个全国防沙治沙综合示范区，对11处国际重要湿地、12处国家重要湿地和259处国家湿地公园疑似违建卫片进行全覆盖判读，部署并督导相关省级林草主管部门进行核查和整改。

巩固脱贫成果　安排中部地区中央财政生态护林员补助资金14.8亿元，占全国总规模的23%，推广应用生态护林员联动管理系统。批复设立国家林业草原栀子、森保无人机与果园自主作业装备工程技术研究中心3个科技转化平台，立项实施“油茶低产林综合改造技术推广示范”等中央财政林业科技推广示范项目127个，指导“江西特色植物萜类资源高值化利用关键技术”等4项成果入选2021年重点推广林草科技成果100项。认定第五批国家林下经济示范基地32个，支持中部6省开设林特产品馆分馆并上线。

全面推行林长制　将林长制纳入国务院激励措施中，向实施成效明显地区，给予中央财政资金倾斜。指导中部6省在林长统领下，发挥部门合力，协调解决机构设置、经费保障、制度设计、创新工作机制等重点难点问题。举办林长制改革培训班，指导编制林长制督查考核办法，建立督查考核体系，有序开展督查考核。加强宣传推广，通过中央主流媒体，及时刊载地方动态，通报各地进展，共享经验做法，营造良好氛围。

【定点帮扶】　2021年，国家林草局深入学习贯彻习近平总书记关于乡村振兴和定点帮扶工作的重要指示批示精神，把巩固拓展脱贫攻坚成果同乡村振兴有效衔接作为首要政治任务，不断提高政治领悟力、政治判断力和政治执行力，始终胸怀“两个大局”，践行“两个维护”，牢牢把握“国之大者”，落实“四不摘”（摘帽不摘责任，摘帽不摘政策，摘帽不摘帮扶，摘帽不摘监管）要求，保持原有帮扶政策、资金支持、帮扶力量总体稳定，推动4个定点县乡村振兴工作开好局、起好步、见实效。

强化工作责任落实 制订《2021年定点帮扶重点任务分工方案》，印发《国家林业和草原局乡村振兴与定点帮扶工作领导小组办公室关于进一步做好2021年定点帮扶工作的通知》，将重点工作任务分解细化到各成员单位。组织各单位开展经常性、针对性的实地调研，研究制定定点县返贫风险预警机制。全年共计281人次赴4个定点县调研指导，深入乡镇和村屯，发现问题47个，形成督促指导报告9份，及时反馈定点县，倒逼问题整改和责任落实，推进定点县乡村振兴工作有序开展。

发展林草特色产业 组织各对口结对帮扶单位积极指导帮助定点县编制“十四五”产业发展规划。在前期投入700万元扶持毛木耳生态产业项目带动罗城螺蛳粉原材料产业发展的基础上，2021年帮助引进总投资3000万元的盈垦螺蛳粉产业园建设项目，配套建设木耳加工、生态腐竹生产等螺蛳粉原料生产加工厂房，项目建成后预计年产值达2亿元。继续无偿投入500万元在定点县实施林下种植山豆根、花卉加工、黄精种植和灵芝仿野生种植等产业帮扶项目，预计4个项目共联结农户257户1102人，户均年增收1.5万元。不断加强示范建设，荔波县启明中药材种植林下经济示范基地入选第五批国家林下经济示范基地。为切实增强定点县产业发展内生动力，国家林草局不断加大消费帮扶力度，交易金额持续增加，累计采购定点县农产品261万元，采购其他脱贫地区农产品603.3万元；帮助定点县销售农产品1634万元，帮助其他脱贫地区销售农产品290.22万元。

教育培训 组织开展了3期国家林草科技大讲堂网络直播培训，邀请多名专家讲解油茶栽培与加工、板栗栽培、竹林经营、松材线虫病防控和储备林建设等方面关键技术与成果运用，培训人员超过3万人次。协调定点县参加其他各类培训，共培训基层领导干部233人、乡村振兴带头人268人、专业技术人员1295人。持续轮换接收定点县青年干部赴局机关锻炼学习，提高基层干部业务能力和理论水平，建立良好的工作沟通机制。

改善乡村人居环境 协调贵州、广西两省（区）林草主管部门，向4个定点县安排中央林草资金3.31亿元，安排省、市级林草资金0.91亿元，通过造林绿化、天然林保护、退耕还林、珠江防护林、生态公益林补偿、石漠化综合治理等重点生态工程建设，定点县生态建设取得明显成效，森林数量持续增加，森林质量稳步提升，生态承载力全面提升。指导定点县开展树种结构调整优化，加大自然保护区、森林公园、湿地公园等自然保护地建设力度。截至2021年底，4个定点县森林覆盖率均达到70%以上，绿水青山成为各定点县的亮丽名片，实现了林草生态、社会、经济三大效益持续稳定增长。

提升基层组织建设水平 印发《关于建立国家林业和草原局直属机关基层党组织党建工作联系点的通知》，组织局办公室、规财司、贵阳专员办等单位分别与定点县基层党组织开展结对共建活动，指导定点县抓党建促乡村振兴。持续做好困难帮扶，局办公室、规财司、人事司等单位走访慰问抗美援朝老战士、困难党员、脱贫群众和林草生态公益岗位管护人员，捐赠科普图书；中南院持续开展“党建助学 情暖独山”活动，做好困难学生教育帮扶。通过结对共建活动，累计捐资助学12.29万元，捐款捐物10.1万元，培育帮扶农村合作社11家，进一步减小边缘户、脱贫监测户等困难家庭返贫风险。

工作管理变化及创新 将原局扶贫工作领导小组调整为乡村振兴与定点帮扶工作领导小组，维持设立办公室（设在规划财务司）和定点帮扶工作模式不变，进一步调整完善结对帮扶关系，建立定点帮扶工作台账，明确任务目标和时间节点，层层压实责任，推进定点县巩固拓展脱贫攻坚成果同乡村振兴有效衔接。将定点县作为“全国生态护林员联动管理系统”试点单位，在全国范围内率先推行联动管理系统，进一步推动生态护林员队伍信息化建设。

（李俊恺）

林业和草原对外经济贸易合作

【林产品对外贸易】 2021年全国林产品进出口总值1876.6亿美元，居世界首位，同比增长22.7%。其中，出口937.1亿美元，同比增加20.4%；进口939.5亿美元，同比增加25.2%。

【主要林产品进口】 全国进口林产品以木材、木浆、纸制品等木质林产品为主，也包括干鲜水果和坚果、棕榈油、天然橡胶等非木质林产品。受运费大幅上涨以及国际大宗商品涨价的影响，2021年主要木质林产品进口均价上升明显，全年进口木材1.04亿立方米，平均价格186.1美元/立方米，同比上涨25.7%。进口木浆2969万吨，平均价格675.4美元/吨，同比上涨31.8%。

主要林产品进口中，原木进口量有所增加，锯材进口量明显减少。全年进口原木6357.8万立方米，同比增加6.5%；进口锯材2884.3万立方米，同比减少15.9%。值得关注的是，2020年11月以后，澳大利亚原木进口份额被新西兰、巴西、南非取代，全年进口辐射松和桉木等原木分别较上年增加5.3%和27.7%。

2021 年从欧洲进口的木材占总进口量的 48.1%，比 2017 年增加 9.1 个百分点。受此影响，2021 年进口北美木材份额仅占 9.5%，比 2017 年中美贸易摩擦前减少 10.2 个百分点。

木浆进口方面，来源更加多元。过去中国木浆进口主要依赖于巴西、加拿大和印度尼西亚等国，随着中国-东盟全面战略伙伴关系的建立，2021 年中国自东盟地区特别是泰国进口木浆数量大幅增长。全年从泰国进口木浆 119.4 万吨，同比增加 275.7%；进口额 5.8 亿美元，同比增加 328.5%；木浆均价 484.1 美元/吨，低于巴西等国。

【主要林产品出口】 全国出口林产品中 80% 以上为木质林产品，其中木家具和纸制品的出口额占比均超过 1/3，人造板和木制品占比均超过 1/10。2021 年，木家具出口额 256.2 亿美元，同比增加 28%；纸、纸板及纸制品出口额 241.9 亿美元，同比增加 15.5%；木制品出口额 96.4 亿美元，同比增加 33.6%；人造板出口额 75.3 亿美元，同比增加 44.3%。

木质林产品出口均价呈上升趋势，其中纸制品涨幅最高，达到 13.5%；其他产品的均价涨幅均超过 5%。

木质林产品出口走向稳定且集中度高。美国仍是中国最大的贸易伙伴，2021 年中国对美出口额达 175.4 亿美元，占比 23.8%。出口额排名第 2~5 位的分别是日本 43.5 亿美元、英国 39.3 亿美元、澳大利亚 36.5 亿美元、中国香港 30.1 亿美元。

（于百川　李　屹）

林业和草原扶贫

【生态脱贫成果巩固】 为贯彻落实《中共中央　国务院关于实现巩固拓展脱贫攻坚成果同乡村振兴有效衔接的意见》，巩固生态脱贫成果，推动乡村振兴，2021 年，国家林草局会同有关部门，积极研究制定相关政策，促进巩固脱贫攻坚成果同乡村振兴有效衔接。

一是会同国家发展改革委、财政部、国家乡村振兴局联合印发《关于实现巩固拓展生态脱贫成果同乡村振兴有效衔接的意见》，提出了在保持现有帮扶政策、资金支持、帮扶力量总体稳定的基础上，实施促进稳定就业、支持产业兴旺、加快生态宜居、加强科技支撑和人才帮扶等任务。

二是对脱贫攻坚期《建档立卡贫困人口生态护林员管理办法》进行了修订，会同财政部、国家乡村振兴局联合印发《生态护林员管理办法》，从生态护林员的选聘范围、管理要求、管护职责、监督考核等方面进行了调整优化。协调财政部继续安排生态护林员补助资金 64 亿元，资金规模和 2020 年持平，稳定脱贫地区生态护林员队伍保持在 110 万人左右，实现稳定就业。

三是制定印发《关于在林业草原基础设施建设领域积极推广以工代赈方式的通知》，细化了林草领域以工代赈实施范围，鼓励各地充分利用以工代赈方式开展林草生态保护建设，进一步提高脱贫人口收入。

（朱介石）

林业和草原生产统计

表 18-1　2021 年全国造林和森林抚育情况

指标名称	单位	本年实际
一、造林面积	**公顷**	**3 754 373**
1. 人工造林面积	公顷	1 085 095
2. 飞播造林面积	公顷	172 239
3. 封山育林面积	公顷	1 235 098
4. 退化林修复面积	公顷	1 011 349
5. 人工更新面积	公顷	250 593
二、森林抚育面积	**公顷**	**6 422 133**

表 18-2　2021 年各地区造林和森林抚育情况

单位：公顷

地　区	造林面积						森林抚育面积
	总计	人工造林	飞播造林	封山育林	退化林修复	人工更新	
全国合计	**3 754 373**	**1 085 095**	**172 239**	**1 235 098**	**1 011 349**	**250 593**	**6 422 133**
北　京	24 783	8 005	—	16 669	—	110	86 548
天　津	5 396	—	—	5 396	—	—	45 138
河　北	181 389	72 844	4 831	47 684	51 130	4 899	272 106
山　西	338 830	219 727	13 381	83 538	10 096	12 088	124 048
内蒙古	272 951	128 217	23 403	63 869	57 081	381	335 444
辽　宁	56 559	18 862	—	3 835	28 867	4 994	21 531
吉　林	105 897	4 816	—	23 092	68 375	9 615	130 893
黑龙江	95 686	21 742	—	23 470	48 971	1 502	321 909
上　海	—	—	—	—	—	—	25 096
江　苏	3 211	2 556	—	—	519	136	64 094
浙　江	23 975	8 862	—	4 173	10 940	—	32 120
安　徽	52 735	8 366	—	29 788	12 933	1 648	515 786
福　建	96 935	7 145	—	43 984	23 722	22 085	294 192
江　西	256 815	20 936	—	81 839	113 015	41 024	387 519
山　东	11 820	6 531	—	—	3 052	2 238	199 618
河　南	147 507	70 654	28 163	16 653	16 385	15 653	211 060
湖　北	138 489	30 628	—	80 534	25 529	1 798	218 658
湖　南	153 227	67 481	—	45 847	39 516	382	341 081
广　东	58 234	1 801	—	24 333	23 214	8 885	296 483
广　西	194 768	9 792	—	20 609	112 611	51 757	911 135
海　南	8 936	497	—	—	—	8 439	29 196
重　庆	117 661	14 994	—	42 439	54 538	5 690	217 119
四　川	186 389	35 846	—	111 312	32 502	6 730	158 686
贵　州	35 434	5 326	—	11 995	17 446	667	207 997
云　南	149 132	34 634	—	79 675	32 020	2 802	88 320
西　藏	70 563	5 339	38 873	19 998	—	6 353	63 753
陕　西	324 331	59 515	52 922	181 456	30 438	—	148 526
甘　肃	178 184	89 634	—	41 782	45 505	1 263	71 835
青　海	165 883	46 650	10 667	30 300	43 468	34 798	36 000
宁　夏	100 414	43 866	—	5 793	49 710	1 044	20 285
新　疆	169 802	39 176	—	95 037	31 980	3 610	411 290
大兴安岭	28 436	650	—	—	27 785	—	134 667

注：造林面积不包含 2021 年实施的退耕还林面积。

表 18-3 全国历年造林和森林抚育面积

单位：万公顷

年 份	人工造林	飞播造林	新封山育林	更新造林	森林抚育
1949~1952	170.73	—	—	2.25	—
1953	111.29	—	—	1.65	—
1954	116.62	—	—	3.88	—
1955	171.05	—	—	3.92	—
1956	572.33	—	—	9.41	—
1957	435.51	—	—	5.58	—
1958	609.87	—	—	39.11	—
1959	544.27	0.70	—	56.03	—
1960	413.69	0.70	—	48.37	—
1961	143.23	0.90	—	15.71	—
1962	118.87	1.00	—	10.63	—
1963	151.60	1.41	—	18.30	—
1964	289.32	1.81	—	20.65	—
1965	340.32	2.21	—	23.89	—
1966	435.18	18.15	—	32.10	—
1967	354.10	36.30	—	30.30	—
1968	285.88	55.45	—	24.00	—
1969	275.33	72.60	—	23.30	—
1970	297.65	90.75	—	32.50	—
1971	340.44	112.07	—	30.75	—
1972	347.33	116.24	—	31.90	—
1973	392.55	105.74	—	35.67	—
1974	411.47	88.77	—	36.20	—
1975	443.77	53.61	—	42.20	—
1976	432.31	60.27	—	42.08	—
1977	421.85	57.47	—	41.64	—
1978	412.57	37.06	—	45.84	—
1979	391.03	57.90	—	40.93	—
1980	394.00	61.20	—	42.19	—
1981	368.10	42.91	—	44.26	—
1982	411.58	37.98	—	43.88	—
1983	560.31	72.13	—	50.88	—
1984	729.07	96.29	—	55.20	—
1985	694.88	138.80	—	63.83	—
1986	415.82	111.58	—	57.74	—
1987	420.73	120.69	—	70.35	—
1988	457.48	95.85	—	63.69	—
1989	410.95	91.38	—	71.91	—
1990	435.33	85.51	—	67.15	—
1991	475.18	84.27	—	66.41	262.27

（续表）

年 份	人工造林	飞播造林	新封山育林	更新造林	森林抚育
1992	508.37	94.67	—	67.36	262.68
1993	504.44	85.90	—	73.92	297.59
1994	519.02	80.24	—	72.27	328.75
1995	462.94	58.53	—	75.10	366.60
1996	431.50	60.44	—	79.48	418.76
1997	373.78	61.72	—	79.84	432.04
1998	408.60	72.51	—	80.63	441.30
1999	427.69	62.39	—	104.28	612.01
2000	434.50	76.01	—	91.98	501.30
2001	397.73	97.57	—	51.53	457.44
2002	689.60	87.49	—	37.90	481.68
2003	843.25	68.64	—	28.60	457.77
2004	501.89	57.92	—	31.93	527.15
2005	322.13	41.64	—	40.75	501.06
2006	244.61	27.18	112.09	40.82	550.96
2007	273.85	11.87	105.05	39.09	649.76
2008	368.43	15.41	151.54	42.40	623.53
2009	415.63	22.63	187.97	34.43	636.26
2010	387.28	19.59	184.12	30.67	666.17
2011	406.57	19.69	173.40	32.66	733.45
2012	382.07	13.64	163.87	30.51	766.17
2013	420.97	15.44	173.60	30.31	784.72
2014	405.29	10.81	138.86	29.25	901.96
2015	436.18	12.84	215.29	29.96	781.26
2016	382.37	16.23	195.36	27.28	850.04
2017	429.59	14.12	165.72	30.54	885.64
2018	367.80	13.54	178.51	37.19	867.60
2019	345.83	12.56	189.83	37.02	847.76
2020	300.01	15.15	177.46	38.79	911.58
2021	108.51	17.22	123.51	25.06	642.21
1949～1990	14 728.44	1 925.44	—	1 379.90	—
1991～1995	2 469.95	403.61	—	355.06	1 517.89
1996～2000	2 076.06	333.06	—	436.21	2 405.41
2001～2005	2 754.60	353.26	—	190.71	2 425.10
2006～2010	1 689.80	96.68	740.77	187.41	3 126.69
2011～2015	2 051.08	72.42	865.02	152.68	3 967.56
2016～2020	1 825.59	71.60	906.88	170.82	4 362.62
1949～2021	27 704.03	3 273.30	2 636.18	2 897.85	18 447.48

注：1. 1985 年以前，造林成活率达到 40%即统计造林面积，以后为达到 85%以上统计。
2. 本表自 2015 年新封山育林面积包含有林地和灌木林地封育，飞播造林面积包含飞播营林。
3. 森林抚育面积特指中、幼龄林抚育。
4. 自 2021 年起，造林任务调减。

表 18-4　2021 年全国林草产业总产值(按现行价格计算)

单位:万元

指　标	本年实际
总产值	**873 419 908**
林业产业总产值	**867 635 708**
一、第一产业	**275 451 631**
(一)涉林产业	261 258 015
1. 林木育种和育苗	23 328 396
(1)林木育种	2 124 830
(2)林木育苗	21 203 566
2. 营造林	17 611 740
3. 木材和竹材采运	14 597 608
(1)木材采运	10 708 538
(2)竹材采运	3 889 070
4. 经济林产品的种植与采集	172 771 757
(1)水果、坚果、含油果和香料作物种植	110 994 403
(2)茶及其他饮料作物的种植	19 422 999
(3)森林药材、食品种植	25 726 432
(4)林产品采集	16 627 923
5. 花卉及其他观赏植物种植	30 023 257
6. 陆生野生动物繁育与利用	2 925 257
(二)林业系统非林产业	14 193 616
二、第二产业	**386 327 438**
(一)涉林产业	378 497 412
1. 木材加工和木、竹、藤、棕、苇制品制造	139 993 589
(1)木材加工	29 374 425
(2)人造板制造	75 257 326
(3)木制品制造	23 404 737
(4)竹、藤、棕、苇制品制造	11 957 101
2. 木、竹、藤家具制造	72 715 831
3. 木、竹、苇浆造纸和纸制品	75 060 801
(1)木、竹、苇浆制造	5 996 043
(2)造纸	40 980 344
(3)纸制品制造	28 084 414
4. 林产化学产品制造	4 690 607
5. 木质工艺品和木质文教体育用品制造	10 804 217
6. 非木质林产品加工制造	61 787 146

（续表）

指　标	本年实际
(1)木本油料、果蔬、茶饮料等加工制造	45 441 219
(2)森林药材加工制造	11 529 948
(3)其他	4 815 979
7. 其他	13 445 221
(二)林业系统非林产业	7 830 026
三、第三产业	**205 856 639**
(一)涉林产业	193 659 702
1. 林业生产服务	9 285 789
2. 林业旅游与休闲服务	160 960 742
3. 林业生态服务	11 264 884
4. 林业专业技术服务	3 281 553
5. 林业公共管理及其他组织服务	8 866 734
(二)林业系统非林产业	12 196 937
草原产业总产值	**5 784 200**
一、种草、修复和管护	**3 822 028**
二、割草、草产品加工	**1 009 636**
三、草原旅游、休闲与服务	**952 536**
补充资料：竹产业产值	36 064 677
林下经济产值	97 594 352

表 18-5　2021 年各地区林草产业产值(按现行价格计算)

单位：万元

地　区	总　计	林业产业总产值				草原产业总产值	补充资料	
		林业产业总产值	第一产业	第二产业	第三产业		竹产业产值	林下经济产值
全国合计	**873 419 908**	**867 635 708**	**275 451 631**	**386 327 438**	**205 856 639**	**5 784 200**	**36 064 677**	**97 594 352**
北　京	2 173 616	2 171 783	1 359 009	—	812 774	1 833	—	25 326
天　津	200 093	200 093	199 402	—	691	—	—	—
河　北	14 577 872	14 558 602	6 644 242	6 900 072	1 014 288	19 270	—	170 680
山　西	6 003 303	5 978 065	4 987 510	446 854	543 701	25 238	—	93 063
内蒙古	5 886 597	4 293 902	1 787 525	900 754	1 605 623	1 592 695	—	327 781
内蒙古森工集团	691 633	691 633	247 992	109 421	334 220	—	—	33 651
辽　宁	8 712 284	8 656 078	5 069 420	2 434 660	1 151 998	56 206	—	234 567
吉　林	9 466 201	9 427 686	3 112 552	4 270 817	2 044 317	38 515	—	664 447
吉林森工集团	708 991	708 991	284 716	261 196	163 079	—	—	90 849

（续表）

地　区	总　计	林业产业总产值				草原产业总产值	补充资料	
		林业产业总产值	第一产业	第二产业	第三产业		竹产业产值	林下经济产值
长白山森工集团	748 854	748 854	217 175	107 781	423 898	—	—	119 578
黑龙江	12 897 999	12 818 670	6 425 115	3 505 448	2 888 107	79 329	—	3 626 886
龙江森工集团	2 442 420	2 442 420	1 135 982	400 339	906 099	—	—	589 563
伊春森工集团	768 151	768 151	350 425	76 766	340 960	—	—	100 499
上　海	3 016 502	3 006 988	265 492	2 702 384	39 112	9 514	—	260
江　苏	52 093 618	52 093 618	11 685 032	32 990 626	7 417 960	—	21 829	1 515 804
浙　江	54 804 654	54 804 654	10 847 808	28 561 790	15 395 056	—	5 006 112	15 746 679
安　徽	50 981 368	50 927 339	14 838 247	22 592 930	13 496 162	54 029	2 661 900	3 769 124
福　建	70 206 013	70 206 013	11 961 611	48 208 070	10 036 332	—	8 313 686	4 966 595
江　西	57 474 199	57 474 199	13 063 667	26 829 920	17 580 612	—	3 187 520	22 297 921
山　东	60 511 690	60 496 375	20 677 365	35 305 291	4 513 719	15 315	—	1 125 361
河　南	22 468 147	22 455 208	10 579 977	8 250 865	3 624 366	12 939	5 365	2 186 206
湖　北	45 581 999	45 525 732	16 028 854	14 526 866	14 970 012	56 267	814 648	7 398 067
湖　南	54 048 376	53 914 509	17 857 138	18 702 905	17 354 466	133 867	4 085 571	4 942 474
广　东	86 074 266	86 074 266	14 253 605	54 401 987	17 418 674	—	134 139	3 028 602
广　西	85 264 438	84 871 997	22 761 159	38 816 047	23 294 791	392 441	439 807	12 638 622
海　南	6 361 526	6 361 526	3 019 350	2 836 357	505 819	—	3 412	188 173
重　庆	16 121 405	16 103 578	6 527 793	4 744 954	4 830 831	17 827	1 004 937	807 676
四　川	45 091 032	44 772 218	16 157 532	12 114 028	16 500 658	318 814	8 871 245	3 181 968
贵　州	37 196 820	37 191 112	10 966 736	5 672 734	20 551 642	5 708	1 111 813	5 599 356
云　南	30 023 562	29 459 175	17 624 605	7 455 070	4 379 500	564 387	400 636	1 999 854
西　藏	576 508	488 917	336 193	216	152 508	87 591	—	28 420
陕　西	15 383 932	15 331 902	12 096 585	1 662 000	1 573 317	52 030	2 057	414 063
甘　肃	4 797 054	4 504 316	3 744 424	294 674	465 218	292 738	—	440 568
青　海	1 971 165	648 165	496 450	29 513	122 202	1 323 000	—	—
宁　夏	1 843 534	1 799 629	862 303	317 780	619 546	43 905	—	15 849
新　疆	11 032 598	10 441 856	8 907 720	657 954	876 182	590 742	—	98 331
新疆兵团	3 278 907	3 248 957	3 224 288	15 321	9 348	29 950	—	210
大兴安岭	577 537	577 537	307 210	193 872	76 455	—	—	61 629

表 18-6　2021 年全国主要林产工业产品产量

主要指标	单　位	本年实际
木材产量	万立方米	11 589
1. 原木	万立方米	10 331
2. 薪材	万立方米	1 259
竹材产量	万根	325 568
锯材产量	万立方米	7 952
人造板产量	万立方米	33 673
1. 胶合板	万立方米	19 296
2. 纤维板	万立方米	6 417
3. 刨花板	万立方米	3 963
4. 其他人造板	万立方米	3 997
木竹地板产量	万平方米	82 347
松香类产品产量	吨	1 030 087
栲胶类产品产量	吨	5 675
紫胶类产品产量	吨	6 502

表 18-7　2021 年各地区主要林产工业产品产量

地　区	木　材（万立方米）	竹　材（万根）	锯　材（万立方米）	人造板（万立方米）					木竹地板（万平方米）	松香类产品（吨）
				合　计	胶合板	纤维板	刨花板	其他人造板		
全国合计	**11 589**	**325 568**	**7 952**	**33 673**	**19 296**	**6 417**	**3 963**	**3 997**	**82 347**	**1 030 087**
北　京	17	—	—	—	—	—	—	—	—	—
天　津	19	—	—	—	—	—	—	—	—	—
河　北	111	—	265	1 884	723	617	311	233	20	—
山　西	39	—	8	7	1	—	—	6	5	—
内蒙古	109	—	315	24	19	2	—	3	—	—
辽　宁	133	—	137	138	50	40	13	36	1 064	—
吉　林	245	—	71	196	62	59	3	73	2 713	—
黑龙江	174	—	316	55	22	3	3	28	273	—
上　海	—	—	—	146	—	—	—	146	3	—
江　苏	233	448	493	6 083	4 059	869	825	330	42 061	8 500
浙　江	100	21 649	406	633	247	111	13	261	7 979	20 500
安　徽	612	19 797	614	3 233	2 217	526	244	246	9 263	11 777

（续表）

地 区	木 材（万立方米）	竹 材（万根）	锯 材（万立方米）	人造板（万立方米）					木竹地板（万平方米）	松香类产品（吨）
				合 计	胶合板	纤维板	刨花板	其他人造板		
福 建	805	96 260	194	1 135	754	101	68	213	2 953	121 867
江 西	408	22 083	394	536	202	144	51	140	2 738	179 141
山 东	399	—	1 188	7 738	4 279	1 502	1 469	488	1 582	—
河 南	273	105	205	1 482	596	413	112	361	364	—
湖 北	249	4 021	284	770	299	405	48	19	3 590	12 270
湖 南	483	25 829	432	614	301	72	40	202	2 447	41 227
广 东	1 264	30 907	404	1 047	308	364	260	116	3 775	186 350
广 西	3 905	60 367	1 336	6 412	4 684	638	342	748	995	321 947
海 南	223	318	81	84	47	18	1	18	15	209
重 庆	46	4 300	146	148	46	55	41	6	33	1 299
四 川	303	23 008	204	653	112	328	62	151	123	—
贵 州	419	2 159	195	152	32	16	4	100	174	2 213
云 南	903	13 256	221	358	131	109	53	65	177	122 787
西 藏	3	—	—	—	—	—	—	—	—	—
陕 西	30	1 060	5	26	14	5	1	5	1	—
甘 肃	6	—	1	5	4	—	—	1	—	—
青 海	—	—	—	61	61	—	—	—	—	—
宁 夏	—	—	—	—	—	—	—	—	—	—
新 疆	77	—	36	52	30	21	1	1	—	—
大兴安岭	—	—	—	—	—	—	—	—	—	—

表 18-8 2021 年全国主要木材、竹材产品产量

产品名称	单 位	产 量
一、木材	**万立方米**	**11 589**
1. 原木	万立方米	10 331
2. 薪材	万立方米	1 259
二、竹材	**—**	**—**
（一）大径竹	万根	325 568
1. 毛竹	万根	192 710
2. 其他	万根	132 858
（二）小杂竹	万吨	3 101

注：大径竹一般指直径在 5 厘米以上，以根为计量单位的竹材。

表 18-9　2021 年全国主要林产工业产品产量

产品名称	单　位	产　量
木竹加工制品	—	—
一、锯材	**万立方米**	**7 951.65**
1. 普通锯材	万立方米	7 785.32
2. 特种锯材	万立方米	166.33
二、人造板	**万立方米**	**33 673.00**
1. 胶合板	万立方米	19 296.14
其中：竹胶合板	万立方米	1 806.07
2. 纤维板	万立方米	6 416.91
(1)木质纤维板	万立方米	6 053.61
其中：中密度纤维板	万立方米	4 802.66
(2)非木质纤维板	万立方米	363.30
3. 刨花板	万立方米	3 963.07
4. 其他人造板	万立方米	3 996.88
其中：细木工板	万立方米	1 875.33
三、木竹地板	**万平方米**	**82 347.27**
1. 实木地板	万平方米	9 936.61
2. 实木复合木地板	万平方米	17 889.55
3. 浸渍纸层压木质地板(强化木地板)	万平方米	21 090.89
4. 竹地板(含竹木复合地板)	万平方米	7 030.61
5. 其他木地板(含软木地板、集成材地板等)	万平方米	26 399.61
林产化学产品	—	—
一、松香类产品	**吨**	**1 030 087**
1. 松香	吨	835 665
2. 松香深加工产品	吨	194 422
二、栲胶类产品	**吨**	**5 675**
1. 栲胶	吨	5 675
2. 栲胶深加工产品	吨	—
三、紫胶类产品	**吨**	**6 502**
1. 紫胶	吨	5 647
2. 紫胶深加工产品	吨	855

表 18-10　2021 年全国主要经济林产品生产情况

单位：吨

指　标	产　量
各类经济林总计	**207 264 978**
一、水果	**167 962 766**
二、干果	**12 609 436**
其中：板栗	2 278 101
枣(干重)	4 404 820
榛子	149 412
松子	182 962
三、林产饮料产品(干重)	**2 462 873**
四、林产调料产品(干重)	**795 566**
五、森林食品	**4 794 420**
其中：竹笋干	911 479
六、森林药材	**4 790 328**
其中：杜仲	258 794
七、木本油料	**9 928 172**
1. 油茶籽	3 942 376
2. 核桃(干重)	5 403 500
3. 油橄榄	72 892
4. 油用牡丹籽	42 165
5. 其他木本油料	467 239
八、林产工业原料	**3 921 417**
其中：紫胶(原胶)	5 647

表 18-11　2021 年全国油茶产业发展情况

指　标	单　位	本年实际
一、年末实有油茶林面积	**公顷**	**4 591 867**
其中：当年新造面积	公顷	90 758
当年低改面积	公顷	202 145
二、定点苗圃个数	**个**	**882**
三、定点苗圃面积	**公顷**	**6 169**
四、苗木产量	**万株**	**122 834**
其中：一年生苗木产量	万株	52 370
二年以上(含二年)留床苗木产量	万株	59 990
五、油茶籽产量	**吨**	**3 942 376**
六、茶油产量	**吨**	**889 384**
七、规模以上油茶加工企业数量	**个**	**486**
八、油茶产业产值	**万元**	**19 199 721**

表 18-12　2021 年全国核桃产业发展情况

指标名称	单　位	本年实际
一、年末实有核桃种植面积	公顷	7 454 935
二、苗圃个数	个	1 957
三、苗圃面积	公顷	15 633
四、苗木产量	万株	66 389
五、核桃产量(干重)	吨	5 403 500
六、核桃油产量	吨	59 472
七、规模以上核桃油加工企业数量	个	70

林业和草原投资统计

表 18-13　2021 年林草投资完成情况

单位：万元

指标名称	本年实际	中央资金		地方资金	国内贷款	利用外资	自筹资金	其他社会资金
		中央预算内基本建设资金	中央财政资金					
总计	**41 699 834**	**2 443 374**	**9 175 498**	**11 819 138**	**2 944 195**	**248 819**	**8 878 686**	**6 190 124**
一、生态修复治理	**21 350 566**	**2 022 418**	**5 653 771**	**5 548 363**	**2 403 655**	**54 727**	**3 531 279**	**2 136 353**
其中：造林与森林抚育	13 527 365	1 564 876	3 098 672	3 951 406	1 848 494	40 266	1 718 004	1 305 647
草原保护修复	1 767 989	230 654	350 784	75 857	—	2 837	1 105 967	1 890
湿地保护与恢复	599 706	40 689	155 719	292 006	25 870	—	47 956	37 466
防沙治沙	117 099	9 969	34 769	69 703	—	—	489	2 169
二、林(草)产品加工制造	**7 917 550**	**60**	**8 904**	**235 858**	**483 517**	**188 585**	**4 026 610**	**2 974 016**
三、林业草原服务、保障和公共管理	**12 431 718**	**420 896**	**3 512 823**	**6 034 917**	**57 023**	**5 507**	**1 320 797**	**1 079 755**
其中：林业草原有害生物防治	546 296	17 483	120 982	335 553	187	—	41 038	31 053
林业草原防火	640 981	99 466	75 606	360 817	286	—	35 022	69 784
自然保护地监测管理	214 123	15 577	67 048	108 196	1 278	288	14 658	7 078
野生动植物保护	228 047	10 538	65 871	105 214	10	—	25 784	20 630

表 18-14　2021 年各地区林草投资完成情况

单位：万元

地　区	自年初累计完成投资	
	总　计	其中：国家投资
全国合计	**41 699 834**	**23 438 010**
北　京	1 484 604	1 407 997
天　津	87 449	31 238
河　北	1 164 168	995 675
山　西	940 896	875 263
内蒙古	1 572 683	1 527 112
内蒙古森工集团	546 446	531 742
辽　宁	360 895	355 470
吉　林	796 025	759 502
吉林森工集团	215 215	212 106
长白山森工集团	267 131	256 273
黑龙江	1 504 707	1 475 212
龙江森工集团	534 997	524 207
伊春森工集团	325 890	319 685
上　海	167 246	166 853
江　苏	702 072	466 436
浙　江	671 344	483 475
安　徽	2 051 314	458 484
福　建	611 063	384 760
江　西	1 226 970	805 618
山　东	2 085 012	755 886
河　南	1 073 284	632 465
湖　北	1 965 234	663 872
湖　南	2 477 345	1 027 639
广　东	1 058 592	972 533
广　西	7 205 329	617 405
海　南	159 730	141 998
重　庆	859 134	603 101
四　川	2 968 735	1 452 961
贵　州	2 010 248	946 562
云　南	1 216 787	1 121 543
西　藏	384 126	384 126
陕　西	973 695	882 883

（续表）

地　区	自年初累计完成投资	
	总　计	其中：国家投资
甘　肃	1 322 942	914 983
青　海	471 987	469 150
宁　夏	319 391	247 672
新　疆	888 883	777 925
新疆兵团	169 144	88 830
局直属单位	917 944	632 211
大兴安岭	365 451	354 880

表 18-15　全国历年林草投资完成情况

单位：万元

年　份	林业投资完成额	其中：国家投资
1981 年	140 752	64 928
1982 年	168 725	70 986
1983 年	164 399	77 364
1984 年	180 111	85 604
1985 年	183 303	81 277
1986 年	231 994	83 613
1987 年	247 834	97 348
1988 年	261 413	91 504
1989 年	237 553	90 604
1990 年	246 131	107 246
1991 年	272 236	134 816
1992 年	329 800	138 679
1993 年	409 238	142 025
1994 年	476 997	141 198
1995 年	563 972	198 678
1996 年	638 626	200 898
1997 年	741 802	198 908
1998 年	874 648	374 386
1999 年	1 084 077	594 921
2000 年	1 677 712	1 130 715
2001 年	2 095 636	1 551 602
2002 年	3 152 374	2 538 071
2003 年	4 072 782	3 137 514
2004 年	4 118 669	3 226 063
2005 年	4 593 443	3 528 122
2006 年	4 957 918	3 715 114

（续表）

年　份	林业投资完成额	其中：国家投资
2007 年	6 457 517	4 486 119
2008 年	9 872 422	5 083 432
2009 年	13 513 349	7 104 764
2010 年	15 533 217	7 452 396
2011 年	26 326 068	11 065 990
2012 年	33 420 880	12 454 012
2013 年	37 822 690	13 942 080
2014 年	43 255 140	16 314 880
2015 年	42 901 420	16 298 683
2016 年	45 095 738	21 517 308
2017 年	48 002 639	22 592 278
2018 年	48 171 343	24 324 902
2019 年	45 255 868	26 523 167
2020 年	47 168 172	28 795 976
2021 年	41 699 834	23 438 010

注：从 2019 年起包含草原投资完成额。

表 18-16　2021 年林草固定资产投资完成情况

单位：万元

指　标	总　计
一、本年计划投资	**9 266 531**
二、自年初累计完成投资	**8 064 976**
其中：国家投资	1 545 448
按构成分	
1. 建筑工程	2 567 451
2. 安装工程	438 278
3. 设备工器具购置	704 624
4. 其他	4 354 623
按性质分	
1. 新建	4 803 784
2. 扩建	1 079 678
3. 改建和技术改造	559 357
4. 单纯建造生活设施	37 674
5. 迁建	5 544
6. 恢复	59 411
7. 单纯购置	129 237
8. 其他	1 390 291

（续表）

指　标	总　计
三、本年新增固定资产	**4 242 904**
四、本年实际到位资金合计	**8 872 653**
1. 上年末结转和结余资金	623 167
2. 本年实际到位资金小计	8 249 486
(1)国家预算资金	3 068 660
①中央资金	1 619 211
②地方资金	1 449 449
(2)国内贷款	397 315
(3)债券	100 560
(4)利用外资	145 059
(5)自筹资金	3 648 634
(6)其他资金	889 258
五、本年各项应付款合计	**1 639 589**
其中：工程款	744 788

注：本表统计范围为按照项目管理且计划总投资在500万元以上的城镇林业固定资产投资项目和农村非农户林业固定资产投资项目。

表18-17　2021年林草利用外资基本情况

单位：万美元

指　标	项目个数（个）	实际利用外资金额				协议利用外资金额			
		合　计	国外借款	外商投资	无偿援助	合　计	国外借款	外商投资	无偿援助
总计	**63**	**50 280**	**7 541**	**42 138**	**601**	**13 626**	**13 363**	**220**	**43**
一、营造林	**45**	**7 835**	**6 737**	**1 078**	**20**	**11 488**	**11 268**	**220**	**—**
1. 公益林	14	1 834	1 369	445	20	3 192	3 192	—	—
2. 工业原料林	16	4 671	4 038	633	—	3 934	3 934	—	—
3. 特色经济林	15	1 330	1 330	—	—	4 362	4 142	220	—
二、草原保护修复	**—**	**445**	**—**	**—**	**445**	**—**	**—**	**—**	**—**
三、木竹材加工	**—**	**—**	**—**	**—**	**—**	**—**	**—**	**—**	**—**
其中：木家具制造	—	—	—	—	—	—	—	—	—
人造板制造	—	—	—	—	—	—	—	—	—
木制品制造	—	—	—	—	—	—	—	—	—
四、林纸一体化	**—**	**41 060**	**—**	**41 060**	—	—	—	—	**—**
五、林产化工	**—**	**—**	**—**	**—**	**—**	**—**	**—**	**—**	**—**
六、非木质林产品加工	**—**	**—**	**—**	**—**	**—**	**—**	**—**	**—**	**—**
七、花卉、种苗	**3**	**—**	**—**	**—**	**—**	**—**	**—**	**—**	**—**
八、林草科学研究	**—**	**—**	**—**	**—**	**—**	**—**	**—**	**—**	**—**
九、其他	**15**	**940**	**804**	**—**	**136**	**2 138**	**2 095**	**—**	**43**

劳动工资统计

表 18-18　2021 年林草系统从业人员和劳动报酬情况

指　标	单位数(个)	年末人数(人)							
		总　计	单位从业人数						
			合　计	在岗职工					
				小　计	其中：女性	其中：专业技术人员			
						计	其　中		
							中级技术职称人员	副高级技术职称人员	正高级技术职称人员
总　计	24 626	970 811	876 047	810 656	214 953	221 504	105 184	42 642	6 644
一、企业	2 463	443 218	359 347	344 725	92 305	66 332	27 993	10 123	1 536
二、事业	19 210	474 605	463 848	416 790	110 916	147 450	74 079	30 996	4 885
三、机关	2 953	52 988	52 852	49 141	11 732	7 722	3 112	1 523	223

指　标	年末人数(人)						在岗职工年平均人数(人)	在岗职工年工资总额(万元)	在岗职工年平均工资(元)	年末实有离退休人员数(人)
	单位从业人数					离开单位仍保留劳动关系人员				
	在岗职工				其他从业人员					
	按学历结构									
	高中及高中学历以下	中专及大专学历	大学本科学历	研究生学历						
总计	304 249	291 578	193 952	20 877	65 391	94 764	794 742	5 714 587	71 905	1 081 360
一、企业	178 836	120 665	43 668	1 556	14 622	83 871	324 913	1 679 357	51 686	631 904
二、事业	122 260	155 006	123 679	15 845	47 058	10 757	420 187	3 491 590	83 096	407 359
三、机关	3 153	15 907	26 605	3 476	3 711	136	49 642	543 640	109 512	42 097

（刘建杰　林　琳）

林草审计监督

【机构建设】　为提升国家林草局机关财务管理和审计工作支撑保障水平，2021 年国家林草局事业单位改革，组建国家林草局财会核算审计中心，属公益一类事业单位，主要从事会计核算、内部审计和财政资金绩效评价相关工作。具体承担国家林草局本级和在京相关事业单位会计核算，局系统国库支付管理，内部审计和行业资金专项审计，局系统部门决算、政府财务报告审核汇总，配合开展内控制度建设、财政资金绩效评价、局系统政府采购、国有资产管理等，内设 12 个处室，编制 51 名。2021 年，财会核算审计中心认真学习贯彻习近平总书记重要讲话和指示批示精神，坚决贯彻落实党中央、国务院决策部署，全面加强党的政治建设，认真开展党史学习教育，深入推进全面从严治党，紧密围绕林草中心工作，聚焦三大职能，担当作为、合力攻坚、防范风险，有效推进内部审计全覆盖和局机关及事业单位集中会计核算，进一步提升工作质量，充分发挥监督、服务、保障职能作用，以实际行动贯彻落实生态文明思想，践行“两个维护”，服务林业、草原、国家公园三位一体高质量融合发展。

【内部审计】　组织开展领导干部经济责任审计，完成 12 个单位主要负责人经济责任审计，正式印发审计报告 24 份，重点审计资金约 44.9 亿元，为促进加强国家林草局干部管理提供有力支持。优化内部审计工作程序，全面修订《内部审计工作操作规范》，进一步提高内部审计工作规范性，加强审计监督和约束。落实审计报告内部审议和司局会签制度，促进审计发现问题及时有效整改。对直属单位149名审计人员和财务人员进行业务培训，帮助掌握国家财务政策及监管要求，提升财务管理水平。

【专项审计】 开展国家公园专项审计，组织完成第一批正式设立的三江源、大熊猫、东北虎豹、海南热带雨林、武夷山5个国家公园中央资金专项审计，重点审计资金35.2亿元，为国家公园正式设立发挥了积极作用。开展松材线虫病防治专项审计，组织完成辽宁、陕西、山东、安徽4省2020~2021年松材线虫病防治项目中央资金专项审计工作，重点抽查14个县(市、单位)，重点审计资金1.1亿元；开展森林防火专项审计，组织完成内蒙古森工集团和云南省2020~2021年防火项目中央资金专项审计，重点抽查6个县(市、单位)，重点审计资金0.8亿元；开展防沙治沙专项审计，组织完成内蒙古自治区和甘肃省2020~2021年防沙项目中央资金专项审计，重点抽查8个县(市、单位)，重点审计资金1.6亿元，为林草资金规范管理、安全有效使用、保障林区职工群众利益提供了有力支持。

【财会核算】 坚决服从国家林草局党组有关事业单位改革工作安排部署，有序完成机关财务机构转隶，确保工作不断、队伍稳定；做好日常财务报销、国库支付管理、事业单位改革银行账户及零余额额度管理，加强财务信息系统建设，开展网报系统功能建设及日常财务管理调研，精简报销流程，制定印发《国家林业和草原局机关财务报销手册》等，不断提高财务工作服务效能，保障局机关正常运转。

开展局属事业单位集中会计核算。积极配合国家林业和草原局事业单位改革，加强预算执行和财务收支管理，强化会计监督，防范财务风险，将新成立的国家公园中心、动物监测中心、火灾预防中心纳入首批集中会计核算范围，着手集中会计核算标准、规范、账表制订等基础工作，探索推进具备条件的事业单位逐步纳入集中会计核算，实现局属事业单位财务工作统一管理。

(林草审计监督由张雅鸽供稿)

林草信息化

19

林草网络安全和信息化建设

【综　述】 2021年，信息中心按照国家林草局党组的统一决策部署和国家政务信息化工作的总体需要，聚精会神履行好服务和保障局政务运行这一核心职能，以林草生态网络感知系统建设为统领，研究制订《关于强化服务保障、推进作风转变的分工方案》和《关于以感知系统建设为统领　推进重点工作任务落实的分工方案》，强化服务意识、树牢服务思想，提升服务能力、提高服务水平，努力推进林草网信工作在林草治理体系和治理能力现代化进程中发挥重要作用、成为重要标志，各项工作取得明显成效。2021年国家林草局作为中央国家机关30个部门(单位)之一，获中央网信委“庆祝中国共产党成立100周年网络安全保障先进单位”通报表扬。

（周庆宇）

办公自动化

【信创工程】 依托信创工程完成了国家林草局新版综合办公系统基础软硬件部署和系统开发，将33个政务系统整合成综合办公、财务管理、人事服务、专有应用及数据开放共享五大平台，17个应用系统完成业务分析、功能完善、设计开发和测试部署工作。综合办公平台中领导办公、公文管理、信息督查、智慧后勤、综合管理等子系统完成部署并开展试用，新版综合办公系统充分吸纳“建言献策”活动中干部职工对优化国家林草局办公系统功能、提升网速和使用便利性等建议，积极采用最新设备和技术手段提升用户体验。移动办公子平台系统完成开发部署，557人参与移动办公图标和名称征集。财务平台、人事平台、专有平台、数据共享平台完成全部服务器、网络设备、安全设备、服务器操作系统、数据库、中间件和应用支撑平台的到货与部署工作，信创工程中心机房内基础软硬件部署工作基本完成，基于信创环境的云平台建设完毕投入使用，服务器采购工作得到了中办调研组的一致认可。

【办公自动化运维】 不断完善国家林草局办公网功能，增加了建言献策、党史学习教育、绿色大讲堂、专家库等多个栏目，完成门户信息发布、公告公示等，取得非常好的效果。“建言献策”栏目经过2次升级改造，全年共收到意见建议228多条留言，办结留言145条，干部职工对栏目的参与度与关注度大幅提升。完成国家林草局综合办公系统，包括公文传输系统、专员办综合办公系统、工资查询系统、综合管理平台等的运行维护，为全局17个司局、30个直属单位、15个派出机构共计1880多位用户全年提供了1900多项支持服务，其中上门服务300多次，配合事业单位改革完成组织机构及人员调整694人次。

【基础设施建设】 为满足林草生态网络感知系统建设及运行需求，配合完成国家林草局113指挥室网络建设，为林草生态网络感知系统新增一条400兆带宽互联网专线，实行指挥室常态化网络值班，保障感知系统稳定运行；将国家电子政务外网带宽由30兆提升到1000兆，保证数据实时高速交换。改造了国家林草局办公主楼213会议室视频会议设备，提升视频会议服务能力。保障机房基础环境，改造UPS配电室，更换了空调、配电柜，增加UPS电源，保障用电安全。对各楼层配线间接入了不间断电源，安装了温湿度传感器，统一纳入运维监测管理，提升安全性。更换了机房老旧电缆、吊顶等，排除安全隐患。为事业单位改革提供支撑保障，认真做好国家林草局办公主楼新增节点网络运维，完成国家林草局办公大院3号楼、4号楼综合布线工作，为3号楼各房间办公网、互联网、涉密网节点进行更新升级，大幅度提升3号楼网络性能，完成了主楼网络改造和终端迁移等工作。

【网络和信息系统运维】 积极提升运维服务能力和效率，确保重要工作、重要节点及日常工作网络和信息系统运行安全稳定。全年实行7×24小时值班，对国家林草局机房服务器和虚拟机进行实时监控，处理机房各类硬件告警571次，设备硬件维护23次，对机房服务器操作系统进行漏洞修复加固377次。对内外网数据库集群进行数据备份365次，对中心机房应用系统备份334次，解决空调故障38次。加强网络运行维护，主楼内网新增127个点，外网新增240个点，对各主干链路和专网核心路由认真巡检，处理专线故障24次，完成在院区无线保真(WiFi)所有网络设备及其软件系统的运维。全年完成150多次视频会议技术支持工作，对林信通注册用户共3817人进行数据维护，保证安全稳定运行。全年共受理电话咨询19 218个，上门解决故障9763件。

（周庆宇）

网站建设

【内容建设】 充分发挥国家林草局政府网站作为政务媒体在意识形态方面的宣传作用，广泛深入传播习近平新时代中国特色社会主义思想，及时宣传党的路线方针政策、国家林草局重要工作部署以及各地贯彻落实情况。加大力度转载习近平总书记重大活动、重要讲话以及党中央、国务院重大决策部署等权威信息。制作专题抓好庆祝建党100周年、党史学习教育、十九届六中全会等重大主题宣传工作，在国家林草局政府网站开设“奋斗百年路启航新征程”“党史学习教育”等专题，优化调整机关党建栏目，及时发布各单位庆祝建党100周年党史学习教育情况信息6542条。开设专栏积极开展全民义务植树40周年、全面落实林长制改革、中国国家公园、疫情防控等专题宣传工作，积极传播林草声音。

【互动交流】 积极回应网民关切，提升服务能力。不断加强和改进国家林草局政府网站公众留言回复办理，联动有关司局单位做到及时、规范办理，平均转办回复时间缩短为3个工作日。2021年共回复留言974件，为公众及林草基层工作人员提供林草基础知识、法律普及、政策解读、科普宣教服务。

【网站管理】 加强国家林草局政府网站信息安全监测检查，加大对网站信息内容发布的监管审核，严格落实信息发布审核制度，全面落实意识形态工作责任制，高度重视政府网站意识形态主阵地的作用，确保网站信息发布安全。组织修订《国家林业和草原局政府网管理办法》，完善运行保障工作机制。按照新的模式加强网站内容运维，巩固常态化监管，坚持信息发布分级分类审核，先审后发，严把政治关、法律关、政策关、保密关、文字关。国家林草局政府网站在清华大学组织开展的2021年中国政府网站绩效评价中名列前茅。

【平台优化】 依据国家对政府网站建设和管理的相关文件要求，组织制订国家林草局网站信息发布平台升级优化建设方案，指导国家林草局规划院完成了项目招标及开发工作，全面升级网站后台信息发布系统。完成网站迁移和安全加固任务、安全测试等，进入测试运行阶段。
（周庆宇）

应用建设

【“金林工程”】 “金林工程”是林草生态网络感知系统建设的重要组成部分，承担了国家林草局相关业务司局主要应用系统的开发建设任务。按照感知系统建设总体部署和“三年实施方案”，将“金林工程”应用系统开发优化调整为5个大类17个分系统35个子系统，并完成了31个业务应用系统功能开发。扎实有力推进国家林草局局长关志鸥“创建一个阵地”“搭建一个平台”的重要决策部署，按照“成熟一批、预验收一批、与业务司局对接移交一批”的要求，完成了首批12个系统的预验收并收获专家的一致好评，及时交付相关司局单位使用。克服疫情等困难如期完成了“金林工程”机房改造和53类240多套软硬件采购部署工作，为业务系统应用提供坚实的软硬件支撑和保障。

【涉密办公系统建设】 认真落实国家信息化战略部署，努力推进国家林草局涉密办公系统“真试真用”。更新梳理44类产品台账，做好机构和人员变更设备登记管理。对涉密办公系统进行了多次设备调试和压力测试，对发现的密标系统不稳定、部分应用未启动、服务器磁盘报警、数据库服务器宕机等问题，及时做好问题记录，不断调整优化功能，选取最佳技术路线，制订优化完善方案，并逐步拓展试用范围，为全面扩大使用积累经验，打下坚实基础。

【网上行政审批平台建设】 按照国务院关于电子政务改革的统一部署，满足行政管理需要，打造全流程审批、全过程留痕、全方位对接的网上行政审批系统。扩充用户证件类型、调整审批流程、增加台账机制、规范结果公示，进一步推动国家林草局“互联网+政务服务”体系建设，紧贴林草行政审批职能，实现行政审批一站式服务和“好差评”全覆盖。牵头组织开展国家林草局相关业务司局垂直管理系统对接工作，协调国家林草局资源司、林场种苗司推动4个垂直管理业务系统与国家、地方政务服务平台对接，完成国办电政办要求的地方和国务院部门政务数据共享和业务协同任务。
（周庆宇）

安全保障

【重要节点网络安全保障】 紧紧围绕庆祝建党100周年网络安全这条主线，强化重要时间节点网络安全保障，深入贯彻落实党中央、国家林草局党组网络安全重大决策部署。召开国家林草局安全稳定工作会，对庆祝建党100周年期间网络安全保障工作进行全面部署。在全国“两会”、庆祝建党100周年、国庆节、十九届六中全会期间对信息系统安全状况、运行日志、防护软件的运行情况、机房设备、消防设备等进行检查，确保网络和信息系统的安全正常运行。制订了全国“两会”、庆祝建党100周年及北京冬奥会、冬残奥会网络安全保障工作方案。重大活动保障期间坚持在岗值班值守，实行网络安全“零报告”制度。

【网络安全检查核查】 完成2021年公安部网络安全监督检查，统计上报国家林草局各单位信息系统网络安全等级保护制度落实和网络安全防护情况，排查网络安全风险，堵塞网络安全漏洞，杜绝潜在的安全隐患。完成网络安全大核查，针对重要设备、防勒索、应急预案、数据备份、邮件、网站、云服务等方面开展重点核查。完成电子政务领域网络安全专项检查，对电子政务领域关键信息基础设施、等保三级政务信息系统等开展自查自纠、材料整理、筹备迎检和现场检查工作，完成政务领域人脸识别风险排查。完成使用正版软件年度核查和国家版权局软件正版化现场检查，共计检测终端629台。

【网络安全建设与测评】 组织起草了《国家林业和草原局网络安全管理办法(试行)》，开展了2021年网络安全应急演练、网络安全宣传工作，中心2名人员通过注册信息安全人员(CISP)专业认证培训及考试。开展网络安全等级保护建设，组织开展4个三级等保系统复测和45个互联网系统的渗透测试，为国家林草局7个司局13个信息系统进行了网络安全等级保护定级备案工作，完成信创项目6个平台33个信息系统等保测评招标工作。开展涉密信息系统分级保护测评和密码测评，作为自然资源部林草局节点通过了分节点分级保护现场测评。按照国务院办公厅要求，完成了电子政务内网国办接入节点密码测评及密码产品换装等工作。组织编制了《国家林业和草原局网络安全态势感知平台建设项目可行性研究报告》，积极申请项目，提高网络安全支撑保障水平。

【网络安全风险防御】 对国家林草局中心机房信息化资产和国家林草局政府门户网站历史数据开展梳理清理和全面布局安全监测手段，及时发现并拦截攻击行为，关闭测试系统、无人维护的僵尸系统、存在高危漏洞的系统，减少暴露在互联网上的风险点。抵御各类攻击12.73亿次，查封IP地址1.23万个，查杀病毒1.15万次，修复系统漏洞5469次，下发网络和信息安全整改通知单47份，严格督促安全整改。 (周庆宇)

科技合作

【标准建设】 深入调研和统筹梳理林草行业的信息化标准需求，对林草信息领域现行有效、在编的国家标准和行业标准进行梳理、分析、整合，编制完成了《林业和草原信息化标准体系》。推进行业标准编制和发布，组织完成《林草电子公文处理流程规范》初稿编制、专家函审、公开征求意见等工作，新立项《生态定位站数据传输规范》行业标准，开展了《北斗林业终端平台数据传输协议》等6项行业标准的发布工作。完成《林草物联网 传感器通用技术要求》的国标审查，积极参加2021年度碳达峰碳中和国家标准专项计划，完成了《林业碳汇数据库标准》等2项国家标准申报和答辩工作。

【标委会工作】 组建全国林业和草原信息标准化技术委员会，根据国家林草局职能和林草信息化最新需求，制订了组建方案和国家标准编制计划，获得了国家标准化管理委员会正式批复。组织召开了全国林业和草原信息标准化技术委员会成立大会和2021年工作会议，审议通过了2021年度工作报告、章程、秘书处工作细则、标准体系等，明确了职责，为标委会工作开展打下良好基础。

10月11~13日，全国林草信息化新技术暨网络安全与网站信息员培训班主会场

【技术培训】 10月11~13日组织举办了全国林草信息化新技术暨网络安全与网站信息员培训班，设置1个主

会场、69 个分会场，共培训全国林草信息化工作人员 394 人。此次培训重点围绕解读中国信息化发展战略政策、习近平总书记网络强国战略思想，介绍林草生态网络感知系统建设情况，交流林草信息化新技术应用，学习了最新发布的网络安全及政府网站相关政策文件，提出了林草信息化工作新要求国家林草局，增强了网络安全意识，提升了网站管理水平，加强了各省份信息化工作的交流。

（周庆宇）

大数据

【数据资源共享管理】 加快推动国家林草局政务信息资源共享，充分发挥政务信息资源在推进政府职能转变、提升政府管理和服务水平等方面的重要作用，建立健全政务信息资源共享工作机制，推进林草生态网络感知系统建设成果共建共享共用，编制了《国家林业和草原局政务信息资源共享管理办法》并广泛征求各单位意见，进一步明确了政务信息资源的定义、共享原则、共享类型等内容，对政务信息资源目录编制和政务信息资源采集等工作提出了具体要求，规定了政务信息资源共享安全要求和监督通报机制。

【数据共享工作】 按照国办关于开展政务数据共享需求审核工作有关要求，对《地方高频政务数据共享需求清单》和《地方高频政务垂管对接需求清单》150 多条需求进行审核，并提供了国家林草局可共享的政务数据清单。完成全国林草种苗许可证管理系统审批结果与全国政务服务平台对接，配合有关部委在国家政务信息共享平台上完成 300 多条数据共享工作。按照中央网信办要求，汇总 11 个相关单位的数据，完成《公共数据资源开放利用调查问卷》。

【林草信息化示范区】 为充分发挥先进典型的示范引领作用，带动林草信息化高质量发展，进一步推动国家数字乡村建设，加快推进林草信息化示范区创建有关工作，起草了《全国林草信息化示范区评选方案》，拟定了林草信息化示范区评选指标体系，根据国家政策要求，结合林草信息化发展，立足工作实际进行评选。按照国家林草局办公室要求，报送了 6 个林草信息化优秀省份，3 个被国家林草局通报表扬。完成中央网信办关于“十四五”数字乡村建设行动计划、2021 年数字乡村发展工作要点、数字中国建设总结意见答复和全国林草信息化示范区材料报送工作。

（周庆宇）

林草教育与培训

20

林草教育与培训工作

【制度机制建设】 联合人社部等十部委联合印发《中共中央组织部 人力资源社会保障部等十部门关于实施第四轮高校毕业生“三支一扶”计划的通知》，将林草行业纳入“三支一扶”计划，拓展大学生到林草基层就业新渠道。组织编写《“十四五”林业草原人才发展和教育培训规划》；制定出台了《国家林业和草原局院校规划教材管理办法》，建立了国家林业和草原局规划教材管理在线平台，进一步提升了国家林草局规划教材建设的规范性。完善深化院校共建机制，将四川农业大学纳入共建院校范围内，共建院校达到18家。参加全国新农科建设工作推进会并积极为林草学科发声，为林草教育服务林草行业高质量发展提供方向指引。

【重点培训】 按照人社部“2021年高级研修项目计划”有关安排，在北京举办全国森林和草原防火技术高级研修班1期，培训各级林草主管部门负责森林和草原防火的工作人员49人。

【公务员法定培训】 根据《公务员法》《公务员培训规定》等法律制度要求，结合实际岗位需求和个人成长需要，面向国家林草局干部开展公务员法定培训。全年举办处级干部任职培训班1期，培训处级干部39人；公务员在职培训班1期，培训相关单位在职干部48人；新录用人员初任培训班1期，培训国家林草局新录用人员73人。服务国家重大战略决策部署，举办年轻干部培训班1期，培训国家林草局相关单位40岁以下干部30人。加强非林专业背景专项培训，举办林业和草原知识培训班1期，培训国家林草局非林专业背景人员67人。根据中组部、中央国家机关工委要求，选派国家林草局20名司局级干部参加2021年中央和国家机关司局级干部专题研修班。

【行业示范培训】 为履行好生态保护修复、山水林田湖草沙综合治理和自然保护地统一监管的重大职责使命，开展行业示范培训。共有来自全国的150名县市林业和草原局局长参加培训；开展基层林草实用人才培训，做好脱贫攻坚成果同乡村振兴有效衔接，培训基层相关林草技术人员和创业者65名。

【干部培训教材建设】 加强干部培训教材建设，按照国家林草局干部培训教材编写规划，组织完成《植树造林理论与实践》《林业和草原应对气候变化理论与实践》等7部教材的编写，启动《林业和草原意识形态工作理论与实践》《森林康养理论与实践》2部教材编写。

【远程教育】 借助新媒体技术平台，继续推进全国党员干部现代远程教育林草专题教材制播工作。全年向中组部报送全国党员干部现代远程教育林草专题教材制播课件48期，总时长约1440分钟。

【林草学科专业建设】 有序推动国家林草局重点学科建设评价研究和新一轮重点学科推荐工作。完成职业院校林草类专业目录调整、职业教育专业简介和专业教学标准的修订制定工作，共涉及林草类专业23个，其中中职6个，高职专科14个，高职本科3个，实现林草类职业教育专业的中高本贯通。国家林业和草原局“十四五”普通高等教育（本科、研究生）规划教材（第一批）633种、职业教育规划教材（第一批）140种。《园林花卉学（第3版）》《林业有害生物控制技术（第2版）》2种规划教材获首届国家教材建设奖二等奖。

【林草教育组织指导】 完成教育部全国行业职业教育教学指导委员会换届委员人选确定工作。指导林业教育学会换届筹备工作。完成新一届林业和风景园林专业学位教育教学指导委员会的换届人选推荐。

【林草教育品牌活动】 引导林草教育高效服务林草事业改革发展需要，围绕教学过程各个环节，打造林草特色品牌活动，提升林草教育的影响力。开展第三届林草教学名师学习宣传活动，从普通高等院校、科研院所和职业院校推荐出优秀教师代表30名。举办第四届全国林草职业技能大赛，决出高职、中职2个组别5个竞赛项目的各类奖项。对国家林草局有关林草教育品牌活动进行了梳理，争取纳入局2022宣传工作要点，加强林草教育活动宣传，扩大影响力。

（林草教育与培训工作由梁灏供稿）

林草教材管理

【综 述】 2021年，全年出版普通高等教育、职业教育和干部教育培训教材268种，总体有稳定提升，较上年增长9%。其中，新书121种，较上年增长3%；重印书147种，较上年增长15%。

在首届国家教材建设奖评选中，《园林花卉学（第3版）》《林业有害生物控制技术（第2版）》分别作为普通高等教育类唯一的园林专业教材和职业教育类唯一林业类教材荣获首届国家教材建设奖优秀教材二等奖；推

荐数十种教材参加“十四五”职业教育国家规划教材和全国技工院校规划教材遴选。

深度参与国家林草局职教中心、教育部林业职业教育教学指导委员会相关工作，完成新一届林业和草原职业教育教学指导委员会换届人选推荐工作，一名同志当选新一届行指委副主任。组织举办第四届全国职业院校林草技能大赛，得到国家林草局人事司的高度评价。完成职业院校林草类专业目录调整工作并上报教育部。为推动新版职业教育专业目录的落地，组织完成林草类职业教育专业简介和专业教学标准的修订制定工作，23 个专业简介和 10 个专业教学标准已通过教育部专家组初步验收。

【完成首批国家林草局“十四五”规划教材申报立项工作】 3 月，启动首批“十四五”国家林草局院校规划教材申报立项工作，首次以人事司名义发布申报和立项通知，发布《国家林业和草原局院校规划教材管理办法》，明确中国林业出版社为国家林草局规划教材指定出版单位，实施国家林草局院校规划教材网上申报。经过申报、评审等环节，共从 1551 种申报教材选题中评选产生 765 种立项教材（其中，普通高等教育本科教材 512 种、研究生教材 113 种，职业教育教材 140 种），覆盖了全部林草类相关学科和专业，已于 10 月正式公布。

【教材建设培训班】 10～11 月，举办“普通高等院校林草学科专业建设暨‘十四五’规划教材建设培训班（线上）”，1290 人参训；“推动林职业教育高质量发展暨‘十四五’规划教材建设培训班（线上）”，1680 人参训。通过两期培训班的举办，很好地宣传了“十四五”林业和草原保护发展规划纲要，对“十四五”规划教材的编写人员作了及时有效的教材编写培训，有力提升了林版教材的影响力。

（林草教材管理由高红岩供稿）

林草教育信息统计

表 20-1　2021～2022 学年林草学科专业及高、中等林业院校其他学科专业基本情况

名　　称	学科专业数（个）	毕业生数（人）	招生数（人）	在校学生数（人）	毕业班学生数（人）
总　计	—	**331 332**	**404 244**	**1 332 422**	**396 818**
一、博士研究生	**97**	**2 172**	**3 778**	**15 916**	**6 137**
1. 林草学科专业	15	861	1 488	6 864	2 691
2. 普通高等林业院校其他学科专业	82	1 311	2 290	9 052	3 446
二、硕士研究生	**363**	**24 601**	**41 296**	**109 324**	**34 642**
1. 林草学科专业	18	6 415	11 084	30 919	10 051
2. 普通高等林业院校其他学科专业	345	18 186	30 212	78 405	24 591
三、本科生	**293**	**131 484**	**128 911**	**540 410**	**139 171**
1. 林草学科专业	13	35 041	30 903	141 477	37 716
2. 普通高等林业院校其他学科专业	280	96 443	98 008	398 933	101 455
四、高职（专科）生	**333**	**133 248**	**182 098**	**537 756**	**176 574**
1. 林草学科专业	14	16 798	21 214	65 726	24 794
2. 高等林业职业院校其他学科专业	319	116 450	160 884	472 030	151 780
五、中职生	**104**	**39 827**	**48 161**	**129 016**	**40 294**
1. 林草学科专业	7	26 427	27 831	76 031	24 309
2. 中等林业职业院校其他学科专业	97	13 400	20 330	52 985	15 985

表 20-2　2021～2022 学年普通高等林业院校和其他高等院校、科研院所林草学科研究生分学科情况

单位：人

学科名称	毕业生数	招生数	在校学生数	毕业班学生数
总　计	**26 773**	**45 074**	**125 240**	**40 779**
一、博士研究生	**2 172**	**3 778**	**15 916**	**6 137**
1. 林业工程学科小计	197	402	1 764	684
森林工程	21	8	95	66
木材科学与技术	49	80	323	123
林产化学加工工程	53	62	274	75
其他林业工程学科	74	252	1 072	420
2. 林学学科小计	425	783	3 423	1 282
林木遗传育种	57	72	349	154
森林培育	70	51	292	148
森林保护学	45	43	239	120
森林经理学	28	46	205	73
野生动植物保护与利用	34	21	125	59
园林植物与观赏园艺	30	8	110	71
水土保持与荒漠化防治	69	90	419	133
其他林学学科	92	452	1 684	524
3. 农林经济管理学科小计	53	7	192	136
林业经济管理	53	7	192	136
4. 草学学科小计	84	162	674	284
5. 风景园林学学科小计	102	134	811	305
6. 林业院校和科研单位其他学科	1 311	2 290	9 052	3 446
二、硕士研究生	**24 601**	**41 296**	**109 324**	**34 642**
1. 林业工程学科小计	579	880	2 499	846
森林工程	51	25	79	31
木材科学与技术	147	126	421	177
林产化学加工工程	89	65	213	92
其他林业工程学科	292	664	1 786	546
2. 林学学科小计	1 865	2 674	7 870	2 535
林木遗传育种	170	151	485	196
森林培育	235	214	641	236
森林保护学	169	185	539	204
森林经理学	146	141	419	137
野生动植物保护与利用	109	81	294	120
园林植物与观赏园艺	160	68	288	125
水土保持与荒漠化防治	354	346	1 124	397
其他林学学科	522	1 488	4 080	1 120
3. 农林经济管理学科小计	35	20	57	18
林业经济管理	35	20	57	18
4. 草学学科小计	264	468	1 255	334
5. 风景园林学学科小计	785	1 016	2 970	1 023
6. 林业工程(专业型)学科小计	6	—	59	58

（续表）

学科名称	毕业生数	招生数	在校学生数	毕业班学生数
7. 林业（专业型）学科小计	775	2 481	6 228	1 872
8. 风景园林（专业型）学科小计	2 106	3 545	9 981	3 365
9. 林业院校和科研单位其他学科	18 186	30 212	78 405	24 591

表 20-3　2021～2022 学年普通高等林业院校和其他高等院校林草学科本科学生分专业情况

单位：人

专业名称	毕业生数	招生数	在校学生数	毕业班学生数
总　计	**131 484**	**128 911**	**540 410**	**139 171**
一、林草专业	**35 041**	**30 903**	**141 477**	**37 716**
1. 林业工程类	2 898	2 457	10 729	2 736
森林工程	286	322	1 256	326
木材科学与工程	1 612	1 181	5 606	1 548
林产化工	1 000	512	2 966	862
家具设计与工程	—	442	901	—
2. 自然保护与环境生态类	1 362	1 199	5 261	1 375
野生动物与自然保护区管理	362	366	1 480	386
水土保持与荒漠化防治	1 000	833	3 781	989
3. 林学类	15 978	12 352	59 907	17 064
林学	3 333	2 617	13 397	3 606
园林	11 089	8 573	39 974	11 608
森林保护	1 556	1 162	6 398	1 850
经济林	—	—	138	—
4. 建筑类	9 194	9 736	42 805	10 601
风景园林	9 194	9 736	42 805	10 601
5. 农林经济管理类	4 279	3 534	16 715	4 486
农林经济管理	4 279	3 534	16 715	4 486
6. 草学类	1 330	1 625	6 060	1 454
草学	1 330	1 625	6 060	1 454
二、林业院校非林草专业	**96 443**	**98 008**	**398 933**	**101 455**
1. 其中与林草行业关系较近专业	23 182	25 023	98 573	25 005
地理科学	95	90	461	162
自然地理与资源环境	180	159	549	120
人文地理与城乡规划	494	229	1 258	375
地理信息科学	564	712	2 711	677
生物技术	1 344	880	5 616	1 615
生态学	368	508	2 456	599
测绘工程	431	305	1 557	490
遥感科学与技术	51	—	184	55
测绘类专业	—	117	119	—
资源循环科学与工程	43	—	99	48
化工与制药类专业	—	293	295	—

（续表）

专业名称	毕业生数	招生数	在校学生数	毕业班学生数
农业机械化及其自动化	883	369	2 845	875
农业电气化	235	29	407	145
农业建筑环境与能源工程	195	—	172	60
农业水利工程	472	417	1 981	549
土地整治工程	—	151	534	109
农业智能装备工程	—	30	30	—
农业工程类专业	—	178	178	—
环境科学与工程	—	173	475	—
环境工程	1 001	591	3 256	1 027
环境科学	835	776	3 795	998
环境生态工程	219	305	1 262	283
资源环境科学	56	61	231	57
环境科学与工程类专业	—	782	804	—
食品科学与工程	2 361	1 229	8 263	2 512
食品质量与安全	1 425	912	5 649	1 723
食品营养与检验教育	109	27	455	152
食品营养与健康	—	58	114	—
食品科学与工程类专业	—	1 990	2 379	—
消防工程	107	115	597	189
园艺	2 097	1 263	7 282	2 202
植物保护	1 308	1 209	5 287	1 360
植物科学与技术	305	169	933	291
种子科学与工程	638	512	2 400	748
设施农业科学与工程	518	321	1 805	456
植物生产类专业	—	2 249	2 735	22
农业资源与环境	854	1 181	3 944	970
动物科学	1 655	1 774	7 089	1 609
智慧牧业科学与工程	—	62	62	—
动物生产类专业	—	470	471	—
动物医学	2 099	1 520	8 567	2 263
动物药学	218	289	1 052	220
动植物检疫	555	331	1 387	416
中兽医学	—	60	160	—
动物医学类专业	—	582	703	—
中草药栽培与鉴定	28	56	155	20
农村区域发展	185	110	610	188
农业经济管理类专业	—	108	110	—
旅游管理	1 254	779	4 336	1 420
旅游管理类专业	—	492	753	—
2. 其他专业	73 261	72 985	300 360	76 450

表 20-4　2021～2022 学年高等林业(生态)职业技术学院和其他高等职业学院林草专业情况

单位：人

专业名称	毕业生数	招生数	在校学生数	毕业班学生数
总　计	**133 248**	**182 098**	**537 756**	**176 574**
一、林草专业	**16 798**	**21 214**	**65 726**	**24 794**
林业技术	2 722	3 279	11 629	4 893
园林技术	12 179	14 841	45 449	16 849
草业技术	118	217	486	140
花卉生产与花艺	—	260	260	—
经济林培育与利用	47	60	163	47
森林和草原资源保护	433	363	1 403	508
林草生态保护与修复	—	14	14	—
野生动植物资源保护与利用	161	215	586	201
自然保护地建设与管理	80	226	593	139
森林生态旅游与康养	584	787	1 994	590
林业信息技术应用	367	481	1 741	754
木业智能装备应用技术	19	27	52	13
木业产品设计与制造	73	111	310	85
森林草原防火技术	15	333	1 046	575
二、林业高职院校非林草专业	**116 450**	**160 884**	**472 030**	**151 780**
1. 其中与林草行业关系较近专业	20 170	26 892	78 601	26 596
种子生产与经营	114	148	498	197
作物生产与经营管理	291	198	701	254
现代农业技术	608	1 261	3 178	743
生态农业技术	115	107	322	103
园艺技术	2 132	2 786	8 906	3 173
植物保护与检疫技术	110	116	382	133
茶叶生产与加工技术	21	90	310	160
中草药栽培与加工技术	107	187	474	153
食用菌生产与加工技术	—	29	32	3
设施农业与装备	250	428	1 093	345
现代农业装备应用技术	83	115	300	92
农产品加工与质量检测	279	326	824	248
绿色食品生产技术	349	390	1 442	615
农产品流通与管理	—	41	94	19
休闲农业经营与管理	270	406	1 149	308
现代农业经济管理	260	415	1 027	324
农村新型经济组织管理	—	35	71	8
农业类	23	—	15	7
动物医学	2 160	2 695	7 212	2 083
动物药学	17	84	281	52
畜牧兽医	2 556	3 682	10 236	3 361

（续表）

专业名称	毕业生数	招生数	在校学生数	毕业班学生数
动物防疫与检疫	80	150	286	64
动物营养与饲料	65	55	118	27
畜牧业类	198	—	1 008	581
测绘工程技术	19	32	145	65
测绘地理信息技术	110	59	335	115
摄影测量与遥感技术	116	109	358	133
环境监测技术	504	983	2 448	724
环境工程技术	729	1 028	3 545	1 441
生态保护技术	—	30	30	—
生态环境大数据技术	—	3	217	176
生态环境修复技术	106	124	399	140
智能环保装备技术	—	49	49	—
园林工程技术	1 519	1 615	5 331	2 011
风景园林设计	976	1 354	3 764	1 142
城乡规划	79	70	341	172
食品生物技术	132	129	356	116
家具设计与制造	975	614	2 129	979
食品智能加工技术	230	386	1 028	267
食品质量与安全	259	266	918	337
食品营养与健康	21	—	—	—
食品检验检测技术	782	1 491	3 686	1 026
农村电子商务	—	44	44	—
旅游管理	2 331	3 154	9 407	3 381
导游	65	81	255	57
旅游类	—	115	116	—
环境艺术设计	1 111	1 022	3 121	1 048
家具艺术设计	18	28	87	42
森林消防（已撤销）	—	362	533	171
2. 其他专业	96 280	133 992	393 429	125 184

表 20-5 2021~2022 学年初普通中等林业（园林）职业学校和其他中等职业学校林草专业学生情况

单位：人

专业名称	毕业生数	招生数	在校学生数	毕业班学生数
总　计	**39 827**	**48 161**	**129 016**	**40 294**
一、林草专业	**26 427**	**27 831**	**76 031**	**24 309**
林业生产技术	2 430	3 505	8 872	2 742
园林技术	15 913	17 267	49 767	16 402
园林绿化	3 320	4 743	12 162	3 835
森林资源保护与管理	232	122	457	134
木业产品加工技术	1 021	561	2 375	992

（续表）

专业名称	毕业生数	招生数	在校学生数	毕业班学生数
生态环境保护	3 511	287	634	204
森林消防	—	1 346	1 764	—
二、非林草专业	**13 400**	**20 330**	**52 985**	**15 985**
1. 其中与林草行业关系较近专业	1 767	1 705	5 316	2 019
作物生产技术	—	276	276	—
园艺技术	133	256	628	174
植物保护	37	49	132	37
中草药栽培	11	136	145	9
设施农业生产技术	9	6	77	43
农产品营销与储运	799	—	703	703
休闲农业生产与经营	40	394	1 225	374
农村经济综合管理(已撤销)	8	—	30	9
农业类	188	95	246	74
畜牧业类	257	—	545	168
家具设计与制作	8	—	4	1
旅游服务与管理	272	431	1 144	420
康养休闲旅游服务	—	62	149	—
旅游类	5	—	12	7
2. 其他专业	11 633	18 625	47 669	13 966

（林草教育信息统计由梁灏供稿）

北京林业大学

【概　述】 北京林业大学占地面积878.40万平方米，产权校舍建筑面积73.18万平方米。图书馆建筑面积2.34万平方米。2021年全年教育经费投入143 329.27万元，其中，财政拨款77 098.39万元、自筹经费66 230.88万元。固定资产总值338 256.19万元，其中，教学、科研仪器设备资产值78 885.87万元，信息化设备资产值19 773.55万元。拥有教室164间，其中，网络多媒体教室164间。拥有图书197.72万册，计算机10 699台。网络信息点30 776个，电子邮件系统用户8211个，管理信息系统数据总量3157GB，数字资源量中电子图书133.58万册、电子期刊583 992册、学位论文11 620 532册、音视频78 166小时。

学校由教育部直属管理，教育部与国家林业和草原局共建，为林业类院校，设有1个校区，设置17个院(系、部)。开设65个本科专业，覆盖8个学科门类；具有一级学科25个；一级学科博士点8个，博士学位授权点8个；一级学科硕士点25个、硕士专业学位授权类别17个；博士后科研流动站7个，其中，博士后研究人员出站69人、进站35人、在站142人。“双一流”建设学科2个，国家级一流本科专业建设点18个，省部级一流专业建设点8个，北京市重点建设一流专业2个。

国家、省(部)级重点实验室、工程中心及野外站台共84个。其中，国家工程技术研究中心1个、国家工程研究中心1个、国家野外观测科学研究站1个、国家能源非粮生物质原料研发中心1个、林业生物质能源国际科技合作基地1个、国家水土保持科技示范园区2个、国家水土保持监测站4个、教育部重点实验室3个、教育部工程研究中心3个、教育部野外科学观测研究站2个、国家林业和草原局重点实验室8个、国家林业草原工程技术研究中心7个、国家林业和草原局质检中心1个、国家陆地生态系统定位观测研究站8个、北京实验室1个、北京市高精尖创新中心1个、北京市重点实验室8个、北京市工程技术研究中心2个，国家林业和草原局长期科研基地3个，林草国家创新联盟24个，国家林业和草原局科技协同创新中心2个。

教职工2098人，其中，专任教师1386人，包括正高级355人、副高级600人；博士生导师370人、硕士生导师495人。院士4人(含双聘)，国家级人才称号共计34人次，其中，国家重大人才工程入选者17人次，国家重大工程青年人才计划入选者17人次。外籍教师3人，其中，教授2人、副教授0人。学历教育学生中毕业生5999人，其中，研究生1586人(博士生343人、硕士生1243人)、普通本专科生3340人(本科生3340人、专科生0人)、成人教育本专科生1073人(本科生948人、专科生125人)。本科毕业生就业率91.11%。招生7789人，其中，研究生2704人(博士生368人、硕士生2336人)、普通本专科生3459人(本科生3459人、专科生0人)、成人教育本专科生1626人(本科生1605人、专科生21人)。高考北京地区提档线物理/生物/地理(选考一门)专业组627分、物理/历史/地理(选考一门)专业组617分、物理/化学/地理(选考一门)专业组613分、不限选考专业组611分、化学/生物(选考一门)专业组609分、化学必考专业组604分、物理/化学/生物(选考一门)专业组601分、物理必考专业组597分、化学/生物(选考一门)中加合作办学专业组594分、物理/化学/生物(选考一门)中加合作办学专业组575分。在校生26 551人，其中，研究生7512人(博士生1310人、硕士生6202人)、普通本专科生13 719人(本科生13 719人、专科生0人)、成人教育本专科生5320人(本科生4973人、专科生347人)。留学生毕业61人、招生85人、在校生260人。

【年度重点工作】

办学条件　经党中央、国务院批准，成为首批4所入驻雄安新区高校之一。争取国家发改委7000万元项目支持，推进“林业生态与资源高值化利用创新平台”建设。成功争取教育部追加专项经费2230万元。成功获批林科实验楼。

干部教师人才队伍　深化实施干部强基工程。制定修订干部队伍建设配套制度9项，多措并举补强年轻干部和“双肩挑”干部队伍建设短板。深化人事制度改革，系统推进第四聘期任务落地和全员聘岗工作，完善绩效考核、收入分配和奖励激励体系。实施人才工程构建人才引育工作体系，兼职引进1名中科院院士，6人入选国家级人才项目，1个团队入选第二批全国黄大年式教师团队，召开新学期务虚会凝聚起全校上下抓好人才工作思想共识。

思想政治工作　着力构建教师思政大工作格局，出台首个系统加强教师思政工作总体方案，开展师德专题教育和警示教育。出台91项工作举措，系统实施“三全育人”综合改革。扎实推进北京市重点马克思主义学院建设，成立课程思政教学研究中心，获评首批国家级课程思政示范课2门。持续推进以文化人以文育人，稳步推进校史编撰、校史馆建设，组织编纂北林大师学术思想文库。

学生培养　稳步推进教育教学改革。启动本科专业优化调整和人才培养方案修订工作。推进本硕贯通培养，深入实施研究生教育质量工程。获批林业高校首个国家基础学科拔尖学生培养计划2.0基地。全面促进学生成长成才。初雯雯代表中国青年在COP15峰会作主旨发言，学校学生在全国党史知识大赛、北京市大学生艺术展演等高水平竞赛中获得一批重要奖项。毕业生就业率保持在90%以上，读研深造率首次突破52%。

“双一流”建设　林学、风景园林学继续入选第二轮“双一流”建设学科。出台支持草学冲击一流学科系列举措。9个国家林草局重点(培育)学科建设通过验收，申报生态固碳、国家公园学等国家林草局第三批重点学科。

有组织科研　围绕林草花卉种业等“卡脖子”问题，部署13项科技攻关重点任务。全力冲击黄河流域森林资源保育国家重点实验室，高精尖中心验收评估获高度评价，获批林木育种与生态修复国家工程研究中心，进入种业创新和生态建设“国家队”。首次在《细胞》发表第一作者文章，首次获单项5000万元级国家重点研发项目，年度横向课题经费首次突破1亿元。

服务支撑国之大事　发布全国首部《黄河生态文明绿皮书》。积极谋划22国绿色“一带一路”建设，打造科右前旗乡村振兴“北林样板”。组建14个技术团队全力打造服务“绿色冬奥”北林样板，主持冬奥会核心赛区景观设计和生态修复，获央视《焦点访谈》深度报道。遴选374名师生服务保障北京冬奥会，教师姜志明、高建玲参与冬奥会滑雪项目裁判工作，辅导员刘伟以志愿者经理身份接受《焦点访谈》采访，甄恒同学出战冬奥会四人雪车项目获中国队历史最佳战绩，魏伊宁作为唯一志愿者代表亮相冬奥组委新闻发布会，杜安娜代表1.8万名志愿者登上闭幕式舞台接受国际奥组委赠礼。

治理体系治理能力现代化　集全校智慧编制“十四五”规划。稳步推进机构改革和校企改革。成立信息化建设与管理办公室。成立依法治校委员会、法治办，出台制度迅速补齐合法合规性审核、合同管理漏洞。持续健全校园安全工作体系，抓好疫情防控常态化管理，全面实施校园安全整顿行动，实施实验室安全分类分级精准管控。

【北京林业大学358名师生服务保障庆祝中国共产党成立100周年大会】　7月1日上午，庆祝中国共产党成立100周年大会在北京天安门广场隆重举行。北京林业大学358名师生在大会中参与了广场合唱、广场献词和志愿服务等工作，高质量保障大会圆满成功。72名师生参与广场合唱团，22名师生参与大会“共青团员、少先队员代表致献词”环节，264名师生参与大会志愿服务。

【北京林业大学获批雄安校区】　经党中央、国务院批准，北京林业大学成功获批雄安校区，成为首批四所入驻雄安的高校之一。校领导班子集体赴雄安新区考察调研，与教育部、国家发改委、河北省多次洽商。学校成立规划建设领导小组和工作专班，设立15个方面的研究课题，研究论证最优规划设计方案，探索“一校两区”管理运行新模式，努力将雄安校区规划设计成产教融合、学科交叉、文化共栖、创新共享、自然共生的近零碳示范校园，打造成汇聚全球绿色生态顶尖人才、服务重大国家战略的重要阵地。

【北京林业大学获批林木育种与生态修复国家工程研究中心】　北京林业大学林木育种国家工程实验室通过优

化整合，升级为林木育种与生态修复国家工程研究中心，并纳入国家工程研究中心新序列。林木育种与生态修复国家工程研究中心在原林木育种国家工程实验室基础上，以建设成全国林木育种与生态修复关键核心技术创新高地和产业孵化与转化中心为目标，围绕新时代国家战略与重大生态工程建设需求，布局建设林木育种科技创新与良种选育、林木良种高效繁育与智能化生产、森林资源高效培育与生态修复 3 个研究方向。

【北京林业大学生物科学拔尖学生培养基地成功入选基础学科拔尖学生培养计划 2.0 基地】 北京林业大学申报的"生物科学拔尖学生培养基地"成功入选基础学科拔尖学生培养计划 2.0 基地，取得历史性突破。12 月 3 日，学校举办"基础学科拔尖学生培养计划 2.0 基地"揭牌仪式暨建设工作推进会，中国工程院院士、原校长尹伟伦，校长安黎哲，校党委副书记孙信丽，原副校长骆有庆出席了会议，生物学基础学科拔尖学生培养计划领导小组成员、专家委员会成员及工作小组成员参加会议。安黎哲、尹伟伦共同为"国家基础学科拔尖学生培养基地(生物科学)"揭牌。学校成立由校党委书记、校长任组长的北京林业大学生物学基础学科拔尖学生培养计划领导小组，成立了尹伟伦院士任主任的专家委员会，充分整合各类优势资源，集合专家学者、教学名师与优质课程资源，吸收国内外先进高等教育理念，积极推动拔尖学生培养改革，实施具有北林特色的"一核一魂、四梁八柱"的拔尖人才培养模式，创新拔尖学生培养工作，营造"浸润""熏陶""养成""感染""培育"的教学氛围，持续探索"两合三制三化"创新育人范式，加强基础学科教育，全力推进生物科学拔尖人才培养工作。

北京林业大学"基础学科拔尖学生培养计划 2.0 基地"揭牌仪式暨建设工作推进会

【北京林业大学钮世辉团队破解"中国松"基因密码】 北京林业大学生物科学与技术学院、北京市林木分子设计育种高精尖创新中心钮世辉课题组报道了中国特有乡土针叶树种油松的遗传密码及关键演化特征的分子调控机制，为理解针叶树演化与分子设计育种提供了重要遗传信息资源。研究成果发表于《细胞》。该研究团队通过对组装工具的重编程，并借助大规模转录组辅助注释，突破了油松 25GB 超大基因组组装与精确基因注释。在此基础上，系统地阐明了针叶树包括基因组进化方向、适应性的遗传基础、松脂合成的完整通路、特异的生殖发育调控框架等演化历程中多个悬而未决或存在争议的问题。该研究团队共有来自 6 个国家 11 家单位的 35 位研究人员。该团队参与了中国、澳大利亚、瑞典多个世界重要针叶树种的育种计划，研发了 10 余款专业软件。此项研究历时 3 年半，其间共召开了 54 场技术讨论会。

【北京林业大学出版中国首部系统研究黄河生态文明的绿皮书】 北京林业大学编撰完成《黄河流域生态文明建设发展报告(2020)》，这是中国首部系统研究黄河生态文明的绿皮书。该书由北京林业大学 90 名教师和 40 余名研究生共同完成，全面梳理了黄河流域生态保护和高质量发展的现实基础和最新进展，包括 1 个总报告和 30 个分报告，分为生态保护和治理篇、高质量发展篇和黄河文化篇 3 个篇章，内容涉及 26 个领域，总字数达 35 万字。发布后将为"十四五"期间黄河流域生态保护和发展提供智力支持。

(北京林业大学由焦隆供稿)

东北林业大学

【概　述】 2021 年，东北林业大学有研究生、全日制本科生 2.7 万余人，其中本科生 19 433 人，研究生 7753 人。有教职员工 2300 余人，其中专任教师近 1300 人。有中国工程院院士 2 人，"长江学者"特聘教授 5 人、青年学者 3 人，国家杰出青年基金获得者 2 人，国家优秀青年科学基金获得者 5 人，全国"百千万人才工程"人选 3 人，新世纪"百千万工程"人选 3 人，"万人计划"科技创新领军人才 2 人、教学名师 1 人、青年拔尖人才 2 人，"青年人才托举工程"入选者 7 人，"新世纪优秀人才支持计划"入选者 24 人。享受国务院政府特殊津贴专家 26 人，国家有突出贡献中青年专家 2 人，省部级有突出贡献中青年专家 11 人，"龙江学者"特聘教授 11 人、青年学者 6 人，有教育部"长江学者和创新团队发展计划"创新团队 2 个，首批全国高校黄大年式教师团队 1 个。

学校设有研究生院、19 个学院和 1 个教学部，有 68 个本科专业、19 个国家级一流本科专业建设点，10 个一级学科博士点，19 个一级学科硕士点，17 个类别的专业学位硕士点，9 个博士后科研流动站，1 个博士后科研工作站。拥有林业工程、林学 2 个世界一流建设学科，生物学、生态学、风景园林、农林经济管理 4 个国内一流建设学科，3 个一级学科国家重点学科、11 个二级学科国家重点学科、6 个国家林草局重点学科、2 个国家林草局重点(培育)学科、1 个黑龙江省重点学科群、7 个黑龙江省重点一级学科。有 4 个黑龙江省领军人才梯队、4 个黑龙江省"头雁"团队。有国家发改委和教育部联合批准的国家生命科学与技术人才培养基地、教育部批准的国家理科基础科学研究和教学人才培养基地(生物学)，是国家教育体制改革试点学校，国家级卓越工程师和卓越农林人才教育培养计划项目试点学校，教育部深化创新创业教育示范高校，全国高校实践育人创新创业基地。学校有植物学与动物学、农业科学、化学、材料科学、工程学、环境科学与生态学6个学科进入ESI全球排名前1%。先后与近30个国家和地区的100余所高等院校和研究机构建立了校际合作关系。

学校拥有优良的教学科研平台和实践教学基地。有林木遗传育种国家重点实验室(东北林业大学)、黑龙江帽儿山森林生态系统国家野外科学观测研究站；有森林植物生态学、生物质材料科学与技术、东北盐碱植被恢复与重建、森林生态系统可持续经营4个教育部重点实验室，6个国家林业和草原局重点实验室，15个黑龙江省重点实验室；有2个教育部工程研究中心，4个国家林业和草原局工程技术研究中心及猫科动物研究中心，3个高等学校学科创新引智基地(其中1个升级为2.0项目)；有林学、森林工程、野生动物3个国家级实验教学示范中心，森林工程、野生动物2个国家级虚拟仿真实验教学中心，6个省级实验教学示范中心；有3个国家林业和草原局生态系统定位研究站，1个省哲学社会科学研究基地，5个省级普通高校人文社会科学重点研究基地，2个省级智库；有国家林业和草原局野生动植物检测中心、国家林业和草原局工程质量检测总站检测中心等；有帽儿山实验林场、凉水实验林场等7个校内实习基地、310个校外教学实习基地和111个校外研究生实习基地。

【教育教学】 召开学校教育工作会议，落实一流本科教育行动计划，启动本科专业人才培养方案修订工作，深化人才培养模式改革。获批国家级一流本科专业建设点10个、省级一流本科专业建设点8个。获批省级一流本科课程19门，认定校级一流本科课程51门和校级在线开放课程143门。新增省级教学名师2人、省级青年教学名师2人。加强教材建设的统筹谋划和布局，获首届“国家教材建设奖”优秀教材高等教育类二等奖1项、先进个人1人，入选国家林草局普通高等教育“十四五”规划教材43部，获批国家林草局委托建设首批重点规划教材1部。获批教育部产学合作协同育人项目66项，国家级新文科研究与改革实践项目2项、省级3项。新增教学科研实习实践基地7个，优质生源基地27个。深入推广“带薪—实习—就业”模式，签署学生实习就业合作协议21个，全年组织线上大型双选会13场、线下专场宣讲会445场。在全国率先实施推免研究生“支林”计划，选派优秀学生服务林业基层，54人赴大兴安岭地区、黑龙江省林草局及龙江森工集团等基层单位工作。学校连续四轮在农林医药本科院校学科竞赛评估排行榜中蝉联榜首。

首次召开研究生教育工作会议，出台“新时代研究生教育20条”，推进新时代卓越研究生教育。深化研究生招生改革，招生数量不断增加。加快研究生培养机制改革，实施学位授予全过程质量监控。开展研究生课程和教材一体化建设，新立项建设研究生精品课程22门，1门“院士金课”上线运行，获批国家林草局普通高等教育“十四五”规划教材15部。培育课程思政类项目，获省级课程思政建设项目26项。加强导师队伍建设，成立研究生导师学校，培训1500余人次。

【学科建设】 编制新一轮“双一流”建设高校整体建设方案和林业工程、林学2个一流学科建设方案。坚持特色立校、科技强校，按照“优势先行”“整体带动”的原则，建设“林工交叉、林理支撑、林文相融”的“1234+X”学科建设发展格局。林学、林业工程顺利入选国家第二轮“双一流”一流建设学科名单。进一步优化学科专业布局，培育建设碳中和交叉学科，设立碳汇生物学等二级学科方向6个。新增马克思主义理论、化学2个一级学科博士授权点，新增环境科学与生态学1个学科进入ESI全球排名前1%。

【师资队伍建设】 深入实施“人才强校”战略，继续推进“成栋英才引进计划”，引进人才84人(含成栋英才博士后12人)。继续推进“成栋英才培育计划”，开展成栋名师计划遴选培育，全年引进成栋领军学者1人、成栋杰出青年学者15人、成栋优秀青年学者19人，引进高层次人才占比42%。全年组织推荐各级各类高端人才项目累计30人次，其中国家重大人才工程项目入选8人、省部级人才工程项目入选8人。深入推进职称制度改革和绩效工资改革，出台成栋奖实施办法，设立校长奖励基金，实施党政机关及教辅单位负面清单制度，多项改革举措落实落地。

【科学研究】 深化科研工作改革，修订各类科研经费管理办法，加强科研方向布局。签订各类科研项目986项，累计合同经费2.28亿元，创历史新高。自然科学类基础研究项目立项312项，合同经费5425万元，其中首次获批国家自然科学基金区域创新发展联合基金重点类项目2项，海外优秀青年科学基金项目1项；人文社科类项目立项23项，合同经费121.5万元。获批国家重点研发计划青年科学家项目2项、课题2项；黑龙江省首批“揭榜挂帅”重大科技攻关项目1项；黑龙江省重点研发计划项目4项、指导项目10项；教育部、国家林草局等部门推广、应用类项目14项。横向项目签约574项，合同经费首次突破1亿元，达到1.28亿元，技术转让类项目合同经费首次超过1000万元。3个教育部重点实验室通过验收和评估；新增国家林业和草原工程中心1个、长期科研基地1个、黑龙江省重点实验室1个。获省部级以上科研奖励25项，其中梁希林业科学技术奖16项(一等奖1项、二等奖8项)，黑龙江省科学技术奖9项(一等奖1项、二等奖3项)。授权专利530件。《林业研究(英文版)》入选“科技期刊世界影响力指数WJCI-2021”林业Q1区。

【对外交流合作】 深化国际交流与合作，同芬兰卡累利阿应用技术大学、法国上法兰西理工大学、日本京都大学等新签和续签校际合作协议6份。成立来华留学教育工作领导小组，出台留学生工作管理规定，推动来华留学生教学质量保障体系建设，有序推进来华留学生高等教育质量再认证工作。成立东北林业大学奥林联合研究院，加快高层次国际化人才培养。获批科技部高端外国专家引智项目6项、教育部“高层次国际化人才培养创新实践”项目1项。学校连续4年获得“中国政府优秀来华留学生奖学金”。持续加强合作发展，与黑龙江省生态环境厅、黑龙江省自然资源厅、牡丹江市、伊春市、大兴安岭地区、龙江森工集团等9个地市、单位签署战略合作协议。

【社会服务】 主动对接国家战略需求，牵头成立东北亚生物多样性研究中心、碳中和技术创新研究院。积极推进“林业人工智能研究院”“林业智能装备创新高地”等重点科研平台建设。落实支撑东北经济全面振兴科技发展行动方案，推动科技成果转移转化，向国家林草局推荐先进实用林草科技成果6项。不断提升服务决策咨询能力，35篇咨政报告被上级采用，1篇得到中央领导批示，1篇得到省委书记批示，2个省级智库在全省智库评估中均获评“良好”。推进定点扶贫黑龙江省泰来县巩固拓展教育脱贫攻坚成果同乡村振兴有效衔接，选派28位省科技特派员，争取社会无偿帮扶资金547万元，设立乡村振兴专题科研项目11项。1个项目入选第一批教育部直属高校服务乡村振兴创新实验培育项目，驻村第一书记获“黑龙江省脱贫攻坚先进个人”称号。国家乡村振兴局对学校帮扶泰来县如期完成脱贫攻坚目标任务作出的突出贡献致信感谢。

【“十四五”规划】 聚焦国家战略需求，围绕“双一流”建设，以加强学校内涵建设、推动高质量发展为根本遵循，落实学校第十三次党代会精神，编制了学校“十四五”规划，提出了六大重点建设任务、五项保障改革措施和七项计划专栏，制定了具体实施方案，统筹学校规划与各教学单位规划指标高度融合，为学校未来五年高质量发展提供了系统规划和指导。

【教育评价改革】 落实《深化新时代教育评价改革总体方案》，制定了学校实施方案和工作清单，建立督办台账，对重点改革任务挂牌督战。发挥教育评价改革“指挥棒”作用，废止评价类文件7项，修订或出台评价类文件37项，涉及人才队伍建设、师德师风建设、研究生培养、科研经费管理等方面，破除“五唯”顽瘴痼疾取得实质性进展。

【办学条件和环境】 常态化开展安全宣传教育，落实安全防范责任制，增加校园监控点位159个，组织安全生产大检查，开展消防应急演练，建立健全学校交通安全管理制度。加强实验室安全监督管理，完善制度体系建设，提升精细化管理水平。加强食品安全管理，完善食材安全检测机制。升级配置森林防火装备，学校连续64年无森林火灾，获评2016~2020年度“黑龙江省森林草原防灭火工作先进单位”。实施基础设施建设和维修项目65个，完成校园东路改造、文博广场绿化改造、部分楼宇装饰和修缮等重点工程，林学科研楼、3号学生公寓等工程项目进展顺利，美丽校园建设取得明显成效。加快绿色学校示范高校创建，推进数字档案馆和智慧校园建设。

【其他工作】 修订《东北林业大学章程》，召开七届一次教代会、第十四次工代会，加强了依法治校、民主管理。结合“我为师生办实事”实践活动，推进解决师生“急难愁盼”问题。加强内控建设，贯彻“过紧日子”要求，推进公用房使用管理改革，实现资源高效配置。持之以恒改进机关工作作风，推进“一网、一门、一次”校务服务改革。学校教育发展基金会获评4A级社会组织。博物馆数字虚拟展厅建成上线，新增馆藏国家一级保护野生动物朱鹮标本7只。首次在帽儿山实验林场引种国家濒危珍稀植物红豆杉6000株，凉水国家级自然保护区能力建设三期工程顺利通过验收。3个单位获评“第五批全国林草科普基地”和“2021~2025年黑龙江省科普教育基地”。

（东北林业大学由刘国相供稿）

南京林业大学

【概　述】 2021年，学校有22个学院（部），79个本科专业（招生70个），8个博士后流动站、8个博士学位授权一级学科点、26个硕士学位授权一级学科点。1个国家一流学科（林业工程），2个一级学科国家重点学科（林业工程、生态学），4个二级学科国家重点学科（林木遗传育种、林产化学加工工程、木材科学与技术、森林保护学），1个江苏省一级学科国家重点学科培育点，5个江苏高校优势学科，9个国家林业和草原局重点学科（含培育），6个一级学科江苏省重点学科（含培育）。在全国第四轮学科评估中，林业工程、林学获“A+”、风景园林学获“A-”。有国家级一流本科专业建设点21个，国家级特色专业建设点6个，国家级精品开放课程6门，国家级课程思政示范课程1门，国家级一流本科课程16门。有国家级实验教学示范中心2个，国家级人才培养模式创新实验区1个，国家级虚拟仿真中心2个，国家级大学生校外实践基地1个。有教职工2464人，其中专任教师1843人，博士生导师217人，硕士生导师629人，具有高级职称1049人。有中国工程院院士2人、双聘及特聘国内外院士9人。有江苏省“333工程”第一层次首席科学家4人，省部级教学名师6人，省部级有突出贡献的中青年专家14人，江苏省科技创新团队及“青蓝工程”等省级创新团队15个。在校生34 418人，其中普通本科生24 842人，研究生6849人，成人本科生2727人。当年招生10 518人，其中普通本科生6426人，研究生2560人，成人教育学生1532人；毕业8736人，其中普通本科生

5876人，研究生2148人，成人教育学生712人。在校留学生(注册)299人，当年招生98人，毕业28人。

学校通过国家首轮“双一流”验收，入选江苏高水平大学建设高峰计划A类建设高校。生物与生物化学学科进入ESI全球前1%。生态学、机械工程、轻工技术与工程、农林经济管理、马克思主义理论、材料科学与工程、电子科学与技术、土木工程、化学工程与技术、设计学10个学科入选“十四五”江苏省重点学科。新增人工智能、智慧林业和木结构建筑与材料3个专业，撤销播音与主持艺术、动画、茶学3个本科专业。获批省级一流专业18个，江苏省课程思政示范专业2个。获批江苏省级一流课程41门，江苏省仿真实验教学一流课程9门。获省级教学成果奖特等奖1项，一等奖4项，二等奖2项。

2021年，白马校区建设项目列入南京市经济社会发展重大项目计划，召开了白马校区校园总体规划专家评审会，举办了120周年校庆启动仪式等。获批建设农业农村部农业农村政策与改革合作研究基地，新增国家林草局“森林精准培育与监测”、省发改委“智能植保技术与装备”2个省部级工程中心。智库研究成果获国家领导人批示1件，获国家高端智库课题1项。获国家自然科学基金项目80项，获国家社科基金15项。主持项目获梁希科技奖7项，首届全国颠覆性技术创新大赛优胜奖1项，2021年度中国石油和化学工业联合会科学技术进步一等奖1项。

在第七届中国国际“互联网+”大学生创新创业大赛中获金奖5项，第十七届“挑战杯”“黑科技”专项赛国赛一等奖1项，全国大学生艺术展演活动一等奖4项，全国大学生数学建模竞赛国赛一等奖3项，全国大学生英语竞赛特等奖30项。“科技竹”挑起乡村振兴“金扁担”项目入选教育部第四届省属高校精准帮扶典型项目，“松林卫士”项目获第三届全国林业草原行业创新创业大赛主赛道高校组自选类金奖。

周宏平获评江苏省先进工作者、周晓燕获江苏省巾帼建功标兵、季孔庶获评全省脱贫攻坚暨对口帮扶支援合作先进个人、黄曹兴入选中国科协第六届“青年人才托举工程”。学校获评全国教育系统关心下一代工作先进集体、江苏省来华留学教育先进集体、江苏省征兵工作先进单位、全省共青团工作先进单位、全省高校毕业生就业工作量化考核A等高校。

【1个项目获梁希林业科学技术奖自然科学奖一等奖】 2021年，尹佟明教授主持的“杨、柳物种分化和性染色体进化研究”项目获第十二届梁希林业科学技术奖自然科学奖一等奖。该项目依托“林木遗传与生物技术教育部重点实验室”和“江苏省杨树种质创新与品种改良重点实验室”，在“十三五”国家重点研发计划、国家杰出青年科学基金、国际合作重大项目等科研项目资助下，以不飞絮杨树和柳树良种的培育为目标，开展杨、柳性别早期鉴定技术研发的基础研究工作，应用基因组学方法分析了杨树和柳树物种的分化机制，建立了杨柳科植物大遗传系统研究平台，阐明了杨、柳性别决定系统和性染色体的进化过程，开发了杨树和柳树的性别早期鉴定和标记辅助选择育种技术。项目在理论和应用上都取得了重大突破，论文发表在*Cell Research*、*Nature Communication*、《中国科学》等学术期刊上，被《中国绿色时报》《科技日报》和中国科技网等多家媒体报道。项目为克服杨、柳飞絮污染提供创新性解决方案，为服务生态文明和美丽中国建设提供优秀案例。

【吴智慧当选国际木材科学院院士】 3月10日，国际木材科学院(International Academy of Wood Science)通知，南京林业大学家居与工业设计学院吴智慧教授当选为该院院士。吴智慧，教授、博士生导师，是南京林业大学“家具设计与工程”博士点学科及本科专业的主要创建者和学科带头人，在国内率先构建了家具专业学科体系。曾任南京林业大学木材工业学院副院长、院长，家具(家居)与工业设计学院院长，现任中国林学会家具与集成家居分会理事长、中国林科院木材工业研究所特聘研究员、《林业工程学报》副主编兼栏目执行主编、《家具》杂志编委会主任等。

【世界海棠学术大会】 4月8~9日，由南京林业大学和北京植物园主办，国际海棠学会协办，盐城市盐南高新区管委会承办的2021年世界海棠学术大会暨首届海棠文化嘉年华在盐城召开。中国工程院院士曹福亮教授出席大会并致辞。来自国内外20余所高校和科研院所的专家，相关企业代表等近百人参加。学术大会分观赏海棠种质资源分布与保存、育种技术与新品种选育、知识产权成果与保护、生产技术与区域化推广、主题公园建设、海棠文化与美丽中国6个专题。南京林业大学张往祥教授担任大会组委会副主席和学术年会主持人。同时，作为演讲嘉宾，介绍了国家海棠种质资源库建设、品种创新及其产业化等。徐立安教授介绍了观赏海棠育种技术研究进展情况。活动期间，曹福亮院士还与盐城市盐南高新区党工委书记、管委会主任高尚德共同为“国家海棠种质资源库中华海棠园新品种示范基地”揭牌。

【桂花产业国家创新联盟大会】 5月28~30日，由南京林业大学木樨属植物栽培品种国际登录中心牵头的桂花产业国家创新联盟成立大会在江苏溧阳召开。国家林业和草原局科技司二级巡视员冉东亚，副校长聂永江，溧阳市副市长马永春出席会议，桂花产业国家创新联盟理事长、南京林业大学向其柏教授和相关专家学者，以及来自全国11个省份近40家单位的代表参会。

【椴树产业国家创新联盟成立大会】 6月24~26日，国家林业和草原局椴树产业国家创新联盟(以下简称联盟)成立大会暨2021年椴树产学研交流会在南京林业大学举行。国家林业和草原局科技司一级巡视员厉建祝，江苏省林业局副局长钟伟宏，副校长李维林等出席开幕式。国内从事椴树科研与生产的高等院校、科研院所、企业与协会代表等参加会议。南京林业大学当选为联盟理事长单位，沈永宝当选联盟理事长。联盟聘请南京林业大学施季森、中国人民大学刘金龙、山东省林业科学研究院吴德军、厦门大学方环海、黑龙江省国有林场和林木种苗服务总站庄凯勋为专家咨询委员会委员。交流会上，6位代表分别就椴树产业展望、椴树资源收集、南京椴研究进展等进行了主题报告。会后，参会人员赴江苏艺华园林建设有限公司南京六合竹镇椴树种苗培育基地参观考察，就椴树新品种选育、产业科技支撑、种苗市场开拓、产业发展方向等问题讨论交流。

【观赏主题木本花卉产业技术创新战略联盟成立】 10月9日，江苏省观赏主题木本花卉产业技术创新战略联盟成立大会暨第一次理事会议在南京林业大学召开。来自全省的农林高等院校（6所）、科研院所（4家）、国有企业（9家）和民营企业（12家）的联盟理事单位代表和专家委员会主任、副主任参加了大会。国家林业和草原局科技发展中心副主任龙三群、江苏省林业局林木种苗站站长徐惠强、江苏省科学技术厅农村科技处副处长靳朋勃出席大会。来自南京市林业站、扬州市自然资源和规划局造林绿化处、扬州市林业管理站和宿迁市林业站等地市行业主管部门的代表到会。南京林业大学副校长张金池致辞。联盟第一次理事会议由张往祥教授主持。靳朋勃为理事长单位授牌，张金池、龙三群、徐惠强为副理事长单位和常务理事单位授牌，并为联盟专家委员会主任和副主任颁发聘书。联盟理事长张往祥在理事会议上介绍了联盟成立的时代背景、建设思路、建设目标和运行机制。

【科技竹入选教育部精准帮扶典型项目】 10月11日，教育部公布第四届省属高校精准帮扶典型项目推选结果，南京林业大学申报的"'科技竹'挑起乡村振兴'金扁担'"项目入选。2005~2021年，南京林业大学扎根贵州省遵义市桐梓县，建立健全了深度合作、定点帮扶、精准对接机制，协助桐梓县打造了6.67万公顷方竹产业基地，将方竹产业确立为桐梓县"一县一业"主导产业，实现了"产业丰、竹农富、乡村美"的多重目标。2018年，桐梓县"脱贫摘帽"后，南京林业大学探索出一条"政产学研用"五位一体助力桐梓县精准脱贫与乡村振兴无缝衔接的精准帮扶"南林模式"，并将模式推广到贵州省赤水、正安等地，让"科技竹"挑起了美丽与富裕共生、生态与生计良性循环的乡村振兴"金扁担"。截至2021年底，桐梓县全县25个乡（镇、街道）99个行政村20万余人参与发展方竹产业，从事方竹产业经营的专业合作社或大户180余家，直接产值6亿元。

【中加留学生国际学术论坛】 11月4~5日，中加留学生国际学术论坛在南京林业大学召开，论坛由南京林业大学和加拿大不列颠哥伦比亚大学共同主办，以"绿色、低碳和可持续发展"为主题，采用线上线下并举、全程直播的方式，设置1个主会场和8个分会场，30多个国家和地区、1200余人次的国际学生参与。南京林业大学副校长张红教授、加拿大森林更新理事会主席John Innes教授出席论坛。论坛邀请加拿大新布伦瑞克大学Huining Xiao教授、香港中文大学Gavin Chit Tsui教授、加拿大不列颠哥伦比亚大学John Innes教授和Tongli Wang教授为大会作主旨报告。中外师生围绕林业资源高值利用、化学合成、森林资源管理、林业生态等诸多议题分享了科研思路和研究成果。

【智能制造省级重点产业学院揭牌】 11月20日，由家居与工业设计学院和机械电子工程学院共建的智能制造省级重点产业学院揭牌仪式暨家居木制品行业机器视觉应用技术研讨会举行。校长王浩、副校长勇强出席揭牌仪式，家居与工业设计学院院长徐伟和江苏力维智能装备有限公司董事长杨万国共同为家居智能制造校企联合实验室揭牌。智能制造产业学院周宏平教授和杨万国分别作为校、企代表发言。召开了家居木制品行业机器视觉应用技术研讨会，来自南京林业大学、中国林科院木材工业研究所、江苏力维智能装备有限公司、南京菲尼克斯电气有限公司、福建帝视信息科技有限公司、广东博硕喷涂技术有限公司、LMI Technologies等单位的专家和学者，围绕智能装备、机器视觉原理、人工智能、算法建立、应用形式等内容对家居木制品行业机器视觉应用技术进行分享。

【林草生物灾害防治装备国家创新联盟成立大会】 12月8日，国家林业和草原局林草生物灾害防治装备国家创新联盟成立大会在南京林业大学举行。国家林业和草原局科技司一级巡视员厉建祝，中国林业机械协会秘书长韦剑，南京林业大学副校长张金池出席会议，13家科研院所、24家企业单位和行业协会代表等共计50余人参加会议。张金池为联盟理事长单位、副理事长单位授牌，韦剑为理事单位颁发聘书。

【憧憬奖暨金埔杯国际艺术设计大赛颁奖典礼】 12月11~12日，由南京林业大学和中国林学会、国家林业和草原局园林植物数字化应用与生态设计国家创新联盟、中国农林高校设计艺术联盟、中国创新设计产业战略联盟联合主办的第四届"憧憬奖"第七届"金埔杯"国际艺术设计大赛颁奖典礼暨中国创新设计教育国际论坛举行。该大赛由江苏省风景园林协会以及国内外50余所院校、机构共同协办，金埔园林股份公司冠名，南京林业大学承办。大赛收到国内75所高校、10余所专业设计机构作品2700余件，参与人数8000余人。开幕式上，校长王浩以视频形式致辞。会上，中国林学会副理事长兼秘书长陈幸良、江苏省风景园林协会理事长王翔、同济大学副校长娄永琪、南京艺术学院院长张凌浩、湖北美术学院院长许奋、金埔园林股份有限公司董事长王宜森等先后发言。

【第六届外国生态文学前沿研究论坛】 12月28日，第六届"外国生态文学前沿研究"高层论坛在南京林业大学召开。论坛议题为后疫情时代当代外国生态文学前沿研究，由《当代外国文学》杂志社和南京林业大学中国特色生态文明建设与林业发展研究院联合主办。副校长李维林教授、《当代外国文学》杂志社主编杨金才教授、《外国文学》杂志社主编金莉教授、中国高等教育学会外国文学专业委员会会长刘建军教授、中国外国文学学会副会长蒋承勇教授、中国人民大学复印资料《外国文学研究》主编曾艳兵教授等出席。论坛作关于生态文学批判新特征的思考、超越"世界文学"的全球文学写作、温德尔·贝瑞诗歌中的生态家园构建等报告。

（南京林业大学由钱一群供稿）

西南林业大学

【概　述】 2021年，西南林业大学占地170公顷，馆藏纸质图书190万册，电子图书近82万册，中外文数据库22个，标本馆藏有各类标本50余万份。设有一级学科博士点4个、一级学科硕士点15个、二级学科硕士点65个、专业硕士学位点15个，国家林业和草原局重点学科6个、培育学科1个，省级重点学科5个、省级优势特色重点建设学科2个，省院省校合作咨询共建学科2个，A类高峰学科1个、B类高峰学科2个、B类高峰学科优势特色研究方向1个，A类高原学科2个。拥有省级培育建设学术博士学位授权点2个、专业博士学位授权点1个、学术硕士学位授权点4个、专业硕士学位授权点3个。设有本科专业82个，中外合作专业1个，其中国家级第一类特色专业3个、国家卓越农林人才培养计划专业4个、国家卓越工程师培养计划专业3个，省级特色专业5个，国家一流专业建设点4个，省级一流专业建设点19个。

学校有全日制在校本科生22 714人，硕士研究生3300人，博士研究生166人。有在编教职工1273人，全校教师中有正高级职称154人、副高级职称365人。入选国家、省部级以上人才共244人次，其中全国优秀教师3人，国家百千万人才1人，国家有突出贡献中青年专家1人，享受国务院特殊津贴专家2人，原教育部新世纪优秀人才3人，国家高层次人才特殊支持计划青年拔尖人才1人，云南省高层次人才培养支持计划科技领军人才1人、云岭学者3人、产业技术领军人才10人、文化名家3人、教学名师7人、青年拔尖人才53人，云南省高层次人才引进计划高层次人才6人(含柔性5人)、高端外国专家10人、产业人才5人(含柔性4人)、青年人才14人(含柔性4人)，省委联系专家11人，享受云南省政府特殊津贴专家14人，云南省有突出贡献优秀专业技术人才6人，国家林业和草原教学名师2人，国家林业和草原科技创新领军人才2人，国家林草青年拔尖人才2人，云南省中青年学术和技术带头人26人、后备人才16人，云南省技术创新人才6人、后备人才1人，云南省师德标兵4人，云南省高等学校教学名师8人，省科协中青年人才托举工程2人。

学校获批成立林业生物质资源高效利用技术国家地方联合工程研究中心、国家生物质材料国际联合研究中心、西南山地森林资源保育与利用教育部重点实验室、国家高原湿地研究中心、云南生物多样性研究院。有国家林业和草原长期科研基地3个，国家林业和草原局重点实验室3个、工程技术研究中心2个、检验检测中心1个、生态系统定位研究站3个、创新联盟3个。有省级工程实验室1个、省级工程研究中心4个、省级重点实验室4个、省级工程技术研究中心1个、省级国际联合研究中心2个、省级国际科技合作基地1个、省级面向南亚东南亚科技创新中心2个。有院士工作站4个、专家工作站4个。有协同创新中心1个、省高校重点实验室13个、省高校工程研究中心6个、昆明市工程技术研究中心2个、昆明市国际研发中心1个。设有中国林学会国家公园分会、中国林学会古树名木分会、云南省生态文明建设研究与发展促进会。有各级各类自然科学类创新团队22个，省哲学社会科学创新团队4个、基地2个、智库2个。先后获国家科技进步奖二等奖2项、教育部高等学校科学研究科技进步奖一等奖1项、云南省科学技术奖一等奖8项、梁希林业科学技术奖一等奖1项、何梁何利奖1项。办有《西南林业大学学报(自然科学)》《西南林业大学学报(社会科学)》。

【党建思政工作】 认真做好生态文明教育理论与实践课程体系建设，获批成立“云南省生态文明教育理论与实践研究基地”。打造“红为底色、绿为特色”的党建文化长廊，建成“两厅三馆”，让“西林之光”“西林之星”“西林之路”发挥文化的浸润、感染、熏陶、教育作用。举办庆祝中国共产党成立100周年系列活动，召开西南林业大学庆祝中国共产党成立100周年暨“七一”表彰大会，开展“七一”走访慰问。深入开展党史学习教育，扎实开展“双报到双服务”和“我为群众办实事”实践活动，学校进入“四史”学习教育“网上重走长征路”活动全国百强高校，2名教师进入全省学习强国·学习达人竞赛12强。高扬主旋律全面加强思想政治工作，深化“三全育人”工作体系，获批云南省思想政治精品项目(实践育人类)1项，中国林业政研会课题28项，结题校级党建与思政课题78项。开展辅导员业务技能培训10余场，组织沙龙6期，举办2021年校级辅导员素质能力大赛。成立国防后备营，常态化开展升国旗、红色阅读、军事训练、国防教育日、国防野战大赛等活动，56人应征入伍，超额完成省征兵办下达的征兵任务。

【人才培养】 招生规模不断扩大，招收硕士研究生1221人、博士研究生39人，招收专升本学生3599名、普通本科生4140名、本科预科生232名。高等学历继续教育招生10 850人，较2020年增长23%。一流本科教育持续推进，持续深化学分制改革，完成81个本科专业综合评价，评为B类专业3个、C类专业54个、D类专业24个。研究生教育水平得到提升，获批云南省研究生优质课程建设项目6项、研究生导师团队建设项目9项、专业学位研究生教学案例库建设项目12项，2名研究生获中国林学会“第十届梁希优秀学子奖”。就业创业工作有效促进，举办校园专场宣讲会400场、网络视频双选会3场，2021届毕业生初次去向落实率为74.73%，较2020年有一定提升。

【学科建设】 编制《西南林业大学“十四五”学科建设与研究生教育发展规划》，成功获批农林经济管理博士学位授予权，机械工程、材料科学与工程硕士学位授予

权，新增法律、翻译、汉语国际教育、资源与环境、公共管理、旅游管理、艺术7个专业硕士学位类别。在新一轮学位点省级立项建设中，生态学、系统科学2个学科为省级立项建设博士学位授权点，土木工程、农业资源与环境、食品科学与工程、信息与通信工程4个学科为省级立项建设硕士学位授权点，应用统计、城乡规划、电子信息3个类别为省级立项建设专业硕士学位类别。

【科学研究】 科研人才有新提升，1人入选第三批林业和草原科技创新领军人才，50人获批为云南省科技特派员、1人获批为国际科技特派员，3人被评为“最美林草科技推广员”。科研项目有新突破，新增国家自然科学基金40项，直接经费1488万元；“林下石斛天麻有机种植关键技术及森林生态系统评估体系研究”和“生物资源数字化开发应用(2021年度)”2个项目获省科技厅重大专项课题立项支持，获经费1568万元。新增人文社科类纵向项目116项，总批准经费310.8万元。科研平台有新成效，1个科研基地获国家林草局批准建设，1个重点实验室获省科技厅批准培育建设，1个研究中心获省农业农村厅批准支持建设，1个重点实验室、1个工程研究中心、1个科技创新团队获省教育厅批准培育建设。

【对外交流】 编制《“十四五”规划教育国际化专项》，获批“木材科学与技术创新引智基地”。与泰国农业大学联合申报国家留学基金委2021年乡村振兴人才培养专项并获批“林业工程学科国际化人才培养”项目，亚太森林组织森林可持续经营示范暨培训基地正式挂牌。29人获得公派留学项目资助，获批省科技厅重点外国专家项目1项、一般外国专家项目2项、引智成果推广项目1项，经费38万元。马里阿斯基亚中学孔子课堂外方院长获授“孔子学院院长纪念奖章”。继续推进与政府、企业、科研院所等单位的合作协议签订工作，拓展合作渠道，汇聚发展资源。

【师资队伍建设】 强化高端人才引进培育，邀请9名院士到校支持科研教学工作，聘请1名院士为学校荣誉教授，聘任8名客座教授，引进3名高层次人才到校工作。推动师资队伍建设，制订师德专题教育实施方案，公开招聘专业技术岗34名、管理岗4名，启动第15批青年教师培养工程，与10名教职工签订攻读博士协议，完成10名基层对口培养人才培训，新接收6名基层对口培养人才。抓好博士后流动站建设和师资储备，办理入站1人、出站5人、退站1人。落实党务思政工作队伍待遇，为专职辅导、专职思政课教师足额发放专项岗位津贴。深化以绩效分配为重点的人事制度改革。

【社会服务】 新增自然科学类横向项目82项，经费1868.02万元。完成项目技术合同认定62项，认定经费1430.61万元，技术交易额1043.78万元。新增社会科学类横向项目13项，经费174.8万元。获批“三区”科技人才支持计划项目101项，到位经费202万元。持续扎根大关县，发展竹产业总面积增加到6.07万公顷，竹产业发展助推3.66万人稳定脱贫、15.9万人受益，昭通市大关县以筇竹为主的生态保护与竹产业发展初见成效。1人获省第23届先进工作者称号，2名驻村工作队队员被评为“云南省脱贫攻坚先进个人”、2名驻村队员被评为“云南省高校优秀党务工作者”，驻村工作队获大关县“脱贫攻坚先进集体”称号。

（西南林业大学由张志才供稿）

中南林业科技大学

【概　述】 2021年，学校设有研究生院和24个教学单位，有79个本科专业，其中国家一流专业12个、国家特色专业4个、省级一流专业26个。有博士学位授权一级学科6个，硕士学位授权一级学科20个、硕士专业学位授权类别16个，博士后科研流动站5个。国家特色重点学科2个，国家重点(培育)学科3个、国家林草局重点(培育)学科5个、湖南省国内一流建设(培育)学科6个，自主设置交叉学科1个，农业科学、工程学2个学科进入ESI全球前1%。

有教职工2337人，具有高级职称的966人。其中，中国工程院院士1人，双聘院士、长江学者、国家优秀青年科学基金获得者及入选国家万人计划、百千万人才工程等国家级人才16人，第八届国务院学位委员会学科评议组成员2人，教育部新世纪人才、国家林业和草原科技创新人才、芙蓉学者、湖南省科技领军人才、湖南智库领军人才等94人，全国优秀教师、优秀教育工作者4人，国家重点领域创新团队1个、省部级创新团队15个、省研究生优秀教学团队16个。

有全日制在校学生3万余人，其中：本、专科学生2.5万余人，研究生4800余人。学校拥有国家野外科学观测研究站1个，国家工程实验室1个，国家工程研究中心1个，国家地方联合工程研究中心1个，省部共建协同创新中心1个，国家级实验教学示范中心2个，国家级虚拟仿真实验教学中心1个；建有省部级教学科研平台64个。图书馆建筑面积4.12万平方米，实体馆藏总量240.2万册(件)；各类数据库总库60个，电子期刊5.1万种累计92万册，电子图书累计206.5万册。

【第八次党代会】 1月22~23日，学校成功召开第八次党代会，确立了“确保位列省属高水平大学第一方阵，全面建设特色鲜明的国内一流大学”的奋斗目标和明确“三个聚焦”(聚焦质量、特色和内涵)，推动“四个破解”(努力破解政治生态、资金瓶颈、历史遗留和高质量发展四大难题)，加快“五大建设”(大力加强高水平人

才队伍、一流本科、双一流、和谐校园以及民生工程五大建设）的学校“三四五”发展战略。选举产生了中共中南林业科技大学第八届委员会、中共中南林业科技大学第六届纪律检查委员会。

【教代会】 4月9日，学校召开第五届教代会暨第八届工代会第五次会议。会议审议和批准了校长工作报告、学校工会工作报告、学校财务工作报告。

【师德师风建设年活动】 制订《2021年“师德师风建设年”实施方案》，举办“师魂映党旗”师德师风演讲比赛，持续开展师德师风专项整治工作。出台了《新进人员思想政治素质和师德师风考察工作办法》。

【吴义强教授当选中国工程院院士】 11月18日，吴义强教授成功当选中国工程院院士。11月19日，国家林业和草原局专门发来贺信。12月7日，学校举行吴义强教授当选中国工程院院士师生座谈会，大力弘扬科学家精神，共谋学校发展大计。

【实施省属高校书记校长开局项目】 将“‘党史’教育融入思政课程和课程思政教学的路径探索与实践”作为2021年度省属高校书记开局项目，将党史学习教育融入思政课课堂教学，出台《中南林业科技大学课程思政教学评价实施办法》，将党史学习教育与思政教育基地建设相融合。物流与交通学院庞燕教授牵头的教学团队负责的“供应链管理”课程入选国家级课程思政示范项目，庞燕教授及其团队分别获批教育部课程思政教学名师和教学团队。将“基于过程性评价和结果性评价相统一的学生综合评价改革探索与实践”作为2021年度省属高校校长开局项目，广泛开展调研，出台《学生评价改革工作方案》以及《德育评价改革实施方案》《智育评价改革实施方案》《体育评价改革实施方案》《美育评价改革实施方案》《劳动教育评价改革实施方案》，并在2021级学生中实施评价改革试点。

【脱贫攻坚和乡村振兴工作】 圆满完成通道县芋头村帮扶工作，学校驻村帮扶工作队获评全省脱贫攻坚先进集体。全力推进湘西土家族苗族自治州保靖县阿扎河村乡村振兴与精准脱贫的有效衔接，结合保靖县“两茶一果”发展目标，依托“中国传统村落”项目建设平台，采取“村集体+农户”模式，积极开发油茶、红色旅游、贤堤幸福屋场等一批新的具有示范性和带动性的产业项目。

【人才培养工作】 重新修订《中南林业科技大学处级领导干部选拔任用工作办法》，落实好干部标准，推进干部能上能下。全年共提拔正处级干部9人，副处级干部42人。引导和鼓励任现职满10年的院长和副院长共12人转任科研和教学岗位，启动职能部门和党群组织等岗位处级干部交流聘任工作。出台《中南林业科技大学科级干部选任和管理办法》。推进“三全育人”综合改革。聚焦配齐“三支队伍”。通过校内调整、公开招聘等举措，配齐专职辅导员队伍，心理健康教育教师配备率和思政课教师配备率达到要求。实施“123456学团工程”。学校获评省高校学生思想政治教育研究与实践先进单位。坚决守好意识形态阵地。成功获评湖南省文明高等学校。

推进专业结构优化与调整，完成人工智能新设本科专业的申报工作。新增国家级一流专业建设点6个、省一流专业建设点4个，国家级课程思政项目1项。出台《提升本科课程建设质量实施方案》。推进一流课程建设，新增省级一流本科课程38门。推进“放心课程”建设，两批次认定806门课程为学校首批“放心课程”。全年获批教育部2021年产学合作协同育人项目9项，省级教改项目74项，省级新文科研究与实践项目2项。立项生物科学领域湖南省基础学科拔尖学生培养基地（学校首个）。获得省级以上教学竞赛奖励18项。获大学生学科专业竞赛奖项252项。

【师资队伍建设】 出台《校院领导联系服务专家工作制度》。成功申报人力资源和社会保障部国家级专家服务基层示范团项目——“湖南省竹产业专家服务项目”。1人获湖南省五一劳动奖章，1人获第18届湖南青年五四奖章。2021年新增湖湘青年英才2人，省科技创新领军人才2人、创新团队2个，省优秀博士后创新人才1项，获得国家林草局第三批林业和草原创新团队1个、青年拔尖人才1人。

【学科建设与科研工作】 工程学学科进入ESI世界排名前1%。完成了智慧林业交叉学科的自主设置工作。由林学学科牵头，林业工程、生态学、机械工程、信息与通信工程等学科参与的“南方林业资源创新与利用”学科群成功获批湖南省优势特色学科群。新增1个硕士专业学位类别（工商管理）。全年获得各类纵向科研项目373项，其中国家基金项目42项（自科36项，社科6项）。科研到账经费较2020年增加30%。发表SCI论文363篇，SSCI论文5篇，学校遴选国内重要期刊论文37篇，其中，影响因子大于10的论文20篇。首次实现省科学技术创新团队奖和省社会科学成果一等奖的突破。获国家科学技术进步奖二等奖一项（参与完成单位），获湖南省科学技术奖5项（第一完成单位），获第十二届梁希林业科学技术奖2项（第一完成单位）。稻谷及副产物深加工国家工程实验室成功完成转序。主动融入岳麓山实验室并有序开展林大林科院片区建设；成功申报芦头实验林场青冈、锥栗国家林木种质资源库和长沙市技术转移转化基地；全年新增省部级科研平台5个。《湖南日报》两次整版刊发10篇湖南绿色发展研究院专家学者的智库文章。

【招生就业工作】 全年录取本、专科生6730名，研究生1733人，学校在湖南省普通类最低投档线位列省属高校第六名。认真落实就业“一把手”工程。圆满完成教育部要求的就业工作目标，本科毕业生就业率超过湖南省本科平均就业率。

【国际教育与合作】 学校与澳大利亚墨尔本大学、澳大利亚新南威尔士大学、加拿大不列颠哥伦比亚大学、澳门科技大学开展合作。成功举办第一届中巴热带干旱经济林科技交流活动。积极服务国家“一带一路”倡议，克服疫情阻碍，于12月初派出以王森教授为领队，由1名博士研究生与3名硕士生组成的技术小组前往巴基斯坦瓜达尔进行为期5个月的国际科研平台建设工作，国际科技合作持续推进。

【管理与改革】 成立依法治校领导小组，定期研究、部署、协调发展工作，出台《关于进一步加强法治工作的实施方案》。加强现有可经营性资产提质改造、规划设计和招商引资工作。完成2021年到期门面清退、招租工作。完成了2家企业公司制改革，全面完成保留企业的公司制改革任务。全年签订科技成果转化合同25项，合同金额达6645.7万元，与2020年相比增长了45倍。实现大型仪器设备校内外开放共享以及全员收费。在省科技厅、财政厅、教育厅联合开展的重大科研基础设施和大型科研仪器开放共享评价考核中被评为优秀。做好节约型校园建设，全面推进水电提质增效。2021年学校获评湖南省和长沙市的节水先进单位。全面开展校园违章建筑整治清理工作。大力推进平安校园、绿色校园、和谐校园建设，学校成功获评湖南省平安建设先进单位及安全生产和消防考核优秀单位。

（中南林业科技大学由皮芳芳供稿）

林草精神文明建设

21

国家林业和草原局直属机关党的建设

【综　述】 2021年，在党中央、中央和国家机关工委以及国家林草局党组的坚强领导下，在中央纪委国家监委驻自然资源部纪检监察组的指导监督下，国家林业和草原局党组坚持以党的政治建设为统领，围绕庆祝建党100周年主题，紧扣学习贯彻习近平新时代中国特色社会主义思想主线，深入开展党史学习教育，扎实开展模范机关创建，从严从实从细推进全面从严治党工作，机关党建呈现新的亮点，取得新的成效。

学习贯彻习近平新时代中国特色社会主义思想 一是强化理论学习中心组学习。党组理论学习中心组坚持以身作则、率先垂范，围绕学习贯彻习近平总书记在党史学习教育动员大会、庆祝中国共产党成立100周年大会上的重要讲话精神以及学习贯彻党的十九届六中全会精神等，组织开展6次集体学习研讨。各司局单位理论学习中心组也按照要求组织开展不少于4次的集体学习研讨，教育引导广大党员干部切实把思想和行动统一到以习近平同志为核心的党中央决策部署上来。二是强化司局级干部学习。利用“绿色大讲堂”学习平台，及时跟进学习习近平总书记最新重要讲话精神，围绕实现碳达峰碳中和目标、加强生物安全建设、推动数字经济健康发展、建设国家公园等，邀请中国工程院、中国科学院、清华大学等院校专家教授作专题辅导。同时，安排司局长走上讲台，围绕贯彻落实党中央重大决策部署，结合林草重点工作作专题讲解。全年共举办15期“绿色大讲堂”，累计有4500人次司局级干部参加学习培训。三是强化党员干部学习。制定印发认真学习贯彻十九届六中全会精神通知，邀请中共中央党校（国家行政学院）科学社会主义教研部倪德刚教授作专题辅导。发放《党的十九届六中全会〈决议〉学习辅导百问》等学习读物11类16 000余册，面向全体党员开展“党在我心中”知识测试，通过专家辅导、个人自学、交流研讨等多种形式，不断加强思想淬炼和作风锤炼，切实用党的创新理论武装头脑、指导实践、推动工作。四是强化青年干部学习。充分发挥青年理论学习小组作用，举办青年成长讲坛，组织青年党员赴宁夏白芨滩治沙林场开展“知行合一、青春向党”主题党日活动，学习领悟共产党人精神谱系，座谈交流百年党史中的中国精神，接受党性教育和精神洗礼。

党史学习教育 一是深入学习习近平总书记关于党史学习的重要论述。邀请中央宣讲团成员作党史学习教育、“七一”重要讲话专题宣讲，举办党史学习教育专题读书班、专题培训班，深入学习习近平总书记关于党史学习的重要论述，跟进学习习近平总书记在福建、广西、青海、西藏考察期间重要讲话精神，以及在《求是》杂志发表的系列重要文章，深刻领会其中蕴含的重大思想、重大观点、重大论断，结合工作实际感悟学史明理、学史增信、学史崇德、学史力行的内涵要求，努力做到学党史、悟思想、办实事、开新局。二是系统学习党的百年历史。以中国共产党百年历史为基本时间线索，专题学习新民主主义革命时期历史、社会主义革命和建设时期历史、改革开放新时期历史、党的十八大以来的历史。印发党组《关于开展党史、新中国史、改革开放史、社会主义发展史宣传教育的工作方案》，组织党员干部认真研读习近平《论中国共产党历史》《中国共产党简史》等指定学习材料，统筹推进党史、新中国史、改革开放史、社会主义发展史学习。三是开展主题党日活动。党组班子、各司局主要负责人集体赴香山革命纪念地、塞罕坝林场开展主题党日活动，参观“不忘初心、牢记使命”中国共产党历史展览馆，传承红色基因，汲取奋斗力量。各单位利用革命博物馆、纪念馆、党史馆、烈士陵园等红色资源和各类历史展览，就近就地开展现场教学，重温党走过的光辉历程，回顾党取得的重大成就。四是举办先进事迹报告会。邀请“林业英雄”孙建博作先进事迹报告，讲述山东省原山林场凭借“千难万难，相信党依靠党就不难”的坚定信念，实现从荒山秃岭到绿水青山再到“金山银山”的美丽嬗变。邀请河北省塞罕坝林场三代务林人优秀代表作先进事迹报告，讲述59年来塞罕坝林场建设者们听从党的召唤，创造沙地荒原变人工林海的人间奇迹。组织党员干部观看大型歌剧《沂蒙山》，弘扬沂蒙精神，传承红色基因。五是扎实开展“我为群众办实事”实践活动。党组书记、局长关志鸥先后5次主持召开党组会和专题会议，研究制订《“我为群众办实事”实践活动工作方案》，提出20项为基层办实事重点项目清单、10项为职工办实事重点项目清单。科学优化第一批国家公园边界及管控分区、提高造林种草补助标准、加大野生动物肇事补偿、持续改善林草营商环境等为基层办实事项目均已取得标志性成果，转化为基层群众看得见、摸得着的获得感和幸福感。

机关党的建设 一是开展建党百年系列庆祝活动。组织开展“听党话、感党恩、永远跟党走”青年演讲大赛，颁发“光荣在党50年”奖章，组织全局党员干部录制“我想对党说”短视频，拍摄《新唱支山歌给党听》MV、迎接建党100周年快闪、《绿染华夏　初心永恒》林草精神宣传片、《绿水青山党旗红》宣传片等多个庆祝建党100周年宣传视频，刊发庆祝建党100周年林草党建专刊，在院区、一楼大厅和电梯间布置宣讲标语和展览，营造浓厚的节庆氛围。二是强化政治机关意识教育。党组书记、局长关志鸥带头讲党史学习教育专题党课，带头以普通党员身份参加办公室第一党小组双重组织生活会，在《旗帜》杂志发表《争创讲政治、守纪律、负责任、有效率模范机关》署名文章，引导党员干部立足“两个大局”，牢记“国之大者”，始终做到党中央提倡的坚决响应，党中央决定的坚决照办，党中央禁止的坚决不做，不断提高政治判断力、政治领悟力、政治执行力。三是加强基层党组织标准化规范化建设。严格执

行民主集中制和“三重一大”集体决策制度，落实“三会一课”、民主生活会、组织生活会等党内生活制度。制定党组《关于加强和改进局属单位党的建设的意见(试行)》，加强对派出机构、事业单位、局属企业、社会组织党组织党建工作分类指导。召开“两优一先”表彰大会，开展优秀共产党员、优秀党务工作者和先进基层党组织评选，对60名优秀共产党员、40名优秀党务工作者、29个先进基层党组织予以表彰，4名个人、3个党组织获中央和国家机关工委表彰。四是开展建言献策活动。组织各单位与基层党组织结对建立53个联系点，引导党员干部深入基层、深入下属单位、深入服务对象，倾听意见建议，帮助解决实际困难。联合国家林草局办公室不断深化建言献策活动，设立网上建言献策平台和意见箱，建立建言献策常态化机制，严格实行及时转办、一事一办、公开通报制度，建言献策平台已成为干部职工表达诉求、群策群力推进林草工作的重要窗口。

机关作风建设 一是扎实推进中央巡视整改。党组3次专题研究中央巡视整改工作，实行一月一调度、一季一审议制度和专报制度，及时掌握整改进度，不断压实整改责任，并向党内和社会公开中央巡视整改情况。截至年底，263项整改措施已完成254项，还有9项未完成；中央纪委审核评估反馈意见20项整改措施已完成18项，还有2项未完成。二是扎实开展内部巡视工作。组织召开6次党组巡视工作领导小组会议，制定出台党组《关于加强巡视整改日常监督的实施办法(试行)》《巡视组考核评价规定(试行)》，初步建立领导小组考核、巡视组自评、被巡视党组织评价的三级考核评价体系。开展两轮内部巡视，完成对33个局属单位的常规巡视和“回头看”工作，共发现问题400余个，制定整改措施1500多条。三是扎实开展违规“吃喝”违规收送礼品礼金问题专项治理。签订《杜绝违规“吃喝”违规收送礼品礼金承诺书》，派出5个工作组对12个单位进行明察暗访，共发现5个方面67个问题，处置问题线索24件，对3个顶风违纪问题线索予以立案审查，坚决防止享乐奢靡问题反弹回潮。四是严格落实中央八项规定精神。重要时间节点印发廉洁过节提醒通知，集中通报违反中央八项规定精神典型案例，营造廉洁文明的过节氛围，筑牢思想防线。加大查处和通报曝光力度，对违规收送礼品礼金、发放津补贴、变相公款旅游等易发多发问题露头就打、反复敲打，严肃查处违反中央八项规定精神问题。

党风廉政建设 一是认真贯彻落实《中共中央关于加强对“一把手”和领导班子监督的意见》。制定贯彻落实《意见》18项具体举措，实行《领导干部插手干预重大事项记录制度》，邀请中央纪委国家监委法规室副主任夏晓东作专题辅导，部署开展专题学习月活动，形成一级抓一级、层层抓落实的监督工作格局。二是深入开展警示教育。公开通报曝光国家林草局8起违纪违法典型案例，督促案发单位深入剖析原因和规律，完善相关制度21项，4家单位党组织书记作出深刻检讨。各单位党组织书记带头讲廉政党课，分批组织所属党员干部观看警示教育片，坚持以案释纪，以案促改，引导党员干部紧绷纪律规矩弦，永葆共产党人的政治本色。三是建立健全廉政档案。坚持抓早抓小、抓细抓实，深化运用监督执纪“四种形态”，加强日常监督，推动监督下沉、监督落地。建立健全处级及以下党员干部廉政档案6465份，对行政审批、选人用人等9类重点领域开展权力运行风险排查，形成权力清单52项、风险清单68项、责任清单71项。四是依规依纪开展执纪审查。紧盯要害部门、重点领域和关键岗位的处级及以下党员干部，严肃查处利用政策规定、行政审批、资金分配、检查督办等职权谋取个人利益问题。全年共处置问题线索291件，立案59件，给予党纪处分61人，诫勉谈话22人，谈话提醒、批评教育90人，责令32人作出书面检查，对5个单位下达监督建议书，对10名党员领导干部全局通报批评。同时，坚持“一案双查”，对落实监督责任不到位的2名纪检干部调离岗位。

群团组织建设 一是加强工会工作。精心组织帮扶慰问和送温暖工作，元旦、春节期间，补助困难职工56人、发放慰问金39.4万元，实现申报困难职工补助全覆盖。做好职工福利保障，加强职工之家建设，组织13个文体协会开展会员重新注册和招收新会员工作，参加自然资源部摄影书画作品大赛、男子篮球赛、首届歌手大赛等，开展“弘扬生态文化　建设美丽中国”书画摄影展，营造团结协作、清清爽爽、和谐舒畅、尊老敬贤的机关文化氛围。加强妇女组织建设，维护妇女权益，中国林科院孙晓梅获“全国三八红旗手”称号。二是加强青年工作。举办团干部和青年学习代表培训班，承办中央和国家机关单身青年植树交友活动，开展“青春心向党·奋斗新征程”青年主题活动，促进青年干部成长成才。熊猫中心获“全国青年文明号”称号，机关服务中心雷少将获“全国优秀共青团员”称号。三是加强妇女工作。开展纪念“三八”国际劳动妇女节系列活动，举办女性心理健康知识讲座，加强妇女干部培训。规划院生态传媒处获“全国三八红旗集体”称号，中国林科院裴东获“全国巾帼建功标兵”称号。四是加强统战工作。开展民主党派摸底工作，完善党外人士数据库，召开各民主党派支部负责人座谈会，加强与党外干部联系服务，不断提高党的统一战线工作水平。

（直属机关党的建设由张华供稿）

林草宣传

【综　述】 2021年，国家林草局宣传中心以习近平新时代中国特色社会主义思想为指导，认真践行习近平生态文明思想，按照国家林草局党组决策部署，紧紧围绕建党百年和林草中心工作，精心谋划、担当作为，较好完成各项宣传任务。全年召开各类新闻发布会 14 次，各级各类新闻单位和网站播发稿件 247 万余条(次)，中央媒体及所属新媒体刊(播)发林草报道 8.3 万余条(次)，均为历史最高。其中《人民日报》799 条(一版 84 条)，新华社 8540 条(次)，央视 6081 条(《新闻联播》261 条，《焦点访谈》专题节目 17 期)。

【建党百年宣传】 配合中宣部开展建党 100 周年宣传，组织开展"访红色圣地　看绿色新貌""林草百年印记"等宣传活动，在《人民日报》、新华社、《光明日报》等刊发专题文章，协调央视播出大型文献专题片《敢教日月换新天》之《美丽中国》等，通过高频次报道，集中反映中国生态保护修复不平凡历程及伟大成效，展现百年林草精神风貌。组织策划国家林业和草原局建党百年"快闪"活动，拍摄《新唱支山歌给党听》MV 等系列宣传视频，营造浓厚节庆氛围。

【主流舆论宣传】 以 COP15 大会召开及首批国家公园设立为契机，在中央媒体推出系列报道、评论和专题节目，《人民日报》、新华社、央视等各大媒体及新媒体推出国家公园融媒体报道，总点击量超 20 亿次。《中国日报》、中新社、《环球时报》、中国国际电视台等媒体发布中英文报道及专版、公益广告，全方位展现国家公园之美。组织开展义务植树 40 周年宣传，在植树节、国际森林日、12 月 13 日全国人大通过全民义务植树决议等节点，推出 40 年成效、科学绿化成果、林草应对气候变化等报道。全国"两会"期间，绿色中国网络电视联合人民网、新华网客户端、央视频、《人民日报》等平台同步推出 10 期《两会小林通》《两会云访谈》特别节目，《绿色中国》杂志连续 17 年进入"两会"专刊。围绕《关于全面推行林长制的意见》《关于科学绿化的指导意见》《关于加强草原保护修复的若干意见》出台，组织媒体开展权威解读和典型经验报道。围绕野生动植物保护、自然保护地、防沙治沙等重点工作，组织国内外媒体深入报道，其中中央电视台全年共推出 15 种野生动植物相关报道 20 余期。

【典型选树宣传】 联合中宣部等部门选树宣传"最美生态护林员"20 名、"时代楷模"1 名、"全国道德模范"1 名及"七一勋章"获得者 3 名、践行习近平生态文明思想先进事迹 16 个。刊发推出刘军夫妇、孙建博等 5 个先进事迹。参与全国绿化先进集体、劳动模范和先进工作者评选表彰工作。

【舆情监测与管理】 妥善应对处置亚洲象北移等舆情事件，做到及时介入、有效处置，引导涉林草舆情平稳向好发展。持续开展舆情监测工作，编发《舆情快报》，对重点敏感舆情作出舆论引导建议和舆情风险提示。建立舆情线索反馈预警机制，实现信息共享，为处置舆情奠定工作基础。

【媒体融合发展】 策划组织刊(播)发新媒体宣传稿件 5300 余条，其中短视频 334 个，总浏览量超过 3.4 亿次，比 2020 年同期翻一番。结合林草热点，形成一批

4 位林草基层优秀党员代表参加中宣部"传承红色基因　践行绿色使命"中外记者见面会

新媒体宣传产品。在新华网、人民网、央视网等平台上线播发《春风十里，不如添绿有你》《首批中国国家公园抢先看》《国家公园 30 问》等 30 余部新媒体宣传短片，在抖音、微信、微博等平台推发《国家公园：有生命的国家宝藏》公益广告、《全景 VR 国家公园抢先看》和中国国家公园开屏海报，总点击量超 12 亿次。制作《林草一周新闻》52 期、《绿色中国云对话》3 期、《新闻 2+1》2 期、《国家公园》8 期，并通过人民网、央视频、绿色中国网络电视、今日头条、抖音、腾讯等平台进行矩阵传播，媒体节目播放量达 110 多万次。完善关注森林网基础数据库，开设生物物种名录、保护地名录专栏，优化首页和频道设置，全年点击量超过 4000 万次。绿色中国网络电视入选国家网信办《互联网新闻信息稿源单位名单》中"79 家中央新闻网站"名录，《绿色中国》杂志、绿色中国杂志社官方微博入选《名单》中"89 家行业媒体"名录。

【生态文化建设】 创作一系列优秀林草题材影视作品。电影《莫尔道嘎》获得第 23 届意大利远东国际电影节最佳导演处女作(白桑树奖)等 3 个国际奖项，入围第 42 届开罗国际电影节等 4 个国际电影节。中宣部和国家广电总局重点题材电视剧《绿色誓言》进入送审阶段，首部野生动物保护题材电视剧《圣地可可西里》和大型系列纪录片《绿水青山　金山银山》完成拍摄进入后期制作。编辑出版《中国国家公园》《中国草原》和《中国自然保护地 I》等"林业草原科普读本"系列图书。组织开展林草歌曲、故事、照片征集展示展播活动，推出一批高质量文化产品。开展采风活动，深入林草基层一线，创作发表一批有影响力的生态文学和摄影作品。强化理论研究，以林草生态文化体系构建为主题，形成生态文化理论研究成果。注重自然文化遗产保护，继续推动林草自然文化遗产评价工作。打造林草宣传实践品牌活动，先后走进山西岚县、四川都江堰、重庆彭水、吉林梅河口等地开展绿色中国行、全国三亿青少年进森林研学教育等主题活动。

【关注森林活动】 举办首届全国地方关注森林活动工作交流座谈会，全国政协有关领导出席会议并讲话。组织召开全国第四届关注森林活动组委会第三次会议，制

2021 年 6 月 10 日，全国地方关注森林活动工作交流座谈会在陕西咸阳召开

定《关注森林活动工作规划(2021~2025 年)》《2021 年关注森林活动工作要点》，有效指导各地开展活动。推进组织机构建设，实现关注森林活动成立 20 多年来省级组织机构全覆盖的目标。推进自然教育工作，印发《国家青少年自然教育绿色营地认定和评估办法》《绿色营地运营发展规划编制导则》《自然教育导师培训大纲》《自然教育导师培训工作规则》等指导性文件，规范自然教育导师培训和能力测评等工作，认定 26 个国家青少年自然教育绿色营地并进行命名授牌。抓好组委会办公室自身能力建设，编发工作简报 12 期，不断充实专家库力量，激发社会各界参与的积极性。

(林草宣传由李茜诺供稿)

林草出版

【综　述】 2021 年，中国林业出版社有限公司(以下简称出版社)贯彻落实局党组决策部署，聚焦重点、合力攻坚，服务林草中心工作，履行宣传出版职责，继续抓好新冠病毒疫情防控，各项工作稳步推进，取得了令人鼓舞的成绩。

图书出版主业再上新台阶，业绩指标创历史新高 出版社全年申报选题 1220 种，新增书号 90 个，出版图书 758 种，同比增长 17.88%；总印数 159.43 万册，同比增长 16.53%；生产码洋 1.61 亿元，同比增长 49.07%；全年营销回款 3460 万元；全口径收入 9985 万元。2021 年出版社图书荣获 6 项国家级奖项，13 项省部级奖项。

服务林草中心工作成绩斐然 在宣传生态文明思想方面，高质量完成中央精神文明建设指导委员会 2021 年重点项目《林草楷模——践行习近平生态文明思想先进事迹》。完成国家主题出版项目《中国科技之路·林草卷》，展现了中国林草科技走过的光辉历程、取得的重要成果以及未来发展蓝图。在推进各项林业改革方面，《2017~2019 国有林场改革与实践》全面反映中国国有林场改革成果。在加快国土绿化步伐方面，出版国家出版基金项目《中国主要树种造林技术(第 2 版)》。在加强资源保护管理方面，出版国家出版基金项目《中国森林昆虫(第 3 版)》，近 15 年的潜心编制，汇聚成 220 万字的巨作，对推动中国森林昆虫学科领域的快速发展具有重要意义。出版 18 卷《中国迁地栽培植物志》，对全面整理迁地栽培植物基础数据资料作出举足轻重的贡献。出版“中国森林生态系统连续观测与清查及绿色核算”系列丛书，充分践行习近平总书记“增加森林面积、提高森林质量、提升生态系统碳汇增量”的殷切期望。《中国南海诸岛植物志(中、英文版)》获“第五届中国出版政府奖图书奖提名奖”，填补了南海 20 多个岛屿长期缺乏植物学分布资料的空白。中国政府出版奖体现了出版选题的国家水平。在推动林草科普宣传方面，策划出版“林业草原科普读本”，使尊重自然、顺应自然、保护自然的生态文明理念深入人心。“中国国家公园丛书”紧跟自然保护地体系建设步伐，是出版社服务国家公园制度建设的代表作。全力配合生态文明建设重大制度创新。《观象》用翔实的资料与细腻的文字展现了历时 17 个月的人象之旅，是紧跟热点出版的一次很好的实践。5 本《大湄公河自然脉络丛书》，通过简单易懂的文字描述，对复杂的热带雨林生态策略进行了童话解释，是适合全年龄段阅读的好书。在服务林草干部教育培训方面，教育分社首次以国家林草局人事司名义发文开展规划教材申报立项，有力地开拓了相关行政资源、市场资源。《园林花卉学(第 3 版)》《林业有害生物控制技术(第 2 版)》获首届全国教材建设奖全国优秀教材二等奖，多次再版的教材充分体现出版社优秀的图书品质。启动《森林草原与社会》等 7 种首批国家林草局重点规划教材的组织编写，组织三期教材和专业建设培训班，培训超过 3300 人次。完成 23 个职业教育专业国家教学标准的修制订工作，参与起草《“十四五”林草人才和教育培训规划》，出版《植树造林理论与实践》等 3 种林草干部培训规划教材。策划出版《植树造林理论与实践》《林业和草原应对气候变化理论与实践》，启动《林业和草原意识形态工作理论与实践》的组织编写。在重大项目方面，全年共申报 2022 年国家出版基金资助项目 5 个；申报“十四五”国家重点图书规划 12 种、109 卷。获批 2021 年度国家出版基金项目 2 项；6 个国家出版基金项目完成结项验收。14 卷《中国植物保护百科全书》已制作样书，为开发农业、植保领域选题方向奠定重要基础。《中国林业百科全书》工作持续推进。

林版图书品牌亮点纷呈 林版图书勇担行业和社会重任，为全社会讲好林草建设发展的故事，提供了生态文明建设优质科技文化出版产品。《徐派园林导论》《自然主义种植设计：基本指南》《中国牡丹文化与园林》是充分挖掘园艺园林市场的重要尝试，《中国古典家具技艺全书》被评为国家出版基金优秀项目。在巩固园艺园林、建筑家居、野生动植物、林业科普等特色产品阵地的前提下，着力拓展花、木、茶、自然教育等市场选题，《中国茶历》每年按时推出，《北京鸟类图谱》和《苏州野外观鸟手册》成了候鸟人群的新伙伴，《童话中的生态学》等 3 种图书获得“全国优秀科普作品”称号，《遇见最美古诗词》和《中国根雕艺术》拓宽了人文艺术、传统文化方面的交叉领域。

融合发展步伐加快 国家重点实验室工作成效显著，全社融合发展可圈可点，对接国家林草局生态网络感知系统，打造科技成果推广普及平台；融合数字媒体技术，建设苏州森林防火科普馆，打造集科学性、普及性、体验性为一体的综合展馆；开发全媒体传播平台，顺利完成国家基金“斗拱艺术短视频网络传播平台建设”；研究筹建“文化+林业科普”“文化+花园时光”“文化+自然教育”“文化+融媒体推广”四个项目小组，构筑融合出版基础。在出版社销售和宣传工作方面，迈出实质性一步。

企业治理能力明显加强 一是加强顶层设计。完成出版社发展“十四五”规划初稿。二是完善制度建设。修订《中国林业出版社有限公司管理制度汇编》《总经理办公会议制度和议事决策程序实施细则》《会议管理办法》《接待管理办法》《去库存管理办法》《关于加强和改进对外沟通协调工作的意见》等，健全现代企业管理制度，规范管理流程，提升管理水平。三是强化履职能力。发现问题，及时研判，管理部门立行立改，业务部门积极配合，保障各项制度落地、落实。四是成立 6 个专班，横向上与兄弟单位拓宽选题业务联系，纵向上与相关部门拓展行政资源、市场资源。

【中国科技之路·林草卷·绿水青山】 中国编辑学会 张守攻，2021 年 6 月。

该书集中展现了在中国共产党的领导下，中国林草科技走过的光辉历程、取得的重要成果以及未来发展趋势和蓝图。书中同时展示了新中国成立以来，林草领域涌现的一大批科学家，他们是中国林草科技工作者的杰出代表，形成了中国林草科学家精神谱系，闪耀在新中国发展的壮丽史册中。

【林草楷模：践行习近平生态文明思想先进事迹 最美生态护林员先进事迹(中央文明委重点工作项目)】 国家林业和草原局，2021 年 7 月。

党的十八大以来，全国林草系统深入贯彻习近平生态文明思想，认真践行“绿水青山就是金山银山”理念，在追求“人与自然和谐”实践中，涌现了“林业英雄”孙建博、“全国劳模”郭万刚和陶凤交、“人民楷模”李保国等践行习近平生态文明思想先进典型和以山为家、以林为伴的最美生态护林员先进典型。他们的先进事迹鼓舞了林草建设者的干劲和士气，吸引了更多社会力量参与支持林草建设，推动了林草事业高质量发展。他们是新时代的林草楷模，是亿万建设美丽祖国的代表和缩影。基于此，国家林草局组织编写了该书，体现了他们忠诚事业、艰苦创业、接续奋斗、久久为功的崇高精神。

【贵州省森林生态连清监测网络构建与生态系统服务功能研究(“中国森林生态系统连续观测与清查及绿色核算”系列丛书)】 丁访军等，2020 年 12 月。

该书评估结果以直观的货币形式展示贵州省森林生态系统为人们提供的服务价值，诠释了贵州森林值多少“金山银山”，客观地反映了贵州省森林生态系统服务功能状况和林业生态建设与保护成效，阐明了贵州森林在“两江”上游生态安全中发挥的作用。评估结果对于提升森林经营管理水平，推动生态效益科学量化补偿和生态 GDP 核算体系的构建，进而推进贵州林业向森林生态、经济、社会三大效益统一的科学发展道路，为实现习近平总书记提出的林业工作“三增长”目标提供了技术支撑，并对构建生态文明制度、全面建成小康社会、实现中华民族伟大复兴的中国梦不断创造更好的生态条件提供了科学依据。

【云南省林草资源生态连清体系监测布局与建设规划(“中国森林神态系统连续观测与清查及绿色核算”系列丛书)】 孟广涛等，2021 年 8 月。

云南省现已建设森林、草地、荒漠和竹林为主的生态定位研究站 15 个，17 个国家级保护区开展了生物多样性监测，5 处湿地启动了生态监测工作，全省初步建立了以生态定位观测网络为主体、自然保护区和湿地监测为补充的网络监测体系。为认真贯彻落实习近平生态文明思想，提升云南自然生态环境建设水平，紧紧围绕云南省委、省政府提出的争当全国生态文明建设排头兵、建设中国最美丽省份的战略布局及“两王国一花园”的新定位、新要求，结合云南资源禀赋和生态优势，开展云南省林草资源生态连清体系监测布局与建设规划编制工作。规划立足“山水林田湖草”生命共同体理念，以资源类型、行政区划、重点生态区及优化资源配置为生态监测网络布局原则，按照森林、草地、湿地、荒漠、城市五大类进行规划，形成层次清晰、功能完善、覆盖全省主要生态区域的生态监测网络。通过规划的科学制定和组织实施，可以进一步完善云南省林草资源生态连清体系监测网络布局，提升生态站点的观测研究能力，实现在更大的时空尺度和更高的宏观层次上，开展主要类型陆地生态系统长期定位观测和生态过程关键技术研究，为区域生态环境建设、维护生态安全和经济社会可持续发展提供强有力的科技支撑，为推进云南省生态文明建设、构建“生物多样性宝库”和西南生态安全屏障提供可靠的数据支撑和技术保障。

【后山(北京市科普创作基金项目)】 张鹏等，2021 年 6 月。

该书是一位工程师爸爸和他上小学的儿子共同创作的。后山，家旁边一座再普通不过的小山包，是爸爸童年的乐园，现在是父子俩共同的秘密花园。在这本书里，父子俩通过一个个妙趣横生的自然观察经历，通过一幅幅生动的图片和插画，带你在身边重新发现一个充满野趣的自然，重拾对自然的好奇与向往。这里有花有草有树木，有虫鸣鸟叫和蛙声，更有美妙的故事。给孩子一点生物科学启蒙知识，让孩子善于发现的眼睛闪耀惊喜的光芒。给孩子讲讲保护环境的重要性，在他们幼

小的心灵播下善良的种子。这是一部家庭自然教育典范，希望让更多的家长得到启发，和他们的孩子一起去发现属于自己的“后山”，一起在大自然的怀抱中幸福地成长。

【2019集体林权制度改革监测报告】 国家林业和草原局“集体林权制度改革监测”项目组，2021年5月。

为系列书，自2010年开始每年出版一种，已连续出版10年，为及时把握改革发展的最新态势，深入剖析在集体林改中出现的新情况、新问题，全面总结各地改革经验，进行科学决策提供参考。本书全面反映了辽宁、河南、山东、浙江、广西、四川、湖南、福建、江西、广东、贵州、云南、甘肃、宁夏14个省（区、市）2019年度的林改状况。全书汇集了林改监测和专题研究报告8篇：既有宏观层面对集体林改发展现状的分析研究，又有微观层面的基础调研剖析；既有可推广可借鉴的经验，又有亟须破解的难题；既有对各项监测和研究成果的全面展示，也有深化改革措施的政策建议。

【2019国家林业重点工程社会经济效益监测报告】 国家林业和草原局经济发展研究中心等，2021年10月。

为系列书，自2003年开始每年出版一种，已连续出版17年，对林业重点工程建设的全程运行进行动态监测，客观、准确地反映工程运行情况和实施效果，系统地评价工程对国民经济和农村发展的贡献，推进工程建设在改革和创新中健康发展，为政府决策提供科学依据。该书对2018年天然林资源保护工程、退耕还林工程、京津风沙源治理工程和野生动植物保护及自然保护区建设工程及其所产生的社会和经济效益开展跟踪调查，形成年度报告。通过数据收集、运营和分析，进行预判，这是做好林业重点工程社会经济效益监测的重要任务。监测需要强大的数据支撑，其数据资源主要包括森林资源数据、工程建设数据、社会效益数据、经济效益数据四大类数据库。该书将林业重点工程的布局、结构调整、重大计划安排、政策措施出台，建立在监测数据分析的结果之上，通过数据认识国家林业重点工程，为其成长赋能，真正发挥数据的价值，实现以“数”辅政，以文辅政的效果。

【树木学（北方本）（第3版）（“十二五”普通高等教育本科国家级规划教材）】 张志翔，2021年5月。

该教材所选树种主要以秦岭、淮河以北分布（东北、华北和西北地区）的树种为主，适当兼顾南方重要森林树种、经济树种和引种成功的国外重要树种，共涉及517种，占中国树种资源的5%～6%。教材在内容和结构上基本沿承了上一版，但吸收了植物学科的一些新进展，特别是分子系统学的研究成果。书中裸子植物采用克氏分类系统，杉科被合并到柏科中，三尖杉科合并到红豆杉科，各科的系统位置也发生了很大的变化。被子植物部分，考虑到林业领域对树种的传承和使用习惯性，仍然使用克朗奎斯特系统。为了使学生了解最新的APG系统研究结果，对每个科在APG系统中的位置变化和组成均作了简单的阐述。

【植树造林理论与实践（国家林业和草原局干部学习培训系列教材）】 《植树造林理论与实践》编写组，2021年4月。

该教材结合中国造林工作实际和生产实践需要，本着浅显易懂、好学好用的原则，以林业系统干部职工特别是新任职干部为主要对象，以从事造林工作应当掌握的专业知识为主要内容，以应知应会、实际运用为重点，设置了绪论、基本内涵、林木种苗、人工造林、飞播造林、封山育林、特殊地区造林、森林灾害防控、森林抚育、退化林修复以及造林作业设计、检查严守、档案管理等内容，具有很强的实用性和指导性。

【林业和草原应对气候变化理论与实践（国家林业和草原局干部学习培训系列教材）】 《林业与草原应对气候变化理论与实践》编写组，2021年4月。

该教材共分为十章，从全球气候变化成因，到陆地生态系统、森林、草原、湿地、荒漠与气候变化的关系，以及国内的政策行动、碳汇交易、社会参与、未来与展望等，涵盖行业应对气候变化相关的基础知识、科技前沿、热点难点、机遇挑战及未来预测等内容，力求达到通识性、实用性、科学性。

【中国迁地栽培植物志】 黄宏文等，2021年。

该套丛书编研致力于全面系统整理中国迁地栽培植物基础数据资料，建设专科、专属、专类植物类群规范的数据库和翔实的图文资料库，既支撑中国植物学基础研究，又注重对中国农林、医药、环保产业的源头植物资源的评价发掘和利用，具有基础数据资料整理积累的长远价值和促进经济社会发展的重要意义。植物园的引种栽培植物在植物科学的基础性研究中有着悠久的历史，为传统形态学、解剖学、分类系统学研究，植物资源开发利用、为作物育种提供原始材料，以及现今分子系统学、新药发掘、活性功能天然产物等科学前沿乃至植物物候相关的全球气候变化研究提供支撑。

【中国古典家具技艺全书（第二批）】 周京南等，2021年1月。

该书为“解析经典”系列，共10册。全书以制作技艺为线索，详细介绍了古典家具中的结构、造型、制作、鉴赏等内容，通过全面而准确的测绘、挖掘、梳理古典家具的文化内涵，让读者看透中国古典家具的线条美、结构美、造型美、雕刻美、装饰美、材质美、文化美，揭开古典家具的神秘面纱，而且可以详细了解古典家具的制作技艺，是一套系统阐述中国古典家具技艺的巨著，是坚定文化自信、讲好中国故事、弘扬精益求精的工匠精神的具体体现。整套图书选取古典家具中经典器形将近300款，按坐具、承具、卧具、庋具、杂具等类别分类，以整体外观图与器型点评、CAD图示、用材效果图、结构爆炸图、部件示意图、细部详解图，全方位、多角度地展现了中国古典家具的结构、造型、雕刻等细节。全书适合古典家具爱好者、制作者、经营者、使用者、收藏者等人员阅读与收藏。

【《中国国家公园》《中国草原》《中国自然保护地》《中国

自然保护地Ⅱ》《中国湿地》等分册(林业草原科普读本)】 国家林业和草原局宣传中心等，2021年。

该科普读本主要介绍了中国国家公园、中国草原、中国自然保护地、中国湿地的定义、保护理念、特色、分类、保护情况，并从自然资源、人文特色等多个角度介绍了10个国家公园试点、有代表性的10个草原、14项世界自然遗产和4项世界自然与文化双遗产、10个国家地质公园、5个国家重要湿地、7个国际重要湿地的基本情况。希望通过这套书，大家可以了解并热爱中国的国家公园、草原和自然保护地、湿地等自然资源，自觉投入到保护自然的行列中。

【兰易　兰史(中国兰花古籍注译丛书)】 莫磊，2021年6月。

该书由两本兰花古籍合成，分别是《兰易》《兰史》。全书运用中国古代易经的知识讲述了兰花的栽培种植技巧。包括根据季节、月份的不同，兰花需要怎么来浇水、施肥；都有哪些增加土壤肥力的办法；兰花适合什么温度；不同的时间兰花的摆放位置；如何防止蚂蚁蚊虫类的昆虫咬食兰花等内容。

【兰谱奥法　兰言　艺兰记(中国兰花古籍注译丛书)】 莫磊，2021年6月。

该书由三本兰花古籍组成。全书讲述怎样辨别上品兰花和一些行货，又运用什么方法把有害虫类驱赶走。还有作者们艺兰的一些记录、趣事，与爱兰者们的技术交流，颇为生动有趣，适合每一位养兰爱好者阅读，其中的培土技巧更是适合每一位爱好种植植物的人参考。

（林草出版由王远、肖基浒供稿）

林草报刊

【综　述】 2021年，中国绿色时报社深入学习宣传习近平生态文明思想，以高度的政治责任感和使命感，全力抓好全社各项工作，发挥了林业草原行业媒体舆论主阵地的重要作用，为推进生态文明和美丽中国建设、推动林草高质量发展提供了有力舆论支持。16件作品获得中国产经新闻奖，1件作品获得中国经济新闻奖。

【强化舆论引领，充分发挥主阵地作用】

持续宣传习近平新时代中国特色社会主义思想特别是习近平生态文明思想 及时、全面报道习近平总书记重要活动、治国理政重要方略、生态文明重要论述，以及对林草工作的重要讲话、指示、批示精神。及时报道党中央、国务院重大方针政策和决策部署。推出《奋力书写新时代的绿色新篇章》《9年来，总书记这样关心义务植树》等重头文章，组织好总书记考察福建、广西、河南、青海、西藏、河北、陕西、山东的报道，组织好《习近平总书记关切事》《总书记到过的红色圣地》等专题和专栏报道。

深入开展建党100周年和党史学习教育宣传 一是开设“奋斗百年路　启航新征程——庆祝中国共产党建党百年”“学党史　悟思想　办实事　开新局”“学习贯彻党的十九届六中全会精神”专栏、专题；二是开展“访红色印记　看绿色新貌”采访活动、“百年辉煌·美丽中国”百年百版宣传行动、“百年辉煌·美丽中国”林草图片征集活动；三是推出“七一特刊”，推出40版“林草党建”专刊，并制作短视频等新媒体产品，其中短视频在国家林草局一楼大厅多日滚动播出。庆祝建党100周年和党史学习教育宣传共发稿400余篇，报纸整版100版，征集林草图片1000多幅。

扎实开展林草重点工作宣传 一是围绕局重点工作部署，开展林长制、科学绿化、草原保护管理、义务植树四十周年、国家公园、国有林场、脱贫攻坚、“十四五”开局、林草科普宣传等。林长制、义务植树四

美丽中国相册·国家公园

世界屋脊上的生命乐土

国家公园

“美丽中国相册”版面

十周年刊发社论、系列述评和专家访谈等，其中刊发全面推行林长制专栏报道200余篇。国家公园宣传贯穿全年，特别是在中国宣布首批国家公园前，精心策划了一系列国家公园主题宣传，推出《习近平总书记关心国家公园体制建设综述》、国家公园十大关键词和5个国家公园专题报道。全年通过“美丽中国相册·我们的国

家公园”“国家公园环球行”等专题、“家在国家公园”“国家公园专家说”等专栏，从不同角度、不同侧面，全景式展现了国家公园的原真性、完整性、代表性，掀起了国家公园宣传高潮。大力开展林草典型宣传，共报道基层典型单位、人物300多篇。推出“中国林草新政速览”“树木传奇”“自然教育”系列专题，强化林草科普宣传。二是全面提升服务地方林草宣传水平。利用通讯、综述、述评、系列报道以及组织开展联合采访行动等，强化对地方林草成就和林草工作的宣传，重点做好“省委书记省长关心事”“省林草局领导关心事”“各省林草重点亮点”三篇文章。6月20日，报社组织《人民日报》、《光明日报》、人民网等在内的中央媒体记者走进江西，深入报道江西践行“两山”理念的成功做法。年初出版了中国林草年度盘点国家局版和地方版两期特刊，刊发了46个单位的成果和经验，同步制作了H5（HTML5，第5代超文本标记语言）页面和画册。三是加强融媒宣传。着力办好局官网、局官微和报社新媒体平台。局官网1～12月共发布信息3.4万条；局官微5～12月发文1560篇，阅读量达296万，用户数升至7万人；局官网微信1～12月发文4360篇，阅读量750万，用户数14万人。报社“一报两刊一网”和14个微信公众号、2个微博账号、1个学习强国号发挥各自传播优势，实行全媒体宣传。“两会”期间推出“微观两会”视频4期，制作两会报道H5。在中华全国新闻工作者协会报送中办、中宣部的5期简报中，5次对《中国绿色时报》的宣传给予肯定。

（林草报刊由吴兆喆供稿）

各省、自治区、直辖市林(草)业

22

北京市林业

【概　述】 2021年，北京市林地总面积98.14万公顷，乔木林面积74.56万公顷，其中林地内乔木林面积67.62万公顷，林地外乔木林面积6.94万公顷。特殊灌木林(经济林)面积10.65万公顷，其中林地内2.21万公顷，林地外8.44万公顷。

全年新增造林绿地1.07万公顷，城市绿地400公顷；全市森林覆盖率达到44.6%，平原地区森林覆盖率达到31%，森林蓄积量达到2690万立方米；全市绿地面积9.3万公顷，城市绿化覆盖率49%，人均公园绿地面积16.6平方米，公园绿地500米服务半径覆盖率87%。

【2021年迎春年宵花展】 1~2月，北京市组织世纪奥桥花卉园艺中心、东风国际花卉市场等13家花卉市场开展年宵花营销活动。因受新冠病毒疫情影响，取消线下宣传活动，全市年宵花市场备货量达1000万盆以上，其中本地产850万盆，品种包括蝴蝶兰、大花蕙兰、多肉植物、仙客来、蟹爪兰等广受市民喜爱的品种。

【北京全面推行"林长制"】 3月1日，市委全面深化改革委员会第十七次会议审议通过《关于全面建立林长制的实施意见》，3月19日由市委办公厅、市政府办公厅联合印发《关于全面建立林长制的实施意见》，确定23位市级林长和责任区域；成立北京市林长制办公室；明确市委组织部、市委宣传部、市编办、市发展改革委、市财政局等14家成员单位；印发总林长令、发布林长制调度、巡查、部门协作、督查、考核、信息共享和报送7项配套制度，建立"林长制+检察"工作机制，完成林长制市级顶层设计，建立市级责任体系。

【全国政协领导义务植树活动】 3月30日，全国政协副主席张庆黎、刘奇葆、马飚、陈晓光、杨传堂、李斌、巴特尔、何维和全国政协机关干部职工100余人，到北京市海淀区西山国家森林公园参加义务植树活动。栽下白皮松、侧柏、栾树、流苏等乔灌木400余株。市政协主席吉林，副主席杨艺文、程红、林抚生、燕瑛，秘书长严力强，首都绿化委员会办公室以及海淀区主要领导一同参加植树活动。

【中央军委领导参加义务植树活动】 3月31日，中央军委副主席许其亮、张又侠，中央军委委员李作成、苗华、张升民，军委机关各部门和驻京大单位领导，到朝阳区东风乡辛庄植树点参加植树活动。栽种白皮松、玉兰、海棠、榆树梅、丁香等1500余株。北京市委书记蔡奇、市长陈吉宁陪同，市领导张延昆、陈雍、张家明、卢彦、靳伟，首都绿化委员会办公室和朝阳区有关领导一同参加植树活动。

【党和国家领导人参加义务植树活动】 4月2日，党和国家领导人习近平、李克强、栗战书、汪洋、王沪宁、赵乐际、韩正、王岐山等，到北京市朝阳区温榆河植树点，同首都群众一起参加义务植树活动，共同栽下油松、矮紫杉、红瑞木、碧桃、楸树、西府海棠等树苗。习近平总书记强调，每年这个时候，我们一起参加义务植树，就是要倡导人人爱绿植绿护绿的文明风尚，让大家都树立起植树造林、绿化祖国的责任意识，形成全社会的自觉行动，共同建设人与自然和谐共生的美丽家园。习近平总书记强调，美丽中国建设离不开每一个人的努力。美丽中国就是要使祖国大好河山都健康，使中华民族世世代代都健康。要深入开展好全民义务植树，坚持全国动员、全民动手、全社会共同参与，加强组织发动，创新工作机制，强化宣传教育，进一步激发全社会参与义务植树的积极性和主动性。广大党员、干部要带头履行植树义务，践行绿色低碳生活方式，呵护好我们的地球家园，守护好祖国的绿水青山，让人民过上高品质生活。在京中共中央政治局委员、中央书记处书记、国务委员等参加植树活动。

【2021年北京郁金香文化节】 4月3日至5月15日，2021年北京郁金香文化节在北京国际鲜花港、北京植物园、中山公园和世界花卉大观园同时举办。郁金香及时令花卉种植面积达12.64万平方米，展示品种达150多种。以花为媒，各展区组织多种形式文化体验与科普推介活动，市民既可以欣赏到鲜花港的大地花海和北京植物园美轮美奂郁金香拼图，中山公园千年辽柏与郁金香交相辉映，还可以体验花卉大观园花朝节汉服展示、鲜花港非遗文化表演等活动。

【全国人大常委会领导义务植树活动】 4月8日，全国人大常委会副委员长张春贤、吉炳轩、艾力更·依明巴海、王东明、白玛赤林，全国人大常委会秘书长、副秘书长、机关党组成员，各专门委员会、工作委员会负责人，到北京市丰台区青龙湖植树场地参加义务植树活动。共栽种油松、元宝枫、山茱萸等乡土树苗200余株，并对照首都义务植树八大类37种尽责方式，对场地周边树木实施松土、除草、施肥、浇水、修枝等管护作业，抚育树木300余株。北京市人大常委会主任李伟，副主任杜飞进、李颖津，市人大常委会秘书长刘云广及首都绿化委员会办公室，丰台区委、区人大常委会、区政府等有关部门领导一同参加植树活动。

【共和国部长义务植树活动】 4月10日，中共中央直属机关、中央国家机关各部门及北京市122名部级领导干部参加2021年共和国部长义务植树活动。活动在北京市大兴区礼贤镇临空区休闲公园举行，主题为"履行植树义务，共建美丽中国"。共栽下白皮松、油松、银杏、栾树、槐树、西府海棠等树木1200株。北京市市长、首都绿化委员会主任陈吉宁一同参加此次活动。

义务植树活动

【公布《北京陆生野生动物名录(2021年)》】 4月13日，在全国"爱鸟周"40周年纪念活动暨北京市"爱鸟周"启动仪式上公布《北京陆生野生动物名录(2021年)》，包括鸟类、兽类、两爬类三部分，10月15日，发布《北京陆生野生动物名录——鸟类》《北京陆生野生动物名录——兽类》《北京陆生野生动物名录——两爬类》。《北京陆生野生动物名录(2021年)》共收录北京地区有分布陆生野生动物33目106科596种，其中鸟类503种，兽类63种，两栖爬行类30种。其中列入《国家重点保护野生动物名录》有126种，包括国家一级重点保护野生动物30种，国家二级重点保护野生动物96种。

【2021年北京牡丹文化节】 4月23日至5月15日，北京市首次将北京西山国家森林公园、景山公园、颐和园等全市7个大面积牡丹种植景区、基地整合起来联合举办文化节。各大展区精心筹划，牡丹芍药及时令花卉种植面积达126.67公顷，展示品种达600多种。市民可在欣赏牡丹之余，体验景山、颐和园和北京植物园非遗、文创产品，参加西山无名英雄纪念广场红色教育活动。

【第十二届月季文化节】 5月18日至6月30日，由北京市园林绿化局、北京市公园管理中心、大兴区人民政府、北京花卉协会、中国花卉协会月季分会联合主办，大兴区园林绿化局、魏善庄镇人民政府和全市11个展区共同承办的2021年北京月季文化节在大兴区魏善庄镇世界月季主题园开幕。全市共有11个大展区、200公顷月季。此次月季文化节以"百年伟业显峥嵘 盛世花开别样红"为主题，向党百年华诞献礼。活动期间共推出月季新品种征名、月季进社区、月季主题书画展等多项主题活动。在北京的二环、三环、四环、五环，形成长达250千米"月季项链"。在全市公园绿地、大街小巷、市民房前屋后，种植超过2000余万株各类月季。

【参展第十届中国花卉博览会】 5月21日至7月2日，北京市参展由上海市人民政府主办的第十届中国花卉博览会。会展在上海市崇明区举行。北京室外展园占地4500平方米，以"山水京韵、花样生活"为主题，模拟"北枕燕山，西倚太行，东临渤海"的山川形态，解构北京内城空间格局，重塑千年积淀京韵文化。室内展区占地面积680平方米，设计主题为"花样·京味生活"，以胡同与四合院为元素，使用现代艺术手法和制作工艺，将传统元素进行创新性表达，描绘"四水归堂""胡同串巷"老北京生活图景。室外展园和室内展区设计布置分别获特等奖，并荣获组织特等奖和全国唯一团体特等奖项。

【生态保护补偿】 6月11日，北京市园林绿化局组织召开园林绿化生态环境损害赔偿制度改革配套制度建设项目专家会，共同研究存在问题和实施方案的具体内容。7月，组织项目专家组赴房山、平谷、西城就生态环境损害赔偿情况开展实地调研，并召开现场会3次，听取西城、朝阳、丰台、房山、昌平、平谷、怀柔7个区园林绿化局关于生态环境损害赔偿制度改革工作情况的专题汇报，进行了深入分析探讨。形成《园林绿化生态环境损害赔偿制度改革配套制度建设报告(初稿)》，并广泛征求意见和论证，进一步修改完善。12月10日，组织召开项目专家论证会，形成项目报告。

【2021年北京秋季花卉新优品种推介会】 9月15日至10月7日，由北京市园林绿化局、北京市公园管理中心、北京花卉协会主办，北京市园林绿化产业促进中心、北京花乡花木集团有限公司承办，2021年北京秋季花卉新优品种推介会在世界花卉大观园举办。此次推介会共展出具有北京自主知识产权、秋季景观效果好、乡土抗逆性突出、市场推广潜力大的新优花卉、乡土植物380个品种，其中北京自育新品种200余个，乡土植物70余个，其他花卉100多个。推介会分室内和室外展区两部分，总面积1000余平方米。分别授予北京市花木公司等5家单位"北京花卉产学研成果转化示范基地"称号、北京市园林绿化科学研究院"北京花卉科研成果推广平台"称号、世界花卉大观园"北京新优花卉品种展示基地"称号。据统计，推介会促成北京花卉企业与花卉育种研发团队共达成合作转化花卉成果20余项。

【2021年北京菊花文化节】 9月18日至11月30日，由北京市园林绿化局、市公园管理中心、中国风景园林学会菊花分会和北京花卉协会主办，北京国际鲜花港、北海公园、天坛公园、北京植物园和北京花乡世界花卉大观园五大展区承办的2021年北京菊花文化节在各展区举办。其间，有近15万株(盆)菊花在各展区亮相，共庆祖国七十二周年华诞。首次在世界花卉大观园举办主题为"匠心独运显初心，荣耀秋菊露芳华"中国菊花精品展(北京)暨全国菊花擂台赛(北京)，展现新时代中国菊艺传承与发展，让丰富多彩的菊艺作品更多地走进百姓生活；北京国际鲜花港融合菊花传统文化，使用79种菊科和亚菊科秋季花卉，打造五彩斑斓的菊花大地景观；北京植物园在月季园打造3000平方米标菊展示区与现代月季集中展出，突出市花主题。

菊花文化节——鲜花港

【完成新一轮百万亩工程年度任务】 年内，新增造林1万公顷，涉及项目178个。完成以永定河、温榆河、北运河等重要河流两侧和101国道、六环路通道等绿化为重点，实施新增造林绿化0.2万公顷，森林质量精准提升0.4万公顷；在昌平、房山等生态涵养区，加大浅山断代林修复、废弃矿山治理、拆迁腾退地绿化，实施造林修复0.53万公顷。完成冬奥会、北京城市副中心等重点区域绿化，在延庆赛区周边完成大尺度绿化466.67公顷，在石景山场馆周边实施绿化美化600余公顷，完成推进城乡接合部“两道公园环”建设，实施纪家庙花园等公园绿地19处，城市森林和郊野公园10处，推进乡村绿化美化，实施村头片林、村头公园建设100处。

【平原生态林养护】 年内，完成平原生态林林分结构调整0.67万公顷，完成平原生态林示范区50处，完成包含本杰士堆、小微湿地、人工鸟巢等保育小区100处，营建村头片林公园60处。制定印发《北京市平原生态林养护经营管理办法(试行)》《北京市平原生态林分类分级养护管理技术规范(试行)》，推进平原生态林养护管理数字化，推进养护单位养护日志手机系统填报。开展铁路沿线、冬奥会重要联络线两侧绿化带养护管理专项整治工作。全市铁路沿线共清理枯死树10 030株，清理垃圾站点138处，清理违法占地7处，清理圈中菜地11处，改造提升8处。

【林业有害生物防控】 年内，完成松材线虫病春季普查面积10.68万公顷、秋季普查面积10.8万公顷，完成美国白蛾防治任务26.51万公顷次，完成国家林草局下达的年度防治任务。2021年林业有害生物发生面积3.06万公顷，全部开展了有效防治。开展以美国白蛾为主的林业有害生物预防、除治工作，防治作业面积共计30.98万公顷次。在通州、大兴、房山等9个区开展飞机预防作业907架次，预防控制面积9.07万公顷。制订《全国松材线虫病疫情防控五年攻坚行动北京市实施方案(2021~2025年)》，成立北京市松材线虫病专家委员会，启动松材线虫病等检疫监督执法专项行动(2021~2025年)，开展松材线虫病春秋两季普查，覆盖松林面积10.8万公顷，覆盖率100%，未发现松材线虫病疫情。全市布设美国白蛾监测测报点2481个，组织编制《美国白蛾查防要点》，发布小视频6个，累计点击量4.48万余人次，组织线上培训近2万人次。共出动人员21.01万人次、车辆6.54万台次、巡查91.21万千米，累计监测巡查发现受害木24.48万株，预防与防治60.63万株次。

【京津风沙源治理二期工程】 年内，建设完成京津风沙源治理二期林业项目1.93万公顷，其中，开展困难地造林666.67公顷，封山育林1.67万公顷，人工种草0.2万公顷，工程涉及门头沟、房山、昌平、怀柔、密云和延庆6个区以及市属京西林场。20年来，北京市共完成京津风沙源治理工程造林营林58.6万公顷。

【园林绿化科技创新】 年内，开展“生态廊道生物多样性保护与提升关键技术研究与示范”等6项重大项目科技攻关，中央财政预算专项项目1项，认定局自筹科研项目65项。开展“绿色科技　多彩生活”科普系列活动800余场，辐射受众500余万人次，全市已建成180余名自然解说员队伍。推广新优植物品种426个，促成15家科研院校与协会、企业之间达成10项合作协议；推动北京平原生态林经营提升技术示范与推广等10项科技成果落地转化；新增北京市属地保护植物新品种89个。积极推进园林绿化标准化工作，完成行业标准6项、京津冀三地标准2项，制定修订地方标准14项，团标和企标25项；开展标准化宣贯培训1280人，印刷12种标准单行本共2.2万册。

【自然保护地管理】 年内，对全市自然保护地整合优化预案再次进行两轮较大规模的优化、完善。重点研究解决自然保护地内村庄、永久基本农田和集体人工商品林三大类矛盾问题。围绕贯彻落实《北京市关于建立以国家公园为主体的自然保护地体系的实施意见》(以下简称《实施意见》)，结合全市“十四五”规划，制订北京市园林绿化局《贯彻落实〈实施意见〉“十四五”期间任务分工方案》。构建自然保护地保护成效评估指标体系。

【永定河综合治理生态修复工程】 年内，加大永定河治理工程的造林绿化力度，工程包括门头沟浅山台地、浅山荒山、京津风沙源及对首钢遗址周边实施绿化，实际完成新增造林1333.33公顷，森林质量精准提升4293.33公顷。

【松山冬奥会保障生态修复工程】 年内，完成冬奥会松山核心区赛道周边，实施以造林绿化为主生态修复，实施常绿树栽植1.1万株、现状树抚育4.9万株，修复面积328公顷，在赛道周边重点区域、视频转播机位重要节点等点位，种植彰武松、青杆、云杉等高海拔常绿树种，减少裸露山体和小苗覆盖地表，针对性提升冬季景观效果。

【森林健康经营项目】 年内，全市计划实施山区森林健康经营项目任务面积4.67万公顷(森林健康经营林木抚育3.87万公顷，国家级公益林管护抚育0.8万公顷)，建设市级永久性示范区15处。修订《关于在山区森林经营工程中加大侧柏林目标树经营实施力度的指导意见》，修订《北京市山区森林经营作业设计纲要》。

【彩叶树种造林】 年内，全市实施营造彩叶景观林466.67公顷，涉及房山、延庆两个区。

【公路河道绿化】 年内，全市公路河道绿化建设任务30千米，集中在房山区。

【落实农民就业增收有关政策】 制定印发《关于定期报送林业建设管护项目农民就业台账的通知》，要求平原生态林管护、规模化苗圃、山区森林经营等三类项目每季度末要报送农民就业台账。据统计，新一轮百万亩造林绿化、平原生态林养护、山区生态林管护、森林健康经营、规模化苗圃建设等重点林业建设管护项目共吸纳就业7.59万人，本地农民达6.57万人。

【郊野公园建设】 年内，启动实施昌平区奥北森林公园（一期）、丰台区南苑森林湿地公园、大兴区黄村新城城市生态休闲公园、朝阳区东风迎宾公园及温榆河公园（二期）等10个项目（总面积约53.33公顷），勘察设计招标已全部完成。金盏公园（二期）、霍营公园实现开园。南苑森林湿地公园实施先行启动区C地块1132公顷，开展实施方案评估，森林湿地片区项目进场施工。

【温榆河公园建设】 温榆河公园建设自2019年启动，纳入新一轮百万亩造林绿化项目6个、总面积约686.67公顷。完成2019年朝阳区温榆河公园朝阳示范区（城市森林）建设工程133.13公顷的建设任务并对外开放。2020年温榆河公园（一期）项目，年底主体完工；昌平主体任务已完工，并对外开放。2021年温榆河公园（二期）项目，已开展规划编制工作，其中纳入新一轮百万亩造林项目247.2公顷。

温榆河公园

【回龙观和天通苑地区园林绿化建设】 年内，园林绿化工作以优化整合建设奥北森林公园为重点，制订新一轮回天地区园林绿化重点任务及分工方案，进一步增加回天地区公共绿地织补力度，精细化实施城市修补、生态修复，补齐生态短板和强化市民身边增绿建设项目。启动实施奥北森林公园一期建设，纳入全市新一轮百万亩造林工程第二批建设任务，建设面积32.73公顷，包括新增15.07公顷、改造17.47公顷，年内工程启动实施。

【村头公园（村头片林）建设】 年内，制定印发《关于加强村头公园（村头片林）建设的通知》，明确选址、植树配置、园路设置、配套服务设施等方面给予明确要求，规范村头公园建设和管理，营造“政府重视、社会关注、百姓支持”良好氛围。结合新一轮百万亩造林，2021年全市计划新建40处村头片林。结合全市平原生态林林分结构调整工作，完成60处村头片林景观游憩功能改造提升，为促进乡村振兴、提高农村居民绿色福祉提供支撑。

【公园常态化疫情防控】 年内，北京市园林绿化局制订印发《全市公园元旦、春节期间疫情防控工作方案》《加强暑秋季公园风景区疫情防控工作措施》《加强国庆期间公园景区安全管理的十条措施》等公园行业疫情防控方案和措施，部署行业疫情防控最新工作要求，实时更新公园干部职工全员健康监测台账和重点人员管理台账，严格落实公园各阶段、各部位疫情防控措施，坚决堵住各种防疫漏洞风险。加强监管，各类活动规范化，应对公园大客流。严格落实“预约、扫码、测温、限流、错峰”等疫情防控措施，全市76家客流量较大公园实行预约入园。

【专项整治不文明游园行动】 年内，开展“文明游园我最美，生态文明我先行”专项整治行动，6月，组织召开北京市文明游园整治工作交流会，经过大力整治，文明游园宣传效果明显，不文明行为较行动初期下降35.8%（2021年月平均对比与2020年月平均）。据统计，全市公园累计劝阻各类不文明行为45万余次，全市472个公园风景区在入口处张贴文明游园倡议书和文明游园守则等宣传材料，设置提示牌8732个，张贴横幅2074条，修正宣传标语801处，主流媒体专题报道260余次。与首都文明办、交通、公安、文旅、水务、城管等部门建立“市—区—街（乡、所、队）”三级监管协作体系。

【建党100周年庆祝景观布置任务】 年内，为建党100周年庆祝活动营造亮丽景观环境，围绕天安门广场、金水桥、人民大会堂、国家博物馆、毛主席纪念堂、正阳门等重点区域，以U形花带设计布局实施花卉布置，总面积2.3万平方米，用花量100万盆。会后为保证第二天广场升旗和正常开放，如期完成1.6万平方米会时花卉景观撤除和1.1万平方米空场花卉景观布置任务。在长安街沿线布置10组花坛和5500平方米地栽花卉，总用花量69万盆。花坛以“不忘初心、牢记使命”为主题，以“小小红船到巍巍巨轮”为设计线索，以中国共产党奋斗历程和辉煌成就为内容，展现中国共产党“为中国人民谋幸福，为中华民族谋复兴”使命担当和“秉持以人民为中心，永葆初心、牢记使命，乘风破浪、扬帆远航，一定能实现中华民族伟大复兴”伟大目标。应用200余个植物品种，其中具有自主知识产权品种16个品种，乡土植物12种。国外引进的向日葵、马樱丹、香茶菜等15个最新品种更是首次在花坛中使用。在全市其他区域，统筹各区开展花卉布置工作。各区园林绿化部门在重要区域、道路节点设置1006个立体花坛和小型花坛，7900余组组合容器花钵，1万余个花箱，32万平方米地栽花卉，其中东城、西城、朝阳、海淀、丰台等区，在中国共产党早期革命活动旧址周边进行景观布置，美化城市环境，烘托活动氛围。

【国庆72周年天安门花摆】 年内，为庆祝中华人民共和国成立72周年，长安街沿线从建国门到复兴门，精心布置10组立体花坛，体现“奋斗百年路、启航新征程”。10处主题花坛主题鲜明，东长安街5处花坛弘扬伟大建党精神，祝愿奋力开创新时代中国特色社会主义美好未来，西长安街5处花坛则秉持“以人民为中心”，展现了“江山就是人民、人民就是江山”四季画卷。建国门至复兴门之间，还种植地栽花卉7000平方米，布置容器花卉100组，营造出热烈、喜庆、欢乐的节日氛围。全市其他区域，国庆期间结合常态化花卉布置，在城市重要环路、重点道路和重要街区绿地区域，通过立体花坛、地栽花卉、花箱花钵、景观小品等多种形式，共栽摆花卉1000余万株(盆)，装点城市环境。

【2022年北京冬奥会和冬残奥会绿化景观布置】 年内，编制并印发《北京2022年冬奥会和冬残奥会园林绿化美

国庆西单西南角——喜迎冬奥

化保障工作方案》《北京2022年冬奥会和冬残奥会园林绿化美化保障工作指导意见》，围绕重点保障区域，指导各区运用地景雕塑、大地景观、冰雪雕塑、增加常绿彩枝观果植物等多种布置形式，进行景观布置，突出体现园林特色，并注重与冬奥、春节元素相结合。在机场专机楼出口、四元桥、东单东北角、东单东南角、天安门广场两侧绿地、西单西北角、西单东南角等重要节点布置7处主题花坛，分别体现“喜迎盛会”“魅力冬奥”“精彩冬奥”“绿色冬奥”“欢天喜地”“开放冬奥”“冰天雪地”等不同主题。统筹延庆、石景山、奥林匹克中心区进行3处重点区域花坛设计方案，完成全市10处立体花坛景观布置。

【果产业】 年内，全市春季发展果树760.2公顷、72.6万株。果品总产量为4.9亿千克，其中，新植果树162公顷、27.1万株，更新428.13公顷、34.1万株，高接换优173.6公顷、11.8万株。在平谷区发展桃树306.67公顷，密云区发展板栗168.13公顷，房山区发展核桃68.9公顷。实施品种优化、土壤改良、节水灌溉、果园机械化、果园物联网等技术试验示范推广，推进全市果树产业由规模型向安全生产、优质高效转型升级。推进果园节水灌溉新建面积1100公顷。

【北京市果树大数据管理系统】 年内，完成果树大数据平台基础数据与二类清查对比、更新和完善，补充增加151个村5233.33公顷果树资源，全市具有生产性果园村达2553个12万公顷；调查13个区1320个果品营销网点，对网点的分布特点、销售量进行分析与补充；构建北京市果树史板块，含自新中国成立以来72年相关历史数据及近30年果业发展重大事项、重大会议、重要活动和具有里程碑意义的历史节点；完成市、区两级果树大数据系统使用与维护培训。“大数据果树产业管理系统”正式登录北京市园林绿化局门户网站，形成233万条果树产业数据库。

【北京市野生动物保护条例配套制度】 年内，北京市园林绿化局组织北京市野生动物保护条例有关配套制度调研起草、制定与出台工作，相继印发《北京市陆生野生动物资源和疫源疫病监测办法》《北京市陆生野生动物收容救护技术规范》《北京市园林绿化局接收、保管及处置罚没野生动植物制品工作制度》《北京市野生动物保护管理公众参与办法》《北京市禁止猎捕陆生野生动物实施办法》《北京市野生动物保护管理执法协调机制》等制度文件。

【野生动物疫源疫病监测】 年内，共监测野生鸟类274.4万只次。实施野生动物疫源疫病监测主动预警工作，委托中国科学院野生动物疫病研究中心收集检测北京地区野生动物疫源疫病样品采样检测2000份。处置圆明园H5N8禽流感、可疑猕猴疱疹病毒感染病例等突发疫情。

【野生动物救护】 年内，共接收市民救护以及公安等执法部门罚没野生动物233种2538只(条)，其中：国家一级重点保护野生动物6种24只、国家二级重点保护野生动物45种376只、《濒危野生动植物种国际贸易公约》附录Ⅰ物种14种71只、《濒危野生动植物种国际贸易公约》附录Ⅱ物种30种387只、列入《国家保护的有重要生态价值、科学价值、社会价值的野生动物名录》的野生动物129种1784只。

【野生植物保护】 年内，制定印发《北京市园林绿化局关于全面加强野生植物保护管理工作的通知》，切实强化野生植物及其生长环境保护。组织开展“北京上方山极小种群野生植物保护”“北京雾灵山极小种群野生植物铁木等保护示范”等项目，对铁木、轮叶贝母、脱皮榆、槭叶铁线莲、房山紫堇等极小种群野生植物开展种群资源调查、生境监测、致濒机理、原地保育、人工扩

繁及迁地保护等研究。为后续持续推动珍稀濒危野生植物保育回归工作奠定坚实基础。

【新型集体林场建设】 年内，新建集体林场35个，涵盖35个乡(镇)、684个村、7.33万公顷集体生态林地，为当地提供3649个就业岗位，聘用当地农民3174人，建设示范型集体林场15个，制定印发《北京市人民政府办公厅〈关于发展本市新型林场的指导意见〉》。

【野生动植物保护宣传】 年内，结合“世界野生动植物日”“爱鸟周”“保护野生动物宣传月”等关键节点，联合中央电视台、北京电视台、中国网、光明网和《中国日报》《北京日报》《北京青年报》《中国绿色时报》《瞭望东方周刊》等多家媒体，广泛开展野生动植物和生物多样性保护宣传，发布《北京陆生野生动物名录》，向社会公众发放宣传材料，不断提升全社会野生动植物保护意识。通过线上线下相结合方式参与群众1.2万余人次，发放宣传材料3000余份，取得良好宣传效果。

【湿地保护修复】 年内，制定《北京湿地保护发展规划(2021～2035年)》，编制完成《北京湿地保护修复三年行动计划(2022～2024年)》。结合新一轮百万亩造林绿化行动计划，聚焦集雨型小微湿地建设，以温榆河公园、沙河湿地公园、康西森林湿地公园等为重点。抓好湿地项目落实，跟踪推进延庆区百康湿地、房山区长沟泉水国家湿地公园等生态修复工程，全面加强湿地保护与修复，全年恢复湿地1000公顷。

亚运村小微湿地

【森林防火】 全年，全市发生森林火情3起，其中人为火情2起，雷击火情1起，火灾数量和灾害损失与往年相比大幅度下降(2019年度火灾7起、火情12起，2020年度火灾8起、火情1起)。过火面积明显减少，2021年度3起火情过火面积0.076公顷，与2019年度(约61公顷)和2020年度(20.65公顷)相比，分别下降99.87%、99.63%；处置迅速，2小时扑救率达100%。2021年度3起森林火情平均扑救时间约为45分钟，与2020年度(平均扑救时间130分钟)相比，提升65%。实现了森林火灾为零的目标。

【国家森林城市创建】 年内，北京市具备创森条件的14个区(除东城、西城)均已完成在国家林草局创森备案和森林城市建设总体规划编制实施工作。按照“创森备案满2年和规划实施满2年”硬性要求，符合申报条件的是通州区、怀柔区、密云区，经综合评估3个区已达到国家森林城市标准，全面准备国家林草局考核验收。指导石景山区、门头沟区、房山区和昌平区对照考核验收新增加指标，细化年度任务；指导朝阳区、丰台区、大兴区按照全部考核指标力争满分目标，调整创森实施方案；指导海淀区、顺义区在创森总体规划编制中融入新要求，提高建设标准。

【京津冀协同防控林业病虫害】 年内，京津冀三省(市)开展2021年“5·25”林业植物检疫检查专项行动。开展以松材线虫病、红火蚁为主的重大林业有害生物防控知识宣传活动，共计发放各种宣传材料3000余份。依托“京冀林业有害生物防控区域合作项目”支援环北京周边市、县(市、区)各类林业有害生物监测防治物资，项目金额500万元。其中：松材线虫分子检测仪1台、红脂大小蠹诱捕器1322套、松墨天牛诱捕器405套、车载风送式高射程喷雾器(含车)5台(套)、喷烟机126台、担架式喷雾机129台、25%灭幼脲悬浮剂34吨、25%甲维灭幼脲悬浮剂8吨、3.15%阿维吡虫啉乳油9吨、1.2%烟碱·苦参碱乳油13.5吨，实施物理阻隔法防治春尺蠖477.03公顷、无人机监测松材线虫病16架次1.91万公顷；支援河北雄安新区飞防作业42架次，防治作业面积4200公顷。

【编制北京市林地保护利用规划】 年内，结合《北京市林地保护利用规划(2010～2020年)》中期评估成果和2017年以来林地、森林资源“一张图”变更，总结分析执行情况，提出新一轮规划思路、目标和措施。完成门头沟区新一轮林地保护利用规划编制试点工作。以第九次全市园林绿化资源专业调查为本底，本着多规合一，保护现有绿化成果，稳定发挥森林生态效能的原则，编制完成《北京市新一轮林地保护利用规划编制工作方案》《北京市新一轮林地保护利用规划编制技术方案》。

【森林资源管理“一张图”年度更新】 年内，制定印发《北京市2021年森林督查暨森林资源管理“一张图”年度更新工作实施方案和操作细则》，组织全市年度更新工作培训，开展2021年森林督查和“一张图”年度更新成果专项审查，掌握标准，区别情况，分类定性，明确“一张图”更新重点内容和把握原则，提出坚持实地核查，加快工作进度，保质保量完成任务工作要求。制定印发《北京市园林绿化局关于切实做好2020年森林督查发现问题整改工作的通知》，组织由森林资源管理、行政执法、调查监测等部门参加的联合督查组，采取听取汇报、座谈交流、查阅资料、实地查看、挂牌督办等方法，对工作进度、案件查办、整改推进实施督查。

【建立野生动物保护联合执法机制】 年内，市农业农村局、市政法委、市公安局、市交通委、市委网信办、市市场监管局、北京海关联合印发《北京市清风行动工作方案》，合力开展打击野生动物非法贸易联合行动。与天津市规划和自然资源局、河北省林业和草原局联合印发《京津冀鸟类等野生动物联合保护行动方案》，建立以京津冀三省(市)“政府主导、跨区域协同、多领域合作”为核心的野生动物联合保护体系，筑牢京津冀生态安全屏障。紧紧结合疫情防控形势和春季、秋冬季候鸟迁徙期特点，开展野生动物保护专项执法行动等联合执法检查和跨区域专项打击行动。加大对非法猎捕、非法人工繁育、非法运输、非法交易、非法食用野生动物5类违法行为打击力度。全市园林绿化系统累计出动行政执法人员11.78万人次，车辆63 349万台次，现场检查点位6393万个。

【2022年冬奥会和冬残奥会果品供应保障】 年内，完成水果干果基地遴选，在各区推荐和市级考核基础上，组织行业领域专家对备选基地进行遴选评审，已全面启动水果干果基地遴选工作，确定果品基地名单。在遴选出第一批和第二批水果干果供应保障基地监督管理基础上，制订印发《北京2022年冬奥会和冬残奥会水果干果供应服务和质量安全保障工作方案》，保障到赛事结束水果干果供应服务和质量安全。

【公园绿地建设】 年内，新增城市绿地面积400公顷，全年新建续建城市休闲公园、城市森林42处，完成海淀颐和园西侧三角地、丰台纪家庙花园等22处休闲公园，朝阳康城二期、石景山衙门口三期、通州梨园等4处城市森林，梨园文化休闲公园等4处续建项目主体绿化建设工作，提升公园绿地500米服务半径覆盖率。高质量推进开放10处休闲公园民生实事任务。建成并开放海淀西冉城市生态公园、温泉公园(三期)、通州三庙一塔公园、东城龙潭中湖公园、延庆集贤公园等10处休闲公园。见缝插绿新建口袋公园及小微绿地50处。完成西城荷香园、丰台珠翠园等口袋公园及小微绿地38处，增绿22公顷。推进单独立项“留白增绿”建设，完成海淀北长河北侧书画院拆除地块、丰台留白增绿拆除项目等12个单独立项“留白增绿”8.3公顷。

【城市副中心绿化建设】 年内，城市副中心(155平方千米范围内)完成绿化面积285公顷。行政办公区内，完成A5庭院及镜河水系园林绿化工程，总面积6.5公顷，完成路县故城遗址公园一期绿化建设39公顷。城市副中心环城绿色休闲游憩环13处公园中，建设梨园文化公园和张家湾公园三期2处。完成环球主题公园及度假区39.7公顷绿化建设任务并对外开放。完成小微绿地1公顷建设任务。完成万盛南街、大运河东滨河路林荫大道建设项目，绿化美化城市景观环境。通州区玉春园、漪春园等5处全龄友好公园建设启动。

【完善绿地服务功能】 年内，实施东城地坛公园外园、西城人定湖公园、海淀百旺公园等10处全龄友好公园改造示范点。完善绿道功能布局，建设完成昌平十三陵水库到奥森公园绿道和石景山冬奥森林公园绿道84千米。推进林荫绿化工程建设。示范建设平安大街、两广路、东四南北大街等林荫道路，带动全市林荫大道建设，完成14条林荫路建设。实施“院中一棵树”计划，在核心区四合院、平房院落等地栽植493株乔灌木。

【背街小巷绿化环境整治】 年内，园林绿化部门依据背街小巷绿化台账，主动与牵头单位对接，了解背街小巷精细化整治提升中存在的问题，全市年度背街小巷环境精细化整治提升任务1385条，其中城六区和通州区1311条；完成市政府重要民生实事200条精品街巷整治提升任务；完成6个示范片区整治提升任务。

【大事记】

1月4日 北京市园林绿化局(首都绿化办)局长(主任)邓乃平就贯彻落实市疫情防控专题会精神，部署园林绿化系统春节前疫情防控工作。

1月11日 北京市园林绿化局(首都绿化办)局长(主任)邓乃平专题研究古树名木保护工作，研究《北京市古树名木保护规划(2021年～2035年)》《首都功能核心区古树名木保护行动计划(2021年～2022年)工作方案》。

1月20日 北京市森林防火指挥部副总指挥邓乃平就落实全国森林防灭火视频调度会精神，专题部署森林火灾防控工作。

1月26日 北京市园林绿化局(首都绿化办)局长(主任)邓乃平传达落实全国林业和草原工作视频会议精神，部署北京市园林绿化重点工作。

1月27日 北京市园林绿化局(首都绿化办)局长(主任)邓乃平专题贯彻落实北京市委书记蔡奇调研回天地区指示精神，部署推进实施绿化建设工作。

1月28日 第101次市政府常务会，审议并通过市园林绿化局关于报审《关于全面建立林长制的实施意见》的请示。

2月2日 北京市园林绿化局(首都绿化办)局长(主任)邓乃平就贯彻落实北京市服务保障2021年全国“两会”工作会议精神，部署园林绿化行业有关工作。

2月3日 全市园林绿化工作会召开，北京市园林绿化局(首都绿化办)局长(主任)邓乃平对“十四五”时期园林绿化重点任务以及2021年主要工作作出具体安排，西城区、丰台区、门头沟区作典型交流发言。北京市副市长卢彦发表讲话。

2月4日 全国绿化委员会办公室副主任胡章翠一行调研重大义务植树活动筹备等有关工作。实地勘察了活动备选地块，进行了座谈交流。

2月26日 国家林草局局长关志鸥一行调研北京冬奥会和冬残奥会筹办生态修复、森林防火等服务保障工作和义务植树相关工作。现场察看了延庆区围绕保障冬奥会、冬残奥会实施的蔡家河生态修复工程建设、森林防火检查站管理、松山管理处森林防火指挥系统运行、冬奥延庆赛区外围森林防火监测、森林防火专业队伍训练等工作，调研了智慧保护区管理系统等生物多样性保护及义务植树相关工作。

3月9日 北京市副市长卢彦专题审议生态环境建设小组2021年工作要点，调度新一轮百万亩春季造林工作。

3月10日 北京市委书记蔡奇专题听取关于设立国家植物园有关情况汇报，北京市公园管理中心主任张勇汇报国家植物园建设情况，北京市园林绿化局(首都绿化办)局长(主任)邓乃平参加会议。

3月10日 北京市园林绿化局(首都绿化办)局长(主任)邓乃平专题研究审议冬奥会、冬残奥会园林绿化美化保障工作。

3月12日 国家林草局局长关志鸥等领导在京参加义务植树活动。国家林草局、市园林绿化局及朝阳区近200名干部职工，在朝阳区孙河乡种植油松、北京桧、山桃、山杏等北京乡土树种600余株，标志着全市春季义务植树活动全面展开。

3月18日 北京市森林防火指挥部副总指挥邓乃平就落实全国森林草原防灭火工作会议、市森林防灭火指挥部会议精神，部署清明节期间及春季森林防火工作。

3月18日 首都绿化委员会办公室公布义务植树尽责接待点。共设立春季植树尽责接待点15处，可供植树面积44.6公顷；林木抚育接待点22处，可抚育面积1025.27公顷。23个“互联网+全民义务植树”基地提供多种尽责形式的全年化接待服务，市民可通过“首都全民义务植树”公众号和首都全民义务植树网实现预约、咨询和多种形式尽责。

3月28日 北京市副市长卢彦专题调度北京市沙尘暴应急防护工作。

3月29日 北京市委书记蔡奇围绕林长制调研温榆河公园建设。

3月30日 全国政协副主席张庆黎、刘奇葆、马飚、陈晓光、杨传堂、李斌、巴特尔、何维及全国政协机关干部职工100余人，到北京市海淀区西山国家森林公园参加义务植树活动。

3月31日 中央军委副主席许其亮、张又侠，中央军委委员李作成、苗华、张升民及军委机关各部门和驻京大单位领导，到朝阳区东风乡辛庄植树点参加植树活动。

4月2日 党和国家领导人习近平、李克强、栗战书、汪洋、王沪宁、赵乐际、韩正、王岐山等，到位于北京市朝阳区温榆河植树点，同首都群众一起参加义务植树活动。

4月3日 全国“爱鸟周”40周年纪念活动暨北京市“爱鸟周”举办。

4月3日至5月15日 2021年北京郁金香文化节在北京国际鲜花港、北京植物园、中山公园和世界花卉大观园举办。

4月8日 北京市园林绿化局(首都绿化办)局长(主任)邓乃平参加2021年扬州世界园艺博览会开幕式，并陪同第十一届全国政协副主席、中国花卉协会名誉会长张梅颖、江苏省委书记娄勤俭、省长吴政隆、北京市副市长卢彦考察世园会北京园。

4月8日 全国人大常委会副委员长张春贤、吉炳轩、艾力更·依明巴海、王东明、白玛赤林，全国人大常委会秘书长、副秘书长、机关党组成员，各专门委员会、工作委员会负责人，到北京市丰台区青龙湖植树场地参加义务植树活动。

4月10日 中共中央直属机关、中央国家机关各部门及北京市122名部级领导干部，在北京市大兴区礼贤镇临空区休闲公园参加2021年共和国部长义务植树活动。

4月23日至5月15日 北京市首次将北京西山国家森林公园、景山公园、颐和园等全市7个大面积牡丹种植景区、基地整合起来联合举办文化节。

4月26日 北京市园林绿化局组织召开2021年全市园林绿化系统办公室主任工作会。

5月18日至6月30日 由北京市园林绿化局、大兴区人民政府联合主办，大兴区园林绿化局、魏善庄镇人民政府和全市11个展区共同承办的2021年北京月季文化节在大兴区魏善庄镇世界月季主题园开幕。

5月27日 北京市园林绿化局(首都绿化办)局长(主任)邓乃平参加驻华使节在京召开的以“培植中外友谊林，感知北京新发展”主题活动，活动在北京金盏森林公园举行。

6月4日 北京市副市长卢彦副调研通州潞城新型集体林场，并视频调研全市新型集体林场建设情况。

7月7日 北京市园林绿化局(首都绿化办)召开局属林场、苗圃林业项目专项整顿工作动员部署会议。

7月8日 北京市园林绿化局(首都绿化办)局长(主任)邓乃平调研大兴区森林城市创建和森林城市主题公园建设工作。

7月8日 国家林草局森林防火司副司长许传德调研北京市“森林防火码”深度运用工作。

7月14日 北京市副市长隋振江到龙潭中湖公园改建工程和龙潭西湖调蓄池工程施工现场调研。

7月16日 北京市人大常委会副主任张清赴平谷区调研农业产业方面建议办理情况。

7月21日 北京市园林绿化局(首都绿化办)组织召开全局事业单位改革动员部署会。局长(主任)邓乃平对改革工作进行安排部署。

7月26日 北京市园林绿化局(首都绿化办)局长(主任)邓乃平主持召开国庆节期间天安门广场、长安街沿线花卉布置方案审核会，详细听取设计方案编制情况，对方案主题立意、设计元素、故事主线等关键内容提出要求。

8月3日 北京市园林绿化局(首都绿化办)局长(主任)邓乃平调研东城龙潭中湖公园建设情况。

8月5日 北京市市长陈吉宁专题研究北京市《关于发展新型集体林场的指导意见》。

8月13日 北京市人大常委会副主任张清组织召开农业产业方面代表建议重点督办工作会。听取北京市园林绿化局(首都绿化办)局长(主任)邓乃平对“关于北京市果树产业与美丽乡村建设融合发展的建议”“关于发掘保护北京林果类农业文化遗产的建议”2项重点督办件办理情况的汇报。

8月13日 北京市制定印发《北京市湿地保护发展规划(2021~2035年)》。

8月24日 安徽省副省长周喜安带队到北京市开展调研交流。赴平谷区调研森林城市建设工作，实地查看平谷区山东庄镇桃棚村森林乡村创建和黄松峪国家森林公园建设情况。

8月24日 北京市园林绿化局(首都绿化办)局长(主任)邓乃平就落实第125次市政府常务会议精神，专题部署落实《关于发展新型集体林场的指导意见》有关工作。第125次市政府常务会议审议并原则通过《关于发展新型集体林场的指导意见》，市长陈吉宁给予高度评价，并提出新的要求。

8月26日 国家林草局科技司司长郝育军调研督导冬奥会和冬残奥会食用林产品供应及北京市林草科技工作。

9月1日 北京市园林绿化局(首都绿化办)局长(主任)邓乃平为北京市园林绿化局森林防火事务中心(北京市航空护林站)揭牌并调研指导工作。

9月7日 北京市园林绿化局(首都绿化办)局长(主任)邓乃平陪同国家林草局动植物司、规划财务司领导调研国家珍稀濒危野生动植物制品(北方)储藏库建设工作。

9月9日 北京市领导崔述强、卢映川召开专题会议，审议市园林绿化局《2022年冬奥会和冬残奥会花坛景观设计方案》。

9月10日 北京市政府副秘书长陈蓓主持召开庆祝中华人民共和国成立72周年天安门广场及长安街沿线花卉布置工作协调会。

9月15日至10月7日 由北京市园林绿化局主办，北京市园林绿化产业促进中心、北京花乡花木集团有限公司承办，2021年北京秋季花卉新优品种推介会在世界花卉大观园举办。

9月18日至11月30日 由北京市园林绿化局主办，北京国际鲜花港、北海公园、天坛公园、北京植物园和北京花乡世界花卉大观园五大展区承办的2021年北京菊花文化节举办。

9月24日 龙潭中湖公园开园，历经500天匠心雕琢，集休憩、健身、娱乐、教育科普功能的城市综合公园，又能体现森林城市、湿地、生物多样性、节约型园林和智慧公园。

10月12日 国家主席习近平以视频方式出席《生物多样性公约》第十五次缔约方大会领导人峰会并发表主旨讲话，并宣布启动北京、广州等国家植物园体系建设。

10月19日 北京市市长陈吉宁调研市园林绿化局，并与局领导班子成员座谈。

10月20日 市委第六巡视组进驻市园林绿化局召开巡视动员部署会。

10月21日 市园林绿化局联合高德地图向公众推荐20处最美赏红地。通过高德地图的“高德指南”板块，向公众推荐地坛公园、奥林匹克森林公园、北宫国家森林公园、八达岭国家森林公园、慕田峪长城景区等20个京城赏红片区，全市16个区均有分布。

10月25日 天安门广场及长安街沿线花坛和景观布置完成撤除及后续恢复工作。国庆节期间，在天安门广场中心布置“祝福祖国”巨型花篮，在长安街沿线布置10组立体花坛、7000平方米地栽花卉及100组容器花卉。此次景观布置于9月25日完工亮相，10月21日完成全部撤除工作。

11月2日 市委书记、市总林长蔡奇，市长、市总林长陈吉宁共同签发2021年第2号总林长令。要求：各级各相关部门要发挥四级林长制责任体系优势，进一步健全党委领导、党政同责、属地负责、部门协同、全域覆盖、源头治理的森林防灭火长效机制。各级林长、各区、各相关部门要强化履职尽责，加强应急值守，完善应急预案，建立措施有力、协调有序、联防联控的工作机制。各级林长要以问题为导向，结合各类专项治理行动，常态化。

11月11日 北京市副市长卢彦带队赴中国林业集团有限公司调研走访，了解企业在京发展布局情况，并围绕企业提出的加强政策资金支持、对接金融机构等服务诉求，组织相关部门进行政策说明并提出解决意见。

11月22日 北京市园林绿化局(首都绿化办)局长(主任)邓乃平主持会议专题研究市园林绿化局2022年度“疏整促”专项任务安排工作。

11月24日 北京市园林绿化局(首都绿化办)局长(主任)邓乃平主持召开专题会议研究《潮白河国家森林公园概念规划》。

11月26日 市委常委、统战部部长、市级林长游钧到平谷区调研林长制落实情况并开展巡林工作。

11月28日 全市超额完成“留白增绿”年度任务。2021年“留白增绿”年度计划任务206.27公顷，实际完成212.12公顷，超计划任务2.8%，建设完成首钢东南区绿地、海淀镶黄旗绿地等63个园林绿化项目。

12月7日 国家林草局副局长李春良一行到房山区调研，推进中国大熊猫保护研究中心北京基地建设。

12月10日 北京市副市长卢彦调研北京市新型集体林场建设及林下经济发展情况。

12月28日 北京市园林绿化局(首都绿化办)局长(主任)邓乃平专题研究制定《北京市自然保护地监督管理办法》有关工作。

(北京市林业由齐庆栓供稿)

天津市林业

【概 述】 2021年，天津市林业工作认真落实中央大政方针和市委市政府决策部署，推动林业工作高质量发展再上新台阶。天津市公益林面积73 800公顷，其中，天然林面积5565公顷，国家级公益林面积9487公顷，市级公益林面积3713公顷。全市各级林业主管部门严格落实林业安全生产工作各项防范措施，保持了天津市连续31年无重大森林火灾的平稳态势。

【林长制建设】 2021年，为落实《中共中央办公厅 国务院办公厅印发〈关于全面推行林长制的意见〉的通知》精神，按照《国家林业和草原局贯彻落实〈关于全面推行林长制的意见〉实施方案》要求，天津市委市政府主要领导高度重视，天津市规划和自然资源局全力推进林长制体系建设。

建立健全林长制责任体系。4月24日，天津市委办公厅、市政府办公厅联合印发《关于全面建立林长制的实施方案》，明确2021年底要全面建立市、区、乡(镇、街道)、村(社区)四级林长制责任体系。根据《实施方案》，天津市级总林长由中央政治局委员、天津市委书记李鸿忠和市委副书记、市长廖国勋担任，副总林长由市委副书记和分管林业工作的副市长担任，共有15位市委、市政府领导担任市级林长。2021年年底前，全市16个区均印发实施方案，16个区设有区级林长236名、乡(镇、街道)林长1937名、村(社区)林长5300余名。

建立沟通机制，落实林长制分工。8月，天津市林长办公室印发《关于落实天津市〈关于全面建立林长制的实施方案〉的工作方案》和《天津市级林长联系点督办检查制度方案》，明确15位市级林长对口联系16个区，同时12个协作单位协助做好对接工作。2021年，先后有5位市领导赴联系区开展林长制调研工作。

积极宣传，加大社会公开和报道推广。市委宣传部高度重视林长制宣传工作，天津电视台、天津日报社等多家媒体对天津全面建立林长制工作进行了宣传报道。按照市委网信办要求，积极配合做好舆情应对有关工作。组织各区加大对林长制工作的宣传力度，在全市营造良好氛围。

【绿色生态屏障建设】 2021年，天津市绿色生态屏障建设在海河生态芯、古海岸湿地绿廊(南北两段)、卫南洼湿地片区、官港森林公园、津南绿芯、金钟河湿地片区、西青绿廊等八大重点生态片区实施51项建设工程。

新造林181公顷，一级管控区有林地面积达到1.26万公顷，乔木增至620余万株，森林绿化覆盖率达到26%。拆迁散乱污企业、旧有村台、工业园区267.6万平方米，用于生态修复；整合坑塘水面200多处，形成人工湿地1.2万多公顷；新建高标准农田245.53公顷，提升改造400公顷；随着林地、湿地、农田等生态区域的扩大，蓝绿空间提升到65.1%。

津南绿芯之咸水沽湾(边伟光 摄)

建成规模性生态区域20多处近300平方千米，一级管控区生态修复达到80%，三分林、三分水、三分田、一分草的布局初步形成，二、三级管控区绿地面积大幅拓展。生态廊道、生态保育、农林复合、滨河生态、滨湖生态“五位一体”的生态功能全面提升，绿色生态屏障雏形基本形成，初步呈现“双城屏障、津沽绿谷”的特色风貌。

西青绿廊之翠萍泊舟(边伟光 摄)

【造林绿化】 天津市委市政府高度重视国土绿化工作，为科学开展国土绿化，提高全市营造林质量和管理水平，年内制定《天津市营造林管理办法》，并对《天津市市级重点造林绿化工程管理办法》和《天津市重点生态林管护管理办法》进行了修订，造林绿化工作向科学化、精细化转变。制定《关于进一步加强和规范绿屏造林绿化项目用地管理工作的指导意见(试行)》，从项目管理和用地审核上不断完善审查程序，统筹推进耕地保护和国土绿化的良性发展。

年内，完成国家下达的2020年天津市京津风沙源治理工程林业项目封山育林5333.33公顷计划任务。会同市发展改革委等部门向蓟州区分解下达2021年京津风沙源治理工程林业项目封山育林任务5333.33公顷。

【林业产业】 加强林草种苗产业建设发展。按照《中华人民共和国种子法》《林草种苗生产经营证管理办法》《天津市实施〈中华人民共和国种子法〉办法》等法律法规相关要求，组织开展天津市第一批林草种质资源库认定，由天津泰达绿化科技集团有限公司建设的耐盐碱植物种质资源库，被认定为天津市第一批省级林草种质资源库，填补天津市林草种质资源库建设的空白。该资源库共引种评价各类植物资源近6000种，主要保存耐盐碱乔木类、灌木类、多年生草本类的种质资源，其中“泰达粉钻”“泰达秋月”“泰达天使”“泰达火焰”及“泰达之恋”5个品种被国家林业和草原局授权新品种权，填补了天津耐盐碱月季自有新品种的空白。截至2021年底，天津市共有苗圃783家，育苗面积7660公顷。

加强经济林产业建设。经济林根据地形与气候特点，进行科学规划，采取政策扶持、科技引领的方式，建成小枣基地、津西北水果基地和蓟县干鲜果品基地三大经济林基地。现有经济林2.63万公顷，年产干鲜果31.72万吨，产值166971万元，从业人员90481人。

加强花卉产业发展。全市花卉种植面积397公顷，

13个花卉市场，74个花卉企业，34公顷温室，花农1867户，从业人员5000余人，年销售额近亿元，以市场需求为导向，促进了花卉产业的大力发展。

加大发展林下经济。全市形成了林下种植、林下养殖和森林景观利用的经济发展模式。林下经济发展面积4.6万公顷，林下经济总产值3.14亿元。12月，天津市荣发林木种植有限公司、天津盛世农业发展有限公司、天津市忠涛蚯蚓养殖专业合作社三家林业企业被国家林草局认定为第五批国家林下经济示范基地，天津市忠涛蚯蚓养殖专业合作社的蚯蚓养殖已作为林木下经济典型案例在全国推广。

【森林资源管理】 以规划为引领，强化林地用途管制。编制林地布局及保护利用规划(2021~2035年)和“十四五”期间占用林地定额。科学划定林业发展空间，落实林地分级用途管制，强化林地可持续经营利用和保护，坚持集约节约使用林地，科学测算各类建设项目使用林地规模，实行总量控制。

以开展森林资源监测调查，全面掌握基础数据。组织开展全市2021年森林资源监测调查，制订实施方案和技术细则(试行)，利用遥感影像开展内业区划判读，坚持外业调查持证上岗，严格调查成果复核验收。经汇总分析已形成监测调查初步成果并通过专家论证，待批准后使用。

以“一张图”更新调查，加强森林资源档案管理。全面掌握森林资源动态变化情况，加强林地使用管理，以天津市国土“三调”成果为底版，采取内业区划判读、外业实地核查的方法，组织开展森林资源管理“一张图”年度更新和国家级公益林优化工作，确定林地范围界线，更新“一张图”数据库。

以加大案件查处，强化森林资源监督。按照国家林草局年度工作部署要求，组织开展全市打击毁林专项行动和森林督查，制订实施方案，进行工作部署和技术培训，在政务网站公布毁坏森林资源线索举报电话，主动接受社会公众监督，畅通举报渠道。在市级指导督导下，经各区林业主管部门自查，全市打击毁林专项行动共查出29个毁坏森林资源案件，森林督查共查出17个违法案件，各区林业主管部门依法进行查处，并建立案件查处销号制度。

以开展林草生态综合监测评价，分析生态系统功能效益。按照国家林草局统一部署，建立国家、市、区三级联合外业调查队伍，通过开展林地、草地、湿地样地调查和图斑监测，查清天津市林草湿资源的种类、数量、质量、结构和分布现状，分析评价林草湿生态系统状况、生态服务功能效益及发展趋势，确定全市及各区林草湿资源成果数据，经国家林草局汇总分析审核后使用。

以保护为根本，规范森林资源科学利用。配合市发展改革委等部门制定印发《关于天津市科学利用林地资源促进木本粮油和林下经济高质量发展的实施意见》，科学合理利用森林资源，增加森林资源附加值。制定《天津市恢复植被和林业生产条件、树木补种标准》，规范行政相对人履行法定义务以及林业主管部门代履行行为，进一步提升全市各级林业主管部门行政执法和监督管理的能力，切实保护森林资源。扎实做好“放管服”改革，减轻申请人负担，严格执行林地定额，进一步优化建设项目使用林地审核审批工作，2021年度国家林草局下达天津市林地定额为151公顷，天津市审核审批永久使用林地占用林地定额的建设项目80项、面积113.95公顷，临时使用林地和修筑直接为林业生产服务的工程设施使用林地的项目37项、面积135.46公顷，共收取森林植被恢复费2449.74万元；严格执行采伐限额，认真贯彻落实《天津市人民政府关于下达“十四五”期间年森林采伐限额的通知》相关要求及天津市14.1万立方米年森林采伐限额，指导各区林业主管部门、政务服务部门严格执行限额，规范林木采伐审核审批，加强林木采伐管理，全年占用限额发放林木采伐证1394个、蓄积量6.46万立方米。

以保障食品安全，做好食用林产品质量安全监测。按照国家林草局、天津市食品安全委员会工作部署，制订《2021年全市食用林产品及其产地土壤质量安全监测方案》，确定核桃、板栗、柿子、鲜枣、山楂、文冠果、油用牡丹、花椒共8个监测品种，监测批次为510批次，明确食用林产品及其产地土壤质量安全监测项目及依据标准。组织进行工作部署、质量监测和监管培训，在参加全市“尚俭崇信，守护阳光下的盘中餐”食品安全主题宣传活动的同时，到市食用林产品种植相对集中区域开展食用林产品质量安全宣传活动，完成2021年食用林产品及其产地土壤质量监测任务510批次，检测结果全部符合国家标准。

【湿地资源保护】 天津湿地动植物资源丰富，作为全球8条候鸟迁徙路线之——东亚—澳大利西亚迁徙路线，天津湿地是候鸟重要的迁徙地和停歇地，每年途经的候鸟达到百万只以上。

天津市现有古海岸与湿地国家级自然保护区、北大港湿地自然保护区、大黄堡湿地自然保护区和团泊鸟类自然保护区4个湿地自然保护区。天津市持续推进湿地自然保护区“1+4”规划的实施。截至2021年，七里海保护区缓冲区5个村、大黄堡保护区9个村生态移民工程稳步推进并取得阶段性成果。完成大黄堡和七里海核心区、缓冲区内集体土地流转，土地归政府使用，共计约1.47万公顷，市财政每年每公顷按7500元的标准给予补偿。完成《天津市湿地生态补偿办法》修订。七里海保护区配合土地流转，建设环核心区49千米环海围栏及围栏监控工程，对核心区实施封闭管理，恢复浅滩1000公顷、修复湿地植被1066.67公顷，制定七里海湿地评价指标体系，为七里海湿地保护修复提供了指导和依据。大黄堡保护区完成翠金湖和燕王湖项目区拆除及生态修复，完成核心起步区生态修复。北大港保护区结合生态补水和水环境治理，有水湿地面积由2017年的140平方千米增长到目前的240平方千米，利用芦苇、盐地碱蓬等本土植物恢复湿地。团泊保护区对团泊水库西堤北段退化湿地及西堤北段内侧4.1千米滨水区域退化湿地进行植被复壮、水生植物种植等工作。对4个湿地保护区三年保护修复成效进行监测评估，评估结果表明，通过实施“1+4”规划，保护区湿地面积增加，生物多样性增多，珍稀濒危鸟类种群数量上升，植被覆盖度

提升，生态系统明显向好，根本上遏制了湿地退化现象。

根据《天津市湿地保护条例》要求，天津市持续开展重要湿地监测与评估工作，对天津市重要湿地名录(第一批)公布的14块重要湿地开展监测与系统评估，通过遥感监测、植被鸟类调查、水环境监测等工作，掌握天津市重要湿地资源变化动态，为天津市重要湿地的科学管理和保护修复提供基础支撑。

【自然保护地管理】 年内，组织开展天津市自然资源生态价值评估工作，摸清天津市自然资源本底情况，对具有较高生态价值的区域进行较为翔实的评估，编制完成《天津市自然资源生态价值评估报告》，为天津市自然保护地体系及下一步工作奠定基础。紧密结合国土空间规划，编制完成《天津市自然保护地规划(2021～2035年)》及相关各保护地的总体规划。

强化自然保护地监督管理检查，制订印发《天津市自然保护地监督工作实施方案》，对相关区政府自然保护地主管部门、自然保护地管理机构落实上级决策部署和依法履职情况开展常态化监管。

开展主题宣传活动，向公众充分展示天津市自然保护地的自然美景、红色历史文化和特色价值，普及自然保护地相关法律法规，增强公众自然保护意识，以多种形式展示自然保护地机构践行“绿水青山就是金山银山”理念的成果。

【林业有害生物防治】 年内，天津市林业有害生物防治坚持“以防为主、防控结合”的原则，主要针对病虫害发生区域进行药物除治，同时保持严密监测态势，及时全面地掌握疫情变化，必要时扩大防治作业面积进行预防，严格控制疫情蔓延传播。防治结束后经过调查，总体防治效果良好，达到了规定指标要求。

3月24日，国家林业和草原局第6号公告确定天津市蓟州区松材线虫病疫区撤销。天津市印发《天津市规划和自然资源局关于下达2021年度松材线虫病等重大林业有害生物防治任务的通知》，组织各区开展松材线虫病和美国白蛾等重大有害生物防治工作。全年，天津市共完成美国白蛾、春尺蠖及其他林业有害生物防治面积30.48万公顷。其中美国白蛾防治面积23.43万公顷、春尺蠖防治作业面积2.18万公顷、其他林业有害生物防治面积4.88万公顷。防治过程综合运用飞机防治、机械防治、生物防治、人工防治等多种防治措施。其中采用人工剪网作业方式防治2.62万公顷、树干涂药环作业2233.33公顷、飞机防治作业4.53万公顷、释放生物天敌5026.67公顷、采用地面喷洒灭幼脲、杀铃脲、苦参碱等高效低毒类生物药剂防治23.24万公顷、其他防治措施作业1.23万公顷。全年出动约5.43万车(次)、12.67万人(次)，动用药械设备等2639台(套)，使用药剂307.19吨。

天津市制订并印发《天津市松材线虫病疫情防控五年攻坚行动方案(2021～2025年)》。指导国家级中心测报点完善主测对象的工作月历和测报工作方案，按时录入林业有害生物防治信息管理系统。完成《天津市林业有害生物2021年发生情况和2022年趋势预测》报告的上报工作。

年内，天津市共核发植物检疫证书5000余单。实施产地检疫面积1446余公顷，调运检疫木材8.23万余立方米。推进应施检疫的林业植物及其产品全过程追溯监管系统平台建设。开展“5·25”检疫执法宣传行动，加强对林业植物检疫法律、法规的宣传，进一步提高市民防范林业有害生物传播扩散的意识。

【森林防火】 天津市始终坚持“防灭结合，预防为主”的工作方针，全市各级林业主管部门坚持以习近平生态文明思想为指导，践行改革初心使命，压实森林防火责任，主动服务，科学谋划，注重森林火灾防范，强化防火宣传和督导检查，坚持新冠病毒疫情防控与森林防火并重，严格落实森林防火和林业安全生产工作各项防范措施，保持天津市连续31年无重大森林火灾的平稳态势。

2月1日，印发《2021年天津市森林防火重点工作指导实施意见》。2月3日，印发《天津市森林早期火情处置办法(试行)》。3月19日，组织召开2021年天津市春季森林防火部署会，传达中央领导同志指示批示精神，科学分析、研判春防工作面临的严峻形势，全面部署天津市以“清明”“五一”为重点的春季森林防火工作。9月26日，组织召开2021～2022年度全市森林防火暨安全生产工作会议，会议主要深入学习贯彻习近平总书记关于森林草原防灭火工作重要指示批示精神，传达落实国家森防指全国秋冬季森林草原防灭火工作电视电话会议精神，国家林业和草原局秋冬季森林草原防火与安全生产工作调度电视电话会议精神，认真贯彻落实全市秋冬季森林防灭火工作会议要求，总结分析前期森林防火工作，安排部署2021～2022年度全市林业系统森林防火和安全生产工作。

建立森林防火宣传常态化机制，坚持把宣传教育作为第一道工序、第一道防线，结合季节和风俗特点，部署开展以“全民参与森林防火，积极建设美丽天津”为主题的森林防火宣传月活动、以“预防森林火灾，共享绿色家园”为主题的森林防火宣传周活动、以“防范化解灾害风险，筑牢安全发展基础”为主题的警示教育周活动，向社会发布《森林防火倡议书》，倡导全社会文明祭扫、文明出行，进一步强化森林防火意识。通过新闻发布会、政务访谈等形式主动向媒体和社会宣传天津市森林防火形势和森林资源保护情况，主动利用微信公众号、政务网、新媒体、纸质媒体等平台科普森林防火知识，积极发布工作动态，邀请央视记者在央视“中央新闻”客户端开展森林防火直播活动，形成强有力的宣传阵势，进一步强化全民森林防火意识。全年共出动宣传车5718辆次，出动人员6万余人次，组织宣传进林区、进乡村、进农户、进课堂3.8万余次，发放宣传资料10.7万余份，悬挂条幅、标语等4000余幅，发布宣传信息3000余条，设置标牌668块。

【野生动植物保护】 建立京津冀鸟类等野生动物联合保护机制。为深入贯彻习近平生态文明思想，建立健全京津冀鸟类等野生动物联合保护长效机制，推动形成鸟类等野生动物保护工作合力，维护京津冀生态安全，实现人与自然和谐共生，经京津冀三地省级人民政府研究同意，6月18日，天津市规划和自然资源局联合北京市园林绿化局、河北省林业和草原局印发实施《京津冀鸟类等野生动物联合保护行动方案》。

组织开展“清风行动”。按照国家统一部署，1月29日，天津市规划和自然资源局、市农业农村委、市委政法委、市公安局、市市场监管委、市交通运输委、市委网信办、天津海关八部门联合印发《关于开展“清风行动”的通知》，决定1月31日至3月31日，在全市范围内开展代号为“清风行动”的打击破坏野生动物资源违法犯罪联合行动。通过“清风行动”，全市共出动执法人员28 841人次，检查重点场所44 017处，查办案件45起，打击处理犯罪人员51人，收缴野生动物143只(头)、野生动物制品27件，取得了较好战果。

广泛开展宣传教育工作。3月3日“世界野生动植物日”、4月“爱鸟周”、11月“野生动物宣传月”期间，天津市规划和自然资源局分别与天津自然博物馆、天津规划展览馆、滨海新区政府联合组织开展大型宣传活动，同时通过广播、电视、报刊、网络等媒体，多种渠道广泛宣传，形成全民保护野生动植物的良好氛围。

【科技兴林】 年内，天津林业科技工作在国家林草局科技司的大力支持下，主动作为，勇于创新，有效推动天津林业科技创新平台建设、人才培养、科技管理等工作再上新台阶。

持续巩固科技创新平台建设，积极推动“天津市自然保护地监控体系国家创新联盟”和“天津市滨海湿地生态建设国家创新联盟”相继召开理事会，指导完善其制度体系和组织体系；助推科技创新，组织2个联盟向国家林草局科技司申报并获得批准自筹研发项目3项；推动2个联盟开展合作交流与技术推广，先后举办专题讲座、学术会议、专题展览等活动。

注重加强林业科技人才培养，年内，天津市宝坻区林业事务中心李广宇等5名林业科技工作者被国家林草局评选为第一批“最美林草科技推广员”。

积极申报林业科技推广项目，全年共向国家林草局申报中央财政林业科技推广示范项目3项。其中天津市滨海新区农业农村发展服务中心申报“冬枣缩果病绿色防控与高效栽培关键技术”项目1项；天津市规划和自然资源局林业事务中心申报“野生动物无线远程实时监测与自动识别技术推广示范”“苹果绿色防控与高效栽培技术示范”项目2项。

【林业信息化建设】 年内，持续建设国土空间基础信息平台。天津市国土空间基础信息平台建设于2020年12月建设完成，2021年3月正式上线运行。平台包括平台门户、空间可视化子系统、移动应用一张图子系统、数据资源中心、服务管理子系统和运维监控子系统6个部分。平台为国土空间规划编制、业务审批、国土空间开发利用监测监管等提供技术支撑，为全市林业草原管理提供可靠信息资源和分析服务。同时，规范组织开展2021年森林资源管理“一张图”更新调查工作，完善数据库。认真梳理市智慧林长平台数据清单，整理湿地、生态、森林防火、森林野保等责任处室共计14项数据需求，逐步细化平台需求。

【林业改革】 全市13.28万公顷集体林地全部确权，确权率100%。全年加强林地承包经营纠纷调处，推进林权流转交易平台建设，截至2021年底，天津市有林业合作社180家，其中国家级示范合作社6家，市级示范合作社30家，入社社员2500多户，示范带动农户5000余户。

加强农村产权流转交易市场建设，扩大集体产权流转交易范围和品种，推动林权流转交易实现“应进必进”。全年共成交林权项目132笔，成交金额4282.71万元。8月，会同天津建设银行建立网上天津林特产品馆，实现全市林产品线上和线下多种渠道销售，截至2021年底成交1995笔。

推进政策性森林保险工作。会同市财政局、天津银保监局印发《关于全面推进天津市政策性森林保险实施方案》，将全市享受生态补偿的公益林全部纳入保险范围，加强生态保护力度。

巩固国有林场改革成果。按照国家林草局要求，对加强国有林场绿色发展进行调研，指导国有林场职工考核工作落实，开展国有林场边界数据收集工作，并将数据结果报国家林草局。

【义务植树】 天津市积极推动全市群众参加义务植树活动，特别是近几年市领导将义务植树地点选择在双城生态屏障建设区内，有力地推动了双城生态屏障建设的开展，加快了建设进度，为全市广大居民积极参与义务植树活动起到了示范和带动作用，绿色生态屏障位于天津中心城区和滨海新区之间，长约50千米，东西宽约15千米，面积736平方千米，涉及滨海新区和东丽、津南、西青、宁河区共5个行政区。

各区义务植树。天津市16个区均在植树节期间组织区领导开展义务植树活动，通过领导的引领示范作用有效地带动了广大群众积极参与义务植树活动。

创新形式开展宣传活动。3月12日，天津市河北区绿化办与河北一幼(金狮园)携手开展了“全民植树 爱绿护绿”主题活动，组织知青网、居民群众百余人开展了河北区群众义务植树活动，种下富有纪念意义的“健康树”“幸福树”“长寿树”，用实际行动倡导全民义务植树。北辰区组织开展亲子植树、愿望植树等活动，推动区内村民开展庭院绿化、美化，提升村民生活环境。

建设义务植树基地。各区在推进义务植树工作中积极落实义务植树基地建设任务，蓟州区建成城北义务植树区，建设了府君山、五名山、仓上屯、上仓核心区、邢家沟和蓟州新城等十几处义务植树基地。其他各区也结合本区的具体情况，采取多种形式落实义务植树地点，确保广大居民参与义务植树能够最大限度地得到保障。

【古树名木保护】 根据全市古树名木资源分布情况，利用天津市规划和自然资源局统筹规划、国土和林业统一管理职责的优势，逐步将全市古树名木点位坐标纳入天津市国土空间规划“一张图”实施监督信息系统，在编制专项规划和详细规划时充分考虑对古树名木资源的保护，坚持规划避让和制订保护措施的原则，从规划发展的源头上树立古树名木保护意识。

组织编制的《天津市历史文化名城保护规划(2020~2035年)》中，明确提出将古树名木作为历史环境要素纳入历史文化名城保护体系；在历史文化街区保护规划中，提出将古树名木列为环境保护对象，作为真实历史遗存和历史信息加以保护，强化街区特色；在实施保护规划的项目审批和城市更新项目中，开展历史文化资源调查，明确提出对于古树名木的保护要求。

积极与天津市司法局沟通，将《天津市古树名木保护管理办法(修改)》列入市政府规章一类审议立法计划，天津市规划和自然资源局将会同天津市城市管理委全力做好规章修改的立法工作，统一建成区内外古树名木保护管理标准，设定严格的保护管理条款，提高古树名木有关审批条件，加大对古树名木破坏违法行为的处罚力度，将危害后果严重的情形列入刑事处罚范围。

【大事记】

1月8日 天津市规划和自然资源局举办全市启用新版《全国林木采伐管理系统》应用及采伐管理培训班，启用天津市新印制的带有二维码的林木采伐许可证。

1月22日 天津市规划和自然资源局印发《关于开展2021年森林资源监测调查的通知》。

1月28日 天津市规划和自然资源局二级巡视员高明兴组织召开会议，研究落实国家林草局2021年重点任务。

2月3日 天津市规划和自然资源局组织召开2021年春节、两会期间全市森林防火和安全生产暨森林火灾风险普查工作推动会。

2月3日 天津市规划和自然资源局研究制订《天津市森林早期火情处置办法(试行)》。

2月25日 天津市人民政府办公厅印发《天津市湿地生态补偿办法的通知》。

3月10日 天津市规划和自然资源局二级巡视员许朝带领森林野保处相关负责同志到市城市管理委对接天津市全面建立林长制体系有关工作。

3月15~18日 国家林草局防火司与北京专员办对“两会”期间天津市森林防火工作进行专项督查。

3月19日 天津市规划和自然资源局组织召开2021年天津市春季森林防火部署会，传达中央领导同志指示批示精神，科学分析、研判春防工作面临的严峻形势，全面部署天津市以“清明”“五一”为重点的春季森林防火工作。

3月19日 天津市规划和自然资源局联合央视总台，在蓟州区盘山风景区和河湾镇秋子峪开展森林防火直播活动，并在央视新闻客户端、哔哩哔哩、快手三大平台同步直播，获得了较高的关注度，快手平台当天点击量超100万次。

3月21日 开展国际森林日宣传活动，以森林资源监测调查科普宣传的方式由央视微视频现场直播。

3月24日 国家林业和草原局第6号公告确定天津市蓟州区松材线虫病疫区撤销。

3月25日 天津市规划和自然资源局印发《关于加强天津市春季森林防火工作的通知》《“森林防火宣传周”活动方案》和《森林防火倡议书》。

3月29日 天津市规划和自然资源局印发《关于开展全市打击毁林专项行动的通知》。

3月29日 天津市规划和自然资源局印发《关于印发〈天津市恢复植被和林业生产条件、树木补种标准〉的通知》。

4月8日 天津市规划和自然资源局配合天津市发展和改革委员会等部门印发《关于天津市科学利用林地资源促进木本粮油和林下经济高质量发展的实施意见的通知》。

4月9日 天津市规划和自然资源局组织召开全市打击毁林专项行动动员部署会。

4月12日 天津市规划和自然资源局党委书记、局长陈勇组织召开会议，专题研究《天津市全面建立林长制的实施意见(报审稿)》。

4月14日 天津市政府副市长孙文魁主持召开全市林业工作暨市野生动物保护领导小组全体会议。

4月21日 天津市规划和自然资源局举办2021年度森林防火技能培训班，组织各区林业主管部门、防火专业队、巡护人员等开展森林防灭火指挥扑救、装备器材使用、安全避险和火场逃生技能培训及以水灭火专项演练。

4月22日 天津市规划和自然资源局印发《关于进一步加强“五一”期间森林防火工作的通知》。

4月26日 天津市规划和自然资源局组织全市开展《中华人民共和国种子法》宣传活动。

4月28日 天津市规划和自然资源局组织召开全市“五一”期间森林防火工作部署会，认真传达学习国家林草局局长关志鸥讲话精神，分析天津市当前森林防火形势，对贯彻落实好国家林草局防火调度会议精神、加强天津市“五一”期间和今后一个时期森林防火工作作出重要部署。

5月6日 天津市规划和自然资源局印发《关于开展森林督查暨森林资源管理“一张图”更新工作的通知》。

5月6日 天津市规划和自然资源局组织召开天津市林长制工作筹备会议，研究天津市建立林长制的工作机制和下一步主要做法。

5月8日 天津市规划和自然资源局印发《关于上报2020~2021年度森林防火期工作总结和加强夏季森林防火工作的通知》。

5月13~15日 天津电视台、《天津日报》《今晚报》、北方网、天津广播等主流媒体陆续报道天津市出台《关于全面建立林长制的实施方案》有关内容，在全市营造重视林草资源管理、加强生态资源保护的良好氛围。

5月20日 天津市规划和自然资源局举办全市森林资源管理暨森林资源管理“一张图”更新工作培训班。

5月25日 天津市规划和自然资源局举办全市深化集体林权制度改革培训班。

5~6月 天津市规划和自然资源局部署开展以“预防森林火灾，共享绿色家园”为主题的森林防火宣传周活动、以“防范化解灾害风险，筑牢安全发展基础”为主题的警示教育周活动。

6月3日 天津市规划和自然资源局会同蓟州区林业局到蓟州区孙各庄乡食用林产品种植基地开展宣传活动。

6月9日 天津市规划和自然资源局印发《关于开展2021年食用林产品质量安全监测工作的通知》。

6月23日 天津市规划和自然资源局举办食用林产品监测标准及质量管理培训班。

6月26日 天津市规划和自然资源局举办全市打击制售假劣林草种苗和侵犯植物新品种权执法培训班。

6月30日 天津市滨海湿地生态建设国家创新联盟挂牌。

7月8日 天津市规划和自然资源局印发《关于开展2021年全市林草生态综合监测评价等工作的通知》。

7月9日 天津市规划和自然资源局召开视频会议，动员部署全市林草生态综合监测评价及林草湿数据与国土“三调”数据对接融合工作。

7月21日 天津市规划和自然资源局召开全市森林资源管理年度重点任务推动会。

7月21日 天津市规划和自然资源局印发《天津市规划和自然资源局关于开展天津市2021年打击制售假劣林草种苗和侵犯植物新品种权行动的通知》。

7月30日 受天津市人民政府委托，天津市规划和自然资源局党委书记、局长陈勇在天津市第十七届人民代表大会常务委员会第二十八次会议上作《关于天津市重大生态工程建设情况的报告》。

7月30日 天津市规划和自然资源局二级巡视员高明兴组织召开全市“打击制售假劣林草种苗和侵犯植物新品种权专项行动”工作动员部署会。

8月6日 京津冀三省(市)林业、应急部门联合召开2021年度京津冀森林防火视频联席会议。

8月13日 天津市委书记李鸿忠，市委副书记、市长廖国勋，市人大常委会主任段春华深入津南区、西青区调研绿色生态屏障建设情况。

8月13日 天津市规划和自然资源局党委委员、副局长崔龙主持召开市林长制工作专题会议，二级巡视员许朝，局生态处、局湿地处、局森林野保处、局森林防火处、局财务处、局网信办和市林长办专班有关人员参加会议。

8月17日 市人大常委会办公厅向市政府办公厅转送市人大常委会对市人民政府《关于天津市重大生态工程建设情况的报告》审议意见。市十七届人大常委会第二十八次会议听取和审议了市人民政府《关于天津市重大生态工程建设情况的报告》，会议同意这个报告，并提出了审议意见。

9月8日 天津市规划和自然资源局二级巡视员许朝主持召开全市林长制联络员工作推动会。

9月17日 天津市规划和自然资源局会同市森防办、市工信局、市电力公司专题研究部署开展天津市林区输配电设施火灾隐患专项排查治理行动。

9月23日 天津市规划和自然资源局二级巡视员许朝组织召开国有林场矢量边界数据核实工作会议。

9月26日 天津市规划和自然资源局组织召开2021~2022年度全市森林防火暨安全生产工作会议。

9月28日 天津市规划和自然资源局印发《关于通报森林防火督查检查情况和进一步加强秋冬季森林防火工作的通知》。

10月2日 天津市规划和自然资源局党委书记、局长陈勇率工作组深入蓟州区检查指导“十一”期间森林防火工作。蓟州区委主要领导及区政府分管领导、蓟州区林业局主要负责同志一并深入现场督导检查。

10月18日 天津市规划和自然资源局会同天津市财政局、天津银保监局印发《关于全面推进天津市政策性森林保险实施方案》。

10月19日 天津市副市长康义到蓟州区调研指导林长制推行工作。

10月19日 第一届京津冀晋内蒙古森林草原防火联席会议在河北省张家口召开，联合签署华北五省(区、市)《森林草原防火联防联控合作协议》，进一步加强华北地区森林草原防火协作，提高冬奥赛区及周边森林草原火灾综合防控能力。

11月1日 市人民政府办公厅向市人大常委会办公厅报送《市人民政府关于研究处理对天津市重大生态工程建设情况报告审议意见的报告》。

11月15日 天津市规划和自然资源局党委向天津市委报送《关于天津市重大生态工程建设情况的报告》。

11月23日 天津市规划和自然资源局印发《天津市规划和自然资源局关于认定天津市第一批省(市)级“耐盐碱植物种质资源库”的通知》。

11月26日 市森防办、市规划资源局、市公安局、市消防救援总队主办，蓟州区森防办、公安分局、林业局及相关乡(镇)承办，联合北京市森防办、河北省森防办在三地同时举行“2021年京津冀森林火灾联合处置应急演练”。

11月 天津市规划展览馆举办2021年森林防火专题展览和操法展示活动，天津市规划和自然资源局联合市应急局、公安局在以山林为重点的蓟州区、平原林地为重点的津南绿色屏障区开展森林防火集中宣传活动。

11月 津南区建立了市级森林防火物资储备库——绿色屏障库区。

12月2日 天津市规划和自然资源局印发《2022年森林防火督查工作方案》。

12月13日 市林长办印发《关于深入落实习近平总书记视察塞罕坝机械林场时的重要批示精神切实加强旅游景区森林防火工作的通知》。

12月16日 天津市规划和自然资源局印发《天津市规划和自然资源局关于做好元旦、春节及“两会”期间森林防火安全防范工作的通知》。

12月20日 天津市副市长李树起带队赴宁河区调研林长制工作开展情况，市农业农村委、宁河区政府相关负责同志参加调研。副市长王卫东带队赴静海区调研指导林长制工作进展情况。

12月20日 国家林草局印发《国家林业和草原局办公室关于公布第五批国家林下经济示范基地名单的通知》。天津市荣发林木种植有限公司、天津盛世农业发展有限公司、天津市忠涛蚯蚓养殖专业合作社三家林业企业被国家林草局认定为第五批国家林下经济示范基

地，天津市忠涛蚯蚓养殖专业合作社的蚯蚓养殖已作为林木下经济典型案例在全国推广。

12月22日 天津市规划和自然资源局党委委员、副局长崔龙组织滨海新区天津泰达绿化科技集团有限公司举行“天津市第一批省级林草种质资源库”挂牌仪式。

（天津市林业由张敏供稿）

河北省林草业

【概　述】 2021年，河北省紧紧围绕“两区”（首都水源涵养功能区和生态环境支撑区）建设，聚焦聚力“三件大事”（推动京津冀协同发展，雄安新区规划建设，北京冬奥会筹办），大力弘扬塞罕坝精神，团结一心、拼搏竞进，完成营造林57万公顷、退化草原修复治理2.82万公顷，分别为计划任务的105%和117.7%，实现了“十四五”良好开局。

省、市、县、乡、村五级林长制 截至11月17日，全省五级林长组织体系全面建立，提前完成党中央、国务院和省委、省政府确定的阶段目标。明确139 828名林长名单、职责和责任区，初步形成“统筹在省、组织在市、责任在县、运行在乡、管理在村”的林草资源管理体系。省总林长亲自研究、实地调研、带头巡林，其他省级林长深入分包区域巡林督导，协调推动林草资源保护发展。全省林草部门积极争取，在落实机构、配强队伍、建立协作机制等方面取得突破。省编办批复省林草局设立林长制工作处，“林长+检察长”协作机制建立运行。石家庄、张家口、保定、邢台、邯郸5市中级人民法院建立太行山生态环境一体化司法保护协作机制。

国土绿化 一是超额完成国土绿化任务，进一步筑牢京津冀生态安全屏障。在全国率先印发《关于科学绿化的实施意见》《关于推进草原生态保护修复的实施意见》。张家口、石家庄、承德、秦皇岛、保定、廊坊、唐山7市通过国家动态监测评估，继续保持“国家森林城市”荣誉称号。成功创建37个省级森林城市，248个省级森林乡村，分别为计划任务的185%和165.3%。省林草局被评为全省“三重四创五优化”（重大国家战略、重大项目建设、重大民生工程；创新、创业、创全国文明城市、国家卫生城市、国家森林城市，创平安河北、法治河北；优化政治生态、优化经济结构、优化自然生态、优化营商环境、优化基层治理）活动先进典型，推广创建森林城市的经验做法。二是高标准完成总面积达0.18万公顷的雄安郊野公园建设，打造千年秀林的新样板，成为雄安新区的一处标志性工程，集中展示了全省生态文明建设成就，并成功申办2025年第五届中国绿化博览会。三是全力服务保障冬奥会和冬残奥会，确保“绿色奥运”成功举办。持续巩固提升冬奥绿化成果，张家口市林木绿化率达50%，奥运会核心赛区超过80%，同步完成森林碳汇等林草系统可持续性承诺任务，为冬奥会提供良好生态支撑。自2015年冬奥会申办成功以来，崇礼冬奥赛区和赤城环延庆赛区周边连续7年实现“零火情”。11月28日，省森林草原防灭火指挥组进驻崇礼区，全力以赴备战森林草原防火工作，确保万无一失。完成两批供奥干果基地遴选推荐，开展供奥干果专项监测，保证数量充足、质量安全、供应有序。

森林草原防火 在全国率先建成“天空地”一体化防火监测体系，布设前端探头6702个，建设完成覆盖全省的森林草原防火视频监控系统。开展森林草原可燃物“六清”活动和电力线路火灾隐患专项整治行动，清理坟头48.8万个，清理林边、矿边、地边、路边、隔离带可燃物5.4万余千米。全省3777个卡口“防火码”启用率在全国率先达到100%。全年森林火灾发生起数大幅下降，未发生重大及以上森林火灾，没有发生草原火灾和人员伤亡事故，连续两年实现春节、全国“两会”、清明、“五一”、国庆期间“零火情”。强化普查监测，严格检疫监管，继续保持松材线虫病“零发生”，美国白蛾等重大林草有害生物持续稳定控制。

林草法治建设 林草法治保障体系日臻完善，出台《塞罕坝森林草原防火条例》《衡水湖保护和治理条例》。省林草局与河北政法职业学院签署战略合作协议，全面加强依法行政、依法管理。依法查处各类林草行政案件1388起，处罚1342人次，罚款2900.13万元，恢复林地83.68公顷，责令补种树木10.3万株。推进行政审批制度和“放管服”改革，政务服务事项网办率由48%提高到100%，全年分别向石家庄市、北戴河新区下放省级行政许可事项7项和3项。持续深化“证照分离”改革，直接取消审批5项，实行告知承诺3项，优化审批服务4项。加强“双随机一公开”监管，全年组织随机抽查9次，抽查主体95个。

林草资源管护 编制上报《河北省自然保护地整合优化预案》，推进风景名胜区总体规划编制报批，深入开展各类自然保护地监督检查专项行动，建立常态化遥感监测和明察暗访机制，严守生态安全底线。有序推进黄(渤)海候鸟栖息地(第二期)河北段申遗工作，确定5处候选提名地。加强森林资源保护管理和监督检查，新增国家级公益林24.86万公顷，全省重点生态公益林达227.87万公顷，实现87.8万公顷天然商品林停伐保护全覆盖。实施白洋淀及上游湿地建设，开展衡水湖湿地生态效益补偿，在18个生态区位重要的湿地实施保护修复工程。加强野生动植物及其栖息地（生境）保护，实施黑鹳、大花杓兰等野生动植物保护项目，省政府印发《关于进一步加强鸟类等野生动物保护管理工作的通知》，初步完成《河北省重点保护陆生野生动物名录》调整，开展野生动物收容救助和疫源疫病监测防控。

林草生态产业 全省经济林种植面积达146万公顷，林草产业总产值达1458亿元。下达62个脱贫县（区）林草资金34.87亿元，安排生态护林员补助资金3亿元，助力巩固生态脱贫攻坚成果。塞罕坝林场获

"全国脱贫攻坚楷模"，省林草局规划财务处、石家庄市林业局获得"河北省脱贫攻坚先进集体"称号。省直10部门联合印发《关于科学利用林地资源促进木本粮油和林下经济高质量发展的实施意见》。新发展经济林面积1.39万公顷，提质增效面积3.55万公顷。与省建行共同筹建"河北林特产品馆"，绿岭、神栗等18家知名企业成功入驻，上线产品700多款。圆满完成上海第十届中国花卉博览会河北展园展馆建设和参展工作，荣获一项特等奖和多项金奖。

基础保障能力 《河北省林业和草原保护发展"十四五"规划》经省政府同意印发实施。通过积极争取，崇礼区等6县（区）增列入国家"双重"规划，石家庄市、保定市增列入国家"十四五"林业草原保护发展规划纲要。取得林草科研成果21项，国家专利348项；国家榆树长期科研基地获批，成立"榆树产业国家科技创新联盟"，推进产学研用的深度融合。林草花卉质量检验检测中心通过CNAS国家实验室认可和省级检验检测机构资质认定。持续巩固拓展国有林场改革和集体林权制度改革成果，持续推动国有林场森林资源价值化试点推广。省林草局设立综合执法监督处，加挂林长制工作处、内部审计处牌子。顺利完成所属事业单位机构改革，制定印发直属事业单位章程、政事权限清单。

林草宣传 12月24日，省政府新闻办举行河北省林业草原生态建设情况新闻发布会。制作《绿水青山看河北》专题片，得到省委、省政府主要领导的充分肯定，在央视新闻频道《今日中国·河北篇》和河北卫视黄金时段连续播出。举办关注森林暨森林城市建设专题研讨活动。出版《河北古树名木》。制作全省义务植树40周年专题宣传片、画册，举办成果展。积极争取主流媒体，在国家级及省级以上重要媒体上发布新闻稿件500余篇，与省委宣传部联合发起"河北省最美务林人"发布宣传，挖掘了一大批先进典型；完成塞罕坝展览馆改陈布展，组织塞罕坝先进事迹报告团开展宣讲活动4次，省级以上新闻媒体到塞罕坝开展专题采访30多次。

塞罕坝林场二次创业 省委、省政府制定《关于深入学习贯彻习近平总书记在承德考察时重要讲话精神奋力开创全省经济社会高质量发展新局面的意见》。省政府办公厅印发《推进塞罕坝机械林场"二次创业"的实施方案》《塞罕坝机械林场基础设施优化提升方案》。塞罕坝林场建设完成生态隔离网续建工程、重大林草有害生物防控能力提升工程。大力实施林业生产质量精准提升年活动和抚育盲区清零行动，开展自然保护区人工林生态抚育和森林可持续经营国家试点。完成8栋357套国有林场危旧房改造房屋分配工作，解决了困扰多年的历史遗留问题。塞罕坝林场被党中央、国务院授予"全国脱贫攻坚楷模"，被党中央授予"全国先进基层党组织"称号，获联合国防治荒漠化领域最高荣誉——土地生命奖。

【习近平总书记深入塞罕坝机械林场考察】 8月23日下午，习近平总书记在河北省委书记王东峰、省长许勤陪同下深入塞罕坝机械林场考察。

习近平在海拔1900米的月亮山，远眺林场自然风貌，听取河北省统筹推进山水林田湖草沙系统治理和塞罕坝机械林场情况介绍，对林场打造人防、技防、物防相结合的一体化资源管护体系，守护森林资源安全取得的成绩给予肯定。习近平强调，我国人工林面积世界第一，这是非常伟大的成绩。塞罕坝成功营造起百万亩人工林海，创造了世界生态文明建设史上的典型，林场建设者获得联合国环保最高荣誉——地球卫士奖，机械林场荣获全国脱贫攻坚楷模称号。希望你们珍视荣誉、继续奋斗，在深化国有林场改革、推动绿色发展、增强碳汇能力等方面大胆探索，切实筑牢京津生态屏障。月亮山上建有集防火瞭望和资源管护为一体的望海楼。习近平亲切看望驻守望海楼13年的护林员刘军、王娟夫妇，并登上望海楼，详细了解他们的日常工作和饮食起居情况，称赞他们默默坚守、无私奉献，守护了塞罕坝生态安全。

尚海纪念林位于塞罕坝机械林场原马蹄坑造林会战区，是百万亩林海起源地。习近平沿木栈道步行察看林木长势，了解动植物保护等情况。习近平对林场的工作给予肯定，并再三叮嘱，防火责任重于泰山，要处理好防火和旅游的关系，坚持安全第一，切实把半个多世纪接续奋斗的重要成果抚育好、管理好、保障好。要加强林业科研，推动林业高质量发展。离开纪念林前，习近平同林场三代职工代表亲切交流，询问他们工作生活情况，共话林场沧桑巨变，共谋林场未来发展。习近平强调，塞罕坝林场建设史是一部可歌可泣的艰苦奋斗史。你们用实际行动铸就了牢记使命、艰苦创业、绿色发展的塞罕坝精神，这对全国生态文明建设具有重要示范意义。抓生态文明建设，既要靠物质，也要靠精神。要传承好塞罕坝精神，深刻理解和落实生态文明理念，再接再厉、二次创业，在实现第二个百年奋斗目标新征程上再建功立业。

【《河北省人民政府办公厅关于科学绿化的实施意见》】 为全面推行林长制，增强生态系统功能和生态产品供给能力，河北省人民政府办公厅于7月16日印发《关于科学绿化的实施意见》（以下简称《实施意见》）。

《实施意见》强调，科学绿化应该坚持"生态优先、综合治理，科学规划、合理布局，因地制宜、尊重自然，质量优先、节俭造林"的工作原则，通过人工修复与自然恢复相结合，合理布局绿化空间，科学选择绿化树种草种，数量和质量并重，统筹推进山水林田湖草沙一体化保护和修复，科学、节俭、高质量开展国土绿化，构建健康稳定的生态系统。《实施意见》明确，科学绿化的主要任务包括10个方面：高质量编制绿化规划；科学确定绿化用地；拓展造林绿化空间；优化树种草种结构；高标准编制作业设计；科学选择绿化方式；加强森林抚育经营；强化森林草原防灭火和病虫害防治；做好林业草原资源保护；完善资源监测评价。《实施意见》强调，加大改革创新力度，落实以奖代补、资源利用等扶持政策，实行差异化财政补助政策，完善生态补偿机制，采用市场化、公司化、专业化运作模式，探索适应省情的林业碳汇开发和交易模式，调动企业通过碳汇交易开展造林绿化。落实和完善林木采伐管理政策，优先保障森林抚育、退化林修复、林分更新改造等采伐需求，放活人工商品林自主经营。实施草原保护修复重大工程，持续改善草原生态状况。开展林草种质资源普查和林木良种、草品种审定，加强重要乡土树种草种资源收集保护、开发利用、种苗繁育等关键技术和设施研发，开展松材线虫病等重大有害生物灾害防控、林水关系研究，推进困难立地造林绿化技术攻关。适时开展人工降雨作业，提高造林绿化效率。

【《塞罕坝森林草原防火条例》】 于9月29日由河北省十三届人大常委会第二十五次会议表决通过，于2021年11月1日起施行。《塞罕坝森林草原防火条例》(以下简称《条例》)共八章67条。

《条例》全面建立防火责任制，规定省、市、县人民政府实行分级负责制，实行森林草原资源发展保护林长制，落实政府属地管理责任，细化行政首长负责制规定；明晰林业和草原、应急管理、公安等部门监管执法责任；明确塞罕坝机械林场、周边森林草原管理机构主体责任。要求严格控制旅游开发，明确规定由河北省政府划定塞罕坝机械林场以及周边区域为禁止旅游区并向社会公布；对禁止旅游区与其他区域实现物理隔离提出具体要求；限制开展不利于防火安全的旅游活动，并规定旅游经营服务单位应当承担的防火责任。要求围绕火灾隐患重点问题，对症施策。加强森林草原消防队伍建设，发挥防火专家组作用，落实网格化管理，明确护林员、护草员、瞭望员等职责，为防火人员提供必要待遇和保障；加强防火基础设施建设，科学规划建设各类防火设施设备；发挥科技在防火工作中的作用，加强视频远程监控及信息化网络体系建设。明确河北省政府与内蒙古自治区政府建立森林草原防火联防机制，建立健全联席会议、信息共享、通信联络、力量调动、预警和信息报告等制度；塞罕坝机械林场要和周边森林草原管理机构以及毗邻县、乡(镇)人民政府签订联防协议，建立联防组织。明确加大对违法行为的处罚力度。对承担防火责任的单位和个人的违法行为设定了罚则；明确规定造成火灾隐患的违法行为的罚则，并对照上位法规定，提高罚款处罚的下限；对造成森林草原火灾的，依法追究刑事责任。

【《衡水湖保护和治理条例》】 11月23日，河北省十三届人大常委会第二十七次会议表决通过《衡水湖保护和治理条例》(以下简称《条例》)，2022年1月1日起施行。共九章68条。

《条例》规定，建立鸟类等野生动物及其栖息地档案，禁止在自然保护区实施可能对鸟类生活习性和栖息环境造成危害的噪声侵害、光侵害、食物污染、违规投喂等行为，科学开展增殖放流，加强森林资源保护。《条例》明确，在自然保护区要严格控制重点污染物排放总量，实施生活垃圾分类和厕所无害化改造，建设污水处理设施，实施地下水污染防治分区管理。还对旅游景区经营者作出规范，要求做好污水、垃圾集中收集处理，禁止随意排放污水、弃置垃圾。明确入湖河道沿线保护区域县级以上人民政府责任，专门对水资源保护、河道管理和保护、排污监管、畜禽污染防治、农业面源污染控制等方面作出规范，同时强调了入湖河道各级河长职责。该区域内应科学划定禽畜禁养区，推广应用化肥减量增效、农药减量控害技术，并要求科学处置农用薄膜、农作物秸秆、畜禽粪便等农业废弃物。明确执法主体和执法责任，建立了政府统筹协调、部门依法管理、保护区管理机构专门负责、社会参与的协同治理机制，共同做好衡水湖保护工作。明确自然保护区内六种禁止性行为，并严格设置相应法律责任，确保“管得住、管得好”。在自然保护区内进行砍伐、放牧、捕捞、采药、开垦、开矿、挖沙等活动造成破坏的，处300元以上1万元以下罚款；从事水产、畜禽等规模性养殖活动的，处1万元以上5万元以下罚款。

【雄安郊野公园】 自2019年规划建设，2021年7月18日开园运营，11月30日完成移交工作，公园建设顺利收官。

雄安郊野公园坐落于雄安新区容东片区北侧、南拒马河南侧、京雄高速西侧，总面积0.18万公顷，是雄安新区“一淀、三带、九片、多廊”生态格局中“九片”之一。作为雄安新区北部绿色生态门户，郊野公园能够发挥大型林地的生态屏障、水源涵养作用，体现自然生机、休闲游憩功能。

公园由14片城市森林组成，每片规模40~100公顷，造林以“适地适树、节俭造林”为原则，以“大林小园”为建设方向，以“片上造林、局部点睛”为设计手法，力求营造与城市共生的风景园林。

【河北省关注森林暨森林城市建设专题研讨活动】 于12月7日在石家庄举办。研讨活动以“聚焦双碳目标　共谋绿色发展”为主题，回顾2020年以来全省关注森林活动开展情况，探讨新形势下实现碳达峰、碳中和的策略和途径，研究森林城市建设现状及未来发展趋势，研究部署下一阶段重点工作任务，以全面提升河北森林城市建设质量和水平，为全省高质量发展增添“绿色动能”。省政协副主席、省关注森林活动组委会主任苏银增出席会议并讲话，省关注森林活动组委会副主任、省林草局党组书记、局长刘凤庭通报了全省关注森林活动、碳达峰碳中和及森林城市建设情况，省关注森林活动组委会副主任、省政协人资环委主任李晓明主持活动。

研讨活动以网络视频形式举行，邀请国家林草局宣传中心副主任缪宏、中国林业科学研究院王成研究员、中国绿色碳汇基金会副理事长刘家顺通过云视频形式分别就全国关注森林活动开展情况、森林城市建设现状及未来发展趋势、当前碳达峰碳中和形势作了讲解。省关注森林活动组委会成员单位分管负责同志及联络员等在主会场参加活动。

【第一届京津冀晋蒙森林草原防火联席会议】 于10月19日在河北张家口召开，会议由河北省林草局牵头召开。会议签署《北京市、天津市、河北省、山西省、内蒙古自治区森林草原防火联防联控合作协议》，进一步加强华北地区森林草原防火协作，提高冬奥赛区及周边森林草原火灾综合防控能力。协议以“目标同向、措施一体、优势互补、互利共赢”为发展理念，秉持“常态协作、资源共享、齐抓保护、区域联动”的合作原则。

协议的签订将充分发挥五方优势，加强在火灾预防、防火项目建设等方面相互配合，进而实现"行政区划有边界、森林草原防火无边界"的工作目标，牢牢构建起京津冀晋蒙交界区森林草原资源的绿色保护屏障。国家林草局党组成员、副局长李树铭，省林草局党组书记、局长刘凤庭，张家口市副市长郭新耀出席会议并讲话。

【"冀防火　护青山"春季森林草原防火"云"宣传活动】 4月28日，由河北省林草局联合河北广播电视台在石家庄市举办。活动通过视频直播、视频连线、访谈直播秀等多种形式面向社会公众进行多题材、多角度、多平台的立体宣传，在冀时客户端、河北综合广播微信小程序、微博平台以及河北省林草局官方微博平台同步直播。

"云"宣传活动现场播放展示河北省森林草原防火成果宣传片；现场与石家庄、雄安新区、秦皇岛、张家口崇礼区4个防火重点地区远程视频连线，邀请当地林草系统防火负责人介绍当地森林草原防火工作开展情况；视频连线中，记者还走访石家庄、秦皇岛森林消防大队，记录下森林草原防火专业队伍的实战训练和新装备演练；活动现场还开设森林草原防火知识"云"课堂，介绍森林草原火灾的危害、违法野外用火受到的处罚、"防火码"的功能和使用方法以及森林草原火灾安全避险常识等内容。石家庄市森林消防大队40名扑火队员受邀到场观看，课堂氛围活泼、内容充实有趣、现场反响热烈。

【河北省林草局同河北省气象局签署合作协议】 4月16日，省林草局同省气象局在河北人工增雨石家庄基地签署深化合作协议。合作双方主要围绕六个方面达成协议。一是健全和完善数据共享机制。根据工作需要，双方确定数据和产品共享清单、共享方式，推动信息共享工作。二是加强森林草原防灭火合作。建立健全森林草原火情监测以及火险联合会商机制，联合开展森林草原火险预报预警，通过电视、广播、网站、微信等多种方式，联合发布森林草原火险气象等级预报预警。三是强化国土绿化气象支撑。针对河北"两翼""三环""四沿"以及太行山、燕山等重点绿化工程，开展植树造林适宜期预报、植被生态质量气象评估和生态文明建设绩效考核气象条件贡献率评价等工作，强化国土绿化科技支撑。四是联合开展自然保护地建设和保护。强化自然保护地建设领域合作，推动对重点工程、重要规划实施气候可行性论证。加强对优质生态资源的挖掘和保护，联合推进天气氧吧等国家气候标志和国家气象公园创建工作。五是强化气候变化应对和科研合作。根据气象和林草生态系统长期监测数据，结合未来气候变化情景模拟等成果，共同研究未来气候变化情景下林草生态系统的响应与适应机制，做好林草重大生态工程气候变化风险评估和预测。开展森林火灾(特别是雷击火)机理与火灾蔓延模型研究。六是强化"十四五"规划对接。推进"十四五"气象发展规划与林业草原发展规划对接融合，支持建设重要生态系统保护和修复气象保障工程、自然保护地生态保护气象监测工程等，建设综合气象观测站，强化自然保护地生态保护气象支撑。

【塞罕坝机械林场先进事迹报告会】 于3月31日通过视频形式举办，由河北省林业和草原局与中国驻坦桑尼亚大使馆联合举办，塞罕坝先进事迹宣讲团成员安长明、陈彦娴、于士涛、程李美，为中国驻坦桑尼亚使馆工作人员和在坦中资机构负责人作先进事迹报告。省林草局主要负责人，塞罕坝林场报告团成员，省林草局机关全体公务员，驻石家庄事业单位班子成员在国内会场参加报告会；中国驻坦桑尼亚使馆和桑给巴尔总领馆全体党员，在坦中资企业党组织负责人在国外会场参加。

【大事记】

2月24日　省委常委、常务副省长袁桐利到石家庄市灵寿县调研检查森林草原防火工作，实地察看灵寿县庙台村防火检查站，检查灵寿县森林消防大队备勤备战情况，慰问一线森林消防队员。

2月25日　全省林业和草原工作视频会议在石家庄召开。会议回顾总结"十三五"时期和2020年工作，安排部署"十四五"时期及2021年重点任务。省林草局党组书记、局长刘凤庭出席会议并讲话，驻省自然资源厅纪检监察组尹耀增出席会议，省林草局党组成员、副局长王忠主持会议。石家庄、邯郸、邢台、张家口、承德5个市的代表分别就林长制试点、创建森林城市、太行山绿化攻坚、草原生态修复、森林草原防火工作作了典型发言。

3月12日　省委书记、省人大常委会主任王东峰，省委副书记、省长许勤，省政协主席叶冬松，省领导袁桐利、高志立、张国华、范照兵在雄安新区雄安郊野公园开展义务植树活动，带头推进国土绿化行动。省四大班子其他领导成员、驻冀部队领导同志等同步在石家庄市滹沱河北岸开展义务植树。

3月19日　全省林草系统春季森林草原防火工作视频会议召开。会议传达学习国务院总理李克强重要指示批示及国家森林草原防灭火指挥部、国家林草局和省委、省政府春季森林草原防火电视电话会议精神，对全省春季尤其是"清明""五一"森林草原防火工作进行再安排、再强调、再部署。

4月9日　省林草局、石家庄市林业局和石家庄市公安局森林警察支队联合主办的"爱鸟周"活动在石家庄市水源街小学举行，此次活动以"爱鸟护鸟，万物和谐"为主题，将爱鸟护鸟意识带进校园，传递给青少年。

4月11日　河北省绿化委员会工作会议在石家庄召开。会议总结"十三五"期间及2020年全省绿化委员会工作完成情况，安排部署"十四五"时期和2021年重点工作。省绿化委员会副主任、省林草局局长刘凤庭出席并讲话，省绿化委员会全体委员参加会议。

4月13~14日　全省森林城市创建暨春季造林绿化现场推进会在邢台市召开，现场观摩工程造林示范区，观看邢台市创建国家森林城市暨国土绿化宣传片，听取邢台市、张家口市、承德市、邢台市信都区造林绿化典型发言。会议总结"十三五"时期和2020年工作，对"十四五"时期及2021年重点任务进行安排部署。

4月20日　由河北省林草局与唐山市人民政府联合主办，唐山市自然资源和规划局等单位承办的2021年河北·唐山"爱鸟周"宣传活动启动仪式在滦南

县举行，此次活动主题为“保护野生鸟类·守护生态家园”。

5月6~7日 省长许勤到省应急指挥中心紧急调度森林草原防灭火工作。

5月14日 省林草局与国家林草局调查规划设计院在石家庄签署战略合作框架协议，双方主要围绕河北林草资源调查监测、自然生态系统保护修复、国家公园为主体的自然保护地建设管理以及绿色生态产业发展等方面进行有益合作探索。

5月22日 省林草局、省野生动物保护协会在秦皇岛市野生动物园开展野生动物保护暨疫源疫病科普宣传活动。

6月4日 财政部确定邯郸市为“太行山区国土绿化试点示范项目”。该项目总投资3亿元，其中中央补助资金1.5亿元、省级配套资金0.5亿元、市级配套资金0.1亿元、县(市、区)配套资金0.9亿元，营造林总面积0.8万公顷，涉及涉县、磁县、武安市、丛台区。

6月9日 全省矿山综合治理和荒山绿化工作现场会在邯郸市召开，省委常委、常务副省长袁桐利出席会议并讲话。

7月8日 全省推进林长制工作调度会议在石家庄召开，会议传达国家林草局全面推行林长制工作视频会议精神，通报全省林长制工作推进情况，安排部署下一步重点工作。

7月8~11日 国家林草局会同国家发展改革委、自然资源部、生态环境部、水利部、农业农村部组建的全国防沙治沙目标考核组对河北省“十三五”期间防沙治沙目标责任履行情况进行了期末综合考核。考核结果报经国务院同意，河北省等7个省份“十三五”省级政府防沙治沙目标责任期末综合考核结果为“工作突出”。

7月 河北省绿化委员会编辑的《河北古树名木》正式出版。

8月19日 省林草局与石家庄海关在石家庄签署野生动植物及其制品移交事项合作备忘录。双方将在联合执法打击陆生野生动植物违法行为、建立执法罚没物品移交接收常态化机制、推进野生动植物资源保护等方面展开合作。

9月24日 省林草局组织召开2021年全省秋冬季森林草原防火工作视频会议。会议传达省森防指防灭火会议精神，总结春季防火工作，对全省秋冬季森林草原防火工作进行安排部署。

10月20~21日 国家林草局副局长李树铭一行对承德市塞罕坝机械林场、木兰林场、围场满族蒙古族自治县森林草原防火指挥中心、滦平县金山岭长城景区等多地进行调研工作。

11月10日 省政府召开全省雄安郊野公园建设总结会议，全面总结雄安郊野公园建设经验，部署后期运营维护重点任务。省委常委、常务副省长袁桐利出席会议并讲话。

12月14日 以“树说40年，历历在木”为主题的河北省全民义务植树运动40周年成就展在雄安郊野公园开幕，展览通过图文并茂和视频等形式回顾总结河北省全民义务植树运动40年来取得的显著成就，集中展示全民义务植树发展历程。

12月24日 省政府新闻办举行“河北省林业草原生态建设情况”新闻发布会。省林草局党组书记、局长刘凤庭介绍2021年全省林业草原生态建设整体情况，并与省林草局党组成员、副局长王忠、吴京共同回答记者提问。

(河北省林草业由袁媛供稿)

山西省林草业

【概　述】 2021年，山西省林业和草原局坚持以习近平生态文明思想为指引，聚焦服务黄河流域生态保护和高质量发展以及乡村振兴战略，全面贯彻省委、省政府决策部署，按照“两山七河一流域”(两山：太行山、吕梁山，七河：汾河、桑干河、滹沱河、漳河、沁河、涑水河、大清河，一流域：黄河流域)生态保护修复布局，以科学开展国土绿化为基础，统筹推进山水林田湖草沙系统治理，进一步加快林草生态建设步伐，推进林草事业高质量发展取得新成效。全省林草总产值600.33亿元，其中林业产业总产值597.81亿元，草原产业总产值2.52亿元。

造林绿化 坚持科学推进国土绿化，将国家林草生态建设工程集中整合为“山西黄土高原水土流失综合治理项目”，对接国土“三调”数据，围绕“两山七河一流域”科学布局造林工程，同时将造林绿化任务落地上图，组织召开全省国土绿化运城现场推进会，掀起造林绿化高潮。全省完成营造林34.59万公顷，超额完成年度任务。通过向国家争取资金1.5亿元，启动太原市汾河上游国土绿化试点示范项目，完成人工造林0.8万公顷、退化林修复0.4万公顷、村庄绿化美化90个，草地改良0.07万公顷。服务太忻经济区发展，实施造林1.63万公顷。印发《关于协调做好封禁保护地方性法规立法执法工作的通知》，大同市和忻州、临汾、吕梁、运城4个沿黄河市完成封山禁牧立法工作，实施未成林地管护项目9.62万公顷，加强造林成果巩固。配合国家完成对全省的防沙治沙工作考核，山西省“十三五”防沙治沙目标责任考核被国家林草局等六部委评为“工作突出”等级。配合省政协组建成立全省关注森林活动组委会。开展义务植树40周年系列活动，全省完成义务植树和“四旁”植树1.39亿株。组织3个市和16个县开展森林城市创建；推进建成森林乡村837个。按照“一树一策”原则，完成对280株一级古树重点保护任务。召开全省国有林场工作会议，突出推进森林经营工作，精准提升森林质量。全省完成国家级森林抚育项目6.27万公顷，启动省级森林抚育项目4.33万公顷。

资源保护 坚持依法加强森林和草原资源保护。严格征占用林地审批工作，林地永久性征用0.46万公顷；临时性占用0.28万公顷；林业生产服务占用0.07万公顷；总计收缴植被恢复费7.59亿元。审批林木采伐64.64万立方米，生产木材32.68万立方米。推进森林督查发现问题整改工作，严格林地卫片执法工作。持续加强天然林保护，重点在中条山国有林管理局开展天然林保护修复认证试点工作。完成全省林草生态综合监测、年度森林资源综合核查和林草资源"一张图"年度更新工作。围绕建立以国家公园为主体的自然保护地体系，加快自然保护地整合优化，向国家申报调出自然保护地面积19.95万公顷。推进太行(中条山)国家公园设立前期工作取得阶段性成效。启动第二批省级重要湿地名录认定，起草《山西省湿地保护条例》草案。省林草局联合省法院、省检察院印发《关于建立林草资源行政执法与司法保护协调联动工作机制的意见》，加强涉林案件查处，严厉打击破坏森林草原资源违法行为。规范林草行政处罚文书格式23种，补充林草行政处罚参考示例文书格式13种。全省受理行政案件2063起，查处办结2021起，行政处罚2044人次，收缴罚款0.42亿元。加强林草行政审批工作，全年受理林草行政审批事项申请773件，办结664件。开展"森林草原防火宣传月"活动，全面推广使用"防火码"，完成全省火灾风险普查，重点推广晋城市安泽县和临汾市蒲县的森林防火经验，严厉打击野外违规用火，防范森林草原火灾发生。2021年全省监测热点65起、形成火情26起、发生火灾8起，较2020年同期分别下降66.1%、68.7%和52.9%。

林长制 持续推进林长制落实。制定《山西省全面推行林长制的实施方案》和《山西省林长制省级会议制度》《山西省林长制省级工作督查制度》《山西省林长制省级部门协作制度》《山西省林长制省级工作报告制度》《山西省林长制信息公开制度》五项基础性制度。健全省、市、县、乡、村五级林长制组织体系，到2021年底全省设立省级林长11人、市级林长91人、县级林长1038人、乡级林长5086人、村级林长25 109人；省直九大国有林管理局共设置局级林长51人、场级林长413人、站级林长640人。山西省林草局组建林长制工作专班，作为负责林长制工作的临时性机构；联合有关厅局专项督查督办林长制工作推进情况；编印山西林草资源概况及资源清单、工作清单等为林长工作提供参考，在山西省林草局官方网站开辟林长制工作专栏。省级总林长林武、蓝佛安以及省级林长王一新、张复明、贺天才、卢东亮、韦韬，先后赴各自分管责任区域进行巡林督查。

产业发展 坚持聚焦绿富同兴，大力发展林草产业。全省兑现林业生态扶贫PPP项目(政府和社会资本合作模式)资金10.86亿元，惠及55.96万群众增收12亿元。全省林木育种和育苗产值78.25亿元；经济林产品的种植与采集产值292.59亿元；花卉及其观赏植物种植产值14.08亿元；林草旅游与休闲服务产值27.32亿元。启动实施林草乡村生态振兴及储备林PPP项目。打造13处林下经济示范基地、4处花卉产业示范基地、4处森林康养基地、16处储备林建设基地。推进《山西(吕梁)干果商贸平台建设规划》落地，联合省发改委等十部门制订出台《关于科学利用林地资源促进木本粮油和林下经济高质量发展的实施意见》。组织林产品加工企业参加中国农民丰收节经济林节庆活动。对接建行山西分行搭建善融商务平台山西林特产品馆，协调22家龙头企业40余种林特产品入驻，年交易额突破0.18亿元。沁源县森源党参林下经济示范基地、武乡县众民中药材种植林下经济示范基地、乡宁县琪尔康中药材种植林下经济示范基地成为第五批国家林下经济示范基地。印发《关于做好省级林下经济(中药材)示范基地建设的通知》，确定第一批20家省级林下经济(中药材)示范基地名单并予以授牌。组织推荐山西茗玥茶有限公司、山西琪尔康翅果生物制品有限公司、山西云中紫塞食品股份有限公司、山西宋家沟功能食品有限公司、山西山阳生物药业有限公司5家企业申报国家级重点龙头企业。

林业科技 坚持科技兴林兴草，加快建设林草科技创新体系，不断提升林草科技治理能力。2021年下达中央财政林业科技推广示范资金0.22亿元，评审立项25个；下达省级林业重点研发计划专项项目资金750万元，储备15个大项目72个子课题。完成2019~2020年84个省级重点林草研发项目的验收及50个中央财政项目的现场查验和绩效评价工作。完成省级地方标准的申报立项工作，27项省级地方标准制定修订项目获准立项。举办全省林草科普讲解大赛。选派人员参加全国林业和草原科普讲解大赛，2名选手荣获大赛三等奖。在灵空山国家级自然保护区举行以"表里山河、美丽山西"为主题的2021年全省"林草科技活动周"启动仪式。完成第一批30个省级林草科普基地命名工作。举办首届全省林草科技创新论坛。聘任第二批山西省林业和草原科技创新领军人才15人、拔尖人才30人、青年人才30人、乡土专家34人。山西省林业和草原科学研究院牵头的"林木良种培育研究创新团队"和大同大学牵头的"石墨烯林业应用创新团队"入选第三批国家林草局科技创新团队。申报并获批"翅果油树产业国家创新联盟""山西五台山山地草甸国家生态系统定位观测研究站"2个国家林草科技平台；红仁核桃"晋丹"获国家林草局新品种授权；"落叶松适应性培育及良种选育研究""核桃种质资源收集评价和优质高抗高产良种选育"和"林火智能监测与决策支持系统技术引进"3项科研成果荣获省科技进步奖二等奖。山西林草科技工作受到国家林草局致信表扬。中德合作"山西森林可持续经营技术示范林场建设项目"正式议定实施二期项目。启动中日合作造林绿化交流项目，总投资2.92亿元的世界银行贷款生物多样性保护和可持续生态系统建设项目成功立项。

林业有害生物防治 坚持防治结合，全面加强林草有害生物防治工作。在全省开展松材线虫病、美国白蛾监测普查工作，对疑似情况及时处置，普查发现枯死松树13 134株，取样8202株，林草有害生物防治5.77万公顷，松材线虫和美国白蛾保持"零入侵"。省级确定32个绿色防治示范区，以点带面积累技术经验，扩大社会化防治范围。全年林业有害生物发生23.55万公顷，完成防治20.97万公顷，无公害防治率95.7%。修订《山西省林业和草原有害生物灾害应急预案》，以省政府专项预案发布。开展松材线虫病疫木监测排查专项行动，将26个县和省直林区作为排查重点，检查外来木质包装材料602批，查处行政案件1起。加强苗木产地、调运检疫和复检工作，全年实施苗木产地检疫3.78亿株，调运检疫3.89亿株。组队参加全国首届林业有害生物防治员技能竞赛并获得“精神风尚奖”。在临汾市古城公园举办“以虫治虫　绿色防治　保护森林”科普宣传暨天敌昆虫释放活动。

野生动植物保护　坚持依法保护、科学保护，以华北豹、褐马鸡等明星物种为重点，推进野生动植物保护工作。围绕推进全国野猪危害防控试点工作，确定方山县、平定县、黎城县、沁源县、垣曲县为试点县。出台野生动物致害责任资产性保险补偿政策，将野猪、野鸡、野兔、獾、豆雁、野鸭、野鸽、黄喉貂、金钱豹等作为常见危害农作物的野生动物，落实财政保费960万元，在沁水、陵川、泽州、高平、阳城、和顺、朔城、沁源8个县(市、区)开展试点，每县每年赔偿限额1000万元。争取中央财政资金开展以华北豹为伞护种的大型兽类专项调查监测工作，安排22个项目单位开展专项同步监测。加强候鸟迁徙保护，举办山西省第八个“世界野生动植物日”、第四十届“爱鸟周”活动等系列活动，两次下发专题通知对候鸟迁徙保护作出安排。联合政法委等7个部门开展代号为“清风行动”的打击野生动物非法贸易联合行动，查办野生动物案件60起，打击处理违法犯罪人员111人。联合省检察院太原铁路分院开展为期1年的“加强野生动物保护”公益诉讼专项活动。全省先后举办5期培训班，重点围绕动植物保护管理、华北豹调查监测、疫源疫病监测防控、野生动物救护、野猪危害综合防控等方面进行专题培训，累计参训人数500余人。

林权改革　坚持试点先行，深化林草改革发展。围绕推进林草融合发展，把沁源花坡草原和沁水示范牧场作为首批国家草原自然公园建设试点，同时列入省委深化改革委员会标志性牵引性重大改革任务，指导试点县编制完成试点方案和试点规划，全面加快草原生态保护修复步伐。国家林草局将晋城市作为全国林草改革发展综合试点市。晋城市完成《晋城市林地基准价格体系建设工作方案》《晋城市林业综改智慧管理平台工作方案》编制等基础性工作，推动试点从方案规划向实质性改革迈进。推进森林保险工作，在保费27元/公顷不变的情况下，将费率由2.25‰降低到1.8‰，将保额由1.2万元/公顷提高到1.5万元/公顷。全省森林保险承保面积422.08万公顷，其中，公益林和商品林保险承保面积420万公顷，较上年增长2%；干果经济林试点承保面积2.09万公顷。全年森林保险理赔金额0.53亿元，其中公益林和商品林保险理赔0.33亿元，干果经济林试点理赔0.20亿元。

草原工作　坚持把草原生态修复作为推进林草融合发展的重点，完成退化草原生态保护修复0.49万公顷，巩固完成草种繁育基地建设130公顷，完成草地改良任务0.67万公顷。山西省人民政府办公厅出台《关于加强草原保护修复的实施意见》，山西省林草局出台《山西省草原生态保护修复治理工作导则》《关于着眼林草融合发展扎实推进草原生态保护修复的指导意见》《关于进一步加强草原禁牧休牧轮牧工作的指导意见》《关于进一步加强草原执法监管坚决打击开垦草原和非法征占用草原等违法行为的通知》《山西省草原休养生息实施方案》等一系列政策文件，为草原生态保护与修复提供强有力的政策支撑。加强草原保护宣传，举办“魅力草原看山西”微视频大赛、“沁源花坡杯”山西草原风光摄影大赛、“草原普法宣传月”活动。全年发出倡议书5万多份、发放宣传手册2.5万多册，制作展板360块，悬挂草原宣传标语386幅。

【省直林区建设】　山西省直国有林管理局发挥林草生态建设主力军作用，共完成营造林12万公顷。其中杨树林局完成1.36万公顷，管涔林局完成1.72万公顷，五台林局完成1.02万公顷，黑茶林局完成1.07万公顷，关帝林局完成1.82万公顷，太行林局完成1.09万公顷，太岳林局完成1.31万公顷，吕梁林局完成1.74万公顷，中条林局完成0.88万公顷。围绕推动林草事业高质量发展，省直林区发展各具特色。关帝林局建立林长制综合管理系统，完成森林草原资源防火“一张图”上线工作，同太平洋财险山西分公司成立“智慧林草+”实验室。管涔林局提升科技管控能力，对汾河源头区域13套远程林草防火预警高清视频监控系统、管护站点和重要路段22套视频监控设施进行全面升级。黑茶林局发展国有苗圃200公顷，着力推进良繁实验基地建设。吕梁林局布设远红外相机300余台，实现野生动物监测点的全覆盖。太行林局坚持“一区一优势、一场一特色”发展保障性苗圃480公顷。太岳林局设立局、场、站三级林长95个，设置林长制公示牌66块，形成局长牵头抓总，分管局长包片、林场场长管区的责任体系。五台林局以保障性苗圃建设为重点，在种苗上注重调结构、提质量、强管理。杨树林局依托中央财政林业科技推广项目，在油坊中心林场打造建设石墨烯造林实验工程97公顷，展开石墨烯调控林木生长发育等基础性研究。

【市、县林草工作】　山西省各市完成国家和省级营造林任务22.63万公顷，其中太原市完成0.75万公顷，大同市完成3.5万公顷，朔州市完成1.39万公顷，忻州市完成4.82万公顷，吕梁市完成3.23万公顷，晋中市完成3.05万公顷，阳泉市完成0.53万公顷，长治市完成2.2万公顷，晋城市完成0.37万公顷，临汾市完成1.6万公顷，运城市完成1.19万公顷。各市、县积极加大投入力度，启动市、县级林草生态建设工程，改善生态环境。太原市围绕创建森林城市，完成营造林3.32万公顷。大同市共完成营造林3.47万公顷，实施森林抚育0.34万公顷，启动大张高铁(大同段)绿色廊道建设工程。朔州市统筹山水林田湖草沙系统治理，完成营造林2.18万公顷。忻州市坚持绿化彩化财化并重，推进41个汾河中上游山水林田湖草生态保护修复试点工程全面完工。晋中市投资8.85亿元，推进百里汾河景观廊道、百里汾河乡村振兴廊道、百里环城旅游绿道建设。长治市加强造林质量管理，营造林平均成活率达90%以上。运城市聚焦创建国家森林城市的目标，县级财政投入国土绿化的资金达到25.64亿元。

【全省林业和草原工作电视电话会议】 2月4日，山西省林草局召开全省林草工作视频会，回顾总结“十三五”期间和2020年工作，安排部署“十四五”期间及2021年重点工作。局党组书记、局长张云龙出席会议并讲话。省纪委监委驻自然资源厅纪检监察组副组长孙劭源出席会议，局党组成员、副局长黄守孝主持会议。省政府贺天才副省长对会议作出专门批示。会议要求，全省林草系统要抓住机遇，突出高质量主题、高标准保护、高水平管理、高效益发挥，转变林草发展方式，围绕高质量发展主旋律，打好十场硬仗，在美丽山西建设中释放林草力量。一是聚焦深化林长制改革硬任务，夯实保护发展林草资源责任。二是聚焦完成国土绿化工作硬目标，加快生态修复步伐。三是聚焦精准提升森林质量硬要求，转变森林经营方向。四是聚焦深化集体林权制度改革硬举措，深挖林地资源潜力。五是聚焦完成林草第一产业硬指标，推动产业融合发展。六是聚焦落实保护林草资源安全硬措施，筑牢生态安全屏障。七是聚焦强化森林资源监督硬办法，提升森林资源管理水平。八是聚焦推进保护地整合优化硬工作，健全完善保护地体系。九是聚焦夯实科技兴林兴草硬支撑，强化技术指导服务。十是聚焦打好林草干部队伍硬基础，凝聚干事创业合力。

【省直林区工作会议】 2月8日，山西省林草局组织召开2021年省直林区工作会议，听取省直林局工作汇报，肯定省直林区“十三五”时期以来特别是2020年取得的工作成绩，进一步明确今后一段时期省直林区发展方向和2021年工作重点。局党组书记、局长张云龙出席并讲话。局党组成员、副局长黄守孝主持会议。

【全民义务植树40周年和第43个植树节活动】 3月12日，由省绿化委员会、省关注森林活动组委会、太原市绿化委员会共同主办的纪念全民义务植树40周年暨2021年省城各界义务植树活动在太原市阳曲县省城青年义务植树基地举行。省关注森林活动委员会，省绿化委员会成员单位，省林草局机关、驻并单位干部职工，太原市政协，太原市绿化委员会成员单位，太原市规划和自然资源局，阳曲县绿化委员会成员单位，阳曲县林业局干部职工代表及社会各界群众，志愿者，新闻媒体代表700余人参加活动。省林草局党组书记、局长张云龙，太原市人民政府副市长张齐山出席并讲话，太原市政协副主席、太原市规划和自然资源局党组书记李军主持。在活动仪式上，山西省林草局二级巡视员李振龙传达副省长贺天才对全省义务植树工作的批示，志愿者宣读“3·12”植树节倡议书，太原市副市长张齐山宣布“植树码”上线。现场栽植油松、白皮松、云杉、白蜡、河北杨、皂角、卫矛、水荀子、丁香、太阳李等苗木2600余株。

【山西省林学会第十三次会员代表大会】 于3月27日在太原召开。会议通过第十二届理事会工作和财务报告、新修订的《山西省林学会章程》，选举产生第十三届理事会、监事会，聘任秘书长、副秘书长。中国林学会发来贺信。山西省林草局党组书记、局长张云龙和省科协党组成员、副主席郝建新出席会议并分别致辞。省林草局二级巡视员宋河山当选为第十三届理事会理事长。

【全省国有林场工作会议】 于9月17~18日在太岳林局和沁源县召开。省林草局党组书记、局长袁同锁出席并讲话，局党组成员、副局长黄守孝主持，局总经济师康鹏驹出席并传达副省长贺天才的重要批示。会议分为现场观摩和室内会议两部分内容。9月17日，现场观摩太岳林局3个森林抚育示范点、七里峪标准化林场建设、良种繁育基地和沁源县的防火队伍实战演练、智能化防火指挥平台建设情况。9月18日，在沁源县召开会议，研究确定国有林场发展思路和举措。会议指出，要把握好森林经营这一主题，坚持近自然经营理念、市场化运作模式、全过程监管机制、发挥科技引领作用，围绕高质量发展，从“四个结合”上下功夫搞好森林经营工作：一是要坚持新造与改造相结合，二是要坚持发展与保护相结合，三是要坚持生态与经济相结合，四是要坚持固本与强基相结合。

【全省国土绿化运城现场推进会】 于10月15日在运城市召开。副省长贺天才出席并讲话。省林草局党组书记、局长袁同锁主持会议。运城市委书记丁小强致辞。会议组织实地观摩临猗县、永济市的林草生态保护修复工程。会上，运城市、省财政厅、吕梁山国有林管理局、阳曲县分别作交流发言。省发展改革委、省财政厅、省住建厅分管负责人，各市分管副市长、规划和自然资源局（林业局）局长，全省30个国土绿化重点县（市、区）分管副县长，省直国有林管理局局长参加会议。

【巡察试点工作动员部署会】 12月10日，省林草局党组召开2021年巡察试点工作动员部署会。局党组书记、局长、局巡察工作领导小组组长袁同锁出席并讲话。局党组成员、副局长杨俊志主持会议。局巡察领导小组成员、巡察组全体工作人员和被巡察单位负责人参加会议。会上宣布巡察组组长授权任职及任务分工决定，巡察组组长、被巡察单位（五台山国有林管理局）负责人作表态发言。

【大事记】

1月15日 第八届光彩事业国土绿化贡献奖名单出炉。山西省吕梁市泰化石油有限公司董事长兼总经理张子玉获此项殊荣。

2月4日 山西省林草局召开2021年度全省林业和草原工作电视电话会议。山西省人民政府副省长贺天才对会议作出专门批示。

2月8日 山西省林业和草原局召开2021年省直林区工作会议。

2月19日 山西省林草局出台《关于着眼林草融合高质量发展扎实推进草原生态保护修复的指导意见》。

2月22日 山西省森林公安局发布“昆仑-护绿”春季集中行动通告。

2月24日 山西省林草局印发《关于组织开展打击

破坏森林草原资源违法行为和整治突出问题专项行动的通知》，决定在全省开展为期一年的专项行动。

3月10日 山西省林业和草原科学研究院承担的“落叶松适应性培育及良种选育研究”课题成果，被山西省人民政府授予科技进步奖二等奖。

3月16日 “人与自然和谐共生”山西网络主题传播工程暨《绿色脊梁》系列专题片上线启动仪式在太原举行。

3月18日 山西省林草局发布《关于进一步加强草原禁牧休牧轮牧工作的指导意见》。

4月1日 山西省运城市平陆县洪池乡南王村生态护林员岳定国被评为“全国最美生态护林员”。

4月2日 山西省森林草原防火总队直属六支队举行揭牌仪式。

4月8日 中共山西省委书记楼阳生在太原市参加义务植树活动。

4月22日 山西省大同市桦林背林场、山西省吕梁山国有林管理局下李林场被中国林场协会授予“全国十佳林场”称号。

5月11日 山西省关注森林活动组委会第一次会议在太原召开。山西省政协主席李佳作出批示。山西省政协副主席、省关注森林活动组委会主任张瑞鹏出席并讲话。

5月16日 中共山西省委、山西省人民政府印发《山西省黄河流域生态保护和高质量发展规划》。

5月18日 2021中国·山西(晋城)康养产业发展大会在晋城市举行。

5月20~22日 国家林草局举办的“风沙万里党旗红”主题采访活动在山西省防沙治沙区进行采访。

5月21日 山西省关帝山国有林管理局郑成鑫、山西省桑干河杨树丰产林实验局金沙滩林场白志刚在2021年全国林业和草原科普讲解大赛中获三等奖。

5月21日至7月2日 山西省在第十届中国花卉博览会获296个奖项，其中室内、室外展园双获设计布置金奖，并获组委会颁发的组织特等奖。

5月25日 山西省林业和草原工程总站被授予“山西省脱贫攻坚先进集体”称号。

5月28日 山西省森林公安局发布信息，在全省范围开展为期6个月的打击破坏森林资源违法犯罪“昆仑-护绿”(2)号行动。

6月4日 山西晋城被国家林草局选为全国林业改革发展综合试点单位。

6月10日 以“传播林草科技、助推高质量发展”为主题的全省林业和草原科普讲解大赛在太原举行。

6月16日 全省“草原普法宣传月”活动启动仪式暨首届山西草原风光“沁源花坡杯”摄影大赛颁奖及巡展活动在太原市西海子公园正式启动。

6月18~21日 国家林草局、国家发展改革委、自然资源部、生态环境部、水利部、农业农村部六个部委联合组成的第三考核组，对山西省“十三五”防沙治沙目标责任落实情况进行考核。

8月9日 经中共山西省委、山西省人民政府同意，对省级总林长、副总林长、林长及责任区域进行调整。

9月14日 第五批国家林下经济示范基地名单公示，其中沁源县森源党参、武乡县众民中药材种植、乡宁县琪尔康中药材种植等林下经济示范基地位列其中。

9月17~18日 全省国有林场工作会议召开。

9月29日 山西省第十三届人民代表大会常务委员会第三十一次会议通过《山西省康养产业促进条例》，自12月1日起施行。

10月15日 全省国土绿化现场推进会在运城市召开。副省长贺天才出席并讲话。

10月19日 第一届京津冀晋内蒙古森林草原防火联席会议在河北张家口召开。签署华北五省(区、市)森林草原防火联防联控合作协议。

10月20日 山西老年大学林草分校举行揭牌仪式。

10月22日 山西省林草局举行新闻通气会，向中央、省级以及太原市的33家新闻媒体，介绍全省“十三五”林草工作有关情况。

10月20~22日 在中国林场协会主办的2021森林康养年会上，山西省三个国有林场被授予“森林康养林场”称号。

11月6日 山西省人民政府办公厅印发《关于加强草原保护修复的实施意见》。

11月13日 山西省林草局在丽华大厦举行搬迁新址揭牌仪式。

11月19日 山西省林草局举行专题新闻通气会，解读山西省人民政府办公厅印发的《关于加强草原保护修复的实施意见》。

(山西省林草业由李翠红、李颖供稿)

内蒙古自治区林草业

【概　述】 2021年，内蒙古自治区林草局全面贯彻落实习近平总书记对内蒙古重要讲话重要指示批示精神，紧扣筑牢中国北方重要生态安全屏障的战略定位，围绕“一线一区两带”的总体布局(“一线”是以大兴安岭、阴山、贺兰山等主要山脉构成的生态安全屏障“脊梁”和“骨架”；“一区两带”是黄河流域重点生态区、大兴安岭森林带和北方防沙带三大战略空间)，科学推进国土绿化、持续开展防沙治沙、切实加强资源管护、扎实做好灾害防控、深入推进林草改革，圆满完成各项年度任务，全区林草事业发展实现“十四五”良好开局。

国土绿化和防沙治沙 坚持以水定绿、量水而行，实施建设任务“直达到县、落地上图”，造林29.2万公顷、种草111.12万公顷，占年度计划的114.8%、124.1%。

呼和浩特市清水河县生态治理成效(郭利平　摄)

完成全国第六次荒漠化监测任务，举办第八届库布其国际沙漠论坛，完成防沙治沙35.3万公顷，为年度计划的100%，1个地级市6个旗(县)入选全国防沙治沙综合示范区。在国家“十三五”防沙治沙目标责任期末考核中，内蒙古自治区考核等级为工作突出。完成森林抚育10.4万公顷、退化林分修复5.57万公顷、退化草原改良63.3万公顷。开展全民义务植树40周年纪念活动，义务植树4302万株。建设乡村绿化美化示范县9个，开展村庄绿化美化行动嘎查村(蒙古族的行政村)1279个。完成浑善达克规模化林场年度建设任务2.16万公顷，累计完成9.84万公顷，占规划任务的61.4%。组织参展第十届中国花卉博览会，荣获室外展园金奖。黄河流域完成林草生态建设65.02万公顷，为年度计划的162.6%。

林草资源保护管理　开展破坏草原林地违规违法行为专项整治行动，对2010年以来违规违法破坏草原林地问题全面起底、彻底整治，对重点案件实行警示约谈、挂牌督办。联合自治区相关部门印发《关于实行征占用草原林地分区用途管控的通知》，对草原林地按区域发展的定位实行分区管控。推动自治区人大出台《内蒙古自治区草畜平衡和禁牧休牧条例》。启动建设草原生态保护数字化监管与服务平台，开发“草原生态监测系统”。开展自然保护地整合优化“回头看”和遗留问题处置工作，推进呼伦贝尔、贺兰山国家公园和额仑草原自然公园申报，申报国家重要湿地36处，认定公布自治区重要湿地7处。公布自治区重点保护陆生野生动物名录，建立打击野生动植物非法贸易联席会议制度。建立蒙冀两省(区)察汗淖尔湿地流域治理专项协作机制，“察汗淖尔湿地公园”项目开工建设。

林草灾害防控　抓好责任落实、火源管控、火灾处置等关键环节，完善火情监测预警体系，全区发生森林草原火灾25起、受害面积220公顷，火灾起数和受害面积较2020年下降75.2%和66.7%。完成森林草原火灾风险普查外业调查工作。加强草原鼠疫疫点、冬奥会毗邻区域草原鼠害防控工作，完成防控520.06万公顷，鼠疫疫点较2020年下降76.5%，未发生松材线虫病疫情。开展安全生产监督检查，全年未发生重大安全生产事故。

林草改革　印发《关于全面推行林长制的实施意见》，召开全面推行林长制工作会议，出台《林长会议制度》《林长巡查工作制度》等5个配套制度，构建“林长+检察长”协同工作机制，29 435名各级林长全部到岗上任，比国家要求提前半年建成五级林长体系。森林保险实现公益林和重点国有林区全覆盖，自治区首笔已垦林地草原退耕还林还草保险试点成功签单，在全国率先开展草原政策性保险试点工作。“放管服”改革深入推进，41项政务服务事项全程网办率达到100%，办理时限在法定时限基础上缩减41.31%，“掌上办”事项咨询平台正式运行。

林草湿碳汇　组织编制《内蒙古森林草原湿地碳汇能力巩固提升行动方案》，在全区开展林草湿碳汇碳储量和碳汇能力测算。开发自治区林草湿碳数据管理系统数字化管理平台。开展碳达峰、碳中和林草碳汇(包头)试验区建设，推动林业碳汇造林项目开展交易试点。

支撑保障体系建设　组建15个林草科技创新团队，1个团队入选国家林草科技创新团队，启动实施17个科研能力提升项目。在全区开展第一次林草种质资源普查，公布林木良种名录、草品种审定通过名录和主要乡土树种名录，成功争取“国家林草种质资源设施保存库内蒙古分库”项目，成为全国第四个建设“设施分库”的省(区)。与4家保险机构签订生态护林员风险保障协议，为17 341名生态护林员提供意外风险和疫情防控等风险保障。

【全区破坏草原林地违规违法行为专项整治行动】　按照自治区党委部署，2021在全区开展为期一年的“全区破坏草原林地违规违法行为专项整治行动”，对2010年以来违规违法征用占用、开垦、污染草原林地和以罚代刑、降格处理，以及毁林毁草等问题进行全面起底、集中整治。

【《矿产资源开发中加强草原生态保护的意见》】　为解决矿产资源开发利用过程中破坏草原生态的问题，2月6日，内蒙古自治区人民政府办公厅印发《矿产资源开发中加强草原生态保护的意见》，从严格控制草原上新建矿产资源开发项目、严格规范草原上已建矿产资源开发项目、严格矿山环境综合治理、严格监管草原矿产资源开发、严厉打击矿产资源开发违法占用草原行为等方面作出规定，明确主要任务和责任单位。

【《内蒙古自治区主要乡土树种名录》】　4月28日，内蒙古自治区林草局印发《内蒙古自治区主要乡土树种名录》(以下简称《名录》)。《名录》主要收录了原产于内蒙古自治区的树种或通过引种、长期栽培和繁育、能够适应内蒙古气候和生态环境、生长良好并具有较强天然更新能力的外来树种。《名录》共收录主要乡土树种乔木、灌木、木质藤本155种，其中乔木70种，灌木84种，木质藤本1种。根据适宜造林绿化类型分，适宜沙区造林绿化的66种，适宜山地丘陵区造林绿化的105种，适宜平原绿化的110种，适宜城镇区造林绿化的132种。

【《关于全面推行林长制的实施意见》】　6月16日，内蒙古自治区党委办公厅、自治区人民政府办公厅印发《关于全面推行林长制的实施意见》(以下简称《意见》)。《意见》从总体要求、组织体系、主要任务、保障措施等方面进行了明确。《意见》提出到2021年底，基本建

立以党政领导负责制为核心，自治区、盟（市）、旗（县、市、区）、苏木（乡、镇）、嘎查村一级抓一级、层层抓落实的林长制责任体系。到2022年6月，全区各级全面建立林长制，形成责任明确、协调有序、监管严格、保护有力的森林草原湿地资源保护发展机制。

【《内蒙古自治区构筑我国北方重要生态安全屏障规划（2021~2035年）》】 把内蒙古建成我国北方重要生态安全屏障，是党中央为内蒙古确立的战略定位。为深入践行习近平生态文明思想，切实筑牢我国北方重要生态安全屏障，2019年4月起，内蒙古组织专门力量开始《内蒙古自治区构筑我国北方重要生态安全屏障规划（2021~2035年）》（以下简称《规划》）起草编制工作。2020年11月16日，《规划》通过自治区政府常务会审议。2021年6月30日，自治区党委、政府正式印发《规划》。《规划》全文共6章，1.1万余字，主要包含生态现状、总体要求、建设目标、主要任务、支撑能力建设、保障措施等内容。

【《内蒙古自治区草畜平衡和禁牧休牧条例》】 7月29日，内蒙古自治区第十三届人大常委会第二十七次会议表决通过《内蒙古自治区草畜平衡和禁牧休牧条例》（以下简称《条例》），明确于2021年10月1日起实施。《条例》共三十八条，主要规定了草畜平衡和禁牧休牧工作原则、补偿机制、监管责任机制和草原生态保护补助奖励发放以及相关法律责任等方面的内容。

【《内蒙古自治区"十四五"林业和草原保护发展规划》】 按照自治区"十四五"专项规划编制工作要求，2019年5月起，自治区林草局组织专门力量起草编制《内蒙古自治区"十四五"林业和草原保护发展规划》（以下简称《规划》）。2021年8月6日，自治区人民政府召开专题会议，对规划内容进行研究。9月8日，自治区人民政府第18次常务会审议通过《规划》，9月21日由自治区人民政府办公厅正式印发。《规划》全文3万余字，主要包括发展基础、总体要求、重大工程与项目、保障措施等内容。

【《关于实行征占用草原林地分区用途管控的通知》】 为统筹兼顾生态安全屏障建设和经济转型升级，把草原林地保护更加精准聚焦到生态系统核心区域。11月3日，内蒙古自治区林业和草原局、发展和改革委、工业和信息化厅、自然资源厅、能源局5个部门联合印发《关于实行征占用草原林地分区用途管控的通知》，对草原林地征占用实行分区管控和差异化管理，从区域划分、保护措施、征占用手续等方面作出规定。

【《内蒙古自治区人民政府办公厅关于科学绿化的实施意见》】 为深入贯彻落实《国务院办公厅关于科学绿化的指导意见》，内蒙古自治区林草局牵头，会同自治区发展改革委、财政厅、自然资源厅等部门，起草《关于科学绿化的实施意见（代拟稿）》。12月22日，自治区人民政府办公厅印发《关于科学绿化的实施意见》，明确内蒙古国土绿化工作总体要求、主要目标、主要任务及保障措施等内容。

【《内蒙古自治区沿黄生态廊道建设规划（2021~2030年）》】 为认真贯彻习近平总书记关于推动黄河流域生态保护的重要指示精神，内蒙古自治区以塑造新时期黄河流域"山水林田湖草沙"协同保护和治理全国样板为目标，启动《沿黄生态廊道建设规划》（以下简称《规划》）编制工作。12月24日，内蒙古自治区林草局、发展改革委正式印发《规划》。《规划》全文共8章，2万余字，主要包含基本情况、总体要求、建设布局、主要建设任务、主要技术措施等内容。

【《内蒙古自治区人民政府办公厅关于加强草原保护修复的实施意见》】 为进一步加大草原生态保护修复力度，加快草原生态恢复，提升草原生态服务功能，12月31日，内蒙古自治区人民政府办公厅印发《关于加强草原保护修复的实施意见》，提出内蒙古草原生态保护修复工作总体要求，明确工作措施、责任分工、保障措施等内容。

【政策性草原保险试点】 内蒙古自治区在全国率先开展为期3年的政策性草原保险试点，试点涉及全区8个盟（市）的13个旗（县、区），全年参保草原面积166.6万余公顷，投入保费资金3200余万元。

【草原监测】 启动全区草原监测评价及有害生物普查工作，计划用2年时间查清草原生态"家底"，用3年时间摸清草原有害生物基本情况。全年全区完成样地调查9963个（国家级草原监测样地1901个），完成自治区部署任务的99.08%，完成国家部署任务的100%。

【第八届库布其国际沙漠论坛】 9月28~29日，以"碳达峰·碳中和　共建人与自然生命共同体"为主题的第八届库布其国际沙漠论坛在鄂尔多斯市杭锦旗举办。本届论坛由科技部、国家林业和草原局、内蒙古自治区人民政府和联合国环境署及联合国防治荒漠化公约秘书处共同主办，亿利公益基金会筹办。全国政协副主席、中国科学技术协会主席万钢以视频方式发表致辞，十二届全国政协副主席、中国宋庆龄基金会主席、中国福利会主席王家瑞出席，科技部副部长张雨东主持开幕式并宣读科技部部长王志刚致辞，国家林业和草原局副局长刘东生、自治区副主席黄志强现场致辞，自治区政协副主席其其格、国家能源局总工程师向海平出席开幕式。本届论坛采取"线上+线下"相结合的形式举行，来自20个国家地区和国际组织的400多位政要、学者、企业界代表和金融界代表参加论坛。

【雪豹放归】 9月5日，内蒙古自治区四子王旗境内牧民发现疑似雪豹进入草场并报警。接到当地公安部门报告后，内蒙古自治区林业和草原局派出野生动物保护救护专家团队到实地进行核实，确定其为国家一级重点保护野生动物雪豹，在对其实施救护后送至鄂尔多斯市野生动物救助管理站进行检查、救治、隔离。9月21日，国家林草局派专家组赴实地指导工作。经专家团队评估论证认为，雪豹各项生理指标正常，不存在异常行为和疫病风险，符合放归自然条件。9月22日，在贺兰山国家级自然保护区哈拉乌北沟将获救的雪豹放归自然。放归后，科研人员将对该雪豹野外的健康状况、活动规律、生存能力等进行持续监测和研究。

【大事记】

2月7日 全区林业和草原电视电话会议召开，内蒙古自治区林草局党组书记、局长郝影及国家林草局驻内蒙古森林资源监督专员办副专员董冶出席并讲话，局党组成员王才旺主持会议，局领导、处室单位主要负责人等50余人在主会场参会，各盟(市)林草局设分会场。

4月23日 石泰峰、李秀领、林少春、王莉霞、刘奇凡、白玉刚、张韶春、段志强、马庆雷等自治区党政军领导同志到自治区党政军义务植树基地，与首府各界群众一同参加义务植树。自治区党委、人大常委会、政府、政协、内蒙古军区和武警内蒙古总队、自治区法检两院的省、军级领导同志，自治区林草局负责同志及呼和浩特市干部群众参加植树活动。

7月16日 全区全面推行林长制工作电视电话会议召开，自治区党委副书记、政法委书记、副总林长林少春讲话，自治区党委常委、秘书长、自治区常务副主席张韶春主持，自治区副主席、副总林长艾丽华、李秉荣、包钢、衡晓帆出席，自治区政府副秘书长孙利剑、郝明胜、王海瑜，自治区林长制成员单位负责人及自治区林草局副厅级以上干部在自治区主会场参会。各盟(市)委书记或盟(市)长，副书记，分管副盟(市)长及相关部门负责人在分会场参会。

9月28日 中国成功将6匹国家一级重点保护野生动物普氏野马在内蒙古大青山国家级自然保护区放归。放归的普氏野马通过佩戴GPS项圈，可实现野外活动轨迹的实时跟踪。

9月29日 国家林草局会同内蒙古自治区人民政府在内蒙古大青山国家级自然保护区实施麋鹿野化放归自然活动，在内蒙古大青山国家级自然保护区一次性放归麋鹿27只。放归的麋鹿通过佩戴北斗跟踪项圈，监测其野外活动轨迹。

（内蒙古自治区林草业由赵美丽、何泉玮供稿）

内蒙古森林工业集团

【概　述】 2021年，内蒙古森工集团完成林业产业总产值69.2亿元，较2020年增加0.7亿元，同比增长1%，其中第一产业产值完成24.8亿元，同比下降12%；第二产业产值完成10.9亿元，同比下降23%；第三产业产值完成33.4亿元，同比增长27%；三大产业结构比(产值比)由2020年的41∶21∶38调整为36∶16∶48。完成林业投资54.64亿元，为计划的100.8%。国有资产保值增值率101.7%，实现利润1.3亿元。

【生态建设】

森林资源管理 成立森工集团、森工(林业)公司(管护局、保护区)、林场三级林长制办公室，设立林长、副林长830名，制定配套制度4项。森工集团林长制办公室与呼伦贝尔市人民检察院联合印发《关于建立“林长+检察长”协同工作机制的意见》，形成依法保护森林草原湿地资源的合力。开展破坏草原林地违规违法行为专项整治行动，完成整改案件3153件，恢复植被1600公顷，追缴罚金285.2万元。启动新一轮林地保护利用规划编制工作，全程监管114个占用林地项目，按要求恢复植被。打击破坏森林资源违法犯罪行为，发现各类森林案件999起，查处结案919起，结案率91.99%，罚款24.8万元，恢复植被12.8公顷。开展林草生态综合监测评价，完成271块样地外业调查，梳理融合林班2.77万个，实现林草湿监测数据与国土三调数据对接融合。编辑出版《大兴安岭植物志》，填补了我国山脉卷植物志的空白。

森林经营 建立造林绿化落地上图管理体系，实现造林任务上图直达到县，完成上图面积23 386.7公顷，完成率100.36%。完成人工造林1306.7公顷，植被恢复2333.3公顷，补植补造2.2万公顷，森林抚育19.3万公顷，重点区域绿化51.8公顷。实施森林质量精准提升工程，完成项目37.9公顷。实施苗圃分类经营，制定《林区苗圃建设指导意见》，调拨林木种子1244千克，育苗182.5公顷，产苗1.57亿株；争取国家级良种基地和良种苗木补贴资金393万元。开展全民义务植树40周年系列活动，完成义务植树27.9万株。林业有害生物防治面积17.2万公顷，完成“四率”指标。

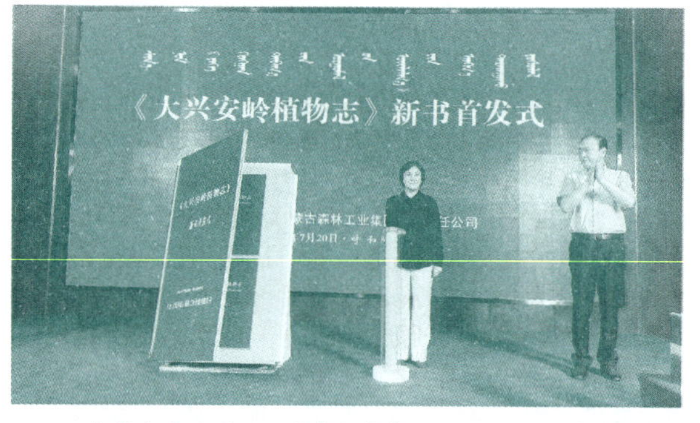

内蒙古自治区人民政府主席布小林(左)、内蒙古森工集团总经理闫宏光(右)出席《大兴安岭植物志》新书首发式

湿地及自然保护地建设 健全湿地保护管理体系，绰尔雅多罗湿地公园试点通过国家验收，内蒙古大兴安岭重点国有林区(以下简称林区)12家国家湿地公园试点单位全部通过国家验收。完善湿地分级管理体系，内蒙古汗马、毕拉河、根河源等20处湿地列入自治区重要湿地名录；开展吉文布苏里、阿龙山敖鲁古雅、毕拉河百湖谷湿地公园建设，内蒙古大兴安岭重点国有林区湿地保护率达到52.74%。开展自然保护地优化整合，

将约4000公顷城镇建成区和永久基本农田调出自然保护地；将潮查原始森林自然保护区纳入自然保护地体系，林区自然保护地面积增加1.18万公顷，达到181.91万公顷。

森林防火 成立内蒙古大兴安岭北部原始林区森林管护局雷击火和边境火防控技术创新联合体，承办2021年雷击火和边境火防控技术“产学研”融合发展试验活动暨学术交流研讨会。“天空地”一体化防火预警监测体系建设取得进展，与国家林草局雷击火和边境火防控技术国家创新联盟合作开展无人机气象因子监测、火情侦查、通信组网、雷电拦截等实验，布设拒雷系统4套，新增2处、升级改造4处全波三维闪电定位仪。加强防灭火队伍建设，组建300人的航空消防特勤突击队；组建1532人的机械化快速反应中队和以水灭火中队。开展森林火灾风险普查，完成3967块标准地、4万块各类样方的外业调查。开展“三清”工作，集中整治4000余处野外用火点，对810千米输电线路进行火险隐患排查，完成1.2万千米的计划烧除和清理路影材任务。

2021年，林区共发生2起一般性雷电火，受害森林面积3.01公顷，森林受害率0.0003‰，当日灭火率100%，火灾次数和受害面积与上年同比分别下降了96.8%和99.5%。连续四年未发生人为森林火灾。

【国有林区改革】 对照国企改革三年行动目标任务，制订改革清单台账，完善法人治理结构，集团所属29户子企业完成“党建进章”，20户子企业建立董事会，其中19户重要子企业实现外部董事占多数；9户商业类子企业配备了执行董事。实施公司制改制，集团所属6户二级全民所有制企业全部完成公司制改制。开展不具备优势的非主营业务和低效无效资产清理退出工作，清退注销33户不具备竞争优势、缺乏发展潜力的二级、三级存续经营性子企业；注销三级及以下长期吊销未注销子分公司118户。优化考核体系，实施经理层成员任期制契约化管理，117名子企业经理层成员与董事会分别签订了岗位聘任协议、年度经营业绩考核责任书和任期经营业绩考核责任书。深化三项制度改革，推进用工市场化，引进本科及以上学历全日制大学毕业生512人，内部公开遴选机关工作人员121人；103人因不胜任退出现职。兴安石油公司完成2个民企加油站挂靠清理。

【企业管理】 加强内控管理体系建设，开展岗位廉政风险点大排查，排查岗位风险点1.2万个，制订防控措施15 517项。对集团所属14个单位、15名领导干部开展离任经济责任审计，对所属41个单位开展财务收支及经营业绩考核目标审计。委托中介机构开展2016年至2020年自然保护地补助、防火应急道路、湿地保护与恢复、林木良种培育等资金专项审计，维护国有资产安全。规范资产、预算、采购等管理，制订会计核算办法和专项业务核算指引，建立全级次网络化会计核算系统。加强国有资产监督管理，制订《内蒙古森工集团关于深化国企改革清退处置低效无效资产实施方案》《内蒙古森工集团账销案存资产管理办法》，对闲置资产、超储积压物资进行登记造册与处置、销号。鼓励利用超储积压物资，2021年超储积压物资下降860万元，给予相关单位奖补资金602万元。规范资金集中管控，成立资金结算中心，对8家功能保障类单位实行“统一核算、统一结算、账户统一管理”。制订《内蒙古森林工业集团有限责任公司阳光采购管理暂行办法》，推进阳光采购，实现采购信息与自治区国资委阳光采购服务平台全面对接，2021年进入平台采购142项，成交5700万元，节约资金497万元。投入科研资金1185万元，研发投入强度2.08，完成自治区科技成果3项，立项集团课题12项，立项资金521万元。

【产业发展】 注资1.5亿元组建旅游公司、碳汇公司、林下产品开发公司，构建多元发展、多极支撑的现代森工产业体系。搭建智慧旅游服务平台，打造北、东、南3条旅游精品线路和寻梦兴安、徒步春摄、根河之恋、岭秀森工、冰雪穿越5款大兴安岭旅游系列产品；投资210万元完善道路标识系统，内蒙古大兴安岭国家森林步道全线贯通；2021年林区景区接待游客75万人次，旅游业产值实现6930万元。内蒙古大兴安岭碳汇科技有限责任公司(以下简称碳汇科技有限公司)开发储备国际国内标准林业碳汇项目9项，正在开发碳汇项目8个，预计项目总减排量7000万吨。2021年碳汇科技

内蒙古森工集团首宗林业碳汇挂牌成交签售仪式在内蒙古产权交易中心完成

有限公司完成5个CCER(中国核证自愿减排标准)项目文件的编制和设计；完成挂牌销售VCS(国际核证减排标准)碳汇产品8笔；完成VCS项目咨询服务招标和签约3个，实现交易总额1465万元。推广注册商标、产品标识、加工标准、精深包装、产品推介、价格供应“六统一”的林下产品产销模式，组建电子商务专业公司，“冷极”等系列产品入驻中粮集团“我买网”，日均销售额3万余元。兴安石油公司与中石油国林油品销售公司签订战略合作协议，制订股权多元化配套方案，全年销售成品油4万吨，实现营业收入2.42亿元。融入央地对接、京蒙对接工作大局，森工集团与中国林业集团签订了央地百对企业协作行动框架合作协议；与中粮海优(北京)有限公司签订了产地直送合作协议。生态研究院司法鉴定所与张家口鼎盛林业服务有限公司、内蒙古草原勘察设计院等四家单位签订合作协议，完成司法鉴定案件1078件，创收645万元。航空护林局与广

东省航空护林站开展跨区域输出技术服务，创收86万元。森林调查规划院加强与内蒙古自治区地质调查中心、呼伦贝尔市林业和草原局等单位的交流合作，开展蒙东地区全国森林资源一类调查、呼伦贝尔市红花尔基林业局营造林监理等一系列技术输出服务项目，创收1153万元。

【民生改善】 持续提高职工工资收入，按照12.1%的比例为职工增加工资，职工年均工资突破7万元。开展送温暖活动，集团两级党委、工会共筹集送温暖资金670余万元，走访慰问5205户职工家庭；筹集金秋助学资金94万元，救助困难学生393名；投入专项资金170余万元，实现在档困难职工帮扶全覆盖。规范职工医疗互助保障工作，为2260人次审核支付医疗互助补助金207.9万元，个人最高补助21.7万元。落实疫情防控措施，集团各单位先后组织900余名志愿者配合属地政府值班值守，提供疫情防控保障车辆和场所，累计发放各类物资折合207万元，为满洲里市抗击新冠病毒疫情捐赠资金300万元，实现林区疫情“零发生”。推进森工公司基础设施建设，建成运营12个全民健身中心；电信普遍服务试点项目铺设主干光缆2631千米、引接光缆740.37千米，开通基站10座；完成林下经济节点公路路基建设923千米，为计划的97%；计划通林场路1716千米，完成路面建设1641.5千米，完成了计划的95.66%，其中1372千米达到通车条件。

【建立林区人才队伍储备库】 实施《2020~2024年领导班子建设规划纲要》，建立林区人才队伍储备库，2021年调整中层领导干部88人，集团中层领导人员平均年龄从调整前的54.3岁降低到调整后的51.7岁，45岁及以下年轻领导人员达到40名，占总数的10.7%。

【大事记】

1月4~6日 内蒙古自治区党委书记、人大常委会主任石泰峰到根河林业局看望慰问困难群众、劳动模范和老党员，并对基层党建工作和冬季旅游发展进行考察。

1月5日、14日、16日 国家林草局公布2020年国家湿地公园试点验收结果，内蒙古库都尔河国家湿地公园、阿尔山哈拉哈河国家湿地公园、得耳布尔林业局卡鲁奔国家湿地公园分别通过国家验收。

3月18日 中国林业职工思想政治工作研究会公布了2020年度优秀成果和优秀组织单位获奖名单。内蒙古森工集团25个思想政治工作理论课题成果被评为优秀研究成果，其中二等奖成果8项、三等奖成果13项、优秀奖成果4项。森工集团获2020年度课题研究活动优秀组织单位称号。

4月8日 内蒙古森工集团林业碳汇（VCS）首宗挂牌成交签售仪式在内蒙古产权交易中心完成。森工集团绰尔森工公司26万吨VCS减排量挂牌竞价交易成功。

7月17日 内蒙古自治区林业和草原局发布《内蒙古自治区林业和草原局关于发布内蒙古自治区重要湿地名录的通知》，绰源国家湿地公园列入内蒙古自治区重要湿地名录。

7月20日 森工集团在呼和浩特举办《大兴安岭植物志》首发式。内蒙古自治区党委副书记、主席布小林出席发布式并为《大兴安岭植物志》启封。

7月24日 内蒙古自治区、国家林草局发布《2021年内蒙古自治区重要湿地名录》，克一河湿地列入其中，成为内蒙古自治区重要湿地。

8月18日 在央视财经频道播出的《信物百年》第60集《划时代的弯把锯》中，森工集团党委书记、董事长陈佰山作为讲述人，讲述内蒙古大兴安岭几代务林人从采伐木材支援国家建设到守护绿水青山的动人故事。

9月7日 2021年中国国际服务贸易交易会绿色发展专题系列活动——国际国内碳市场与碳汇经济专题会议在北京国家会议中心举行。此次会议上森工集团与国际绿色经济协会签署合作框架协议。

11月3日 汗马国家级自然保护区管理局获“中国生态学学会生态科普教育基地”称号。

（内蒙古森工集团由杨建飞、朱显明、侯鹤供稿）

辽宁省林草业

【概　述】 2021年，辽宁省林草系统广大干部职工主动作为，狠抓落实，在国家林草局和辽宁省委省政府高度重视和全力推动下，各项工作达到预期目标，收到良好成效，为“十四五”良好开局奠定基础。

造林绿化 依托三北防护林、沿海防护林、中央政策补贴造林等国家重点林业生态建设工程，全省完成人工造林及退化林修复7.15万公顷，占年度计划的119.2%，封山育林5.33万公顷、森林抚育2.13万公顷，均占年度计划的100%；飞播造林1.33万公顷，育苗2.36万公顷、18.76亿株；防沙治沙1.11万公顷。新增国家级林木种质资源库3家，总数达到6家。辽宁省被国家林草局列为全国“十四五”7个科学绿化试点示范省之一，启动试点示范省建设。推行造林精准化管理，年度重点工程造林任务全部“落地上图”。与省财政厅、朝阳市政府成功申报朝阳国土绿化试点示范项目。深入推进全民义务植树和城乡绿化建设。完成义务植树0.6亿株，新建义务植树基地32处，5个市开通全民义务植树子网平台，启动绿化村庄建设1264个，新植树木724.2万株。组织制订林草系统碳达峰碳中和行动清单，在宽甸县启动林业碳汇试点工作。

林草资源管护 全面建立五级林长体系。在本溪、朝阳试点基础上，省委办公厅、省政府办公厅印发《辽宁省全面推行林长制实施方案》，以省林长办公室名义出台系列配套制度，各市、沈抚示范区以及各县（市、

建平县草原生态修复

区）全部出台本级实施方案。由党委、政府主要负责同志担任总林长（林长）的省、市、县、乡、村五级林长体系全面建成，2.4万余名林长上岗履职。加强林地草地征占审批与林木采伐管理。严格采伐限额审批管理，推广使用林木采伐App、在线申请和实行告知承诺审批工作。依法依规办理建设项目使用林地项目532个、0.24万公顷。扎实开展打击毁林专项行动和2021年森林督查工作，重点挂牌督办一批典型案件，形成严厉打击涉林违法犯罪的高压态势。完成首次林草湿荒生态综合监测评价工作并与国土“三调”数据融合对接，形成林草资源管理统一底图。全面完成辽宁省国家第六次荒漠化和沙化土地监测调查工作。

野生动植物管控　一是强化野生动植物保护与救助。开展黑嘴鸥、东北红豆杉等珍稀濒危野生动植物种群保护及其栖息地修复项目建设。在鸟类重要迁徙路线设立14个候鸟保护监测站，新建5处野生动物救护站。在盘锦市实施丹顶鹤人工繁育与野化训练项目，人工繁育190只，野化放归101只。二是依法保护野生动植物资源。公布辽宁省国家重点保护野生动物名录，建立打击野生动植物非法贸易联席会议制度。联合省公安厅等8个部门开展代号为“清风行动”的打击野生动物非法贸易行动，有力打击野生动植物违法犯罪行为。三是启动124种国家重点保护鸟类、13种兽类、4种两栖爬行类野生动物的专项调查，建立基础数据库。在清原、桓仁和宽甸3个县开展野生动物调查与致害防控工作。完成全国第二次陆生野生动物调查验收和成果上报。四是强化野生动物疫源疫病防控管理。及时排查野猪非洲猪瘟、野鸟禽流感疫情风险隐患，采集野猪样本3头、野鸟粪便样本6056份，未发现疫源疫病。完善野生动物疫源疫病监测体系，优化国家级和省级监测站51个。

自然保护地体系建设　一是深入贯彻落实党中央、国务院关于建立以国家公园为主体的自然保护地体系决策部署，省委常委会进行专题学习部署。以省政府办公厅名义印发《关于加强自然保护地建设的实施意见》，全面加强自然保护地建设。二是以省政府办公厅名义印发《创建辽河国家公园实施方案》，初步拟定辽河国家公园范围。编制相关技术报告。国家公园管理局批复同意辽宁省《辽河国家公园创建方案》。创建辽河国家公园被列入国家发展改革委《东北全面振兴“十四五”实施方案》中。组织开展系列宣传报道活动，与阿拉善SEE生态协会就创建辽河国家公园达成战略合作。三是完善自然保护地整合优化预案。协调解决自然保护地整合过程有关矛盾冲突，组织开展“回头看”，会同省直有关部门开展联合审查，确保应划尽划、应调尽调。四是强化自然保护地监管。开展7处自然保护地总体规划编制与报批，新建1处省级地质公园。会同省生态环境厅开展“绿盾2021”自然保护地强化监督工作。依法依规推进大连新机场、太平湾港口等国家、省重大工程建设涉及保护区范围及功能区调整工作。持续推进黄（渤）海候鸟栖息地（第二期）世界自然遗产申报等工作。

草原湿地保护修复　一是认真贯彻落实《国务院办公厅关于加强草原保护修复的若干意见》，会同省发展改革委等8个部门印发《关于加强草原保护修复的实施意见》，对全省草原保护修复工作作出部署。扎实开展草原生态修复，完成人工种草和退化草原改良5.62万公顷，退牧还草1.49万公顷，草原鼠虫害防治16.99万公顷。2021年全省草原综合植被盖度达到67.48%，超过计划指标3.38个百分点。二是不断强化湿地保护修复。持续开展辽河口湿地生态效益补偿试点工作，完成耕地补偿0.51万公顷，生态补水0.85万公顷。组织开展辽河国家湿地公园湿地保护与恢复建设，完成湿地监测及国际重要湿地生态状况监测评估工作，推进国家湿地公园试点工作。

防灾减灾能力建设　一是圆满完成森林草原防火任务。不断加强森林草原防火能力建设，推进林草防火专项行政编制落实，完善机构体系。开展森林草原火灾风险普查，出台7项技术操作细则，如期完成2622块样地外业调查和102个县（区）内业调查任务，摸清全省火灾风险底数。首次启用防火码，设置卡口2524个，扫码量18万人次。全省共发生森林火灾13起，全部在4小时内扑灭明火，过火面积137.87公顷，受害森林面积38.77公顷，森林火灾受害率0.0063‰，低于国家0.9‰的控制指标。二是松材线虫病疫情防控取得初步战果。省委、省政府高度重视松材线虫病疫情防控工作，省委书记张国清批示，此事要站在“五大安全”高度推进落实；省长李乐成批示，要持续钉钉子，巩固防治防控基础，不断拓展防治效果。时任省长刘宁多次批示指示，要求坚决打好防控战、阻击战、歼灭战。省政府审议通过《全省2021~2022年度松材线虫病疫情防控专项行动方案》。同时，启动“秋风2021”松材线虫病疫木整治专项行动。通过扎实有效的疫情防控措施，建立辽吉边界松材线虫病检疫监管保护区，提前实现与吉林省边界20千米内无疫木分布，毗邻乡（镇）无疫情的阶段性防控目标。2021年以来，共拔除疫区1个，2个疫区实现无疫情，全省疫区数量下降为20个县（区）。累计除治疫木137.33万株，实施媒介昆虫飞机防治作业4.19万公顷次；处置违规松木8.12万立方米，查处行政案件29起，移交刑事犯罪线索16条（刑事立案10起），其中，破获青岛市进口疫木流入系列案等重大案件，有力遏制疫情暴发式发生的势头。

深化林草改革　一是不断完善国有林场改革。推进国有林场与种苗基地融合发展，在国有林场内确定省级林木良种基地7个、省级种质资源库2个、省级保障性苗圃14个。提高国有林场管理水平，开展全省国有林场矢量边界数据收集工作，完成国有林场基本情况等调查统计工作。为国有林场落界成图，推进信息化、精细化管理奠定基础。二是稳步推进集体林权制度改革。做好集体林地承包经营纠纷考评工作。鼓励和引导发展以林业专业合作社、家庭林场为主的新型林业经营主体，全年新增34个新型林业经营主体，总数达到3910个。全省完成特色经济林和林下经济0.87万公顷。三是林草营商环境不断优化。大力推进林草系统“只提交一次材料”改革，推进沈阳、抚顺、阜新、朝阳4市审批事项流程再造试点工作。印发《关于优化林业和草原营商环境支持工程建设项目使用林地草地扶持意见》，出台9项扶持惠民政策。落实“证照分离”改革全覆盖，取消、优化和创新各类行政事项10项。

林草法治建设 一是积极推进林草立法工作。开展《实施〈中华人民共和国野生动物保护法〉办法》(修订)和《辽东绿色经济区林业发展促进条例》立法调研、论证工作。启动辽河国家公园立法程序，形成《辽河国家公园管理条例(草案)》初稿。成立林业有害生物防治条例立法专班，形成《辽宁省林业有害生物防治条例(草案)》。二是有序推进行业普法。印发《学习宣传习近平法治思想工作方案》和《“谁执法 谁普法”责任清单》，深入学习宣传习近平法治思想。三是探索加强行政执法。针对林草行政执法现状，开展全省林草行政执法情况调研，并形成调研报告上报省政府。四是加大法规规章、规范性文件清理力度。共清理法规规章50余部(次)，废止2部，修改7部。清理省政府规范性文件38件，保留11件。

林草支撑体系建设 一是辽宁省政府办公厅印发《辽宁省“十四五”林业草原发展规划》及系列子规划。持续强化资金投入，全年落实中央和省级林草建设资金22.4亿元，比上年增加近1亿元。二是经积极争取，国家发展改革委批准增加辽宁省康平、彰武、阜蒙、建平、北票5县(市)纳入北方防沙带规划区域范围；在原有朝阳市、盘锦市基础上，阜新市被新增纳入国家“十四五”区域性山水林田湖草沙系统治理示范项目范围。三是完成28个全国标准化林业站建设任务。组织认定林草实用技术22项，推广林草科技成果34项，制定修订林草行业地方标准20项，评聘省级第二批乡土专家38名。完成1276批次林产品质量安全检测工作。成功获批“辽宁沈阳城市生态系统国家定位观测研究站”等3个科研平台。四是推进网络安全和信息化建设。完成省级计算机等软硬件设备更新替代和适配改造工作，设计开通电子政务外网办公系统，实现政务外网直连办公，有效保障内外网及专网安全运行。五是信息宣传工作取得积极成效。在国家和省级媒体刊发稿件782篇，网站发布信息2226条(次)，公众号发布724条(次)。《辽宁开展松材线虫病疫情防控专项行动》被国家林草局简报专题刊发，并得到国家林草局局长关志鸥的批示肯定。新华社刊发内参《辽宁彰武科学治沙接力奋斗70年实现人进沙退》，得到中央领导和省政府主要领导批示，中宣部组织多家中央和省级主要媒体进行集中宣传报道。在全国首次开展的国家青少年自然教育绿色营地评选中，锦州东方华地城湿地公园榜上有名；桓仁县林草局局长汪立功荣获国家林草局评选的“习近平生态文明思想先进个人”称号(全国仅11人)。关注森林活动新一届组委会在桓仁县召开首次全体会议，有力提升社会各界对林草事业关注度。

彰武县防风固沙林建设

【全省林业和草原工作会议】 于2月23日以电视电话会议形式召开。辽宁省林草局党组书记、局长金东海作报告。会议全面总结回顾“十三五”期间和2020年的工作，安排部署“十四五”期间及2021年推行林长制、科学国土绿化、国家公园创建及自然保护地管理、森林资源管护、“十四五”规划、草原湿地保护与修复、野生动植物保护、林业草原灾害防控、绿色产业发展、林草重点改革、基层基础建设、科技支撑和全面从严治党等方面重点工作。

【省领导参加义务植树活动】 4月9日，北部战区政治委员范骁骏，辽宁省委书记、省人大常委会主任张国清，省委副书记、省长刘宁，省政协主席周波等军地领导来到沈阳市浑南区棋盘山，与机关干部、部队官兵一起参加义务植树活动。

【大事记】

2月1日 辽宁省林草局等9个部门印发《辽宁省“清风行动”实施方案》，组织开展代号为“清风行动”的打击野生动物非法贸易联合行动，对候鸟等野生动物涉及的非法市场、运输线路、餐饮饭店等重点场所和电子商务、快递物流、社交媒体等网络平台开展联合执法检查，集中查处非法经营、非法运输等行为。

2月22日 辽宁省林草局印发《建立野生动植物保护举报奖励制度的指导意见》，并将此项工作纳入对各市政府绩效的考核内容。

2月25日 省委编办印发《关于设立辽宁省森林草原防灭火应急保障中心(辽宁省应急救援航空站)的通知》，设立辽宁省森林草原防灭火应急保障中心(辽宁省应急救援航空站)。

3月9日 辽宁省林草局印发《辽宁省自然分布的陆生国家重点保护野生动物名录》，全省现有陆生国家重点保护野生动物141种，其中国家一级重点保护野生动物36种，国家二级重点保护野生动物105种。

3月16日 经辽宁省人民政府同意，辽宁省森林草原防灭火指挥部办公室由辽宁省林业和草原局调整至辽宁省应急管理厅。

3月25日 辽宁省人民政府召开全省森林草原防灭火工作电视电话会议，副省长、省森防指常务副总指挥姜有为出席会议并对2021年森林草原防灭火工作进行安排部署。

3月27日 省委副书记、省长刘宁以“四不两直”(不发通知、不打招呼、不听汇报、不用陪同接待、直奔基层、直插现场)方式到阜蒙县大板林场抽查扑火队伍备勤、灭火物资储备、火灾应急处置等情况。

4月4~5日 副省长、省森防指常务副总指挥姜有为到锦州、阜新检查森林草原防灭火工作。

4月5日 组织开展辽宁省第40届“爱鸟周”暨盘锦市第一届“观鸟节”主题宣传活动。积极利用传统媒介和“两微一端”等新媒体，大力宣传野生动物保护法、“鸟类科普”、野生动物疫源疫病、国家重点保护野生动物等相关知识。

4月9日 王树森同志任辽宁省林业和草原局党组成员、副局长；王世铭同志任辽宁省林业发展服务中心主任(副厅级)。

4月9日 辽宁省政府常务会议审议通过《创建辽河国家公园实施方案》。

4月14日 辽宁省委编办印发《关于调整省林业发展服务中心有关机构编制事项的批复》，同意省林业发展服务中心内设机构青山治理部更名为辽宁省森林资源保护中心，主要职责调整为：为全省森林资源保护、自然保护地管理建设、林业和草原综合行政执法等工作提供技术支持和服务保障。

4月27日 经省政府同意，印发《关于规定并公布禁止使用猎捕工具和方法的通知》，明确禁止8种猎捕工具和6种猎捕方法，为严厉打击乱捕滥猎候鸟等野生动物资源违法犯罪行为提供依据。

6月7日 经省政府同意，由辽宁省林草局牵头，联合20个部门，建立辽宁省打击野生动植物非法贸易联席会议制度。

6月16日 北方沙区桑树产业国家创新联盟成立大会暨现代桑产业发展研讨会在沈阳举行，国家林草局副局长彭有冬出席。

6月25日 省委副书记、省长刘宁主持召开第一次省创建辽河国家公园工作领导小组会议，听取领导小组办公室关于辽河国家公园创建工作情况汇报，审定辽河国家公园范围，研究部署下一步工作任务。省委常委、副省长陈向群，副省长姜有为出席会议。会议原则同意辽河国家公园确界方案。

7月9日 省委副书记、省长刘宁会见国家林草局林草防治总站党委书记张克江、总站长郭文辉，听取林草防治总站关于辽宁松材线虫病疫情防控形势介绍和省林草局工作汇报，并作出内防扩散、外防输出，重点防治，系统防治，打好阻击战、控制战等重要指示。

7月12日 辽宁省政府副省长姜有为赴抚顺市清原满族自治县专题调研守住松材线虫病疫情北部防线相关工作，并就松材线虫病防治作出指示。

7月17日、7月22日、8月10日 辽宁省政府召开专题会议，副省长姜有为主持会议，国家林草局生物灾害防控中心、省自然资源厅、省公安厅、省林草局等单位参加会议，专题研究全省2021~2022年度松材线虫病疫情防控专项行动暨“秋风2021”松材线虫病疫木整治专项行动方案。

7月24日 辽宁省创建辽河国家公园工作领导小组办公室与阿拉善SEE生态协会、阿拉善SEE湿地保护议题联盟在沈阳联合举办辽河湿地保护论坛。省林草局代表省创建办与阿拉善SEE生态协会会长孙莉莉签署辽河国家公园创建和保护战略合作备忘录。

8月3日 辽宁省委副书记、省长刘宁带队赴京与国家林草局局长关志鸥会商辽河国家公园创建、松材线虫病疫情防控等工作。

8月12日 省委编办印发《关于调整省林业发展服务中心有关机构编制事项的批复》，同意省林业发展服务中心设立生产技术部，同意省国有林场建设中心、省林木种苗中心整合组建省国有林场和林木种苗中心，同意省林业和草原有害生物防治检疫工作站更名为省林业有害生物防治检疫站，并对相关职责进行调整。

8月18日 辽宁省政府党组会、常务会议审议通过《全省2021~2022年度松材线虫病疫情防控专项行动方案》。

8月19日 辽宁省被国家林草局列为全国“十四五”科学绿化试点示范省。

8月25日 辽宁省“秋风2021”松材线虫病疫木专项整治行动启动仪式如期在抚顺市新宾县举行。辽宁省副省长姜有为、国家林草局林草防治总站、各有关市政府和省指挥部成员单位有关负责同志现场参加启动仪式。启动仪式上，对查获的违规松木进行公开集中销毁。

8月26日 经省委编办同意，省危险性林业有害生物防治临时指挥部更名为省危险性林业有害生物防治指挥部。

9月3日 辽宁省政府批准抚顺市调整和设立检疫检查站，对抚顺市检查站布设进行重新规划，将原有15个检查站站址调整到关键节点，在高速公路出入口新设8个森林植物检疫检查站，使抚顺市主要交通干线实现检查全覆盖。

9月22~23日 辽宁省林草局与本溪市人民政府联合举办辽宁省森林草原火灾预防和早期处置联合演练。

9月23日 中共辽宁省委办公厅、辽宁省人民政府办公厅印发《辽宁省全面推行林长制实施方案》。

10月13~19日 国家林草局森林草原防火督查专员王海忠到沈阳、丹东、阜新、朝阳调研森林草原防火工作。

11月30日 辽宁省政府常务会议审议并原则通过《关于建立自然保护地体系的实施意见》和修改鸭绿江与医巫闾山2处国家级风景名胜区总体规划的意见。

12月23日 辽宁省林长制办公室印发《林长制六项配套制度》。

12月24日 辽宁省副省长姜有为率队赴京与国家林草局局长关志鸥就贯彻落实11月30日省政府常务会关于加快以项目方式推进丹东市城市水源上移工程和青岩寺景区拟建索道项目事宜进行会商。同时，关志鸥对辽河国家公园创建工作提出建议，建议更名为辽河口国家公园，以辽河口干流为主。

12月28日 以省政府办公厅名义印发《关于加强自然保护地建设的实施意见》。

12月30日 辽宁省发布《林下人参生态种植技术规程》《林下园参移栽生产技术规程》；发布《软枣猕猴桃林下栽培技术规程》等4项软枣猕猴桃技术重要标准。

（辽宁省林草业由何东阳供稿）

大连市林业

【概　述】 2021年，大连市全年完成人工造林面积1333.3公顷，农村“四旁”植树202万株，森林抚育2000公顷，金普新区石河街道石河村入选全国山水林田湖草综合整治典型案例。全市共清理疫木11万株，除治面积3573.33公顷，松材线虫病得到有效防控。大连市现有林地总面积49.91万公顷，森林蓄积量1574.57万立方米。其中有林地面积42.17万公顷，国家级公益林7.34万公顷，地方公益林20.15万公顷，天然林4.72万公顷。森林公园14处，其中国家级10个、省级4个，总面积4.42万公顷。全市湿地面积35.83万公顷，其中天然湿地25.4万公顷、人工湿地10.43万公顷。

【国土绿化】 年内，大连市共完成人工造林1333.3公顷，其中荒山造林733.3公顷，更新造林及退化林分修复600公顷；以美丽示范村绿化美化为重点，共完成农村“四旁”植树202万株，森林抚育2000公顷。大连市新建义务植树基地15个，参加义务植树312万人次，义务植树(含折算)936万株。

【大连市林业生态建设“十四五”规划】 年内，大连市通过全面分析“十三五”时期工作成就，对接国家、省林草规划以及大连市“十四五”规划纲要，在广泛征求各层级意见基础上，形成《大连市林业生态建设“十四五”规划》，并经大连市政府第一百一十五次常务会议审议通过。

【全面推行林长制】 年内，中共大连市委办公室、大连市人民政府办公室印发《大连市全面推行林长制工作方案》。明确市委和市政府主要负责同志担任市级林长，市政府分管自然资源工作的负责同志担任第一副林长，市委、市政府领导班子其他成员担任副林长。区(市、县、开放先导区)、乡(镇、街道)参照设置本级林长、第一副林长、副林长。村(社区)设立村(社区)级林长，由村(社区)党组织书记、村委会(社区居委会)主任担任，履行相应职责。结合大连实际，建立乡(镇、街道)级林长领导下的“一长五员”模式，强化源头管理。“一长”指村(社区)级林长，“五员”指林业工作机构监管员、行政执法人员、警员、森林消防队员、乡村护林员。截至2021年12月31日，全市确定市级林长11人，其中林长2人，副林长(含第一副林长)7人；区(市、县、先导区)级林长139人，其中林长22人，副林长(含第一副林长)117人；乡(镇、街道)级林长1165人，其中林长256人，副林长(含第一副林长)909人；村(社区)级林长1444人。大连市各级林长体系已全面建立，全社会特别是各级党政领导保护发展森林资源的意识显著增强，推动森林资源管理水平不断提升。

【林业产业发展】 年内，大连市推进干杂果经济林产业建设发展，全市林地上生产食用林产品约1.2万吨，完成产值约1亿元，主要以榛子、板栗、核桃等干杂果为主，分布在庄河市、瓦房店市、普兰店区。大力发展文冠果、蓝莓等产业，全市文冠果种植面积达2333.33公顷，全市3.33公顷以上的蓝莓园有54个，庄河市蓝莓栽培面积近4000公顷，约占全省总种植面积的60%左右，年产量约8000吨，产值约3亿元。加强林产品质量监管，配合国家、省林草局完成全市木质林产品质量监测任务6批次，完成市级食用林产品质量检测任务60批次，配合省林草局完成省级食用林产品质量检测40批次。经第三方抽样检测，未发现不合格产品，总体合格率100%。推进林业新业态产业，大力发展森林旅游、森林人家、森林康养等新业态，增加林业附加产值，积极推进市森林康养产业建设，推荐长海县申报全国森林康养试点建设县、大连大学申报国家蓝莓新品种及标准化培育技术推广转化基地。

【集体林权制度改革】 年内，大连市继续深化林改和做好集体林地承包经营纠纷调处，积极与基层沟通联系，维护全市社会稳定大局。积极配合省林草局、市农业农村局开展林业合作社、家庭林场示范评选工作。截至2021年3月，全市涉林合作社和家庭林场共75家。

【国有林场建设】 年内，大连市开展国有林场改革发展情况抽样调研，对全市国有林场改革发展情况进行分析形成调研报告，做好国有林场矢量边界数据收集工作。促进基层林业站建设与推行林长制有机统一，开展“全国标准化林业工作站”挂牌自查，指导各区(市、县)国有林场完善森林经营方案，按程序批复实施。

【自然保护地管理】 年内，大连市有自然保护区11个，其中国家级自然保护区4个、省级自然保护区1个、市级自然保护区6个。森林公园14个，其中国家级10个、省级4个。风景名胜区3个，其中国家级2个、省级1个。海洋公园4个，均为国家级。地质公园4个，国家级2个，省级2个。大连市积极完善自然保护地整合优化预案并开展自然保护地整合优化“回头看”工作，按照国家、省林草局有关自然保护地内海域、耕地等新的管控要求，组织自然保护地整合优化技术团队对自然保护地整合优化预案进行调整完善，及时报送调整完善后的矢量数据。印发《自然保护地整合优化“回头看”工作实施方案》，要求各地区结合国土空间规划编制和“三区三线”划定工作最新要求，集中解决自然保护地范围内村庄、永久基本农田、集体人工商品林、合法矿业权等矛盾冲突。

【野生动物与湿地保护管理】 年内，大连市开展代号为“清风行动”的打击野生动物非法贸易联合行动，严厉打击破坏野生动物资源违法犯罪行为；行动期间，查办野生动物案件9起，采取强制措施8人；收缴野生动物8只(头、尾)，野生动物制品2件。查办涉象案件1起，没收象牙及其制品0.3千克，涉候鸟案件1起，严厉打击非法买卖野生动物活动。启动《大连市湿地保护发展规划(2021~2035年)》项目编制工作，《大连湿地保护条例》列入大连市人大常委会2022~2026年立法规划项目。

【林业有害生物防治】 年内，大连市共清理疫木11万株，除治面积3573.33公顷。全面启动大连市2021~2022年度松材线虫病疫情防控专项行动。完成全市各地松材线虫病疫情春季、秋季普查及松材线虫病媒介昆虫飞机防治工作。组织开展“秋风2021”松材线虫病疫木专项整治行动，对全市涉松木企业现存松木及其制品的合法来源、树种、数量等进行了排查、取样、检测，未发现松材线虫病疫木。印发《大连市美国白蛾防治实施方案》，对美国白蛾防治成效进行了督查；9月，成立美国白蛾防治专项督导组，对全市开展美国白蛾疫情防控工作进行督查检查。

【防沙治沙】 大连市防沙治沙工作已全部建设完成。年内，大连市以巩固防沙治沙成果为目标，持续推进沙区国土绿化和美丽乡村建设。12个沙区乡(镇)共投资1304.1万元，完成荒山造林306.67公顷，道路绿化47千米，防沙治沙成果得以持续巩固。

【森林防火】 年内，大连市提高政治站位，强化工作部署，按照森林防火“网格化”管理要求，将防火安全责任落实到山头、人头、地头。扎实组织演练竞赛，进一步提升全市森林火灾应急处置能力。充分利用电视、广播、宣传车、防火彩旗等传统方式及“两微一端”等新型媒体，在黄金时段、重要位置，连续发布公益性森林草原防灭火通告、播放森林草原防火动漫公益广告。开展全市“小手拉大手”森林防火主题宣传教育活动，向全市中小学生及家长发放森林防火宣传手册62万份，提高了学生和家长的森林防火意识，构建全民预防、全社会参与、支持森林草原防火的新格局。年内，全市共发生一般性森林火灾1起，过火面积约2公顷，森林火灾发生数量和过火面积同等气候条件下近10年来最少，全市森林防火形势平稳。

【大事记】

9月17日 大连市森林草原防灭火指挥部办公室(大连市自然资源局)举办大连市森林防火应急演练，共有6支专业森林消防队、1支半专业森林消防队，近100人、20余台车辆参与。

11月30日 大连市委办公室、大连市人民政府办公室印发《大连市全面推行林长制工作方案》。

12月20日 大连市政府印发《大连市林业生态建设“十四五”规划》。

(大连市林业由卢俐骅供稿)

吉林省林草业

【概　述】 2021年，吉林省林业和草原工作自觉践行新发展理念，大力推进林草事业改革发展，全面完成各项改革发展任务。国有林场、林区改革持续深化，东北虎豹国家公园建设取得重大突破，林长制改革全面推开；全省林草生态系统41年无重大森林火灾；林草资源保护、林草科技创新和转型发展、“数字林草建设”、优化林草政务服务环境取得丰硕成果。全省林业用地面积879.28万公顷，活立木总蓄积量10.90亿立方米，森林覆盖率45.2%；全省草原面积67.47万公顷，草原综合植被覆盖率72.1%。

【林业草原机构改革】 3月11日，中共吉林省委编办印发《关于为省林业和草原局分配下达新增森林草原防火行政编制的通知》，分配下达省林草局森林草原防火行政编制38名，其中重点国有林执法监督局15名，森林和草原防火和安全生产处23名。5月21日，中共吉林省委编办印发《关于省林业和草原局森林资源管理处加挂林长制工作处牌子的批复》，同意吉林省林草局森林资源管理处加挂林长制工作处牌子，内部调剂行政编制3名，核增副处长领导职数1名，相应增加职责：贯彻落实国家林长制的决策部署，组织制定全省林长制政策规定和配套制度并监督实施；负责推行林长制组织、指导和协调工作，负责全省林长制实施情况的考核工作；承担省级林长制办公室日常工作。

【林草改革】 持续深化国有林场改革，积极推动国有林场改革关键政策落实落地。协调省编办分配下达东部地区31个市(州)、县(市、区)2055个事业编制，健全事业性质国有林场架构，充实国有林场职工队伍。加快推动创建现代国有林场试点，示范引领全省国有林场现代化建设。16个试点林场完成森林景观提升、大径材培育、森林生态修复、红松果林及红松母树林等各类森林资源培育示范林2694公顷；在道路、供水、通信、绿化美化等林场基础设施建设、林下经济、生态旅游等绿色产业发展方面已累计投入资金4.84亿元。按照乡镇机构改革要求，推进乡镇林业站机构、职能、经费、人员编制下放乡(镇)管理，与其他乡(镇)所属事业单位整合设置为乡(镇)综合服务中心。全省676个乡(镇)林业站中，656个林业站完成体制调整实行乡(镇)管理；17个林业站仍实行原体制机制，属县级林草部门派出机构；3个林业站属于双重领导。

【林草法治】《吉林省林业有害生物防治条例》通过施行，废止《吉林省森林植物检疫实施办法》《吉林省森林病虫鼠害防治实施办法》2部省政府规章。圆满完成“七五”普法任务，全省3个单位、5名个人被国家林草局评为“七五”普法表现突出单位和个人。深入推进“放管服”改革，行政审批办公室连续16年获评省政务大厅“优秀进驻单位”。

【生态建设】 全省共完成造林绿化14.39万公顷。其中，迹地更新造林1.15万公顷，修复完善中西部农防林0.71万公顷，沙化土地治理1.10万公顷。完成公路、铁路、河流绿化4400千米。新建和完善提高城市绿地面积0.11万公顷，绿化美化村屯1176个。建设全民义务植树基地343个，义务植树数量3091万株。

查干湖绿化美化

【林木采伐管理】 严格落实全面停止天然林商业性采伐政策，强化天然林保护管理。积极做好雨雪冰冻灾害受害林木清理的采伐限额调配、技术指导、采伐监管等工作，共拨付省级不可预见性采伐限额19.30万立方米用于清理受害林木，确保清理工作规范有序、及时高效。采伐政策向惠民利民转变，积极推动落实告知承诺制采伐政策，简化15立方米以下小额采伐程序，放开8立方米以下农民自用材采伐限制，减少单笔大额审批数量，增加多笔小额审批数量，建立更加普惠、高效便捷的林木采伐管理机制。优化整合全省林木采伐调查设计和许可证核发管理信息系统，推行采伐App等技术措施，建立统一规范的采伐管理技术支撑体系。全面规范林地林权管理，充分利用林业卫星图片，排查疑似点位1.26万块，并将整改任务、责任落实分解到基层，有力保护了森林资源。

【林草生态综合监测评价】 年内，根据国家林草局的统一安排部署，吉林省率先启动并圆满完成林草生态综合监测评价工作，全省共完成样地监测1103块和图斑监测509.68万个，产出以国土“三调”为统一底版的森林、草原、湿地资源数据，实现由单项资源监测向多种资源综合监测的转变，开创林草调查监测新局面。但因国土“三调”与原有林草调查地类划分标准、调查要求等不同，对接融合后全省森林、草原、湿地总面积减少81.74万公顷。

【林长制建设】 年内，在全面总结9个试点市、县经验基础上，中共吉林省委办公厅、吉林省人民政府办公厅印发《吉林省全面推行林长制实施方案》，在全省部署全面建立林长制工作。截至12月底，全省共设省、市、县、乡、村五级林长17 048名，划分林草资源管护网格26 108块，配置网格长28 630名，协调“一林一警”3409名，林长制组织体系全面建立。

【森林草原防火】 全省实现连续41年无重大森林火灾。据统计，全年共发生森林草原火灾11起，其中，森林火灾11起，草原火灾0起。11起森林火灾全部发生在春季森林草原防火期。其中，一般森林火灾10起，较大森林火灾1起，过火总面积18.1公顷，受害森林总面积5.67公顷。秋季防火期实现“零火灾”。

【林草有害生物防治】 年内，全省应施调查监测的林业有害生物种类为64种，通过调查监测达到发生的种类为56种，全省应施调查监测面积为1386.51万公顷，实施调查监测面积为1383.43万公顷，全省平均调查监测覆盖率为99.78%。全年全省林业有害生物发生总面积为30.99万公顷，较上年同期下降了15.58%。全年全省林业有害生物防治作业面积为50.82万公顷次，无公害作业面积49.30万公顷次，无公害防治率为97%。其中，首次发现松材线虫病重大疫情侵入，疫情发生县份为通化市东昌区、二道江区，延边州汪清县，疫情累计发生小班34个，总发生面积85.24公顷。吉林省森林和草原重大突发性生物灾害应急处置临时指挥部启动《吉林省松材线虫病疫情应急处置预案》，累计无害化处置疫木28 617株，开展药物防治5496.67公顷。大力开展红松球果害虫防治，累计开展防治作业面积39.84万公顷次。重点推进美国白蛾疫情防控，坚持开展成虫性诱监测和幼虫调查防治工作，成功撤销吉林市经济技术开发区疫区。草原有害生物主要包括鼠害、虫害，全年共防治面积5.36万公顷，投入人工628余人次、车辆292辆次，培训农民660余人次。

【林政执法】 年内，全省共查结林草行政案件3681起。其中，盗伐林木案642起，滥伐林木案256起，毁坏森林林木案205起，违法使用林地案583起，非法收购、加工、运输木材案10起，违反草原法律法规71起，违反野生动物保护法律法规案30起，违反森林、草原防火法规案250起，违反林草有害生物防治检疫法规案14起，违反自然保护地管理法规案54起，其他林业和草原行政案件1563起。行政处罚3690人，罚款1526.76万元，恢复林地36.65公顷，没收非法所得2.26万元、木材798.94立方米、野生动物46只，补种树木7.26万株。

【野生动植物保护】 持续加大野生东北虎、豹等野生动物栖息地保护力度。组织开展野外巡护值守、清山清套清网活动和候鸟护飞行动，东北虎豹等野生动物栖息生境得到持续改善，东北虎豹国家公园内的东北虎、东北豹数量从2017年的27只、42只，分别增长到50只、60只以上。积极推进中华秋沙鸭保护，研究制订《关于加强中华秋沙鸭保护工作的意见》和《吉林省中华秋沙鸭保护总体规划(2021~2030年)》。综合考虑中华秋沙鸭保护现状、生态需求和整体保护等因素，着力构建“两地十区十五站”总体工作格局。积极推进市、县野生动物收容救护站建设，全年累计救护野生动物65种、800余只(头)。全面加强野猪非洲猪瘟、鸟类高致命禽流感等野生动物疫源疫病监测防控和主动预警工作。认真指导全省各级野生动物主管部门受理野生动物损害补偿工作。以举办全省“爱鸟周”“世界野生动植物日”等活动为契机，广泛开展宣传活动。建立吉林省打击野生动植物非法贸易部门间联席会议制度，推动形成执法合力，全年累计刑事立案139起，侦破案件140件，收缴野生动物及其制品3740头(只、件)，没收非法猎捕工具2347件(套)。

石湖省级自然保护区长尾林鸮

【湿地保护管理】 制定发布《吉林省重要湿地认定标准》《吉林省湿地名录管理办法》和《吉林省省级重要湿地名录(第一批)》，编制《吉林省湿地保护“十四五”实施规划(初稿)》。将向海、莫莫格、通化哈泥等3处重要湿地申报纳入国家湿地和国际重要湿地名录。在全省范围内筛选了前郭查干湖湿地、辉南龙湾湿地、大安牛心套保湿地等21处重要湿地，纳入第一批省级重要湿地名录；新建长白间山峰、德惠大白水、梅河口帽沟、通化县朝阳4个省级湿地公园。全省湿地有效保护率达到47.1%。

【自然保护地建设管理】 坚决贯彻落实《关于建立以国家公园为主体的自然保护地体系的指导意见》和《吉林省贯彻落实〈关于建立以国家公园为主体的自然保护地体系的指导意见〉实施方案》，强化顶层设计，编制《吉林省自然保护地发展规划(2021~2035)》和《吉林省自然保护地建设“十四五”规划》，为吉林省保护地中长期发展确定根本遵循和总体方向。扎实推进东北虎豹国家公园体制试点，配合国家林草局开展东北虎豹国家公园范围优化和公园设立准备工作，10月12日，习近平总书记正式宣布东北虎豹国家公园设立，成为全国首批5个国家公园之一。编制保护地整合优化预案，报国家待批。编制《吉林省自然保护地名录》，推介展示自然保护地风貌。配合开展“绿盾2021”专项行动，对自然保护地强化监督工作，全面促进自然保护区管理和保护工作。

通化市哈泥国家级自然保护区

【林草重点生态工程】 吉林省委办公厅、省政府办公厅印发《关于落实〈天然林保护修复制度方案〉的实施意见》。吉林省林草局成立天然林保护修复领导小组，加强对全省天然林保护修复的组织领导。天保工程区实有森林管护面积379万公顷，年末在册职工5.3万人，全员参加基本养老、医疗、失业、工伤、生育保险。天保工程全年完成国家投资49.5亿元。新建、改建、加固管护用房67个。年内下达后备资源培育任务8.31万公顷。指导各天保工程实施单位发展森林旅游康养、林下种植养殖项目25个，推进天保工程区转型发展。

【林草种苗】 长白山森工集团东北红豆杉国家林木种质资源库等三家种质资源库被评为国家级种质资源库。审(认)定省级林木良种品种2个，审定省级草品种7个。全年生产林木种子51.08万千克，其中生产良种17.10万千克。全省育苗面积1.43万公顷，培育苗木23.8亿株，出圃苗木5.10亿株。良种使用率达76%。

【林草产业】 提报省政府出台《关于引导社会资本进入林草行业助推绿色经济发展的意见》。编制印发《吉林省林草产业转型发展“十四五”规划》《吉林省林下及林特产业集群推进工作方案》。建立全省林草产业发展项目库，利用省级财政资金1713万元扶持31个林草产业项目。着力推进红松果(兼用)林改造培育、特色经济林、林草种苗花卉、林草中药材、绿色菌材、特色经济动物养殖、林草资源精深加工、森林休闲旅游康养、万里国家生态步道等重点工程建设。按照省委、省政府大力发展全域旅游和冰雪经济的要求，编制印发《吉林省森林(草原、湿地)休闲旅游康养产业发展规划(2021~2035年)》，认定全省第二批13个森林康养基地和2户森林人家。启动《长白山国家森林步道(吉林段)总体规划》编制工作。根据国家大力发展木本粮油产业保障油料安全的战略部署，在全省选定并指导12家试点单位完成试点方案编制工作，组织起草指导全省红松人工林经营抚育的系列标准。指导通化市编制《通化全国林业改革发展综合试点市实施方案》，获国家林草局批准。从吉林省实际出发，起草《吉林省林草碳汇交易试点工作方案》。

【林草投资】 年内，全省共完成林业投资 79.6 亿元。其中，中央资金 66.68 亿元，约占林业建设资金总额的 83.8%；地方财政资金 9.27 亿元，约占林业建设资金总额的 11.7%；自筹资金和其他社会资金 3.65 亿元，约占林业建设资金总额的 4.5%。中央投资仍为吉林省林业建设资金的主要来源。在全省林业完成投资中，用于生态修复治理(含造林与森林抚育、草原保护修复、湿地保护与恢复、防沙治沙等)52.67 亿元，约占林业完成投资额的 66.2%；用于林业草原服务、保障和公共管理(含林业草原有害生物防治、林业草原防火、自然保护地监测管理、野生动植物保护等)26.76 亿元，占林业完成投资额的 33.6%。

【林草经济】 年内，吉林省实现林草产值约 946.6 亿元。其中，第一产业产值 314.22 亿元，占比约 33%；第二产业产值 427.95 亿元，占比约 45%；第三产业产值 204.43 亿元，占比约 22%。产业结构进一步优化，总产值同比增长 10%。经济林产品(水果、干果、中药材、森林食品等)的种植与采集业产值为 180.71 亿元，基本与上年持平，约占第一产业产值的 58%；非木质林产品加工制造业(森林药材、果蔬、茶饮料等加工)产值达到 197.34 亿元，同比增长 6%，约占第二产业产值的 46%；森林旅游及休闲服务业产值达到 91.65 亿元，同比增长 30%，约占第三产业产值的 45%。

【林草科研与技术推广】 积极组织各级林业科研、教学单位和科技型企业，充分依托国家林草局产业创新联盟、重点实验室等科技创新平台，大力开展实用技术研发，充分发挥科技引领示范作用。全省林草行业 15 个项目通过验收，获得科技成果 3 项；获得各级各类科技奖励 9 项，其中省科技进步奖二等奖 2 项、三等奖 3 项。利用中央财政资金 2002 万元，在林木良种培育、林草中药材种植、有害生物防治等方面，重点转化推广 30 个林草实用技术。组织吉林省林科院，完成国家林草局部署的 920 批次监测任务。围绕加快林草产业高质量发展，8 项林草领域地方标准在吉林省市场监督管理厅立项。

【省领导参加义务植树活动】 4 月 16 日，省委书记景俊海，省委副书记、省长韩俊，省政协主席江泽林等省领导到长春市明宇公园与省市机关干部一起参加义务植树活动，履行公民植树义务，推进绿美吉林行动。

【大事记】

3 月 5 日 吉林省人民政府印发《关于引导社会资本进入林草行业助推绿色经济发展的意见》。

3 月 15 日 吉林省委、吉林省人民政府召开吉林省第二个十年绿化美化吉林大地总结表彰暨第三个十年绿美吉林行动启动大会，省委书记景俊海出席并讲话，省委副书记、省长韩俊主持会议，省政协主席江泽林出席会议。

3 月 17 日 吉林省林业和草原工作视频会议在长春召开。局党组书记、局长金喜双出席并讲话。

3 月 18 日 全国春季森林草原防灭火电视电话会议召开，省委副书记、省长韩俊代表吉林省作 40 年无重大森林火灾经验交流介绍。

4 月 1 日 吉林省人民政府新闻办举办新闻发布会，局长孙光芝对《关于引导社会资本进入林草行业助推绿色经济发展的意见》进行政策解读。

4 月 23 日 中共吉林省委办公厅、吉林省政府办公厅联合印发《关于落实〈天然林保护修复制度方案〉的实施意见》。

6 月 17 日 吉林省林草局在长春东北虎园开展“恢复生态、保护土地、复苏经济”主题宣传活动。

6 月 30 日 根据国家林草局统一部署，吉林省启动实施林草生态综合监测评价工作。

7 月 2 日 吉林省林草局获“中国(西安)国际林业博览会暨林业产业峰会优秀组织奖”。

7 月 14～18 日 国家林草局荒漠司司长孙国吉会同自然资源部、农业农村部等一行 6 人组成国家考核组，对吉林省“十三五”期间省级政府防沙治沙目标责任制落实情况开展考核，吉林省考核结果为合格。

7 月 30 日 《吉林省林业有害生物防治条例》经吉林省第十三届人民代表大会常务委员会第二十九次会议通过，自 2021 年 10 月 1 日起施行。

9 月 9～10 日 吉林省第一届职工职业技能大赛造林更新工和营林试验员两个工种的决赛举行，这是吉林省首次面向林业职工举办省级职业技能竞赛。

9 月 16 日 吉林省全面完成全省林草生态综合监测评价样地外业调查工作和林草湿数据与国土“三调”数据对接融合工作，完成样地调查 1103 块、图斑对接融合 509.68 万个。

9 月 22 日 国家林草局向吉林省致信祝贺实现连续 40 年无重大森林火灾。

9 月 24 日 吉林省林草局正式印发《吉林省林业和草原发展“十四五”规划》。

10 月 8 日 吉林省林草局、自然资源厅、农业农村厅、交通运输厅、水利厅、住房和城乡建设厅、生态环境厅、文化和旅游厅联合印发《吉林省林草湿生态连通工程行动方案》。

12 月 31 日 吉林省林草局正式印发《吉林省森林(草原、湿地)休闲旅游康养产业发展规划(2021～2035 年)》。

(吉林省林草业由耿伟刚供稿)

吉林森林工业集团

【概　述】 中国吉林森林工业集团有限责任公司(以下简称“吉林森工集团”)现有二级以下企业116户，其中重点管控企业11户(包括8个国有林业局)。在册职工19 489人(在岗职工15 232人)。

2021年，在吉林省委省政府和国家林草局的正确领导下，吉林森工集团围绕谋转型、强管理、建机制、抓党建，统筹推进企业司法重整、转型发展、深化改革和全面从严治党各项工作，企业改革发展稳定反腐和党的建设取得扎实成效。

集团本级及所属21户二级企业和85户三级企业完成党建工作要求进公司章程。坚持党管干部原则，做好干部选拔任用，全年提拔16人次、调整11人次、免职49人次。加强年轻干部培养，选派3名中层干部到央企挂职锻炼，组织14名年轻干部在企业内部“上挂下派”培养提升。做好吉林省委第九轮巡视反馈问题整改，挽回经济损失4622.5万元，问责1人。开展廉政风险点排查，围绕权力风险点177个，分类制定岗位廉洁清单，防控廉政风险。认真查办各类违规违纪案件，全年受理问题线索152件，立案3件，给予党纪政务处分2人，综合运用“四种形态”批评教育帮助和处理54人次。

【森林经营】 规范使用天然林保护修复资金，完成更新造林360公顷、中幼林抚育4.97万公顷、后备森林资源培育2.75万公顷和国家储备林666.67公顷，辖区乔木林公顷蓄积量164.95立方米，红松、水曲柳、黄檗等珍贵树种蓄积占比为45.36%，森林质量居于全国前列。建成9个苗圃，育苗面积107.66公顷，新播面积22.8公顷。建成重点林木良种基地国家级4个、省级8个，林木种质资源库国家级1个、省级1个。临江林业局开发自愿碳减排交易标准项目获得签发减排量25万吨，总交易金额250万元。投入2730万元用于落叶松毛虫和松材线虫防治，辖区未发生大面积病虫害。落实“生态优先，保护为主”的天然林保护方针和全面停止天然林商业性采伐，推行森林防火“五化”管理体系，指导建立“局、场(所)、站、点”四级森林管护体制，建设布局管护站点334座，配备管护队人员7700余名，有效管护林地面积128.41万公顷。建立综合管护指挥监控系统，加强无人机、电子监控等高科技手段在森林管护中的应用，提高森林管护水平，实现辖区连续41年无重大森林火灾。

【产业发展】 围绕企业功能定位和优化产业、精干主业，将原有8个业务板块调减压缩为2个，重点发展森林资源经营产业和以天然矿泉水开发为龙头的森林大健康产业两大主业，编制形成集团“十四五”发展规划，经吉林省国资委审核批准通过。推进天然矿泉水龙头产业发展，与中国南方航空股份有限公司等央企大客户建立广泛联系拓展市场，为正大集团定制加工“长白森林”牌矿泉水，与中国石油化工集团公司合作推出多口味复合型苏打气泡水，自主研发“520”高端矿泉水投放市场，全年生产天然矿泉水72.6万吨、销售78.1万吨，同比分别增长17%、20%。争取国家及省级财政补贴资金1.02亿元投入重点项目建设。推动森林食品产业发展，参与发起设立吉林省光明生态产业发展基金，推进与上海光明食品集团有限公司、深圳市蓝美莓农业科技有限公司合资合作开发蓝莓等资源，与吉林农业大学和国药集团药业股份有限公司、中国北京同仁堂(集团)有限公司、深圳海王集团股份有限公司合作开发森林食药产品、建设种养培基地。临江林业局和松江河林业局建设百亩蓝莓种植实验基地；湾沟林业局建设473.33公顷林下参种植基地；红石林业局与杭州胡庆余堂药业有限公司合作开展林麝养殖试点，建设食药产业孵化基地和灵芝孢子粉生产线。二氢槲皮素获批新食品原料，取得食品生产许可证，研制多款医疗保健新产品。

【经营管理】 制订落实三年扭亏脱困专项实施方案，逐级签订经营目标责任状，规范执行经营运行调度分析制度，企业经营管理取得明显成效，完成全年营业收入18亿元和净利润1亿元目标。严格成本费用管控，实施精细化管理，主要产品矿泉水、木门和实木复合地板单位生产成本同比分别降低12.5%、2%和6%。修订《吉林森工集团合同管理办法》，严格合同审查审批，强化风险防控。开展对标管理提升活动，集团本级对标内蒙古森工集团，吉林森工泉阳泉饮品有限公司(以下简称“泉阳泉饮品公司”)对标农夫山泉股份有限公司，学习借鉴生态建设、经营管理、产业转型经验，转化为推进企业持续健康发展的具体举措。推进财务、人力资源和供应链为主的经营管控平台综合运用，集中整合数据，为经营管理提供数据支撑和服务，提高信息化工作效率和管理水平，助推管理效能提升。修订《吉林森工集团安全生产管理暂行办法》，制订实施安全生产专项整治三年行动方案，落实“五化”法抓安全生产，逐级签订安全生产责任状4078份、承诺书12 298份，开展安全生产治理行动，整改安全隐患和问题658项，企业安全生产形势平稳。

【重整改革】 启动实施吉林森工集团重整计划，完成集团股权工商登记变更，吉林省属国有投资平台作为战略投资人持股60%，成立吉林森工森兴企业运营有限责任公司代转股债权人持股40%，注册资本由50 554万元变更为273 473万元。围绕构建新森工组织体系，清理退出三级以下企业，管理主体由345户减至262户。落实中央和吉林省国企改革三年行动方案，启动实施三项制度改革，聘请中智管理咨询有限公司制订“三定”方案并协同组织实施，总部部门压减(压缩管理层、减少法人户数)15%，人员职数压减23%。8个国有林业局完成公司制改革工作。吉林泉阳泉股份有限公司及所属泉阳泉饮品公司、北京霍尔茨门业股份有限公司实施经理层任期制和契约化管理，调动经理层谋经营、抓落实、强管理的积极性，完成预期经营业绩。构建实施“1+7+2”集团化管控模式，对子公司采取以战略管控为主、财务管控为辅的分层分类差异化管控模式，强化党群、战略、投资、财务、人力资源、风险、运行7个方面管理，健全管理制度和大监督2个管控体系。开展制度“废改立”工作，废止制度67项、保留执行制度46项、修订完善制度19项、新立制度21项。

【维稳扶贫】 落实以人民为中心的发展思想，印发职工安置指导性意见，重整相关企业分类制订实施方案，8个国有林业局和重组后继续经营企业的2万余名职工劳动关系维持不变。根据重整计划安排，成立吉林森工森兴企业运营有限责任公司配合信托计划受益人大会、信托公司开展信托资产管理工作，负责非林业企业6000余名职工分流安置。吉林森工人造板集团有限责任公司实施混合所有制改革，保障2500余名职工再就业。协调吉林省社保部门争取企业继续享受养老和失业保险“退一缴一”政策。协调吉林省住房公积金管理中心给予18个月的公积金缓缴期支持。各级企业实现工会组织全覆盖，建立职工代表大会制度，坚持民主审议改革重组等涉及职工利益问题。结合开展党史学习教育，开展“我为群众办实事”活动，解决职工群众急难愁盼问题219项。落实中央及吉林省委省政府乡村振兴部署要求，通过设立专业公司和选派驻村干部等措施，帮扶和龙市龙坪村及图们市大星村搞好振兴发展工作。筹集52.45万元开展“两节”送温暖并帮扶内部职工自主创业致富。加大矛盾纠纷排查和整治力度，妥善处理信访隐患100余件，实现全国及吉林省“两会”和建党100周年大会到省进京非正常访“零登记”。

【大事记】

1月29日 吉林森工集团召开2021年安全生产工作视频会议。贯彻落实党的十九届五中全会精神和吉林省委省政府关于安全生产工作会议有关精神，总结2020年安全生产工作，分析研判形势，部署2021年重点任务。

3月4日 吉林森工集团召开2021年工作会议，全面落实中央和吉林省委省政府、国家林业和草原局部署要求，总结回顾2020年工作，研究谋划“十四五”发展思路目标和推进集团持续健康发展的对策措施，安排部署2021年重点任务。

7月6日 吉林森工集团所属泉阳泉饮品有限公司率先开展部门负责人竞聘上岗工作，聘请北京赢销力企业管理咨询有限公司作为竞聘评审组重要组成人员，7名员工聘任为部门主要负责人。

7月13日 国家林业和草原局党组成员、副局长李树铭到吉林森工集团调研指导工作，对加强森林资源培育管护、深化国有林区改革和推动林区转型发展提出具体要求。

7月16日 吉林森工集团召开二氢槲皮素获批新食品原料发布会暨产业发展研讨会。

7月17日 国家林业和草原局防火督查专员王海忠到吉林森工集团所属林区调研森林防火道路和防火阻隔带建设工作。

7月25日 吉林森工泉阳泉股份公司通过河南省应急救援协会，向河南省受灾群众捐赠“泉阳泉”天然矿泉水1870箱。

9月10日 神威药业集团有限公司副总裁张特利到吉林森工集团围绕合作发展长白山道地中草药项目进行座谈研讨。

12月17日 吉林省长春市中级人民法院裁定吉林森工集团与吉林森工集团财务有限责任公司合并重整计划执行的监督期限延长6个月，至2022年6月30日。

（吉林森工集团由牟宇供稿）

黑龙江省林草业

【概　述】 2021年，黑龙江省全面建立省、市、县、乡、村五级林长制，共确定各级林长10 698名。全省共完成营造林10.39万公顷，为年度计划的155.9%；完成村庄绿化0.64万公顷，建设省级村庄绿化示范村100个，村庄绿化覆盖率达到18.8%；栽植树木1207万株，新建义务植树基地229个、面积600公顷。完成育苗0.86万公顷，苗木总产量12.3亿株。实施草原禁牧101.8万公顷，完成退化草原修复2.68万公顷。完成退耕还湿0.46万公顷。全省林草总产值实现208亿元，可比增速达到9.6%。实现人为森林草原火灾零发生；林业有害生物成灾率平均控制在0.02‰，无公害防治率达93.6%；防治草原鼠虫害17.3万公顷；首次成功救护并放归野生东北虎。据调查统计，黑龙江省野生动物有500种，有兽类87种，鸟类390种，爬行类16种，两栖类7种。黑龙江省有记录野生高等植物2114种，药用植物740种，其中种子植物1718种，蕨类植物82种，苔藓植物314种，分布国家重点保护野生植物有26种。据第二次全国湿地资源调查数据统计，黑龙江省共有湿地556万公顷(根据国土三调成果，按“湿地”一级地类统计，黑龙江省共有湿地350万公顷)，有10处国际重要湿地(数量居全国首位)；有哈尔滨市1个国际湿地城市(全球18个，全国6个)；73处省级以上湿地类型自然保护区；75处省级以上湿地公园(国家级63处，省级12处)；11处湿地保护小区。

【全面推进林长制】 全面建立省、市、县、乡、村五级林长制，共确定各级林长10 698名。确定以《全面推行林长制的实施意见》为主轴，以《黑龙江省林长制

省级会议制度》《黑龙江省林长制部门协作制度》《黑龙江省林长制信息公开制度》《黑龙江省林长制工作督查制度》《黑龙江省林长制考核制度》“五项制度”为配套的“1+5”林长制制度体系和村级《村级林长工作制度》《村级“林长制”网格员管理办法》《村级“林长制”网格员考核细则》“3+N”责任体系。指导森工和农垦系统分别建立了企业内部林长制，压实森林经营单位主体责任，并将各级森工、农垦企业主要负责人纳入地方林长制组织体系，全省形成了“以块为主、以条为辅、条块融合”的林长制管理体系。

【生态建设与修复】 全省完成营造林10.39万公顷，为目标任务的155.9%，人工造林2.63万公顷，其中生态经济林1.09万公顷，全部实现落地上图；完成村庄绿化0.64万公顷，为目标任务的101.4%，建设省级村庄绿化示范村100个，村庄绿化覆盖率达到18.8%；全省参加义务植树236万人次，栽植树木1207万株，新建义务植树基地229个、面积600公顷；完成森林抚育32.2万公顷；完成沙区造林种草0.28万公顷，防沙治沙工作在国家考核中名列第四。实施草原禁牧101.8万公顷，完成草原生态修复治理2.68万公顷，为目标任务的145%，草原综合植被盖度达到76%。完成育苗0.86万公顷，生产各类苗木12.3亿株，6个林木品种、1个草品种通过省级审定；在省级负责的重点区域开展林草种质资源普查，查出国家一级重点保护野生植物1种、二级重点保护野生植物9种、珍贵兰科植物6种、稀有植物2种和新分布植物1种。完成退耕还湿0.46万公顷，绥滨月牙湖、东京城镜泊湖源2处国家湿地公园通过省级验收。配合推动完成东北虎豹国家公园设立，完成黑龙江肇东沿江等4个省级自然保护区范围与功能区调整。

【资源保护管理】 开展打击毁林毁草毁湿专项行动，认定违法图斑2394个，完成行政案件查处图斑1410个；启动2021年度森林督查疑似图斑档案核实和现地核实工作，核实疑似违法图斑11 988个，进行案件查处图斑922个。推进并全面完成历年森林督查和毁林种参存量问题整改，共回收林地9860公顷，追责问责2123人，全省毁林种参地块由最高年份2016年的1479块、3606公顷降至7块不足20公顷。开展林草生态综合监测评价工作，完成全部1330块样地外业调查任务，其中林地样地787块、草原样地500块、湿地样地34块、沙地样地9块；完成林草湿数据与“三调”数据对接融合，国家级公益林优化工作；落实天然林管护任务1385.83万公顷，其中地方国家级公益林332.48万公顷、国有林场天然林136.53万公顷、森工集团天然林901.13万公顷、省级公益林面积15.68万公顷。与省生态环境厅等五部门联合开展“绿盾2021”自然保护地强化监督工作。首次成功救护并放归野生东北虎；完成《黑龙江省野生动物保护条例》起草工作；实行重点时期野生动物疫源疫病监测，全省未发生疫情；加强红豆杉、兴安杜鹃等重点保护野生植物管理，在逊克县和大海林林业局建立野生植物保护小区试点；牵头组织开展“清风”“净网”野生动物专项执法行动，共刑事立案754起(其中利用网络非法交易野生动物案件100起)，抓获犯罪嫌疑人760人，打掉犯罪团伙2个，查处林政案件98起，销毁非法猎捕工具13 496件(2689网、10 804套夹)，收缴野生动物179 153只(羽)，共计140 997只(羽)野生动物及时放飞放归大自然。

【林草灾害防治】 全年实现人为森林草原火灾零发生，连续2年未发生人为森林草原火灾，连续11年未发生重大以上森林草原火灾。完善与应急、气象等相关部门的联合会商、信息共享、协调联动工作机制；强化宣传教育、火源管理，全行业开展媒体宣传11万余次，重点时段出动24.6万余人对107万座坟头实施精准管控，落实林草行业“三清单一承诺”(落实工作责任清单、任务清单、督查清单，签订承诺书)和“两书一函”(约谈通知书、整改通知书、提醒敦促函)制度，推动“智慧林火”“防火码”“互联网+督查”应用；强化基础建设，编制“十四五”《黑龙江省森林草原防火规划》。森林草原火灾风险普查工作省本级投入专业力量104人，市、县级林草部门投入专业力量4333人；共布设森林可燃物调查标准地8757块，完成调查8509块，占比97.17%；布设森林可燃物调查样地899块，完成调查851块，占比94.66%；布设草原可燃物调查样地100块，完成9块，占比9%；全省野外火源、历史火灾、减灾能力等调查任务全部完成；3个试点县完成全部调查任务，并按计划进行数据汇交。林业有害生物发生面积49.74万公顷，其中成灾面积406.67公顷，成灾率为0.02‰，实施防治面积42.79万公顷，无公害防治面积40.06万公顷，无公害防治率达93.6%；实施草原鼠虫害防治面积17.3万公顷，其中防治鼠害面积7.1万公顷、防治虫害面积10.2万公顷，全省未发生重大草原有害生物灾害。

【林草科技与对外合作】 实施中央财政林业科技推广示范项目22项；推荐41个中央财政林业科技推广示范项目录入2022年国家项目储备库；推荐黑龙江省尚志国有林场管理局、黑龙江省庆安国有林场管理局、鸡西绿海林业有限公司、黑龙江省林业科学院齐齐哈尔分院、佳木斯市孟家岗林场5家单位申报国家林草科技推广转化基地；5人获得国家林草局第一批“最美林草科技推广员”称号。开展林草科技推广成果入库推荐，共审核80余项成果，26项成果入库，面向各科研单位、企业征集先进实用、重点推广和集成化科技成果共59项。黑龙江省林科院“十三五”国家重点研发计划课题“东北森林区生态保护、生物资源开发利用技术集成与示范”等项目在科技部的绩效评价中评为优秀，针对红松籽、黑木耳等食用林产品质量与产量下降、良种缺少、栽培技术不配套、食用菌废弃菌包污染等瓶颈问题，技术创新取得突破，获梁希科技进步奖和省科技进步奖。完成拟建乌伊岭生态站实地考察、论证和批复工作，乌伊岭生态站的建立，弥补了黑龙江省森林湿地类型生态站的空白；完成七星河拟建国家草原生态站的申报；完成第三批全国林草科技创新人才和团队及创新联盟自筹研发项目申报。超额完成食用林产品检测任务1030批次。黑龙江省森林植物园和黑龙江省野生动物救护繁育科普中心2家单位入选首批黑龙江省科普示范基地；黑龙江丰林国家级自然保护区、黑龙江呼中国家级自然保护区、黑龙江凉水国家级自然保护区、黑龙江省森林植物园（黑龙江省森林植物研究所）、黑龙江东北林业大学帽儿山林业科普示范区、中国（哈尔滨）森林博物馆、黑龙江伊春森林博物馆、黑龙江省拜泉县生态文化博物馆、黑龙江省林业科学院齐齐哈尔分院、黑龙江省黑河市中俄林业科技合作园区10家单位入选“全国林业科普基地”。与世界自然基金会（WWF）合作开展黑龙江省生物多样性保护项目；与中国林业科学研究院、国家林草局国际合作司等10余家单位建立战略合作关系。

【关注森林活动和自然教育】 黑龙江自然教育科普课堂上线全省有线电视网络，全省观众可通过龙江广电网络广电云视界“双减”专区奇趣自然观看黑龙江自然教育系列内容；与极光新闻合作开设“东北虎”频道，把东北虎打造成黑龙江生态多样化的标签；“学习强国”平台推送黑龙江省自然教育课程25期。举办“7·29老虎日”大型直播宣传活动，当日直播观看量达到429.8万人次；举办“百米画卷千人画虎”国际青少年绘画展活动，近千名小画家参加活动；举办龙藏中学生暑期“同心营”暨阳光陪伴成长康马中学龙江行夏令营活动，来自西藏自治区的30名学生参加活动；举办黑龙江自然教育吉祥物征名活动、“龙江小虎队”少年志愿者招募活动和首届自然教育课程设计大赛。举办自然教育首届志愿者培训，来自北京、上海等9个省（市）的21名同学参加培训；举办全国三亿青少年进森林研学教育导师及安全员培训，78人获得全国三亿青少年自然教育导师证书；举办省内自然教育导师和安全员线上培训，355名自然教育导师和158名安全员获得电子证书。推进青少年自然教育绿色营地建设，东北虎林园和九峰山养心谷两家单位获得“国家青少年自然教育绿色营地”称号；黑龙江省森林植物园、黑龙江扎龙国家级自然保护区、长寿国家森林公园等37家单位获得“黑龙江省首批青少年自然教育绿色营地”称号。

【林草信息化】 优化和完善智慧监督、智慧生态、智慧产业、智慧安全等数字林草四大核心体系；推进数字林草信息化建设，打造林草网络化分布式计算处理平台（超算平台），推动时空信息云服务系统、林草影像模型训练平台、遥感动态监测现地核实系统建设；推动信息技术与林草业务深度融合，建设“互联网+自然博览馆”、自然资源实景VR体验馆，全方位还原真实场景；推进绥化地区及三江平原地区等草原火情监控站项目和“北斗”应用项目建设，实现对林草资源“天空地”一体化实时监测；依托大数据技术、遥感技术、地理信息系统以及北斗导航定位技术搭建智慧运算支撑平台。数字林草建设被国家林草局列为全国林草生态网络感知系统建设试点省份，数字林草信息化项目荣获国家2021年地理信息产业优秀工程银奖。

【林业产业】 全省林草总产值实现208亿元，可比增速达到9.6%。落实兴安岭生态银行建设行动，推进伊春森工集团开展生态建设和发展林下经济，争取国家林草局相关贷款贴息政策。与中国建设银行股份有限公司黑龙江省分行联合推出“龙林快贷”等金融产品并在大兴安岭、牡丹江、哈尔滨等地投放贷款3.5亿元；在建行善融商城平台上线林产品销售商户18家，上线产品80款，实现交易金额88.24万元。实施森林碳汇试点项目建设，加强增汇技术研究，推进碳汇经济发展。完成国家储备林项目0.6万公顷。全省入选第五批国家林下经济示范基地3处，推荐国家林业重点龙头企业4家。

【脱贫攻坚同乡村振兴有效衔接】 会同黑龙江省发改委、财政厅、乡村振兴局联合印发《关于实现巩固拓展生态脱贫成果同乡村振兴有效衔接的意见》，印发《关于健全防止返贫动态监测和帮扶机制的工作方案》；全省43个县430个乡（镇）落实生态护林员12 869人，全年人均劳务补助达到5054元；推进国有林场振兴发展，支持11个欠发达国有林场提档升级；轮换驻村工作队员4名，持续抓好苗木花卉基地、“绿色银行”建设等产业增收项目。

【行业治理】 制定《黑龙江省林业草原保护发展“十四五”规划》《黑龙江省生态强省战略规划（林草篇）》（2020~2035年）等16个专项规划；争取生态保护修复中央预算内投资9.67亿元；围绕《双重规划》及各专项规划涉及的山水林田湖草沙重点工程储备项目1352个，其中《双重规划》项目129个。出台《关于进一步激发林草发展活力助力全省经济高质量发展的意见》《关于加快推进重点国有林区转型发展的意见》等一系列政策措施；深化“放管服”改革，推进使用林地、草原行政许可在内的12项省级审批权力委托下放。

【大事记】

1月25日 《黑龙江省主要乡土树种名录》正式印发，对黑龙江省国土绿化中科学使用乡土树种，提高造林绿化质量，提升国土绿化实效起到指导作用。

1月29日 全省林业和草原工作视频会议召开，会议全面总结全省“十三五”时期林草工作，部署“十四五”时期和2021年重点任务。会议明确到2025年，全省森林覆盖率达到47.32%，比“十三五”期末增加0.02个百分点，森林单位面积蓄积达到114立方米；草原综合植被盖度稳定在75%以上，湿地保护率达到50%。珍稀候鸟和旗舰物种生境得到有效恢复。

3月19日 全省春季造林绿化和森林草原防火工作电视电话会议召开。会议强调，要坚持生态为本、保护优先、预防为主原则，切实做好全省春季森林草原防火和国土绿化工作。

3月30日 全省打击毁林毁草毁湿专项行动动员大会在哈尔滨召开。会议强调，要以“零容忍”的态度，不回避问题，不敷衍变通，猛药去疴，刀刃向内，从源头上守住生态文明建设的每一寸阵地。

4月17日 省委书记、省人大常委会主任张庆伟，省委副书记、省长胡昌升，省政协主席黄建盛，省委副书记陈海波等领导同志到哈尔滨市太阳岛风景区石当站植树点，与干部群众一同参加2021年义务植树活动。

4月26日 黑龙江省林草局召开“4·23”野生东北虎救护新闻媒体集体采访会，公布“4·23”野生东北虎救护情况。此次为全国首次成功救护野生东北虎。

4月27日 黑龙江省大庆市中日嫩江沙地防风固沙造林植树项目启动，建设规模为80公顷防风固沙林。该项目对改善黑龙江省嫩江沙地风沙区的生态环境、提高风沙区农民的生活水平、加快美丽乡村建设具有重要意义。

5月9日 黑龙江省第40届“爱鸟周”暨鹤岗市首届观鹤节活动在萝北县举办。

5月18日 中国首次成功救护的野生东北虎在黑龙江穆棱林业局有限公司施业区被放归自然，这也是中国首次成功救护并放归的野生东北虎。

6月6日 2021年黑龙江湿地日暨哈尔滨湿地节系列宣传活动启动仪式在哈尔滨市人民广场举行。活动主题是“保护湿地你我同行”，旨在动员引导社会各界共同行动保护修复湿地，为减缓湿地退化作出共同努力。

6月17日 黑龙江省林草局开展“山水林田湖草沙共治 人与自然和谐共生”主题宣传活动，引导市民树立关注环保、爱绿护绿、全民参与荒漠化防治理念，进一步推动防沙治沙工作开展。

6月30日 黑龙江省委办公厅、省政府办公厅印发《全面推行林长制的实施意见》。

7月7日 全省林草湿荒生态综合监测评价工作正式启动。

7月29日 由世界自然基金会(瑞士)北京代表处(WWF)和黑龙江省林草局共同举办的第十一届“全球老虎日”活动在黑龙江省哈尔滨市黑龙江省森林植物园举行，近千人现场参加活动。本次活动主题为“人虎和谐共生”，旨在进一步提高公众保护东北虎等野生动物的意识，推动人虎和谐相处。

8月5日 黑龙江省林草碳汇专家咨询委员会成立，来自省内外的13位专家学者应聘担任专家咨询委员会委员。专家咨询委员会将充分发挥专家、学者的智慧、力量，破解“难点”“堵点”“痛点”，凝聚推动黑龙江林草碳汇事业高质量发展的强大动力。

9月10日 黑龙江省新型林场建设现场推进会在黑龙江省尚志国有林场管理局召开。以新型林场建设为抓手探索加快全省林草行业现代化建设和发展，助力加快生态强省建设，助推乡村振兴战略实施。

9月26日 黑龙江省林草局、黑龙江省发展改革委、黑龙江省财政厅等12个部门联合印发《黑龙江关于科学绿化的实施意见》。

10月13日 黑龙江省政府印发《关于进一步激发林草发展活力助力全省经济高质量发展的意见》。

10月14日 全省新型林场建设示范点揭牌仪式在上甘岭林业局公司溪水林场分公司举行。

10月18日 黑龙江省政府办公厅印发《关于加强草原保护修复的实施意见》。

10月19日 黑龙江省林草局生态经济林建设现场推进会议在庆安国有林场管理局召开。

11月11日 黑龙江自然教育科普课堂上线全省有线电视网络。

12月14日 黑龙江省林草局召开2021年工作总结会议，总结全年工作，谋划2022年重点任务，推进“十四五”时期各项林草工作任务落实。

(黑龙江省林草业由魏振宏、李艳秀撰稿)

龙江森林工业集团

【概 述】 2021年，中国龙江森林工业集团有限公司完成了全年既定的目标任务，实现“十四五”良好开局。实现全口径营业收入849 200万元，同比增长144 390万元，增长20.49%；实现利润总额1215万元，同比增长29 395万元。

【深化森工改革】 全力推进国企改革三年行动，改革任务完成101项，完成率91.3%。公司制改革成效明显，135户全民所有制企业完成公司制改革，其中，2户企业进行了混改。加强集团及权属企业董事会建设，建立了董事会权责清单、董事会专门委员会工作细则、董事会对经理层授权管理办法、经理层向董事会报告工作制度等24项董事会相关工作制度，修订完善了集团《公司章程》和《董事会议事规则》；集团层面建立外部董事库133人，向23个林业局有限公司共派出兼职外部董事92人，实现外部董事占多数、子企业全覆盖。全面推行子企业经理层任期制和契约化管理，在69家企业与210名经理层成员签订了协议书与责任书。“三项制度”改革加快推进，集团总部和专业公司社会公开招聘29名硕士研究生，六轮累计社会化招聘140人。启动“千名大学生”引进计划，公开招录248名员工充实到各林业局公司。按照“机构优化、管理科学、精简效能”的原则，将林业局各类机构单位由1266个压减至969个，压减23.46%。有序推进社保经办机构移交，移交在编在岗人员207人。稳步推进事业单位改革，将65家事业单位整合为56家；整合集团所属原合江、牡丹江分公司的企事业单位，成立众志公司、众诚公司；实施省林业设计研究院及“三江”林业勘察设计院纵向一体化改革。

【生态建设】 认真贯彻习近平生态文明思想，坚守红线底线不动摇，加大生态系统保护和修复力度，建立长效管控机制，实现资源管理科学化和规范化。

全面推行林长制 在黑龙江省率先实施林长制，确定各级林长1971人。创新建立“林长+法院院长”“林长+检察长”“林长+林区警长”工作机制，健全森林管护责任区域“网格化”体系，管护责任落实率100%，真正做到“山有人管、林有人看、责有人担”，森林资源得到有效保护。

森林经营质量不断提升 营造林2.17万公顷，完成计划的100%。红松及“三大硬阔”等珍贵树种营造比例达到95%以上，较2020年提升40%；良种使用率达到85%以上，高于国家标准10个百分点。森林抚育17.07万公顷。实施“双百行动”，支持属地乡村振兴绿化美化，共计为174个村(屯)无偿提供苗木107.6万株。苗圃春播22.19公顷，其中红松及“三大硬阔”21.71公顷、占比达97.9%。

森林“两防”工作 推进森林防灭火“天空地”一体化预警监测体系建设，加大卫星遥感模块应用力度，打造具有龙江森工特色的标准化、科技化、半军事化森林消防“铁军”，全面落实森防责任和防控措施，层层签订森林防火责任状8712份、联防协议1494份、森林防火承诺书17 434份；排查整改各类风险隐患709项；强化火源管控，全林区共设置临时检查站1252处、出动巡护人员26 749人次；开展森林扑火应急演练552次，出动人员15 611人次。实现连续3年没有发生森林火灾，连续12年没有发生重大森林火灾目标。全年完成林业有害生物防治面积16.59万公顷，其中，无人机防治红松果林8.43万公顷。

野生动植物保护 开展巡山清套专项行动，净化东北虎栖息地环境。东北虎活动区域由原来的覆盖9个林业局有限公司增加至14个。投入资金764.41万元，对俄罗斯进入中国的野生东北虎“拉佐卡夫”进行保护，成功放归野生东北虎“完达山一号”。成功救助并放生白头鹤、东方白鹳等物种，红豆杉、高山红景天等国家重点保护野生植物野外种群实现恢复性增长。

专项行动 深入开展严厉打击毁林种参、打击盗采泥炭黑土、森林督查等专项行动，全面落实河湖长制。开展环境整治工作，各林业局累计投入资金2518.6万元开展供热锅炉脱硫、脱硝、除尘改造。全力整改沾河毁林种参问题，整改方案中涉及森工的7项问题已整改完成6项，实现防火隔离带人参种植总量零增长、参苗零新播的“双零”目标。

森林湿地资源资产价值评估 聘请中国林业科学研究院科技信息研究所对森工森林和湿地资源进行价值评价，截至2020年年底，森林和湿地资源资产价值总存量2.8万亿元，2020年生态服务价值为5162.11亿元。2018年至2020年森林和湿地资源资产价值年平均增长量为1573.5亿元。

【产业转型】 践行“两山”发展理念，贯彻落实国家林草局关于大力发展林下经济的部署，坚持在保护中发展、在发展中保护，着力发展营林、北药、森林食品、森林旅游康养等生态产业，推进绿色转型发展。

坚持规划引领、项目支撑 编制完成《中国龙江森林工业集团有限公司“十四五”发展规划》《森工集团2021~2023年滚动发展规划》以及森林食品、森林旅游康养、中药材等专项产业规划。推进重点产业项目15个，总投资1.44亿元，开工建设11个，完成投资3500万元。

营林产业 营造红松经济林5466.67公顷，三年累计面积1.48万公顷。种植刺五加7500公顷。桦南林业局公司被国家林草局确立为国家重点林木良种基地。八面通林业局公司制定了沙棘经济林建设的五年规划，种植沙棘面积约3300公顷，生产沙棘油、沙棘茶等的沙棘制品加工厂正在建设中。

中药产业 新播中药材1.08万公顷，累计在田面积3.10万公顷。清河林业局公司五味子基地被批准为第五批国家林下经济示范基地。东方红林业局公司被确立为黑龙江省中药材良种繁育基地。八面通林业局公司被授予黑龙江省中药材基地建设示范单位。

森林旅游康养产业 实施品牌化、一体化、四季化、融合化、链条化“五化”推进战略，发展森林旅游康养产业。推动亚雪沿线景区经营权整合，建设完成方正鸳鸯峰特色旅游景区和大海林太平沟原始森林探险项目、双鸭山精品民宿项目。全年接待游客70.9万人次，实现收入5106万元。

森林食品产业 与北京物美商业集团签署合作协议，森林食品进驻100家物美超市，此外还进驻700余家华联、家乐福、大润发等其他品牌连锁超市，森林食品集团实现营业性收入2.62亿元。

碳汇林业 黑龙江森工碳资产投资开发有限公司启动运营，与国家审核机构中环联合(北京)认证中心签署战略合作协议，被国家工信部确定为“2021年全国节能诊断服务机构”。与光大银行黑龙江分行完成黑龙江省首单林业碳中和商业交易。

【企业管理】 坚持把企业管理作为推动高质量发展的永恒主题，建立新管控模式、新管理制度，刚性约束，防控风险，降本增效。

内部制度建设 重新制定、修订完善各项管理制度245项，规范了工作流程，提高了制度的系统性、协同性、贯通性。

财务管理科学 建立了以资金池和银企直联为手段的资金监管新模式，实现了资金归集和实时监管。

人力资源管理 围绕劳动用工、薪酬绩效、招聘培训、员工管理等方面，建立相关规章制度17项，实现了用制度管人管事。

金融债务化解 以6500万元回购信达资产公司27.8亿元债权，进一步减债务、降风险。

审计效能 开展专项经营投资风险核查工作，建立“一项目三监督”工作机制。开展自然资源资产审计试点。审查审核各类重大合同71件，审核率100%。清查各类诉讼、仲裁案件及重大法律纠纷88件。

亏损企业治理工作 6户重点亏损二级子企业实现年度减亏目标；21户二级子企业实现扭亏为盈。推进“压减”(压缩管理层级，减少法人户数)和“两非”(非主业、非优势业务)剥离处置，注销二、四级企业法人94户，处置“两非”企业16户。

“智慧森工”建设 建成一体化数字管理平台，财务和人力资源管控平台、资金池、网络报销、人事异动、人事报表等模块陆续上线，实现了财务集团化管控、人力资源精细化管理、无纸化高效办公。

【改善民生】 全力抓好存量垃圾场治理、黑土地保护、河湖长制、秸秆禁烧、扫黑除恶、边境管理、田长制等政府性工作和城镇环卫、城镇消防、幼儿教育、“两供一业”等社会性工作，并取得积极成效。坚持工资与效益联动，优化职工工资增长机制，提高了职工工资收入。争取就业资金1.16亿元，减轻了企业负担，保障了职工利益。发放慰问金788.33万元，慰问困难职工和劳模共计7497户(人)。加大住房公积金归集扩面力度，新增单位32家、职工2061人，归集资金6.45亿元，完成“跨省通办”业务。争取中央资金2.26亿元用于生态保护、林场所环境整治等基础设施建设。安置退役士兵上岗1063人，向4273名符合条件的退役士兵累计发放生活补助费46 531.2万元；累计发放15 930名一次性安置人员独生子女费、4779万元。全面落实信访责任制，集团班子带头包保重点单位和重点人员，集中攻坚化解重复信访积案，221件案件实现“清零”，圆满完成建党100周年、党的十九届六中全会、全国“两会”等敏感节点信访保障任务。全力做好疫情防控工作，兴隆疫情防控工作取得了全面胜利，得到国家防疫工作组和省委省政府肯定。累计投入疫情防控资金1.71亿元，林区职工群众疫苗接种率达到98.1%，派出医护人员5600余人次支援全省各地抗疫工作，在为全省疫情防控作出贡献的同时，树立了森工新形象。

【大事记】

3月9日 龙江森工集团2021年度工作视频会议在哈尔滨召开，集团公司党委书记、董事长张旭东出席会议并讲话，集团公司党委副书记、总经理张冠武主持会议并总结讲话，国家林业和草原局驻黑龙江省森林资源监督专员办袁少青出席会议并讲话。

3月11日 集团公司党委书记、董事长张旭东会见天邦股份集团创始人张邦辉、天邦股份董事长邓成，双方就开展产业项目合作相关事宜进行对接洽谈。

4月27日 集团公司党委书记、董事长张旭东在花园邨宾馆会见光大银行副行长曲亮一行并参加与龙煤集团、农投集团、新产业集团、建投集团座谈会。

5月13日 集团公司党委书记、董事长张旭东会见哈尔滨市委副书记、市长孙喆，哈尔滨市政府秘书长方政辉、副秘书长田忠利。

5月14日 集团公司党委书记、董事长张旭东会见商务部投资促进事务局及中国科学院团队一行，就遥感人工智能应急决策支持技术成果示范应用进行对接交流。集团公司党委副书记、总经理张冠武出席工作对接会。

5月16~18日 集团公司党委副书记、总经理张冠武陪同国家林草局动植物司司长张志忠、宣传中心主任黄采艺、黑龙江省林业和草原局副局长侯绪珉一行到穆棱林业局有限公司东兴经营所套子防沟61林班放归野生东北虎(完达山1号)。

5月27日 集团公司党委书记、董事长张旭东参加黑龙江省委书记张庆伟组织召开的关于听取黑龙江省实现“碳达峰、碳中和”基本思路和重要举措汇报会。

6月8~10日 集团公司党委书记、董事长张旭东参加亚布力中国企业家论坛第二十一届年会。

7月6日 集团公司党委副书记、总经理张冠武与吉林森工集团总经理姜长龙、副总经理李学友、总经济师胡大勇会晤，就生态建设和森工国企改革方面开展工作交流会议。

7月7日 集团公司党委副书记、总经理张冠武赴吉林省林业和草原局实地参观学习智慧林业建设，包括森林资源、森林防火数字化平台建设。吉林省林业和草原局副局长段永刚率林草局代表参加座谈会。

8月2日 集团公司党委副书记、总经理张冠武会见三亚跨境电商产业园有限责任公司董事长王庆东、三亚跨境电商产业园有限责任公司北京办事处负责人王萌，就森工森林食品合作等事宜展开交流。

11月25日 国家林草局重点国家林区森林资源监测局调研组一行来到龙江森工集团，就建立联系、长期发展、提供技术服务和技术支撑等方面进行座谈研讨。集团公司党委书记、董事长张旭东，集团公司党委副书记、总经理张冠武出席会议。

12月22日 集团公司党委书记、董事长张旭东主持召开集团公司第47次党委会，专题研究中央第一生态环境保护督察组公布的沾河林业局有限公司毁林种参整改工作，成立了工作领导小组，进驻沾河公司现场督导，统筹协调问题整改。集团公司党委领导班子出席会议。

12月23日 集团公司党委书记、董事长张旭东陪同黑龙江省副省长李玉刚、副秘书长韩库等赴沾河林业局现场核实毁林种参地块还林情况。

(龙江森林工业集团由马晓杰供稿)

伊春森工集团

【概　述】 2021年，黑龙江伊春森工集团有限责任公司以习近平总书记“让伊春老林区焕发青春活力”殷殷嘱托和“林区三问”为统领、鞭策，认真履行国家林草局委托的森林经营保护职责，扎实抓好生态、转型、民生、改革等重点工作任务。深入贯彻市委“生态立市、旅游强市”发展定位，把转型发展作为第一要务，始终坚持人民至上，全心全意为职工谋利益。坚持把改革创新作为推动企业发展的不竭动力，建立健全现代企业制度和市场化经营机制，提升企业发展的内在动力。

【企业改革】 按照党中央、国务院和省委省政府、市委市政府关于国企改革三年行动的决策部署，制订印发了《伊春森工集团公司改革三年行动实施方案(2020~2022年)》，明确改革任务8项29条，确保国企改革“1+N”政策体系落地生根。

持续扩大“四分开”改革成果 2021年，在巩固前期政企、政事、事企、管办“四分开”的基础上，积极配合推动省财政厅开展的相关改革成本测算工作和市里组织的“回头看”工作，并按照市国资局资产划转批复要求，对2020年批复资产划转的11个林业局公司（乌马河、翠峦尚未批复）进行相关的账务处理，处理结果反映在2020年的决算报表中。同时，按照《伊春市国有企业退休人员社会化管理工作实施办法》要求，先后完成退休职工72 801人（其中党员4707人）的移交工作，并报市国资局审核后备案，实现了退休人员的社会化管理。

完善现代企业制度 2021年，认真贯彻“两个一以贯之”要求，在完整搭建集团层面现代治理架构的同时，逐步配齐了局公司党委和“两会一层”人员，累计召开董事会议3次，总经理办公会和专题会13次，各治理主体职责不断得到落实。在此基础上，制定了集团及子公司党委、董事会、监事会、总经理办公会议事规则等系列制度，充分发挥了党委把方向、管大局、保落实领导核心作用，保障了董事会重大事项决策权、监事会监督权和经理层执行权的落实。同时，按照《公司法》和企业章程，研究制定财务、审计、资产、风控等各项制度50余项，建立了自动化办公（OA）平台，推动各项工作有序运转，形成了各司其职、各负其责、协调运转、有效制衡的现代企业治理机制，企业管理水平进一步提高。较改革前累计实现减亏0.84亿元。

完善市场化经营机制 2021年，大力推行红松果实采集承包权网络竞价，对承包到期地块开展新一轮网络竞价，实现增收1445万元。针对2021年春开始的铁路、公路占地伐开，及时建立木材销售网络竞价机制。制订了《黑龙江伊春森工集团有限责任公司项目投资管理办法》等制度，提高了企业市场化经营水平。同时，在各企业普遍建立法律顾问制度的基础上，集团及有关子公司与北京天驰君泰律师事务所就建立常年法律服务合作关系签署了框架性协议，依法经营、合规管理的能力和水平得到有效提升。

推动创新驱动战略实施 2021年，积极推进“企学研+金融”联合体建设，分别与东北林业大学、东北农业大学、黑龙江中医药大学、黑龙江省林业科学研究院、黑龙江省联通公司建立了合作关系。在省林草局支持下，龙江林草大数据伊春森工分中心建成投用。与中国绿色碳汇基金会合作建立伊春分会，与东北林业大学开展林业碳汇技术合作，推进翠峦林业局公司林业碳汇试点，开展了市直机关庆祝建党100周年文艺汇演和集团办公区碳中和项目2个。

推进用工、人事、薪酬“三项制度”改革 2021年，实施局公司管理机构和非生产人员瘦身，“南四局”公司总部机构和人员分别平均减少50%和25%。严格执行“凡进必考”原则，公开遴选伊春森工集团总部工作人员5名、伊旅集团等子公司工作人员17名，并在伊林集团所属子公司开展市场化选聘经理人试点，积极推进伊春森工集团上甘岭局公司工作人员公开招聘工作。

推进林场振兴 2021年，认真学习中央1号文件“民族要复兴、乡村必振兴”重要论断，自觉树立“林区要发展，林场必振兴”责任意识，制订了《关于全面推进林场振兴的实施方案》，编制集团“十四五”林场整合建设专项规划，拟将现有195个林场居民区撤迁到86个，走集中集聚集约振兴发展之路。对规划保留的林场，根据人口、产业、区位和基础设施等情况，按照管护型、产业型、综合型分类建设和差异化发展。按照先易后难、先建后撤、分步实施的原则，重点对6个林业局公司的7个林场前期居民撤迁进行收尾。启动了2个综合型、3个管护型、5个产业型林场振兴试点，分别打造了产业发展、林场建设和党建引领“三个样板”，同时争取全省“美丽宜居村庄”7个，为后续林场振兴发展做好示范引领。在抓好试点基础上，组织各林业局公司因地制宜，各有侧重改善林场基础设施，部分林场职工群众人居环境得到改善。全面开展林场环境整治行动，林场脏乱差环境得到有效改观。

【生态建设】 2021年，坚持以生态文明建设为统领，持续抓好保护和培育森林资源主责主业，全力提升资源管护工作水平，生态文明建设成绩显著。着力加强更新造林，严格按照森林经营方案制定造林计划，有效改善树种林种结构。着力加强森林抚育、林业有害生物防治作业，改善林木生长条件，森林质量和生态功能全面提高。从创新机制入手，全面加强森林管护、森林防火、野生动植物保护和自然保护地建设等工作，确保了森林资源安全和生态功能不断提升。

林木资源 伊春森工集团有林地面积306.87万公顷，覆盖率为87.61%，森林总蓄积3.36亿立方米。森林类型是以阔叶及其混交为主。主要树种有红松、云杉、冷杉、兴安落叶松、樟子松、水曲柳、黄檗、核桃楸、杨、椴、桦、榆等，藤条灌木遍布林业施业区。

森林资源保护培育 2021年，认真贯彻国办《关于全面推行林长制的意见》，总结乌伊岭林业局公司两年多来林长制试点经验，推进集团公司、林业局公司、林场分公司三级林长制体系建设。全力做好森林防灭火工作，加强人员和火源管控，在主要路口设置高标准智能化森工哨所，在入山林企路两侧投放应急水源，举行“龙威2021（伊春）”扑灭火实兵演练，全年实现零火灾。森林生态保育工程计划面积1.45万公顷，完成1.45万公顷，完成计划的100%，其中：人工造林0.122公顷，补植补造0.938万公顷，改造培育0.39万公顷。森林抚育计划面积10.87万公顷，完成面积10.87万公顷。完成林业有害生物防治10.4万公顷，其中：鼠害防治5.86万公顷，虫害防治4.53万公顷。17个林业局公司苗圃育苗面积126.89公顷。创建国家森林城市计划任务60公顷，实际完成面积88.47公顷，完成计划任务的147.45%。其中，林业局公司址绿化10.43公顷，林场分公司址绿化77.32公顷，公路两侧绿化0.72公顷。

野生动植物保护和保护地建设 2021年，深入开展“巡山清套清网”行动，清除各类猎具305个。做好东北虎和候鸟迁徙保护工作，加强与横道河子猫科动物饲养繁育中心合作，东北虎繁育野化基地项目纳入省“十四五”规划。持续加强林地、湿地保护和各类保护地建设，促进了生物多样性和生态链自然平衡。经与国家林草局野生动植物保护司、中国野生动物保护协会协商，与全国野生动物保护志愿者委员会、伊春野生动植

物保护协会承办了中国野生动物保护协会第六期野保志愿者骨干培训班，共培训全国野生动物保护志愿者100人。

11月11日，伊春森工集团开展保护野生鸟类安全越冬专项行动。12日上午，各林业局公司纷纷组织开展活动，参加活动2121人次，悬挂宣传标语362幅，设置投放点3916处，投放食物总计4727.5千克，投放的食物种类主要有小米2114千克、玉米2213千克、向日葵籽400.5千克等。为保护野生鸟类安全越冬，扛起森工责任、展现森工担当、贡献森工力量。

城市生态保护修复 2021年，切实加强森林生态保护修复的使命感和自觉性，坚持从单一保护林木林地为主，向山水林田湖草保护转变。积极承担植树复绿、防火道路路基填换、修筑挡土墙，以及铁路公园工程，计划总投资4.9亿元，2021年完成2.2亿元。积极开展全民义务植树工作，义务植树实际参加57 518人次，共植树26万株，其中：实体植树10万株；其他尽责形式折算株树16万株，尽责率96.75%。

【产业发展】 2021年实现林业总产值76.8亿元，同比增长8.7%，三次产业结构由46∶7∶47调整为45∶10∶45。

生态旅游康养产业 2021年，坚持"生态立市、旅游强市"发展定位，走出了生态优先、绿色发展的新路子。积极承办由伊春市人民政府主办的第十一届中国·伊春森林冰雪欢乐季，推进"伊春版冰雪大世界"——冰雪文创园建成，确定冬季旅游主题"林都伊春——寻找北纬47°专属之美"。认真做好总体策划和旅游旺季宣传营销，森工景区共接待游客113万人次。

强化与华侨城旅投集团战略合作，加快景区赋能管理和营销整合，提升了规范化管理和服务水平。成立以轻资产运营为核心的经营性合资平台公司，全力推动伊春文旅产业发展提档升级。深度策划伊春旅游节庆活动，通过设计打造森林狂欢节、"红松森态雪域"艺术节、五花山马拉松巡回赛、雪地越野车赛、喊山文化节等一系列活动，进一步丰富伊春旅游文化内核。加强网红孵化，打造本土网络红人，逐步建立伊春网红商业链条，加快推动伊春电商产业发展。

抓好岐黄养老养生苑受托重启工程，先后投入165.5万元开展基础设施维修和美化绿化，投资530万元打造"岐黄水汇"和"岐黄宴会厅"，提升了宜养环境和接待功能。为增加城市旅游文化元素，打造了全市首家公益性24小时书屋，首批藏书2万余册，接待读者12万余人次，成为林城文化展示的窗口和亮点。

拍摄的电视剧《青山不墨》，得到国家林草局和黑龙江省委宣传部、黑龙江省广播电视局大力支持，顺利通过中宣部、国家广电总局、中央电视台审查审核并颁发发行许可证，下一步将积极参与"五个一"工程评选。

12月26日，第十一届中国·伊春森林冰雪欢乐季开幕。围绕"家国情怀+旅游体育+文化艺术"理念，由伊春市人民政府主办、伊春森工集团承办的第十一届中国·伊春森林冰雪欢乐季，突出全域、拓展全季，着力打造一场高颜值、有地域内涵、关注度广、全民乐享的冰雪盛宴。17个林业局公司和伊林、伊旅、山鼎公司之力合力推进冰雪文创园的建设，面积67 490平方米、14个板块的冰雪文创园由伊春森工集团的林业能工巧匠创意完成。

森林食品产业 2021年，争取高标准农田项目0.796万公顷、资金1.28亿元。水稻、大豆播种占总面积75%，种植结构得到优化。认真贯彻国家发展和改革委员会、国家林草局等部门促进林下经济高质量发展的意见，培育红松坚果林10.098万公顷、栽培食用菌1.2亿袋。开创性发展湖羊产业，2019年11月开始，上甘岭、铁力、乌伊岭、友好等林业局公司先后试养。经过"绿水青山牧业"三年试点养殖的摸索和积累，初步确定了"全产业链打造，三种养殖模式复制推广，多平台支撑产业振兴"的发展定位。2021年2月，集团组织人员到甘肃中天羊业考察，经反复论证，决定投资4.15亿元(含农发行贷款3.32亿元)，先后引进种羊3万只，确定6个林业局公司建设相关基础设施。3月，在甘肃陇西举办了"伊春森工集团湖羊养殖培训班"，派出专门人员分批到甘肃中天羊业股份有限公司学习培训。

北药产业 2021年，大田种植人参、平贝、五味子、返魂草等0.18万公顷，林下改培种植0.667万公顷。加强与有关药企合作，提供刺五加5189吨。争取中药材示范县(局)、良种培育基地等项目4个，大田种植和林下改培种植达1.6万公顷。

生态产品价值实现路径 2021年，密切与国家开发银行绿色金融合作，获得30亿元综合授信，一期4.85亿元贷款通过贷审。响应国家碳达峰、碳中和战略，推进伊春森工翠峦林业局公司在国家发改委备案核准的林业碳汇试点工作，成立国家绿色碳汇基金会伊春分会。

非林替代产业 2021年，与鹿鸣矿业开展废石循环利用合作，抓好鼎石建材、桃山石长等企业生产运营，完成碎石加工产值5361万元，实现了产业发展与环境治理双赢。承接伊春市电子商务产业园区，投资200万元建设直播间20个，通过举办短视频大赛、明星代言带货等推广活动，放大平台品牌效应，入园企业已达40户。

【民生保障】 2021年，坚持以人民为中心，不断增进民生福祉。坚持以按劳分配为主体、多种分配方式并存原则，推进薪酬制度改革，增加职工收入。拓宽就业渠道，安置富余职工就业，保障职工生活，关于民生热点问题，全力抓好疫情防控和应急救灾工作。

职工就业增收 通过推广轻基质容器苗造林和森林抚育设计评审环节改革，使以往4个月左右作业时长延长到7个月左右，计件制职工就业不饱和问题得到缓解。组织各局公司狠抓管理，千方百计保工资，2020年人均月增资500元的情况下，实现了职工工资正常发放。

困难职工救助 结合"我为群众"办实事实践活动，集团领导班子根据企业生产经营实际和职工群众诉求，对照问题，认真梳理研究，列出问题清单，建立实事台账。通过召开座谈会、发放征求意见函等方式，向职工群众广泛开展征集意见建议4978人次，召开党内外座谈会132次。开展常态化“走流程”“四最”活动244次，解决生产季住宿难、工资收入低、人居环境差等涉及群众切身利益的问题30余项。常态化“走流程”“四最”及各类督导检查5980次，发现问题620个，纳入台账317个，已解决528个。走访慰问困难职工、留守老人、残疾人等4262人，发放慰问品、慰问金合计438万元。

解决民生热点问题 对民生领域进行全面风险排查，制定和完善各项预案，加强预案的动态管理，确保预案的科学性和时效性，有效提高应对突发事件的处置能力。安排专人对媒体网络信息进行实时监测，力争第一时间发现、报告、预警、处置，以把握工作的主动性。

疫情防控与救灾 持续压紧压实防控责任，抓好疫情防控工作。共发布通知、通告、信息等1000余条，制定发布疫情防控文件69份，组织集团员工集中进行核酸检测1次，组织集体接种疫苗3次，新冠疫苗第二针剂已全员接种，接种率达到100%。17个林业局公司共计设立卡点244个、投入疫情防控人员12 138人次、车辆593台、资金1363万余元，用于疫情防控。累计排查职工及林场居民44万人次，对排查人员均按属地政府要求落实集中隔离、居家隔离及健康监测等管控措施。2021年夏汛期，暴雨天气较多，还遭受了历史罕见的、突破历史记载以来最强降雨过程。呼兰河、汤旺河及其支流发生1次洪水过程。集团公司紧急动员、迅速行动，科学调度、周密安排，紧急转移安置1211人，无一人伤亡，最大限度降低了灾害损失，取得了防汛抗洪的全面胜利，确保了职工群众生命财产安全。

11月，伊春市先后两次出现特大暴雪天气，降雪量突破1961年有历史记录以来的极值，其中红星林业局公司二皮河林场分公司累计降雪深度达500毫米。为应对连续强降雪天气，伊春森工集团迅速响应，和全市人民共抗冰雪，主动承担国企社会责任，集团主要领导多次深入任务区现场进行指导，主管领导带领部门人员先后组织十个林业局公司9095人次，迅速投入到清除冰雪战役中去，共计奋战26天，累计出动大型清雪设备60台套，共计清理道路92.8千米，外运积雪7600余车130 800立方米，出色完成了清雪任务，确保城区各主次干道、林都机场跑道路况畅通。

【大事记】

3月6日 伊春森工集团与华侨城旅游投资集团举行伊春项目策划团队工作启动会。双方就有效推进项目落地，进一步深化合作进行了深入沟通和友好交流。

3月14日 伊春森工集团公司召开第一届董事会第一次会议，会议审议通过了各项议程，就建立现代企业制度，发挥好董事会作用，完善法人治理机制方面迈出了实质性步伐。

3月16日 黑龙江伊春森工集团有限责任公司与人保财险黑龙江省分公司全面战略合作协议签约仪式在伊春森工集团公司举行。

3月16日 由伊春森工集团主办，甘肃中天羊业股份有限公司承办的“伊春森工集团湖羊养殖培训班”在甘肃陇西中天羊业培训中心正式开班。

3月25日 伊春森工集团公司召开全面推进林场振兴试点工作座谈会。伊春森工集团党委书记、董事长李忠培主持会议并讲话。就如何继续以习近平总书记“让伊春老林区焕发青春活力”殷殷嘱托为统领，以“森工兴则伊春兴，森工强则伊春强”为己任，迅速把思想和行动统一到“林区要发展，林场必振兴”的决策部署上来，做深做足全面推进林场振兴试点这篇大文章，进行了深入探讨。

4月1日 伊春森工集团召开春季森林防灭火工作视频会议，会议全面贯彻落实国家、省和全市春季森林防灭火工作视频会议精神，对森工集团春防工作进行全面部署。伊春森工集团党委副书记、副董事长、总经理张和清出席会议并讲话，代表森工集团与各林业局公司主要负责同志签订森林防火责任状。

4月3日 伊春森工岐黄养老养生苑恢复运营，此举，标志着伊春森工集团向康养领域大步迈进。

4月9日 伊春森工集团首个综合型移动式“森工哨所”，在伊春森工集团上甘岭林业局公司溪水林场分公司应用。

4月13日 伊春森工集团公司成立文学与艺术联合会、深化改革办公室与政策研究室。

4月17日 伊春森工集团公司与华能黑龙江发电有限公司新能源项目座谈会在伊春森工集团召开。双方就进一步加强新能源项目的有关合作事宜进行了深入交流。

4月30日 伊春森工集团文化惠民工程林城书屋揭牌仪式在伊美区水上公园伊春河畔举行。

4月30日 伊春森工集团在伊春森工乌马河林业局公司伊东林场分公司召开“弘扬劳模精神，推动林场振兴”座谈会。

5月28日 全国第三处“林业英雄林”揭牌仪式在伊春森工集团铁力林业局公司马永顺林场分公司举行。此次活动由国家林业和草原局国有林场和种苗管理司、中国农林水利气象工会全国委员会、中国林学会、中国林业职工思想政治工作研究会主办，伊春森工集团承办。

5月28日 全国林业英雄孙建博事迹报告会在伊春市工人文化宫举行。中国林业职工思想政治工作研究会常务副会长、秘书长管长岭主持会议，黑龙江省林草局副局长陈建伟等出席报告会。市委常委、副市长杨彬，伊春森工集团公司党委书记、董事长李忠培，市人大常委会副主任吕瑞晏，市政协副主席贾晓宇出席报告会。

6月8日 黑龙江省林业科学院与伊春森工集团举行科技合作框架协议签约仪式，全面落实创新驱动发展战略，推进林区生态产业优化升级。伊春森工集团党委书记、董事长李忠培，省林科院院长倪红伟，市政府党组成员赵立涛，伊春森工集团党委副书记、副董事长、总经理张和清，市政协副主席、市科技局局长田宁等出席签约仪式。

6月9日 伊春森工集团与中天羊业正式签约，2021年完成投资2.56亿元，建设规模化养殖基地6个，新引进种羊8360只，总存栏达到1.4万余只，后续2万余只种羊也将陆续引进。

6月9日 黑龙江伊春森工集团鼎言文化传媒有限公司与黑龙江省峰峦影视传媒有限公司签订电视剧《青山不墨》联合摄制协议书。

6月28日 黑龙江伊春森工集团有限责任公司与中国联合网络通信有限公司黑龙江省分公司举行"数字森工"合作签约仪式。伊春森工集团公司党委书记、董事长李忠培，黑龙江省联通公司党委书记、总经理刘炳坤，伊春森工集团公司党委副书记、副董事长、总经理张和清，省联通公司党委委员、副总经理李春彦出席签约仪式。

7月5日 伊春森工集团召开全面推进林场振兴试点工作推进会，总结林场振兴试点启动以来的工作，分析存在的问题，对下一步工作进行再动员、再部署。伊春森工乌伊岭、红星、新青、五营、上甘岭、乌马河、美溪、桃山、铁力、双丰10个林业局公司汇报了林场振兴试点工作情况。

7月15日至9月1日 中央广播电视总台科教频道(CCTV-10)《味道》栏目组到伊春拍摄国庆特别节目。

9月18日 黑龙江伊春森工集团有限责任公司与黑龙江省林业和草原局、黑龙江省农业投资集团、哈尔滨市林业和草原局、中国建设银行股份有限公司黑龙江省分行、中国人民财产保险股份有限公司黑龙江省分公司、华为技术有限公司，在黑龙江省林业和草原局举行联合推动林草产业发展战略合作框架协议签约仪式。

10月2日 《土地，我们的故事》大型系列纪录片第二集《林海苍莽》在CCTV17播出。《土地，我们的故事》摄制组先后两次到伊春森工集团铁力林业局公司采访老英雄马永顺家人、同事以及相关人员，讲述时代故事，弘扬英雄精神，展示林区变化。

10月14日 黑龙江省林业和草原局与伊春市共同推动伊春市林业高质量发展战略合作框架协议签约仪式暨全省新型林场建设示范点揭牌仪式在伊春森工集团上甘岭林业局公司溪水林场分公司举行。

11月18日 伊春森工集团召开冬季旅游专题会议。会议听取了关于冬季旅游工作谋划情况的汇报、关于《森林冰雪欢乐季工作实施方案》的汇报，就高质量做好"第十一届中国·伊春森林冰雪欢乐季"工作进行安排部署。

11月26日 伊春森工集团与北京天驰君泰律师事务所签订法律服务合作框架协议。

12月3日 伊春森工鼎红贸易有限责任公司成立。10日，伊春森工鼎红贸易有限责任公司与融投世界科技有限公司在伊春市电子商务产业园举行数字转型及战略开发合作框架协议签约仪式。进一步推动互联网、大数据、人工智能和实体经济深度融合，加速伊春森工数字化转型，助力林下经济产业高质量发展。

12月12日 伊春森工集团与华侨城旅投集团文旅合作洽谈会在伊春森工集团召开。

12月26日 伊春森工集团与华侨城旅投集团深化合作协议、与黑龙江省旅投集团战略合作协议签约仪式在伊春市馆举行。市领导隋洪波、董文琴、刘天云、杨彬及伊春森工集团党委书记、董事长李忠培，伊春森工集团党委副书记、总经理张和清出席签约仪式。

(伊春森工集团由杨玉梅、潘思宇供稿)

上海市林业

【概　述】 2021年，全市加大绿化造林，全年新增森林面积5933.33公顷，森林覆盖率达到19.42%。生态廊道建设全面完成，"绿道"网络基本成形，街心公园多点开花，"四化"(绿化、彩化、珍贵化、效益化)水平稳步提高。完成绿地建设1031.8公顷，绿道建设212.6千米，立体绿化建设40.6万平方米。

表22-1　2021年上海绿化林业基本情况表

项　目	单位	数值
新建绿地	公顷	1031.8
公园绿地	公顷	517.3
新建绿道	千米	212.6
新增立体绿化	万平方米	40.6
新增林地	公顷	5933.33
森林覆盖率	%	19.42
湿地保有量	平方千米	727.75

【绿地建设】 扎实推进绿地建设，建成世博文化公园、浦东碧云楔形绿地四期、唐镇W01-01绿地、普陀长风6A绿地、闵行科创公园、嘉定桂湖园、奉贤和合公园、龙潭公园等一批景观优美、特色鲜明的公园绿地。全年共新建绿地1031.8公顷，其中公园绿地517.3公顷。

【绿道建设】 提前超额完成"建成绿道200千米"任务目标，苏州河、川杨河、淀浦河滨水绿道等一批有特色的绿道建成开放，全年共完成212.6千米建设任务。

【街心花园建设】 建成一批绿化景观面貌良好、基础配套设施完善、主题特色突出、服务功能多样的口袋公园，新建静安区锦绣花园、普陀区新会花园、徐汇区乐山绿地、黄浦区商船会馆和小桃园等口袋公园(街心花园)80个。

【"四化"建设】 印发《上海市口袋公园建设技术导则》《上海"四化"木本植物第一批重点应用及第二批推荐名录》。按照"四化"要求，立足于构建"上海花城"，打造"两季有花，一季有色"道路绿化景观，在口袋公园、百条花道、绿化特色道路等项目中推广紫薇、月季、八仙花、穗花牡荆、红花溲疏等开花、色叶乔灌木等新优品种应用。

【郊野公园建设】 加强已开放郊野公园的日常服务工作，完成合庆郊野公园开园指导工作。制定下发《上海市郊野公园运营管理指导意见》，指导各郊野公园提升运营管理水平。

【林荫道创建】 创建林荫道54条(段)，全市已创建命名林荫道317条，基本形成包括衡复、曹阳等15大林荫片区。

【绿化特色道路】 按照绿化、彩化、珍贵化、效益化建设目标，按照《上海市绿化特色道路评定办法》要求，打造“两季有花、一季有色”的道路绿化特色景观，每年在全市创建一批绿化特色道路，2021年，共创建绿化特色道路17条。

【申城落叶景观道路】 年内，“落叶不扫”景观道路为41条，自2013年起，申城道路保洁和垃圾清运行业开始打造落叶景观道路，徐汇区余庆路、武康路率先尝试对部分落叶道路“落叶不扫”，成为申城一道独特风景，受到许多市民点赞。2014年，全市落叶景观道路增至6条，2015年增至12条，2016年增至18条，2017年增至29条，2018年增至34条，2019年增至42条，2020年为41条。

【花卉景观布置】 做好中国共产党建党百年全市绿化景观提升，重点对人民广场、外滩、陆家嘴3个市级核心区域及新天地、龙华烈士陵园等8个市级重点区域、重要场所进行绿化景观布置。“七一”期间全市共建成人民广场“光辉伟业”、陆家嘴环岛“百年辉煌·耀东方”等175个主题景点(大型花坛)，花卉布置总量约为1383万盆，布置花道118条。形成《百年百景——迎建党百年上海城市园林绿化景观提升成果集锦》画册。

【崇明花博会】 第十届花博会成功举办，圆满完成上海室外展园“源梦园”建设，上海室内展区、世纪馆东馆、西馆的策展布展以及接待保障、指导监督、协调服务等工作任务，并荣获特别贡献奖，上海室内展区、室外展园双双荣获特等奖。闭幕后积极配合崇明区进一步放大“后花博”溢出效应。

【老公园改造】 完成华夏公园、中兴公园、豆香园等9座公园改造。

【城乡公园体系】 全市各类公园数量增加至532座，其中城市公园399座、口袋公园103座、乡村公园29座、主题公园1座。

【公园免费开放】 7月1日起，共青森林公园、滨江森林公园、世纪公园实施免费开放，3座公园免费开放后，在社会上引起良好的反响，同时按照“免费开放不降管理质量、免费开放不降服务品质”的总体原则，3座公园继续举办各类活动，不断完善基础设施，加强游园安全的管控，为市民游客创造了安全有序的游园环境。全市收费城市公园减少至14座。

【公园主题活动】 启动公园主题功能拓展专项行动，促成7个区16座区属公园、3座市属公园与8所院校签署战略框架协议。举办各类公园花展主题活动230场(次)，包括上海国际花展、草地广播音乐节、上海菊花展等。全市76%的街道(乡、镇)设立了280名社区园艺师，静安、闵行等10个区实现全覆盖，建成23个市民园艺中心。

【国庆期间公园游客量】 国庆期间，全市公园共接待游客550万人次(城市公园498.4万人次、郊野公园51.6万人次)。城市公园游客量较上年减少了7.2%，其中，13座收费公园共接待游客75万人次，较上年同期减少了2.4%；6座市属公园共接待游客75.2万人次，较上年同期增加了32.2%；区属公园共接待游客423.3万人次，较上年同期减少了14.9%。

【古树名木管理】 组织重大林业有害生物监测防控，布设美国白蛾监测点1297处，防治面积达5.33万公顷次。全年共完成12项市级综合保护技术措施，对141株古树名木开展复壮保护和设施维护，对381株古树名木开展白蚁、超小卷叶蛾等病虫害专项防治工作。另外，完成185株古树名木健康评估。推进浦东新区古蜡梅园、松江区千年古银杏园、奉贤区三桑园3个古树园建设工作。

【树木工程中心建设】 聚焦城市树木关键技术研究与成套化工程技术研发，以提升城市行道树安全为目标，对衡复风貌保护区内部分行道树开展精准诊断与安全管理技术研究与示范，同步开发树木安全风险评估软件用于户外评估与数据管理。年内，树木工程中心对16处典型公园绿地进行了生物多样性监测与生态效益评估，完成了i-Tree模型的本地化研究、悬铃木果毛综合防控技术研究等工作，最新研发专利和研究成果在中国(上海)国际园林景观产业贸易博览会上进行布展，受到行业内外的高度关注。

【立体绿化建设】 新增立体绿化40.6万平方米，推进16万箱“申字型”高架沿口摆花试点优化项目。

【市民绿化节】 组织第七届市民绿化节、“全民义务植树40周年”“绿化大篷车”公益行、市民插花大赛、园艺大讲堂等园艺活动近千场。

【林长制全面推行】 市、区、乡(镇、街道)三级林长制组织体系基本建成，全市明确各级林长1975人，成立市林长制办公室。出台《林长制检查督导制度》《林长制考核评价制度》等五项配套制度。

【林业建设】 全年完成造林5933.33公顷，上海市森林面积达 12.31 万公顷，森林覆盖率达 19.42%。新建 8 个千亩以上开放休闲林地，完成市级重点生态廊道建设任务，完成公益林抚育 2000 公顷，开展一般公益林项目检查，完成对全市造林项目中 47 家苗木生产商 4385 个苗批的质量抽查工作。

【森林资源管理】 优化年度森林资源一体化监测。推进公益林市场化养护与规模化、标准化经济果林建设项目，推广果树新品种，全市经济果林面积下滑趋势得以缓解。抓好林地抚育，建设完成 5 个林下复合种植项目。

【有害生物监控】 强化森林火灾和有害生物预警、监测与巡察，开展森林防火和有害生物防控。抓好以美国白蛾为重点的有害生物防控工作，全年共完成预防、防治作业面积 5.35 万公顷次，同比增加 50.2%。完成 2021 年度松材线虫病秋季普查工作。

【"安全优质信得过果园"创建】 自 2011 年上海市林业部门启动"安全优质信得过果园"创建工作，2021 年，全市"安全优质信得过果园"已达 79 家，分布在全市 9 个郊区，统一使用专用"安全护盾"logo 和果品安全追溯系统。

【湿地保护修复】 完成湿地生态综合监测，全市国土"三调"口径湿地总面积为 7.27 万公顷。推进崇明东滩保护区世界自然遗产申报，成立野生动植物和自然保护地研究中心，指导浦东新区成功划设禁猎区，启动南汇嘴生态园建设。

【常规专项监测】 持续开展崇明东滩保护区鸟类栖息地生境优化提升工程，编制九段沙外来入侵物种治理和崇明东滩白头鹤栖息地优化项目方案。开展水鸟同步调查、绿(林)地鸟类调查、两栖类和兽类监测等陆生野生动物常规监测项目，2021 年度共记录到野生鸟类 337 种 700 107 只次，两栖类 1 目 3 科 6 种 5037 只次，兽类 4 目 6 科 7 种。

【野生动植物进出口许可】 持续做好野生动植物资源管理工作，全市办理各类野生动植物资源人工繁育、经营利用、进出口许可 5780 件。

【野生动植物执法监督】 违建别墅专项整治行动进入巩固提升阶段，其间未发现新增违建别墅占林占绿情况；加强野生动物保护执法，办理野保行政案件 40 起，执行罚款 115.8 万元，联合公安、市场监管、农业农村、海关等部门办理案件 291 件。

【大事记】

1 月 8 日 市绿化市容局副局长汤臣栋带队赴华东师范大学，就合作共建上海市野生动植物和自然保护地研究中心、共同举办"构建新时代长江口生命共同体研讨会"等开展交流座谈，华东师范大学孙真荣副校长出席会议，局相关处室、华东师范大学相关部门负责人和相关学科教授参加座谈。

1 月 22 日 市绿化市容局党组书记、局长邓建平带队赴上海园林(集团)有限公司调研，市绿化市容局副局长方岩、总工程师朱心军以及局相关处室和直属单位负责人陪同调研，上海园林(集团)有限公司董事长苏向明、副董事长陈伟良、总裁张勇伟等相关负责人出席会议。

2 月 23 日 市绿化市容局副局长顾晓君召开全市造林工作会议，局相关处室和直属单位，以及 9 个涉林区绿化市容局和相关市属国企等单位主要负责人参加会议。

3 月 4 日 市政府召开 2021 年上海市绿化委员会全体会议，市绿化委员会主任、副市长汤志平出席会议，副秘书长黄融主持会议，市绿委成员单位相关负责人在市政府主会场参加会议，区、街道(镇)相关负责人在各区政府分会场参加会议，市绿化委员会副主任、市绿化市容局党组书记、局长邓建平作《2021 年上海市绿化委员会全体会议工作报告》。

3 月 5 日 市绿化市容局党组书记、局长邓建平，副局长方岩带队赴花博园区调研，崇明区委书记李政，区花博会筹备组副组长袁刚，市花协秘书处、区花博筹备组及光明集团相关负责人参加调研。

3 月 9 日 市绿化市容局党组召开中心组学习扩大会议，专题学习安徽省林长制典型经验，特邀安徽省林业局党组书记、局长，省林长制办公室主任牛向阳作专题辅导报告，市绿化市容局党组书记、局长邓建平主持会议，局党政领导班子成员、二级巡视员、局机关正副处长、相关业务处室公务员及相关直属单位领导班子成员在市局主会场参会，9 个涉林区绿化市容局和东滩管理中心党政领导班子在分会场参加会议。

3 月 12 日 全民义务植树 40 周年系列活动启动仪式暨第七届上海市民绿化节开幕式在上海植物园举行，国家林草局上海专员办副专员高尚仁、上海市绿化委员会办公室常务副主任方岩、上海生态文化协会常务副会长马云安、上海关注森林活动组委会副主任陆月星等相关单位领导和各区绿委办负责人，以及社会各界关心城市生态环境、热心绿色公益的市民群众和媒体近百人参加活动。

3 月 19 日 市绿化市容局党组书记、局长邓建平带队赴嘉定区、普陀区、虹口区调研长江经济带生态环境突出问题整改工作，局相关处室和直属单位负责人陪同调研，嘉定区区长高香、副区长李峰以及相关区绿化市容局负责人参加调研。

4 月 7~9 日 市绿化市容局党组书记、局长邓建平带队赴江苏省扬州市和南京市实地调研公园绿地(街心花园)、生态修复、垃圾分类等工作，并出席扬州世界园艺博览会开幕活动，副局长唐家富、总工程师朱心军，局相关处室和直属单位以及相关区绿化市容局负责人参加调研。

4 月 11 日 上海市第 40 届爱鸟周启动仪式在闵行区吴泾镇拉夏贝尔会议中心举行，国家林草局上海专员办专员苏宗海、市绿化市容局副局长顾晓君，以及市生态环境局、闵行区人大、闵行区政府相关领导出席启动仪式。

4月14～15日 国家林草局生态保护修复司副司长马大轶带队赴上海开展科学绿化专题调研，市绿化市容局副局长顾晓君、总工程师朱心军、崇明区副区长胡柳强、市绿化市容局、市规划资源局以及崇明区相关部门负责人参加调研。

4月24日 市政府副秘书长王为人带队赴市绿化市容局专题调研，市政府办公厅相关处室负责人陪同，市绿化市容局党政领导班子成员以及各业务处室负责人参加座谈会。

5月13日 市绿化市容局党组书记、局长邓建平带队开展"我为群众办实事"实践活动，赴共青森林公园调研局直属公园免费开放工作，副局长方岩、顾晓君，局相关处室及直属单位负责人参加调研。

5月27日 市绿化市容局召开全市美国白蛾防控工作会议，市绿化市容局副局长顾晓君，以及局相关处室和直属单位，各区林业主管部门负责人参加会议。

6月1日 市人大常委会副主任肖贵玉带队现场调研松江叶榭野生动物栖息地建设并组织召开《野生动物保护条例》立法调研会，市人大常委会委员、城建环保委主任委员崔明华，副主任委员魏蕊等陪同调研。市绿化市容局副局长顾晓君汇报《上海市野生动物保护条例草案（征求意见二稿）》起草情况，松江区委书记程向民、区人大主席唐海东、市司法局副局长罗培新等参加调研。

7月3日 市绿化市容局获得第十届中国花卉博览会组委会授予的特别贡献奖和优秀组织奖。

7月6日 市绿化市容局党组书记、局长邓建平带队赴滨江森林公园调研，副局长顾晓君、总工程师朱心军及局相关处室负责人陪同调研。

7月14日 市政府举行公园城市和环城生态公园带建设新闻发布会，市绿化市容局党组书记、局长邓建平，总工程师朱心军出席发布会。

7月27日 台风"烟花"过后，市绿化市容局党组书记、局长邓建平带队实地检查绿化市容行业受灾情况并部署灾后恢复工作，局相关处室和直属单位、相关区绿化市容局负责人陪同。

8月9日 市绿化市容局党组书记、局长邓建平做客2021年"夏令热线"接听市民来电，现场督促相关部门落实整改，并接受媒体专访。

9月17日 本市第一家市民园艺中心闵行区梦花源市民园艺中心建成挂牌，市绿化市容局党组成员、一级巡视员崔丽萍参加揭幕仪式。

9月29日 市绿化市容局党组书记、局长邓建平带队实地检查绿化市容行业国庆期间安全防范工作落实情况，长宁区副区长岑福康、城投集团副总裁周丽赟、市绿化市容局相关处室、相关区和城投集团相关部门负责人现场陪同。

10月13日 市绿化市容局党组书记、局长邓建平召开造林工作专题会，副局长顾晓君、汤臣栋出席会议，各涉林区绿化市容局主要领导，以及局相关处室负责人参加会议。

10月14日 市政府举行全面推行林长制新闻发布会，市绿化市容局党组书记、局长邓建平，副局长顾晓君出席新闻发布会。

10月15日 市绿化市容局副局长顾晓君出席"长三角共建林长制改革示范区"签约仪式，并带队赴合肥调研林长制工作。

10月27日 上海城市森林生态国家站第一届学术委员会成立大会在松江林场召开，市绿化市容局副局长顾晓君、上海交通大学农业与生物学院副院长方亚鹏出席会议，市绿化市容局相关处室和直属单位，以及上海交通大学相关负责人参加会议。

11月2日 第七届上海市民绿化节闭幕式暨杨浦区公园城市党群服务站杨浦公园站、市民园艺中心启用仪式在杨浦公园举行，市绿化市容局党组书记、局长邓建平，杨浦区委书记谢坚钢，市政协常委、人口资源环境建设委员会主任、市关注森林活动组委会副主任陆月星，市生态文化协会常务副会长马云安，市绿化市容局副局长方岩，杨浦区委常委、组织部部长姜道荣，杨浦区副区长徐建华，以及市绿化市容局相关处室和杨浦区相关单位负责人参加活动。

11月23日 市绿化市容局与市教委牵头正式启动区政府与院校合作公园主题功能拓展专项行动，市政府副市长汤志平，副秘书长王为人、黄永平，市绿化市容局党组书记、局长邓建平，市教卫工作党委二级巡视员李蔚出席活动，7个区16座区属公园、3座直属公园和8所院校签订了战略合作框架协议。

12月9日 市政府召开全面推行林长制工作部署会，市副总林长、市林长制办公室主任、副市长彭沉雷主持会议，市林长制办公室第一副主任、市政府副秘书长王为人，市林长制办公室常务副主任、市林业局党组书记、局长邓建平出席会议，市林长制办公室部分成员单位负责人以及各区副总林长参加会议。

12月16日 2021年度上海市森林资源监测成果会审会在市绿化市容局召开，国家林草局华东调查规划院党委书记、院长吴海平，党委副书记、副院长刘春延，市林业局党组书记、局长邓建平，副局长顾晓君，以及双方相关处室负责人参加会议。

（上海市林业由张李欣供稿）

江苏省林业

【概　述】 2021年，江苏省林业系统按照国家林草局、省第十四次党代会部署要求，扎实推进林业高质量发展，圆满完成年度各项目标任务，为全国生态建设大局和"强富美高"新江苏现代化建设作出应有贡献。

【全面推行林长制】 7月，省委办公厅、省政府办公厅印发《关于全面推行林长制的实施意见》。省委书记吴政隆、省长许昆林任省总林长，并任省林长制工作领导小组组长。经省总林长同意，省林长制工作领导小组办公室印发领导小组成员单位职责和省级会议、省级督查、林长巡林、信息报送和公开四项配套制度。受省总林长委托，副总林长、副省长储永宏出席全省林长制工作推进会并讲话。全省13个设区市和106个县(市、区)全部出台实施方案、设立各级林长、成立领导小组，全省共设立市级林长97名、县级林长1027名、乡镇级林长5058名、村级林长17 624名。

【造林绿化】 9月，省政府办公厅印发《关于科学绿化的实施意见》。全年完成造林绿化1.59万公顷，其中沿江县域新增造林420公顷，建成绿美村庄505个，超额完成年度目标任务。低效林改造和退化林修复超过0.2万公顷。全省义务植树栽植各类树木1283万株，新建义务植树基地130个、“互联网+义务植树”基地42个，组织义务植树活动5898场。举办植树节云直播、微信小视频、抖音等线上宣传活动780场，560万人次参与。纵深推进国家森林城市建设，12个市、县正在建设和申请建设国家森林城市。制订古树名木抢救复壮省级试点示范实施方案，筛选100株古树名木作为古树名木抢救复壮试点样树。成立碳达峰碳中和工作领导小组、专项工作组和专家组，完成《全省林业碳汇提升行动方案》初稿。开展第三次林业碳汇计量监测。

【湿地资源保护】 加强湿地用途管控，落实湿地占补平衡，全省湿地保有量282.2万公顷，全省自然湿地保护率达到61.9%。完成沛县安国湖国家湿地公园试点国家验收。扬州北湖省级湿地公园晋升国家湿地公园。新建泰州靖江长江、淮安金湖柳树湾省级湿地公园。新建26处湿地保护小区和30处小微湿地。制订《江苏省湿地修复技术导则》，全省修复湿地2000公顷。印发《关于进一步加强长江湿地保护修复的指导意见》，实施南京新济洲、浦口桥林、泰兴天星洲、靖江滨江等长江湿地修复工程，长江湿地保护率达到62%。编制《江苏省太湖流域湿地保护修复规划(2021~2025年)》，实施宜兴市、吴江区太湖湿地生态保护修复项目，太湖自然湿地保护率达到69%。印发《关于进一步规范滨海湿地利用服务沿海地区高质量发展的通知》。完成省级重要湿地标识体系建设，开展重要湿地动态监测与评估。初步建立基于国土“三调”数据的全省湿地基础数据库及湿地保护率数据库。推进《江苏省湿地保护“十四五”实施规划》《江苏省“十四五”长江经济带湿地保护修复实施方案》编制。

【森林资源管理】 下达“十四五”期间全省年森林采伐限额。完成泰兴市天星港整治、新沂市退圩还湖生态修复等重大工程林木采伐审核许可。承接国家林草局委托的使用林地审核事项，为省级以上重点工程使用林地提供精准高效报批服务。完成《江苏省“十四五”期间占用林地定额测算报告》。全省省级以上生态公益林保有量稳定在38万公顷以上，生态效益补偿资金提高至每年每公顷525元，拨付补偿资金1.95亿元。按照“案件查处、林地回收、追责问责”三个到位原则，全面清查党的十八大以来破坏森林资源问题，共核实疑似毁林图斑2.32万个，确认违法案件836个，已全部依法查处。完成2020年度森林督查652个问题查处销号。组织开展2021年度森林督查，核实形成违法林政案件数据库。完成张家港、常熟、太仓和昆山市8个涉林高尔夫球场清理整治“回头看”。完成全省1563个林草湿样地综合监测任务。

【自然保护地管理】 完成全省自然保护地整合优化预案完善和报审。完成自然保护地设立、退出、调整等规则起草。梳理完成全省风景名胜区基本情况。调整风景名胜区省级专家库，筛选确立48名专家库成员。建立省自然保护地发展项目库项目38个。《太湖风景名胜区阳羡景区详细规划》获得国家林草局批复。完成云台山风景名胜区花果山景区和太湖风景名胜区马山景区详细规划审查和报批。完成《中国黄(渤)候鸟栖息地(第一期)世界遗产第三轮定期报告》《中国黄(渤)候鸟栖息地(第一期)世界自然遗产(1606号)边界细微调整说明》评审。完成2020年长江经济带生态环境警示片披露问题涉及泗洪洪泽湖国家级自然保护区和盐城湿地珍禽国家级自然保护区问题整改，对2018~2020年长江经济带生态环境警示片问题整改开展“回头看”。

【林业有害生物防治】 全省主要林业有害生物发生面积11.1万公顷，同比略有上升，总体呈偏重发生、局部成灾。松材线虫病疫情除治面积1.2万公顷，清理病死松树9.1万株，疫情发生面积和病死株数实现“双下降”。美国白蛾第三代在局部地区危害较重，多个非疫区监测到美国白蛾成虫。以舟蛾为主的杨树食叶害虫种群数量渐增，发生危害面积小幅上升。全省防治作业总面积33.9万公顷，无公害防治率90%，成灾率控制在1.8%以内。《江苏省林业有害生物防控条例》列入2024年立法计划。印发《江苏省松材线虫病疫情防控五年攻坚行动方案(2021~2025年)》，实行松材线虫病疫区分区分级管理，全省划定轻型疫区10个、重型疫区13个，重点预防区13个、一般预防区4个。联合省农业农村厅等部门部署加强红火蚁监测预警。依法委托77个市、县级林业植物检疫机构承办省际林业植物检疫业务。全省共签发林业植物调运检疫证25.5万份，完成国外引种审批97单，完成3家普及型隔离试种苗圃资格延期现场查定。开展“学习百年建党历史、争做最美森林医生”评选活动，选出10位全省“十佳最美森林医生”和38位全省“最美森林医生”。发起建立沪苏浙皖林业有害生物检疫互认互通制度，签署沪苏浙皖检疫互认互通联合公告，着力提高长三角区域林木调运检疫通行效率和检疫监管水平。

【森林火灾预防】 扎实开展森林防火专项整治行动，开展野外火源治理，及时排除风险隐患，派出1535个检查组、8046人次，督促检查重点防火区域及单位5844个，排查问题隐患442个，全部整改到位。举办全省第12届林业系统森林防火技能竞赛，召开全省森林防火工作会议。制订局领导班子成员安全生产管理重点工作清单，明确任务，落实责任。加强森林防火队伍建设，推广苏州经验，全省森林防火专业队伍已达363支，防火队员6405名。推广应用“互联网+森林防火督查系统”和“防火码2.0”。部署推进全省森林火灾风险普查。开展森林防火规划修订，持续提升基础保障能力。全省未发生重特大森林火灾和人员伤亡，森林火灾受害率控制在0.3‰以内。

【林业产业】 全省林业产值5209亿元，比上年增长3.3%，其中：第一产业1169亿元，占总产值的22.44%，比上年产值增长2.8%；第二产业3299亿元，占总产值的63.33%，比上年产值增长2.17%；第三产业741亿元，占总产值的14.23%，比上年产值增长9.78%。与常州市林业局、武进区人民政府签订林木种苗和林下经济产业高质量发展战略合作协议，加快推进林木种苗和林下经济千亿级产业工程建设。完成全省林木种质资源清查工作。全省40家单位入选首批全国苗木信息采集点。成立全省林草品种审定委员会，审（认）定林木良种41个。举办2021年“绿美江苏·生态旅游”系列推介活动，公布首批16条省级森林步道。联合省发展改革委等印发《关于进一步加快木本粮油和林下经济高质量发展的通知》，编印《林下种植作物品种推荐名录》。遴选建设省级林下经济示范基地70家及市、县级林下经济示范基地120家。江苏林特产品馆上线，第一期入驻商户销售碧根果、牡丹花蕊茶、木耳等林产品。食用林产品质量安全监测国家年度考核得到满分。开展食用林产品质量安全省级监测1257批次，产品全部合格。

【野生动植物资源保护和利用】 编制《江苏省陆栖脊椎动物名录》。加强麋鹿、丹顶鹤、勺嘴鹬、银缕梅等珍稀濒危物种及生境保护，新建2个珍稀濒危野生植物原生境保护小区。麋鹿种群增至6119头，其中野外种群2568头。完成野猪等野生动物致害情况摸底调查，制订《防控野猪危害技术要点》。牵头召开全省打击野生动植物非法贸易联席会议第一次联络员会议。联合公安、市场监管等部门共同推进陆生野生动物禁食，开展“清风行动”“网剑行动”“打击野生动物违规交易专项执法行动”“打击整治破坏野生植物资源专项行动”。接收南京海关及其下属海关移交的两批次共521件、333千克濒危野生动植物制品。组织省陆生野生动物疫源疫病检测中心在候鸟集中分布区域、重点野生动物人工繁育场所完成疫源疫病取样检测500份。全面检查动物园等大型人工繁育单位安全情况，开展野生动物收容救护排查整治和监督检查。加强野生动植物繁育利用服务与监管，完成行政许可等545件。

【森林生态文化】 在庆祝建党百年“四明山杯”全国最美务林人主题演讲大赛中，江苏省林业局代表队荣获优秀组织奖，徐州市林业局吴珍在43位参赛选手中脱颖而出荣获大赛一等奖。开展“丹顶鹤杯”最美务林人演讲比赛。开展“绿色足迹百年路、建设绿美新江苏”主题征文活动，收到作品136篇，评定一等奖作品3篇、二等奖作品5篇、三等奖作品7篇、优秀奖作品20篇。配合《政风热线》栏目协助省林业局主要领导上线直播，就野生动物保护等问题进行实时解答。组织成立省关注森林活动组委会，分别召开组委会和执委会全体成员会议。盐城国家级珍禽自然保护区获批建成全国首批青少年自然教育绿色营地。大丰麋鹿国家级保护区举办第九届鹿王争霸赛直播活动。太湖风景名胜区推行景点景源“微应用”。“观鸟识花赏自然”科普活动获得梁希科普奖，“盐城湿地我的家”获得梁希科普作品一等奖。

【林业科技创新】 推进省部共建林产化学与材料国际创新高地，协调省财政连续5年每年支持100万元。中央财政林业科技示范推广项目立项12项，省林业科技创新与推广项目立项63项，推行红黑名单管理试点。获批建设2个国家林草局重点实验室、1个国家长期科研基地。1人入选第三批林业和草原青年拔尖人才、1个团队入选科技创新团队，7人受聘为国家林草局第二批林草乡土专家，6人获得国家林草局第一批“最美林草科技推广员”称号。苏北杨树人工林提质增效新技术集成与推广获得第九届江苏省农业技术推广奖一等奖。落羽杉属树木杂交新品种选育技术等10项江苏林业科技成果入选国家林草局2021年重点推广林草科技百项成果。杨、柳物种分化和性染色体进化研究获得第十二届梁希林业科学技术奖一等奖1项，微生物-植物耦合改善太湖湿地水下光照环境技术研究与应用、城市区域长江江豚自然保护区综合监测及保护管理创新技术体系等6项获得二等奖，洪泽湖东部湿地质量诊断与生态修复关键技术等2项获得三等奖。

【国有林场改革发展】 东台市林场党总支被党中央、江苏省委授予“全国先进基层党组织”“全省先进基层党组织”称号，并入选国家林草局第三批践行习近平生态文明思想先进事迹。南京市老山林场获得“2021年全国十佳林场”称号，南京市六合区平山林场、盱眙县铁山寺林场、连云港市南云台林场获得“中国森林康养林场”称号。省林业局联合省档案局、省档案馆印发《江苏省国有林场档案管理办法》。支持国有林场基础设施建设，制订全省国有林场道路三年建设计划，2021年下达国有林场道路建设省级补助资金569万元。

【省领导义务植树】 2月28日上午，省委书记、省人大常委会主任娄勤俭，省委副书记、省长吴政隆，省政协主席黄莉新等领导同志，集体来到位于南京市浦口区的长江滨江风光带，与省市机关干部一起参加义务植树活动。

【绿美江苏·生态旅游系列推介活动启动仪式】 4月23日，由省绿化委员会、省林业局主办，省绿化委员会办公室、南京市绿化委员会办公室、南京市六合区人民政府承办的纪念全民义务植树40周年暨2021绿美江苏·生态旅游系列推介活动启动仪式在南京市六合平山省级森林公园举行。省绿委副主任、省政府副秘书长吴永宏，省绿委副主任、省林业局局长沈建辉出席启动仪式，并与部分省绿委委员共同启动推介活动。

【2021年全国“文化和自然遗产日”主题活动】 6月12日，由国家林草局自然保护地管理司、江苏省林业局和盐城市人民政府共同主办以“推动世界遗产可持续发展、共建人与自然生命共同体”为主题的2021年全国“文化和自然遗产日”活动在盐城市举行。世界自然保护联盟总裁兼理事会主席章新胜、国家林草局自然保护地司副司长严承高、江苏省林业局局长沈建辉、盐城市委书记戴源出席活动并致辞。第44届世界遗产大会主席、教育部副部长、中国联合国教科文组织全国委员会主任田学军、联合国教科文组织驻华代表夏泽翰(Shahbaz Khan)、世界自然保护联盟亚洲办公室主任丁度·坎布兰(Dindo Campilan)等嘉宾视频致辞。主题活动现场举行“国家青少年自然教育绿色营地”揭牌仪式和为黄海湿地世界遗产青年志愿者团队授旗，发布《世界自然遗产可持续发展盐城倡议》，与“盐城黄海湿地世界自然遗产走进百所高校”活动上海交通大学站进行现场连线，展示全国14处世界自然遗产、4处自然文化双遗产精美绝伦的图片。

【部署2021年秋冬季森林防灭火工作】 9月24日，省政府在组织收听收看全国秋冬季森林草原防灭火工作电视电话会议后召开全省会议。副省长储永宏出席会议并讲话，省、市、县森林防灭火指挥部全体成员参加会议。

【沪苏浙皖实现林业有害生物检疫互认互通】 9月24日，沪苏浙皖林业有害生物检疫互认互通联合公告发布会在江苏宜兴举行，一市三省的省(市)级林业主管部门负责同志共同签署《沪苏浙皖林业有害生物检疫互认互通联合公告》，并现场发布。即日起，上海、江苏、浙江、安徽一市三省的林业有害生物检疫实行“一次提出、一年有效”、检疫登记全覆盖、共用产地检疫清单、共建检疫追溯、共推信用监管等机制。由江苏省林业局发起，沪苏浙皖林业部门联手打造党建联盟，联合推进区域林业植物检疫互认互通，是一市三省林业部门“学党史、办实事”，建设“机关党建服务长三角一体化发展创新示范项目”的重要内容，是落实《沪苏浙皖林业部门扎实推进长三角一体化高质量发展战略合作框架协议》和《沪苏浙皖林业部门高质量机关党建服务长三角一体化发展合作框架协议》的重要举措，江苏省委党史学习教育第十二巡回指导组组长何小鹏、江苏省委省级机关工委副书记杨庆国出席并讲话，共同见证沪苏浙皖林业有害生物检疫互认互通联合公告发布。

【全省林长制工作推进会】 12月15日，省政府在南京召开全省林长制工作推进会，副省长、省副总林长储永宏出席会议并讲话。会议以电视电话会议形式召开，省林业局局长、省林长制工作领导小组办公室主任沈建辉通报江苏全面推行林长制工作情况，南通市、无锡市滨湖区、东台市政府作交流发言。

【大事记】

2月2日 省林业局、省发展和改革委员会、省水利厅、省自然资源厅联合印发《关于长江(江苏段)两岸成片造林核查情况的通报》。

2月3日 全省林业工作会议在南京召开。会议传达学习省委常委、常务副省长樊金龙批示精神，总结回顾“十三五”时期和2020年全省林业工作，部署“十四五”期间和2021年重点工作。省林业局党组书记、局长沈建辉出席会议并讲话，副局长王德平主持会议，局领导班子成员出席会议。南京市、常州市、扬州市、张家港市、东台市林业部门作交流发言。各设区市林业局负责同志、林业处(站)负责同志，所辖县(市、区)林业部门负责同志在设区市分会场参加会议。

2月5日 省林业局、省农业农村厅、省委政法委、省公安厅、省交通运输厅、南京海关、省市场监督管理局、省互联网信息办公室联合印发《关于开展“清风行动”的通知》。

2月26日 省发展和改革委员会、省林业局、省科技厅、省财政厅、省自然资源厅、省农业农村厅、中国人民银行南京分行、省市场监督管理局、中国银行保险监督管理委员会江苏监管局、中国证券监督管理委员会江苏监管局联合印发《关于进一步加快木本粮油和林下经济高质量发展的通知》。

3月1日 省政府印发《关于全省“十四五”期间年森林采伐限额的批复》。

3月18日 省人大常委会副主任马秋林到省林业局调研指导林业工作，省人大常委会环资城建委主任汪泉陪同调研。省林业局党组书记、局长沈建辉汇报全省林业工作情况，局领导班子成员参加座谈。

4月20日 江苏省林业局、国家林草局驻上海森林资源监督专员办事处、江苏省公安厅、苏州市林业局在苏州共同举办2021年江苏省暨苏州市“爱鸟周”活动启动仪式，省林业局总工程师吴小巧出席活动并讲话。启动仪式上公布了“最具人气鸟类”评选结果及“鸟类摄影故事大赛”获奖名单，苏州市叶圣陶中学学生代表宣读了爱鸟护鸟倡议书。

5月26~27日 国家林草局副局长李树铭一行赴江阴市、张家港市调研指导林长制工作并召开座谈会，并听取江苏省林长制推进情况汇报。省林业局党组书记、局长沈建辉，副局长王德平等陪同调研。

6月7日 省林业局印发《关于进一步规范滨海湿地利用服务沿海地区高质量发展的通知》。

6月21日 省林业局、省市场监督管理局、省公安厅联合印发《关于对花鸟鱼虫市场开展专项整治行动的通知》。

7月16日 省委办公厅、省政府办公厅印发《关于全面推行林长制的实施意见》。

7月21日 全省全面推行林长制工作会议在南京召开。省林业局党组书记、局长沈建辉出席会议并讲话，副局长王德平对《关于全面推行林长制的实施意见》进行解读，副局长钟伟宏主持会议，局领导仲志勤、吴小巧、卢兆庆出席会议。张家港市、句容市、泰兴市林业局作了交流发言。各设区市林业局负责同志、林业处(站)负责同志，所辖县(市、区)林业部门负责同志在设区市分会场参加会议。

7月23日 省林业局印发《江苏省“十四五”林木种

苗发展规划》。

7 月 30 日 省林业局印发《江苏省松材线虫病疫情防控五年攻坚行动方案(2021～2025 年)》。

9 月 2 日 省林业局印发《关于切实加强森林防火队伍建设的通知》。

9 月 9 日 省政府办公厅印发《关于科学绿化的实施意见》。

9 月 10 日 省林业局印发《关于深入推进大运河文化带林业高质量发展的通知》。

9 月 27 日 省林业局牵头召开全省打击野生动植物非法贸易联席会议第一次联络员会议。省林业局总工程师吴小巧出席会议并讲话。省委宣传部、省委网信办、省外事办等 22 家成员单位联络员参加会议。省林业局、省公安厅、省市场监管局、南京海关作了交流发言。

10 月 27 日 省林长制工作领导小组办公室印发《江苏省林长制省级会议制度等四项制度》。

11 月 2 日 省林业局印发《江苏省林业有害生物防控"十四五"规划》。

12 月 20 日 省林长制工作领导小组办公室、省绿化委员会办公室联合印发《关于进一步科学生态务实开展国土绿化的通知》。

12 月 22 日 全省绿化造林工作推进会暨绿委办主任会议在南京召开，省绿委副主任、省林业局局长沈建辉出席会议并讲话，省林业局总工程师吴小巧主持会议。会议还就林业助力碳达峰碳中和进行专题授课。省住建厅、常州市绿委办、扬州市绿委办、徐州市林业局、盱眙县林业局、泰兴市林业局作了交流发言。省绿委成员单位联络员，各设区市绿委办主任、专职副主任，各设区市林业局负责同志、林业处(站)负责同志，所辖县(市、区)林业部门负责同志等参加会议。

(江苏省林业由王道敏供稿)

浙江省林业

【概　述】 2021 年，浙江省林业部门认真贯彻落实中央和省委、省政府的决策部署，全面推行林长制，持续推进新增百万亩国土绿化行动，启动实施千万亩森林质量精准提升工程，切实加强资源保护管理，建立健全自然保护地体系，深入推进野生动植物保护，全力抓好森林灾害防控，着力实施五大千亿产业，持续深化林业综合改革，不断提升科技创新推广能力，大力推进生态文化建设，圆满完成年度各项目标任务。在国家林草局通报的 2021 年林草重点工作表现突出单位中，浙江省国土绿化、林长制等重点改革、松材线虫病防治、林草特色产业发展和巩固生态扶贫成果、林草科技和信息化建设等五项工作榜上有名，表扬总数位居全国第一。根据森林资源与生态状况年度监测，全省森林面积 608.12 万公顷，森林覆盖率 61.17%，林地面积 658.87 万公顷。活立木蓄积量 4.20 亿立方米，森林植被碳储量 2.9 亿吨，森林生态服务功能总价值 5751.09 亿元。

【国土绿化美化】 2021 年，经省政府同意，印发《浙江省林业局关于下达 2021 年全省新增百万亩国土绿化行动任务的通知》，持续推进新增百万亩国土绿化行动，指导山地、坡地、城市、乡村、通道、沿海"六大森林"建设，全年新增造林 2.98 万公顷。省委书记袁家军、省长郑栅洁等省领导参加"义务植树运动开展 40 周年"系列活动并高度肯定国土绿化工作。探索推进"互联网+全民义务植树"机制创新，认定省级"互联网+全民义务植树"基地 15 个。3 月 19 日，经省政府同意，印发实施《浙江省新一轮"一村万树"五年行动计划的通知》，启动新一轮"一村万树"五年行动，建成"一村万树"示范村 266 个。组织开展"一村万树"三年行动推进村建设"回头看"工作，确保完成质量。5 月 13 日，经省政府同意，印发实施《浙江省千万亩森林质量精准提升工程方案(2021～2025 年)》，明确五年实施森林质量提升 66.67 万公顷，2021 年完成森林质量提升 14.54 万公顷。

【天然林、公益林保护管理】 2021 年，省林业局稳步实施天然林保护修复，在全国率先开展市、县级天然林实施方案编制试点。完成已区划落界天然商品林与"三调"融合工作。圆满完成省级以上公益林与国土"三调"融合优化工作。优化公益林布局，组织完成 1.23 万公顷以国家公园和省级以上自然保护区为主要范围的省级公益林扩面，省政府办公厅重新公布公益林建设规模。组织完成 2.33 万公顷公益林集体林地地役权改革，出版《浙江省公益林区林下经济发展研究》，进一步挖掘公益林生态效益、社会效益和经济效益。

【国有林场改革】 年内，省林业部门积极贯彻落实习近平总书记在河北塞罕坝林场考察时的重要讲话精神和国务院政府工作报告提出的深化国有林场改革，以改革创新推动国有林场高质量发展。大力弘扬塞罕坝精神，拍摄制作《百年沧桑，百年史诗——浙江国有林场风华正茂》宣传片，献礼中国共产党建党百年；凝练临海市林场三代护林员感人事迹，获得省委副书记黄建发批示肯定，作为全省党史学习宣传典型；省林业局开展全省林业系统向临海市林场先进事迹学习活动，引起社会广泛关注。持续开展现代国有林场建设，累计创建现代国有林场 41 个，制定出台首个现代国有林场建设省级地方标准——《现代国有林场评价规范》，填补国内空白。省政府办公厅政务信息专报《省林业局找准"三个支点"撬动国有林场高质量发展》得到副省长陈金彪的批示肯定。扎实推进深化国有林场改革工作，受国家林草局通报表扬。在金华市婺城区东方红林场开展以建立绩效考核激励机制为重点的全国深化国有林场改革试点工作，

为全国提供示范经验。全国首创探索开展“未来国有林场”建设试点，并在台州市黄岩区大寺基林场启动实施。

【古树名木保护】 2021年，省财政投入古树名木专项保护资金600万元，开展古树名木体检31 736株，实施“一树一策”保护古树名木302株，建成古树名木主题公园22个。3个县进行古树名木补充调查，2个县制订全区域古树名木保护方案。挖掘与古树名木相生相伴的红色重大历史事件和重要历史人物故事60篇。持续推进古树名木动态监测、认捐认养、古树管家、古树树长制等长效保护机制，25个县(市、区)为古树名木投保公众责任险；20个县(市、区)举办古树名木“互动式”认养活动，认养古树408株；30%的县(市、区)与当地人民检察院联合开展“守护根脉 留住乡愁”古树保护专项行动。

【生态文化建设】 2021年，浙江省林业部门深入推进“关注森林”工作，省关注森林组织委员会被邀请成为全国关注森林活动组委会成员单位。持续开设关注森林“国土绿化书记访谈”栏目，邀请德清、新昌等4个县(市)委书记畅谈国土绿化。开展国家森林城市“回头看”，印发《浙江省森林城镇申报认定办法和评价量化指标》，创建省森林城镇54个。大力推广“互联网+全民义务植树”模式，全省参加义务植树活动人次达814万，植树2074万株。开展世界湿地日、野生动植物日、松材线虫病防治30周年等主题宣传，评选出“最美林业人”10名，表扬浙江省生态文化建设突出贡献集体80家、突出贡献个人150名，弘扬生态人文精神。起草《浙江省古道保护办法》，安排21条古道保护修复项目，仙霞古道入选首批大花园耀眼明珠。修订《浙江省生态文化基地遴选命名管理办法》，命名浙江自然博物院等省级生态文化基地50个。全面启动省级自然教育学校(基地)建设，余杭长乐林场、钱江源国家公园入选首批国家青少年自然教育绿色营地名单，命名第三批浙江省自然教育学校(基地)40个。

【林业产业】 2021年，不断深化改革创新，优化制度供给，强化政策保障，重点发展五大千亿主导产业，初步走出了一条“绿水青山就是金山银山”的现代林业发展路子，林业产业在浙江省生态建设、乡村振兴工作中发挥了重要作用。组织编制并发布《浙江省林下经济产业发展“十四五”规划》，经省政府同意，启动实施全省“千村万元”林下经济增收帮扶工程，联合12家省级部门印发《关于科学利用林地资源促进木本粮油和林下经济高质量发展的实施意见》，认定省林下道地中药材种植基地25家。印发《推进竹产业发展的若干政策措施》，建成竹初加工小微园区及毛竹初加工分解点20个，累计建设竹材、竹笋相关初加工小微园区16个。出台《浙江省古道保护办法》。组织编制并印发《浙江省深化林业综合改革实施方案(2021～2025)》和《2021全省深化综合林业改革任务清单》，编制并发布《浙江省林区道路建设中长期规划(2021～2030年)》。全年完成新种油茶任务5066.67公顷，油茶籽产量9.2万余吨。创建林业特色产业示范县2个、林业产业强镇8个、森林休闲养生城市2个、森林康养名镇7个、森林人家75家、森林氧吧95家。

【珍贵树种苗木保障】 2021年，省林业局向全省各地赠送珍贵彩色树种容器苗442万株，其中二类、三类苗比例达87.1%，提高近10个百分点。强化宣传，引导社会公众积极投身珍贵树种发展，联合省广电集团举办“红色传承·绿色希望”珍贵树种赠苗植树系列活动，赴嘉兴、长兴、平阳等革命老区、纪念地举办赠苗植树活动11场，赠送珍贵树种苗木4000多株，近3000多人次参加，在全社会营造了植绿爱绿护绿、发展珍贵树种的浓厚氛围。

【良种选育和种权保护】 2021年，组织审(认)定林木良种20个、完成引种备案品种1个，获国家林草局植物新品种保护授权53个，累计获授权植物新品种329个，授权数量位居全国前列，其中杜鹃花属、紫薇新品种数量全国第一。新增国家林木种质资源库3个。进一步完善林木种质资源信息管理，累计登录种质资源信息2.56万条，保存登记信息1.63万条，鉴定评价信息1.30万条。加强林木良种基地建设和良种种子采收工作，省级以上良种基地的生产种子3100多千克，其中杉木、浙江楠、木荷等良种种子1600多千克。10月29～30日，在杭州举办全省林木种苗行政执法培训班，加强打击侵犯植物新品种权和制售假劣种苗行为，切实保护植物新品种权人利益。

【林业科技创新】 2021年，国家林草装备科技创新园建设取得实质性进展。6月，国家林草局和省政府签订共建协议，召开领导小组会议，成立领导小组和专家委员会，园区发展规划快速落地推进。科技平台建设推进顺利，新增1家“三叶青西红花工程技术研究中心”，4家建成三年以上的工程技术研究中心通过评估。启动“十四五”林木、花卉(新增)新品种选育重大科技专项，实施省重点研发计划林业类项目16项，推动落实2022年省级顶尖的“尖兵”“领雁”等研发攻关计划19项，省院合作新立项23项。科技奖励硕果累累，获梁希林业科技奖25项(占全国总数近1/5)，省科技进步奖三等奖4项，科技兴林奖47项。科技人才队伍建设成效显著，入选第三批国家林草科技创新青年拔尖人才1人、创新团队1个，获评省特级专家1人、省农业科技突出贡献1人、先进工作者26人。

【林业龙头企业发展】 2021年，省林业局根据《浙江省省级林业重点龙头企业认定和监测管理办法》，培育并新认定省级林业重点龙头企业19家，原重点龙头企业通过监测合格47家。组织推荐第五批国家林业重点龙头企业10家。推进区域公共品牌建设，“浙山至品”已完成集体商标注册，“浙山珍”进入审核。起草《浙江省林产品公用品牌管理办法》，进一步规范和加强浙江省林产品公用品牌“浙山至品”和“浙山珍”授权认定及使用管理，提升公用品牌价值，维护品牌信誉和形象。

【“一亩山万元钱”科技富民行动】 2021年，持续推广

"一亩山万元钱"科技富民模式，组织开展实施情况专项梳理和抽查核实，共建设示范基地8.6万公顷，其中新建培育0.9万公顷，辐射推广2.6万公顷，巩固深化5.1万公顷。培训林农1.7万人次，参与该项行动的企业(合作社)3883家、农户4万户。认定首批"一亩山万元钱"科技推广高质量示范基地64个，挖掘具有林业辨识度、可复制可推广的典型富民模式108个，编印科技富民技术丛书2册，并通过"林技通""智慧云"平台等数字化手段，不断提升"一亩山万元钱"宣传传播力、引导力和影响力。

【森林康养基地建设】 2021年，积极开展森林康养系列推介活动。积极筹备第二届长三角森林康养生态旅游推介活动。联合省体育局开展2021年度"登顶11峰"直播活动。指导天台县、磐安县、金华市婺城区、缙云县、安吉县举办各类森林康养宣传推介活动。大力培育森林康养载体，全省共发展国家级全域森林康养试点建设县2个，国家级全域森林康养试点建设乡镇3个，国家级森林康养建设试点基地9个，中国森林康养人家1个，省级森林休闲养生城市2个，省级康养名镇7个，省级森林人家75个，省级森林氧吧95个，省级康养基地19个。

【林事活动】 5月21日至7月2日，第十届中国花卉博览会在上海市崇明区开幕。浙江省获团体总分第三名，荣获组织奖最高奖特等奖、室外展园最高奖特等奖、室内展馆最高奖特等奖，有422件展品分获金、银、铜奖和优秀奖，获奖率高达76.7%。6月20日，以"红船百年·花开浙江"为主题的"浙江日"活动在花博会复兴馆举办。积极办好重点花事展销展示活动，全年共组织举办并参与2021世界花园大会、中国(萧山)花木节、长兴花木大会、金华花卉苗木博览会、2021中国合肥苗木花卉交易大会等活动。

【林业资源保护】 根据森林资源与生态状况年度监测，全省在林地和森林面积保持基本稳定的前提下，森林质量稳步提高，林分结构持续改善。全省林地面积658.87万公顷，其中森林面积608.12万公顷；活立木蓄积量4.20亿立方米，其中森林蓄积量3.78亿立方米；毛竹总株数32.66亿株。全省乔木林单位面积蓄积量87.14立方米/公顷，其中，天然乔木林84.14立方米/公顷，人工乔木林95.38立方米/公顷。乔木林分平均郁闭度0.64，毛竹林每公顷立竹量3944株。全省活立木蓄积量总生长量与总消耗量之比为2.55∶1，保持生长量显著大于消耗量的趋势，活立木蓄积量持续稳定增长。全省森林覆盖率61.17%，居全国前列。森林生态服务功能总价值5751.09亿元。

【林地林木保护管理】 2021年，省林业局提请省委办公厅、省政府办公厅印发《关于全面推行林长制的实施意见》，召开第一次省级总林长会议，基本建立覆盖省、市、县、乡、村五级的林长制管理体系。经省政府同意，印发《关于实施林地占补平衡管理的通知》，在全国率先实施省域范围林地占补管理机制。在确保林地保有量不减少、森林覆盖率有提升的前提下，全力做好省重大重点和民生项目使用林地保障工作，全年共办理建设项目使用林地许可5673件，涉及林地面积6899.42公顷。提请省政府批准公布"十四五"期间年森林采伐限额，确定"十四五"期间全省年森林采伐限额485万立方米，全年核发林木采伐蓄积量163.35万立方米。组织开展全省林草生态综合监测，完成林草湿数据与国土"三调"数据对接融合、省级以上公益林优化调整等工作。加大森林资源监管执法力度，开展打击毁林专项行动和森林督查，查处破坏森林资源违法行为，全面推进涉林造地问题排查整改。

【湿地保护管理】 2021年，扎实开展"湿地生态补偿试点"工作，全省(不含宁波)共有39个县(市、区)64个省重要湿地评价结果达标，奖补金额共3300多万元。积极落实《浙江省红树林保护修复行动实施方案(2020~2025年)》，开展红树林保护修复专项行动，新植红树林60公顷。牵头落实中央环保督察关于"海洋湿地保护不力"的问题整改，印发《浙江省林业局关于进一步加强湿地保护监管工作的通知》，强调湿地占补平衡政策要求，明确各地湿地保有量目标，加强与省自然资源厅工作沟通，严禁新增围填海，完成国家林草局湿地司3批次20多处卫片判图疑似违建点位核实工作。开展杭州、温州国际湿地城市创建工作。在杭州西溪湿地举办长三角湿地保护一体化行动，发布《长三角湿地保护一体化行动联合宣言》，开展西溪湿地朱鹮保护回归试验工作。印发《浙江省林业局关于抓好重要湿地保护管理工作的通知》，重新启动重要湿地申报工作，浦阳江国家湿地公园通过国家验收。

【自然保护地管理】 4月30日，省林业局与省发展改革委联合印发《浙江省自然保护地体系发展"十四五"规划》，明确了"十四五"期间自然保护地发展的主要目标、主要任务和八大工程。成立由常务副省长陈金彪任组长的省国家公园体制试点工作联席会议。省委编办8月27日批复同意成立钱江源－百山祖国家公园百山祖管理局，12月22日正式挂牌成立；百山祖园区入选中国生物圈保护区网络；两园区持续深化地役权改革，"钱江源国家公园集体土地地役权改革的探索实践"入选"生物多样性100+全球特别推荐案例"。省林业管理部门稳步推进名山公园项目建设，截至2021年底，全省"十大名山公园"完成项目总投资额约110.70亿元，其中2021年全年完成投资额30.85亿元。扩大培育范围，评选出第二批10个名山公园。开展"建设浙江大花园——十大名山公园走进雁荡山暨魅力名山 智治赋能"等宣传推介活动，积极运用多种媒体扩大名山公园影响力。加强自然保护地建设，深入推进自然保护地整合优化，完善整合优化预案，对自然保护地进行再优化，4月20日联合省自然资源厅向自然资源部和国家林草局上报新一轮预案。深入开展动态监测，推进自然保护地"天空地"一体化监管，完成2021年度自然保护地变化监测项目终期验收和数据入库工作，首次开展全省省级以上自然保护地动态变化监测图斑核查。2022年动态监测项目已做好项目申报和前期准备工作。8月9

日，省林业局公布首批20个“浙江省自然保护地融合发展示范镇(村)”名单。12月8日，经省政府同意印发《浙江省自然保护地建设项目准入负面清单(试行)》。

【森林灾害防控】 2021年，全省共发生森林火灾21起，受害森林面积87.57公顷，森林火灾受害率为0.014‰，持续保持历史低位，未发生重特大森林火灾、群死群伤和“火烧连营事故”。森林火灾风险普查进展顺利，外业调查克服重重困难，90个县(市、区)已全部完成。科技能力有所提升，7个单位被国家林草局确认为无人机应用示范单位。会同有关部门开展专项行动，共制订专项行动方案306个，出动人员4.5万人次，整改火灾隐患4983处，查处、制止违规用火2010起，罚款金额19.7万元，行政处罚149人，移送司法机关9人。全力打好松材线虫病防治攻坚战，全省清理松材线虫病疫木737万株、面积54.33万公顷，实施古松树、名松树、大松树打孔注药保护360万株。通过高质量除治，秋季普查疫情面积比上年减少2.42万公顷，病死树量比上年减少127万株，连片大面积、高密度枯死现象明显减少。开展“绿剑”林业检疫执法专项行动，检查加工经营企业5250家，排查调运外来松木及其制品2588批次，查处检疫案件118起，关闭非法加工企业20家。

【平安林区建设】 健全制度服务决策，在全国率先制订实施《浙江省古道保护办法》。出台《重大行政决策程序规则》和《重大决策社会风险评估实施细则》，会同省检察院等7个部门印发《关于进一步完善生态环境和资源保护行政执法与司法协作机制的意见》。加强行政执法监管，组织完善“两库”建设，执法检查人员库录入人员8392人，检查对象库录入机构类主体188 556个，自然人主体35 226个，附属类客体95 759个。全省各地运用掌上执法App，开展双随机抽查8218次。

【野生动植物保护】 2021年，浙江省有野生动物790种，约占全国总数的30%，其中国家一级、二级重点保护野生动物192种，像黑麂、华南梅花鹿、中华凤头燕鸥等都是以浙江为主要分布区的珍稀濒危野生动物；有高等植物6100余种，约占全国总数的17%，其中国家一级、二级重点保护野生植物115种，浙江特有种超过200个，其中不乏百山祖冷杉、普陀鹅耳枥、天目铁木等明星物种。

【野生动植物资源调查】 2021年，在全国率先开展县域野生动植物资源本底调查，完成安吉县和长兴县的先行先试工作，并部署20多个县(市、区)开展本底调查，德清、温岭、泰顺、临安、天台等地已启动调查工作。连续5年开展迁徙水鸟同步调查及环志工作，不断扩大候鸟同步调查和环志区域，2021年累计记录鸟类165种、13.62万只，掌握了杭州湾、漩门湾、乐清湾等沿海大湾区水鸟迁徙规律，有力保护沿海湿地水鸟和海岛鸟类及其栖息地。10月，召开《浙江植物志(新编)》首发仪式，该志书历时8年，共收录262科1587属4868种维管植物，新发现野生植物新物种100个，省级以上地理分布新记录植物266个。

【林业资金稽查】 2021年，省林业局组织对余杭等16个市、县的2017年度省林业产业类重大重点任务资金，文成等20个市、县的2018~2020年度省级以上公益林森林生态效益补偿资金，富阳等30个市、县的2016~2020年度国有天然林停伐补助资金和天然商品林停伐管护补助资金开展全面稽查，涉及省级及以上资金4.7亿元。

【林业资金绩效评价】 2021年，省林业局修订绩效评价指标体系和评价标准，并联合省财政厅对92个市、县(单位)的2020年度中央林业改革发展资金、林业草原生态保护恢复资金和省级林业专项资金开展绩效评价，共涉及省级及以上资金12.52亿元。配合财政部、国家林草局对浙江省2020年度中央林业改革发展资金绩效他评工作，并组织对2019年度林业资金绩效评价得分较低、问题较多的市、县进行“回头看”，实地指导督促有关问题整改落实。

【林业非税征缴】 2021年，全省共征收森林植被恢复费13.32亿元，其中省级收入1.92亿元。组织开展全省年度征缴数据清理。

【自然保护区与生物多样性保护】 浙江省建有省级以上自然保护区27个，总面积19.48万公顷，其中：国家级11个，面积14.87万公顷；省级16个，面积4.61万公顷。全省除嘉兴市外10个设区市均设立省级以上自然保护区，分布数量最多的丽水市有自然保护区6个，其次是衢州市5个；分布面积最大的3个设区市是宁波市、温州市和丽水市，分别为4.85万公顷、4.09万公顷和4.03万公顷。全省自然保护区涵盖森林生态、自然湿地与水域生态、海洋海岸生态、野生动物、野生植物和地质遗迹6个类型，在保护生物多样性、维护生态安全中发挥重要作用。自然保护区内分布有扬子鳄、华南梅花鹿、黑麂等国家一级重点保护野生动物11种，国家二级重点保护野生动物52种，省级重点保护野生动物57种。自然保护区内重点保护野生动物分别占省内国家重点保护野生动物种数的56.3%、省重点保护野生动物种数的79.2%。自然保护区内分布有天目山野生银杏、庆元百山祖冷杉等珍稀植物，其中8种列入全国极小种群野生植物名录，19种列入国家级稀有植物。自然保护区内分布的重点保护野生植物占省内国家重点保护植物种数的90%以上。全省林业部门开展生物多样性本底调查和评估，推进自然保护地规范化建设，促进珍稀濒危物种资源保护和可持续利用，并在资金补助、宣传教育等方面形成浙江特色和浙江经验，促进生物多样性保护的成效不断提高。

【森林和野生动物类型保护区】 2021年，浙江省省级以上自然保护区中以森林和野生动物类型为主，有森林和野生动物类型保护区19个，其中国家级8个、省级11个，总面积12万公顷。启动浙江九龙山国家级自然保护区扩面工作，完成综合科学考察，编制《浙江九龙山国家级自然保护区范围、功能区调整申报书》等材料，拟将面积从原来的批复面积 5525 公顷(矢量面积为 5522.76 公顷)扩大至 12 727.65 公顷。

【海洋、地质遗迹、水生生物类型自然保护区】 2021 年，浙江省有海洋类自然保护区 3 个，其中国家级自然保护区 2 个、省级自然保护区 1 个；有地质遗迹类自然保护区 4 个，其中国家级自然保护区 1 个、省级自然保护区 3 个；有省级水生生物自然保护区 1 个。浙江南麂列岛国家级海洋自然保护区是中国首批 5 个国家级海洋类型自然保护区之一，也是最早加入联合国教科文组织世界生物圈保护区网络的中国海岛类型自然保护区。浙江长兴地质遗迹国家级自然保护区煤山剖面是世界上唯一在一个剖面上同时拥有 2 个“金钉子”的标准剖面，具有重要的国际对比意义、极高的科学研究和科普教育价值。

【自然保护区建设】 2021 年，全省省级以上自然保护区获省级以上财政资金 9551 万元。其中，中央预算内投资 3504 万元，中央林业改革发展资金 2827 万元，省林业改革发展资金 3220 万元。资金主要用于保护区生物多样性保护、基础设施建设与提升、资源监测等。启动生态保护支撑体系专项中央预算内投资浙江南麂列岛国家级海洋自然保护区保护及监测设施建设、浙江凤阳山-百山祖国家级自然保护区(凤阳山部分)保护与监测体系建设，省财政投资婺城南山省级自然保护区前期重点建设工程、舟山五峙山列岛鸟类省级自然保护区“智慧鸟岛”建设等 4 个重大建设项目。

【生物多样性保护】 2021 年，实施 12 个野生动物重点物种抢救保护和 26 个野生植物重点物种就地迁地保护。通过采取人工繁育、野外种群重建、栖息地保护修复等措施，物种种群数量不断扩大。“东方宝石”朱鹮从 2008 年引进的 10 只，成功实现种群扩繁，数量达 571 只，其中野外自然繁育 212 只；“神话之鸟”中华凤头燕鸥成功繁殖雏鸟 37 只，种群数量达 130 只，成鸟数量占全球种群数量的 85%以上；华南梅花鹿自然繁育 14 头；黄腹角雉成功繁育 32 只，人工种群达 120 只；建立中华穿山甲救护繁育基地；人工促进百山祖冷杉自然萌发 1100 余株，积极开展野外回归实验，成功回归 23 株嫁接树种子后代；普陀鹅耳枥成功回归种植 100 余株，回归总数达 4000 株；天台鹅耳枥繁育 1 万余株，并成功开展 1200 余株迁地回归；天目铁木繁育 6000 余株；景宁木兰野外回归 430 株。

【大事记】

1 月 4 日 全省关注森林工作座谈会在杭州召开。省政协主席、省关注森林组委会主任葛慧君出席并讲话。省人大常委会副主任、省关注森林组委会副主任史济锡，省政协副主席、省关注森林组委会副主任周国辉和省政协秘书长金长征，省政协副秘书长、办公厅主任帅燮琅出席。省林业局局长、省关注森林组委会副主任胡侠代表执委会作工作报告。

1 月 15 日 国家林草局对 2020 年重点工作中表现突出的省级林业和草原主管部门予以通报表扬，其中浙江省林业局在林业重点改革方面工作受到表扬。

2 月 1 日 省林业局和省住建厅联合公布《浙江省古树名木保护技术规范(试行)》。

2 月 4 日 浙江省召开全省林业工作视频会议。省林业局党组书记、局长胡侠出席会议并讲话，省林业局党组成员、副局长王章明主持会议，杨幼平、诸葛承志、陆献峰、骆文坚、李永胜、李荣勋等局领导出席会议。

2 月 9 日 省林业局召开会议专题研究浙江省森林资源“一张图”建设应用工作。省林业局党组书记、局长胡侠主持会议，局党组成员、副局长诸葛承志，局党组成员、总工程师李荣勋参加。

3 月 5 日 省绿委、省林业局在余杭区联合举办省、市、区共建全民义务植树运动开展 40 周年纪念林活动。省政协副主席、省关注森林组织委员会副主任周国辉参加。

3 月 9 日 由省林业局主办的“红色传承绿色希望”义务植树暨全省珍贵树赠苗植树活动在嘉兴市南湖区举行。省政协副主席、省关注森林组织委员会副主任周国辉出席，省林业局党组书记、局长胡侠参加。

3 月 12 日 省委书记袁家军，省委副书记、省长郑栅洁，省政协主席葛慧君等省领导在杭州萧山区钱江世纪城亚运村建设地块景观绿化带，参加义务植树活动。

3 月 16 日 省林业局与浙江农林大学在农林大东湖校区签署战略合作框架协议。省林业局党组书记、局长胡侠，浙江农林大学党委书记沈满洪出席。

3 月 26~28 日 2021 中国(萧山)花木节在杭州市萧山区瓜沥镇中栋国际花木城举行。浙江省政协党组副书记、副主席孙景淼出席活动并宣布花木节开幕。中国花卉协会副会长赵良平、秘书长张引潮，浙江省林业局党组书记、局长胡侠参加。

3 月 31 日 长三角湿地保护一体化行动暨西溪湿地朱鹮回归试验启动仪式在杭州西溪湿地举行。省政协副主席周国辉宣布仪式启动，省林业局党组书记、局长胡侠致辞。

3 月 省林业局组织由局领导带队的 7 个工作组分赴各市开展 2021 年春季“绿化造林月”指导服务活动。

4 月 1 日 《浙江省林下经济产业发展“十四五”规划》正式印发实施。

4 月 10 日 由省林业局、国家林草局上海专员办、金华市人民政府、省野生动植物保护协会联合举办的浙江省野生动植物保护宣传月暨“爱鸟周”活动启动仪式在永康市举行。浙江省人大常委会原副主任程渭山宣布活动启动，省林业局党组书记、局长胡侠参加。

4 月 20 日 省林业局召开全省打击毁林专项行动和 2021 年森林督查暨森林资源管理“一张图”年度更新工作视频会议。省林局党组书记、局长胡侠出席并讲话，二级巡视员骆文坚主持会议。

4 月 23 日 《浙江省林业发展“十四五”规划》正式印发实施。

4 月 23 日 由省生态文化协会、省旅行社协会、省旅游协会、省森林旅游协会联合主办的 2021 年浙江

省第七届森林休闲养生节暨第九届杜鹃花节在磐安县开幕。省政协副主席周国辉出席并讲话,省生态文化协会会长、省林业局局长胡侠参加。

4月28日 2021世界花园大会暨淘宝花园节开幕式在海宁市长安国际花卉城举行。

4月30日 《浙江省自然保护地体系发展"十四五"规划》正式印发实施。

5月13日 浙江省林业局印发《浙江省千万亩森林质量精准提升工程方案(2021~2025年)》。

5月19日 浙江省林业局印发《浙江省珍稀濒危野生动植物抢救保护行动"十四五"规划》。

5月21日 经省政府同意,浙江省林业局下发《关于实施林地占补平衡管理的通知》。

5月21日 浙江省林业局印发《浙江省林下道地中药材种植基地认定管理办法(试行)》。

5月21日 第十届中国花卉博览会在上海崇明东平开幕,同时浙江园举行开园仪式,省政协副主席周国辉出席并宣布开园,省林业局党组书记、局长胡侠出席并致辞,省林业局一级巡视员杨幼平等参加。

5月28日 浙江省林业局印发《浙江省森林防火"十四五"规划》。

6月3~4日 全省千万亩森林质量精准提升工程启动现场会在建德召开。省林业局党组书记、局长胡侠出席并讲话,省林业局一级巡视员杨幼平主持。

6月4日 财政部印发《关于下达2021年林业改革发展资金(国土绿化试点示范项目)预算的通知》,浙江省衢州市诗画浙江大花园核心区国土绿化试点示范项目,正式成为国家首批中央财政支持国土绿化试点示范项目。

6月11日 国家林草局改革发展司一级巡视员杜纪山一行到浙江省调研指导林业践行"绿水青山就是金山银山"理念工作,省林业局党组书记、局长胡侠会见调研组,局党组成员、副局长陆献峰陪同调研并参加座谈交流。

6月15日 2020年度浙江省科学技术奖励大会在杭州举行,省林业局提名的4项林业科技成果获得省科学技术进步三等奖。

6月16日 省林业局、省教育厅、省科学技术厅和省科学技术协会四部门联合下发《关于推进新阶段林业科普工作的实施意见》。

6月20日 由浙江省人民政府主办,浙江省林业局、浙江广播电视集团共同承办的第十届中国花卉博览会浙江日活动开幕式在上海崇明区花博会复兴馆举办。浙江省人大常委会副主任李学忠出席并致辞,浙江省林业局党组书记、局长胡侠主持。

6月28日 省政府办公厅下发《关于公布省级以上公益林建设规模的通知》,明确浙江省级以上公益林建设规模为304.47万公顷。

6月29日 全国"两优一先"表彰大会在北京人民大会堂隆重举行,浙江省林业科技专家浙江农林大学教授黄坚钦获"全国优秀共产党员"称号,是浙江省唯一获此殊荣的人。

6月29日 全省"最美林业人"评选活动20位候选人选定。

7月3日 第十届中国花卉博览会顺利闭幕,浙江省室外展园、室内展区和组织工作均获最高奖——特等奖。

7月6~8日 全国人大华侨委员会委员、省十二届人大常委会党组书记、副主任王辉忠带队赴龙游和淳安调研指导林业产业发展情况,省林业局党组书记、局长胡侠陪同调研。

7月9日 浙江省林业局出台《浙江省林业局关于支持山区26县跨越式高质量发展的意见》。

7月21日 省林业局召开党组理论学习中心组专题学习(扩大)会,局党组书记、局长胡侠主持会议并讲话。

7月22日 浙江省林业"两山"转化专家指导委员会第二次全体会议在杭州召开。专家指导委员会主任委员、省林业局局长胡侠出席并讲话。

7月30日 省林业局召开林业碳汇工作专班第一次会议,省林业局林业碳汇工作专班组长、党组书记、局长胡侠主持会议并讲话,局一级巡视员杨幼平、副局长陆献峰参加会议。

8月6日 省林业局召开全省全面推行林长制工作视频会议,省林业局党组书记、局长胡侠出席会议并讲话,其他局领导参加。

8月6日 中共浙江省林业局直属机关第十一次代表大会召开。省林业局党组书记、局长胡侠,省委直属机关工委副书记鲁维明出席会议并讲话。

8月11日 省林业局下发《浙江省林业乡土专家遴选管理办法》。

8月17日 省林业局召开全省松材线虫病疫情防控五年攻坚行动启动视频会,局党组书记、局长胡侠出席会议并讲话,局一级巡视员杨幼平主持会议。

8月17日 浙江省安吉县发布野生动物资源本底调查成果,率先完成县域野生动物资源本底调查。

9月7日 2021年中国农民丰收节浙江临安山核桃开杆节在临安举行。国家林草局发改司副司长苏祖云出席并讲话,省林业局副局长陆献峰出席。

9月8日 国家林草局发布2021年重点推广林草科技成果,浙江省有5项科技成果入选。

9月10日 省林学会制订出台《浙江省林学会分支机构管理办法(试行)》。

9月13~17日 省林业局局长胡侠带队赴黑龙江省宣传推介第14届中国义乌国际森林产品博览会。

9月22日 省林业局在杭州组织召开《浙江森林碳汇能力巩固提升实施方案》《浙江湿地碳汇能力巩固提升实施方案》和《林业固碳增汇试点示范创建方案》专家咨询会。

9月27日 "钱江源国家公园集体土地地役权改革的探索实践"成功入选联合国《生物多样性公约》缔约方大会第十五次会议(CBDCOP15)非政府组织平行论坛"生物多样性100+全球特别推荐案例"。

9月27日 第十二届梁希林业科学技术奖评选结果揭晓。浙江省共有25项成果获奖,其中二等奖18项、三等奖7项,获奖数量占全国总数近1/5。

9月28日 国家林草局印发《关于支持浙江共建林业践行绿水青山就是金山银山理念先行省推动共同富裕

示范区建设的若干措施》，充分发挥林业在推动共同富裕示范区建设中的作用，共同打造林业践行“绿水青山就是金山银山”理念先行省。

9月30日 经省政府同意，省林业局印发《全省“千村万元”林下经济增收帮扶工程实施方案(2021～2025年)》。

10月8日 《浙江植物志(新编)》首发式在杭州举行。省政协副主席周国辉、中国科学院院士洪德元出席并致辞，国家林草局野生动植物保护司二级巡视员鲁兆莉，省林业局局长胡侠、一级巡视员王章明参加。

10月11～22日 省林业局分两期举办党史学习教育专题学习培训班。局党组书记、局长胡侠作开班动员并讲授专题党课。

10月18～20日 国家林草局生物灾害防控中心主任郭文辉一行来浙调研松材线虫病防治和疫木省际调运等工作。省林业局局长胡侠、副局长陆献峰、总工程师李荣勋先后陪同调研。

10月27日 国家林草装备科技创新园领导小组会议在杭州举行，国家林草局副局长彭有冬、浙江省政府副省长卢山主持会议并讲话。国家林草局科技司司长郝育军、省政府副秘书长蒋珍贵、省林业局局长胡侠参加。

10月28日 由中国林科院、省林业局联合主办的浙江省第十八届林业科技周活动在开化主会场启动。国家林草局副局长彭有冬，省人大常委会原副主任、省农村发展研究中心理事长程渭山出席启动仪式，国家林草局科技司司长郝育军、省林业局局长胡侠参加。

11月1日 第14届中国义乌国际森林产品博览会在义乌国际博览中心开幕。国家林草局总经济师杨超、浙江省政协副主席周国辉出席并致辞，浙江省林业局局长胡侠主持，国家林草局改革发展司副司长苏祖云出席。

11月3日 省委书记、省人大常委会主任、省总林长袁家军主持召开第一次省级总林长会议。

11月11日 省林业局召开林业数字化改革工作推进会，局党组书记、局长胡侠主持会议并讲话，参会局领导对牵头处室、单位数字化改革工作作了详细介绍。

11月24～25日 省林业局在安吉召开全省林业改革和产业发展现场会，局党组书记、局长胡侠出席会议并讲话，副局长陆献峰主持会议。

11月25日 国家林草局印发《林业改革发展典型案例》，浙江省完善林权抵(质)押贷款制度的典型经验成功入选。

11月 省林业局成立8个督导组，由局领导带队分赴全省各地开展林长制工作督导。

12月8日 省委常委、秘书长陈奕君到遂昌县开展调研巡林，推进林长制工作落实。

12月8日 经省政府同意，浙江省林业局印发《浙江省自然保护地建设项目准入负面清单(试行)》。

12月9日 经省政府同意，浙江省建立浙江省野生动植物保护工作联席会议制度。

12月13日 省林业局、省发展和改革委员会、省自然资源厅、省文化和旅游厅联合发文公布浙江省第二批名山公园名单。

12月14日 省林业局组织开展2022年省林业重点工作任务评审工作，党组成员、副局长李永胜出席，局相关业务处室(单位)负责人参加。

12月16日 经省政府同意，省林业局印发《浙江省松材线虫病疫情防控五年攻坚行动计划(2021～2025年)》，要求各地政府认真贯彻落实。

12月22日 丽水市林业局(丽水市森林碳汇管理局)、钱江源-百山祖国家公园百山祖管理局正式挂牌成立。省林业局党组书记、局长胡侠，丽水市委书记胡海峰，丽水市委常委、常务副市长杜兴林等出席挂牌仪式并揭牌。

12月27日 省林业局召开浙江省林业碳汇专家咨询委员会成立大会。局党组书记、局长，局林业碳汇工作专班组长胡侠出席并讲话，局一级巡视员杨幼平主持会议，局领导诸葛承志、陆献峰、李永胜出席。

12月28日 全国首个竹林碳汇收储交易中心在湖州安吉上线。

12月29日 全省关注森林工作座谈会在杭州召开。省政协主席、省关注森林组委会主任葛慧君出席并讲话，省人大常委会副主任、省关注森林组委会副主任史济锡宣读“浙江省森林城镇”认定文件，省政协副主席、省关注森林组委会副主任周国辉主持，省政协秘书长金长征出席会议。省林业局局长、省关注森林组委会副主任胡侠代表执委会作工作报告。

(浙江省林业由郑聪聪供稿)

安徽省林业

【概　述】 2021年，安徽省共完成造林12.13万公顷、森林抚育40.34万公顷、退化林修复5.39万公顷，创建省级森林城市4个、森林城镇58个、森林村庄639个，年度国土绿化计划任务均超额完成。2021年全省林业总产值达5092亿元。

【林长制改革】 2021年，中办、国办印发《关于全面推行林长制的意见》，标志着林长制改革从安徽省地方性探索上升为全国性改革部署。省委办公厅、省政府办公厅印发《关于深化新一轮林长制改革的实施意见》，升级“五绿”为“五大森林”行动：将“护绿”“管绿”提升为聚焦生态安全保障的“平安森林”行动，将“增绿”拓展为科学绿化、提升质量的“健康森林”行动，将“用绿”深化为增加固碳能力、实现生态产品价值的“碳汇森林”行动和“金银森林”行动，将“活绿”推进为有效市场和有为政府更好结合、生态优势充分发挥的“活力森林”行动。全面建设长江、淮河、江淮运河、新安江生态廊道，增绿扩量1.87万公顷。进一步完善林长责任体系，省委常委和副省长担任重点生态功能区域省级林长，深入重点生态功能区域巡林调研40多次、批示36次；市、县发布市、县总林长令143个，各级林长巡林52万次，排查梳理和解决松材线虫病防治、森林防火、基础设施建设、林区治安等问题2.5万个。出台全国首部省级林长制法规《安徽省林长制条例》，实现从“探索建制”到“法定成型”的飞跃，这一立法实践入选安徽省2021年度“十大法治事件”。建立全国首个“林长+检察长”省级层面工作机制，推动形成检察监督与行政履职同向发力的林业生态保护新格局。携手沪苏浙林业部门，共同建设长三角一体化林长制改革示范区，建立林长合作、“五绿”并进、林业科技创新、信息共享和理论研究5项机制，“推动共建长三角一体化林长制改革示范区”入选长三角一体化发展实践创新案例。持续深化国有林场改革，启动实施安徽省示范国有林场建设。推进集体林权制度改革，探索生态产品价值实现机制，宣城市被确定为全国6个林业改革发展综合试点市之一。全面提升林业生态系统固碳作用和碳汇能力，稳步推进林业碳汇项目建设和计量监测工作，积极探索开展林业碳汇交易。全年全省完成林业碳汇交易4笔、19 586吨，实现交易金额85万余元。

【国土绿化】 2021年是中国开展全民义务植树40周年。各地创新义务植树形式，积极推行“互联网+全民义务植树”，全省完成义务植树1.1亿株，新建义务植树基地912个。科学推进国土绿化，按照宜林则林、宜湿则湿、适地适绿原则，优先采用优良乡土树(草)种，实行多树种混交、乔灌花草结合等方式，坚决制止耕地“非农化”和防止耕地“非粮化”，推动全省各地造林绿化计划任务和造林绿化成果全面落地上图，实现造林绿化精细化管理，全省人工造林地块27 221处。全面实施长江、淮河、江淮运河、新安江生态廊道和皖南、皖西两大区域生态保护修复建设工程。首个中央财政国土绿化试点示范项目落户池州市，总投资3.2亿元。首批5个国家储备林建设项目落地实施，规划建设大径级木材和珍贵树种用材林基地2.81万公顷，总投资50.62亿元。持续推进“四旁四边四创”国土绿化提升行动，新创建省级森林城市4个、森林城镇58个、森林村庄639个，全省创建总数分别达75个、802个、6610个。完成128株全省一级古树名木抢救复壮，统筹推进城市生态修复工程，建设城市绿道628千米，新增改造提升城镇园林绿地0.32万公顷。

【森林资源管理】 年内，安徽省林业森林资源保护管理彰显新力度。强化用地服务保障，全年办理永久使用林地项目1247宗，使用林地定额5063.66公顷，完成自贸区建设项目使用林业行政许可事项委托和全省范围内部分建设项目使用林业行政许可事项委托下放，有效保障全省重点项目使用林地。科学编制“十四五”期间年森林采伐限额，规范建设项目使用林地审核审批管理，扎实做好林草生态综合监测评价工作，如期完成全省1288个森林样地、25个湿地样地的外业调查任务，完成国家级、省级公益林和天然林优化工作，初步形成以国土“三调”数据为底版的森林资源“一张图”。持续推进森林督查，实施打击毁林专项行动，挂牌督办6起破坏森林资源典型案件，实现历年森林督查数据入库，加强森林资源执法监管闭环管理。

【湿地保护修复】 年内，安徽省在全国率先出台省级湿地自然公园管理办法，制订安徽省重要湿地保护修复绩效评价办法，将湿地保护率纳入县域经济高质量发展考核内容。会同沪苏浙联合发布长三角一体化湿地保护修复共同宣言，共同制订长三角区域湿地保护修复实践方案。持续推进环巢湖等重要湿地和生态湿地蓄洪区生态保护修复，在升金湖、扬子鳄、淡水豚等10余处湿地实施保护修复项目，持续推进环巢湖十大湿地建设。指导生态湿地蓄洪区开展生态修复，提出植被恢复正面清单共69种。加强湿地公园建设，推进3处省级湿地公园新建工作，完成8处试点国家公园湿地省级自查，7处省级湿地公园通过试点验收。

【生物多样性保护】 年内，安徽省全面加强生物多样性保护工作。严厉打击破坏野生动物资源违法犯罪行为，开展“清风行动”等专项执法行动，查办野生动物案件527起。依法依规处理野猪危害防控试点工作，严格野生动植物及其制品许可审批。以“世界野生动植物日”和“爱鸟周”、宣传月等为契机，加强野生动植物保护宣传，为央视综合频道《秘境之眼》栏目提供6期珍贵野生动物视频素材。扎实推进生物多样性保护重大工程和生物安全工作，开展外来物种入侵普查和野生动物疫源疫病监测工作。积极实施野生动植物保护，野外放归扬子鳄530条，数量为历年最多。

【自然保护地管理】 持续推进自然保护地整合优化，开展全省自然保护地整合优化“回头看”，进一步梳理矛盾冲突并予以解决。从严抓好自然保护地生态问题整改，做好中央巡视、中央生态环境保护督察、省生态环境保护督察等反馈问题整改，举一反三组织开展全省自然保护地及林地生态环境问题全面排查整改专项行动。制订全省自然保护地专项规划编制工作方案，对不存在交叉重叠的自然保护地启动规划编制和修编工作，推进太平湖区域自然保护地“多规合一”。规范设立安庆江豚、金寨大鲵等省级自然保护区，积极稳妥推进黄山国家公园创建工作。

【森林防火】 年内，省林业局严格落实森林防火责任制，强化隐患排查，加强火源管控，相继开展野外火源专项治理和打击森林草原违法用火行为专项行动，推进“防火码2.0”广泛应用。出台林业系统森林防火应急预案，组织开展综合演练和技能竞赛，加快应急系统建设，扎实做好森林火灾风险普查工作，强化森林防火督导检查，推动各地落实重点单位责任人上岗和林长巡林制度。全省发生森林火灾5起、受害森林面积0.7公顷，连续3年实现“双下降”，未发生重特大森林火灾和人员伤亡事故，森林防火持续保持平稳态势。

【林业有害生物防治】 年内，安徽省全面完成林业有害生物防治任务。突出加强松材线虫病疫情防治，以“1+20+N”个重点区域为重点，全面启动全省松材线虫病疫情防控五年攻坚行动。开展松材线虫病疫情春、秋季普查和美国白蛾三次普查，推进完善环黄山风景区、大别山区松材线虫病联防联治机制。开展松材线虫病疫木检疫执法专项行动，全省查处涉松木及其制品检疫案件517起。全年全省松材线虫病疫情防控实现发生面积和病死松树数量“双下降”，受到国家林草局通报表扬。美国白蛾防控成果持续巩固，松毛虫等食叶害虫得到有效控制，没有出现次生灾害和扰民现象。

【产业发展】 年内，安徽省林业高效特色产业得到高质量发展，全省林业招商引资签约项目达182个，投资总额284亿元；发展林下经济面积近133万公顷，产值约75亿元。举办2021年中国·合肥苗木花卉交易大会，现场集中签约项目16个、投资额108.3亿元。启动实施5个国家储备林建设项目，获得银行贷款40.84亿元，全省首个国家储备林贷款项目落户全椒县。引进欧投行贷款1亿欧元，用于保护发展长江经济带珍稀树种。建立省级国有林场合作经营项目库，入选项目20个。省级林业产业化龙头企业达到875家，林业总产值继续保持在全国第一方阵。着力打造木竹加工、特色经济林、生态旅游3个千亿元产业，木本油料和苗木花卉两个超500亿元产业。巩固拓展脱贫攻坚成果同乡村振兴有效衔接，积极发挥林业资源优势推进“四化同步”，出台深化新一轮林长制改革助力乡村振兴工作方案，争取中央财政生态护林员资金1.77亿元，选聘生态护林员22 127人。

【林产品产量】 年内，全省生产木材611.64万立方米，增加75.49万平方米，同比增长14.1%；毛竹17 099万根，减少89万根，小杂竹259.5万吨，增加24.7万吨。水果种植面积19.54万公顷，减少8%，产量475.13万吨，增长14.5%；干果种植面积8.47万公顷，产量13.63万吨，同比减少9%、2.6%；森林食品产量13.5万吨，增长3.8%；森林药材种植面积3.64万公顷，同比增长4%，产量10.19万吨，同比减少47%；木本油料种植面积26.2万公顷，同比增长3.2%，产量16.71万吨，同比增长13.4%；林产工业原料产量2.15万吨，同比减少52%。

表22-2 主要经济林和草产品产量情况

指标名称	年末实有种植面积（公顷）	产量（吨）
一、各类经济林总计	**578 533**	**5 486 979**
1. 水果	195 433	4 751 257
2. 干果	84 666	136 289
其中：栗	63 141	90 965
枣（干重）	4 083	11 865
榛子	305	129
3. 森林食品	—	135 023
其中：竹笋干	—	44 409
4. 森林药材	36 440	101 862
其中：杜仲	2 994	2 213
5. 木本油料	261 994	167 130
其中：油茶籽	159 478	129 592
核桃（干重）	90 751	25 959
油用牡丹籽	6 362	8 924
其他木本油料籽	5 365	2 655
6. 林产工业原料	—	21 486
二、鲜草	**—**	**87 478**

表22-3 主要木竹加工产品产量

产品名称	计量单位	产量
一、锯材	**立方米**	**6 135 304**
1. 普通锯材	立方米	5 887 525
2. 特种锯材	立方米	247 779
二、人造板	**立方米**	**32 327 506**
1. 胶合板	立方米	22 168 787
其中：竹胶合板	立方米	914 122
2. 纤维板	立方米	5 261 391
（1）木质纤维板	立方米	5 261 391
其中：中密度纤维板	立方米	2 874 785
（2）非木质纤维板	立方米	0
3. 刨花板	立方米	2 441 320
4. 其他人造板	立方米	2 456 008
其中：细木工板	立方米	1 177 828
三、木竹地板	**平方米**	**92 626 121**
1. 实木地板	平方米	3 409 194
2. 实木复合木地板	平方米	12 085 904
3. 浸渍纸层压木质地板（强化木地板）	平方米	69 270 019
4. 竹地板（含竹木复合地板）	平方米	5 554 387
5. 其他木地板（含软木地板、集成材地板等）	平方米	2 306 617

表22-4 主要林产化工产品产量

单位：吨

产品名称	产量
松香类产品	11 777
1. 松香	11 167
2. 松香深加工产品	610

【林业法治】 年内，完成《安徽省林长制条例》立法工作，完成《安徽省林地保护管理条例》《安徽省林权管理条例》修订，《安徽省自然保护区条例》二审等有关工作。及时修订重大行政执法决定法制审核目录清单，调整发布全省林业行政处罚裁量权基准，建立林业行政执法投诉举报处理机制。加强行政规范性文件管理，完成合法性审查55件。办理行政复议案件3件、行政应诉案件2件。深入推进简政放权，建立常态化对标沪苏浙工作机制，梳理提出政策举措19项，将5项行政许可事项委托、下放至市、县林业部门实施，“证照分离”改革对17项涉企经营许可事项实行全覆盖清单管理。持续优化政务服务，积极推进行政权力事项统一规范工作，完成省级权责清单、公共服务清单、行政权力中介服务清单年度集中调整工作并按时发布，对16个行政许可事项办理时限进行再压缩，新增9项“即办件”。深入推进“互联网+监管”，将20项行政检查事项纳入监管平台实行动态化、标准化管理。全省林业系统全年共受理涉林行政审批办件2842件，群众满意率100%。

【科技创新】 年内，安徽省林业部门加大科研攻关力度，新增科技成果40余项，“扬子鳄规模化人工繁育精细化管控技术集成与应用”获得梁希林业科技进步奖二等奖。加强创新平台建设，新增安徽扬子鳄人工繁育与保护、升金湖湿地生态学2个国家长期科研基地。推进标准体系建设，新发布林业地方标准15个，首次开展长三角林业地方标准制定工作，提出《长三角地区沿长江岸线森林资源质量监测评价》《苗圃杂草绿色防控技术规范》2项计划。“一周一技”在线服务持续推进，推介先进适用技术49项，发布科技资讯280余篇。支持林长制“五个一”平台建设，落实“一林一技”科技人员6719名，建立林业科技特派员定点联系林长责任区制度。加强林业知识产权保护，开展打击侵犯林业植物新品种权专项行动，新增授权林业植物新品种4个，全省授权林业植物新品种共22个。强化成果推广应用，组织实施2021年中央财政林业科技示范推广项目18个，中央财政资金投入1647万元。

【对外合作】 年内，正式启动欧洲投资银行贷款长江经济带珍稀树种保护与发展项目。共有来自美国、法国、日本、以色列、厄瓜多尔5个国家的苗木花卉企业入驻合肥苗木花卉交易大会官网平台参展。

【全省林业工作会议】 于1月31日在合肥召开。会议深入贯彻习近平总书记对安徽作出的系列重要讲话指示批示，认真落实省委十届十二次全会、省委经济工作会议、省“两会”及全国林业和草原工作会议等精神，总结回顾2020年和“十三五”时期林业工作，交流经验、分析形势，部署安排“十四五”时期及2021年重点工作，加快推进林业治理体系和治理能力现代化。

【省领导参加义务植树活动】 3月25日，安徽省深化新一轮林长制改革暨长江、淮河、江淮运河、新安江生态廊道建设全面启动仪式在合肥举行。省委书记李锦斌，省委副书记、省长王清宪，省委常委，省人大常委会、省政府、省政协、省军区负责同志，省法院院长出席启动仪式。尔后，李锦斌等省和合肥市党政军领导和部分省直机关干部代表、志愿者，共同参加义务植树活动。

【大事记】

1月31日 全省林业工作会议在合肥召开。

2月6日 省委副书记、省长王清宪在合肥市调研骆岗生态公园和环巢湖湿地项目建设情况。

2月25日 全省首个利用金融机构贷款建设国家储备林基地项目在全椒县正式启动实施。

3月11日 省政府新闻办召开新闻发布会发布2020年安徽省国土绿化公报。

3月25日 全省深化新一轮林长制改革暨长江、淮河、江淮运河、新安江生态廊道建设全面启动仪式在合肥举行。省委书记李锦斌出席并宣布启动。省委副书记、省委副书记、省长王清宪讲话。

4月1日 欧洲投资银行贷款长江经济带珍稀树种保护与发展项目启动会在东至县召开，标志着安徽省迄今为止引进数额最大的林业外资项目正式启动实施。

4月9日 国家林草局召开全面推行林长制工作视频会议。省林业局党组书记、局长、林长办主任牛向阳，安徽省旌德县委书记、县级总林长储德友作典型发言。

4月16日 2021年长三角森林旅游康养宣传推介活动筹备会在池州召开。

4月27~28日 皖浙赣环黄山松材线虫病疫情联防联控工作研讨会在黄山市召开。

5月13日 2021年扬子鳄野外放归活动启动仪式在安徽扬子鳄国家级自然保护区泾县双坑片区举行。

7月30日 省绿化委员会全体会议在合肥召开。

8月20日 全省深化新一轮林长制改革电视电话会议在合肥召开。

9月2日 省委副书记、省长王清宪主持召开专题会议研究自然保护地“多规合一”等工作。

9月10~12日 省委副书记、省长王清宪在黄山市开展专题调研。

9月23日 省政协召开月度专题协商会，围绕“深化新一轮林长制改革”资政建言。省政协主席张昌尔主持会议并讲话。

9月28日 深化新一轮林长制改革理论研讨会在合肥召开。

10月15日 2021中国·合肥苗木花卉交易大会在中国中部花木城(肥西)开幕。

10月15日 在2021中国·合肥苗木花卉交易大会开幕式上，沪苏浙皖林业部门主要负责同志共同签署《林业部门共同建设长三角一体化林长制改革示范区合作协议》。

10月15~17日 国家林草局副局长刘东生深入安庆、六安市部分国有林场，调研指导深化国有林场改革、推动绿色发展等工作。

11月4日 2021“安徽湿地日”系列活动在马鞍山市薛家洼生态园启动。

11月25日 省松材线虫病疫情灾害防治应急演练

暨松材线虫病疫情防控五年攻坚行动部署会在黄山市歙县举办。

11月27~28日 省委副书记、省长王清宪赴安庆市调研高质量发展工作。

12月8日 省林业局分别与中国农业发展银行安徽省分行、国家开发银行安徽省分行签订国家储备林建设战略合作协议。

12月28日 省委书记郑栅洁到扬子鳄自然保护区双坑片区，实地察看扬子鳄核心栖息地生态保护和修复工作。

（安徽省林业由查茜供稿）

福建省林业

【概　述】 2021年，福建林业克服新冠病毒疫情带来的不利影响，凝心聚力、锚定目标、狠抓落实，有力推进林业改革发展，林业改革发展工作多次得到省委、省政府和国家林草局领导的批示肯定，以国家公园为主体的自然保护地体系建设、林长制等重点改革、野生动植物保护、林草资源管理4个方面重点工作得到国家林草局的通报表扬，实现"十四五"良好开局。

林业改革 3月，习近平总书记在福建考察期间对福建林改工作给予充分肯定，并对下一步深化林改工作作出重要指示。国家林草局批复同意三明市全国林业改革发展综合试点方案，出台支持南平、三明、龙岩3个试点的9条措施；省委深化改革委员会研究出台《关于深化集体林权制度改革推进林业高质量发展的意见》，省政府召开全省深化林改现场会议进行再动员、再部署。林权收储担保、森林生态银行、林业碳汇交易等一批深化改革经验被有关部委向全国推广。全省完成重点生态区位商品林赎买等改革0.34万公顷。新培育新型林业经营主体206家。新增发放"闽林通"系列贷款16.24亿元，累计98.17亿元，受益农户8.64万户。创新推出林业碳汇质押贷款和碳汇指数保险。全省新备案签发林业碳汇项目1.1万公顷、碳汇量32.9万吨，成交64.3万吨、成交额803.3万元，累计交易量321万吨、交易额4665.2万元均居全国首位。开展"百场结百村"活动，确定103个国有林场与周边乡村结对共建，启动第一批10个现代国有林场建设试点，建设第二批林业践行习近平生态文明思想基地7个。

三明格氏栲自然保护区（黄海　摄）

林长制 出台推行林长制实施意见，制订省级林长名单及责任区域，由书记、省长担任总林长，省委、省政府分管领导担任副总林长。建立省级林长会议、林长制考核等五项工作制度，各协作单位共同发力，地方党委、政府积极推动落实。全省全面建立林长制，设立省、市、县、乡、村五级林长3.3万名，区划森林资源管理网格1.9万多个，配备护林员1.6万名，整体工作走在全国前列。

绿化美化 突出重点区位增绿和林分结构优化，统筹推进城乡绿化美化，开展"三个百千"（百城千村、百园千道、百区千带）绿化美化行动。全省完成植树造林7.16万公顷，占任务的113.09%。完成森林抚育22.31万公顷，占任务的111.57%。完成封山育林7.29万公顷，占任务的109.39%。完成珍贵树种造林示范区22个，占任务的147%，累计完成92个。完成"三沿一环"（沿路、沿江、沿海、环路）和"两带一窗口"（沿海高铁福建段福鼎至诏安、武夷山国家森林步道福建段浦城至武平、省际公路交界窗口）森林景观带509千米，累计1792千米。完成村庄"四旁"绿化1180公顷，占任务的147.98%。完成森林质量精准提升示范项目2.2万公顷，占任务的103%。完成国家储备林建设0.93万公顷。完成森林公园改造提升项目42个，累计82个。森林步道建设459千米，累计830千米。建成省级森林城市（县城、城镇）16个，累计103个。省级森林村庄300个，累计1100个。遴选出第一批20片"福建最美古树群"。完成义务植树8111万株，建成省级"互联网+全民义务植树"基地11个。

绿色村庄——厦门市同安区军营村（黄海　摄）

生态保护 3月，习近平总书记赴武夷山国家公园考察并作出重要指示。圆满完成武夷山国家公园体制试点任务，经国务院批复武夷山成为全国第一批正式设立的5个国家公园之一。组织开展武夷山国家公园生物资源本底调查，新发现武夷林蛙等8个动植物新种，累计11个。会同中共福建省委机构编制委员会办公室起草《武夷山国家公园福建管理机构设置建议方案》。加快科普展示馆、智能视频监控系统等项目建设。联合江西省林业局开展国家公园总体规划编制和专家论证工作。持续推进自然保护地整合优化工作。加强森林资源监管，开展林草生态综合监测评价工作，完成与国土数据对接融合。开展第一次全省林木种质资源普查，75个县(市、区)和3个单列普查单元完成省级复核工作，占全省总任务数量的83%。完成福建省第六次沙化监测，平潭和东山两县被国家林草局确定保留为“全国防沙治沙综合示范区”。持续开展打击毁林专项行动、打击野生动物非法贸易“清风行动”等，保持林区安定稳定，全省林业行政案件同比减少553起，下降比例9.95%。支持自然保护区加强基础设施和能力建设，2个国家级保护区基础设施建设项目通过竣工验收，5个保护区宣教设施完成建设和提升。组织开展黑脸琵鹭、兰科植物等物种专项调查，连续第15年组织开展沿海越冬水鸟同步调查，建立健全资源档案。组织实施19种濒危野生动植物保护项目，繁育成活华南虎8只，持续推进伯乐树、红豆树、闽桦等野外种群数量为“个十百千”的极小种群野生植物人工繁育及回归自然工作。加强自然保护区资源监测，在省级以上自然保护区布设红外监测设备1600多台，中央电视台一套《秘境之眼》栏目播出福建省保护区野生动物监测视频33期。开展湿地名录发布工作，建立红树林湿地保护修复协调机制，实施红树林保护修复行动5年计划，新造红树林665.8公顷，占任务的138%。全面实施重点区域生态保护和修复工程3.49万公顷。出台加强草地保护修复6条措施，推进草地保护管理和生态修复，促进草地合理利用。

东山赤山国有防护林场(黄海　摄)

林业灾害防控　启动松材线虫病疫情防控5年攻坚行动，加快疫情除治和松林改造进度，完成林业有害生物防治27.78万公顷，清理枯死松树153.3万株，成功拔除漳浦、平和、泉州台商投资区3个县级疫区。印发松林改造提升技术要点，着眼标本兼治，扎实推进松林改造提升行动，完成松林改造提升7.02万公顷，占任务的105.3%。根据秋季普查结果，全省松材线虫病发生面积下降5.4%，松树枯死树数量下降23.6%，疫情扩散蔓延势头得到初步遏制。着力开展20个县(市)森林防火网格化管理试点，构建“省-市-县-乡-村”五级森林防火网格化管理体系，强化责任落实、宣传发动、火源管控、隐患排查、督导检查等措施，全省森林火灾持续控制在低位。持续推进林业系统安全隐患大排查大整治和安全生产专项整治三年行动，未发生较大以上林业安全生产责任事故。

林业服务　印发实施《福建省“十四五”林业发展专项规划》。争取省级以上财政及预算内资金45.34亿元，同比增加13.3%。主动服务项目建设，组织编制并公开林地审核流程“一张图”，进一步简化优化审批流程，争取国家林草局1000公顷林地定额支持，审核使用林地项目2367件、7140公顷，保障重点项目实施，促进高质量发展。会同省自然资源厅、水利厅联合下发《关于做好建设项目占用湿地有关工作的通知》，进一步规范建设项目占用湿地审核管理。会同省财政厅制订省级以上财政5项林业相关资金管理办法，进一步规范资金分配，强化资金绩效管理。推进3个科技攻关项目，实施30个林业科研项目、37个科技推广示范项目，发布实施16项省地方标准，新建8个省级林业长期科研基地，增强科技支撑能力。成功获批建设“福建洋口国家林业科技园区”，打造中国杉木全产业链发展国家级科技平台。持续开展林木种苗科技攻关，实施种业创新与产业化工程，加快林木花卉品种创新，累计通过审定林木品种778个、认定31个，204个花卉品种获得国家植物新品种权，林木良种数量、档次和授权植物新品种数位居全国前列。持续推进智慧林业建设，编制印发《福建省“十四五”林业信息化专项规划》，促进资源数据共建共联共享。加强林业法治建设，修订《福建省沿海防护林条例》《福建省生态公益林条例》，推动省政府出台《福建省古树名木保护管理办法》。

林业产业　预计全省林业产业总产值达7011亿元，同比增加5.3%。全省商品材产量795万立方米，同比增加55.6%；竹材产量9.57亿根，与2020年持平。新增4家产值十亿元以上笋竹精深加工企业，评选认定10个省级林产品品牌和222家省级及以上林业产业化龙头企业。主要鲜切花和盆栽花卉出口额同比增长15%以上，保持较好发展态势。“第十届中国花卉博览会”福建省室外展园、室内展区双双以高分获得特等奖，11类550件参展展品有240件分获金、银、铜奖。评定省级森林养生城市2个、森林康养小镇5个、森林康养基地22个。出台全面推进乡村振兴若干工作措施，出台林下经济发展意见，省级财政安排专项资金扶持竹产业、花卉产业、林下经济、“四旁”绿化(在宅旁、村旁、路旁、水旁有计划地种植各种树木)，支持全省乡村振兴试点村建设，支持老区苏区发展，巩固脱贫成果，促进乡村振兴。

【武夷山国家公园正式设立】　9月30日，国务院印发《关于同意设立武夷山国家公园的批复》。10月12日下午，习近平主席以视频方式出席《生物多样性公约》第十五次缔约方大会领导人峰会并发表主旨讲话，宣布中国正式设立三江源、大熊猫、东北虎豹、海南热带雨林、武夷山为第一批国家公园。武夷山国家公园跨福建、江西两省，保护面积1280平方千米，分布有全球同纬度最完整、面积最大的中亚热带原生性常绿阔叶林生态系统，是中国东南动植物宝库。武夷山拥有丰富的

武夷山国家公园(黄海　摄)

生态人文资源，拥有世界文化和自然“双遗产”，是文化和自然世代传承、人与自然和谐共生的典范。

【首批省级花卉种质资源库完成认定命名】　11月19日，省林业局确定第一批省级花卉种质资源库，漳州市高新区三角梅省级花卉种质资源库和省林业科技试验中心中国兰花(建兰、墨兰)省级花卉种质资源库成为首批认定命名的省级花卉种质资源库，认定命名的次年给予省级花卉种质资源库一次性资金补助，用于支持花卉种质资源库的日常管理、设施修缮和资源更新。

【沿海防护林条例出台】　4月1日，省第十三届人民代表大会常务委员会第二十六次会议审议通过新修订的《福建省沿海防护林条例》(以下简称《条例》)，自7月1日起施行。《条例》规定，沿海县级以上地方人民政府应当将防护林规划纳入同级国民经济和社会发展规划及国土空间规划，并将防护林的建设、保护和管理纳入森林资源保护发展目标责任制和考核评价制度。防护林的建设、保护和管理所需经费纳入同级财政预算。《条例》对破坏防护林等违法行为，在上位法罚款额度内作出顶格处罚规定。《条例》鼓励法人、其他组织与个人以投资、捐赠、认种、认养等方式共同参与沿海防护林的建设。

平潭综合实验区幸福洋万亩海防林(黄海　摄)

【古树名木保护管理办法出台】　4月1日，省政府第217号令颁布《福建省古树名木保护管理办法》(以下简称《办法》)，自6月1日起施行。古树是指树龄在100年以上的树木，名木是指具有重要历史、文化、观赏、科学价值和重要纪念意义的树木，省古树名木主管部门应当每10年至少组织开展一次行政区域内古树名木普查。《办法》规定，树龄在500年以上的树木为一级古树，树龄在300年以上不满500年的树木为二级古树，树龄在100年以上不满300年的树木为三级古树；古树名木实行日常养护和专业养护相结合，可以通过购买服务的方式对古树名木进行养护；在保护优先的前提下可以合理利用古树名木资源，鼓励挖掘提炼古树名木景观、生态和历史人文价值，建设古树名木公园和保护小区等。《办法》特别提出禁止剥损树皮、挖根、灌注有毒有害物质、刻划、钉钉子、悬挂重物或者以古树名木为支撑物等损害古树名木的行为。损害古树名木的行为将受到处罚。

【“十四五”林业发展专项规划印发实施】　7月29日，省林业局印发《福建省“十四五”林业发展专项规划》(以下简称《规划》)。“十四五”时期主要目标是：全省森林覆盖率达67%，森林蓄积量达到7.79亿立方米，林分结构进一步优化，森林质量和生态系统功能得到明显提升，优质生态和林产品供给能力显著增强，森林、湿地、草原资源保护发展体制机制更加完善，集体林权制度改革力争实现新的突破，初步建成以国家公园为主体的自然保护地体系，稳步推进林业治理体系和治理能力现代化。到2035年，全省森林覆盖率达67.30%，森林蓄积量达到8.29亿立方米，初步实现林业治理体系和治理能力现代化。《规划》提出重点实施全面深化改革、国土绿化美化、生态保护修复和绿色产业升级四大主要任务。围绕主要任务，生成一批对筑牢生态屏障、弥补发展短板、优化产业结构、促进乡村振兴和强化支撑保障作用明显的工程项目，包括国土绿化美化、林业生态系统保护与修复、自然保护地建设及野生动植物保护、森林质量精准提升、湿地保护与修复、绿色惠民产业、林业灾害防控、现代种业创新与提升、基础支撑保障九大工程，策划生成31个重大工程项目，总投资828亿元，是“十三五”时期257亿元的3.2倍。《规划》明确组织、制度、资金、科技、队伍5个方面的保障措施，构建推动林业高质量发展的支撑保障体系，确保规划落实到位。

【《关于深化集体林权制度改革推进林业高质量发展的意见》出台】　10月14日，中共福建省委全面深化改革委员会印发《关于深化集体林权制度改革推进林业高质量发展的意见》(以下简称《意见》)，提出在“十四五”期间，不断深化森林资源管理、林地规模经营、林业金融创新、林业产业融合发展、林业碳汇培育和交易、国有林场激励机制等林业领域重点改革。《意见》明确深化集体林权制度改革的目标：林地经营权和林木处置权更加灵活、绿水青山转化为“金山银山”路径更加顺畅、生态产品价值实现机制更加完善及一、二、三产业融合发展更加有效，森林质量和生态系统功能显著提高，优质生态和林产品供给能力显著增强。到2025年，全省森林覆盖率达67%，森林蓄积量达到7.79亿立方米，林业产业总产值达8500亿元，森林生态系统服务功能年总价值量达到1.35万亿元。

【典型经验】

南平市林业 打造笋百亿产业、林产工业千亿产业集群，推动竹产业全链条、全业态、全方位发展。“十三五”以来，竹产业产值从260.89亿元增加到350.7亿元，增长34.42%，居全省第一。强化示范带动，推动竹产业全链条发展。开展龙头企业“培优扶强”专项行动，重点培育一批以华宇集团、福人集团、龙竹科技为代表的竹加工企业，引进全球胶黏剂龙头企业爱克太尔等落户，推动林工机械生产商上睿机械落地发展，补齐竹木加工产业链关键环节。紧盯竹缠绕应用、竹人造板材、竹生物质提取等领域开展招商，引进泰盛竹浆纸、大亚圣象、大庄竹业等一批竹产业链重点项目，引导上下游企业分工协作、互为配套。实行县域间产业差异化经营，建设政和·中国竹具工艺城、建瓯笋竹城、南平工业园区林产化工循环经济专业园、建阳经济开发区竹循环产业园、邵武竹材循环利用加工示范园等多个专业园区。借助“张三丰杯”竹产业国际工业设计大赛、“政和杯”国际竹产品设计大赛等活动，构建以竹为主的工业创新体系。强化三产融合，推动竹产业全业态发展。“竹+体验”。注重挖掘竹文化内涵，丰富竹产品营销途径，建设“中国竹具工艺城”产品展示馆、政和县茶竹旅文化一条街、邵武“橙客空间”等一批集产品体验、文化展示、工业旅游于一体的竹产业体验基地。“竹+旅游”。开辟竹林旅游精品线路，打造邵武云灵山、建瓯房道西际“千竹园”、顺昌宝山上湖万亩竹林等“网红”打卡点，推动全市森林旅游产业提档升级。“竹+食品”。以打造笋百亿产业为目标，加强鲜笋冷鲜储藏技术等研究，做强明良集团等一批拥有自主市场的头部企业，形成鲜笋直销、清水笋、即食笋、复水笋干等4类笋竹品。“竹+碳汇”。依托“森林生态银行”，探索竹产业发展新业态，达成全国首笔124.2万元竹林碳汇项目。创新“碳汇+金融”“碳汇+司法”“碳汇+会议”等碳汇交易模式，助力实现碳达峰、碳中和。强化要素保障，推动竹产业全方位发展。省级财政竹产业发展专项补助资金4480万元，占全省的45%，助推竹产业发展。抢抓国内外限塑商机带来环保竹制品需求提升的新机遇，引导企业积极研发“以竹代塑”等环保竹制品。如龙竹科技创新研发竹缠绕吸管、可降解竹制牙刷柄等产品。融入省级绿色金融改革试验区建设，创新推出“竹塑贷”“竹林认证贷”“碳汇贷”“笋益贷”等专属信贷产品，全市累计发放贷款68笔，贷款金额2.7亿元。依托技工院校，开办“三元循环专班”“森鑫炭业专班”等校企合作人才专班，组织竹产业龙头企业开展新型学徒制，培养新型学徒6991人。发挥科技特派员作用，深入竹产业企业开展科技创新创业服务，助推竹产业技术成果转化。建瓯市与中国林科院、厦门大学等10多家科研院所共建研发团队，获竹产业各类专利136件。成立福建省竹木产业工业设计研究院，列入福建省“十四五”第一批省级工业设计研究院培育名单。

三明市林业 把握全国林业改革发展综合试点市建设机遇，推进集体林权制度改革，探索完善林业生态产品价值实现机制。创新林票制度，推进林权证券化。健全管理办法。修订完善《三明市林票管理办法(第三版)》和《三明林票基本操作流程》，在全国率先开展以“合作经营、量化权益、市场交易、保底分红”为主要内容的林票制度改革试点。创新合作模式。在国有林场与村集体、林农个人合作经营制发林票的基础上，通过与央企合作，以国储林项目为载体制发林票，例如中林集团在永安市以林票模式建设第一期国储林800公顷，制发林票2000多万元。拓展林票功能。探索建立出票人、保证人、监管人相互独立的风险隔离制度，推进林票制发的标准化，推动设立海峡(三明)农村产权交易中心，推动林票市场化交易。全市累计制发林票1.63亿元，面积0.88万公顷，惠及村民1.56万户、6.57万人。创新林业碳票制度，推进碳汇市场化。创新碳票制度。在全国率先出台三明林业碳票碳减排量计量方法和林业碳票管理办法，对林业碳票制发、登记、流转、质押、抵消、管理和监督等进行规范。推进项目开发。发行全国首批林业碳票，加快推进固碳储碳工程实施，全市有11家企业出资营造碳中和林15片、150.47公顷，累计开发林业碳票项目9个、碳减排量13.7万吨。探索应用模式。探索形成“碳汇+生态司法、金融保险、义务植树”等应用模式，将乐、泰宁等县法院引导被告人以认购林业碳汇替代生态环境修复；组织召开深化林业碳票改革论证会，推动适用区域拓宽，推广典型做法。三明的探索受到中央深改办、省委改革办、国家林草局的肯定推广，中央电视台、新华社等媒体相继报道，陕西省咸阳市、安徽省滁州市借鉴三明市做法，发行当地林业碳票。创新林业金融机制，推进资源资本化。创新金融产品。在开发林权按揭贷、林权支贷宝的基础上，推出明溪“益林贷2.0版”、永安“林票贷”、建宁“林通贷”等系列产品，发放全国首笔林业碳票质押贷款，推动“福林贷”产品提档升级，全市累计发放林业信贷174.3亿元。健全风控机制。建立“五位一体”大额林权抵押贷款和“银行+村合作基金+林农”的小额林业贷款风控机制，健全抵押林权快速处置机制。例如，林农申请“福林贷”，原来需要5户村民联合提供担保，现在只需村合作社提供担保。完善融资支持机制。调整林权转移和抵押登记收费政策，出台三明银行、保险机构支持林票、碳票改革工作方案，成立各种所有制的林权收储机构12家，设立林业金融服务中心，实行“一站式受理、六项代理服务”。林业碳汇资产保险、林票质押贷被列入三明市省级绿色金融改革试验区首批可复制创新成果。省政府办公厅《今日要讯》专刊宣传三明市创新林业投融资机制做法。创新森林康养发展机制，推进生态产业化。加快基地建设。出台三明市森林康养基地健康管理中心建设标准、市级及以上森林康养基地奖补办法、森林康养典型示范基地创建方案，引导基地加快建设，全市获评省级养生城市3个、森林康养小镇6个、森林康养基地17个。打造示范项目。结合生态文明先行示范区建设工程，策划将乐金溪流域生态综合治理、三元格氏栲森林康养基地等一批重点项目，成立三明森林康养协会、道地药材“明八味”产业研究院，设立全国首个森林疗养三明工作站，创建市级森林康养典型示范基地10个。加强宣传推介。打造10条考察线路，举办森林康养进社区等系列宣传推广活动，开展沪闽旅游合作对接，清流天芳悦潭森林康养基地被上海市总工会授牌“上海劳模疗休养基地”，沙县马岩森林康养基地被上海老科协授牌“智慧养老示范基地”。全市森林康养基地实现营业额10.05亿元、税收1.7亿元。

龙岩市林业 龙岩市有林地面积151.27万公顷，森林覆盖率79.39%。坚持保护优先，强化林分树种结构优化，持续实施森林质量精准提升工程，构建稳定健康森林生态系统。实施森林质量精准提升面积5.67万公顷。三级领导抓提升。在全省率先启动马尾松优化改造工作，全力实施森林质量精准提升工程。审议通过《龙岩市森林质量精准提升工程(2020~2022)实施方案》，成立以分管副市长任组长的森林质量精准提升工程工作领导小组，统筹部署森林质量精准提升各项工作，提出马尾松林分面积每年下降1个百分点工作目标。各县(市、区)党政主要领导狠抓落实，实行项目化推进工作落实机制，成立森林质量精准提升工程工作领导小组和松林改造提升工作专班；乡(镇)党政领导抓组织实施，将提升任务落实到山头地块、具体小班。三项保障促实施。强化技术保障。委托福建农林大学专家技术团队编制《龙岩市马尾松林改造提升导则》，为龙岩市松林改造提升提供强力技术支撑；充实基层林业站工作人员，组织技术培训，强化基层一线技术指导。强化资金保障。统筹国土绿化试点示范、中央林业改革发展资金、国家储备林基地、森林质量精准提升、闽江和九龙江流域山水林田湖草一体化保护和修复工程等项目资金近10亿元用于开展森林质量精准提升；市财政每年安排专项资金200多万元用于示范点建设，新建各类示范片面积566.87公顷；创新森林保险理赔机制，在全省首创“松枯死木清理赔付条款”，保障松材线虫病防控资金需求。强化苗木保障。市财政安排专项资金开展闽西珍贵阔叶用材树种培育及技术攻关；加强上杭白砂、长汀、连城3个保障性苗圃建设，坚持适地适树，发展乡土树种，为森林质量精准提升提供树种多样、数量充足、品质优良的苗木。3个制度保落实。开展定期通报。在造林绿化、林地准备关键时间节点实行“周通报”制度，将各地工作开展情况和存在问题书面报告市领导并通报各县(市、区)党政主要领导，督促工作进度，共发出通报15期。纳入林长制考核。将森林质量精准提升工程纳入林长制考核内容，科学制订考评指标，提高分值比重，督促各县以林长制考核作为推动森林质量精准提升的有力抓手，真正做到全市上下“一盘棋”，有效促进工作落实。强化督导服务。市委、市政府将森林质量精准提升、松林改造提升、国土绿化试点示范列入大督查大落实“三重”(重大项目、重点工程、重要事项)项目，每季度开展专项督导；市林业局成立局领导科室挂钩服务工作组，每月深入各地开展森林质量精准提升督查服务和技术指导，抓重点、促落实，帮助协调解决问题，推动森林质量精准提升工程落地见效。

宁德市林业 面对松材线虫病疫情的严峻形势，宁德市上下一心、攻坚克难，实现枯死松树数量和疫情发生面积双下降，疫情快速蔓延势头得到初步遏制。秋季疫情普查统计：全市疫情面积3.19万公顷，枯死松树40.32万株，同比减少0.27万公顷和24.2万株。高位推动。在松材线虫病防治关键时间节点，市长连续批示，严格落实防控责任。市政府召开多场松材线虫病防治专题会议，要求各级政府必须坚持党政“一把手”负责制，统筹松材线虫病防治和松林改造提升行动。将松材线虫病防治工作纳入年度农口领域重大项目(重点工作)进行推动，实行每周工作汇报制度；纳入林长制重要考核内容，重点考核疫情发生面积、疫点乡(镇)数量增减，以考核促落实。创新机制。针对松材线虫病防治招投标程序烦琐、耗时耗费的弊端，引入国有企业开展除治。霞浦县、蕉城区分别委托福宁农业发展有限公司、蕉城区乡投集团负责组织实施松材线虫病采伐改造和枯死木清理，福安市由木材公司负责项目监理，缩短中间环节，确保按节点完成各项任务。防控对策方面，福鼎市根据不同区位松林资源和疫情特点，重点实施防治性松林采伐改造。蕉城区针对三都镇既是松材线虫病疫情发生区又是重要的沿海防护区和国防军事基地的区位特点，对三都岛及其周边独立岛屿封锁疫情，通过增派护林员，增设监控探头等措施，强化普法宣传和疫木监管。三都、七都等乡(镇)开展松材线虫病新药剂、新药械、新技术集成试验，取得预期效果。防控投入方面，古田县通过政策倾斜，对于因发生松材线虫病疫情的世界银行贷款所造松林免予回收贷款。强化措施抓落实。强化督查指导。市林业局逢会必提松材线虫病防控和松改工作，常态化派员深入疫情发生县(市、区)督促指导松材线虫病防控工作。强化部门协作。制订22个市直单位松材线虫病疫情防控工作清单，确保职责明晰、分工明确。强化检疫执法。针对疫木可能存在的监管缺失问题，坚持以办大案、办刑案为突破口，严厉打击非法运输、生产、经营疫木的违法犯罪行为。全年办结妨碍动植物防疫、检疫罪案件2件5人。强化资金保障。克服地方财力困难，多方筹措防治资金，据不完全统计，全年县级配套资金合计4933.5万元。

【大事记】

1月5日 福建省林业局、国网福建省电力有限公司联合下发《关于建立电力设施建设与森林资源保护管理联席会议制度和省、市、县三级协调工作机制的通知》，明确建立联席会议制度和省市县三级协调工作机制。

1月8日 省林业局印发《全省“十四五”期间年森林采伐限额实施方案》，及时分解下达采伐限额2216.4万立方米，提出加强年森林采伐限额管理的措施。

1月15日 省关注森林活动组委会、省政协人口资源环境委员会、国家林草局福州专员办和省林业局在建宁闽江源国家湿地公园联合举办福建省第25届“世界湿地日”活动。

1月29日 省林业局印发《福建省现代国有林场建设试点方案》，计划2021~2025年在全省建成30个现代国有林场试点单位，并打造成为国有林场建设的窗口。

2月8日 国家林草局部署福建等5个省开展防控野猪危害综合试点。

3月2日 省林业局会同国家林草局福州专员办、省野生动植物保护协会等单位在福州国家森林公园举办

第八个“世界野生动植物日”现场宣传活动，宣传主题是“推动绿色发展，促进人与自然和谐共生”。

3月2日 省绿化委员会、省林业局在龙岩市长汀县举办福建省“互联网+全民义务植树”活动暨“我为红军长征出发地种棵树”项目启动仪式。

3月23日 省林业局会同国家林草局福州专员办、厦门市人民政府、省野生动植物保护协会在厦门市翔安区澳头超旷美术馆举行“爱鸟周”启动仪式。

3月25日 福建省发布《福建省国家重点保护野生动物名录》，自然分布的国家重点保护野生动物有261种和5类(一级保护64种和1类、二级保护197种和4类)。

3月30~31日 首届全国林业有害生物防治员技能竞赛在福建泉州举办。

4月1日 福建省第十三届人民代表大会常务委员会第二十六次会议审议通过新修订的《福建省沿海防护林条例》，自7月1日起施行。

4月9日 省委书记尹力，省长王宁，东部战区陆军司令员林向阳，省政协主席崔玉英等到福州市旗山湖工程项目绿化地，与干部群众一同参加主题为“携手绿化美化，共建美丽福建”的义务植树活动。

5月7日 省关注森林活动组委会和执委会全体会议在福州召开。

5月13日 全省推进林长制工作视频会召开。

5月21日 第十届中国花卉博览会在上海市崇明区举办，福建展园以“锦绣山河中国梦，花韵流芳福建情”为主题，展示福建的人文、自然和花艺特色，集中展示花卉新品种、鲜切花等特色展品550件。

6月17日 福建、江西两省林业局在江西省铅山县召开2021年闽赣两省联合保护委员会会议。

6月17日 福建省林业科技试验中心选优的29.9克“南靖兰花”种子搭载神舟十二号载人飞船的长征二号F遥十二运载火箭进入太空，利用“太空技术+”的新理念、新技术，推动兰科植物“空间诱变育种+基因工程育种”定向育种体系建立。

7月3日 为期43天的第十届中国花卉博览会正式闭幕。福建展团荣获第十届中国花卉博览会组织奖金奖。11类550件参展展品中，共有240件展品分获金、银、铜奖，其中金奖19项、银奖56项、铜奖165项。

7月15日 省林长办公室印发福建省林长制省级会议制度、信息公开制度、省级督查制度、工作考核制度、省级部门协作制度5项林长制配套制度。

7月15日 省级林长办公室召开会议，审议通过《2021年福建省林长制工作考核实施细则》。

7月15~16日 省林业局举办全省林业行政执法培训班，培训采取省林业局现场授课与市、县(区)林业局同步视频授课相结合的方式开展。

7月16~31日 联合国教科文组织第44届世界遗产大会在福建省福州市召开，大会采取线上加线下的办会方式举办，国家主席习近平向大会致贺信。国家林草局主办“世界自然遗产与生物多样性”和“世界自然遗产与自然保护地协同保护”两场主题边会。大会通过种植“世遗林”、购买林业碳汇等形式实现“碳中和”，达到零碳会议目标。

7月17~18日 国家林草局局长关志鸥深入龙岩市上杭县、武平县调研林业改革发展工作。

7月19日 国家林草局批复同意《三明全国林业改革发展综合试点市实施方案》，南平市、龙岩市参照该方案开展试点建设。

7月20日 省林业局印发《福建省林木采伐技术规程(试行)》，进一步规范全省林木采伐的技术要求、采伐类型和采伐方式，坚持生态优先、保护优先、分类经营和注重效益的原则，促进森林科学经营，提升森林质量。

7月28日 国家林草局管理干部学院组织全国第七期林业碳汇交易管理培训班学员一行85人到福建省尤溪县九阜山森林康养基地和混交林高产栽培示范基地开展现场教学活动。

7月29日 《福建省“十四五”林业发展专项规划》印发实施，筹划生成31个重大项目，总投资828亿元。

7月31日 省级自然保护区评审委员会2021年度第一次评审会议在福州召开，审议新建福清兴化湾水鸟省级自然保护区事宜。

8月9日 省绿化委员会、省关注森林活动组委会、省林业局联合部署开展首批20片“福建最美古树群”遴选活动。

8月10日 省政府举行第5场“奋斗百年路·启航新征程”系列主题新闻发布会，省林业局就生态修复、林业碳汇等内容回答记者提问。

8月19日 省林业局印发《福建省松材线虫病疫情防控五年攻坚行动方案(2021~2025)》。

8月24日 国家林草局印发《关于支持福建省三明市南平市龙岩市林业综合改革试点若干措施》。

8月26日 第十一期“国家林草科技大讲堂”活动在福州市举办，主题是“东南特色树种培育与利用”。

8月26~27日 设区市林业局长会议暨松材线虫病防控现场会在泰宁县召开。

8月27日 省政府常务会研究通过《中共福建省委、福建省人民政府关于深化集体林权制度改革推进林业高质量发展的意见》。

9月2日 省深化集体林权制度改革暨全面推行林长制工作会议在南平顺昌县召开。省委书记、总林长尹力作出批示，省长、总林长王宁出席会议并讲话。

9月3日 武夷山国家公园管理局与省公安厅森林公安局讨论并通过《武夷山国家公园森林资源保护执法联动协作机制实施方案(试行)》。

9月16日 省林业局出台全面推进乡村振兴若干措施。

9月17日 省绿化委员会出台关于加强草地保护修复6条措施。

9月17日 省林业局、省自然资源厅、省海洋与渔业局联合下发《关于进一步加强红树林保护管理的通知》。

9月23日 国家机关事务管理局、中共中央直属机关事务管理局、国家发展和改革委员会、财政部联合公布第一批节约型机关建成单位名单，明溪县林业局获评全国“节约型机关”称号。

9月26日 省林业局公布第一批8处省级珍贵树

种和乡土阔叶树种采种基地。

10 月 13 日 省林业局出台《关于支持宁德林业高质量发展若干措施》。

10 月 14 日 中共福建省委全面深化改革委员会印发《关于深化集体林权制度改革推进林业高质量发展的意见》。

10 月 14 日 第五批国家生态文明建设示范区、“绿水青山就是金山银山”实践创新基地授牌活动在云南昆明举办，将乐县、武夷山市被授予第五批“绿水青山就是金山银山”实践创新基地称号。

10 月 15 日 省林业局印发《福建省松林改造提升技术要点(试行)》。

10 月 19 日 省委组织部宣布省林业局主要领导调整决定，王智桢同志任省林业局党组书记、局长。

10 月 23 日 结合保护野生动物宣传月主题活动，由省林业局、省野生动植物保护协会、福州市文明办、福州市林业局、北京市企业家环保基金会、阿拉善 SEE 八闽项目中心主办的中国生物多样性的盛宴“劲草嘉年华”在福州亮相，活动以“万物有灵且美”为主题，旨在吸引更多公众关注中国的生物多样性之美以及认识保护野生动物的重要性。

10 月 25 日 福建省发布《福建省国家重点保护野生植物名录》，自然分布的国家重点保护野生植物有 131 种及变种(一级保护 9 种及变种、二级保护 122 种及变种)。

10 月 26~28 日 省林业局在三明市沙县区举办全省深化林改暨集体林地承包经营纠纷调处业务骨干培训班。

11 月 1 日 国家林草局正式批复同意将福建省上杭白砂国有林场列为履行《联合国森林文书》示范单位。

11 月 2 日 《鼓浪屿—万石山风景名胜区东坪山片区详细规划》获国家林草局批复，是 2018 年机构改革以来福建省获批的首个国家级风景名胜区详细规划。

11 月 3 日 省林业局召开全省松材线虫病防控和森林防火工作视频会议。

11 月 23 日 沪苏浙皖赣闽五省一市林业有害生物联防联治会暨联合检疫执法会议在福建省泰宁县召开。

11 月 23 日 南平市顺昌县“森林生态银行”“碳汇+”绿色创新项目在全国 135 个项目中脱颖而出，获 2021 年“保尔森可持续发展奖自然守护类别”年度大奖。

11 月 24 日 国家林业和草原局(国家公园管理局)会同福建省、江西省政府召开局省联席会议，部署推动武夷山国家公园建设管理工作。

11 月 30 日至 12 月 3 日 福建省林业局联合中国林学会森林疗养分会在将乐县举办 2021 年福建省森林康养培训班。

12 月 1 日 福建省林业局公布 2021~2023 年度福建省林业产业化龙头企业名单。

12 月 2 日 省委副书记、副总林长罗东川到省林业局等多家单位调研。

12 月 3~5 日 省林业局和中智科技评价研究中心联合开展林改与林业碳汇工作调研。

12 月 8 日 中国-美国俄勒冈州气候变化与可持续性论坛在线上举行。武夷山国家公园与火山口湖国家公园代表就中美地方交往、国家公园务实合作、国际交流等话题进行深入交流。

12 月 16 日 省林业局会同省民政厅、省卫健委、省总工会、省医保局 5 个部门联合发布 2021 年省级森林养生城市、森林康养小镇和森林康养基地名单。

12 月 22 日 省消防安全和森林防灭火工作视频会议在福州召开，省委常委、常务副省长郭宁宁出席并讲话。

12 月 28 日 “武夷山生物安全宣教馆”在武夷山国家公园正式揭牌成立。

12 月 30 日 省林业局下发《关于加强和规范古树名木保护管理有关工作的通知》，加强和规范古树名木移植和死亡注销管理等有关工作。

12 月 30 日 省林业局联合省广播影视集团融媒体资讯中心、省观鸟协会等单位推出“百鸟和鸣 万物迎新”鸟类眼中的生态福建特别直播活动。

(福建省林业由刘建波、郭洁供稿)

江西省林业

【概　述】 2021 年，全省林业工作紧紧围绕做好建设好、保护好、利用好绿水青山三篇文章，科学谋定“十四五”林业发展战略布局，扎实推进全年各项工作任务顺利完成，林业高质量发展和林业强省建设取得较好成效。全省建成各类自然保护地 547 处。其中，国家公园 1 处(武夷山国家公园江西片区)，自然保护区 190 处(国家级 15 处、省级 39 处)，风景名胜区 45 处(国家级 18 处、省级 27 处)，地质公园 15 处(国家级 5 处、省级 10 处)，世界遗产 5 处(世界自然遗产 3 处、世界文化遗产 1 处、世界文化与自然双遗产 1 处)。全省湿地公园 109 处(国家级 40 处、省级 69 处)，省级以上重要湿地 46 处。森林公园 182 处(国家级 50 处、省级 120 处、市县级 12 处)。国务院正式批复同意设立武夷山国家公园，江西省成为全国首批拥有国家公园的省份之一；出台《江西省候鸟保护条例》，为生态文明制度体系建设尤其是候鸟保护工作提供“江西经验”；大力推进油茶产业高质量发展信息被中共中央办公厅相关信息刊物刊发；省委办公厅、省政府办公厅印发《关于进一步完善林长制的实施方案》，省政府先后出台《关于加快推进竹产业高质量发展的意见》《关于科学绿化的实施意见》；鄱阳湖保护区管理局吴城站党支部被评为全国先进基层党组织。

造林绿化 全省完成营造林面积 27.11 万公顷，占国家下达江西省 15.73 万公顷任务的 172.3%，其中：

完成人工造林(更新)6.94万公顷，封山育林8.18万公顷，退化林修复(低产低效林改造)12.05万公顷。完成重点区域森林"四化"建设1.62万公顷，栽植彩化和珍贵用材树种787万株。完成森林抚育38.91万公顷。国家生态保护修复专项、国土绿化试点示范、中央造林补助以及省级低产低效林改造等造林绿化工程项目顺利推进，共投入项目建设资金13.5亿元。圆满完成国家部署的造林绿化落地上图工作。完成第二批454个"省级森林乡村"建设。完成《江西省国家储备林建设(2021~2035年)规划》和《2011~2020年木材战略生产基地建设总结》编制工作。利用中央基建投资及政策性银行贷款，完成国家储备林建设任务1.55万公顷，完成投资8.05亿元。全年参加义务植树2388.8万人次，义务植树12 899.2万株。

产业发展 大力实施千家油茶种植大户、千万亩高产油茶、千亿元油茶产值的油茶产业"三千工程"，全省油茶营造林完成面积4.65万公顷，油茶林总面积达到108万公顷，总产值达383.5亿元。油茶保险试点顺利实施，全省参保油茶林面积达19.33万公顷，为30.4万户次农户提供风险保障95.93亿元。江西山茶油公用品牌正式打响，省油茶产业协会制定出台《江西山茶油团体标准》《江西山茶油公用品牌标识管理办法》。茶果剥壳、烘干机械设备纳入农机补贴。积极主动对接省就业创业中心，江西庄驰家居科技有限公司等9家企业列为2021年第一批享受创业担保贷款扶持企业，贷款总额3350万元。省政府出台《关于加快推进竹产业高质量发展的意见》，安排竹产业发展项目资源培育资金5389万元，竹产业创新发展项目资金1550万元。完成毛竹低产林改造1.69万公顷，笋用林(笋材两用林)基地建设0.41万公顷，全省竹林面积达到117.67万公顷。扎实推进林下经济发展，全省森林药材新增种植面积1.57万公顷，新增香精香料种植面积0.14万公顷。开展省级以上林下经济示范基地动态监测工作，现有国家林下经济示范基地34家，省级林下经济示范基地132家。加大森林药材产业支持力度，将森林药材重点发展品种从42种扩大到52种，多年生草本每公顷3000元的补助标准提高至每公顷6000元，一年生草本每公顷1200元的补助标准提高至每公顷3000元，全力推进全省森林药材产业发展。出台《江西省森林康养产业发展规划(2021~2025年)》，新增29家省级森林康养基地，省级森林康养基地数量达到99家。制订《江西省林木育种中长期规划(2021~2035)》，建成国家和省级林木良种基地21处、种质资源库24处，审(认)定林木良种9个，新育造林绿化苗木10.02亿株，提供油茶良种穗条7.51万千克，为全省林业生产提供有力支撑。全省国家林业重点龙头企业39家，省级林业龙头企业361家，国家林业产业示范园区2家。油茶、森林药材特色保险累计投保面积36.67万公顷，为种植主体提供风险保障100亿元。挂牌交易刺猬紫檀(方料)、微凹黄檀(方料)、油茶籽、油茶籽粕、普洱茶等品种，平台累计交易额5.04亿元。开展林权贷款258亿元、林农信用贷款7亿元，森林保险在保面积873.33万公顷。

森林管理 持续完善林长制工作，组织开展"护绿提质2021行动"和"抓示范、促提升"活动，强化森林资源保护，持续提升森林质量，以点带面推动全省林长制工作全面提升。全面完成林草生态综合监测样地监测工作，联合省自然资源厅印发《关于开展林草湿数据与第三次全国国土调查数据对接融合工作的通知》，制定《江西省林草生态综合监测图斑监测成果数据审核汇交管理规定》《关于组建江西省省级林草生态综合监测成果数据审核工作专班的通知》，通过省、市、县三级联审，将成果数据上报国家林草局华东院。签订天然商品林停伐管护协议，管护面积214.35万公顷，全面完成国家下达江西省天然商品林停伐管护任务。印发《2021年江西省森林督查暨森林资源管理"一张图"更新工作方案》《2021年江西省森林督查暨森林资源管理"一张图"数据更新操作细则》，全面完成2021年森林督查暨森林资源管理"一张图"更新工作。积极做好林权流转管理服务，江西省公共资源交易网共完成林权交易项目307项，成交金额近4.52亿元。

林业有害生物防控 省政府向各设区市政府下达《2021~2022年度松材线虫病防控目标责任书》，制订《江西省松材线虫病疫情防控五年攻坚行动计划》《关于加强对松科植物及其制品检疫监管工作的通知》，圆满完成"三年攻坚战"第二年除治任务。开展监测预报体系建设，完成江西省林业有害生物国家级中心测报点防治能力提升项目，开展松褐天牛、马尾松毛虫越冬代、银杏大蚕蛾等主要病虫害的监测调查，启动全省草原有害生物普查。印发《关于加强林业有害生物社会化防治管理的通知》，做好防治减灾体系建设，将松材线虫病除治工作纳入各级林长巡林的重要内容，国家林草局正式批准江西省在赣州市南康区开展松材线虫病疫区进口松木板材利用试点工作。开展全省首届"最美森林医生"评选活动，评选出12名"最美森林医生"。全省主要林业有害生物发生面积59.35万公顷，同比上升2.05%。其中病害31.05万公顷，同比下降15.47%；虫害28.3万公顷，同比上升32.09%。全年防治面积48.93万公顷，无公害防治面积49.56万公顷，无公害防治率99.26%。

林业改革 江西省林业局设立执法监督处，切实加强全省林业执法队伍体系化和规范化建设。印发《关于进一步完善林长制的实施方案》，推动江西省林长制再完善、再提升。持续深化集体林权制度改革，出台新的《江西省林地适度规模经营和示范性新型林业经营主体奖补办法》，大力扶持培育新型林业经营主体；出台《江西省林业局关于支持抚州市林业综合改革试点若干措施》，支持抚州开展全国林业改革发展综合试点市建设；抚州市不断深化林业金融创新，组建7家生态支行、6个生态金融事业部和1个绿色保险创新实验室；支持资溪等地做好重点生态区位非国有商品林赎买试点提升工作。印发《贯彻落实〈关于建立健全生态产品价值实现机制的实施方案〉的通知》，明确推动林业生态产品价值实现具体举措。印发《关于依托江西省林业金融服务平台建立林权贷款林银协同服务机制的通知》，累计开展林权贷款258亿元、林农信用贷款7亿元。下达第二批"百场兴百业、百场带百村"项目，扶持26个国有林场发展特色产业。启动"湿地银行"建设，出台《江西省"湿地银行"建设试点实施方案》，在万年等

7个县开展“湿地银行”试点建设。深化“放管服”改革，出台《关于实施告知承诺制的证明事项及告知承诺书样本的公告》，14项证明事项实施告知承诺制；印发《江西省林业局深化“证照分离”改革实施方案》，12项涉企经营许可事项分别按照直接取消审批、实施告知承诺、优化审批服务的方式推进改革。

林业科技 编制完成《江西省“十四五”林业科技发展规划》。联合省科技厅、省教育厅、省科协印发《关于加强林业科普工作的实施意见》，出台林业科普政策。联合省委组织部、省科技厅、省财政厅等8部门印发《江西省科技特派员助力乡村振兴行动计划(2021~2025年)》，瞄准油茶、竹类、森林药材、香精香料、苗木花卉、森林康养等产业链科技需求，深入推进科技特派员工作，开展各类科技服务，全面助力乡村振兴。印发《关于重新组建省级科技创新团队的通知》，组建杉木、松类、竹类、阔叶树、木本油料、木本香料、森林药材、森林生态与碳汇、森林康养、林业有害生物防治、湿地与草地、野生动植物与自然保护地、林产加工利用共13个创新团队，确定各团队首席专家、方向带头人及“十四五”重点工作目标。首次设置种业长期攻关项目、青年人才项目、自筹资金项目，新设林业碳汇、林机装备等研究内容。对科研院校承担的项目，实行“推广+科研”模式，将科研创新纳入考核内容。启动实施2021年科技创新项目31个；立项2022年科技创新项目40个，下达项目经费630万元。与南京林业大学、北京林业大学合作创新项目4个，下达经费100万元，重点支持木竹材加工、林业碳汇、生态产品价值实现机制等社会关注热点。深入实施中央财政林业科技推广示范项目，启动实施2021年项目，立项实施项目25个，下达项目资金2000万元，推广国家林草科技推广成果库成果26个、贯彻相关标准9个，委托第三方完成2020年度立项的25个项目的中期绩效评价工作。完成2020年到期项目集中验收，19个项目全部通过验收，共营建示范林1000余公顷、采穗圃3.67公顷、育苗圃6.53公顷，繁育各类苗木366万余株；举办培训班85期、培训15 100余人。新增“国家林业草原栀子工程技术研究中心”“江西退化红壤森林植被恢复国家长期科研基地”2个国家林草科技平台。江西省林业科技创新管理系统正式上线运行。林业地方标准数量进一步增加，省市场监管局发布林业地方标准28项，涉及小微湿地、红花油茶、森林药材等领域。新增加“情缘”(檵木属)、“银盏”(栀子属)、“纵横”(栀子属)3个林业植物新品种，组织编写《江西乡土树种识别与应用》，省林科院等17家单位获中国林学会命名为“全国林草科普基地”，命名单位数量在同批次排名全国第一。

森林防火 联合印发《2021年全省森林防火“平安春季行动”实施方案》《全省野外火源治理和查处违规用火行为专项行动实施方案》《全省林区输配电设施火灾隐患排查治理行动实施方案》，野外火源管控成效显著。在全省4373所中小学校组织开展全省森林防火宣传教育进校园暨2021年中小学生森林防火主题海报设计比赛活动，采取以“赛”促“教”方式宣传森林防火，共吸引全省14.9万学生参与，网络直播观看人数突破650.8万人次。开展森林防火宣传“五进”及宣传月活动，评比“森林防火好家庭”733个。协调下达中央资金3820万元，支持庐山区域森林火灾高风险区综合治理和赣州、抚州市生物防火隔离带建设项目。印发《关于加快林火阻隔系统建设的通知》，完成生物防火林带1612千米，提前下达省级专项补助资金3300万元。安排2000万元专项资金，统筹推进全省森林防火视频监控升级改造。印发《江西省森林经营管理单位半专业扑火队标准化建设验收工作的通知》，组建274支半专业扑火队，自评达标145支。2021年发生森林火灾50起，过火面积676.74公顷，受害面积303.6公顷；同比下降12.2%、17.7%、25.8%，维持历史低位。

湿地和草地管理 争取中央财政湿地补助资金10 997万元，创历史新高。制订出台《江西省湿地生态效益补偿项目管理办法》，受偿耕地面积达5963.79公顷，涉及农户9441户，在湖区部分乡镇实施改水改厕、道路维修、设施修缮等环境整治项目62个，完成社区生态修复面积82.44公顷。已建成38个视频监控点和9个湿地生态环境监测站，接入60多个各级有关管理部门的视频监控，基本实现对鄱阳湖重要生态区域的覆盖和全天候监测。制定《湿地修复与建设技术规程》地方标准，填补江西省湿地修复领域地方标准的空白。组织编制完成《江西省湿地保护修复“十四五”规划》。新建小微湿地保护和利用示范点36处。扎实开展湿地保护专项行动，对摸排发现的问题进行重点督办，督促修复湿地约38公顷，全年新增湿地面积274.53公顷，修复退化湿地面积2580.73公顷。全省符合《湿地公约》口径的湿地面积共计127.6万公顷，占全省面积的7.64%，草地面积8.87万公顷。全省湿地公园109个，总面积为15.1万公顷，其中湿地面积11.9万公顷。稳步推进草地管理工作，在萍乡等4个市、县开展草地改良工作，顺利完成国家下达的666.67公顷草地改良任务。

物种保护 11月19日，江西省十三届人大常委会第三十四次会议表决通过《江西省候鸟保护条例》，自2022年1月1日起施行。联合省委政法委等17个部门建立野生动植物资源保护联席会议制度，形成保护野生动植物的工作合力。在修水、崇义、资溪启动防控野猪危害综合试点，全省共建立护农猎捕队34支，完成野猪猎捕639头。联合省内相关高校、科研院所、管理单位和部分专家学者，整理形成江西省国家重点保护野生动物和野生植物名录，涉及陆生野生动物188种(其中国家一级重点保护野生动物42种，国家二级重点保护野生动物146种)，涉及林业部门管理野生植物78种(其中国家一级重点保护野生动物6种，国家二级重点保护野生动物72种)。组织开展2020~2021年度环鄱阳湖区水鸟同步调查，共记录到水鸟63.26万只。初步完成省内部分市、县穿山甲资源调查工作，成功拍摄野生穿山甲近10次，调查记录穿山甲洞穴200余个，救护并放生野生穿山甲2只。开展全省兰科野生植物资源专项调查工作，完成野生兰科植物91个物种的外业调查。开展全省自然保护地外珍稀濒危野生植物保护小区(点)的调查摸底工作，共向国家林草局上报全省66处保护小区(点)。开展霍山石斛回归相关工作，对在婺源森林鸟类国家级自然保护区(大鄣山片区)完成

野外回归的8000丛霍山石斛开展实时监测，加强霍山石斛野外回归基地管护。开展外来入侵物种防控工作，成立林业外来入侵物种防控工作领导小组和专家组，制订江西省林业外来入侵物种普查技术方案、物种清单等技术文件。全年办理野生动植物行政审批838件，其中野生植物行政审批755起，野生动物行政审批83件。

执法整治　出台《江西省林业行政执法与刑事司法衔接工作实施办法》，并在全国林业系统率先制订《江西省林业涉刑案件移送案卷》。开展打击野生动物非法贸易专项行动，出动执法车辆3300余车次，执法人员2.5万余人次；监督检查各类场所15 500多处，其中野生动物栖息地4700余处，人工繁育场所600余处，经营利用场所9200余处，交通运输站点100多处，口岸10余处；查办野生动物案件100余起，其中行政案件20余起，刑事案件100余起；打掉犯罪团伙2个，打击处理违法犯罪人员100余人；收缴野生动物700多只，没收违法所得10余万元，处罚款和罚金30余万元。

资金投入　2021年争取中央和省级财政资金和投资达到50.03亿元，较上年增长5.7%，创历史新高，实现"十四五"开门红。其中，争取中央财政首批国土绿化试点示范项目资金1.5亿元；中央林业有害生物防治资金1亿元；中央林业有害生物防治资金1亿元；中央财政安排江西省奖补资金7385万元；湿地补助1.68亿元，增长107%；野生动植物保护补助中央基建生态保护修复资金5.89亿元，增幅98%；中央财政衔接推进乡村振兴补助资金4474万元，增长60%；新增武夷山国家公园首批建设资金1490万元。

乡村振兴　联合印发《关于推进巩固拓展生态脱贫成果同乡村振兴有效衔接的实施方案》《江西省科技特派员助力乡村振兴行动计划(2021～2025年)》《关于加强林业科普工作的实施意见》，开展全省林业"百团千人送科技下乡——助力乡村振兴"服务活动，组织林业科技服务团155个，选派科技服务人员1065名，对接服务林农11 277户、林企和基层组织789家，指导服务基地建设6.9万公顷，解决各类技术需求882项。安排24个重点帮扶县林业项目资金16.4亿元。完成兴国县龙口镇睦埠村驻村帮扶工作，启动兴国县龙口镇文院村驻村帮扶和兴国县江背镇华坪村对口帮扶工作。完成23 784名生态护林员意外险投保工作。

【武夷山国家公园(江西片区)】　9月30日，经国务院批复同意正式设立武夷山国家公园。10月12日，在《生物多样性公约》第十五次缔约方大会领导人峰会上，习近平总书记向世界宣告，中国正式设立三江源、大熊猫、东北虎豹、海南热带雨林、武夷山为第一批国家公园。武夷山国家公园总面积1280平方千米，其中武夷山国家公园(江西片区)总面积279平方千米，位于江西省上饶市铅山县南部，武夷山脉北段的西北坡。武夷山国家公园(江西片区)已做好江西片区各类项目的方案编制、入库和落地工作，重点完成《2021年林业草原生态保护恢复资金(国家公园补助)项目实施方案》《"十四五"时期武夷山国家公园(江西片区)文化保护传承利用工程项目储备计划》《武夷山国家公园(江西片区)补助资金优先开展项目》等项目的编制、评审工作，全面启动勘界立标工作，完成现有标识标牌的统计，正在开展实地勘界和矢量图制作。

【完善提升林长制】　11月17日，江西省委书记、省级总林长易炼红签发2021年第1号总林长令——《关于切实加强森林资源保护工作的令》。省委办公厅、省政府办公厅印发《关于进一步完善林长制的实施方案》，推动江西省林长制再完善、再提升。抚州市出台《关于打造林长制升级版的指导意见》，充分发挥林长制在统筹山水林田湖草沙系统治理和乡村振兴的重要作用。九江市出台《林长制责任追究办法》《县乡村林长制工作办法》，进一步压实森林资源保护发展责任。赣州市出台《县乡村林长制工作办法》，对全市部分乡镇实行重点管理，在有效落实乡村两级林长和专职护林员责任方面进行积极探索。吉安市编制《吉安市林长制工作规范(试行)》，进行林长制标准化工作探索。鹰潭市建立"林长+检察长"联动工作机制，充分发挥检察机关在林长制工作中的司法介入和助推作用。上饶市铅山县聘请县人大代表为监督员，对全县林长制工作落实情况进行监督，积极发挥社会各界力量推动林长制。全省各级共签发总林长令245次，各级林长开展巡林5975人次，市、县两级林长协调解决森林资源保护发展问题3297个，各级林长履职尽责意识不断增强。全省基层监管员由2020年6725人整合为2021年5696人，专职护林员由2020年31 814人进一步整合为2021年25 576人，专职护林员人均年工资19 332元，较2020年提高33%。

【第二届鄱阳湖国际观鸟周】　12月11～13日，由江西省政府和中国野生动物保护协会主办，省林业局、省文化和旅游厅、南昌市政府、九江市政府、上饶市政府共同承办的第二届鄱阳湖国际"观鸟周"活动在南昌、九江、上饶市举办。活动邀请新西兰驻华大使傅恩莱等11个国家的政府要员，联合国粮农组织驻华代表文康农等10个国际组织的代表，国家林草局副局长李春良及相关司局领导，全国27个兄弟省(区、市)林业和草原主管部门代表，阿拉善SEE生态协会第四任会长冯仑等知名企业家，国内外高校、科研院所专家学者等共800余位嘉宾出席。

第二届鄱阳湖国际"观鸟周"活动以"鹤舞鄱湖、牵手世界"为主题，以"精心、精致、精彩、精美"为标准，通过开幕式、专题论坛、嘉宾观鸟暨鄱阳湖国际观鸟赛、公众自然教育、"鄱湖卫士"推选等一系列精彩活动，向全世界展示江西深入贯彻落实习近平生态文明思想、纵深推进国家生态文明试验区建设、高标准打造美丽中国"江西样板"所取得的成就，充分展示江西的山水之美、人文之美、发展之美，进一步加深江西与海内外朋友的山水之缘、友谊之缘、合作之缘，扩大江西全面建设社会主义现代化道路上的"交往圈""朋友圈""合作圈"，实现省委书记易炼红提出的"办得更好、更精致、更有影响力"的目标要求。据不完全统计，"第二届鄱阳湖国际观鸟周活动"相关资讯浏览总量超过5.4亿次，进一步展示江西省良好形象，提升了知名度、美誉度。

【2021江西森林旅游节】 7月25日，由省林业局、省文化和旅游厅、宜春市人民政府共同主办的2021江西森林旅游节主会场活动在靖安县举办，省政府副省长陈小平、省人大常委会原副主任朱虹等450余名嘉宾出席开幕式。本届森林旅游节在南昌湾里、铅山葛仙村、庐山西海、大余县等地设立分会场。主要活动包括开幕式活动、主体活动、经贸活动、宣推活动四大类10项活动。2021江西森林旅游节坚持在传承中创新，做到红色文化与绿色发展相融合、旅游搭台与经济唱戏相呼应、全面宣传与重点推介相促进，各项活动顺利完成，实现了办出影响、办出特色、办出水平的良好效果。其间，全国50多家主流媒体报道，中央和省内主要媒体共发布专版5版、稿件154条，全网浏览超过3.5亿人次。

【第八届中国(赣州)家具产业博览会】 4月28日，中国(赣州)第八届家具产业博览会在南康家居小镇开幕，省委常委、赣州市委书记吴忠琼，副省长陈小平，国家林草局副局长刘东生出席开幕式。家博会全面展示南康家具转型、高质量发展的最新成果，开幕式上举办项目签约仪式，居然之家等13个重大项目签约金额达375亿元。展会期间，观展人数超18万人，线上线下交易额突破150亿元。

【森林城市、城乡创建】 推荐上报泰和、石城、修水、于都4个县申报创建国家森林城市。新认定第二批省级森林乡村454个，创建乡村森林公园120处，精心组织编印《江西森林乡村》宣传画册，通过绿韵乡村、古韵乡村、富韵乡村、文韵乡村等篇章以及40多个森林乡村的实景画面，充分展示森林乡村建设成效，推动森林乡村建设持续深入开展。

【“湿地银行”建设】 8月4日，江西省林业局、省发展改革委、省自然资源厅联合印发《江西省“湿地银行”建设试点实施方案》，聚焦完善湿地总量管控机制、建立“湿地银行”运行保障机制、建立湿地占补平衡指标形成机制、健全湿地生态产品价值实现机制4个方面，在万年、进贤、都昌、资溪、南丰、上栗、崇义7个县开展“湿地银行”建设试点。“湿地银行”建设秉持向改革要效益的思路，深入推进四项机制改革任务，成功打通湿地占补平衡指标流通各环节，充分释放湿地生态系统综合效益，进一步促进湿地生态产品价值实现，极大地调动社会主体参与湿地保护修复的积极性，切实推动湿地生态治理市场化和湿地修复投融资规范化，初步构建起政府引导、市场运作的现代化湿地生态治理体系，有力保障全省湿地总量不减少、质量不降低。自2021年8月启动试点工作以来，全省“湿地银行”已促成湿地占补平衡指标交易额近3000万元，利用社会资金完成湿地修复20余公顷，成为全国湿地生态治理和湿地生态产品价值实现的新典范。

【自然保护地建设】 9月30日，根据《国务院关于同意设立武夷山国家公园的批复》，全力做好武夷山国家公园(江西片区)建设。积极推进创建井冈山国家公园，吉安市委、市政府印发《关于推进建立井冈山国家公园工作领导小组的通知》，国家林草局办公室下发《关于设立井冈山国家公园的复函》，要求江西省研究制订井冈山国家公园相关工作方案报送国家林草局，并支持江西省启动井冈山区域的科学考察及符合性认定、社会影响评估等工作。制订出台《省林业局关于进一步加强风景名胜区保护管理工作的通知》。武功山国家级风景名胜区总体规划通过部际联席审查会。通天岩总规获省政府批复，启动梅岭—滕王阁、麻姑山风景名胜区总规修编工作，完成百丈山—萝卜潭风景名胜区总规评估工作。龙虎山、龟峰、仙女湖、庐山西海4个国家级风景名胜区的5个片区详规完成省级审查，4个片区详规已完成国家林草局第一轮函审。向国家林草局报送江西武功山世界地质公园申报材料(中英文版)和庐山、龙虎山、三清山世界地质公园再评估报告。

【全省国土绿化、森林防火、松材线虫病防控、湿地候鸟保护工作电视电话会议】 于9月27日召开。会议通报上年入冬以来全省林业四项重点工作情况，对今冬明春全省林业四项重点工作进行部署。对2021年全省森林防火“平安春季行动”综合评价结果、2020~2021年度松材线虫病疫木清理成效评价结果以及鄱阳湖区越冬候鸟和湿地保护工作考核情况进行通报。下达《2021~2022年度松材线虫病防控目标责任书》。各设区市政府、赣江新区管委会分管负责同志，省林业有害生物防控工作指挥部各成员单位及部分省绿化委员会成员单位负责同志，省林业局有关负责同志，省委政法委、省人大环资委负责同志在主会场参加会议。各市、县(区)以视频形式观看会议。

【省绿化委员会全体会议】 于6月9日在省行政中心召开。会议总结了“十三五”期间，全省造林绿化工作取得的成效，审议通过《江西省2021年国土绿化工作要点》和《江西省林业发展“十四五”规划》。省政府副省长、省绿化委员会主任陈小平主持会议并讲话。

【闽赣两省武夷山联保委员会2021年联保联席会议】 于6月17日在铅山县召开。国家林草局福州专员办专员王剑波、副专员吴满元，福建省林业局局长陈照瑜，副局长、武夷山国家公园管理局局长林雅秋，江西省林业局党组书记、局长邱水文，江西省林业局党组成员、副局长刘宾出席会议。

会议总结了2020年度闽赣两省联保工作，研究部署下一阶段重点工作。会议听取江西武夷山国家级自然保护区管理局和武夷山国家公园2020年联保工作情况汇报。会议指出，武夷山国家公园管理局和江西武夷山国家级自然保护区管理局双方按照“共保、共管、共享”的协作管理模式，扎实开展森林防火、科研监测、宣传教育、国家公园建设等工作，一体化推进武夷山脉保护管理。双方共同出资100余万元完成桐木关哨卡后续改造和黄岗山水毁公路维修，在黄岗山区域设置了森林消防器材柜和统一的标识标牌；联合开展两栖动物调查，发现武夷湍蛙、九龙棘蛙、福建掌突蟾等物种；联合开展“爱鸟周”活动，发行武夷山货币文化券，承办

"关注森林·探秘武夷"科考活动;联合开展打击猎捕野生动物、"驴友"擅自入区等专项行动,拦截并劝返"驴友"10批次、50余人次,有力维护了武夷山脉生态系统的原真性、完整性。在国家公园体制试点第三方评估验收及武夷山国家公园(江西片区)建设中,双方互帮互助均取得较好成绩。

【全国先进基层党组织】 江西鄱阳湖国家级自然保护区管理局党委隶属于江西省林业局党组,环鄱阳湖共成立了8个基层党支部,所属党支部长期坚守湖区一线开展湿地与候鸟保护工作,宣传生态文明思想,为鄱阳湖区生态保护工作起到重要作用。在建党100周年之际,所属吴城保护管理站党支部获"全国先进基层党组织"称号。

鄱阳湖保护区吴城站党支部长期扎根于湖区一线,一代又一代的吴城站支部党员,30余年如一日,不忘初心、牢记使命,全心全意守护鄱阳湖区70余万只湿地候鸟。建立了全国首家"三级法院"(省高院、市中院、县法院)与保护区建立的生物多样性司法保护基地,成立了江西省首个环资生态法庭,连续审判了3起涉及破坏湿地、猎杀候鸟的案件,在湖区起到巨大的震慑作用。将"自然教育基地""候鸟救护中心"等绿色生态元素积极融入党建品牌,积极打造红色"党建示范基地",组织党员放弃休息时间,义务进行服务讲解,使"党建示范基地"成了当地党建示范的"网红"打卡点,进一步提升湿地、候鸟保护工作的宣传力度和影响力。对外开放"鄱阳湖湿地与候鸟展馆"网上预约参观系统,充分用好全国首批被授牌的"自然学校"金字招牌,组织党员开展湿地和候鸟知识宣传,努力从守护者向宣讲者转变,每年接待1万余名群众到此参观。吴城站党支部积极投身扶贫助学、帮老助残、抗洪抢险等活动,被8家公益组织联合授予了"公益特别贡献奖"。

【庐山生态站】 5月,庐山生态站顺利通过项目建设验收,建成科研综合楼、综合观测塔、坡面径流场、气象观测场等12处野外基础设施、6公顷大样地1块、标准样地9块,完成配套设备安装及数据采集培训。6月15日,庐山生态站国家标准认证挂牌仪式举行。9月,庐山生态站举办第二届学术委员会,就生态站"十四五"发展规划及建设进行深入研讨。全年生态站共接待高校师生开展数据采集、科学实验等累计437人次,依托生态站共同申报并获批国家自然科学基金1项和本科创新创业国家项目1项、发表期刊论文7篇、获得成果评价1项,为构建科研创新发展平台提供了有力支撑。

【庐山高端论坛】 9月24~26日,由中国森林生态系统定位观测研究网络(CFERN)、国家林草局典型林业生态工程效益监测评估国家创新联盟发起,庐山保护区联合江西农业大学举办的"关注长江大保护,助力江西碳中和"庐山高端论坛,邀请中国工程院院士尹伟伦作主旨报告、6位行业顶尖学者作专题报告,发布《庐山森林宣言》,提出林业助力江西碳中和的三点建议:一是加强森林全口径碳汇监测评估碳中和能力、重视中幼林的科学经营;二是提高碳汇能力、加强森林碳汇监测与评估;三是探索森林碳汇产品实现路径。为保护一江清水、推动绿色发展贡献江西力量。

【全国鸟类保护管理培训班】 于12月13日在江西永修县举办,全国各地野生动物保护管理部门分享各自鸟类保护管理经验。27个省(区、市)林草主管部门负责人参加了培训。国家林草局驻合肥专员办代表以及上海、湖北、湖南、陕西、江西等地林业部门代表,交流鸟类执法监管情况。中国科学院昆明动物研究所、北京林业大学、全国鸟类环志中心的6名专家讲解鸟类保护专业技术。中国野生动物保护协会、北京市企业家环保基金会负责人介绍鸟类保护公众宣传教育工作经验。

【《江西省林业发展"十四五"规划》印发】 7月5日,江西省林业局、江西省发展和改革委员会联合印发《江西省林业发展"十四五"规划》。《规划》分为9个章节,6个专栏,34项重点工程项目,全面总结"十三五"林业取得的成就,分析"十四五"面临的形势和挑战。

主要目标:预计到2025年,生态系统质量保持全国前列、森林资源总量质量稳步提升、自然生态保护体系更加健全、优质生态产品供给能力增强、创新支撑保障能力显著提高。全省森林覆盖率稳定在63.1%,活立木蓄积量达到8亿立方米,乔木林单位面积蓄积量达到90立方米/公顷,湿地保护率不低于62%,林业产业总产值达到8000亿元,林业科技进步贡献率达到65%,主要林木良种使用率达到85%。森林火灾受害率控制在0.9‰,林业有害生物成灾率控制在20‰以下,森林植被碳储量达到4亿吨。

【江西鄱阳湖湿地生态系统监测预警平台】 平台2019年11月获国家发改委和国家林草局联合批复,2020年12月正式启动。总投资规模2624万元,其中中央投资2099万元,省自筹配套525万元。平台含南昌、上饶、九江3个片区38个视频监控点、9个湿地生态环境监测站,具有卫星遥感、无人机、监测预警车等多种监测手段,接入各级有关部门建设的60多个视频监控,基本实现对鄱阳湖重要生态区域的覆盖和全天候监测。

【"江西林业"学习强国号上线】 11月26日,开通"江西林业"学习强国号,设置林业资讯、图说林业、秘境追踪、政策解读4个栏目,致力讲好林业新故事、传播林业好声音,2021年发消息(视频)164条。"江西林业"在国家林草局关注森林网的融媒体指数达近20万,居全国第一。

【大事记】

1月18日 国家林草局公布第一批"最美林草科技推广员"名单,崇义县林木种苗站林朝楷、赣州市林业技术推广站刘蕾、省林业科学院朱培林、吉安市林业技术推广站曾广腾、省林业科技推广总站姜晓装、婺源森林鸟类国家级自然保护区杨军6人入选。

2月19日 省林业局、省民政厅、省卫生健康委员会、省中医药管理局四部门联合下发《关于公布2020年江西省省级森林康养基地名单的通知》,认定佐家寨等30家森林康养基地为第二批江西省省级森林康养基地。

2月22日 江西九江森林博物馆上榜中国林学会第五批“全国林草科普基地”名单。

2月25日 《国家(江西赣州)油茶产业园总体规划》专家评审会在赣州市召开，国家(江西赣州)油茶产业园选址信丰县和市林科所，规划总面积466.67余公顷，计划总投资21亿元。

3月1日 省委书记刘奇、省长易炼红等省委、省人大常委会、省政府、省政协领导班子成员到南昌九龙湖市民休闲公园，参加义务植树活动，栽植苗木700余株，栽植面积约1.4公顷。

3月1日 全国妇联办公厅印发《全国妇联关于表彰全国城乡妇女岗位建功先进个人、先进集体的决定》，省林业局老干处和省野保中心获“全国巾帼建功先进集体”称号。

3月18日 中国生态文化协会公布2020年“全国生态文化村”名单，湾里管理局太平镇合水村、广昌县驿前镇姚西村、浮梁县鹅湖镇桃岭村、安远县镇岗乡老围村、宜丰县花桥乡花桥村入选。

3月26日 省委书记刘奇主持召开省级总河(湖)长和总林长会议。会议审议并原则通过2021年全省河长制、湖长制、林长制工作要点和有关实施方案。省领导易炼红、叶建春、吴晓军、曾文明、张小平、罗小云、刘卫平出席。

3月31日 副省长陈小平到省林科院就竹产业高质量发展和野生动物收容救护工作进行专题调研。

4月1日 以“爱鸟护鸟　万物和谐”为主题的江西省第40届“爱鸟周”宣传活动启动仪式在婺源县武营广场举行。

4月9日 国家林草局召开全面推行林长制工作视频会议，对全面推行林长制工作进行安排部署。省林业局局长、省林长办主任邱水文，资溪县委书记、总林长黄智迅分别介绍林长制实施情况，交流经验做法。

4月14日 全国人大常委会副委员长吉炳轩率全国人大调研组到省林业科学院就加强种质资源保护和育种创新进行专题调研。全国人大常委会委员、全国人大农业与农村委员会副主任委员刘振伟，中央纪委国家监委驻全国人大机关纪检监察组组长、全国人大常委会机关党组成员王立山，全国人大代表赵晓燕、李桂琴等参加调研。省委常委、省委秘书长、省人大常委会党组书记、省人大常委会副主任赵力平，省人大常委会副主任张小平，省林业局局长邱水文陪同调研。

4月15日 国家林草局与江西省政府函商决定合作共建江西现代林业产业示范省，示范省共建期为2021~2025年。

4月22日 中国绿化基金会、江西省绿化委员会联合举办“庆祝建党100周年井冈山纪念林植树仪式”，共栽植楠木、樱花、银杏、红枫等“四化”树种共计2500余株。中国绿化基金会主席陈述贤，省林业局局长邱水文参加活动。

4月23日 省人大常委会副主任、省级林长张小平深入抚州市开展巡林工作。

4月23日 省市场监督管理局2021年第1号(总第188号)地方标准公告发布《湿地修复与建设技术规程》等31项地方标准，《湿地修复与建设技术规程》的发布，填补了全省湿地修复领域地方标准的空白。

4月24~26日 中央财经领导小组办公室副主任尹艳林赴江西省调研林业改革工作。

4月26日 国家林草局办公室复函同意在赣州市南康区开展松材线虫病疫区进口松木板材利用试点工作。

4月27~30日 国家林草局副局长刘东生在赣州市调研林业工作，详细了解赣州市集体林改、林业产业和家具产业发展、森林康养、“两山”银行等工作情况。省委常委、赣州市委书记吴忠琼出席相关活动，省林业局局长邱水文陪同调研。

4月29日 省人大常委会副主任、省级林长张小平到鹰潭市调研林长制工作。

5月8日 第二届中国黄精产业发展研讨会暨首届江西(铜鼓)黄精高峰论坛在铜鼓县开幕。来自湖南、福建、云南等19个省黄精产业业务主管部门、科研院所、龙头企业400余名有关代表参加论坛。国家林草局科技司副司长黄发强讲话，宜春市政府副市长兰亚青致欢迎词，省林业局一级巡视员罗勤致辞。

5月12~13日 省人大常委会副主任张小平率队赴正邦集团及吉安市调研香精香料产业。

5月19日 省委副书记叶建春到省林科院调研，详细了解江西新时代林业现代化建设工作情况。省林业局局长陪同调研。

5月22日 省林业局、省生态环境厅联合在彭泽县举办江西省2021年国际“生物多样性”日宣传活动，省林业局党组成员、副局长刘宾出席活动并致辞。

5月24日 全省林业“百团千人送科技下乡助力乡村振兴”服务活动在南昌正式启动。此次活动持续到11月30日，全省林业系统共选派各类科技服务团132个、科技服务团员千余名，开展科技下乡助力乡村振兴服务活动。

5月25日 省政府金融办、省林业局联合印发《关于依托江西省林业金融服务平台建立林权贷款林银协同服务机制的通知》，依托平台林业信用数据库，加大林业信用贷款产品创新。

5月28日 国家发展改革委印发《关于加快推进洞庭湖、鄱阳湖生态保护补偿机制建设的指导意见》。

6月8~9日 省人大常委会副主任、省级林长曾文明赴景德镇市、上饶市开展巡林工作。

6月9日 省绿化委员会全体会议审议并通过《江西省2021年国土绿化工作要点》和《江西省林业发展“十四五”规划》，省政府副省长、省绿化委员会主任陈小平主持会议并讲话。

6月17日 闽赣两省武夷山联保委员会2021年联保联席会议在铅山县召开。

6月17日 省林业局举行“光荣在党五十年”纪念章集中颁发仪式。省林业局一级巡视员黄小春出席。

6月18日 “赣南茶油高品质联盟”成立大会在赣州市召开，会议通过《赣南茶油高品质联盟章程》《赣南茶油高品质联盟宣言》和联盟组织机构名单。

6月21日 省委、省政府印发《关于表彰江西省脱贫攻坚先进个人和先进集体的决定》，省林业局规划财务处(扶贫办)被评为江西省脱贫攻坚先进集体。

6月23日 副省长陈小平来到吴城候鸟小镇调研，实地了解第二届鄱阳湖国际“观鸟周”主会场各重点项目建设。

6月23日 俄罗斯亚洲世界艺术合作基金会主席、俄罗斯功勋艺术家谢尔盖·福禄博列夫斯基到省林业局走访交流，省林业局局长邱水文，副局长刘宾参加会见。25日，谢尔盖·福禄博列夫斯基到鄱阳湖保护区考察了解白鹤文化，开展白鹤文化艺术交流。

6月28日 江西鄱阳湖国家级自然保护区管理局吴城保护管理站党支部获“全国先进基层党组织”称号，在全国“两优一先”表彰大会上受到表彰。

6月29日 修水、遂川、兴国、崇义4县被财政部、国家林草局列为集体林权制度改革监测调研案例县。

6月30日 江西庐山森林生态系统国家定位观测研究站国家认证挂牌仪式在庐山保护区举行。

6月30日 省政府印发《关于表彰“十三五”期间全省安全生产工作先进单位和先进个人的决定》。江西武夷山国家级自然保护区管理局被授予“‘十三五’期间全省安全生产工作先进单位”，省林业局林业产业发展处胡嘉伟被授予“‘十三五’期间全省安全生产工作先进个人”。

7月2日 省林业局决定命名乐安县村前乡村森林公园等120处乡村森林公园。

7月5日 省林业局、省发展和改革委员会联合印发《江西省林业发展“十四五”规划》。

7月8日 省政府新闻办、省林业局召开2021江西森林旅游节新闻发布会，主会场设在靖安，在南昌湾里、铅山县葛仙村、庐山西海、萍乡湘东区、大余县设立5个分会场。13日，副省长陈小平到靖安县调研2021江西森林旅游节主会场筹备工作。25日，2021江西森林旅游节在宜春市靖安县开幕。

7月12日 省委办公厅、省政府办公厅印发《关于进一步完善林长制的实施方案》。

8月2~3日 副省长陈小平到庐山市调研松材线虫病防治等工作。

8月25日 省长易炼红主持召开第74次省政府常务会议，会议讨论通过《江西省候鸟保护条例(草案)》。11月19日，《江西省候鸟保护条例》经省第十三届人大常委会第三十四次会议表决通过，并于2022年1月1日正式施行。

9月10日 中共江西省委机构编制委员会办公室批复同意成立省林业局执法监督处。

9月17日 省委常委、南昌市委书记李红军率队走访省林业局，就生态文明建设、国土绿化、湿地和候鸟保护、林长制等工作进行深入交流。

9月26日 省政府办公厅印发《江西省人民政府办公厅关于科学绿化的实施意见》。

9月27日 省政府召开全省国土绿化、森林防火、松材线虫病防控、湿地候鸟保护工作电视电话会议。

10月11~12日 省政协副主席、党组副书记、省级林长陈俊卿深入九江市柴桑区、八里湖新区、濂溪区调研林长制工作。

10月25日 全省全面完成国家下达天然商品林停伐管护协议签订面积214.35万公顷，实施范围覆盖全省11个设区市、95个县(市、区)或县级实施单位。

11月10日 全省关注森林活动组委会第一次工作会议召开。学习贯彻落实全国地方关注森林活动工作交流座谈会精神，总结新一届关注森林活动组委会组建以来工作，部署下一步工作任务。省政协副主席刘卫平出席并讲话。

11月17日 省委书记、省级总林长易炼红签发2021年第1号总林长令——《关于切实加强森林资源保护工作的令》，要求各级林长履职尽责，切实担负起森林资源保护发展责任。

11月19日 省第十三届人民代表大会常务委员会第三十四次会议通过《江西省人民代表大会常务委员会关于支持和保障碳达峰碳中和工作促进江西绿色转型发展的决定》。

11月24日 经省政府同意，建立武夷山国家公园局省联席会议机制，由代省长叶建春任总召集人，副省长陈小平任副总召集人，统筹协调推进武夷山国家公园(江西片区)建设管理。

11月30日 “江西林业”学习强国号上线。

12月2日 副省长陈小平赴萍乡市、新余市开展巡林工作。

12月8日 江西鄱阳湖国家级自然保护区管理局与俄罗斯克塔雷克国家公园签订战略合作备忘录，共同推进候鸟保护国际合作。

12月12日 第二届鄱阳湖国际“观鸟周”在鄱湖之畔的千年古镇永修县吴城镇盛大开幕。

12月14~15日 省政协副主席、省级林长刘卫平赴宜春市开展巡林工作。

12月15日 全省林长制工作会议在上饶召开。会议强调要进一步强化责任担当，认真落实“三单一函”机制，规范“一长两员”管理，启动《江西省林长制条例》立法计划。

12月20日 省人大常委会副主任张小平赴新余市调研油茶产业发展，详细了解老油茶林保护、修复、育种以及高产油茶种植、标准示范园建设、森林防火等情况。省林业局局长邱水文陪同调研。

12月20日 上饶市委、市政府召开武夷山国家公园(江西片区)总体规划征求意见会，进一步做好当地国土空间规划、社会发展规划等规划与武夷山国家公园(江西片区)总体规划有效衔接。

12月20日 省林业局公布第二批“江西省森林乡村”名单，决定授予南昌县广福镇板湖村等454个行政村“江西省森林乡村”称号。

12月22日 全省松材线虫病防控暨造林绿化现场会在上饶市玉山县召开。副省长陈小平出席会议并讲话。

12月23日 副省长陈小平深入鄱阳县、余干县调研湿地和候鸟保护工作，详细了解候鸟保护设备设施、管理制度和值守人员巡护值守，越冬候鸟，特别是白鹤的种群数量等情况。省林业局局长邱水文陪同调研。

12月27日 省林业局被表彰为2021年全国科技

活动周和重大示范活动优秀单位。

12月28日 中宣部、司法部、全国普法办印发《关于表彰2016~2020年全国普法工作先进单位、先进个人和依法治理创建活动先进单位的决定》，李俊文被评为2016~2020年全国普法工作先进个人。

（江西省林业由周亮供稿）

山东省林业

【概　述】 2021年，山东省自然资源厅(山东省林业局)(以下简称“省自然资源厅”)统筹推进山水林田湖草沙系统综合治理和科学绿化试点示范省建设，泰山区域山水林田湖草生态保护修复工程按期完成，沂蒙山区域山水林田湖草沙一体化保护和修复工程入选国家第一批名单，济宁市尼山区域国土绿化试点示范项目被列为全国首批国土绿化试点示范项目，全年完成植树造林1.18万公顷(1.76亿株，含折算)，森林覆盖率20.18%。积极推进国有林场与集体林权制度改革，原山林场成为国家新一轮深化国有林场改革三家试点单位之一。加强林草资源保护，组织开展森林督查。加大湿地、自然保护地和野生动植物管理与保护，黄河口国家公园成为山东省首个获批创建的国家公园。助推林业产业高质量发展，新创建国家林业产业示范园区4个，国家林下经济示范基地4个，新增国家级森林康养试点建设基地17处，国家林木种质资源库2处，全省实现林业产业总产值6049亿元。推动林业科技进步，获国家林草局梁希林业科技进步奖二等奖3项、三等奖1项，山东省自然资源科学技术奖1项；3人和1个团队分别获评国家林草局科技创新人才和科技创新团队。

【国土绿化与生态修复】 年内，山东等省份入选全国首批科学绿化试点示范省，在全国率先开展科学绿化试点示范省建设，省自然资源厅编制《科学绿化试点示范省建设实施方案》，出台《山东省森林生态补偿办法》，构建科学绿化“1+N”规划体系，科学布局绿化空间。以“全民植绿40载　美丽中国谱新篇”为主题，组织开展义务植树活动，省委、省政府、省政协、济南市和驻鲁部队领导参加；完善山东省义务植树网站，开通义务植树微信公众号，试行发放电子版“义务植树尽责证书”。开展古树名木标识征集，实施古树抢救复壮试点项目，启动开展全省古树名木统一认定建档工作。全省完成造林面积1.18万公顷。淄博市沂源县、威海市荣成市等县(市)创建国家森林城市。山东省国土绿化工作受到国家林草局通报表扬。编制出台《山东省国土空间生态修复规划(2021~2035年)》《南四湖流域生态保护修复专项规划(2021~2035年)》，出台《山东省全域土地综合整治试点工作实施办法》《山东省矿山生态修复实施管理办法》，制定山区绿化、盐碱地绿化、退化林修复等6个技术导则，推动生态修复“四梁八柱”政策体系建设。泰山区域山水林田湖草生态保护修复工程按期完成，沂蒙山区域山水林田湖草沙一体化保护和修复工程入选国家第一批名单，济宁市尼山区域国土绿化试点示范项目列入全国首批国土绿化试点示范项目。加强矿山生态修复治理，“双随机、一公开”抽查生产矿山166家，核查历史遗留矿山图斑4.4万个，修复历史遗留矿山354处、面积3900公顷。组织开展全域土地综合整治试点，通过“数字赋能”建设管理平台，建立网上审批流程，组织20个国家级、100个省级试点乡(镇)开展试点工作。完成全国防沙治沙综合示范区考核验收，菏泽市单县中日友好防沙治沙造林项目新增造林189.6公顷。

【国有林场与集体林权制度改革】 年内，山东省持续推进国有林场与集体林权制度改革，淄博市原山林场作为国家新一轮深化国有林场改革三家试点单位之一，深化国有林场改革试点实施方案得到国家林草局批复实施。编制完成《山东省国有林场发展规划(2021~2035年)》，对全省150处国有林场森林经营方案审核批复备案。开展国有林场矢量数据收集，编制《国有林场评价规范》，相关绩效考核指标纳入林长制考核内容，指导国有林场科学生产经营管理，巩固提高国有林场改革成效。新泰市放活林地经营权、滕州市林业产业融合发展、原山林场生态公益型林场发展、曹县千亿级林业产业园区建设经验入选国家林草局《绿水青山就是金山银山典型实践100例》。

【林草资源保护管理】 年内，省自然资源厅认真履行省林长制办公室职责，坚决落实中共中央办公厅、国务院办公厅《关于全面推行林长制的意见》，制订印发《关于进一步深化林长制改革的实施意见》，组织开展2020年度林长制绩效评价工作，绩效评价结果向16个市总林长反馈。依托空天地一体化自然资源监测监管系统，建立林长制管理信息系统。做好省总林长、省级林长巡林调研等服务保障工作。日照市探索科技林长制的经验做法在《中国绿色时报》宣传推广。印发《山东省自然资源厅关于贯彻林资发〔2021〕26号文件开展2021年全省森林督查工作的通知》。制订工作方案和技术细则，组织开展省级技术培训，接收国家下发森林督查图斑4.54万个，完成对各市森林督查成果的省级内外业核查、成果上报。印发《全省打击毁林专项行动方案》，对全省2013~2020年森林和林地变化情况进行卫片判读，判读变化图斑1296个，分类建立全省打击毁林专项行动图斑数据库，并对各类违法问题进行整治。截至12月底，全省各县(市、区)自查违法图斑309个，整改到位118个。

省政府印发《山东省人民政府关于下达“十四五”期间年森林采伐限额的通知》，就完善森林采伐行政许可制度，促进森林资源持续稳定增长作出部署。省自然资源厅印发《山东省自然资源厅关于严格森林采伐限额制度加强林木采伐管理工作的实施意见》，组织开展2020年度建设项目使用林地情况和林木采伐情况监督检查、2020年度中央财政森林抚育补贴项目核查验收及2021年度森林公园“双随机、一公开”随机抽查工作。制订印发《山东省省级公益林划定和管理办法》，开展国家级公益林优化调整，受到国家林草局资源司的书面表扬。省自然资源厅、省财政厅印发《山东省森林生态补偿办法(试行)》，运用财政手段助推碳达峰、碳中和。指导相关林场完成森林经营国家试点任务，开展山东省“全国标准化林业工作站”挂牌情况自查，完成2021年林业工作站本底调查关键数据年度更新。

【森林防火】 年内，山东省严格落实地方行政首长负责制，将森林草原防火工作纳入林长制绩效考核，强化部门联防联动，与省公安厅、省应急厅建立联防联控机制，成立工作专班，24小时值班值守，联合气象等部门及时预报森林火险等级，定期发布火险信息和火险警报。召开全省自然资源领域安全生产和森林草原防火工作视频会议、全省森林草原防火工作会议暨森林草原防火工作培训会，先后派出14个检查组，到13个防火重点市、91个防火重点县(市、区)以及重点国有林场进行巡查，对发现的问题下达限期整改通知书。印发《全省森林防火安全大排查大整治行动实施方案》，开展森林防火大排查大整治行动，全省排查整改森林火灾隐患3778项。对重点景区道路两侧、林区边缘、林区墓地周围开展可燃物清理、设置防火隔离带等工作。开展全省林区输配电设施火灾隐患专项排查治理，排查穿越林区线路长度1170千米，完成隐患治理长度274千米。指导泰山、沂蒙山和昆嵛山区域建立森林防火联合协调机制，构建各负其责、高效协调、共同防控的大区域森林火灾预防新格局。编制完成《山东省森林草原防火“十四五”规划》，科学确定“十四五”期间全省森林草原防火指导思想、基本原则、工作重点和保障措施。印发《山东省森林和草原火灾风险普查实施方案》，完成森林草原火灾风险普查年度任务。编制完成《山东省林火阻隔系统建设方案》。在全省重点林区推广使用“防火码”，截至12月31日，全省开设“防火码”卡口4522个，扫码总量达115万人次。在济南市、淄博市淄川区、泰安市徂徕山林场、新泰市开展森林防火无人机试点工作。利用省级森林火情监测预警系统实行24小时全域监测，在全省部署965处高点监控设备、447处低点监控设备不间断开展火情监测预警，对发现的火情进行预警、核实、处置。在重点林区、主要路口设置防火检查站2801个，构建“空天地”立体火情监测预警网络。全年发生一般森林火灾1起，发现森林、草地火情203起，各地按要求进行及时有效早期处置。

【林业有害生物防控】 年内，省自然资源厅制订印发《全省松材线虫病疫情防控5年攻坚行动方案》《山东省林业有害生物防治“十四五”规划》《山东省2021年度松材线虫病防治方案》，对全省44.07万公顷松林实施秋季普查，青岛、烟台、泰安、威海、日照5个市19个县137个乡(镇)9633个小班松材线虫病发生面积7.58万公顷，同比下降4.88%；死亡松树135.25万株，同比下降49.32%。济南市莱芜区、济宁市泗水县、泰安市泰山区、临沂市莒南县和临沭县5个疫区7个疫点连续两年秋季普查无疫情，全年无新增疫区和疫点。配合国家林草局做好松材线虫病科技攻关“揭榜挂帅”项目试验示范工作。威海市、青岛市试验区媒介昆虫虫口减退率在90%以上，试验区死亡松树较对照区明显下降。在全省范围内开展松材线虫病疫木管控及林木种苗检疫专项行动，突出加强泰山周边地区的松材线虫病防治及预防工作。印发《山东省自然资源厅关于切实加强林业植物检疫工作的通知》，联合省公安厅、青岛海关、济南海关成立3个组分赴青岛市等6个市开展松材线虫病疫情防控联合执法检查。全年清理死亡松树285.24万株，除治面积7.97万公顷，飞机防治媒介昆虫15.2万公顷。制订《山东省2021年度美国白蛾等重大林业食叶害虫防控方案》，加大绿色无公害防治力度，采取人工剪除网幕、释放天敌昆虫等综合措施进行地面防治。组织人员对市区进行风险点排查，加大监测预报力度，各市发布预报117期，国家级和省级测报点发布预报527期。全省各级投入资金2.13亿元，治理美国白蛾发生面积22.24万公顷，防治作业面积228.51万公顷，飞机防治面积194.95万公顷，完成国家林草局下达的2021年防治面积66.67万公顷次的目标任务。

【湿地保护】 年内，省自然资源厅加大湿地保护力度。在邹城市举行第25个“世界湿地日”宣传活动，推进济宁市国际湿地城市创建工作。争取联合国开发署全球环境基金1000万美元，无偿用于“东亚-澳大利西亚迁飞路线中国候鸟保护网络建设”项目，并在黄河三角洲举行启动仪式。组织完成2021年国家湿地公园疑似违建问题涉及的14个市122个判读图斑的自查核查及整改推进工作。做好中央、省生态环保督察发现问题整改督导工作，会同山东省生态环境厅对涉及的9处湿地公园和18项政府主导大型工程项目问题进行督导整改。截至12月底，湿地公园完成整改7处，按整改方案有序推进2处；18项政府主导大型工程项目全部完成整改。制订出台《山东省自然资源厅关于进一步加强湿地公园管理工作的实施意见》，进一步明确湿地及湿地公园保护管理的有关要求。全年完成55项工程建设占用省级以上湿地公园生态影响评估论证工作，保障重点项目落地。

【黄河口国家公园创建】 年内，省自然资源厅推进黄河口国家公园创建工作，取得重大突破。10月20日，习近平总书记视察黄河口时强调，黄河三角洲自然保护区生态地位十分重要，要抓紧谋划创建黄河口国家公园，科学论证、扎实推进。7月5日，中共中央政治局常委、国务院副总理韩正到黄河三角洲自然保护区考察湿地生态系统保护修复和黄河口国家公园建设情况并提出要求。国家林草局将黄河口国家公园建设纳入《“十四五”林业草原保护发展规划纲要》。省委书记李干杰、省长周乃翔、常务副省长王书坚、分管副省长曾赞荣等省领导先后3次到国家林草局会商对接，累计30余次对加快推进黄河口国家公园创建工作作出批示。副省长曾赞荣带队到黄河口调研，召开专题会议研究加强黄河三角洲生态保护修复工作实施方案、调度黄河口国家公园创建进展情况。省自然资源厅结合自然保护地整合优化工作，科学划定黄河口国家公园范围和分区，组织完善国家公园综合科学考察报告、符合性认定报告、社会影响评价报告、设立方案，2月上旬报送国家林草局。10月18日，《黄河口国家公园创建方案》报送国家林草局。10月19日，国家公园管理局函复省政府，同意开展黄河口国家公园创建工作，并建立局省联席会议协调推进机制。组织编制《黄河口国家公园总体规划(初稿)》，完成专家论证，面向省、市有关部门和社会征求意见并完善。对照国家批复的创建方案和提出的8项重点创建任务，制订创建工作任务台账和实施方案。提请省政府出台《山东省国家公园管理办法》，协调东营市政府出台《黄河口国家公园主要矛盾调处方案》，配合省委编办提出国家公园管理机构设置意见。全面梳理国家公园范围和分区划定、设立技术成果编报、生态保护修复、宣传凝聚共识、推动社区转型发展等创建工作成效，形成《黄河口国家公园创建工作总结》，于12月31日向国家林草局提报评估验收申请。

【自然保护地管理】 年内，省自然资源厅编报自然保护地整合优化预案，完善整合优化预案并呈报自然资源部、生态环境部和国家林草局，妥善处理自然保护地内永久基本农田、合法矿业权、集体商品林等矛盾。开展整合优化预案“回头看”，组织对整合优化预案中可能存在的“数据不够准确”等问题进行详查，重点对拟规划的黄河口国家公园范围、山东南四湖省级自然保护区鲁苏交界处以及个别省级自然保护区功能分区进行处理，确保全省整合优化预案更加科学合理。规范自然保护地管理，印发《山东省自然资源厅办公室关于加快实施地质遗迹保护项目的通知》《山东省自然资源厅关于加强地质公园建设管理工作的通知》《山东省自然资源厅关于加强和规范风景名胜区建设管理工作的通知》《山东省自然资源厅关于印发〈风景名胜区总体规划〉编制导则的通知》，规范地质公园、风景名胜区范围调整、规划编报发布、建设项目审批管理，组织编报18个风景名胜区总体规划。启动省级自然保护地遥感监测，对接山东省空天地一体化自然资源监测监管系统，推动保护地遥感监测由季度监测加密到月度监测。完成国家林草局下发的国家级自然保护区和海洋保护地151个人为活动遥感监测疑似问题点位核查上报整改。加强自然保护区规范建设，修订《山东省自然资源厅　山东省财政厅　山东省生态环境厅关于调整山东省省级以上自然保护区考核指标的通知》，安排7177万元支持省级及以上自然保护区规范化建设。先后派出6个工作组，重点对第一轮中央生态环境保护督察及“回头看”“绿盾”行动、省级环保督察反馈问题整改和2019年以来自然保护地内批建的58个项目、683个遥感监测图斑、3个重大项目占用风景名胜区等开展现场核查，指导各地依法严肃查处并限期整改到位。完成2处自然保护区总体规划，开展保护地确权登记工作，做好保护区确权登记外业核查，编写完成保护地确权登记外部审核技术要点等标准规范。

【野生动植物保护】 年内，省自然资源厅联合19个省级部门单位，以省政府办公厅名义印发《山东省人民政府办公厅关于进一步加强野生动物保护工作的意见》，推进《山东省野生动物保护条例》《山东省重点保护野生动物目录》修订，编制完成《山东省陆生野生动物人工繁育和经营利用管理办法》。联合开展打击野生动物非法贸易专项行动“清风行动”、花鸟鱼虫市场野生鸟类非法经营整治专项行动、“齐鲁清风”专项执法行动。及时发现在山东黄河三角洲国家级自然保护区发生的大天鹅H5N8亚型高致病性禽流感疫情，印发《山东省自然资源厅关于开展野鸟疫源疫病监测预警工作的紧急通知》，联合省畜牧局开展对天鹅等雁形目大型鸟类的样品采集和检测工作，建立重点市日报告、非重点市周报告制度，及时扑灭疫情。印发《山东省自然资源厅关于切实加强野生动物人工繁育、收容救护安全生产和监管工作的通知》，组织开展全省野生动物行业安全隐患排查整治行动。完成山东省陆生野生动物资源调查(黄河流域)实施方案和技术规程编制，启动野生动物资源调查工作和山东省野生动植物保护管理系统建设。开展“世界野生动植物日”“爱鸟周”“野生动物保护宣传月”等保护野生动植物科普宣传活动。加强林草种质资源保护，开展全省草本植物种质资源普查，完成调查样地205个，样线413条，发现山东新记录种3个。开展种质资源收集，赴16个省(区)收集种质资源180科627属1689种4883份；国家林木种质资源设施保存库山东分库入库种子3798份、DNA材料3867份，新增标本5330份。

【林业产业管理】 年内，省自然资源厅组织落实林业改革发展资金政策，创新资金使用方式，利用2302万元林业改革发展资金对林业贷款进行贴息，拉动林业产业发展社会投资9.6亿元。编制印发《山东省“十四五”林业产业发展规划》，明确发展方向和目标、重点任务和措施。会同省发展改革委等14个部门制订印发《关于科学利用林地资源促进全省木本粮油和林下经济高质量发展的实施意见》。新创建国家林业产业示范园区4个，国家林下经济示范基地4个，新增国家级森林康养试点建设基地17处，国家林木种质资源库2处。支持地方举办世界牡丹大会、中国玫瑰产品博览会、泰山苗木花卉交易会等8个地方林业展会。加强食用林产品质量监管，组织开展食用林产品专项整治行动，落实省政府办公厅《山东省人民政府办公厅印发关于加强食品安全工作的若干措施》，印发《山东省自然资源厅关于加强食用林产品质量安全监管工作的通知》。全年开展抽检监测3800批次，整体合格率99.37%，全省未发生区域性、系统性食用林产品质量安全事件。组织开展为期3个月打击制售假劣林木种苗和林业植物新品种执法保护专项行动，受理线索205件，查处移交典型案件5起。

【科学技术】 年内，省自然资源厅制订《2021年自然资源科技创新工作要点》，明确林业科技创新重点工作。山东日照暖温带观赏树种培育国家长期科研基地、济南城市生态定位站、暖温带林草种质资源保存与利用国家林业和草原局重点实验室、黄河三角洲草地资源与生态国家林业和草原局重点实验室、榉树产业国家创新联盟”5个科技创新平台获国家林草局批复建立；推动科学研究和成果转化工作，获得省级以上科技奖5项，其中获梁希林业科技进步奖二等奖3项、三等奖1项，山东省自然资源科学技术奖1项；组织申报国家高层次创新人才和团队，3人和1个团队分别获评国家林草局科技创新人才和科技创新团队；省农业良种工程“地方名优生态树种品种选育与创新”“林木种质资源挖掘与精准鉴定”获批复立项；审核72项科技成果进入国家林草科技成果库，充实全省林草科技成果；批复立项2021年中央财政林业科技推广示范项目13项，验收到期推广示范项目13项；获批植物新品种权63项，数量达到历史新高；新获批立项标准6项，其中地方标准5项，标准化试点1项；开展4次送科技下乡活动，助力乡村振兴战略实施；组织承办3期国家林草科技大讲堂，收看人数超过30万人次；组织参加国家林草科普讲解大赛活动，1人获三等奖；举办第52个“世界地球日”宣传及技术装备展，展示森林防火设备。加强林业保护发展智库建设，组建山东省林业保护发展智库。

【第十七届中国林产品交易会】 10月25~28日，以“创新绿色产业　助推乡村振兴”为主题的第十七届中国林产品交易会在山东菏泽中国林展馆举行，设1个主会场、2个分会场，主会场设4个室内展馆，展示面积5万平方米。全省16个市组织869家企业、1300余种产品现场展示。参加展会人员8.6万人次，签订销售合同和协议732个，总金额11.2亿元，现场交易额7306万元，660余种产品参加评奖，评出金奖263项、银奖190项。

【第十届中国花卉博览会·山东展园】 年内，省自然资源厅组织参展第十届中国花卉博览会，开幕式组织1100余株（盆）展品进行现场展示，“山东省日”活动组织700余株（盆）进行现场展示，推介重点花卉项目7个，组织省内外14家企业签署战略合作协议7项。精选1700余株（盆）产品参加评奖，获得奖项398项，其中金奖31项，银奖86项，铜奖166项。山东室外展园、室内展区、组织奖均获特等奖，团体总分1158分，获团体金奖，综合成绩排名全国第三。

【大事记】

1月29日 山东省自然资源厅印发《全省森林防火安全大排查大整治行动实施方案》。

2月4日 山东省林业有害生物信息管理和查询系统开通。该系统是山东省首个数字化林业有害生物数据库，共收录921种林业有害生物的生态图片、寄主及全省的分布情况，隶属于8目、143科、589属。

2月25日 山东省自然资源厅召开全省森林草原防火工作视频会议，副厅长王太明讲话。

3月13日 省委书记刘家义，省委副书记、省长李干杰，省政协主席付志方，省委副书记杨东奇等省领导，到济南新旧动能转换先行区黄河淤背区防护林和郊野公园建设现场，参加义务植树。省领导、军队领导、省直和济南市直有关部门主要负责人、志愿者代表等参加植树活动。

3月29~31日 全国林业有害生物防治员职业技能竞赛在福建省泉州市举办。山东省自然资源厅选派的参赛团队获团体总分第二名，获团体二等奖；3名参赛队员均获个人三等奖。

4月22日 山东省聊城市冠县国有毛白杨林场和枣庄市山亭区国有徐庄林场获得由中国林场协会授予的2021年“全国十佳林场”称号。

4月23日 山东省自然资源厅在山东东平滨湖国家湿地公园举办“爱鸟护鸟，万物和谐”法润自然——野生动物保护法暨“爱鸟周”普法宣传启动仪式。

4月29日 山东省自然资源厅联合省森林草原防灭火指挥部办公室、省公安厅、省应急厅印发《关于联合开展野外火源治理和查处违规用火行为专项行动的通知》。

4月29日 山东省人民政府印发《山东省人民政府关于下达“十四五”期间年森林采伐限额的通知》。

5月17~18日 山东省自然资源厅启动2020年全省森林资源管理“一张图”年度更新先行试点工作，分别在淄博市沂源县、济南市莱芜区召开启动会议，推进先行试点工作。

5月21日 第十届中国花卉博览会在上海市崇明区开幕。山东省副省长汲斌昌，省政府副秘书长张积军，省自然资源厅副厅长刘鲁、王太明出席开幕式并参观山东展园。

6月9日 第十届中国花卉博览会“山东省日”活动在上海市崇明岛花博会复兴馆举行。国家林草局生态修复司副司长黄正秋，中国花卉协会副会长赵良平，中国花卉协会秘书长张引潮，山东省自然资源厅厅长、省林业局局长宇向东等出席“山东省日”活动开幕式。赵良平代表中国花卉协会致辞。宇向东致辞并宣布第十届中国花卉博览会“山东省日”活动开幕。

6月18日 山东省关注森林活动组委会成员单位会议在山东省政协会堂召开。山东省政协副主席、省关注森林活动组委会主任刘均刚出席会议并讲话。省政协人口资源环境委员会、省自然资源厅、省总工会等成员单位对关注森林活动开展情况进行交流。

7月1日 山东省自然资源厅制订印发《山东省森林草原防火“十四五”规划》和《山东省林业有害生物防治“十四五”规划》。

7月3日 第十届中国花卉博览会在上海闭幕。山东省获第十届中国花卉博览会团体总分全国第三名，分别荣获室内展区特等奖、室外展园特等奖和组织奖特等奖。参展展品获金奖31项，银奖86项，铜奖166项，优秀奖115项。

7月17日 山东省“关注森林·六大行动”启动仪式在威海市华夏城举行。山东省政协主席付志方出席启动仪式并宣布山东省“关注森林·六大行动”启动。省政协副主席刘均刚主持启动仪式。省自然资源厅副厅长、省林业局副局长马福义等出席启动仪式。

7月21日 山东省自然资源厅组织召开全省2021年森林督查、打击毁林专项行动和公益林监测监管工作视频培训会。副厅长王太明出席会议并讲话。

7月28日 山东省林业和草原有害生物防控指挥部办公室印发《关于开展美国白蛾、杨小舟蛾防治工作的紧急通知》。

8月9日 山东省与世界银行驻北京代表处就拟实施的世界银行贷款黄河三角洲生态保护与修复创新项目以视频形式进行磋商交流。山东省自然资源厅副厅长王太明出席会议并讲话，省发展改革委、省财政厅、省自然资源厅有关处室派员参加会议。

9月22日 山东省自然资源厅印发《关于加快林火阻隔系统建设的通知》。

9月23~24日 由中国林学会主办的2021年中国"南竹北移"与黄河流域生态保护和高质量发展学术经验交流会在聊城市举行。中国林学会理事长赵树丛出席会议并作主旨发言，山东省自然资源厅副厅长、省林业局副局长马福义致辞。

9月30日 第十七届泰山苗木花卉交易会在泰安市泰山区邱家店镇泰山国际花木城开幕。中国林学会理事长赵树丛，中国林学会副秘书长刘合胜，山东省自然资源厅副厅长王太明出席开幕式。

10月25~28日 由山东省人民政府主办的第十七届中国林产品交易会在菏泽市中国林展馆举行。国家林草局改革发展司副司长王俊中，菏泽市委常委、常务副市长王磊以及山东省16个市林业主管部门相关负责人等出席开幕式。山东省自然资源厅副厅长、省林业局副局长马福义主持开幕式。本届林产品交易会参会人员8.6万人次，参展企业869家，签订订单金额11.2亿元，评出获奖产品金奖263个，银奖190个。

11月11日 山东省自然资源厅厅长宇向东到东营市黄河三角洲国家级自然保护区、黄河三角洲农业高新技术产业示范区，调研黄河口国家公园创建、候鸟迁徙、互花米草治理、生物多样性保护、森林防火等情况。

11月18日 山东省自然资源厅印发《山东省林业产业发展"十四五"规划》。

（山东省林业由张彩霞供稿）

河南省林业

【概 述】 2021年，全省林业系统克服新冠病毒疫情、洪灾影响，统筹林、草、湿、沙，齐抓建、管、治、效，年度任务全面完成。

主动融入国家重大战略 一是黄河流域生态保护成效初显。贯彻习近平总书记郑州、济南座谈会重要讲话精神，以沿黄生态廊道为"线"，以城、镇、村为"珠"，串珠成链，带动湿地公园、菌草生态屏障带、五级创森体系建设，初步形成五大生态系统贯通的系统治理态势。沿黄生态廊道已绿化7133.33公顷，干流右岸基本贯通，种植菌草3333.33万公顷，建设省级湿地公园15个，建成兰考堌阳镇等森林特色小镇78个，灵宝东寨村等森林乡村示范村488个。二是南水北调中线工程生态提升顺利开局。贯彻习近平总书记视察南阳重要讲话精神，成立5个专班，重新调查监测，形成工作方案、技术准则，明确任务，积极推进。以丹江口库区为中心，2~3年完成淅川、内乡等10个县(市)6.73万公顷石漠化治理，确保水质安全。争得国家首批国土绿化试点示范项目落地，营造水源区生态林8400公顷。开展干渠生态保育带1266.67公顷补植补造，全段逐步完善提升，确保一泓清水永续北送。三是大运河生态带建设稳步推进。鹤壁等沿线9个市结合686千米河段不同情况，利用山区困难地、沙化土地、四旁隙地等，建设护岸林、水源涵养林、农田林网，重点在267千米有水段造林906.67公顷。四是油茶产业发展势头良好。优化北边边缘地区信阳、南阳、驻马店3个市规划布局，在光山等8个县建设油茶产业示范基地。与中国林科院亚热带林业研究所等科研院所合作，繁育推广'长林''豫油茶'等系列良种。新发展油茶6633.33公顷，改造6666.67公顷。

跻身全国科学绿化试点示范省 针对"在哪造""造什么""怎么造""如何管"等问题，制订方案、先行探索，在挖掘"六块地"(山区困难地、石漠化土地、沙化土地、农村"四旁"隙地、废弃矿场、严格管控类土地)、树种选择、廊道建设模式、林地占补平衡等方面，取得初步成效。抢抓机遇，积极争取，成为全国5个科学绿化试点示范省之一。省政府印发关于科学绿化的实施意见，即将与国家林草局签订局省共建实施方案，明确重大任务，谋划试点示范项目。

竞得全国第十一届花博会举办权 坚持一手抓第十届中国花博会筹备，一手抓十一届举办权争取，在花卉界的"奥林匹克"中展示河南形象。高起点编制方案，组织郑州、开封、洛阳、南阳、许昌5个市参与，展示牡丹、菊花、月季、蝴蝶兰、玉兰"五朵金花"特色，打造精品工程，获室外河南园、室内展区、组织工作3个特等奖，创历史最好成绩。迎难而上，创造条件，在全国7个申办省竞争中脱颖而出，实现2025"花落河南"。

林长制 省委、省政府印发《全面推行林长制实施意见》，明确林长制组织体系、责任体系、目标体系、保障体系和工作制度。组建省林长办公室，建立双周调度、每月通报机制，指导督促市、县出台实施方案，加速推进。全省设立各级林长60 332名，如期建成五级林长体系。省委书记、省长签发第1号《总林长令》，各级林长开始巡林。驻马店、新县等试点经验得到推广。

资源管护 开展林草生态综合监测评价，实现林草湿数据与国土"三调"对接融合。扛稳森林防火行业责任，抽调65名骨干蹲点包县，指导各地抓好责任落实、火源管控和能力建设。压实六级网格化责任，排查整治森林火灾隐患3429处、林区输配电线路1380千米，修建太行山区防火蓄水池106个。建成全省森林防火视频监控系统，初步覆盖27个重点火险县，实现省、市、

县三级联合指挥调度。全年发生森林火灾6起(一般5起，较大1起)，火灾起数、受害面积再创历史新低。开展松材线虫病防控五年攻坚行动，处理疫木9.89万株，确山县、固始县疫区和新县卡房乡、西峡县双龙镇疫点全年无疫情。及时除治“加拿大一枝黄花”7.53万株。林业有害生物成灾率0.1‰，远低于国家3.8‰要求。科学划定生态保护红线，编制自然保护地整合优化预案。开展“回头看”，既解决交叉重叠、边界不清等历史遗留问题，又化解现实矛盾冲突，调出永久基本农田、开发区、矿业权、村庄等11.62万公顷，自然保护地占国土面积比例由7.6%降到6.89%，最大限度统筹保护与发展。开展森林督查问题集中整改行动和打击毁林专项行动，确认2013年以来违法图斑7569个，立案查处5166个。

中央环保督察反馈问题整改 针对督察反馈的黄河湿地保护区孟津、孟州、封丘、郑州段等存在“没有恢复原貌”“监管宽松软”等问题，制订鱼塘、畜禽养殖和果树种植规范3个指导意见，统一整改标准；组成5个督导组，分包沿黄干流8个市，建立督导专员负责、单周协调、双周推进和月现场核查4项工作机制，加大督导力度。举一反三，制订《全面加强林草资源管理的意见》，强化“严紧硬”措施，加强日常监管，实现常态长效。对整改任务重的孟津、孟州、封丘、祥符等地，整合下达湿地保护修复资金1.03亿元。已清退鱼塘2536个、2040.53公顷。其中，孟州段鱼塘已基本完成整改，孟津、封丘、祥符正在加快推进。

绿色富民产业 全省新发展优质林果1.33万公顷、花卉苗木1.31万公顷、林下种养殖9.45万公顷。新增濮阳、夏邑2个国家林业产业示范园区，培育南阳月季、兰考板材加工等9个产业化集群。认定西峡太平镇、修武青龙峡等省级森林康养基地22个。在42个县选聘、续聘生态护林员4.3万名。洛宁、舞钢等县(市)落地国储林项目11个，落实贷款41.43亿元。林业年产值达2246亿元。

耕地保护和生态建设 严格落实国务院“两非”(制止耕地“非农化”、防止耕地“非粮化”)规定，精准谋划造林任务，全部实现落地上图入库。南阳、安阳等地分别用好石漠化土地、“五边”(村边、路边、河边、田边、沟渠边)等开展绿化，科学实施山区生态林、廊道绿化、平原防风固沙林、农田防护林、乡村绿化美化等工程。全省完成造林17.03万公顷、森林抚育12.27万公顷，超额完成年度计划。种草5873.33万公顷，改良1.33万公顷。公布三门峡、丹江口、宿鸭湖等首批27个省级重要湿地，新建19处省级湿地公园，修复湿地298.2公顷，退耕还湿666.67公顷。

灾后恢复重建 积极应对“7·20”特大暴雨灾害，第一时间申请国家林草局下拨300万元救灾物资。争取政策支持，对4.25万公顷灾毁林木，重新下达计划。当好省委、省政府参谋助手，制订蓄滞洪区经济林补偿标准。机关带头过紧日子，向郑州、新乡、鹤壁等市13个重灾县紧急下拨1300万元林业救灾综合补助，助力加快恢复重建。与农业部门联合编制规划，谋划五大类94个林业灾后重建项目，总投资16.65亿元。

“万人助万企” 坚持项目为王，助力“三个一批”。开辟绿色通道，建立部门协作机制，主动服务交通、水利等重大项目建设，申请国家林草局追加林地储备定额3500公顷，全年使用6566.67公顷，是“十三五”时期年均定额的2.8倍。推进“放、管、服、效”改革，向平顶山、焦作等7个市下放0.5公顷以下长期使用林地审核权限，将国有林木采伐等5项审批权限下放到县。实行相关处室联审联批制度，提高林地审批效率。建立包联机制，服务18家重点林企，共协调解决林权抵押贷款、项目用地、科技创新等问题20余个，指导6家企业申报国家级林业重点龙头企业。

【全省林业工作会议】 于2月9日以视频形式召开。会议深入贯彻落实省委十届十二次全会、省委经济工作会、全国林业和草原工作视频会等会议精神，总结2020年全省林业工作，安排部署2021年工作。

【退耕还林典型成果获国家林草局生态中心通报表扬】 国家林草局生态建设工程管理中心印发《关于表扬2020年度退耕还林还草典型成果的通报》，通报表扬全国10个退耕还林还草典型成果，其中河南省“落实退耕还林专项工作经费”和“创新退耕还林高效模式助推脱贫攻坚”2个典型成果入选。

【全省森防站长会议】 于2月25日在郑州召开。会议总结“十三五”时期及2020年工作，安排部署“十四五”时期及2021年全省林业有害生物防治工作。

【国土绿化行动暨森林河南建设现场会】 于3月8日在洛阳召开。会议深入贯彻习近平生态文明思想、黄河流域生态保护和高质量发展战略，落实省委、省政府实施国土绿化提速行动建设森林河南推进会精神及国务院和省政府遏制耕地“非农化”、防止“非粮化”相关规定，推动2021年全省国土绿化工作。

【全民义务植树】 3月12日，省委书记王国生、省长尹弘等省领导，到郑州市惠济区花园口镇黄河生态廊道，与省市机关干部一起参加义务植树。当天，省、市、县三级联动，共组织领导干部群众、社会团体、院校、企业同步开展义务植树活动。据统计，全省参加植树人数28万人，植树251万株，植树面积2520公顷。

【与郑州铁路运输中级法院就黄河流域森林资源保护达成一致意见】 3月18日，省林业局二级巡视员李灵军前往郑州铁路运输中级法院，就黄河流域森林资源保护、推进依法行政和依法治林、强化公益诉讼等，与相关部门工作人员深入研究讨论并形成多项共识。

【全省打击破坏野生动植物资源违法犯罪和非法贸易厅际联席会议制度】 3月19日，经省政府批准，省林业局牵头建立全省打击破坏野生动植物资源违法犯罪和非法贸易厅际联席会议制度。

【"驴友打卡黄河生态廊道"体验活动】 3月28日，由河南日报社、顶端新闻和省林业局联合举办的"驴友打卡黄河生态廊道"体验活动，在灵宝市弘农涧河边正式启动。河南日报社党委委员、副总编辑张学文，省林业局二级巡视员李灵军，三门峡市副市长高永瑞等领导出席启动仪式。来自全省的"驴友"、媒体朋友等参加体验活动。

【全面推行林长制工作研讨暨实施意见专家论证会】 4月1日，省林业局组织召开全面推行林长制工作研讨暨实施意见（初步意见稿）专家论证会。邀请省委政策研究室、省政府研究室、省河长办、河南农业大学、省林业调查规划院等单位有关负责同志和专家学者参加研讨暨论证会。

【国务院安全生产委员会巡查考核信阳市安全生产和森林防火】 4月25～26日，国务院安全生产委员会延伸巡查考核信阳市2020年安全生产和消防工作，有针对性地检查信阳市森林防灭火督查检查、野外用火审批制度落实、打击野外违规用火专项治理行动和林业行业安全生产"双重预防体系"建设等工作，并实地检查鸡公山国家级自然保护区安全生产和森林防火工作。

【第七期"两山"大讲堂】 4月27日，省林业局举办第七期"两山"大讲堂，邀请中国工程院院士、著名林学家尹伟伦教授，就"黄河流域多生态系统统筹治理与高质量发展"进行专题讲座。

【河南脱贫攻坚总结表彰大会】 于5月27日在省人民大会堂举行。会议宣读《中共河南省委、河南省人民政府关于表彰河南省脱贫攻坚先进个人和先进集体的决定》，向受表彰的1100名先进个人和800个先进集体表示热烈祝贺。省林业局扶贫攻坚领导小组办公室获"河南省脱贫攻坚先进集体"称号，省林业局生态修复处副处长鄢广运获"河南省脱贫攻坚先进个人"称号。

【暗访沿黄四市中央环保督察反馈问题整改情况】 9月8～9日，省林业局党组书记、局长原永胜采取"四不两直"方式，赴开封、新乡、焦作、洛阳四市黄河湿地保护区，暗访中央环保督察反馈问题整改推进情况。

【全省沿黄干流森林特色小镇、森林乡村"示范村"建设工作会议】 于9月14日在郑州召开。会议总结沿黄干流森林特色小镇、森林乡村"示范村"建设成效，分析存在问题，安排部署今冬明春工作。

【省林业局承办第十二期"国家林草科技大讲堂"】 由国家林草局科技司主办的"国家林草科技大讲堂"第十二期于9月16日下午在河南开讲。此次大讲堂活动由河南省林业局承办，江西省林业科技推广和宣传教育中心、河南省林业科学研究院、河南省林学会等单位协办。会议通过江西林技通、中国林草教育培训网和中国林学会网络直播平台等进行现场直播。

【宝天曼世界生物圈保护区第二个十年评估工作顺利完成】 9月13～17日，中国人与生物圈国家委员会组织专家、学者对河南省宝天曼世界生物圈保护区开展第二个十年评估工作，全面考察宝天曼世界生物圈保护区十年来的保护与发展工作，并与保护区周边群众及科研人员代表进行座谈。

【《南水北调中线工程水源区国土绿化试点示范项目营造林作业设计》通过专家评审】 9月30日，南阳市"南水北调中线工程水源区国土绿化试点示范项目营造林作业设计"评审会在郑州召开。省林业局一级巡视员、副局长师永全，河南农业大学、河南省林业调查规划设计院、河南省林业科学研究院等7名专家参加评审。

【省林业局下拨700万元奖补南水北调中线工程干渠生态廊道管护质量成效】 年内，省林业局出台南水北调中线工程干渠生态廊道管护质量成效专项奖补政策，下拨700万元对干渠沿线的南阳、平顶山、许昌、郑州、焦作、新乡、鹤壁、安阳8个省辖市进行奖补。其中，根据2021年度综合考评情况，分别奖补郑州市、南阳市各150万元，新乡市、焦作市各100万元，平顶山市、鹤壁市、许昌市、安阳市各50万元。

【驻豫部队和民兵参与生态强省建设座谈会】 于12月13日在省林业局召开。省委常委、省军区少将政委徐元鸿出席会议并讲话。省林业局党组书记、局长原永胜主持会议。

【河南省4家世界地质公园参加第九届联合国教科文组织世界地质公园大会】 12月14～16日，第九届联合国教科文组织世界地质公园大会在韩国济州岛世界地质公园举办。大会采取线上线下相结合的方式举行，河南省伏牛山世界地质公园、王屋山－黛眉山世界地质公园、嵩山世界地质公园、云台山世界地质公园4家世界地质公园参加线上会议。

【河南首次军地联合巡林】 12月15日，省委常委、省军区少将政委、省林长徐元鸿到濮阳市调研并主持召开座谈会，学习贯彻习近平生态文明思想，研究军地协同全面推行林长制。省林业局党组书记、局长、省林长办公室主任原永胜，省军区有关负责同志参加巡林。

【大事记】

1月27日 省林业局在鹤壁召开2021年度冬春造林现场推进会。会议贯彻2021年全省实施国土绿化提速行动建设森林河南推进会精神，落实国务院和省政府制止耕地"非农化"、防止耕地"非粮化"相关规定，树立冬春季造林工作标杆，推动各地开展冬春季国土绿化工作。

3月30日 省林业局举办第六期"两山"大讲堂，邀请中国科学院"百人计划"研究员、河南大学特聘教授徐明主讲"林业对碳达峰碳中和的贡献及实施对策"。

4月10日 由省政府主办，省文化和旅游厅、洛阳市政府承办的第39届中国洛阳牡丹文化节在隋唐洛阳城国家历史文化公园应天门遗址广场开幕。

4月11日 代省长王凯到方城县调研生态环境保护工作，强调要深入贯彻习近平生态文明思想，坚持“绿水青山就是金山银山”理念，坚定走绿色低碳发展道路，不断提升全省生态环境质量水平，加快建设生态强省。

4月12日 省委书记王国生在郑州市调研水资源节约集约利用、黄河流域生态保护等工作。

4月13~14日 国家林草局林场种苗司副司长(正司局级)、国家林草局森林旅游管理办公室主任张健民带队到三门峡市调研森林公园整合优化和国有林场管理工作。

4月18~19日 代省长王凯到济源示范区、三门峡市和黄河水利委员会调研，强调要深入贯彻习近平生态文明思想，保护好、治理好、利用好黄河，合理节约集约使用黄河水资源，实现生态保护、经济发展、民生改善相统一，不断增进沿黄地区人民群众福祉。

4月21日 郑州市召开全市打击毁林专项行动动员部署暨森林督查问题整改工作推进会。郑州市副市长高永出席会议并讲话。

4月22日 河南省第40届“爱鸟周”启动仪式在民权黄河故道国家重要湿地举办。

4月26日 欧洲投资银行贷款河南省森林资源发展和生态服务项目评估启动会在郑州召开。

4月26日 全省国家储备林项目建设座谈会在郑州召开。

5月4日 国家森林草原防灭火指挥部、应急管理部教官团一行5人，到济源开展森林防灭火指挥员培训和“五一”假期驻地督导工作。

5月11日 省林业局组织召开《河南省全面推行林长制实施意见(代拟稿)》专题研讨会。

5月12日 全省森林抚育工作现场会在鲁山县召开。

5月16日 2021中国山地马拉松系列赛——河南济源站在河南济源王屋山道境广场正式鸣枪开跑，赛事吸引来自全国22个省(区、市)的2000多名选手参赛。

5月20日 中国绿色时报社副社长段华、新闻部主任陈永生到淅川县进行生态文明建设调研采访。

5月26日 省林业局召开加强虎豹等野生动物人工繁育场所安全管理工作紧急电视电话会议。

6月16日 全省陆生野生动物行业安全防范工作推进会在濮阳市召开。

6月18日 第十一届中国花卉博览会申办城市评审会议宣布郑州获得2025年第十一届中国花卉博览会举办权。据悉，这是中部地区城市首次拿下中国花博会举办权。

6月28日 全省科学绿化试点示范省建设动员会召开，标志着河南省科学绿化试点示范省建设工作正式启动。

6月30日 “绿水青山，添彩中原”——省林业局庆祝中国共产党成立100周年图片展开展，通过27块展板、400余张新旧照片，展现河南林业近百年来的传奇巨变和丰硕成果，讲述一代代河南林业人发扬“三牛精神”，奋力开创新局的生动故事。

7月3日 以“花开中国梦”为主题、历时43天的第十届中国花卉博览会在上海市崇明区闭幕。河南省积极组织参展，共获得各类奖项350个，奖励资金33万元。其中，室外展园特等奖1个，室内展区特等奖1个，组织奖特等奖1个，团体奖银奖1个；参展展品奖346个：金奖10个、银奖54个、铜奖216个、优秀奖66个。是河南省参展历届中国花卉博览会最好成绩。

7月5日 省林业局召开林长制工作专班会议，研究做好全省全面推行林长制基础工作。

7月13日 省林业局在登封举办全省林草生态综合监测评价工作技术培训班，部署林草生态综合监测评价工作。

8月2日 省自然资源厅党组书记、厅长张建慧到省林业局调研，围绕贯彻落实省委、省政府有关工作部署，深入践行新发展理念，坚持生态优先、绿色发展，强化科技创新引领，全面推进林业“十四五”高质量发展，大力推进生态强省建设，进行实地察看和座谈交流。

8月10~11日 省林业局党组书记、局长原永胜先后到新乡市凤泉区和卫辉市、鹤壁市浚县和淇县、郑州市巩义市和荥阳市等地调研林业灾后重建工作。

8月12日 副省长王战营到省林业局调研督导沿黄生态廊道和南水北调中线工程生态廊道建设有关工作，实地查看省林业调查规划院无人机飞播造林、林草资源调查监测演示以及森林、草原、湿地、荒漠数据库建设情况，与省林业局班子成员就科学绿化试点示范省建设、国家公园建设、森林防火、石漠化土地治理等工作进行深入交流。

8月28日 省退耕中心在郑州组织召开专家评审会，对河南省公益林智能巡护平台建设项目实施和初步验收情况进行评审。专家组一致同意相关部门的验收结论，标志着河南省重点地区公益林智能巡护平台全面建成运行。

8月30日 省长王凯主持召开省政府第133次常务会议，审议《河南省全面推行林长制实施意见》。

9月6日 黄河流域林木育种创新中心项目合作协议签约仪式在郑州航空港实验区管委会举行。

9月17~18日 省林业局党组书记、局长原永胜一行到信阳市光山县、商城县黄柏山林场、固始县，调研油茶产业发展、林长制试点运行和国有林场二次创业等情况。

9月24日 省林业局在郑州组织召开全省科技兴林项目推进会，对接确定2021年科技兴林项目合同目标任务，解读科技兴林项目绩效目标的制订、项目资金使用政策和2022年科技兴林项目申报指南，明确选派林业科技特派员的人员数量，研讨交流科技兴林项目相关问题。

9月28日 省林业局党组成员朱延林一行到焦作市黄河湿地国家级自然保护区孟州段督导调研中央环保督察整改工作。

9月26日 省林业局组织科技服务团赴卫辉市开展灾后重建林果技术培训，卫辉市林果种植户60余人参加培训。

9月29日 省委常委会审议通过《河南省全面推行林长制实施意见》，开启河南全面推行林长制新篇章。

10月14日 生态环境部华北督察局在省委生态环境保护督察办公室相关人员陪同下，到省林业局开展中央环保督查黄河湿地问题整改督察调研工作并召开座谈会。

10月28日 全省林业系统推进林长制工作座谈会在郑州召开。

11月4日 省委组织部干部四处党支部、代表委员工作处党支部联合省林业局有关处室及专家赴周口市淮阳区曹河乡"手拉手结对共建村"——侯家铺村，开展科技下乡服务乡村振兴暨我为群众办实事活动。

11月5日 省林业局召开秋冬季候鸟等野生动物保护管理工作电视电话会议，传达学习国家林草局《关于切实加强秋冬季候鸟等野生动物保护工作的通知》和全国候鸟保护工作会议精神，安排部署全省秋冬季野生动物安全工作。

11月16日 省林业局党组书记、局长原永胜主持召开局党组专题会议，聚焦森林防火、中央生态环境保护督察反馈问题整改、济南督察局耕地保护涉林情况核实、森林督查整改等工作，强化底线思维，增强忧患意识，补短板，强弱项，提能力，研究下一步工作措施。

12月4日 全省2021年冬季义务植树活动举行。省委书记楼阳生、省长王凯、省政协主席刘伟等省领导到郑州市惠济区花园口镇八堡村黄河生态廊道，与广大干部群众一起参加义务植树活动。

12月5日 省委书记、省第一总林长楼阳生，省长、省总林长王凯签署河南省第1号总林长令《关于加快全面推行林长制做好当前重点工作的命令》，吹响河南省全面推行林长制的"动员号"。

12月21日 省林业局在郑州举办全省水鸟资源监测培训班，邀请郑州师范学院和省林业调查规划院2名专家进行线上授课。

12月21日 省林业局召开全省野猪危害防控工作会议，传达有关加强全省野猪危害防控工作的文件精神，研究具体贯彻落实措施。

（河南省林业由陈伟供稿）

湖北省林业

【概　述】 2021年，湖北林业系统以习近平新时代中国特色社会主义思想为指导，深入学习贯彻党的十九大和十九届历次全会以及全国林草工作会、湖北省委十一届九次、十次全会等精神，完整、准确、全面贯彻新发展理念，牢固树立和践行"绿水青山就是金山银山"理念，克服新冠病毒疫情局部突发等不利影响，扎实推进林业各项工作，完成了年度各项目标任务，实现了"十四五"良好开局。

森林资源培育 认真贯彻落实《国务院办公厅关于科学绿化的指导意见》，出台湖北省《关于科学绿化的实施意见》，全年共完成营造林13.11万公顷，占年计划的101.2%，长江防护林、退耕还林、战略储备林等国家林草重点工程年度任务如期完成，全省新造林成活率90%以上，造林绿化质量和成效进一步提高；共创建省级森林城市3个、森林城镇34个、森林乡村216个。

森林资源管护 完成森林、草原、湿地数据与国土"三调"数据对接融合，优化林业资源"一张图""一套数"；统筹林地林木资源保护利用，征占用林地和采伐林木均控制在年度限额内。出台《湖北省天然林保护修复制度实施方案》，严格依规调整公益林，有效保护全省641.07万公顷天然林和公益林；加强野生动植物保护管理，开展"野生动物疫源疫病监测防控能力提升年"活动，出台湖北省《陆生野生动物收容救护管理实施细则》《突发陆生野生动物疫情应急预案》，启动长江生物多样性调查，重点保护野生动物呈恢复性增长态势，评选出湖北"五大树王"和"十大最美古树"；强化湿地保护修复，完成湿地"三退"2666.67万公顷，全省湿地保护率达52.62%。

保护地建设管理 出台《湖北省建立以国家公园为主体的自然保护地体系实施方案》，编制完成全省保护地整合优化预案，全省保护地总数322个，总面积188.8万公顷，占全省面积的10.16%；指导各地将34.91万公顷城镇建成区、永久基本农田等调出保护范围，有效化解历史遗留问题；深入推进神农架国家公园试点建设，组织编制上报神农架国家公园范围优化方案、管理机构设置方案和总体规划、设立方案。

林业领域改革 启动并稳步推进林长制改革，基本建立省、市、县、乡、村五级林长责任体系和运行机制；深入推进林业"放管服"改革，不断优化林业领域营商环境；持续深化集体林权配套改革，将集体林地流转纳入各级公共资源交易平台，推广使用全国《集体林地流转合同》示范文本；开展"富美国有林场"创建，推进国有林场道路和视频监控系统建设，罗田薄刀峰林场等5个林场入选2021年"全国十佳林场""全国森林康养林场"。

发展林业产业 出台《推进竹产业高质量发展的意见》和《科学利用林地资源促进木本粮油和林下经济高质量发展的实施意见》，大力支持竹木精深加工、木本粮油、林下经济、森林旅游康养等林业产业发展，扶持龙头企业，做强产业链条，打造精品名牌，全省国家和省级林业龙头企业分别达到23家、479家，全年实现林业总产值4558亿元，同比增长18.6%。

"两山"试点建设 整合资金4900万元，支持14个县（市）开展"绿水青山就是金山银山"试点建设，涌现了秭归"三带"（脐橙、茶叶、核桃三大林业特色产业带）林业、通城"五药"（药材、药品、药市、药膳、药养）并举、保康"一果一养"（持续巩固提升核桃产业发展成果，推动全域森林康养产业发展）等特色典型，展示了"生态美、产业优、机制活、百姓富"的效果。

生态帮扶 安排37个重点县中央和省级林业投资

33.43亿元，占全省林业投资的57.89%，其中落实天然林和公益林、退耕还林等林业惠民资金22.87亿元，选聘脱贫群众担任生态护林员66 877名，巩固了脱贫成果，助推了乡村振兴。

【森林资源培育】 出台湖北省《关于科学绿化的实施意见》，启动实施国土绿化攻坚提升行动，加快建设长江汉江清江生态廊道，全年共完成营造林13.11万公顷，长江防护林、退耕还林、战略储备林等国家林草重点工程年度任务如期完成，全省新造林成活率90%以上。全省共创建省级森林城市3个、森林城镇34个、森林乡村216个。

湖北省襄阳市余家湖街道曹湾村国家储备林项目现场，工人对新造的国家储备林进行越冬修剪(湖北省林业局 供图)

长江防护林工程 全省共完成长江防护林2.45万公顷，其中：人工造林0.92万公顷、封山育林0.75万公顷、退化林修复0.78万公顷。

汉江两岸造林绿化工程 完成汉江两岸营造林0.85万公顷，占年度计划的103.2%。其中，完成护堤护岸林0.19万公顷，岸线复绿0.22万公顷，沿线村庄道路绿化0.09万公顷，汉江两岸森林质量提升0.34万公顷。

退耕还林还草工程 严格执行退耕还林还草“九步走”工作程序(即：农户申请、退耕地块核实认定、退耕合同签订、编制实施方案、退耕地造林、县级检查验收、公开公示、政策兑现、档案管理)，通过月调度、督质量、抓进度，全程监控，推进计划任务落实。全省共完成退耕还林建设任务0.64万公顷，分布在5个市(州)9个县。

义务植树 发挥湖北省“互联网+义务植树”网络平台作用，动员全社会适龄公民通过湖北全民义务植树网参与义务植树活动，共4.9万余人参与了网络义务植树活动，共募集资金149.5万元。全省共完成义务植树0.9亿株。

森林城市建设 指导大冶市完成国家森林城市建设任务，支持当阳、大悟、安陆建设省级森林城市，全省共创建省级森林城市3个、森林城镇34个、森林乡村216个。

林木种苗管理 推进国家重点林木良种基地树种结构调整，加大良种基地科技支撑力度；开展第二批省级种质资源库认定工作，推荐申报一批国家级种质资源库，省种苗场珍贵树种、红安县国有紫云寨林场鹅掌楸入选了第三批国家级种质资源库，全省共有4个国家级林木种质资源库和21个省级林木种质资源库。全年新增收集林木种质资源380余种、21 000余份，新建水生植物资源圃、油茶资源展示区、月季资源专类收集圃约4公顷，完成800余平方米种质资源监测、科研生产、管理用房主体建设，繁育各类苗木1350余万株。制订了《林木品种审定规范》地方标准。《湖北林木种质资源》一书入选湖北省社会公益出版基金项目，正式出版发行。

林业碳汇 开展林业碳汇现状调研和发展趋势分析，构建林业碳汇计量监测体系和林业碳汇数据库；指导支持襄阳、十堰、咸宁推进林业碳汇项目开发。监测评估结果显示，2019年全省森林生态服务总价值7890.25亿元，比2009年增长126.96%，其中林业碳汇总价值962.9亿元。

【森林资源管护】 围绕长江大保护和构建“三江四屏千湖一平原”的生态格局，加强林地、森林、湿地、野生动植物等保护管理，维护林业生态安全，着力构筑长江经济带绿色生态屏障。

林地和林木管理 全省共办理建设项目永久使用林地2533宗，面积9756.04公顷(含国家备用定额2354.64公顷)；共办理林木采伐证81 581份，采伐林木蓄积量241.65万立方米。2021年全省建设项目使用林地面积和林木采伐蓄积量均控制在国家下达的年度定额和限额以内。

天然林和公益林保护 推进天然林和公益林分级分类保护，继续实施天然林商品性停伐；严格落实生态护林员选聘政策，组织选聘66 877名生态护林员，部署开展常态化巡山护林。全省641.07万公顷天然林和生态公益林得到全面保护，天然林保护、公益林管理、森林生态效益补偿全部按照面积和时间节点兑现到集体和个人。

湿地保护与管理 强化湿地保护修复，完成湿地“三退”2666.67公顷，全省湿地保护率达52.62%。对22个已通过试点验收的国家湿地公园开展了建设评估，组织荆州菱角湖等5个国家湿地公园申请国家林草局验收，十堰市郧阳湖国家湿地公园通过验收。启动《湖北省湿地保护“十四五”规划》编制工作；推进中央预算湿地保护恢复项目实施，长江新螺段白鱀豚保护区和龙感湖保护区湿地保护与恢复项目总投资11 886万元；督促推进洪湖、沉湖国际重要湿地保护与恢复项目实施；实

国际重要湿地——湖北神农架大九湖湿地(湖北省林业局 供图)

施长江经济带湿地公园保护恢复专项建设以及沙湖、张家湖、莲花湖、三菱湖等5个国家湿地公园湿地保护恢复项目，总投资30 094万元；开展中央财政重要湿地保护修复退耕还湿和湿地生态效益补偿。

野生动植物保护 开展长江生物多样性调查，在长江干流39个县(市、区)部署重点陆生野生动植物种及其栖息地、原生地调查，形成《长江干流重点陆生野生动植物资源调查报告》。及时报送湖北省第二次陆生野生动物资源调查成果，与2001年第一次调查结果相比，调查记录到的陆生野生脊椎动物增加188种。完成2021年越冬水鸟同步调查，记录水鸟89种，种群数量89.5万只；完成秋季迁徙水鸟同步调查，记录水鸟75种，种群数量18.3万只。加强珍稀濒危物种拯救保护，以林麝、白头鹤、青头潜鸭等国家重点保护野生动物为重点，在宜昌市、十堰市、黄冈市、咸宁市、网湖保护区、龙感湖保护区等地开展珍稀濒危物种救护与繁育项目；组织在神农架、利川、竹溪、九宫山保护区等地持续开展庙台槭、水杉、小勾儿茶、永瓣藤等国家重点保护和极小种群野生植物拯救保护工作。加强古树名木保护，持续开展一级古树名木体检复壮行动，黄冈市罗田县被纳入全国第四批古树名木抢救复壮试点；组织评选出“湖北五大树王”和“湖北省十大最美古树”，营造全社会共同参与保护的良好氛围。在全国率先探索开展野生动植物保护考核评估体系建设，选取阳新、洪湖和神农架作为野生动植物保护考核评估体系建设试点，出台了《湖北省野生动植物保护绩效考核评价体系(试行)》。

人工繁育野生动物退养 出台湖北省《关于进一步做好野生动物退养转型发展指导帮扶的通知》，建立养殖户转产转型情况月调度和重大情况报告制度，及时掌握信访动态。部署开展“回头看”工作，建立“一户一册”档案，开展了一对一跟踪帮扶，对贫困户实行了持续监测。对化解涉野生动物信访问题进行跟踪督办，每月定期向省政府办公厅、省信访局报送情况。全省17个市(州)632家禁食野生动物养殖户已全部完成转产转型。

森林防火 出台《湖北省森林防灭火“十四五”规划》。积极推进防火机构重建，全省17个市(州)林业主管部门中有15个成立独立的森林防火机构，109个县级林业主管部门中有48个成立独立的森林防火机构，有42个明确了森林防火职能机构。完成全省森林火灾风险普查调查任务，普查工作涉及17个市(州)、103个县(市、区)共3457个森林可燃物样地调查任务。全省森林火灾受害率控制在0.9‰以内，全年未发生较大及以上森林火灾和人员伤亡事故，其中国有林场、森林类自然保护地“零火灾”。

林业有害生物防治 全省林业有害生物发生面积39.48万公顷，其中成灾面积2.73万公顷，成灾率为2.9‰；组织防治面积37.56万公顷，其中无公害防治面积34.21万公顷，无公害防治率91.1%。启动实施松材线虫病防控五年攻坚行动，全年清理病枯死松树396.2万株，松材线虫病发生面积比2020年度减少146.67万公顷，病死和其他原因枯死松树数量比上年下降了16.0%，石首市、黄石市黄石港区、襄阳市樊城区3个疫区实现无疫情。实施美国白蛾预防和除治面积3.27万公顷，其危害得到有效控制。

湖北省黄冈市罗田县飞防松材线虫病媒介昆虫松褐天牛(湖北省林业局　供图)

野生动物疫源疫病监测防控 开展“野生动物疫源疫病监测防控能力提升年”活动，出台湖北省《陆生野生动物收容救护管理实施细则》《陆生野生动物疫病应急流行病调查溯源人才队伍建设方案》及《突发陆生野生动物疫情应急预案》。新设省级监测站、省级标准站各6个。密切跟踪野生动物异常，全省各级监测站累计报送监测巡护信息8019条，发现野生动物异常情况19起，发现猕猴、小天鹅、豆雁等异常野生动物58只，均科学规范处置。持续在长江沿线5个湖区同步开展疫病本底调查，运用鸟类环志技术和野生动物采样检测分析实施主动预警监测，使用卫星跟踪器环志绿翅鸭、小天鹅、斑嘴鸭等48只，采集各类野生动物样品3543份。全省未发生重大野生动物疫情。

【自然保护地建设管理】 省委办公厅、省政府办公厅出台《湖北省建立以国家公园为主体的自然保护地体系实施方案》。实施全省保护地归口管理，推进保护地整合优化和神农架国家公园体制试点建设，着力提高保护地建设管理规范化水平。

自然保护地管理 编制完成全省保护地整合优化预案，全省保护地总数322个，总面积188.8万公顷，占全省面积的10.16%；指导各地将34.91万公顷城镇建成区、永久基本农田等调出保护范围，形成了完整的自然保护地数据库，保护地边界和功能区范围实现了矢量化，初步形成了全省自然保护地“一张图”数据体系。

神农架国家公园体制试点建设 编制《神农架国家公园范围优化方案》，将堵河源、十八里长峡、巴东金丝猴、三峡万朝山4个自然保护区纳入神农架国家公园设立范围，范围面积由试点区的11.97万公顷扩大到23.72万公顷。深化《神农架国家公园保护条例》宣传、贯彻、实施，开展保护条例实施三年综合执法评估。完成“十四五”时期国家公园基础设施建设(文化保护传承利用)工程项目遴选入库，10个项目通过国家有关方面审查，其中2021年已安排启动1个。

【林业重点改革】 坚持向改革要动力，以改革增活力，抓改革释红利，持续深化国有林场改革、集体林权制度配套改革、林业“放管服”改革等，着力激发林业发展的内生动力。

林长制改革　8月5日，省委办公厅、省政府办公厅印发《关于全面推行林长制的实施意见》。省委书记应勇、省长王忠林主持召开省林长制工作推进会，省长王忠林签发第1号总林长令，省林长办印发《林长会议制度》《信息公开制度》《部门协作制度》《督查考核制度》4项配套制度，省检察院、省林长办联合制发《关于建立“林长+检察长”协作机制的指导意见》。截至2021年底，全省已基本建立省、市、县、乡、村五级林长责任体系和运行机制，共明确各级林长49 343人，实现山有人管、林有人造、树有人护、责有人担。

林业“放管服”改革　出台湖北省林业局《2021年优化营商环境工作方案》《“互联网+监管”工作方案》《扩权赋能强县工作方案》等，积极对标先进“减时限”，减时限比例由61.7%提高至85.3%，即办件比例由12.8%提高至44.7%；不断优化程序“减材料”，减材料“硬减”比例由0.4%提高至9.6%，14个申请材料实现“免提交”；采取县直报省“减环节”，在林地征占用许可审批上去掉市(州)级审核环节，加快办理速度；全面推行网上审批“减次数”，47项政务服务事项中25个事项实现0跑腿，占比53.2%，其余22个事项实现最多跑一次，占比46.8%。认真贯彻落实“高效办成一件事”，及时梳理排查国家垂直管理系统对接有关问题，按期完成了互连互通。2021年，全省共受理通过使用林地许可2533宗，涉及林地面积9756.04公顷(含国家备用定额2354.64公顷)。9月14日，《湖北日报》“优化营商环境专栏”刊发《省林业局推进政务服务“四办四减”》文章，介绍湖北省林业局工作经验。

“两山”试点建设　印发《“绿水青山就是金山银山”试点县建设实施方案》，组建14个专家服务队，跟踪服务“两山”转化途径探索工作，统筹下拨试点县建设补助资金4900万元，组织各试点县结合本地实际申报相关项目用于“两山”建设。14个试点县完成新建油茶示范林2440万公顷、改造低产低效林5586.67万公顷，新建经济林2553.33万公顷，发展林下经济1220万公顷，新建森林康养基地26个。

国有林场改革与建设　开展“富美国有林场”创建，推进国有林场道路和视频监控系统建设，完成道路建设里程259千米，罗田薄刀峰林场等5个林场入选2021年“全国十佳林场”“全国森林康养林场”。

集体林权制度配套改革　将集体林地流转纳入各级公共资源交易平台，推广使用全国《集体林地流转合同》示范文本，指导化解林权纠纷；着力规范森林保险，保障林企林农合法权益。全省变更登记(林权流转)1300件，抵押登记1760件，处理林权经营政策咨询和纠纷共21起。

【林业产业发展】　大力支持竹木精深加工、木本粮油、特色经济林、林下经济、森林旅游康养等林业产业发展，扶持龙头企业，做强产业链条，打造精品名牌，全省国家和省级林业龙头企业分别达到23家、479家，全年实现林业总产值4558亿元，同比增长18.6%。

林业龙头企业　开展国家级和省级林业龙头企业推荐申报，共推荐7家企业申报国家林业重点龙头企业，新评定64家省级林业龙头企业。10家企业获评2021年度森林食品安全示范企业。省林业局与建行湖北省分行、湖北省农信社签订了战略合作协议，联合建行在善融平台设立“湖北省林特产品馆”，入驻17家林业企业共309种商品，从7月1日上线至12月31日，共计销售11.39万单，实现销售额565.57万元。

林业产业基地　联合省发改委等十部门出台《湖北省关于科学利用林地资源　促进林下经济和木本粮油高质量发展的意见》，印发《湖北省木本油料“十四五”发展规划》《推进竹产业高质量发展的意见》。落实中央专项资金10 665万元，改造油茶低产低效林1.4万公顷，新造油茶林0.61万公顷。指导各地加强现有的核桃、油橄榄、山桐子等抚育管护，提升基地建设管理水平。对钟祥市、咸安区、罗田县、谷城县、恩施市5个深化集体林权制度改革示范县进行了评估验收。对全省林下经济发展情况进行了调查摸底，形成专题报告。组织申报国家级林下经济示范基地，共有5家单位纳入第五批国家林下经济示范基地名单。

林业精品名牌　持续打造林业特色品牌。组织林业龙头企业参与第十七届中国林产品交易会、义乌森博会、合肥苗博会、武汉“互联网+产业”电子博览会等；支持企业申报创建地理标志产品、森林生态标志产品等区域公用品牌和企业品牌，提升品牌和产品的知名度、美誉度。

森林保险　规范开展政策性森林保险工作，指导31个试点县(市)签订森林保险合同，防灾减损、勘察理赔等工作顺利开展。2021年全省森林保险承保面积158.90万公顷(其中：公益林143.96万公顷，商品林14.93万公顷)，保费3269.91万元，理赔总面积10.44万公顷，理赔金额214.86万元。积极推动林业特色保险试点工作，“核桃险”在保康县试点落地，中国人寿承保了保康县环艺核桃种植专业合作社52公顷的核桃树和核桃果；联合中华财险、太平洋保险赴麻城市、通城县等地开展了油茶特色保险专题调研。

林业生态扶贫　全年安排37个重点县中央和省级林业投资33.43亿元，占全省林业投资的57.89%，其中落实天然林和公益林、退耕还林等林业惠民资金22.87亿元，选聘脱贫群众担任生态护林员66 877名，每人每年管护补助4000元，巩固了脱贫成果，助推了乡村振兴。

【林业科技教育】

林业科学研究　以湖北省林业科学研究院为主体，全年立项林业科研项目34项，重点支持基础性研究项目，提升青年科研人员科研能力。组织验收项目12项，登记、评价、认定成果10项；获梁希科技进步奖一等奖1项、三等奖2项；“湖北森林防火网格化监测预警云平台建设及应用技术”成果入选国家林业和草原局2021年重点推广林业科技成果100项；申请专利6项，获授权实用新型专利1项，获授权计算机软件著作权10项；申报油橄榄国家林木良种1个，细榧湖北省林木良种1个，参与申报杨树湖北省林木良种2个，均已通过初审；申报湖北省地方标准26项，组织专家评审10项，颁布实施13项。

林业科技推广　以服务营造林重点工程和林业产业

发展为重点，推广油茶优良品种3、4、23、40、53号等优质苗木30多万株，全省油茶新造林良种使用率95%以上。推广红花油茶优良无性系10多个，推广嫁接容器苗3万株，造林260余公顷。完成了“林下经济优化种植模式示范”项目成果登记。编写的《林下黄精栽培技术规程》被湖北省市场监督管理局列入2021年度第一批湖北省地方标准项目。开展2021年度中央财政推广项目“油茶高产良种繁育及高效栽培技术集成示范”建设，在蕲春县、钟祥市、阳新县共营造油茶示范林40.33公顷。抓好标准化林业站项目推进、核查和验收工作，组织对2020年度30个标准化林业站开展了省级自查。

林业教育培训 湖北省林业局直属湖北生态工程职业技术学院在“稳定湖北省招生计划、扩大省外计划、扩大特色专业计划、挖掘行业单招潜力，着力提高招生生源质量”方针的指导下，2021年录取新生4204人，其中省内3371人，省外757人，扩招76人。学校“生态启航”职业发展咨询室被评为湖北省2021年高校职业生涯咨询特色工作室，系湖北省首次开展高校职业生涯咨询特色工作室推选工作，全省获评高职院校仅5所。

【林业支撑保障】

林业“十四五”规划编制 成立了林业“十四五”规划编制工作专班，制订《湖北省林业发展“十四五”规划编制工作方案》，开展“十四五”规划省直相关部门意见征询，积极对接全国林草“十四五”规划。《湖北省林业发展“十四五”规划》由省政府印发实施。

林业项目资金管理 2021年全省共到位中央和省级林业投资57.77亿元，同比增长8.8%，其中重要生态系统保护和修复重大工程的6个重点项目争取中央投资8.28亿元。安排37个重点帮扶县中央和省级林业投资33.43亿元。申报2021年度应纳入林业贷款中央财政贴息范围的林业贷款总金额共计24.89亿元，申报贴息资金5996万元。

林业法治建设 出台《省林业局“八五”普法规划》，在省林业局网站开辟普法专栏，举办了新修订的行政处罚法、森林法等专题讲座，开展宪法宣传周活动和“12·4”宪法宣誓仪式；推进湖北省湿地保护条例和野生动物致害补偿办法立法工作，修订《湖北省林业行政处罚自由裁量权实施指导标准》，组织开展林业执法资格考试、涉企执法检查、林业信用建设等，促进依法行政、规范执法。

林业信息化建设 2021年，重点开展了“一场一园一区”基础网络建设，175个国有林场、53个国家湿地公园、22个国家级自然保护区接入全省林业专网，实现了省、市、县及点上(指国有林场、湿地公园等具体的自然保护地)四级网络互联互通。大力构建林业“一套数”，经数据筛查、整合，共计梳理出涉及15个处室8个系统的496张数据资源表，初步形成林业局全业务的信息资源目录。完成林业大数据可视化展示平台项目建设。编制印发《湖北省国有林场森林防火(资源监管)“空天地人”预警监测系统建设技术指南(试行)》，完成了全省175个国有林场视频监控“一张网”建设。编制印发《湖北省国家湿地公园智慧湿地建设技术指南(试行)》，省级湿地大数据平台建成运行，实现了各国家湿地公园信息数据汇集，完成了13个国家湿地公园视频监控“一张网”的新建，全部通过验收。完成了国家级自然保护区生物多样性监测省级大数据平台项目建设，开展了7个国家级保护区的智慧保护区试点建设，编制了《湖北省智慧保护区建设技术指南(试行)》。

林业调查规划 推进新一轮林地保护利用规划编制工作。拟订新一轮林地保护利用规划编制工作方案，开展上一轮林地保护利用规划(2010~2020)实施和完成情况总结评估、上一轮规划总结评估、新一轮规划基数和目标分析、林地保护等级划分、林地空间布局等专题研究报告，分赴武汉、十堰、宜昌等地开展现场调研，以“三调”对接和“一张图”更新成果为基础，推进完成规划基数、主要指标设定等工作。

【大事记】

1月5日 全省国土绿化现场推进会在咸宁市嘉鱼县召开。副省长赵海山出席会议并讲话。省林业局局长刘新池通报2020年精准灭荒和长江两岸造林及松材线虫病防治情况。

2月18日 2020年度湖北省科学技术奖励名单揭晓，省林业局推荐的4项成果获奖，其中“湿地松多水平遗传改良技术与应用”“油茶北缘产区良种选育及其丰产栽培关键技术”“核桃种质资源收集评价与产业提质增效关键技术研发”获科学技术进步奖，“湖北大别山低山丘陵区森林植被恢复与质量提升技术推广应用”获科学技术成果推广奖。

2月23日 省委书记应勇、省长王晓东、省政协主席黄楚平等省“四大家”(党委、政府、人大和政协)领导赴武汉市洪山区武金堤洪山江滩植树点参加义务植树活动。

2月25日 全国脱贫攻坚总结表彰大会在北京人民大会堂举行，表彰全国脱贫攻坚先进集体和个人。湖北黄袍山绿色产品有限公司、湖北汉家刘氏茶业股份有限公司两家国家林业龙头企业获“全国脱贫攻坚先进集体”称号。

3月5日 全省林业工作视频会议在武汉召开。会议传达学习了副省长赵海山对林业工作的批示精神，总结回顾了“十三五”时期和2020年全省林业工作，部署安排了2021年重点工作。

3月29~31日 由国家林业和草原局、中国农林水利气象工会主办的全国林业有害生物防治员职业技能竞赛在福建泉州举行。湖北省林业局代表队获得团体比赛三等奖(全国第八名)，队员雷毛毛[保绿丰(湖北)生物科技有限公司员工]获个人二等奖(全国第四名)。

4月13日 全省脱贫攻坚总结表彰大会举行。省林业局驻鹤峰县中营镇白鹿村工作队被表彰为全省脱贫攻坚先进集体，省林业局规划财务处二级调研员吴志国被表彰为先进个人。

4月13日 全国生态文化村建设经验交流会暨《中国森林文化价值评估研究》首发式在江苏省扬州市举办。湖北省黄冈市蕲春县刘河镇胡志高村、荆门市东宝区仙居乡三泉村、宜昌枝江市顾家店镇青龙山村、洪湖市乌林镇乌林村4个村荣膺“全国生态文化村”称号。

4 月 27 日 中华全国总工会召开“五一”国际劳动节庆祝大会。省林木种苗场苗木生产部获“全国工人先锋号”殊荣。

7 月 7 日 28 架森林防火巡护无人机正式交付给武汉市、襄阳市、宜昌市等 13 个市(州)和神农架林区，此举标志着全省林业森林防火无人机骨干网络初步建立。全省林业系统有近 300 架无人机用于森林防火巡护。

7 月 8~9 日 省林业局召开 2021 年湖北省林草生态综合监测评价工作启动暨业务培训会，部署启动湖北省林草生态综合监测评价工作。省林业局党组书记、局长刘新池出席会议并讲话，国家林草局中南院院长周学武到会指导并讲话。

8 月 5 日 中共湖北省委办公厅、湖北省人民政府办公厅印发了《关于全面推行林长制的实施意见》(鄂办文〔2021〕35 号)，强调全面建立省、市、县、乡、村五级林长制，构建党政同责、属地负责、部门协同、源头治理、全域覆盖的长效机制，确保山有人管、林有人造、树有人护、责有人担。

8 月 25 日 湖北省武汉市首批碳中和林基地揭牌。基地位于蔡甸区嵩阳山和新洲区将军山，总面积 74.13 公顷，未来 30 年预计可吸收碳排放量 3 万吨。

8 月 31 日 省委副书记、省长、省总林长王忠林签署第 1 号总林长令——《加快推进落实林长制做好当前重点工作的命令》。

9 月 13 日 省林业局公布“湖北十大最美古树”和“湖北五大树王”。这是全省首次评选最美古树。罗田县白庙河镇刘氏祠村江家湾的青檀等 10 棵古树入选“湖北十大最美古树”，安陆市王义贞镇关帝庙的银杏(树龄 3000 年，最老古树)等 5 棵古树入选“湖北五大树王”。

9 月 18 日 省林业局发布《湖北省森林生态系统服务功能评估报告》。评估报告以 2019 年为核算基准年，选择 8 个方面 13 项指标进行测算。结果显示，湖北省森林生态系统 2019 年固碳量约为 1322.72 万吨，转化为二氧化碳的吸收量达 4850.46 万吨，约占全国森林碳汇的 4%。全省森林生态服务价值为 7890.25 亿元，较 10 年前增长 126.96%。

9 月 27 日 中国林学会公布了第十二届梁希林业科学技术奖评选结果。省林业科学研究院主持的“南方型杨树定向培育及可持续经营技术研究与示范”成果获科技进步奖三等奖。省林业科学研究院参与研究的“楸树珍贵用材良种选育及其应用”“湿地松优良种质创制及高效培育技术与应用”2 项成果分别获科技进步奖一等奖和三等奖。

9 月 29 日 省林业局在武汉召开全省全面推行林长制工作交流座谈会，各市(州)林业主管部门负责人交流汇报了本地推行林长制进展情况，省林业局党组书记、局长刘新池对全面推行林长制工作进行安排部署。

10 月 21 日 国家林业和草原局官网发布河北省塞罕坝机械林场护林员团队等第三批 16 个践行习近平生态文明思想先进事迹。其中，神农架国家公园科学研究院先进事迹入选。

11 月 2 日 省野生动植物保护总站组织全省秋季迁徙水鸟同步调查工作。此次调查记录到国家一级保护鸟类青头潜鸭、黑鹳、卷羽鹈鹕，国家二级保护鸟类白额雁、鸳鸯、小天鹅、棉凫、白琵鹭、黑颈䴙䴘、水雉、灰鹤等珍稀濒危物种。卷羽鹈鹕为湖北省秋季迁徙水鸟同步调查的首次记录。

11 月 15 日 省检察院、省林长制办公室联合印发《关于建立“林长+检察长”协作机制的指导意见》(鄂检会〔2021〕9 号)，对全省建立“林长+检察长”机制作出规范。

11 月 23 日 湖北省召开林长制工作推进会。省委书记、省总林长应勇主持会议。省委副书记、省长、省总林长王忠林出席会议并讲话。省委常委、秘书长董卫民，副省长赵海山、张文兵出席会议。

11 月 26 日 全省森林防火工作培训会在赤壁市召开。会议总结 2021 年以来全省森林防火工作，分析当前森林防火形势，部署冬春森林防火工作。全省各市(州)林业主管部门主要负责人，40 个重点森林火险县林业主管部门主要负责人等参加会议。

11 月 27 日 省政府办公厅正式印发《湖北省林业发展“十四五”规划》(鄂政办发〔2021〕55 号)。

12 月 11 日 安徽省铜陵淡水豚国家自然保护区夹江内的 2 头雄性江豚抵达“新家”——湖北长江天鹅洲白暨豚国家级自然保护区。它们将在天鹅洲保护区长江故道生息繁衍，优化迁地保护江豚的群体基因结构。

12 月 29 日 全省国土绿化现场推进会在襄阳召开。副省长赵海山充分肯定 2021 年全省林业工作并对下一步工作提出要求。省林业局局长刘新池通报了全省造林绿化、森林防火、有害生物防治和全面推行林长制等情况。

(湖北省林业由周仲盛供稿)

湖南省林业

【概 述】 2021 年，湖南省各级林业部门深入贯彻习近平生态文明思想，认真落实省委、省政府和国家林草局决策部署，全面推进生态保护、生态提质、生态惠民，各项工作实现稳中有进、稳中向好。

主题建设 一是森林调优。全省完成人工造林 11.79 万公顷，封山育林 20.87 万公顷，退化林修复 9.89 万公顷，森林抚育 35.11 万公顷，实施人工种草 1340 公顷、草地改良 4160 公顷，建设省级生态廊道 0.84 万公顷；林业有害生物成灾率为 6.68‰，控制在国家规定的范围以内。森林覆盖率达 59.97%，较上年度增长 0.01 个百分点；森林蓄积量达 6.41 亿立方米，较上年度增长 2300 万立方米；草原综合植被盖度达 87.04%，与上年度持平。二是湿地提质。湿地保护扎实有效，湿地保护率重新核定为 70.54%；开展了省级以上湿地公园建设管理质量评估，新增39处省级重要湿地；首次发布《洞庭湖湿地生态状况监测评估报告(2015~2020年)》；临澧道水河、永顺猛洞河2处国家湿地公园试点建设通过国家林草局验收；实施湿地保护修复项目16个，恢复湿地面积2327公顷，全球环境基金(GEF)项目获联合国粮农组织终评“优秀”等级，衡东县退耕还林还湿试点、西洞庭湖国际重要湿地生态修复工程入选湖南省首届国土空间生态修复十大范例。三是城乡添绿。全面开展长株潭绿心生态保护修复，启动林相改造工作，积极配合绿心中央公园规划；全民义务植树40周年纪念活动蓬勃开展，全国政协“全民义务植树行动的优化提升”远程协商会选取湖南作为分会场；森林城市建设深入实施，湘乡市、中方县等国家森林城市建设加快推进，隆回县等8个县(市、区)获评“湖南省森林城市”；森林乡村建设积极开展，编印了《湖南乡村绿化美化指南》，全省村庄(建制村)、村庄居住区(自然村)绿化覆盖率分别达64.22%、35.86%。四是产业增效。大力发展油茶、竹木、生态旅游与森林康养、林下经济、花木五大千亿元产业发展；推进油茶低产林改造和茶油生产加工小作坊升级改造两个“三年行动”；竹林示范路等基础设施不断完善；第二批省级森林康养基地加快建设，森林旅游市场实现恢复性增长；科学谋划全省花木产业发展，举办2021年湖南省花木博览会。五是管服做精。林长制全面推行，集体林权制度改革不断完善，国有林场改革持续深化，林业再信息化稳步推进，林业法治经验获湖南省政府立法工作人员培训班推介，关注森林活动获全国关注森林座谈会推介。林业安全生产等防控有力，全年未发生重特大生态灾害及安全事故。

资源管护 一是强化林草资源管理。深入开展打击毁林专项行动和森林督查，首次启动约谈机制，挂牌督办案件29起。省委办公厅、省政府办公厅印发《湖南省天然林保护修复制度实施方案》。完成天然林专项调查、公益林优化调整及林草生态综合监测评价。省政府出台《湖南省古树名木保护办法》，建成古树名木公园25个。组建了防火中心，扎实开展森林防火“三大一基础”活动，全省火灾次数、受害面积、损失蓄积量同比分别减少1.7%、2.4%、19.9%。启动松材线虫病疫情防控五年攻坚行动，成功拔除赫山区1个县级疫区，全省林业有害生物发生面积同比下降13.4%，无公害防治率达88.9%。二是强化自然保护地体系建设。完善了自然保护地整合优化方案，湖南经验获全国自然保护地整合优化预案“回头看”工作会议推介。成立了省级自然保护地评审委员会、专家委员会和省自然保护地协会，自然保护地分级管理体制不断健全。稳步推进南山国家公园建设，南山国家公园管理局由邵阳市政府代管调整为省林业局直管，科学考察及符合性认定报告、社会影响评价报告和设立方案顺利通过专家评审。完成保护地内涉林生态环保问题销号193个。三是强化生物多样性保护。圆满完成禁食野生动物后续工作，3366户养殖户转产转型帮扶完成率达100%，奖励资金1.06亿元全部拨付到户。开展了县域生物多样性资源调查，首次发布《湖南省生物多样性白皮书》《湖南省维管束植物红色名录》。实施了野猪危害防控试点，组织了“清风”“网剑”等打击整治非法交易野生动植物资源专项行动，开展了“世界野生动植物日”“爱鸟周”等主题宣教活动，洞庭湖越冬候鸟达29.87万只。

产业发展 2021年，全省林草产业总产值达5404.8亿元，同比增长6.0%。其中草原产业总产值13.4亿元，林业产业总产值5391.4亿元。林业产业总产值中第一产业产值为1785.7亿元，同比增长4.1%；第二产业产值1870.3亿元，同比增长8.4%；第三产业产值1735.4亿元，同比增长4.7%。油茶、竹木、生态旅游与森林康养、林下经济、花木五大千亿元产业发展势头良好。省政府办公厅印发了《湖南省财政支持油茶产业高质量发展若干政策措施》，完成低产林改造7.21万公顷、茶油小作坊升级改造150家，“湖南茶油”荣获“中国木本油料影响力区域公共品牌”称号；建设竹林道示范路433千米，精心打造“潇湘竹品”公用品牌；评定第二批省级森林康养基地30个，承办了中国丹霞年会等节会活动；建设国家级林下经济示范基地4家；成功举办2021年湖南省花木博览会，湖南荣获第十届中国花卉博览会组织、室外展园、室内展区3项金奖。全省油茶产业产值达689亿元；竹木产业产值达1096亿元；森林旅游与康养综合收入达1206亿元；林下经济产值达494亿元；花木产业产值达630亿元。

林业改革 林长制全面推行，省委、省政府召开了第一次总林长会议和全省全面推行林长制工作动员会议，省委办公厅、省政府办公厅印发《关于全面推行林长制的实施意见》，省林长办制订总林长令等8项配套制度；基本构建了“一长三员”分区负责的网格化管护体系，全省143个县(市、区)(含高新区、经开区)建立了林长制。集体林权制度改革不断完善，制定了公共资源交易平台集体林权流转交易规则，集体林地承包经营纠纷调处率达100%。国有林场改革持续深化，完成林区道路建设811千米，建成“湖南省秀美林场”26个，青羊湖国有林场列入全国现代国有林场试点建设单位。省林业局事业单位改革顺利完成，湘西土家族苗族自治州古丈县等4个县(市)恢复设立林业局。

支撑保障 岳麓山实验室设立林业片区，木本油料资源利用国家重点实验室、中国油茶科创谷建设加快推进，建成了实验室大楼主体，成立了尹伟伦等院士领衔的学术委员会和专家委员会，编印了《中国油茶科创谷规划(2020~2025年)》，建设国家创新联盟4个，获省部级科技奖励11项，其中省科技进步奖一等奖、梁希林业科学技术奖二等奖各1项。林业再信息化稳步推进，完成湖南省林业大数据体系建设项目(一期)立项与财评工作。《湖南省“十四五”林业发展规划》正式印发，12个专项规划编制基本完成。林业法治经验获湖南省政府立法工作人员培训班推介，省林业局在全省行政执法案卷评查中获评优秀等次。58个行政事项全部入驻省政务服务大厅，林业窗口“好差评”系统满意率达100%，湖南省林业局获评服务湖南省重点建设项目先进单位、推进“放管服”改革工作突出单位。

(王成家 毕 凯 廖智勇)

【完成事业单位改革试点】 2021年4月16日，省委编委印发《关于省林业局深化事业单位改革试点有关事项

的批复》，明确省林业局直属事业单位(除湖南环境生物职业技术学院外)由25个减至15个，机构精简40%，编制由1178名减至645名，精简45%。8月10日，经省委编办备案同意，省林业局党组印发了《关于湖南省林业基金站等14个事业单位机构职能编制规定的通知》，标志着省林业局深化事业单位改革试点任务基本完成。 (蒋煜林)

【湖南省林业局规划财务处获评湖南省脱贫攻坚先进集体】 2021年4月30日，湖南省脱贫攻坚总结表彰大会在长沙国际会议中心召开，湖南省林业局规划财务处获得“湖南省脱贫攻坚先进集体”称号。湖南省林业局规划财务处在脱贫攻坚这场大硬仗中，以习近平新时代中国特色社会主义思想为指导，落实“发展生产脱贫一批”和“生态补偿脱贫一批”总体要求，坚持不懈地开展林业生态扶贫，构建起以驻村帮扶为点、联点督查为线、生态护林员政策实施为面的“点线面三位一体”战略布局，突出保护和修复贫困地区生态环境，着力夯实深度贫困地区、革命老区、少数民族地区、重点生态功能区等贫困地区贫困林农稳定脱贫基础，切实提高贫困林农收入和获得感，推动贫困地区扶贫开发与生态保护相协调、脱贫致富与可持续发展相促进，建立巩固脱贫、防止返贫、持续增收的生态脱贫长效机制，实现了脱贫攻坚与生态文明建设“双赢”。 (吴林世)

【编制完成《湖南省“十四五”林业发展规划》】 根据《中华人民共和国国民经济和社会发展第十四个五年规划和2035年远景目标纲要》《湖南省国民经济和社会发展第十四个五年规划和二〇三五年远景目标纲要》等文件要求，湖南省林业局在完成规划体系建设、全省数据摸底、顶层标准文件制定、座谈汇报对接、专家评审论证、局党组会审议等多个工作阶段基础上，于2021年7月30日正式印发了《湖南省“十四五”林业发展规划》。《湖南省“十四五”林业发展规划》共6章，包括“十三五”回顾、总体思路、重点任务、重大工程项目、环境影响评价、保障措施等内容，描绘了“十四五”时期全省林业发展的宏伟蓝图。 (邹　宇)

【成功申报首批中央财政国土绿化试点示范项目】 根据《财政部办公厅　国家林草局办公室关于组织申报中央财政支持国土绿化试点示范项目的通知》，湖南省林业局组织编制了《湖南省长沙市国土绿化试点示范项目实施方案》并向财政部和国家林草局进行了项目申报。2021年3月，财政部和国家林草局组织专家对全国申报项目实施方案进行了竞争性评审，根据公示的竞争性评审结果，长沙市国土绿化试点示范项目成功入选。长沙市将以退化林修复和森林抚育等措施为抓手，人工造林为补充，大力实施营造林项目，提升森林质量和生态服务功能；同时以油茶低产林改造为重点，建设一批高产稳产的油茶林基地。长沙市国土绿化试点示范项目的实施，将充分发挥省会城市的示范引领作用，对全省乃至全国的营造林和油茶产业起到试点示范作用。 (邓腊云)

【林业科技】 2021年，湖南省林业局围绕典型生态系统生态服务功能提升、困难立地生态修复、经济林果提质增效、竹木资源高效利用、林业装备研发等开展科技攻关，获省部级科研立项77项，解决技术难题100余个，验收到期科研项目38项，取得省级以上科技成果13项，获省部级科技奖励11项。平台建设稳中有进，“中国油茶科创谷”、省部共建木本油料资源利用国家重点实验室、岳麓山实验室林大林科院片区等重要林业科技平台加快建设，为打造全国林业科技创新高地奠定了坚实基础。科技成果推广示范成效显著，编制了《湖南省中央财政林业科技推广示范资金项目管理办法》，44项成果录入国家林草科技推广成果库，通过项目实施推广成果或良种30个，推广技术25项，建立科技示范基地30个，建立或改建生产线10条，建立示范林376.67公顷。选派省市县科技特派员200名、乡土专家10名，举办各级线上线下培训班90期，培训技术人员及林农25万余人次。 (张　华)

【“两室一谷”建设】 2021年，湖南林业全力推进岳麓山实验室设立林业片区，木本油料资源利用国家重点实验室、中国油茶科创谷等重大科技平台建设。湖南省林业局印发《中国油茶科创谷规划(2020~2025年)》和《关于中国油茶科创谷建设有关问题的会议纪要》，注册成立湖南油茶科创谷有限责任公司，启动航天育种研究和油茶产品质量分析检测平台、油茶鲜果加工与交易物流示范基地建设，开展全国油茶产业发展调研和岳麓山油茶种业创新中心、油茶产业服务中心详规编制。印发了《湖南省林业局关于加强省部共建木本油料资源利用国家重点实验室建设的若干意见》，组织召开了学术委员会第二次会议及全国油茶企业茶油产品营销体系座谈会，争取各类科研和建设项目50余项，发表论文50余篇，获成果、专利、新品种20余项，组建了6个创新团队，柔性引进高端人才3名，10余名优秀博士后进驻实验室，联合培养硕(博)士20余名。编制了岳麓山实验室设立林业片区建设方案，整合了湖南省林科院、中南林业科技大学、省植物园、种苗中心、青羊湖林场等单位的特色优势和创新平台，形成了硬件建设、人才培养、科技攻关等方面合作共建的建设布局。 (张　华)

【湖南跻身国家科学绿化试点示范省】 2021年，国家林业和草原局、国家发展和改革委员会联合印发《“十四五”林业草原保护发展规划纲要》，将湖南列为国家科学绿化试点示范省，重点开展长江丘陵山地科学绿化工作，提升科学绿化水平。湖南省人民政府办公厅印发《关于科学绿化的实施意见》，统筹推进全省山水林田湖草沙系统治理，构建“一心五区多廊”的科学绿化国土空间格局。在2021年1月26日召开的全国林业和草原工作视频会议上，湖南省作了“推进科学绿化精准提升质量”典型经验发言，国家林业和草原局对2020年全国的林草重点工作进行了表彰通报，湖南省国土绿化工作以全国排名第一的成绩获得表彰。 (田龙江)

【全省岩溶地区第四次石漠化调查工作】 湖南省林业局认真落实国家林业和草原局的统一部署，开展岩溶地区第四次石漠化调查工作。全省83个调查县共调查了

1080个调查乡(镇、场),岩溶面积550.37万公顷、小班697.1万个,建立特征点34 042个,拍摄特征点照片66 325张,经过国家林业和草原局的核查,湖南省石漠化调查质量评价等级为良好。(田龙江)

【草原管理工作】 2021年,湖南省林业局编印《湖南省草地生态保护修复技术导则》,与湖南农业大学联合成立湖南省草地研究中心,为湖南草原工作提供了有力的科技和人才支撑。南滩国家草原自然公园总规及建设方案通过国家、省、市层次专家评审,推荐临武县天头岭国有草场、临武县通天山国有草场、汉寿县滨湖国有草场开展国有草场试点,开展全民所有草原自然资源资产委托代理试点。利用中央财政林业资金开展草原生态提质,开展人工种草266.67公顷,草地改良1333.33公顷,湖南省草原综合植被盖度达到87.04%。(田龙江)

【退耕还林工作】 2021年,国家林业和草原局通报湖南省退耕还林抽查面积保存率、计划面积保存率均为99.97%,两项指标均排名全国第一。(田龙江)

【全民义务植树40周年系列活动】 2021年,湖南深入开展全民义务植树40周年系列活动,时任省委书记许达哲、省长毛伟明在《湖南日报》发表署名文章《让绿色成为湖南高质量发展的亮丽底色》,号召全省人民"携手建设美丽湖南,让绿色成为发展底色",近30位省领导在长沙市天心区融城公园带头参加主题为"造绿长株潭,植美都市圈"的义务植树活动,省政协主席李微微组织各级政协委员和省政协机关干部开展了"助力长株潭绿心地区生态屏障建设,政协人在行动"的义务植树活动,全国政协"全民义务植树行动的优化提升"远程协商会选取湖南作为分会场。湖南省林业局发布了《2020年湖南省国土绿化状况公报》,拍摄制作了《履行植树义务,共建美丽湖南》公益短视频,在"互联网+全民义务植树"平台新上线了"我为毛主席家乡种棵红杜鹃"项目,网上实名发放国土荣誉证书和全民义务植树尽责证书2万余张。据统计,全省共有3979万人参加了义务植树活动,植树1.77亿株。(祝梦瑶)

【省政府出台《湖南省古树名木保护办法》】 2021年3月3日,《湖南省古树名木保护办法》被列入《湖南省人民政府2021年立法计划》,湖南省林业局制订立法工作方案,进行立法调研,起草《湖南省古树名木保护办法(草案)》,并面向相关单位和社会各界公开征求意见。11月15日,湖南省政府常务会议审议通过《湖南省古树名木保护办法》,11月26日以省人民政府令第306号文件正式颁布,该办法是湖南林业"十四五"期间第一部立法,自2022年3月12日起施行。(祝梦瑶)

【2021年湖南省花木博览会】 10月15~17日,2021年湖南省花木博览会在长沙市雨花区石燕湖景区举行,此届花木博览会由湖南省林业局和长沙市人民政府共同主办,以"礼赞建党百年　共建大美湖南"为主题,以"一心、二廊、十二韵"为整体设计思路,展览面积约7万平方米,全省14个市(州)、300余家花木企业参展,设6个室外展园、27个室内展区、3个特色花木基地展区,共有300多个花木品种、2万多件盆景、盆花、插花、赏石等展品展出,观展总人数达70万人次。(祝梦瑶)

【参展第十届中国花卉博览会】 2021年5月21日至7月2日,湖南省林业局认真组织参展第十届中国花卉博览会,湖南荣获组织奖金奖、室外展园金奖、室内展区金奖。此届花博会期间,湖南先后7次选送362件展品参赛,共获奖254项,其中金奖13项、银奖59项、铜奖101项、优秀奖81项,在奖项种类、获奖总数、获奖比例和奖励等级等方面均创湖南林业史上新高。(祝梦瑶)

【古树名木主题公园建设】 2021年,经湖南省政府审查登记编号,湖南省林业局、湖南省绿化委员会办公室联合印发了《湖南省古树名木公园认定管理办法》,对湖南省古树名木公园认定管理工作进行了规范,截至2021年底,湖南省已有14个市(州)27个县(市、区)的34个古树名木主题公园建成或正在规划建设。(祝梦瑶)

【打击毁林专项行动】 2021年,湖南省林业局以"三个前所未有"(前所未有的决心、前所未有的举措、前所未有的效果)高标准严要求组织开展打击毁林专项行动。共挂牌督办29个典型案件,首次与国家林草局贵阳专员办组织联合挂牌督办,首次约谈整改工作不力的零陵区和吉首市并督促完成整改。通过专项行动,2018~2019年森林督查问题整改完成率达100%。(李邵平)

【"十四五"期间年森林采伐限额编制工作】 2019~2021年,湖南省林业局落实《国家林草局关于编制"十四五"期间年森林采伐限额工作的通知》(林资发〔2019〕99号)要求,按照消耗量低于生长量和森林分类经营管理的原则,组织编制了湖南省"十四五"期间年森林采伐限额。经国家林草局审核、湖南省人民政府批准下达,湖南省"十四五"期间年森林采伐限额为1108.1万立方米(含公益林年采伐限额206.1万立方米、商品林年采伐限额901.9万立方米),省预留年采伐限额为82.1万立方米。(郑佳兴)

【禁食野生动物后续工作】 2021年,湖南省林业局督促指导各市(州)加快落实转产转型帮扶和奖励资金,全省3366户禁食野生动物养殖户转产转型帮扶完成率100%,禁食野生动物奖励资金10 575.69万元全部拨付到户,拨付率100%。全年未发生禁食养殖户规模集访、过激行为访,圆满完成禁食野生动物后续工作,有力地维护了社会稳定大局。(廖凌娟)

【野生动植物资源保护监管】 2021年,湖南省林业局充分发挥湖南省野生动植物资源保护工作联席会议制度作用,联合相关省直部门开展"清风""网剑"等打击破坏野生动植物资源违法犯罪专项行动。全年全省各级林业部门共办理涉野生动植物的案件247起,处理违法人员339人,收缴野生动植物3629只(头、尾、株)、野生动植物制品192件612.48千克、非法工具668件;没收违法所得29.47万元，并处罚款和罚金121.32万元。
(廖凌娟)

【自然保护地整合优化工作】 2021年，湖南省林业局对2020年12月上报国家林草局的预案成果进行再完善，新增调出面积9.3万公顷，调入面积0.15万公顷，参与整合优化的438处自然保护地整合为301处，自然保护地整合优化后面积为190.67万公顷，占全省面积比例9%。拟整合优化后，湖南省所有自然保护地合计面积321.98万公顷，去除重叠区域后，保护面积228.32万公顷，占湖南省国土面积比例10.78%。湖南省率先开展自然保护地整合优化“回头看”工作，全省共反馈2024个问题，涉及20 632个图斑，面积51 143.39公顷，经过审查把关全省拟同意对9个市(州)31个自然保护地181个图斑，涉及3268.67公顷的面积进行调整，湖南省经验获全国自然保护地整合优化预案“回头看”工作会议推介。 (申曼曼)

【南山国家公园建设】 2021年6月25日，湖南省委副书记、省长毛伟明主持召开省政府专题会议研究南山国家公园相关问题。会议通过了南山国家公园体制试点区范围调整方案，新纳入黄桑、新宁舜皇山、东安舜皇山3个国家级自然保护区和黄桑省级风景名胜区以及各保护地之间的链接地带，南山国家公园调整为“湖南省政府直管，具体由湖南省林业局管理”，南山国家公园管理局的主要负责人由湖南省林业局派出，管理体制得到进一步理顺。湖南省林业局组织编制了南山国家公园科学考察及符合性认定报告、社会影响评价报告、设立方案，编制了《南山国家公园全民所有自然资源资产委托代理机制试点实施方案》，印发了南山国家公园设立工作责任清单。湖南省建立国家公园体制试点领导小组明确的38个建设项目清单基本完成，推动南山国家公园行政权力集中授权延期。南山国家公园体制试点区开展整合优化，调处各类矛盾冲突面积1225公顷。
(成 彬)

【集体林权交易】 2021年12月10日，湖南省林业局印发《湖南省公共资源交易平台集体林权流转交易规则(试行)》，标志着湖南集体林权交易迈入了制度化、规范化轨道。《交易规则》规范了集体林权进场交易的原则、交易条件、交易程序、申请材料、交易行为规范等内容，明确了林业主管部门和公共资源交易中心的职责分工，对维护湖南集体林权流转交易秩序具有重要意义。《交易规则》是湖南制定的第一件规范集体林权交易的规范性文件。 (罗 琴)

【新增14家林业类国家示范社】 2021年6月11日，农业农村部、国家林草局等八部门联合下发《关于公布2020年国家农民合作社示范社和全国农民用水合作示范组织名单的通知》。在公布的示范社名单中，林业类国家示范社145家，其中，湖南14家农民林业专业合作社榜上有名，是同批次林业类国家示范社通过率最高和认定数量最多的省份。 (罗 琴)

【森林防火】 2021年，湖南省共发生森林火灾58起，受害森林面积276.9公顷，损失成林蓄积量4846.16立方米，同比分别减少1.7%、2.4%、19.9%，火情早期处理率达100%，没有发生重特大森林火灾。湖南省林业局开展了重大森林火险隐患排查治理、野外火源治理和查处违规用火行为、林区输配电设施火灾隐患排查治理3个专项行动，累计发出整改通知4405份，整改隐患问题20 471个，查处行政案件302起，破获刑事案件45起，打击处理466人次，其中行政处罚400人，刑事处罚66人，追责问责97人。 (李双燕)

【林业碳汇】 2021年，湖南省林业局深入贯彻落实习近平生态文明思想，落实中央经济工作会议关于“做好碳达峰、碳中和工作”的部署，先后召开全省碳中和“十四五”林业行动要点座谈会、全省林业碳汇专家座谈会，完成省政府碳达峰、碳中和背景下的林业碳汇调研课题，编制了《湖南省碳中和林业发展规划(2021～2030年)》《湖南省碳中和林业“十四五”行动方案》以及28个碳中和科研项目实施方案，实施了《湖南省森林生态系统空间格局与固碳基础分析》《湖南省森林碳汇多尺度协同监测体系设计》《湖南省主要林分类型碳汇基线体系研究》等科研项目，完成了全省林业碳汇项目综合管理平台的网络部署并完善了数据管理，举办全省林业碳汇管理和技术培训班，为夯实林业碳汇研究基础、加强林业碳汇管理打下了坚实基础。 (古康宁)

【林业外资项目】 2021年，湖南省林业局加大利用外资力度，利用国外低利率优惠贷款带动全省林业高质量发展，全年在建外资项目2个，申报新外资项目1个。其中，利用德国复兴信贷银行促进贷款湖南森林可持续经营项目2840万欧元贷款全部执行完毕并完成竣工验收准备工作；欧洲投资银行贷款湖南森林提质增效示范项目完成建设面积8548公顷，实际利用外资1.49亿元，到账金额2.73亿元；积极申报利用德国复兴信贷银行促进贷款湖南省森林经营和碳汇开发项目，项目建议书经湖南省发改委、省财政厅审核同意并上报，申报贷款意向额度2亿欧元。 (古康宁)

【国有林场林区道路建设项目】 根据交通运输部、国家发改委、财政部、国家林业和草原局《关于促进国有林场林区道路持续健康发展的实施意见》(交规划发〔2018〕24号)以及《湖南省交通运输厅 湖南省林业局关于下达林场林区场部通硬化路建设计划的通知》(湘交计统〔2019〕239号)，全省国有林场林区道路建设规模809千米，切块下达41个国有林场实施，项目总投资6.32亿元，其中中央投资2.83亿元，地方配套3.49亿元，2020年启动，2021年底全面完工。 (吴 锋)

【天然林专项调查】 2021年，湖南省林业局组织完成全省天然林专项调查，并将天然林专项调查成果与国土“三调”数据进行对接融合，核定湖南省天然林面积456.35万公顷，其中：天然公益林197.63万公顷、天然商品林258.71万公顷。 (王育坚)

【公益林优化调整】 2021年，湖南省林业局组织对全省公益林进行了优化调整，其中：与国土“三调”数据对接融合减少省级以上公益林38.52万公顷、补进省级以上公益林9.17万公顷、纠错调出省级以上公益林3.63万公顷、省级公益林补进为国家级公益林1.61万公顷。优化调整后，全省公益林面积为467.27万公顷，其中：国家级公益林370.15万公顷、省级公益林93.49万公顷、市级公益林3.25万公顷、县级公益林3860公顷。（王育坚）

【首次组织风景名胜区等自然公园质量管理评估】 2021年，湖南省林业局首次组织开展全省风景名胜区质量管理评估工作，参加质量管理评估的风景名胜区共71个，其中：评定为优秀的风景名胜区16个，优秀率22.5%；评定为良好的19个，良好率26.8%；评定为合格的36个，合格率50.7%；岳麓山、南岳衡山等16个单位获评“2021年度风景名胜区质量管理优秀单位”。参加质量管理评估的国家级及省级森林公园共122个，其中：评定为优秀的森林公园15个，优秀等次比率12.30%；评定为良好的102个，良好等次比率83.61%；评定为合格的5个，合格等次比率4.09%；北罗霄、大熊山森林公园等15个单位被评为“2021年度森林公园质量管理十佳单位”。（陈月忠）

【林业生态产业发展】 2021年，湖南省林业产业总产值5404.8亿元，同比增长6.0%。第二产业增长提速明显，受第二产业带动作用影响，第一产业稳步增长，第三产业特别是森林生态旅游受新冠病毒疫情影响，增速明显放缓。全省油茶产业产值达689亿元，竹木产业产值达1096亿元，森林旅游与康养综合收入达1206亿元，林下经济产值达494亿元，花木产业产值达630亿元。（谢永强）

【油茶产业】 2021年，湖南省林业局以油茶低产林改造、茶油小作坊升级改造为重点，持续深化“湖南茶油”公用品牌建设和科技支撑赋能，不断推动油茶产业链与政策链、创新链、价值链深度融合，实现油茶千亿产业高质量发展。湖南省政府办公厅印发《湖南省财政支持油茶产业高质量发展若干政策措施》，从油茶林提质增效、茶油加工、金融产品创新、科技研发、品牌建设等8个方面出台18条具体措施对油茶产业给予全方位支持。湖南省林业科学院与航天神舟生物科技集团有限公司在北京签订《开发研究油茶航天育种合作协议》，标志着中国油茶科创谷油茶航天育种项目正式启动。全省全年完成油茶新造4.29万公顷，低产林改造7.21万公顷，支持建设茶油小作坊升级改造示范点160家、油茶果初加工与茶籽仓储交易中心10家。经测产推算，全年油茶鲜果产量657万吨，折算油茶籽产量166万吨，折算茶油36.6万吨，同比增长24.4%。

（谢永强）

【松材线虫病疫情防控五年攻坚行动】 2021年，湖南省林业局制订《湖南省松材线虫病疫情防控五年行动方案(2021～2025年)》，启动开展松材线虫病疫情防控五年攻坚行动，定下了“到2025年，全省疫情发生面积和乡镇疫点数量实现双下降，拔除至少4个疫区，至少3个疫区实现无疫情”的攻坚行动目标。2021年，全省林业有害生物发生面积36.2万公顷，同比下降13.4%。防治面积26.6万公顷，其中无公害防治23.7万公顷，无公害防治率89%，成灾面积7.4万公顷，成灾率6.68‰，各项指标均达到国家考核要求。成功拔除赫山区1个县级疫区。（戴　阳　孙　凯）

广东省林业

【概　述】 2021年，广东森林面积1053.33万公顷，森林蓄积量6.24亿立方米，森林覆盖率58.74%。林业产业总产值8607亿元，连续十三年位居全国第一，其中第一产业1425亿元、第二产业5440亿元、第三产业1742亿元。全省参加各种形式义务植树3688.98万人次，植树1.2亿株。全年落实省级以上财政事业发展性支出资金76.11亿元。全省完成造林与生态修复12.83万公顷，森林抚育5万公顷。全省建立各类县级以上自然保护地1361个，面积260.35万公顷(去除交叉重叠面积，含海域)，数量居全国首位。

【国土绿化】 2021年，广东贯彻科学绿化要求，制定出台《广东省人民政府办公厅关于科学绿化的实施意见》，实施宜林荒山、荒地、荒滩造林，开展退化林、低质低效林、桉树林改造，走科学、生态、节俭的绿化发展之路。组织实施“绿美广东大行动”，完成造林与生态修复12.83万公顷，稳步推进林业重点生态工程，建设高质量水源林6.76万公顷，营造沿海防护林1.65万公顷，培育大径材2.86万公顷，重点造林任务“落地上图”率100%。组织修编《雷州半岛生态修复规划(2016～2035年)》，完成雷州半岛生态修复0.8万公顷。组织河源、梅州、清远、茂名等地开展南粤古驿道、中央红色交通线生态修复治理，提升沿线绿化质量。落实财政资金1.09亿元，稳步推进连南万山朝王国家石漠公园建设。争取中央财政国土绿化试点示范项目投资1.21亿元，支持乳源西京古道国家石漠公园建设。制订《林业促进碳中和行动方案》，开展林业碳汇计量监测，组织开发林业碳普惠项目，探索建立林业碳汇交易市场。森林城市建设持续推进，组织开展森林城市综合评价及生态绿地优化研究和国家森林城市监测评价，建设水鸟生态廊道节点2422个，完成质量提升173公顷，珠三角国家森林城市群通过国家林草局专家组验收。森林乡村建设同步开展，绿化美化乡村1007个，建设绿美古树乡村36个、绿美红色乡村59个，建成省级森林乡村622个。加强古树名木保护，省绿化委员会出台规范城市绿化文件，强化城市建设中迁移砍伐树木管理。启用新版古树名木管理信息系统，开展古树名木资源补充调查和挂牌保护工作，全省 8.1 万株在册古树名木得到有效保护。组织开展“全民植树 40 载，绿美广东谱新篇”主题义务植树活动，省绿化委员会在中山市举行纪念全民义务植树 40 周年活动，各地广泛开展形式多样的主题纪念活动，全省 3688.98 万人次参加义务植树，折算植树 1.2 亿株。组织完成第十届中国花卉博览会广东参展工作。加强国土绿化和生态修复规范化管理，修订《广东省造林管理办法》，编制《广东省主要乡土树种名录》，印发《广东省高质量水源林建设规划（2021～2025 年）》《大径材基地建设技术规程》《关于加快推进国家储备林建设的实施方案》。

【森林资源管理】 2021 年，广东继续强化森林资源管理，组织编制《广东省林地保护利用规划（2021～2035 年）》，加强林地保护利用规划设计。围绕粤港澳大湾区建设、交通大会战、乡村振兴等重点工作，落实用林保障，全年共审核审批建设项目使用林地 1949 宗，批准使用林地面积 1.06 万公顷，及时为广州至湛江高速铁路、广州白云国际机场三期扩建、肇庆至高明高速公路（一期）等一批重大项目办理使用林地手续，服务经济社会高质量发展。强化林木采伐管理，修订印发《广东省林业局关于林木采伐的管理办法》，制定伐区随机检查制度，建立以信用管理为基础的林木采伐监管机制。印发 2020 年度和 2021 年度中央财政森林抚育补助实施方案，实施森林抚育 5 万公顷。加强森林经营，开展全国森林经营试点，印发《广东省森林经营方案编制（修编）技术指引（试行）》，推动建立森林经营方案制度体系。组织开展 2021 年森林督查、打击毁林、毁林违建乱象清理整治等系列专项行动，清理整治涉林违法违规项目，核查卫星影像图斑 7.02 万个，恢复林地 505 公顷，补种林木 47 万株。开展林草生态综合监测评价，完成样地调查 1732 个，组织开展林地、草地、湿地数据与国土“三调”数据对接融合，处理图斑 226 万个，对 214 万个图斑属性进行赋值，妥善解决一批重复划定、与永久基本农田重叠和数据不准确等历史遗留问题。加强公益林和天然林保护，完成省级以上公益林和天然林落界工作，核定省级以上公益林 476.67 万公顷（其中，国家级 133.87 万公顷）、天然林 260 万公顷，划定天然林保护重点区域 24.67 万公顷，实现公益林和天然林数据与森林资源管理“一张图”数据全面整合。印发《广东省公益林示范区建设工作方案（试行）》，投入资金 4000 万元，推进 15 个公益林示范区建设，全省公益林一二类林比例达 86.5%。继续实施公益林差异化补偿，省级以上公益林补偿标准提高到平均每公顷 630 元，共落实各级财政补偿资金 33.7 亿元，惠及全省 560 万户 2650 万林农。开展公益林效益补偿资金和天然林补助资金专项审计，强化资金监管。建成公益林精细化管理系统并在全省推广应用，公益林精细化管理水平得到提升。加强国家重点林木良种基地和国家林木种质资源库建设，全省生产供应苗木 2 亿余株，保障林业重点生态工程顺利实施。

【自然保护地建设管理】 2021 年，广东扎实推进自然保护地体系建设，落实国家林草局督导组关于加快推进南岭国家公园创建的要求，制订工作方案并经省政府常务会议审议，省直有关单位和韶关、清远市协同推进机构设置、永久基本农田处置、矿业权退出等 7 项重点工作，编制呈报的《南岭国家公园创建方案》获得国家公园管理局正式批复同意，南岭国家公园纳入全国首批国家公园试点后第二批创建名录。完成小水电站清退试点、入口廊道景观提升、华南历史研学基地等重点项目建设任务。开展南岭国家公园总体规划、生态监测等 4 个专项规划编制及社区发展等 6 项专题研究。稳步推进自然保护地整合优化工作，经省政府同意，联合省自然资源厅印发《广东省自然保护地规划（2021～2035 年）》，完成全省自然保护地整合优化预案并上报国家，通过预案“回头看”推动国土空间规划编制和“三区三线”试划工作，优化全省自然保护生态格局。开展自然保护区“绿盾”专项行动，发现问题 1002 处，整改完成率 97.9%。开展省级以上自然保护地违建问题自查自纠，处置完成违建项目 179 宗。配合做好第二轮第四批中央环保督察工作，开展“碧海 2021”专项执法行动和国家级海洋自然保护地人类活动遥感监测核查工作，推动解决群众反映突出的生态环境问题。自然保护地能力建设和规范化管理取得新进展，发布广东省自然保护地建设技术指引和标识（LOGO），建立自然保护地监管平台、巡护平台和开放预约平台系统。选取国家级和部分省级自然保护区开展监测样地和样线建设，布设红外相机 3600 多台，车八岭自然保护区率先研发野生动物智能监测综合信息服务平台，象头山、珠江口中华白海豚、惠东海龟等自然保护区对野生动植物资源及其生境开展持续监测，全省生物多样性监测网络体系趋于完善，河源、惠州、韶关、东莞等地首次拍摄记录到中华穿山甲、中华鬣羚、豹猫等珍稀濒危物种。

【野生动植物保护】 2021 年，广东强化野生动植物保护管理，修订发布《广东省重点保护陆生野生动物名录》。加快生物多样性保护重大项目实施，统筹推进国家林草局穿山甲保护研究中心、华南珍稀濒危植物保育研究中心及基地、华南虎野化基地建设，支持华南植物园参与国家植物园体系建设。加大就地保护力度，实施华南虎、鳄蜥等重点物种保护工程和观光木、仙湖苏铁、水松等极小种群野生植物拯救保护工程，开展自然保护地外珍稀濒危野生植物原生境保护小区（保护点）摸底调查和保护修复，监测发现白鹤、勺嘴鹬、紫纹兜兰、丹霞兰等 20 多个物种在广东有新分布，生物多样性保护成效明显。服务广东中医药强省建设，选取广东中亚热带（韶关市）、南亚热带（惠州市大湾区）及北热带（阳江市）三个气候带，开展珍稀特有植物及重要南药资源调查，编制《广东重点保育南药植物名录》和《广东药用植物资源调查报告（2021 年）》。加强种质资源活体保护，在省德庆林场建立“南药种质资源保育基地”，保育土沉香、春砂仁、益智、广东陈皮、广佛手等 28 个地理种源的重要南药资源。加强野生动物保护监管，起草《广东省陆生野生动物致害补偿办法》，完善野生动物致害补偿制度。组织实施国家防控野猪危害综合试点，开展全省野猪资源和危害情况调查、监测与评估。加强陆生野生动物疫源疫病监测，重点开展预警平台建设。推动禁食野生动物后续处置及转产转型，完善人工繁育和经营利用野生动物及其制品档案，规范野生动植物行政许可。建立省、市两级打击野生动植物非法贸易部门间联席会议制度，全面禁止野生动植物非法贸易。强化跨区域、跨部门协作，开展“清风行动”，加强沿海候鸟保护，开展打击整治破坏野生植物资源专项行动，查处涉非法采伐、毁坏、采购、运输、加工出售国家重点保护植物及其制品案件9起。组织开展野生动植物保护系列宣传活动，倡导“尊重自然、顺应自然、保护自然”的生态文明理念。

华南虎幼崽

【湿地资源保护】 2021年，广东加强湿地保护制度建设，1月1日起正式实施《广东省湿地保护条例》。湿地保护率纳入省“十四五”规划、省生态文明建设考核目标体系，成为广东省生态文明建设的重要指标之一。印发《广东省重要湿地认定和名录发布管理办法》，起草《广东省湿地公园管理办法》《广东省湿地保护“十四五”规划》，推进湿地自然保护区、国家湿地公园建规立制工作，湿地保护管理工作步入规范化、制度化轨道。加强湿地保护管理，完善湿地分级管理体系，推进湿地保护体系建设，组织广州海珠区海珠、东源县万绿湖、南雄市孔江、乳源瑶族自治县南水湖4处湿地申报国家重要湿地，评估认定深圳华侨城、罗定金银湖和郁南大河3处省级重要湿地，完成广东花都湖、新会小鸟天堂、开平孔雀湖、阳东寿长河红树林、四会绥江、连南瑶排梯田6个国家湿地公园试点建设省级验收和广东花都湖、珠海横琴2个国家湿地公园功能区范围调整考察评估，新增广东花都湖和新会小鸟天堂2个国家湿地公园。开展省级以上湿地公园监督检查，督办违法违规问题16个，推动地方落实整改任务。至年底，全省建有国际重要湿地4处、国家重要湿地2处、省重要湿地13处、湿地自然保护区110个、湿地公园265个，湿地保护面积88.13万公顷，湿地保护率50.27%。加强红树林保护修复，省委书记李希、省长马兴瑞对红树林保护工作提出明确批示要求，红树林保护修复列入省政府工作报告重点任务。省自然资源厅、省林业局联合印发《广东省红树林保护修复专项行动计划实施方案》，将红树林划入生态保护红线实行严格保护，组织开展红树林保护修复科技攻关，研究制定红树林生态修复技术指南。围绕蓝色海湾综合整治、沿海防护林体系建设、湿地保护工程项目推进，营造修复红树林269.47公顷。同时结合退塘还林还湿，探索红树林与生态养殖兼顾共生的保护修复新模式。依托“世界湿地日”“世界海洋日”等时点，组织开展形式多样、内容丰富的湿地保护主题宣传教育活动，累计举办136场(次)，参加人数超过56万人次，推动湿地保护观念深入人心，营造全社会保护湿地良好氛围。

广东广州海珠国家湿地公园

【林业改革】 2021年，广东加快推进全面推行林长制工作，成立省全面推行林长制工作领导小组，省委书记李希、省长马兴瑞分别担任省第一总林长和总林长，省委办公厅、省政府办公厅印发《关于全面推行林长制的实施意见》，制订出台省全面推行林长制工作领导小组工作规则、林长巡查、林长会议、信息公开、工作督查、部门协作、考核办法7项制度文件。截至年底，全省设立省市县镇村各级林长7.9万名，聘用护林员3.3万名，落实监管员1.8万名，五级林长体系初步建立。平远、增城、翁源、化州4个试点地区创新建立“林河长联动”“森林警长”“产业林长”“林长+检察长”等特色鲜明、可复制可推广的工作机制。巩固完善国有林场改革成果，落实省属林场财政保障，开展国有资产出租、土地(林地)转让专项清理，出台系列监管制度，加强管护站点等基础设施建设，推动省属林场向生态公益型林场转变。启动实施省属国有林场和省级自然保护区管理体制改革。推进集体林权制度创新，规范集体林权流转，在英德市开展林权综合监管系统功能试运行，推动广州市及花都区、从化区，韶关市及乳源县、仁化县、南雄市开展林业改革发展综合试点，推选认定十大省样板镇村林场。总结“先造后补”试点经验，制订《广东省林业局先造后补管理办法》，降低补助起点面积、科学设置补助标准、明确补助资金来源、规范申报程序。落实“放管服”改革要求，承接国家林草局行政许可委托事项3项，明确“省内通办，跨省通办”林业事项清单，开发用林业务管理应用系统，打造便民惠民新举措。林业机构队伍建设进一步优化，省林业局成立公益林管理处、政策法规处加挂审计处牌子，省林业科技推广站并入省林科院，优化整合科技推广力量。省野生动物救护中心更名为省野生动物监测救护中心，增加疫病疫源监测预警、水生野生动物救护、中华穿山甲研究等职能。湛江市、佛冈县、阳西县、新兴县、梅县区、博罗县相继恢复设立林业局。全省11个地级市34个县(市、区)设立专门的森林火灾预防机构，森林防火力量得到加强。加强基层护林员队伍建设，落实省级财政专职护林员补助资金 9625 万元，补助汕头、韶关、河源、梅州、惠州、汕尾、阳江、茂名、湛江、肇庆、清远、潮州、揭阳、云浮 14 个地市所辖县(市、区)，江门市所辖开平、台山、恩平市以及粤东西北地区省级以上自然保护区和省属国有林场专职护林员 2.67 万人，补助标准 300 元/(月·人)，进一步稳定全省护林员队伍。

广东省成功救治中华穿山甲并放归自然

【林业产业】 2021 年，广东积极发展绿色富民产业，加快产业转型升级，实现稳定发展，全省林业产业总值 8607 亿元，其中：第一产业产值 1425 亿元、第二产业产值 5440 亿元、第三产业产值 1742 亿元。加强林业产业发展规划，组织编制《广东省林业产业发展“十四五”规划》和《广东省森林旅游规划(2021～2035)》，联合省统计局出台加强林业产业统计文件，规范林业产业高质量发展。加强油茶产业培育发展，制定《低产低效油茶林改造指南》，落实中央财政资金 1.67 亿元，实施低产低效油茶林改造 2.43 万公顷。培育新型林业经营主体和新业态发展，德庆县成功创建国家林业产业示范园，新认定省级林业龙头企业 56 家、保留认定企业 81 家，认定国家级和省级林下经济示范基地 25 个，认定省级森林康养基地 10 个，联合省文化和旅游厅推荐认定“南粤森林人家”77 家。组织 56 家企业和基地入驻国家林草局林特产品馆商务平台广东分馆。组织 89 家林业企业参加中国义乌森林产品博览会、海南世界休闲旅游博览会、中国国际农产品交易会，为广东企业搭建交流合作平台。加强东西部林业产业协作，协调广东省 6 个地市对口帮扶贵州省 9 个地市发展林业产业。推进新一轮政策性森林保险扩面提标工作，全省 20 个地级市(除深圳外)和 13 个省属林场纳入保障范围，保险金额提高到 1.8 万元/公顷，全省森林参保面积 587.87 万公顷，参保率 56%，提供风险保障 1058 亿元。发挥林业特色优势，继续实施乡村振兴林业行动，完成雷州市揖花村定点帮扶工作。联合中国水产科学研究院南海水产研究所、广东生态工程职业学院成立驻雷州市雷高镇工作队，启动新一轮乡村振兴驻镇帮镇扶村工作，助力脱贫攻坚与乡村振兴有效衔接。落实省委、省政府关于领导干部深入基层定点联系涉农县(市、区)工作要求，指导推动广州市花都区以生态带动乡村振兴发展。

【森林灾害防治】 2021 年，广东省林业局建立局领导包片、处室包市工作机制，压实森林火灾防范地方主体责任，全年共发生森林火灾 162 起，森林火灾受害率控制在 0.9‰以内，未发生重大以上森林火灾，实现“五一”、国庆、重阳等重要节点零火情。联合省森林防灭火指挥部办公室、省应急管理厅，部署开展全省森林火险隐患排查“五清”行动，对坟边、林边、地边、隔离带、旅游景区内可燃物进行清理整治，及时消除森林火灾风险隐患。联合省公安厅开展打击野外违规用火“猎火”行动，查处涉森林火情行政案件 645 宗，行政处罚 659 人。配备 2.99 万套北斗巡护终端，实现护林员高效巡山护林和林区 24 小时监控。落实国家和省工作要求，组织开展全省森林火灾风险普查，广州市从化区、深圳市龙岗区和汕头市南澳县完成森林火灾风险普查试点并通过国家验收，全省年度普查工作完成率达到序时进度。督促指导全省各级林业主管部门和生产经营单位落实安全生产责任，推进安全生产专项整治三年行动，全省林业系统排查安全生产隐患点 4.9 万处，整改完成率 95.6%，全年未发生较大以上生产安全事故。创新安全生产管理模式，选取西江林场(烂柯山省级自然保护区)、云浮林场试点开展安全生产内部管理制度制修订工作，推进林业安全生产管理规范化制度化。指导林业基层单位开展抗灾救灾，提高应急处突能力，确保林区生产生活平稳有序。2021 年广东林业有害生物发生面积 51.46 万公顷，其中，松材线虫病发生面积 29.26 万公顷，薇甘菊发生面积 5.76 万公顷。全省扎实推进林业有害生物防控工作，林业有害生物灾害防控纳入各级政府财政涉农资金考核和林长制考核评价体系，推动地方政府落实防控主体责任和工作措施。印发《广东省林业有害生物防治“十四五”规划》《广东省松材线虫病疫情防控五年攻坚行动实施方案(2021～2025年)》，启动松材线虫病疫情防控五年攻坚，统筹薇甘菊、红火蚁等防治，启动外来入侵物种普查，全年实施林业有害生物防治 44.80 万公顷次，其中，实施松材线虫病防治 29.56 万公顷次，薇甘菊防治 3.64 万公顷次，全省林业有害生物成灾面积 0.59 万公顷，成灾率 0.64‰，实现松材线虫病 3 个疫区县、26 个疫点镇无疫情。构建林业生物灾害治理体系，启动《广东省林业有害生物防治检疫条例》立法工作，修订印发《广东省林业有害生物灾害应急预案》，成立广东省松材线虫病防控专家组，制定防治、普查、核验等相关技术标准和管理规范，建立林业有害生物防控长效机制。加强日常监测预警，推广应用林草生态网络感知系统松材线虫病疫情精细化监管平台，构建以护林员为触角、国家级中心测报点为骨干的网格化监测体系。强化检疫监管，建立省市林业植物检疫员和兼职检疫员制度，开展“林安 2021”林业植物检疫执法行动，查处办结违规检疫案件 51 宗。强化联防联控，推动省内区域协防和粤桂琼、粤赣防治协作。

【林业科技和交流合作】 2021 年，广东继续强化林业科技支撑，组织编制《广东省林业科技创新“十四五”规划》。开展生态修复、林下资源利用、生态监测评价、有害生物防控等林业重点领域科技攻关，获植物新品种授权 70 件。加强林业科技项目实施管理，新立项林业科技创新和科技推广示范项目34项，落实各类林业科技创新资金7600余万元，组织开展林业科技创新项目绩效评价和验收工作，推进林业科技推广示范项目实施，营建黑木相思、红锥、樟树、猴耳环、火力楠等示范林335公顷。加强林业科技创新平台建设，广州海珠湿地和广州城市林业2个科研基地入选国家林草局长期科研基地。推进全省林业生态监测网络建设，构建多站点数据可视化展示技术体系。全省林业系统获省科技进步奖2项，实现一等奖重大突破；获梁希科技进步奖3项，梁希科普奖4项；获省农业技术推广奖12项，省林科院赵奋成研究员获2021年“广东省最美科技工作者”称号。加快林业标准制定修订和标准体系建设，获批立项林业地方标准18项、获批发布林业地方标准20项。推进食用林产品质量安全监管，开展主要食用林产品及其产地环境监测1500批次，食用林产品检测合格率达97.8%，覆盖全省主要食用林产品生产区域。江门、清远、惠州、汕头、汕尾、潮州、揭阳7市完成林地土壤调查工作。加强林业科普工作，林业科普职责写入《广东省科学技术普及条例》，联合省科技厅、省科协出台《关于加强林业科普工作的实施意见》，培育科普教育基地，5个单位获得“全国科普教育基地”称号，省林科院获得“2021年广东省十佳科普教育基地”称号。联合举办首届全省林业科普讲解大赛和科普作品创作大赛。开展科技服务工作，组织林业科技下乡活动150余场次、受众2.5万人次。加快林业信息化建设，组建运行省林业局网信办，建成林业数据中心，在省级政务大数据中心编目挂接62类林业资源数据，强化基础数据支撑服务功能，初步实现林业政务服务、用林业务审批、森林资源数据一体化管理和运行。推进粤港澳台林业交流合作，联合召开粤港林业及护理专题小组第23次会议，研究推进粤港林业交流合作。组团参加澳门绿化周活动并首设广东林业展位，推动省林科院与澳方签订新的山林修复合作协议。联合省委台办、省农业农村厅等部门出台相关政策措施，支持台胞台企参与广东林业生态建设。

【森林生态文化建设】 2021年，广东弘扬生态文明，繁荣发展森林生态文化，联合省政协人资环委、省教育厅等10家单位成立广东省关注森林活动组织委员会，全面启动关注森林活动。组织开展“南粤创森记者行”“寻找广东最美公益林”“守护古树名木　留住美丽乡愁”等大型主题宣传活动13次。开展森林文化周活动，全省联动举办森林会演、主题展览、徒步健步等森林文化活动315场，56.8万人次参与。发展自然教育，出台《广东省“十四五”自然教育规划》，发布广东省自然教育发展报告，编制《自然教育基地建设指引》《自然教育课程设计指引》等团队标准5个，认定广东省自然教育基地30个，新增自然教育径68条，举办首届广东省自然教育大赛、广东省青少年中草药知识大赛、丹霞山自然观鸟大赛、第二届粤港澳自然教育季等活动46场次，全省自然教育活动阵地326个，累计参与人数379.2万人次。打造广州海珠、深圳华侨城等自然学校特色品牌，构建粤港澳大湾区自然教育生态圈。依托优质自然生态资源，强化自然保护地公共服务功能，在“粤省事”移动政务服务平台建立公众预约功能，推动全省自然保护地逐步向公众开放，举办“穿越北回归线风景带”“共享自然、共建湾区”等系列主题活动，全年有8万人次通过预约参与保护地自然教育活动。车八岭、内伶仃福田保护区开展野生动物慢直播，南岭、丹霞山保护区分别打造观鸟节、植物辨认大赛等品牌宣传活动。加大生态文化产品创作供给，拍摄《鳄蜥》《广东油茶》《林中飞仙——白鹇》3部专题片，拍摄《我家的公益林》微电影，编撰森林城市、自然教育等书籍5种，制作各类主题画册、宣传手册、海报近10万册。

【大事记】

1月4日　广东省公安厅森林公安局正式挂牌，落实森林公安管理体制调整改革要求，全省森林公安机关领导指挥关系统一划转省公安厅，市县森林公安机关划归同级公安机关直接领导。划转后，森林公安职能保持不变。

3月16日　广东省委书记李希、南部战区司令员袁誉柏、省长马兴瑞、省人大常委会主任李玉妹、省政协主席王荣等领导到广州海珠国家湿地公园，参加义务植树活动。

3月31日　广东省关注森林活动组织委员会成立大会暨第一次全体会议在省政协召开。会上，正式成立广东省关注森林活动组织委员会，组织委员会主任由省政协党组成员、副主席薛晓峰担任，省政协人口资源环境委员会、省林业局、省教育厅、省科技厅、省文化旅游厅、省广电局、省工商联、省总工会、团省委、省妇联10家单位为成员单位，执行委员会设在省林业局。

4月22～24日　广东省政府副省长许瑞生到梅州市调研自然保护地建设、全面推行林长制和森林防火等工作并检查节前旅游市场安全管理工作情况。

4月24日　2021年广东省森林城市建设主题宣传活动主会场活动在韶关市韶州公园举行，全国政协农业和农村委员会副主任张建龙，国家林业和草原局有关司局、广东省政协、省林业局、韶关市有关领导出席主会场活动。以“森林城市，绿美广东”为主题，全省21个地级市60多个县(市、区)同步举办。同日，广东省林业局与韶关市人民政府签署共建韶关绿色发展战略合作协议。

4月27日　广东云勇国家森林公园揭幕仪式在佛山市云勇林场举行，全国政协农业和农村委员会副主任张建龙，国家林业和草原局有关司局、广东省林业局和佛山市有关领导出席活动。

5月14～15日　由中国人与生物圈国家委员会主席、中科院副院长、中科院院士张亚平，中国人与生物圈国家委员会专家咨询委员会主席、中科院院士许智宏率领的专家组在车八岭保护区开展中国生物圈保护区野生动物监测示范保护区建设试点评估工作。

7月21～22日　广东省委书记李希到韶关市就贯彻习近平总书记“七一”重要讲话精神开展调研，在仁化县丹霞山国家自然保护区听取国家公园创建工作情况介绍，省领导张福海、许瑞生陪同调研。

11月7日　粤港澳大湾区生态保护与生态系统治理高端学术研讨会主会场在广州开幕，此次活动以“创新引领生态保护与生态系统治理”为主题，采取线上线下相结合的方式，中国林学会理事长赵树丛出席活动，中国工程院院士罗锡文、金涌、王浩、蒋剑春，中国科学院院士于贵瑞等作大会主旨报告。

12月6~11日 广东省政协副主席张少康率调研组赴惠州、揭阳、潮州、梅州等地市开展“广东省以国家公园为主体的自然保护地体系建设——自然保护地建设管理”专题调研。

（广东省林业由徐雪松供稿）

广西壮族自治区林业

【概 述】

林业产业 2021年，广西林业继续保持良好发展态势，传统产业转型升级加快、产业结构更趋平衡、新旧动能转换提速，林业产业成为广西绿色经济发展的重要支柱产业。总投资100亿元的中国广西进口木材暨高端绿色家具家居产业园项目在钦州市开工建设，总投资745亿元的广西南宁绿色家居林业产业园等7个新建产业园区建设稳步推进。广西全年完成植树造林20.41万公顷；森林覆盖率达62.52%，草原综合植被盖度达82.82%；林业产业总产值达8487亿元，其中木材加工和造纸产业产值达3222亿元，首次突破3000亿元；木材采伐发证蓄积量4677.56万立方米；林下经济发展面积超过461.6万公顷，产值达1263亿元；林业生态旅游产业综合产值达2073亿元，突破两千亿元大关，同比增长41.2%。

林业改革发展 全面建立实施林长制，共设置五级林长19 160名，设立林长公示牌17 363块；首创“1+N”林长年度任务清单制度，下达年度市级林长任务清单62项；广西是全国第十个出台省级实施意见和第三个正式成立林长制工作处的省份，工作进度整体位居全国前列。指导各地建设标准化林业站55个，林业服务基层能力进一步提高。形成长洲区、苍梧县等一批集体林地“三权分置”改革先进经验。全区政策性森林保险完成投保面积926.67万公顷。林权交易平台完成交易47亿元，同比增长49.7%。举办第十一届世界木材与木制品贸易大会、2021中国-东盟博览会林产品及木制品展以及第二届广西花卉苗木交易会、广西家具家居博览会、第二届广西“两山”发展论坛等重大展会。

2021年广西政策性森林保险和林权流转管理业务培训班现场(杨海健 摄)

林草资源保护管理 2021年，完成对广西林地面积、森林蓄积量出数，在全国率先推动实现森林资源当年完成更新、次年年初出数，并编制《广西2020年度森林资源状况报告》，推动广西森林资源监管平台优化改造，实现森林资源从季度监测向即时监测的动态监管升级，完成广西图斑监测及1895个样地监测调查工作，广西森林资源管理水平得到全面提升。组织开展森林督查、“绿网·飓风2021”和打击毁林专项行动，发现疑似违法变化图斑12 420个，办理中央生态环保督察组转办信访线索案件50余件。全面完成“十四五”期间年森林采伐限额编制工作，及时下达各单位年度森林采伐限额，助力一产产值稳步提升。深入推进林木采伐“放管服”改革工作，积极推动林木采伐应用程序(App)的使用，实现林农“足不出户”即可申请采伐证的目标。首次开展林草湿数据与“国土三调”数据对接融合工作，形成与“国土三调”高度衔接的“一张图”。出台红树林资源保护规划，编制红树林树木价值计算标准，印发《广西红树林资源保护和监管工作机制》《广西主要红树林苗木培育技术指南(试行)》，建设广西红树林资源监测与管理平台，营造红树林62.78公顷，修复红树林398.3公顷；北海滨海国家湿地公园红树林保护和修复工作成为世界自然保护联盟(IUCN)“基于自然的解决方案”的典型案例。“植物活化石”资源冷杉全球首次野外回归，严厉打击破坏野生动物资源违法犯罪行为，成功破获百色线上非法交易苏铁案、玉林博白非法交易运输蛇类案等一批大案要案。

助力乡村振兴 广西壮族自治区林业局安排44个乡村振兴重点帮扶县林业专项资金17.5亿元，占全区的56%，乡村振兴重点帮扶县林业产值同比增长10%。油茶种植贷款惠及农户1.06万户，通过油茶产业巩固44.7万人脱贫成果。开展第三批乡村振兴林业示范村屯建设100个，实施村屯绿化提升项目100个。向定点帮扶的河池市环江县选派17名乡村振兴帮扶干部，投

技术服务队现场指导油茶改良嫁接换冠(郭大涛 供图)

入帮扶资金140万元。在全国率先推行生态护林员联动管理系统，全区选聘续聘生态护林员6.3万人，管护资源面积520多万公顷，带动和巩固24万名脱贫人口稳定增收。政策性森林保险受益农户93.79万户，惠及脱贫户5万户。选派440名林业科技特派员深入14个地级市的87个县(区)366个乡镇开展科技服务工作。

绿色富民产业 2021年，广西油茶新造林完成2.13万公顷，低产林改造2.07万公顷，全区油茶种植面积达到约56.67万公顷，油茶产业综合产值达400多亿元。支持银行机构研发专属信贷产品，发放油茶项目贷款。截至2021年10月底，全区油茶种植贷款余额9亿元，贷款户数1.06万户，同比增长47.4%。自治区人民政府将油茶种植保险纳入自治区试点险种，油茶树享受商品林保险政策，保险费率从0.4%降至0.16%～0.432%，农户每公顷自缴保费仅需6.6～12元，大幅减轻林农负担。继续推进油茶收入保险试点，承保面积2145.67公顷，提供风险保障约5239.44万元。

广西田林县油茶大丰收(郭大涛　供图)

创新支撑能力持续增强 广西启动自筹经费科技项目，实施中央和自治区本级科技推广项目78项，推广先进成果13项，推广先进实用技术30余项；八角、肉桂、杉木、桉树、香花油茶入选国家林业和草原局重点推广林草科技成果；深入实施林业科技助理制度，累计选派科技助理16名；3个野外科学观测研究站被认定为首批广西野外科学观测研究站。启动防控松材线虫病疫情五年攻坚行动，成功拔除1个县级疫区和1个乡镇级疫点，实现无疫情县级疫区8个。锈色棕榈象排查除害处理率达100%。森林防火各项主要指标持续降低，森林火灾次数、受害森林面积同比分别下降约52.9%、37.8%。在全国率先以省级政府名义发布的林业执法改革方面文件，首次区分和规范了报案受案、线索通报和行刑衔接三大机制。

【林业资源】

野生陆栖脊椎动物资源 截至2021年底，广西有野生陆栖脊椎动物4纲39目150科1151种。其中，两栖纲3目11科107种；爬行纲2目21科177种；鸟纲23目82科687种；哺乳纲11目36科180种。

脊椎动物中，国家一级重点保护野生动物有55种，国家二级重点保护野生动物有219种；列入世界自然保护联盟(IUCN)红色名录(2010年)中受威胁物种有158种，其中极危(CR)11种，濒危(EN)40种，易危(VU)63种，近危(NT)44种；列入《濒危野生动植物物种国际贸易公约》(CITES)附录中的有150种，其中列入附录Ⅰ的有35种，列入附录Ⅱ的有115种。

野生维管植物资源 广西现有高等植物共9494种，其中被子植物227科1651属7686种，裸子植物8科19属62种，蕨类植物56科155属832种，苔藓植物80科265属914种。植物种数仅次于云南和四川，居全国第三位。

广西植物区系处在多区系交会的位置上，虽无特有科，特有属也不多(8个)，但特有种非常丰富，达880种。广西有不少古老残遗物种，如著名的化石植物银杉，1955年就在广西花坪林区中发现，后来又在广西中部大瑶山见有存在。

广西的珍稀濒危植物非常丰富，列入《国家重点保护野生植物名录》的野生维管植物共84种及2类，包括桫椤科7种和苏铁属10种(按这两类目前认同的分类地位统计)，共101种。其中，国家一级重点保护野生植物31种，国家二级重点保护野生植物70种。列入IUCN红色名录极危等级(CR)物种有115种；列入CITES附录的有13种及苏铁科植物和兰科植物两大类，共410余种，其中附录Ⅰ有兜兰属18种。

【林长制】

进度位居全国前列 2021年4月18日，自治区党委办公厅、自治区人民政府办公厅印发《关于全面推行林长制的实施意见》。4月19日，召开了全区林长制改革电视电话会议。至2021年7月底，全面建立了自治区、市、县、乡、村五级林长组织体系、责任体系、任务体系、制度体系和保障体系，共设立各级林长19 160名，树立林长公示牌17 363块。广西建立林长制较中央规定的时限(2022年6月底前)提前了将近1年，进度位居全国前列。

制度设计合理 广西林长制严格划分各级林长和林业主管部门职责界限，林长职责定位为“把全局、推重点、解难题、督落实”，林长不大包大揽。创新提出林长年度任务清单制度，以任务清单推动林长制有效运转。在全国率先设立红树林林长，挂牌成立红树林保护站，组织开展红树林违法犯罪行为专项整治。广西的林长制既贯彻落实中央文件精神，又充分考虑到基层实际，是简洁高效的制度。广西的林长制得到国家林业和草原局的高度认可，专门刊发3期工作简报推广介绍广西林长制工作经验和做法。

成效初步显现 自2021年8月，各级林长到位以后，迅速进入状态，开始履职。自治区总林长、副总林长亲自审定市级林长年度任务清单、考核评价指标及评分细则，对林长制工作多次作出批示，实地调研巡察松材线虫病疫情防控和自然保护地建设工作。市、县、乡各级林长近100人次深入林区调研，协调解决重难点问题，成效显著。北海滨海国家湿地公园红树林保护和修复工作成为世界自然保护联盟“基于自然的解决方案”的典型案例；崇左市江州区和来宾市各级林长推动建立涉林案件联动机制，一大批涉林案件迅速得到查处；来宾市森林督查违法图斑整改工作由末位逆势上扬排到广西前列。

【石漠化治理工程】

工程建设 2021年，完成2020年度任务24 474.27公顷(由于2020年任务下达较晚，2021年度实施)，其中，人工造林1090.64公顷、封山育林23 227.01公顷、森林抚育156.62公顷。结合乡村振兴，在环江县打造3个开展石漠化高效益生态产业资源培育示范点，在石漠化地区发展油茶产业，通过示范点项目开展，促使石漠化区域的经济、社会及生态效益得到明显提高，促进经济、社会与生态协调发展，引导项目区群众走上生活富裕、生态发展的幸福路。

工程宣传 2021年6月17日是第27个“世界防治荒漠化与干旱日”，自治区层面的宣传活动启动仪式在天等县举办，现场开展了形式多样的宣传活动，通过悬挂宣传横幅，展示宣传板报，发放宣传主题传单、宣传倡议书，以及举办签名仪式和现场解答等形式向市民群众、广大游客宣传防治荒漠化知识、政策和治理成效等，进一步提高全体公民自觉参与石漠化防治、保护生态环境的意识。

石漠化监测 根据国家林业和草原局统一部署，开展广西第四次石漠化调查工作，对全区石漠化状况以及治理情况进行调查，详细掌握石漠化变化情况，了解石漠化的发展趋势，分析石漠化动态变化原因，评价石漠化治理成效，为科学编制石漠化防治规划、精准实施石漠化治理提供依据。

【森林资源培育】 2021年，广西坚持以自然恢复为主，人工修复为辅，造林、封山育林、抚育管护相结合，完成植树造林面积20.41万公顷，其中完成荒山造林1.47万公顷、迹地人工更新5.56万公顷、现有林非主伐性改造造林0.31万公顷、封山育林2.1万公顷、迹地人工促进萌芽更新10.97万公顷。

珠防林工程 完成人工造林466.67公顷，退化林修复666.67公顷，营造油茶林4346.67公顷。

海防林工程 采用珍贵树种更新或补植，丰富树种多样性，增强沿海防护能力，完成人工造林400公顷。

造林补贴项目 主要用于迹地人工更新和低产林改造，完成造林9846.66公顷。

森林质量提升 在现有林分中直接补植、间伐后补种、主伐后更新乡土阔叶树种和珍贵树种，提升森林综合质量，完成森林质量提升项目693.33公顷。

森林景观改造 在现有林分中群团状或块状直接补植、间伐后补种2种以上具有较高景观功能的美化、彩化乡土树种，打造美丽森林景观，完成森林景观改造33公顷。

珍贵树种 完成降香黄檀、格木、香合欢、红锥、大花序桉、黑木相思、火力楠等造林2813.3公顷。

国家储备林项目 完成国家储备林建设约13.87万公顷，获得银行贷款约30亿元，中央财政贴息1.2亿元，利用2020年度中央预算内投资3000万元，自治区级配套资金1000万元。5月13日，自治区人民政府办公厅印发《广西加快推进国家储备林高质量发展十条措施》，提出“力争到2025年全区国家储备林贷款余额达到1000亿元，新建国家储备林1000万亩”的“双千”目标。自治区林业局印发《广西国家储备林建设指南(试行)》，加强项目建设质量监管。创新在上林县启动国家储备林政府和社会资本合作(PPP)项目，计划总投资约13亿元，深度融合国家储备林与乡村振兴。

林业沃土工程试点项目 完成2020年度林业沃土工程试点项目1373公顷，占计划任务的128.7%，下达自治区财政补助资金100万元。实施国家储备林地力提升工程13.07万公顷，推广施用有机质含量超15%的有机无机复混肥13.7万吨。

苗木生产与供应 2021年，广西共采收林草种子34.97万千克(包括油茶、澳洲坚果等经济林砧木用种)，主要集中在油茶、红树林、澳洲坚果、杉木、肉桂、八角等树种，其中良种种子1.67万千克；全区采收良种穗条1.67万条，主要是桉树和油茶。2021年全区实际用种量38.4万千克，其中良种用量6278千克。在良种使用中，油茶、杉木、红锥、马尾松、湿地松、火力楠6个树种良种用种量占全区良种用量的98.06%。全区育苗苗圃总数为2739处(2021年认定了第一批自治区林业保障性苗圃26个、星级苗圃24个)，育苗面积8905.67公顷，苗木产量113 549万株，2021年实际用苗量56 009万株，其中容器苗35 920万株，良种苗木19 378万株。

种质资源保存与利用 2021年，广西全面开展林草种质资源普查工作，组织广西林科院、广西植物研究所等十多家科研单位和专家深度参与，普查范围全覆盖到全区所有市、县，并同步进行种质资源收集和利用评价。组织开展广西林草种质资源保护与利用调研，形成了《广西林草种质资源保护与利用存在的困难问题及建议》，为广西部署实施种业振兴行动提供决策参考。完成广西国家级林木种质资源库建设，项目总投入6211万元，建设面积480公顷，共收集和保存速生用材、乡土珍贵树种、经济林、观赏树种、竹藤5个大类共108种5000多份种质，成为全国林木种质资源保存的重要基地。规划广西八桂林木种质资源库等4个重点项目建设，其中东门林场国家桉树种质资源库项目已获自治区发改委批复立项。新增北海市防护林场红树林国家林木种质资源库、靖西市崖楠国家林木种质资源库、东门林场桉树国家林木种质资源库3个国家级林木种质资源库，同时部署开展省级林草种质资源库和省级林木良种基地申报认定工作，全区21个单位申报省级林草种质资源库，12个单位申报省级林木良种基地，认定后将依法保护和开展研发利用。

良种选育与基地建设 2021年，广西审(认)定林木良种17个，累计通过审(认)定林木良种248个，其中选育出的香花油茶品种是全国单产最高的油茶品种。全区有重点林木良种基地35处，其中国家重点林木良种基地12处，自治区重点林木良种基地23处，总面积4333.33公顷，年产良种种子3.5万千克，基本满足全区主要造林树种的良种需求。重点抓好良种基地升级改造和树种结构调整，续建了一批松、杉高世代种子园和西南桦、红锥、楠木、格木、香合欢等乡土珍贵树种初级种子园，进一步巩固提升良种基地取得的成效。

种苗立法 7月28日，经广西壮族自治区第十三届

二年生油茶大杯苗（郭大涛　供图）

人民代表大会常务委员会第二十四次会议审议通过，新修订的《广西壮族自治区林木种苗条例》自 2021 年 9 月 1 日起施行。

种苗市场监管　2021 年首次启动自治区级林木种苗质量“双随机、一公开”抽查。重点抽查苗圃地、种苗集散地、造林地苗木质量，抽查苗批合格率 88%、生产经营档案建档率 96.8%、标签使用率 95.3%。组织开展打击制售假劣林木种苗和侵犯林业植物新品种权专项执法行动，特别是对发现的违法线索进行督导督办，立案查处各类违法生产经营林木种苗案件 7 起。

义务植树　自治区党政军领导带头到基层参加义务植树活动，做好示范表率。2021 年 2 月，自治区四家班子全体领导，自治区高级法院、检察院主要领导，驻桂全国人大代表、全国政协委员及首府各界参加自治区党政军领导义务植树活动。自治区绿化委员会下发《关于贯彻落实鹿心社同志在 2021 年党政军领导义务植树活动上讲话精神的通知》《关于组织开展 2021 年全民义务植树活动的通知》，根据通知要求，全区各市、县同步组织开展形式多样的全民义务植树活动。组织开展“种好树”主题活动。各级各有关部门在全区范围内开展 2021 年冬修农田水利和植树绿化活动，组织领导干部下乡参加植树活动。大力推进“互联网+全民义务植树”，自治区绿委办下发《开展自治区级“互联网+全民义务植树”基地申报工作的通知》（桂绿办字〔2021〕5 号），指导各地开展申报工作，全区共有 21 个单位参与建设广西“互联网+全民义务植树”基地，实现 14 个设区市全覆盖。2021 年全区完成义务植树 8455 万株，完成率 105.7%。

古树名木保护管理　认真贯彻落实中央和自治区关于全面保护古树名木的要求，召开全区古树名木“过度硬化”专项整治推进会，举办全区 2021 年古树名木保护工作培训班，下发《关于加强古树名木养护管理和抢救复壮的通知》和《关于开展古树名木“过度硬化”专项整治的通知》，对古树名木保护工作特别是古树名木“过度硬化”专项整治工作进行部署。加强科学保护古树名木宣传，在广西电视台、《南国早报》等主流媒体，各平台 App、微信公众号宣传古树名木“过度硬化”专项整治活动。全区存在“过度硬化”的古树名木清单基本明确，整改工作扎实推进。完成广西古树名木抢救复壮试点工作。广西地方标准《古树名木保护技术规范》《古树名木养护管理技术规程》于 4 月 25 日正式公布，为古树名木保护提供了技术支撑。

城乡绿化建设　2021 年，广西全区完成村屯绿化美化景观提升项目 100 个，累计种植各类苗木 11.8 万株。印发《城乡绿化珍贵树种进百城入万村行动方案》，鼓励重点城镇和农村“四旁”因地制宜地使用乡土珍贵树种、彩色（叶）树种等进行造林绿化，力争 2022～2025 年，在全区 100 个以上城市（含设区市驻地、独立城区、县城和较大乡镇驻地）、1 万个以上行政村（单位、点块）推广种植珍贵树种 1000 万株以上。中国生态文化协会通报广西“全国生态文化村”宣传典型 6 个；广西生态文化协会通报“广西生态文化村”宣传典型 42 个、“广西生态文化示范基地”宣传典型 12 个。

森林城市系列建设　推进北部湾森林城市群建设，指导河池、桂林、钦州、北海等市及南丹县、灵山县加快创建国家森林城市。自治区绿化委员会下发《关于开展 2021 年广西森林城市等系列称号申请和考核工作的通知》，指导各地积极申报，通过考核共授予 119 个单位“广西森林城市”等系列称号。

【森林经营】

营造林实绩核查　2021 年 4～6 月，广西完成了 2020 年度全区营造林实绩综合核查工作。经监测，全区 2019 年度下达计划 2020 年实施的珠（海）防林工程、石漠化综合治理工程、造林补贴、金山银山工程森林质量提升和森林景观改造等项目总体上报面积核实率为 99.4%，核实面积合格率为 100%，上报面积合格率为 99.4%，计划任务完成率为 98.1%。2016 年计划 2017 年实施的珠（海）防林工程人工造林、石漠化综合治理工程人工造林、造林补贴、油茶产业发展、国家珍贵及特殊树种培育新造林等项目三年保存率，以及 2015 年计划 2016 年实施的石漠化综合治理工程五年封山育林总体上报面积成效率均达到 97.6%。

林业碳汇　2021 年签订合作协议，开展碳汇试点。组织 13 家自治区直属国有林场与广西碳中和科技发展有限公司签订了林业碳汇项目开发协议，正式启动广西近千万亩林业碳汇项目开发；指导和推动中国人寿财产保险股份有限公司南宁市中心支公司与广西金桂集团成功签订广西首单 8.33 万公顷、500 万元商业性林业碳汇指数保险。

造林绿化落地上图　2021 年，广西积极响应国家林业和草原局开展造林绿化落地上图工作的号召，落实专业技术人员，完成全区 147 家单位账号注册，2 次召开造林绿化落地上图系统操作集中指导，2021 年造林绿化完成任务上图 20.37 公顷。

森林质量精准提升工程　印发《广西森林质量精准提升工程“十四五”规划》和《广西科学发展桉树工作方案》，优化森林资源培育发展思路，从短周期向长周期转变、从纯林向混交林转变、从单一目标向多目标转变、从“速丰林”向“永丰林”转变。

【国有林场】　2021 年，全区国有林场经营总面积 165.91 万公顷，资产总额达 547.2 亿元，经营总收入 73.53 亿元，营业利润 1.76 亿元，植树造林 6.89 万公

顷，生产木材 624.8 万立方米。其中，区直林场经营总面积 72.37 万公顷，植树造林 3.65 万公顷，资产总额达 468.6 亿元，同比增长 20.1%，经营总收入 70 亿元，同比增长 26.1%，营业利润 1.76 亿元，同比增长 79.6%。生产木材 392.5 万立方米，同比增长 12.5%。

森林资源培育 一是持续做好营林工作。区直林场通过桉树纯林改造、定向培育中大径材等方式，逐步提高森林经营质量，全年完成植树造林 3.65 万公顷，中幼林抚育 11.9 万公顷，种植珍贵树种 1666.67 公顷，桉树种植结构调整 1733.33 公顷。二是森林经营质量不断提高。区直林场通过实施测土配方、机械化作业等精细化管理，全年木材产量达 392.5 万立方米，同比增长 41.6%，桉树每公顷出材量达到 142.5 立方米，同比增加 1.5 立方米。其中南宁树木园交易最高单价达 231 765 元/公顷，黄冕林场"亩产万元"面积 110.87 公顷。三是有序推进区直林场商品林"双千"基地建设。进一步规范区直林场收购林地林木流程管理，对高峰、三门江、雅长 3 家区直林场开展专项检查，探索区直林场林地林木流转平台交易制度，出台《自治区直属国有林场高质量商品林"双千"基地建设管理六条措施》。截至 2021 年 12 月底，区直林场商品林地面积达 62 万公顷，森林经营规模不断增大。

森林资源保护 一是推进全区国有林场森林资源管理"一张图"数据库建设工作。完成 145 家国有林场矢量数据收集整理工作，目前进入系统功能开发、设备安装的阶段。二是有序推进国有林场自然资源统一确权登记工作。多次赴柳州市协调三门江林场、黄冕林场确权登记工作，5 家区直林场基本完成自然资源统一确权登记工作，4 家开展调查成果核对，1 家签订成果确认书，推动国有林场核准摸清自然本底数据。三是深入推进国有林场被侵占林地回收工作。按照审计署长沙特派办提出问题的要求，抓紧开展问题整改，向自治区人民政府办公厅呈报《深入推进广西国有林场被侵占林地综合整治工作方案(代拟稿)》，计划利用"十四五"时期继续推进国有林场被侵占林地回收工作，逐步回收 3.85 万公顷的被侵占林地。四是加大对国有林场涉林违法案件查处力度。全年配合中央生态环境保护督查，下沉地方调研国有林场森林资源管理问题 20 余次，协调解决南湛高速公路南宁至博白那卜段项目及宁明县边民互市区、左江治旱驮英水库及灌区工程项目等自治区级重大项目在使用国有林地、支付林地补偿款及违法占用林地等方面的案件。五是做好建设项目使用国有林场林地的审核审批工作。全年审核使用国有林场林地的事项 79 项，涉及林地面积 133.33 公顷，审批建设项目使用国有林地的批复 23 个，为全区各地有序开展项目建设提供有力支撑。

产业项目管理 一是林场重大项目有序推进。高林公司、东腾公司、国旭春天公司三大技改升级重大项目顺利完成，祥盛公司年产 30 万立方米超强刨花板项目落地开工建设，中国广西进口木材暨高端绿色家具家居产业园、广西南宁绿色家居林业产业园等产业园区项目开工建设。二是抓好林场项目管理工作。搭建区直林场项目申报审批平台，实行林场项目平台审核，基本完成框架搭建工作，于 12 月底实现试运行。全年严抓林场项目管理，认真审查论证林场项目可行性、科学性，批复 14 个项目、备案 20 个项目，召开项目评审会、咨询会 24 次。三是林场森林康养产业快速发展。林场利用自身优质的森林景观和良好生态优势，积极推进森林公园、森林旅游、森林康养等产业建设，发挥国有林场在生态文明建设中的引领示范作用。"环南宁森林旅游圈"建设稳步推进，广西高峰森林公园 2019 年正式运营，至 2021 年底累计接待游客超 200 万人次，成为国家 4A 级旅游景区；南宁树木园引进央企入桂，计划投资 100 亿元打造生态城综合体；六万林场融合党性教育、党史文化元素，纳入国家发改委第一批特色小镇建设清单；姑婆山森林公园等也成为热门旅游地。四是林下经济发展成为新的增长点。林场积极打造林下特色品牌，特色产业已初具规模，贵港凤凰林场种植林下中药材穿心莲 133.33 公顷，经营收入超 1000 万元，辐射带动周边农户创收 1 万元以上；七坡林场探索"鸡血藤+"为核心内容的多元立体经营模式，实施"林林"模式 3333.33 公顷，推进"定制药园"建设，成为自治区级现代特色农业示范区、第五批国家林下经济示范基地；三门江林场"桂之坊"茶油、派阳山林场"八角鸡"、高峰林场"八渡笋"等一场一品牌也逐步凸显。

林场改革后续管理 一是巩固国有林场改革成果。基本完成广西国有林场发展"十四五"规划编制工作。依据《国有林场绩效管理办法》等，出台区直林场高质量发展考核体系办法，进一步规范和加强区直林场管理。二是推进"壮美林场"建设工作。对符合条件的 12 家林场进行评审、公示，完成 2020 年"壮美林场"评定工作，为全区国有林场现代化建设树立示范标杆。三是持续抓好区直林场大宗物资平台交易工作。全年做好区直林场大宗物资购销管理工作，完成大宗物资批复 12 个、备案 10 个。区直林场电子平台交易实现销售收入 22.84 亿元，同比增长 54.7%，溢价 1.95 亿元，采购物资 5277.2 万元，节约成本 2.4 万元。广西国有林场改革通过验收后，纳入改革范畴的 175 个国有林场优化整合为 145 家。按单位性质分类，公益一类事业单位 53 家、公益二类事业单位 83 家，公益类企业 9 家。按财政保障分类，全额保障国有林场 90 家，差额保障国有林场 47 家，定额保障国有林场 8 家。全区国有林场经营林地面积 165.91 万公顷，有职工 19 064 人(其中在职在编 14 681 人，聘用 4383 人)，离退休职工 25 438 人。2021 年，广西国有林场获中央财政专项扶贫欠发达国有林场巩固提升任务补助资金共计 5902 万元(其中，2021 年提前批 1266 万元，第二批 4636 万元)，惠及 37 个县(区、市)31 家国有林场。

林场基础设施和治理体系建设 一是协调解决危旧房改造项目未开工事宜。积极与自治区发展改革委、住房和城乡建设厅沟通协调，核减多年来未开工任务 1073 套，顺利完成危旧房改造项目 34 138 套开工建设任务。二是推进管护用房试点建设。2021 年项目开工建设 58 个。累计完成中央资金 5901 万元，累计支付中央资金 5678.72 万元；累计完成地方资金 1045.46 万元，累计支付地方资金 771.16 万元。三是完成欠发达国有林场资金分配。分解下达中央财政专项欠发达国有林场巩固提升资金 8903 万元，覆盖 63 家国有林场，涉及饮水工程、道路硬化、供电工程等基础设施建设，林场基础设施薄弱问题得到有效缓解。

【林业产业】 2021年，广西林业产业总产值达8487亿元，同比增长12.8%，木材加工和造纸、林下经济和林业生态旅游产值均突破千亿元大关，其中木材加工和造纸产业产值达3222亿元，首次突破3000亿元，同比增长10.5%。人造板产量6412万立方米，同比增长27.4%，其中胶合板产量4684万立方米、纤维板产量638万立方米、刨花板产量342万立方米、细木工板等其他人造板产量748万立方米，产量规模由2016年占全国总产量的1/9提升至2021年占全国总产量的1/5；木、竹、藤家具产值290.5亿元，同比增长21.5%；木竹地板产量995万平方米，主要产品为实木复合木地板、浸渍纸层压木质地板和实木地板；林浆纸产业产值404亿元，同比增长28.3%，基本形成以钦州、北海、南宁为中心的国内最大的林浆纸一体化项目基地。林下经济发展面积超过461.6万公顷，产值达1263亿元；林业生态旅游产业综合产值达2073亿元，突破两千亿元大关，同比增长41.2%，姑婆山、大容山、良凤江等森林公园成了城乡居民游憩、休闲、健身的理想场所。广西林产化工、速生丰产林、油茶、特色经济林、花卉苗木等特色产业快速发展，松香、八角、肉桂、茴油、桂油等特色林化产品产量均居全国第一位；全区花卉生产种植面积达6.67万公顷，花卉产业总产值达202亿元，花卉产销呈平稳增长势头，广西已成为全国重要的林业产业大省(区)。

广西现代特色林业示范区建设 2021年6~7月，组织专家对全区已获得授予自治区级示范区或拟申报自治区级示范区的78个现代特色林业示范区进行监测调研，摸清全区示范区建设的基本情况，指导各地做好迎接自治区监测验收的各项准备工作；10月下旬至11月中旬，按照广西现代特色农业示范区工作厅际联席会议办公室《关于协助开展2021年广西特色农业现代化示范区验收监测认定工作的通知》，与自治区农业农村厅一起抽调人员组成7个验收小组，对2021年申报创建广西特色农业示范区的137个项目进行了验收监测。其中，林业示范区申报创建24个，共18个通过验收(五星级示范区共7个，四星级示范区共11个)；积极参与《广西特色农业现代化示范区高质量建设(2021~2025)五年行动方案》的制订，为“十四五”期间全区特色林业现代化示范区建设做好顶层设计，推动特色林业现代化示范区建设标准化规范化。

生态旅游与森林康养 2021年评定了森林康养基地4个、森林体验基地4个、四星级森林人家5个、花卉苗木观光基地5个；开展宣传推介活动，展示广西森林旅游资源和森林旅游产品，扩大广西森林旅游知名度和影响力。为展示广西林业生态旅游与森林文体融合发展的成效，5月6日自治区林业局、文化和旅游厅、体育局在广西高峰森林公园共同主办2021踏秀·广西森林运动嘉年华高峰森林公园马拉松越野赛，赛事圆满完成各项赛程，成为5月广西区内影响力最大、参赛人数最多、关注度最高的赛事；为宣传展示近年来全区森林康养基地建设和森林康养服务体系试点建设的成果，12月24日，第三届广西森林康养产业发展论坛在玉林市福绵区广西六万大山森林公园举行，论坛邀请区内外专家、学者就森林康养产业发展进行主题演讲，并举行广西森林康养基地服务体系建设成果展示与体验，对被评为2021年广西森林康养基地的单位授牌，对获得“森林疗养师”培训结业人员代表颁发证书。

林业产业加工业和林浆纸产业 2021年9月，举办了第十一届世界木材与木制品贸易大会暨广西高端绿色家具家居产业发展招商大会，来自美国、新西兰、日本、俄罗斯、加拿大等20个国家和地区的近400名国内外木业领域的专家、学者、企业家和政府官员共同研讨世界木材与木制品行业高质量发展之路，有力地推动了中国林业，特别是广西林业的健康快速发展，促进了家具家居“智造”产业精准对接，深化产业链上下游的交流合作，助力企业迈向智能制造、绿色生产。10~11月，先后举办了第二届广西家具家居博览会暨高端绿色家具家居产业发展高峰论坛、2021中国-东盟博览会林产品及木制品展，积极推动广西林业对外交流，宣传推介广西林业产业园区、林业企业和招商项目，推动广西林业产业合作发展。12月，联合自治区工商联、工业和信息化厅组织召开了广西高端绿色家居产业发展工作座谈会，自治区副主席费志荣、自治区政协副主席磨长英出席会议并讲话，自治区有关部门、各市林业部门、重点林业产业园区及家居企业负责人等80多人参加会议，会议总结了全区家居产业发展取得的成绩，分析存在的主要问题，研究广西高端绿色家居产业的发展对策，推动家具家居产业加快发展。加快推进林业产业园区建设。2021年创建了国家鹿寨桂中现代林业科技产业示范园区、国家覃塘绿色家居产业示范园区、国家贵港绿色家居产业示范园区、国家浦北木业示范园区、国家崇左林产工业示范园区、国家崇左山圩林业产业示范园区6个国家林业产业示范园区，以及广西融安香杉生态(林业)工业产业示范园区等9个自治区级林业产业示范园区。积极培育龙头企业。2021年新增认定融安县大森林木业有限公司等11家自治区级林业产业重点龙头企业，向国家林业和草原局推荐广西壮象木业有限公司等7家企业申报国家林业重点龙头企业，全区自治区级林业产业重点龙头企业达202家，国家林业重点龙头企业达19家。广西已建成国内最大的林浆纸生产基地，生活用纸、印刷文化用纸、包装纸板等产品优势明显。2021年广西林浆纸产业产值达到404亿元，“金蝶兰”“帝王松”“富桂”等高档包装用纸品牌和“清帕”“卡西雅”等高档生活用纸品牌享誉全国。

园林花卉 截至2021年底，广西花卉种植面积达8.33万公顷，同比增幅13.64%，销售额170亿元，同比增幅30.76%。其中，园林绿化苗木、盆栽花卉两大品类销售量价齐飞，成为带动广西花卉产业低开高走的重要力量。

5月21日至7月2日，为全面展示广西花卉产业发展成就，促进国内花卉交流合作，扩大“桂派”花卉在全国的影响力，广西组团参加了第十届中国花卉博览会。在这届国内花卉领域规格高、影响深远的综合性花事盛会上，广西展团共计获各类奖项135个。其中，盆景《东山狮吼》获全国唯一特别大奖，展品获金奖12个、

银奖 46 个、铜奖 70 个、优秀奖 83 个；科技成果奖获银奖 1 个、优秀奖 1 个。此外，广西展团还荣获组织特等奖、最具特色奖；广西室外展园、室内展区均荣获金奖。同期，在第三届中国杯盆景大赛上广西送展的精品盆景，获得特等奖 1 个、金奖 2 个、铜奖 4 个。10 月 23~25 日，自治区林业局、桂林市人民政府在桂林市举办第二届广西花卉苗木交易会。交易会分五大展区，市级展区共设 14 个展区，全区 13 个市参展；企业展区设标准展位近百个，共有 1200 多个品种、40 多万盆花卉苗木参展；专题展区设有兰花、盆景、插花花艺、三角梅四个专题版块。其间，500 家花卉苗木公司与各采购商完成花卉苗木交易额约 7000 万元，完成投资意向额约 10 亿元。举办了主题为“后疫情时代花卉消费驱动力”的花卉产业论坛，国内行业专家、中国花卉协会及相关省花卉协会负责人、花卉管理部门代表、企业代表 150 人共聚一堂，探讨后疫情时代推动花卉高质量发展路径，构建花卉产业高层次的合作和交流平台。12 月 17~19 日，中国花卉协会兰花分会，广西花卉协会兰花分会在荔浦市举办中国寒兰博览会，来自全国 20 个省份的精品兰花近千盆争奇斗艳，现场销售额 1000 万元，现场签约 60 家，订单总额及寒兰博览会辐射带动兰花交易产生经济效益 2.2 亿元。其间举办了中国兰花论坛，300 多位兰友齐聚一堂，共同探讨中国兰花产业发展之路。

林下经济 2021 年，先后召开全区深化集体林权制度改革暨林下经济发展现场推进会、区直林场林下经济工作现场会和区直林场大力发展林下中药材专题会，统一部署、统筹推进林下经济发展。积极开辟林下经济项目与补助资金新渠道，首次获自治区发展改革委乡村振兴林下经济发展补助资金 2000 万元。全年共统筹自治区财政林下经济发展补助资金和乡村振兴产业林下经济项目资金扶持实施自治区级林下经济示范项目 44 个。2021 年，有 12 个林下经济示范基地获评自治区中药材基地，5 个林下经济示范基地获评自治区级“定制药园”，4 个基地获评国家级林下经济示范基地。积极探索“企业(林场、合作社)+药企(医疗机构)”的新模式，推动产业提质升级。2021 年，高峰林场等 8 家自治区直属国有林场分别与 10 家中药材种植企业签约，项目总投资超 10 亿元。加强林下经济宣传推介工作。向省级以上刊物及媒体报道广西林下经济 5 篇，有 3 个林下经济典型案例列入全国 28 篇林下经济典型案例汇编向全国推广。与自治区中医药局等 9 家单位联合主办第九届中药材基地共建共享交流大会。自治区领导、国家相关部委领导及中国工程院院士出席大会，8 个省份近 800 位代表出席大会，200 多家单位进行展览展示。其中广西区直林场林下经济展厅展出 13 家区直林场林下经济产品 100 多种，吸引参观人员 5 万多人次。

【森林和野生动植物保护】

森林草原资源管理 2021 年，广西森林覆盖率 62.52%，保持全国第三位。森林总蓄积量达到 9.78 亿立方米，每公顷蓄积量持续增加，可采率超过 60%。林木采伐许可证发证蓄积量 4677.56 万立方米，超额完成年度 4500 万立方米的目标任务。2021 年，广西林地面积为 1613.74 万公顷，占全区国土面积的 67.91%；森林面积 1486.37 万公顷，人工林面积 890.85 万公顷，天然林面积 566.01 万公顷。全年累计可使用林地定额 12463.20 公顷，植被恢复费增收达 16 亿元。

专项行动 2021 年 12 月 9 日，经自治区人民政府同意，建立了广西打击野生动植物非法贸易厅际联席会议制度。“2021 清风行动”“昆仑 2021”“国门利剑 2021”“守护者 2021”等系列专项行动取得了明显成效，尤其是自治区林业局、自治区党委网信办、自治区公安厅、自治区交通运输厅、自治区市场监管局、南宁海关、广西邮政管理局于 11 月 11 日至 12 月 31 日在全区范围内联合开展的打击野生动植物资源非法贸易专项行动，在全区迅速形成了强劲的严打攻势。专项行动期间，共出动执法人员近 2.5 万人次，查办案件 196 起，其中刑事案件 145 起，打掉犯罪团伙 12 个、打击处理违法犯罪人员 196 人，成功破获了百色线上非法交易苏铁大案、追缴苏铁植株 1100 多株，破获了北海、玉林博白非法交易运输蛇类等大案要案。2021 年全年全区各级各部门共查办野生动物案件 484 起、其中刑事案件 327 起，收缴野生动物逾 1.8 万头/只、野生动物制品逾 4.3 万件(张)；查办野生植物案件 359 起，其中刑事案件 334 起，收缴珍稀植物近 2 万株、制品 637 件；打掉犯罪团伙 41 个、打击处理违法犯罪人员 741 人。广西组织开展“绿网・飓风 2021”和打击毁林专项行动，全面排查各种破坏森林资源违法案件及涉林重点和敏感问题，查找薄弱环节，严厉打击各类破坏森林草原资源违法犯罪行为，遏制广西破坏森林资源违法案件易发、高发、频发态势，全区森林资源保护管理水平得到全面提升。建立 2013 年以来毁林违法案件数据库，立案 898 起；推动 2020 年森林督查问题整改，行政立案 4990 个，行政处罚 3139 人，罚款 5528.3 万元；刑事移交公安部门 5480 个，实施强制措施 2012 人，移送起诉 186 人，判决 38 人。

野生动植物保护 2021 年，广西持续开展迁徙候鸟调查监测，基本掌握候鸟在广西境内的迁徙路线、重要的迁徙停歇地和越冬地。鳄蜥、东黑冠长臂猿、白头叶猴、穿山甲等珍稀濒危野生动物保护与繁育研究不断加强。积极开展珍稀濒危植物资源冷杉迁地保护和蒜头果野外回归，80 株由中国科学院广西植物研究所在银竹老山国家级自然保护区培育的 6 年生和 3 年生资源冷杉苗木实现野外回归；云南省赠送的 2000 株蒜头果小苗被栽种在广西雅长兰科植物国家级自然保护区；通过种群回归保护，增强珍稀濒危植物种群的自我维持能力和遗传多样性。截至 2021 年底，瑶山鳄蜥野外种群数量达 510 只、人工繁育新增 132 只，东黑冠长臂猿种群数量达到 5 群 31 只，白头叶猴数量达到 1200 多只；广西救护中心共收容救护各级别各类陆生野生动物 714 只(条)。全区陆生野生动物种类、高等植物种类数量居全国前列，有陆生野生脊椎动物 1151 种，占全国的 14%以上；已知高等植物 9494 种，仅次于云南省和四川省，居全国第三位。

林业有害生物防治 2021 年，广西发生并造成较严重危害的林业有害生物共有 59 种，其中病害 16 种，虫害 41 种，鼠害 1 种，有害植物 1 种，发生总面积

353 641.77公顷，比2020年下降7.74%。病害发生面积78 113.72公顷，与2020年持平，占发生总面积的22.09%；虫害发生面积259 967.97公顷，比2020年下降12.19%，占发生总面积的73.51%；鼠害发生面积220公顷，占总面积的0.06%；有害植物发生面积15 333.41公顷，比2020年上升26.38%，占总面积的4.34%。成灾面积13 326.73公顷，成灾率为0.95‰。主要成灾种类有松材线虫病、桉树叶斑病、竹丛枝病、核桃炭疽病、八角炭疽病、马尾松毛虫、松茸毒蛾、松突圆蚧、湿地松粉蚧、松褐天牛、云斑天牛、桉蝙蛾、油桐尺蛾、黄脊竹蝗、刚竹毒蛾、八角叶甲、广州小斑螟、薇甘菊等。全年有害生物防治作业面积159 040.80公顷，其中预防面积27 993.47公顷，实际防治面积112 233.89公顷，无公害防治率达99.14%。应用飞机喷施药剂防治松褐天牛、桉树病虫害、八角病虫害等林业有害生物共作业35 833.51公顷，其中在南宁市、梧州市、贵港市、玉林市、百色市、贺州市等地防治松褐天牛共作业10 240.05公顷，在藤县防治八角病虫害作业23 333.45公顷，在三门江林场防治桉树病虫害作业2260.01公顷。

森林防火 2021年全区共发生森林火灾97起，同比下降52.9%；过火面积1225.54公顷，同比下降41.7%；受害森林面积489.3公顷，同比下降37.8%；森林火灾受害率控制在0.033‰，远低于0.8‰的设定目标。没有发生重大、特大森林火灾，没有发生火灾致人伤亡及扑火伤亡事故。以全面推行林长制为契机，推进“自治区—市—县—乡—村—护林员”六级网格化管理体系建设，强化森林防灭火的政府领导责任、林业部门行业管理责任、森林经营者主体责任。将森林防火工作纳入市、县经济社会发展年度考核及设区市林长工作考核内容，对年度内发生重特大森林火灾或一次性死亡3人以上较大森林火灾的实行一票否决制。2021年，争取中央下达森林防灭火专项行政编制100个，其中核增自治区林业局机关行政编制6名；分配市县林业主管部门行政编制94名（市本级14名、县级80名），市县两级森林防火相关编制总数增至近200个，11个设区市林业主管部门相继独立设置森林防火机构。争取到国家下达中央预算内投资森林防火基础设施建设项目资金2500万元，中央财政林业改革发展资金1019万元，完成2个储备项目上报，13个在建项目完成90%以上的建设任务。2021年，广西完成3个试点县森林火灾风险普查“两调查三评估”工作，形成一整套普查成果，完成数据交汇并通过自治区评审。广西森林火灾风险普查外业调查任务全部完成，包括全区森林可燃物标准地、森林可燃物大样地、野外火源调查。历史火灾调查完成率、减灾能力调查完成率均达到了100%，是全国森林普查任务最重的6个省份中最早完成任务的省份之一，经验做法得到国家普查办通报表扬。

安全生产 广西按照“三管三必须”（管行业必须管安全、管业务必须管安全、管生产经营必须管安全）要求，以深入开展安全生产专项整治三年行动为牵引，努力推进安全生产治理，夯实全区林草行业安全基础，2021年全区林草行业未发生较大以上生产安全责任事故，安全生产形势持续稳定向好。建立健全全员安全生产责任制，印发《广西林草系统安全生产和消防工作要点》《2021年度自治区林业局直属单位安全生产和消防工作考核及巡查实施细则及评分标准》等文件，认真组织安全生产专项整治三年行动集中攻坚行动，及时部署和做好清明节等法定节假日、庆祝建党100周年活动期间和十九届六中全会等重点敏感时段安全防范工作，层层压实责任，明确目标任务，确保责有人担、事有人管。将森林防火和安全生产工作纳入全区林业综合督查的重要内容，成立6个检查指导组对14个设区市和自治区直属林业事业单位安全生产工作进行分片包干，每季度开展一次检查调研，委托第三方安全生产机构采用“四不两直”方式开展明察暗访，全面排查隐患，限期整改销号，及时将风险隐患消除在萌芽状态。

湿地保护管理 第二批22处自治区重要湿地通过专家论证和广西湿地保护修复工作厅际联席会议第四次会议审议，并在所在地进行了公示。牵头组织自治区自然资源厅、生态环境厅、海洋局在广西新闻发布厅共同召开“广西红树林资源保护工作新闻发布会”。南丹拉希国家湿地公园通过国家林业和草原局试点建设验收，正式挂牌。将梧州苍海、平果芦仙湖、靖西龙潭、合山洛灵湖、兴宾三利湖5处自治区重要湿地向国家林业和草原局申报国家重要湿地。完成龙胜-峒中口岸公路南宁吴圩至上思段（二期工程）工程等17处建设项目对国家湿地公园和红树林的生态环境影响评价工作。报经自治区人民政府同意，印发《广西红树林资源保护规划（2020~2030年）》《广西红树林资源保护和监管工作机制》。印发《广西红树林造林修复技术指南（试行）》《广西红树林树木价值计算标准（2021版）》《广西主要红树林苗木培育技术指南（试行）》。组织编制《广西湿地保护“十四五”规划》《广西红树林保护修复专项行动实施方案》通过广西湿地保护修复工作厅际联席会议第四次会议审议。2021年营造红树林62.78公顷，修复红树林398.3公顷。

草原监督管理 一是开展草原生态修复治理。根据各地区的不同地形地貌、气候、土壤等自然特征，组织实施人工种草、草原改良等草原重点任务3333.33公顷，加快退化草原植被和土壤恢复，提升草原生态功能和生产功能。二是健全完善草原管理制度。印发《广西壮族自治区草原植被恢复费征收使用管理办法》，推进出台《广西壮族自治区草原植被恢复费征收标准》，进一步加强草原征占用监督管理，规范草原征占用审核审批。

草原资源调查监测 广西结合国家林草生态综合监测评价工作，深入开展草原基况监测、草原生态评价、草原年度性动态监测等草原监测评价任务，共调查草原样地721个、区划草原小班45万个，全面获取了全区草原综合植被盖度、草产量等重要指标数据，掌握草原物候期荣枯变化、草原植被生长动态、草原质量等级等变化情况，为开展草原保护修复治理提供依据。2021年，广西草原综合植被盖度82.82%，比2020年上升0.06个百分点。

草原宣传与培训 一是结合“草原普法宣传月”活动，在全区组织开展草原普法现场宣传和“送法下乡”“送技术下乡”等活动，通过发放草原普法宣传资料、

制作广西草原风光宣传片及宣传展板、深入农户家中和草场发放种草技术书等形式，进一步增强公众的依法保护草原意识，营造全社会共同参与草原建设和发展工作的氛围。二是加强草原监督管理队伍建设，举办草原管理、草原项目技术培训班4期，培训草原管理和业务技术人员超360人次。

【"三权分置"试点改革】

深化集体林权制度改革 一是认真总结"三权分置"试点经验，提炼形成"长洲区经验""苍梧县模式"等一批先进典型做法，其中苍梧县经验做法入选国家林业和草原局第二批林业改革发展典型案例在全国范围推广。二是深入推行"政银担"合作模式，油茶贷款授信额度创历史新高。2021年全区累计发放油茶贷款2.81亿元，油茶贷款余额达2.43亿元。全区累计发放林权及各类森林资产资源抵押贷款32.48亿元，林权抵押贷款余额达161.07亿元，同比增长1.42%。三是推进林权收储担保机制建设，指导广西国控林权收储担保股份有限公司与桂林银行合作成功发放首笔授信担保贷款22万元，实现了自成立后业务上零的突破。四是提升森林风险保障水平。全区森林保险投保面积达940万公顷，已建立乡镇农业保险服务站1200个、农业保险服务点4963个，聘用协保员7632人。完成理赔面积1.58万公顷，理赔金额达到4084.62万元，受益林农达2585户。

林权流转交易 一是林权交易额快速增长。2021年林业产权交易平台林权交易额达到47亿元，同比增长49.5%。二是交易服务覆盖面不断扩大。全区新增贵港、玉林等8个服务站，已建成拥有18家地方服务站的林权交易服务体系，交易服务体系不断完善。三是林权交易市场持续扩容。平台已引入14家区直林场、50家区内市县国有林场、51家区内林业企业、88家区外国有林场及企业进场交易。四是跨区域合作成效明显。2021年区外交易金额达到8.4亿元，同比增长64.8%，业务辐射广东、福建、云南、山东等地。五是交易品种不断丰富。积极探索开展大宗板材、苗木、经济林产品以及林下经济产品交易，平台交易品种已达16个大类。全年松脂采割交易660万元，木业配件采购交易520万元，林产品(八角)交易330万元，苗木采购交易225万元，人造板交易225万元。六是平台影响力逐步提升。在人民网、腾讯网、广西新闻网刊发有关报道，有效提升了林业产权交易平台在国内的影响力。

(广西壮族自治区林业由翁旋峻供稿)

海南省林业

【概 述】 2021年，海南省持续加强林业生态修复和湿地保护，持续造林绿化，强化森林资源保护，继续深化林业改革，全省完成造林绿化1.05万公顷；全年林业总产值636.15亿元，同比减少15.59%，其中第一产业301.94亿元、第二产业283.64亿元、第三产业50.57亿元。至年底，全省森林面积213.60万公顷，森林覆盖率62.1%；国有林场32个(其中省林业局直属13个、市县管理19个)，管理面积41.63万公顷；椰子种植面积0.16万公顷；根据第三次国土调查结果，海南省湿地总面积12.1万公顷，红树林面积5698公顷；国家公园1个，面积426 900公顷；自然保护区48处(其中国家级10个，省级23个，市县级15个，含国家公园范围内的9个自然保护区)，总面积6 658 010.25公顷；森林公园30处(其中国家级9个，省级18个，市县级3个，含国家公园范围内的10个森林公园)，总面积14万公顷；湿地公园12处(国家级7个，省级5个)，面积11 113.59公顷。

【海南热带雨林国家公园体制试点】 海南热带雨林国家公园体制试点通过国家验收，2021年9月30日，国务院批复同意设立海南热带雨林国家公园。2021年10月12日，习近平总书记在《生物多样性公约》第十五次缔约方大会领导人峰会上宣布正式设立海南热带雨林国家公园等第一批5个国家公园。

国家公园总体规划编制完成并上报 12月正式呈报国家公园总体规划。

海南长臂猿种群数量逐步恢复 组建海南长臂猿专职监测队伍，持续监测并采集长臂猿声学数据。利用世界自然保护联盟(IUCN)资金，采购自动采集和无线传输声学设备，制订海南长臂猿大调查方案。2021年海南长臂猿再添两只婴猿，种群数量恢复到5群35只。9月5日，在海口连线世界自然保护联盟马赛大会，向全球发布海南长臂猿新增两只婴猿的消息和海南长臂猿保护案例，向世界展示了生物多样性保护的"中国智慧、海南方案、霸王岭模式"。

国家公园内人工林和小水电退出 制订《海南热带雨林国家公园人工林处置方案》并报送国家林草局，国家公园范围内有人工林6.34万公顷需处置，计划按10年分批处置，并着手编制人工林分年度处置方案。完成《国家公园小水电站清理整治"一站一策"实施方案》，由省政府报送国家林草局，拟退出9座小水电站，补偿资金3135万元已拨付给相关市县，基本完成国家公园范围内9座小水电站的退出任务。

核心保护区生态搬迁 白沙县已完成生态搬迁工作，东方市、五指山市完成生态搬迁安置点建设，保亭县正在加快安置点建设。

科研监测 初步构建起覆盖试点区的"森林动态监测大样地+卫星样地+随机样地+公里网格样地"四位一体的热带雨林生物多样性系统。编制了海南热带雨林国家公园《监测体系建设规范》和《科研监测专项规划》，启动了以核心保护区电子围栏为试点的国家公园智慧雨林项目建设。截至2021年底，省级智慧管理中心已完成项目工程量85%，五指山智慧管理中心正在加快建设。

国家公园生态系统生产总值(GEP)核算 率先在全国完成国家公园GEP核算，9月26日召开新闻发布会公布2019年海南热带雨林国家公园GEP为2045.13亿元。

国家公园执法体制机制建设 11月25日，省人民政府令第302号决定由海南省公安厅森林公安局及其直属分局行使海南热带雨林国家公园区域内林业行政处罚权并附42项林业行政处罚事项目录，彻底解决了森林公安涉林案件的执法主体资格问题。

国家公园宣传推介 举行和参与4次新闻发布会，及时发布国家公园建设情况。10月21日，海南省林业局局长、热带雨林国家公园管理局局长黄金城参加国务院新闻办公室在北京举行的首批国家公园建设发展情况新闻发布会，就海南热带雨林国家公园相关问题回答了媒体记者提问。组织中央和省内媒体赴国家公园宣传采访30余次。开展国家公园标志性内涵和海南长臂猿宝宝征名活动等，持续扩大国家公园影响力。拍摄了以热带雨林为题材的电影《穿过雨林》，10月23日举行了首映礼，11月24日起在全国公映。

【天然林管护】 2021年启动天然林和公益林并轨管理，在尚未完全理顺并轨的过渡期，天然林仍按照原天保工程实施管理。海南省林业局分别与10个天保实施单位签订2021年天然林管护目标管理责任状。各单位按照有关要求，分别与基层单位签订森林资源管护责任状，与护林员签订了森林管护责任协议书(或承包协议书)，将森林管护责任落实到具体人员和山头地块，实现了工程区森林管护全覆盖。下发《关于开展2020年度天然林资源保护工程自查工作的通知》，部署各天保实施单位开展自查工作。组织对天保工程实施期工作和成效进行全面总结评估，委托国家林草局中南调查规划设计院编制了《海南天然林保护工程省级自评估报告》，并上报国家林草局。编写了《海南省天保工程二十年建设成效》，并上报国家林草局天保办。

【公益林管护】 2021年，完成全省国家级、省级公益林的优化工作，优化后全省公益林89.67万公顷，总量未变，其中国家级公益林62.88万公顷，省级公益林26.78万公顷。完成国家公园范围内公益林的管护移交，将国家公园内公益林由市县林业主管部门移交给7个国家公园管理分局管理，移交公益林面积7.19万公顷，移交管护人员(以一线为主)495人，实现了国家公园内公益林资源统一管理。启动农垦公益林和天保场乡共管区公益林移交工作。利用林业专用卫星遥感监测技术对海防林基干林带开展卫星遥感动态监测，全年监测到疑似图斑100个，并将疑似图斑下发相关市县进行实地核查，经核查，违法违规图斑有4个，相关市县按程序进行整改和处置。开展2020年度公益林生态监测评价，对全省89.67万公顷公益林的生态价值进行了评估，评估结果显示2020年全省公益林总价值为1507.49亿元，比2019年增加了55.73亿元，增长了3.8%。同时，为重点重大项目提供高效要素保障服务，2021年共完成重点重大项目征占用公益林审核28宗，涉及13个市县公益林517.8公顷。

【苗木产业】 截至2021年底，全省共有苗圃528个。年度实际育苗面积为847.53公顷，苗木产量为7518万株，实际用苗量为4356万株。

【国家储备林建设】 2021年，制定并颁布实施《橡胶林改培技术规程》地方标准，指导全省国家储备林基地建设。积极宣传国家储备林基地建设，扎实推进项目实施；积极推进“欧洲投资银行贷款海南省珍稀优质用材林可持续经营项目”，新建降香黄檀(海南黄花梨)、白木香等珍稀树种基地134.74公顷，共完成5201.41公顷。

【湿地保护】 2021年，严格湿地资源总量控制，新增红树林湿地641公顷。发布陵水红树林国家湿地公园、昌江海尾国家湿地公园为第二批省级重要湿地。举办红树林湿地监测培训班，共约50名学员参与培训，鼓励生态区位重点区域开展红树林湿地修复。举办“世界湿地日”线上宣传活动，要求全省各林业主管部门及湿地保护地管理机构线上观看，提高公众对湿地的保护意识。

【自然保护地建设】 自然保护地整合优化进展顺利，向国家相关部门报送《海南省自然保护地整合优化预案》成果，完成“回头看”工作。建立健全自然保护地体系各项制度和发展规划，编制了《海南省关于建立以国家公园为主体的自然保护地体系的实施意见》《海南省加强自然保护区管理的指导意见》《海南省自然保护地管理体制方案》《海南省自然保护区综合管理评估考核办法》《海南省自然保护地发展规划》。启动自然保护区科学考察、范围调整论证和总体规划编制工作，及时向国家林草局补充完善海南三亚珊瑚礁国家级自然保护区范围调整和总体规划的相关材料，完成会山省级自然保护区范围调整和功能分区论证报告及总体规划编制、评审、上报和审批工作。指导大田、铜鼓岭两个国家级保护区修改完善总体规划。开展万宁大洲岛、邦溪、保梅岭、番加、甘什岭、青皮林、加新7个省属保护区的科学考察、范围调整论证和总体规划编制工作。开展自然保护地生态修复，组织编制了《海南省自然保护区生态修复方案》和《海南省自然保护区生态修复中长期规划(2021~2035年)》；海南麒麟菜省级自然保护区麒麟菜生态修复项目资金240.68万元，用于开展麒麟菜修复、监测和维护；海南白蝶贝省级自然保护区白蝶贝生态修复项目资金355.6万元，开展白蝶贝底播，保护区界址浮标投放；三亚珊瑚礁国家级自然保护区生态修复项目资金325万元，开展珊瑚礁生态系统调查和监测工作，完成造礁石珊瑚生态修复相关工作；万宁大洲岛国家级自然保护区生态修复项目资金290万元，开展金丝燕调查监测、海洋生态环境调查监测，进行金丝燕生境修复、珊瑚礁保护修复等。申报世界自然与文化双遗产工作迈出坚实一步，“海南热带雨林和黎族传统聚落”世界遗产预备清单申报项目已由国家有关部门报送至联

合国教科文组织世界遗产中心。全省自然保护区专项检查深入开展，确认违法违规图斑 798 个，完成整改 185 个。

【造林绿化】 2021 年，海南省完成造林 10 492.8 公顷，超额完成省下达 6666.6 公顷的造林任务，完成率 157.4%。全年参加义务植树 397 万人次，折合义务植树 754 万株，超额完成全省 600 万株的年度任务，完成率 125.6%。按照国家部署，指导、督促各市县和农垦部门完成造林地块落地上图工作，克服区域性降雨分布不均等不利因素，开展抗旱造林、抗涝护苗和抗风补苗，宣传“爱绿、植绿、护绿”。

【森林城市建设】 一是向国家林草局申报琼中县创建国家森林城市，提交申报材料进行审核。二是根据国家林草局生态司来文要求，组织有关人员对《2021 年森林城市测评手册》和《国家森林城市群评价指标》进行阅研并及时反馈修改意见，转发《国家森林城市建设规划编制导则》，为海南省国家森林城市创建市县的建设规划工作提供指导。三是下发《关于积极申报和大力推进森林城市创建工作的通知》(琼林〔2021〕70 号)，对现阶段全省森林城市创建工作提出要求。四是由省林业局和三亚市人民政府联合主办，三亚市林业局承办，海南大学林学院协办，举办 2021 年海南省创建森林城市主题宣传活动，扩大了森林城市的影响。五是及时组织专家对创森市县相关工作进行评审和考核验收，其中：《五指山市省级森林城市总体规划(2021~2030)》通过了省林业局组织的专家评审；保亭县、昌江县创建省级森林城市各项工作顺利达标，通过了省林业局组织的专家组考核验收。

【乡土珍稀树种】 2021 年，海南省种植完成黄花梨、土沉香等乡土珍稀树种 865.6 公顷。调查海南热带雨林国家公园珍稀濒危观赏植物的资源，编制海南热带雨林国家公园珍稀濒危观赏植物名录，分析珍稀濒危观赏植物的地理特征，评价其观赏价值。开展红榄李、莲叶桐、水椰等濒危红树植物保护与繁育技术研究，探讨其幼苗生长发育过程中的致濒因素，根据其生境适应特征，确定合适的人工种苗繁育条件。开展海南黄花梨、白木香、坡垒等珍贵乡土树种优良品种筛选、繁育及人工林经营技术研究，通过良种壮苗、林分调控、多树种混交等措施探讨乡土珍贵树种大径材培育途径，提高人工林经营经济效益。

【花卉产业】 2021 年 2 月 27 日，召开全省花卉产业和城市园林绿化工作现场会，研究部署花卉产业发展工作，将花卉种植任务下达各市县及农垦集团。经省政府同意，印发了《关于推进海南省花卉产业高质量发展的措施意见》。省林业局局长黄金城带队对海口市花卉市场建设工作进行了专题调研，推动落实海南花卉交易中心市场建设用地；推动花卉重点项目建设，将乐东普英洲花卉园艺有限公司确定为省政府 2021 年扩投资稳增长扶持计划重点项目。截至 2021 年底，全省全年完成花卉种植面积 1800 公顷，占计划任务 1333.3 公顷的 135%。

【油茶产业】 根据省政府工作部署，省林业局开展了全省油茶产业调研并向省政府上报了调研报告，委托省林科院开展《海南省油茶产业发展规划(2017~2025 年)》中期评估。全省全年推广油茶良种种植 400 公顷。经省政府批准，2021 年 12 月 31 日，海南省林业局联合省农业农村厅、省科学技术厅、省市场监督管理局、省知识产权局印发《海南省油茶产业高质量发展中长期规划(2021~2035 年)》。

【椰子产业】 为加快椰子产业发展步伐，省林业局开展了椰子产业发展专题调研，组织召开由中国热带农业科学研究院椰子所及有关椰子种植企业参加的座谈会，向省政府上报《关于椰子产业高质量发展情况的报告》，认真编制椰子产业“十四五”发展规划，积极配合文昌市和海口海关做好海南椰子产业调研。经省政府同意，省林业局于 2021 年 9 月印发《海南省椰子产业高质量发展“十四五”规划》，全省全年推广良种椰子种植 1600 公顷。

【木材经营加工】 截至 2021 年底，木材加工行业完成产值约 129.7 亿元。主要指标有：木、竹浆纸产值 112 亿元，其中制浆产量约 187 万吨，产值约 49 亿元；文化纸产量 115 万吨，产值约 48 亿元；生活纸产量 36 万吨，产值 15 亿元。半成品加工产值 9 亿元，产量约 52 万立方米。人造板制造产值 5.2 亿元，各类人造板产量约 11.6 万立方米。木、竹、藤制品制造产值 3.5 亿元。

【林下经济】 深入贯彻落实省政府办公厅印发的《关于大力发展林下经济促进农民增收的实施意见》，加强全省林下经济指导，重点培育以林下种植、林下养殖、林下采集加工、森林景观利用 4 种模式为主的林下经济。2021 年全省林下经济新增面积 1.05 万公顷、产值 11.83 亿元，新增就业人数 6018 人。截至 2021 年底，全省林下经济累计从业人数达 65.73 万人、面积 20.96 万公顷、产值 190.12 亿元。注重树立先进典型，加强示范基地建设，以点带面、全面推进，2021 年，海南省 2 家经营主体单位通过国家林草局评审认定，获“国家林下经济示范基地”荣誉称号，全省累计推荐评定国家级和省级林下经济示范基地 121 家(其中国家级 13 个，省级 108 个)。

【森林经营先行先试】 根据《海南自然保护区森林经营先行先试试点方案》，选择海南保梅岭省级自然保护区作为试点，由海南省保梅岭林场(海南保梅岭省级自然保护区管理站)、海南省林业科学研究院编制《海南保梅岭省级自然保护区森林经营先行先试试点实施方案(2019~2022 年)》。以保护和修复热带森林生态系统为目标，突破以往自然保护区不进行森林经营的理念，以实验区作为试点范围，制订了退化天然次生林修复(41.7 公顷)、栖息地扩充及生态廊道建设(其中栖息地面积 90 公顷，生态廊道长度 9.8 千米)、人工林改造和景观提升（162.7公顷）、金钟藤等有害生物治理（95.18公顷）、自然保护区能力建设等重点项目规划，核准工程规模和投资估算，找准重点，探索创新，有效推进森林经营先行先试项目的实施和后期的成效质量评估，并认真总结试点经验，为海南乃至全国自然保护区森林经营提供有效的经验和借鉴。

【生态旅游】 2021年，海南省各市县利用热带雨林分别举办亲水运动雨林探险主题等活动，五指山市举办2021海南运动季暨第四届五指山漂流文化节活动，推出大峡谷漂流勇士激情挑战赛等一系列主题活动，以“漂流+雨林研学”“漂流+游戏”“漂流+赛事”等形式创新漂流新玩法，升级漂流体验，吸引游客。同时依托田园乡村山地特色引入多场体育活动，如“美丽乡村绿色骑行活动”“亲水三项赛”和“卓越100商学院军事定向赛”，现场参与人数近2000人。琼中黎族苗族自治县大力发展以百花岭景区为代表的生态旅游，积极推进百花岭创建国家5A级景区工作，带动周边200多名村民就业。海南热带雨林国家公园霸王岭分局协助昌江县政府在2021年10月1日举办了自行车骑行比赛，吸引了近千名参赛选手及游客参加。全省有各级森林公园共30处，其中国家级森林公园9处，省级森林公园18处，市县级森林公园3处，总面积约14万公顷。其中：营业中的森林公园有10个，依托森林资源开展生态旅游的景区7个。2021年全省全年投入森林旅游建设资金15 946.21万元，其中国家及各级地方财政投入3650万元，企业自筹资金12 296.21万元，生态建设投入为1491.2万元。全省生态旅游收入49 311.47万元，接待人数607.12万人次，从业人员2419人，其中导游160人，车船总数278台（艘），旅游步道157千米，床位总数1498张，餐位总数6514个。琼中黎族苗族自治县被中国林业产业联合会认定为2021年国家级全域森林康养试点建设县，三亚市天涯区凤凰谷森林康养基地、昌江黎族自治县燕窝山森林康养基地、保亭县神玉岛森林康养基地3家基地被认定为2021年国家级森林康养试点建设基地。

【林长制落实】 2021年2月，海南省委、省政府召开高规格省级林长专题会议研究推行林长制，省委书记沈晓明、省长冯飞带头巡林，带动各级党委、政府压实巡林责任。2021年省级总林长、副总林长共巡林35次，市县（区）级林长共巡林1317次，乡镇级林长巡林18 381次，村级林长巡林51 801次，海南林长制工作得到国家林草局通报表扬。林长制体系进一步健全。组织修订《关于进一步健全完善林长制的实施意见》及督查、考核、信息公开等相关配套制度，海口市、昌江县林长制基层创新做法得到国家林草局推广，三亚市成立了专门机构，屯昌县专门为林长制办公室增加了人员编制。森林督查违法图斑整改成绩突出。全省2018~2020年森林督查共10 282个违法图斑、广州专员办挂牌督办案件和2019年“回头看”问题案件，已全部申请销号。打击毁林专项行动进展顺利。各市县初步排查确定涉嫌违法图斑916个，全部整改完成。林草生态综合监测评价工作按期完成。完成国家部署任务593个样地调查。

【野生动植物保护】 2021年开展代号为“清风行动”的打击野生动物非法贸易联合行动。1~3月，省、市、县各级相关部门联合，开展打击行动，共出动车辆4896台次，出动执法人员14 027人次，检查、整治各类场所6343处，查获野生动物及其制品909只（件），清理拆除、缴获各类猎捕工具536件，查办野生动物案件31起，处理违法人员66人。删除贩卖野生动物网上信息9条，注销发布贩卖野生动物、禁用猎捕装置信息的自媒体账号5个。设计并印制禁食野生动物宣传海报，粘贴禁食野生动物宣传海报1.5万多张。3月26日，省林业局、陵水县人民政府在陵水县共同举办2021年海南省“爱鸟周”暨“世界野生动植物日”宣传活动启动仪式。6月，组织开展全省陆生野生动物人工繁育机构安全管理和收容救护排查整治的监督检查工作；举办全省野生动物保护管理培训班，共计80多人参加。

【野生动物疫源疫病监测】 举办全省陆生野生动物疫源疫病监测防控培训班，共计80多人参加；扎实做好陆生野生动物疫源疫病监测防控工作，全省33个陆生野生动物疫源疫病监测站开展不间断的监测防控工作，通过专用网络系统上报监测情况；组织开展非洲猪瘟主动预警野猪样品采集工作，采集10头野猪样本并送检。

【森林防火】 开展形式多样的森林防火宣传工作，强化野外用火管理、风险隐患排查，海南热带雨林国家公园各分局、各林场保护区共设置防火检查站点156个、出动防火车1305台次、出动人员6421人次；完成全省森林火灾风险普查的森林可燃物样地调查913个，减灾能力调查1191个，历史火灾调查657个，野外火源调查49 866个，试点评估区划2个；举办防火码、森林防火和安全生产培训，参加培训人员共1500人次。全省共发生森林火灾15起，同比下降68.75%，过火总面积76.19公顷，受害森林面积45.62公顷，同比下降91.36%，森林火灾受害率0.002‰，无人员伤亡，全省林区未发生重特大安全生产事故。

【林业有害生物防治】 深入开展松材线虫病精准监测工作。严格按照《松材线虫病防治技术方案（2021版）》要求组建监测普查队伍、应用精细化监管平台开展工作，普查结果表明，全年全省未发生松材线虫病。印发《海南省预防松材线虫病疫情入侵总体方案》，组织协调相关部门做好联防联控，指导相关市县落实防控责任，组织人员在海口三大码头检查点开展24小时检疫检查工作，防止外来检疫性、危险性林业有害生物传入。据统计，海口三大码头共检查调运植物2690车，查获无证车辆159台并按规定处置，复检除害处理1016车次。通过防治信息系统向国家林草局森防总站报送林业有害生物发生防治数据周报52次、月报12次。组织10个国家级中心测报点与森防总站签订业务委托合同，并按照工作历和工作方案的要求开展林业有害生物监测预报工作，组织实施“林业有害生物流动监测预警项目”。全年林业有害生物发生面积2.70万公顷，其中椰心叶甲0.71万公顷、椰子织蛾0.09万公顷、薇甘菊0.72万公顷、金钟藤1.13万公顷、其他病虫害0.05万公顷，与上年发生面积基本持平。全省林业有害生物防治面积7487公顷，其中椰心叶甲4300公顷、椰子织蛾373公顷、薇甘菊967公顷、金钟藤1667公顷、其他有害生物防治面积180公顷。无公害防治面积合计6833公顷，无公害防治率91.27%。通过视频授课方式组织各市县森防人员开展新版植物检疫信息系统培训2次，向各市县发放新检疫系统CA数字证书107个，确保新检疫系统的及时启用及正常运转。举办2021年度全省林业有害生物防治检疫培训班，各市县林业主管部门、行政审批服务局、海南热带雨林国家公园管理局各分局共148名人员参加了此次培训，通过此次培训新增61名林业植物检疫员，充实检疫员队伍。

【林业行政审批】 2021年，海南省深化"证照分离"改革和深入推进信用承诺制，建立健全"互联网+监管"风险防控工作机制。做好《国家重点保护野生植物采集证》等6类证照数据推送工作，确立林业电子证照库信息资源共享目录。推广博鳌乐城国际医疗旅游先行区等重点园区"极简审批"模式，推进林业"五网"建设项目"以区域一次性林地审核审批取代单个项目审核审批"制度改革。深化行政审批事项"一网通办""一窗通办"改革，将省林业局行政许可等依申请6类权力清单事项全部纳入综合受理窗口办理，加强全省一体化在线政务服务平台建设，实行动态清单管理，持续优化一体化平台事项材料清单、审批程序、办理时限等办事指南信息。落实行政许可事项"零跑动"政务服务改革，实现申请人只需登录海南政务服务网就能完成服务定位、办事咨询、事项申报、进度查询、服务评价、结果邮寄送达，全流程"零次到现场"。

【林业会展】 高质量完成2021年5月21日至7月2日在上海市举办的第十届中国花卉博览会海南展园和展馆布展任务，获得了省政府领导及游客的好评，经组委会评比，海南室外展园获得金奖，室内展区获得银奖，室内展区品共获得27个奖项，其中金奖3个、银奖6个、铜奖14个、优秀奖4个。10月18~20日，由中国林业产业联合会主办的"2021年中国林草经济发展博鳌大会"(第一届)，在博鳌亚洲论坛国际会议中心举办。现场共举办五场分论坛，设置了5000平方米的现场展示空间，吸引新华社、人民日报社、中国日报社等10余家中央媒体参与报道，被省政府确定为重点支持的会展项目。

【大事记】

9月5日 在世界自然保护联盟第七届自然保护大会期间，召开中国海口-法国马赛联合新闻发布会，同步向全球发布海南长臂猿喜添2只婴猿的消息和海南长臂猿保护案例，海南长臂猿种群数量已恢复到5群35只。

9月26日 召开新闻发布会向公众发布热带雨林国家公园体制试点区生态系统生产总值(简称GEP)核算成果。

9月29日 印发《海南省椰子产业高质量发展"十四五"规划》。

9月30日 国务院批复同意设立海南热带雨林国家公园。

10月12日 习近平总书记在《生物多样性公约》第十五次缔约方大会上宣布正式设立海南热带雨林国家公园等第一批国家公园。

10月14日 国务院正式发布关于同意设立海南热带雨林国家公园的批复。

10月21日 国务院新闻办召开首批国家公园建设发展情况新闻发布会，海南省林业局局长黄金城参加发布会并介绍了海南热带雨林国家公园有关情况。

11月25日 省委书记沈晓明主持召开省委常委会(扩大)会议，传达学习习近平总书记在《生物多样性公约》第十五次缔约方大会领导人峰会上的主旨讲话精神，研究海南省贯彻意见，要求处理好保护与发展的关系，努力打造国家公园"海南样板"。

11月30日 国家林草局(国家公园管理局)召开海南热带雨林国家公园建设管理工作推进视频会暨第一次局省联席会议，国家林草局局长关志鸥出席并对海南热带雨林国家公园建设工作进展给予肯定。

12月31日 以海南省政府名义向国家公园管理局报送《海南热带雨林国家公园总体规划(2022~2030年)》。

12月31日 印发《海南省油茶产业高质量发展中长期规划(2021~2035年)》。

(海南省林业由王瑞琦供稿)

重庆市林业

【概　述】 2021年，重庆市林业工作认真贯彻习近平总书记对重庆提出的重要指示批示要求，扎实开展党史学习教育，隆重庆祝中国共产党成立100周年，统筹疫情防控和经济社会发展，各项工作进展有力有序有效。"两岸青山·千里林带"建设超额完成年度目标任务。松材线虫病防治和林业法治建设工作被国家林草局通报表扬。全面推行林长制、林业资源管理、林业改革创新等工作多次得到国家相关部委(局)肯定。全年营造林34.04万公顷，森林覆盖率达到54.5%、排名首次进入全国前十。林业全产业链增加值比上年增长8%。

【林长制】 全面建立"4+1"林长制责任体系，在全面总结试点经验基础上，对标对表中央要求，以中共重庆市委办公厅、重庆市人民政府办公厅名义印发《关于全面推行林长制的实施意见》，并经市总林长签发实施重庆市第1号总林长令《关于在全市开展森林资源乱侵占、乱搭建、乱采挖、乱捕食等“四乱”突出问题专项整治行动的决定》，累计清理排查“四乱”问题1937件，立案查处1435件、完成整改1259件。建立起由市委书记、市长担任全市总林长，7名市委、市政府领导分任副总林长和中心城区“四山”（缙云山、中梁山、铜锣山和明月山）市级林长的市级林长构架，带动搭建起886名县（区）级林长、5555名乡镇级林长、12 804名村级林长和48 397名基层网格护林员共同参与的“4+1”林长制责任体系。全年各级林长累计巡林18.3万人次。

【生态修复重点工程】 全面完成生态修复重点工程年度计划任务，国家林草局年初下达重庆市11.60万公顷造林指标，完成11.87万公顷并全部落地上图、实现精细化管理；下达的1.67万公顷中央财政森林抚育、长江上游岩溶石漠化综合治理0.50万公顷任务均全面完成；完成退耕还林提质增效任务6.39万公顷。完成“两岸青山·千里林带”建设2.13万公顷，累计有1374万人次参加义务植树，种树6468万株，主要造林树种良种使用率达74%。

【林业生态资源监督管理】 精准实施自然保护地等林业生态资源监督管理，精准衔接生态保护红线评估调整方案，自然保护地整合优化有关成果得到国家林草局认可。推进全市自然保护地人类活动问题整改，完成率97.46%。第44届世界遗产大会评审通过重庆五里坡为世界自然遗产地（湖北神农架世界自然遗产边界调整项目），五里坡正式成为重庆市继武隆喀斯特和金佛山喀斯特后第三个世界自然遗产地。严格森林采伐限额管理。完成全市草原资源监测。在全国首个启动并率先完成林业资源生态综合监测评价工作，《中国绿色时报》整版报道重庆市经验。报经市政府同意，发布重庆市第一批重要湿地名录，黔江阿蓬江、梁平双桂湖、巫山大昌湖被认定为市级重要湿地。组织开展打击毁林专项行动，发现破坏森林资源图斑369个，涉及案件414起，查处到位406起，整改到位333起。运用卫星遥感数据每月判读，2021年共下发10 435个监测变化图斑由县（区）精准查验、依法处置，遥感监测判读准确率达91%、遥感监测水平全国领先。

【林业生物多样性】 进一步加强林业生物多样性保护，认真贯彻落实中办、国办《关于进一步加强生物多样性保护的意见》，及时调整修订重庆市国家重点保护野生动物及植物名录，市内分布的国家重点保护陆生野生动物由64种增加至112种，分布的国家重点保护野生植物（林业部门管理）由49种增加至84种。实施珍稀濒危等极小种群野生动植物保护项目，重庆雪宝山国家级自然保护区人工回归野外的崖柏出现结实为中国乃至世界首次，全市野生动植物种群实现恢复性增长，陆生野生脊椎动物、野生维管束植物分别增至800余种、6000余种。开展全市林业生物多样性普查，组织专家对实施生物多样性保护工程开展研讨论证，编制《重庆市生物多样性保护林业重点工程实施方案（2021~2025年）》。

【林业灾害防控】 全市共发生8起森林火灾，受害森林面积8.33公顷，未发生重大以上森林火灾和扑救人员伤亡事故，火灾发生起数和受害森林面积稳定保持在低位，未发生林业安全生产事故。松材线虫病疫点、发生面积、病枯死松树持续减少，数量分别较上年下降6%、3.8%、29.5%，30个疫点达到拔除标准，5个疫区、88个疫点实现无疫情，全市疫情发生面积减少0.53万公顷，多发频发势头得到有效遏制。县（区）林业行政执法支（大）队36支、编制420人，打击违法违规破坏森林资源的能力明显增强。受理林业行政案件3707起，查结3534起，处罚3557人次，对森林资源乱侵占、乱搭建、乱采挖、乱捕食“四乱”违法违规行为形成有力震慑。

【林业改革创新】 持续拓展深化林业改革创新，积极推进实施横向生态补偿机制，推动县（区）间交易森林面积指标1.14万公顷、成交金额42 575万元，全市累计交易森林面积指标2.42万公顷、总成交金额90 575万元。持续深化集体林权制度改革，全市新增流转林地面积10.07万公顷，累计培育发展农村新型林业经营主体1.4万余家。落实补助资金1470万元在北碚、南川、奉节、巫溪4个县（区）新增非国有林生态赎买森林近667公顷。

【林业产业发展】 林业全产业链增加值接近全市GDP总量的5%。实施巩固拓展脱贫攻坚成果同乡村振兴有效衔接8个方面19条林业帮扶政策和举措，支持12个乡村振兴重点帮扶县（区）各类林业资金16.1亿元，完成24 441名生态护林员的选（续）聘工作。累计发展国家重点林业龙头企业7家，市级林业龙头企业近100家，新增2处国家林下经济示范基地。加快发展木材流通贸易服务业，凯恩国际家居市场打造木制品交易市场40万平方米，实现交易额30亿元；中国西部木材贸易港加快建设，完成投资1.3亿元，佛耳岩码头实现木材贸易超60万立方米。累计发展森林人家3700多家，启动全市首批森林康养基地评选。完成第十届中国花博会参展工作，重庆市参展单位获得“一金两银”好成绩。

【国家储备林建设】 国家储备林“双百”万公顷任务顺利落地，完成林地收储超过6.67万公顷，实施集约人工林培育、现有林改培等面积超过6.67万公顷，为顺利完成项目一期建设打下坚实基础。充分利用大平台实施规模化发展，推动重庆林投公司与忠县、大足、南川三个县（区）政府签署战略合作协议，以重庆林投公司为载体承接全国松材线虫病防治与马尾松林1333.33公顷改培试点，探索切实可行的“防病治病+提质增效”新路径。

【林业科技应用】 林业科技聚焦应用及转化涌现更多亮点，严格公开申报、专家评审、网上公示等程序，完成科技兴林项目立项20项、科技示范项目立项12项。“林火监测预警双红外火灾探测器成果”再次入选国家林草局2021年度100项重点推广林草科技成果，“红紫外复合型地表火探测器”应用在北京冬奥会河北崇礼赛区运动场馆周边；渝城1号核桃良种推广面积达

7466.67 公顷。扎实开展“林业千名专家进千村”和“千名专家进百企”科技帮扶活动，全市共组织林业科技专家 1037 名，累计进村服务 3680 场次，提供专家咨询 10 400 人次，开展技术培训 1710 场次，服务林农 78 760 人次。

【自然教育宣传】 自然教育宣传实现“人”“事”“图像”天天见，主流媒体共发布重庆林业相关原创新闻报道 1000 余条，其中，新华社 55 条、《人民日报》7 条、《重庆日报》175 条、《重庆新闻联播》栏目 108 条、华龙网 113 条。第七届重庆市“梦想课堂·自然笔记”大赛和全国“笔记自然·铭记党恩——长江流域自然笔记大赛”参与学校超过 900 所、学生超过 7 万人。重庆市双桂湖国家湿地公园、摩围山森林公园被全国关注森林组委会认定为全国青少年自然教育绿色营地。联合四川省林草局等开展 2021 年文化和自然遗产日暨川渝首届风景名胜区和自然公园科普宣传周活动，线上线下受众人数超过 100 万人次。

【林地、森林、湿地生态保护和修复】 2021 年末，重庆市森林面积、森林覆盖率和森林蓄积量分别提升至 449.48 万公顷、54.5%和 2.5 亿立方米，全市森林覆盖率首次进入全国前十，位居全国第十、西部第四位。全市有各类自然保护区 58 个(其中国家级 7 个、市级 18 个、县级 33 个)，面积 80.42 万公顷，占全市面积的 9.76%；市级以上森林公园(含生态公园)85 个(其中国家级 27 个、市级 58 个)，面积 18.73 万公顷，占全市面积的 2.27%；湿地公园 26 个(其中国家级 22 个、市级 4 个)。国有林场 69 个。

【野生动植物保护】 2021 年末，重庆市市域内分布有陆生野生脊椎动物 800 余种，无脊椎动物 4300 余种，其中国家一级重点保护陆生野生动物 14 种，包括黑叶猴、大灵猫、小灵猫、林麝、青头潜鸭、中华秋沙鸭等；国家二级重点保护陆生野生动物 98 种，包括猕猴、黑熊、豹猫、毛冠鹿、中华鬣羚等。市域内分布有野生维管植物 6000 余种，其中国家一级重点保护野生植物(林业部分)8 种，包括崖柏、银杉、水杉、银杏、红豆杉等；二级重点保护野生植物(林业部分)76 种，包括穗花杉、秦岭冷杉、鹅掌楸、油樟、润楠、花榈木等。重庆市林业局切实加强珍稀濒危野生动植物及其栖息地保护管理，严厉打击破坏野生动植物资源的违法犯罪行为，常态化开展公众宣传教育，珍稀濒危野生动植物及其栖息地得到有效保护。设计“3+24”组主题海报，在 80 余处场所投放；组织开展为期 3 个月的野生动植物图片展，影展参观人数逾 6 万人；录制野生动植物保护访谈节目 1 期；联合 40 余家公益机构开展公众互动参与活动 100 场，800 余名公众参与；动员 200 余名志愿者队伍，开展志愿护飞行动 900 余人次。新实施崖柏、缙云黄芩等林业极小种群野生植物拯救保护项目 4 个。

【风景名胜区和世界自然遗产】 2021 年末，重庆市有风景名胜区 36 处，面积 452 725 公顷，占全市面积的 5.49%。其中，国家级风景名胜区 7 处，面积 214 730 公顷，占全市面积的 2.60%；市级风景名胜区 29 处，面积 237 995 公顷，占全市面积的 2.89%。武隆喀斯特世界自然遗产地面积 6000 公顷、缓冲区面积 32 000 公顷，金佛山喀斯特世界自然遗产地面积 6744 公顷、缓冲区面积 10 675 公顷，五里坡世界自然遗产地面积 5782 公顷、缓冲区面积 4378 公顷。

【大事记】

1 月 15 日 重庆市林业局召开全市涉自然保护地旅游及房地产开发项目专项清理工作动员暨全市春季森林草原火灾预防工作动员部署电视电话会议。

1 月 18 日 重庆市“两岸青山·千里林带”建设新闻发布会举行，面向社会详细阐述重庆市出台的《重庆长江段两岸青山·千里林带规划建设实施方案》，介绍 2018~2020 年重庆市国土绿化提升行动完成情况。

2 月 5 日 重庆召开 2021 年全市生态环境暨林业工作会议，安排部署深入打好污染防治攻坚战、推进防范化解生态文明领域重大风险攻坚战、全面推行林长制、“两岸青山·千里林带”建设等工作。

2 月 25 日 重庆召开全市森林防灭火工作视频调度会议。

3 月 19 日 重庆市委书记陈敏尔，市委副书记、市长唐良智，市人大常委会主任张轩，市政协主席王炯在南岸区广阳湾参加 2021 年义务植树活动。

4 月 1 日 国家林业和草原局西北监测区打击毁林专项行动、森林督查暨森林资源管理“一张图”年度更新培训班在重庆举办。

4 月 28 日 中共重庆市委书记、全市总林长陈敏尔，市委副书记、市长、全市总林长唐良智签发重庆市总林长令(第 1 号)，在全市开展森林资源乱侵占、乱搭建、乱采挖、乱捕食等“四乱”突出问题专项整治行动；同日，中共重庆市委办公厅、重庆市人民政府办公厅印发《关于全面推行林长制的实施意见》。

5 月 11 日 重庆市总林长办印发通知，公布市级林长名单和责任区域。

5 月 21 日 经重庆市人民政府同意，重庆市林业局公布《第一批重庆市级重要湿地名录》，黔江区阿蓬江、梁平区双桂湖、巫山县大昌湖 3 处湿地被认定为市级重要湿地。

6 月 4 日 重庆市召开林长制工作推进会暨市绿化委员会全体会视频会议，观看全市林长制试点工作专题片，传达全国绿化委员会全体会议精神，安排部署全面推行林长制、“两岸青山·千里林带”建设、森林防灭火等工作。

6 月 10~11 日 重庆市政府副市长、全市副总林长、市总林长办主任陆克华带队赴奉节县、万州区、开州区调研巡林，督导全面推行林长制和重庆市 1 号总林长令贯彻实施情况。

6 月 16 日 中共重庆市委书记、全市总林长陈敏尔赴涪陵区调研并到武陵山大裂谷调研巡林。

6 月 18 日 第十届中国花卉博览会举办主题为“山环水绕·花漾重庆”的“重庆日”活动。

6 月 23~25 日 时任中共重庆市委副书记、市长、全市总林长唐良智前往巫溪县及巫山县巡林调研。

6月25日 重庆市召开森林草原火灾预防现场观摩暨夏季防火动员部署会，部署全市夏季森林防火工作。

7月3日 第十届中国花卉博览会在上海闭幕，重庆市花卉展品获得金奖1个、银奖7个、铜奖9个、优秀奖12个；室内展区获得金奖，室外展区获得银奖；在团体组织评比中，获得组织奖银奖。

7月15日 重庆市林业局党组书记、局长沈晓钟一行赴四川省林草局调研，现场调研成都大熊猫繁育基地，在四川省林草局机关现场观看防火预警监测软件系统演示，签订《2021年重庆市林业局与四川省林草局合作重要事项》，召开座谈交流会。

7月28日 第44届世界遗产大会评审通过重庆五里坡为世界自然遗产地（湖北神农架世界自然遗产边界调整项目），五里坡正式成为重庆市继武隆喀斯特和金佛山喀斯特后第三个世界自然遗产地。

8月4日 重庆市政府副市长、全市副总林长陆克华到市林业局调度全市夏季森林草原防火工作。

11月2日 重庆市林业局组织召开专题会议，研究依托大巴山森林生态资源，在城口、巫溪、巫山、奉节4个县（区）策划建设大巴山沉浸式森林康养步道。

12月8日 中共重庆市委常委、市委秘书长李明清到北碚区调研生态文明体制改革和缙云山国家级自然保护区生态环境综合整治工作。

12月16日 重庆市林业局党组书记、局长沈晓钟在《重庆日报》发表题为《以习近平生态文明思想为指引推进林业高质量发展》的署名文章。

（重庆市林业由何龙供稿）

四川省林草业

【概　述】 2021年，四川全省林草系统认真践行习近平生态文明思想，深入贯彻习近平总书记重要讲话和指示批示精神，认真落实党中央、国务院以及省委、省政府、国家林草局安排部署，紧紧围绕筑牢长江黄河上游生态屏障，突出生态保护、生态发展、生态安全，务实进取，担当作为，圆满完成了年度目标任务。全年落实省级以上财政资金87.4亿元，完成营造林40.50万公顷，治理退化草原76.47万公顷，森林覆盖率提高到40.23%，森林蓄积量增加到19.34亿立方米，草原综合植被盖度提高到85.9%，林草产业总产值超过4300亿元，实现了“十四五”良好开局。

【森林草原防灭火专项整治】 夯实“人防”根本，全方位蹲点督导35个高火险区，建立“十户联保”8.9万个。组建地方专业扑火队117支、10 531人，乡镇半专业扑火队2534支、92 561人，增配装备10.3万套，新（改）建营房15.6万平方米。强化“物防”保障，新（改）建防火通道2.6万千米、隔离带5万千米、瞭望塔418座。整治风险隐患9.1万个，实施计划烧（清）除36.67万公顷，火灾风险普查有序推进。提升“技防”能力，研发投用火情监测即报系统，发现并核查热点671个、各类火情119起。凉山彝族自治州出台防灭火“二十条措施”，攀枝花市实现全年零火情，广安市率先启动火灾风险普查，小金县试点违规野外用火行政综合执法。全省发生森林草原火灾23起，同比下降77.9%，切实守住了“两个确保”（确保不发生重大人为森林草原火灾、确保不发生重大人员伤亡）底线。

【林长制】 省委办公厅、省政府办公厅印发《关于全面推行林长制的实施意见》，市（州）、县（市、区）全面印发实施方案。印发省林长制运行规则和巡林、信息、督查、考核等5项制度，省总林长、省委书记彭清华、省长黄强主持召开第一次省林长制全体会议。省林草局设立林长制工作处，攀枝花市、宜宾市、阿坝藏族羌族自治州、凉山彝族自治州单设林长制工作科，充实了工作力量。全省设立省级林长38人、市级林长435人、县级林长3894人、乡级林长21 641人、村级林长57 102人，国有林草保护经营单位设立林长814人。

【国家公园建设】 大熊猫国家公园体制试点任务全面完成，习近平总书记在《生物多样性公约》第十五次缔约方大会领导人峰会上宣布正式设立大熊猫等首批5个国家公园，国务院批准设立方案。研究形成大熊猫国家公园四川片区管理机构设置方案，编制形成总体规划和过渡期间管理办法，印发矿业权分类退出办法，出台小水电清理退出方案和省级财政奖补政策。强化基础工作，退出小水电97座，全面关停矿业权200宗，建设大熊猫栖息地、生态廊道和主食竹基地等5600公顷。成都、雅安、阿坝启动打桩定标试点，德阳建立保护大熊猫小种群机制，绵阳开展网格化、全时段监测巡护，广元探索社区协调发展机制，眉山先行先试自然教育与生态体验。积极争取国家林草局支持，加强与甘肃省沟通协调，加快创建若尔盖国家公园，“一方案两报告”（若尔盖国家公园四川片区设立方案、若尔盖国家公园四川片区科学考察和符合性认定报告、若尔盖国家公园社会影响评估报告）申报要件获省委、省政府审议通过并上报国家林草局。拟建园区内启动了黄河上游水源涵养补给区综合治理项目。

【野生动植物保护】 公布全省国家重点保护野生动物最新名录，完成第二次全国陆生野生动物调查，加强大熊猫、川金丝猴等珍稀濒危野生动物保护。巩固禁食野生动物退出成果，启动野猪种群调控试点，野生动物致害补偿保险试点县扩大到13个。强化野生植物保护，完成兰科植物专项调查，崖柏、五小叶槭等极小种群野生植物复壮和野外回归取得积极进展。

2021年12月29日，科研人员拍摄到有100只左右大天鹅的种群在若尔盖越冬(顾海军　摄)

【国土绿化】　实施人工造林和退化林修复10.33万公顷、封育和新造管护11.40万公顷，退耕还林还草0.55万公顷，新建翠竹长廊(竹林大道)16条、200余千米，建设国家储备林0.37万公顷，义务植树1.2亿株。龙泉山纳入国家国土绿化试点示范，“包山头”提升森林质量533.33公顷。达州市、南充市基本达到国家森林城市创建标准。实施草原改良10.99万公顷、人工种草7.99万公顷，治理黑土滩和毒害草1.19万公顷，阿坝藏族羌族自治州制订黄河流域“两化三害”草原生态治理项目实施方案。治理沙化土地0.67万公顷、干旱河谷800公顷、岩溶地区0.11万公顷，修复湿地退化植被0.70万公顷。全省第六次荒漠化和沙化监测、岩溶地区第四次石漠化调查基本完成。

【林草资源保护管理】　自然保护地整合优化预案通过国家林草局审查封库。制定国家级自然保护区建设项目审批报告制度，修订自然保护区建设项目影响评价技术规范，启动《四川省世界遗产保护条例》修订，批复自然保护地总体规划11个、范围和功能分区调整8个。常年管护森林1866.67万公顷，实施公益林生态效益补偿544.18万公顷、天然商品林停伐管护补助120.77万公顷。建成启用古树名木信息管理系统，新建省级古树公园10个。严格林地用途管制，川藏铁路等200余个国省重点项目和2400余个建设项目使用林地定额1万余公顷，争取使用林地定额居全国首位。启动松材线虫病防控五年攻坚行动，除治病(枯)死松树116万株，防治草原鼠害41.27万公顷、虫害9.73万公顷。内江市、自贡市开展松材线虫病“同城化”联防联治，甘孜藏族自治州启动建设草原鼠害治理综合示范区。开展专项执法行动，办理林草行政案件5039件，挂牌督办非法占用林地案28件，督导查处重大毁林案件81件。泸州市、广元市、宜宾市、眉山市、巴中市实现打击毁林专项行动案件全面清零。积极迎接中央生态环境保护督察，涉林草生态环境问题整改有序推进。

【林草特色产业】　出台林草高质量发展助力乡村振兴实施意见、现代林(草)业园区高质量发展实施意见，认定省级培育园区20个、重点龙头企业56家、示范社21家。广元市将林业园区与农业园区同步认定、同等奖补，新建市级以上现代林业园区11个。出台“十四五”竹产业发展规划，新认定竹产业高质量发展县4个、现代竹产业园区6个，现代竹产业基地达66万余公顷，竹产业综合产值超900亿元。宜宾市成功举办第十一届中国竹文化节，安排1亿元专项资金实施竹产业能级提升六大行动。积极发展木本油料、花卉等特色产业，核桃、油橄榄、油茶种植面积超过120万公顷，新增花卉优质生产基地0.13万公顷、设施栽培22万平方米。出台加快推进森林康养产业发展意见，新评定省级自然教育基地34处，举办花卉果类等生态旅游节40余场。积极服务国家“双碳”战略，印发全国首个省级林草碳汇行动方案，林草碳汇项目开发规模达53.33万公顷。

2021年10月19日，第十一届中国竹文化节在宜宾开幕(朱昭旭　摄)

【林草重点改革】　深化集体林权制度改革，印发林权抵押贷款管理办法，规范林业不动产登记与管理衔接，成都纳入全国林业改革发展综合试点市。巩固国有林场林区改革成果，公布首批省级示范林场10个，广元市利州区天曌山国有林场、宣汉县五马归槽国有林场获评全国十佳林场。国有森工企业持续转型发展，四川林业集团筹组工作基本完成。林草“放管服”改革持续深化，调整行政权力132项、赋权乡镇(街道)权力20项，许可事项全程网办率、“最多跑一次”率达100%。

【科技创新】　获批国家林草工程技术研究中心1个、国家林草长期科研基地1个、国家级林草科技创新团队2个，获国家和省科技进步奖11项，63项成果进入国家林草成果库，5项成果列入全国重点推广项目，32项林草地方标准获批立项，新建科技示范基地733.33公顷。数字熊猫监测即报系统获得第二届国际“探路者奖”。新审(认)定林木良种6个，主要造林树种良种使用率提高到71%。资阳市乐至国家林业科技示范园区植物扩繁技术取得突破，较常规繁育快近30倍。攀枝花市、遂宁市、乐山市、广安市扎实开展打击制售假冒伪劣林木种苗行动。

【林草支撑保障】　印发实施《四川省林业草原发展“十四五”规划》，编制形成森林草原防火等专项规划。林草“一张图”更新和公益林优化通过国家验收。落实地方政府专项债券林业项目17个、17.67亿元，成都市、德阳市、绵阳市、宜宾市、凉山彝族自治州国家储备林项目融资实现突破，10个项目获政策性银行授信180亿元。世行贷款长江上游森林生态系统恢复项目提款报账4.77亿元。政策性森林保险参保公益林1466.67万公顷、商品林238.93万公顷。中央和省级主流新闻媒体报道林草新闻900余篇(条)，四川省林草局网站和微博、微信等政务新媒体发布信息4000余条。成都大熊猫繁育研究基地入选全国自然教育绿色营地首批试点单位。信访维稳、后勤保障有力有效，安全生产、疫情防控形势平稳，老干部工作得到进一步加强，林草工会、学会、协会和四川省林草局属企业、医院、幼儿园等为林草改革发展作出了积极贡献。

【大事记】

1月15日 省委农办、省林草局联合印发《四川省现代林(草)业园区认定管理办法(试行)》。

1月25日 省林草局印发《深入推进现代林(草)业园区高质量发展的实施意见》。

3月1日 省长黄强到省林草局调研四川省森林草原火情监测即报系统建设情况。

3月10日 省林草局启动“自然教育周”主题宣传系列活动，全省全年线上线下自然教育参与人数突破1亿人次。

4月16日 省委书记彭清华主持召开省委深改委第12次会议，审议通过《关于全面推行林长制改革的实施意见》。

4月 省林草局上报《四川省自然保护地整合优化预案》并通过自然资源部、国家林草局联合专班审查。

5月15日 省委办公厅、省政府办公厅印发《四川省党政领导干部森林草原防灭火工作责任制规定(试行)》。

5月19日 国家林草局办公室印发《关于同意将晋城市等5市确定为全国林业改革发展综合试点市的函》，成都市作为唯一副省级城市入选。

5月24~27日 全省草原有害生物普查技术培训班在成都举办，全省首次草原有害生物普查正式启动。

6月1日 国家林业草原西南森林与草原生态防火工程技术研究中心获国家林草局批复成立，该中心为全国首个生态防火工程技术研究中心。

6月3日 省长黄强签发《四川省人民政府关于设立森林草原防灭火警示日的决定》，将每年3月30日设立为全省森林草原防灭火警示日。

6月11日 川渝两地在重庆联合举办2021年文化和自然遗产日暨川渝首届风景名胜区和自然公园科普宣传周活动，签订《自然保护地保护管理合作协议》。

7月9日 省委编办批复同意，整合财务处、规划改革发展处，设立规划财务处、林长制工作处。

7月15日 国务院督导四川省森林草原防灭火专项整治工作总结会议召开，经党中央、国务院同意，结束专项整治转为常态化治理、继续巩固深化。

7月19日 四川省林草局联合民政厅、省卫生健康委、省中医药管理局、自然资源厅、文化和旅游厅、省体育局、省总工会7家省级部门共同印发《关于加快推进森林康养产业发展的意见》(川林发〔2021〕18号)。由省级8个部门联合推进森林康养产业发展，在全国尚属首例。

7月29日 四川省林草局印发全国首份省级林草碳汇行动方案——《四川林草碳汇行动方案》。

7月 首次整合启动全省林草湿沙生态综合监测评价，实现监测技术体系由单一林地向林草湿沙集成。

9月8日 国家林草局办公室印发2021年重点推广林草科技成果100项的通知，四川省5项科技成果入选。

9月27日 “诺华川西南林业碳汇、社区和生物多样性造林再造林项目”案例被联合国《生物多样性公约》秘书处、《生物多样性公约》第十五次缔约方大会筹备工作执行委员会评为“生物多样性100+全球典型案例”。

10月12日 习近平总书记在《生物多样性公约》第十五次缔约方大会领导人峰会上宣布大熊猫等第一批国家公园正式设立。

10月19~21日 第十一届中国竹文化节在宜宾举行。全国政协常委、国家林草局副局长刘东生，非洲驻华使团团长、喀麦隆驻华大使马丁·姆巴纳，四川省人民政府副省长陈炜出席并致辞，国际竹藤组织董事会联合主席江泽慧视频致辞。中国非遗保护协会会长王晓峰，四川省政协副主席杨克宁，国际竹藤组织有关成员国代表，国家林草局相关司局、文旅部相关单位、国家有关行业协会组织负责人，全国重点竹区省(区、市)级林草部门负责人和参展客商代表近300人参加活动。

10月26日 农业农村厅、省发展改革委、科学技术厅、财政厅、生态环境厅、省林草局联合印发《四川省农业种质资源保护与利用中长期规划(2021~2035)》，林草种质资源保护利用纳入规划统筹推进。

10月26日 四川省林业科学研究院被中共中央组织部、中共中央宣传部、人力资源和社会保障部、科学技术部联合授予“全国专业技术人才先进集体”称号。

10月30~31日 省长黄强调研唐家河，副省长曹立军、秘书长胡云、副秘书长降初、省林草局局长李天满等相关人员陪同调研。

11月3日 省委办公厅、省政府办公厅印发《关于设立省总林长、副总林长、省级林长及省林长制办公室的通知》(川委办〔2021〕55号)。

11月16日 省林草局印发《四川林草“证照分离”改革全覆盖实施方案》。

11月26日 省委编办批复同意，撤销荒漠化防治处、湿地管理处，设立政策法规处、离退休人员工作处，野生动植物保护处更名为野生动植物与湿地保护处，林业与草原产业处更名为改革与产业发展处。

11月30日 四川省林业和草原局印发《四川省松材线虫病疫情防控五年攻坚行动方案(2021~2025年)》。

12月7日 若尔盖国家公园“一方案两报告”申报要件经省委常委会和省政府常务会审定通过，并上报国家林业和草原局(国家公园管理局)。

12月20日 省委书记、省总林长彭清华主持召开2021年省林长制全体会议并讲话，省委副书记、省长、省总林长黄强出席会议并讲话。

12月27日 由全国关注森林活动执委会和四川省关注森林活动组委会指导，四川省林草局、中国林业生态摄影协会和四川省摄影家协会主办的“百年辉煌·美丽四川”筑牢长江黄河上游生态屏障献礼建党百年生态摄影大赛优秀作品展暨颁奖仪式在成都举行。省林草局局长李天满莅临现场指导。

12月31日 国家林草局公布2021年第三批授予植物新品种权名单，四川省14项植物新品种获得授权。

(四川省林草业由郑夔荣供稿)

贵州省林业

【概　述】 2021年贵州省林业局深入贯彻落实习近平新时代中国特色社会主义思想和习近平总书记考察贵州重要讲话精神，按照山水林田湖草系统治理要求，坚持以高质量发展统揽全局，完成了各项目标任务。全省完成营造林24.07万公顷，草原生态修复2.05万公顷，石漠化综合治理640平方千米，森林覆盖率达到62.12%，草原综合植被盖度达到88.5%，森林生态服务功能价值达到8783亿元/年。完成特色林业产业基地建设19.47万公顷，林下经济利用林地面积达到186.67万公顷，建设国家储备林14.33万公顷，全省林业产业总产值达到3719亿元。五级林长制体制全面构建。

国土绿化 开展全民义务植树40周年系列活动，持续开展五级干部义务植树活动。建成省级森林城市1个、森林乡镇85个、森林村寨223个、森林人家1345户。开展乡村绿化美化，全省村庄绿化覆盖率达到44.22%。坚持“宜林则林、宜草则草”，全省完成营造林24.07万公顷，草原生态修复2.05万公顷。

林业产业 全省林业产业总产值达到3719亿元，省级林业龙头企业达254家。全省林下经济发展面积达186.67万公顷，加工转化率达55.3%。完成竹子、油茶、花椒、皂角特色林业产业基地新造和改培19.47万公顷，核桃改培1.73万公顷，菌材林改培2.33万公顷。开展森林资源现状和发展潜力普查。建成特色林业产业体验中心和信息发布平台。

资源保护管理 全省共办理建设项目使用林地行政许可1628件，准予使用林地面积8757.82公顷，征收森林植被恢复费13亿元。持续开展森林督查、“六个严禁”行动，联合国家林业和草原局贵阳专员办对省内4个影响较为重大、查处整改进度滞后的涉林违法案件联合挂牌督办。往年度涉林刑事案件移送率100%，往年度涉林行政案件执行率96.18%。开展代号为“清风行动”的打击野生动物非法贸易联合行动，查办野生动物案件103起，打击处理违法犯罪人员115人。全省森林督查数据库和档案库成功通过国家验收。启动全省第四次石漠化调查。出台《贵州省陆生野生动物造成人身财产损害补偿办法》。关岭花江大峡谷、盘州市大洞竹海、晴隆二十四道拐、遵义娄山4个省级风景名胜区总体规划获贵州省人民政府批复。

林业有害生物防治 贵州省人民政府组织召开全省松材线虫病疫情防控电视电话会。《贵州省林业有害生物防治条例》经贵州省第十三届人民代表大会常务委员会第二十八次会议审议通过并予公布。编制完成《贵州省松材线虫病疫情防控5年攻坚行动总体方案(2021~2025年)》，全年完成0.13万公顷疫木除治面积。荔波县和雷山县通过国家林草局疫区拔除审查。贵州省林业局会同铜仁市人民政府对梵净山周边区域开展松材线虫病疫情专项普查。全年林业有害生物成灾率0.191‰，低于国家控制指标3‰。

2021年，宽阔水国家级自然保护区天然林(贵州省林业局　供图)

2021年5月8日，在茂兰国家级自然保护区拍摄到的白花兜兰(陈东升　摄)

森林防火 全省共发生森林火灾9起，过火总面积129.96公顷，受害森林面积48.94公顷，森林火灾受害率0.0045‰，远低于全国控制指标1‰和省控指标0.8‰，未发生重特大森林草原火灾、人员伤亡和安全生产事故。

林业改革 全省五级林长制全面设立完成。印发《关于支持工商企业等社会资本流转集体林地经营权的办法》《关于加快推进贵州公益林补偿收益权质押贷款的指导意见》，联合贵州省财政厅印发了《贵州省重点生态区位人工商品林赎买改革试点(2021~2025年)工作方案》。全面完成三都县、锦屏县地方公益林优化调整试点工作。林业审批事项承诺办理时限由20个工作日压缩到5个工作日，办理时限压缩70%以上。全省林业审批事项均可通过网上申请和邮寄等方式办理，实现申请人零跑动。将林业系统98项依申请行政权力事项全部纳入"全省通办、一次办成"事项清单，组织编制"全省通办、一次办成"事项办事指南、审查要点、格式文本，录入全省通办系统平台。

科技兴林 "高原山地马尾松国家长期科研基地"获国家林业和草原局批准建立。贵州省林业科学研究院"铁皮石斛附树近野生生态栽培关键技术"获贵州省技术发明三等奖；贵阳市森林资源管理站"贵阳市林业信息化项目(二期)"获贵州省科技进步三等奖。《兜兰盆花培育技术规程》《花榈木育苗技术规程》等5个地方标准获批发布，《棕榈培育技术规程》林业行业标准获批发布。贵州省国有龙里林场、荔波黄江河国家湿地公园获得第五批"全国林草科普基地"命名。赤水桫椤国家级保护区管理局获"贵州省十佳科普教育基地"。举办林业技术培训班26期，探索"线上线下"科普宣传新模式，线上培训人数达12.6万。

基础保障 国家林草局与贵州省人民政府形成《贵州省来访备忘录》。开展内设机构调整，增设发展规划研究处、林长制工作处，撤销湿地处、灾防处，调整设置财务处。印发《中共贵州省林业局党组关于推进领导干部能上能下实施办法(试行)》《中共贵州省林业局党组关于进一步激励干部担当作为、容错纠错实施意见(试行)》。累计在国家级媒体宣传报道林业信息541条，省级媒体1800余条。设置贵州省林业局新闻发布室，召开5次新闻发布会，参与贵州省人民政府网录制在线访谈1期。出版《森林自然教育指南》《贵州省国有林场》《贵州省森林公园》等林业书籍。建立贵州林业网络监测系统，形成舆情监测分析报告12期。

【2021年全省义务植树活动】 于2月18日在省、市、县、乡、村同步举行。贵州省委书记、省人大常委会主任谌贻琴，省委副书记、省长李炳军，省政协主席刘晓凯，省委副书记蓝绍敏等到贵阳市双龙航空港经济区小碧乡小碧村，与干部群众一起义务植树，共同为贵州大地添绿，推动全省生态文明建设。贵州省委常委，省人大常委会、省政府、省政协领导班子成员和党组成员，省军区、省高级人民法院、省人民检察院、武警贵州省总队主要负责人在省义务植树点参加植树活动。

【2021年生态文明贵阳国际论坛"森林康养·中国之道"主题论坛】 于7月11日召开。该论坛由国家林业和草原局与贵州省人民政府共同主办，国家林业和草原局发改司、贵州省林业局、贵州省林业产业联合会、贵州省品牌建设促进会、贵阳市林业局、北京中艺鼎视文化科技有限公司承办。论坛上，贵州省副省长吴胜华、国家林业和草原局副局长刘东生致辞。国家林业和草原局总经济师兼发改司司长杨超以《发展森林康养　服务大众

2021年2月18日，贵州省委书记、省人大常委会主任谌贻琴，省委副书记、省长李炳军等领导在贵阳市双龙航空港经济区小碧乡小碧村参加义务植树(杜朋城　摄)

健康》为题，发表了主旨演讲。国家标准化组织品牌评价技术委员会顾问主席、中国品牌建设促进会理事长、国家标准委原主任刘平均，大自然保护协会(TNC)亚太区董事总经理威尔·麦戈德里克，北京林业大学校长安黎哲教授，上海精准功能医学学院院长、美国自然医学研究院副院长陈厚琦等人作主旨演讲。此次论坛共产生5项成果：一是发布贵州省2020年森林生态系统服务功能价值；二是发布中国林业产业联合会的团体标准——森林康养小镇建设标准和森林康养人家建设标准；三是成立贵州省森林康养研究院、贵州省森林康养医学工程研究中心、贵州省林业产业联合会森林康养创新联盟并颁牌；四是上线启动"建行善融商务平台贵州森林康养专区"；五是贵州省林业局党组书记、局长胡洪成宣读《森林康养贵阳备忘录》。

【全面实施林长制】 由贵州省委书记、省长担任"双总林长"，20名省领导担任省级林长，18个省直部门作为联席会议成员单位，省、市、县、乡、村五级林长50 170人，五级林长制全面设立完成。印发《贵州省全面推行林长制的实施方案》及相关配套制度，建立"林长+检察长""林长+小林长"等协作机制，基本构建起上下协作、权责明确、全域覆盖的林长管理体制。省级林长通过发布林长令、召开工作部署会、开展巡林和调研等方式积极履职，带动各地加快推进林长制工作。全面协作完成2021年省级林长巡林，全省各级林长巡林27万余人次。

【林下经济】 中共贵州省委、贵州省人民政府印发《关于加快推进林下经济高质量发展的意见》，贵州省成为第一个以省委名义出台支持林下经济发展文件的省份。全省林下经济发展面积达186.67万公顷，国家级林下经济示范基地达30家，林产品加工转化率达55.3%，实施主体达1.75万个，全产业链产值达560亿元。出台《市县加快推进林下经济高质量发展工作考核实施方案》，纳入2021年度市县推动高质量发展"巩固拓展脱

贫攻坚成果和乡村振兴实绩评价指数”考核。完成省委重大问题调查研究课题《贵州省林下经济发展统计监测研究》。编制《高质量发展林下经济林地利用指南》，规范利用林地类别、利用强度、发展模式等。

【特色林业产业】 完成特色林业(竹、油茶、花椒、皂角)产业基地新造和改培 19.47 万公顷，核桃改培 1.73 万公顷，菌材林改培 2.33 万公顷。皂角、刺梨、方竹产业发展规模均居全国第一。创新“花卉+烟草”资源互补融合发展模式，打造 10 个试点基地，全省花卉苗木基地达到 8.09 万公顷。制订《贵州省主要经济树种低产林界定及改造措施(试行)》《贵州省低产林改造项目评价指南(试行)》等规范标准。组织各地全面普查资源现状和发展潜力，掌握资源发展底数。建成贵州特色林业产业体验中心和信息发布平台，入驻企业 150 余家提供 27 类近 600 种林产品。推动桐梓竹笋交易中心开工建设，织金县皂角产业园区投入使用。

【森林质量提升】 开展树种结构调整试点示范，通过采伐、改造等措施，将成熟、过熟商品林中的杉木林、马尾松林逐步调整为价值高的经济林、珍贵林木或菌材林，提高林木经济价值和生态价值。编制印发《贵州省主要经济林树种低产林界定及改造措施(试行)》《贵州省低产林改造项目评价技术指南(试行)》《贵州省主要特色林业树种种植基地建设指南(试行)》，为森林经营提供技术支撑。指导黎平县石井山林场、三都县国有林场完成全国森林经营试点任务 800 万公顷。全省实施森林质量精准提升 19.77 万公顷，其中，森林抚育 4 万公顷，低产低效林改造 13.96 万公顷，退化林修复 1.46 万公顷，木材战略储备基地建设 0.26 万公顷，国家特殊及珍稀林木培育 0.09 万公顷。新建国家级林木种质资源库 2 个，省级林木种质资源库 4 个，全省林木种质资源普查全面完成。新增审(认)定林草良种 14 个。

【国家公园创建】 2021 年 7 月 19 日，中共第十二届贵州省委常委会第 193 次会议明确“积极开展纳入国家规划的国家公园申报创建工作”，要求贵州省林业局积极开展国家公园创建工作。12 月 29 日，《梵净山国家公园创建工作方案》经贵州省第十三届人民政府第 102 次常务会议审议通过。

【大事记】

2 月 5 日 经贵州省人民政府同意，印发《贵州省陆生野生动物造成人身财产损害补偿办法》。

3 月 3 日 贵州省全省林业工作视频会议在贵阳召开。

3 月 21 日 贵州省委常委会会议讨论决定，胡洪成任贵州省林业局党组书记；张美钧不再担任贵州省林业局党组书记职务。

4 月 12 日 经贵州省人民政府同意，贵州省绿化委员会印发《贵州省古树名木认定办法》。

4 月 19 日 贵州省人民政府决定，胡洪成任贵州省林业局局长。

4 月 23 日 全省脱贫攻坚总结表彰大会在贵阳召开。贵州省林业局驻册亨县同步小康驻村工作队被贵州省委、贵州省人民政府授予“贵州省脱贫攻坚先进集体”称号，姚世超、曾宪勤被授予“贵州省脱贫攻坚先进个人”称号。

5 月 12~14 日 贵州省林业局作为中国南方喀斯特世界自然遗产保护管理协调委员会 2020 年轮值单位，组织贵州、云南、重庆、广西 4 个省(区、市)世界自然遗产管理部门和有关管理机构负责人在黔南布依族苗族自治州荔波县开展座谈会，圆满完成轮值交接。

5 月 21 日至 7 月 2 日 贵州省林业局组织参加第十届中国花卉博览会。共荣获组织奖金奖、室外展园奖金奖、室内展区奖银奖、先进个人奖 7 名以及展品奖 89 个(其中：金奖 8 个、银奖 23 个、铜奖 26 个、优秀奖 32 个)。

6 月 10 日 贵州省第十三届人民政府第 86 次常务会议审议通过《全省自然保护地整合优化预案》。

6 月 18 日 贵州“生态日”当天，贵州省委书记、省人大常委会主任、省总河(湖)长、省总林长谌贻琴以及贵州省委副书记、省长、省总河(湖)长、省总林长李炳军发布贵州省总林长令(2021 年第 1 号)，并分别在贵阳开展贵州“生态日”督导调研和巡河巡林活动。

7 月 6 日 贵州省委、贵州省人民政府印发《关于加快推进林下经济高质量发展的意见》，成立省加快推进林下经济高质量发展领导小组。

7 月 6~7 日 贵州省林下经济高质量发展现场推进会在黔东南苗族侗族自治州召开。

7 月 11 日 2021 年生态文明贵阳国际论坛“森林康养 中国之道”主题论坛召开。

9 月 22 日 贵州大学赵龙山入选国家林草局林草科技创新人才名单，实现零的突破。

9 月 27 日 贵州省林业科学研究院参与的“楸树珍贵用材良种选育及其应用”及“西南特色木结构民居工业化制造关键技术与示范”分别获第十二届梁希林业科学技术奖科技进步奖一等奖、三等奖；桐梓县林业局、赤水市林业局参与的“方竹属重要经济竹种高效生态培育技术集成与创新”及独山县林业局参与的“油桐抗枯萎病家系选育技术及应用”均获第十二届梁希林业科学技术奖科技进步奖二等奖。

9 月 29 日 贵州省第十三届人民代表大会常务委员会第二十八次会议审议通过《贵州省林业有害生物防治条例》并予公布，将于 2022 年 1 月 1 日起施行。

10 月 9 日 “高原山地马尾松国家长期科研基地”获国家林草局批准建立。

10 月 29 日 省人民政府办公厅印发《贵州省“十四五”林业草原保护发展规划》。

11 月 10 日 经省人民政府同意，联合贵州省委政法委、贵州省公安厅、贵州省市场监管局、贵州省农业农村厅、贵州省委网信办等部门建立“贵州省野生动植物违法犯罪打击整治厅际联席会议制度”。

11 月 完成贵州省委重大问题调查研究课题《贵州省林下经济发展统计监测研究》，并荣获“优秀奖”。

12 月 10~11 日 国家林业和草原局副局长李树铭等一行赴荔波县和独山县开展定点帮扶调研。贵州省林业局党组书记、局长胡洪成，党组副书记、副局长孙福强陪同调研。

（贵州省林业由吴晓悦供稿）

云南省林草业

【概 述】 2021年，云南林草系统深入践行习近平生态文明思想和习近平总书记考察云南重要讲话精神，系统谋划各领域工作，编制了“十四五”林业和草原保护发展、数字林业、林草产业、自然保护地等规划，切实加大亚洲象等野生动物保护力度，稳妥处置亚洲象北移事件，统筹疫情防控和林草重点工作，着力巩固拓展脱贫攻坚成果，助力乡村振兴，全力推进林草事业高质量发展，圆满完成了各项目标任务，实现“十四五”良好开局。截至2021年底，全省完成营造林33.80万公顷，义务植树1.01亿株。全省草原综合植被盖度达到79.1%。林业中央和省级财政投入保持稳定、达到102.1亿元，林草产业总产值增长8.36%、达到3002.41亿元。

资源管理 印发了全面推行林长制的实施意见。成立以省委、省政府主要领导任双组长的林长制领导小组，设置了林长制办公室，建成从省到村五级林长体系，设立各级林长36 999人。建立了总林长令发布、“林长+警长”等工作机制，省级林长相继开展了巡林活动，全面推行林长制工作取得阶段性成效。开展林草生态综合监测，积极推进林地、草原、湿地、天然林、公益林与国土“三调”数据对接融合。资源信息化监测手段不断完善，卫星影像、高点视频监控在林草资源监测监管中广泛运用，作用日趋显著。组织开展打击毁林专项行动和森林督查，投入3.2万人次，核查图斑12.5万个、面积13.8万公顷，查处案件1.5万起。开展森林、草原、湿地年度监测，首次启动31处省级重要湿地资源及生态状况评估工作，编制监测报告。配合有关部门开展违建别墅、高尔夫球场及九大高原湖泊沿岸违规违建排查整治工作，切实抓好中央生态环保督察、巡视、审计涉林问题整改。

生物多样性保护 采取柔性干预措施，妥善处置亚洲象北移事件，受到各方充分肯定。全球180多个国家和地区、3000多家媒体进行报道，社交平台点击量超过110亿次，省委、省政府给予高度肯定，国家林草局通报表扬。特别是习近平总书记在COP15主旨讲话和新年贺词中，两次提到云南大象北移南归之旅。开展“清风行动”，严厉打击破坏野生动物资源违法犯罪行为。绿孔雀野外种群数量稳步增长，人工繁育技术取得突破，新繁育幼鸟19只。珍稀灵长类监测保护体系建设稳步推进，云南滇金丝猴全境保护被纳入全国18个典型案例。101个物种列入云南省极小种群野生植物保护名录。普达措国家公园管理机构完成实质性上划，开展了空间范围优化调整，启动高黎贡山、亚洲象国家公园创建工作。组织自然保护地勘界立标31处并通过省级评审，修编总体规划15处。香柏场国家草原自然公园总规通过省级评审，保山清华海等3处国家湿地公园通过国家试点验收，石林和“三江并流”世界自然遗产保护状况报告顺利通过第44届遗产大会审议。

COP15生物多样性室外展览展示项目——“扶荔宫”生物多样性体验园（陈智发 摄）

科学绿化 印发科学绿化、草原保护修复两个实施意见，联合云南省发展和改革委员会、云南省自然资源厅发布省级“双重”规划，首次开展造林地块上图入库，公布云南省第一批主要乡土树种名录，编制了林草“十四五”碳中和行动方案。深入推进国土绿化，全省完成营造林33.80万公顷，义务植树1.01亿株。成功争取赤水河流域国土绿化试点示范项目，落实中央补助资金1.5亿元。组织开展国有林场矢量边界与国土“三调”数据融合，明晰国有林场边界，妥善解决矛盾纠纷。争取欠发达林场补助资金4090万元，继续实施国有林场管护房建设试点项目，新建管护房15个，重建改造管护房20个，加固改造管护房37个，功能完善管护房24个。组建云南省第一届草品种审定委员会，建立省级乡土树种保障性苗圃基地。

红河哈尼族彝族自治州弥勒市太平湖客土改良后景观（王佳纯 摄）

林草产业 建立云南省林下中药材产业发展联席会议制度，编制核桃、澳洲坚果、花椒、林下中药材等专项规划。启动实施核桃提质增效和林下中药材种植三年行动计划，建设坚果初加工生产线21条，核桃销售问题得到缓解。确定30个林下中药材重点发展县，4个基地列入国家林下经济示范基地，10个基地列入"绿色食品牌"省级产业基地。积极推进森林康养示范基地建设，3个县(区)入选国家级试点建设县，5个乡镇入选试点建设乡镇，15家单位入选试点建设基地，5家单位入选中国康养人家。与京东、阿里巴巴等电商平台合作，举办云南森林生态产品线上线下推广展销活动，进一步提升林草生态产品知名度。2021年全省林草产业总产值3002.41亿元，同比增长8.36%。

文山壮族苗族自治州广南县蒜头果回归种植(王佳纯　摄)

灾害防控 着力抓好森林草原防火。强化林草行业防灭火组织体系建设，协调省委编办下达省林草局15个防火专项编制。扎实开展野外火源治理等专项行动，全面推进森林火灾风险普查。建立卫星监测、航空巡护、视频监控、地面巡护相结合的立体化、网格化、智能化监测体系。全省发生森林火灾45起，受害森林面积833.33公顷，同比分别下降15%、18%，未发生重特大森林草原火灾。着力抓好林业草原有害生物防治。启动松材线虫病疫情防控五年攻坚行动，迅速开展西山区、麻栗坡县松材线虫病疫情处置。有效防治境外迁入白蛾蜡蝉8226.67公顷，防治红火蚁6493.33公顷。全省林业有害生物成灾率0.24‰，远低于国家控制指标。

支撑保障 积极争取中央和省级资金102.1亿元，下达脱贫地区资金78.82亿元。持续深化"放管服"改革，省级林草行政许可事项全部实现网上申报，审核审批使用林地申请1561件。全年获准立项省科技计划项目13项，实施林草科技推广项目40项，注册登记植物新品种41件。林草融媒体指数居全国林草系统第一。数字政务办公能力不断提升，机关服务保障水平明显提高，老干部、工青妇工作桥梁纽带作用更加凸显。

【全省林业和草原工作视频会议】 2月3日，经云南省人民政府批准，全省林业和草原工作会议在昆明召开，会议总结回顾"十三五"时期和2020年工作，安排部署"十四五"时期及2021年重点工作。省林草局党组书记、局长任治忠出席会议并讲话。

【发布全民参与义务植树倡议书】 3月12日，云南省绿化委员会办公室发布全民参与义务植树倡议书，倡导人人参与，以实际行动为建设中国生态文明建设排头兵、构筑西南生态安全屏障贡献"我"的力量。云南省开展全民义务植树活动40年以来，累计有6.74亿人次参加义务植树，植树累计达43.26亿株。

【印发核桃产业提质增效三年行动方案】 为加快推进核桃产业高质量发展，抓好中央巡视组巡视云南反馈意见整改落实，4月9日，云南省林业和草原局制订印发《云南省核桃产业提质增效三年行动方案(2021~2023年)》，为巩固脱贫攻坚成果和乡村振兴战略提供核心支撑。

【启动打击毁坏林木专项行动】 4月12日，云南省林业和草原局召开电视电话会议，启动全省打击毁坏林木专项行动。会议要求各地要把此次专项行动作为2021年落实林长制工作的重要内容，发挥林长制解决重大问题的优势，深入推进涉林大案要案、积案旧案整改。

【启动野外火源治理和查处违规用火行为专项行动】 4月22日，省森林草原防灭火指挥部办公室、省林草局、省公安厅、省应急厅召开野外火源治理和查处违规用火行为专项行动暨预案解读视频会议。此次专项行动，省森防指办公室、省林草局、省应急厅、省公安厅联合印发工作方案，以省、州(市)、县(市、区)为单位，分级组织开展。

【推进亚洲象国家公园创建工作】 7月9日，西双版纳热带雨林(亚洲象)国家公园前期工作成果专家咨询会在昆明召开。国家林草局、云南省人民政府将构建局省共建协作机制，高质量推动亚洲象国家公园创建，加快推进亚洲象国家公园创建前期各项基础性工作。

【北移亚洲象群安全南返】 8月8日，北移亚洲象群安全渡过元江干流继续南返。象群迁移110多天以来，沿途未造成人、象伤亡，云南北移亚洲象群安全防范和应急处置工作取得决定性进展。8月9日，云南"北移亚洲象群安全渡过元江"新闻发布会在昆明海埂会堂召开，省林草局党组书记、局长万勇出席发布会介绍相关情况并回答记者提问。

【全面推行林长制】 9月9日，云南省印发《关于全面推行林长制的实施意见》，明确了省级林长名单、云南全面推行林长制的指导思想和基本原则，确定了目标任务和工作措施，推动构建云南林草资源保护发展新格局。

【韩正参观"数字云南"展示中心】 10月11~12日，中共中央政治局常委、国务院副总理韩正到云南调研。调研期间省林草局党组成员、副局长高峻在“数字云南”展示中心，向韩正介绍云南数字林业工作开展情况。

【第二批省级森林乡村】 12月16日，省林草局公布云南省第二批省级森林乡村名单，共有1015个乡村入选。

【云南建成五级林长体系】 截至2021年底，全省共设立各级林长36 999人，明确了责任区和工作职责，确保山有人管、树有人栽、林有人护、责有人担。云南提前半年建成省到村五级林长体系，并在全国率先建立由各级人大、政协负责的林长制督查体系，全面推行林长制工作取得阶段性成果。

【大事记】

1月15日 云南省杨善洲绿化基金会、森林自然中心在云南野生动物园开展“学习杨善洲绿化彩云南·2021年万家森林”植树活动。来自省林草局直属机关党委和团委、省林业老年科协及社会各界爱心人士共300余人参加此次植树，“老中青幼”四代共种植云南樱花大树430株。

1月22日 云南省第一届草品种审定委员会召开第一次会议，正式启动草品种审定工作。

2月4日 国家林业和草原局野生动植物保护司组织召开了加强春节及全国“两会”期间亚洲象肇事防范工作电视电话会。省林草局党组书记、局长任治忠在云南分会场参加了会议，并就云南省亚洲象保护和安全防范工作开展情况作了汇报发言。国家林草局驻云南专员办主要领导、云南省林草局党组成员、副局长王卫斌，以及普洱市、临沧市、西双版纳州人民政府领导和林草局主要领导在云南分会场参加会议。

2月10日 省林草局与云南云澳达坚果开发有限公司就澳洲坚果产业发展情况进行工作会谈。省林草局党组书记、局长任治忠，省林草局党组成员、副局长高峻，局总经济师钱荣发和有关处室人员参加座谈会。

2月25日 全国脱贫攻坚总结表彰大会在北京人民大会堂隆重举行。省林业和草原技术推广总站站长宁德鲁和昭通市永善县国有林场副场长韩琪获“全国脱贫攻坚先进个人”荣誉称号。

4月1日 中央电视台播出“善良的名字——最美生态护林员”发布及颁奖仪式，云南独龙族女孩李玉花代表云南18.3万名生态护林员，荣获“最美生态护林员”称号。

4月23日 为加强长江生态系统修复、维护长江上游鱼类生物多样性，营造全民共同参与“长江大保护”的良好氛围。云南省昭通市水富县举办长江上游珍稀特有鱼类国家级自然保护区云南段增殖放流活动，在长江上游水富段放流国家一级保护野生动物长江鲟3000尾，国家二级保护野生动物胭脂鱼7万尾，岩原鲤16万尾，共23.3万尾鱼苗，投入资金193万元。

5月10日 德宏傣族景颇族自治州林业和草原局举行“全国林草科普基地”授牌仪式，为获评“全国林草科普基地”的云南铜壁关省级自然保护区管护局、德宏傣族景颇族自治州野生动物收容救护中心等多个单位颁发荣誉证书和基地牌匾。

5月18日 “联合国开发计划署-植物医生生物多样性保护与可持续利用”项目在昆明启动，这是联合国开发计划署(UNDP)驻华代表处和云南省林业和草原科学院首次在云南开展生物多样性保护合作。

5月31日 为进一步规范省林草局负责人出庭应诉活动，根据相关规定和要求，结合林草工作实际，省林草局印发了《云南省林业和草原局负责人出庭应诉办法的通知》。

5月31日 第十三届省人民政府第110次常务会议审议通过《关于全面推行林长制的实施意见(送审稿)》。

6月9日 普洱市景谷县举办“云南省景谷县笋用竹产业科技特派团项目启动暨笋用竹资源培育与利用学术研讨会”。会议由云南省林业和草原科学院主办，国际竹藤中心、普洱市林业科学研究所、景谷县林业和草原局等单位协办。

6月22日 云南生态文明建设职业教育集团在昆明成立，云南林业职业技术学院担任集团理事长单位。云南省教育厅、云南省林业和草原局、国家林业和草原局驻云南专员办、云南省杨善洲绿化基金会有关人员出席并与林职院领导共同为集团揭牌。

7月20日 省林草局组织召开滇池绿道、生态廊道和湖滨湿地建设专家咨询讨论会，积极落实省委、省政府有关滇池问题整改工作安排部署，旨在搭建专家咨询平台，研究讨论滇池生态修复工作，特别是违规违建项目拆除后湖滨湿地恢复和生态建设问题，为昆明市开展下一步工作提供指导参考建议。

7月27日 亚太森林组织普洱森林可持续经营示范暨培训基地在云南省普洱市成立，这是亚太森林组织围绕“一带一路”倡议和“亚太地区增绿行动”，面向周边和南亚、东南亚地区搭建的森林经营示范理论和实践交流综合平台。是继2019年亚太森林组织首个多功能森林体验基地之后的第二个区域辐射平台。

7月31日 “动物王国你最喜欢谁”网络投票活动启动仪式在昆明动物园举行。活动在云南省关注森林活动执行委员会指导下，由云南省林业和草原局、云南省绿色环境发展基金会、昆明动物园共同发起，是通过政府部门与公益组织联合开展野生动物科普宣传教育的一次创新实践，旨在广泛宣传科普云南具有代表性的野生动物，动员社会各界关心、支持、参与野生动物保护，推进云南省生物多样性保护工作，为即将在昆明召开的生物多样性公约第十五次缔约方大会营造良好氛围。

8月6日 云南关注森林活动组委会第二次全体会议在昆明召开。

8月9日 省委全面深化改革委员会第十三次会议审议通过《关于全面推行林长制的实施意见(送审稿)》。

8月17日 国家林业和草原局、云南省人民政府在昆明召开北移亚洲象群安全防范工作总结会议，标志着历经120多天的北移亚洲象群安全防范和应急处置工作圆满完成，取得决定性胜利。国家林业和草原局副局长李春良，云南省人民政府副省长王显刚出席会议并讲话。

8月20日 省林草局召开全省森林火灾风险普查

工作技术培训视频会议，标志着云南省森林火灾风险普查工作全面启动。

8月31日 省林草局党组成员、副局长王卫斌与到访的加拿大驻重庆总领事馆总领事谢和安一行举行工作会谈。

9月9日 中共云南省委办公厅、云南省人民政府办公厅印发《关于全面推行林长制的实施意见》。

9月10日 14头北移亚洲象安全顺利通过把边江大桥，从普洱市墨江县进入宁洱县磨黑镇，象群均在监测范围内，人象平安。至此，北移亚洲象安全防范和应急处置工作全面结束，北移亚洲象群安全防范及监测将转由属地开展常态化管理。

9月13日 "COP15春城之邀"云南生物多样性保护系列新闻发布会·云南野生动植物保护专题新闻发布会召开，省林草局党组成员、副局长王卫斌发布新闻并回答记者提问。

9月15日 云南自然保护地体系建设专题新闻发布会在昆明海埂会堂召开，省林草局党组成员、副局长王卫斌发布新闻并回答记者提问。

9月18日 国内外近万名网友参与，为期42天的"动物王国你最喜欢谁"网络投票活动顺利结束，绿孔雀以4342票摘得桂冠，成为"最受欢迎的云南野生动物"。此次网络投票总浏览量达32 701人次。

9月24日 云南省林业和草原局举办全省松材线虫病疫情防控工作视频培训班。会议通报了全省松材线虫病疫情防控工作情况，研判当前松材线虫病防控形势，部署此后一段时期的防控工作。省林草局党组成员、副局长王卫斌参加培训班并讲话。

9月26日 云南农垦核桃产业发展有限公司揭牌，标志着国家级农业产业化重点龙头企业——云南农垦集团正式进军云南核桃产业，云南在打造世界一流"绿色食品牌"进程中迈出重要一步。

9月26日 云南省林草局举办全省全面推行林长制工作视频培训班。培训班对省委办公厅、省政府办公厅印发的《关于全面推行林长制的实施意见》进行了深入解读，通报了全省推行林长制进展情况，对下一步加快推行林长制工作进行了部署。

9月27日 云南省林草局成立巩固脱贫攻坚推进乡村振兴领导小组，其主要职责是贯彻落实党中央、国务院决策部署和云南省委、省政府工作要求，全面组织领导和统筹推进实现巩固拓展脱贫攻坚成果同乡村振兴有效衔接工作，定期研究调度工作，协调解决工作推进中的重要问题。

9月27日 云南省林草局参加《云南省创建生态文明建设排头兵促进条例实施细则》新闻发布会，就林草部门在"十三五"期间取得了哪些工作成效，下一步将如何贯彻落实好《云南省创建生态文明建设排头兵促进条例实施细则》回答记者提问。

10月19日 "国家林草科技大讲堂"第十三期在云南开讲，聚焦"云南高原特色木本油料关键技术"，邀请云南知名专家围绕10个方面进行授课，旨在充分发挥科技惠民、支撑乡村振兴的引领作用，为实现基地提质、产品增效、林农增收提供科技支撑。

10月21日 省林草局主办的"2021年云南森林生态产品永平县原产地活动"在大理白族自治州永平县云南核桃(坚果)交易中心开幕。活动以"汇绿色精品 享健康生活"为主题，首次与天猫电商平台合作，开展线上线下营销活动。邀请省内外专业采购商、省内龙头企业共商共谋云南森林生态产品发展道路。

11月1日 第14届中国义乌国际森林产品博览会在义乌国际博览中心开幕。云南省林草局联合浙江省林业局在义乌同期举办以"奉献云南森林生态产品 共享有机绿色健康生活"为主题的"2021云南森林生态产品助力乡村振兴衣物专场推介会"，助力森林生态产品出滇，打响云南高原特色森林生态产品知名度，实现增销增效，助推乡村振兴。

11月9日 全省森林草原防灭火工作电视电话会议召开，省森林草原防灭火指挥部副指挥长、省林草局党组书记、局长万勇出席会议并发言。

12月7日 省林草局召开电视电话会议，总结去冬今春森林草原防火工作，分析研判面临的困难和挑战，安排部署今冬明春森林草原防火工作。省林草局党组书记、局长万勇出席会议并讲话。省林草局党组成员、副局长王卫斌主持会议。全省16个州(市)参加了电视电话会。昆明、曲靖、保山、大理、迪庆5个州(市)林草局主要负责人作交流发言。省林草局机关各处室、局属各单位负责人在昆明主会场参加会议。

12月21日 省林草局党组书记、局长万勇率调研组深入砚山县维摩乡长岭街村委会，实地调研了核桃、林下中草药等林产业发展情况，并与砚山县、维摩乡及定点帮扶村有关人员就林产业提质增效、防返贫动态监测帮扶、人居环境提升等工作进行了交流，深入了解当前产业发展中存在的实际困难和需求，分析研判巩固脱贫攻坚推进乡村振兴形势，对做好下一步定点帮扶工作进行安排部署。

(云南省林草业由罗昱供稿)

西藏自治区林草业

【概　述】 2021年，西藏自治区林草局全面深化林草改革，统筹推进山水林田湖草沙冰综合治理，切实加强森林、草原、湿地、荒漠生态系统保护修复和野生动植物保护，大力实施国土绿化工程，积极推进以国家公园为主体的自然保护地体系建设，较好地完成了2021年林草各项目标任务。全年共落实各类林草工程建设资金48.96亿元，其中，落实中央财政资金35.43亿元、中央预算内资金6.57亿元、自治区本级财政林草生态保

护修复资金6.96亿元。

【国土绿化】 全年计划完成营造林7.33万公顷，实际完成营造林面积7.84万公顷，其中，完成人工造林2.46万公顷、封山育林0.95万公顷、飞播造林种草4.43万公顷。全年完成森林抚育6.38万公顷。一是在全区推广营造林“先造后补”模式，调动社会各界参与营造林积极性，切实提高造林成效，加快推进国土绿化步伐，完成营造林先造后补1.56万公顷。二是开展乡村“四旁”植树行动，以自治区人民政府办公厅名义印发了《乡村“四旁”植树行动方案(2021～2023)》，自治区绿化委员会办公室出台了《乡村“四旁”植树检查验收办法》，编制了《乡村“四旁”植树技术指南》，全面组织指导开展乡村“四旁”植树行动。2021年，计划完成乡村“四旁”植树513万株，实际完成493万株。三是持续开展飞机播种造林、种草工作，完成飞播造林3.77万公顷、飞播种草0.67万公顷；积极开展飞机播种造林成效监测，总结经验，提高飞播造林质量和成效，编制自治区飞机播种造林、种草“十四五”规划。四是配合完成国家考核组对西藏自治区“十三五”防沙治沙目标责任期末综合考核工作和山南市全国防沙治沙综合示范区评估验收工作。五是积极推进拉萨南北山绿化工程，完成南北山绿化工程规划(2021～2030年)初稿，对其中2022年计划开展的6个县(区)开展前期工作。

【森林资源管理】 严格执行保护发展森林资源目标责任制，进一步加强林地保护和占用征收林地管理工作，合规审慎办理林地审核审批876宗、审批面积2360.68公顷，受国家林草局委托审核审批林地70宗、审批面积2608.32公顷。认真编制“十四五”期间年森林采伐限额，确定自治区“十四五”期间年森林采伐限额为27.4万立方米。

【草原资源监管】 全年共受理国家林草局委托办理草原征占用行政许可27宗，使用草原面积0.59万公顷；共受理自治区权限内的草原征占用行政许可781宗，使用草原面积0.26万公顷。全力做好冬虫夏草采集管理，严格落实值带班制度和信息报送制度，实现“零事件”。

【湿地资源管理】 完善湿地保护体系，通过自治区人民政府将麦地卡等15处湿地列为第一批自治区级重要湿地。落实自治区财政湿地生态效益补偿资金1000万元，积极实施自治区财政湿地生态效益补偿试点。完成27个县(区)泥炭沼泽碳库调查工作。

【野生动植物资源保护】 落实中央财政林业改革发展资金1584万元，实施金钱豹和密叶红豆杉等重点保护野生动植物保护研究和生境环境监测等。组织开展高黎贡山(伯舒拉岭)西藏片区野生动植物资源本底调查、“我们与藏羚羊”科考活动，配合央视制作并播放4期《秘境之眼》，与央视合拍《守护羌塘》纪录片。“珠峰雪豹保护计划”入选“生物多样性100+案例”。针对拉萨市岩羊小反刍兽疫和那曲市野禽H5N8亚型高致病性禽流感疫情，严格落实野生动物疫源疫病监测直报制度，积极做好防控处置工作。坚决打击破坏野生动物资源违法犯罪行为。开展“清风行动”，共出动执法车辆6278车次，执法人员20 832人次，监督检查各类场所2482处，查办野生动物案例7起，打掉犯罪团伙1个，打击处理违法犯罪人员9人。

【自然保护地管理】 持续推进察隅慈巴沟四期、珠峰三期重点工程建设，积极申报羌塘和雅中保护区能力建设项目，重新修编17处自然保护区总体规划。大力推进自然保护地整合优化工作，并按照国家林草局部署，开展整合优化预案“回头看”工作。完成了羌塘和珠峰国家公园设立所需《国家公园设立方案》等相关申建文件的上报工作；积极推进高黎贡山西藏段(伯舒拉岭)生物多样性保护和生物安全工作，协调云南省完善高黎贡山国家公园申报材料，委托技术支撑单位开展雅鲁藏布大峡谷、冈仁波齐-玛旁雍错2处拟申建国家公园相关前期工作。

【森林草原火灾预防】 坚持预防为主的原则，加强与应急、公安、气象等部门协调配合，落实防火责任，强化火源管理，提升森林草原火灾预防和火情早期处理能力。先后多次派出工作组，深入林芝、昌都等地开展森林草原防火暨安全生产督导检查工作。各级林草部门建立完善工作机制，开展督导检查，调配人员力量，配齐配强防火物资。加强“防火码2.0”推广和应用，及时要求各级林草干部、公益林管护员、护林员等森林草原防火工作人员下载并激活“防火码”应用程序(App)，每天通报调度使用情况，要求林区旅游景区、林区入口张贴防火码，严格执行进林必扫防火码。各地(市)发现各类隐患问题400余个。共开展林下可燃物清理活动100余次，清理可燃物1000余车，开展国道省道两旁林下增湿110余次。

【有害生物防控】 坚持以防为先，建立风险预警机制，抵御林草重大有害生物入侵，遏制危害性有害生物扩散蔓延，提升有害生物综合防控能力，保障生物生态安全，维护自然生态系统健康稳定。2021年设6个卡点对青藏、川藏、新藏等进藏道路开展林业植物检疫和苗木检查执法专项行动，共查验木材58 361.9立方米、苗木5078.4万株；查获违规调运车辆213辆，追踪复检苗木927批次，查处28起违规调运苗木案件，处罚2.45万元。开展紫茎泽兰专项除治和春尺蠖等常发性有害生物的防治工作，除治面积40余公顷、防治面积达2.37万公顷次。启动全区草原有害生物普查，实施加强非洲沙漠蝗防控，确保在全区不扩散不成灾。草原有害生物防治7.13万公顷。

【生态扶贫】 2021年整合林草资金约6.18亿元，用于全区巩固拓展脱贫攻坚成果工作，印发了《西藏自治区林业和草原局关于做好巩固脱贫攻坚成果有关事宜的通知》，指导和组织各地(市)、县(区)做好15.81万名林业系统生态保护岗位遴选工作，带动农牧民年增收5.53亿元。持续做好森林生态效益补偿、天然林资源保护等生态补偿政策，巩固脱贫攻坚成果。落实中央财政专项国有贫困林场扶贫资金 2619 万元，主要用于昌都市察雅县卡贡乡经济林种植项目和森林康养基地建设。积极组织昌都市等林草主管部门申报国家林下经济示范基地。完成自治区砂生槐生态资源调查，开展了相关调研工作，为自治区砂生槐生态产业化、产业生态化发展奠定基础。

【极高海拔生态搬迁】 加快推进森布日二期安置点民房、配套基础设施和产业项目建设进度，1998 栋 6486 套安置住房全部建设完成，九年一贯制学校、幼儿园、综合政务中心、干部职工周转房、医院、市政道路等配套基础设施施工企业加紧施工，启动 6306 户 26 304 人的搬迁工作。

【林草改革创新】 积极建立以党政领导负责制为核心的林长制，自治区党委办公厅、政府办公厅印发《关于全面推行林长制的实施意见的通知》；起草并印发《西藏自治区林长办公室成员单位职责》《西藏自治区林长制工作督查制度》《西藏自治区林长制自治区级会议制度》《西藏自治区林长制信息公开制度》4 项制度，为林长制有效运行奠定制度基础。落实集体林权制度改革工作，完成 2021 年度勘界任务，做好集体林权政策咨询和纠纷调处服务工作。加快开展“江水上山”水能提灌技术试验推广。破解了造林绿化、防沙治沙、草原修复灌溉难题，成功举办了西藏“江水上山”技术现场演示推广活动，为全国开展生态建设提供了“西藏方案”。

【全国林草援藏工作会】 于 9 月 16 日在拉萨召开，国家林草局与自治区政府签署“十四五”林草援藏支持举措协议，会后又达成了一系列援藏政策项目举措，将在实施林草区域性系统治理项目、共建青藏高原国家公园示范区、推动巩固拓展脱贫攻坚成果同乡村振兴有效衔接、做好察隅县定点帮扶、提升林草灾害防控能力、强化科技支撑和人才培养、全面推行林长制等方面共同推动西藏林草工作高质量发展。

【大事记】

3 月 21 日 西藏自治区绿化委员会办公室印发《西藏自治区乡村“四旁”植树行动检查验收办法》和《西藏自治区乡村“四旁”植树行动管理办法》。

3 月 24 日 西藏自治区人民政府办公厅印发《西藏自治区乡村“四旁”植树行动方案（2021～2023 年）》。

7 月 20 日 中共西藏自治区委员会办公厅、西藏自治区人民政府办公厅印发《关于全面推行林长制的实施意见》。

10 月 14 日 西藏作为轮值省组织召开云贵川渝藏林业植物检疫防控协作会议，对五省（区、市）林业植物检疫防控协作工作开展交流，并向四川省林业和草原局交接“云贵川渝藏林业植物检疫防控协作”轮值工作。

（西藏自治区林草业由邹松供稿）

陕西省林业

【概　述】 2021 年，陕西林业系统深入学习贯彻习近平总书记来陕西考察重要讲话和重要指示精神，始终坚守“国之大者”，全面加强组织领导，积极应对新冠病毒疫情冲击，团结一心、攻坚克难，下大力气落实国家林业工作决策部署，挺进深绿色迈出了坚实的第一步。局系统 145 名老党员荣获“光荣在党 50 年”纪念章，省林业局荣获“学习强国”陕西平台优秀供稿单位。

【国土绿化】 制定实施陕西省贯彻落实国办科学绿化指导意见、草原保护修复意见具体措施，打响国家森林城市创建攻坚战，完成 150 个行政村“三化一片林”森林乡村建设，发布《造林技术规范》《森林抚育技术规范》地方标准，推动造林绿化落地上图工作，受到国家林草局生态司表扬。推进国家储备林基地建设，探索“储林+储碳”双储林场建设模式。陕西省四大班子主要领导引领示范义务植树，全省 1968 万人次栽植苗木 8456 万株，网络尽责参与人数居全国前列。超额完成年度任务，全省营造林 56.15 万公顷，其中人工造林 10.87 万公顷、飞播造林 5.36 万公顷、封山育林 18.78 万公顷、退化林修复 4.81 万公顷、森林抚育 14.81 万公顷、人工种草 0.87 万公顷、草原改良 0.65 万公顷。首次发布《陕西省国土绿化公报》，向全社会报告绿化成果。全运会和残特奥会组委会向陕西省林业局颁发“为碳中和目标实现做出积极贡献”荣誉证书。

【生态富民】 巩固拓展生态脱贫攻坚成果同乡村振兴有效衔接。加快推进美丽生态经济、自然教育经济、林业产业经济融合发展。全年向乡村振兴重点帮扶县倾斜安排各类资金 9.66 亿元。推进林业产业提质增效，审定发布“商洛紫玉”核桃等省级林木良种 33 个草品种 1 个，推广林业实用技术 70 余项，建立科技示范点 194 个，推广示范面积 3.35 万公顷。引导林业产业规模经营，建设扶持核桃、红枣、花椒等标准化示范园 50 个，提升改造低产低效园 5.53 万公顷。新增林业专业合作社国家示范社 5 个、省级示范社 13 个。“秘境陕西，祖脉秦岭”主题展馆荣获第 28 届杨凌农高会优秀组织奖、优秀展示奖。首次公布 6 条生态旅游特色线路和 19 个省级森林康养示范基地（试点），新建 8 个自然体验基地。改造提升 7.36 万公顷经济林，新增 7 个国家、29 个省级林下经济示范基地，认定 20 家省级龙头企业、5 个特色农产品优势区。制订实施《大熊猫国家公园（秦岭）原生态产品认定办法（试行）》，“林之粹”牌蜂蜜成为首个“大熊猫国家公园（秦岭）原生态产品”。联合省建行上线运行陕西林特产品馆，线上销售额全国领先。林麝存栏3.18万只，麝香产量稳步增长。全省林业产业总产值1524亿元。

【林长制】 认真贯彻中办、国办全面推行林长制要求，切实制定陕西省实施方案，压茬推进林长制体系建设工作。设立省级林长5名，分别负责秦岭、巴山、关中北山、黄桥林区、白于山5个省级责任区。杨凌示范区、韩城市和10个设区市，104个县(市、区)、1261个镇、16 376个村全面建立林长制体系，共设立市级林长136名、县级林长1347名、镇级林长7662名、村级林长40 390名，林长制全面建立。制订省级林长会议、信息公开、考核、工作督查制度办法，市县镇村相关制度制定工作正在压茬推进。

【秦岭保护】 严格落实《陕西省秦岭生态环境保护条例》，秦岭生态环境持续改善，发布《秦岭生态空间治理白皮书》。全面完成大熊猫国家公园陕西秦岭区试点任务，大熊猫国家公园正式设立。《秦岭国家公园创建方案》获国家公园管理局批复，开启创建秦岭国家公园新征程。积极推进秦岭北麓生态文明示范带建设，努力打造人与自然和谐共生样板。秦岭保护“一例一园一带”格局正在形成。

【黄河流域治理】 持续实施黄河流域生态空间治理十大行动，沿黄防护林提质增效和高质量发展工程提速推进。全年人工造林14.44万公顷、抚育森林7.29万公顷。严格执行《陕西省封山禁牧条例》，9市、94县(市、区)划定封禁区。认真履行督办责任，成立工作专班扎实推进黄河流域生态环境涉林突出问题整改落实工作。联合七部门印发《关于实施沿黄防护林提质增效和高质量发展工程的意见》，积极实施沿线堤岸防护林恢复提升、沿线退化防护林修复、沿线道路防护林绿化美化等六大工程，全面提升沿黄防护林防风固沙、保持水土、涵养水源能力，显著改善沿黄防护林森林景观和生态功能，着力推进陕西省黄河流域生态保护和高质量发展。

【绿色碳库】 启动“百万亩绿色碳库”示范基地建设。编制《陕西省“百万亩绿色碳库”试点示范基地建设规划(2021~2030年)》，统筹推进森林提质汇碳、草原修复储碳以及碳汇计量监测体系建设等六大工程，打造“百万亩绿色碳库”试点示范基地，积极探索储林、储碳的“双储”林场建设新模式，推动全省“绿色碳库”建设高质量发展，助力实现“碳达峰碳中和”目标。

【防沙治沙】 科学推进沙区综合治理工程，治理沙化土地6.22万公顷。深入开展“二次沙化”课题研究，持续巩固提升沙区生态空间治理成果。第六次荒漠化和沙化监测成果数据库通过国家林草局验收，为科学开展防沙治沙奠定坚实基础。第27个世界防治荒漠化和干旱日纪念活动、三北工程科学绿化现场会在陕西省举办。治沙英雄石光银荣获“七一勋章”。

【自然保护地体系】 制定陕西省《关于建立以国家公园为主体的自然保护地体系的实施方案》；稳步推进自然保护地整合优化，《陕西省自然保护地整合优化预案》经省政府常务会议审议通过，上报自然资源部、生态环境部和国家林草局。出版《陕西省自然保护区》图集。汉中黎坪国家地质公园通过国家验收命名并授牌揭碑开园。凤翔雍城湖、镇坪曙河源2处国家湿地公园通过试点验收。

【生物多样性】 加强珍稀野生植物保护，实施秦岭红豆杉就地保护50公顷、迁地保护483公顷，马栏革命旧址核桃树等重点古树名木得到有效保护。成功繁育秦岭大熊猫4胎5崽，取得历年最好成绩。持续实施秦岭北麓朱鹮野化放飞十年行动，在渭南华阴放飞朱鹮21只，秦岭6市均有朱鹮野外分布。举办“朱鹮发现40年中日韩线上纪念活动”，发布《朱鹮保护蓝皮书》。秦岭四宝科学公园开放运营，大熊猫、朱鹮、羚牛、金丝猴组团成为第十四届全运会吉祥物。按照国家林草局安排，在黄龙县、镇安县、略阳县开展野猪综合防控工作。

【监测监督】 开展林草生态综合监测评价工作，完成1317个样地监测外业调查任务，将陕西省林草湿数据与国土“三调”数据对接融合，形成森林资源管理“一张图”年度更新和国家级公益林优化成果，着力建设生态空间高质量数据体系。严控林地定额、采伐限额，开展森林督查、打击毁林专项行动、林业行政案件督办及各类反馈问题整改工作，严肃整改各类突出问题，严厉打击破坏森林资源违法犯罪行为。

【灾害防控】 严格落实森林草原防火责任，“推进‘互联网+防火督查’和‘防火码2.0’系统的深化应用”。火灾次数、过火面积、受害面积降至历史新低。严格落实防输入、防扩散、防反弹、清疫木、清疫情“三防两清”松材线虫病总体防控思路，制定实施松材线虫病疫情防控五年攻坚行动，6个疫区、42个疫点全年无疫情，疫区数量、疫点数量、发生面积、病死松树数量呈现“四下降”，美国白蛾二代全省无疫情，有害生物成灾率低于国家控制指标。实施草原有害生物防治16.41万公顷。及时处置洋县鸟类异常情况和红碱淖鸟类禽流感疫情。调整野猪禁猎期，开展野猪危害综合防控试点，猎捕野猪1102头。

【天然林保护】 11月26日，陕西省十三届人大常委会第二十九次会议通过《陕西省天然林保护修复条例》(以下简称《条例》)，自2022年1月1日起施行。《条例》分总则、普查与规划、保护与修复、监督与保障、法律责任、附则，共6章55条，注重与《中华人民共和国森林法》《天然林保护修复制度方案》衔接，重点对普查与规划、保护与修复、监督与保障等内容作出规定。《条例》的出台，为进一步推动天然林保护修复工作高质量发展提供坚实的法律制度保障。

【“生态云”建设】 积极对接国家林业和草原局生态感

知系统，编印《陕西省生态空间云平台建设总体方案》，按照“1+N”平台建设和“1+N”数据中心建设框架，整合数据资源和业务应用，完成综合服务平台和生态卫士、视频会议、森林资源动态监管三个子平台建设，成立生态空间数据中心，计划2022年1月正式上线试运行，初步构建“天空地一体化”的监测体系、“精准全面、动态更新”的数据体系和“互联互通、安全高效”的应用体系，全面提升生态空间治理能力，使决策更科学、措施更精准、服务更高效。

【信息宣传】 成立网络安全和信息化委员会，全面加强网络安全和信息化建设领导。创新方式方法，充分利用新媒体，将植树节、爱鸟周等关键活动与林业重点工程建设有机衔接起来，统筹谋划，一体推进，营造生态建设良好氛围。全年共刊发涉林宣传稿件近2400篇(条)，其中中央媒体350余条，省级主流媒体600余条，全面提升林业信息宣传的质量和数量。

【生态文化】 启动秦岭国家公园标志公开征集活动。开展“世界野生动植物日”“爱鸟周”“朱鹮发现40年中日韩线上纪念活动”“留学生眼中的秦岭四宝”“寻找陕西最美生态空间”等宣传活动，与新华社合作开设“Q. panda”海外社交账号，朱鹮、大熊猫、羚牛、金丝猴组团成为第十四届全运会吉祥物。制作《红豆杉之恋》《爷爷的牛背梁》《鸟语人》《朱鹮的传说》《大熊猫秦岭奇遇记》等影视作品，“我们的绿水青山”自然体验节目收视排名居西北地区前列，《中华圣山·祖脉秦岭》专题片获广泛关注，《我们是光荣的护林兵》基层干部职工原创歌曲被国家林草局收录并展播。

【生态卫士】 设立“秦岭生态卫士日”，选树生态绿军先锋队、生态卫士标兵。持续举办“秦岭讲坛”“处(站)长上讲台”，开展干部培训调训。推进“以案促改”，创建“模范机关”，工作作风转好，机关效能提升。治沙英雄石光银获“七一勋章”，大熊猫管理部获“全国工人先锋号”，秦岭大熊猫研究中心入选“西迁精神先进团队”，生态绿军向建党100周年献上厚礼！

【大事记】

1月21日 陕西省林业局印发《陕西秦岭外来林业有害生物防控应急预案》。

1月26日 汉中市秦巴生态保护中心(原汉中市林业保护中心)“松墨天牛新型诱捕技术研发与推广”项目获中国林学会第十一届梁希林业科学技术奖科技进步二等奖。

2月3日 陕西省林业工作会议在陕西省林业局召开。

2月5日 陕西千渭之会、陕西长青国家级自然保护区等4家单位获全国林草科普基地称号。

2月17日 《朱鹮》舞剧登上央视综合频道CCTV-1春节联欢晚会。

2月24日 宝鸡市林业科技信息中心党支部书记韩昭侠获评陕西省“三秦巾帼最美扶贫人”称号。

3月4日 陕西省林业局印发《2021年陕西林业法治工作要点》。

3月5日 陕西省林业局印发《2021年陕西林业科技工作要点》《陕西省长江流域生态空间治理十大行动》。

3月12日 陕西省绿化委员会办公室发布《2021年陕西国土绿化公报》。

3月13日 陕西省委书记刘国中、省长赵一德、省政协主席韩勇、省委副书记胡衡华等省领导，以及省委、省人大常委会、省政府、省政协、省军区、省法院、省检察院、武警陕西省总队的省级领导同志，省绿化委员会成员单位主要负责同志，西安市及第十四届全运会和残特奥会组委会有关负责同志等，在蓝田县灞河上游辋河滨河林带参加义务植树活动。

3月16日 秦岭林区2021年森林防火宣传月活动开幕。

3月23~25日 大熊猫国家公园管理局检查组，对周至管理分局、太白山管理分局防火主体责任落实情况开展检查。

4月6日 陕西省林业局办公室印发《2021年林业和草原改革发展工作要点》。

4月7日 陕西省林业局印发《2021年全省森林资源管理工作要点》。

4月8日 扬州世界园艺博览会“西安园”在扬州开园。

4月10日 陕西省安康市原生态林特产品在2021广州国际森林食品交易博览会上获得18个金奖，获奖数量名列各参展地市榜首。

4月20日 陕西省首个“生态卫士日”活动在西安举办。

4月27日 陕西省林业科学院秦岭大熊猫研究中心大熊猫管理部被授予“全国工人先锋号”。

4月27日 陕西省林业局印发《陕西省林业局林业产业省级龙头企业认定和管理办法》。

4月30日 陕西省林业局根据《植物检疫条例》《陕西省林业有害生物防治检疫条例》《全国林业检疫性有害生物疫区管理办法》《松材线虫病疫区和疫木管理办法》有关规定，发布2021年松材线虫病疫点公告。

4月 陕西省韩城市林业科技中心被陕西省妇女联合会评为“陕西省巾帼建功先进集体”。

5月7日 陕西省宝鸡市辛家山林业局和商洛市洛南县国有石坡林场被中国林场协会授予“全国十佳林场”称号。

5月13日 陕西省重大林业有害生物防控工作推进会在西安召开。陕西省重大林业有害生物防控指挥部指挥长、陕西省人民政府副省长魏增军与各市(区)签订防控目标责任书并讲话。

5月14日 陕西省委办公厅、省政府办公厅印发《关于全面推行林长制的实施方案》。

5月21日 陕西省牛背梁国家级自然保护区管理局马宇和汉中朱鹮国家级自然保护区管理局刘琪散参加2021年全国林草科普讲解大赛总决赛并获得三等奖。

5月24日 新华社刊发文章《从“7”到“7000”，从“灭绝”到“重生”——朱鹮保护创世界濒危动物保护典范》。

5月28日 秦岭四宝科学公园试运营，正式向社会公众开放。

6月3日 西安市林业局在2021年扬州世界园艺博览会第二档花卉园艺专项竞赛月季国际竞赛上，荣获3银1铜。

6月11日 由陕西省林业局主办，宝鸡市林业局、凤县人民政府承办的2021年全国食品安全宣传周“陕西林草主题日”活动在凤县举办。

6月14日 陕西省牛背梁自然保护区管理局“贪玩的孩子——豹猫”视频获得央视和国家林草局“秘境之眼”影像点赞活动三等奖。

6月18日上午 陕西省2021年草原普法宣传月活动在榆林启动。

6月21日 国家林业和草原局正式命名“陕西汉中黎坪国家地质公园”。

6月29日 榆林“治沙英雄”石光银被授予“七一勋章”，成为陕西唯一获此殊荣者。

7月2~4日 2021中国(西安)国际林业博览会暨林业产业峰会在陕西西安国际会展中心举行，宝鸡市16个优势林业产业经营主体的林特产品获中国(西安)国际林业博览会金奖，宝鸡市林业局获中国(西安)国际林业博览会优秀组织奖，市林业局造林与产业发展科科长王亚锋获中国(西安)国际林业博览会先进个人称号。

7月16日 陕西省林业局印发《陕西省松材线虫病疫木处置利用管理办法》。

7月19~20日 陕西省林科院联合陕西省楼观台国有生态实验林场召开了陕西省竹子良种选育暨“南竹北移”科研工作推进会。

7月23日 副省长郭永红主持召开重大林业有害生物防控工作专题会议，要求做好重大林业有害生物防控工作。

8月13日 西安市举办2021年核桃提质增效技术培训暨鲜食核桃评优品鉴会。

8月18~19日 全省林业重点工作推进会在陕西省林业局召开。

9月2日 陕西省林业局指导举办的“韩城花椒节”获国家林草局发改司《关于通报表扬2020年中国农民丰收节经济林节庆品牌活动的函》(发改综〔2020〕70号)通报表扬。

9月7~9日 陕西省森林资源管理局2021年生态卫士职业技能竞赛在省宁西林业局皇冠林场举办。

9月9日 凤县大红袍花椒、陇州核桃、宜君核桃、白河木瓜、镇安板栗被陕西省农业农村厅、陕西省林业局等7部门发文，认定为首批“陕西省特色农产品优势区”。

9月13~14日 习近平总书记考察榆林期间对米脂县高西沟的生态治理模式给予了充分肯定，指出“高西沟村是黄土高原生态治理的一个样板”。

9月26日 陕西省林长制办公室主任会议在陕西省林业局召开。

9月30日 国务院印发《国务院关于同意设立大熊猫国家公园的批复》(国函〔2021〕102号)，涉及四川、陕西、甘肃三省的大熊猫国家公园正式设立。

9月30日 咸阳市林业局联合咸阳市发展和改革委员会等四部门印发了全省第一个林业碳票管理办法《咸阳市林业碳票管理办法(试行)》。

10月20日 陕西省林产品质检与产业服务保障中心通过2021年国家林草局能力验证。

10月28日 陕西省林业局公告(2021年第6号)发布《2020年度陕西省林木良种名录》。陕西省林业局公告(2021年第7号)发布《2020年度陕西省草品种名录》。陕西省林业局联合省自然资源厅等四部门印发《陕西省关于加强草原保护修复的若干措施》(陕林湿字〔2021〕149号)。

11月2日 2021年全国行业职业技能竞赛暨第二届全国插花花艺行业职业技能竞赛在西安举办。

11月9日 陕西三秦森工蜂业有限公司“林之粹”牌蜂蜜，获批首个《大熊猫国家公园(秦岭)原生态产品认定证书》。

11月16日 宝鸡市级部门志丛书之一的《宝鸡市林业志(1985~2010)》出版发行。

11月22日 陕西省林业系统办公能力提升培训班在西安举办。

11月26日 《陕西省天然林保护修复条例》经陕西省第十三届人民代表大会常务委员会第二十九次会议通过，自2022年1月1日起施行。

12月3日 2021年陕西省林业科技特派员名单公示。

12月14日 全省森林草原防火暨松材线虫病防控工作推进会在陕西省林业局召开。

12月29日 陕西省宝鸡市凤翔雍城湖、安康市镇坪曙河源2处国家湿地公园通过国家林草局试点验收。

12月31日 西安市2020~2021年苗木花卉销售联展活动正式启动。

12月31日 宝鸡市凤翔区久盛农业专业合作社、陕西范玺家具系统工程有限责任公司等20个单位被陕西省林业局认定为林业产业省级龙头企业。

12月 陕西省天保中心在商洛市丹凤县举办全省天然林保护修复培训会。

(陕西省林业由实会明供稿)

甘肃省林草业

【概　述】 2021年，甘肃省林草局按照省委、省政府安排部署，全面推行林长制，科学开展国土绿化，持续加强森林、草原、湿地、荒漠生态系统保护修复和野生动植物保护，实现“十四五”良好开局。

全面推行林长制 甘肃省林草局起草并报请省委办公厅、省政府办公厅印发《关于全面推行林长制的实施意见》，明确省委、省政府主要领导任省级双总林长，2名省委常委和8名副省长任省级林长，明确每位省级林长的责任区域。组织召开甘肃省林长制工作会议，省委书记、省总林长尹弘参加会议并讲话，省长、省总林长任振鹤主持会议，会议以视频形式直接到县，各级党委、政府主要负责同志及相关领导参会，进一步压实各级党委政府保护发展林草资源的主体责任。省委、省政府主要领导共同签发甘肃省第一号总林长令，要求全面加强林草资源保护。甘肃省林草局先后制定出台林长制实施方案和省级会议制度、领导小组议事规则、信息公开制度等制度文件，编印林长制简报5期，实行局领导分片包抓，开展督导调研，加快工作进度。截至2021年底，全省设立省、市、县、乡、村五级林长50 835名。

国土绿化 为纪念全民义务植树活动40周年，组织开展甘肃省党政军领导义务植树，省委、省政府主要领导参加。报请省政府办公厅印发《关于加强草原保护修复的实施意见》，科学开展国土绿化。全年完成造林22.9万公顷，占年度任务的117%；义务植树8547万株，占年度计划的115%；人工种草13.53万公顷、草原改良13.87万公顷，分别占年度任务的101%和104%；沙化土地综合治理14.15万公顷，占年度任务的126%。争取落实森林抚育6万公顷。指导平凉市完成国家森林城市主体创建工作，10个市(县)和52个乡(镇)开展省级森林城市、森林小镇创建。张掖市完成全省首笔碳汇交易2.34万公顷，收益400多万元。指导甘南州开发碳汇项目，试点县迭部县已与广州市国碳资产有限公司签约，开展碳汇调查前期工作。召开甘肃省关注森林活动组委会省关注森林活动组委会第一次会议，审定组委会《甘肃省关注森林活动组委会工作规则》和《甘肃省关注森林活动组委会2022年工作要点》。参加第十届中国(上海)花卉博览会，获奖161个。

林草资源保护 开展林草生态综合监测评价，调查森林样地1031个、草原样地2021个、湿地样地29个、荒漠样地28个。完成全省第二次陆生野生动物资源调查。完成2021年全省10 751个遥感判读变化细斑的外业核实上传和森林资源管理"一张图"年度更新。开展林草湿数据与国土"三调"数据对接融合和国家级公益林优化，落实年度公益林生态效益补偿398.57万公顷、7.21亿元。下达2021年天然林保护资金16.51亿元，开展公益林建设及退化林修复5.09万公顷，管护天然林416.55万公顷。争取尕海、黄河首曲湿地生态修复工程资金7344万元，协调推进黄河兰州白银段湿地保护修复。开展打击毁林专项行动。加强森林草原火灾预防，开展森林草原火灾风险普查，调查森林样地2215个、草原样地300个。2021年全省未发生重特大以上森林草原火灾和行业安全生产事故。做好林区禁种铲毒，开展扫黑除恶，推进平安林区建设。

保护地体系建设 贯彻落实中办、国办《关于建立以国家公园为主体的自然保护地体系的指导意见》，加快推进全省自然保护地体系建设。大熊猫国家公园正式设立，是全国首批设立的5个国家公园之一。公园涉及甘肃省25.53万公顷，占11.6%。省委、省政府召开祁连山保护相关会议，推动构建祁连山长效保护机制。开展若尔盖国家公园建设前期工作。会同祁连山国家公园管理局、青海省共同制止祁连山甘青共牧区域内违规放牧。根据国家陆续出台的调整规则，对经省政府第105次常务会议审议上报国家的全省自然保护地整合优化预案多次进行修改完善，开展预案"回头看"，妥善处理矛盾冲突，根据省政府领导指示精神，研究有关自然保护地整合归并工作，为加快建立以国家公园为主体的自然保护地体系建设提供保障。推进临夏世界地质公园创建工作，待联合国教科文组织实地评估考察。推进阿万仓、美仁两个国家草原自然公园建设试点，已编制完成建设方案和总体规划。

深化林草改革 巩固国有林场改革成果，实施欠发达林场巩固提升项目，全面清查整改国有林场突出问题，补齐短板弱项。推进林区禁种铲毒，责任区域内全年未发现毒品原植物。审定发布2020年度甘肃省草品种和甘肃省草类品种推广目录(第一批)，新确定挂牌省级草品种区域试验站5个。深化集体林权制度改革，加快发展林草产业。实施核桃、花椒、油橄榄产业三年倍增行动计划，全省新栽植核桃1800公顷、花椒18 927公顷、油橄榄7353公顷，完成提质增效核桃3.72万公顷、花椒4.26万公顷、油橄榄1.27万公顷。倾斜安排39个乡村振兴重点帮扶县到户林草建设资金8.96亿元，争取落实东西部行业协作资金6953万元，较2020年增长69%，继续选聘生态护林员66 339人，安排26名干部在秦安县驻村开展帮扶。甘肃省林草局改革发展处被省委、省政府表彰为"全省脱贫攻坚先进集体"。

服务能力建设 以实施科研推广项目为载体，开展林草科技服务活动400余场次，培训1.8万余人。19个基层林业工作站被国家林草局授予"全国标准化林业工作站"称号。拍摄"十三五"林草建设成效宣传片《绿满陇原绘谱华章》。全面启用安可自动化办公系统。修订《甘肃省实施〈中华人民共和国森林法〉办法》等地方性法规，进一步明确各级政府加强古树名木和珍贵树木保护职责。为16个林草局直属保护区管护中心颁发《行政执法委托书》，推动执法重心下移。重新梳理林草部门权责清单130项，梳理省、市、县三级林草政务服务事项实施清单1983项。承接国家林草局委托行政许可事项，全年办结林草行政许可870件，好评率100%。严格执行建设项目使用林地草原审核审批制度和森林采伐限额制度，保障重点项目用地需求。为兰州野生动物园衔接办理野生动物人工繁育许可，确保如期开园运行。

规划资金 编制印发《甘肃省"十四五"林业草原保护发展规划》。开展全国"双重"规划及其专项规划修编，争取将全省82个县和单位纳入规划范围。组织各地各单位申报"十四五"期间重点区域生态保护和修复领域8个重大工程40个项目，申请中央预算内投资84.1亿元。围绕黄河战略和青藏高原保护发展，配合省直相关部门编制全省方案，完成林草系统实施方案初稿。2021年争取林草项目建设资金63.09亿元，申报2022年中央财政入库储备项目408个、累计23.9亿元。协调省财政在2022年省级预算中，为白龙江、小陇山林业保护中心和洮河管护中心增加定向补助7000万元，妥善解决工资缺口问题。全省森林保险投保面积568.43万公顷，财政补助保费8102万元。争取落实中央财政林业贷款贴息资金 5464 万元。推进审计署 2020 年生态环保资金审计反馈问题整改，完成 10 项整改任务中的 9 项，剩余 1 项为长期整改。开展 30 个县级单位涉林草资金专项稽查，并完成问题整改。

【森林资源管理】 以林长制为统领，始终把保护森林资源放在工作首位，从构建林草资源管理"一张图"和林草生态综合监测评价入手，夯实管理基础；以提高森林质量为核心，强化经营管理；以森林督查为抓手，强化林地保护，打击毁林行为，保障森林资源安全。开展林业、草原、湿地数据与国土"三调"数据对接融合，使林业、草原、湿地资源和公益林数据上图入库，为科学管理和使用奠定基础。严格执行使用林地审核审批、限时办结和林地使用定额制度，对重大建设项目提前介入、主动服务，依法保障各类建设项目林地需求。全年办理使用林地许可手续 354 宗，永久使用林地超过 1690 公顷，收缴森林植被恢复费 3.16 亿元。通过加强森林资源管理，开展森林督查和打击毁林行动，2021 年森林督查发现的违法违规占用林地面积和采伐林木蓄积量分别比 2020 年度下降 40.7%和 91.1%。指导小陇山林业保护中心、子午岭林管局华池分局 2 个全国森林经营试点单位建成示范林 1 万多公顷。

【草原保护修复】 采取退化草原治理、黑土滩治理、有害生物防治等草原生态保护修复措施，完成种草改良 27.4 万公顷，草原植被盖度达到 53.04%，比 2021 年增长 0.02%。主要开展以下工作：一是起草《关于加强草原保护修复的实施意见》，报请省政府办公厅印发实施，明确新阶段草原工作的指导思想、工作原则和主要目标，提出加强草原保护修复和合理利用的政策措施。二是开展草原监测评价，完成样地监测及外业调查和草原类型界限划分、矢量图斑制作等，录入监测信息数据，上传样地样方调查数据 2021 个，初步建起草原基础信息管理系统。三是采用网上考核与实地考核、日常考核与年终集中考核相结合的方式，完成 2020 年度市州草原综合植被盖度考核，分解下达 2021 年度指标。四是强化生态保护工程项目管理，推进草原生态修复治理，建立落实"月调度、季督查、年底考核"项目调度管理制度，推进资金使用监管和绩效目标考核。五是加强草原管护队伍建设，聘用草原管护员 15 100 人，规范草原管护员管理与巡查制度，强化技能培训，提升保护能力。

【野生动植物和湿地保护】 对野生动物栖息地、集群活动地、候鸟越冬地、迁飞通道等重点区域进行巡护监测，落实野外巡护看守责任，为野生动物创造良好栖息生存环境。加强庙台槭、秦岭冷杉等极小种群植物的保护复壮。加强野生动物疫源疫病监测防控，全方位全链条开展野生动物疫源疫病监测防控。联合开展"清风行动"，配合"网剑行动"依法打击破坏野生动植物资源违法犯罪活动。完成第二次全国陆生野生动物资源调查。按照"先补后占、占补平衡"的原则，慎重审定湿地占用方案，确保湿地面积不减少。坚持自然恢复为主、人工修复为辅原则，实施重要湿地保护修复项目，恢复湿地生态功能。协调推进黄河兰州白银段湿地保护，兰州市实施黄河兰州段湿地保护修复面积 15 公顷，白银市对景泰县白墩子国家湿地公园进行修复。

【退耕还林】 召开全省退耕还林还草工作推进会，听取各地工作进展，就推进问题整改、年度任务落实和未来建设规划等作出部署。组织各地在不突破耕地保有量目标、不涉及永久基本农田等要求的前提下，按照国家批复的退耕范围，提出"十四五"时期和到 2035 年的退耕需求。争取国家政策支持，坚持跟踪督促服务，与省发展改革、自然资源等部门协调推进落实退耕还林 4.97 万公顷，占任务量的 74.3%，完成退耕还草 0.57 万公顷，占任务量的 52.7%。对 2020 年生态环保资金审计指出的问题立行立改，健全和施行退耕还林还草任务五项管理制度，完善退耕还林档案管理办法，督促指导各地完成整改任务。举办全省退耕还林数据信息建设培训班，推进退耕还林数据信息建设及上图入库进程。完善推广"甘肃省退耕还林工程 MC 系统"，集中审核全省新一轮退耕还林矢量数据。

【天然林保护】 国家下达甘肃省 2021 年天然林保护投资 16.51 亿元，其中：中央投资 15.62 亿元(较 2020 年增长 22.62%)，省级财政投资 0.89 亿元。争取并下达公益林建设及退化林修复任务 5.09 万公顷，其中人工造林 1.71 万公顷、封山育林 1.93 万公顷、退化林修复 1.45 万公顷。有效管护国有天然林 295.3 万公顷，完成集体和个人所有公益林补偿面积 121.25 万公顷，其中国家级公益林 85.24 万公顷，地方级公益林 36.02 万公顷。

【防沙治沙】 嘉峪关、酒泉、张掖、金昌、武威、白银、庆阳、甘南 8 个沙区市(州)共完成沙化土地综合治理 14.15 万公顷，是 2021 年年度规划责任目标(11.2 万公顷)的 126%。其中，规模化防沙治沙 4.29 万公顷，沙区"三北"防护林建设 3.09 万公顷，全国防沙治沙综合示范区项目治沙 600 公顷，省级财政防沙治沙项目治沙 113.3 公顷，中国绿化基金会公益造林项目治沙 2.07 万公顷，沙化草原治理 2.94 万公顷，退耕还林(草)0.54 万公顷，造林补贴、义务植树压沙等其他治沙造林 1.15 万公顷。顺利通过国家考核组对全省"十三五"期间沙化土地综合治理考核。8 个沙区市(州)建设光伏、风电清洁能源项目 458 个，其中光伏项目 327 个，风电项目 131 个，总装机规模超过 41 000 兆瓦。

【公益林管理】 2021 年全省森林生态效益补偿补助面积 398.57 万公顷，补偿补助资金 7.21 亿元，惠及全省 14 个市州的 86 个县市区及 16 个省级直属单位，共计 124 个县级实施单位。根据国家林草局统一部署，在林草湿数据与国土三调成果对接融合基础上，完成甘肃省国家级公益林范围界线、保护等级核定等优化工作。启动实施甘肃省公益林生态效益监测二期项目(2021~2025 年)，利用全省 20 个监测站，对全省典型公益林地区的气象要素、水文要素、土壤要素及植被类型、结构以及分布格局进行长期、连续的定位观测，为客观评价公益林管护成效及公益林建设提供基础资料，为公益林生态系统修复与重建、生物多样性保护及可持续经营提供技术支撑。

【森林保险】 甘肃省自2012年开展森林保险工作以来，参保范围和保险面积逐年扩大，2021年全省森林保险投保面积由2012年的107.33万公顷增加到568.43万公顷，其中公益林567.53万公顷，商品林0.9万公顷，参保范围涉及省农垦集团，白龙江、小陇山林业保护中心等15个局直属单位，全省14个市(州)73个县(市、区)。森林保险为中央财政政策性农险保费补贴，属于成本保险，分公益林和商品林成本保险2种。森林保险主要针对火灾、雪灾、暴雨、泥石流、干旱等不可抗力灾害及林业有害生物危害开展灾后补偿，2021年全省完成灾害赔付1685万元。

【国有林场改革】 制订印发《关于开展国有林场清查整治工作的通知》，对国有林场改革后出现的新问题进行全面清查整改。印发《关于做好国有林场基本情况调查工作的通知》，建立国有林场基本情况数据库。开展深化国有林场改革推进绿色发展调研，进一步理清国有林场发展思路。印发《甘肃省林业和草原局关于做好国有林场矢量边界数据收集上报工作的通知》，开展国有林场矢量边界数据收集，建设数据管理台账，推进国有林场信息化和精细化管理。结合国家修订《国有林场管理办法》《国有林场档案管理办法》，制定印发《甘肃省林业和草原局关于深入学习贯彻执行〈国有林场管理办法〉的通知》和《关于贯彻落实〈国有林场档案管理办法〉的通知》，进一步规范国有林场管理。下达欠发达国有林场衔接补助资金(国有贫困林场扶贫资金)4605万元，用于国有林场基础设施建设和产业发展。

【集体林权制度改革】 贯彻落实省政府办公厅《关于完善集体林权制度的实施意见》，推进林权流转、抵押贷款、新型经营主体培育，全省集体林业发展活力不断增强，综合效益不断显现。组织参加国家林草局"林权综合监管系统"网上培训，进一步完善全省集体林权制度改革电子文件档案，加快林权证登记信息数字化入库，推进集体林权管理与林权类不动产登记信息共享。康县鸿泰中蜂养殖基地、民勤天盛肉苁蓉种植基地入选全国第8批林下经济示范基地，全省林下经济示范基地达到8个县(区)和29个经营主体，全年实现林下经济产值64.96亿元。截至2021年底，全省累计办理林权抵押贷款100.51亿元，组建林业合作社3725个，认定登记家庭林场1302家，11家林业企业被国家林草局认定为国家级林业重点龙头企业。

【核桃、花椒、油橄榄产业三年倍增行动计划】 按照甘肃省委、省政府关于实施现代丝路寒旱农业优势特色产业三年倍增行动计划部署，牵头推进全省核桃、花椒、油橄榄产业三年倍增行动计划。成立"甘肃省林业和草原局林草产业工作领导小组"，组建由首席专家和岗位专家组成的全省核桃、花椒、油橄榄产业省级专家团队。指导有关市县林草主管部门加强与当地财政、乡村振兴等部门的沟通衔接，2021年全省共落实各类资金1.54亿元，完成新建核桃、花椒、油橄榄栽培面积2.81万公顷，完成核桃、花椒、油橄榄提质增效9.25万公顷。培育树立"陇南油橄榄""成县核桃""武都花椒"等一批"省内一流、国内知名"的林果特色品牌。甘肃省林草局与建设银行甘肃省分行沟通衔接，经逐级筛选推荐，共同筹备搭建"国家林草局、中国建设银行林特产品馆——甘肃馆"，于2021年7月20日上线运行。

【秦安县帮扶】 根据甘肃省委、甘肃省政府安排，甘肃省林草局全面履行帮扶秦安县省直组长单位职责，严格落实"四个不摘"要求，调整优化帮扶力量和帮扶措施，继续保持驻村帮扶工作队13名队长和13名队员在岗，持续做好甘肃省林草局结对的秦安县13个贫困村帮扶工作，推动帮扶村乡村振兴。9月6日，在秦安县组织召开省直及中央在甘单位帮扶秦安县巩固拓展脱贫攻坚成果同乡村振兴有效衔接帮扶工作推进会，研究部署帮扶。甘肃省林草局各帮扶单位筹措资金5万余元为帮扶村购买花椒苗2.5万株，对部分椒园进行补植补栽。为帮扶村新安装太阳能路灯17盏，推广林下种草6.67公顷，提供绿化苗木2000余株，免费发放复合肥20余吨、地膜1420捆、花椒修剪锯200把、粘虫板10箱、鼠药100千克。开展消费帮扶，组织甘肃林草局各帮扶单位采购和帮助外销农副产品32.28万元。为帮扶村捐赠新冠病毒疫情防控物资2.43万元，各驻村帮扶工作队长、队员坚守疫情防控点，严防疫情输入，经每日甘肃网等新闻媒体报道，受到广泛好评。

【国家公园建设】 大熊猫国家公园按期完成体制试点任务，于2021年9月经国务院批复正式设立。甘肃省林草局会同省委编办研究提出《大熊猫国家公园甘肃省管理局机构设置方案》，报请省委、省政府主要领导及省委编委同意，上报国家林草局。按照《大熊猫国家公园设立方案》要求，对照国家公园总体规划编制大纲和规范，组织编制《大熊猫国家公园甘肃省片区总体规划》。制订《甘肃省国家公园管理暂行办法》和《关于加快推进祁连山国家公园甘肃省片区建设的意见》分工方案。组织修编《祁连山国家公园甘肃省片区总体规划》。推动解决祁连山国家公园范围内的矛盾冲突问题。与青海省签订《祁连山国家公园协同保护管理协议》。推动若尔盖国家公园创建，编制《科学考察及符合性认定报告》《社会影响评估报告》《若尔盖国家公园设立方案》等，经甘肃省政府常务会议审议通过后，于7月15日向国家林草局提出设立申请。系统整理国家公园专项检查调查成果，对编制完成的祁连山和大熊猫两个国家公园92个规划、方案进行修订完善。

【自然保护地管理】 推进生态环境问题整改，第二轮中央环保督察反馈涉及自然保护区的6个问题，已完成整改3个，"绿盾"专项行动排查出的1845个问题，已完成整改1825个。对2019~2020年涉及国家公园、自然保护区的人类活动遥感监测点位进行实地核查。推进国家级自然保护区总体规划修编工作，印发《关于加强自然保护区行政审批事项事中事后监督管理的通知》，进一步规范行政审批事项事前审批与事中事后监督管理。印发《关于全面加强自然保护区监督管理工作的通知》《关于进一步加强风景名胜区保护管理工作的通知》《关于进一步规范地质公园建设管理工作的通知》《关于切实加强自然保护地内地质遗迹管理的通知》，进一步加强自然保护区、风景名胜区、地质公园监督管理，有序推进风景名胜区总体规划修编工作。

【森林公园管理】 贯彻执行《中华人民共和国森林法》《森林公园管理办法》等法律法规，依法依规开展森林公园设立、撤销、变更等行政许可事项办理。立足森林公园管理现状，不断加强行业管理，促进全省 91 处森林公园(其中国家级 22 处、省级 69 处)规范化建设管理。制定印发甘肃省林草局《关于依法规范森林公园建设管理的通知》，提升森林公园管理的科学化、规范化水平。坚持以森林公园总体规划统领森林公园建设，指导各地开展总体规划编制和修编工作。从严控制森林公园项目建设，明确没有总体规划的森林公园一律不得开发建设，不符合总体规划的建设项目一律不得实施。严格落实省级监管部门责任，在指导各地对森林公园内生态环境问题进行全面排查整治的同时，对 12 个国家级和省级森林公园开展实地抽查，全面监督检查公园经营管理情况。

【祁连山生态保护】 开展祁连山保护区整合优化，将与祁连山国家公园交叉重叠的 3 个自然保护区、7 个自然公园重叠区域纳入国家公园管理，解决交叉重叠、多头管理问题。将祁连山保护区甘肃省境内 182.72 万公顷中的 156.9 万公顷保护面积划入国家公园。对祁连山保护区未划入国家公园的地块进行科学评估，将保护价值高的 22.62 万公顷继续保留在祁连山保护区，确保保护强度不降低。会同中国农业发展集团有限公司山丹马场，将山丹马场未纳入祁连山国家公园符合划定保护地标准的草原归并到祁连山保护区予以保护。提请甘肃省委、省政府召开甘肃祁连山自然保护区生态环境问题整改工作领导小组暨甘肃省祁连山国家公园体制试点领导小组会议，审定《关于加强祁连山生态环境保护的意见》《关于加快推进祁连山国家公园甘肃省片区建设的意见》，会同省直有关部门制订《关于加强祁连山生态环境保护的意见主要任务落实措施清单》，配合甘肃省发展改革委、生态环境厅做好祁连山生态环境保护考核工作实施方案制订、考核评分细则量化等工作，进一步健全祁连山生态保护长效机制。

【林业草原有害生物防治】 有效应对康县松材线虫病疫情，协调省财政安排防治经费 800 万元，培训防控人员 800 多人，设立防控站点 8 个，安排甘肃省林草局领导带队，抽调技术人员包片蹲点，利用有利时机开展疫木除治。截至 2021 年年底，康县确认的 3 个小班 181 株疫木松树全部完成除治，其余死亡松树的除治工作正按计划有序展开。修订《甘肃省草原虫灾应急预案》，对草原虫灾分级、响应机制和机构改革后相关部门职责等进行完善。开展草原有害生物普查试点，初步查明试点县草原有害生物发生种类、面积、分布及危害程度。在草原鼠虫害防治关键期，每周开展动态监测和危害情况调查。在山丹、碌曲、民勤、肃北 4 个县野外固定监测点配备远程监测设备、小型气象站等设备，为预测预报提供理论依据。推广应用生物、物理和生态治理措施，在张掖、甘南建设草原虫害、鼠害绿色防控示范区，在碌曲、玛曲、夏河合作完成绿色防控技术示范推广面积 1800 公顷。2021 年全省无突发性草原生物灾害，草原有害生物防治面积 71.67 万公顷。

【森林草原防火】 围绕“预防为主、积极消灭”方针，强化组织领导，完善责任体系，狠抓措施落实，减少森林草原火灾发生次数和火灾损失，2021 年未发生重特大及以上森林草原火灾。在 2021 年年初全面安排部署基础上，盯住关键环节和重要时段进行重点部署，对各重点环节和时段的防火工作提出具体要求。以推行林长制为契机，进一步靠实森林草原防火地方政府属地管理责任，落实行业部门监管责任和经营单位主体责任，建立网格化管理体系。坚持 24 小时值班和领导带班，时刻保持临战状态。加强物防技防工作，深化应用“国家林草生态感知平台森林草原防火子系统”和“互联网+防火督查系统”平台，全省设置防火码地域总量 119 个，场景总量 515 处，设置卡口 2662 个，地域覆盖率、启用率均达到 100%，累计扫码量超过 60 万次。2021 年争取中央预算内投资森林草原防火项目 5 个，利用中央财政补助资金为省级防火物资储备库购置价值 430 多万元的防火物资，为 19 个单位购置配发防火救险皮卡车 28 辆，有效提升巡护能力和火情早期处理能力。通过 5G 防火宣传视频彩铃投放的方式，开展防火宣传。按期全面完成森林草原火灾风险普查的外业调查任务。

【林草科技建设】 强化林草科技服务，2021 年开展科技培训 400 多场次，培训基层技术人员和林农 1.8 万多人，发放资料 1.8 万份。申报国家、省级科技计划项目，推进成果转化，2021 年获得立项项目 72 项，经费 3000 多万元，转化应用林草科技成果 56 项。科技创新平台建设取得新进展，推荐的甘肃农业大学“草地啮齿动物危害防控创新团队”为第三批国家林业和草原科技创新团队，推荐的“祁连山生态监测国家长期科研基地”“甘肃小陇山次生林培育国家长期科研基地”获得国家林草局批复。甘肃临泽荒漠生态系统国家定位观测研究站获得国家建设经费投资 434 万元。申报的‘腊花梅影’等 26 个牡丹新品种获得植物新品种权。组织申报的 10 个科普基地获批第五批全国林草科普基地。组织参加“科普中国”2021 年全国林业和草原科普微视频创新创业大赛，获得大赛一等奖 1 项、二等奖 2 项。组织参加 2021 年全国林业和草原科普讲解大赛，获优秀奖 1 项。开展 2021 年青年科技人才托举工程，1 人成功入选。

【林草信息宣传】 建设完成全省林草管理云平台(一期)。加强网站和舆情管理，保障网络安全，2021 年未发生网络安全事故。抓好省林草局官方网站、政务新媒体管理工作，在年度全省政府网站建设管理和政务公开考核中分别排名第一和第五。开展“全民义务植树 40 周年”专题宣传和“森林草原防火”主题宣传，与梨视频甘肃运营中心策划开展“西北变绿”系列报道，被人民网、学习强国平台等媒体转发。2021 年在国家级媒体上刊发宣传稿件 350 余篇(条)，在省级媒体刊登和播出 280 篇(条)，在关注森林网发布信息 1186 条，出版《甘肃林业》杂志 6 期。开展第四届甘肃省最美护林员(草管员)评选活动，确定 10 名护林员为第四届甘肃最美护林员(草管员)。天祝县生态护林员朱生玉被评为首届全国“最美生态护林员”，先进事迹入选中央精神文明建设指导委员会的《林草楷模》。祁连山管护中心马堆芳事迹入选第三批全国践行习近平生态文明思想典型案例。举办“绿水青山新陇原”主题书法、绘画、摄影展活动。

【林草“放管服”改革】 全面梳理林草政务服务事项，参照全省统一的“4 级 46 同”事项标准，认领编制省、市、县三级林草政务服务事项实施清单 1983 项，推动同一政务服务事项各要素在市州、县区完全一致。着力提升林草政务服务水平，依托全省一体化政务服务平台，全面推行首问负责、一次告知、一窗受理、并联办理、限时办结等制度，所有林草行政审批事项承诺办理时限为 14 个工作日，实现线上线下办件数据和“好差评”评价数据实时归集。修订印发《甘肃省林业和草原局行政许可管理办法》，规范承接办理国家林草局委托实施的 6 项行政许可事项。推动林草许可事项实现“一网通办”“全程网办”“跨省通办”“省内通办”，“全程网办”率从 29%提升到 84%。2021 年，共办结林草行政许可事项 870 件，好评率 100%。持续推进“双随机、一公开”监管、“互联网+监管”，服务优化营商环境，促进事中事后监管。深化“证照分离”改革，将林草部门实施的 10 项涉企经营许可事项纳入清单管理分类实施改革，进一步激发市场主体发展活力，增强办事群众获得感。

【林草法治建设】 学习贯彻习近平法治思想，提升林草法治化水平。甘肃省林草局党组召开(扩大)会专题研究法治建设工作 3 次，举办专题法治讲座 2 次。印发《2021 年甘肃省林业和草原法治建设工作要点》，将党政主要负责人履行推进法治建设第一责任人职责情况列入年终述职内容。修订实施《甘肃省实施〈中华人民共和国森林法〉办法》《甘肃省实施〈中华人民共和国防沙治沙法〉办法》；废止《甘肃省森林公园管理条例》《甘肃省全民义务植树条例》；规范报备规范性文件 2 件，报备率 100%。制订印发《甘肃省林业和草原局关于切实加强林草行政执法工作的通知》，严格落实行政执法公示、执法全过程记录、重大行政执法决定法制审核“三项制度”，公示行政执法信息 724 条，行政执法决定法制审核 875 件。印发《甘肃省林草系统法治宣传教育第八个五年规划(2021～2025 年)》。在“甘肃林业网”开辟林草法治建设宣传专栏，推送林草法治宣传信息，全系统开展各类林草法治宣传 50 余场次。印制《行政处罚法》等法律法规口袋书 1 万余册、发放宣传制品 20 余万份，接待法律咨询人员 800 余人次。

【林草国际合作】 10 月中旬，国家林草局国际合作司到甘肃省调研林草国际合作工作。调研组先后到临夏州永靖县刘家村小渊基金经济林项目、南山林场生态林、天水市秦州区森林体验教育中心、秦州区亚行项目示范区，兰州市小渊基金生态造林示范项目点实地调研，并对甘肃开展林草国际合作工作给予肯定。截至 2021 年底，甘肃省林草局与世界自然基金会联合实施的《甘肃大熊猫雪豹双旗舰珍稀物种保护项目》已经开始启动；亚洲开发银行“丝绸之路沿线地区生态恢复和保护项目”即将签约实施；欧洲投资银行“黄河流域沙化土地可持续治理甘肃子项目”已经完成可行性研究报告的编制工作，计划在 2022 年签约实施。亚洲开发银行和欧洲投资银行贷款项目均列入全省重大项目实施清单。

【林草干部队伍建设】 树立鲜明的新时期选人用人导向，坚持事业为上的原则，选干部、配班子，建队伍、聚人才。完成甘肃省林草局系统 70 个事业单位更名，将 3 个国家级自然保护区上划甘肃省林草局管理。推荐晋升巡视员 4 名，提拔使用县处级干部 23 名，晋升职级 44 人。拓宽干部选录途径，公开招录公务员 12 名，接收选调生 2 名。开展局属事业单位公开招聘，18 家事业单位 47 个岗位招录 60 人。着眼留住用好本土人才，提升人才管理服务水平，研究制订 22 家局属事业单位专业技术人员内部等级晋升办法，进一步规范人才评价机制。及时修订全省农口工程系列职称评价标准，做好职称评审工作，召开 3 次评审委员会议，455 人获得中级以上职称。强化干部教育培训，组织干部参加省一级干部教育培训项目及业务培训班次 45 个，培训 138 人。组织 388 人参加乡村振兴网络培训。举办党的十九届五中全会精神集中培训班，培训县处级以上干部 418 人、科级干部 852 人。

【白龙江林业保护】 白龙江林区主要分布在白龙江和洮河上中游，是长江、黄河重要的水源涵养林和甘肃南部的生态屏障。林区总面积 112.86 万公顷，其中有林地 100.2 万公顷，林木蓄积量 7424 万立方米，占全省近 30%。2021 年 4 月，经省委编委批复，原白龙江林业管理局更名为白龙江林业保护中心，为省属正厅级事业单位。2021 年，白龙江林业保护中心完成年度人工造林、封山育林和退化林修复任务 1.39 万公顷，林木良种培育 600 万株，义务植树 5.21 万株，育苗 92.93 公顷，林业有害生物防治 1.47 万公顷。建立健全林区各层级林长组织体系和制度建设，排查整治的生态环境问题全部落实到位。完善“互联网+森林草原防火督查”工作，142 处“防火码 2.0”卡口全部启用。加强森林防火指挥三维地理信息系统建设，新建电子林务员 30 套。45 条林区道路建设项目和 13 个欠发达国有林场巩固提升项目全面完工。茶岗林场、中路河林场被授予“全国十佳林场”称号，腊子口林场被评为“中国森林康养林场”。

【小陇山林业保护】 小陇山林区地跨长江、黄河两大流域，主要包括小陇山、西秦岭、关山等林区，是兼有全国南北方特点的典型天然次生林区，也是全国天然林保护工程重点实施区。林区总面积793 970公顷，其中林地面积663 479公顷，活立木总蓄积量4634.4万立方米。2021年4月，经省委编委批复，原小陇山林业实验局更名小陇山林业保护中心，为省属副厅级事业单位。2021年，小陇山林业保护中心完成人工造林4200公顷，封山育林2600公顷，退化林修复3266.67公顷。推进林长制工作，建立保护中心、林场、森林经营管理所三级林长责任体系。全面做好森林资源监测，开展打击毁林专项行动和2021年森林督查暨森林资源管理“一张图”年度更新，909个图斑全部入库，142个森林督查图斑和393个打击毁林专项行动图斑全面调查核实完成。强化自然保护地管理，对11个自然保护地边界矢量数据进行修订，麦草沟、黑河两个省级自然保护区功能区划进一步完善。科学编制森林经营方案，《小陇山森林经营方案(2021~2030年)》顺利通过专家评审，已批复实施。强化落实森林防火责任制，推进防火码的应用，设置地域防火码180个，启用率100%。森林火灾风险普查工作基本完成。完成松材线虫病疫情调查面积8.64万公顷，取样3200多株，未发现疫情感染传播。完成其他林业有害生物防治1.13万公顷。安排野生动植物保护资金130万元，完成庙台槭生境改造和监测调查207.8公顷。

【表彰奖励】 根据中共甘肃省委、甘肃省人民政府2021年5月19日印发的《关于表彰全省脱贫攻坚先进个人和先进集体的决定》，甘肃省林草局改革发展处、林业科学研究院被表彰为“全省脱贫攻坚先进集体”，甘肃省林草局系统3名干部被表彰为“全省脱贫攻坚先进个人”。

【大事记】

2月1日 甘肃省林业和草原工作会议在兰州召开，省林草局党组书记、局长宋尚有作工作报告。

2月23日 甘肃省政府副省长孙雪涛到省林草局指导工作，对推进核桃、花椒、油橄榄产业三年倍增行动提出工作要求。

3月3日 甘肃省林草局组织召开甘肃省2020年度草品种审定会议，按照《甘肃省草品种审定办法》的规定程序和条件，对2020年申报的合格草品种进行审定和公示。

3月31日 甘肃省第十三届人民代表大会常务委员会第二十二次会议修订通过《甘肃省实施〈中华人民共和国森林法〉办法》，于2021年5月1日正式施行。

3月31日 甘肃省第十三届人民代表大会常务委员会第二十二次会议废止《甘肃省全民义务植树条例》和《甘肃省森林公园管理条例》。

4月1日 甘肃省政府副省长刘长根到省林草局调研指导工作，参观省林草局党建长廊，结合多媒体演示，了解全省国家级自然保护区监测监控资源整合平台建设情况，并主持召开座谈会，听取全省林业和草原工作情况汇报。

4月13日 甘肃省党政军领导到兰州市榆中县夏官营镇科创中心开展义务植树，省委书记尹弘，省委副书记、省长任振鹤等省领导参加。

4月26日 甘肃省第四十届“爱鸟周”暨第三十一届保护野生动物宣传月活动启动仪式在张掖市举行，活动主题为“爱鸟护鸟、万物和谐”。

5月8日 召开全省草原有害生物普查启动暨重点工作推进会，对全省草原有害生物普查工作进行安排部署。

5月21日 第十届中国花卉博览会在上海崇明开幕，省政府副省长刘长根，副秘书长郭春旺，省林草局党组书记、局长宋尚有代表甘肃省参加开幕式暨巡馆巡园活动。

6月7日 国家林草局林草防治总站《松材线虫病检测鉴定报告》显示，甘肃省康县送检的4份样品中，有3份样品检测为松材线虫病，是甘肃首次检测发现松材线虫病疫情。

6月18日 在张掖市民乐县举办以“依法保护草原、建设生态文明”为主题的2021年甘肃省草原普法宣传月现场活动。

7月9日 甘肃省委办公厅、省政府办公厅印发《关于全面推行林长制的实施意见》。

7月13日 甘肃省委副书记、省长任振鹤与四川省委副书记、省长黄强一同深入甘南州碌曲县郎木寺镇，就西成铁路郎木寺站建设和跨甘川两省若尔盖国家公园创建、生态环保等工作开展实地调研。

7月28日 甘肃省林长制工作会议在兰州召开，省委书记、省总林长尹弘参加会议并讲话。省长、省总林长任振鹤主持会议。省领导王嘉毅、石谋军、朱天舒、张世珍、李沛兴、孙雪涛、刘长根、张锦刚及省政府秘书长李志勋参加。

7月28日 甘肃省第十三届人民代表大会常务委员会第二十五次会议第二次修订通过《甘肃省实施〈中华人民共和国防沙治沙法〉办法》，于2021年10月1日正式施行。

8月12日 甘肃祁连山自然保护区生态环境问题整改工作领导小组暨甘肃省祁连山国家公园体制试点领导小组会议在兰州召开，省委书记、领导小组组长尹弘参加会议并讲话，省长、领导小组组长任振鹤主持会议，省领导孙伟、刘昌林、王嘉毅、石谋军、何伟、程晓波、刘长根及李志勋出席会议。

9月2日 甘肃省政府办公厅印发《关于加强草原保护修复的实施意见》。

9月13日 甘肃省林草局召开全省第三轮草原生态保护补助奖励政策禁牧和草畜平衡监管工作座谈会，研究讨论落实第三轮草原保护生态补助奖励政策禁牧和草畜平衡监管工作措施。

9月17日 甘肃省委办公厅、省政府办公厅印发《关于加快推进祁连山国家公园甘肃省片区建设的意见》和《关于加强祁连山生态环境保护的意见》。

9月30日 国务院批复正式设立大熊猫国家公园。

12月3日 甘肃省关注森林活动组委会第一次全体会议在兰州召开，省政协副主席、省关注森林活动组委会主任尚勋武主持会议并讲话，会议听取了“十三五”以来全省林草工作情况汇报，审定《甘肃省关注森林活动工作规则》和《甘肃省关注森林活动2022年工作要点》。

12 月 16 日 2021 年全省林草行政执法培训暨《行政处罚法》专题讲座在兰州举办，全省林草系统 700 余名执法人员参加培训讲座。

12 月 23 日 甘肃省林草局制定印发《甘肃省林草系统法治宣传教育第八个五年规划(2021～2025 年)》。

12 月 24 日 甘肃省林草局召开国家草原自然公园创建及禁牧和草畜平衡监管工作推进会。

(甘肃省林草业由甘在福供稿)

青海省林草业

【概　述】 2021 年，青海省林草系统坚持以习近平生态文明思想为指导，深入学习贯彻习近平总书记对青海工作的重要讲话和指示批示精神，牢固树立和践行新发展理念，紧紧围绕“一优两高”“七个新高地”战略目标，以国家公园示范省建设为引领，统筹推进生态修复、资源保护、生态富民、改革创新等各项工作，林草事业高质量发展取得新突破，实现“十四五”良好开局。

【国家公园建设】

国家公园示范省建设 大力推进国家公园示范省建设三年行动计划，国家公园建设取得突破，三江源国家公园正式设立，成为全国首批、排在首位、面积最大的国家公园。祁连山国家公园体制试点通过国家验收。积极推进青海湖国家公园、昆仑山国家公园创建工作，相关规划纳入国家林草局支持范围，青海国家公园群初具雏形。保护地体系进一步优化，在全国率先完成自然保护地优化整合。坎布拉地质公园列入世界地质公园候选名单，同德石藏丹霞国家地质公园正式获批。4 个国家草原自然公园试点全面展开，基本建成以国家公园为主体的自然保护地新体系。基础支撑保障能力持续提升，完成《青海省自然保护地条例》起草工作，编制完成《青海以国家公园为主体的自然保护地体系示范省建设总体规划》。制定出台了自然保护地管理 18 项制度办法和《自然保护地监测和评估技术标准》《自然保护地功能区划技术规范》《自然保护地建设规范》《自然保护地特许经营规范》4 个地方标准。编制完成《关于加快推进青海国家公园省自然教育高质量发展指导意见》和《青海省自然教育工作大纲》。“国家公园示范省建设”项目荣获“第二届青海省改革创新奖”。

祁连山国家公园体制试点建设 祁连山国家公园青海片区各级部门以建设“十好”国家公园为目标，深入推进“生态保护、生态科研、生态文化”三大高地建设。青海片区优化整合，生态保护、矿业权退出、生态移民搬迁取得阶段性成效。大数据中心、展陈中心、森林信息监测站、冰川冻土信息监测站陆续建成并投入运行，野生动物救护繁育中心、生态科普馆有序实施，40 个标准化管护站高效安全运行，青海、甘肃两省联合执法以及常态化监督巡查等专项行动，立体式执法监管体系更加完善，2392 个巡护网格覆盖了国家公园及周边区域 2.6 万平方千米，全面实行一体化巡护管控。通过智慧国家公园建设，大数据平台以及州县分控中心全面建成，信息化数据模块系统初步成型，天空地一体化监测网络达到 8000 平方千米，214 台野保相机实现无线传输和自感拍摄，基本实现前端以及其他各类分散异构数据的汇总、治理和分类。通过打造“生态科研高地”，建立了我国西北地区首个森林生态系统监测大样地，首次系统开展青藏高原东北部区域内陆河源头区的水生态系统研究，生物多样性调查实现全覆盖，基本摸清了祁连山国家公园生物多样性状况。完成全国首例雪豹救助与科研项目结合案例，完成 3 只雪豹、10 只荒漠猫、23 只黑颈鹤卫星跟踪监测，填补了中国在雪豹、荒漠猫、黑颈鹤迁徙活动数据方面的空白，雪豹等旗舰物种监测方面已走在全国前列。“村两委+”机制持续优化完善，建立了领导干部包乡、部门包村联点共建制度。编辑完成《祁连山史话》《祁连山生态谚语汇集》等生态文化系列丛书 13 册。联合文学、摄影、绘画、历史、地质等多领域专家系统开展生态文化专题调研并形成报告 20 余篇。组建国家公园签约摄影师 54 人、自然文学签约作家 22 人，百余幅摄影作品获得国际、国内重大摄影奖项。设立祁连山国家公园生态学校 13 所，特色管护站 5 处、开发课程 9 套、读本 5 种、各类文创产品 20 余套(件)。

【国土绿化】

大规模国土绿化工作 3 月 3 日，全省林业和草原工作暨木里矿区种草复绿动员大会召开，青海省委书记、省人大常委会主任王建军，省委副书记、省长信长星提出工作要求，副省长刘涛出席会议并讲话。4 月 2 日，青海省委省政府召开国土绿化动员大会，省委书记、省人大常委会主任王建军主持并讲话，省委副书记、省长信长星作动员讲话，全面部署落实国土绿化重点任务。全省各地召开春季全民义务植树“大会战”动员大会，对国土绿化和春季义务植树工作作了具体安排部署。青海省林草局及时组织动员学习大会精神并进一步部署国土绿化工作，由局领导和包县处级干部分组对全省春季营造林进行督查。制定印发《关于科学绿化的实施意见》。全省各地、各部门以三江源、祁连山、三北防护林、天然林保护、退化草原治理修复、退耕退牧还林还草等重点生态工程为抓手，深入实施国土绿化巩固提升三年行动、森林草原质量精准提升行动，累计完成国土绿化 34.35 万公顷，其中营造林 17.71 万公顷、草原修复 16.63 万公顷。加大城乡一体绿化力度，创建 5 个省级“森林城镇”和 15 个“森林乡村”。全省森林覆盖率达到 7.5%，草原综合植被盖度达到 57.8%，绿色空间不断扩展，环境承载力有效提高，人居环境持续改善。

全民义务植树 4 月 7 日，青海省委、省人大常委会、省政府、省政协主要领导与干部群众在西宁市城北区生物园区狼窝沟公园参加了义务植树活动。为全面落实《全民义务植树条例》，加强义务植树配套制度建设，各级林草部门不断创新全民义务植树形式，先后开展了“省级领导义务植树”“厅局长林”“青海省民营企业光彩事业林”“青年林”等植树活动，积极建设“互联网+全民义务植树”基地，推进义务植树线上线下融合发展。2021年全省完成义务植树1910万株，参与人数337万人次，新建省级“互联网+全民义务植树”基地13处、优化提升16处省级“互联网+全民义务植树”基地。

城乡绿化 以项目推进村庄绿化，大力开展森林城镇、乡村创建活动，城乡一体绿化提档升级。结合实施乡村振兴战略、农村人居环境综合整治等国家战略，积极实施城市风景林、城市森林公园、郊野公园、环城林带、交通绿廊、河湖绿岸建设工程，着力打造一批高品质、特色型的生态宜居城镇，营造农区田园景色、牧区自然风光。2021年，落实省级财政资金2100万元，创建5个省级森林城镇和15个省级森林乡村。

【重点生态工程】

西宁南北山绿化工程 完成青海省财政下达各类项目建设资金4576万元，栽植油松、祁连圆柏、山杏、丁香等各类高规格苗木共计20余万株，柽柳40余万株，100%完成计划任务。通过采取补植补栽、施肥、灌溉、修枝、抹芽、清坑、除草等综合措施，完成1666.67公顷抚育任务，林下卫生条件得到改善，苗木生长量和质量有了大幅度提高。按照西宁市森林病虫害防治检疫站防前调查和预报预测，针对云杉小卷蛾、云杉大灰象、针叶树红蜘蛛、杨树锈病、杨树食叶害虫等多发高发病害的发生情况，及时进行了有效防治，共完成林业有害生物防治任务8266.67公顷，有效遏制了林区有害生物蔓延。对南北山1166.67公顷林区内可燃物进行清理，进一步减少森林火灾的发生。

防沙治沙工程 编制实施《青海省防沙治沙规划(2021~2035年)》，全年防沙治沙8.97万公顷，超额完成目标任务。会同省发展改革委、省财政厅等七部门开展州级政府“十三五”防沙治沙目标责任期末综合考核工作，并经省政府同意通报考核结果。完成国家六部门考核组对青海省政府各项检查考核工作。督促各地全面完成2020年中央财政规模化防沙治沙补助试点项目，完成沙化土地综合治理0.83万公顷，完成投资1.5亿元。督促共和县、贵南县完成防沙治沙示范区治沙示范造林333.33公顷，完成投资250万元。争取2021年第二批中央林业改革发展资金沙化土地封禁保护区补助5303万元、2022年第一批4431万元，全面分解落实12个已建国家沙化土地封禁保护区续建任务。委托西北调查规划设计院编制完成《青海省防沙治沙规划(2021~2035年)》初稿。

草原生态建设 组织实施三江源和祁连山生态保护建设、退化草原人工种草生态修复等工程项目，完成草原生态保护工程投资任务，建设草原围栏23.55万公顷，改良退化草地24万公顷，治理退化草原25.79万公顷，防控草原有害生物340.8万公顷。持续开展30个国家级草原固定监测点建设，新建自动化监测点17个，建设国家级草原有害生物监测点5个，建设草原信息化管理平台1个。国家林草局在西宁召开全国草原保护修复推进会，向全国推广青海草原保护修复工作的做法与成效。全面贯彻落实《国务院办公厅关于加强草原保护修复的若干意见》，结合青海实际，制订实施《加强青海省草原保护修复的若干措施》。出台《青海省草原征占用审核审批管理规范》，进一步细化办理流程，明确分级职责，完善申报材料要求，加强征占用草原源头管理，强化事前事中事后全过程监管。组织编制《青海“十四五”草原保护建设利用总体规划》《青海省草原保护修复“十四五”规划》和《青海省有害生物防控“十四五”规划》，指导各市州编制相应草原规划。

退耕还林工程 全面科学监测新一轮退耕还林还草工程发挥的生态、经济和社会效益，首次从物质量和价值量层面科学评价工程取得的综合效益，青海省新一轮退耕还林工程每年涵养水源3307.49万立方米、固土11.26万吨、固碳5.87万吨、释氧13.16万吨。按2021年现价评估，青海省新一轮退耕还林工程每年产生的生态效益总价值为13.85亿元，为新一轮退耕还林工程总投入的2.1倍。争取省财政支农资金450万元，完成2.93万公顷新一轮退耕还林地和6.97万公顷前一轮退耕还林地矢量化上图工作。启动实施退耕还林工程档案“四化”建设，完成了省级及5个县级纸质档案的整理工作，实现了省级和1个县级档案的电子化、规范化、标准化和制度化建设。2021年根据前一轮和新一轮退耕还林补助政策，共拨付中央财政补助资金5568.87万元。其中：退耕还林到期面积森林抚育补助资金5118.87万元；发放完善前一轮退耕还林政策补助资金450万元。制作退耕还林20周年宣传片，首次全景式展示退耕还林在青海省实施20年来取得的重大成效。

【资源保护与管理】

林草资源管护 全面落实推行林长制的实施意见，省、市(州)、县(区)、乡(镇)、村五级林长制组织体系和运行机制全面建立，形成了党政同责、属地负责、部门协同、源头治理、全域覆盖的林草资源管理新机制和网格化管理新体系。实行最严格的资源保护制度，依法加强林地、草地、湿地征占用审批管理，制订《草原征占用审核审批管理规范》《青海省湿地用途管理办法(试行)》，全年依法依规审核审批征占用林草湿地项目460件、7480公顷。组织开展了2021年森林资源管理一张图更新工作，全方位应用遥感信息、无人机等现代调查监测技术，资源监测手段和方法不断完善。严格落实森林生态效益补偿资金，切实做到任务、目标、资金、责任和管护效果“五落实”。会同省财政厅编制完成了《青海省2021年森林生态效益补偿基金实施方案》，并及时上报财政部和国家林草局备案。各实施单位根据省级实施方案中分解到的管护面积及资金总量，编制了年度县级实施方案，使国家级公益林保护管理工作稳步向前推进。积极推进国家级公益林优化工作，支撑森林生态效益补偿制度。以抚育管护方式，加强古树名木保护，根据分布状况和保护主体，分区开展全省古树名木保护复壮工作，建立了古树名木挂牌建档制、管护责任制、追踪管理制、枯枝死杈清理制、异常情况报告制等，努力实现古树名木全面保护。

天然林保护修复 2021年，继续沿用国家核定的青海省天保工程二期森林资源管护指标，各县级单位通过编制2021年天然林保护实施方案，细化确定年度建设重点及具体资金用途，将天然林管护任务具体落实到责任人，确保全省天然林资源得到安全、有效保护。贯彻落实国家《天然林保护修复制度方案》和青海省《天然林保护修复制度实施方案》，采用定性和定量相结合的方法分析评估实施成效和实施方案执行情况，全面总结评估青海天然林保护工程；建立全省统一的天然林数据库智慧管理平台，为天然林保护修复制度的实施提供翔实的数据支撑。

湿地保护工作 首次召开全省湿地保护专题会议，研究部署全省湿地保护工作。2021年争取各类项目资金20 274万元，较上年提高54%，争取中央财政湿地补助资金1.551亿元，实施湿地保护与恢复项目32项、湿地生态效益补偿项目4项、退牧还湿项目4项。印发了《关于开展2019~2020年度中央财政林业改革发展资金湿地补助项目绩效评价的通知》，编制实施方案编制提纲，细化了湿地保护补助项目绩效目标评价指标。起草《青海省湿地用途管控办法(试行)》，启动《青海省湿地保护"十四五"实施规划(2021~2025年)》编制工作，颁布《小微湿地认定标准》，填补了小微湿地规范化保护管理的空白。成立了青海省湿地保护专家委员会，委员会由省内外22名专家学者组成。首次争取省科技厅科技项目，开展湿地科学研究。实施了《湟水流域国家湿地公园植物选配及湿地修复技术研究项目》，为开展高原湿地生态保护与修复提供科学依据。配合国家林草局西北院开展林草湿综合监测，全面完成28个湿地样地监测年度任务。在海南、海西、果洛、玉树四州选取4处国家湿地公园开展湿地监测，分析气、土、水、生的变化情况，逐步实现全省重要湿地监测全覆盖。全省泥炭地调查和湿地生态效益补偿模式研究项目选题。刚察沙柳河、曲麻莱德曲源、班玛玛可河、贵南茫曲4处国家湿地公园通过国家试点验收。

野生动植物保护 持续加大生物多样性保护力度，编制实施《普氏原羚保护规划》《雪豹保护规划》，多部门联动组织开展"绿盾"行动，一体化开展栖息地保护、疫源疫病防控、禁食禁养和打击乱捕滥猎违法犯罪行为，珍稀濒危野生动物恢复性增长。开展野生动物造成人身财产损失保险赔偿试点，首次将保险机制引入野生动物致害赔偿。

木里矿区种草复绿 始终把木里矿区种草复绿作为重大政治任务，针对矿区高寒、高海拔、植物生长慢、施工期较短、技术要求高等特殊情况，科学制订实施种草复绿总体方案及覆土、配肥、草种、播种、管护等一系列技术方案、规范、标准，坚持多家试验保质量、多土配伍打基础、多肥拌合增养分、多种混播提成效、多法保水稳墒情、多措并举严流程、多频监测补短板、多方合力强管护的"八多"措施，在实践中创新形成"覆、捡、拌、耙、种、耱、镇"的"七步"工作法，累计种草2020公顷，使用羊板粪92.25万立方米，有机肥5.08万吨，牧草专用肥464.7吨，无纺布2283.03万平方米，拉设围栏19.68万米。种草复绿区平均出草率90%以上、牧草高度90毫米以上、植被覆盖度90%以上、水土保持率90%以上、生长期90天以上，高质量高标准完成复绿任务，探索创造了高寒、高海拔区域大规模种草复绿、生态修复新路径，得到中央"回头看"工作组充分肯定。

有害生物防治 全省各地区全面落实重大林业有害生物防控行政领导负责制，进一步完善政府主导、部门协作机制，层层落实防控任务，全省林业生物灾害预防取得显著成效，林业有害生物成灾率降至0.01‰，全省未发生重大外来林业有害生物入侵和不可控灾情。2021年防控林草有害生物124.99万公顷，其中，林业有害生物防控面积19.19万公顷，草原有害生物防控面积为105.8万公顷，筑牢松材线虫等重大外来有害生物防控体系，松木及其制品复检率达100%，重点风险区、风险点实现网格化管理。全面健全联防联控工作，加入云贵川渝藏五省区植物检疫防控协作。

森林草原防火 突出抓好森林草原防火，建立总督察责任制，完善"双包五联"制度，层层落实防灭火主体责任，组织开展全省森林草原火灾风险普查，全面推广"防火码"微信小程序和"互联网+森林草原防火督查"系统，不断加强防火物资储备、应急演练和宣传教育，全省森林草原火灾发生次数逐年减少。特别是2021年春节期间火情发生数和过火面积实现"双下降"下降率均在90%以上，为历史最低位，连续35年未发生重特大森林草原火灾和人员伤亡事故。

依法治理 强化要素保障，主动优化服务，开通审批绿色快速通道，及时完成林草地征占用行政许可，有效保障了玛尔挡水电站、羊曲水电站、同赛公路等重大工程建设。强化法治护航，统筹推进立法修法调研、行政执法、普法守法各项工作，出台加强全省草原保护修复22条措施，依法治林管草体系进一步健全。

专项行动 严查破坏林草资源违法违规行为，组织开展打击毁林专项行动、野生动物非法交易"清风行动"、重要湿地违建排查整治、禁牧和草畜平衡监管核查，持续推进森林、草原、湿地资源督察，公开曝光、挂牌督办一批典型案件，形成有力震慑。

【林草改革】

湟水规模化林场建设试点 继续深化湟水规模化林场建设，探索试点性开展集体土地委托营造林与管护，完成3.02万公顷托管协议签订，落实"蚂蚁森林"造林2933.33公顷489万穴，创新了吸引社会资本参与国土绿化新模式。

碳达峰碳中和试点 大力推进林草生态价值实现机制创新，编制印发《青海林草碳汇工作方案》，完成全国林草碳汇第三次计量分析青海省调查工作。青海林业应对气候变化与碳中和解决方案及碳汇造林案例入选亚太地区应对气候变化100个行动案例，并获2021年度保尔森可持续发展优胜奖。与北京绿色交易所达成战略合作协议，在祁连山国家公园(青海片区)挂牌成立生态产品价值实现研究中心。

现代国有林场建设试点 稳步推进现代国有林场建设试点，国有林场基础设施、森林经营、绩效评价体系进一步完善，发展活力持续增强。强化保险保障能力，完成森林综合保险 281.69 万公顷，积极推进国有企业改革，对青海省林草局属 6 家企业进行公司化改制。按照青海省林业和草原局、青海省发展改革委员会、青海省财政厅联合印发《关于创建现代林场试点的通知》要求，选取全省 30 个国有林场作为现代林场创建试点，并完成实施方案编制工作。争取中央车购税补助资金，为全省 34 个国有林场争取到通场部硬化路和通居民集中居住点道路建设 3.06 亿元，全省国有林场实现通场部道路通达目标。

【兴林富民】

林草产业发展 积极践行"绿水青山就是金山银山、冰天雪地也是金山银山"理念，大力推进林草产业规模化、品牌化、标准化发展，编制林草产业高质量发展规划，出台推进枸杞产业高质量发展意见，新建道地中藏药材示范基地 9 处，新实施 5 个生态旅游项目、9 个特色杂果经济林种植项目，枸杞种植达到 4.99 万公顷，有机枸杞种植基地 1.33 万公顷，正式注册"柴达木枸杞(柴杞)"商标，建成全国最大的枸杞种植地区、有机枸杞生产基地。中藏药材种植 0.73 万公顷，"十八青药"打响市场，成为西部地区重要的当归、黄芪生产基地。冬虫夏草产量占全国总产量的 60%，虫草交易会机制性落地青海。全省林草产业产值达到 394 亿元，带动 259 万名农牧民群众人均增收 5179 元。

【林草保障能力】

疫情防控 坚持常态化推进新冠病毒疫情防控，严格落实疫苗接种、核酸检测、人员管理、消杀灭毒，野生动物疫源疫病防控等措施，有效保障了干部职工健康安全。

投资项目 强化资金项目保障，建立领导包联推进重点项目工作机制，持续争取国家项目资金支持，全年落实投资 51.24 亿元，确保了林草资金投入力度不减，生态保护建设强度不降。

科技支撑 强化科技支撑保障，组织开展"林草高新技术进青海"活动，推介实用技术 240 项，新增国家林业和草原长期科研基地 4 个、国家种质资源库 3 个，新实施一批林草科研、科技推广和标准化建设项目。启动全省林草生态综合监测评价，完成全部 2050 个样地外业调查。

林草种苗 对西宁市湟中区、海东市平安区、民和县、互助县、海晏县、门源县、同德县、兴海县、同仁县、尖扎县、德令哈市、格尔木市 2021 年造林所使用的林木种子和苗木质量抽查，并对 5 处国家重点林木良种基地生产情况进行检查，共抽查 17 个林木种子样品和 61 个苗批。新增国家林木种质资源库 3 处、确定了青海省省级林采种基地 12 处，发布了青海省第一批乡土树种名录，审定通过林木品种 13 个，完成了青海省 6 个国家良种基地十四五规划。指导完成青海省 2020 年 6 处国家重点林木良种基地考核、验收及 2021 年 6 处国家重点林木良种基地作业设计审查和批复工作。充分发挥林木品种审查委员会作用，组织相关专家完成并通过 13 个省级林木品种的审认定工作。

【脱贫攻坚】 扎实推进巩固拓展生态脱贫攻坚成果同乡村振兴有效衔接，保持生态效益补偿、国有天然林管护、生态工程务工、生态管护岗位就业、产业扶持、定点帮扶等政策连续稳定，全年发放管护报酬和各类生态直补资金 19.3 亿元。积极争取中央财政衔接乡村振兴补助资金(欠发达国有林场巩固提升任务)4083 万元，安排全省 65 个林场大力培育苗木产业发展，带动林场周边村镇和群众增收。

【林草宣传】 全年在各级各类媒体刊(播)发新闻稿件 3000 余条，依托门户网站、政务新媒体等平台，不断完善对外宣传、新媒体融合的联动机制，青海林草政务微信订阅用户达 5000 人，全年发布信息 1860 余条，阅读人次达 50 万。深入挖掘基层林业草原先进事迹和先进人物，对生态文明建设中涌现出的程伟、马玉寿、贾尼玛、张锦梅、段国禄等 23 个先进个人以及青海省天保中心、玛可河林业局、沙珠玉防风治沙林场、黄南州麦秀林场等 13 个集体和单位持续开展了宣传。在重要时间节点和重大工作后，积极利用新闻发布会等形式，及时向社会发出权威声音，共组织召开 10 场新闻发布会。针对社会关注度较高的热点话题，采取接受采访、撰写署名文章等多种方法，发出权威声音，为构建全局宣传大格局奠定了坚实基础。

【大事记】

1 月 19 日 青海省关注森林活动组委会成立暨第一次工作会议在省林草局召开，标志着青海关注森林活动组委会正式成立。

1 月 30 日 青海省湿地保护专家委员会成立，旨在充分发挥专家、学者在青海省湿地保护管理工作中的重要作用，提升青海省湿地科技服务水平，科学有效推进湿地保护管理工作。

2 月 7 日 青海省林业和草原局办公室印发了《青海省天然林保护修复制度实施三年行动计划(2021～2023 年)》，标志着青海全面贯彻落实《青海省天然林保护修复制度实施方案》进入了实质性阶段。

3 月 3 日 全省林业和草原工作暨木里矿区种草复绿动员大会召开，省委书记、省人大常委会主任王建军，省委副书记、省长信长星提出工作要求，副省长刘涛出席会议并讲话。

4 月 2 日 省委省政府召开国土绿化动员大会，省委书记、省人大常委会主任王建军主持并讲话，省委副书记、省长信长星作动员讲话，全面部署落实国土绿化重点任务。

4 月 16 日 青海省林草局组织召开贯彻落实《国务院办公厅关于加强草原保护修复的若干意见》及国家草原自然公园试点工作座谈会，旨在全面落实《国务院办公厅关于加强草原保护修复的若干意见》，扎实推进青海省国家草原自然公园试点建设，不断开创全省草原保护修复新局面。

4 月 27 日 2021 年中华全国总工会庆祝"五一"国际劳动节暨"建功十四五、奋进新征程"主题劳动和技能竞赛动员大会，祁连山国家公园青海省管理局办公室获"全国五一劳动奖状"殊荣，成为此次青海省 4 家获此殊荣的单位之一。

5月21日 青海国际农发基金六盘山片区扶贫项目得到国际农发基金项目竣工评估团的充分肯定并顺利通过评估。

7月20日 国家林草局西北规划设计院专家组对年度种草复绿工作进行了评估，评估结果显示全面达到设计要求。

7月29日 青海省林草局成立了青海省自然保护地专家咨询委员会和青海省级自然保护区、自然公园评审委员会，制订了《青海省自然保护地专家咨询委员会工作规则》《青海省省级自然保护区、自然公园评审委员会工作规则》。

8月10日 青海省政府印发《关于加强青海省草原保护修复的若干措施》，从6个方面22条全面加强草原保护管理，是近20年青海省政府出台的最系统、最全面、最严格的草原保护修复政策文件。

8月26日 青海省委深化改革委员会第十四次会议审议通过了《青海省关于全面推行林长制的实施意见》，标志着青海省推行林长制工作进入全面落实阶段。

9月15日 青海省委省政府印发《青海省全面推行林长制的实施意见》的通知。

9月16日 青海省第一次林长制工作会议召开，省委书记、省总林长王建军主持并讲话，省长、省总林长信长星讲话。

9月29日 《中共青海省委、青海省人民政府关于表彰第二届青海省改革创新奖创新项目、先进集体和先进个人的决定》中“国家公园示范省建设”项目荣获“第二届青海省改革创新项目奖”，青海省林草局党组成员、青海省国家公园和自然保护地管理局局长张德辉获“第二届青海省改革创新个人奖”。

10月12日 习近平总书记在生物多样性公约第十五次缔约方大会领导人峰会上发表主旨讲话宣布正式设立三江源等第一批国家公园。三江源国家公园成为全国首批、首个、面积最大的国家公园。

11月29日 青海以国家公园为主体的自然保护地体系示范省建设工作领导小组办公室印发《关于加快推进青海以国家公园为主体的自然保护地体系示范省自然教育高质量发展的指导意见(试行)》《青海以国家公园为主体的自然保护地体系示范省自然教育工作大纲(试行)》。

11月30日 青海以国家公园为主体的自然保护地体系示范省建设工作领导小组办公室印发《青海以国家公园为主体的自然保护地体系建设18项制度办法(试行)》。

12月25日 青海省市场监督管理局批准发布《自然保护地功能区划基本要求》《自然保护地建设规范》《自然保护地特许经营》《自然保护地监测和评估》四项地方标准。

(青海省林草业由宋晓英供稿)

宁夏回族自治区林草业

【概 述】 2021年，宁夏回族自治区(以下简称自治区)完成营造林10万公顷，修复退化草原1.40万公顷，恢复湿地1.23万公顷、湿地保护修复1.55万公顷，治理荒漠化面积6万公顷。完成封山育林0.47万公顷，征占用林草地面积0.24万公顷，发展庭院经济和村庄绿化0.47万公顷，生态经济林建设完成0.93万公顷；自然保护地生态修复完成0.64万公顷，办理建设项目使用林地审批530件，共收缴森林植被恢复费18 119.33万元。争取林草资金24亿元。

【林业草原改革】

全面推行林长制 起草了《宁夏全面推行林长制的实施意见》，由自治区党委和政府印发实施，建立了区、市、县、乡、村五级林长组织体系，印发总林长1号令和《自治区级林长制会议制》等7项制度。

深化山林权改革 印发了《关于深入推进山林权改革加快植绿增绿护绿步伐的实施意见》，出台山林权交易规则、纠纷调解、以林养林、以地换林等配套政策。编制了《宁夏天然林保护修复中长期规划(2021~2035)》《宁夏天然林资源保护工程评估报告》。

国家草原自然公园试点建设 规范麻黄草种植和溯源管理，启动草原禁牧成效评价研究，形成《宁夏草原征占用审核审批行政许可办事指南(试行)》和《贯彻落实加强草原保护修复意见》。

【资金规划】 2021年共争取林业草原项目资金24.19亿元，按资金来源分，其中中央资金16.95亿元，自治区财政资金7.24亿元，较上年增加1.31亿元，提高6%；按项目类别分，其中国土绿化资金13.64万元，退耕还林资金2.8亿元，天保工程资金2.5亿元，生态护林员资金1.12亿元，草原保护恢复资金0.75亿元，枸杞产业资金0.8亿元，湿地保护资金0.78亿元，其他项目资金1.8亿元。

编制并印发《宁夏林业和草原发展“十四五”规划》，联合自治区财政厅起草了《宁夏回族自治区中央财政林业改革发展资金管理办法》和《宁夏回族自治区中央财政林业草原生态保护恢复资金管理办法》，组织完成了宁夏固原市黄土丘陵森林火灾高风险和草原极高火险区综合治理项目、宁夏南华山国家级自然保护区基础设施建设项目等9个基本建设项目评审、申报工作。制订了《自治区林业和草原局系统工程建设政府采购领域重点检查工作方案》。

【森林资源管理】

林草基础数据 开展林草生态综合监测评价工作，共调查各类样地977个，其中：森林监测样地共644

个(地类核实样地130个，现地调查样地514个)，草原样地281个，湿地样地31个，荒漠化样地21个；在2020年度林地变更调查的基础上，以国土“三调”数据为统一底版，按时间节点完成2021年全区遥感判读图斑7029个的调查核实和全区林地“一张图”年度更新工作。完成“三调”数据对接融合和优化国家级公益林工作。

林地定额管理 办理建设项目使用林地审批530件，使用林地面积1551.66公顷，其中长期占用林地316件，面积580.98公顷，临时占用林地196件，面积840.54公顷。直接为林业生产服务18件，面积130.14公顷。共收缴森林植被恢复费18 119.33万元。为服务自治区重大项目，争取国家林地定额指标1500公顷，使用林地定额580.98公顷。

采伐限额管理 立足自治区采伐需求实际，编制完成《宁夏回族自治区“十四五”期间年森林采伐限额汇总表》，经国家林业和草原局审核同意，自治区人民政府批准下达了全区采伐限额指标。办理林木采伐65件，批准采伐蓄积4971.07立方米，采伐限额得到有效控制。

【生态修复】

国土绿化 印发了《自治区绿化委员会办公室关于下达2021年国土绿化任务的通知》(宁绿办发〔2021〕1号)；编制形成了《宁夏科学绿化试点实施方案(2021~2025年)》；开展“3·12”植树节宣传活动，结合疫情防控，采用文艺汇演、搭建咨询台、宣传展板、线上募捐等多种形式通过报纸、网站等刊登《全民义务植树倡议书》进行广泛宣传；与银川市绿委办共同组织自治区直属机关在银川市兴庆区沙漠休闲运动公园参加全民义务植树活动。

荒漠化治理 组织开展了“6·17世界防治荒漠化与干旱日”宣传，编制了《自治区林业和草原局沙尘暴灾害应急处置工作方案》。

绿化工程 完成造林计划上图11.07万公顷，编制形成了《宁夏科学绿化试点实施方案(2021~2025年)》和《自治区林业和草原局沙尘暴灾害应急处置工作方案》；在中宁县启动实施2021年“幸福家园——西部绿化行动”生态扶贫项目0.03万公顷，中国绿化基金会下达自治区项目资金520.36万元，援助种植104.07万株优质枸杞苗木。首次引进“蚂蚁森林”项目。2021年“蚂蚁森林”公益造林项目首次落地宁夏，实施0.41万公顷，其中在海原县实施200万穴柠条共计800公顷，在中卫市沙坡头区实施470万穴(柠条200万穴、花棒220万穴、山桃50万穴)共计0.326万公顷。

【野生动植物保护】 各地组织开展联合执法专项行动85次。自治区相关部门组织多部门联合打击行动8次，配合宣传教育活动15次。全区各地、各相关部门单位出动执法车辆6536车次，巡查有关场所人员394 500人次。全区办理野生动植物案件92起，其中行政案件59起，刑事案件33起；收缴野生动物1819只(头、尾)，野生动物制品56件，非法猎具渔具303个(张、台)，疑似珍贵濒危野生植物制品245件(串)。共审批(规范)野生动物人工繁育单位8家，协调办理跨省(区)出售、科普展示事项8件，清理非法野生动物展演2家；救助猎隼、白鹭等10余种野生动物26起55只。充分利用“野生动植物日”“爱鸟周”等节点，发挥新媒体优势，深入一线开展宣传。据统计，共悬挂横幅、标语620余条，发出海报1500余张、制作展板200余块、发出《倡议书》《告知书》《承诺书》3600余份，定制餐桌禁食野生动物温馨提示牌12 000余块，张贴告示、发放手册、宣传彩页30余万份，组织现场宣传讲座18次，开展解答群众疑难问题30余场次，安装永久性宣传牌80余块。相关重要新闻媒体共发布转载有关野生动植物保护的新闻报道1000多篇。

【自然保护地建设】 筹备贺兰山国家公园设立工作，对设立方案、设评方案、边界范围等材料进行了再次梳理和完善，编制了《宁蒙共同创建贺兰山国家公园工作方案》。加大贺兰山国家级自然保护区整合优化力度，组织召开《宁夏贺兰山东麓洪积扇区域生态评估研究报告》等贺兰山生态评估成果评审会，自治区人民政府已将再次修改完善的贺兰山国家级自然保护区整合优化预案上报自然资源部、生态环境部、国家林草局。加强自然保护区管理，上报了南华山、沙坡头国家级自然保护区总体规划，协调国家林草局已批复；研究和编制了全区自然保护地发展规划和9个国家级自然保护区总体规划工作，调整青铜峡库区自治区级自然保护区范围和功能区。会同自治区司法厅联合修订《宁夏回族自治区六盘山、贺兰山、罗山国家级自然保护区条例》，相关草案已上报自治区人民政府；科学评估了白芨滩、沙坡头、火石寨等9个国家级自然保护区管理工作，统计了保护地红线内矛盾冲突情况68处；组织开展了自治区范围内的风景名胜区违法违规问题排查活动，梳理自然保护地内有关生态旅游项目50余个，纳入自治区发改委项目库。

【森林草原防火】 全年共发生森林草原火灾7起，过火面积300公顷，受害森林面积8公顷，森林火灾受害率低于0.9‰，草原火灾受害率低于3‰。先后印发《关于做好“元旦”“春节”期间安全防范工作的通知》《关于做好“清明”“五一”期间森林草原防火工作的通知》《关于做好2021年秋冬季森林草原防火和安全生产工作的通知》；制作了《保护绿色家园　严防林草火灾》宣传片，在宁夏电视台、学习强国平台上播放宣传，在宁夏电视台投放森林草原防火公益广告；自治区各级林草部门共发放各类宣传资料21万余份，发送宣传、预警短信12万余条，悬挂横幅3000余条；与气象部门及时会商森林草原火险形势，通过多渠道联合发布森林草原火险气象等级预警信息，共发布高火险气象等级信息40期、预警信息15期，联合自治区森防指等单位印发了《野外火源治理和查处违规用火行为专项行动方案》《关于开展林(草)区输配电设施火灾隐患专项排查治理的通知》，在哈巴湖国家级自然保护区组织开展2021年全区春季森林草原防灭火实战演习，组织实施自治区财政森林草原防火专项资金1000万元，制订下发《全区森林草原火灾风险普查方案》和实施细则。

【科学技术】

成果推广转化 2021年实施中央、自治区财政林草科技推广项目54个(新立项16个，延续38个)，投入中央及自治区财政资金1273万元(其中中央1168万元、自治区105万元)，林草科技资金投入实现了稳中有升。举办2021年中央、自治区财政林业科技推广项目启动培训会；完成2020年立项实施的17个项目中期绩效评价工作；广泛征集2022年林草科技推广项目，录入中央项目储备库15个、自治区项目储备库5个；新增授予植物新品种权2个，累计取得国家植物新品种权27个；完善科技成果管理库，进入国家级成果库的有159个，新录入的16个科技成果等待复核审查。

标准化建设 研究制订《宁夏林业和草原地方标准分类构架》，新立项并组织编写地方标准16项，举办2021年林草标准制(修)订培训会；完成2020年立项的8个地方标准的送审、报批、公示等工作；对各业务领域标龄在5年以上的200多项标准进行复审。

科技创新平台 对现有国家级创新平台进行综合评估，完成《宁夏林草科技创新平台建设自评情况报告》。在向国家林草局推荐"最美科技推广员"和"乡土专家"的基础上，首次组织评选自治区级"最美林草科技推广员"22名、"林草乡土专家"10名和"林草技术专业服务队"7个，调动了一大批林草科技工作者的积极性；成功推荐1名干部为2021年自治区青年人才托举工程培养对象。

【林业宣传】 全年在各类媒体发布宁夏林草信息11 843条(次)，其中《人民日报》、新华社、《中国绿色时报》、国家林草局网站等国家级媒体发布4805条(次)，在《中国绿色时报》《宁夏日报》等报道自治区林草成就10个整版，组织媒体记者在"第四届枸杞产业博览会"前开展"现代枸杞产业高质量发展采访"和"走进自然，感受山水宁夏"等大型采访活动。"宁夏枸杞品牌"获2021年中国区域品牌市场竞争力品牌网络票选第一名。

组织召开了全区关注森林活动组委会第二次会议，开展"关注森林走基层、绿水青山看宁夏"新闻采访活动、启动宁夏林草"绿色宁夏　美丽山川"全国诗词创作大赛活动，制作《绿水青山如画来》宣传片，录制林草科技微课堂等科普宣传片。在国家林草局关注森林网站发布信息4500条，关注森林活动融媒体指数在全国各省排名第四；指导开展国家森林城市和森林乡村创建工作，石嘴山市已建成森林城市，银川市、吴忠市、灵武市正在积极创建森林城市，盐池县正申报创建森林城市。

【草原建设】

草原资源监管 2021年共办理麻黄草采集证293个，审批采集面积0.06万公顷，采集量4194吨。累计巡查12次，巡查面积0.67万公顷；撰写《草原禁牧封育政策调研报告》，并被自治区政府以专刊形式采纳；参与制订《宁夏回族自治区麻黄草管理办法》并于2021年7月15日经第95次政府常务会讨论通过；编制申报《宁夏吴忠市毛乌素沙地荒漠草原火险区综合治理项目》，全年征收草原植被恢复费1061多万元，出具草种检验报告288份，共发放草原普法宣传资料汇编、宣传手册等5500多份册。

草原监测 全年完成281个国控草原监测样地和15个国家级草原固定监测样地的野外调查及省级质量审查任务，获取888个样方内各草种的"四度一量"(高度、盖度、密度、频度和产量)数据；完成全区天然草原退化及植被健康状况评价监测206个样地、798个样方调查数据，采集草种762种(其中毒害草78种)、土样273份，建设14个草原生态自动监测站和管理平台1套；在同心县新建1个国家级固定监测点，对已建成的3个国家级固定监测点的设备、软件进行更新。

草原生态修复 全年共完成退化草原生态修复3.26万公顷，其完成全区草原有害生物防治面积5.59万公顷，完成率102.2%，绿色防治比例100%。制订了《宁夏草原有害生物普查工作方案》，设置36个样线，187个样地。完成了草地资源105个监测样地选点、布设和监测任务；在青铜峡甘城子基地设置39个小区对长芒草、扁穗冰草等13个乡土草种进行了试种；在盐池县、海原县、灵武市、原州区共建成示范面积80公顷的4个示范区；在同心县、盐池县、海原县选取具有代表性的退化草原共60公顷，采集植被指标及土壤指标4万余个。开展了披碱草、多年生黑麦草、无芒雀麦、苇状羊茅、高羊茅、鸭茅等11个牧草品种引种，经测定，初步筛选出适宜宁夏南部山区的优质牧草品种3个；完成2021年度国家草品种区域试验，完成6个牧草品种及5个生态型草种的返青监测；举办"全区草原确权承包登记管理技术培训班"等业务培训4次，培训技术人员300余人次；制定宁夏地方标准2项，出版工具书《宁夏草原有害生物及退化指示植物图鉴》；与宁夏大学联合开展的"宁夏中南部地区土地质量提升及配套作物栽培技术理论研究"项目获自治区科技进步三等奖。

【湿地保护】

湿地保护修复 2021年，共完成恢复湿地(退耕还湿)1.23万公顷、保护修复湿地1.54万公顷，分别完成2021年总任务的101%和103%；共争取财政资金8267万元，其中：中央财政湿地补助资金6822万元，自治区财政湿地补助资金945万元，自治区发改湿地保护恢复资金500万元。争取资金额度比上年增加576万元。

湿地资源管理 按照自治区党委、政府全区310万公顷湿地保有量只增不减的目标要求，研究制订了《关于开展2020年度湿地监测建设占用湿地图斑反馈问题整改落实工作的通知》文件，将湿地占用图班、坐标、占用形式等下发到涉及的17个市、县(区)，将2020年全区湿地监测数据与2018年数据进行对比分析，梳理出人为活动、工程建设等导致湿地被无序占用的点位100个，有13个市(县)66个点位已完成整改和说明，有4个市(县)34个点位正在落实整改；通过创新落实湿地资源管理措施，截至2021年底，全区湿地面积20.73万公顷，湿地保护率达到55.5%，高于全国平均水平。

湿地科研宣教监测 根据国家林草局林草生态综合监测评价的要求，按照区林草局的统一部署，成立工作督查组和3个监测调查组，对全区的沼泽湿地、湖泊湿地、河流湿地及盐碱滩涂进行调查，共调查监测样地45个、样方120个；在招标采购第三方对2021年全区湿地资源开展动态监测的同时，下发了《关于开展2021年湿地动态监测工作的通知》《关于加强迁徙鸟类保护救助和加大监测的通知》，为固原市、中卫市、吴忠市3个国家湿地公园购置安装湿地监测和鸟类识别设备9套，对宁东海子井迁徙生活的濒危鸟类遗鸥，开展持续监测，研究遗鸥迁徙生活习性，为保护提供依据。与银川市林草局联合举办自治区“爱鸟周”活动启动仪式，制作宣传展板、发放宣传资料和制作宣传主题美篇2部并在线上线下宣传，在自治区林业信息网报送各类工作信息42条，在各类报刊媒体上刊载有关宁夏湿地保护信息11条，学习强国平台刊载2条。

【产业发展】

标准化基地建设 2021年全区发展特色经济林4800公顷，占计划任务的260%，其中：苹果1200公顷，红枣200公顷，鲜食葡萄300公顷，设施果树及花卉400公顷，其他2700公顷。完成“三低”果园改造3500公顷(其中，苹果1100公顷，红枣700公顷、红梅杏900公顷、其他800公顷)。在巩固32个自治区级优质示范基地基础上，扶持培育示范基地67个，评选优质特色林果示范基地15个，其中，苹果示范基地6个、红枣示范基地4个、设施果树示范基地3个，特色林果示范基地2个。

技术指导服务 在中宁县举办“全区春季果树修剪和低温冻害防御暨品质提升技术推广骨干培训班”，组织专家技术人员，开展基地建设、树体修剪等技术指导服务100多次，成立了以自治区设施果树首席专家张国庆为组长的技术服务组，指导建设5公顷“青砧1号”矮化密植示范点、3公顷优质苹果生产示范点、2公顷低产低质果园改造示范点。

特色品牌建设 举办了以“庆丰收・展硕果・感党恩・助力乡村振兴”为主题的2021年宁夏果品大赛，全区5市16个县(区)101个单位选送8个大类215个样品参赛，共评出苹果富士、金冠、元帅及其他系列，红枣，梨，葡萄和桃八大类，金奖8个、银奖16个、优质奖24个。吸引全区135家经销商代表、600多名果农自发前来参赛，中国新闻网、宁夏新闻网、学习强国、《光明日报》等20多家媒体现场采访，网络直播在线用户达200余万人。大赛期间签订4350吨采购合同，成交额1566万余元。组织6家知名林果企业参加2021广州国际森林食品交易博览会，搭建以“品牌建设、乡村振兴、对接湾区”为主题的宁夏特色经济林展馆，荣获“优秀组织奖”1项，金奖4个，优质奖2个，通过国家级森林食品行业展会平台，拓展了产品营销渠道，全面展示了全区特色林果产业发展成果。按照《国家林业重点龙头企业推选和管理工作实施方案(试行)》要求，对各市、县(区)林业和草原局推荐的企业进行认真审核，推荐宁夏弘兴达果业有限公司、宁夏云雾山果品开发有限责任公司2家企业，参评第五批国家林业重点龙头企业。配合完成宁夏林特馆的前期创建，指导10余家林果企业进驻国家林草局和中国建设银行共建的善融商务林特馆销售平台。

【枸杞产业】

基地建设 印发《宁夏枸杞规范化栽培技术手册(2021版)》，指导主产市、县(区)完成新增枸杞种植面积0.53万公顷，创建“百、千、万”绿色丰产示范点8个，全区枸杞种植面积达到2.86万公顷，基地标准化率达到80%，良种使用率达到95%；支持完成10个枸杞良种采穗圃建设。

四大体系 制定发布《宁夏枸杞干果商品规格等级规范》《食品安全地方标准　枸杞干果中农药最大残留限量》《宁杞10号枸杞栽培技术规程》地方标准3部；在全区布设监测样点2002个，组建了257人的测报队伍，开展监测测报10次。病虫害监测预报体系已覆盖16个县区、62个乡镇、174个村；完成自治区级枸杞产品质量溯源平台硬件设施搭建、软件系统连通，6家枸杞企业、7个基地和1个交易市场被授权使用“宁夏枸杞”溯源标签。

公用品牌 举办“宁夏枸杞区域公用品牌发布会”，发布了宁夏枸杞区域公用品牌标识(LOGO)、吉祥物及“宁夏枸杞　贵在道地”“中宁枸杞　道地珍品”广告语；举办第四届枸杞产业博览会。开展“百家媒体宁夏枸杞行”、院士专家高峰论坛等17项活动，现场签约12.48亿元；各类媒体发布新闻稿件380余篇(条)，《中国日报》双语报道直播在线总曝光量近1亿人次；“宁夏枸杞”地理标志证明商标获得国家知识产权局商标局正式核准；组织自治区内知名企业参加上海药交会、深圳文博会等国内著名展会。在宁夏卫视《品牌宁夏》栏目播放了《宁夏枸杞　贵在道地》等宁夏枸杞专题节目；启动编制《中国枸杞产业蓝皮书》及《枸杞保健实用手册》。研发枸杞明目胶囊、特膳、糖肽、红素、黄酮、面膜、口红等新产品20余种，各类枸杞深加工产品达10个大类70余种，鲜果加工转化率28%，综合产值250亿元。

【天然林保护】

天保工程评估和规划编制 编制完成《宁夏天然林资源保护工程评估报告》，组织专家评审报送国家林草局。总结自治区天保工程20年建设成效，在《宁夏日报》《中国林业》专版刊发《实施天然林保护修复筑牢黄河流域生态根基——宁夏天然林资源保护工程实施20年回顾与展望》等，全面宣传天保工程20年建设成效。依据《省级天然林保护修复规划编写指南》，编制形成《宁夏天然林保护修复中长期规划(2021~2035)》。

天然林保护及公益林管理 加强天然林保护和公益林管理，落实保护责任，实行管护协议书制度，加大核查力度，按目标、任务、资金和责任“四到县”组织实施。2021年，安排落实中央和自治区天保森林管护费、森林抚育、公益林建设资金3.85亿元。天保工程区森林资源得到有效管护，完成森林抚育0.73万公顷，公益林造林1.33万公顷任务。动态管理天保“五险”参保人数，下达国有林场3919名职工“五项”社会保险补助资金 6896 万元。落实下达全区 51.24 万公顷国家级公益林中央财政补助资金 9742 万元，签订管护责任书，落实管护责任。

【退耕还林】 完成国家下达的 2020 年度新一轮退耕还林任务 700 公顷，任务完成率 100%。指导各县区完成 2020 年度退耕还林中央林业改革发展资金绩效自评，顺利通过国家专项检查工作。申报了 2022 年度退耕还林政策补助资金。贯彻落实全区压砂地退出恢复生态修复与重建战略决策，多次参与自治区多个部门压砂地退出的调研，利用自治区主要领导对接国家林草局对宁夏支持的契机，及时邀请并配合自然资源部、国家林草局对宁夏压砂地进行调研，形成对宁夏退出压砂地种植支持的调研报告，并得到了自然资源部部长陆昊的批示，为进一步争取压砂地退耕还林、生态修复等国家支持政策打下了基础。

【三北工程】 2021 年共争取三北工程建设任务 7.92 万公顷，中央投资 5.68 亿元，任务完成率 100%。编制《宁夏林草发展空间分析(2021~2050 年)》《宁夏三北工程六期规划编制》和《宁夏总体规划修编》。配合编制《宁夏三北工程退化林草调查工作方案》《宁夏三北工程退化林草调查技术方案》，组织开展退化林分修复和退化林分改造项目，督促指导县(区)抓好项目规划编制、精准修复对象、科学修复措施、提高修复成效，全面提升林草建设质量。邀请国家三北防护林建设局、国家林业科学研究院相关专家深入各市(县、区)检查三北工程信息管理服务平台运行情况，开展一对一技术培训指导，推动平台运行。

【林业调查规划】

自然保护地体系建设 委托完成了《2020 年度以国家公园为主体的自然保护地体系建设项目执行绩效自评报告》，完成了 14 个自然保护区总体规划并进行函审、开展了贺兰山国家公园前期评估论证及总体规划等工作。

林草技术支撑 开展了年度森林资源管理“一张图”更新工作，编制宁夏 2021 森林督查及森林资源管理“一张图”年度更新的技术细则和工作方案；按照国家林业和草原局动植物保护司统一部署，有序推进并完成了宁夏平原地理单元、陇中切割山地地理单元的春夏季野生动物外业调查的收尾工作。力争全面完成鄂尔多斯台地、陇东切割塬两个地理单元野生动物资源调查工作。完成了宁夏第六次荒漠化和沙化监测数据与“国土三调”数据的全面融合、内业汇总等工作，初步成果已上报国家林业和草原局。完成了《宁夏 2020 年乔木林单位面积蓄积量和可治理沙化土地治理率成果调查报告》；完成了 2021 年度绿色指标调查的招标工作；配合国家林业和草原局西北调查规划设计院，全面开展宁夏林草生态综合监测评价工作，完成 644 个林业样地、21 个荒漠化大样地的外业调查及森林图斑监测工作；委托并配合宁夏大学农学院完成了全区 23 种珍稀濒危植物 453 个样地 2265 个样方的调查及标本采集工作，拍摄照片 5000 余张。完成了《宁夏三北工程总体规划修编(2021~2050 年)》《宁夏三北六期工程规划(2021~2035 年)》编制工作；编制了《宁夏新一轮林地保护利用规划工作方案》《宁夏新一轮林地保护利用规划编制技术方案》《宁夏新一轮林地保护利用规划大纲》，报国家林业和草原局西北林业调查规划设计院进行了审查。

森林资源专项调查 全面参与黄河宁夏段“乱占、乱建”问题的调查及整治工作，指导原州区、泾源县开展防控野猪致害综合试点工作；配合中国地质调查局西宁自然资源综合调查中心，对黄金部队开展的一类清查外业样地进行技术指导和省级监测；制订了全区退耕还林数据区划落界指导意见，配合国家林草局西北林业调查规划院对全区 25 个县区及国家级自然保护区国家级公益林优化成果进行审查。完成省级天然林保护修复专题数据库。

【林业技术推广】 对“抗寒月季(系列品种)引种试验”“彩叶豆梨引种试验研究”等 7 个引种试验项目实施开展业务指导；跟进“黄花丁香引种驯化试验”等 9 个项目，完成红寺堡区本土旱生植物驯化试验研究、栓翅卫矛轻简化繁育试验研究等 3 个项目的验收工作，组织实施中央科技推广项目“罗山地区植被恢复及示范推广”，在项目外围辐射新造林 60 公顷，栽培辽东楤木 31 000 株，六盘山黄花楤木 7000 株。对照复审 8 条标准，完成 65 个地方标准的复审工作，形成复审情况报告。

【生态护林员管理】 选聘管理生态护林员 1.13 万名；组织开展爱心捐款 21.85 万元；按照中央宣传部、国家林草局、财政部、国务院扶贫办四部门联合开展“最美生态护林员”学习宣传活动的部署要求，积极配合、协助完成中央广播电视总台在自治区采访、录制“最美生态护林员”海明贵的先进事迹，并被学习强国登载。强化森林草原防灭火个人防护装备配置，实施自治区财政生态护林员防火服 1.49 万套、745 万元购置项目。

【林业有害生物防治】

有害生物监测防治 完成宁夏林草有害生物防治能力提升项目 2021 年度下达资金的物资招标采购，争取下达林业有害生物防治补助资金 886 万元，完成林业鼠(兔)害和松材线虫病疫情监测普查工作，发布预警通报 6 期，生产性预报预警信息 320 条，联合 13 个部门印发《宁夏回族自治区松材线虫病五年攻坚行动计划》。

野生动物疫源疫病监测 成功处置了贺兰山野生岩羊小反刍兽疫疫情和灵武市与盐池县交界处的南湖发生的野鸟 H5N8 高致病性禽流感疫情；在平罗、青铜峡、长山头及银川市等地，开展候鸟禽流感病毒主动预警工作，共采集、送检样品 5000 余份；联合基层单位开展培训应急演练，加强野生动物疫源疫病监测防控技术培训，全年共培训各级监测人员 450 余人次。

【外援项目管理】 经与国家林业和草原局及《荒漠化防治公约》秘书处协商，以网络形式举办了第二期荒漠化防治技术与实践国际研修班，参加线上研修班的学员包括来自欧洲、美洲、非洲和亚洲 39 个国家的 70 多名国际学员，培训班围绕“中国荒漠化防治的成就与经验”“防治实用技术及其应用”“宁夏生态建设与荒漠化治理实践案例”进行了交流研讨，为国际社会在荒漠化防治方面开展凝聚共识、交流经验，互惠互利、互联互通的国际务实合作搭建平台，向国际社会分享了“中国智慧”和“宁夏经验”。

协调中卫市、青铜峡市和利通区落实配套资金1190万元，配合自治区审计厅完成了项目最后一次的年度例行审计工作；配合自治区专项检查组、人大督察组、财政厅绩效组、自然资源厅巡查组完成了对项目的全面审查、检查等工作。

【国有林场和林木种苗管理】

国有林场改革 完成《宁夏国有林场绿色发展调研报告》并上报国家林草局，推进全区96个国有林场矢量边界数据收集整理上图工作，组织指导全区脱贫县及非脱贫县的13个国有林场积极申报中央财政衔接推进乡村振兴补助资金项目，在自愿申报的基础上，根据国有林场发展现状，提出2491万元资金计划安排，并界定了全区欠发达国有林场名单，积极推进国有林场基础设施建设、苗木培育、林下经济和森林旅游等产业的发展潜力，有力推动巩固脱贫攻坚成果与乡村振兴有效衔接；组织全区12个国有林场场长及专业技术人员参加国家林草局组织的国有林场GEF项目和国有林场防灭火基层干部培训班。

种苗监督管理 配合国家林草局石家庄种苗检测中心完成对宁夏春季造林苗木质量检测；完成了全区6个国家级重点林木良种基地、1个国家级和3个自治区级种质资源库、1个良种采种基地和3个良种苗木培育项目作业设计和实施方案。通过广泛调研，指导并确定自治区4个林木良种采种基地。组织开展收集保存野生、栽培、珍稀濒危及古树名木等林木资源的统计汇总和普查成果编写。对2个良种进行了林木良种引种备案。承担宁夏古树名木保护抢救复壮项目，编写完成了《宁夏古树名木保护抢救复壮试点项目实施方案》。

森林旅游管理 完成了自治区森林公园经营建设和生态旅游游客量数据采集汇总工作；指导火石寨国家森林公园实施中央财政林相改造项目和隆德县清凉山省级森林公园规划编制工作；完成了自治区生态旅游和森林康养产业发展情况报告，组织申报国家森林康养基地试点单位1个，国家森林养生基地1个。

【全区国土绿化工作电视电话会议】 3月29日，自治区人民政府召开2021年全区国土绿化工作电视电话会议，安排部署2021年全区国土绿化工作。自治区副主席刘可为出席会议并讲话。国家林业和草原局三北防护林建设局、自治区自然资源厅、自治区林业和草原局、自治区绿化委员会成员单位和农垦集团负责同志在银川主会场参加会议。各市、县(区)人民政府负责同志，有关部门负责同志以及六盘山、白芨滩、南华山国家级自然保护区管理局，银川市园林局、中宁县枸杞产业发展局、重点国有林场主要负责同志在分会场参加会议，中卫市、红寺堡区、隆德县主要负责同志作了交流表态发言。

【大事记】

1月27日 国家林草局三北防护林建设局、自治区林草局、国家开发银行宁夏分行、宁夏环保集团有限责任公司4个部门联合签署了《开发性金融支持宁夏国家储备林建设战略合作框架协议》。

2月5日 自治区森林草原防灭火指挥部办公室召开全区森林草原防灭火工作电视电话会议。自治区森防指副指挥长兼办公室主任、自治区应急管理厅党委书记、厅长张吉胜，自治区森防指副指挥长、指挥部办公室常务副主任、自治区林草局党组书记、局长徐庆林出席会议并讲话。会议由自治区应急管理厅党组成员、副厅长洪涛主持。

2月26日 自治区国有林场和林木种苗工作总站组织相关技术人员到灵武林场调研灵武名优经济林树种林木种质资源保护库建设情况。调研组邀请“自治区劳模创新工作室”专家张国庆进行技术指导，自治区国有林场和林木种苗工作总站负责同志及灵武林场书记、场长一同调研。

3月1日 自治区林草局党组书记、局长徐庆林到贺兰县金贵镇牡丹花乡基地，调研设施果树产业。

3月19日 宁夏2021年春季森林草原防灭火实战演习在哈巴湖国家级自然保护区举行。自治区应急管理厅党委书记、厅长张吉胜，自治区林草局党组书记、局长徐庆林等领导，各市县(区)应急管理、林草部门以及各保护区管理局、各林场负责人参加此次演习活动。

3月29日 自治区人民政府召开2021年全区国土绿化工作电视电话会议，安排部署2021年全区国土绿化工作。

4月30日 自治区林草局举办林草碳汇专题辅导讲座。邀请北京林业大学经济管理学院教授、博士生导师、美国科罗拉多大学合聘教授张颖开展专题讲座，由自治区林草局副局长郭宏玲主持，局领导、机关各处(室)、相关单位干部参加。

5月26日 宁夏枸杞区域公用品牌发布暨第四届枸杞产业博览会筹备工作新闻发布会召开，宁夏枸杞区域公用品牌标识(LOGO)、广告语、吉祥物正式向社会发布。宁夏林草局副局长王自新对宁夏枸杞区域公用品牌标识(LOGO)、广告语、吉祥物意义作了全面阐释。

6月15日 由自治区林草局主办，中宁县林草局协办的“全区2021年林木种苗管理培训班”在中宁县举办，各市、县(区)林草局、国家级自然保护区管理局、重点良种基地和林木种质资源库承建单位等51个单位的林木种苗负责人和技术人员80余人参加了培训。

6月21日 由宁夏科技厅联合宁夏农林科学院、宁夏林草局倡导发起，并联合南京中医药大学、南京理工大学等高校、科研院所及宁夏枸杞企业参与共建的国内第一家“枸杞研究院”在宁夏银川挂牌成立。

6月22~24日 第四届枸杞产业博览会在有“中国枸杞之乡”之称的宁夏中卫市中宁县举行。作为参展方最多、采购商最多、展示产品最丰富的一届博览会，共有全国10余个省(区)、100多家媒体、200余家参展和采购企业到会参与。博览会发布重大科技成果，包括枸杞基因组计划、宁夏枸杞资源价值挖掘、宁夏枸杞对退行性眼科疾病的作用和枸杞成果转化平台及运行模式等成果。

7月3日 历时43天的第十届中国花卉博览会在上海崇明区闭幕。自治区林草局党组成员、副局长王自新出席闭幕式。宁夏共获得290个奖项，其中，单项奖获金奖6项，银奖21项。宁夏林草局被组委会评为组织奖金奖，宁夏室外展园和室内展馆均荣获银奖。

7月5~7日 自治区林草局在固原市原州区举办2021年全区草原确权承包登记管理技术培训班。全区各市、县(区)林草局分管领导和专业技术人员，自治区林草局草原和湿地管理处、自治区草原工作站共60余人参加培训班。

7月8~9日 自治区林草局在银川举办全区林草系统通讯员能力提升培训班。全区各市、县(区)林草局、林草局各处(室)、直属各单位负责林草宣传人员和新闻通讯人员60余人参加培训。

7月14~15日 宁夏林权服务与产业发展中心在银川市举办了全区山林权改革暨林下经济培训班。自治区林草局党组成员、副局长王自新出席培训班并讲话。

7月22日 宁夏林草局、内蒙古林草局在宁夏银川市召开贺兰山生态保护管理工作会商会议。会议就加快推动贺兰山国家公园建立，推进贺兰山生态保护协同监管、联合执法等相关事宜进行了会商。

7月29日 “宁夏枸杞”高铁冠名列车首发仪式在银川火车站举行。

9月23日 2021年宁夏果品大赛暨利通区农民丰收节在吴忠市利通区举办。主要包括果品大赛、新品种展示品尝、“中国西北鲜果之乡”推介及果品订货会、利通区乡村旅游摄影展、优质苹果示范园观光游览及采摘活动、利通区特色农产品展示及网红营销等主题活动。

9月29日 自治区林草局、中国电信股份有限公司宁夏分公司、国家林草局西北调查规划院在宁夏银川签署宁夏智慧林草云平台建设三方合作框架协议，标志着宁夏智慧林草云平台建设工作正式启动。

9月29日 宁夏林草局组织开展“政府开放日”活动，邀请市民、企业、行业代表25人走进宁夏枸杞文化馆、贺兰山国家级自然保护区管理局，了解枸杞文化和贺兰山森林保护工作。

11月29日 自治区山林权改革专项领导小组办公室召开山林权改革重点县工作推进会。各县(市、区)政府分管领导、党委改革办、林草局有关负责同志参加了会议，自治区山林权改革专项领导小组办公室副主任、自治区林草局党组成员、副局长周涛参加会议并讲话。

12月6日 由自治区党委组织部、自治区林草局(现代枸杞产业高质量发展包抓工作机制办公室)主办，深圳改革开放干部学院承办的“宁夏现代枸杞产业高质量发展高级研修班”在深圳改革开放干部学院开班。自治区党委组织部、林草局、现代枸杞产业包抓工作机制有关成员单位、自治区审计厅、统计局，有关市、县(区)政府负责同志及主管部门负责人及宁夏枸杞协会等单位40余人参加了此次培训。

12月13日 2021年荒漠化防治技术与实践国际研修班线上开班仪式在银川举行。《联合国防治荒漠化公约》秘书处官员、来自31个国家的50多名学员以及自治区林草局相关人员在线参加了开班仪式。

(宁夏回族自治区林草业由马永福供稿)

新疆维吾尔自治区林草业

【概　述】 2021年，新疆维吾尔自治区各级林草部门以全面推行林长制为抓手，扎实推进林果业提质增效、国土绿化、生态保护修复，有力推动林草改革发展稳定各项工作取得新进步、新成效，实现“十四五”高质量开局、高标准起步。

【生态建设】 提请自治区人民政府印发《关于科学绿化的实施意见》《关于加强草原保护修复的实施意见》，编制完成《自治区储备林建设中长期规划(2021~2035)》，完成造林17.67万公顷、退耕还林3.8万公顷、森林抚育10.33万公顷、草原修复治理42.27万公顷，造林任务上图率全国排名靠前。加强700万公顷国家级公益林管护，全面落实327.87万公顷天然林保护修复任务，全面完成塔河流域胡杨林拯救三年行动，累计协调生态用水23.49亿立方米、引洪灌溉胡杨林45.47万公顷，有效遏制天然胡杨林退化趋势。研究制订《自治区乡村绿化美化技术标准》，完成1.33万公顷防护林建设，争取2亿元完成1000个村庄绿化美化。累计治理沙化土地43.99万公顷，“十三五”防沙治沙目标责任期末考核被国家评定为“工作突出”(优秀)等次。全国第六次荒漠化和沙化监测结果显示，自治区荒漠化和沙化土地面积首次实现“双缩减”，结束了全国唯一沙化土地扩张省区的历史，实现了“绿进沙退”。

【生态保护】 积极推进以国家公园为主体的自然保护地体系建设，做好国家公园筹建前期工作，修改完善、及时报批自然保护地整合优化预案，夏尔希里等10个自然保护地总体规划获批，中央环保督察反馈意见整改和违建别墅问题清查整治成果得到巩固。出台《自治区湿地保护小区管理办法》，认定发布第一批自治区重要湿地名录，完成12处国家湿地公园试点省级验收。完成松材线虫病等重大林业有害生物专项普查，坚持“一虫一病一方案”，累计防控林业有害生物145.47万公顷，成灾率始终控制在0.01‰以下。苹果枝枯病发生面积、发病株数较2018年分别下降76%、94%，三年科研攻关取得重大突破，研究成果获自治区科技进步一等奖。完成草原毒害草治理4.93万公顷、鼠虫害防治91.53万公顷，实现“飞蝗不迁飞，土蝗不扩散，鼠害不成灾”。

【资源管理】 完成森林资源管理“一张图”年度更新，编制下达自治区“十四五”期间年森林采伐限额，深入开展打击毁林专项行动和2021年森林督察，回收林地2466公顷、原地恢复林地2428公顷。扎实开展林草生态综合监测评价和国家级公益林优化，完成141个实施单位2816个样地监测，全面完成林草湿数据与国土“三调”数据对接融合。扎实推进“种子工程”建设，完成国家林草种质资源设施保存库新疆分库一期、二期工程，确定9处自治区级林草种质资源异地保存库(圃)，全区原地、异地和设施保存林草种质资源9800余份，推进16处重点林木良种基地转型升级，主要造林树种良种使用率达到96.6%。不断加强在养野生动物分类管理、野生植物采集收购监管和春秋季候鸟迁徙巡查保护，联合开展“清风行动”和打击野生动植物违法犯罪专项行动“回头看”，累计查处案件457起、打击处理1359人。成功向卡山保护区调运普氏野马18匹、向内蒙古调运12匹，向完全意义的野外放归迈出坚实一步。全力抓好森林草原火灾风险隐患排查、清理可燃物、严控火源“三项行动”，按标准组建完成138支森林草原消防应急分队，确保应急分队覆盖全部县市，火灾发生次数、过火面积、受害面积较上年分别下降50.00%、91.69%、92.46%。

【产业发展】 编制《自治区林果产业发展“十四五”规划》，启动《自治区林果业高质量发展促进条例》立法，投入3.4亿元支持林果业提质增效。2021年果品总产达864万吨，实现产值559亿元。支持和培育产品附加值高、市场竞争力强、带动农户增收能力强的企业(合作社)，推广“龙头企业+合作社+农户”和乡镇“卫星工厂”等经营模式，编制《2021年新疆林果产品指导目录》，收录具有一定规模和效益的林果企业(合作社)397家，较2020年增加68家，提供就业岗位4万个，带动39.2万户果农增收。组织284余家林果企业参加成都糖酒会、义乌森博会等8个展会，达成意向及合同签约64亿元。大力发展林下种植养殖、种苗花卉、沙产业、生态旅游等产业。麦盖提县刀郎生态农民专业合作社被确定为第五批国家林下经济示范基地，乌什县欣禧源葡萄酒业有限公司等5家公司被评为国家级林业重点龙头企业。全区3632处苗圃育苗2.59万公顷，苗木总产量10.17亿株、产值33.11亿元；种植肉苁蓉、枸杞、沙棘等沙区特色经济作物10.18万公顷，预计总产量41.15万吨、产值41.7亿元。

【林草改革】 提请自治区党委、人民政府印发《自治区全面推行林长制的实施意见》，制定出台一揽子林长制规章、制度、办法，规范林长制运行。自治区党委、政府主要领导任总林长，出席林长制领导小组会议和林长制视频会议并讲话，14名副省级以上领导干部任副总林长和省级片区林长，高位推动林长制。比国家预定时间提前9个月完成区、地、县、乡、村五级林长制组织体系，设立各级林长3万余名，竖立林长公示牌1.1万余个，各级林长巡林10.3万余次，发现并解决问题2.93万件，妥善解决了部分涉及林草工作的难点和“卡脖子”问题。全面推行林长制工作多次受到国家和自治区表扬肯定，已成为解决林草问题的关键一招。扎实推进全民所有草原资源资产委托代理机制试点工作，积极承接国家林草局委托省级林草部门实施的工程建设项目占用林地行政许可事项，林草行政审批事项全部进驻自治区政务服务中心，实现“最多跑一次”“最快送一次”，将省级林草部门行使的122项行政权力全部授予兵团，实现“应授尽授”。

【林草科技】 组织实施中央财政林草科技推广项目17个，推广应用特色林果良种综合技术、特色林果提质增效综合配套技术、优质乡土草种驯化利用、林草重大灾害防控技术等领域成果36项。制定发布新梅、石榴、沙棘、枸杞、桃、巴旦木6个树种果品质量分级标准。核桃新品种新和1号、墨宝、新辉和新盛获国家林草局植物新品种授权，“苹果矮化自根砧T-337繁育技术引进试验及应用示范”“林木精准井式节水灌溉技术”2项成果入选2021年国家重点推广林草科技成果100项。1人入选国家林业和草原局第三批林业和草原科技创新领军人才。“柯柯牙生态工程建设技术集成与应用”项目获自治区科技进步一等奖，“新疆特色林果资源监测及管理体系关键技术研究与应用示范”项目获自治区科技进步二等奖。

【林草扶贫】 统筹整合5.91亿元继续支持巩固拓展脱贫成果和乡村振兴。新增310名生态护林员指标用于脱贫人口，林草管护队伍累计达到49 642名。推广以工代赈林草项目，引导当地群众积极参与重大生态工程建设，稳步提升工资性收入。安排资金6700万元支持11个县(市)32个集中安置点持续做好易地扶贫搬迁后续帮扶工作。牵头编制《自治区林果产业发展“十四五”规划》，召开林果业提质增效现场推进会，促进林果业提质增效，带动果农增收。大力发展林下种植养殖、种苗花卉、沙产业等林草产业，增加生产经营性收入。以森林公园、沙漠公园、湿地公园等自然保护地为依托，支持发展生态旅游休闲产业，支持各地举办赏花、摘果、品鲜等活动，引导群众发展或从事观赏、采摘、休闲、健身、游乐和餐饮等生态旅游服务，不断拓宽增收渠道。坚定不移地推进绿色发展方式，指导各地种植绿肥9.87万公顷、沤制有机肥2247万立方米，大力推广以生物防治和物理防治为主、化学防治为辅的有害生物综合防控措施，减少化肥农药用量和面源污染，无公害防治率达98%。

【林草援疆】 高质量编制完成《自治区林业草原保护发展“十四五”规划》。印发《关于贯彻落实〈中共新疆维吾尔自治区委员会关于深入贯彻第三次中央新疆工作座谈会精神完整准确贯彻新时代党的治疆方略　扎实做好新时代新疆工作的实施意见〉的工作方案》，研究制订《国家林业和草原局　新疆维吾尔自治区人民政府关于“十四五”林草援疆支持举措的协议》，并经国家林草局党组会和自治区人民政府常务会议审议通过。落实中央投资51.87亿元，19个援疆省市累计实施林草援疆项目

35个，投入援疆资金12 092.5万元，物资援助1841.15万元。国家林草局持续加强干部选派交流和人才培养，开展了新一轮新疆林业青年科技英才培养，累计选派挂职干部12人，接收挂职干部5人，培养新疆青年科技英才68名，为新疆定向培训领导干部和专业技术人员1320余人次。新增11个县(市)纳入全国重要生态系统保护和修复重大工程涉及县域初定范围。启动实施了阿勒泰科克苏湿地国家级自然保护区湿地保护与恢复工程等一批林草援疆重点项目，建立定期开会、定期回访的良性互动机制。申请使用林地备用定额1034公顷，为自治区重点项目建设提供有力支撑保障。印发《自治区林草援疆工作机制》，建立联系协调机制，确保林草援疆各项工作务实推进、取得实效。

【信息化管林护林】 扎实推进森林草原防火预警监测平台、“互联网+森林草原防火督查”系统建设，1818个卡口推广启用“防火码”，启动湿地生态监测管理平台建设，推进草原管理信息系统与国家局信息化感知系统对接融合，初步建成国家级乌鲁木齐城市生态定位监测站。如期完成林果智慧平台一期建设，初步实现林果资源数据综合展示和分析功能。建立卡山保护区综合管理平台，为32匹普氏野马、蒙古野驴和10峰野骆驼佩戴卫星跟踪项圈，初步掌握野马、野骆驼等野生动物基础信息。弘扬生态文明理念，讲好新疆林草故事，林草主题宣传工作取得新突破。在中央、自治区等各类各级媒体、网站刊播林草宣传报道1124条，比2020年提高20%以上。其中国土绿化、林长制、林果业提质增效工程、防沙治沙等报道被广泛转发转载，完成《建设天更蓝山更绿水更清的大美新疆》宣传片制作，引起社会广泛关注和强烈反响，取得了良好的社会舆论引领效果。

【自身建设】 贯彻落实中央和自治区关于加强党的政治建设的部署要求，对自治区领导286件批示，做到件件有回音、事事有着落。开展党史学习教育专题培训2200余人次，“党旗映天山”主题党日678次，党的十九届六中全会精神专题培训1671人次。组织1353名在职党员“双报到”，解决群众“急难愁盼”问题2600余件。规范林草局机关“两委”工作，完成阿尔泰山、天山东部林管局机关“两委”换届选举，选派政治过硬、熟悉党务工作的同志担任机关党委、纪委负责人。经上级批准为9个林管分局党委各增设一名正科级党委委员职数。深化党支部建设质量提升三年攻坚行动，建立完善党支部规章制度158条，推进党支部标准化规范化建设，建立党建工作联系点67个，换届、调整党支部68个。重点在基层管护站所、“访惠聚”驻村工作队、科研教学一线发展党员50名，推进基层管护站所党员全覆盖。慰问困难党员、驻村干部等3600余人次。表彰“两优一先”426名(个)，82名老党员获“光荣在党50年”纪念章。

【大事记】

1月28日 召开自治区林业和草原工作会议，自治区党委常委、副主席艾尔肯·吐尼亚孜出席会议并讲话。

1月31日至3月31日 联合农业农村厅、党委政法委、公安厅、市场监督管理局、交通运输厅、网信办、海关等8个厅局单位开展“清风行动”。

2月19日 自治区党委常委、副主席艾尔肯·吐尼亚孜常赴自治区林草局调研林业和草原重点工作。

2月26日 自治区党委办公厅、自治区人民政府办公厅印发《自治区全面推行林长制的实施意见》。

2月26日 自治区党委书记陈全国、自治区人民政府主席雪克来提·扎克尔签署自治区总林长令(第1号)。

3月29日 启动自治区第十八个宪法法律宣传月活动。

5月21日至7月2日 在上海崇明区参展第十届中国花卉博览会，接待游客近160万人次，达成项目签约1.5亿元，获得28项奖项，其中首次获得组织特等奖，充分宣传展示了“新疆是个好地方”。

5月24日 建立自治区林草局系统安全生产指挥调度中心，实行24小时领导调度值班，提高森林草原防火信息化水平。

5月28日 召开自治区林业有害生物防控工作领导小组第一次会议，自治区党委常委、副主席艾尔肯·吐尼亚孜出席并讲话。

6月4日 自治区人民政府办公厅印发《关于加强草原保护修复的实施意见》。

7月22~25日 国家林业和草原局党组成员、副局长李树铭一行4人来疆调研。

7月28日 自治区林草局和农业农村厅联合印发《新疆国家重点保护野生动物名录》。

7月29日 召开自治区天然林保护工程领导小组会议，自治区党委常委、副主席艾尔肯·吐尼亚孜出席会议并讲话。

8月16日 自治区人民政府印发《关于科学绿化的实施意见》。

9月1~8日 先后成功向卡山保护区野放普氏野马18匹。

9月3日 在喀什地区莎车县召开林果业提质增效现场推进会，自治区党委常委、副主席艾尔肯·吐尼亚孜出席并讲话。

9月11日 自治区人民政府印发《新疆维吾尔自治区林业草原保护发展“十四五”规划》。

9月18日至10月19日 先后成功向内蒙古呼和浩特市大青山自然保护区野放普氏野马12匹。

9月25日至10月25日 开展打击野生动植物违法犯罪专项行动“回头看”。

9月28日 在昌吉州呼图壁县举办第十届新疆苗木花卉(线上)博览会，参展企业736家，展品3780件，累计签约103.7亿元。

11月1~4日 组织林果企业、合作社参加第14届中国义乌国际森林产品博览会，现场销售额1228万元，达成签约、合作意向242个、金额40.44亿元。

11月18日 自治区人民政府第143次常务会议审议通过《国家林业和草原局 新疆维吾尔自治区人民政府关于“十四五”林草援疆支持举措的协议》。

12月2日 自治区林业和草原局与中国铁塔新疆

分公司签订战略合作协议。

12 月 6 日　自治区人民政府原则同意由公安机关在改革过渡期内继续行使涉及 32 项林业行政处罚事项的林业行政处罚权。

12 月 14 日　自治区人民政府印发《新疆维吾尔自治区林果产业发展“十四五”规划》。

12 月 22 日　“十三五”防沙治沙目标责任期末考核被国家评定为“工作突出”(优秀)等次。

（新疆维吾尔自治区林草业由唐俊煜供稿）

新疆生产建设兵团林草业

【概　述】　新疆生产建设兵团(以下简称兵团)现有林地资源总面积 160.82 万公顷，森林面积 134.18 万公顷，商品林面积 7.3 万公顷，人工防护林面积 11.87 万公顷。森林覆盖率 19.16%，蓄积量 3511 万立方米。累计实施退耕还林工程 27.15 万公顷，其中退耕地还林 14.37 万公顷。实施天然林保护工程 10 万公顷。开展国家级公益林保护管理 98.11 万公顷。

兵团现有天然草地资源 222.27 万公顷，其中：天然牧草地 169.88 万公顷、人工牧草地 1.11 万公顷、其他草地 51.29 万公顷，主要分布在第四师、第六师、第九师、第十三师。兵团天然草地植被总体质量较好，但单位生物产量偏低，草原综合植被盖度 42.6%，每羊单位平均需占有草地 1.05 公顷，有年可利用饲草储量 131 万吨，年理论载畜量 199 万个羊单位。

兵团现有 22 处自然保护地，总面积 168.8 万公顷，其中省级自然保护区 4 处，面积 10.03 万公顷，国家湿地公园 6 处，面积 3.04 万公顷；国家沙漠公园 9 处，面积 1.27 万公顷；国家草原公园 1 处，面积 500 公顷；省级风景名胜区 1 处，面积 2.3 万公顷；省级森林公园 1 处，面积 0.19 万公顷。现有湿地总面积 3.44 万公顷，分别为河流湿地、湖泊湿地、沼泽湿地、人工湿地四大类。

第七师三北防护林建设

【全面推行林长制】　兵团党委和兵团主要领导担任总林长，实行“双挂帅”。发布了兵团总林长令，制订出台《兵团全面推行林长制的实施意见》等 10 项配套制度和文件，细化了目标任务，明确了时间表、路线图，规范了工作要求；各师市、团场已全部制订出台《实施方案》及相关配套制度。2021 年，兵团已全面完成兵、师、团、连(村)四级林长组织体系建设，共设立兵团级林长 8 名、师市级林长 167 名、团场级林长 994 名、连队(村)级林长 3811 名，设立四级林长共 4980 名，竖立林长公示牌 1750 块，四级林长共计开展巡林 1.1 万次。组织开展林长制相关政策、制度、森林草原法律法规和行政执法业务培训 3 期，提升林草队伍的业务能力和水平；在国家林草局新闻媒体刊发兵团林长制信息 8 篇，《兵团日报》、兵团广播电视台、胡杨网等新闻媒体刊发宣传报道 416 篇。

【行政事项承接】　2019 年，兵团机构改革，健全和转变政的职能，自治区两次行政授权以来，兵团林草局积极梳理承接行政权力，形成兵团林草系统行政权力事项与政务服务事项目录 146 项，行政权力事项与监管事项目录 77 项，事项全程网办率从 17.39% 提升至 100%。共梳理林草系统政务服务事项 53 条事项，其中依申请事项 48 条，公共服务 5 条，依申请类事项国家事项目录认领数从 7 条提升至 21 条，事项可网办率达到 100%。事项平均跑动次数从 0.91 次压减至 0.56 次，事项最多跑一次率从 91.3% 提升至 100%，承诺办结时限压缩比从 32.7% 提升至 65.45%，与国家平台事项展示比达 100%，进驻大厅事项占比 100%。

【林业草原生态保护修复】　2021 年完成新增造林绿化 4.47 万公顷，比上年增长 169.7%，其中人工造林 9.59 万公顷、封沙育林 6.22 万公顷；组织干部参加义务植树活动 72.51 万人次，植树 1031.82 万株，尽责率 95.6%；安排 650 万元支持师市连队绿化美化建设，新增连队绿化美化面积 0.12 万公顷。完成沙化土地治理面积 4.07 万公顷，退化草原补播修复 1.94 万公顷，种草 4.07 万公顷(其中人工种草 0.07 万公顷、草原改良 4 万公顷)，乡土草种生产繁育基地 13.33 公顷。

【苗木生产情况】　2021 年，兵团育苗总面积 0.52 万公顷，现有苗圃 500 处，其中国有 106 处。生产用于营造防护林和城镇居民区绿化合格苗木 5677 万株，主要树种有白蜡、海棠、复叶槭、榆树、胡杨、紫叶稠李、黄金树、夏橡等。2021 年兵团实际用苗量为 2603 万株，其中良种苗 1649 万株，使用容器育苗 9.47 万株。

【林业植物检疫情况】　2021 年制定印发《新疆生产建设兵团林业植物检疫登记管理办法》，下发《关于委托兵

第二师38团保护和恢复天然胡杨林

团级林业植物检疫机构实施进出疆(省)林业植物检疫的通知》，兵团林业和草原局将出疆调运检疫业务委托至各师林业和草原局，明确了授权委托的内容、范围和期限。通过检疫执法培训发展兵团第一批专职检疫员，考核成绩合格91人，颁发林业植物检疫员证。全国林草植物检疫信息化管理与服务平台新系统自8月1日上线启用，兵团签发调运植物检疫证书4854份，其中自治区外调运1176份，自治区内调运3678份。为加强兵地林业和草原有害生物的联防联控，兵团组织9名专职检疫人员先后参与了新疆维吾尔自治区哈密、若羌林业植物检疫检查站的联合值守工作，其中秋季值守工作3期，为期43天。

【林业草原有害生物防治】 2021年兵团林业有害生物发生总面积12.04万公顷，采取化学、生物、营林等措施防治面积6.47万公顷，累计无公害防治面积5.39万公顷，飞防面积2.52万公顷，全年累计投入防治费用1559万元。监测覆盖率达到85.76%，无公害防治率达到95%以上，成灾率低于4‰。兵团草原有害生物灾害总体呈轻度发生。累计发生面积32.73万公顷，其中鼠害发生面积17.36万公顷；虫害发生面积15.06万公顷；毒害草发生面积0.31万公顷。

第十三师红星二牧场开展无人机灭蝗作业

【森林草原防火】 2021年兵团共发生1起森林草原火灾，过火面积为8.73公顷，受害林地面积为3.73公顷，较上年同期相比，火灾发生次数、过火面积、受害面积同比分别下降80%、93.45%、95.71%，无重大经济损失和人员伤亡。年内完成森林草原防火基础设施建设投入3015万元，开展森林草原防火检查258次，排查火灾隐患723处，发放整改通知书205份，开展森林草原防火应急演练35次，持续强化森林草原防火队伍火灾扑救能力。组织开展形式多样的森林草原防火宣传活动，森林草原防火宣传视频播放5047余次，发放宣传品102 861份，制作宣传标语1018次，宣传横幅2000余份。充分利用展板、宣传单、电视、手机等载体，深入学校、连队广泛开展森林草原防火知识宣传教育，提高全社会的森林草原火灾防范意识。

【野生动植物保护】 2021年兵团开展“清风行动”打击野生动物非法贸易联合专项行动，清缴猎捕工具550余件、自制电网1090米、立桩75个，共办理涉野生动物案件37起，打击处理违法犯罪人员44人，收缴涉案野生动物266头(只)。根据《国家林业和草原局关于开展野生动物收容救护排查整治和监督检查的通知》要求，兵团各师市、团场和收容救护机构累计收容救护辖区内野生动物277只(头)，其中，移交地方县市救护62只(头)、自行救护放生和放飞70只(头)、现存栏救护145只(头)。根据《国家林业和草原局关于切实加强人工繁育野生动物安全管理的紧急通知》(林护发〔2021〕40号)文件精神，经统计，2021年兵团辖区内从事人工繁育野生动物的单位有10处、个人有15人，人工繁育的野生动物种类共19种4958头(只)，用途主要为观赏，兵团各级林草主管部门通过加大督导力度，层层落实责任和定期全面检查等工作，没有发现违反安全生产管理的问题，确保了安全生产。申请兵团本级专项资金200万元，对因重点野生动物造成农作物及牲畜受损的145名职工进行补偿。2021年办理野生植物采集许可7批次，野生植物收购许可5批次。

第八师林业草原工作人员在玛纳斯河流域湿地自然保护区救助受伤的天鹅

【自然保护地和湿地管理】 2021年6月15日，兵团印发《兵团贯彻落实〈关于建立以国家公园为主体的自然保护地体系的指导意见〉的实施意见》。年内，结合兵团实际，兵团林草局会同有关部门科学制定《新疆生产建设兵团重要湿地确认办法(暂行)》《新疆生产建设兵团湿地名录管理办法(暂行)》，明确了湿地管理规则和程序。委托了专业队伍，充分与国土空间规划、生态保护红线和基本农田控制线相衔接，对兵团范围内湿地资源进行了全面调查，对接国土三调资源数据库后按程序予以发布。

【林草综合监测评价工作】 2021年兵团林草资源监测样点46个，其中平原样点33个，山区样点13个。主要调查内容包括：土地利用与覆盖(土地利用类型、森林覆被类型、植被类型)；森林资源(森林的数量、质量、结构和分布，森林按起源、权属、龄组、林种、树种的面积和蓄积量，生长量和消耗量及其动态变化)；生长状况(林地自然环境状况、森林健康状况与生态功能、森林生态系统多样性的现状及其变化情况)。

【林业草原征占用审批】 2021年进一步深化“放管服”工作，下放审批权限，压缩办理时限，提高审核审批效率，实现许可事项全程网办，办理时限由法定20个工作日办结压缩至10个工作日办结，全年审核审批使用林地项目640宗，面积953.94公顷。审核建设项目使用草地87宗，使用草原面积394.56公顷，保障了兵团经济社会发展对林地和草地的使用需求。

【林草乡土专家评选】 为深入实施创新驱动发展战略，扎实推进乡村振兴重点工作任务落实，加快林草科技成果转移转化，健全基层林草科技推广体系，国家林草局启动了第三批林草乡土专家遴选聘任工作。兵团林草局积极组织师市推荐，经过形式审查、专家评价和社会公示等环节，兵团第一师16团17连肖健、第二师29团农业发展服务中心王秀琴、第六师奇台农场农业发展服务中心李臣、第二师33团农业发展服务中心姜峰、第一师10团农业发展服务中心吴燕5名同志被聘为第三批林草乡土专家。

(新疆生产建设兵团林草业由杨阳供稿)

林业（和草原）人事劳动

国家林业和草原局(国家公园管理局)领导成员

局长、党组书记：关志鸥

副局长、党组成员：张永利

副局长：刘东生

副局长、党组成员：彭有冬(2021年11月退休)　李树铭　李春良　谭光明(2021年4月任副局长)

全国绿化委员会办公室专职副主任：胡章翠

总经济师：杨　超

森林草原防火督查专员：王海忠

总工程师：闫　振(2021年3月任职)

国家林业和草原局机关各司(局)负责人

办公室

主任：李金华

一级巡视员：刘树人(2021年6月免职)

副主任：李淑新(2021年9月任职)　王福东(2021年4月免职)　刘雄鹰　赵玉涛(2021年12月任职)

二级巡视员：李淑新(2021年9月免职)　邹亚萍　李岭宏

生态保护修复司(全国绿化委员会办公室)

司长：张　炜

一级巡视员：郭青俊(2021年4月任职)　吴秀丽(2021年6月任职)

副司长：黄正秋　陈建武　吴秀丽(2021年6月免职)　马大轶

森林资源管理司

司长：徐济德

副司长：冯树清(2021年9月免职、退休)　丁晓华(2021年6月免职)　袁少青(2021年3月任职)

一级巡视员：李志宏

二级巡视员：李　达

草原管理司

司长：唐芳林

副司长：刘加文　徐百志(2021年2月免职、退休)　宋中山　李拥军(2021年4月任职)

湿地管理司(中华人民共和国国际湿地公约履约办公室)

司长：吴志民

一级巡视员：程　良

副司长：鲍达明　李　琰

二级巡视员：杨锋伟　董　冶(2021年7月任职)

荒漠化防治司(中华人民共和国联合国防治荒漠化公约履约办公室)

司长：孙国吉

副司长：胡培兴　屠志方　张德平

二级巡视员：闫光锋(2021年8月任职)

野生动植物保护司(中华人民共和国濒危物种进出口管理办公室)

司长(常务副主任)：张志忠

一级巡视员、副主任：贾建生

副司长(副主任)：王维胜　周志华　万自明

自然保护地管理司

司长：王志高

一级巡视员：柳　源　杨　冬

副司长：严承高　袁继明

林业和草原改革发展司

司长：杨　超(兼)

一级巡视员：杜纪山

副司长：刘树人(2021年6月任职)　苏祖云(2021年3月任职)　李玉印　王俊中

国有林场和种苗管理司

司长：程　红

副司长：张健民　文海忠(2021年8月任职)　杨连清

二级巡视员：邹连顺

森林草原防火司

司长：周鸿升

副司长：陈雪峰　许传德

二级巡视员：李冬生　刘跃祥(2021年7月任职)

规划财务司

司长：闫　振(兼)

副司长：马爱国　刘克勇(2021年7月免职)　陈嘉文(2021年4月免职)　孙嘉伟(2021年12月任职)

二级巡视员：郝雁玲　郝学峰　刘韶辉

科学技术司

司长：郝育军

一级巡视员：厉建祝(2021年12月免职、退休)　李世东(2021年8月任职)

副司长：王连志　黄发强

国际合作司(港澳台办公室)

司长：孟宪林

副司长：戴广翠(2021年8月免职、退休)

胡元辉　谢春华(2021 年 12 月任职)

人事司

司长、局党校副校长：谭光明(兼)

副司长：丁立新　王常青(2021 年 5 月任职)

二级巡视员：王常青(2021 年 5 月免职)

机关党委(机关纪委、工会)

书记、局党校校长：张永利(兼)

常务副书记：高红电

副书记、纪委书记：王希玲

副书记、巡视办专职副主任：樊喜斌

工会主席、二级巡视员：张亚玲(2021 年 6 月任工会主席)

离退休干部局

局长、党委书记：薛全福

党委副书记、纪委书记、一级巡视员：王福东(2021 年 4 月任一级巡视员，2021 年 7 月任党委副书记、纪委书记)

副局长：李青松(2021 年 8 月任职)　郑　飞

二级巡视员：宋云民(2021 年 8 月免职、退休)　龚立民(2021 年 4 月任职，2021 年 9 月免职、退休)

援派、外派等干部

正司长级干部：苏春雨

正司局级干部：鲁　德(国际组织任职)

一级巡视员：刘家顺

机关副司长：李志强(2021 年 10 月任职、援疆)　张　月(2021 年 10 月任职、援疆)

二级巡视员：贾晓霞(国际组织任职)

国家林业和草原局派出机构负责人

国家林业和草原局驻内蒙古自治区森林资源监督专员办事处(中华人民共和国濒危物种进出口管理办公室内蒙古自治区办事处)

专员(主任)、党组书记：李国臣

副专员(副主任)、党组成员：董　冶(2021 年 7 月免职)　王玉山　杨　春(2021 年 12 月任职)

国家林业和草原局驻长春森林资源监督专员办事处(中华人民共和国濒危物种进出口管理办公室长春办事处、东北虎豹国家公园管理局)

专员(主任、局长)、党组书记：赵　利

党组副书记、副局长：井东文(2021 年 1 月免职)

副局长、党组成员：张陕宁

副专员(副局长、副主任)、党组成员：侯　翎(2021 年 3 月任职)

二级巡视员、党组成员：王百成(2021 年 2 月免职、退休)

国家林业和草原局驻黑龙江省森林资源监督专员办事处(中华人民共和国濒危物种进出口管理办公室黑龙江省办事处)

专员(主任)、党组书记：袁少青 (2021 年 3 月免职)

一级巡视员、党组成员：杜晓明

副专员(副主任)、党组成员：左焕玉　沈庆宇

国家林业和草原局驻大兴安岭林业集团公司森林资源监督专员办事处

专员、党组书记：陈　彤(2021 年 3 月免职)　纪　亮(2021 年 7 月任职)

副专员、党组成员：周光达　王秀国

二级巡视员、党组成员：艾笃亢

国家林业和草原局驻福州森林资源监督专员办事处(中华人民共和国濒危物种进出口管理办公室福州办事处)

专员(主任)、党组书记：王剑波(2021 年 7 月免职)

一级巡视员、党组成员：李彦华

副专员(副主任)、党组成员：吴满元　宋师兰

国家林业和草原局驻成都森林资源监督专员办事处(中华人民共和国濒危物种进出口管理办公室成都办事处、大熊猫国家公园管理局)

专员(主任、局长)、党组书记：向可文

副专员(副主任、副局长)、党组成员：刘跃祥(2021 年 7 月免职)　龚继恩　李建锋(2021 年 12 月任职)

二级巡视员、党组成员：曹　蜀

副局长：段兆刚(2021 年 7 月免职)

国家林业和草原局驻云南省森林资源监督专员办事处(中华人民共和国濒危物种进出口管理办公室云南省办事处)

专员(主任)、党组书记：史永林

二级巡视员、党组成员：李　鹏

副专员(副主任)：陈学群

国家林业和草原局驻合肥森林资源监督专员办事处(中华人民共和国濒危物种进出口管理办公室合肥办事处)

专员(主任)、党组书记：李　军

副专员(副主任)、党组成员：潘　虹　张　旗

一级巡视员、党组成员：江机生

国家林业和草原局驻武汉森林资源监督专员办事处(中华人民共和国濒危物种进出口管理办公室武汉办事处)

专员(主任)、党组书记：周少舟

副专员(副主任)、党组成员：孟广芹　马志华

国家林业和草原局驻广州森林资源监督专员办事处(中华人民共和国濒危物种进出口管理办公室广州办事处)

专员(主任)、党组书记：关进敏

副专员(副主任)、党组成员：贾培峰　刘　义

二级巡视员、党组成员：王琴芳

二级巡视员：王剑波(2021 年 7 月任职)

国家林业和草原局驻贵阳森林资源监督专员办事处(中华人民共和国濒危物种进出口管理办公室贵阳办事处)

专员(主任)、党组书记：李天送

副专员(副主任)、党组成员：龚立民(2021年4月免职) 谢守鑫 那春风(2021年6月任职)

二级巡视员、党组成员：钟黔春

国家林业和草原局驻西安森林资源监督专员办事处(中华人民共和国濒危物种进出口管理办公室西安办事处、祁连山国家公园管理局)

专员(主任、局长)、党组书记：王洪波

一级巡视员、党组成员：王彦龙(2021年2月免职、退休)

二级巡视员、党组成员：何　熙

副专员(副主任、副局长)、党组成员：贾永毅 潘自力

国家林业和草原局驻乌鲁木齐森林资源监督专员办事处(中华人民共和国濒危物种进出口管理办公室乌鲁木齐办事处)

专员(主任)、党组书记：郑　重(2021年3月任职)

副专员(副主任)、党组成员：刘　斌

二级巡视员、党组成员：肖新艳

国家林业和草原局驻上海森林资源监督专员办事处(中华人民共和国濒危物种进出口管理办公室上海办事处)

专员(主任)、党组书记：苏宗海

副专员(副主任)、党组成员：高尚仁

国家林业和草原局驻北京森林资源监督专员办事处(中华人民共和国濒危物种进出口管理办公室北京办事处)

专员(主任)、党组书记：苏祖云(2021年3月免职) 刘克勇(2021年7月任职)

副专员(副主任)、党组成员：钱能志 闫春丽

二级巡视员、党组成员：武明录(2021年5月免职)

国家林业和草原局直属单位负责人

国家林业和草原局机关服务中心

局长、党委书记：周　瑄

副局长、纪委书记：张志刚

副局长：王欲飞(2021年12月免职、退休) 姚志斌 李平先(2021年12月任职)

国家林业和草原局信息中心

主任：刘树人(2021年6月免职) 敖安强(2021年6月任职)

副主任：杨新民 吕光辉 梁永伟

国家林业和草原局林业工作站管理总站

总站长：潘世学(2021年5月免职、退休) 丁晓华(2021年6月任职)

一级巡视员：汤晓文

副总站长：陈　彤(2021年3月任职) 周　洪 董　原 高静芳

二级巡视员：侯　艳

国家林业和草原局财会核算审计中心(2021年8月由林业和草原基金管理总站更名而来)

总站长：张艳红(2021年2月免职、退休) 陈嘉文(2021年4月任职、2021年10月免职)

总会计师：刘文萍(2021年10月免职)

副总站长：孙德宝(2021年10月免职) 吴　今(2021年10月免职)

主任：陈嘉文(2021年10月任职)

副主任：刘文萍(2021年10月任职) 孙德宝(2021年10月任职) 吴　今(2021年10月任职) 单晓臣(2021年12月任职)

国家林业和草原局宣传中心

主任：黄采艺

副主任：王　振 杨　波 缪　宏

国家林业和草原局生态建设工程中心[2021年8月由天然林保护工程管理中心和退耕还林(草)工程管理中心整合组建]

主任：张利明(2021年11月任职)

副主任：吴礼军(2021年10月任职) 刘再清(2021年10月任职) 赵新泉(2021年10月任职) 付长捷(2021年10月任职) 付　蓉(2021年10月任职)

二级巡视员：张　瑞(2021年10月任职)

国家林业和草原局天然林保护工程管理中心[2021年8月和退耕还林(草)工程管理中心整合组建生态建设工程中心]

主任：金　旻(2021年8月免职、退休)

一级巡视员：文海忠(2021年8月免职)

副主任：陈学军(2021年5月免职、退休) 李拥军(2021年4月免职) 赵新泉(2021年10月免职) 付长捷(2021年7月任职、2021年10月免职)

总工程师：闫光锋(2021年8月免职)

二级巡视员：张　瑞(2021年10月免职)

国家林业和草原局退耕还林(草)工程管理中心(2021年8月和天然林保护工程管理中心整合组建生态建设工程中心)

主任：李世东(2021年8月免职)

副主任：李青松(2021年8月免职) 吴礼军(2021年10月免职) 敖安强(2021年6月免职) 付　蓉(2021年7月任职、2021年10月免职)

一级巡视员：张秀斌(2021年7月免职、退休)

总工程师：刘再清(2021年10月免职)

国家林业和草原局国际合作交流中心(2021年8月由对外合作项目中心和世界银行贷款项目管理中心整合组建)

主任：孟宪林(兼)

常务副主任：王春峰(2021年10月任职)

副主任：许强兴(2021年10月任职) 刘　昕

(2021年10月任职) 刘玉英(2021年10月任职)

国家林业和草原局世界银行贷款项目管理中心(2021年8月和对外合作项目中心整合组建国际合作交流中心)

主任：马国青(2021年10月免职)

副主任：李　忠(2021年10月免职) 石　敏(2021年8月免职) 杜　荣(2021年10月免职) 刘玉英(2021年10月免职)

国家林业和草原局对外合作项目中心(2021年8月和世界银行贷款项目管理中心整合组建国际合作交流中心)

主任：孟宪林(兼)

常务副主任：王春峰(2021年10月免职)

副主任：许强兴(2021年10月免职) 刘　昕(2021年10月免职)

国家林业和草原局科技发展中心(国家林业和草原局植物新品种保护办公室)

主任：王永海

一级巡视员：祁　宏

副主任：龙三群　龚玉梅

国家林业和草原局发展研究中心(法律事务中心)(2021年8月由经济发展研究中心更名而来)

主任：李　冰

党委书记：王　浩

副主任：王月华　石　敏(2021年8月任职) 刘　璨(2021年7月任职) 吴柏海(2021年9月任职)

党委副书记、纪委书记：菅宁红(2021年7月任纪委书记) 周　戡(2021年4月免职)

国家林业和草原局国家公园(自然保护地)发展中心(2021年8月设立)

主任：田勇臣(2021年12月任职)

副主任：李　忠(2021年10月任职) 安丽丹(2021年12月任职) 孙鸿雁(2021年12月任职)

国家林业和草原局野生动物保护监测中心(2021年8月设立)

主任：马国青(2021年10月任职)

副主任：文世峰(2021年10月任职) 郭立新(2021年10月任职) 杜　荣(2021年10月任职) 巫忠泽(2021年11月任职)

国家林业和草原局森林草原火灾预防监测中心(2021年8月设立)

主任：樊　华(2021年10月任职)

副主任：杨海军(2021年12月任职) 吴友苗(2021年10月任职) 冯晓东(2021年11月任职)

国家林业和草原局人才开发交流中心(2021年8月撤销)

主任：樊　华(2021年10月免职)

副主任：文世峰(2021年10月免职) 吴友苗(2021年10月免职)

中国林业科学研究院

分党组书记、副院长、京区党委书记：叶　智

院长、分党组副书记：刘世荣

副院长、分党组成员：陈绍志(2021年3月任分党组成员、2021年12月任副院长) 储富祥 孟　平(2021年7月免职、退休) 黄　坚 肖文发

分党组成员、纪委书记：周　戡(2021年4月任职)

副院长：崔丽娟

国家林业和草原局林草调查规划院(2021年8月由调查规划设计院更名而来)

院长、党委副书记：刘国强(2021年5月免职、退休) 张煜星(2021年6月任职)

党委书记、副院长：张全洲

副院长：蒋云安　唐小平　张　剑

党委副书记、纪委书记：严晓凌

副院长、总工程师：唐景全(2021年6月免职)

国家林业和草原局产业发展规划院(2021年8月由林产工业规划设计院更名而来)

院长、党委副书记：周　岩(2021年9月免职)

党委书记、副院长：张煜星(2021年6月免职) 唐景全(2021年6月任职)

副院长：齐　联　沈和定

党委副书记、纪委书记：籍永刚

副院长、总工程师：李春昶

国家林业和草原局管理干部学院

党委书记、局党校副校长：张利明(2021年11月免职)

常务副院长、党委副书记：陈道东

党委副书记、纪委书记：彭华福

副院长、局党校专职副校长：严　剑

副院长：陈立桥(2021年7月任职) 邹庆浩(2021年7月任职)

中国绿色时报社

党委书记：黄采艺(兼)(2021年3月任职)

党委书记、副社长：陈绍志(2021年3月免职)

社长、总编辑：张连友

党委副书记、纪委书记：邵权熙(2021年7月免职) 何增明(2021年7月任职)

副社长：刘　宁　段　华

中国林业出版社有限公司

党委书记、董事长、法定代表人：刘东黎(2021年10月免职、退休) 成　吉(2021年12月任职)

总经理、副董事长、董事、党委副书记：成　吉(2021年12月免职) 李凤波(2021年12月任职)

总编辑：邵权熙(2021年7月任职)

党委副书记、纪委书记、副总编辑、监事：王佳会

副总经理：纪　亮(2021年7月免职) 韩学文(2021年7月任职)

国际竹藤中心

主任：江泽慧

常务副主任：费本华

党委书记、副主任：尹刚强

副主任：李凤波(2021年12月免职) 陈瑞国

党委副书记、纪委书记：李晓华

国家林业和草原局亚太森林网络管理中心

主任：鲁　德(2021年12月免职) 夏　军

（2021年12月任职）
副主任：夏　军（2021年12月免职）　张忠田

中国林学会

秘书长：陈幸良
副秘书长：刘合胜　沈瑾兰

中国野生动物保护协会

秘书长：李青文（2021年3月免职、退休）
武明录（2021年12月任职）
副秘书长：郭立新（2021年10月免职）
褚卫东（2021年9月任职）　王晓婷　斯　萍
武明录（2021年5月任职、2021年12月免职）

中国绿化基金会

副秘书长兼办公室主任：陈　蓬
办公室副主任：许新桥　缪光平

中国绿色碳汇基金会

秘书长：刘家顺

国家林业和草原局西北华北东北防护林建设局

党组书记、副局长：冯德乾
一级巡视员、党组成员：武爱民
副局长、党组成员：刘　冰　岳太青　张　良（2021年3月任职）
纪检组长、党组成员：程　伟

国家林业和草原局生物灾害防控中心（2021年8月由林业和草原病虫害防治总站更名而来）

党委书记、副总站长：张克江（2021年10月免职）
总站长、党委副书记：郭文辉（2021年5月任职、2021年10月免职）
副总站长：闫　峻（2021年10月免职）
郭文辉（2021年5月免职）　吴长江（2021年10月免职）
党委书记、副主任：张克江（2021年10月任职）
主任、党委副书记：郭文辉（2021年10月任职）
副主任：闫　峻（2021年10月任职）　吴长江（2021年10月任职）
党委副书记、纪委书记：曲　苏

国家林业和草原局华东调查规划院（2021年8月由华东调查规划设计院更名而来）

党委书记、院长：吴海平（2021年8月任院长）
党委副书记、副院长：刘春延
副院长、总工程师：何时珍
副院长：刘道平　马鸿伟
党委副书记、纪委书记：刘　强

国家林业和草原局中南调查规划院（2021年8月由中南调查规划设计院更名而来）

党委书记、副院长：刘金富
院长、党委副书记：彭长清（2021年3月免职、退休）　周学武（2021年5月任职）
常务副院长：尹发权
副院长：贺东北　杨　宁
副院长、党委副书记、纪委书记：周学武（2021年5月免职）　张志涛（2021年6月任副院长，2021年10月任党委副书记、纪委书记）
正司局级干部：洪家宜

国家林业和草原局西北调查规划院（2021年8月由西北调查规划设计院更名而来）

院长、党委副书记：李谭宝
党委书记、副院长：许　辉
副院长：连文海（2021年11月免职、退休）
周欢水（2021年10月免职、退休）　张风臣
副院长、总工程师：王吉斌
党委副书记、纪委书记：王福田

国家林业和草原局西南调查规划院（2021年8月由昆明勘察设计院更名而来）

党委书记、院长：周红斌（2021年8月任院长）
党委副书记、副院长：田勇臣（2021年12月免职）
副院长：张光元　汪秀根（2021年10月免去总工程师职务）　殷海琼
副院长、纪委书记：杨　菁

中国大熊猫保护研究中心

党委书记、副主任：路永斌
主任、党委副书记：段兆刚（2021年7月任职）
副主任、纪委书记：朱　涛
常务副主任：张和民（2021年5月免职、退休）
副主任：张海清（2021年2月免职、退休）
巴连柱　刘苇萍　李德生（2021年7月任职）

大兴安岭林业集团公司

党委书记：于　辉
总经理、党委副书记：李　军
纪委书记、党委常委：张　平
副总经理、党委常委：于志浩　刘　志　袁卫国
陈　昱　李会平（2021年4月任职）
张永刚（2021年12月任职）
工会主席：徐　淬

重点国有林区森林资源监测中心（2021年8月由大兴安岭调查规划设计院和大兴安岭勘察设计院整合组建）

副主任：张　平（兼）（2021年10月任职）
徐大敏（2021年10月任职）　丰兴秋（2021年10月任职）　聂兴旺（2021年10月任职）

各省（区、市）林业（和草原）主管部门负责人

北京市园林绿化局（首都绿化办）

党组书记、局长（主任）：邓乃平
党组成员、市公园管理中心党委书记、主任：张　勇
一级巡视员：高士武
党组成员、副局长：戴明超

党组成员、驻局纪检监察组组长、市纪委市监委一级巡视员：洪　波
党组成员、副局长：高大伟
党组成员、一级巡视员、副局长：朱国城
党组成员、副主任：廉国钊　蔡宝军
二级巡视员：贲权民　周庆生　王小平　刘　强

天津市规划和自然资源局
党委书记、局长、市海洋局局长(兼)：陈　勇
党委委员、一级巡视员：路　红
一级巡视员：霍　兵
党委委员、驻局纪检监察组组长：付滨中
党委委员、副局长：杨　健　张志强
党委委员、副局长，滨海新区分局党组书记、局长：罗　平
党委委员、副局长：崔　龙(2021年5月任职)
海博馆筹建办主任(保留副局级)：黄克力(2021年5月随海博馆整体划转)
总规划师(保留副局级)：刘　荣
总经济师(保留副局级)：岳玉贵(2021年10月免职、退休)
总规划师(保留副局级)：师武军
二级巡视员：高明兴

河北省林业和草原局
省自然资源厅党组副书记、副厅长，省林业和草原局党组书记、局长：刘凤庭
省自然资源厅党组成员，省林业和草原局党组成员、副局长：王　忠
省林业和草原局党组成员、副局长：张立安　吴　京　王　宇(2021年3月任职)

山西省林业和草原局
党组书记、局长、一级巡视员：张云龙(2021年4月调山西省自然资源厅工作)
党组书记、局长：袁同锁(2021年4月任党组书记，5月任局长)
党组成员、副局长：黄守孝　岳奎庆　杨俊志
二级巡视员：宋河山　李振龙　陈俊飞
山西省森林公安局局长(副厅长级)：赵　富(2021年10月改任省公安厅森林公安局局长)

内蒙古林业和草原局
党组书记、局长：郝　影
党组成员、副局长：阿勇嘎
副局长：娄伯君
党组成员(副厅长级)：王才旺
党组成员、副局长：陈永泉

辽宁省林业和草原局
党组书记、局长：金东海
党组成员、副局长：陈　杰(2021年3月任辽宁省公安厅森林警察总队总队长，保留副厅级待遇)　杨宝斌(2021年6月免职)　孙义忠
王树森(2021年4月任职)
二级巡视员：李宝德(2021年10月免职、退休)　胡崇富
总工程师：李立国(2021年4月免职)
总经济师：周　义(2021年6月任职)

吉林省林业和草原局
党组书记、局长：金喜双(2021年2月免去党组书记职务，3月免去局长职务)
党组书记：杨海廷(2021年2月任职)
局长：孙光芝(2021年3月任职)
党组成员、副局长：王　伟　段永刚　刘　义　刘　明　祁永辉(2021年2月任职)
党组成员、驻局纪检监察组组长：郝　彤(2021年2月任职)

黑龙江省林业和草原局
党组书记、局长：王东旭
党组成员、副局长：时永录　朱良坤　侯绪珉　陈建伟
党组成员：伍跃辉(2021年6月任职)
一级巡视员：郑怀玉　苏凤仙(2021年4月任职)
二级巡视员：陶　金

上海市绿化和市容管理局(上海市林业局)
党组书记、局长：邓建平
副局长、一级巡视员、党组成员：方　岩
副局长、党组成员：顾晓君　汤臣栋　唐家富
总工程师、党组成员：朱心军
一级巡视员、党组成员：崔丽萍
二级巡视员：缪　钧

江苏省林业局
党组书记、局长：沈建辉
党组成员、副局长：王德平　钟伟宏　仲志勤(2020年12月31日任职)
总工程师：吴小巧(2020年12月31日任职)
二级巡视员：卢兆庆(2020年12月31日任职)

浙江省林业局
党组书记、局长：胡　侠(正厅级)
党组成员、副局长：王章明(2021年11月免职、退休)　诸葛承志(副厅级)　陆献峰(2021年1月任二级巡视员)　李永胜
党组成员、总工程师：李荣勋
党组成员、办公室主任：沈国存(2021年11月任职)
一级巡视员：吴　鸿(2021年1月免职)　杨幼平
二级巡视员：骆文坚

安徽省林业局
党组书记、局长：牛向阳
党组成员、一级巡视员：吴建国(2021年11月免职、退休)

党组成员、副局长：邱　辉（2021年8月免职、退休）　齐　新　张令峰
党组成员、总工程师：李拥军

福建省林业局

党组书记、局长：陈照瑜（2021年10月免职、调任）　王智桢（2021年10月任职）
党组成员、副局长：刘亚圣　王宜美
党组成员、纪检监察组组长：郭　延
党组成员、副局长、武夷山国家公园管理局局长：林雅秋
党组成员、副局长：林旭东　郑　健　王梅松（2021年1月任职）
一级巡视员：谢再钟
二级巡视员：唐　忠
总工程师：张志才（2021年2月任职）

江西省林业局

党组书记、局长：邱水文
一级巡视员：黄小春（2021年3月任职）
　　罗　勤（女）
党组成员、副局长：黄小春（2021年3月免去党组成员职务，4月免去副局长职务）　严　成　刘　宾
二级巡视员：欧阳道明（2020年6月任职，2021年4月免职、退休）　倪修平（2021年1月任职）　郭　伟（2021年4月任职，5月免职、退休）　杨小春（2021年9月任职，10月免职、退休）　朱云贵（2021年12月任职）

山东省自然资源厅（山东省林业局）

山东省自然资源厅党组书记、厅长，省委海洋发展委员会办公室主任，省林业局局长，省自然资源总督察（兼）：宇向东
山东省自然资源厅党组副书记、副厅长、一级巡视员，省自然资源副总督察（兼）：刘　鲁
山东省自然资源厅一级巡视员：宋守军
山东省自然资源厅党组成员、副厅长：李树民
山东省自然资源厅党组成员、副厅长，省林业局副局长：马福义
山东省自然资源厅党组成员、副厅长：王太明　王少瑾
山东省自然资源厅党组成员，省海洋局党组书记、局长：张建东
山东省自然资源厅二级巡视员：李克强
山东省自然资源厅副厅级干部：赵培金
山东省自然资源厅二级巡视员：李　峰（2021年1月任职）　付日新（2021年4月任职）
专职山东省自然资源副总督察（副厅级）：王光信
山东省自然资源厅二级巡视员：李成金
山东省自然资源厅二级巡视员，省协作重庆挂职干部领队：董瑞忠

河南省林业局

党组书记、局长（正厅级）：原永胜
党组成员、副局长：师永全
党组成员、一级巡视员：朱延林（2021年3月免去森林公安局局长职务，12月任一级巡视员）
党组成员、副局长：李志锋　王　伟
二级巡视员：李灵军

湖北省林业局

党组书记、局长：刘新池
党组成员、副局长：王昌友　蔡静峰（2021年10月离任）　陈毓安　夏志成
副局长：黄德华
党组成员、总工程师：宋丛文

湖南省林业局

党组书记、局长：胡长清
党组成员、副局长（正厅级）：严志辉
党组成员、驻局纪检组组长：梁志强
党组成员、副局长：彭顺喜（2021年10月免职）　李　蔚（2021年10月任职）　吴剑波　李林山
党组成员、总工程师：王明旭
一级巡视员：吴彦承　彭顺喜（2021年10任职）
二级巡视员：张凯锋　李志勇　欧阳叙回　蒋红星（2021年2月退休）　杨　岳（2021年5月任职）

广东省林业局

党组书记、局长：陈俊光（兼广东省自然资源厅党组副书记，正厅级）
党组成员、副局长：吴晓谋（副厅级）　彭尚德（副厅级）　王华接
党组成员、总工程师：郑永光
二级巡视员：林俊钦（2021年5月免职）　李云新（2021年6月任职）　谢伟忠（2021年1月免职）
一级调研员（省管）：魏　冰

广西壮族自治区林业局

局长、党组书记：黄显阳
副局长、党组成员：黄政康　李凤云（2021年8月任职）　陆志星
广西林业科学研究院院长、党组成员：安家成（2021年1月退休）
总工程师、党组成员：李巧玉
一级巡视员：邓建华
二级巡视员：丁允辉（2021年10月退休）　蒋桂雄　黄周玲　罗基同　李贵玉（2021年6月任职）　冷光明（2021年12月任职）

海南省林业局（海南热带雨林国家公园管理局）

党组书记：夏　斐（2021年5月免职）
　　黄金城（2021年5月任职）
局　长：刘艳玲（2021年5月免职）
　　黄金城（2021年5月任职）

党组成员、副局长：李新民　高述超　李开文（2021年9月任职）　刘　强
党组成员：周绪梅
总工程师：周亚东

重庆市林业局

党组书记、局长：沈晓钟
党组成员、副局长：王声斌
党组成员、副局长：唐　军
党组成员、副局长：王定富
二级巡视员：陈　祥　熊忠武
二级巡视员：陈明礼（2021年11月退休）
总工程师：李辉乾

四川省林业和草原局(大熊猫国家公园四川省管理局)

党组书记、局长、自然资源厅副厅长(兼)、大熊猫国家公园管理局局长(兼)：李天满[2021年8月任党组书记，9月任局长，10月任自然资源厅副厅长(兼)和大熊猫国家公园管理局局长(兼)]
党组成员、副局长：宾军宜　王　平　唐代旭　王景弘(2021年8月任党组成员，9月任副局长)
党组成员、机关党委书记：李　剑
党组成员、总工程师：白史且
大熊猫国家公园四川省管理局专职副局长：张绍军　陈宗迁
大熊猫国家公园四川省管理局总规划师：王鸿加
一级巡视员：刘　兵(2021年1月免职)　包建华(2021年8月任职)
二级巡视员：万洪云　昝玉军(2021年1月任职)　罗语国　王玉琳　余蜀峰　童　伟　郝永成　杨天明(2021年8月任职)

贵州省林业局

党组书记、局长：张美钧(2021年3月免党组书记职务、4月免局长职务)　胡洪成(2021年3月任党组书记、4月任局长)
党组副书记、副局长：孙福强(2021年11月任党组副书记、12月任副局长)
党组成员、副局长：向守都　傅　强　缪　杰　张富杰(2021年11月免党组成员职务、12月免副局长职务)
一级巡视员：张富杰(2021年11月任职)
二级巡视员：葛木兰(女)

云南省林业和草原局

党组书记、局长：任治忠(2021年4月免党组书记、5月免局长)　万　勇(兼任省自然资源厅党组成员，2021年4月任省林草局党组书记、5月任省林草局局长)
党组成员、副局长：夏留常　王卫斌(兼任省应急厅党委委员)　高　峻　赵永平(2021年1月任职)
党组成员，省公安厅森林警察总队(生态环境与食品药品犯罪侦查总队)党委书记、总队长：周福昌(2021年6月离任)
党组成员，省应急厅党委委员、副厅长：文　彬
二级巡视员：陆诗雷　邓云升(2021年7月退休)　陈立贤(2021年4月任职)　李伟平(2021年10月任职)

西藏自治区林业和草原局

党组书记、副局长：次成甲措
党组副书记、局长：吴　维
党组成员、一级巡视员：田建文
党组成员、副局长：拉　增(2021年5月任职)　季新贵　宗　嘎　刘学庆　吴柏海(2021年11月挂职)
二级巡视员：胡志广　伦珠次仁(机关党委书记)

陕西省林业局

党组书记、局长：党双忍
党组成员、副局长：刘保华
党组成员、秦岭国家植物园园长：张秦岭
党组成员、副局长：范民康
副局长：昝林森
党组成员、副局长：薛恩东　张卫东
党组成员，森林资源管理局党委书记、局长：田　瑞
一级巡视员：崔　汛
二级巡视员：楚万才(2021年11月任职)

甘肃省林业和草原局

党组书记、局长：宋尚有(2021年8月免去党组书记职务；12月免去局长职务，任省政协人口资源环境委员会副主任)　张旭晨(2021年8月任党组书记，12月任局长)
党组成员、驻局纪检监察组组长：崔福祥(2021年10月免职，调任酒泉市委常委、市纪委监委书记)　夏　泉(2021年12月任职)
党组成员、副局长：郑克贤　田葆华　侯永强　张宏祯(2021年10月任职)　张世虎(藏族，2021年9月免职)
副局长：杨　斌(2021年10月挂职)
大熊猫国家公园甘肃省管理局专职副局长：高建玉
一级巡视员：苏克俭　张世虎(藏族，2021年9月任职)
驻局纪检监察组二级巡视员：董文武(2021年3月退休)　梅建波
二级巡视员：连雪斌　刘晓春　王全德(2021年2月任职)　李善堂(2021年2月任职)　申俊林(2021年2月任职)

青海省林业和草原局

党组书记、局长：李晓南
党组成员、副局长：邓尔平　高静宇　王恩光　赵海平
党组成员：张德辉

一级巡视员：邓尔平
二级巡视员：张　奎　徐生旺(2021年9月退休)
　　蔡佩云(2021年12月任职)　张　莉(2021年12月任职)

宁夏回族自治区林业和草原局

党组书记、局长：徐庆林(兼任宁夏回族自治区自然资源厅党组成员)
党组成员、副局长：王东平　王自新
　　周　涛(2021年8月任职)
副局长：郭宏玲
党组成员、总工程师：徐　忠

新疆维吾尔自治区林业和草原局

党委书记、副局长：姜晓龙
党委副书记、局长：阿合买提江·米那木
党委委员、副局长：李东升　徐洪星　李　江
　　燕　伟　朱立东
副局长：张　月(2021年11月挂职)
副厅长级干部：阿布都·克力木
二级巡视员：刘克新　姜银基　徐培志
　　朱伯江(2021年1月免职、退休)
　　崔卫东(2021年3月免职、退休)
　　师　茁(2021年9月任职，11月免职、退休)
　　胡家声(2021年12月免职、退休)
总经济师：赵性运(2021年1月免职、退休)
　　蔡立新(2021年6月任职)
总工程师：刘克新(2021年8月免职)
　　王天斌(2021年8月任职)

干部人事工作

【综　述】　2021年，国家林草局人事司领导班子坚持以习近平新时代中国特色社会主义思想为指导，积极践行新时代党的组织路线，扎实推进党的建设，认真贯彻新发展理念，聚焦林业草原核心职能，勇于担当、积极履职，各项工作都取得了新成效。

【政治机关建设】　组织全体党员学深悟透习近平新时代中国特色社会主义思想，深入学习领会习近平总书记关于加强党的政治建设的重要论述，不断强化政治机关意识。扎实开展党史学习教育，不断深化对党的初心使命、光辉历程的认识，深刻感悟“两个确立”的决定性意义，传承党的优良传统，赓续党的红色基因，教育引导全体党员进一步坚定理想信念，提升党性修养。

【全面从严治党】　司领导班子切实履行全面从严治党主体责任，严守政治纪律和政治规矩。坚持执行民主集中制和“三重一大”制度。主要负责人切实履行第一责任人责任，班子成员切实履行“一岗双责”，推进党建业务深度融合。认真抓好意识形态工作。加强党风廉政建设，落实政治监督责任。深入开展警示教育和违规“吃喝”、违规收送礼品礼金问题专项治理，教育全体党员筑牢拒腐防变的思想道德底线。不断强化法治意识，教育全司干部严格遵守国家法律法规，时刻牢记公职人员身份，以《公务员法》等法律法规规范自身言行。

【提升能力作风】　扎实落实“公道正派、严实深细”的要求，努力打造“讲政治、重公道、业务精、作风好”的模范机关。坚持服务林草中心工作，组织全体党员认真学习习近平总书记关于生态文明和林草工作、干部人才工作的重要讲话、指示批示精神以及中央有关会议文件精神，准确把握中央最新要求并用其指导开展工作，不断提升履职能力。坚持服务全局干部职工，强化服务意识，扎实开展“我为群众办实事”实践活动，积极回应建言献策，用心用情用力解决干部职工困难事、烦心事。

【重点任务落实】　一是顺利完成事业单位改革。对国家林草局事业单位布局进行了优化调整，组织完成了改革后局属47家事业单位“三定”规定编制工作，对涉改人员进行了妥善安排，相关业务工作有序衔接。二是积极推进国家公园管理机构设置。组织研究提出了东北虎豹、大熊猫、武夷山等国家公园管理机构设置方案，指导地方提出三江源、海南热带雨林国家公园管理机构设置方案。三是精心编制权责清单。会同局办公室等单位对国家林草局权责事项进行了全面梳理细化，组织编制了国家林草局权责清单(初稿)并征求有关部门意见。四是扎实做好条条干预整改工作。对国家林草局部门规章和各类文件进行了全面梳理排查，对涉及条条干预的文件逐件制订了整改措施，并积极推进整改落实。五是稳步推进有关单位改革。积极配合机关服务中心完成了招待所改革工作，并稳步推进北戴河培训中心改革工作。配合生态司(绿委办)完成了国土绿化杂志社主办单位变更工作。

【机构编制管理】　一是优化调整司局职能。坚持一件事情由一个司局负责，一类事项由一个司局牵头，对部分司局职能进行了优化调整，进一步加强工作统筹，司局之间职能划分更加清晰。二是强化重点领域机构编制支持。在资源司设立林长制工作处，为全面推进林长制工作提供有力支撑。在机关纪委设置专职纪委副书记并设立纪律审查室，进一步加强国家林草局机关纪委工作力量。三是扎实做好机构编制统计核查。按照中央编委部署，对国家林草局机构编制实名制信息进行了更新，并部署各单位开展机构编制核查工作，努力做到“机构清、编制清、领导职数清、实有人员清”。四是严格管理社会组织。进一步严格领导干部在社会组织兼职审

批。按照驻部纪检监察组要求，会同机关党委、老干部局开展了退休领导干部兼职取酬排查清理和专项整治。稳步推进绿化基金会等7家社会组织换届工作，对林业政研会等5家社会组织布局进行了调整。

【干部管理监督】 一是树立正确选人用人导向。坚持好干部标准，树立重实干、重实绩、重担当的选人用人导向，对政治素质好、工作业绩明显、群众公认度高的干部及时提拔使用，全年共选拔调整司局级干部87人，晋升职级41人。二是加强干部管理统筹谋划。统筹考虑干部提拔使用、交流轮岗、职级晋升，统筹各年龄段、各类型单位的干部使用，对领导班子的年龄结构、专业结构等进行优化调整，充分激发各年龄段干部的积极性和工作活力。三是加大年轻干部培养使用力度。开展了优秀年轻干部调研，制订了培养使用方案和目标树计划，统筹掌握一批优秀年轻干部并实行动态管理。对各方面表现优秀的年轻干部及时提拔使用，全年共提拔使用优秀年轻干部41人；选派2人参加中组部“中青班”学习，24人到基层一线挂职锻炼和蹲点调研；从事业单位公开选调9人到机关司局工作，通过公务员招录、事业单位招聘、军转安置等方式录用223人。四是严格干部监督。印发了国家林草局《领导干部配偶、子女及其配偶经商办企业禁业范围》，对纳入规范范围的333名司局级领导干部逐一进行核实比对。对625人的个人有关事项进行了核查比对，对4000余人的干部人事档案有关问题进行了组织认定。

【干部教育培训】 一是强化培训班管理。严格落实疫情防控有关要求，按计划稳妥有序开展培训。全年开展线上线下培训193期，培训学员3.5万人次。重点抓好中组部、人社部委托培训、公务员法定培训、年轻干部培训、行业人才培训、行业示范培训、非林专业背景专项培训等培训班次。扎实做好“一校五院”学习培训与中央和国家机关司局级专题研修班学员选派工作。二是壮大培训保障体系。组织完成了《植树造林理论与实践》等2部教材的出版和《经济林理论与实践》等3部教材初稿编写。向自然资源部报送了“加强草原保护修复 构建生态安全屏障”等7门课程开发意向，向中组部报送了48件共1440分钟全国党员干部现代远程教育林草专题课件。三是加强林草教育顶层设计。成功将林草行业纳入“三支一扶”计划。启动与四川省政府共建四川农业大学。推选出国家林草局第一批“十四五”普通高等教育(本科、研究生)规划教材和职业教育规划教材。指导全国林业职业教育教学指导委员会、林业教育学会、林业和风景园林专业学位教育教学指导委员会、中国(南方、北方)现代林业职业教育集团做好换届选举、会议活动筹备等相关工作。四是深化林草学科专业发展。召开了局重点学科建设评价研究专家研讨会，布局新一批林草重点学科建设。完成了职业院校林草类专业目录调整工作，组织编制了专业简介和标准，并扎实推动新版专业目录落地，实现林草类职业教育专业的中高本教育贯通。五是积极开展林草特色活动。开展了第三届林草教学名师学习宣传活动，举办了第四届全国林草职业技能大赛，将林草教育品牌活动纳入局重点宣传范围，不断扩大活动影响力。

(干部人事工作由张绍敏供稿)

人才劳资

【综　述】 一是进一步建强国家林草局人才队伍。研究起草了《关于加强林草科技人才队伍建设的意见》。开展了第八批百千万人才省部级人选选拔工作。完成了2021年文化名家暨“四个一批”人才、国家高层次人才特殊支持计划哲学社会科学领军人才等候选人推荐工作。推荐1个项目人选“海外赤子为国服务”行动计划，1人入选高层次留学人才回国资助人选。完成国家林草局新一期博士服务团人员选派工作，支持国家林草局有关单位引进5名海外人才和国内高层次人才。二是积极指导行业人才发展。举办了首届全国林业有害生物防治员职业技能竞赛。组织开展了9个林草相关职业修订工作。开展了新疆林草“青年科技英才”“西部之光”访问学者培养，接收13名新疆林草科技骨干和访问学者到国家林草局研修培养。三是扎实做好人才表彰奖励。研究调整了国家林草局表彰计划4个表彰项目。配合生态司开展了全国绿化先进集体、劳动模范和先进工作者表彰评选，完成了全国脱贫攻坚总结表彰和全国杰出专业技术人才表彰等国家级表彰奖励的候选人推荐工作。四是不断夯实人才基础保障。研究制订了《国家林业和草原局职工福利费管理办法》。指导中国林科院、国家林草局规划院开展了薪酬绩效改革。按要求及时高质量完成国家林草局干部职工工资发放和审批工作。为做好大兴安岭集团领导人收入分配工作，进一步完善相关制度，研究修订了国家林草局3个企业收入分配办法，开展了国家林草局事业单位高层次人才绩效工资单列工作。扎实细致做好养老保险参保、转移衔接、调整、政策解释等相关工作。严格岗位设置管理，完成了2021年度局属单位专业技术二、三级岗位聘任和相关单位岗位设置方案变更、人员岗位变动审批等工作。

(张绍敏)

【第八批“百千万人才工程”省部级人选】 按照《国家林业局“百千万人才工程”省部级人选选拔实施方案》，2021年国家林业和草原局开展了第八批“百千万人才工程”省部级人选选拔工作，经个人申报、单位推荐、专家评审、公示公告，并报局领导审定，确定了20名同志为国家林业和草原局第七批“百千万人才工程”省部级人选，名单如下：

信息中心顾红波；经研中心张坤；林科院史胜青、王小艺、周建波、庞勇、李晶、唐启恒、张代晖；规划院武健伟；林干院陈立桥；绿色时报社张红梅；出版社纪亮；竹藤中心杨淑敏、马欣欣；林草防治总站李娟；中南院刘金山；西北院李党辉；昆明院马国强；熊猫中心周应敏。（刘庆红　周家盛）

【首届全国林业有害生物防治员职业技能竞赛】　根据《人力资源和社会保障部关于组织开展2020年全国行业职业技能竞赛的通知》(人社部函〔2020〕30号)，组织全国各省(区、市)、新疆建设兵团和森工集团的34支代表队共102名参赛选手，开展首届全国林业有害生物防治员职业技能竞赛，经过理论知识考试和技能操作比赛，张成都等36名选手分获个人一、二、三等奖，北京市代表队等10个代表队分获团体一、二、三等奖，海南省林业局等9个单位获精神风尚奖，福建省泉州市林业局、泉州市农业学校获特殊贡献奖。

（刘庆红　周家盛）

【第六届全国杰出专业技术人才表彰推荐】　根据《中共中央组织部　中共中央宣传部　人力资源和社会保障部　科技部关于开展第六届全国杰出专业技术人才表彰工作的通知》，认真组织开展国家林草局评选推荐工作，最终推荐中国林科院张守攻院士获得“全国杰出专业技术人才”称号，中国林科院森林生态系统保护修复与多功能经营团队获得“专业技术人才先进集体”称号。

（刘庆红　周家盛）

表彰奖励

第十二届梁希林业科学技术奖获奖名单

自然科学奖

（同一等级奖项排名不分先后）

项目名称	项目完成人	主要完成单位	获奖等级
杨、柳物种分化和性染色体进化研究	尹佟明；马涛；戴晓港；侯静；陈赢男	南京林业大学；四川大学	一等
木质纤维素气凝胶的构建、调控及功能化机制	卢芸；李坚；高汝楠；邱坚；万才超	东北林业大学；中国林业科学研究院木材工业研究所；西南林业大学	一等
木质素结构解译及功能碳材料可控制备机理研究	袁同琦；文甲龙；王西鸾；孙少妮；曹学飞	北京林业大学	二等
油茶林地土壤肥力演变机制与调控	吴立潮；周俊琴；刘洁；袁军；刘芳	中南林业科技大学	二等
银杏叶萜内酯合成代谢调控机制研究	许锋；叶家保；程水源；张威威；廖咏玲	长江大学；武汉轻工大学	二等
植物源新型缓蚀剂的挖掘与作用机制研究	李向红；邓书端；付惠；谢小光	西南林业大学；云南大学	二等
白桦优质、高抗的分子育种基础研究	王超；王玉成；国会艳；高彩球；杨传平	东北林业大学	二等
杨树群体基因组变异与分子育种	张德强；杜庆章；宋跃朋；权明洋；谢剑波	北京林业大学	二等
野生植物资源调查研究与《温州植物志》编著	金川；丁炳扬；陶正明；陈贤兴；朱圣潮	浙江省亚热带作物研究所；温州大学；温州科技职业学院	二等
区域生物多样性格局与保护研究	欧阳志云；徐卫华；肖燚；张路；孔令桥	中国科学院生态环境研究中心	二等
黑土质量演变及植被调控机制	陈祥伟；王恩姮；杨小燕；卢倩倩；韩瑛	东北林业大学；河南农业大学；桂林理工大学；海南师范大学	二等
黄土高原植被恢复的土壤环境效应及其驱动机制	薛萐；张超；李鹏；王国梁；刘国彬	西北农林科技大学；西安理工大学	二等
中国野鸟禽流感病毒监测和时空分布研究	初冬；柴洪亮；王铁成；彭鹏；李元果	国家林业和草原局森林和草原病虫害防治总站；东北林业大学；军事科学院军事医学研究院军事兽医研究所	二等

技术发明奖

(同一等级奖项排名不分先后)

项目名称	项目完成人	主要完成单位	获奖等级
植物蛋白胶黏剂制备及应用关键技术	李建章；张世锋；高强；詹先旭；毕海明；任崇福	北京林业大学；德华兔宝宝装饰新材有限公司；千年舟新材科技集团股份有限公司；山东千森木业集团有限公司	一等
竹类植物重要活性物质挖掘及绿色产品创制关键技术	汤锋；操海群；赵林果；王进；吴良如；王成章	国际竹藤中心；安徽农业大学；南京林业大学；浙江圣氏生物科技有限公司；中国林业科学研究院林产化学工业研究所；深圳市金色盆地科技有限公司；安徽众邦生物工程有限公司	二等
功能化低有害物释放人造板制造与生产装备关键技术	时君友；郭西强；李翔宇；崔学良；陆铜华；徐文彪	北华大学；亚联机械股份有限公司；圣象集团有限公司；千年舟新材科技集团股份有限公司	二等
林业有害生物智能防控装备研发	高立刚；何雄奎；朱绍文；潘彦平；王合；孟秋洁	北京百瑞盛田环保科技发展有限公司；中国农业大学；北京市林业保护站	二等
“江水上山”水能提水技术	吴维；谭言庆；奥进军；吴永军；黄大华；丁勤	西藏江水上山工程技术服务有限公司；西藏自治区林木科学研究院；东莞市迈腾机电设备有限公司；重庆市万州区乾能水电设备公司	二等

科技进步奖

(同一等级奖项排名不分先后)

项目名称	项目完成人	主要完成单位	获奖等级
楸树珍贵用材良种选育及其应用	王军辉；麻文俊；赵鲲；李吉跃；马建伟；翟文继；杨桂娟；张新叶；王改萍；梁宏伟；李文清；王秋霞；何茜；张明刚；张江涛	中国林业科学研究院林业研究所；洛阳农林科学院；华南农业大学；甘肃省小陇山林业实验局林业科学研究所；南阳市林业科学研究院；湖北省林业科学研究院；南京林业大学；三峡大学；贵州省林业科学研究院	一等
红花玉兰种质资源保护、品种选育与产业化	马履一；桑子阳；陈发菊；贾忠奎；朱仲龙；王希群；王罗荣；贺随超；彭祚登；段劼；肖爱华；邓世鑫；尹群；马江；刘鑫	北京林业大学；三峡大学；五峰土家族自治县林业科学研究所；五峰博翎红花玉兰科技发展有限公司	一等
重要干果树种种质库构建与种质创新	裴东；傅建敏；马庆国；庞晓明；乌云塔娜；赵罕；孙鹏；曹明；宋晓波；孟召锋；孔德仓；孙红川；左华丽；包文泉；徐虎智	中国林业科学研究院林业研究所；国家林业和草原局泡桐研究开发中心；北京林业大学；国有洛宁县吕村林场；沧县国家枣树良种基地；湖北霖煜农科技有限公司；德昌县林业和草原局	一等
林业飞防施药质量监控装备研发与应用	陈立平；张瑞瑞；赵春江；卢修亮；谢春春；张伟巍；徐刚；唐青；李龙龙；王维佳；徐旻；林晓；伊铜川；丁晨琛；夏浪	北京农业智能装备技术研究中心；国家林业和草原局森林和草原病虫害防治总站；北大荒通用航空有限公司；山东瑞达生态技术有限公司；北京农业信息技术研究中心；农芯(南京)智慧农业研究院有限公司；中农智控(北京)技术股份有限公司；农芯科技(北京)有限责任公司；山东夏禾绿色防控研究院有限公司	一等
结构用木质材料的制造与安全性评价关键技术	任海青；钟永；王志强；龙卫国；龚迎春；赵荣军；覃道春；邱培芳；卢晓宁；武国芳；黄素涌；刘丽阁；王建和；倪竣；宁其斌	中国林业科学研究院木材工业研究所；国际竹藤中心；中国建筑西南建筑设计研究院有限公司；南京林业大学；西南林业大学；应急管理部天津消防研究所；烟台博海木工机械有限公司；宁波中加低碳新技术研究院有限公司；苏州昆仑绿建木结构科技股份有限公司	一等

（续表）

项目名称	项目完成人	主要完成单位	获奖等级
天津滨海重盐碱地绿地营建关键技术与应用	张清；田晓明；张金龙；杨永利；李玉冬；张凯；贾桂霞；吕广林；张涛；田飞	天津泰达绿化科技集团有限公司；天津泰达盐碱地绿化研究中心有限公司；北京林业大学	二等
羊草种质创制及新品种配套应用技术集成	刘公社；齐冬梅；武自念；李红；尹晓飞；程丽琴；陈双燕；李晓霞；陈翔；刘辉	中国科学院植物研究所；中国农业科学院草原研究所；内蒙古蒙草生态环境（集团）股份有限公司；全国畜牧总站；黑龙江省农业科学院畜牧兽医分院；内蒙古科塔草业有限公司	二等
山地森林火灾中的极端火发生机制、预测预警及避险技术	舒立福；王明玉；李华；赵凤君；孙龙；刘晓东；何诚；田晓瑞；章林；王秋华	中国林业科学研究院森林生态环境与保护研究所；北京林业大学；东北林业大学；南京森林警察学院；西南林业大学；北京师范大学；黑龙江大兴安岭地区农业林业科学研究院	二等
城市森林有害生物监测与绿色防控技术研究及应用	王焱；郝德君；张岳峰；杨储丰；樊斌琦；韩阳阳；陈聪；冯琛；高翠青；张宇鹏	上海市林业总站；南京林业大学	二等
抗病抗寒月季新优品种选育与应用	张启翔；杨玉勇；潘会堂；隋云吉；罗乐；于超；韩瑜；程堂仁；王佳；郑唐春	北京林业大学；昆明杨月季园艺有限责任公司；新疆应用职业技术学院；江苏苏北花卉股份有限公司；北京林大林业科技股份有限公司	二等
枣产业升级关键技术创新与集成应用	刘孟军；史彦江；赵智慧；李登科；张琼；石聚彬；王兰；王振亮；刘平；赵锦	河北农业大学；新疆林业科学院；好想你健康食品股份有限公司；山东省果树研究所；山西农业大学；河北省林业和草原科学研究院；塔里木大学	二等
中国森林植被调查	陈永富；陈巧；黄继红；岳天祥；张煜星；王希华；李意德；赵颖慧；臧润国；王轶夫	中国林业科学研究院资源信息研究所；中国林业科学研究院森林生态环境与保护研究所；中国科学院地理科学与资源研究所；国家林业和草原局调查规划设计院；华东师范大学；中国林业科学研究院热带林业研究所；东北林业大学	二等
木制品表面数字化木纹图案 UV 数码喷印装饰关键技术研究与示范	吴智慧；桑瑞娟；冯鑫浩；季德才；万弋林；陈宏芒；顾颜婷；杨子倩；赵建忠；高水昌	南京林业大学；南京雷牧数码科技有限公司；广州精陶机电设备有限公司；湖州尚上采家居有限公司；浙江升华云峰新材股份有限公司；山东乐得仕软木发展有限公司；浙江简巨木业科技有限公司	二等
热带功能性花木资源研究与创新利用	宋希强；赵莹；秦晓威；戴好富；王健；于旭东；王洪星；黄圣卓；黄宗权；宋圣根	海南大学；中国热带农业科学院热带生物技术研究所；中国热带农业科学院香料饮料研究所；广西东江园林工程有限公司；贵州匠心花境园林有限责任公司；云南馨禾园林绿化工程有限公司；海南屯昌梦幻香山实业投资有限公司	二等
海州常山等 3 个木本观赏植物种质资源评价与开发利用	杨秀莲；王良桂；岳远征；施婷婷；陈贡伟；丁文杰；陈璇；秦国强；葛恒兵；康宏兴	南京林业大学；江苏农林职业技术学院；南京特殊教育师范学院；沭阳县林业技术服务中心	二等
乡村绿道资源要素协同规划模式及推广应用	徐文辉；徐斌；陶一舟；邬玉芬；唐慧超；赵宏波；申亚梅；叶可陌；俞雷	浙江农林大学；浙江农林大学园林设计院有限公司	二等

(续表)

项目名称	项目完成人	主要完成单位	获奖等级
金花茶种质资源高效培育及利用技术	李辛雷；李纪元；倪穗；殷恒福；杨世雄；韦晓娟；范正琪；周兴文；李志辉；陈德龙	中国林业科学研究院亚热带林业研究所；广西壮族自治区林业科学研究院；中国科学院昆明植物研究所；宁波大学；南宁市金花茶公园；广西源之源生态农业投资有限公司；合浦佳永金花茶开发有限公司	二等
新型高效药剂注干预防松材线虫病关键技术开发与应用研究	胡加付；杨庆寅；李珏闻；孙德莹；沈元华；闫锋；王永春；孙学书；李艳；苑国建	杭州益森键生物科技有限公司	二等
蝗虫遥感监测和预测关键技术与应用	董莹莹；方国飞；黄文江；李计顺；高薇；叶回春；李晓冬；孙红；赫传杰；张家胜	国家林业和草原局森林和草原病虫害防治总站；中国科学院空天信息创新研究院	二等
柞树主要害虫生物学研究及综合治理技术集成与应用	李喜升；石生林；赵世文；历红达；王敬贤；杨瑞生；吴迪；朱绪伟；宫艳虎；季明刚	辽宁省蚕业科学研究所；辽宁省林业科学研究院	二等
第三次全国林业有害生物普查	宋玉双；崔振强；李娟；程相称；岳方正；阎合；董瀛谦；朱宁波；崔永三；姚翰文	国家林业和草原局森林和草原病虫害防治总站；江西省林业有害生物防治检疫中心；福建省林业有害生物防治检疫局；吉林省森林病虫防治检疫总站；黑龙江省森林病虫害防治检疫站；山西省林业和草原有害生物防治检疫总站	二等
中亚热带东部森林生物多样性维持机制与保护技术	于明坚；陈德良；雷祖培；郑伟成；诸葛刚；杨淑贞；刘胜龙；郭瑞；陈小荣；俞立鹏	浙江大学；浙江凤阳山-百山祖国家级自然保护区管理局百山祖管理处；浙江乌岩岭国家级自然保护区管理中心；浙江省森林资源监测中心；浙江天目山国家级自然保护区管理局；浙江九龙山国家级自然保护区管理中心；浙江凤阳山—百山祖国家级自然保护区管理局凤阳山管理处	二等
微生物-植物耦合改善太湖湿地水下光照环境技术研究与应用	冯育青；胡昕欣；王俪玢；谢冬；李欣；周婷婷；李琪；范竟成；朱铮宇；张铭连	苏州市湿地保护管理站；国家林业和草原局湿地管理司；国家林业和草原局宣传中心；南京林业大学	二等
矿区废弃地微生物生态修复与资源化利用技术研究	吕刚；孔涛；魏忠平；赵雁红；武文昊；许海东；李刚；杨振宇；王宠；张燕夫	辽宁工程技术大学；辽宁省林业科学研究院	二等
海南退化热带雨林生态修复技术	张辉；周淑荣；崔杰；罗金环；邢玉庭	海南大学	二等
南太行农林复合系统资源高效利用技术与示范	孙守家；孟平；何春霞；杨海青；桑玉强；张喆；程志庆；高峻；孙圣；张劲松	中国林业科学研究院林业研究所；安徽农业大学；河北农业大学；河南农业大学；河南省林业科学研究院	二等
大小兴安岭森林与水资源协同机制及调控技术研究	蔡体久；段亮亮；盛后财；满秀玲；琚存勇；孙晓新；俞正祥；李华；金元哲；杨文化	东北林业大学	二等
干旱荒漠区植被生态修复技术	赵民忠；牛健植；余新晓；邓洪；贾国栋；庄光辉；阳友奎；樊登星；尤金成；徐奥	西藏俊富环境恢复有限公司；北京林业大学；内蒙古自治区阿拉善盟林业和草原局	二等
国家公园自然资源监测体系设计与实施示范	葛剑平；王天明；冯利民；田勇臣；李波；麻卫东；王楠；钟成军	北京师范大学；中林信达(北京)科技信息有限责任公司；吉视传媒股份有限公司；国家林业和草原局国家公园管理办公室	二等
林业定量遥感理论与应用关键技术	黄华国；彭道黎；孙华；王瑞瑞；侯正阳；陈玲；沈亲；漆建波；于强；蒋靖怡	北京林业大学；中南林业科技大学	二等

（续表）

项目名称	项目完成人	主要完成单位	获奖等级
竹林碳汇遥感监测关键技术及应用	杜华强；毛方杰；李雪建；杨绍钦；吕玉龙；蒋仲龙；刘恩斌；韩凝；范渭亮；周宇峰	浙江农林大学；安吉县自然资源和规划局；浙江省森林资源监测中心；浙江省公益林和国有林场管理总站	二等
毛竹林经营模式创新与监测关键技术	官凤英；刘健；余坤勇；范少辉；余林；许章华；舒清态；唐晓鹿；刘广路；苏文会	国际竹藤中心；福建农林大学；江西省林业科学院；福州大学；西南林业大学	二等
海南植物资源保育技术创新及其在森林植被修复中的应用	杨小波；杨众养；李东海；许涵；陈宗铸；任明迅；莫燕妮；王旭；廖文波；陈玉凯	海南大学；海南省林业科学研究院（海南省红树林研究院）；中国林业科学研究院热带林业研究所；海南省野生动植物保护管理局；中山大学；海南师范大学	二等
国家公园大熊猫主食竹景区恢复重建关键技术研究与示范	江明艳；陈其兵；闫晓俊；刘维东；邓雨佳；高素萍；陈超逸	四川农业大学；四川农大风景园林设计研究有限责任公司	二等
竹林培育碳增量机制及关键技术	唐晓鹿；范少辉；蔡春菊；刘广路；苏文会；官凤英；杜满义；封焕英；余林；李景吉	成都理工大学；国际竹藤中心；中国林业科学研究院华北林业实验中心；江西省林业科学院	二等
方竹属重要经济竹种高效生态培育技术集成与创新	王福升；刘国华；林树燕；丁雨龙；苟光前；谢寅峰；凡美玲；黄仕平；郑继伟；雷涛	南京林业大学；贵州大学；桐梓县林业局；赤水市林业局；正安县顶箐方竹笋有限公司；正安县科技局	二等
黄河三角洲盐碱地植被恢复关键技术创新与应用	马丙尧；马海林；杜振宇；刘方春；李永涛；刘幸红；王霞；彭琳；郭来永；朱升祥	山东省林业科学研究院；德州学院；北京盛昌农旅科技发展有限公司	二等
马尾松多目标定向培育及产业化关键技术研究与示范	丁贵杰；赵杨；周运超；文晓鹏；韦小丽；周文美；安宁；范付华；吴峰；孙学广	贵州大学；中国林业科学研究院热带林业实验中心；都匀市国有马鞍山林场	二等
竹笋保鲜加工增值关键技术创新与应用	陈惠云；白瑞华；杨虎清；郑小林；杨华；陈纪算；陈晶晶；钱德康；郑剑	宁波市农业科学研究院；国家林业和草原局竹子研究开发中心；浙江农林大学；浙江工商大学；浙江万里学院；海通食品集团有限公司；宁波秀可食品有限公司	二等
园林植物 BVOCs 有益功效筛查及景观康养模式构建与示范	郭明；金荷仙；孙志鸿；张建国；严少君；沈晓婷；郭柏峰；孙雨婷；邵燕；周清滕	浙江农林大学；湖州师范学院；赛石集团有限公司；丽水白云国家森林公园管理中心；衢州市绿创文旅体育发展有限公司	二等
毛竹笋用林经营模式创新	李琴；王波；赵建诚；朱炜；杨振亚；黄少平；黄宏亮；莫颖；何仁华；张荣锋	浙江省林业科学研究院；湖州市生态林业保护研究中心；嵊州市林业技术服务中心；安吉县林业技术推广中心；长兴县林业技术推广中心；衢州市衢江区林业技术推广中心；绍兴市地质环境绿化工作站	二等
果松资源高效培育与高值化加工利用关键技术及应用	肖锐；井晶；张玲；杨凯；王振宇；李艳霞；胡伟；符群；景秋菊；徐娜	黑龙江省林业科学研究所；哈尔滨工业大学；东北林业大学；黑龙江果用松科技发展有限公司	二等
长白山优质特色观赏植物栽培繁育及应用推广	董然；周蕴薇；陈丽飞；才燕；白云；王克凤；王勇；钱英	吉林农业大学；吉林省长白山野生资源研究院；长春科技学院	二等
南方红豆杉多元化培育与利用关键技术及应用	周志春；欧建德；曹晓平；熊伟；欧家琳；罗宁；饶玉喜；朱恒；杨森兴；于宏	上饶市林业科学研究所；明溪县林业科技推广中心；中国林业科学研究院亚热带林业研究所；江西省科学院应用化学研究所；江西省喜果绿化有限公司	二等
长三角主要绿化树种释放 VOCs 与吸附 PM 功能评价及应用	陈健；王翔；王彬；沈剑；泮樟胜；高岩；马元丹；张晶；郑国良；周天焕	浙江农林大学；浙江省森林资源监测中心；金华市林业技术推广站；松阳县自然资源和规划局；国家林业和草原局竹子研究开发中心；开化县林业局	二等

（续表）

项目名称	项目完成人	主要完成单位	获奖等级
浙江典型脆弱人工林生态修复技术与应用	吴家森；陈林；王懿祥；王斌；袁紫倩；王翔；刘刚；盛卫星；徐升华；刘海英	浙江农林大学；浙江省森林资源监测中心；中国林业科学研究院亚热带林业研究所	二等
杉木林连栽化感障碍机制及其栽培对策技术应用	曹光球；林思祖；陈龙池；叶义全；黄钦忠；汪思龙；郑宏；黄志群；杨梅；陈爱玲	福建农林大学；中国科学院沈阳应用生态研究所；福建省连城邱家山国有林场；福建省洋口国有林场；福建师范大学地理研究所；广西大学	二等
深圳毛棉杜鹃生态景观林培育关键技术创新	王定跃；谢利娟；李文华；白宇清；傅卫民；徐滔；张开文；刘永金；管洁；张华	深圳市梧桐山风景区管理处；深圳职业技术学院；深圳技师学院	二等
辽东山区主要森林类型水源涵养机制与功能提升关键技术	刘红民；高英旭；董莉莉；汪成成；房春果；陈军；李昀峰；赵国杰；庞家举；赵济川	辽宁省林业科学研究院	二等
鹅掌楸属种质资源创新及高效培育技术研究与应用	余发新；钟永达；管兰华；杨爱红；吴长飞；吴照祥；曹健；李彦强；刘立盘；刘腾云	江西省科学院生物资源研究所；湖北省林业局林木种苗管理总站；南京林业大学；江西省林业科技推广和宣传教育中心；南昌工程学院	二等
柽柳种质资源收集评价、新品种选育及产业化应用	杨庆山；王振猛；魏海霞；李永涛；周健；王莉莉；褚建民；甘红豪；李清波；刘德玺	山东省林业科学研究院；中国林业科学研究院林业研究所；宁夏三林林业科技开发有限公司	二等
油桐抗枯萎病家系选育技术及应用	陈益存；汪阳东；杨安仁；高暝；俞文仙；田晓堃；吴立文；李柏霖；唐荣栋；李启祥	中国林业科学研究院亚热带林业研究所；云阳县林业局；独山县林业局；杭州市富阳区农业农村局；贵州鸿发生态农业科技有限责任公司	二等
辽宁地区红松、落叶松良种选育技术集成与示范	冯健；尚福强；于世河；张利民；王骞春；陆爱君；郑颖；卜鹏图；曹颖；王占伟	辽宁省林业科学研究院；辽宁省森林经营研究所	二等
蓝莓高效定向培育及加工关键技术与产业化	侯智霞；张柏林；朱保庆；苏淑钗；张凌云；吕兆林；刘勇；姜惠铁；唐仲秋；刘丽珠	北京林业大学；青岛沃林蓝莓果业有限公司；大兴安岭森宝得科技开发有限责任公司；黑龙江生桦生物科技有限公司	二等
低纬度高原区板栗绿色高效栽培与综合利用关键技术	石卓功；姚增玉；熊忠平；汪以康；梅徐海；柳向方；高云；汤红义；和润喜；王猛	西南林业大学；宜良县林业和草原局；易门县林业和草原局；禄劝县林业和草原局；镇雄滇龙生态科技有限公司；永仁县林业和草原局	二等
山东省经济林绿色高效生产关键技术创新与应用	赵之峰；曹国玉；王清海；丁彬；孟晓烨；解小锋；于婷娟；谭淑玲；潘亚冬；陈爱昌	山东省林业保护和发展服务中心（原山东省经济林站）；山东省林业科学研究院；山东省经济林协会；山东佐田氏生物科技有限公司；济南祥辰科技有限公司；山东靠山生物科技有限公司	二等
香榧适生立地评价与提质增效经营技术研究	沈爱华；干牧野；胡文翠；潘永柱；何祯；王小明；冯博杰；虞舟鲁；郑国良；厉锋	浙江省林业技术推广总站；浙江大学；东阳市香榧研究所；中国林业科学研究院亚热带林业研究所；丽水市林业技术推广总站；松阳县自然资源和规划局；嵊州市林业技术服务中心	二等
金银花产业化关键技术创新与应用	沈植国；刘云宏；丁鑫；刘寅；王广军；刘玉霞；王玮娜；孟照峰；孙雪；朱长春	河南省林业科学研究院；河南科技大学；中原工学院；河南省农业科学院植物保护研究所；河南天赫伟业能源科技有限公司；封丘县特色产业发展服务中心；封丘县鑫丰农业种植专业合作社	二等

（续表）

项目名称	项目完成人	主要完成单位	获奖等级
集约经营竹林土壤提质增汇关键技术研究与应用	秦华；陈俊辉；邬奇峰；诸炜荣；梁辰飞；徐秋芳；曹雯；李松昊；刘国群；王洁	浙江农林大学；杭州市临安区农林技术推广中心；安吉县林业技术推广中心；松阳县森林资源保护管理站；衢州市柯城区美丽乡村建设中心；上海园林绿化建设有限公司	二等
杨梅种质创新与生态高效经营关键技术及应用	戚行江；张淑文；梁森苗；任海英；何新华；张泽煌；俞浙萍；陈新炉；王世福；胡丹	浙江省农业科学院；广西大学；福建省农业科学院果树研究所；靖州苗族侗族自治县农业技术推广中心	二等
高寒地区杜仲引种培育及其利用关键技术	唐中华；李德文；杨磊；张琳；杜庆鑫；刘英；王洪政；杨心玉；孟庆焕	东北林业大学；中国林业科学研究院经济林研究开发中心	二等
杨梅简约抗逆栽培与新品种育成技术示范推广	陈方永；邱智敏；倪海枝；王引；颜帮国；唐卿雁；邱继水；桑荣生；蒲占湑；包日在	浙江省柑橘研究所；台州市林业技术推广总站；云南农业大学食品科技学院；广东省农业科学院果树研究所；丽水市莲都区农业局水果站；泰顺县茶产业发展中心；象山县泗洲头镇林业工作站	二等
蓝莓种质创制及产业化关键技术集成与应用	张大治；刘成；魏鑫；高鹤；刘有春；张素敏；张淑梅；张国庆；武国岳；杨晓光	辽宁省林业发展服务中心林业技术推广部；辽宁省果树科学研究所	二等
南方红壤区油茶水肥高效调控技术集成创新应用	陈隆升；刘彩霞；左继林；胡亚军；唐炜；何之龙；罗佳；彭映赫；周文才；杨自强	湖南省林业科学院；江西省林业科学院；中国科学院亚热带农业生态研究所；宁乡丰裕生物科技有限公司；湖南绿林海生物科技有限公司；澧县民丰林业科技有限公司	二等
苹果耐寒旱新品种选育及果品加工工艺创新与应用	刘志；杨巍；张素敏；吕天星；马冬菁；王冬梅；翟金凤；闫忠业；尚健；李珂	辽宁省果树科学研究所；辽宁省林业科学研究院	二等
寒地浆果生物活性物质功效研究及高值化产品工业 4.0 加工技术	周丽萍；王化；刘荣；王振宇；赵海田；景秋菊；李梦莎；张华；何丹娆；程翠林	黑龙江省科学院自然与生态研究所；哈尔滨工业大学；东北林业大学；黑龙江省农业科学院园艺分院	二等
多花黄精产业化关键技术研究与推广	刘跃钧；蒋燕锋；严邦祥；刘京晶；叶传盛；郭联平；谢建秋；阙利芳；夏丽敏；李红俊	华东药用植物园科研管理中心；浙江农林大学；景宁畲族自治县林业科学技术推广中心；丽水亿康生物科技有限公司；丽水市农林科学研究院；浙江贝尼菲特药业有限公司	二等
辽北地区平欧杂种榛林药高效复合经营模式与关键技术研究	田丽杰；郑英达；张梅春；田霄；陈清霖；董艳卓；孙俊；刘准；王玲；鞠浩	辽宁省铁岭市林业技术推广站	二等
古建筑木构件现场勘察技术及应用	陈勇平；赵鹏；周海宾；李华；张涛；郭文静；张琼；唐启恒；王双永；常亮	中国林业科学研究院木材工业研究所；故宫博物院；北京市古代建筑研究所	二等
生物质原料自适应胶黏剂预处理关键技术及产品产业化	黄润州；贾翀；严俊；郭晓磊；周培生；陆斌；兰平；杨蕊；冒海燕；汤正捷	南京林业大学；江苏洛基木业有限公司；连云港华林木业有限公司；迈安德集团有限公司；苏州富明新型材料科技有限公司	二等
云南主要工业林木竹材性质研究及尺寸稳定化处理关键技术	王昌命；詹卉；陈太安；董春雷；杨燕；王锦；黄晓园	西南林业大学	二等
竹质材料生物耐久性增强技术研究与应用	谢拥群；余雁；王汉坤；杨文斌；王必囤；刘景宏；李万菊；魏起华；田根林；牛敏	福建农林大学；国际竹藤中心；江西竺尚竹业有限公司；广东省林业科学研究院	二等

（续表）

项目名称	项目完成人	主要完成单位	获奖等级
进口木材检疫检验及增值利用关键技术研究	姚利宏；王喜明；王雅梅；张晓涛；余道坚；徐伟涛；张伟；王晓欢；于建芳；陈红	内蒙古农业大学；国家林业和草原局北京林业机械研究所；南京林业大学；北京林业大学；国家林草业局林产工业规划设计院；深圳海关动植物检验检疫技术中心；靖江国林木业有限公司	二等
超低 VOCs 释放人造板定制家具关键技术创新与应用	高振忠；柯建生；黄志平；张挺；侯贤锋；马路；孙瑾；甘卫星；顾继友；王海东	华南农业大学；索菲亚家居股份有限公司；广东利而安化工集团有限公司；广西三威家居新材股份有限公司；广西大学；东北林业大学	二等
林业剩余物木质纤维资源能源化综合利用关键技术	王奎；周铭昊；胡立红；李文志；徐俊明；钟宇翔；叶俊；夏海虹；王瑞珍；薄采颖	中国林业科学研究院林产化学工业研究所；中国科学技术大学；扬州大学；俏东方生物燃料集团有限公司；徐州市洛克尔化工科技有限公司	二等
樟科植物资源选育与香料成分高值利用关键技术及应用	陈尚钘；金志农；杨光耀；王宗德；肖祖飞；李祥林；廖圣良；郑福昌；张北红；范国荣	江西农业大学；南昌工程学院；江西思派思香料化工有限公司；江西天香林业开发有限公司	二等
大小兴安岭森林分类经营技术集成与示范	董喜斌；朱玉杰；李耀翔；冯国红；马继东；秦世立；韩贵杰；王宪忠；钟晓玉；曾庆军	东北林业大学	二等
木材数控微米刨铣加工及智能控制装备研究	宋文龙；杨春梅；马岩；任长清；吴哲；姜新波；边书平；白岩；赵瑞锦；徐洪阳	东北林业大学	二等
林业重点工程社会经济影响评价和政策优化研究	刘璨；罗明灿；陈珂；刘浩；张连刚；李娅；朱文清；康子昊；文彩云；王雁斌	国家林业和草原局经济发展研究中心；西南林业大学；沈阳农业大学	二等
中国森林资源增长机制与木材产业绿色发展评价技术及应用	程宝栋；李凌超；赵晓迪；徐畅；周凯；于畅；杨超；秦光远；李芳芳	北京林业大学；中国林科院科信所；安徽财经大学；浙江农林大学	二等
浙江省现代国有林场发展的研究与实践	蒋仲龙；刘海英；汪燕明；吴家森；林松；胡卫江；王增；张勇；高洪娣；余雪琴	浙江省公益林和国有林场管理总站；浙江农林大学；开化县林场	二等
中国碳金融市场发展、机制设计及应用	盛春光；黄颖利；陈丽荣；赵晓晴；贯君；李微；刘宗烨	东北林业大学	二等
生物多样性保护与社会经济发展协调理论与实践	温亚利；贺超；马奔；侯一蕾；段伟；雷硕；申津羽；谢屹；王会；赵正	北京林业大学；中国人民大学；华南农业大学；中国林业科学研究院林业科技信息研究所	二等
以国家公园为主体的自然保护地体系构建理论及关键技术	唐小平；蒋亚芳；刘增力；徐卫华；张玉钧；梁兵宽；陈君帜；黄桂林；侯盟；肖燚	国家林业和草原局调查规划设计院；中国科学院生态环境研究中心；北京林业大学	二等
扬子鳄规模化人工繁育精细化管控技术集成与应用	姚建林；聂海涛；吴荣；周永康；孙四清；吴孝兵；汪仁平；周应健；夏同胜；章松	安徽省扬子鳄繁殖研究中心；安徽师范大学	二等
城市区域长江江豚自然保护区综合监测及保护管理创新技术体系	孙立峰；梅志刚；刘杉；王克雄；郑爱春；魏勇；张新；杨晓栋；温芳芳；彭婷婷	南京市林业站；中国科学院水生生物研究所；南京林业大学	二等
蛙类新发传染病防治技术推广应用	王晓龙；王昊宁；曾赞；曾祥伟；田丽红；汪环；白世卓；朱东泽；许凯；魏营	东北林业大学；哈尔滨学院	二等
松材线虫病疫木监测与处置监管服务平台的构建及应用	刘会香；胡宪亮；王圣楠；刘双喜；赵涛	山东农业大学；济南祥辰科技有限公司；山东省林业科学研究院	三等

（续表）

项目名称	项目完成人	主要完成单位	获奖等级
基于化学信息物质的麻楝蛀斑螟等重要害虫绿色防控技术研发与应用	马涛；王偲；温秀军；林娜；王忠	华南农业大学；广东省森林资源保育中心；中国林业科学研究院热带林业研究所；中捷四方生物科技股份有限公司；中山市林业有害生物防治检疫站	三等
辽宁地区经济林主要病虫害无公害防治关键技术集成研究	栾庆书；王建军；王琴；赵瑞兴；魏建荣	辽宁省林业科学研究院；河北大学	三等
洪泽湖东部湿地质量诊断与生态修复关键技术	李萍萍；韩建刚；李威；季淮；朱咏莉	南京林业大学；淮安市洪泽林场；洪泽湖东部湿地省级自然保护区管理处	三等
浙江省主要森林类型经营增汇技术研究与示范	雷海清；李正才；张勇；朱紫烨；王金旺	浙江省亚热带作物研究所；中国林业科学研究院亚热带林业研究所；浙江省公益林和国有林场管理总站	三等
科尔沁沙地综合整治技术及持续经营模式研究	李显玉；刘志民；蒋德明；曹成有；阿拉木萨	赤峰市林业科学研究院；中国科学院沈阳应用生态研究所；东北大学；翁牛特旗林业和草原局	三等
林草资源监管云平台关键技术研究及应用	李谭宝；谭靖；李崇贵；董金玮；王吉斌	国家林业和草原局西北调查规划设计院；北京航天泰坦科技股份有限公司；西安瑞特森信息科技有限公司；中国科学院地理科学与资源研究所；西安通飞晟大科技有限公司	三等
河套平原耐盐碱林草植物品种培育和抗盐碱种植修复关键技术	张华新；朱建峰；武海雯；杨秀艳；张学军	中国林业科学研究院；巴彦淖市沙漠综合治理中心；中国林业科学研究院天津林业科学研究所	三等
广西杉木种业工程关键技术创新与应用	黄开勇；陈代喜；戴俊；陈晓明；董利军	广西壮族自治区林业科学研究院；融水苗族自治县国营贝江河林场；融安县西山林场；全州县咸水林场；南丹县山口林场	三等
竹子种质资源库建设及分子标记辅助分类技术研究	郑林；张迎辉；陈礼光；荣俊冬；何天友	福建农林大学	三等
寒地特优浆果醋栗资源创新与定向培育技术研究及应用	刘克武；冯磊；陈宇；刘海军；高洪娜	黑龙江省林科院牡丹江分院	三等
南方型杨树定向培育及可持续经营技术研究与示范	胡兴宜；唐万鹏；崔鸿侠；王晓荣；张兴虎	湖北省林业科学研究院；潜江市林业科学研究所；湖北省林科院石首杨树研究所；黄冈市黄州区李家洲林场	三等
耐湿热露地花卉资源搜集选育和产业化关键技术	钱仁卷；胡青荻；林韧安；郑坚；马晓华	浙江省亚热带作物研究所；温州青源园艺科技有限公司	三等
毛乌素沙地樟子松人工林培育关键技术与示范	张泽宁；张林媚；郭彩云；张惠；许凌霞	榆林市林业科学研究所；横山区治沙绿化办公室；定边县林草工作站	三等
特色笋用竹种发掘及高质培育关键技术	郭子武；陈双林；周成敏；江志标；林华	中国林业科学研究院亚热带林业研究所；丽水市农林科学研究院；浙江省桐庐县林业技术推广中心；福建省沙县林业局；杭州市富阳区农业技术推广中心	三等
优质抗寒杂交榛品种选育与推广示范	逄宏扬；李红莉；李雪；祁永会；龙作义	黑龙江省林业科学院牡丹江分院	三等
麻栎良种多目标选育及高效培育关键技术创新与应用	吴中能；张旭东；陈素传；台建武；季琳琳	安徽省林业科学研究院；中国林业科学研究院林业研究所；滁州市南谯区林业局；滁州市红琊山国有林场	三等
湿地松优良种质创制及高效培育技术与应用	吴际友；杜超群；张珉；陈明皋；许业洲	湖南省林业科学院；湖北省林业科学研究院；汨罗市桃林国有林场；荆门市彭场林场；湖南冠达农林科技有限公司	三等

（续表）

项目名称	项目完成人	主要完成单位	获奖等级
不飞絮‘蒙树2号杨’新品种选育	赵泉胜；马黎明；康向阳；铁英；封卫平	内蒙古和盛生态科技研究院有限公司；蒙树生态建设集团有限公司；内蒙古蒙树生态环境有限公司	三等
玫瑰产业化关键技术研究与示范	苗保河；赵欣欣；刘蓉；程浩；曹炎生	中国农业科学院都市农业研究所；北京市门头沟区科技开发实验基地；济南天卉玫瑰生物科技有限公司；小金县夹金山清多香野生资源开发有限责任公司；西昌昌泰香料有限责任公司	三等
经济林果壳废弃物基质化利用关键技术研究及产业化	张金萍；姚小华；黄卫华；应玥；张甜甜	中国林业科学研究院亚热带林业研究所；庆元县食用菌科研中心；庆元县丰乐菇业有限公司；杭州长林园艺有限公司；杭州富阳绿园园艺公司	三等
油用樟高效培育与开发利用关键技术	安家成；李开祥；梁忠云；朱昌叁；杨素华	广西壮族自治区林业科学研究院；柳州市笑缘林业股份有限公司；南宁市和丰农业投资有限责任公司；广西壮族自治区国有钦廉林场；泰和县纯真苗木种植有限公司；广西木珍香料有限责任公司	三等
青钱柳高效培育与深加工关键技术及产业化	柏明娥；郑晓杰；李彦坡；卢刚；徐谦	浙江省林业科学研究院；温州科技职业学院(温州市农业科学研究院)；文成县圣山食品开发有限公司；淳安县新安江生态开发集团有限公司；宁波大学	三等
茶油精准定级生产和评价关键技术研究与示范	周波；马力；龙奇志；刘剑波；张喜雨	中南林业科技大学；湖南省林业科学院；株洲乡轩山茶油有限公司；湖南金昌生物技术有限公司；岳阳市质量计量检验检测中心	三等
平欧杂种榛良种选育及丰产栽培技术集成应用	解明；刘剑锋；王道明；郑金利；于冬梅	辽宁省经济林研究所；吉林师范大学	三等
竹燕窝培育关键技术研发与产业化应用	农向；谢跃；陈康明；余华；胡烨	乐山师范学院；四川农业大学；宜宾梦幻森林食品有限责任公司；成都海关技术中心；乐山市食品药品检验检测中心	三等
软枣猕猴桃、刺龙牙高效栽培关键技术研究与示范	金鑫；姜冬；胡万良；孔祥文；王胜东	辽宁省森林经营研究所	三等
竹子应材加工与高值化利用	周松珍；钱俊；马中青；周一帆；周宜聪	浙江九川竹木股份有限公司；浙江农林大学；江西东方名竹竹业有限公司	三等
西南特色木结构民居工业化制造关键技术与示范	陆步云；卢晓宁；冷魏祺；喻乐飞；杨守禄	南京林业大学；国家林业和草原局林产工业规划设计院；贵州省林业科学研究院；黔东南州开发投资有限责任公司；贵州凯欣产业投资股份有限公司	三等
木质纤维素气化裂解反应器及其定向气化制合成气技术应用	罗锡平；杜理华；王永刚；马中青；宋成芳	浙江农林大学；浙江工业大学；浙江天目工程设计有限公司	三等
林业补贴政策的效益监测与评价	李冰；赵金成；陈雅如；朱臻；朱洪革	国家林业和草原局经济发展研究中心；浙江农林大学；东北林业大学；四川农业大学	三等
林业草原生态扶贫生态脱贫监测	菅宁红；王亚明；吴琼；李扬；衣旭彤	国家林业和草原局经济发展研究中心；青岛农业大学；广西财经学院广西(东盟)财经研究中心；河北农业大学经济管理学院	三等
西藏高原优质特色饲草栽培与加工综合技术研究与推广应用	崔国文；陈雅君；海涛；刘昭明；李险峰	东北农业大学	三等

第十届梁希科普奖获奖名单

梁希科普奖(作品类)

奖项等级	作品名称	作　者（单位/个人）	申报单位或个人
一等奖	《盐城湿地我的家》	陈浩、祁正来、刘迎侠、陈亚芹等	江苏盐城国家级珍禽自然保护区管理处
	《中国竹类植物图鉴》	岳祥华、王汉坤、田根林、费本华等	国际竹藤中心
二等奖	《动物世界大揭秘　哺乳动物》	余大为	余大为
	《野生动物生物安全科普系列动画之一～五》	卢琳琳、范梦圆等	中国野生动物保护协会
	《广东梧桐山国家森林公园手绘昆虫笔记》	唐湛、安然等	广东省沙头角林场(广东梧桐山国家森林公园管理处)
三等奖	《原野之窗：生物多样性教育课程》(含教师用书和学生用书一套两册)	雍怡等	陈璘
	《探秘野生动物与病原体》	卢琳琳等	中国野生动物保护协会
	微电影《杉杉》	张科等	浙江省林业信息宣传服务中心
	“发现保护地之美”系列视频	陈庆辉等	广东省林业局
	《森林消防信息》2020年网络科普系列作品	高昌海等	中国林学会森林与草原防火专业委员会

梁希科普奖(活动类)

活动名称	主要参与单位	主要参加人
“穿越北回归线风景带——广东自然保护地探秘”系列科普活动	广东省林业局	陈庆辉、唐松云、林冉、谭琳、陈海生、黄石林、黄明煜、王晶、王永刚
科创志愿服务青少年林草科学普及系列活动	辽宁省科学技术协会、辽宁省林学会、葫芦岛市野生鸟类保护协会	李宁、方勇、王姗姗、陈清霖、董鑫、姬璐璐、任思维、赵欣华、陈一硕
北林国际花园节建造及展览系列科普活动	北京林业大学、成都市公园城市建设管理局	王向荣、赵晶、杨小广、郑曦、董丽、谢玉常、王永林、陈明坤、董璁
趣味闯关线上活动	上海市林业总站、上海市科技艺术教育中心	李梓榕、李玉秀、曹晓清、张琳、张伯浩、季镭、郑运祥、叶欣、严施骞
宝天曼“十个一”研学活动	河南内乡宝天曼国家级自然保护区管理局	陈良甫、路登伟、张清浩、刘晓静、闫满玉、江鹏、田野、余征遥、姚松
踏出校园，走进大自然	中国林业科学研究院亚热带林业实验中心	谭新建、钟秋平、陈传松、王丽云、厉月桥、司芳芳、李家彧、向斌、朱婷婷
“共享自然　共建湾区”系列自然教育(科普)活动	广东省林业政务服务中心、广东省林业科学研究院、广东省林业科技推广总站	李涛、黎明、魏丹、吴玲、林冉、唐洁、陈日强、江堂龙、叶龙华
城市森林自然科普集市	湖南省森林植物园	曾桂梅、蒋利洪、黄秀、刘倩、胡勇、熊颖、蒋睿、张帆、郑硕理

梁希科普奖(人物类)

获奖人姓名	工作单位	推荐单位
邱国强	德清县自然资源和规划局	浙江省林学会
韩静华	北京林业大学	北京林业大学
李晓东	中国科学院植物研究所	中国科学院植物研究所

国家林业和草原局直属单位

24

国家林业和草原局机关服务中心

【综　述】　2021年，机关服务中心统筹疫情防控和业务开展，扎实开展"我为群众办实事"实践活动和"建言献策"活动，全面落实机关事务管理、服务保障和经营创收各项目标任务，各项工作取得新进步、新发展、新成效。

疫情防控　一是严格机关院区出入管理，加强与驻地政府相关职能部门、外埠派出机构的联防联控和局部应急处置。二是组织1623人完成新冠病毒疫苗接种。三是持续严格公共场所和车辆的卫生清洁和通风消毒，机关食堂严把冷链食品供应的进货、配送关，加强自管居民区和经营性房产的人员管理和消杀力度。四是加强对出返京人员的排查隔离，窗口一线服务人员固定2周一次核酸检测。

重点工程　一是按期完成3号办公楼维修改造项目。成立工作专班，设计、优化维修改造方案，紧盯工期进度，强化质量管理，统筹做好协调办公楼内各单位搬迁、加强现场施工管理等各个环节。10月10日，3号办公楼维修改造工程基本完成，老干部局和国家公园发展中心等单位如期入驻，保障了国家林草局事业单位改革顺利完成。二是继续做好老旧小区改造等重点项目。完成花家地等三栋楼老旧小区改造工程招投标工作，启动了花家地西里212号楼改造施工，完成了和平里七区25号楼以及和平里东街12号院6号楼部分设施的维修改造。

后勤改革　一是充实加强后勤职能，落实"三定方案"。结合事业单位"三定方案"调整编制工作，进一步明确强化了机关事务管理和服务保障相关职能。国家林草局人事司批复同意的"三定方案"中，同意机关服务中心3个处室更名，并新成立2个处。二是落实机要交通职能划转工作。接收、承担了国家林草局机关的机要交通工作，明确专门处室负责，落实机要交通人员，建立24小时值班制度，保证了机要工作交接的无缝衔接和平稳过渡。三是做好全民所有制企业改革、改制和注销工作。完成机关服务中心所办5家全民所有制企业改制注销。北京中林汽车租赁服务公司和厦门新中林大酒店2家企业完成改制，完善了法人治理结构。国林宾馆、西山国林山庄宾馆、中林拓展建筑工程公司3家企业已完成注销。四是加快落实招待所改革工作。5月10日，招待所全部职工正式移交国家林草局规划院管理。

【制度废改立工作】　结合巡视整改和后勤工作实际，深刻剖析、研究对策，深入开展制度废改立工作，确保全面梳理现有规章制度。坚持"举一反三"，新建和修订制度9项，切实堵塞制度漏洞，加强组织领导，形成工作合力，推动建立健全以制度管人管事管权的长效机制。

【政治机关建设】　完成"两委"换届选举工作，选举产生了新一届党委委员和纪委委员；组织领导班子成员和分管单位主要负责人先后签订"一岗双责"责任书和领导干部杜绝插手干预重大事项承诺书；组织开展了"两优一先"评选；完成工会和女职工委员会换届选举工作。

【后勤服务】　一是提高餐饮服务质量。持续深入贯彻落实习近平总书记关于厉行节约、反对浪费特别是制止餐饮浪费行为重要指示批示精神，坚决制止餐饮浪费；召开机关伙食管理委员会会员单位代表座谈会，征求对餐饮服务的意见建议；建立除法定节假日外的全年无休供餐服务，不断丰富一日三餐的食品花色品种；申请国管局专项资金，完成了食堂油烟净化系统改造项目。二是关心干部职工身心健康。深入调研并研究制订了职工体检方案，2022年将从5所医院中选择3所，作为机关干部职工和退休老干部的体检定点医院；与应急总医院建立合作医疗服务保障机制。三是做好职工子女入托、托管工作。完成了干部职工子女入园各项工作，共接收100余名儿童；做好机关职工6~12岁子女暑期托管工作，共有15个单位的67名职工子女报名参加；筹备寒假托管工作，安排托管方案、师资配备和课程设计等。四是改善自管社区职工居住生活条件。积极申报为具备条件的自管社区职工住宅楼加装电梯；组织召开了5场座谈会，安装电动自行车充电桩15处，解决了职工普遍反映的难题；为单身宿舍和挂职干部公寓提供24小时物业服务，为林调社区1号楼宿舍安装了公共洗衣机、浴室取暖系统。五是提升物业管理和服务水平。加强机关院区绿化美化，更换了院区草坪3000平方米，种植了2个月季园；对机关礼堂和部分会议室的灯光音响设备进行了升级改造；加强院区停车管理，增设了电动自行车充电桩和21个停车位；在院区门口传达室、主楼一层大厅分别安装了液晶显示器和电子触摸屏；在篮球场、自行车棚加装了照明灯；设立了衣物干洗服务点；通过加强管理积极解决职工理发难题。

【一卡通系统建设和机关数字后勤建设】　创造条件积极推进智慧后勤系统建设，借助国家林草局信息中心开发建设的政务外网工程，嵌入后勤服务模块，实现食堂外卖、会议室等项目的线上预约功能；积极争取国管局支持，国家林草局成为第一家中央国家机关数字后勤建设试点单位。项目已进入施工阶段，建成后将极大提升后勤管理的智慧化水平。

【政务服务中心保障】　对政务服务中心硬件进行了升级，建成集审批服务、信息公开和业务咨询等功能于一体的综合性服务平台。切实深化"放管服"改革，为业务司局提供行政许可事项跟踪、提醒、督办服务，开展全流程网上办理。全年接收行政许可申请1697件，办理各类行政审批程序性文件1862件，完成"好差评"

评价458件，好评率100%。稳妥处置了群众在侵占林地和草原、破坏森林和草原、湿地资源、野生动物等方面反映的主要集中问题，全年接待来访群众7600余人次，处理来访信件2789件次。

【资产财务管理】 一是规范化管理机关服务中心及国家林草局本级国有资产。完成了服务中心和国家林草局本级资产的清产核资，清理了服务中心报废、盘亏资产，建立了服务中心管理的经营性房产登记台账；按照内部审计和审计署要求，提交了服务中心国有资产系统资料及房屋、车辆等基本信息。二是开展了国家林草局本级、服务中心名下登记的房屋、土地资产专项清理及调查摸底。完成服务中心名下管理的上海办事处、烟台办事处、厦门办事处、国林宾馆、西山宾馆、北戴河以及单身公寓(宿舍)的清理工作。三是落实服务中心财务管理规章制度，严格按照经费使用审批权限、财务报销工作程序、合同管理规定办理经费支付和财务报销工作。

【对口扶贫】 深入开展对口扶贫。通过购买大兴安岭林特产品、在食堂设置林特产品展示柜等方式，扎实推进消费扶贫，累计采购贫困地区农产品205.4万元；持续对广西罗城县龙岸镇中心幼儿园开展教育扶贫活动；与大兴安岭塔河县塔林林场、第二幼儿园协商建立结对共建联系单位。

【节能减排工作】 持续提升机关能源资源利用效率，确保年度计划指标任务顺利完成。扎实推进节约型机关创建工作，国家林草局获全国首批“节约型机关”称号。

【社会事务工作】 配合有关单位完成“3·12”机关春季义务植树、共和国部长义务植树等活动各项准备工作。配合东城区选举委员会和平里地区分会完成了东城区人大代表换届选举工作。持续推进机关在京事业单位创建生活垃圾分类示范单位工作。配合东城交通支队和平里大队在属地街道范围内创建“交通文明示范路口”。组织职工参加了“幸福工程——救助贫困母亲行动”捐款活动。

【安全生产任务】 组织各单位逐级签订了社会治安综合治理责任书和防汛责任书，开展了“防灾减灾日”“安全生产月”等主题宣传和电动自行车消防安全治理等活动，加强了对重点部位和重点区域的安全隐患自查自纠；配合国家林草局防火司完成了国务院安委会成员单位安全生产工作考核相关工作。

(机关服务中心由郭露平供稿)

国家林业和草原局发展研究中心

【综　述】 2021年，按照国家林业和草原局深化事业单位改革试点工作的统一部署，国家林业和草原局经济发展研究中心更名为国家林业和草原局发展研究中心(以下简称中心)，并加挂国家林业和草原局法律事务中心牌子，中心的职能、编制等得到进一步加强。一年里，中心坚持以习近平新时代中国特色社会主义思想为指导，认真践行习近平生态文明思想和新发展理念，深入贯彻落实国家林草局党组决策部署和分管局领导指示要求，统筹疫情防控和林草政策研究工作，深度参与局重点工作，积极开展林草政策研究和决策咨询，各项工作再上新台阶。

全年共开展各类重点研究项目90余项，组织研究力量参加现地调研220余人次，形成调研报告120份，发表学术论文20余篇，提出政策建议100余条，印发《决策参考》20期、《动态参考》16期，获得批示40余次，报送政务信息51条。其中，呈送中办、国办政策建议8篇，《中蒙区域沙尘暴防治合作》获得多位党和国家领导人批示。中心有1人被评为“省部级百千万人才”，4人获评高级职称资格。有关研究成果获得第十二届梁希林业科技进步奖二、三等奖和陕西省哲学社会科学一、二等奖。中心党委荣获局党组颁发的“先进基层党组织”称号，科研二支部荣获中央国家机关工委、自然资源部和国家林业和草原局颁发的“先进基层党支部”称号，1人获自然资源部评选的“优秀共产党员”称号，2人获局“优秀共产党员”称号，1人获局“优秀党务工作者”称号，1人获局“优秀青年”称号，1人获局“优秀青年工作者”称号。中心工会获得局“先进基层工会组织”表彰，多位干部获得“优秀工会工作者、优秀工会积极分子、优秀职工”表彰。

【参与局重点工作】

中央生态环境保护督察整改 积极履行局中央生态环境保护督察问题整改领导小组办公室工作职责，组织起草并向党中央、国务院报送《国家林业和草原局贯彻落实中央生态环境保护督察反馈问题整改方案》(以下简称《整改方案》)，完成新闻通稿编发和《整改方案》对外公开，密切关注网络舆情，积极做好舆情处置。组织实施3次局督察整改清单化调度，通过中央生态环境保护督察整改信息系统及时报送国家林业和草原局中央环境保护督察整改工作进展，形成《国家林业和草原局中央生态环境保护督察反馈问题整改清单化调度报告》3篇和呈送党中央、国务院的《国家林业和草原局贯彻落实中央生态环境保护督察反馈问题整改工作进展情况报告》，年度整改任务全面完成，推动国家林业和草原局中央生态环境保护督察整改工作取得阶段性成效。

局重点专班工作 参加国家公园专班，先后6次深入东北虎豹国家公园开展督导调研，主持召开相关会议9次，参加专班会议40余次，组织起草《东北虎豹国家公园问题整改落实意见》及局领导讲话等重要文件材料30余篇，向中办、国办和中央改革办呈送简报6期，为第一批国家公园正式设立作出了重要贡献。参加统计工作专班，完成林草生态网络感知系统一套数——气候变化与碳汇部分内容和《林业草原统计手册》重要章节撰写。参加林草"十四五"规划专班，承担林草"十四五"规划制表、插图、校对工作。参加林草产业工作专班，组织开展《现代林业产业示范区管理体系研究》《国储林促进林业产业发展机制研究》等10多项重点研究项目。参加深化集体林改制度改革工作专班，牵头完成集体林改革发展指标体系、生态产品价值实现形式、林业和草原发展的功能定位、各地方支持集体林业改革发展的政策梳理。参加科学绿化专班，多次参加生态司、资源司组成的联合调研组赴上海、北京等开展专题调研，起草"关于特、超大城市绿化用地问题的建议"，为出台《关于科学绿化的指导意见》提供有力支撑。

【重大问题调研】 统筹开展"深化集体林权制度改革方案研究""科研院所管理机制创新调研""关于全面推行林长制实施情况调研""碳达峰碳中和涉林草支持政策调研""森林质量、生态功能评价指标研究"5个局调研类重点课题。围绕林草业与国家重大发展战略、林草重大改革、国家公园体制试点、林草资源保护、林草产业发展、生态安全6个领域，建立重大项目协力攻关机制，打破处室界限，组建工作专班，乡村振兴、林草碳汇、草长制改革试点、宁夏科学绿化试点、青藏高原生态文明高地建设、青海湖流域生态环境保护等28项林草调研重大项目研究取得实质性进展。

【战略与政策研究】

林草战略研究 完成宁夏、青海、新疆三省(区)林草发展"十四五"规划战略研究工作，提交3个总报告和33个专题报告，为地方林草发展提供大力支撑。在做好林草碳中和愿景实现目标、林草发展支撑乡村振兴战略2个局重点课题的基础上，举全中心之力开展宁夏林草碳计量碳中和战略研究，先后组织4批50余人次深入现地，完成283个样地碳储量测定取样，形成《宁夏林草碳计量模型建设样地布设方案》《宁夏林草碳计量外业调查和样本采集技术方案》《宁夏林草碳计量样本处理和实验测定技术方案》3项成果，对科学构建宁夏林草碳计量体系具有重要意义。有效借鉴河长制、跟踪林长制，开展黄河流域河长制典型总结及经验探索以及基于长三角一体化的碳达峰与碳中和研究，积极探索山水林田湖草沙冰流域或区域综合治理的新体制机制。组织开展宁夏科学绿化试点、青藏高原生态文明高地建设、青海湖流域生态环境保护等研究，助力地方林草发展。

法规制度研究 积极开展内蒙古国有林区、海南热带雨林国家公园退化天然林修复支持政策研究，完善退化天然林分类、分级和修复技术标准。积极参与《草原法》修改立法、林草应对气候变化立法、林草行政执法、林草法律制度体系等研究，相关研究成果已报送全国人大、国办。全民所有湿地资源资产所有权委托代理机制研究取得实质性成果，撰写完成《国家层面全民所有湿地资源资产所有权委托代理机制试点实施方案》《全民所有湿地资源资产所有权委托代理机制研究报告》。系统梳理10年来中国湿地生态补偿政策执行情况，为完善中国湿地生态补偿制度打下了良好基础。深入开展内蒙古国有林区生态建设、管理体制、经营机制和民生改善状况研究，形成调研报告4份。组织编写《2020年度中国林业和草原发展报告》。围绕生态产业融资能力不足、盈利能力偏弱等问题，积极开展绿色金融研究，相关研究成果已通过简报形式印发。深入开展集体林生态产品价值实现路径机制研究，提炼出适用于中国集体林生态产品价值的五大类型共15种具体实现路径，有效破解了生态产品价值实现难的问题。启动了国家自然科学基金项目"草原生态补奖政策对牧民调整草场经营行为的影响研究"。

生态安全研究 根据局机构改革调整完善生态安全工作协调机制，持续加强生态安全研究中心机构建设，向国家发展改革委等单位报送评估材料、工作总结和反馈意见11次，联络局各有关司局单位260余次。完成中国生态安全屏障体系建设、青藏高原林草生态安全评价、野生动物致害风险评价、林木资源资产负债表落地推广、森林质量和生态功能评价指标等生态安全领域研究课题，形成研究报告4份。

林草产业研究 认真落实局党组关于发展林业产业决策部署，积极参加局林草产业工作专班工作，组织开展"现代林业产业示范区管理体系研究""国储林促进林业产业发展机制研究"等10多项重点研究项目。完成2021年1~11月全国林业采购经理指数统计，全国林业采购经理指数(FPMI)调查平台作用越发凸显。强化全国经济林产业调查队建设，推动建立省级经济林产业联络员机制，完成2021年全国经济林发展情况数据调度。

生态扶贫与乡村振兴研究 切实履行局定点帮扶与乡村振兴领导小组成员单位职责，做好林业草原生态扶贫生态脱贫总结工作，配合完成《林业草原生态脱贫报告》撰写，为总结宣传林草生态扶贫成效作出重要贡献。围绕乡村振兴战略布局，配合起草《国家林业和草原局关于实行巩固拓展生态脱贫成果同乡村振兴有效衔接的指导意见》，协助开展生态护林员管护履责检查督导工作。完成局重点课题"林草发展支撑乡村振兴战略研究"，开展草原牧区高质量发展案例研究、生态保护与发展视角下巩固脱贫攻坚成果与乡村振兴有效衔接路径研究、乡村振兴战略背景下林区多元化生态保护补偿机制研究等多项生态扶贫重大问题调研项目。组织实施金融扶贫调研，总结河南省卢氏县创建"金融扶贫试验区"经验，推广金融服务促进林草产业高质量发展模式。开展林草生态扶贫成效监测研究，在"十四五"期间跟踪监测脱贫效果，为新时期林草政策支撑乡村振兴战略提供基础依据。

国际合作研究 持续做好"中德林业政策对话平台"管理，筹备中德林业工作组会议10余次，承接德国北威州"中德林业政策交流"项目，开展政策对话交流活动4期。认真履行森林与人类国际组织(RECOFTC)董事职责，参加董事会议；与亚太森林网络(APFNet)召开电话会议2次，协助两国际组织续签合作备忘录。参加《濒危野生动植物种国际贸易公约》(CITES)第73次常委会会议及动物委员会第31次会议，相关建议作为中国意见被CITES动物委员会第31次会议采纳。负责

CITES 战略愿景、社区生计工作组的谈判，提出战略愿景 2021～2030 评价指标体系建议。与联合国粮农组织(FAO)合作开展“中国林业生态扶贫模式技术研讨会”。修改《中国与 FAO 国别规划框架(2021～2025)》草案，相关建议纳入《联合国粮农组织 2021～2025 五年规划》。

【工程与产业监测】

重点国有林区改革监测 部署开展年度监测数据和信息上报任务，正式启动 2021 年度重点国有林区监测工作。完成了森工企业定点跟踪监测指标体系的修改和指标逻辑关系设定和系统调试，于 2021 年 4 月底完成数据上报前的各项准备工作；委托东北林业大学经济管理学院完成“东北国有林区民生监测与调研”。已完成 87 个森工企业调查表的数据收集和整理工作及东北国有林区改革发展报告的汇总。

天保工程社会经济效益监测 继续开展东北、内蒙古等重点国有林区和长江、黄河流域天保工程区的社会经济效益监测工作，2021 年度在长江流域增加了 17 个监测样本。完成天保工程社会经济效益监测指标体系及指标解释调整、上报系统修改、数据填报答疑等工作，完成东北、内蒙古等重点国有林区和长江、黄河流域天保工程经济社会效益监测 87 个监测样本的数据审核、校对及汇总工作，撰写了天保工程 20 年社会经济效益监测情况的报告。

深化集体林权制度改革监测 针对退耕还林工程成果巩固及新一轮退耕还林工程开展情况，天然林停伐政策对基层和林农的影响，集体林区产权改革、森林资源保护、林区产业发展、林地规模化经营、机构改革后基层林业管理等一系列农村林业问题，继续开展“我国相关部门政策对农村林业发展的影响分析”“集体林权制度改革对森林资源和农民生计影响的政策调研”“集体林权制度改革监测”调研工作，调研范围覆盖北京、河北、安徽、江西等 9 个省(区、市)的 22 个县(市、区)，共获取县、乡、村、农户、新型经营主体五类调查问卷共计 5000 余份。10 篇研究论文发表在《改革》《林业科学》《南京林业大学学报》《世界林业研究》《林业经济》等学术杂志，出版专著 2 部。

林草产业发展监测 强化全国经济林产业调查队建设，推动建立省级经济林产业联络员机制，完成 2021 年全国经济林发展情况数据调度，增加林业采购经理指数调查主体，首次将国家、省级龙头企业纳入调查范围。完成 2021 年 1～11 月全国林业采购经理指数统计。持续开展新冠病毒疫情对林业企业生产经营影响、林业企业促进农民工就业、木材经营加工出入库台账、南方集体林区林业企业绿色就业 4 项调查，为局党组及时了解新冠病毒疫情对林业企业影响、林业企业吸纳农民工就业等问题提供支撑。编写《中国林业产业与林产品年鉴 2020》《中国林业产业监测报告 2020》《2020 年中国竹子培育与产业发展报告》《2020 年中国经济林发展报告》等报告。

其他林草重点工程监测 坚持做好京津风沙源治理、退耕还林还草工程、森林质量精准提升工程等林业重点工程社会经济效益监测。新增森林质量精准提升工程监测点 3 个，启动国家公园经济社会效益监测试点，扎实做好集体林权制度改革和林业补贴政策(林业公共财政建设)监测。参与相关重点工程监测制度标准的制修订，完成退耕还林、京津风沙源治理、野生动植物保护及保护区建设社会经济效益监测制度制定和《全国退耕还林还草工程监测国家标准》的修订，研究储备林监测分类指标体系构建。形成森林质量精准提升工程研究报告 6 份，完成《全国退耕还林还草工程监测 2020》《集体林权制度改革监测报告 2020》《2021 年中国经济林发展报告》撰写，出版《林业重点工程社会经济效益监测》《森林质量精准提升监测研究》《2021 中国森林保险发展报告》。

【成果转化与应用】

决策支撑 以服务党中央、国务院和局党组决策为根本方向，扎实地开展调查研究，形成一批咨政价值较高、社会影响较大的研究成果，《“一带一路”背景下推动中蒙区域沙尘暴防治合作的初步思考》《近十年我国木质林产品进出口走势及对策建议》《欧洲绿色新政对林草领域碳达峰、碳中和目标实现的启示》《进一步完善草原生态保护补助奖励政策的建议》《关于加强野生动物致害综合防控的建议》《创新生态碳汇交易机制的 5 点建议》《亚洲象北上对我国人兽冲突的启示》《德国、韩国林业应对气候变化立法经研及启示》等 8 篇研究成果上报中办、国办，多次获得党和国家有关领导人重要批示，为构建林草话语体系，推动林草工作高质量发展，推进国家治理体系和治理能力现代化作出了应有贡献。

八份报告 以提升报告实用价值为核心，组织撰写了《中国林业和草原发展报告》《中国森林保险发展报告》《中国林业产业与林产品年鉴》《中国经济林发展报告》《中国林业产业监测报告》《中国竹子培育与产业发展报告》《全国退耕还林还草工程监测》《集体林权制度改革监测报告》，出版了《林业重点工程社会经济效益监测》《森林质量精准提升监测研究》。

两份内参 加强内参选题策划，积极回应局党组关注的焦点、难点问题，不断提高咨政辅政能力。全年向局党组、有关局属单位呈送《决策参考》20 期、《动态参考》16 期，获得局领导批示 40 余次。向中办、国办呈送政务信息 8 篇，《中蒙区域沙尘暴防治合作》获得多位党和国家领导人批示，为中央科学决策提供了重要依据。

一本杂志 2021 年，《林业经济》刊发论文单篇下载率大幅提升，下载量在 1000 次以上的论文 3 篇，500 次以上的有 7 篇，张行发、徐虹发表的《国内乡村旅游研究评述与展望(2005～2020)——基于 VOSviewer 的可视化分析》论文下载次数达 2235 次，最高下载量大大超过往年数据。期刊影响力指数在 2021 年 50 种农业经济类学术期刊中排名上升至第 12 位，期刊复合影响因子上升到 1.978，同比提高 32.48%，综合影响因子上升到 1.424，同比提高 36.27%，《林业经济》期刊地位及学术影响力大幅提升。

学会建设 严格按照民政部关于社团管理有关规定，积极开展中国林业经济学会各项工作，组织召开学

会第八届理事会第三次会议，扎实筹备中国林业经济学会换届工作。加强专业委员会规范化管理，建立学会专业委员会与中心业务联络机制，不断推进管理体制创新和学会业务协调发展。举办中国林业经济学会2021年会暨第十九届中国林业经济论坛。组织开展“国家公园体制下发展生态经济的实践研究”“林业在乡村振兴战略中的地位与发展路径”重大问题调研，为助推林草工作高质量发展发挥了积极的作用。

【基础支撑保障】

管理体制改革 坚决贯彻局党组关于事业单位深化改革决策部署，认真研究制定《国家林业和草原局发展研究中心(国家林业和草原局法律事务中心)机构职能编制主要规定》，科学规划内部机构设置。事业单位改革后，发展研究中心加挂国家林业和草原局法律事务中心牌子，增加林草行政复议和诉讼案件的法律咨询服务、执法形势分析研究等相关职能，内设机构增加至18个，人员编制增加到80名，为中心长远发展奠定了坚实基础。

制度体系建设 组织开展制度规范清理，完成《财务管理办法》《财务预算和决算管理办法》《公费医疗管理办法》《对外委托项目管理办法》《中心工会委员会工会经费收支管理细则》《高层次人才工资分配激励机制实施办法》《中心干部交流轮岗制度》《党员教育培训管理办法》《专业技术岗位聘用管理办法》《中心表彰奖励办法》等规章制度的制定修订工作。特别是对《公费医疗管理办法》《高层次人才工资分配激励机制实施办法》等管理制度的修订，有效解决了干部职工切身利益问题。

内控体系建设 大力加强内控系统合同审批跟踪备查，积极推进内控报销系统优化升级，稳步推进科研管理平台建设，切实提高了线上审批效率。切实做好自科基金管理系统维护，保证自科基金项目正常申报。加强内控系统供应商、银行交流会商，大力推进“银政直连”建设。推动“中国林业和草原重大生态保护修复工程效益监测基础设施设备购置项目”工作。

(发展研究中心由余涛供稿)

国家林业和草原局人才开发交流中心

【综　述】 2021年1~9月，人才中心全体干部职工共同努力，坚持以“支持机关、服务行业”为主线，各项重点工作有序开展。

年度职称评审 配合国家林草局人事司完成了2020年度工程系列初、中、高级职称评审，共有508人的申报材料提交评审会评审，经评审通过392人。同时，委托评审经济、会计系列高级职称11人。

招聘毕业生 配合国家林草局人事司完成2021年局属16个单位272个毕业生接收计划的下达、岗位对接等工作。完成国家林草局集中组织的5个在京单位31个岗位的报名、369人考试、24人体检工作。受委托承担了国家林草局华东院、中南院和大熊猫中心等单位公开招聘高校毕业生命题等相关工作。

人才培训 按照国家林草局人事司要求，完成了2020年度培训质量报告，并对今后进一步提升培训质量提出建设性意见。策划组织了3期林业草原财务人员专业能力提升培训班，共培训学员近500人。

职业技能鉴定 组织有关专家编制物理性能检验员(木材检验员)、木材地板制造工职业标准，开展了河北承德森林消防员职业技能鉴定考评员培训，对森林消防员职业资格证书的印制、发放、信息录入进行全流程监管，对各鉴定站报送数据进行了分析汇总。组织申报了林业碳汇计量审核师、湿地保护修护工程技术人员、森林康养指导师等6个新职业。

组织开展职业技能竞赛 配合国家林草局人事司开展全国林业有害生物防治员职业技能竞赛。配合林场种苗司开展造林更新工、营林实验工技能竞赛筹备工作。组织完成《林业有害生物防治员》职业培训教材初审工作。

助推涉林草大学生就(创)业 组织第三届全国林业草原行业创新创业大赛启动仪式，并开展创新创业大赛项目申报工作。组织召开全国林科十佳毕业生综合评审会，评选出研究生组、本科生组、高职组全国林科十佳毕业生和优秀毕业生并进行了表彰。组织开展“三亿青少年进森林”研学教育活动，帮助黑龙江省和江西省开展研学导师培训。配合人事司起草了第三届全国林业草原教学名师遴选工作方案。

助力机关人事工作 抓好干部人事档案转递、查阅、归档等日常管理工作，协助人事司审核国家林草局新进干部的档案材，并对国家林草局独立管档单位干部档案专项审核工作进行业务指导后完成移交工作。为国家林草局直属单位14名干部报送了国家公派出国留学申请，受理了3项高层次留学回国资助项目申请。完成2020~2021学年全国林业教育信息统计工作。同时完成国家林草局直属单位年度人事人才统计，对行业5000多家单位的人才信息进行了统计分析。完成14个单位法人年检和28个社团年度动态评价报告。

(姜　娣)

【历年工作材料梳理及移交】 按照国家林业和草原局党组的安排部署，国家林业和草原局人才开发交流中心于2021年10月正式停止运转。2021年9月，人才中心全面梳理了成立22年来的全部工作材料。包括机构职能、人事信息、签报发文、各类证照、业务合同、会议纪要六大类综合性材料；人才评价、行业培训、技能鉴定、人事代理、人才开发和涉林草院校大学生就业创业六大方面的业务工作材料。并分类整理材料目录清单，与国家林草局规财司、人事司及相关单位分别对接，正式完成移交工作。

(姜　娣)

【职称评审】 完成2020年度工程系列中、高级职称评审工作。经材料审核，修改意见反馈，专家审定论文等环节后，提交评审会评审508人，评审通过392人。并委托评审经济、会计系列高级职称11人。（李 伟）

【公开招聘毕业生】 组织完成2021年公开招聘毕业生工作。协助人事司审核批复国家林草局直属9个单位招聘方案、招聘公告，监督指导各环节工作；完成国家林草局集中组织的5个在京单位31个岗位的报名、369人考试、24人体检工作。（李 伟）

【毕业生接收】 完成2021年国家林草局直属京内外16个单位272个毕业生接收计划的下达、岗位对接及人选审核批复工作；协助在京单位履行接收程序，办理毕业生接收手续。（李 伟）

【干部档案管理】 协助人事司审核国家林草局新进干部人事档案材料，对国家林草局独立管档单位干部档案专项审核工作进行业务指导，同时完成国家林草局档案室干部档案转递、查阅、归档等日常工作。

（李 伟）

【人事代理】 完成人事代理单位1~9月人事档案、工资、社保、统计等人事人才工作；顺利完成90多个代理单位1000多人的档案及其他人事代理事项的移交工作任务。（李 伟）

【国家公派出国留学选派】 组织开展2021年国家留学基金资助出国留学申请受理工作，为符合条件的局属干部14人分3次进行了国家公派出国留学申请，其中12人获得资助。受理3项高层次留学回国资助项目申请，有1项海外赤子为国服务行动计划活动获批。

（吴秀明）

【全国林业教育信息统计】 完成了2020~2021学年全国林业教育信息统计工作。相关工作为林业草原专业设置改革提供了科学的数据，为国家林草局指导林业高等教育和职业教育工作提供了科学依据和重要参考。

（吴秀明）

【林业草原财务人员专业能力提升培训班】 完成了2020年度培训质量报告，并对今后进一步提升培训质量提出建设性意见。2021年策划组织林业草原财务人员专业能力提升培训班3期，近500名学员参加培训。

（吴秀明）

【2021年全国林业有害生物防治员职业技能竞赛】 于2021年3月在福建省泉州市举办。来自全国各省（区、市）、新疆兵团和森工集团的34支代表队的34名领队和102名选手以及72名裁判员等共350多人参加了此次竞赛活动。人才中心承担了竞赛的具体组织筹办工作，包括竞赛工作实施方案的讨论确定，参赛人员的资格审核，理论考试试题准备，理论考试判卷、统分、裁判等有关工作，充分发挥了职能作用及技术优势。

（关 震）

【国家林业和草原局人才开发交流中心停止运转】 1998年10月，为了进一步推动林业人才资源开发工作，切实为当年林业部机关分流人员提供后续服务，国家林业局党组专门组建了国家林业局人才开发交流中心，1999年6月经中编办批准正式成立。2018年更名为国家林业和草原局人才开发交流中心（简称人才中心）。

人才中心成立以来，始终坚定“林业人才工作事关全局，事关未来，是林业事业薪火相传、永续发展的根本大计”的信念，历任领导班子一张蓝图绘到底。在人才评价、行业培训、技能鉴定、人事代理、人才开发和涉林草院校大学生就业创业等方面都取得了显著成效。深化人才评价改革，推动职称评审科学规范，累计评审和认定通过4000多人次。大力弘扬工匠精神，强化技能人才培养，为近50万技能人才核发了鉴定证书。围绕林草重点工作领域开展分类培训，累计举办各类培训班1100多期，培训管理和专业技术人才11万人次。连续举办全国林科十佳毕业生评选、林业产业发展和人才开发论坛等活动十余届，为用人单位和人才铺路架桥，促进了毕业生就业创业，助力国家乡村振兴战略。强化干部人事档案管理工作，建立林业人才信息定期统计制度，组织制定国家职业标准等，为林草干部人事工作夯实基础。

2021年10月，根据党和国家深化事业单位改革的精神，按照国家林业和草原局党组的安排部署，人才中心正式停止运转并开始办理相关注销手续。

（王尚慧）

中国林业科学研究院

【综 述】 2021年，中国林业科学研究院（以下简称中国林科院）深入学习习近平新时代中国特色社会主义思想，认真践行习近平生态文明思想和法治思想，深入开展党史学习教育，全面落实新时期林业草原科技支撑新任务，紧紧围绕国家重大战略性、基础性、前瞻性科技需求，以林草科技创新为主线，系统梳理和总结“十三五”科技成果，全力争取“十四五”科技资源，着力提升科研条件平台，持续加大人才培养，大力推进科技成果转化，深入开展国际合作，落实国家林草局深化事业单位改革总体部署，制订实施《深化事业单位改革工作方案》，圆满完成年度重点工作。

服务中心工作 筹建国家林草局碳汇研究院，完成中国工程院重大咨询项目“碳达峰、碳中和科技战略及路径研究”2个专题，编制《中国陆地生态系统碳储、碳汇与碳资源化利用战略分析报告》等专题报告。承担科技部2个“科技冬奥”重点研发专项和1个地区委托重大专项，为冬奥生态保护修复和森林资源巡查保驾护航。集中力量服务行业工作大局，成立11个对接局重点工作专班的专门班子。从院基本科研业务费中安排1200万元支持推进松材线虫病防治和森林雷击火防控“揭榜挂帅”项目，均已通过中期评估并取得了阶段性成果，得到专家组和国家林草局专班的肯定。落实与大兴安岭林业集团签署的全面战略合作协议，选派容器育苗专家协助10个地方林业局建成年产100万个育苗容器的生产线，集成103项实用科技成果提供给当地转化落地。林业科技信息研究所编制的《大兴安岭林业集团公司发展规划(2021~2025年)》正式发布。落实局支持塞罕坝机械林场“二次创业”的若干措施和办实事清单，推进落叶松高效培育技术、遥感监测技术、森林湿地资源价值评估、森林病虫害绿色防控、森林防火关键技术应用等最新科技成果在塞罕坝落地。

争取科技资源 全年新增纵向项目441项，共批复经费3.83亿元。新增横向项目651项，到账经费1.38亿元。获批国家自然科学基金项目68项，经费3635万元，其中重点项目1项，优秀青年科学基金项目1项，联合基金项目1项，重大项目课题1项。牵头申报“十四五”国家重点研发计划“林业种质资源培育与质量提升科技创新”重点专项项目6个、“重大病虫害防控综合技术研究与示范”重点专项项目2个，2021年底已经获批7个项目、公示完成1个项目，总经费近4亿元。京外单位争取省重大项目方面取得重大突破，其中，亚热带林业研究所获批浙江省“十四五”林木新品种选育重大科技专项，经费4750万元。

科技创新成果 全年发表科技论文1505篇，其中SCI收录670篇、EI收录64篇。出版专著69部。发明专利235项。获批国家标准25项、行业标准13项。获批新品种20个。原创重点成果获得新进展，有序开展“十三五”重大项目综合绩效评估，通过2个重大科技专项和12个重点研发计划专项的组织实施，在林草资源培育、经营与高效利用、生态保护修复、重大灾害防控、野生动植物保护等领域取得重要进展。重大成果奖励取得新突破，南方典型森林生态系统多功能经营关键技术与应用项目获国家科学技术进步奖二等奖；获梁希林业科学技术奖一、二等奖共13项，科普活动奖1项；获省级科技奖励二等奖1项、三等奖1项。

南方典型森林生态系统多功能经营关键技术与应用项目获国家科学技术进步奖二等奖

条件平台共建共享 河南宝天曼森林生态系统、河南黄河小浪底地球关键带2个野外台站纳入国家野外科学观测研究站。获批国家林草局重点实验室1个、国家林草局工程技术研究中心3个、林草长期科研基地7个、国家林木种质资源库1个。木材工业研究所和林产化学工业研究所共建的“林木生物质低碳高效利用国家工程研究中心”通过国家发展和改革委员会优化整合。林木遗传育种国家重点实验室完成硬件设施和服务能力的整体升级。在科技部、财政部重大科研基础设施和大型科研仪器开放共享评价考核中，4个研究所获评“良好”，获奖励经费320万元；8个研究所获评“合格”。全院253台(套)大型科研仪器年平均运行机时达到1425小时。完成2020年度生态站观测数据汇交，开展2021年度生态站运行情况自评估，11个局级工程中心通过国家林草局评估，6个评估结果为“较好”。

成果转化和院地合作 23项成果入选国家林草局重点推广成果100项，185项成果纳入国家林草科技推广成果库，9个林木品种通过良种审定。成立科技成果转化服务中心，获批软件著作权13件。7个单位被命名为全国林草科普基地，组织参加林草科技周以及开展科普展览、科普教育等特色活动，并获得科技部和国家林草局重点表彰。承担编制的《北京市湿地保护发展规划(2021~2035年)》正式发布。与黑龙江省林草局、河南省南阳市政府、安徽省安庆市政府、贵州省黔南州政府签订全面战略合作协议，与河北宣化区政府共建的中国林科院宣化实验基地入选国家林业草原长期科研基地。承担院地合作项目60余项，7个项目通过查定验收。出台《院地合作项目管理办法》，举办大型科技成果对接活动5次，举办专题培训2期。向国家林草局4个定点帮扶县派出40名专家提供技术咨询服务，高质量推进24个项目落地实施，圆满完成贵州荔波“六个一”科技帮扶协议，全面落实广西龙胜结对帮扶框架协议，分别编制荔波、龙胜“十四五”林业发展规划，指导贵州独山获批国家油桐生物产业基地。组建10批科技服务团开展高新技术进青海活动。接收新疆林业青年科技英才学员2名、西藏少数民族特培学员1名、西部之光访问学者3名。举办核桃专题等培训班。7名专家入选年度“最美林草科技推广员”。

人才培养和教育 柔性引进2位院士，发挥在草原和森林生态领域的团队和学科建设引领作用。制订《博士后创新人才支持计划实施办法》，新晋正高职称22人、副高职称70人，全院45岁以下正高职称达到65人，占正高职称总数的21.7%，招聘接收毕业生104人。杨忠岐研究员续聘为国务院参事。张守攻院士获“全国杰出专业技术人才”称号，森林生态系统保护修复与多功能经营团队获“全国专业技术人才先进集体”称号。获万人计划领军人才2人、国家林草局第八批百千万人才工程人选7人。获第三批国家林草局林草科技创新青年拔尖人才4人、领军人才5人、团队6个。制订《处级干部选拔任用工作管理办法》《管理人员岗位设置实施细则》等制度，协助完成2名司局级干部选拔，完成56名处级干部选拔任用，3名青年国家级人才和5名省部级人才进入所(中心)领导班子。制定修订《研究生课程教学评价实施办法》等制度4项，选聘课程教学督导员15人，新录取研究生390人、毕业282人。增列博导17人、硕导26人，新增硕士点1个、自主设置二级学科博士点2个，编修课程教学大纲138门，编写教材7本。1人获第三届全国林业和草原教学名师。通过2021年的博士论文抽检，连续2年论文抽检合格。

对外交流和国际合作 承办第三次中国-中东欧国家林业合作高级别会议、林业生物经济发展与合作线上研讨会。在中巴建交70周年之际，与巴基斯坦费萨拉巴德农业大学签署合作协议。落实中蒙两国合作协议，开展与蒙古驻华使馆合作，3名专家加入中蒙荒漠化防治合作专项工作组。中国-东盟林业合作论坛收录合作成果4项，生态环境部采纳“中国-东盟可持续发展合作年”活动计划6项。举办商务部援外培训班4期，共培训来自34个国家的323名学员。承担履行《联合国森林文书》国别分析及履约宣传和林草国际合作战略研究2个项目。稳步推进蒙特利尔进程联络办工作，参与13次技术组会议，协助筹备第30次工作组会议。组织参加森林欧洲第八届部长级会议和森林欧洲专家组会议。获批科技部政府间国际科技创新合作项目2项、各类外国专家项目7项。在疫情防控常态化背景下，建立线上国际交流机制，先后举办国际学术会议5个，参加线上外事活动178场、1117人次，邀请国外专家交流123人次。推荐1名德国专家获中国政府“友谊奖”，1人获选联合国粮农组织第六届政府间森林遗传资源技术工作组组长，2人入选科技部驻外后备干部人员库。

院所改革管理 完成院部内设机构调整。在院部成立安全保卫处，加强安全生产工作的组织领导和监督检查。确保全院100万公顷实验林地未发生森林火灾。更名5个单位、撤销1个单位、对15个单位编制重新调整。抓班子考评改革，将2021年领导班子量化考核42项指标压缩到12项。编制出台院《“十四五”发展规划》《关于加强应用基础研究的指导意见》，修订《重大科技成果奖励办法》。印发《关于进一步加强院属京外单位建设和管理的意见》，专门召开工作会议加以落实，10家全民所有制企业全部完成改革清理工作。完成院本部、森林生态环境与保护研究所、木材工业研究所共3个单位内控体系建设报告。制订2021年度预算细化方案并组织实施。制订《科研仪器购置查重评议实施细则》《国有资产处置管理实施细则》等。完成院区幼儿园改造和提档升级。推进落实疫苗接种，全院疫苗二针接种率超91%。组织开展安全生产和疫情防控排查整改月专项行动，开展14个重点领域排查整改，确保全院安全稳定。

党史学习教育活动 扎实开展党史学习教育，精心谋划“开新局”重大事项和为基层群众、干部职工“办实事”事项，实现党史学习教育与推动院所改革发展重点工作有机融合、相互促进。108位党员干部讲党课123场次。全院252个党支部全都召开了党史故事会。全院2100多名党员手抄毛岸英家信，院所两级领导班子抄写的家信在宣传橱窗集中展示。提出为基层群众、干部职工办实事事项各5项的同时，明确“开新局”重大事项5项，15件事项都已完成。

党建和精神文明建设 深入学习贯彻习近平新时代中国特色社会主义思想和党的十九届历次全会精神，全年围绕习近平总书记系列重要讲话精神，特别是涉及科技创新、生态文明、人才队伍和领导班子建设等方面21项重点内容进行了19次集中学习研讨。认真抓好局党组巡视、审计、驻部纪检组等反馈问题整改落实工作，深入开展全面从严治党巡察工作，4年实现法人单位全覆盖。全年指导林业研究所、亚热带林业研究所等16个基层组织换届选举或补全委员。全院评出标杆样板党支部10个。开展“两优一先”评选表彰，51个集体和个人获院级荣誉称号，其中2个集体和13名个人还分别获得中央和国家机关、自然资源部和国家林草局表彰。中国林科院再次荣获“首都文明单位标兵”荣誉称号，继续保持“全国文明单位”称号。举办党支部书记培训班，专题辅导全面推进党支部标准化规范化建设；出台《关于加强和改进院属单位党的建设的实施办法（试行）》，推动党建工作落地见效。院成立纪检审计处，在50人以上单位配备了专职纪委书记。

院所文化建设 组织科技人员深入学习习近平总书记在科学家座谈会、两院院士大会上的重要讲话精神，召开座谈会，撰写学习心得体会文章并在林草国家创新联盟公众号连载。把“林科精神”作为每年新职工入职、研究生入学教育的第一课。全年梳理整合近30种学术期刊和内部刊物，清理网站、微信公众号130多个，出台《加强意识形态工作的意见》。通过院网、新闻媒体等平台，广泛宣传优秀科技工作者的先进事迹。采取线上线下相结合的形式，组织书画摄影、手工作品展，举办演讲比赛、知识竞赛、篮球比赛，开展慰问困难帮扶。持续开展“三送三强”活动，不断改善老年大学设施设备。

【中国林科院2021年工作会议】 于2月8日在北京召开。国家林草局党组成员、副局长彭有冬出席会议并讲话，充分肯定全院各项工作，对林业科技创新支撑发展大局提出希望。会议颁发2020年度中国林科院重大科技成果奖，表彰十佳党群活动奖、十佳党课、国家自然科学基金优秀青年项目、中国林科院第七届杰出青年获得者、2020年度中国林科院扶贫工作先进典型。会议学习传达全国林业和草原工作会议精神。中国林科院分党组书记叶智作党建工作报告；院长刘世荣作行政工作报告。科技部农村司，国家林草局科技司、机关党委、规财司、人事司负责人出席会议。中国林科院分党组成员、副院长储富祥、孟平、黄坚、肖文发，副院长崔丽娟，各所（中心）、院各部门党政主要负责人以及京区副处级以上干部、有关专家和获奖代表等参加会议，京外代表和各单位副处级以上干部通过视频同步参会。

【林草机械现代化发展研讨会】 于1月12日在北京召开。北京林业机械研究所负责人作报告。报告介绍了组织编写的《关于加快推进林业和草原机械化发展的建议》《关于加快推进林业和草原机械化发展的意见》《“十四五”全国林业和草原机械化发展规划》《“林业和草原机械化重大机械研发”重点项目建议书》等。会议采取线上和线下相结合的方式。中国林科院副院长储富祥主持会议。中国工程院3位院士、中国农村技术开发中心、国家林草局科技司、中国林科院、北京农林科学院、中国农业大学、北京林业大学、南京林业大学、东北林业大学、中南林业科技大学等单位的领导和专家出席会议并进行研讨。

【中国工程院院地合作咨询项目“云南保护地体系建设与山地林业中长期发展战略”咨询研讨会】 于1月27~29日在西双版纳召开。会上，项目组代表汇报云南山地林业中长期发展战略研究工作进展，院士专家组充分肯定项目取得的阶段性成果，并建议项目要着眼云南山地林业发展的长远需要，推动山地林业生态绿色高效发展。该项目由中国林科院承担、张守攻院士主持。中国林科院院长刘世荣出席会议并对课题组提出希望。中国林科院副院长储富祥主持会议。云南农业大学、西北农林科技大学、中国农科院、中国科学院昆明植物研究所、西双版纳植物园以及中国林科院林业所、森环森保所、资源昆虫研究所，西南林业大学、云南省林草科学院和云南省林业调查规划院等单位负责人和专家出席会议。

【中国林科院与安徽省安庆市全面战略合作协议】 于3月18日在北京签署。中国林科院副院长储富祥和安庆市人民政府副市长刘克胜分别代表双方签署协议。中国林科院分党组书记叶智，安徽省人大常委会副主任、安庆市委书记魏晓明分别讲话，共同表示，将继续加强双方在完善战略规划、共建科创平台、开展科技攻关、促进成果转化、加强人才培养、健全合作机制等方面的科技合作，取得更大成绩。双方项目合作单位介绍了院市合作推进情况，并详细对接洽商。中国林科院副院长黄坚以及林业所等相关所和部门负责人，安庆市委、人大常委会及科技局、财政局、林业局负责人等参加签约仪式。

【9个林木品种通过林木良种审(认)定】 3月31日，国家林草局发布2021年第9号公告，中国林科院林业所选育的‘湘杉43’杉木、‘欧美杨2012’杨树、‘中宁强’核桃、‘中石4号’文冠果、‘中石9号’文冠果和泡桐中心选育的‘华仲19号’‘华仲20号’‘华仲21号’‘华仲26号’杜仲共9个品种通过国家林草局林木品种审定委员会林木良种审定。

【中国林科院与巴基斯坦费萨拉巴德农业大学签署合作意向书】 4月2日，中国林科院院长刘世荣和巴基斯坦费萨拉巴德农业大学校长阿西夫·坦维尔(Asif Tanveer)共同签署合作意向书，双方将通过交流互访、共同举办学术研讨会、联合申请国际合作项目等方式，开展在盐碱地生态修复领域的国际合作。2021年是中巴建交70周年，此次与巴基斯坦费萨拉巴德农业大学开展合作，将开启中巴在盐碱地生态修复领域合作的新篇章，有利于发展中巴友好关系，推动“一带一路”沿线国家生态文明建设。

【大型科研仪器开放共享自评估推进会】 于4月26日在北京召开。会议解读《科技部 财政部关于开展2021年度国家科技基础条件资源调查工作的通知》《国务院关于国家重大科研基础设施和大型科研仪器向社会开放的意见》等政策性文件，讲解重大科研基础设施和大型科研仪器开放共享评价考核标准，交流各所(中心)大型科研仪器开放共享工作中存在的问题，明确和部署2021年度中国林科院大型科研仪器开放共享工作方向和继续加强的工作。中国林科院副院长储富祥主持会议。科技部基础司条件平台处、国家林草局科技司、国家科技资源共享服务工程技术研究中心负责人，以及中国林科院各所(中心)主管负责人参加会议。

【2021年财务能力提升与绩效管理培训班】 于4月28日在北京召开。培训班围绕“新形势下科研事业单位如何进一步做好财务管理工作”“预算审计工作情况通报和国有资产管理常见问题”以及“科研事业单位全面实施预算绩效管理分析”作专题培训。培训班采取现场培训和视频培训相结合的方式，并在培训前收集问题，现场解答，培训结束后，通过调查问卷收集各单位反馈意见，确保培训发挥实效。国家林草局规财司副司长刘克勇、中国林科院副院长肖文发出席开班式并讲话。中国林科院各所(中心)分管计财工作领导、部门负责人及负责财务、审计、基建、资产管理工作人员共计172人参加培训。

【中国林科院与黑龙江省林草局全面合作框架协议】 于5月18日在哈尔滨签署。中国林科院分党组书记叶智，黑龙江省林草局党组书记、局长王东旭出席会议并讲话。中国林科院分党组成员陈绍志和黑龙江省林草局副局长时永录分别代表双方签署协议。黑龙江省林草局副局长陈建伟主持会议。双方共同希望，在新的发展阶段，进一步推动双方合作向纵深发展，取得更加丰硕成果。黑龙江省林草局科学技术和对外合作处、办公室，中国林科院哈尔滨林业机械研究所、党群工作部、院省合作办负责人等参加活动。

【对外开放系列科普活动获多部门表彰】 5月22日，中国林科院作为局科普工作领导小组成员单位，参与承办2021年全国林草科技活动周启动仪式和主会场活动，组织创作配乐诗朗诵《回望百年路 奋进新征程——林草科学家精神之歌》演出、7个互动和特色成果展示项目，20多个亲子家庭参加，收到国家林草局科普工作领导小组办公室专函致谢。全年，中国林科院荣获2020年林草科普工作优秀集体，3人获优秀个人；院办公室等3个单位获全国科技活动周组委会办公室颁发的“在2021年全国科技活动周及重大示范活动中表现优异”荣誉证书，23人获个人荣誉证书；1人获中国科协颁发的“十三五”全民科学素质工作先进个人。1项活动获梁希科普活动奖。7个单位被命名为全国林草科普基地。3位专家被聘为林草科普首席专家，2位专家被聘为“科普中国”专家。“十三五”时期和2021年共25项国家林草局科普项目通过专家验收。一年来，中国林科院京内外单位分别在北京、浙江富阳、广西凭祥、广东广州、内蒙古磴口、江西分宜等地开展了重点实验室对外开放、生态环保科普知识宣讲进校园、共植一片绿共迎绿色亚运、大手牵小手寻宝植树、与植物来一场美妙邂逅、新品种认知、拥抱自然、人与森林、植物多样性

保护、童梦征程——红色夏令营、大学生云端夏令营和教学实践等科普活动20多次，直接参与者和受众达千人以上。

【2021年“一带一路”林业产业可持续发展部级研讨班】 于6月1日举办，开班仪式以线上方式在杭州举行，由商务部主办，国家林草局竹子研究开发中心承办。商务部国际商务官员研修学院副院长陈润云，国家林草局国际合作司司长孟宪林，国际林联副主席、中国林科院院长刘世荣，埃塞俄比亚畜牧渔业部原部长、国际竹藤组织董事会主席塞里希·盖塔宏（Sileshi Getahun）出席开班仪式并致辞。学员代表致辞。来自埃塞俄比亚、坦桑尼亚、加纳、印度、巴基斯坦、乌兹别克斯坦、哥伦比亚、斐济等19个国家的81名学员参加研讨，其中包括坦桑尼亚自然资源和旅游部部长达马斯·尼当巴罗（Damas Ndumbaro）、埃塞俄比亚畜牧渔业部原部长塞里希·盖塔宏（Sileshi Getahun）、加纳国土和自然资源部副部长本尼多·奥乌苏-毕奥（Benito Owusu-Bio）、印度烟草集团公司副总裁苏尼尔·库玛·潘迪（Suneel Kumar Pandey）4名部级官员和9名司局级官员。研讨活动为期一周，邀请国家林草局、中国林科院、国际竹藤组织、南京林业大学、浙江科技学院、中国福马集团等单位的专家学者作报告，并组织到浙江省内林业企业和生态文明建设示范点进行云参观。

【2021年意识形态工作领导小组视频会】 于6月11日在北京召开。中国林科院分党组书记、院意识形态工作领导小组组长叶智出席会议并讲话，中国林科院分党组成员、副院长、院意识形态工作领导小组副组长黄坚总结中国林科院2020年意识形态工作并部署2021年意识形态工作任务。院分党组成员、纪检组组长、院意识形态工作领导小组副组长周戡主持会议。会议还传达了2021年国家林草局意识形态工作领导小组会议精神，审议《中国林科院分党组关于加强意识形态工作的意见》。中国林科院意识形态工作领导小组成员出席会议，京内各所（中心）综合办公室有关负责人列席会议，京外单位负责人以视频形式参会。

【中国林科院与黔南布依族苗族自治州人民政府签署全面科技合作协议】 7月11日，中国林科院院长刘世荣、院分党组成员陈绍志应邀参加由国家林草局、贵州省人民政府主办的2021年生态文明贵阳国际论坛“森林康养　中国之道”主题论坛。论坛上举行了“中国林业科学研究院　黔南布依族苗族自治州人民政府签约仪式”，陈绍志与黔南州副州长杨再军分别代表双方签署合作协议。根据协议，双方将进一步开展特色资源挖掘、新品种选育、良种推广应用、用材林高效培育、经济林生产、木竹高效加工利用、林下经济模式研发、生态旅游与森林康养等方面的合作，以稳定脱贫攻坚成果。

【中国林科院第九届学位评定委员会第五次会议】 于7月15日在北京召开，中国林科院第九届学位评定委员会主席、院长刘世荣主持会议，21名学位委员出席会议。会议审议并通过自主设置两个二级学科和撤销三个二级学科事项，审议并通过65名博士研究生、139名学术型硕士研究生、31名专业硕士研究生及1名同等学力硕士研究生的学位授予申请；新遴选博导17人、硕导26人，评出中国林科院2021年度优秀博士论文3篇。会议审议《中国林科院学术型研究生中期考核实施办法》，并深入讨论了提高中国林科院研究生培养和学位授予质量等措施和办法。

【2021届研究生毕业典礼暨学位授予仪式】 于7月16日在北京举行，主题为“筑梦新时代，开启新征程”。中国林科院第九届学位评定委员会主席、院长刘世荣出席典礼仪式并对全体毕业生提出希望。中国林科院分党组成员陈绍志主持仪式。典礼上，导师代表、毕业生代表发言，刘世荣为2021届、2020届共300名博士、硕士学位获得者拨穗并授院长、院士寄语，各所（中心）负责人为毕业生颁发学位证书，并表彰了2021年度中国林科院优秀博士学位论文作者及导师。第九届学位评定委员会委员、各所（中心）及研究生教育管理负责人、院相关部门负责人，毕业生及其导师和家属、在读研究生等近400人参加典礼仪式。

【宣传工作阶段总结部署视频会】 于9月1日在北京召开。会议传达部署国家林草局副局长彭有冬在中国绿色时报社2021年度宣传和读报用刊工作会议上的讲话精神，总结中国林科院2021年上半年宣传工作，分析当前形势和任务，研究部署下半年宣传工作要点。中国林科院副院长黄坚出席会议并讲话。2021年上半年，中国林科院围绕建党100周年主题，在院网开设“党史学习教育”专栏，组织拍摄制作“中国林科院对党说”短视频，连续推出优秀项目成果报道100余篇。为《局简报》《局信息》提供14篇专家建言材料，在国家林草局各直属单位中排名第一。对全院各单位建设备案的82个网站、50个微信号等新媒体账号平台进行梳理，开展清理整改工作。

【国际林联世界日活动亚洲与大洋洲地区森林与水科学政策论坛】 于9月28~29日以线上方式召开。会议聚焦欧洲、非洲、美洲、亚洲等区域具有地域特点的森林问题共举办三个科学政策论坛，其中，中国林科院和澳大利亚默多克大学联合举办主题为“变化环境下林水交互管理的科研、政策与实践”的亚洲与大洋洲地区森林与水科学政策论坛。中国林科院院长、国际林联副主席刘世荣主持该论坛并在开幕式致辞。世界混农林业中心、默多克大学两位专家作主旨报告。来自中国、新西兰、日本、韩国和菲律宾的森林水文专家围绕跨越时空尺度的碳水协同和权衡、人工林对水资源的需求，暴雨及其他自然灾害、气候变化、疫情等各国在林水管理中面临的紧迫性问题以及如何解决这些问题开展研讨。来自不同国家的70多位代表聆听报告并参与讨论。

【获批2个国家野外科学观测研究站】 10月11日，科技部公告发布新批准建设的69个国家野外科学观测研究站名单。依托中国林科院建立的河南宝天曼森林生态系统国家野外科学观测研究站和河南黄河小浪底地球关键带国家野外科学观测研究站入列。至此，中国林科院共归口管理4个国家级野外科学观测研究站、技术支撑1个国家级野外科学观测站，牵头建设局级生态系统定位观测研究站26个，其中包含6个荒漠生态站、12个森林生态站、7个湿地生态站、1个草地生态站。

【入选第三批林草科技创新人才9名、团队6个】 10月12日，国家林草局下发《关于公布第三批林业和草原科技创新人才和团队入选名单的通知》，中国林科院5名领军人才和4名青年拔尖人才、6个创新团队入选。林业和草原科技创新领军人才：罗志斌、崔凯、王利兵、余养伦、王基夫。林业和草原科技创新青年拔尖人才：周建波、张代晖、唐启恒、李勇。林草科技创新团队分别是：森林生态环境与自然保护研究所的气候变化与生态系统管理创新团队、森林和草原火灾防控创新团队，木材工业研究所的木材标本资源信息挖掘与利用创新团队，林业研究所的林草种质资源保护与创新利用创新团队、森林植被水碳通量研究创新团队，北京林业机械研究所的木材加工装备与智能化创新团队。

【10项成果参展国家“十三五”科技创新成就展】 10月21~27日，以“创新驱动发展　迈向科技强国”为主题的国家“十三五”科技创新成就展在北京展览馆举行。中国林科院10项重大成果在“推进农业科技自立自强，加快农业农村现代化”展区集中亮相，分别是：“混合材高得率清洁制浆关键技术及产业化”“新型豆粕胶黏剂创制及无醛人造板制造关键技术”“木质活性炭绿色制造与应用关键技术开发”“高性能木质定向重组材料”“高分辨率遥感林业应用技术与服务平台”“数字化森林资源监测技术”“杉木良种选育与高效培育技术研究”“杜仲良种规模化繁育技术”“高产脂松脂原料林培育、减排减损及深加工增值增效集成示范技术”“木质建筑结构材分等装备关键技术与应用”。

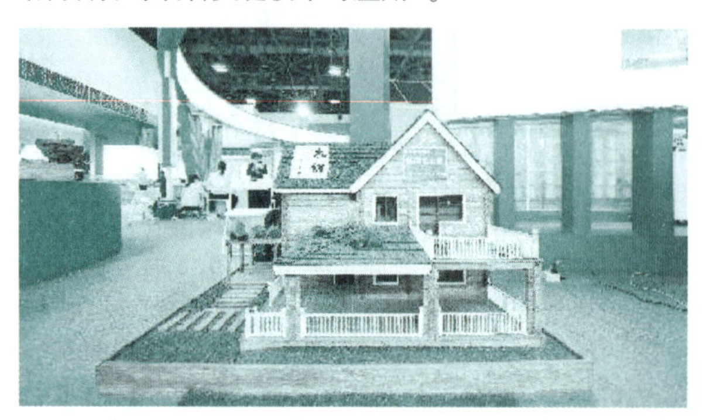

高性能木质定向重组材料参展国家“十三五”科技创新成就展

【新增7个国家林业和草原长期科研基地】 10月9日，国家林草局公布第三批41个国家林业和草原长期科研基地名单。依托中国林科院林业研究所、森林生态环境与自然保护研究所、资源信息研究所、资源昆虫研究所、荒漠化研究所牵头成立的北方海岸带生态修复国家长期科研基地、黑龙江大兴安岭森林防火国家长期科研基地、河北宣化林草综合性国家长期科研基地、湖南黄丰桥森林监测与模拟国家长期科研基地、云南元谋干热河谷荒漠综合治理国家长期科研基地、辽东湾滨海盐碱地综合治理国家长期科研基地、高黎贡山生物多样性保护国家长期科研基地共7个长期科研基地正式获批。至此，中国林科院归口管理的国家林草长期科研基地共21个，涉及领域包括种质资源收集、保存与利用，森林、草原、湿地、荒漠、盐碱地等生态系统保护与修复，森林培育与经营，生物多样性保护，森林草原灾害防控等。

【党支部书记培训班】 于10月26日在北京举行。会议旨在贯彻落实习近平总书记对新时代党支部建设提出的一系列新思想新论断新要求，进一步提高全院基层党建工作水平和质量，提升党支部书记履职能力。培训班邀请中央和国家机关工委基层组织建设指导部专家作专题辅导。中国林科院京内各所(中心)党办主任、党支部书记，院职能部门党总支(支部)书记共100余人参加培训班，京外各所(中心)通过视频同步收听收看。

【生态保护与修复研究所成立大会】 于11月3日在北京举行。中国林科院分党组书记叶智出席会议并讲话，副院长储富祥主持会议。根据中央编委关于深化事业单位改革批复，生态保护与修复研究所(简称：生态所)开展山水林田湖草沙系统保护修复和综合治理等研究工作。一是组织开展不同类型荒漠化治理、恢复与重建的机理、技术与模式、荒漠化地区资源开发利用产业技术研究，开展国内外与荒漠化防治相关的社会、环境、经济等政策走向和发展趋势研究。二是组织开展湿地生物多样性保护和合理开发利用研究，湿地资源与生态功能、生态文化利用管理研究和平台开发，湿地景观设计与规划管理研究。三是组织开展耐盐碱林草植物种质资源收集保存利用、盐碱地生态保护修复研究，创建和推进盐碱地领域的科技合作交流平台建设。四是组织开展草原保护、草原生态系统管理、退化草原恢复、草原监测与评价、草原资源发掘与可持续利用等方面研究。五是参与《湿地公约》《联合国防治荒漠化公约》等国际合作。会议宣读生态所干部及相关单位转隶人员的任职文件，生态所4位负责人表态发言。会后，举行了生态所揭牌仪式。生态所及其他相关负责人、专家参加会议。

【南方典型森林生态系统多功能经营关键技术与应用获国家科技进步奖二等奖】 该成果由中国林科院院长刘世荣研究员主持完成，于11月3日参加了在人民大会堂举行的2020年度国家科学技术奖励大会。项目历时20余年，开展生态系统定位研究与多树种、多模式和多目标的森林经营试验示范，集成研发木材生产、固碳增汇、地力维持和水源涵养等多功能协同提升的森林经营关键技术，创新了森林多功能经营理论和技术体系。项目首次提出了基于树种多样性及特定功能树种组配提升森林生态系统多功能性的理论。研发了基于生态功能关键种定向培育的次生林多功能快速提升技术和水-碳权衡的森林多功能经营规划系统，解决了南方退化次生

林中幼龄林抚育树种对象不确定与多功能快速恢复的关键技术难题，具有重要的科学理论和应用实践价值。项目发表论文166(SCI 67)篇，专著8部，获国家发明专利9项，软件著作权3项，制定行业标准10项，获省自然科学奖一等奖、省科技进步奖一等奖和二等奖各1项，以及梁希林业科技奖一等奖1项。项目成果在《全国森林经营规划(2016~2050)》、“森林质量精准提升工程”中得到应用采纳。在南方11个省(区)的森林质量精准提升工程中推广121万公顷，新增珍贵木材产值903亿元，提升碳储量1.06亿吨。

【京外单位建设和管理工作会议】 于11月17日在北京召开。国家林草局副局长彭有冬出席会议并讲话，中国林科院院长刘世荣主持会议。中国林科院分党组书记叶智对京外单位建设和管理工作作全面梳理，分析了京外单位管理的特殊性和存在的主要问题，进一步明确加强京外单位建设管理的具体举措。中国林科院亚热带林业研究所、林产化学工业研究所、热带林业实验中心、亚热带林业实验中心四个单位，分别从党的建设、所地融合发展、区域示范建设、利用地方政策等方面作典型交流发言。会议要求，要进一步发挥京外单位区位和成果优势，着力推动地方协同发展取得实效。国家林草局科技司、人事司、规财司、机关党委、科技发展中心等相关司局单位负责人出席会议。中国林科院院领导、京内所(中心)党政主要负责人和院各部门负责人在主会场参加会议，京外所(中心)领导班子成员、党委委员和中层干部在各分会场通过视频形式参加会议。

【《中国林业科学研究院“十四五”发展规划》】 于12月14日正式印发。该《规划》用“九个全面”统领，梳理“十三五”期间取得的创新成果以及面临的机遇和挑战，部署“十四五”期间全面对接林业草原国家公园融合发展的新目标和新任务。《规划》指出，“十四五”时期，中国林科院将以科技创新引领林草高质量发展为主线，聚焦林草重点领域和前沿需求，优化学科体系布局，深化体制机制改革，强化人才队伍和科技平台建设，加强科技成果推广转化，为林业草原国家公园“三位一体”融合发展提供强大科技支撑。要以国家战略为导向，围绕当前和今后一个时期党中央对林草工作的要求、“十四五”林业草原规划纲要对科技支撑的需求，集中力量办大事，全面落实规划实施保障。

【“松材线虫病防控关键技术研究与示范”项目通过中期评估】 12月18日，评估会由国家林草局科技司联合生态司在北京召开。该项目是国家林草局重大应急科技项目、首个“揭榜挂帅”项目。会上，各课题负责人分别汇报课题实施以来进展情况、取得的阶段性成果和下一步工作计划。评估专家组审阅相关材料、质询和综合评议，一致认为，项目研究达到了中期考核目标，同意项目通过中期评估。并建议项目各课题进一步加强协同攻关、技术融合，加强与地方、企业的产学研深度合作。国家林草局科技司、生态司以及中国林科院有关负责人出席会议。

【13项成果获第12届梁希林业科学技术奖】 中国林科院主持完成的项目获第12届梁希林业科学技术奖科技进步奖一等奖3项，二等奖7项，三等奖3项。分别是王军辉主持完成的楸树珍贵用材良种选育及其应用、裴东主持完成的重要干果树种种质库构建与种质创新、任海青主持完成的结构用木质材料的制造与安全性评价关键技术共3项成果获科技进步奖一等奖。舒立福主持完成的山地森林火灾中的极端火发生机制、预测预警及避险技术、陈永富主持完成的中国森林植被调查、李辛雷主持完成的金花茶种质资源高效培育及利用技术、孙守家主持完成的南太行农林复合系统资源高效利用技术与示范、陈益存主持完成的油桐抗枯萎病家系选育技术及应用、陈勇平古建筑木构件现场勘察技术及应用、王奎主持完成的林业剩余物木质纤维资源能源化综合利用关键技术共7项成果获科技进步奖二等奖。张华新主持完成的河套平原耐盐碱林草植物品种培育和抗盐碱种植修复关键技术、郭子武主持完成的特色笋用竹种发掘及高质培育关键技术、张金萍主持完成的经济林果壳废弃物基质化利用关键技术研究及产业化共3项成果获科技进步奖三等奖。此外，参加完成的项目获技术发明奖二等奖1项，科技进步奖二等奖11项、三等奖3项。

(中国林科院由王秋丽、白登忠供稿)

国家林业和草原局调查规划设计院

【综　述】 2021年，国家林草局调查规划设计院(以下简称规划院)认真落实局党组的决策部署，以技术支撑局中心工作为首要任务，扎实推进各项工作落地见效。在林草生态网络感知系统建设、林草生态综合监测评价、自然保护地体系构建等工作中发挥积极作用。承担完成90项指令性工作任务，承揽市场创收项目516项。认真谋划发展，编制完成《规划院薪酬绩效改革方案》《规划院科技创新人才奖励实施细则》《规划院科技成果转化管理办法》。3项成果获国家级奖项，15项成果获各类省部级奖项。

感知专班 汇集现有调查监测、业务管理等各类数据，建立五大类目、共1215个数据层(集)的基础数据库，开发数据目录查询展示系统。接入成熟业务应用系统，已接入16个局内业务系统，10个地方业务系统。完成113指挥中心改造，搭建感知系统数据标准体系框架，编写完成6类12项标准初稿。积极推进国家林草局中心机房建设，完成保护地管理系统等10余个业务模块迁移上云。打造重点业务应用模块，完成大熊猫国家公园监测系统构建并融入总平台，改进和接入三江源、东北虎豹、海南热带雨林、武夷山等国家公园已有监测系统；开发造林计划任务落图系统，完成2021年全国造林绿化计划任务落地上图；完成沙尘暴数据支撑、分析评估、应急管理三个子系统，联通与中国气象局的千兆裸光纤专线；改造林草湿预警监测系统，完成覆盖全国2期遥感影像数据处理，开发涵盖人工智能变化识别算法、目视判读复核模块和现地核实移动App；搭建保护地综合监管平台，建立保护地信息档案、整合优化世界遗产数据库。完成各业务司局系统应用的现场演练和接待来访演示。

林草生态网络感知系统建设初现成效

林草生态综合监测 牵头完成国家林草综合监测评价总体方案、技术方案、工作方案、技术规程和操作手册，开展技术培训。开发固定样地遥感判读工具软件，完成东北监测区12个单位6.3万个固定样地判读工作。建成9次清查全国样地样木数据库，开发综合监测管理系统和数据采集App。编制了监测区各单位林草综合监测评价工作方案，组织13个部门200余人完成4707个森林样地、3002个草原样地、167个湿地样地、234个荒漠样地的外业调查及调查数据的内业质量检查工作。牵头负责林草综合监测评价汇总分析和成果编制工作，完成全国36个省级单位的图斑监测数据质量检查，研究并建立全国林木胸径和材积生长率模型，森林蓄积量、生长量和碳储量联立模型，编制了固定样地与图斑监测相结合的数据算法。

国家公园专班 制定和修订《国家公园空间布局方案》《国家公园设立规范》《国家公园监测规范》《国家公园考核评价规范》《自然保护地标识建设与管理规范》等标准，承担东北虎豹、武夷山等国家公园设立方案以及青海湖、贺兰山等国家公园总体规划的编制任务。完成国家公园候选区边界范围区划预案，负责三江源等12个国家公园体制试点区范围和分区优化方案，承担秦岭等25个候选区初步范围划定工作。开展全国自然保护地整合优化第四轮审核、数据汇总，修订完善《全国自然保护地整合优化预案》，完成生态保护红线专题数据的处理、全国联审、互换互查等工作。参加全国国土空间规划纲要编制专班，完成全国国土空间规划中“加强自然遗产整体保护与利用提升陆域自然生态系统碳汇能力”专题研究。

森林资源和草原监测 做好全国森林资源管理“一张图”的技术支撑，完成2020年度覆盖国土面积约955万平方千米7951景遥感影像的处理。优化升级国家森林资源智慧管理平台，做好森林督查、国家级公益林优化技术支撑。组织开展11个省（区）造林核查工作，完成1700多个小班12.67多万公顷100余项因子的资料汇总。编制完成《2020年全国草原监测报告》。编制完成全国草原监测评价技术体系中的基况监测技术方案、场地设施体系、数据库和软件平台体系、标准规范体系和质量控制体系等5个技术文件，完成全国1.5万个草原固定监测样地布设。研发全国草原监测评价数据采集软件和数据管理平台并投入使用，编制完成《全国草原资源专项调查技术规程》《草地资源质量监测技术规范》。

野生动植物和湿地调查 完成第二次全国重点保护野生植物调查成果汇总、兰科植物专项调查省份调查报告审核和国家重点保护野生植物迁地保护情况调查。编制完成《全国第二次陆生野生动物资源调查水鸟同步调查报告》《野生动物重要栖息地划定报告》，开展了红外相机野生动物种群数量计算方法研究。完成黑龙江、内蒙古和辽宁12处国际重要湿地的生态监测和全国63处国际重要湿地数据汇总及违建判读工作，编制完成《全国重要湿地监测报告》《中国国际重要湿地生态状况白皮书》，承担完成了西藏自治区拉萨、山南和林芝的泥炭沼泽碳库调查任务。

荒漠化和沙化监测 开展第六次全国荒漠化和沙化监测技术支撑。参与预测沙尘天气会商，完成应急监测评估值守。实行沙尘暴应急工作周报、专报和急报制度，编报《沙尘暴应急工作周报》13期、《沙尘暴应急工作专报》9期，制作《沙尘暴监测与灾情评估简报》14期、《沙尘暴应急工作信息》174期。组织开展全国防灾减灾周沙尘暴灾害科普宣传活动。

森林草原火灾风险普查 构建普查技术指标体系，编制印发全国实施方案及6项调查技术规程、10项评估技术规程、2项数据质检办法。组织开展技术培训、实战实训和外业质检。研发风险普查软件，支撑全国2835个县的标准地数据采集。积极配合国务院普查办督导检查，与国普办对接形成林草数据需求及共享数据清单，及时推送第一批13个试点地区的风险评估成果。

林草碳汇计量监测 编制完成《第三次全国林草碳汇计量监测主要结果报告》《2020年全国林草碳汇计量分析主要结果报告》。全面开展2021年度监测工作。开展草原碳汇计量试点研究。编制完成《林业碳汇计量监测术语》《全国优势树种基本木材密度标准》。

自然资源资产评价评估 开展全民所有自然资源资产清查第二批试点工作，编制完成《森林、草原资产清查国家级价格体系技术报告》《重点林区全民所有自然资源资产所有权委托代理机制试点实施总体方案》《国有重点林区森林资源资产产权变动审批办法》。组织实施内蒙古、四川、福建林草地分等定级工作，编制完成《自然资源分等定级通则》《自然资源价格评估通则》。组织开展了2021年全国林下经济示范基地监测工作。

林草重点规划 承担和完成《全国国土绿化规划纲要》《林草保护发展规划纲要》《全国重要生态系统保护和修复重大工程专项规划》《构建以国家公园为主体的自然保护地体系规划》《全国天然林保护修复中长期规划》《全国自然公园发展规划》《全国自然保护地体系发展规划》《全国森林防火规划中期评估报告》《全国草原

防火规划》《全国湿地保护“十四五”实施规划》《黄河流域自然保护地建设规划》等一大批重点规划编制任务。

信息化服务和传媒 运维国家林业和草原局政府网站政务公开、网络电视等栏目，以及各司局、各直属单位的信息系统与网站及国家自然资源和地理空间基础信息库林业分中心系统。制播中央广播电视总台央视频《林草中国》节目150个，完成中组部全国党员干部现代远程教育林业教材课件制播52期。完成局重要会议、活动等拍摄和报道108次，制作完成《国家公园建设》《东北虎豹国家公园》《中国林长制》专题片和《绿树青山党旗红》《怒江生态扶贫》《云南高黎贡山的守护者》《全国防灾减灾日沙尘暴专题》等宣传片。

市场开发 与河北省林业和草原局、北京师范大学等单位签订了战略合作协议，与四川、安徽、江西、新疆维吾尔自治区林业和草原局达成战略合作意向。积极开发国内外市场，全年共承揽市场项目369项。

改革发展 推进薪酬绩效改革，成立薪酬绩效改革专班，形成《规划院薪酬绩效改革方案》报国家林草局党组审批。认真梳理职责职能，形成规划院三定方案。扎实推进规划院院属企业公司制改革。积极探索技术创新和科技成果转化应用的激励机制，制定颁布《规划院科技创新人才奖励实施细则》《规划院科技成果转化管理办法》。

优化治理体系 完善综合管理制度体系，制定修订《规划院自主研发项目管理办法》等9项规章制度。推进内部控制体系建设，启动内控体系信息化平台建设。启用卫星林业应用中心业务用房，完成“十三五”期间基建项目核查和海南碳卫星试验站建设项目分项验收工作，组织申报基建项目2项。

人才培养 开展高级专业技术人才引进、高校毕业生招聘和专业技术岗位聘用工作。选拔6名年轻干部充实到处级岗位，选派6人到国家机关、地方政府交流历练。组织开展百千万人才工程省部级人选、工程勘察设计大师、科技创新人才和团队等推荐工作。举办中层干部党史教育和岗位履职能力等培训以及“林长制”“山水林田湖草生态保护与修复工程指南解读”等业务技术专题讲座。

创先争优 组织完成规划院年度优秀成果奖评选。获第十二届梁希林业科学技术奖科技进步奖二等奖1项，2019~2020年度全国林业优秀工程咨询成果奖一等奖5项、二等奖4项、三等奖1项，2021年地理信息产业优秀工程奖银奖1项。规划院获“乡村振兴与定点帮扶工作突出贡献单位”，规划院工会获“2017~2020年度全国群众体育先进单位”，规划院生态传媒处获“全国‘三八’红旗集体”称号。

体制改革 主动适应事业单位改革发展，建立健全人才创新和激励机制。完善各项规章制度，优化内部运行机制，打造优秀科技团队。

【2021年春季沙尘天气趋势预测会商会】 1月7日，由国家林业和草原局和中国气象局联合组织召开。规划院作了题为《2020年我国北方地区地表状况分析》和《2021年春季沙尘天气趋势分析》的报告，分析了2020年北方地区植被生长状况、降水量、土壤墒情等影响沙尘天气的下垫面因子的特点及2021年沙尘天气的趋势，并就支持沙尘暴监测工作的相关业务进行了展示，为我国2021年春季沙尘天气趋势分析提供了重要的数据资料。

【湿地保护标准体系优化研讨】 2月8日，由全国湿地保护标准化技术委员会在北京组织召开。会议对湿地保护标准体系、整合精简优化工作进行了研讨，初步形成了湿地保护标准体系优化方案和标准精简整合制定修订计划。

【国家（江西赣州）油茶产业园总体规划（2021~2030年）通过专家评审】 3月2日，由规划院编制完成的《国家（江西赣州）油茶产业园总体规划（2021~2030年）》通过专家评审。专家评审会由江西省林业局组织召开。规划院从规划背景与意义、赣州建设条件、总体思路与规划布局、园区三大重点板块分区规划、园区运营、投资估算与效益分析、保障措施等方面对规划成果进行了汇报。《规划》提出的“一核引领、三心驱动、三园助推”多功能格局，是体现高质量发展、三产融合、科技引领的国家油茶产业园建设蓝图。

【全国草原监测评价工作专班启动会】 3月2日，由国家林草局草原司组织召开。规划院率先在全国启动了草原监测评价试点工作，探索草原区划体系，实现了草原“一张图”建设，首次测算了“草原覆盖率”指标，开展物联感知自动监测技术示范，实现新技术在草原监测中的应用。推动草原调查监测队伍建设，提高了林草思想意识融合。

【全球环境基金保护沿海生物多样性项目第二次指导委员会会议】 3月18日，由全球环境基金在福建省厦门市组织召开。该项目是全球环境基金（GEF）资助的中国保护地体系改革（C-PAR）项目下属6个子项目中的第四个子项目，由规划院具体实施。项目赠款总金额为300万美元，实施期5年，涉及厦门、珠海、江门、北海、钦州5个地级市的5个自然保护地。

【全国草原监测评价工作专班】 3月23日，由国家林草局草原司组织成立。规划院作为技术牵头单位，抽调精干力量、组织人员投入专班工作，完成了草原基况监测技术方案和场地设施、质量控制、标准规范、软件平台技术支撑方案等5个技术文件的编写任务。同时负责全国数据整理、汇总、入库，撰写全国草原监测评价报告等工作。

【全国自然保护地在线学习系统】 3月，由规划院开发维护。“系统”是针对基层自然保护地从业人员培训的网上平台，培训课程覆盖森林、草原、海洋、湿地、野生动植物、管理等10多个学科知识，注册人数已达2.5万人，学习时长6.5万小时，为自然保护地从业人员能力建设提供了有力支撑。

【草原领域标准体系构建专题研讨会】 3月17日，由草原标准化技术委员会组织召开。会议对草原标准体系构建、推进新立项标准编制和开展草原领域标准体系构架下的标准精简整合工作进行了研讨，各主管部门及专家对草原领域标准化工作进展表示肯定，并对草原领域标准化需求、标准体系框架、亟须制定标准及下一步工作推进思路方面提出了具体指导建议。

【全球环境基金项目间交流会】 4月16日，由联合国开发计划署（UNDP）组织召开。海洋保护地项目（C-PAR4）由规划院负责具体实施。规划院GEF迁飞保护网络项目代表介绍了如何拓展渠道，引进民间公益组织参与，促进公众参与保护工作的相关经验。

【2020年全国草原监测报告会商会】 4月24日在湖南召开。规划院就2020年全国草原监测工作的组织开展情况、数据分析测算情况、报告起草编制过程、全国草原工程效益监测、报告主要内容和结果等作了综合汇报。报告全面客观地反映了2020年全国草原基本状况，对于我国草原生态文明建设具有重要意义。与会专家一致同意方案通过论证。

【2021年年会暨标准审定会】 4月24~25日，由全国营造林标准化技术委员会在海南组织召开。会上，对1项国家标准和6项行标进行了审定，对7项标准审定结论、"十四五"重点工作计划、"十四五"国家标准制定修订计划等进行了表决，就新时期生态修复领域标准建设进行了研讨。

【世界自然基金会中国人工林可持续经营二期项目线上启动会】 5月12日在北京召开。规划院介绍了项目内容和总体任务，阐述了为期四年的项目计划安排，并与各省实施单位代表进行了讨论。二期项目将为探索可持续人工林的经营管理方式，促进人工林的可持续经营，提升世界上面积最大人工林的生产力提供支持，助力"碳中和"的实现。

【防灾减灾日科普宣传】 5月12日，规划院同荒漠司、林干院共同组织开展了"防范沙尘暴灾害"主题全国防灾减灾日科普宣传。采取"线上广播+在线教育+线下体验"的模式，普及沙尘暴防灾减灾知识、防范应对沙尘暴基本技能，提高防灾减灾参与度和认知度，营造参与防沙治沙和沙尘暴灾害防治的良好社会氛围。

【第四届中华白海豚保护宣传日活动】 5月8日，活动在厦门举行。GEF海洋保护地项目是由全球环境基金通过联合国开发计划署援助的国际项目，是中国保护地体系改革规划型项目的子项目之一，由规划院负责具体实施。启动仪式上，项目示范单位厦门中华白海豚文昌鱼保护区事务中心与厦门中级人民法院生态庭签署"厦门中华白海豚及栖息地保护合作机制协议书"，涉海工程单位代表宣读保护中华白海豚倡议书。

【与河北省林业和草原局签署战略合作框架协议】 5月14日，规划院与河北省林业和草原局在河北石家庄举行了战略合作框架协议签署仪式，就双方特点和优势、合作方式进行交流沟通，双方代表签署了战略合作框架协议。

【助力广西罗城向乡村振兴转化】 5月26~28日，规划院到广西罗城仫佬族自治县进行慰问和调研。对帮扶的木栾屯生态旅游项目和毛木耳生产加工产业项目进行了现场实地考察，了解了两个扶贫项目的进展情况，以及带动农民就业和增收致富情况。慰问了规划院选派在罗城挂职的干部。

【林草工程咨询优秀青年工程师评选会】 6月22日，规划院全院10个部门的11名青年工程师在评选推荐会上进行了职业技能展示。经专家打分评选6名同志获规划院2021年度林草工程咨询优秀青年工程师称号，推荐3人代表规划院参加第二届"问道自然"杯全国林草工程咨询青年工程师职业技能展示大赛。

【国家林草局资源监测评估数据处理基础设施建设项目专项工作推进会】 6月10日，规划院各处室从各自工作侧重点出发，对当前项目进展情况及项目实施关键点进行了说明，对进一步推进项目建设提出了建议。与会人员结合项目实际情况进行了充分讨论交流，会议就下一步推进项目实施工作进行了安排部署。

【林草生态综合监测技术培训】 6月25~26日，在北京举办。培训对森林、草原、湿地和荒漠化技术负责人员分别就森林样地定位测设、样地调查因子、调查方法、草原样地样方布设原则、调查技术流程、调查指标以及湿地样地调查内容要求和荒漠化监测指标等相关技术要求和注意事项分别进行了详细讲解，对有关技术方面的疑问进行了解答。

【2021年度优秀成果奖评选会议】 于6月27~28日召开。共申报成果55项，涵盖规划咨询报告、可研报告、调查监测报告、专题研究报告、咨询评估报告等。项目完成人进行现场汇报，经专家提问、打分，最终评选出规划院2021年度优秀成果奖（咨询类）44项，其中一等奖11项，二等奖14项，三等奖19项。对加强全院业务交流、科技提升、技术进步，提高成果质量和水平具有重要意义。

【2021年东北监测区草原调查监测评价培训班】 7月2~4日，在河北省张家口市开展。培训对草原监测评价技术细则、技术流程、技术要求、分析评价技术、外业采集手机应用软件（App）及管理系统操作技术进行了详细讲解，结合林草生态综合监测进行专题交流讨论。对2020年的工作结果进行总结，对出现的问题进行剖析。

【全国湿地保护标委会参加2021年国家标准立项评估会】 7月8日，规划院作为全国湿地保护标委会秘书处挂靠单位，组织《湿地术语》《泥炭沼泽碳库调查技术规范》2项标准的起草人参加2021年农业农村领域推荐性国家标准立项评估会，并进行国标申报汇报答辩。分别从标准立项背景、项目必要性和可行性、适用范围和要解决的主要问题、实施主体及建议、预期作用和效益、标准框架及主要内容等方面进行了汇报。

【全国营造林标准化技术委员会2021年首批标准通过国家标准立项评估】 7月13日，规划院作为全国营造林标准化技术委员会秘书处挂靠单位，组织《国家森林乡村评价指标体系》《乡村绿化技术规程》《退化林修复技术规程》《红树林生态保护修复技术规程》《植物篱建设与管护技术规程》5项标准的起草人参加2021年农业农村领域推荐性国家标准立项评估会，并进行国标申报汇报答辩。5项标准是按照全国营造林标准体系和2021年营造林领域重点工作安排，首批开展立项申报的国家标准。

【成立项目成果质量审核考评委员会】 8月，规划院成立了项目成果质量审核考评委员会(以下简称审评委)，主要职责是对规划院项目成果进行质量审核和考评。审评委的成立是提升项目成果质量的重要举措，依托自身专家力量，进一步加强项目质量管理，确保成果质量、提升成果水平。

【获乡村振兴与定点帮扶工作突出贡献单位荣誉称号】 9月7日，国家林业和草原局乡村振兴与定点帮扶工作领导小组办公室授予规划院乡村振兴与定点帮扶工作突出贡献单位荣誉称号。

规划院荣获乡村振兴与定点帮扶工作突出贡献单位荣誉称号

【第二届“问道自然”杯全国林业工程咨询青年职业技能展示活动】 9月22~24日在湖北武汉举办。活动由中国林业工程建设协会主办，协会工程咨询专业委员会承办，国家林草局调查规划设计院、湖北省林业勘察设计院共同协办。规划院的《2019年全国草原监测报告编制》《海南省主要自然资源政府公示价格体系建设》《滨州秦河口湿地生态经济区总体规划(2018~2035)》三项项目成果分别获得一、二、四等奖。

【《河北省三河市国家森林城市建设总体规划(2021~2030年)》通过专家评审】 9月23日，由河北省三河市人民政府在三河市组织召开。规划院介绍了该《规划》编制情况及主要内容，与会专家一致同意《规划》通过评审。《规划》充分对接河北省、北京市通州区等上位规划，深入挖掘三河市森林城市建设潜力，建设目标符合国家森林城市建设要求和三河市实际，是今后一个时期三河市森林城市建设的指导性文件，对于推动三河生态文明建设和经济社会发展具有重要意义。

【《三北工程总体规划(2021年修编)》通过专家论证】 9月27日，由国家林草局三北局组织召开，由规划院承担的《三北工程总体规划(2021年修编)》通过专家论证。规划汇报了《三北工程总体规划(2021年修编)》的主要内容。该项目紧密衔接国土空间规划体系、全国重要生态系统保护和修复重大工程总体规划等，明确了未来三北工程建设的发展定位、建设方针、基本原则、工程策略、建设布局、目标任务和重点工程等，巩固和发展祖国北疆绿色生态屏障，是引领区域内科学开展重要生态系统保护和修复的指导性规划。

【COP15“基于自然解决方案的生态保护修复”主题论坛】 10月11~15日，第一阶段会议在云南省昆明市举行。10月14日，生态文明论坛之一的“基于自然解决方案的生态保护修复”主题论坛召开，规划院会同自然资源部国土整治中心等单位联合承办。论坛上规划院作了《基于自然解决方案的理念与中国荒漠化防治的实践》专题报告。

COP15“基于自然解决方案的生态保护修复”主题论坛

【“林草综合监测草原监测数据质量检查与指标测算”工作推进会】 于10月21日召开。规划院对《草原监测数据质量检查及报告编制进度安排》《草原综合植被盖度测算流程及示例》进行了汇报。会议明确了监测数据审核、汇总、指标测算，草班、小班区划与赋值工作任务。对各单位加强沟通交流，按照林草综合监测总体部署，积极推进，确保圆满完成数据质量检查、指标计算和成果出数等工作提出了总体要求。对下一步工作思路及时间进度做了具体安排。

【《2020年全国林草碳汇计量分析主要结果报告》专家评审会】 于10月30日召开。规划院项目组从第三次全国林草碳汇计量目的、总体框架、主要结果和分析与建议等方面进行了汇报。该《报告》将为国家碳中和战略实施、温室气体清单编制、生态产品价值实现、林草碳汇交易、参与全球气候治理和国际标准规则制定等提供有力的支撑，为国家温室气体清单编制提供了重要的科学依据。专家组一致同意通过《报告》评审。

【《全国林地草地分等定级试点》成果通过自然资源部验收】 11月4日，由自然资源部开发利用司组织召开会议。规划院承担的《全国林地草地分等定级试点》成果通过部级验收。规划院详细汇报了全国林地草地分等定级试点工作报告、技术报告等系列成果，专家组一致认为试点工作指导思想明确，技术路线可行，结果符合实际，对下一步推进全国自然资源分等定级工作具有重要的参考价值。

【《第六次全国荒漠化和沙化调查成果》通过专家论证】 12月10日，由国家林草局在北京召开专家论证会并通过专家评审。调查成果共区划和调查图斑5721万个，建立现地调查图片库36.66万个，采集照片146.65万张，获得了全国荒漠化和沙化土地现状及动态变化信息。调查结论全面客观反映了我国荒漠化和沙化土地的现实状况和动态趋势，对于科学指导荒漠化和沙化防治、推进“山水林田湖草沙”一体化保护与修复具有重要指导作用。

【森林经营规划实施现状评估及通用性规划编制指南的研建结题会议】 12月21日，由瑞典宜家集团在吉林省组织召开。规划院分享了整个项目工作执行情况、主要成果，项目工作及成果得到了项目资助方高度赞赏，按项目合作协议要求圆满完成，达到了项目预期目标，保持了与国际良好的合作。

（林草调查规划院由张小暂供稿）

国家林业和草原局产业发展规划院

【综 述】 2021年，启动国家林业和草原局产业发展规划院(以下简称“发展院”)机构改革、筹备从国家林业和草原局林产工业规划设计院转变为发展院。发展院立足林草产业发展职能，服务“三位一体”融合发展，扎实推进高质量发展。

【服务林业草原中心工作】 一是成立林草产业发展专班，与国家林草局发改司建立长期合作机制，签订合作框架协议。发展院承担发改司委托的《林草产业发展“十四五”规划》《全国林下经济发展指南(2021～2030年)》等规划编制工作，开展了《木材加工行业税收政策研究》《创建现代林业产业示范区前期研究》《编制现代林业产业示范省建设监测评估指标体系》《林票管理指引》《香精香料产业发展指南》等专题研究工作，协助开展了第五批国家林下经济示范基地、第五批国家林业产业重点龙头企业初审和专家评审组织工作，以及开展林草产业大数据平台搭建前期工作等。二是按照2021年国家林草局对林草生态综合监测评价工作部署，承担国内多地林草生态综合监测评价工作，做好山东省、天津市的森林资源监测工作，完成天津市3922个、山东省9646个固定样地的内业质量检查工作，配合国家林草局资源司开展林草综合监测汇总和成果编制工作。三是积极推进事业单位改革。更名为发展院后，发展院积极组织制订《发展院岗位设置管理实施方案》，就发展院主要职能、人员编制、干部职数、内设机构情况及岗位设置情况进行核定。四是进一步加强林业草原前瞻研究。完成《生态产品价值实现》《绿色债券研究》等课题，出版《中国林长制建设规划研究》等研究成果。五是与国家林草局计财司对接开展财政项目绩效评价工作，完成34个省级单位、68个县级单位的绩效现场核查工作。六是充分发挥国家公园建设咨询研究中心职能，发展院编制的《国家公园基础设施建设项目指南(试行)》正式印发，承担的《湖南南山国家公园总体规划(2021～2035年)》正在编制过程中。七是进一步加强与地方政府以及一些知名企事业单位的战略合作，2021年共与20多个单位签署框架协议，进一步提高发展院的知名度和影响力。八是重点落实下属全民所有制企业改制工作。九是资质平台建设取得实效。工程咨询资信中建筑专业由乙级升为甲级，城乡规划资质乙级升为甲级，取得甲A级林业调查规划设计资质。

【经营和财务状况】 经营情况基本保持稳定，2021年，发展院共签订经营合同553份，资金周转情况良好。管理部门公用经费压缩效果显著，实现年度内管理部门一般性支出总额压缩20%目标。协调7个部门签订结对协议，通过部门间的相互帮助、相互协作、相互促进，形成互帮互助的良好氛围。

【质量控制】 发展院共有6项设计成果获全国林草优秀工程勘察设计成果奖，其中一、二、三等奖数量分别为3项、1项及2项；共有3项设计成果获得全国优秀勘察设计奖，其中一等奖1项、三等奖2项。国家级勘察设计奖数量和质量均创院历史新高。

【《湖北梁子湖省级自然保护区范围和功能区调整方案》通过专家评审】 1月5日，湖北省林业局在武汉组织召开《湖北梁子湖省级自然保护区范围和功能区调整方案》(以下简称《调整方案》)专家评审会，来自中科院武汉植物园、中科院测量与地球物理研究所、武汉大学、湖北大学、湖北省野生动植物保护总站的专家组成评审组，湖北省自然资源厅、生态环境厅、农业农村厅、林业局等单位的专家参加会议。与会专家一致同意通过评审。

【赴天津铁路建设投资控股(集团)有限公司洽谈野生动物及栖息地保护论证报告项目】 1月14日，设计院副总工程师彭蓉带队赴天津铁路建设投资控股(集团)有限公司，与工程建设部部长张建政等人开展交流，洽谈《天津中心城区至静海市域(郊)铁路首开段工程跨越生态红线野生动物及栖息地保护论证报告》项目。

【《九江市木材加工产业发展规划(2020~2030)》通过专家评审】 1月22日，设计院编制的《九江市木材加工产业发展规划(2020~2030)》(以下简称《规划》)顺利通过专家评审，因正处于疫情防控期间，规划评审工作采用线上评审方式完成。来自国家发展改革委农经司、中国林产工业协会、中国林科院木材工业研究所、北京林业大学等单位的专家组成评审委员会。一致同意《规划》通过评审。

【设计院造价站承担完成的国家林草局政府购买基建项目审查等服务通过验收】 1月29日，国家林草局规财司组织召开政府购买服务项目验收会，分别对"政府购买2019年基建项目审查等服务"及"政府购买2020年基建项目审查等服务"两个项目进行验收。来自国际竹藤中心、国家林草局调查规划设计院、中国林科院等单位的有关专家组成验收组。国家林草局规财司预算处、综合处、建设处、行业处，林产工业规划设计院、造价站等部门相关人员参加会议。验收组一致同意项目通过验收。

【《林产工业》杂志入选《世界期刊影响力指数(WJCI)报告(2020科技版)》Q2区】 最新一期《世界期刊影响力指数(WJCI)报告(2020科技版)》发布。设计院《林产工业》杂志入选该报告Q2区，在全世界87本林学综合科技期刊中排名第42位。

此次《世界期刊影响力指数(WJCI)报告(2020科技版)》共报道了全球14 286种科技期刊的WJCI指数，中国大陆期刊1424种(具有CN号)，覆盖247个学科。其中Q1区期刊172种(83个学科)，Q2区期刊347种(138个学科)，Q3区期刊535种(164个学科)，Q4区期刊550种(203个学科)。

《世界期刊影响力指数(WJCI)报告(2020科技版)》是中国科协课题《面向国际的科技期刊影响力综合评价方法研究》的研究成果，该课题旨在建立新的期刊评价系统，探索面向全球化的更为科学、全面、合理的期刊影响力评价方法，为世界学术评价融入更多中国观点、中国智慧，推动世界范围内科技期刊的公平评价、同质等效使用。《林产工业》杂志此次能进入Q2区，是期刊影响力不断攀升的又一证明，充分显示了其地区代表性、学科代表性以及行业代表性。

【与芬兰劳特公司开展胶合板生产污染物排放与减排技术线上交流】 3月1日，为加快推进《人造板工业污染物排放标准》等编制工作，芬兰劳特公司(RAUTE)技术经理马尔科(Marko)、宁红艳，与设计院工业一所所长张忠涛等人员开展胶合板生产污染物排放与减排技术线上交流。

劳特公司介绍了欧美胶合板生产过程PM、VOCs等污染物排放情况以及当前欧美胶合板干燥尾气治理技术等内容。与会人员就中国污染物排放标准、胶合板干燥尾气治理技术可行性、经济性等问题进行了深入交流探讨。

【《林产工业》杂志入编《中文核心期刊要目总览》2020年版(即第9版)】 3月，《中文核心期刊要目总览》2020年版(即第9版)正式发布，设计院《林产工业》杂志再次入编，这也是该刊物第9次入选。

《中文核心期刊要目总览》是由北京大学图书馆联合北京地区十几所高校图书馆的众多期刊工作者及相关单位专家参加的中文核心期刊评价研究项目成果，此前于1992年、1996年、2000年、2004年、2008年、2011年、2014年、2017年已出版8个版次，此次出版的2020年版为第9版。该书由北京大学出版社出版，书中按《中国图书馆分类法》的学科体系，列出了74个学科的核心期刊表，并逐一对核心期刊进行著录。经过定量筛选和专家定性评审，从全国正在出版的13 764种中文期刊中评选出1990种核心期刊。

【《内蒙古自治区包头市地方森林扑火专业队伍基础设施及专业装备建设项目可行性研究报告》通过专家评审】 3月17日，内蒙古自治区应急管理厅在呼和浩特组织专家评审会，设计院编制的《内蒙古自治区包头市地方森林扑火专业队伍基础设施及专业装备建设项目可行性研究报告》(以下简称《可研报告》)顺利通过评审。专家组一致同意《可研报告》通过评审。

【赴海南省林业局开展2020年度中央对地方转移支付资金绩效自评及实地核查工作】 3月19日，设计院造价站赴海南省林业局开展2020年度中央对地方转移支付资金绩效自评及实地核查工作，并与海南省林业局相关工作人员进行交流座谈。

【《河南省范县省级森林城市建设规划(2021~2030年)》通过评审】 3月20日，范县人民政府在郑州市组织召开《河南省范县省级森林城市建设规划(2021~2030年)》(以下简称《规划》)专家评审会。会议邀请来自河南农业大学、河南省林业科学研究院、河南林业调查规划院、郑州植物园、河南绿洲园林有限公司等单位的专家组成评审组。河南省林业局、濮阳市林业局、范县人民政府、范县林业局等相关部门参加会议。专家组一致同意通过《规划》。

【"林产工业融媒体"受邀参加中国国际地材展】 3月24日，中国国际地面材料及铺装技术展览会(DOMOTEX asia 2021)在上海新国际博览中心盛大开幕。"林产工业融媒体"作为该展会长期合作媒体之一，受邀参加展会。

作为亚太地区的重要盛会，该展会不仅聚焦经销商、建筑承建商、设计师、贸易商、跨产业链的全球买家，而且还是链接资源、了解行业趋势、展示创新新品、树立品牌形象、巩固行业地位的理想商贸平台。

"林产工业融媒体"作为此次展会的受邀媒体，通过视频、文字、图片等对展会进行了全方面的宣传。发布在"中国林产工业"微信公众号上的展会相关资讯，在行业内引起广泛关注。

【《崇左高端绿色家具家居产业发展"十四五"规划》通过专家评审】 3月25日，设计院编写的《崇左高端绿色家具家居产业发展“十四五”规划》(原名《崇左木材加工产业发展总体规划(2020~2025年)》，以下简称《规划》)专家评审会在广西崇左召开。会议邀请北京林业大学材料科学与技术学院赵广杰教授、广西壮族自治区林业局产业处处长等专家组成专家组。崇左市各县(市、区)和相关部门领导30余人参加会议。专家组一致同意通过《规划》评审，并建议根据会议提出的修改意见对《规划》进行补充完善，按照有关程序上报。

【《北京市森林公园基础设施建设标准》项目通过专家初审】 3月25日，北京市园林绿化局组织召开《北京市森林公园基础设施建设标准》(以下简称《标准》)研究项目初审评审会，来自设计院、国家标准化研究院、北京市林业碳汇工作办公室等单位的专家组成专家组。北京市园林绿化局国有林场和种苗管理处处长曾小莉、设计院副总工程师彭蓉等相关领导参加会议。与会专家一致同意《标准》研究项目通过初审。

【张家口市崇礼区、万全区、涿鹿县森林城市建设总体规划通过评审】 3月28日，河北省林草局在石家庄市组织召开森林城市建设总体规划评审会，设计院编制的《张家口市崇礼区国家森林城市建设总体规划》《万全区省级森林城市建设总体规划》及《涿鹿县国家森林城市建设总体规划》通过评审。

崇礼区、万全区和涿鹿县是张家口市第一批通过河北省森林城市建设总体规划评审的区(县)，相关规划对三个区(县)森林城市创建工作具有重要指导意义，对张家口市其他区(县)的“创森”工作起到示范作用。

【《河南省郏县国家森林城市建设总体规划(2020~2030年)》通过评审】 3月30日，河南省郏县人民政府在郏县组织召开《河南省郏县国家森林城市建设总体规划(2020~2030年)》(以下简称《规划》)评审会。会议邀请来自国家林草局生态保护恢复司、调查规划设计院、中南调查规划设计院，北京林业大学，河南省林业科学研究院等单位的专家组成评审组。河南省林业局、平顶山市林业局、郏县人民政府、郏县林业局等相关部门代表参加会议。评审专家组一致同意《规划》通过评审。

【赴江苏扬州开展2021年扬州世园会三亚展园开园筹备工作】 4月6~7日，设计院项目负责人李瑶带队前往江苏扬州仪征市，开展世园会三亚展园开园的筹备工作。

2021年扬州世园会是经国际园艺生产者协会(AIPH)批准、由国家林草局、江苏省人民政府、中国花卉协会共同主办，扬州市人民政府承办的国际型展会，于2021年4月8日开园。

三亚展园的设计和施工历时一年得以完美呈现，整体建设效果得到领导、专家一致好评。

【设计院设计的博拉帕胶合板厂项目正式投产】 4月6日，设计院设计的博拉帕胶合板厂项目正式投产。建设期间采用IFC环保和职业健康与安全标准，投产后可实现年产5万立方米符合FSC欧盟认证的胶合板，成为老挝规模最大、自动化程度最高、工艺最先进、最环保的胶合板工厂。该项目于3月26日通过性能测试并达产达标，4月1日完成验收，并于4月6日签署移交证书。项目投产将直接促进当地政府收入，创造1000多人的就业岗位，为当地社会经济发展作出贡献。

【《菏泽市国家储备林建设项目可行性研究报告》通过专家评审】 4月16日，国家林草局组织召开《菏泽市国家储备林建设项目可行性研究报告》(以下简称《可研报告》)评审会。会议邀请中国工程院、北京林业大学、国家林草局调查规划设计院、山东省林业保护和发展中心、菏泽市林业科学研究所等单位专家参与评审，由中国工程院院士尹伟伦担任专家组组长，国家林草局速丰办、山东省自然资源厅、中国农业发展银行、菏泽市林业局、菏泽市水务集团等相关部门负责人20余人参加会议。

专家组一致同意《可研报告》通过评审，并建议编制组根据修改意见对《可研报告》进行补充完善，按照有关程序立项、上报备案。

【《山西省左权县国家森林城市建设总体规划(2020~2030年)》通过评审】 4月27日，左权县政府邀请国家林草局中南林业调查设计院、城市森林研究中心，北京林业大学、山西省林草局等单位的专家，在左权县组织召开《山西省左权县国家森林城市建设总体规划(2020~2030年)》(以下简称《规划》)评审会。晋中市规划和自然资源局、左权县人民政府、左权县林业局等相关单位参会。专家组一致同意《规划》通过评审。

【河北两县国家森林城市建设总体规划通过国家评审】 9月24~25日，河北省迁西县和滦平县人民政府分别组织召开《河北省迁西县国家森林城市建设总体规划(2021~2030年)》和《河北省滦平县国家森林城市建设总体规划(2021~2030年)》(以下统称《规划》)评审会。会议邀请国家林草局生态司、调查规划设计院、北京中森生态园林规划设计院、河北省林草局等单位的专家组成评审专家组，两县相关单位负责同志参加会议。专家组一致同意《规划》通过评审。

【《青海省草原防火规划(2021~2025年)》通过专家评审】 10月15日，青海省林草局组织有关专家召开《青海省草原防火规划(2021~2025年)》(以下简称《规划》)项目评审会。专家组一致同意《规划》通过评审。

【《江西省永丰县国家森林城市建设总体规划(2021~2030年)》通过国家评审】 10月17日，江西省永丰县人民政府组织召开《江西省永丰县国家森林城市建设总体规划(2021~2030年)》(以下简称《规划》)专家评审会。会议邀请国家林草局有关司局，林草调查规划院，中国林科院城市森林研究中心，北京林业大学，江西农业大学等单位的专家组成评审专家组。江西省林业局、吉安市林业局等相关单位领导参加会议。专家组一致同意《规划》通过评审。会后编制组按照专家意见进一步完善《规划》，确保切实指导永丰县国家森林城市建设。

【《安徽省黟县国家森林城市建设总体规划（2021～2030年）》通过国家评审】 年内，安徽省黟县人民政府组织召开《安徽省黟县国家森林城市建设总体规划（2021～2030年）》（以下简称《规划》）评审会。会议邀请国家林草局有关司局、中南调查规划院，中国林业科学研究院城市森林研究中心，安徽省林业局等单位的专家组成评审专家组，黟县相关单位负责同志参加会议。专家组一致同意《规划》通过评审。

【《青海省玛可河林业局森林火灾高风险区综合治理工程建设项目初步设计》通过专家评审】 年内，青海省玛可河林业局组织召开《青海省玛可河林业局森林火灾高风险区综合治理工程建设项目初步设计》（以下简称《初步设计》）项目专家评审会。与会专家一致同意《初步设计》通过评审。

【湖南南滩国家草原自然公园总体规划及建设方案通过评审】 10月22日，湖南省林业局在桑植县组织召开《湖南南滩国家草原自然公园总体规划（2021～2030年）》（以下简称《总体规划》）和《湖南南滩国家草原自然公园建设方案》（以下简称《建设方案》）评审会。评审专家由北京林业大学，国家林草局中南院、西南院等单位的专家组成。南滩草原自然公园作为全国首批开展总体规划评审的建设试点，受到国家、省、市、县各级领导的重视，除了湖南省林业局造林绿化处、张家界市人民政府等相关单位受邀参加此次评审会外，国家林草局草原司也派遣人员参会，并对南滩草原自然公园建设提出指导意见。专家组一致同意《总体规划》和《建设方案》通过评审。

【《重点区域生态保护和修复工程建设项目可行性研究报告编制指南》通过专家论证】 10月29日，国家林草局规财司在北京组织召开《重点区域生态保护和修复工程建设项目可行性研究报告编制指南》（以下简称《可研编制指南》）专家论证会，会议由副司长郝雪峰主持，专家组由来自中国工程院、中国科学院、中国国际工程咨询有限公司等多家单位的知名专家组成，会议推选尹伟伦院士为专家组组长。专家组对《可研编制指南》给予了高度认可，一致同意通过。

【《中国人造板产业报告2021》通过专家审定】 11月8日，中国林产工业协会专家咨询委员会在北京组织召开，由发展院主持编制的《中国人造板产业报告2021》（以下简称《报告》）专家审定会。来自中国林产工业协会、中国林业科学研究院、国家人造板与木竹制品监督检验中心、北京林业大学、中国林机协会、北京绿奥诺技术服务有限公司等单位的专家对《报告》进行了审定和交流。会议一致同意通过《报告》。

【《新疆卡拉麦里山有蹄类野生动物自然保护区综合科学考察》出版】 近日，由中国林业出版社出版的《新疆卡拉麦里山有蹄类野生动物自然保护区综合科学考察》正式发行，该书由发展院编著完成。

该书以卡山自然保护区的科学考察结果为基础，对卡山自然保护区的植被类型和动物区系、珍稀濒危动植物的分布和种群状况进行全面客观的评价，对有蹄类野生动物调查情况及结果作了详细的分析。

【《青藏高原林草种质资源保护利用研究中心建设项目可行性研究报告》通过专家评审】 11月19日，青海省林草局以视频会议形式组织召开由发展院编制的《青藏高原林草种质资源保护利用研究中心建设项目可行性研究报告》（以下简称《可研报告》）项目专家评审会。来自北京林业大学、国家林草局调查规划设计院、中国林业科学研究院、兰州大学、青海大学、青海省草原总站的专家组成评审组。青海省林草局相关领导参加会议，发展院副院长、总工程师李春昶出席会议。与会专家一致同意《可研报告》通过评审，并按专家意见修改完善后尽快按程序上报。

【《辽宁医巫闾山国家级自然保护区巡护管护基础设施工程建设项目初步设计》通过专家评审】 11月26日，辽宁省林草局在沈阳组织召开《辽宁医巫闾山国家级自然保护区巡护管护基础设施工程建设项目初步设计》（以下简称《初步设计》）视频专家评审会。与会专家一致同意该《初步设计》通过论证。

【《全国林下经济发展指南（2021～2030）》正式印发】 11月30日，发展院受国家林草局发改司委托编制的《全国林下经济发展指南（2021～2030）》（以下简称《指南》）正式印发。

《指南》立足新时代背景，顺应新政策要求，合理拓展林下经济发展空间，界定林下经济发展类型，明确林下经济产业发展方向，为进一步引导和推动全国林下经济高质量发展，巩固拓展脱贫攻坚成果同乡村振兴有效衔接具有重要作用。

【《百色市林业发展“十四五”规划》通过专家评审】 12月17日，百色市林业局组织召开《百色市林业发展“十四五”规划》（以下简称《规划》）专家评审会，会议在发展院和百色市林业局设两个会场，采用线上线下相结合方式召开。来自中国林产工业协会、北京林业大学、广西林业产业行业协会、广西林业勘测设计院、梧州市林业局等单位的专家以及百色市林业局、百色市各直属部门相关负责人参会。与会专家一致同意通过评审。

【大事记】

8月30日 国家林业和草原局林产工业规划设计院更名为国家林业和草原局产业发展规划院。

10月29日 唐景全任国家林业和草原局产业发展规划院党委书记、副院长，齐联任国家林业和草原局产业发展规划院副院长，籍永刚任国家林业和草原局产业发展规划院党委副书记、纪委书记，沈和定任国家林业和草原局产业发展规划院副院长，李春昶任国家林业和草原局产业发展规划院副院长、总工程师。

11月 发展院造价总站副站长刘丽影获九三学社“脱贫攻坚民主监督先进个人”称号。

（发展院由孙靖供稿）

国家林业和草原局管理干部学院

【综　述】　2021年，国家林草局管理干部学院紧紧围绕林草中心工作，以政治建设为统领，统筹推进疫情防控和干部教育培训事业，落实国家林草局年度培训计划，并开展自主策划培训，为各级林草干部提供精准培训服务。全年共举办各类培训班197期，培训学员36 016人次，其中面授培训147期，培训学员13 807人；网络培训50期，培训学员22 209人。

【干部教育培训工作】

培训实施　严格疫情防控措施，召开培训工作推进会，集中资源力量，高效、安全落实干部教育培训计划。组织实施国家林业和草原局处级领导干部任职培训班、机关及直属单位年轻干部培训班、公务员在职培训班、新录用人员培训班，以及市县林业和草原局局长培训班等主体班次。聚焦林草重点领域，举办林长制改革、林草资源管护、应对气候变化、国土绿化、林草灾害防控、乡村振兴、林草改革发展等林草中心工作各类专题培训。举办援外线上培训6期，培训发展中国家林草官员935人。出台《关于进一步推进培训工作的意见》，制订保障培训安全、高效、有序的相关措施。

培训质量　强化政治属性，突出主业主课，理论教育和党性教育在重点班次课程中占比达到50%，有力推动新理念、新思想、新战略进课堂、进教材、进头脑。重点围绕林草工作核心职能策划班次、设计课程，通过培训工作审查制度，逐月逐班次审核培训方案和教学内容，严把培训政治关、内容关、师资关。严格实施ISO 9001培训服务质量体系运行管理，持续加强培训工作规范化、标准化、精细化。优化管理手段和效率，推进培训质量评估电子化，实现了所有班次电子评估全覆盖，为培训工作高效高质开展提供了有力保障。

网络培训　适应疫情防控常态化形势，完善方案、出台制度、搭建平台推进网络培训，形成线上线下融合发展新模式。网络直播累计学习近百万人次，在线注册总人数达到13.2万余人。出台《加强网络培训的实施意见》，加强林草网络学堂及多个学习平台建设，新增网络课程110余门。

【党校教育】　中共国家林草局党校举办第五十七期党员干部进修班，36名处级干部参加学习。进修班坚持以习近平新时代中国特色社会主义思想为核心内容，坚持理论教育和党性教育的主业主课地位，结合党史学习教育和警示教育组织开展红色读书会、党性教育现场教学等活动。深挖中央党校高层次师资和行业特色教学资源，办好教学、实践、研讨三个课堂。开展培训成效跟踪管理，强化自我管理、质量管理、成果转化三项机制。落实局党组支持塞罕坝机械林场二次创业措施，配合做好局党校塞罕坝分校工作。

【研究咨询】　发挥决策咨询作用，组织完成5项省部级课题研究，承担《"十四五"林业草原人才发展和教育培训规划》编制工作，协助人事司印发《林业草原干部教育培训文件汇编》。开展《林业和草原意识形态工作理论与实践》《自然保护地建设理论与实践》等5部教材编写出版工作。立项一批院级科研项目，加大科研奖励力度，营造浓厚科研氛围。

【合作办学】　严格学生教育管理，以学生党团工作为抓手，加强思想政治教育，开展党团活动，引导学生树立正确的世界观、人生观和价值观；以学风建设为重点，加强学生的日常行为规范管理，做好安全教育，确保学生安全稳定。提升教学质量，在不具备复学复课情况下，开展在线教学，线上线下紧密结合确保教学进度不延误。抓细抓实学生课程学习、毕业实习等工作，确保毕业生质量，应届毕业生一次性就业率达79.75%，专升本考试升学率达到34.4%。

【深化改革】　编制学院章程，探索实行章程管理。有序退出合作办学，启动人员转岗、师资队伍转型工作，推进资源要素进一步向培训主业聚集，开展培训班主任评聘，制定《专职培训教师聘用管理办法》，推进培训创新团队建设，开展专题内训、实地调研、集中备课、实战锻炼。优化机构设置，成立林草职业教育研究中心，开展林草教育调查研究、林草职业教育研究，提供决策参考，指导林草技术技能型人才培养工作；成立学员接待中心，提升培训服务专业化、精准化水平。推进人事制度改革，严格监督选人用人全过程，建立职责清晰、分类科学、机制灵活、监管有力的人事管理制度。深化绩效工资分配制度改革，制订学院《绩效工资分配方法》《分配激励机制创新改革方案》《高层次人才工资分配激励机制实施办法》，完善薪酬分配机制，逐步加大奖励性绩效所占比例，充分发挥绩效分配激励导向作用。

【基础条件建设】　完成教学楼、二号学员公寓、培训楼、地下管网、停车场、网络优化升级等建设项目，学员宿舍增加到300间，建成党性和意识形态教育、结构化研讨等专题教室，培训教学设施全面提档升级，基本具备了现代化的干部教育培训条件。

【全国林草行政执法培训班】　于3月23～28日举办，218名林草行政执法干部参加培训。学院通过专家座谈会、省级征求意见会、学员问题反馈等方式广泛征询执法实践中遇到的典型问题、难点问题，根据学习需求精准设计培训课程，为学员开设林草法治工作的形势与任务、林草干部依法履职能力建设、林业行政案件管理及

统计分析、新《森林法》修改历程和基本制度、草原行政执法概要、林业行政执法及典型案例评析、林地林木管理相关政策法规及其适用、新《行政处罚法》对林政执法的影响、林政处罚常见疑难及对策等专题课程，进一步打造林草行政执法精品培训。

【发展中国家森林执法管理与施政官员研修班】 于4月14日在线上开班，来自泰国、越南、蒙古、斯里兰卡、乌兹别克斯坦、菲律宾、尼日利亚7个国家的56名林业官员参加研修，是学院举办的第一期援外线上培训班。研修班围绕森林执法与施政法律学和逻辑学问题、木材贸易链追踪、绿色供应链、绿色金融、森林资源管理制度和体系、森林法律法规、实施途径和面临的挑战等内容，开展专题讲授、案例分析和研讨交流，共同促进全球森林执法与施政，推进全球森林资源的可持续开发与利用。

【国家林业和草原局机关公务员及直属单位处级干部在职培训班】 于6月15~24日举办，48名学员参加培训。培训班开设全面深刻理解习近平新时代中国特色社会主义思想、林长制建设政策与实践、碳中和背景下林草应对气候变化行动、百年党史和纪检监察史及其经验启示、公文写作与公文处理、怎样搞好调查研究、2021中国踏上大国外交新征程等专题讲座，赴首都博物馆参观庆祝中国共产党成立100周年特展并开展现场教学，进行自我管理——如何树立健康的生活理念、语言表达与沟通技巧互动教学，开展个体应急救助与防护常识实战演练。

【国家林业和草原局第三期机关及直属单位年轻干部培训班】 于7月7~21日举办，30名年轻干部参加培训。培训班开设坚持山水林田湖草沙系统治理——政府企业公众协同共治的治理观解析、林草政务信息化建设、中国的草原资源与生态建设、公务员法与公务员制度、做好保密工作筑牢保密安全防线、林草文化与生态审美、新闻写作与舆情应对、年轻干部如何提升工作能力、年轻干部的潜能开发与自我管理、青年才俊的知识武装与能力建设等专题讲座，开展突发事件的媒体应对策略情景模拟教学、林草干部依法履职案例分析教学，进行经典朗诵、中国传统文化之水墨体验等互动教学，赴国家博物馆、人民网开展中国共产党人精神谱系、智慧党建现场教学，举行塞罕坝精神主题报告，并组织学员进行主题演讲和结构化研讨。

【国家林业和草原局第二十五期机关及直属事业单位处级领导干部任职培训班】 于7月22~31日举办，38名处级干部参加培训。培训班开设领导干部要担当作为着力提升“七种能力”、坚持山水林田湖草沙系统治理——政府企业公众协同共治的治理观解析、公务员法与公务员制度解析、全面深刻理解习近平新时代中国特色社会主义思想、深入践行总体国家安全观维护国家政治安全和社会稳定、做好保密工作筑牢保密安全防线、林草融合谱写新篇章草原生态彰显新魅力、领导干部的语言沟通艺术等专题讲座，开展突发事件的媒体应对策略情景模拟教学，赴北京市全面从严治党纪律教育基地开展现场教学，并举行学员论坛，进行科学运动与健康生活理念互动教学等活动。

【市县林业和草原局局长综合业务研讨班】 于7月26~31日举办，72名学员参加培训。研讨班开设“碳达峰”与“碳中和”目标下国内林草碳汇的机遇与挑战、绿色发展与乡村振兴战略、林草信息化平台建设及应用、北方森林草原防火及应急处置、以国家公园为主体的自然保护地体系建设进展、认真学习贯彻《关于科学绿化的指导意见》推动国土绿化高质量发展、林长制改革与实践等专题讲座，开展突发事件的媒体沟通情景模拟教学，进行习近平新时代中国特色社会主义思想概论视频教学，开展北方片区林草建设发展中的重点难点问题结构化研讨。

【国家林业和草原局机关及直属单位新录用人员培训班】 于9月12~18日举办，相关司局、派出机构和直属单位的72名新录用人员参加培训。培训班聚焦林草系统新录用人员的思想认识和业务知识设计课程内容，开设“十四五”林业草原保护发展规划解读，在求实、苦干、创新、奉献中铸就辉煌绿色事业——大力弘扬塞罕坝精神，习近平生态文明思想，语言表达艺术与沟通协调能力等专题讲座，组织学员立足自身岗位开展研讨交流，前往人民网智慧党建体验中心，开展“智慧党建新形式”体验教学。

【“一带一路”国家林业应对气候变化及可持续发展官员研修班】 于10月20日在线上举办，来自泰国、斯里兰卡、肯尼亚、南非、尼日利亚、埃塞俄比亚、马拉维、贝宁、南苏丹、印度尼西亚等国家的253名官员参加研修，是学员参训人数最多的一期。研修班宣传推广绿色发展、全球治理和人类命运共同体理念，开设气候变化与生物多样性保护、沙漠化防治履约与应对气候变化、发展竹产业及林下经济应对气候变化、气候变化背景下的林农生计提升、生态产品价值转换机制、中国减贫成就与经验、塞罕坝森林可持续经营与二次创业等课程，开展广州碳排放交易所“云考察”，进行国家报告分享、座谈，各国相互交流借鉴应对气候变化遇到的问题和挑战。

（林干院由李米龙、张鋆萍供稿）

国际竹藤中心

【综　述】 2021年，国际竹藤中心(以下简称“竹藤中心”)巩固成果、持续用力，将深化模范机关和文明单位创建、推进林草科技创新、促进国际合作交流、助力竹藤产业发展等各项重点工作提质量、上水平，取得了较好的阶段性成果。

扎实抓好党建工作　坚持把政治建设摆在首位，全面深化学习习近平新时代中国特色社会主义思想、跟进学习习近平总书记关于生态文明建设和林草工作的最新重要论述及指示批示精神。深入开展“全员学习行动”，开展理论学习中心组专题学习13次，青年研讨6次，领导班子讲党课8人次。研究部署意识形态工作6次，严格落实“四种机制”，保证中心意识形态安全。学好用好指定教材，深入学习习近平总书记在党史学习教育动员大会上、在庆祝中国共产党成立100周年大会上等重要讲话精神和党的十九届六中全会精神。竹藤中心主任江泽慧围绕“知史爱党、当好‘三个表率’”主题讲专题党课。召开党委会议23次，研究“三重一大”事项110余项。坚持“四个融入”，统筹推进局党组巡视反馈问题整改、中心2020年度领导班子民主生活会征求意见整改和审计监督反馈问题整改，整改成效显著。推进党支部标准化规范化建设。严格执行“三会一课”等党的组织生活制度。督促指导党支部突出业务特色，通过与地方开展支部共建等形式，促进党建与业务深度融合。开展支部委员履职能力提升培训。组织完成党支部书记和委员增补以及党员培养工作。中心纪委充分发挥监督保障执行、促进完善发展作用。全年开展处级干部廉政集体谈话2次，党委书记、纪委书记讲廉政党课4次，建立干部廉政档案，协助推进巡视整改、审计整改等台账任务落地，全面推动党委真正将群众所需放在心上、落到实处。进一步强化群团和统战工作，深化模范机关和文明单位创建，获2018~2020年度“首都文明单位”称号。

科技创新成果　积极推进国家林草局“十四五”规划落实，获批“十四五”国家重点研发计划项目和青年科学家项目各1项；“十三五”国家重点研发计划3个项目及其16个课题通过绩效评价，“竹型材构件制备技术”等成果达到国际领先水平；毛竹和花卉种子搭载天和核心舱返回，完成第三次航天育种试验；牵头完成“中国森林资源核算”第三期项目研究，并召开新闻发布会。牵头申报科研项目43项，立项12项，结题验收21项。发表科技论文147篇，授权专利14件、新品种1个，登记软件著作权5项，评价科技成果11项，鉴定新产品9项。“竹资源高效培育关键技术”获2020年度国家科学技术进步奖二等奖。获梁希技术发明奖二等奖、科技进步奖二等奖及科普作品奖一等奖各1项；荣获“科普中国”2020全国林业和草原科普微视频创新创业大赛二等奖、第十届“母亲河奖”绿色项目奖、2021国际花园节学生组和专业组一等奖、中国国际花境大赛金奖和第十届中国花博会特色创意奖等。

对外交流和国际合作　高效服务国际竹藤组织，配合举办2021年扬州世园会国际竹藤组织荣誉日活动；巴基斯坦加入国际竹藤组织成为第48个成员国，举行升旗仪式；举办东非三国竹子标准化培训等多个线上会议并作报告。高质量抓好竹藤援外工作，获批6期竹藤援外培训项目；举办2期国际管理研修班，线上培训11个国家150多名官员和技术人员；拍摄2期《最北京——国际竹藤中心》电视专题片，以英语、法语、葡萄牙语、斯瓦希里语在非洲8个电视频道播出，得到非洲民众广泛好评。编写《中国竹产业政策与案例》英文版和《竹藤援外培训情况及对策建议》；完成援外统计调查，建立培训学员信息数据库。国际科研合作交流广泛开展，成功承办第二届国际森林城市大会、服贸会“以竹代塑”国际研讨会、国际标准化组织竹藤技术委员会2021年年会等；积极参加国际林联“世界日”、中德林业政策和经济线上交流会；中非竹子中心立项，中美共建中国园项目积极推进，举办中加联合实验室第二届学术交流会。承办第十一届中国竹文化节和第二届国际森林城市大会，负责2021年扬州世界园艺博览会和第十届中国花博会的竹藤园建设，国家林草局局长关志鸥亲自到会并给予大力支持。国际合作项目取得新突破，稳步实施中荷东非竹子项目二期，申请成为国家留学基金委创新型人才国际合作培养项目实施单位。

科技条件平台　重点实验室完成科技部、财政部共享考核和基础资源调查；申请新建广东广宁竹林生态定位站，完成云南滇南站建站地址变更，江苏宜兴站建设可研报告获批复；与北京市园林绿化局共建“北方竹藤花卉种质创新繁育基地”，与上海市崇明区共建“长三角流域散生竹种质资源保存基地”；完成三亚一期工程综合验收和二期室内装修工程；青岛一期工程竣工验收，竹藤大型工程材料实验室项目筹备开工；安徽太平试验中心南区基础设施建设项目持续推进。

科技成果转化　修订成果转化办法，向企业推广竹藤中心152项专利和76项成果，推荐重点专项推广转化成果5项、林草高新技术进青海成果3项、松材线虫病防控先进技术成果1项、“科创中国”平台成果库入库成果3项以及重点推广、“一带一路”、先进实用林草科技成果16项；5项成果入选2021年百项重点推广林草科技成果。竹藤产业国家创新联盟筛选并向国家林草局推荐6个自筹科研项目和2个推广转化基地。历经两年研究起草的《关于加快推进竹产业创新发展的意见》由国家林草局和国家发展改革委等十部委联合颁布实施。为缓解2021年北京地区竹子冻害建言献策。

产学研合作持续推进　与地方政府签订3个竹产业合作协议；指导福建建瓯市举办第三届笋竹产业高峰论坛、南平市举办“东南科技论坛”；与福建永安市、政和县等地方政府及企业共建研究院和博士工作站。精心

筹备竹编工艺与产业发展培训班，举办首次中心全员竹编培训活动，为云南怒江州举办竹编培训班，为国家林草局定点帮扶县开展竹质工程材料推广示范、林菌种植示范现场技术培训；完成2项培训主题科普项目，编写出版瓷胎竹编培训教材1部。竹藤标准化国际化取得成效，竹藤标准委完成4项国标和7项林业行标申报；2项国标和19项林业行标报批。国际标准化组织竹藤技术委员会正式出版2项国际标准，完成3项国际标准立项。

助力乡村振兴 帮扶广西罗城县开展“林菌种植示范”项目并捐赠食用菌基质制备机；结合技术培训为云南怒江州赠送竹类科技图书。爱心帮扶工作特色突出，帮助云南怒江州参加中国竹文化节线上展销，扩大当地特色林竹产品销售；走访慰问罗城县抗美援朝老战士和特殊困难户，向村办小学捐助。扶贫工作得到国家林草局的充分肯定。积极推动竹藤新职业申报，参与人力资源社会保障部国家职业分类大典修订工作，申报竹藤领域新职业“竹藤师”及新工种“竹藤编织工艺师”。

强化机构和人才队伍建设 获批高层次人才资助项目2项，入选“百千万人才工程”省部级人选2人，林草科技创新青年拔尖人才、领军人才各1人，创新团队1个，2020年度林草科普工作优秀集体1项、优秀个人1人，向联合国教科文组织等推荐人选4名；1人入选国际木材科学院院士，1人成为国际林联第五学部竹藤学科组协调人。机构改革取得重大突破，新成立三亚研究基地，中心本级扩充编制至140名。加大干部选拔培养力度，完成7名处级干部选拔任用和14名干部轮岗交流，组织选派干部赴基层锻炼、推荐录取驻外后备干部等12人，完成新入职人员培训12人，选派干部参加各级培训班51人次。获评高级专业技术资格7人，完成岗位聘任18人，拟聘专业技术二、三级岗位2人。新增硕士和博士导师各2人。科技体制机制改革创新落实，完成薪酬绩效改革政策调研，上报首批高层次人才名单，出台博士后工作管理办法、高层次人才工资分配激励办法等制度，开发人事管理信息化系统。完成55名研究生招生和41名研究生毕业答辩工作，获国家奖学金、优秀研究生、优秀研究生干部、优秀毕业生、优秀青年志愿者等荣誉共计70余人次；组织3名研究生参加乡村振兴创业大赛。

【科学研究与学术交流】

《中国竹类植物图鉴》获第十届梁希科普奖一等奖 由竹藤中心主任江泽慧主编，岳祥华、费本华、余雁、田根林、王汉坤等专家共同编写的《中国竹类植物图鉴》获第十届梁希科普作品类一等奖。这是国内目前唯一一本以高清图片为主、准确还原植物原本色彩和局部细节特征的竹子分类学科普作品。

“中国森林资源核算”项目成果发布 3月12日，国家林草局联合国家统计局举办“中国森林资源核算研究成果”新闻发布会，竹藤中心主任、首席科学家、中国森林资源核算研究项目总负责人江泽慧介绍“中国森林资源核算”第三期项目成果，包括全国林地林木资源核算、森林生态服务价值核算和森林文化价值评估等内容，会议由国家林草局宣传中心主任黄采艺主持，国家林草局副局长、中国森林资源核算研究项目领导小组副组长彭有冬，国家统计局副局长、中国森林资源核算研究项目领导小组副组长李晓超，中国林业科学研究院院长、中国森林资源核算研究项目执行负责人刘世荣出席发布会并回答记者们的提问。

竹藤中心在竹材材性形成分子调控方面取得重要突破 6月19日，国际权威期刊*Plant Physiology*在线发表竹藤中心研究人员在竹子木质素生物合成调控研究方面取得的最新研究成果，文章题目为：*A regulatory network driving shoot lignification in rapidly growing bamboo*。该成果是针对竹材材性形成构建的全球首个分子调控网络，是竹子研究进入后基因组时代的一项突破性研究工作，填补竹材材性遗传调控网络空白，对于竹子木质素遗传改良的分子设计育种，创制高产、优质、适应性广的竹子新品种具有重要科学价值，对有效缓解竹资源利用品种单一、总量相对不足的问题具有重要的现实意义。

在竹子群体遗传研究方面取得重要进展 9月15日，国际权威期刊*Nature Communications*在线发表了竹藤中心研究人员在竹子群体遗传研究方面取得的最新研究成果，文章题目为：*Analysis of 427 genomes reveals moso bamboo population structure and genetic basis of property traits*。该成果是继中国发布首个竹类植物基因组——毛竹基因组草图之后，竹子生命科学基础研究领域取得的又一项突破性成果，再次彰显了中国在基础研究领域对世界竹藤科技发展的引领作用，对于增强中国林业科技创新的国际话语权具有重要意义。同时，该研究成果彰显了中国作为国际竹藤组织的东道国在基础研究领域对于世界竹子科技发展的引领作用，将有助于增强中国林业领域的国际竞争力。

竹资源高效培育关键技术获国家科技进步奖二等奖 11月3日上午，2020年度国家科学技术奖励大会在人民大会堂召开。大会共评选出264个项目、10名科技专家和1个国际组织。其中，竹藤中心以第一完成单位申报的“竹资源高效培育关键技术”获2020年度国家科技进步奖二等奖。第一完成人为中心资环所所长范少辉研究员，主要完成人员还有王浩杰、郑郁善、丁雨龙、辉朝茂、应叶青、官凤英、刘广路、苏文会、蔡春菊。

中国森林资源核算项目荣获第十届“母亲河奖”绿色项目奖 11月12日，竹藤中心主任江泽慧主持的“中国森林资源核算项目”荣获第十届“母亲河奖”绿色项目奖，也是此次国家林草局直属单位所获得的唯一一项绿色项目奖。

【国际合作交流】

第二届国际森林城市大会 4月6日，竹藤中心承办的以“森林城市与城市生活”为主题的第二届国际森林城市大会在江苏省南京市开幕。大会以习近平新时代中国特色社会主义思想为指导，深入学习贯彻党的十九大和十九届三中、四中、五中全会精神，搭建世界森林城市发展的权威合作交流平台，围绕创新驱动发展战略与林业现代化建设，为助力精准扶贫、实施乡村振兴战略、建设生态文明和美丽中国、决胜全面建成小康社会作出新的更大的贡献。会议分享各国森林城市建设的成功经验，共商森林城市建设理念、模式与实践，促进各国在交流合作中提升森林城市建设质量和水平。

江泽慧出席2021扬州世界园艺博览会开幕式 4月8日，以“绿色城市、健康生活”为主题的2021年扬州世界园艺博览会在江苏省扬州市仪征枣林湾开幕。全国政协原副主席张梅颖出席并宣布国际竹藤组织园开园。全国政协人口资源环境委员会主任、国务院发展研究中心原主任李伟出席活动。国际竹藤组织董事会联合主席、中国花卉协会会长、扬州世园会组委会主任委员、竹藤中心主任江泽慧，国际竹藤组织理事会主席国政府代表、非洲驻华使团团长、喀麦隆驻华大使马丁·姆巴纳，中国政府非洲事务特别代表、外交部非洲司原司长许镜湖，国家林草局副局长彭有冬等出席活动并致辞。

2021年服贸会“以竹代塑”国际研讨会 9月6日，由国际竹藤组织主办，中国竹产业协会、竹藤中心协办的“以竹代塑”国际研讨会在北京国家会议中心举办。这是2021年中国国际服务贸易交易会的重要边会之一，主题为“减少塑料污染，助力双碳目标”。国际竹藤组织（INBAR）董事会联合主席、竹藤中心主任、国际木材科学院院士江泽慧和INBAR总干事穆秋姆在开幕式发表视频致辞，国家林草局国际司司长孟宪林出席开幕式并致辞，INBAR副总干事陆文明主持开幕式。竹藤中心常务副主任费本华研究员通过远程视频方式作报告，竹藤中心王戈研究员和马欣欣副研究员分别作报告。会上还邀请北京宝洁、宁波士林、湖南银山竹业和天竹联盟等企业代表展开“以竹代塑”实践案例分享，相关外宾和代表参加圆桌对话共同探讨竹子在应对全球塑料污染，助推碳减排及国际合作方面的重要性和作用。

竹藤援外研修班结业 11月25日至12月22日，竹藤中心接连承办“国际竹藤组织成员国竹资源培育与综合利用研修班”和“一带一路国家竹藤资源可持续开发与管理研修班”两期竹藤援外研修班，并圆满结业。这两期研修班由商务部主办、国际竹藤组织协办。竹藤中心常务副主任费本华、党委副书记李晓华分别出席两期研修班结业典礼并作总结讲话。国际竹藤组织副总干事陆文明出席两期研修班结业典礼并致辞。

【产业发展和乡村振兴】

竹藤中心为定点扶贫工作作贡献 1月28日，国家林草局扶贫办向竹藤中心发来感谢信，感谢中心在局定点扶贫工作中给予的倾力支持和作出的积极贡献。

江泽慧实地考察国家重点研发项目“竹材高值化加工关键技术创新研究”生产示范基地 4月13日，国际竹藤组织董事会联合主席、竹藤中心主任江泽慧实地考察位于江苏省仪征市的扬州超峰汽车内饰件有限公司，该公司是竹藤中心承担的国家重点研发项目“竹材高值化加工关键技术创新研究”生产示范基地，竹藤中心党委书记尹刚强、党委副书记李晓华等陪同考察。

《竹地板——室内部分》国际标准（ISO 21629-1：2021） 6月14日，国际标准化组织（ISO）正式发布《ISO 21629-1：2021竹地板——室内部分》国际标准。这是ISO/TC 296自2020年7月正式发布首个由中国主导制定的ISO竹子标准《ISO 21625：2020竹和竹产品术语》以来的正式发布的第6项标准。由中国全面主导制定的《竹地板——室内部分》国际标准发布，是中国竹地板产业的先进技术、产品加快走向世界，竹藤产业助力“一带一路”建设的重要阶段性成果。

竹藤国际标准化技术指导委员会第四次会议 8月30日，竹藤国际标准化技术指导委员会第四次会议在竹藤中心召开，竹藤国际标准化技术指导委员会主任、国际竹藤组织董事会联合主席、竹藤中心主任江泽慧出席会议并讲话。会议由竹藤中心常务副主任费本华主持，与会专家包括全国绿化委员会办公室专职副主任胡章翠、国家林草局国际合作司司长孟宪林、中国林业科学研究院院长刘世荣等。此外，还有国家林草局竹子研究开发中心、西南林业大学、四川省林业科学研究院、浙江省林业科学研究、中集新型环保材料股份有限公司等高校、科研院所及竹企业多名专家代表通过线上方式参会。

竹藤中心与安徽池州高新技术产业开发区签订全面合作协议 10月22日，国际竹藤组织董事会联合主席、竹藤中心主任江泽慧带队参观位于安徽省池州市高新技术产业开发区的安徽鸿叶集团，并和池州高新区管委会签订合作协议。国际竹藤组织副总干事陆文明、竹藤中心常务副主任费本华、副主任李凤波，安徽省林业局、池州市和贵池区等地方领导，以及竹藤中心和安徽太平试验中心的部分科研人员等出席活动。

国际标准化组织竹藤技术委员会（ISO/TC 296）2021年线上全体会议 10月26日，竹藤中心召开国际标准化组织竹藤技术委员会（ISO/TC 296）2021年线上全体会议。次会议由ISO/TC 296主席费本华研究员主持，来自中国、菲律宾、印度尼西亚、马来西亚、俄罗斯、加纳、尼泊尔、哥伦比亚、尼日利亚、乌干达10个成员国及国际竹藤组织（INBAR）、国际标准化组织纸浆技术委员会（ISO/TC 6）2个联络组织近50名代表参加会议。

两次ISO/TC 296中国区域专家年度工作会议 竹藤中心作为国际标准化组织竹藤技术委员会（ISO/TC 296）的国内技术对口单位，1月25日和10月26日，按照疫情防控的要求，在腾讯会议平台分别召开ISO/TC 296中国区域专家第二次年度工作会议和第三次年度工作会议。

【创新平台建设】

“北方竹藤花卉种质创新繁育基地”揭牌 4月23日，由竹藤中心和北京市园林绿化局共建的“北方竹藤花卉种质创新繁育基地”在北京市大东流苗圃揭牌。竹藤中心常务副主任费本华主持揭牌仪式。竹藤中心主任江泽慧、北京市园林绿化局局长邓乃平分别致辞并共同为基地揭牌。竹藤中心党委书记尹刚强、副主任李凤波、党委副书记李晓华、副主任陈瑞国，北京市园林绿化局二级巡视员王小平，国际竹藤组织副总干事陆文明，北京市大东流苗圃主任贺国鑫、党委书记宋涛，以及竹藤中心和大东流苗圃的干部职工代表参加了揭牌仪式。

出席2021第十届中国花博会闭幕式暨“竹藤中心长三角流域散生竹种源保存基地”揭牌仪式 7月3日，第十届中国花卉博览会闭幕仪式在上海崇明举行。竹藤中心副主任陈瑞国等出席闭幕式。陈瑞国为获奖者颁发

第十届中国花博会组织奖银奖；中心园林花卉与景观研究所在该届花博会中承担了竹藤馆（园）总体规划设计、科学艺术特展及跨界专业论坛等工作，获得好评，获该届花博会特色创意奖。花博会闭幕当天，在崇明建设镇运南村举行“国际竹藤中心长三角流域散生竹种源保存基地”的揭牌仪式。中花协秘书长张引潮、竹藤中心副主任陈瑞国以及上海市花协会长蔡友铭、崇明区委书记李政出席揭牌仪式，崇明区副区长胡柳强主持仪式。

国家林草竹藤工程技术研究中心在国家林草局科技司组织的考评中取得优异成绩　9月6日，国家林草局科技司公布55个工程中心评估结果，中心负责的国家林草竹藤工程技术研究中心评估结果为优秀，在工程中心运行管理、成果产出及行业贡献等方面取得的成效得到上级主管部门的认可。

江泽慧一行考察指导安徽太平试验中心工作　10月21日，国际竹藤组织（INBAR）董事会联合主席、竹藤中心主任江泽慧一行考察指导安徽太平试验中心工作，国际竹藤组织副总干事陆文明、中心常务副主任费本华、中心副主任李凤波、安徽省林业局一级巡视员吴建国、黄山市市长孙勇、黄山市林业局局长宣四平、黄山区区长程前、黄山区林业局局长任家胜以及中心人事处、产业处、花卉所、材料所和绿色所等有关同志参加考察活动。

2021年度生态站自评估会议　11月24日，为加强竹藤中心生态系统定位观测研究站的管理，进一步提升生态站建设水平、保障生态站可持续发展，根据国家林草局科技司要求，中心组织召开生态站自评估会议。会议邀请5位在竹林生态定位站建设和管理方面的资深专家对评估工作进行现场指导。中心常务副主任费本华、各生态站站长及联系人、科技处管理人员等参加会议。

中加竹藤科学与技术联合实验室召开第二届学术交流会　12月15日，由中心与加拿大不列颠哥伦比亚大学林学院共同组建的中加竹藤科学与技术联合实验室召开第二届学术交流会。此次会议在线上、线下同时举行，中心常务副主任费本华研究员出席会议。会议由中加联合实验室中方主任方长华研究员、加方主任戴春平教授联合主持，国内外60余名科研人员和研究生参加此次学术交流。

【研究生教育和人才培养】

干部人才工作会议　3月10日，竹藤中心召开干部人才工作会议，会议由中心常务副主任、党委副书记费本华主持，中心全体干部职工参加会议。会上，费本华宣布14名干部交流轮岗的有关安排。引进人才和2020年挂职学习锻炼期满人员进行报告交流。中心主任、首席科学家江泽慧对引进人才和挂职学习锻炼情况进行了逐一点评。

引进高端科技人才聘用中期评估考核会议　7月2日，为进一步加强高层次人才队伍建设，科学评估引进人才的工作成效，根据国家林草局关于高端科技人才引进管理办法的规定，竹藤中心组织召开了引进高端科技人才聘用中期评估考核会议。国家林草局科技司、人事司，中心科技处、计财处、国际处、相关研究所及行业专家等组成专家组，由竹藤中心主任、首席科学家江泽慧担任专家组组长，对引进人才聘期的科研工作进展、履职情况等进行评估考核。

竹藤中心2021届研究生毕业典礼　7月14日，竹藤中心举行2021届研究生毕业典礼。国际木材科学院院士、竹藤中心主任、首席科学家江泽慧出席典礼并讲话。出席毕业典礼的领导还有竹藤中心常务副主任费本华研究员、党委书记尹刚强、党委副书记兼纪委书记李晓华及副主任陈瑞国。典礼由分管中心研究生工作的李凤波主持，2021届全体在京毕业生、在读研究生和往届生代表、研究生导师代表及研究生部全体工作人员共70余人参加毕业典礼。

参加全国林业学科协作组第五届学术交流会（导师培训会）　7月24~25日，全国林业学科协作组第五届学术交流会（导师培训会）在吉林市北华大学举行。国务院学位办调研员欧百钢、全国林业和农业专业教育指导委员会秘书长张志强教授和李健强教授、第七届学科评议组成员黄彪教授及全国林业专业学位研究生教育指导委员会办公室主任王亚栋等专家出席会议，来自全国23个涉林、涉农研究生培养成员单位的200余名管理干部和研究生导师参加学术交流会和导师培训班，竹藤中心副主任李凤波等4人参加此次会议。

【重要会议和活动】

竹藤中心成立20周年纪念暨2021年工作会议　2月7日，竹藤中心召开成立20周年纪念暨2021年工作会议。会议主要任务是：回顾总结中心20年发展历程，展望未来发展图景；贯彻落实2021年全国林业和草原工作会议和国家林草局局长关志鸥重要讲话精神，安排部署中心2021年重点工作。中心常务副主任费本华主持会议，全国政协人口资源环境委员会副主任、国际竹藤组织董事会联合主席、竹藤中心主任江泽慧，第十三届全国政协农业和农村委员会副主任、国家林草局原局长、竹藤中心原主任张建龙，国家林草局党组成员、副局长彭有冬等出席会议。

第十一届中国生态文化高峰论坛　5月22日，由中国生态文化协会和中国花卉协会主办的“第十一届中国生态文化高峰论坛”在上海市崇明区举行。该届论坛的主题为“花开中国梦 · 花惠新生活”。全国政协常委、国家林草局副局长刘东生，国际竹藤组织董事会联合主席、中国生态文化协会专家指导委员会主任委员、竹藤中心主任江泽慧，上海市政协主席董云虎、副主席虞丽娟，原副主席、上海市生态文化协会会长李良园，外交部参赞、中国花卉协会副会长乐爱妹等领导和嘉宾出席论坛。刘东生、董云虎致辞，江泽慧作主旨报告，中国生态文化协会会长刘红主持论坛。

第十届中国花博会竹“科学 · 艺术 · 生活”专业论坛　6月28日，为进一步倡导竹藤科技创新，推进竹藤产业的高质量发展，加强竹藤领域科学、艺术、生态、建筑、景观的跨界交流和学术研讨，第十届中国花博会竹“科学 · 艺术 · 生活”专业论坛在上海崇明举办。此次论坛由竹藤中心、国际竹藤组织主办，第十届中国花博会组委会、中国花卉协会、上海市崇明区政府支持，第十届中国花博会竹藤馆协办。

北京世园公园后续可持续利用规划研讨会　8月

23日，竹藤中心花卉所在北京召开北京世园公园后续可持续利用规划研讨会。研讨会采取线上线下相结合方式进行。竹藤中心主任、中国花卉协会会长江泽慧，中国文物学会会长、故宫博物院学术委员会主任单霁翔，竹藤中心常务副主任费本华，北京园林科学研究院总工程师赵世伟、上海辰山植物园执行园长胡永红、北京清华同衡规划设计研究院副院长霍晓卫，清华大学美术学院副院长杨冬江，清华大学建筑学院景观系副主任朱育帆8位专家出席会议；研讨会由花卉所副所长胡陶主持，中国花卉协会副秘书长、花卉所首席专家彭红明代表团队作项目的前期预研汇报。

《北京世园公园后续可持续利用纲领性规划》专家评审会　10月28日，由竹藤中心牵头、联合北京清华同衡规划设计研究院编制的《北京世园公园后续可持续利用纲领性规划》专家评审会在北京世园公园召开。评审会采取线上线下相结合方式进行。竹藤中心主任、中国花卉协会会长江泽慧，竹藤中心常务副主任费本华作为研讨和评审专家出席。

（竹藤中心由韩卓希供稿）

国家林业和草原局生物灾害防控中心

【综　述】　根据《国家林业和草原局关于调整国家林业和草原局所属事业单位设置的通知》，“国家林业和草原局森林和草原病虫害防治总站”更名为“国家林业和草原局生物灾害防控中心”，并于2021年10月12日举行揭牌仪式。2021年，国家林业和草原局生物灾害防控中心（以下简称“防控中心”）紧紧围绕林业草原发展大局，勇于担当、开拓创新，认真履行三大核心职能及生物安全新职能，充分发挥人才与技术优势，坚持党的建设与业务工作同谋划、同部署、同实施，多项工作取得明显成效。

荣誉　2021年，防控中心领导班子被国家林草局评为2020年度优秀班子，张克江、郭文辉被评为优秀。防控中心获得国家林草局2021年林草政务信息工作先进单位称号，程相称被评为政务信息工作先进个人，秦思源、周艳涛被评为政务信息优秀信息员。防控中心团委被评为省直“红旗团委”，测报处党支部被省直机关工委评为“先进基层党组织”，董振辉获评省直机关“优秀党务工作者”。中心团委被评为省直“红旗团委”，周艳涛获省直机关“青年五四奖章”。方国飞领衔组建的创新工作室被命名为辽宁省直机关“劳模创新工作室”，方国飞获辽宁“五一劳动奖章”。徐钰获评云南省“脱贫攻坚先进个人”，李娟入选国家林草局第八批“百千万人才工程”省部级人选，白鸿岩获评国家林草局“十佳优秀青年”，孙德莹当选沈阳政协委员。

科学技术成果　获得各类科技奖励7项。其中：梁希林业科学技术奖一等奖1项，二等奖3项；梁希林业自然科学奖二等奖1项；中国植物保护学会科学技术奖二等奖1项；辽宁林业科技进步奖二等奖1项。

技术标准化建设　作为全国植物检疫标准化技术委员会林业检疫技术分委会秘书处、全国林业有害生物防治标准化技术委员会秘书处，分别筹备换届工作；按标准制订计划有序推进《松材线虫病防治》《棕榈科植物害虫检疫技术通则》《林业植物及其产品调运检疫规程》3项标准的制修订。

信息化工作　按照国家林草局副局长刘东生对《关于“林业有害生物防治检疫管理与服务平台”运维及改造事宜的请示》的批示精神，切实做好新版植物检疫系统开发工作，历经5个月的时间，新版植物检疫系统于8月1日上线运行。截至2021年底，已办理的产地检疫证书2万份左右，调运检疫证书数量51万份左右，该平台日均业务办理量8000～10 000件。进一步优化“林业有害生物防治信息管理系统”防治管理和灾害损失填报模块。开展中国林草防治网、陆生野生动物疫源疫病监测网及草原有害生物防治网的整合、界面优化等工作。制定林业行业标准《应施检疫的林业植物产品及其计量单位代码》。

行业宣传培训　开展2021年防灾减灾等宣传活动，在“中国林草防治网”发布信息5491条，在中国林草防治网微信服务号制作推送行业重要资讯17篇，在“今日头条”《绿色中国》《中国绿色时报》等平台，发布林草生物灾害防控报道8篇。编发《中国森林病虫》6期、《林草防治工作简报》14期。举办培训班4期，为基层培训人员421人次。

【林业有害生物发生】　2021年，全国主要林业有害生物持续高发频发，偏重发生，局部成灾。据统计，全年共发生1255.37万公顷，同比下降1.81%，但中重度面积上升2.89%。其中：虫害发生776.65万公顷，同比下降1.77%；病害发生284.74万公顷，同比下降3.53%；林业鼠（兔）害发生174.67万公顷，同比持平；有害植物发生19.31万公顷，同比上升3.41%。

松材线虫病　发生面积171.65万公顷，病死树数量1407.92万株，全国共有19个省（区、市）、742个县级行政区发生疫情，新增24个县级发生区。其中：疫情面积超过0.67万公顷的县有76个，病死树数量超过10万株的县有27个。疫情防控成效初步显现，疫情发生面积和病死松树数量均呈现下降趋势，分别较上年同期下降5.12%和27.69%；疫情扩散总体势头有所减缓，全年新增县级疫情较去年同期下降60%；全国共有47个县级、347个乡镇实现无疫情。

美国白蛾　发生面积73.14万公顷、同比下降了2.02%，中度以下发生面积占比达99.12%。全国共计13个省（区、市）、609个县级行政区发生美国白蛾疫情，新增2个县级发生区（均在江苏省）。疫情在长江中下游的新发疫情区仍有扩散，老疫区未发现新扩散。2021年总体发生期不整齐，世代重叠严重，第一代、

第二代整体危害较轻，第三代在华北、黄淮下游多个省市危害偏多偏重、多点暴发。

林业鼠(兔)害 发生面积174.67万公顷，同比基本持平。鼢鼠类发生27.25万公顷，在宁夏南部、甘肃东部、青海东北部、陕西北部等局部地区危害偏重。䶄鼠类发生36.11万公顷，在大兴安岭北部和河北北部局地偏重危害。沙鼠类发生67.03万公顷，在西北荒漠植被区整体轻度发生，内蒙古西部、新疆准噶尔盆地南部等局地危害偏重。

有害植物 发生19.31万公顷，同比上升3.41%。其中：薇甘菊发生面积8.50万公顷、同比上升2.67%，在广东东部和西部、广西东南部、海南北部等华南沿海地区局部危害偏重，广西东南部、海南北部仍呈快速扩散态势。加拿大一枝黄花从东部沿海向内陆地区扩散趋势明显，江苏、湖北、湖南、四川多地出现新扩散，局部地区危害较重。紫茎泽兰累计发生面积1.11万公顷，贵州西南部、云南南部局地危害偏重。

松树钻蛀害虫 发生面积161.18万公顷，同比上升13.24%，发生面积仍居高位，危害严重。松褐天牛发生面积95.34万公顷，在华中、华南地区多地危害严重。小蠹类害虫在东北、西南、西北等多省区危害偏重。红脂大小蠹发生面积5.83万公顷，在华北北部冀蒙辽交界处局地危害较重；华山松大小蠹发生3.32万公顷，在陕川渝甘的秦巴山区和小陇山区成灾0.15万公顷；切梢小蠹在云南南部和四川西部偏重成灾。松梢螟类在东北林区多地偏重危害。

松毛虫 发生面积76.69万公顷，同比下降22.49%。其中：落叶松毛虫在东北地区危害减轻，但大兴安岭北部局部地区发生依然严重。马尾松毛虫、油松毛虫等在华北和南方大部分发生区总体轻度发生。

杨树蛀干害虫 发生面积26.50万公顷，同比下降3.88%。整体危害减轻，但内蒙古西部和陕西中部等华北、西北常发区域局部危害偏重。

杨树食叶害虫 发生面积117.85万公顷，中度以下发生面积占比达93.92%，总体轻度发生，但春尺蠖、杨树舟蛾等主要危害种类在新疆塔里木盆地周边、内蒙古西部、华北平原中部局地发生面积增加、危害加重。

林木病害(不含松材线虫病) 发生面积113.09万公顷，同比持平。其中：杨树病害整体轻度发生，但在黑龙江东部、新疆西部、青海东部局部地区危害偏重。松树病害在大兴安岭林区各地有偏重发生。

竹类及经济林病虫 发生面积153.45万公顷，同比下降2.55%，发生程度趋轻，在全国主要发生区整体轻度发生，但西北、西南局部地区危害严重。其中：竹类病虫整体危害减轻，但在广西、湖南、重庆、江西、福建等西南和东南分布区局地突发成灾；鲜果类病虫在新疆、甘肃、宁夏、贵州等省(区)局部地区危害偏重；干果类病虫整体危害态势平稳，但在西北、华北局部地区偏重发生。

突发生物灾害 林业生物灾害事件频繁，应急防控压力较大。其中：2021年1~5月，白蛾蜡蝉从缅甸大规模迁入中国云南省临沧市，发生区域涉及云南省临沧市耿马县、沧源县、镇康县，发生面积0.82万公顷，造成部分坚果、核桃、沃柑等经济作物树势衰弱甚至整株死亡；红火蚁在广西、湖南等省传播速度加快、局部地发生程度加重，部分地区出现了伤人事件；橙带蓝尺蛾在浙江、福建、广东、广西、云南5个省(区)发生危害，涉及面积0.04万公顷，少数地区罗汉松树叶遭取食至光杆，树干树皮也被啃食殆尽；9月，第三代美国白蛾幼虫在北京、河北、山东等省偏重发生，局地暴发成灾，一些地方甚至出现扰民事件，一定程度上影响人民群众的正常生产生活。

【林业有害生物防治】 2021年，全国主要林业有害生物防治面积1000万公顷，无公害防治率达85%以上，主要林业有害生物成灾率控制在4.5‰以下，较好完成年度防治减灾任务指标。

防治督导 组织实施松材线虫病等重大林草有害生物防控全区域常态化包片蹲点指导机制，分5个片区，分别由中心领导带队，9个业务和综合处室共50余人参加，先后对辽宁、湖北、陕西等13个省(区、市)37个区县开展调研指导、明察暗访。全面参加国家林草局全部14个包片蹲点组，并负责每个组的具体技术业务工作，其中有3个组担任组长、7个组担任副组长，发现甘肃、吉林2个省级新发疫情，国家林草局领导予以高度评价。关注热点问题，全面强化突发灾情应急防控，对吉林、甘肃、贵州、陕西、云南、广东、广西松材线虫病，江苏美国白蛾等10起重大新发突发疫情，第一时间跟进和指导，及时开展应急处置工作和溯源工作。参与红火蚁防控九部委联合调研，指导湖南、广西红火蚁防控工作，印发《关于进一步加强红火蚁防控工作的通知》。密切关注云南黄脊竹蝗、浙江橙带蓝尺蛾、云南白蛾蜡蝉、黄花刺茄等发生动态，指导开展调查和防治。开展加拿大一枝花等外来入侵生物危险性评价，及时回应社会关切。与生态司共同启动环黄山、秦巴山区松材线虫病疫情联防联控，推进东北四省(区)联防联治。进一步做实松材线虫病普查工作，全面把握疫情动态。扎实推进卫星遥感监测技术在松材线虫病疫情监管核查方面的应用，覆盖国土面积30多万平方千米，涉及辽宁、甘肃、吉林、广西、贵州、山西、广东7省(区)21个县(区)，发现2处县级新发疫情，为疫情核实、疫情监测追溯提供有力支撑。

监测预报 促进趋势会商常态化、专业化，组织开展半年、全年全国林业有害生物发生趋势会商，对中长期发生趋势进行宏观研判。强化短期生产性预报，组织开展马尾松毛虫、春尺蠖、美国白蛾、林业鼠(兔)害等重点有害生物发生短期趋势研判，服务生产实际。编发《林草防治工作简报Ⅰ病虫快讯专报》9期，通过中央电视台播报美国白蛾、林业鼠(兔)害预警信息2期，通过林草防治网微信公众号推送马尾松毛虫、春尺蠖、美国白蛾等预报信息4期，向国家林草局局长关志鸥呈报美国白蛾发生情况报告，提交中央委员办公厅约稿稿件5份，采纳3份。报送应急周报52份、月报12份、季报4份、半年报1份、全年报1份。

检疫监管 拟定2021年全国松材线虫病疫区和疫区撤销建议名单，2021年全国美国白蛾疫区和疫区撤销，分别以国家林草局公告形式发布。编写完成并由国家林草局印发《科学防控松材线虫病疫情的指导意见》

《全国松材线虫病疫情防控五年攻坚行动计划(2021～2025年)》《松材线虫病防治技术方案(2021年版)》。指导辽宁省丹东市、山东省青岛市、黑龙江省查处进口松木携带松材线虫活体案件，指导浙江省查获省外调入疫区松木处理工作。修订《植物检疫条例实施细则(林业部分)》。印发植物检疫证书12.36万册，林业植物检疫员证1524份。

试点示范 围绕重大林业有害生物关键技术瓶颈问题，强化科研工作。争取到3个“十四五”国家重点研发计划项目，承担国家林草局2个松材线虫病防控科技攻关“揭榜挂帅”项目，以及松材线虫病新药剂药械试验项目，并取得阶段性成果。林草感知系统松材线虫病精细化监管平台初步建成，并上线应用于2021年全国松材线虫病疫情秋季普查。完成1项国家标准、6项行业标准制定。

【草原有害生物防治】 2021年，防控中心强化顶层设计、提高防治实效，不断提升草原有害生物防治管理能力，各项工作有序推进，开创草原有害生物防治工作新局面。

顶层设计 梳理全国重大草原有害生物防治工程治理规划的基本思路和初步框架。编制完成《十四五全国草原有害生物防治发展规划(送审稿)》《主要草原有害生物防治指标》。研究提出关于做好草原有害生物防治工作的建议并付诸实施。

制度建设 启动主要有害生物防治技术标准及监测预报体系构建方案、管理办法、技术规范等的制定修订，制订并印发《草原鼠害国家级监测预报站点建设方案》。编制《主要草原有害生物防治手册》，起草并下发《2021年全国草原鼠虫害绿色防治技术计划》，开展《草原有害生物防治站建设工程》编研。建立和实行草原有害生物联系报告、趋势会商、防治关键时期的24小时值班和零报告等制度。

监测预报 组织开展半年和全年发生趋势会商，以及蝗虫和鼠害等单种类短期趋势研判，编发《林草防治工作简报Ⅰ病虫快讯专报》5期，通过林草防治网微信公众号推送草原蝗虫预报信息1期，提交中共中央办公厅、国务院办公厅约稿3次，其中《草原鼠害危害防控形势》被中办专报采用。报送应急周报13份、月报3份、半年报1份、全年报1份。

基础调查 开展全国草原有害生物普查、外来入侵物种普查工作。成立防控包片工作组，赴内蒙古、新疆等重点边境地区，深入生产防治一线调研春季草原鼠害、蝗虫、毒害草的危害监测情况，指导当地开展物资准备、人员培训、防治预案制订。赴内蒙古、四川开展首次草原有害生物防治工作督导调研。

【疫源疫病监测】 防控中心以高度的政治敏锐性，聚焦局党组关注点，进一步优化监测防控体系，增强监测防控能力，切实提升野生动物疫源疫病监测水平，全力做好野生动物疫源疫病监测工作。

疫情防控 按照新冠肺炎疫情防控要求，全面加强野生动物疫源疫病监测，严格实行24小时全天候值守制度，加大对国家级监测站应急值守工作的督查力度，确保由5074个基层机构组成的监测防控网络正常运转。

监测预警 继续在全国野生动物集中分布区、生物安全高风险区组织开展禽流感、非洲猪瘟等重点野生动物疫病主动监测预警。初步建成具备信息网络直报、风险智能分析、远程指挥调度、大数据监测预警等功能的突发野生动物疫情感知平台。编发《野生动物疫源疫病监测信息报告》326期。

趋势研判 密切跟踪国内外疫情动态，深入开展野猪非洲猪瘟、野鸟禽流感、小反刍兽疫等重点疫病的预测预报和风险研判，向国家林草局及时报送月度、季度、年度野生动物疫病趋势预测报告13份。《需警惕野生鸟类高致病性禽流感疫情》专题信息及《野生动物小反刍兽疫持续威胁西北地区生物安全》专题信息被中共中央办公厅、国务院办公厅等采用。

应急处置 按照“第一时间发现、第一现场处置”的要求，通过日常监测和专项监测，先后在山东、宁夏、西藏等20个省(区、市)，发现报告408起、涉及80种、9232头(只)野生动物的异常死亡情况。派出30余人次专家赴疫情发生现场，组织开展流行病学调查、应急处置指导和防控工作督导，科学应对野鸟高致病性禽流感、岩羊小反刍兽疫、猎豹炭疽等19起野生动物疫情，及时消除生物安全隐患。

制度体系 健全野生动物疫病监控制度体系。组织起草修订《野生动物疫病名录》《陆生野生动物样本生物安全管理规定》等4项配套规章。成立野生动物疫源疫病监控国家创新联盟。

【生物安全】 生物安全是局党组赋予防控中心的新职能。防控中心作为国家林草局生物安全领导小组及其办公室的主要成员，从生物安全大局出发，认真履职，有序推进生物安全工作。

顶层设计 成立防控中心生物安全领导小组和工作专班，牵头组织起草《林草生物安全发展规划》和《国家林草局关于进一步加强林草生物安全工作的通知》。积极推进《生物安全法》宣贯工作。

普查工作 推进外来入侵物种普查工作，制定全国森林、草原、湿地生态系统外来入侵物种普查工作方案和普查技术规程，编制《林草生态系统重点外来入侵物种名单》，研建普查信息平台及监测手机应用软件(App)。开展加拿大一枝黄花、黄花刺茄、互花米草等外来入侵物种风险分析。

【大事记】

2月28日 召开2021年工作会议暨先优表彰大会。

3月30～31日 林草防治总站配合国家林草局人事司人才中心在福建省泉州市举行全国林业有害生物防治员职业技能竞赛。

4月19～20日 林草防治总站、国家林草局草原司在山西省晋城市召开全国草原有害生物2021年发生趋势会商暨防治工作部署会。

5月12日 林草防治总站、辽宁省林草防治检疫站在辽宁抚顺市清原县联合举行防灾减灾日宣传活动。

7 月 23 日 林草防治总站在辽宁省兴城市召开全国草原有害生物 2021 年下半年发生趋势会商会。

10 月 12 日 国家林业和草原局生物灾害防控中心揭牌。

12 月 9 日 防控中心、国家林草局动植物司在辽宁省沈阳市召开 2021 年重点野生动物疫病主动预警暨趋势会商会。

12 月 28 日 防控中心、国家林草局生态司以视频会议形式召开四省（区）松材线虫病联防联控工作例会。

（防控中心由赵瑞兴、程相称、张威供稿）

国家林业和草原局华东调查规划院

【综 述】2021 年，国家林业和草原局华东调查规划院（以下简称华东院）坚定不移地以国家林业草原事业建设需要为中心，认真履行资源监测职责，顺利完成年度各项任务，以优异成绩庆祝建党百年。

【中心工作】高质量高水平完成国家林业和草原局各项指令性任务 28 项。

林草生态综合监测 做好全国技术方案标准制定、监测区技术培训等前期准备工作，采取领导挂帅、包片负责，“直属院+省院+地方”等模式，克服疫情、高温、洪涝、台风等不利因素，率先完成监测区 8132 个林、草、湿样地的外业调查工作。

森林督查暨森林资源管理“一张图”年度更新 制订《华东院 2021 年森林督查暨森林资源管理“一张图”年度更新工作方案》，指导监测区各省（市）2021 年森林资源管理“一张图”年度更新工作方案和实施细则的编制；开展监测区技术培训，提供全覆盖线上技术支撑，组织开展线下指导 99 人次；更新监测区成果数据共计 4815.56 万个图斑，指导省级数据修改后提交至全国技术组。

森林督查工作完成监测区 657 个县（市、区）的遥感判读，判读变化图斑 18.95 万个；开展技术培训 28 次，现地复核 73 个县；编制县级报告 73 个、省级报告 7 个、监测区报告 1 个；完成监测区森林督查暨林政执法综合管理系统数据入库技术支撑工作。

林长制 深入参与林长制顶层设计，配合编制《林长制督查考核办法》《林长制督查考核工作方案》《关于全面推行林长制的总结评估报告》等重要文件；自主研建“智慧林长平台”，有效衔接国家林草生态感知系统，为各级林长制信息化管理提供技术支撑。

占用林地定额测算技术支撑 汇总分析全国林地定额，指导和解决测算中的相关问题；牵头负责“十四五”期间建设项目占用林地定额编制技术支撑工作；完成《县级林地保护利用规划编制技术规程》，通过全国森林资源标准化技术委员会审定。

国家公园相关服务 参与国家公园督导调研行动，实地专题督导调研大熊猫国家公园、海南热带雨林国家公园正式设立前的矛盾冲突摸排情况、处置方案等，提交 2 份报告，为局党组关于首批国家公园设立等决策提供重要参考依据，被确定为建立海南热带雨林国家公园局省联席会议机制的技术支撑单位。

推进自然公园管理制度和管理体系研究，组织录制了全国自然保护地先锋集体和个人专题宣传片 5 集。参与编制《自然保护地差别化管控政策研究》并提交成果。

湿地监测评估 承担全国范围内 21 个国家重要湿地、湿地自然保护区、国家湿地公园中央财政湿地补助项目抽样摸底外业工作，完成 6 个省级报告和 1 个全国汇总报告；完成 10 处国际重要湿地生态状况监测工作，提交 10 个成果报告；组织开展国家重要湿地认定和发布等相关工作；完成湿地管理司下达的 16 项技术支撑工作。

天然林保护 完成 2020 年全国天然林保护情况核查汇总工作；修订完成《天然林保护修复检查评价办法》；编制完成《全国天然林保护修复中长期规划（2021～2035 年）》。

林草火灾风险普查 完成华东监测区各省（市）森林和草原火灾风险普查实施方案的审核、组织开展技术指导和培训、进度督导等工作；积极推进国家级数据采集质量检查；参与森林和草原火灾评估指标权重专家打分，为研究建立风险评估体系确定各类指标权重提供服务。

海岸带生态保护和修复 完成《海岸带生态保护和修复重大工程林草建设规划》并提交成果，以及《海岸带保护修复工程评估》（海防林部分）省级评估工作。

其他工作 推进“三调”数据融合和公益林优化调整、国家级生态公益林监测评价等各项工作；完成全国森林资源调查及年度监测评价浙江省试点工作；参与松材线虫病疫情防治、荒漠化沙化（石漠化、石化）治理成效监测等工作；完成《全国古树名木保护总体规划》初稿；牵头制订《国家森林城市效益评估办法》和开展杭州市试点并提交相关成果；参与林业碳汇计量监测体系技术指导等工作。

【科技创新合作】坚持“创新兴院”战略，以应用创新、集成创新和协同创新为着眼点，持续深化与 29 家相关单位战略合作。

与上海市农业科学院签署共建合作框架协议，立足“国家林业和草原局南方花卉种源工程技术研究中心”，助力特色产业发展，服务地方经济建设，创造林业农业跨界合作新典范。

“样地—典型区 LiDAR 条带—全域光学遥感数据”的森林蓄积量估测思路和实践成果通过专家评审，入选国家林草局 100 项科技成果推广清单，创新团队成功入选第三批国家林业和草原科技创新团队。

深化与大兴安岭集团公司战略合作，高质量推进森林防火感知系统研建工作，初步搭建完成“天、空、塔、地”多维感知体系。

确定院重点技术攻关项目“林长制创新支撑体系关键技术研究”“林地评价”“森林资源遥感监测人工智能识别技术研究”等共10项，投入经费300万元。完成“森林资源空中监测及数据处理系统设备购置及添置项目”。

开发研建浙江省数字森防平台，为浙江省松材线虫病疫情防控工作发挥技术支撑作用，并在浙江省得到全面推广应用。

【服务地方林业建设】 在全面完成各项指令性任务的同时，发挥自身技术优势，为地方林业建设和生态发展提供技术咨询服务。对外提供技术服务560余项，承揽创收项目共涉及14个省，新增黑龙江、辽宁、海南三省业务。监测区内承揽项目产值同比增长55.4%，监测区外承揽项目产值增长率为441%。

【《自然保护地》期刊】 完成《自然保护地》创刊号首发，成为中国自然保护地领域第一份自然科学类综合性学术期刊，被评为2021年度中国农业优秀期刊；创新期刊形式，积极打造学术研究高地、行业高端智库和综合性知识服务平台。

【发展规划】 首次编制华东院第一个五年发展规划，紧密围绕林业、草原、国家公园“三位一体”融合发展新阶段总要求，坚持“党建统院、文化立院、人才强院、创新兴院”发展理念，凝练“忠诚使命、响应召唤、不畏艰辛、追求卓越”的华东院精神，深入实施“六大工程”，提升服务支撑能力，努力到2025年把华东院建设成为政治过硬、业务精良、人才集聚、治理高效、文化厚重、幸福和谐的高水平现代化强院。

【人才队伍建设】 获批并实施“三定方案”，推进院机构调整；完成2021年高校毕业生公开招聘工作，招录高校毕业生9名；完成4名正处级和6名副处级中层干部的选拔任用工作；完成12名中层干部岗位调整交流；选派1名处级干部赴贵州省独山县挂职锻炼；选派8名干部职工分赴国家林草局各有关司局和相关单位开展学习锻炼；5人取得咨询工程师(投资)注册资格。

【获奖成果】 全年获各类优秀成果奖18项。一是获中国工程咨询协会2020年度全国优秀工程咨询成果一等奖1项、三等奖2项。二是获中国林业工程建设协会2019～2020年度优秀成果一等奖4项、二等奖3项、三等奖2项。三是获中国地理信息产业协会2020年度科技进步二等奖1项。四是获浙江省林业工程建设协会优秀工程咨询成果一等奖1项、二等奖3项、三等奖1项。

【对口帮扶】 捐赠专项帮扶资金100万元，采购帮扶地区农副产品45万元，落实林草科技扶贫课题“基于机载雷达等多源数据的森林资源管理‘一张图’年度更新技术推广”。与浙江省江山市廿八都镇浮盖山村签订结对共建协议，累计捐款19.5万元。开展“慈善一日捐”活动，筹集善款10.3万元。参加“微笑亭”等社会志愿服务423人次。

【后勤群团工作】 举办首届职工运动会，首次参加浙江省直机关第十三届运动会并喜获佳绩。积极开展“我为群众办实事”实践活动，完成健康体检、心理辅导、食堂改造、“微笑亭”志愿服务活动等13项实事。精心做好离退休老干部服务保障工作，丰富老干部文体生活，共享发展成果。

【大事记】

8月23日 国家林业和草原局任命吴海平为国家林业和草原局华东调查规划设计院院长，原正司局级别不变。

8月30日 国家林业和草原局调整国家林业和草原局所属事业单位设置，国家林业和草原局华东调查规划设计院更名为国家林业和草原局华东调查规划院。

10月27日 国家林草局党组成员、副局长彭有冬到华东院指导工作，听取有关科技创新及期刊建设等工作汇报，并对华东院下一步工作提出要求。

(华东院由王涛供稿)

国家林业和草原局中南调查规划院

【综 述】 2021年，国家林草局中南调查规划院(以下简称中南院)切实履行林草资源监测职能，积极服务地方林草生态建设，坚持新发展理念，坚定不移推进事业改革与发展，优质高效地完成了年度各项工作任务。

【资源监测】 2021年，工作重点包括全国林草生态综合监测评价、森林和草原火灾风险普查、森林督查暨森林资源管理“一张图”年度更新等。

全国林草生态综合监测评价 中南监测区湖北、湖南、广东、广西、海南、贵州、西藏7省(区)共布设样地10 819个，占全国总布设样地的23.2%，其中森林样地6858个、草原样地3724个、湿地样地200个、荒漠化(石漠化)样地37个。完成全部外业调查、质量检查工作；完成森林“三储量”“消长量”等关键指标计算和样地模型研建；7省(区)林草湿资源数据全部入库。

森林和草原火灾风险普查 牵头完成湖南省森林火灾风险普查试点，负责完成海南省森林火灾风险普查试点。承担并完成湖北、湖南、广东、海南、贵州、西藏6省(区)17个试点县国家级质检工作。

森林督查暨森林资源管理“一张图”年度更新 完

成中南监测区湖北、湖南、广东、广西、海南、贵州、西藏7省(区)遥感判读区划变化图斑24.5万个，以及变化图斑移交、方案及操作细则审核、技术培训、指导与检查验收等工作。

草原监测 承担湖北、湖南、广东、广西、海南、贵州、西藏7省(区)草原监测培训、指导、检查、图斑属性完善、汇总分析与草原规划编制指导，完成《西藏高寒草原生态修复与治理可行性研究报告》的编制，开展"草地生物量测量方法"研究，参加《全国草原监测评价工作手册》的编制。

国家公园建设和保护地整合优化 参加国家公园总体规划专班工作，审查国家公园各类设立材料，调研辽河国家公园的矛盾冲突问题，形成调研报告上报国家林草局公园办。参与完成全国自然保护地整合优化预案2021年度审查、全国总报告编写及13个自然保护地调研，承担并完成自然保护地网络培训课程制作和自然保护地先锋榜录制。

湿地、野生动植物和病虫害监测 完成湖北、广东、西藏、海南4省(区)13处国际重要湿地生态状况监测评估，编制完成《红树林监测技术指南》《红树林生态修复成效评估技术规程》，自主立项开展西藏东部金钱豹及其栖息地课题研究，完成松线虫病疫情调查核查工作。

全国第四次石漠化监测 修订《岩溶地区石漠化调查技术规定》，研发石漠化数据融合与数据采集软件，制订石漠化年度监测技术方案，落实样地调查数量及要求。

国土"三调"数据对接融合 牵头完成全国林草湿数据与国土"三调"数据对接融合技术指南及相关软件研发，完成对湖北、湖南、广东、广西、海南、贵州、西藏7省(区)的技术指导与成果验收，将成果运用到新一轮全国林地保护利用规划研究和3个典型县规划编制试点工作中。

国家森林城市考核评价 完成河北、河南、云南、湖南、安徽、广西、山西、福建、贵州、广东10省(区)国家森林城市考核评价和全国首个国家森林城市群珠三角国家森林城市群复核验收，协助发布《国家森林城市建设总体规划编制导则》。

完成国家林草局重点任务专班工作 派员参加国家林草局林草生态网络感知系统建设、林改、援藏等工作专班，参与国家林草局感知大屏系统建设、林长制调研等工作，编制完成长江经济带资源监测方案。

【服务地方林草建设】 发挥技术人才优势，积极服务地方生态建设。全年完成服务地方项目197项，主要包括：区域性林业中长期发展规划，自然保护地、野生动植物、湿地保护与修复、森林和草原防火规划，以及绿化工程规划与设计、生物多样性影响评价、自然保护地科学考察等。

【技术创新与科技成果】 持续加大科技创新支持力度，加快技术成果转化。

技术成果转化 2021年，通过院自有资金立项7项科技创新项目，投入资金700万元，登记认定技术交易合同136项。《基于多源数据集成的森林火灾监测预警及快速应急关键技术研究和应用示范》已被湖南省科技厅立项为科技创新项目。

推进中南院项目质量管理与档案管理电子化 为进一步完善内控体系建设，提高工作实效，完成中南院ISO9001质量管理体系与档案管理信息系统建设。

中南林草智慧平台建设 积极主动融入国家林草局林草生态网络感知系统，做好"国家森林资源智慧管理平台"中南分中心运维工作。协助广西、湖南、广东等省(区)部署省级节点。

研发森林资源动态监管平台系统 通过研建广西森林资源动态监管平台，实现森林资源监管全过程管理，有力推进监测方法创新、数据共享交换等目标实现。

推进"林长制"智慧平台建设 通过湖南省浏阳市智慧林业信息平台建设，在湖南省发挥综合示范引领作用。合作开发"基于人工智能的森林资源变化小班提取软件""林草湿数据与国土'三调'数据对接融合软件"。

【服务职工群众，践行初心使命】 扎实开展"我为群众办实事"活动。2021年争取地方政府支持500多万元，解决了中南院20世纪80年代老旧小区改造问题，开创了由地方政府为中央驻湘单位大额投资进行基本建设的先河。启动推进解决院区住宅楼平改坡、职工停车难、为院内老旧住宅增设电梯等群众期盼的问题，全年共为群众办实事34件。

【助力定点帮扶和乡村振兴】 2021年，向绿色碳汇基金捐赠100万元，定点采购农产品47.73万元。开展"党建助学·情暖独山"活动，党员自费为41名困难学生资助8.2万元，院团委为品学兼优的帮扶学生发放"梦想+"年度奖学金4900元，院妇委会开展"爱心妈妈书香圆梦"活动，为帮扶学生捐赠约1万元图书资料。2021年，中南院被国家林草局授予"乡村振兴与定点帮扶工作突出贡献单位"称号。

【文明创建工作】 2021年，通过全国模范职工之家复查，2个集体获评自然资源系统2019~2020年度青年文明号，3名青年分别获国家林草局"十佳优秀青年工作者"、国家林草局直属机关"优秀青年"、湖南省直优秀团干部称号，1名职工家庭获湖南省直最美家庭称号，文明创建平台考核得分102.41分。

【大事记】

1月13日 中南院承担的《海南昌江昌化大岭省级森林公园总体规划(2021~2030)》通过专家评审。

1月22日 为做好湖南省森林和草原火灾风险普查试点工作，中南院在长沙组织召开了森林和草原火灾风险普查工作座谈会。

3月5日 中国工程咨询协会公布了2020年度全国优秀工程咨询成果奖获奖项目名单，中南院完成的"惠州市林业资源价值评估与发展规划"项目荣获一等奖。

4月7日 中南院正式完成国家重点研发计划项目——喀斯特峰丛洼地石漠化综合治理与生态服务功能

提升技术研究示范（2016YFC05024）第一课题第六专题“峰丛洼地区域石漠化时空格局变化与关键驱动因子”研究。

4月8日 中南院完成的《西藏自治区2019年度生态公益林建设成效监测报告》通过专家评审。

4月14~16日 中南院在长沙市举办“中南监测区2021年度森林资源监测与管理技术”培训班。

4月21日 中南院在长沙举办中南监测区草原监测评价培训暨工作推进会议。

4月22日 中南院党委书记刘金富、自然资源规划设计处处长吴南飞参加了中国林场协会2021会员代表大会暨理事会。

4月29日 中南院完成的《黔南州“十四五”林业发展规划》通过专家评审。

5月27日 中南院完成的《湖南省自然保护地“十四五”规划和2035年远景目标》通过专家评审。

6月16日 中南院组织召开中南监测区生态综合监测遥感判读培训班暨工作启动会。

8月上旬 中南院调查人员在西藏自治区洛隆县利用手持式红外热像仪拍摄到国家一级重点保护野生动物金钱豹的珍贵影像，为国内首次利用手持式热成像设备在野外近距离实时监测到金钱豹夜间活动影像。

8月31日至9月1日 中南院承办岩溶地区第四次石漠化调查国家级技术培训会。

9月22~24日 中南院高级工程师刘伟的“广东乳源西京古道国家石漠公园总体规划”项目在由中国林业工程建设协会主办的第二届“问道自然”杯全国林业工程咨询青年工程师职业技能展示大赛上获一等奖。

12月8日 中南院编制的《西藏自治区第六次荒漠化和沙化调查报告》通过专家评审。

12月14日 中南院承担的《浏阳市智慧林业信息平台（一期）建设项目》完成试运行并交付。

（中南院由肖微供稿）

国家林业和草原局西北调查规划院

【综　述】 2021年，国家林业和草原局西北调查规划院（以下简称西北院）围绕局党组重点工作，以党建统领业务发展，切实履行职责职能，圆满完成各项目标任务，为林业改革发展和生态文明建设作出了积极贡献。

【资源监测】 承担国家林草局各司（局、办）安排部署的指令性任务39项，截至2021年底，已完成30项。

林草综合监测自筹资金2000万元，抽调205名技术人员参加林草生态综合监测评价工作，完成13 245个样地调查任务。组建20个调查工组，派出10个检查组现场指导各省技术培训和外业试生产。选派3名技术人员参加综合监测全国汇总，编发综合监测工作简报17期。抽调155名技术人员完成11个省（区）2016~2021年造林核查，配合自然资源部和国家林草局开展阳关林场舆情调查。

林草执法和森林督查完成监测区765个县级单位的森林督查判读任务，开展交叉检查和技术指导。研发森林督查暨林政执法综合管理系统和打击毁林专项行动管理平台。承担完成2021年全国森林督查及打击毁林专项行动数据汇总及全国报告编写。

草原监测 参加全国草原监测评价技术专班，编制配套技术文件和监测区草原监测评价工作方案。开发“森林和草原火灾风险普查外业调查系统”，开展技术指导和检查验收。

荒漠化和沙化监测 开展第六次荒漠化和沙化监测技术指导，参与全国数据汇总和报告撰写。参加完成山西、西藏等5个省（区）“十三五”省级政府防沙治沙目标责任期末综合考核。完成重庆市第四次石漠化调查监测指导、督查工作。完成2020年年度全国重点沙区定位监测成果验收和汇总分析、全国沙化典型地区定位监测2020年年度总报告汇编和沙化土地封禁保护区管理办法修订。

湿地监测与管理 完成四川、青海两省全国泥炭沼泽碳库调查质量检查及江西、河南等5个省（市）11个国家重要湿地监测。抽调技术人员参加国家公园规划专班及全国自然保护地整合优化省级预案审核工作专班，完成相关任务。

天然林保护修复 完成全国天然林保护书面核查统计汇总和总报告编制工作，参与完成全国天然林保护成效评估主报告和全国天然林保护修复中长期发展规划编制。

林业草原湿地相关规划、方案 编制国家级公益林区划界定规程、国家级公益林调出及补进技术审查办法、对接国土三调数据优化国家级公益林实施方案和国家级公益林优化成果审核方案，完成西北监测区国家级公益林优化省级成果审查，编制全国汇总报告。研建新疆林长制综合服务平台，为青海、新疆编制实施方案并开展试点工作。完成重庆市松材线虫病防治与马尾松改培试点项目方案编制和作业设计，在咸阳市主持开展中国首个国家森林城市相关指标现场核查试点。

【服务地方林草建设】 西北院充分拓展技术服务的广度和深度，成立青海木里矿区生态保护修复技术专班，编制青海省自然保护地发展总体规划，开展草地、湿地碳汇核算及评估研究，完成西北地区首个草地碳汇开发、县级碳中和先行示范规划，编制部分省（区）林草部门“十四五”发展规划，签订各类技术服务合同645个，为西北监测区提升林草信息化建设、促进生态林业和民生林业发展起到重要技术支撑作用。

【乡村振兴】 继续投入专项资金100万元，选派干部压茬开展乡村振兴工作，获国家林草局颁发的“乡村振兴与定点帮扶突出贡献单位”称号。西北院院领导带队赴贵州独山县、陕西延长县开展乡村振兴和产业发展调研4次，采购定点县及其他脱贫地区农副产品55.64万元。

【人才培养和队伍建设】 加大人才交流培养力度，选派13名干部职工横向纵向交流学习。1人入选第八批“百千万人才工程省部级人选”，林草智慧监测团队入选国家林草局第三批林业和草原科技创新团队；举办首届岗位技能大赛，试行师徒制，结成43对师徒；持续强化教育培训，开展岗前技术培训13次，组织22批次技术人员外出参加各类技术培训，选派干部参加局干部管理学院和陕西省委党校组织的专题培训。

【科技创新】 多措并举推进自主创新。出台《科技创新项目管理办法》、科技成果奖励和科技成果转化实施细则。自筹创新经费1500万，实行重点科技创新项目“揭榜挂帅”，筛选上榜项目35个；加快科技创新成果推广应用。自主研发的3个软件获得计算机软件著作权登记证书，2项无人机应用成果获得实用新型专利证书。主导开发的“黑茶林局智慧林草监管云平台”项目通过鉴定；完成科研创新基地基础建设并投入运行，创新能力建设项目完成投资900万元，自筹资金500万元完成机房建设，重点实验室正式投入使用，一个长期科研基地获国家林草局批准。建成全国森林资源管理“一张图”公共数据西北分中心并上线运行。

【大事记】

1月20日 西北院与长安大学、中天智控科技控股股份有限公司签订宜居黄河研究合作协议。中国科学院院士彭建兵、中天智控董事长李保平和西北院院长李谭宝出席签字仪式。

2月10日 西北院组建林(草)长制工作专班。

3月10日 西北院举行师徒制拜师仪式，通过签订师徒责任书、徒弟敬茶等环节，充分体现尊师重道的师徒理念，开启师徒结对的新篇章。

3月16日 西北院国家西北荒漠化沙化实验监测基地正式投入使用。

3月17日 西北院举办2021年科技创新项目揭榜挂帅竞演，对35项科技创新项目的揭榜团队进行综合评审。

4月9~12日 西北院在延安举办“学党史、弘扬延安精神、当好生态卫士”研修班。院领导班子成员、全体处级干部、主任工程师及企业负责人共51人参加研修。

4月14日 西北院通过中国林业工程建设协会审定，成为首批取得营造林工程监理资质的持证单位。

4月29日 西北院获“西安市五一劳动奖状”，自然保护地监测评估处获“2021年西安市工人先锋号”称号。

5月8日 西北院完成的《青海湖国家公园设立方案》《青海湖国家公园符合性认定报告》《青海湖国家公园设立的社会经济影响评价报告》在北京市通过权威论证。中国工程院院士尹伟伦、中国科学院院士陈发虎、魏辅文，以及来自国家公园、野生动植物、草原、林业与生态规划、湿地、旅游、环境科学等领域的11位国家级专家参与评审。

5月31日 依托西北院建设的旱区生态水文与灾害防治国家林草局重点实验室为国家森林和草原火灾风险普查工作开展的第一批森林可燃物样本测定已经完成，测定结果符合要求，标志着重点实验室正式运营。

6月8日 西北院团委获“省直机关五四红旗团委”称号。

6月24日 西北院木里矿区生态修复技术支撑专班一行12人前往青海省海西蒙古族藏族自治州天峻县木里镇，开展木里矿区生态保护修复技术指导工作。

9月28日 西北院与宁夏回族自治区林业草原局、中国电信宁夏分公司签署共建“宁夏智慧林草云平台”三方合作框架协议。

10月28日 中国工程咨询协会发布2020年年度全国工程咨询单位行业排名，西北院在中型单位营业收入百强名单中位列第21位，行业影响力进一步扩大。

12月6日 国家林草局副局长李树铭带队来西北院调研指导林草综合监测等工作。

12月17日 中国林业工程建设协会组织开展2021年年度全国林业工程建设领域资深专家评选活动，西北院副总工程师饶日光顺利入围，获“全国林业工程建设领域资深专家”称号。

12月28日 由西北院和新疆维吾尔自治区林业规划院共同开发的新疆森林资源信息管理系统获得陕西省测绘地理信息学会颁发的测绘科技进步二等奖。

(西北院由赵彬汀供稿)

国家林业和草原局西南调查规划院

【综　述】 2021年，国家林草局西南调查规划院(原昆明勘察设计院，以下简称西南院)在国家林业和草原局党组统一领导下，认真履行“一院五中心”职能，完成森林资源管理、监测等指令性任务，为新时代生态文明建设提供服务和技术支撑，在草原监测评估、湿地保护和修复、荒漠化(石漠化)防治、以国家公园为主体的自然保护地体系建设、野生动植物保护、国土绿化、生态修复等方面，发挥林草生态保护建设主力军的作用。

【森林资源管理工作】 在国家林草局资源司的指导和云南省、四川省的密切配合下，西南院完成监测区云南、四川两省森林督查、森林资源管理“一张图”年度更新工作；完成云南和四川两省国家级公益林优化工作。

【森林资源监测（调查、验收、核查、检查）工作】 西南院承担国家林草生态综合监测评价工作，抽调150多人参与样地调查，完成4645个样地外业调查工作；图斑监测方面，向云南省、四川省提供技术支撑，及时解决相关问题，完成林草湿数据与国土三调数据对接融合。承担新一轮林地保护利用规划指导检查工作，完成3个国家级试点县（区）的林保规划。承担森林草原火灾风险普查国家级检查工作，2021年已完成两轮检查。开展西藏林业有害生物普查工作。

2021年8月27日，西南院书记周红斌检查国家林草生态综合监测评价德钦县67号样地（王蒙 摄）

【草原监测评估】 开展草原监测评价试点和技术方案编制，完成《监测评价操作细则》。重点围绕青藏高原生态修复治理，在青海和西藏多地展开深度技术服务，开展草原有害生物普查研究，并为西藏自治区草原有害生物普查提供全面技术服务。开展国家草原自然公园规划、草原保护利用规划研究，编制《青海省草原自然公园发展规划及相关政策》。深入推进林下草资源监测和利用政策研究。承担宁夏回族自治区和内蒙古自治区草原修复治理项目实施成效评价。

【湿地保护和修复】 开展云南、四川等省国际重要湿地生态监测、国家重要湿地现地核验工作；完成西藏玛旁雍错国际重要湿地及江西、贵州、湖南等省长江经济带湿地保护与修复；开展云南、新疆湿地生态系统保护和恢复治理规划、咨询设计服务，开展湿地保护率测算方案研编等。

【荒漠化（石漠化）防治】 参与全国第六次荒漠化监测及全国荒漠化监测大样地数据汇总，完成云南、湖南等14省第六次荒漠化和沙化数据标准化处理、荒漠化和沙化监测地理信息数据库建立、全国沙漠沙地专题数据汇总工作、样地监测遥感影像处理、变化图斑监测，建立变化图斑监测数据库、林草生态综合监测的荒漠化沙化数据库等工作。参与第四次石漠化监测工作，负责云南省15个州（市）88个调查县、四川省10个州（市）46个调查县的石漠化调查监测技术指导、质量检查和成果验收等。2021年已开展云南省中期指导检查及四川省进度督导，完成云南省9县、四川省5县的国家级检查验收任务。完成为期5年的西藏定结县沙化土地封禁保护区2020年度成效监测，获西藏自治区林草局好评。

【为建设以国家公园为主体的自然保护地体系服务】 为国家公园的正式设立提供技术保障，承担海南热带雨林和武夷山、南岭、羌塘、三江源等国家公园设立督导、设立方案、总体规划的编制；开展丹霞山、高黎贡山、珠峰、若尔盖、亚洲象等国家公园创建的前期研究。参与全国自然保护地整合优化报告的编制；承担上海崇明东滩、西藏珠峰、云南大山包黑颈鹤、云龙国家森林公园、南滇池国家湿地公园等十余个国家级、省级自然保护区、自然公园和风景名胜区的调查、规划、设计项目；承担西藏羌塘和慈巴沟等7个自然保护区的勘界立标、黄河三角洲国家级自然保护区生态保护与修复专项规划、云南玉龙雪山国家级自然保护区生物多样性影响评价等工作。做好国家公园及自然保护地委员会秘书处工作，通过微信公众号开展科普宣教，积极宣传自然保护地生态保护成效及经验做法，并实时报道《生物多样性公约》缔约方大会第十五次会议（COP15）情况。2021年，微信公众号共发表图文消息1150余篇，原创作品52篇，关注人数近3.4万人次。

【野生动植物保护】 亚洲象研究专家团队深入前线开展对象群的监测、研判、引导、防范等，深度参与北移亚洲象群处置工作，协助当地政府和前线指挥部及时制定监测预警方案和防范措施，为进一步缓解人象冲突，保障人民群众生命财产安全、保护野象安全提供技术支持。象群顺利南返后，持续开展北移象群常态化监测和研究，西南院投入自有资金140万元，支持亚洲象研究中心两个科研项目立项。西南院承担重庆市武隆区林木种质资源普查、云南高黎贡山8个县（区）林草种质资源调查任务。国家林草局自然保护地及野生动植物西南监测中心信息平台基本建成，包括西南5省（云贵川藏渝）的自然保护地、野生动植物等基本信息，内容较为全面，信息查询便捷。

【国土绿化与生态修复】 开展生态建设开发性政策性金融贷款项目咨询服务，承担云南、贵州等省多个林业贷款项目咨询和勘察设计工作；为赤水河流域、洱海、抚仙湖等生态系统修复治理提供技术咨询服务。配合国家林草局进行“古滇名城”长腰山片区、昆明滇池国家旅游度假区铭真高尔夫项目督查工作，开展现地调查、图斑比对，并编制植被修复方案；编制长腰山、滇池和阳宗海流域林草生态保护和修复实施方案、怒江州高黎贡山生态脆弱区国土绿化试点示范项目实施方案。针对荒漠化、石漠化和困难立地生态修复领域开展应用研究，推进大理洱海东部面山生态修复国家长期科研基地建设。

【林业工程标准编制工作】 2021年，西南院承担《林业与草原工程术语标准》《森林消防专业队设施设备建设标准》2项国家标准及《自然保护地管控与功能区划技术规程》《国家林下经济示范基地建设标准》等6项行业标准的编制工作。

【《林业建设》期刊编辑出版发行工作】 完成《林业建设》全年六期期刊的编辑和出版发行工作。

【服务社会工作】 在积极为林业服务的同时，发挥专业优势，跨行业积极开拓业务，在农业、公路、建筑、市政、水利等行业承担大量的咨询、勘察设计、监理业务，多元化、全方位服务社会。

【职工队伍建设】 加强人才队伍建设，充分发挥专业技术优势。在队伍建设上，坚持"干部能上能下、人员能进能出、收入能多能少"的管理模式，并形成西南院独有的特色，坚持给优秀年轻人提供更多的平台和施展的空间。根据国家林业和草原局下达的计划，依照严格的程序，2021年西南院公开招聘人员6人，均为硕士研究生，2021年年底全院在职职工315人，其中博士研究生23人，硕士研究生176人，98%的职工具有大学本科及以上学历，享受国务院特殊津贴的专家1人，教授级高级工程师12人（在职），高级工程师110人，各类注册执业资格人员186人次，涵盖29个专业。西南院通过选派技术干部援藏和到国家林业和草原局学习锻炼的方式，为年轻干部成长搭建平台，2021年西南院派出援藏干部5人，在国家林业和草原局学习锻炼6人。

【质量技术管理】 根据ISO9001质量管理体系，对各类项目进行全面的质量控制及管理，做好事前指导，实行全过程管理，及时解决规划设计中遇到的技术问题，抓好质量监督与检查指导工作，全年质量管理安全运行，成果质量稳步提升。

【学术交流及科研工作】 积极开展专业技术培训与学术交流，提高技术人员业务水平。2021年组织员工参加"山水林田湖草沙系统治理及林草碳汇""森林资源一张图与国土三调数据对接软件"等绿色大讲堂；组织各部门参加"澜湄合作跨境亚洲象保护视频交流研讨会""国家森林资源智慧管理平台西南院分中心视频培训会"等。

西南院国家公园理论与实践创新团队开展"国家公园生态保护监督管理办法""国家公园生态体验解说服务系统技术规范""国家公园监督管理体制研究""国家公园社会参与机制及管理研究""国家公园志愿者服务机制研究"等科研项目工作；亚洲象研究中心开展"澜湄合作跨境亚洲象种群调查与监测""亚洲象资源调查监测与评估研究""亚洲象重要栖息地范围论证项目""亚洲象国家公园管理体制研究"等科研项目工作。

【大事记】

4月1日 西南院与华邦建投集团战略合作协议签订仪式在广州举行。西南院党委书记周红斌、华邦建投集团执行总裁蔡继荣代表双方签订战略合作协议。

6月10日 国家林业和草原局以"听党话、感党恩、永远跟党走"为主题的演讲比赛决赛中，西南院黄骁、龚傲龙两名青年职工分别获得一等奖、三等奖的优异成绩。

6月12日 由中宣部新闻局组织的亚洲象北迁及生物多样性保护集中采访活动在西南院举行。新华社、《人民日报》《中国日报》《光明日报》《云南日报》、云南广播电视台等23家国内主流媒体参加活动。

6~9月 西南院全面开展四川、云南两省国家林草生态综合监测评价工作。

8月24日 西南院亚洲象研究团队在国际期刊《保护快报》（*Conservation Letters*）发表文章讨论亚洲象迁移及其启示。

8月31日 根据《国家林业和草原局关于调整国家林业和草原局所属事业单位设置的通知》（林人发〔2021〕79号），西南院由"国家林业和草原局昆明勘察设计院"更名为"国家林业和草原局西南调查规划院"。

9月9日 国家林业和草原局党组成员、副局长李树铭到西南院调研指导工作。

9月 西南院马国强入选国家林业和草原局第八批百千万人才工程省部级人选。

10月11日 国家林业和草原局局长关志鸥、副局长李春良、总工程师闫振等一行到西南院调研指导工作，并组织召开亚洲象保护座谈会。

10月 西南院刘永杰及亚洲象研究团队分别入选第三批国家林业和草原科技创新人才和团队。

12月15日 国家林业和草原局人事司副司长王常青代表局党组到西南院宣布周红斌任西南院党委书记、院长。

（西南院由余丽华供稿）

中国大熊猫保护研究中心

【综　述】 2021年，中国大熊猫保护研究中心（以下简称熊猫中心）以习近平新时代中国特色社会主义思想为指导，心怀"国之大者"，认真贯彻落实党的十九大和十九届历次全会精神，紧紧围绕国家林草局党组安排部署，克服新冠病毒疫情困难，认真履职尽责，主动担当作为，圆满完成既定目标任务，为助力林业和草原事业高质量发展，推进美丽中国和生态文明建设作出积极贡献。

自身建设 强化顶层设计，单位职能得到有效扩充，新增4个正处级内设机构。高质量推进熊猫中心

"十四五"及中长期发展规划编制。坚持新时期好干部标准，按照公开公平公正原则，提拔任用4名处级干部，1名处级干部平级交流任职，1名处级干部试用期满考核合格。加强干部监督管理，按要求完成领导干部个人事项报告、查核比对、结果填报等工作，配合完成2名处级干部个人事项查核工作。1人入选"百千万人才工程"省部级人选名单，"大熊猫种群安全体系建设创新团队"入选第三批林草科技创新人才建设计划，"圈养大熊猫野化培训团队"获评第十届"母亲河"奖绿色团队奖。完成21项规章制度制定修订工作。推进内控体系建设，强化预算评价指标体系，推进"猫均经费"定额测算研究。加强基础设施建设，雅安碧峰峡基地升级改造项目通过竣工验收。有序做好园区开放和科普教育管理工作，全年接待公众69.4万人次，无安全事故发生。

大熊猫野外生态及种群动态研究 制订放归大熊猫生存状况调查研究方案并稳步推进，科学分析研判野化放归大熊猫生存状态。组建《全国第五次大熊猫数量调查方案》编写组和专家组，完成工作方案和技术规程。持续推进大熊猫重引入调查评估、圈养大熊猫社群等级结构初步研究、大熊猫历史栖息地调查评估等15个项目，取得阶段性成果。拓宽平台建设，大相岭濒危野生动植物保护生物学国家长期科研基地获国家林草局批复。

大熊猫饲养、繁育、遗传、疾病防控以及圈养大熊猫野化培训与放归 做好4个基地200只圈养大熊猫日常饲养管理工作，确保大熊猫健康与安全，提升大熊猫种群活力。推进"大熊猫饲养数字管理系统"平台建设工作，提升大熊猫饲养管理工作的及时性、高效性。2021年共繁育成活大熊猫27仔，圈养大熊猫种群达到356只。培训具有自然交配能力的雄性大熊猫1只。指导重庆动物园繁育成活大熊猫2胎4仔。不断探索配种时间提高双胞胎率，2021年国内繁育的大熊猫幼崽双胞胎率到达60%，创下单一年度繁育大熊猫双胞胎率新高。持续做好大熊猫遗传基因研究，完成2020年10只大熊猫新生幼崽亲子鉴定，发现一例同母异父的双胞胎。扎实开展大熊猫疾病防控，全年治疗大熊猫及伴生动物200余例次，指导外单位治疗生病大熊猫40余例次，无疫情发生。完成3只圈养大熊猫的野化培训，1只圈养大熊猫经过野化培训已基本达到放归标准；持续推进大熊猫野外监测项圈系统研发项目；完成五年引种大熊猫数据分析。

大熊猫科学研究 大熊猫辅助生殖技术研究取得重要突破，首次尝试输卵管移植和子宫体腔移植技术操作，首次监测到自然排卵、通过体外受精获得胚胎和冷冻保存胚胎并获得成功，为建立大熊猫胚胎库奠定基础。研制开发大熊猫DNA个体识别与亲子鉴定标准化试剂盒，以实现快速检验，统一行业标准。推动大熊猫干细胞库建设，通过对新生大熊猫脐带处理提取大熊猫干细胞。2021年共开展科研项目研究69个，结题验收14个，发表论文24篇，获得国家专利11项，其中发明专利1项。

大熊猫国内外合作交流 深化与新加坡、马来西亚、芬兰、美国、荷兰合作单位的交流，指导开展大熊猫繁育工作，旅居马来西亚、日本、新加坡的大熊猫成功繁育3胎4仔。完成泰国、荷兰、巴西、阿根廷、卡塔尔4国驻华大使及卡塔尔参赞等6批次21人次的来访接待。强化国内借展合作单位管理，指导督促提升大熊猫饲养管理水平。

大熊猫文化建设、科普教育和宣传 成功举办2020年迪拜世界博览会中国大熊猫保护主题展、"中国航天 国宝闪耀"大熊猫征名等活动，展示了大熊猫保护研究成绩和生态文明建设成果，进一步讲好中国故事，弘扬了大熊猫文化。做好官方平台管理，粉丝量达300余万人。做好舆情管理，及时回应网友关切，积极引导和妥善处置大熊猫"美香"舆情。积极开展公益宣传，募集大熊猫公益资金(物资)700余万元。

【2020级大熊猫宝宝亮相】 2月3日，立春之际，熊猫中心10只2020年出生的大熊猫宝宝(2020级)亮相卧龙神树坪基地，向全国人民送上新春祝福。

【荣　誉】 3月29日，四川省直属机关妇女工作委员会授予熊猫中心周应敏"省直机关三八红旗手"称号。授予熊猫中心组织人事处"省直机关三八红旗集体"称号，授予熊猫中心刘春华家庭"省直机关最美家庭"称号。

4月13日，熊猫中心都江堰青城山基地"青年安全岛"被共青团四川省委、四川省应急管理厅认定为"2020年度四川省青年安全生产示范岗"。

4月25日，共青团中央授予熊猫中心团委"全国五四红旗团委"称号。

8月18日，熊猫中心大熊猫国家公园珍稀动物保护生物学国家林业和草原局重点实验室被共青团中央、最高人民法院、国家发展改革委等23家全国创建青年文明号活动组委会命名为"第20届全国青年文明号"。

9月13日，国家林草局公布第八批百千万人才工程省部级人选名单，熊猫中心周应敏入选。

11月12日，熊猫中心"圈养大熊猫野化培训团队"获评第十届"母亲河奖"绿色团队奖。

11月23日，四川省妇女联合会授予熊猫中心周晓"四川省巾帼建功标兵"称号。

【旅马大熊猫产仔】 5月30日，旅居马来西亚国家动物园大熊猫"凤仪"产下1胎1仔，取名"靓靓"。这是继2015年产下"暖暖"、2018年产下"谊谊"之后，该大熊猫通过自然交配产下的第三只幼崽。

【大熊猫科普教育公益行】 6月7日，北京金羽翼残障儿童艺术康复服务中心组织7个自闭症学员家庭到熊猫中心都江堰基地开展大熊猫公益科普活动。大熊猫有着天然的"治愈"能力，与大熊猫面对面是自闭症孩子们梦寐以求的愿望，大熊猫憨态可掬的可爱模样对自闭症孩子有着积极的康复作用，此次公益活动对有效帮助自闭症孩子们认知自然、爱护自然具有积极意义。

【大熊猫旦旦(爽爽)线上交流会】 6月10日，熊猫中心配合中国驻日本大阪总领馆举办了"大熊猫旦旦(爽

爽)线上交流会”。此次交流会互动效果良好，在驻大阪总领馆官媒平台上浏览量超过百万次，被日本广播协会、《神户新闻》、人民网日文版、《人民中国》等多家主流媒体争相报道，为增进日本民众对华认知、助力中日关系发挥了积极作用。驻大阪总领馆向熊猫中心致感谢信。

【旅日大熊猫产仔】 6月23日，旅居日本上野动物园的大熊猫“仙女”产下双胞胎，取名“晓晓”“蕾蕾”。受疫情影响，熊猫中心专家组与日方技术人员全程密切沟通，通过产前、产中、产后远程“云指导”，确保了双胞胎幼崽的成活。

【“中国航天　国宝闪耀”大熊猫征名】 6月23日，熊猫中心大熊猫“鑫鑫”在卧龙神树坪基地产下1只雌性幼崽，当日正值北斗三号最后一颗全球组网卫星发射。“鑫鑫崽”成了当之无愧的航天熊猫宝宝。为庆祝中国航天和大熊猫保护研究事业发展成绩，熊猫中心联合国家航天局新闻宣传办公室、中国航天科技国际交流中心共同发起了“中国航天　国宝闪耀”大熊猫征名活动。9月26日，在2021中国航天文化艺术论坛上，正式宣布航天熊猫宝宝“鑫鑫崽”名字为“航宝”。“航宝”既体现了公众对航天事业发展的关注，也表达了对大熊猫宝宝健康成长的祝愿。

【大熊猫科普课堂】 7月7日，英国“中文培优”项目第二场直播活动“中外青少年对话熊猫专家”大熊猫科普课堂在熊猫中心都江堰基地开播。该直播由西南交通大学外国语学院国际汉语系承办，来自英国56所中学的1400多名师生以及国内14所学校的数百名大学生和中学生语伴在线观看并实时互动，创造了2021英国“中文培优”线上夏令营直播活动最高参与度。

【大熊猫生态法庭普法活动】 7月22日，四川大熊猫国家公园生态法庭在熊猫中心雅安碧峰峡基地开展环境保护普法宣传活动。法官们通过现场普法、案例讲解、悬挂环保横幅、展示宣传挂图、发放环保手册等多重形式，引导来往游客树牢绿色低碳、人与自然和谐共生的理念，积极营造人人关心环保、支持环保、参与环保、宣传环保的良好氛围。

【旅新大熊猫产仔】 8月14日，旅居新加坡动物园的大熊猫“沪宝”产下1胎1仔，取名“叻叻”。受疫情影响，熊猫中心专家组与新加坡技术人员全程密切沟通，通过远程对大熊猫发情配种、产仔育幼等进行技术“云指导”，为大熊猫幼崽成活提供保障。新加坡总理李显龙通过社交媒体发文祝贺。

【“生态中国·熊猫e家”科普教育项目获三星优秀奖】 9月18日，熊猫中心参赛的“生态中国·熊猫e家”科普教育项目获2021中国公益慈善项目大赛三星优秀奖。该大赛于5月26日启动，由中国公益慈善项目交流展示会组委会主办，深圳市民政局承办，深圳市社会公益基金会和深圳市中国慈展会发展中心执行。

【迪拜世博会中国大熊猫保护主题展】 10月4日，熊猫中心承办的中国大熊猫保护主题展在阿联酋2020年迪拜世界博览会中国馆正式亮相。主题展位于中国馆一层多功能厅，占地面积近400平方米，以“同一片蓝天·同一个梦想”为主题，展示习近平生态文明思想、中国生态建设成果、大熊猫科研保护成效等内容。

主题展围绕圈养大熊猫的野化培训与放归、野生大熊猫栖息地保护、大熊猫国际合作与交流等内容，通过照片、视频、虚拟现实技术(VR)、互动等形式，在海内外首次以小见大地全方位展示了大熊猫保护研究事业，是一次高规格、高水平、高质量的大熊猫主题综合展。主题展配套“空降2020只大熊猫”和“熊猫快闪”等落地活动，向全球传播了具有中国特色、体现中国精神、蕴藏中国智慧的大熊猫文化。

主题展于10月4日登上央视《新闻联播》，在央视新闻客户端开展了半小时的专题探访直播。据不完全统计，截至10月12日，央视、新华社、路透社、美联社等多家海内外主流媒体对主题展进行了近4000条报道，“熊猫”“大熊猫展”等词一时成为焦点、热词。

【全球首个巨物化裸眼3D熊猫公益视频发布】 “十一”国庆节期间，熊猫中心对外发布全球首个巨物化裸眼3D大熊猫公益视频，并在成都太古里步行街裸眼3D屏轮流播出。此次熊猫中心利用大熊猫+裸眼3D实拍技术，打破了空间距离，让大熊猫与城市完美结合，意在展现中国大熊猫保护研究成绩，展示生态文明建设成果。

【第三批林草科技创新人才建设计划】 10月8日，国家林草局公布第三批国家林业和草原科技创新人才和团队名单，熊猫中心申报的“大熊猫种群安全体系建设创新团队”入选。该团队成员长期从事大熊猫科研保护工作，多次主持或主研国家级、省部级、香港海洋公园保育基金、大熊猫国际合作资金等科研项目，在大熊猫临床疾病诊疗、传染病预防、病原微生物研究等方面积累了丰富的实践经验，逐步形成大熊猫急腹症如“肠梗阻”的诊疗方法、常见传染病感染的诊疗方法，完善大熊猫疾病防控与救护体系，推动大熊猫种群安全管理和疫源疫病防控体系能力建设。该团队牵头或参与完成3项林业行业标准，在国内外重要刊物发表论文200余篇，出版学术专著6部，获授权国家专利60余项，主研的科研成果6次获得国家及四川省科技进步奖、梁希林业科技进步奖、科技兴检等科技进步奖励，成果在行业内得到了广泛推广和运用。

【“大相岭濒危野生动植物保护生物学国家长期科研基地”获批设立】 10月9日，国家林草局公布第三批国家林业和草原长期科研基地名单，熊猫中心申报的“大相岭濒危野生动植物保护生物学国家长期科研基地”获批设立。这是继2019年“邛崃山濒危野生动植物保护生物学国家长期科研基地”和2020年“岷山濒危野生动植物保护生物学国家长期科研基地”后获批设立的第三个长期科研基地。

【新"三定"规定印发】 10月25日，国家林草局印发熊猫中心新"三定"规定。熊猫中心主要职能为：开展大熊猫野外生态与种群动态研究，承担全国野外大熊猫及其栖息地野生动植物资源调查评估和大熊猫野外种群动态监测；负责大熊猫人工饲养、繁育、遗传、疾病防控以及相关技术标准和规程的研究与开发，承担全国大熊猫及其栖息地珍稀野生动物遗传资源管理及基因库建设，承担全国大熊猫谱系管理；开展圈养大熊猫野化培训与放归、野外引种工作，开展大熊猫栖息地珍稀野生动植物保护研究，指导和开展大熊猫及其栖息地珍稀野生动物救护工作；协助组织和开展大熊猫国内外合作交流，负责技术指导，开展合作研究，承担大熊猫国内外合作交流平台建设；推动大熊猫文化建设、科普教育和宣传工作；开展大熊猫相关科技成果转化、技术推广与人才队伍建设等工作；承担大熊猫国家公园建设科学技术支撑工作。内设机构19个，由15个处室和4个基地组成。

【雅安碧峰峡基地改造升级项目竣工】 12月3日，熊猫中心雅安碧峰峡基地改造升级项目顺利通过竣工验收。该项目总投资2376万元，由中央投资安排。该项目的实施，优化了大熊猫圈舍内外环境，提升了设施设备硬件指标，进一步提高了大熊猫保护科学研究、饲养、繁育工作水平。

【两委换届】 12月24日，熊猫中心在都江堰基地召开党员大会，完成党委、纪委换届选举。第二届党委、纪委分别由7名委员、5名委员组成。在党委、纪委第一次全体会议上，分别选举路永斌同志为党委书记，朱涛同志为纪委书记。四川省直机关工委领导、熊猫中心100余名党员出席会议，民主党派代表、处室(部门)主要负责人列席会议。

【大熊猫国内外交流】 4月22~23日，荷兰驻华使馆代表团一行3人，在国家林草局动植物司副司长贾建生陪同下，参观访问了熊猫中心神树坪基地，并代表因疫情不能来到中国的荷兰生物多样性中心与熊猫中心洽谈未来标本展陈合作计划。

5月26日，巴西驻华大使保罗·瓦莱一行3人参观访问熊猫中心都江堰基地。

6月2日，阿根廷驻华大使牛望道一行3人参观访问熊猫中心都江堰基地。

6月8日，卡塔尔驻华大使穆罕默德·杜希米一行3人参观访问熊猫中心都江堰基地。

12月31日，泰王国驻成都总领事馆总领事张淑贞一行9人参观访问熊猫中心都江堰基地。

(熊猫中心由罗春涛供稿)

大兴安岭林业集团公司

【综　述】 大兴安岭林业集团公司(以下简称大兴安岭集团)自2020年4月组建以来，始终坚持"强党建、优生态、促发展、惠民生"的发展战略，坚守生态、安全、民生三条底线，稳扎稳打、抓实抓细，全力以赴推动各项工作提质量、上水平。经过努力，改革主体任务基本完成，生态安全屏障更加牢固，债务风险得到有效化解，林地关系保持和谐稳定，直属企业经营效益良好，为实现高质量发展迈出坚实步伐。建立林区首套森防感知系统并投入使用，推进森防队伍标准化体系建设，连续3年实现"人为火不发生、雷击火不过夜"目标。珍稀野生动物偶见率明显提升，国家一级重点保护野生动物东方白鹳连续3年在南瓮河湿地筑巢繁育幼崽，驼鹿、猞猁、貂熊等多次走进《秘境之眼》。制订出台"林长制"工作实施方案和配套管理制度，全面落实"林长制"，深入开展打击毁林专项行动，林政案件下降81%，森林资源连续保持"三增长"。

【林业计划统计】 全面落实国家林草局安排部署，主动研究发展战略，争取政策资金，加强林业项目和投资计划管理。全年争取国家基本建设资金3.88亿元，比2020年增加1.35亿元，实施建设7类45个项目。精心谋划《大兴安岭林业集团公司发展规划(2021~2025年)》，形成指导集团高质量发展的纲领性文件。稳步推进企办行政及社会职能移交改革。强化林业建设项目管理，全年申报中央投资建设项目47个，总投资11.89亿元。科学编制下达2021年林业生产计划，实现林业产业总产值57.75亿元，同比增长8.1%，实现产业增加值35.3亿元，在岗职工年均工资49 481元。

【天然林保护修复】 将天然林保护修复工作纳入企业目标责任考核指标，常态化开展工程实施监督，森林资源得以全面保护，森林覆盖率增加至86.20%，林分平均公顷蓄积提升至87.2立方米，林区生态功能逐步增强，森林和湿地生态系统服务功能总价值量达到7828.89亿元/年，其中：森林生态系统服务总价值量5993.23亿元/年，占全国比重3.77%。2021年，国家投入大兴安岭林区天然林保护与修复资金46.88亿元，主要用于企业办社会行政职能和社会职能划转、森林管护事业费、政府及社会支出、"五险"补助、森林抚育补助等支出。按计划完成森林抚育13.47万公顷、人工造林415.87公顷、森林改培2.78万公顷等森林培育任务。全面加强森林资源保护管理，科学确定管护模式，落实管护责任，实现管护范围全覆盖。完善社会保障体系，中央财政支持大兴安岭集团负担在职职工基本养老、基本医疗等5项社会保险6.76亿元。

【生态修复】 完成人工造林666.67公顷(含国家投资资金415.87公顷，自有资金250.8公顷)、补植补造

2.31万公顷、低产林改造培育666.67公顷、偃松林培育4000公顷、森林抚育13.47万公顷，积极推广轻基质容器杯育苗新技术，生产轻基质容器杯1000万个。开展兴安落叶松种子采收工作，10个林业局共采摘兴安落叶松球果5.61万千克。加强母树林建设，研究制定《大兴安岭林业集团公司2021～2023年母树林经营规划》，“十四五”期间，拟新建兴安落叶松母树林1120.25公顷。全力做好林业有害生物防治工作，与各林业局签订《2021～2025年重大林业有害生物防控目标责任书》，制发《大兴安岭林业集团公司重大林业有害生物灾害应急预案》，启动《松材线虫病疫情防控五年攻坚行动(2021～2025年)》。全年实施林业有害生物监测调查面积219.41万公顷，林业有害生物发生面积15.02万公顷，完成防治作业面积2.61万公顷，其中：鼠害防治作业面积1.7万公顷，种苗繁育基地产地检疫8501.52公顷，松材线虫病松林普查面积344万公顷。举办生态修复职业技能大赛，以赛代训促进行业人员业务水平提高。严格执行“三制”生产管理制度，坚决杜绝营造林外委生产和层层转包现象，建立健全职工参与机制，近万名林业职工及家属参与营林生产。

【森林资源管理】 坚持以生态保护为主线，加强各项森林资源管理工作，森林质量不断提高，森林数量持续增加，森林资源得到稳步提升。2021年，大兴安岭集团森林面积688万公顷，同比增加0.5万公顷；森林覆盖率为86.20%，同比增长0.06个百分点；活立木总蓄积量、森林蓄积量为6.14亿立方米、6亿立方米，同比增加1195.8万立方米、1228.8万立方米。严格林地定额管理，强化林地用途管制，严把林地审核关口，审核审批占地项目98个，其中：审核上报国家林草局永久使用林地项目21个，获批12个，待批9个，审核获批临时使用林地项目37个；审核获批直接为林业生产服务项目40个。加强林地协同发展，主动靠前指导服务，协调推进防火通信4G信号等重点建设项目使用林地手续办理进度。严格执行伐区拨交审核，对所有申请拨交伐区按照最新“一张图”成果及各级保护地矢量进行林木因子审核，共完成拨交99批。提前一年完成大兴安岭集团多图合一工作，2020年“一张图”结果正式投入使用。全面完成“十三五”期间森林采伐限额执行情况上报，分解下达大兴安岭集团2021年森林采伐限额76.4万立方米。完成林草生态综合监测、林草湿与“国土三调”数据对接融合，国家级公益林优化数据上报，并按国家林草局要求修改完善。筹建北斗管护巡护系统，主要框架基本完成，已在加格达奇林业局开展试点工作。按照国家林草局统一部署，组织开展打击毁林专项行动，梳理2013年以来各类涉林案件2250起，修改和废止涉林政策性文件10件；完成2021年度国家林草局下发的439个疑似图斑现地核查任务，全部录入国家林草局森林督查及林政执法系统中；将违法破坏森林资源问题线索31条移交属地林草主管部门查处，完成2021年大兴安岭集团林业行政案件统计分析报告，林业行政案件同比下降81%。

【森林防火】 层层落实森林防火责任和措施，抓好林地、战区、林农、协作单位“四个联防”，取得显著成效。开展治理室外吸烟乱扔烟头、高风险区域火源管理、火险隐患精细排查整治“三个专项行动”，杜绝人为火险隐患。建立野外作业点、重点风险隐患部位、隐患排查整改“三本台账”，跟踪管理，动态销账。结合互联网、入山身份识别、防火码等科技手段，守住检查站、管护站、巡护队“三道防线”，坚决把火种、火源堵在山下林外。以森林防火感知系统为技术支撑，修订完善道路应急通行和重点雷击区火灾防控预案，保障道路通行能力、扑火运兵安全和雷击火处置效率。着力开展标准化体系建设，建好索滑降、以水灭火、机械化灭火、快速扑火突击队“四支队伍”，补充年富力强队员，配备单兵装备，练成扑火尖刀兵。全年未发生人为森林火灾，3起雷击火平均灭火时间1小时41分钟，林地过火面积仅为0.81公顷，创造大兴安岭林区开发建设58年以来森林火灾最少，处置时间最短的历史佳绩，再次实现“人为火不发生，雷击火不过夜”的目标。

森林防火演练

【抗洪抢险】 2021年夏，大兴安岭林区内400多条江河流全流域超出警戒水位，面对林区开发建设史上极为罕见的特大洪水，大兴安岭集团迅速启动应急预案，累计出动兵力2.8万人次、车辆430台次、飞机91架次，在古里河水库抢险、呼玛县保卫战中出兵神速、英勇逆行，有力维护林区职工群众的生命和财产安全。

【保护地管理】 开展自然保护区监督检查和湿地资源保护管理专项行动、申报国际重要湿地等工作。制定《关于建设项目占用林业集团公司湿地和自然保护地申报指南》，明晰大兴安岭集团管理事权，明确各类工程项目占用湿地和自然保护地提报流程。出台《加强自然保护地明查暗访工作办法》，加强自然保护地规范化管理。大兴安岭国家公园创建工作已完成科学考察和符合性认定报告等6个专题及设立方案的初稿编制。

【野生动物保护】 组织开展“清风行动”，2021年春季、秋冬季候鸟等野生动物保护专项行动，坚决遏制非法猎捕、经营、运输等破坏野生动物资源违法犯罪势头。积极进行野生动物禁食后续处置工作，野生动物人工繁育场所全部完成管理职能移交，未出现不稳定因素和历史隐患，实现野生动物人工繁育场所“清零”，为禁食管理奠定坚实基础。在“世界野生动植物日”“爱鸟周”“保护野生动物宣传月”等时段组织开展形式多样、内容丰富的系列宣教活动，社会公众对野生动物保护的关注度显著增强。加强野生动物疫源疫病监测防控，高效完成国家林草局下达的野生动物主动预警工作，完成率100%，全年未发生野生动物疫情。

【国有林区改革】 圆满完成重点国有林区改革各项基本任务，重新搭建部门框架，林业局和县（市、区）、场和镇均已实现分开。移交企业办社会职能人员17 289人，资产、债务移交方案与地方协商一致后联合下发，原大兴安岭林业管理局机关事业单位编制人员在省社保平台参保登记。化解债务7.45亿元，后续金融债务化解方案已上报国家林草局。有序推进公司制改制，制定37项公司治理制度和改制方案；商贸总公司完成改制工作；河南制砖厂、水产公司完成注销工作；古莲河煤矿、农工商联合公司2户企业改制和基地6户僵困企业处置工作扎实推进。制定印发《大兴安岭林业集团公司机构编制管理办法》，新组建会计核算中心、社会保险管理中心、寒温带植物园管理中心、僵困企业资产管理中心、市场营销中心。出台《林业局基层单位机构管理编制和职数设置的指导意见》，完成对大兴安岭集团本部和林业局机关机构编制和职数的设定。制订《大兴安岭林业集团公司工作流程管理办法》《大兴安岭林业集团公司规章制度管理办法》，分类开展经营性、非经营性企业经济运行情况监测，形成林业局8个大类27项和直属企业7大类19项绩效目标考核体系，推动各项工作流程及规章制度规范化。制定《大兴安岭林业集团公司“处级干部管理责任网格化、日常考核积分制”管理办法（试行）》，明确干部管理责任，把领导干部积分情况作为干部选拔任用的重要参考，激励领导干部担当作为。牢固树立林地协同发展理念，与大兴安岭地委、行署共同召开林地协同发展联席会议，讨论通过6项工作协调配合机制，178个林业重大工程项目纳入地方“十四五”规划。

【林业碳汇】 国家林业碳汇相关政策出台后，在原已开发的4个碳汇造林项目基础上超前谋划项目，各林业局新谋划并上报森林经营碳汇项目10个，项目总面积80万公顷，项目计入期40年，预计碳量储备400万吨。全力推进图强林业局、十八站林业局等4个碳汇造林项目后续工作，争取早日上市交易，尽快实现碳汇经济效益。

【精细化管理】 严格执行《国家林业和草原局过紧日子八条工作细则》《大兴安岭林业集团公司过紧日子十条工作细则》《关于进一步加强节支措施严控预算管理的通知》等要求，紧紧围绕“维护生态安全、保障改善民生、活化体制机制”总目标，加强预算管理，从严控制和压缩一般性支出，优化支出结构，杜绝铺张浪费，将保工资、保运转、保基本民生作为支出底线。2021年年初预安排2021年资金预算48.11亿元。截至12月末，大兴安岭集团中央预算内林业基本建设项目总投资3.82亿元，累计完成基本建设中央预算内投资支出3.02亿元。

【产业发展】 着力构建“两地两带四园”生态产业发展布局，重点打造北三局、南二局两个生态康养基地，生态文化带、沿江民俗带两条生态旅游带，野生浆坚果、道地药材、绿色食品、生物能源（碳汇）四个生态产业园，形成多元化产业格局。设立产业扶持资金1500万元，为职工量身定制“龙岭快贷”等金融产品，与地方联合举办2021中国寒地中药产业高质量发展论坛、第八届中国自驾游与房车露营大会等大型活动，中国建设银行善融商城“大兴安岭林特馆”成为首批与省级并列的林特馆，集团产品获得第十四届森博会金奖20个。在严峻复杂的疫情形势下，特色产业实现产值8亿元，参与增收职工15 136人，实现工资外人均增收10 661元，林产工业实现产值1.35亿元。新建国家林下经济示范基地1个，3个国家级有机示范基地通过复检，国家林下经济典型案例2个。培育加工企业16户，产品涵盖食用菌、浆坚果、山野菜等12个系列200余款产品。依托韩家园林业局森达公司、十八站林业局十八驿商贸公司分别建成共享加工车间，开发7类60余种产品。

【科技创新】 组织完成大兴安岭集团森林和湿地生态产品评估及绿色价值核算项目，大兴安岭集团森林与湿地生态系统服务功能总价值量为7828.89亿元/年，通过评估核算摸清集团森林和湿地生态资源价值底数。与中国林业科学研究院、中国科学院、华东调查规划院、东北林业大学等科研院校签署战略合作协议，谋划合作项目6项，为产学研合作协同攻关、成果转化、科技平台建设、人才培养等奠定平台基础。开展技术（科技成果）需求征集2次，征集各类技术需求81项，征集科技成果103项，储备科技项目20个。申报国家林草局林业行业标准制定修订项目3项。召开森林认证培训班3次，培训人员133人次，发放宣传资料6000余册。阿木尔林业局通过中国森林经营认证，认证面积479 408公顷，北极冰蓝莓酒庄公司4个系列6种产品通过中国森林认证——产销监管链认证。森林雷击火防控应急科技攻关项目落地实施，在加格达奇林业局、呼中林业局共安装雷击火气象监测站5个、全波三维闪电定位仪1台、大气电场仪1台，其中：在呼中林业局安装的大气电场仪是首次在中国林区安装使用。大兴安岭兴安落叶松种质资源保存与育种国家长期科研基地获国家林草局批准认定。

【市场营销】 组织参加第三十一届哈尔滨经贸洽谈会，大兴安岭集团被评选为“优秀组织奖”单位，“北极冰蓝莓酒庄”被评选为“星级展商奖”单位。积极组织参加第四届中国进口博览会，与中国平安财产保险公司进行业务合作洽谈、对书香门地集团进行深入考察，对上海市消费扶贫产品（百县百品）直营店进行调研。编印《大兴安岭林业集团公司特色林产品名录》《大兴安岭林业集团公司对外合作招商手册》，制发《2021年电子商务培训实施方案》《关于建立林产品营销新媒体账号及网红培育工作方案》。借助“招商准备之冬”，谋划包装44个招商引资项目，完成招商图谱31个。已签约项目

5个，签约总额7560万元。

【安全生产】 严格落实安全生产党政同责、一岗双责和“三个必须”原则，调整充实集团安全生产工作领导小组和成员单位，实行“双组长”制，由集团党政主要领导担任组长。编制5项安全生产规章制度和6项工作流程，建立健全风险分级管控和隐患排查治理双重预防机制，下发安全管理指导性文件32个。全年，大兴安岭集团及所属林业局、直属企事业单位制订应急预案65个，开展各类应急救援演练77次；举办安全生产培训508班次，培训17 159人次；共派出检查组725个，检查人员2410人次，发现一般隐患753项，整改753项，整改率100%。完成与行署农村公路管理站所属农村公路代养的对接工作。下达林业公路养护计划，开展养护质量和进度产中督导工作，各林业局养护验收合格率100%。养护公路里程3957千米，占计划的97.7%，在册公路里程养护率28.6%，修复涵洞1093个，桥梁216座、4353米，硬化路面330千米，为林区生产、旅游、防火、林下资源采摘和发展林区经济提供保障。全年未发生生产安全事故。配合属地政府开展疫情防控工作，组织排查人员近万人次，落实管控措施750余人；对各支扑火队驻地实行封闭管理；深化动员宣传，组织派发疫情防控宣传资料3万余份；全力做好疫苗接种工作，在岗职工接种率达到97%。全年实现零感染。

【人力资源】 制订临时工管理办法。完成漠河林业局整体划转大兴安岭神州北极木业专业森林消防大队177人，林业纪委划转地委监委45人，借用人员备案83人，批准13个单位聘用临时用工174人、原林业承担的16个地方单位临时用工523人。按照《关于开展干部人事档案专项审核“回头看”工作的通知》文件要求，完成林直各部门、直属事业单位754卷档案的“回头看”工作。配合相关部门处理个人信访13件、集体信访4件，接待信访人150余人次，确保涉劳涉人信访诉求“件件有回章，事事有着落”。原大兴安岭林业管理局机关事业单位编制人员按照“老人老办法”原则，均已在省社保经办机构完成参保登记，林业参保单位上线经办。

【民生改善】 全面开展“办实事、解难题、聚民心”活动，积极解决涉及职工的各类矛盾问题，不断提升职工获得感、幸福感、归属感、荣誉感。将职工增收作为“一号工程”，为林业职工人均增资10%，集中驻防期为专业扑火队员、瞭望员发放补贴30元/天；做好富民“必答题”，鼓励支持职工参与产业发展，参与职工人均增收10 661元。设立帮扶资金，对所有困难职工家庭建档立卡，两级党政领导干部实施“一助一”帮扶，坚决不让一名职工掉队。探索组建各类文体协会，积极开展形式多样的文体活动，让职工八小时之外有健康科学的生活方式，降低职工违法犯罪发生率。积极开展“送温暖、送文化、送关爱”进基层活动，为一线职工开展心理健康辅导，驻防队员、瞭望员实现慰问全覆盖。信访达到“三个不发生”(不发生大规模进京到省聚集事件、不发生涉访极端行为、不发生因信问题引发的负面炒作)目标，无新增信访案件，原案件办结率达98%。

【审计监督】 派出审计人员参加国家林草局对直属单位资金项目管理全覆盖审计工作，圆满完成国家林草局布置的审计任务。研究制订《加强内审工作的指导意见》《审计质量控制办法》《经济责任审计报告模板》《审计人员绩效考评积分办法》等制度，初步建立法规库，规范审计工作行为，提升审计工作质量。全年共开展计划内项目15项，计划外项目3项，其中：经济责任审计13项，基本建设竣工决算审计5项，已完成审计项目17项，实施中审计项目1项，审计资金总额111亿元，审减工程支出128万元，审计期间，已纠正违规资金1.1亿元，提出审计意见建议52条。

【对外宣传】《零下42℃ 极寒中的营林人》、《密林深处的塔上人家》、“野生兴安杜鹃盛放”和“龙江第一湾”壮美风光在央视推送，《大兴安岭天保群英谱》在《人民日报》、新华网、绿色中国等国家级媒体刊发，宣传片《绿海叠翠 美丽兴安》在上海、义乌等重要展会播出。

【大事记】

1月14日 国家林草局驻大兴安岭专员办与大兴安岭行署、大兴安岭集团召开保护野生兴安杜鹃联席会议，传达国家林草局野生动植物保护司《关于乱采滥挖野生植物问题的查办通知》，听取大兴安岭行署、大兴安岭集团在野生兴安杜鹃保护与管控方面的工作汇报。

1月24日 西林吉林业局更名为漠河林业局，大兴安岭集团党委书记于辉，工会主席(候选人)徐淬为中共漠河林业局委员会、漠河林业局揭牌。

3月3日 大兴安岭集团召开重点工作推进会议，对2021年各项工作再安排、再部署、再落实。党委书记于辉，党委副书记、总经理李军分别讲话；李军与各林业局局长签订《2021年林业局经营业绩目标考核责任状》；各林业局作表态发言。

5月11~12日 大兴安岭集团党委副书记、总经理、地区森防指总指挥李军深入阿木尔林业局检查指导森防工作，先后前往岭峰国家级自然保护区管理局第一管护站、青松林场靠前驻防专业队、绿林林场靠前驻防专业队和森林消防专业大队，观摩队伍训练，查看内务管理、室内卫生、疫情防控等情况；召开座谈会听取林业局、岭峰国家级自然保护区管理局和阿木尔云智森防系统“追雷行动”的工作汇报。

10月12日 大兴安岭集团党委书记于辉现场检查指导试烧防火阻隔带工作，并沿线巡查试烧防火阻隔带情况。此次试烧防火阻隔带，加格达奇林业局共出动人员110人，各类车辆14台，点火器24个，风力灭火机16台，地区直属一支队出动人员150人，车辆3台。

(大兴安岭林业集团公司由冯志刚、葛娜供稿)

四川卧龙国家级自然保护区管理局

【综　述】 2021年，四川卧龙国家级自然保护区坚持“保护优先、绿色发展、统筹协调”发展理念，严格按照法律法规办事，成功抵御外部资本侵入和破坏，未发生生态灾难性事件，多措并举提升农村人居环境，群众幸福指数显著提升。顺利完成森林资源二类调查，摸清底数。积极组织开展反盗猎、护笋、利剑、绿盾、清山清套等专项行动和公路、近山、高远山巡护，深入开展雪豹及野生大熊猫白化致病机理的生态生物学研究，构建起“人防、物防、技防”三位一体的防火防控体系，实现了连续48年无重大森林草原火灾发生，确保了大熊猫栖息地的安全。

【生态建设】 一是实施了春季、冬季反盗猎及清山清套和禁笋、禁挖药专项行动，开展高远山巡护4次，出动人员390人次，开展入山清理12次，出动人员848人次，开展公路巡护、夜巡夜查40次，出动人员735人次，检查车辆172台次，有效震慑了破坏野生动植物资源犯罪行为。二是签订管护责任书1661份，兑现农户天然林管护费432.4万元，实现资源保护和群众增收双赢。三是持续推进大熊猫保护工作，完成了91条固定样线的监测任务，编撰了《2021年度大熊猫栖息地监测技术报告》。四是出动监测人员218人次，开展森林病虫害及疫源疫病监测，下发了《关于提供涉林产品〈植物检疫证〉的通知》，并跟踪督导检查，全年未发生大规模森林病虫害及疫源疫病。

【科学研究】 一是持续开展雪豹专项调查研究，通过野外部署的红外相机，获得雪豹照片和视频1817份，研究得出卧龙雪豹相对多度指数为19.96，在《兽类学报》《生物多样性》《动物学杂志》发布雪豹相关学术论文9篇，获得发明专利3项。二是开展了“野生大熊猫白化致病机理的生态生物学研究”野外工作，获得白色大熊猫影像文件16个，并开展了相应基因测序工作。

2021年1月，野外红外相机拍摄到卧龙全球唯一的白色大熊猫变金白色

三是开展了卧龙保护区珙桐林分布及其动植物生态、气候变化背景下微环境对动植物生态影响、先蒿属植物多样性、绿尾虹雉生态习性、巴郎山雪莲资源，中龄日本落叶松人工林改造对改造样地生物多样性的影响，羚牛集群模式时空特征与栖息地利用、羚牛的垂直迁徙与季节性关系等调查研究，撰写论文10余篇，提交申报实用新型专利4个，获得授权证书2个。四是开展了青少年对卧龙自然保护区自然保护宣教途径的探讨项目，举办公益自然教育活动40期，参与人数达526人次，增加了青少年对生态环境保护的参与度，提高了其对生态环境保护重要性的认识。

【森林草原防灭火】 一是将森林草原防灭火工作作为重要政治任务，积极构建“人防、物防、技防”三位一体的防控体系，建立了区局党委行政、两镇、各保护站、各部门、巡山护林员、普通农户全覆盖的防火责任体系和群防群控机制。二是落实“十户联保”工作制度，全区共成立联保小组153个，涉及农户1100余户、人口4000余人，建立了70人的半专业扑火队伍。三是与保护区内两镇人民政府、保护站、学校，乡镇与村组、企业、农户等多方面责任体系签订了森林草原防灭火责任书1500余份，实行县级、乡镇、村级三级“三单一书”，签订承诺书100余份，全区未发生森林草原火情、火灾，实现了连续48年无重大森林草原火灾发生。

【环保督察】 一是编制建立了《都四轨道项目生态环境保护监管工作实施方案》《生态环境保护环保整治监管工作台账》，收集存档了都四项目建设的各项手续及批文，现场检查核实了都四项目各施工单位开挖作业面、林地占用、林木采伐、垃圾、废水处理等具体情况。二是严格落实小水电站水生生物影响补救措施，完成了2万尾本地鱼苗的增殖放流计划任务。三是针对省州环保督察发现保护区的11个生态环境问题，到年底已完成10个问题的整改，污水处理厂问题正在加紧推进。

【社区发展】 区内农村经济总收入10 856.92万元，相比2020年增加604.42万元，增长率为7.89%，人均总收入15 022.6元，相比2020年增加1013.22元，增长率为7.23%。一是严格落实“四个不摘”要求，健全完善防止返贫监测帮扶机制，持续巩固脱贫攻坚成果，通过努力，已将卧龙两镇纳入州、县巩固脱贫攻坚成果同乡村振兴有效衔接规划范围。二是整合中央财政衔接推进乡村振兴补助资金400万元，涉及项目10个，已完工8个，完工率为80%，支付进度为74.65%。三是不断强化组织领导和规划引领，通过创建“四好村”、大力开展环境治理、基层党建、培育壮大生态农业和生态旅游等工作，有序推进保护区乡村振兴建设。区生态农业稳步发展，茵红李种植达153.33公顷，已逐步成为稳定的增收产业。乡村旅游不断壮大，全区旅游接待人数及收入实现连续增长。2021年，保护区共有乡村酒店、农家乐508家，床位达15 324张，接待游客50万人次，旅游收入达3425.2万元。农村人居环境不断改善，实施了污水管网改造提升、道路亮化工程等脱贫攻

坚项目改善村容村貌，通过农民夜校、进村入户、充实村级保洁员队伍等方式，广泛宣传改善卫生环境的益处，号召村民摒弃不良生活习惯，扎实开展农村人居环境综合治理，形成干净整洁的生活环境。

【安全生产】 一是坚持党政同责，齐抓共管，整合设立了应急管理局，始终抓牢地灾防治、防汛减灾、道路交通、建设项目安全生产等领域的工作。二是坚持“领导抓”与“抓领导”并重，严格执行“两书一函”制度，落实卧龙《党委行政领导安全生产监管责任清单》《党政领导干部安全生产履职台账制度》等，与各部门签订安全生产责任书22份、与企事业单位签订19份，与重点工程都四项目部签订2份。三是组织专业地质队对全区地灾隐患进行全覆盖排查，排查出地灾隐患点235个，对地灾隐患点进行了常态监测排查。四是在区内国道350线99千米沿线共安放警示提示牌218个、太阳能诱导标4个、爆闪灯21个、太阳能警示灯30个，确保过往车辆及行人安全。五是科学规范开展河道疏浚整治工作，清淤疏浚物料总方量为46.5万立方米，实现2021年安全度汛。

【大事记】

1月12日 卧龙特区、保护区管理局党委召开专题会议，对区局2021年工作计划及近期重点工作进行部署。会议由管理局党委书记段兆刚主持，班子成员、副科长及以上干部参加会议。

1月15日 四川卧龙国家级自然保护区管理局通过大熊猫国家公园管理局对外发布了全球唯一一只白色大熊猫野外活动的影像。

1月19~21日 卧龙开展“户户入、入户户”森林草原防灭火全覆盖宣传工作。卧龙特区副主任杜军及指挥部各成员单位、防灭火整治办的负责人、工作人员及各村村组干部共90余人参加。

2月8日 卧龙管理局局长何小平主持召开森林草原防灭火和野生动植物保护工作会议，听取资源管理局、邓生保护站、木江坪保护站和三江保护站关于春节藏历年值班安排、森林草原防灭火、野生动植物保护等方面工作汇报。

5月12日 第13个全国防灾减灾日，卧龙工会党支部、卧龙镇机关党支部与熊猫中心核桃坪基地管理处党支部联合开展“树牢安全意识，共建平安卧龙”防灾减灾宣传活动。

5月20日 耿达镇人民政府在耿达村獐牙杠开展了防汛及地质灾害应急演练。镇政府全体职工、镇内各地灾点监测人员、中铁十九局人员、镇应急民兵等100余人参与演练。卧龙特区主任陈林强，特区副主任、镇党委书记杜军到场指导，各村两委负责人、驻耿各单位负责人、部分安置小区群众、特区应急办、经发局、资管局相关负责同志到场观摩。

6月29日 四川省大熊猫管理局专职副局长陈宗迁到卧龙检查指导防汛及安全生产工作。卧龙特区主任陈林强、副主任柯仲辉及相关部门负责人参与检查。

7月10日 省林草局局长刘宏葆、总规划师王鸿加一行，深入卧龙基层一线检查督导环保、防汛减灾、地灾防范等工作。

8月3日、26日 大熊猫国家公园四川省管理局总规划师王鸿加带领省林草局人事处到卧龙督导检查防汛减灾工作，卧龙特区主任陈林强，副主任柯仲辉、何强、周义贵及行政办公室、卧龙镇等部门负责人参与检查。

10月20日 阿坝州委副书记、州长罗振华到卧龙调研野生大熊猫及伴生动植物保护和森林草原防火工作开展情况。

10月23日 省委副书记、省长黄强带领省委省政府有关委、厅、局、办领导到大熊猫国家公园卧龙片区开展调研，并主持办公会议听取各方工作进展和建议。

10月27日至11月1日 卧龙组织开展秋冬季联合反盗猎专项行动。

11月16日 卧龙特区、保护区管理局召开2021年今冬明春森林草原防灭火暨安全生产工作会。会议由管理局局长何小平主持，特区主任陈林强出席会议并讲话。

11月17日 省林草局副局长王景弘率行政审批处(政策法规处)、防火处、林草发展研究中心负责人深入卧龙调研生态资源保护、野外科研、森林草原防灭火等工作。卧龙特区主任陈林强，管理局局长何小平及相关部门负责人参加调研。

12月16日 省大熊猫国家公园管理局专职副局长陈宗迁带领省林草局人事处、建管处、规财处到汶川县对接卧龙特区管理体制改革工作会，卧龙特区主任陈林强，党委副书记、纪委书记杜军，特区副主任柯仲辉及相关部门参会，汶川县委书记李建军、政协主席王志勇和相关县领导、部门负责人参加对接会。

(卧龙保护区管理局由明杰供稿)

国家林业和草原局驻各地森林资源监督专员办事处工作

内蒙古专员办(濒管办)工作

【综　述】 2021年，国家林草局驻内蒙古自治区森林资源监督专员办事处(中华人民共和国濒危物种进出口管理办公室内蒙古自治区办事处)(以下简称内蒙古专员办)紧紧围绕全国林业草原改革发展大局，立足内蒙古自治区实际，坚持问题、目标、结果导向，着力推动保护草原、森林这一首要任务贯彻落实，依法解决林草事业发展中的问题，努力建设北方重要生态安全屏障。

【重点区域专项整治】 抓住重点区域专项整治不放松。跟踪督导自治区政府落实国务院总理李克强批示精神，调查核实审计署审计指出的“内蒙古2016年以来有40余万公顷天然草原开垦为耕地”情况，查清了各类土地情况，开垦草原、林地等新增耕地12.47万公顷，提出监督意见建议，推动整改；调查核实并督促处理国务院网络监督平台转发群众反映的“鄂尔多斯市乌审旗毁林问题”，恢复修复林地80余公顷。

【建立林(草)长制】 参与起草《内蒙古自治区党委、政府关于全面推行林长制的实施意见》并积极推动落实，到2021年11月30日，全区建立起了自治区、盟(市)、旗(县)、乡镇(苏木)、嘎查(村)五级林(草)长制。

【落实贯通协调工作机制】 落实行政监督与纪检监察贯通协调工作机制，向自治区纪委监委移交了鄂尔多斯市乌审旗破坏森林资源、达拉特旗国有林场破坏森林资源和赤峰市阿鲁科尔沁旗李某毁林开垦3起案件线索。对此，自治区纪委高度重视，组织相关纪委监委调查处理，推动了林草刑事案件久拖不决问题的解决。

【林草专项整治】 对2010~2021年违规违法征用占用、开垦、污染草原林地问题进行全面清理整治。排查纠正以往问题案件14 822件，面积7.42万公顷。其中：林业案件10 877件、草原案件3945件，恢复草原林地面积6.79万公顷，追缴罚款7.43亿元，整改率达到99%以上。

【森林督查】 派督导组紧盯森林督查和问题整改，建立森林督查监督销号制度。2021年下发自治区森林督查变化图斑40 238个，确认疑似违法图斑6262个，面积3609.72公顷，涉及林木蓄积量4726.38立方米。已立案查处图斑368个，其中：行政案件320个，刑事案件48个(移交检察院)；大兴安岭重点国有林区森林督查现地核查疑似图斑694个，面积1286公顷；跟踪督办中央环保督察转办信访件24起。

【林木采伐监管】 审查重点国有林区伐区调查设计小班9831个，现地抽查小班205个。核发林木采伐许可证10 281份，发证合格率100%。

【林地监管】 审查上报国家林草局审批占地项目7个，监督检查内蒙古自治区林草局审批占地项目92个，责成内蒙古自治区林草局更正其审批的行政许可5个。

【国家级自然保护区监管】 开展建设项目使用林地及在国家级自然保护区建设行政许可检查，共抽查18个国家林草局许可建设项目，检查审核(批)使用林地面积5171.26公顷、国家级自然保护区面积1.79公顷。发现存在违法使用林地问题项目6个，面积3.80公顷，已全部查处到位完成整改。

【野生动植物监管】 完善《CITES办证指南》；核发允许进出口证明书10份，总金额172万元，发证合格率100%；完成2020年度肉苁蓉物种监测评估；开展春季、秋冬季候鸟等野生动物保护工作督导检查；开展禁食野生动物后续处置补偿督导；开展兴安杜鹃等野生植物保护情况的专项监督检查。

【草原监管】 随机抽查2019年度、2020年度各级林草主管部门审核批准项目8个，督查督办草原案件40起；调研督导黄河流域内蒙古段荒漠化治理情况和草原保护管理情况并提出监督意见；指导巴彦淖尔市磴口县防沙治沙示范区建设。

【自然保护地监管】 开展国家级自然保护区保护管理情况监督检查，核实19个国家级自然保护区卫片图斑125个；督导9个盟(市)贯彻落实党中央、国务院有关自然保护地的方针政策和重大决策部署情况，中央环境保护督察、“绿盾”行动等发现的自然保护区违法违规问题整改情况；开展重点国有林区自然保护地保护管理情况调研。

【森林草原防火督查】 开展春、秋季森林防火督查；开展边境防火隔离带开设情况督导检查。

【有害生物防治监管】 开展林业有害生物监测、防治和松材线虫防控情况监督检查，推动落实有害生物防治工作。

【大事记】

2月9日 向内蒙古自治区人民政府提交《关于内蒙古自治区2020年度林草资源监督情况的通报》。

2月10日 向国家林业和草原局提交《关于内蒙古自治区2020年度森林资源监督情况的报告》。

3月19日 与内蒙古自治区林草局召开打击毁林专项行动联席会议。

3月22~29日 联合内蒙古自治区林业和草原局对包头市、乌兰察布市、锡林郭勒盟、呼和浩特市春季候鸟等野生动物保护工作开展情况进行了督导检查。

5月13日 实地调研内蒙古阿拉善荒漠梭梭林-肉苁蓉培育示范项目。

6月22日至7月5日 对锡林郭勒盟太仆寺旗、包头市青山区、赤峰市宁城县、呼伦贝尔市南木林业局开展2020年森林督查整改情况“回头看”和打击毁林专项行动分阶段工作督导检查。

6月25日至7月14日 对内蒙古森工集团所属的9个林业局和内蒙古大兴安岭森林公安局所属的10个森林公安分局开展打击毁林专项行动督查。

7月26日 与内蒙古森工集团召开联席会议，总结通报上半年森林资源监督检查工作中存在的问题，研究推动重点国有林区森林资源管理工作。

7月27日 与内蒙古大兴安岭森林公安局召开联席会议，研究推进破坏草原林地违规违法行为专项整治和打击毁林专项行动工作。

7月29日至8月3日 调研督导内蒙古大兴安岭重点国有林区打击毁林专项行动和破坏草原林地违规违法行为专项整治行动。

8月23日至9月29日 对内蒙古大兴安岭重点国有林区21个森工公司和管护局开展森林督查。

9月1～12日 对内蒙古自治区国家级自然保护区开展专项监督检查。

8月26日至9月3日 督导巴彦淖尔市鄂尔多斯市杭锦旗、伊金霍洛旗打击毁林专项行动。

9月24～29日、10月12～15日 调研督导赤峰市敖汉旗林长制建立实施情况。

9月28～29日 参加国家林草局和内蒙古自治区政府主办的普氏野马和麋鹿放归自然活动，6匹普氏野马和27头麋鹿放归大青山国家级自然保护区。

10月12～27日 对锡林郭勒盟、兴安盟和呼伦贝尔市范围内国家级自然保护区开展专项监督检查。

10月30日至11月7日 核查内蒙古森工集团绰尔、绰源、得耳布尔、莫尔道嘎森工公司的森林抚育、建设项目占用林地采伐林木调查设计和作业质量。

11月18日至12月2日 核查绰尔、绰源、阿尔山、乌尔旗汉森工公司森林抚育调查设计和作业质量。

（内蒙古专员办由董琪供稿）

长春专员办（濒管办）工作

【综　述】 2021年，国家林草局驻长春森林资源监督专员办事处（中华人民共和国濒危物种进出口管理办公室驻长春办事处、东北虎豹国家公园管理局）［以下简称长春专员办（虎豹管理局）］推动设立东北虎豹国家公园，成为全国第一批正式设立的国家公园。加强国有自然资源资产管理，受理审核安全生产、民生、试点任务、国防工程等事项40项。建立野生动物造成损失补偿制度，设置生态公益岗位，全力支持服务当地经济社会发展。加强生态系统保护，组织开展清山清套等各类专项行动14次，巡护总里程6.78万千米，清除猎套2458个。严格履行林草资源监督职责，全年审批发放林木采伐许可证7490份，受理进出口行政许可申请1045件，核发野生动植物进出口证书1045份。督查督办破坏森林资源案件223起，督促相关部门依法处罚问责373人，处罚金额1798.3万元，收回林地208.2公顷。

【推动东北虎豹国家公园设立】 东北虎豹国家公园体制试点以来，虎豹管理局建立健全高效协同的管理运行机制，创建跨省统一行使全民所有自然资源资产所有权模式，建立实时监测全覆盖的“天地空”监测系统，加强自然生态系统整体保护和修复，野生东北虎豹种群数量稳定增长，实施一系列民生项目，试点成效得到了中央领导同志的肯定。2021年10月12日，习近平总书记在《生物多样性公约》第十五次缔约方大会领导人峰会上宣布正式设立东北虎豹国家公园。

【谋划东北虎豹国家公园建设重点工作】 制订《关于落实〈东北虎豹国家公园设立方案〉的实施方案》，建立2022年及“十四五”期间重点工作台账清单，明确未来四年六大项重点工作，精心谋划发展蓝图。配合召开东北虎豹国家公园局省会商会，协助建立两级联席会商协调机制，与军方、两省相关职能部门、地方政府、森工集团建立协调推进工作机制。主动落实局省会商会确定的14个方面问题整改任务，坚持问题导向、建立销号管理台账，将问题分解到各处室，持续做好问题整改后续工作。截至2021年底，由虎豹管理局牵头或联合牵头负责的20小项整改任务，已整改完成19小项。

【生态系统保护】 引入人工智能技术，预判盗猎高发区域，划定7118平方千米作为重点区域进行精准巡护，提高反盗猎工作效率。采用第三方检查方式对2020～2021年度专项行动进行验收，共组织开展各类专项行动14次，破获盗猎案件1起，执行反盗猎巡护10 424次，出动车辆11 140台次，巡护总里程6.78万千米，清除猎套2458个，猎套遇见率比2019年降低25%。启动2021～2022年“清山清套暨打击乱捕滥猎和非法种植养殖”专项行动。开展野生动物保护、森林防灭火检查督导，加强园区内松材线虫病疫情监测，压实过渡期各方保护责任。健全野生动物救护体系，成功抢救放归东北虎1只。加强野生动物疫病监测，开展死亡动物解剖检测，配合举办2次产气荚膜梭菌监测防控专题会议。加强主动防范，破解人兽冲突问题。成功处理珲春、汪清、东宁3起突发事件，妥善处置雪岱山、天桥岭、复兴镇等地人虎相遇事件，确保社区群众安全。

【保障和改善园区内民生】 帮助珲春市争取帮扶资金5000万元，帮助汪清县、东宁市分别争取帮扶资金

3000万元。配合吉林、黑龙江两省推进黑木耳等提质增效种植项目，推动编制小规模黄牛集中养殖实施方案。与中国绿化基金会共同制订《资金投入方案》《虎豹基金筹建框架方案》，探索社会资本参与国家公园建设的路径和方式，获基金会捐赠保护设施和巡护装备共计400余万元。按照"一户一岗"原则，设置生态公益管护岗，聘用珲春市、东宁市444户抵边居民，实现人均增收1万元/年。引入保险机制解决生态补偿与损害赔偿难题，出台《野生动物损害补偿管理办法(试行)》，逐步兑现2020~2021年度国家政府性补偿资金。聚焦产业发展转型，制定产业准入清单、产业发展和特许经营规划，编制完成《林下经济分类管理暂行办法》。

【自然资源资产管理】 推进资产清产核资，开展资源数据调查5次，完善自然资源本底数据。筹备勘界和自然资源本底调查，制订工作方案和资金概算，推进编制《自然资源本底清查技术规范》。加强资源本底调查制度建设，修改完善《自然资源调查管理办法(送审稿)》等6个制度办法，制订《自然资源资产负债表编制工作方案》。探索特许经营和有偿使用，完善特许经营管理办法和国有自然资源资产有偿使用办法(试行)、集体林地和集体农地生态补偿方案。探索推进自然资源资产所有权委托代理机制，起草自然资源资产所有权委托代理机制试点实施方案并拟定试点任务清单。建立国防军事项目绿色通道机制，为珲春市国防道路、民用机场等事项启动快审快办程序。全年共受理审核安全生产类、民生类、试点任务类、国防工程类等事项40项，其中办结32项、办理中4项、挂起4项。协调推动吉林、黑龙江两省矿业权退出，按照东北虎豹国家公园最新优化调整范围，吉林省整体调出矿业权6宗、部分调出16宗，黑龙江省整体调出11宗。

【项目和资金监管】 协调地方发改部门推进2017年、2018年项目竣工验收，督导推进2019年和2020年文化旅游提升工程项目资金支付进度，推动2020年中央财政林业草原保护恢复资金约谈问题整改落实。启动2020年项目建设，指导相关分局做好2019年、2020年项目设计变更。做好2021年项目建设前期工作，组织分局上报10个项目，总投资1.4亿元。完成2022年中央财政国家公园补助资金项目入库和2021年第二批中央财政国家公园补助资金分配。开展中央财政国家公园补助资金优化调整，制订2021年中央财政国家公园补助项目优化调整方案。2019年局本级项目已竣工，资金支付率达90.49%，完成2020年局本级项目硬件设备采购和软件系统开发。

【交流合作与宣传教育】 加强与俄罗斯豹之乡国家公园合作，召开中俄巡护数据库使用情况交流会，推进野生动物跨境保护。与国际保护组织启动"联合社区反盗猎试点项目"，开展社区巡护队员技能培训。在官方网站、公众号累计发布新闻735条，在央视、各大卫视、平面媒体开展集中宣传活动，持续跟踪报道生态保护成效。加强舆情管控，印发舆情周报52期。制作"人虎冲突防范"动画片，开通园区内短信提醒，发放宣传材料，提升园区内居民人兽冲突防范意识。举办"第二届东北虎豹国家公园管理局微视频大赛""第52个世界地球日"等活动。指导分局开展"自然教育进校园""世界野生动植物日"等主题宣传活动，营造保护野生动物的良好氛围。

【林木采伐监管】 做好重点国有林区森林抚育、征占用林地、灾害木和危险树木清理等采伐许可证核发工作，共审核发放林木采伐许可证7490份。组织开展重点国有林区林木采伐质量和伐区作业质量1%检查，共检查18个单位，124个林场、174个小班，面积1060.4公顷，追责问责64人。规范林木采伐调查设计审核管理和林木采伐行政许可行为，起草《吉林省重点国有林区林木采伐许可证核发管理办法》《吉林省重点国有林区林木采伐调查设计审核管理工作程序规定》。

【森林资源监督检查】 组织开展2021年吉林省重点国有林区森林督查，现地核查征占用林地建设项目124个、图斑584个。开展2021年度建设项目使用林地及在国家级自然保护区建设行政许可随机抽查，抽查项目12个，面积354.18公顷，依法收回林地5.30公顷，罚款33.52万元。对吉林省乾安县等8个县(市、区)和辽宁省开原市等9个县(市、区)2020年森林督查问题整改情况开展"回头看"，将营口市鲅鱼圈区典型案例上报国家林草局进行全国通报。

【林政案件督查督办】 全年督查督办破坏森林资源案件223起，督促相关部门依法处罚问责373人，行政及刑事处罚金额1798.3万元，收回林地208.2公顷。聚焦重点案件督办，对中央环保督察通报的白山市矿山监管缺位、生态修复严重滞后典型案例进行核查督办，对动态清样反映的辽宁省大连市瓦房店观海寺违法占用林地和龙王庙违法占用林地等破坏森林资源案件进行督办，对国家林草局挂牌督办的大连市高新区毁林开垦、松原市宁江区滥伐林木破坏森林资源重点案件进行督办。坚持打击毁林违法行为，制订《吉林、辽宁两省打击毁林专项行动督导实施方案》，督导吉林省、辽宁省将案情严重、破坏面积大、社会关注度高、查处难度大的案件作为重点案件挂牌督办。做好群众来访案件办理工作，办理群众来访督办案件8起(其中已办结6起，待办结2起)，依法追责13人，依法收回林地7.29公顷，罚款72.28万元。

【森林草原防火和病虫害防治】 对吉林省、辽宁省开展森林草原防火包片蹲点，加强防火工作部署、责任落实、火源管控、隐患排查、队伍和基础设施建设等方面的指导。将松材线虫病防治目标任务纳入森林资源督查范围，与吉林省林草局就疫情防控工作建立办局沟通协作机制，召开吉林省松材线虫病疫情核查分析会议，赴通化市、汪清县开展松材线虫病疫情现地核查，对国有林区18个森工局疫情防控工作进行督导。压实省级总林长责任，将国家林草局第15期《林长制简报》报吉林省委、省政府，省委书记景俊海、省长韩俊分别作出批示。对吉林省敦化市、柳河县和辽宁省辽阳县、建平县林长制建立情况进行督导，推动林长制工作铺开。

【濒危物种进出口管理】 发挥窗口服务作用，受理进出口行政许可申请1045件，核发野生动植物进出口证书1045份。加强行政许可事中事后监管，对大连盛友门业有限公司进行电话约谈和实地核查，对吉林省裕盛中药材有限公司出口产品的来源、库存、消耗以及2020年办证、出口、核销等情况进行重点核查。赴大连海关开展濒危物种进出口管理培训，宣传濒危野生动植物保护法律法规知识，提高辖区内海关一线关员的业务能力。开展履约执法宣传，联合举办第八个“世界野生动植物日”、第40届“爱鸟周”、“2021年辽宁省野生动物保护宣传月”启动仪式等主题宣传活动，营造良好保护氛围。

【大事记】

3月2日 中共国家林草局党组决定任命侯翎为中共国家林草局驻长春专员办（濒管办、虎豹管理局）党组成员、副专员（副主任、副局长）。

3月3日 长春专员办联合辽宁省林业和草原局、辽宁省野生动物保护协会在辽宁省盘锦市举办主题为“推动绿色发展，促进人与自然和谐共生”的保护主题宣传活动。

3月7~10日 局长赵利、副局长张陕宁等一行到东北虎豹国家公园黑龙江片区对清山清套专项行动及国家公园项目建设情况开展督导检查，并在绥阳管理分局召开工作座谈会。

3月10日 虎豹管理局与汪清县自然资源局、林业局、森林公安分局、农业农村局及天桥岭林业局等单位召开座谈会，研究东北虎豹国家公园试点区域内非林地管理和林木采伐等相关工作。

3月17日 虎豹管理局启动“2020年今冬明春清山清套·打击乱捕滥猎违法行为专项行动”第三方评估工作，由副局长张陕宁带队，世界自然基金会（WWF）和野生生物保护学会（WCS）反盗猎专家、历届巡护员竞技赛优胜选手组成的评估专家组在人工智能（AI）模型预测的盗猎高发区内120个样方进行抽查，对各分局反盗猎成效进行评估。

3月24~27日 长春专员办派出督导组赴辽宁省大连市、朝阳市对辽宁省“清风行动”落实情况及春季候鸟迁徙保护工作开展情况进行现地督导检查，对打击破坏候鸟等野生动物资源违法犯罪行为、春季候鸟迁徙护飞工作进行重点督导。

3月27日 专员赵利带队和辽宁省林草局组成联合检查组，赴辽宁省建昌县对国家林草局挂牌督办的破坏森林资源问题整改情况进行检查。

4月6日 副局长张陕宁带队到大兴沟管理分局、天桥岭管理分局、汪清县管理分局、汪清管理分局开展春季森林防火明察暗访。

4月7日 虎豹管理局与安华农业保险股份有限公司吉林省分公司就东北虎豹国家公园吉林片区野生动物肇事损害补偿，签署战略合作框架协议。局长赵利、副局长张陕宁出席签约仪式。

4月7~13日 国家林草局森林草原防火包片蹲点指导组对沈阳市、大连市、丹东市和抚顺县、清原县、桓仁县、宽甸县森林草原防灭火工作进行督导检查，专员赵利陪同检查。

4月12~15日 中改办、中编办、国家林草局组成调研组到东北虎豹国家公园调研国家公园体制建设、生态保护与地方经济社会发展矛盾冲突等情况，国家林草局总工程师闫振带队调研，局长赵利陪同调研。

4月19~23日 国家林草局森林草原防火包片蹲点指导组对长春市、四平市、松原市、吉林市、辽源市森林草原防灭火工作进行督导检查，专员赵利陪同检查。

4月22日 东北虎豹国家公园联合中国吉林网举办“世界地球日走进东北虎豹国家公园”直播活动，通过介绍园区内珍稀野生动植物、虎豹回归等趣闻趣事及访谈等形式，展现东北虎豹国家公园近年来生态保护取得的成效。

4月25日 长春专员办联合辽宁省林草局在盘锦市红海滩国家风景廊道举办“辽宁省第40届爱鸟周暨盘锦市第一届观鸟节” 活动启动仪式。

4月25日 长春专员办联合吉林省林草局在长春市净月潭国家森林公园举办“2021吉林省·长春市爱鸟周”活动启动仪式。

5月13日 虎豹管理局在珲春市召开吉林省片区虎豹保护工作会议，对清山清套、巡护救护队伍建设、社区宣传教育等工作进行部署，局长赵利、副局长张陕宁和吉林省片区6个管理分局主要负责人出席会议。

6月1日 东北虎豹国家公园局省工作会商会在长春召开，国家林草局党组书记、局长关志鸥主持会议并讲话，会议传达学习习近平总书记对东北虎豹国家公园的重要指示批示精神，研究公园道路、总体规划、产业转型和矿业权退出、野生动物致害补偿、边防设施建设、管理体制等重点问题。黑龙江省副省长王永康、吉林省副省长韩福春出席会议并讲话，虎豹管理局局长赵利等作交流发言，中央改革办、中央编办、吉林省编办、吉林省林草局、长白山森工集团、黑龙江省办公厅、黑龙江省林草局、龙江森工集团公司及相关地方政府负责人参加会议。

6月7~10日 局长赵利、副局长张陕宁带队先后赴延边朝鲜族自治州政府、牡丹江市政府进行工作协商，并与当地政府负责人召开座谈会，落实东北虎豹国家公园局省工作会商会精神，建立常态化协调会商机制，进一步协调推动解决园区工矿企业退出、民计民生等14项重点问题。

6月16~21日 国家林草局调研组到东北虎豹国家公园就重点国有林区和国家公园改革发展中管理职能履行情况进行调研，调研组在长春市与长春专员办（虎豹管理局）、吉林省林草局召开座谈会，并到珲春林业局、汪清林业局进行实地调研。

6月17~19日 长春专员办、国家林草局办公室到珲春林业局、汪清林业局对吉林省重点国有林区和国家公园改革发展进行调研。

6月23日 东北虎豹国家公园民生发展座谈会在珲春市召开，国家林草局原国家公园办、虎豹管理局、吉林省林草局、延边朝鲜族自治州政府、黑龙江省政府、牡丹江市政府等单位负责人出席会议，虎豹管理局局长赵利主持会议并讲话。

6月28日 中国共产党成立100周年吉林省“两优一先”表彰大会在长春举行，长春专员办胡玉飞获“吉林省优秀共产党员”、生态保护处第三党支部获“先进基层党组织”称号。

7月3~4日 国家林草局生态司与长春专员办组成督导组，赴吉林省通化市对松材线虫病疫情进行现地核查，并与吉林省林草局召开吉林省松材线虫病疫情核查分析会议，对吉林省松材线虫病防控形势进行研判，部署疫情防控措施。国家林草局生态司副司长陈建武、森防总站总站长郭文辉、长春专员办副专员侯翎、吉林省林草局局长孙光芝等出席会议。

7月6~7日 东北三省松材线虫病包片蹲点工作协调会议在吉林省通化市召开，国家林草局森防总站、长春专员办、辽宁省林草局、吉林省林草局、黑龙江省林草局等单位负责人出席会议。

7月11~15日 国家林草局副局长李树铭带队到吉林省就林长制推进情况、森林防火、森林督查和毁林开垦专项打击进展等工作情况进行调研，专员赵利陪同调研。调研组一行在长春市召开座谈会，听取长春专员办关于林草资源监督和东北虎豹国家公园建设的情况汇报。

7月29日 为迎接第十一个“全球老虎日”，国家林草局、虎豹管理局联合吉林省林草局、黑龙江省林草局、珲春市政府，在吉林省珲春市、黑龙江省哈尔滨市和横道河子东北虎林园分别开展“人虎和谐共生”主题宣传活动。

11月1日 东北虎豹国家公园启动“2021年今冬明春清山清套、打击乱捕滥猎”专项行动。

11月3~7日 局长赵利、副局长张陕宁等一行赴吉林片区6个管理分局督导检查国家公园生态体验、森林防灭火、科普宣教、矿山生态修复、入口社区建设、防护围栏建设、科研监测等工作情况，并分别与各管理分局召开保护工作座谈会。

11月6日 长春专员办和辽宁省林草局、辽宁省林业发展服务中心等单位在辽宁省盘锦市共同举办“辽宁省野生动物保护宣传月启动仪式暨盘锦市野生动物保护徒步宣传活动”。

11月18日 虎豹管理局与10个管理分局召开东北虎豹国家公园工作座谈会，安排部署人虎冲突应对、清山清套和打击乱捕滥猎专项行动等保护工作，局长赵利、副局长张陕宁及10个管理分局负责人出席会议。

11月23日 国家林草局会同吉林省、黑龙江省政府召开东北虎豹国家公园局省联席视频会议，部署推动东北虎豹国家公园总体规划、勘界立标、矿业权退出、黄牛下山、社区发展、防火防虫、项目资金管理、宣传教育等方面工作。国家林草局局长关志鸥、吉林省副省长韩福春、黑龙江省副省长李玉刚、虎豹管理局领导班子全体成员出席会议。

12月8日 东北虎豹国家公园在汪清县启动野生动物造成损害补偿保险签约仪式，计划发放2020~2021年度国家政府性补偿资金共计710万元，惠及虎豹公园区域内群众2万多人。局长赵利、副局长张陕宁及地方政府负责人出席签约仪式。

（长春专员办由聂冠供稿）

黑龙江专员办（濒管办）工作

【综　述】 2021年，黑龙江专员办认真贯彻落实国家林草局党组决策部署，坚持全面从严治党，聚焦林草中心工作和监督重点任务，以党的政治建设为统领，以改革创新为动力，以强化执行力建设为抓手，创新监督机制、健全监督体系、加大监督力度、紧盯监督重点，为推动林业和草原事业高质量发展做出了积极贡献。

【督查督办毁林毁草案件】 对上级批转、监督检查、群众举报、网络舆情等渠道发现的涉林违法案件线索，一体化全部纳入案件督办范畴，全程跟进案件查处进展，并对整改结果从严从实进行审核把关。全力以赴推进全国打击毁林毁草毁湿专项行动。以卫星影像判读变化、群众举报、媒体报道等为线索，全面督导清查2013~2021年非法涉林涉草涉湿问题，对疑似图斑进行全面复核，发现问题图斑3558个，全面反馈疑似存在问题并责成相关单位迅速整改，选取了5个上报结果与实际不符问题较多的单位开展现地督导。会同黑龙江省林草局分两批次对36起破坏林草资源重点案件进行挂牌督办。全年共督查督办各类涉林违法案件254起，问责383人。

【森林资源监管】 牢固树立依法监督、创新监督、精准监督、实效监督理念，运用高新技术手段解决任务量大、人员少的矛盾。全面加大森林督查力度，建立了森林资源监管数据室及森林督查监管系统，督查前期实时跟踪、全面复核自查图斑、提示存疑问题图斑，督查中期现地复核、整改“回头看”、重点剖析，督查后期集中核定、约谈整改、督办落实，做到靶向精准、科学实效。共对96个县(市、区)级人民政府和5个森工林业局下发2020年森林督查整改通知、督办意见，对10个县级单位和5个森工林业局开展整改“回头看”。现地督查重点国有林区林业局公司40个，核查变化图斑988个、面积1405.92公顷。

【野生动植物监管】 联合黑龙江省林草局、公安厅对“清风”“净网”专项行动推动情况开展督查指导，组织开展保护候鸟迁飞督导检查专项行动，制订并下发《黑龙江专员办关于开展候鸟迁飞保护行动的工作方案》。

严厉打击了非法捕售野生鸟类行为，现地督查督办绥化市明水县破坏鸟类资源案件，多次暗访哈尔滨市及周边花鸟市场。开展野生动植物和湿地保护宣传工作，3月，开展了野生动植物保护日宣传工作，5月，与省林草局联合举办“爱鸟周”活动，6月，与省、市林草局联合举办“黑龙江湿地月”启动仪式，各项宣传活动在群众中取得热烈反响。

【行政许可】 围绕开展创建“让党中央放心、让人民群众满意的模范机关”和深化“放管服”改革，在转变职能、转变作风、服务大局、服务基层方面下真功夫，不断提高行政许可的质量和效率，努力实现营商环境更优、审批速度更快、法治建设更实、机关服务更佳的目标。全年核发重点国有林区林木采伐许可证2428份，网上核发濒危野生动植物种国际贸易公约允许进出口证明书和非《进出口野生动植物种商品目录》物种证明11 975份，为履约监管和服务监督区经济发展发挥了积极作用。

【大事记】

1月7日 派员与黑龙江省林草局组成联合调查组，赴绥化市明水县对涉嫌破坏鸟类资源举报信息进行现地调查核实。

3月11日 完成重点国有林区森林督查矢量化数据上报工作。

3月15日 与黑龙江省林草局、公安厅组成联合调研组赴齐齐哈尔、大庆两市三地开展野生动物保护工作调研指导。

3月15~18日 联合黑龙江省林草局、黑龙江省公安厅，对黑龙江省鹤岗市萝北县、佳木斯市富锦市、佳木斯市汤原县“清风”“净网”专项行动推动情况开展调研指导。

3月26日至5月13日 由领导班子各成员带队，完成了对穆棱市、海林市、林口市等20个县级人民政府及其林业和草原主管部门、森林草原经营单位的森林草原防火督查。

5月9日 与黑龙江省林草局、东北林业大学、鹤岗市人民政府、黑龙江省关注森林活动执委会办公室、黑龙江省野生动物保护协会联合主办“爱鸟周”活动。

5月25日至6月24日 对黑河市爱辉区、五大连池市、庆安县等15个县级单位和森工林业局开展打击毁林种参专项行动暨森林督查整改“回头看”工作。

7月13~23日 对牡丹峰等5个国家级自然保护区2020年专项检查整改情况进行“回头看”督查。

9月6~18日 对通北、上甘岭、南岔等40个重点国有林区林业局开展2021年度森林督查工作。

10月30日 实现重点国有林区林木采伐许可证全流程网上办证。

11月2日 完成2021年度建设项目使用林地及在国家级自然保护区建设行政许可随机抽查检查工作，共计抽检项目24个。

（黑龙江专员办由杨东霖供稿）

大兴安岭专员办工作

【综　述】 2021年，大兴安岭专员办紧紧围绕林草年度工作要点，坚持新冠病毒疫情常态化防控，聚焦核心职能，强理论、增本领、严监督。依法履行行政许可职能，督促开展“打击毁林”专项整治行动，严格监督林地保护、自然保护地管理、森林防火防虫、林长制建设和生态建设情况，充分运用网格监督、约谈、联合贯通等机制强化案件督查督办，圆满完成国家林草局党组交办的各项工作任务。

【林业案件督办】 督促地方林草部门健全完善林草执法机构，积极开展业务培训。组织开展案件专项督查，抽查大兴安岭地区各林业局和保护区卷宗91份，对已结案案件抽查核实64起，发现9起案件林地未收回、20起案件植被未恢复(包括未收回地块)。对此类问题下达资源监督通知书12份。

【林地利用监管】 组织开展建设项目使用林地行政许可检查，完成大兴安岭林业集团公司2017~2019年获国家林草局批准的6个使用林地建设项目检查，发现违法违规使用林地0.54公顷，督导立案并进行了查处；未完工项目2个；未动工3个。对未动工的项目，下达了尽快使用林地意见。

【森林资源督查】 对森林资源管理智慧平台提供的总计441个疑似图斑进行了现地抽检复核，对查出的2起案件进行了督查督办，将大兴安岭地区自检自查梳理出的40起案件纳入督办整改范围，对2020年森林督查发现的4起案件开展了“回头看”，以上46起案件全部结案，涉案林地被依法收回、相关人员得到处理和追责。

【“打击毁林”专项整治】 组织大兴安岭行署、大兴安岭林业集团公司相关部门建立每月工作例会和进度日报、旬报、月报制度，深入监督区全覆盖督导专项行动开展情况，梳理完成2013~2021年发生的案件2249起，现地核查案件64起，对督查发现工作开展不协调、进度滞后等问题，下发监督通知书12份，上报阶段督导总结8次，同时积极协调国家林草局西北院对入库逻辑错误进行修正指导，保障专项行动顺利开展。

【野生动植物督查】 深入物流公司、管护站等单位明察暗访，开展了“清风行动”和候鸟等野生动物保护专项督查，联合林业集团开展“世界野生动植物日”和第

40个“爱鸟周”普法宣传活动，加强了自然保护地的监督检查，对野生动物收容救护工作进行了整顿规范。联合大兴安岭行署和大兴安岭林业集团公司组织开展兴安杜鹃保护督查，加大兴安杜鹃保护宣传。

【防火防虫督查】 完成国家森林草原防灭火指挥部组织的对大兴安岭地区森林草原防灭火督查工作，发现并督办整改火源管控等方面问题21个；配合国家林草局森林防火包片蹲点督查工作，对梳理排查出的森林防火薄弱5个方面问题提出整改意见；落实贯通机制，联合地企纪检部门在“清明”等重点时段开展防火督查，查出并督办整改内、外业问题隐患5类111件；联合大兴安岭行署林业和草原局共同研究落实松材线虫病防控措施，督促新林林业局对松毛虫病害现地和病死木及时进行了妥善处置。

【森林培育监督】 加强森林抚育和人工林经营试点监督检查，对132公顷不符合设计条件的场地责成重新选设。开展低产林改造和母树林培育专项监督，对在国家级公益林进行设计的45个小班195.3公顷低质低效林改造场地责成重新选设。加强调查设计和作业质量查验，抽样核查各类调查设计小班223个，森林抚育作业小班44个，全部合格。

【保护地监督】 深入南瓮河和多布库尔国家级自然保护区开展明察暗访，对大兴安岭域内自然保护地情况进行调研，发现自然保护地管理机构不完善、人员和资金不足等问题，提出具体监督意见。

【林木采伐许可】 严格执行林木采伐许可证核发程序，加强采伐限额管理，全年核发采伐许可证7379份，面积4.6万公顷，蓄积量10.25万立方米，未发生超限额采伐问题。

【推动林长制建立】 加强了大兴安岭地区林长制建设督导督办工作，深入林区各地督办林长制推进工作，对大兴安岭行署、大兴安岭林业集团公司林长办人员加强学习培训，系统学习林长制业务知识和相关要求，对监督区林长制实施方案提出具体修改意见并得到积极响应。截至2021年，监督区地方政府建立了地、县(市、区)、乡(镇)、村四级林长制，同时大兴安岭林业集团公司建立了企业内部林长制，包括集团、林业局、林场三级林长。

【调查研究】 对“林下经济”使用林地情况、地方林业执法和森林资源目标责任制建立执行情况进行调研。发现了存在的问题并对产生问题的原因进行了分析、提出了监督建议。

【制度建设】 对党建、业务工作制度进行梳理、修改。建立《大兴安岭专员办议事制度》《退休人员管理办法》《大兴安岭专员办领导干部廉政档案管理办法》等制度，做到用制度管人、管事、管权，保证了各项工作的规范化运转。

【创新监督机制】 实行专班推进重点工作，着力推进解决中央环保督察反馈整改意见和历史遗留的涉农林地管理、矿山治理、废弃临时用地收回和修复等重大难点问题。创新队伍素质提升机制，举办了“青年理论读书班”和“兴安绿色讲堂”活动，着力解决干部队伍素质提升问题。创新普法宣传措施，印制了野生动植物保护知识宣传册、挂图发放到基层林场、管护站、检查站，深入大兴安岭各林业局开展林业普法宣传活动，举办10期《森林法》暨森林资源管理知识讲座，累计培训1000余人。制订了基层管护人员普法学习计划，着力解决基层林业管理管护人员资源保护管理知识和林业政策法律素养不高的问题。

【监督报告和通报】 向国家林业和草原局提交了《黑龙江大兴安岭2021年度森林资源监督报告》，向黑龙江省政府、大兴安岭行署和大兴安岭林业集团公司提交了《黑龙江大兴安岭2021年度森林资源监督通报》，指出林地林权管理落实不到位、修复损毁林地措施缓慢、野生动物植保护还有薄弱环节等7个问题，并有针对性地提出7个方面建议。

【大事记】

1月17~18日 专员陈彤带领相关处室对加格达奇、松岭、新林林业局野生动植物保护开展明察暗访。

4月2日 大兴安岭专员办对“清风行动” 和春季候鸟等野生动物保护工作进行督查。

4月14~22日 大兴安岭专员办副专员周光达陪同国家林业和草原局森林草原防火督查专员王海忠对黑龙江大兴安岭开展防火督查。

4月16日 大兴安岭专员办联合大兴安岭行署、大兴安岭林业集团公司纪委组成督查组开展春季森林防火督查工作。

7月8日 大兴安岭专员办开展“打击毁林专项行动”督导工作。

8月26日 国家林草局人事司副司长王常青一行到办宣布纪亮任职，纪亮自2021年7月15日起，任大兴安岭专员办党组书记、专员职务。

8月17日至9月25日 大兴安岭专员办开展森林督查现地核查工作。

9月19日至10月16日 专员纪亮到监督区基层单位调研督导秋季森林防火、森林资源和野生动植物保护、林长制建立、毁林专项行动开展情况、自然保护地管理等工作。

10月25日 大兴安岭专员办组建专班着重推进矿山治理，涉农林地管理和料场生态修复问题。

(大兴安岭专员办由胡军供稿)

成都专员办(濒管办)工作

【综　述】 2021年，成都专员办紧紧围绕国家林草局党组工作部署，深入贯彻落实习近平生态文明思想，攻坚克难，开拓创新，团结奋进，圆满完成了各项工作。

【森林资源监督】 贯彻落实全国林草工作会议精神，依法履行森林资源监督职责，加大监督检查和督查督办破坏森林资源案件力度。结合监督区实际，不断完善监督机制，拓展监督职能，创新监督工作方式方法，拓宽监督渠道、手段，不断提高监督效果。

编写监督报告 编写完成川渝藏三省(区、市)2020年度森林资源监督报告，分别报送四川省、重庆市、西藏自治区人民政府，分管领导分别作出批示。

督查督办涉林案件 督查督办涉林案件506起，涉案林地面积1793.03公顷，涉案林木蓄积量8608.02立方米。行政罚款11 676.27万元，收回林地328.45公顷，行政处罚506人(单位)，刑事处罚20人，执纪问责151人。对国家林草局挂牌督办宣汉县破坏森林资源问题，会同四川省林草局组成联合督导组开展督导，共同约谈了达州市、宣汉县人民政府有关负责人。对国家林草局挂牌督办的四川省剑阁县碑垭乡杨某毁林开垦案、重庆市秀山县金渣砂石有限公司违法占用林地案，分别与四川省林草局、重庆市林业局赴现地开展联合督办。

森林督查 一是督促三省份林草主管部门加快推进2020年森林督查发现问题的查处整改工作。重点检查了国家林草局通报的县级自查与国家抽查复核面积差异较大的日喀则市萨迦县。督促基层林草行政主管部门提高办案质量，在2020年森林督查已完成整改的案件中选取100个行政案件卷宗进行检查。对2020年森林巡查发现问题较多的四川省邻水县，约谈邻水县人民政府。二是督促三省(区、市)认真组织开展2021年森林督查自查，分析和研究森林督查情况分别形成分析报告，指导三省份提高自查质量。选取四川省宣汉县、重庆市荣昌区和西藏自治区江达县开展森林巡查，全面清理3个县十八大以来破坏森林资源问题。三是对2021年森林督查违法使用林地面积较大、2020年森林督查发现问题查处整改率低的四川省宜宾市翠屏区等8个县(区)，与四川省林草局开展了联合约谈。

专项业务检查 开展了13个建设项目使用林地行政许可检查，发现2个项目存在违法行为，移交当地公安局查处。对四川省达州市通州区、重庆市巴南区等8县(区)开展了松材线虫病防治督导检查，分别向国家林草局和四川省、重庆市人民政府分管领导报送了督导报告。对27个县(区)开展了森林草原防火督查，配合国家林草局开展西藏森林草原防火包片蹲点工作，督促各地压实森林草原防火责任。全面清理了监督区涉及自然保护地的违法问题330个，要求林草行政主管部门会同生态环境主管部门限时查办和整改。督促监督区林草主管部门开展违建别墅问题涉林草领域清查整治专项清查。

中央环保和审计反映问题核实督查 针对中央环保督察指出的四川省黑龙滩水库违规建设房地产项目破坏水源涵养林问题，会同国家林草局昆明院、四川省林草局组成25人的联合工作组赴现地开展核查，全面清理了2013~2021年黑龙滩流域存在的其他破坏森林资源问题。针对中央环保督察指出的嘉陵江南充段生态环境突出问题，联合四川省林草局组成督导组，迅速赶赴现地开展调查核实。针对审计反映西藏自治区土地整治、植树造林破坏原生植被有关问题，组成工作组赴现地进行核查，全面清理西藏自治区2017~2021年土地整治项目，向国家林草局上报了有关核查情况。

有关调研 在监督区开展了林长制建立情况督导调研，督促指导建立执行林长制。对雅安市石棉县、攀枝花市米易县等5个县开展科学造林调研，形成四川省科学造林调研报告。组织四川省林草局、西藏自治区林草局有关人员赴四川红原县、若尔盖县开展草原保护管理情况调研，交流草原保护管理经验。深入蓬溪县、威远县基层林业部门开展林保规划执行情况调研，了解各地上一轮林地保护规划执行情况。

【濒危物种进出口管理】

行政许可审批 审批时间缩减到5个工作日，新增邮递送达服务。截至2021年底，在成都专员办注册备案企业(单位)共计218家，比2020年新增53家，全年核发各类证书755份，其中一般公约证书374份，非公约证书282份，物种证明91份，海峡两岸证书8份。

野生动植物保护督导检查 督促继续做好全面禁食野生动物后续处置工作和候鸟等野生动物保护工作，严厉打击乱采滥挖、非法买卖、利用野生植物等行为。督促四川省林草局做好防控野猪危害综合试点工作。赴重庆市开展野生动物收容救护排查整治和鸟市调查督导。配合国家林草局动植物司完成对辖区内5家被许可人2020年度进出口行政许可和业务检查，抽调人员参加对西安办事处行政许可双随机抽查。

【大熊猫国家公园建设】

构建监督考核评价体系 组建工作专班，初步形成《大熊猫国家公园考核评价制度》《大熊猫国家公园监督工作办法》。积极对接国家林草局生态网络感知系统工作专班，协调解决卧龙、白水江片区接入生态感知系统有关问题。

协调处理公园内突出矛盾 组织协调四川、陕西、甘肃三省开展大熊猫国家公园范围优化调整，确定优化调整基本原则，认真审查各调整项目并提出意见。配合国家公园办督促大熊猫国家公园四川片区有序推进232座小水电、工矿企业有关问题整改。组织三省梳理大熊猫国家公园范围内主要矛盾问题，妥善处置突出矛盾。

国家公园宣传 配合国家林草局宣传中心做好国家公园设立宣传工作。建设好大熊猫国家公园网站和微信公众号。与媒体合作拍摄《大熊猫国家公园》《看春天》等纪录片，与"学习强国"平台合作建设"大熊猫"专栏。及时应对"大熊猫九顶山小种群'猫丁凋零'"舆情，组织权威专家召开大熊猫小种群保护咨询座谈会，形成《关于大熊猫小种群保护相关情况报告》。

【大事记】

2月26日 成都专员办党组成员、副专员刘跃祥带队前往国家林草局汇报大熊猫国家公园矛盾冲突情况及总规调整建议。

4月2日 2021年四川省暨成都市第40届"爱鸟周"公益宣传活动在成都师范附属小学华润分校举办，成都专员办党组成员、副专员龚继恩出席。

5月12~14日 成都专员办党组成员、副专员刘跃祥带队前往雅安市石棉县、攀枝花市米易县开展2021年春季森林草原防火工作检查以及科学造林调研、打击毁林专项行动。

5月26日 重庆市巴南区区长何友生带队到成都专员办汇报2020年森林巡查整改工作，办党组书记、专员向可文参会听取了汇报。

6月10日 国家林草局党组成员、副局长李春良到成都召开大熊猫国家公园局省会商会，四川省政府副省长曹立军出席，成都专员办党组书记、专员向可文参加。

6月21日至7月6日 成都专员办党组书记、专员向可文带队到西藏对审计反映西藏自治区土地整治、植树造林破坏原生植被有关问题进行核查，办党组成员、副专员刘跃祥参加核查工作。

8月22~27日 成都专员办党组成员、二级巡视员曹蜀带队赴宣汉县对国家林草局挂牌案件开展督导检查。

9月7日 成都专员办党组书记、专员向可文主持召开国家林草局挂牌督办宣汉县情况反馈会，听取宣汉县政府、达州市政府汇报宣汉县破坏森林资源查处整改情况。成都专员办党组成员、二级巡视员曹蜀及有关人员参加会议。

9月23~29日 成都专员办党组书记、专员向可文带队赴眉山市，针对中央环保督察指出的四川省黑龙滩水库违规建设房地产项目破坏水源涵养林问题，会同国家林草局昆明院、四川省林草局组成25人的联合工作组赴现地开展核查。

9月28日 成都专员办党组成员、副专员龚继恩带队赴南充市，调查核实中央环保督察通报指出的"四川省南充市流域监管不力，嘉陵江南充段生态环境问题突出的典型案例"破坏森林资源问题。

10月25日 成都专员办与四川省纪委监委就中央环保督察通报四川省黑龙滩涉林问题核查情况召开座谈会，办党组书记、专员向可文主持会议，办党组成员、二级巡视员曹蜀及有关人员参加。

12月2日 成都专员办会同四川省林业和草原局，对四川省2020~2021年森林督查工作存在问题较为突出的宜宾市翠屏区、宜宾市三江新区、古蔺县、南充市嘉陵区、会理市、越西县、巴塘县、荣县、盐边县9个县(市、区)人民政府主要负责人进行了警示约谈。办党组书记、专员向可文在会上作讲话。办党组成员、二级巡视员曹蜀，四川省林业和草原局党组成员、总工程师白史且参加会议。

12月22~24日 成都专员办组织召开都江堰至四姑娘山山地轨道交通项目国家重点野生动物植物保护和栖息地修复咨询论证会，国家林草局野生动植物保护司二级巡视员鲁兆丽到会指导，办党组书记、专员向可文和副专员龚继恩参加。

(成都专员办由谢文新供稿)

云南专员办(濒管办)工作

【综　述】 2021年，云南专员办围绕国家林业和草原局中心工作，结合云南省森林资源监督和濒危物种进出口管理工作实际，强化担当作为，忠诚履职尽责，认真完成各项工作任务。

【森林资源监督报告】 向国家林业和草原局报送2020年云南省森林资源监督报告，向云南省人民政府报送2020年云南省森林资源监督通报；认真分析云南省林业和草原资源管理中存在的问题，并提出意见建议。

【涉林案件督办】 直接督查督办案件95件，其中林地案件83件，占所有案件的87.37%；林木案件12件，占所有案件的12.63%。查处违法占用林地面积120.97公顷，收回林地101.41公顷，涉案林木349立方米，林政罚款225万元，依法处理124人。与云南省林业和草原局先后两次挂牌督办25起较大案件。按照国家林业和草原局森林资源管理司要求，每个季度报送督查督办破坏森林资源案件情况，选取报送破坏森林资源和野生植物资源的典型案例。

【2020年森林督查案件查处整改】 对云南省16个市(州)30多个县(市、区)2020年森林督查案件查处整改工作进行督导。按照《国家林业和草原局关于2020年森林督查结果的通报》要求，约谈通报中涉及云南的4个县，对国家林业和草原局挂牌和约谈的澜沧县、通报中提及的永善县、元阳县、富宁县开展现地督导调研。

【打击毁林专项行动】 国家林业和草原局召开打击毁

林专项行动部署工作会议后，为推进云南省打击毁林专项行动，立即制订工作方案，参加云南省打击毁林专项行动启动会并提出工作要求，对云南省16个市（州）打击毁林专项行动开展情况进行调研，对5个市（州）打击毁林专项行动查处和整改情况进行督导。每月调度云南省打击毁林专项行动工作情况，推进各个阶段工作落实落地。

【占用征收林地行政许可检查】 按照国家林业和草原局森林资源管理司要求，抽调国家林业和草原局西南调查规划院（原国家林业和草原局昆明勘察设计院）、云南省林业调查规划院专业人员组成检查组，完成11个项目的检查工作并上报工作报告。

【森林草原防火督查】 派督导组赶赴怒江傈僳族自治州泸水市鲁掌镇火场实地督查指导"3·16"森林火灾扑救工作。派工作组赴丽江市玉龙县石头乡参与"4·26"森林火灾扑救和防火督查，现场协助部署火灾扑救工作。派工作组参加大理白族自治州湾桥镇湾桥村大沙坝山"5·9"森林火灾灾后处置工作。按照国家林业和草原局森林草原防火司工作要求，参与森林草原防火分片蹲点督导工作。

4月27日，专员史永林（右一）在丽江市玉龙县参与森林火灾扑救督导工作

【自然保护区专项调研】 与云南省人民检察院共同对哀牢山国家级自然保护区开展专项调研，对保护区机构、队伍、执法状况和案件查处、基础设施、能力建设、生物多样性保护、优化调整、公益诉讼以及存在的问题、意见建议等进行深入调研。

【世界自然遗产地调研】 按照国家林业和草原局领导批示要求，组成两个调研组，分赴云南省3个世界自然遗产地涉及的丽江市、迪庆藏族自治州、怒江傈僳族自治州等8个市（州）开展调研，并及时将调研报告呈报局领导供决策。

【中央生态环境保护督察发现问题督办工作】 按照国家林业和草原局森林资源管理司要求，针对中央生态环境保护督察通报的文山壮族苗族自治州、西双版纳傣族自治州涉林违法问题，派出督查组到问题现场进行督办。配合国家林业和草原局森林资源管理司对昆明滇池长腰山别墅区林地审核审批情况进行专项核查。

【进出口行政许可】 坚持依法行政的服务原则，强化行政许可管理内部制度建设，积极改进受理及办证程序，实施受理、办证、审签三级分离、相互监督的办证制度，确保野生动植物进出口企业合法贸易活动正常进行。共办理公约证、非公约证、物种证明、海峡两岸证等各类有效证书905份，贸易额7.6亿元。

【参与防范亚洲象北移监测指导工作】 及早积极介入西双版纳傣族自治州亚洲象群北移防范工作，及时将相关情况报告国家林业和草原局供决策参考。国家林业和草原局派出工作组后，全程参与国家林业和草原局亚洲象群北移指挥领导小组，坚持深入蹲守象群移动范围一线，会同云南省各相关部门召开现场办公会8次，研究部署北移亚洲象群安全防范、管控处置、监测预警、宣传教育、舆情引导、肇事补偿等工作，每日会同大象专家组研判象群行进趋势，研究制定处置建议，讨论编制《保护与助迁工作制度》《安全防范常态化工作方案》《北移大象管控应急方案》和《北移大象落单雄象转移安置实施方案》等。北移象群得到妥善处置，大象于8月平安返回原栖息地，人民群众生命财产安全得到有效保障，促进了人与自然的和谐共生，赢得了党中央及国际国内的广泛赞誉。

【野生动物管控及养殖户转产转型和帮扶工作调研督导】 按照国家林业和草原局野生动植物保护司工作要求，在2020年全面禁止非法交易和食用野生动物工作的基础上，联合云南省林业和草原局野生动植物保护处成立专项工作小组，全面开展野生动物管控及养殖户转产转型和帮扶工作的调研与督办工作，通过与基层林业和草原局座谈、查看补偿财务明细表、走访养殖户等形式，发现在动物养殖户补偿、转型转产和帮扶工作中存在的问题，及时向云南省人民政府分管领导汇报督导情况，提出相应的工作意见和建议。

【清理整顿陆生野生动物人工繁育、收容救护、鸟市等工作】 根据国家林业和草原局要求，与云南省林业和草原局联合向全省各市（州）林业和草原局下发《关于开展清理整顿陆生野生动物人工繁育、收容救护、鸟市等相关工作检查的通知》，组成2个工作组对昆明、楚雄、大理、丽江、曲靖、文山6个市（州）展开抽查，强化野生动物人工繁育安全管理责任，做好辖区内野生动物收容救护机构问题排查和整改工作，规范收容救护行为，加强市场监管，坚决取缔野生鸟类非法贸易和市场，严厉打击乱捕滥猎野生动物，革除滥食野生动物陋习，从源头上控制重大公共卫生风险。

【春、冬季候鸟及野生动物保护督查】 强化与司法机关和主管部门的协作配合，深入一线开展督导检查工作，重点督办、严厉打击春、冬季候鸟集群迁徙时期乱捕滥猎滥食鸟类等野生动物违法行为，督促各级林草主管部门迅速组织力量，加强对鸟类等野生动物主要分布区、迁飞停歇地、迁飞通道及集群活动区的监管监测和巡查巡护。同时，积极协调森林警察支队、工商行政管理局等部门和单位，组织力量共同开展联合执法行动。

【松材线虫病疫情防治督导】 积极派员参加松材线虫病疫情防治培训班，及时了解跟进云南省松材线虫病疫情防治、疫木检疫执法的工作情况，派工作组到昆明市西山区、文山壮族苗族自治州等松材线虫病疫区对检疫、监测、防治、执法等相关工作进行调研和督导。派员赴昭通市水富市督导撤销松材线虫病疫区查定工作。

【涉野生动植物案件督办】 高度重视媒体报道、曝光或群众举报的各种非法走私、捕猎和盗采、交易野生动植物案件，加大执法力度，强化监督检查，严厉打击各种破坏野生动植物资源的违法行为，及时发文督办或赶赴事发地现场督查，先后督办了石屏县非法售卖画眉等鸟类案件、畹町口岸走私贩卖穿山甲及甲片案、网上贩卖国家二级保护野生动物原鸡案、红河哈尼族彝族自治州盗挖和互联网买卖苏铁案、丽江市"鹰猎旅游"项目涉嫌从事非法活动案等。

【国际履约宣传】 为迎接《生物多样性公约》第十五次缔约方大会(COP15)在昆明市举办，联合多部门多次开展野生动植物保护、生物多样性保护为主题的宣传，开展第八个"世界野生动植物日"宣传活动；开展边境口岸国际履约及法规宣传活动，发放宣传单页4万余份，更换河口海关国际履约广告牌内容；联合中国科学院昆明动物研究所昆明动物博物馆、云南省科学技术厅、云南省林业和草原局，针对少数民族地区的科普需求，到迪庆藏族自治州开展主题为"保护生物多样性　守护美丽生灵"系列科普活动；联合昆明海关、阿里巴巴基金会、云南省林业和草原局、中国科学院昆明动物研究所昆明动物博物馆、国际爱护动物基金会等单位在昆明长水国际机场设立生物多样性保护宣传展示区；积极参与由中共云南省委宣传部、云南省科学技术厅、云南省科学技术协会、红河哈尼族彝族自治州人民政府共同主办的2021年云南省科技活动周启动式科技创新成果展，以"保护野生动物、构建美丽云南"为主题开展宣传；与云南省人民政府打击走私综合治理领导小组办公室、国际爱护动物基金会(IFAW)联合举办云南反走私——寄递物流业培训专班。结合新版《国家重点保护野生动物名录》《国家重点保护野生植物名录》发布，认真落实国务院办公厅加快推进政务服务"跨省通办"的要求。

【大事记】

1月14～16日 专员史永林带队到楚雄彝族自治州开展森林资源管理情况调研。

1月18日 向云南省人民政府报送2020年度云南省森林资源监督通报。

1月26日 大理白族自治州林业和草原局到专员办汇报涉林检察机关民事公益诉讼与生态环境损害赔偿磋商工作情况。

1月26～29日 二级巡视员李鹏带队到普洱市和西双版纳傣族自治州开展森林草原防火督查和媒体报道种茶毁林情况核查。

2月8～10日 联合云南省林业和草原局开展亚洲象安全防范工作检查。

3月2～5日 联合云南省林业和草原局到普洱市景东县开展3月3日"世界野生动植物日"宣传活动。

3月4～8日 专员史永林、二级巡视员李鹏与云南省人民检察院、云南省林业和草原局相关领导和处室人员到玉溪市、楚雄彝族自治州、普洱市等地开展联合调研。

3月9日 专员史永林、二级巡视员李鹏带领相关处室负责人到云南省人民政府向副省长王显刚汇报森林督查工作。

3月17～19日 派员到德宏傣族景颇族自治州参加迎接《生物多样性公约》第十五次缔约方大会(COP15)宣传活动。

4月26～30日 专员史永林和二级巡视员李鹏带队到丽江对森林火灾扑灭工作进行督导。

5月8日 云南省林业和草原局副局长夏留常、昆明市林业和草原局局长高宇明和相关处室人员到专员办汇报昆明滇池长腰山违建别墅和高尔夫球场问题情况。

5月10日 专员史永林和二级巡视员李鹏带队对滇池保护区长腰山建别墅和高尔夫球场涉林违法问题进行督查督导。

5月19日 与国家林业和草原局森林资源管理司共同对云南省昆明市滇池涉林违法问题进行督导。

5月18～20日 专员史永林带队协助国家公园管理办公室开展香格里拉普达措国家公园督导调研。

5月26～28日 与云南省人民政府打击走私综合治理领导小组办公室联合举办保护濒危物种培训班。

5月31日至6月2日 组织人员到文山壮族苗族自治州富宁县、临沧市凤庆县、红河哈尼族彝族自治州绿春县和保山市施甸县开展占用征收林地行政许可检查、森林督查督导和打击毁林专项行动督导。

8月20日 约谈永善县、元阳县、富宁县和澜沧县人民政府及林业和草原局。

9月27日 昆明海关到专员办就《国家重点保护野生植物名录》发布后进出口物种证明证书中存在的问题进行交流磋商。

9月29日 专员史永林和二级巡视员李鹏参加国家林业和草原局对2020年全国森林督查挂牌督办的10个县(市)政府主要负责人警示约谈。

10月11日 专员史永林与相关处室负责人到国家林业和草原局昆明勘察设计院参加亚洲象保护工作座谈会。

10月12日 国家林业和草原局局长关志鸥一行到云南专员办调研指导工作。

10月11～15日 专员史永林作为嘉宾参加在昆明市召开的《生物多样性公约》第十五次缔约方大会(COP15)。

10月22日 专员史永林和二级巡视员李鹏及相关处室人员参加云南省林业和草原资源管理联席会议。

10月26～27日 二级巡视员李鹏带相关处室人员参加联合打击濒危野生动植物非法贸易——中国、柬埔

寨、老挝能力建设与交流会。

11月1～4日 专员史永林和二级巡视员李鹏带队到普洱市澜沧县和临沧市永善县对森林督查和打击毁林专项行动工作开展情况调研。

11月8～10日 二级巡视员李鹏带队到文山壮族苗族自治州富宁县和红河哈尼族彝族自治州元阳县对森林督查和专项行动工作开展情况调研。

12月14～17日 专员史永林和二级巡视员李鹏带队到西双版纳傣族自治州和普洱市开展亚洲象栖息地保护及森林经营督导调研。

12月22日 派员到西双版纳傣族自治州对从老挝进口亚洲象情况进行调研。

（云南专员办由王子义供稿）

福州专员办（濒管办）工作

【综　述】 2021年，福州专员办认真履行职责，全力推动各方面工作，取得良好成效。全年共督查督办案件253起，办结196起，涉案林地442.18公顷，涉案林木9973立方米，收缴罚款903.06万元，收回林地78.83公顷。督导推动落实林草重点工作，江西省进一步优化了五级林长制运行机制，福建省全面完成了各级林长设置工作，两省都把森林防火和松材线虫病防控等工作纳入林长制管理和考核；督导闽赣两省在打击毁林专项行动中共排查出问题图班4663个，查处各类案件3747起，刑事处罚1087人次、收缴行政罚款7160.9万元、收回林地910.6公顷；督导地方对5个国家级自然保护区的6个人类活动问题点位进行了核查处置；督导闽赣两省认真开展野生动物保护“清风行动”、候鸟保护和野生动物疫源疫病监测防控等工作。组织对国家林草局办理涉及闽赣两省的14个项目使用林地行政许可的执行情况进行重点检查，并承担该项工作的全国汇总任务。针对林长制组织领导机构不健全和林业执法弱化、《新华社内参》报道的破坏湿地和红树林问题以及野猪致害防控试点工作和林长制运行情况等开展专题调研，积极开展建言献策。主动对接国家林草局关于加强武夷山国家公园建设管理工作的要求，就如何做好规划推动武夷山国家公园建设管理工作有序有效开展，向闽赣两省林业局和两省有关市、县政府提出监督建议。共办理进出口公约证书、野生动植物进出口证明书980份，物种证明641份，涉及企业152家，野生动植物进出口贸易额4.35亿元。联合闽赣两省相关部门开展“世界湿地日”“世界野生动植物日”和“爱鸟周”等系列宣传活动7次。

【涉林违法案件督查督办】 综合运用线上督办、电话督办、发函督办、会议督办和现地督办等措施，共督办闽赣两省涉林违法案件253起，办结196起，涉案林地442.18公顷，涉案林木9973立方米，刑事处罚82人次，行政处罚179人次，纪律、行政处分95人次，收缴罚款903.06万元，收回林地78.83公顷。其中，对2020年国家林草局转来的35起中央环保督查反馈的群众举报线索全部进行核实，共立刑事案件8起、查结8起，立行政案件37起、查结37起；对国家林草局在专项行动开展期间挂牌督办的2起案件进行重点督办，并督促闽赣两省林业局分别挂牌督办13起和8起重点案件，全方位加大林业执法监管力度。

【森林防火和松材线虫病防控等重点工作督导】 针对林长制建立和运行、森林防火、松材线虫病防控工作，在强化线上督导的同时，先后派出32个工作组深入闽赣两省的59个县开展现地督导，掌握情况，发现问题，向地方党委、政府及有关部门提出加强和改进相关工作的建议。江西省进一步优化了五级林长制运行机制，福建省全面完成了各级林长设置工作，两省都把森林防火和松材线虫病防控等工作纳入林长制管理和考核，进一步压实了各级党委、政府的主体责任和各部门的工作责任。

【森林督查和打击毁林专项行动督导】 督导闽赣两省林业局及时制订和落实工作方案，定期调度各地工作进度，先后派出7个工作组赴闽赣两省的15个市县开展现地督导。闽赣两省在打击毁林专项行动中共排查出问题图班4663个，查处各类案件3747起，刑事处理1087人次、收缴行政罚款7160.92万元、收回林地910.55公顷。

【湿地、自然保护地和野生动植物资源保护管理工作督导】 联合闽赣两省林业等相关部门开展“世界湿地日”“世界野生动植物日”和“爱鸟周”等系列宣传活动7次。督导地方对5个国家级自然保护区的6个人类活动问题点位进行核查处置。积极参与并督导闽赣两省认真开展野生动物保护“清风行动”、候鸟保护和野生动物疫源疫病监测防控等工作，联合林业、公安、市场监督管理等部门对福州、厦门等地花鸟市场开展联合执法检查，深入福州、厦门、漳州、莆田4个设区市鸟市开展明察暗访并向地方反馈督查结果，撰写完成监督报告。

【专题调研和建言献策】 针对林长制组织领导机构不健全和林业执法弱化等问题开展专题调研，在年度森林资源监督通报中向闽赣两省提出相关监督建议。两省党委、政府高度重视，分别支持省林业局增设执法监督处，两省林业局还与公安、检察院等部门建立执法协作机制，福建省委、省政府给省林业局增加1名副厅级领导职数负责林长制工作，并增设林长处。针对《新华社内参》报道的破坏湿地和红树林问题，深入福建省5个市的9个县进行调查核实，对存在问题向地方党委、政府和相关部门提出整改建议。针对福建省沿海防护林保护管理情况开展专题调研，就如何解决沿海防护林建设管理方面的突出问题形成调研报告。针对野猪致害防控试点工作情况，在闽赣两省开展专题调研，向国家林草局动植物司上报《福建省野猪危害防控工作情况调研报告》，提出进一步提高野猪危害防控工作成效的建议意见。

【建设项目使用林地行政许可监督检查】 根据《国家林业和草原局森林资源管理司关于下达2021年度建设项目使用林地及在国家级自然保护区建设行政许可抽查工作计划的通知》要求，福州专员办对闽赣两省上报国家林草局审核同意的建设项目使用林地情况进行抽查，共对14个项目使用林地行政许可的执行情况进行重点检查，项目审核(批)林地面积1802公顷，共发现违法使用林地面积7.05公顷。并承担该项工作的全国汇总任务。

【协调推进地方林业改革】 落实国家林草局支持福建省三明等市推动林业综合改革的若干意见，研究确定了福州专员办的8项工作措施。主动对接国家林草局关于加强武夷山国家公园建设管理工作的要求，积极了解掌握武夷山国家公园两个片区建设的进展情况，认真思考福州专员办肩负的职能职责，组织提出参与武夷山国家公园建设管理工作的一揽子措施，并抓住参加专家论证会时机，就如何做好规划推动武夷山国家公园建设管理工作有序有效开展，向闽赣两省林业局和两省有关市、县政府提出监督建议。

【注重为群众办实事】 受理督办并及时回复涉及损害群众利益的信访举报5起；持续开展野生动物养殖户退养后续转产转型帮扶督导，对两省禁食野生动物的处置和补偿及转产转岗情况进行调查核实并上报结果；深入闽赣两省7个县(区)开展野猪危害防控试点工作督导；积极推动林木采伐便民措施落实；组建志愿服务队协助地方开展疫情防控工作；服务地方经济发展，积极配合开展物种证明"跨省通办"事项，努力为海关和企业搭建桥梁，共为152家企业核发进出口许可证980份、物种证明641份，涉及贸易额4.35亿元。

【大事记】

1月15日 福州专员办联合福建省林业局、福建省政协人口资源环境委员会和福建省关注森林活动组织委员会，在福建省建宁县举办以"保护湿地资源·建设大美湿地"为主题的福建省第25届"世界湿地日"宣传活动。福州专员办一级巡视员李彦华、省政协人口资源环境委员会副主任方启来、省林业局副局长王宜美等参加活动并讲话。

1月31日至2月3日 福州专员办联合应急管理部森林消防局机动支队第五大队组成工作组，赴江西省赣州市的于都县、吉安市的井冈山市和抚州市开展森林防火工作专项督查。

3月2日 福州专员办联合福建省林业局、福建省野生动植物保护协会在福州森林公园开展以"推动绿色发展，促进人与自然和谐共生"为主题的第八个"世界野生动植物日"志愿者宣传活动。福州专员办副专员宋师兰、福建省林业局副局长王宜美参加活动，并与志愿者一起向公众派发宣传材料和宣传品。活动当天，福州专员办联合省林业、公安、市场监督管理等部门对福州市国艺花鸟市场等重点场所开展联合执法检查。

3月8日 福州专员办与江西省林业局召开联席会议，互相通报2021年工作计划，商讨联合开展的重点工作。福州专员办专员王剑波，一级巡视员李彦华，副专员吴满元、宋师兰及相关处室负责人，江西省林业局局长邱水文，副局长黄小春、严成和各相关处室主要负责人参加会议。

3月9日 福州专员办、江西省林业局与江西省自然资源厅召开工作协调会，就土地整理涉及林地相关问题进行沟通交流。福州专员办副专员吴满元、省林业局副局长严成、省自然资源厅一级巡视员蔡建平和相关部门人员参加座谈。

3月23日 福州专员办联合福建省林业局、厦门市人民政府、福建省野生动植物保护协会在厦门市翔安区举办福建省第39届"爱鸟周"启动仪式。福州专员办副专员宋师兰、福建省林业局副局长王宜美以及有关社团组织代表、志愿者、市民、新闻媒体记者等参加活动。活动当天，福州专员办联合厦门市自然资源与规划局、厦门市园林局、公安、市场监督管理等部门对厦门溪岸路花鸟市场等重点场所开展联合执法检查。

3月27日 福州专员办联合福建省关注森林活动组织委员会、省林业局、省政协人口资源环境委员会、省观鸟协会等单位在福建省少儿图书馆举办"爱鸟护鸟万物和谐"——2021年"爱鸟周"科普展。福州专员办一级巡视员李彦华，福建省林业局局长陈照瑜、副局长王宜美，省政协人资环委副主任王宁新出席展览揭幕式。

4月1日 福州专员办联合江西省林业局、江西省生态环境厅、上饶市林业局在婺源县举办以"爱鸟护鸟万物和谐"为主题的江西省第40届"爱鸟周"宣传活动启动仪式。福州专员办副专员吴满元，江西省林业局局长邱水文，省生态环境厅一级巡视员石晶，上饶市市长陈云，国际鹤类基金会中国项目主任于倩出席活动仪式。

4月9日 福建省委、省人大常委会、省政府、省政协领导到福州市闽侯县上街镇旗山湖工程项目绿化地块，参加全民义务植树活动。福州专员办领导班子全体成员共同参加植树活动。

4月22日 是第52个世界地球日，活动主题是"珍爱地球 人与自然和谐共生"，福州专员办联合福建省公安厅森林警察总队、福建省林业局等相关部门赴福建省连江县组织开展野生动物保护执法和法制宣传活动。

11月18日 福州专员办联合福建省林业局组织志愿者到共建社区——福州市屏山社区开展主题为"保护野生动植物，维护生物安全"志愿宣传服务活动。福州专员办副专员宋师兰带队参加活动。

(福州专员办由罗春茂供稿)

西安专员办(濒管办)工作

【综　述】 2021年，西安专员办持续深入学习习近平新时代中国特色社会主义思想，扎实开展党史学习教育，学思践悟行，以伟大的建党精神为引领，持续用力，全面贯彻落实习近平总书记重要讲话和指示批示精神、中央及国家林草局党组决策部署，突出重点生态区域，紧紧围绕黄河流域生态保护和高质量发展、林长制、森林督查、重大案件、林草防火、松材线虫病防控等重点工作，全方位履行监督职责，积极推进森林、草原、湿地、荒漠、陆生野生动植物资源融合综合监督。稳步推进祁连山国家公园建设，持续开展学习交流、严格项目审核、强化执法检查、完善有关数据库、加大部门协调、扩大宣传培训等工作，不断提升公园建设能力和水平。进一步优化提升野生动植物进出口行政许可证书办理效能、开展行政许可执法检查和多形式履约宣传、督查督办有关野生动植物案件，全面落实野生动植物保护和监管措施。严格落实新冠病毒疫情常态化防控措施，建章立制，改善办公条件，规范管理，努力创建“讲政治、守纪律、负责、有效率”模范机关。

【林草资源监督】 创新综合监督方式，对森林、草原、湿地、荒漠、自然保护地、野生动植物实施统筹融合监督。开展森林督查及“回头看”，对抽查的8个县80个变化图斑发现的34个违法图斑进行了核查和督办，对2018~2021年40个整改项目进行“回头看”并督促整改22个。结合全国打击毁林专项行动，成立工作专班，对2018~2021年下发陕西、甘肃、青海、宁夏四省(区)的17万个以上的森林督查图斑整改情况进行全方位的复核并督促分类处理。抓点带面，先后对敦煌阳关林场、陕西定边、兰州西岔园区等重点案件现地督查督办，将兰州新区西岔园区破坏森林资源问题线索移交甘肃省纪委，全年累计督办涉林案件169起，办结144起，办结率85%，罚款1817多万元，处理119人。完成15项使用林地被许可人监督检查。配合国家林草局草原司完成甘宁两省(区)4县(区)草原执法检查。带队完成河北、山西、甘肃三省6县“十三五”防沙治沙目标责任制考核现地检查，督办甘肃破坏沙地案件1起。对陕西褐马鸡国家级自然保护区近3年来林地变化情况进行判读并督办发现的47处违法占地图斑。

【国家林草局党组部署重要任务】 督导陕甘宁青四省(区)建立了省、市、县、乡、村五级林长制组织体系。对陕西榆林、延安、渭南等黄河干流区域8县生态保护和高质量发展开展了大调研。向四省(区)报送年度监督意见。开展森林草原防火监督，对陕西省3市4县(区)春季森林草原防火开展督查，配合国家林草局完成四省(区)11市(州)15县(区)4个国家级自然保护区春季森林草原防灭火包片蹲点工作。强化松材线虫防控督导，制订工作方案，加强配合协调，配合国家林草局对陕甘两省3市3县包片蹲点工作，与陕西省林业局联合对6市6县(区)开展了现地督导。协调秦岭牛背梁国家级自然保护区拆除“封堵墙”事宜。参与陕西野猪危害防控试点工作，对四省(区)禁食野生动物转产转型进行督导。

【祁连山国家公园管理】 组织赴武夷山国家公园考察学习，着力厘清发展思路。配合中编办对祁连山国家公园体制试点进行调研。组织开展了祁连山国家公园设立风险点情况排查。加大生态保护力度，严格审核进入公园建设项目，开展卫片执法检查1次。对青海木里煤矿植被恢复情况进行督导，密切跟踪关注。召开1次领导小组办公室主任会议，推动解决突出问题。组织两省管理局与国家林草局林产设计院签订战略合作框架协议。督促两省管理局推进生态监测网络体系建设，开展两个片区视频系统与国家林草感知系统接入工作。完善自然资源本底调查数据库，与国土三调数据对接，专班推进建立祁连山国家公园自然资源档案数据库。对两省管理局重点任务落实情况开展督查。举办1期60多名基层人员参加的业务培训班。加强祁连山国家公园网站建设，收集发布野生动物监测图片、信息196条。

【野生动植物监管】 办理进出口许可证书900多份，贸易总额1.8亿多元。完成辖区内5个单位2020年野生动植物进出口行政许可业务随机抽查检查工作。联合驻地相关部门开展2次野生动植物保护宣传活动。对18个重点鸟类交易场所开展联合执法检查，督促驻地林草主管部门建立健全联合执法工作机制并适时开展专项打击行动。积极参与、督促陕西、宁夏有序开展野猪危害防控试点工作。积极督导四省(区)开展“清风行动”，督查督办涉及野生动物案件3起并均已办结。

【机关建设】 规范单位管理，建立健全机关内部管理制度54项。完成2018~2020年档案整理归档工作。配合完成办主要负责人离任审计工作。落实疫情常态化防控举措，加强宣传，购买防控物资，做好日常消杀毒工作。完成办公点新迁工作，改善办公条件，持续推进模范机关创建工作。

【大事记】

2月25日至3月2日 向国家林业和草原局、陕西、宁夏、甘肃、青海四省(区)人民政府提交了2020年度森林资源监督报告(意见)。

3~4月 西安专员办主要负责人带队对央媒报道的甘肃阳关林场防护林破坏案件现地督查督办。

3月3日 与陕西省林业局共同举办陕西省第八届“世界野生动植物日”宣传活动启动仪式。

3月4日 参加西安市第八届“世界野生动植物日”

宣传活动。

3月18日 召开祁连山国家公园协调工作领导小组办公室主任2021年度第一次会议。

3月27日 参加由国家林草局动植物司、全国人大、公安部、农业农村部等部委来陕调研野猪危害防控工作座谈会。

3月29日至4月2日 配合国家林草局包片蹲点工作组完成对四省(区)春季森林草原防火督查工作。

5~7月 完成15个项目占用林地行政许可检查。

6月11日 国家林草局党组书记、局长关志鸥到西安专员办考察工作。

7月4日 办主要负责人到国家林草局森防总站汇报对接陕西秦岭松材线虫病防控治理相关工作。

7月19日 参加国家林草局包片蹲点工作组与陕甘两省召开的松材线虫病联防联控座谈会。

8月4日 陕西省人民政府通报表扬西安专员办为2020年度服务陕西省经济社会发展优秀中央驻陕单位。

9月6~10日 在兰州举办祁连山国家公园建设及管理能力提升培训班。

10月29日 办党组会专题研究同意建立祁连山国家公园自然资源数据库专班和2021年森林资源督查专班。

11月6日 西安专员办迁至西安市金花南路156号(国家林草局西北院驻地)新办公地址办公。

11月29日 向甘肃省纪委移交兰州新区西岔园区破坏森林资源问题线索。

11月30日 甘肃省人民政府副省长刘长根到西安专员办交流指导工作。

12月6日 国家林业和草原局党组成员、副局长李树铭到西安专员办考察工作。

(西安专员办由朱志文供稿)

武汉专员办(濒管办)工作

【综　述】 2021年，国家林草局武汉专员办坚持全面从严治党，坚持党建业务相融互促，全办群力克艰，弘毅进取，共赴豫鄂两省125个县(市、区)开展林草资源督查督导，圆满完成全年各项工作任务。

【案件督查督办】 全年调查督办涉林违法案件118起，结案114起，结案率96.61%。认真调查处置上级转办案件，重点调查督办河南省南阳市伏牛山自然保护区内破坏森林资源等6起国家林草局交办案件。及时解决群众反映问题，做好十多起群众信访举报案件调查反馈。上报4起公开通报违法违规破坏森林资源典型案例，针对森林督查和专项行动中暴露出来的突出问题，与豫鄂两省林业局对河南省西华县大沙沟工程项目非法占用林地、湖北省阳新县富池镇破坏林地案件等12起重点案件实行联合挂牌督办。从严督办国家林草局挂牌督办的河南省夏邑县破坏森林资源突出问题和荥阳市白寨铝土矿非法侵占林地案件，确保问题全面彻底整改。持续关注豫鄂两省中央环保督查转办件督办整改情况，建立工作台账，实行销号制。按照《自然资源行政监督与纪检监察监督贯通协调机制清单》有关要求，将2起重点案件线索分别向两省纪委监委移交。

【组织监督检查】 结合党史学习教育“我为群众办实事”活动，分别召开豫鄂两省“2021年建设项目使用林地行政许可监管与服务座谈会”，做到2020年林地许可项目全覆盖。制订《2021年林地检查暨重点工作调研督导方案》，举办林地检查全员培训，对监督区10个市(州)的15个县(市)及保护区开展建设项目使用林地监督检查。借助国家森林资源智慧管理平台，实现外业检查精准、高效。通过监督检查，督导用地单位依法依规使用林地，违法占地情况比往年明显减少。

【打击毁林专项行动】 成立武汉专员办专项行动领导小组，印发《督导方案》，启动网格化监督模式，推动豫鄂两省及时部署，参加两省打击毁林专项行动启动会，积极协调督导豫鄂两省工作进展，重点对湖北省阳新县、随县和河南省驻马店市驿城区、沈丘县等59个县(市、区)森林督查问题整改和打击毁林专项行动开展督导。

【完善监督机制】 制订《武汉专员办督查督办涉林(草)案件管理办法(试行)》《武汉专员办森林资源监督事项约谈工作办法(试行)》，对河南省漯河市郾城区、商丘市梁园区、柘城县及湖北省荆门市钟祥市、黄石市阳新县5地政府主要领导开展集中约谈，督促地方政府切实履行保护发展森林资源目标责任。

【加强沟通协作】 与国家林草局华东院、湖北省林业局分别召开座谈会、联席会，签订《关于建立工作沟通联系机制备忘录》，进一步完善工作机制。定期联合两省林业局就林草重点工作、专项任务开展交流，掌握工作动态、督导工作进度。与自然资源部武汉督察局、生态环境部华南督察局、审计署驻武汉特派办等中央派驻机构座谈，就监督检查发现问题开展交流。

【编制森林资源监督报告】 向豫鄂两省政府提交森林资源监督通报。湖北省政府分管领导作出批示，省林业局制订整改措施并印发全省整改落实。河南省政府要求相关部门认真进行整改，坚决遏制违法违规占用林地现象，加快推进全省林长制工作，完善林业行政执法体系，健全长效监管机制。持续跟进两省问题整改落实，将监督区推行林长制执行情况作为全年督查重点，结合调研、监督检查，对两省77个县(市、区)林长制落实情况开展实地督导。

【濒危物种管理工作】 围绕"放管服"改革要求，进一步加强办证服务窗口建设，主动做好咨询服务，依法依规办理行政许可。全年共为豫鄂两省54家企事业单位办理野生动植物进出口证书291份，进出口贸易总额12 389.5万元。配合地方公安、海关等部门出具相关证明文书、复函3件。

【森林防火督查】 1月，对湖北省12个市(州)、16个国有林场、8处自然保护地开展森林防火督导检查。清明节前后，对河南、湖北两省11个县(市、区)的森林防火工作进行包片督导检查。10～12月，深入两省29个县(市、区)督导检查秋冬季森林防火等工作。

【野生动物保护监督】 参加鄂豫两省"清风行动""秋冬季候鸟保护"等打击野生动物非法贸易专项行动，暗访豫鄂两省8处花鸟市场及1处古玩市场，与武汉江夏森林公安局联合查办一起非法猎捕保护鸟类案件。以国家重点保护野生动植物名录调整为契机，着力推进珍稀濒危野生动植物保护，督导两省加强野生动物疫源疫病监测防控工作，对两省野生动物收容救护情况进行督查，督办了十堰房县及南阳淅川等6起野生动物舆情事件。开展禁食野生动物转型转产和野生动物养殖产业的指导服务，湖北省17个市(州)632家禁食野生动物养殖户已全部完成转产转型。对河南省商丘市观赏鹦鹉人工养殖繁育产业面临的困境开展调研。指导秭归县防控野猪危害，支持当地乡村振兴。组织开展和参加两省"世界野生动植物日""河南省爱鸟周""野生动物保护宣传月""保护白天鹅宣传日""河南省候鸟保护宣传暨第二届(洛阳市)观鸟节"等活动，增强全社会保护意识。

【有害生物防治】 督促鄂豫两省贯彻落实《关于科学防控松材线虫病疫情指导意见》，制订五年攻坚行动计划。10～12月，对两省10个县(市、区)松材线虫防控开展督导检查，对河南省卢氏县、栾川县和湖北省咸丰县松材线虫疫情防控除治情况进行了重点督查，年底对武汉市防控情况开展督导检查。

【宣传教育】 3～4月，利用"世界动植物日""爱鸟周"等宣传活动，通过宣传图片、易拉宝、自媒体、手机微信等开展主题宣传活动。10～11月，武汉专员办联合河南省林业局、三门峡市人民政府举办"河南省候鸟保护宣传暨三门峡市第七届保护白天鹅宣传日"活动启动仪式。参加河南省水生野生动物科普宣传月和湖北省陆生野生动物保护宣传月活动。

【大事记】

3月1日 武汉专员办与湖北省林业局、天门市政府联合主办2021年湖北省"爱鸟周"活动。

3月3日 武汉专员办联合驻地林业部门开展"世界野生动植物日"宣传活动，副专员孟广芹参加活动并致辞。

3月19日 武汉专员办与湖北省林业局召开2021年联席会议并签订备忘录。副专员孟广芹、马志华，湖北省林业局局长刘新池，副局长黄德华、蔡静峰，总工程师宋丛文等参加会议。

3月26日 武汉专员办与国家林草局华东院在杭州召开2021年座谈会，副专员孟广芹、马志华参加会议并签订备忘录。

6月1日 武汉专员办先后联合湖北省林业局和河南省林业局组成暗访组，对豫鄂两省重点鸟市开展暗访调查。

9月2日 武汉专员办与湖北省林业局座谈交流资源重点监督工作，副专员马志华参加会议并讲话。

9月8日 武汉专员办与国家林草局华东院、河南省林业局组成联合督查组，赴河南对国家林草局挂牌督办破坏森林资源案件开展督查。

10月30日 武汉专员办赴湖北秭归县党建联系点开展主题党日活动，并对秭归县推进林长制及秋冬季森林防火工作进行督导调研。

11月7日 武汉专员办、武汉海关、湖北省林业局在武汉召开工作座谈会，就充分发挥湖北省部门间CITES履约执法协调小组及联席会议工作机制作用，进一步推进濒危物种履约监管工作进行交流座谈。

12月24日 武汉专员办、河南省林业局、洛阳市人民政府在河南联合举办"河南省候鸟保护宣传暨第二届洛阳市黄河湿地观鸟节活动"启动仪式。

（武汉专员办由胡进供稿）

贵阳专员办(濒管办)工作

【综　述】 2021年，国家林草局驻贵阳森林资源监督专员办事处(中华人民共和国濒危物种进出口管理办公室贵阳办事处)(以下简称贵阳专员办)铭百年党史、强监督服务、守安全底线，坚持党建和业务一体推进，高质量完成党史学习教育活动，全年督办案件168起，追究刑事责任88人、行政处罚289人(单位)、追责问责314人；核发允许进出口证明书和物种证明942份；完成落实梵净山、张家界重点区域松材线虫病疫情的防控督导。

【2020年度森林资源监督报告和专报】 2月中旬，分别向湖南省、贵州省人民政府呈报《2020年度湖南省森林资源监督报告》《2020年度贵州省森林资源监督报告》，针对在资源管理上存在的重要问题，共提出4条监督建议。两省政府领导分别作出批示。贵阳专员办及时跟踪督促，在两省林业局等部门的共同努力下，取得很好的工作成果，监督建议基本得到落实。

专员李天送(左一)与湖南省副省长陈文浩(右一)研究《2020年湖南省森林资源监督报告》等有关工作

【林长制推进】 贵阳专员办将推进林长制作为年度监督工作重点，一是在呈报湘黔两省人民政府的年度监督报告中，提出相关工作建议，促成两省高位推动林长制工作。二是及时向两省总林长送达《林长制简报》，总林长作出批示和工作部署。主动与两省林业主管部门召开联席会议，配合督促省级层面抓好制度设计、方案制订、动员部署等，做到系统推进。三是在基层开展监督工作中，将林长制落地见效作为总要求和主抓手，督促地方党委、政府及林业主管部门落实好林长制相关工作。到2021年底，湘黔两省从省到村五级林长制全面建立和实施，其中湖南省出台8项配套制度，全省共设立林长79 004名；贵州省出台5项配套制度，全省共设立林长50 170名。

【森林督查】 一是通报了湘黔两省2020年森林督查和目标责任制检查结果，对两省27个县(市、区)开展查处整改情况“回头看”。二是协同国家林草局资源司对中央生态环境保护督察转办的赤水市、仁怀市等问题多次开展现场督办，与贵州省检察院、省林业局对赤水市和金沙县挂牌督办案件开展联合督办。三是牵头对国家林草局挂牌督办的湖南岳阳、桑植和贵州清镇、织金等4个县(市)案件进行专题督办。四是先后筛选重点案件4起，报国家林草局向社会公开曝光，报送拟适用贯通协调机制的有关情况及问题线索2起。五是积极督导湘黔两省打击毁林专项行动，与两省林业局多次联合开展督导检查，单独挂牌督办14起，联合挂牌督办18起，约谈13次114人。共督查督办各类破坏森林资源案件168件，其中，刑事案件120件、行政案件48件；涉及林地案件152件，违法使用林地面积1485.27公顷；涉及林木采伐案件16件，违法违规采伐林木蓄积量9870立方米。督办案件当年查结162件、查结率96.4%。通过督查督办，追究刑事责任88人、处罚金185.1万元；实施行政处罚289人(单位)、罚款9513万元；追责问责314人，收回林地1442.33公顷，挽回经济损失(补交森林植被恢复费)7211.4万元。

【专项检查督查】 一是建设项目使用林地行政许可被许可人检查。抽查由国家林草局审核审批的建设项目13个，涉及20个县(市、区)，现地检查小班(地块)5663个，发现的违法违规问题基本查处和整改到位。二是森林防火督查。先后对14个县(市、区)现场督查森林防火；协同国家林草局改革发展司、草原司开展湘黔两省森林防火包片督导，先后到湖南永定、贵州雷山7个县(市、区)的乡镇、村组开展检查督导。三是批次用地涉林地审批及监管情况监督检查。对湖南湘江新区2018~2021年批次用地审批和使用情况进行专项监督检查，针对发现的林地使用监管脱节等问题，向当地提出整改意见并持续跟踪督导。四是国家级湿地公园管理情况检查。对贵州省八舟河、红枫湖、乐民河，湖南省松雅湖、洋湖、浏阳河和金洲湖共7处国家湿地公园开展专项检查，就建设管理方面存在的问题提出整改意见建议。五是濒危物种进出口行政许可监督检查。派出检查组深入湖南省希尔天然药业有限公司等5家企业，对2020年行政许可证书存档、使用、报关等情况进行检查。

【有害生物防控督导】 根据国家林草局对松材线虫病疫情防控工作部署，落实梵净山、张家界重点区域的防控督导，多次赴现地开展调研督导。在梵净山重点区域的防控督导中，约见铜仁市委主要领导，转达国家林草局梵净山松材线虫病防控蹲点包片工作组的要求；出席“铜仁市松材线虫防治工作启动会”；督导贵州省林业局约谈铜仁万山区、碧江区和松桃县政府主要领导和相关部门，督促防控工作落实落地。在张家界重点区域的防控督导中，与省、市林业有害生物防治主管部门共商松材线虫病防治措施，同时对湖南省衡阳市、岳阳市等地疫区县开展现场监督指导。参加国家林草局动植物司检查组，对贵州花溪区、清镇市和惠水县的红火蚁疫情开展监测督导。

【物种管理】 一是落实“物种证明跨省通办”。积极对接兄弟办事处，统一企业行政许可申请要求和申请要件，强化日常沟通联系，做到信息互通和共享，方便企业，提高效率。二是做好证书受理核发。运用“互联网+办证”平台和QQ、微信等沟通渠道，让数据多跑路、群众少跑腿，提速受理制证，提高办证效率。受理核发允许进出口证明书和物种证明942份，贸易额1.5亿元。三是提升便民服务成效。提供野生动物保护与转产退出、各类物种进出口政策咨询200多次；开启“绿色通道”，加急办理证书审批。四是强化培训工作。在长沙举办湘黔两省CITES履约执法和进出口证书管理系统培训班，两省30余家进出口企业代表参加培训。五是开展野生动物食用禁养后续工作。协调帮助贵州省思南县药用蛇类残疾人养殖户落实养殖场地及办理养殖许可手续，列为单位党史学习教育为群众办实事的重要内容。六是帮助贵州省内兰花种植企业，进行品种鉴定和进出口程序等问题指导，并与当地林业主管部门对接，助力企业获得资金支持。

【加强保护工作监督】 紧盯中央生态环境保护督察转办事项和提出的问题不放松，持续督促查处整改落实落细，10件转办件基本办结。参加“绿盾2021”自然保护地联合巡查组，对湖南省桑植八大公山、桂东八面山、炎陵桃源洞、张家界大鲵共4处国家级自然保护区开展联合巡查。排除阻力，全程强力督办湖南省小溪国家级自然保护区问题等整改，违建设施全部拆除。积极参与“清风行动”，派员参加湘黔两省的执法行动。与贵州省林业局组成联合督导组，对自然保护区、野生动物疫源疫病监测站建设管理进行督导。对退养帮扶政策落实等情况进行“回头看”，赴湖南省桂阳县、贵州省黎平县等地开展调研，做好信访养殖户疏导工作。多次组成工作组深入贵州省六盘水市，湖南省怀化市、邵阳市等地的花鸟市场，开展检查督导。

【禁食野生动物后续督导】 一是制订调研计划、组成精干队伍，选定湖南省通道县、平江县、隆回县和贵州省平坝区、德江县、思南县、仁怀市、清镇市共8个县(市)为调研对象。通过查阅资料、电话问询和实地调查等多种方式，深入了解情况，掌握有关动态。二是对部分地区的养殖户进行了“回头看”，了解诉求、纾解情绪，全年无上访情况发生。三是赴黎平县对原竹鼠养殖户、养殖公司的转产情况走访调研，现场解答有关问题。

【资源保护宣传、专项调研和舆情处置】 联合湘黔两省林业局、海关等单位，在市民公园、机场等人群密集场所，利用“世界野生动植物日”等重要节点开展公益宣传。与国家林草局宣传办联合制作生物多样性、湿地、鸟类保护等5部公益宣传片，在地铁站点、城市重要街区、繁华路口、重点公园的电子大屏幕滚动播放。与监督区内多处国家湿地公园联手，开展湿地功能、湿地公园保护以及相关法律法规等主题宣传。切实加强专项调研工作，全年先后开展湖南油茶种植对生态环境的影响、禁食野生动物后续退出转产、候鸟等野生动植物保护监管机制以及黔灵山公园猕猴保护管理等调研。及时调查和处置“贵州省疑似非法交易画眉等野生鸟类”等网络舆情。

【大事记】

2月4日 贵阳专员办与湖南省林业局召开2021年第一次联席会议，就中央第七生态环境保护督察组反馈国家林业和草原局有关问题整改进行专门研究，并作出具体安排。贵阳专员办副专员谢守鑫主持会议，专员李天送出席会议并讲话。

2月17日 贵阳专员办专员李天送到贵阳市黔灵山公园开展猕猴保护管理督导工作。

2月25日 贵阳专员办专员李天送参加湖南省2021年全省林业工作电视电话会议。会前，李天送向湖南省人民政府副省长陈文浩通报湖南省2020年森林资源监督工作情况和有关建议。

3月3日 贵阳专员办专员李天送参加贵州省2021年全省林业工作视频会议，提出“进一步完善保护发展森林资源的长效机制”等六点工作要求。

3月3日 贵阳专员办联合贵州省林业局、贵阳海关和贵阳市林业局，在贵阳市黔灵山公园举办以“推动绿色发展，促进人与自然和谐共生”为主题的“世界野生动植物日”宣传活动。同日，贵阳专员办联合贵阳海关，首次在贵阳龙洞堡机场开展“世界野生动植物日”宣传活动，贵阳海关缉私局及贵阳海关所属9个隶属海关，也分别在其所在市(州)开展相关活动。

3月8日至4月6日 贵阳专员办对贵州省5个市(州)15个县(市、区)开展重大毁林案件摸排和现场督办，决定对12个县(市、区)46个未查结的重大破坏森林资源案件进行全程跟踪督办，并对其中13个案件进行挂牌督办。

3月29日至4月2日 贵阳专员办与贵州省应急厅、贵州省林业局组成联合暗访组，深入贵州省8个市(州)16个县(市、区)明察暗访森林防火工作。

4月19日 贵阳专员办与贵州省林业局在贵阳召开2021年第一次联席会议，双方领导班子和相关处室负责人参加会议。

4月23日 贵阳专员办与贵州省林业局召开第二次联席会议。

5月12~16日 贵阳专员办协同国家林业和草原局改革发展司，对贵州省2021年森林防火开展蹲点督导，对贵州4县(区)开展现场检查督导。

5月31日 贵阳专员办赴赤水督导中央生态环境保护督察发现问题整改。

6月3~4日 贵阳专员办党组成员、二级巡视员钟黔春带队到贵州雷公山和黔南布依族苗族自治州调研陆生野生动物疫源疫病监测和野生动物收容救护工作。

7月6~9日 贵阳专员办联合湖南省林业局到怀化、邵阳等地调研湖南野生动物非法交易市场，对鸟市管理等问题进行专项督导。

7月8日 贵阳专员办对施秉白头旺水库进行现地检查。

7月11日 国家林业和草原局副局长刘东生出席在贵阳举办的2021年“生态文明贵阳国际论坛”，贵阳专员办专员李天送陪同参加。

8月18日 贵阳专员办副专员谢守鑫带队到湖南溆浦县督办非法毁林占地问题。

9月1日 国家林业和草原局人事司副司长王常青一行到贵阳专员办，宣布国家林业和草原局任命：那春风任贵阳专员办(濒管办)党组成员、副专员(副主任)。

9月8日 贵阳专员办与贵州省林业局在贵州省2021年“六个严禁”打击毁林和自然保护地生态环保问题排查整改专项行动推进会上，对相关县(市、区)政府主要负责人进行集体约谈。副专员谢守鑫出席会议并作要求。

10月8日 贵阳专员办专员李天送到湖南省岳阳县开展重点案件督导并检查森林防火工作。

11月18日 贵阳专员办在长沙举办湘黔两省濒危物种进出口证书管理系统培训班。

11月19日 贵阳专员办专员李天送、副专员谢守鑫、副专员那春风一行专程到国家林业和草原局中南院，重点围绕进一步加强工作合力、建立长效合作机制、提升湘黔两省森林督查科技含量，与中南院负责人及相关处室负责人进行会商。

11月26日 贵阳专员办派员对湖南湘潭六县松材线虫疫病防控进行督导。

11月28日 国家林业和草原局副局长刘东生出席在贵阳举办的“在新时代西部大开发上闯新路”主题研讨会。贵阳专员办专员李天送参加。

12月1~6日 贵阳专员办成立两个督导专班，分赴国家林业和草原局挂牌督办地区湖南省岳阳县、贵州省清镇市，以及挂牌督办重点案件所在的湖南省桑植县、贵州省织金县，就问题查处整改进行再核实、再督导。

12月9~12日 国家林业和草原局副局长李树铭一行，到荔波和独山开展生态扶贫调研指导。贵阳专员办专员李天送陪同调研。

12月14日 国家林业和草原局副局长李春良，到长沙与湖南省副省长陈文浩交流自然保护地管理建设等情况。贵阳专员办专员李天送参加。

12月22日 贵阳专员办与湖南省林业局在长沙市召开2021年第二次联席会议，共商进一步加强森林督查、林长制等重点工作。副专员谢守鑫出席会议。

12月23日 贵阳专员办党组成员、二级巡视员钟黔春带队到遵义播州区乐民河国家湿地公园检查湿地公园违建项目。

（贵阳专员办由魏晓双供稿）

广州专员办（濒管办）工作

【综　述】 2021年，广州专员办努力开创新征程上各项工作新局面，为推进监督区生态文明建设贡献力量，全年共督查督办涉林案件392宗，涉案林木8323.9立方米、8217株，涉案林地1536.11公顷，共处理违法违纪人员386人，收回林地458.98公顷。全年共核发进出口证书8044份，进出口贸易总额约44亿元。

【森林资源和自然保护地监督】 一是以严的要求，强力推进森林资源监督“规定动作”。及时向广东、广西、海南三省（区）人民政府提交2020年度森林资源监督报告、2020年度森林督查检查报告。督导三省（区）开展2021年打击毁林专项行动。对广东陆河县、广西田林县、海南儋州市等16个县（市、区）2020年森林督查工作整改情况进行“回头看”。认真做好2021年森林督查书面检查工作。对三省（区）15个国家林业和草原局审核（批）的建设项目征占用林地行政许可执行情况进行随机检查。检查发现9个项目在主体工程建设中存在违法使用林地行为，违法违规使用林地面积226.25公顷。二是主动担当作为，有序开展自然保护地督查。专员关进敏、副专员贾培峰带队先后多次深入广西北海红树林、海南省麒麟菜等省级自然保护区，不间断跟踪督办中央环保督查发现问题整改情况。采取“四不两直”方式，对广东广州市、广西百色市、海南五指山市等10个市、县自然保护地保护管理情况开展明察暗访。主动作为，对广东省保护地管理情况开展监督检查，针对肇庆星湖国家湿地公园违建情况，约谈了肇庆市政府及相关部门主要负责人。充分利用全国自然保护地监督检查平台，及时跟进国家级自然保护区人类活动问题点位整改情况。二是忠实履职，全力做好森林防火督查工作。实行班子成员包省（区）负责制，派出8批次工作组，对广东13市19县、广西4市2县森林防火工作进行督导检查。按照国家林草局部署，配合国家林草局防火包片蹲点工作组开展防火蹲点检查，班子成员带队先后赴广东4市5县1个经营单位、广西2市2县（区）、海南3市1县1个经营单位。四是以高度的使命感和责任感，完成松材线虫防治督导工作。对广东、广西12市20个县（市、区）的松材线虫防治工作进行了督导。五是层层压实责任，认真开展林长制工作。对广东广州市从化区、广西凤山县、海南定安县等12个县（市、区）林长制工作推进情况开展调研。

【涉林违法案件督查督办】 一是重拳出击，依法查处，打造高压态势。截至2021年底，共发出督办函、限期整改函、约谈函等72份；共开展约谈工作10次，约谈人数共107人。督查督办各类涉林案件245宗。其中，违法使用林地案件191宗，违法采伐林木案件53宗，违法破坏野生动物资源案件1宗。案件共涉及违法使用林地面积1536.11公顷，涉及违法采伐林木8323.9立方米、8217株。立案392宗（部分案件因涉及多个违法责任主体立多种案件处理），达到办结标准107宗，共处理违法违纪人员386人。其中，追究刑事责任34人、追究行政责任298人；行政处分30人、党纪处分3人，其他处分21人（单位）；罚款（罚金）共计13 585.28万元，收回复绿林地458.98公顷。二是聚焦国家林草局挂牌督办地区和挂牌督办重点案件，做实做细督导检查工作。由副专员贾培峰和二级巡视员王琴芳带队，对儋州市2020年森林督查发现的666宗问题图斑的整改情况逐一进行现地核查。截至2021年底，符合“三到位”和挂账监管要求的图斑435个，暂不符合整改要求图斑231个。立刑事案件查处35宗、立行政案件查处101宗，查处林地面积74.32公顷，查处林木蓄积量1220.1立方米、株数9400株。行政处分和党纪处分9人，其他处分35人；罚款共计98 541.63万元，收回复绿林地137.53公顷。通过现地督导和电话跟踪对国家林草局挂牌督办的广东梅州市五华县、海南东方市、广西百色市德保县的3宗重点案件整改情况进行督导检查。三是坚决落实贯通协调工作机制，形成监督合力。积极落实自然资源行政监督与纪检监察监督贯通协调工作机制，向广西壮族自治区纪委监委和广东省纪委监委移送了广西北海市合浦县铁山港东港码头项目违法破坏红树林问题线索及广东潮州市潮安区广牧农业科技有限公司严重破坏森林资源问题线索，广东省纪委监委已就线索处理情况到专员办座谈反馈。深化与检察机关、公安机关协作配合工作机制，向三省（区）人民检察院分别移送了5宗典型严重破坏森林资源案件线索并抄送三省(区)公安厅和林业局。

【野生动植物保护管理监督检查】 一是强化野生动物保护监督取得新成效。规范海南省野生动物经营利用的许可审批工作,并禁止东方市大田国家级自然保护区人员割取海南坡鹿鹿茸,跟踪督办该保护区非法猎捕海南坡鹿案件。按照国家林草局工作部署,现地督查桂林花鸟市场、广州花都新华市场非法经营鸟类问题。对三省(区)16个县(市、区)鸟市及野生动物收容救护情况进行了明察暗访。对广东珠海市等5市17个野外点的非法猎捕候鸟情况开展暗访调查。对三省(区)8个县(区)打击野生动物非法贸易的"清风行动"进行专项督导。二是持续做好禁食野生动物处置后续工作。通过现场核查政府财政转账清单、养殖户收款记录、电话随访抽查等方式,进一步核实禁食野生动物处置补偿落实情况,确保养殖户所养殖的野生动物处置到位、补偿款落实到位。三是高质量推动地方野生动植物保护管理工作。推动三省(区)将野生动物保护管理工作列入"林长制"工作任务和考核内容。联合省级林业主管部门,积极开展野生动物保护宣传。

【濒危物种进出口行政许可证书核发】 一是强化责任意识,全力抓好行政许可中心工作。认真做好证书核发工作。截至11月23日,共核发行政许可证书8044份,其中公约证书5813份,物种证明2160份,海峡两岸证书70份,进出口贸易总额约44亿元,涉及被许可人419个。办理海南自贸区陆生野生动植物进出口批文27份。积极做好马里刺猬紫檀专项核查整改工作,及时上报整改结果。组织专班人员对1999~2018年的证书档案进行分类整理和归档,共整理证书资料50多万份。完成国家濒管办对2020年度随机抽取的7家企业的行政许可书面监督检查工作。联合完成对广州长隆集团2016~2020年引进的种用野生动物核查和约谈工作。二是加强交流协作,不断提高区域履约管理部门监管能力。与监督区7个单位开展业务座谈交流。进一步完善与海关总署风险防控局(黄埔)联合建立的野生动植物通关辅助查询系统。专函回复地方海关、森林公安案件问询8次。三是创新宣传培训手段,不断扩大CITES社会影响力。组织开展"世界野生动植物日"主题宣传活动。派员为其他部门培训班授课。

【大事记】

1月20~29日 专员关进敏带队赴海南省开展监督检查及案件督办。

2月1~2日 专员关进敏在海南海口市对2020年海南省森林督查存在问题整改进度较为缓慢的儋州市、东方市、乐东县和澄迈县有关人员共20人进行了约谈。

2月3日 专员办同海南省政府共同召开森林督查相关违法案件督办反馈会。

3月25~31日 二级巡视员王琴芳带队赴海南省,积极配合国家林草局开展森林草原防火包片蹲点工作。

4月7日 副专员贾培峰带队对广东观音山国家森林公园存在问题及整改情况进行督查。

7月6~10日 专员关进敏带队赴广西凤山县、巴马县对2021年森林督查和打击毁林专项行动、重点案件整改、全面推行林长制等工作开展情况进行督导检查。

8月30日至9月2日 副专员贾培峰带队对广西百色市田林县、防城港市防城区、钦州市钦北区、来宾市兴宾区2020年森林督查整改情况进行"回头看"。

11月4~10日 派员对广东珠海市、中山市、佛山市、茂名市等地乱捕滥猎候鸟等野生动物的违法情况进行暗访调查。

12月6~10日 由二级巡视员王琴芳带队工作组,联合广西壮族自治区林业局对广西桂平市等5个县(市、林场)涉林违法信访举报案件开展督查督办工作。

(广州专员办由李金鑫供稿)

合肥专员办(濒管办)工作

【综　述】 2021年,合肥专员办坚持以习近平新时代中国特色社会主义思想为指导,自觉践行习近平生态文明思想、全面贯彻新发展理念,贯彻落实全国林业和草原工作会议精神和国家林草局党组各项决策部署,充分发挥党的政治建设的统领作用,在统筹做好疫情常态化防控基础上,重点完成皖鲁两省林草资源监督、濒危物种进出口履约管理、全面从严治党等各项工作,取得明显成效。

【林草资源监督管理】

年度监督通报 向皖鲁两省政府提交2020年度森林资源监督通报,通报直击问题并提出建议。山东省时任省委书记、安徽省政府领导均作出批示,两省林草主管部门认真落实领导批示,对通报反映的问题积极整改。

案件督查督办 赴皖鲁两省15县(市、区)对破坏森林资源重点案件进行现地核实督办。全年共督查督办各类涉林重点案件120起,办结102起,收回林地98.76公顷,刑事处罚10人,纪律(政务)处分42人,行政罚款91.74万元。

挂牌案件督办 根据《国家林业和草原局办公室关于挂牌督办28起破坏森林资源重点案件的通知》,对"安徽省合肥市巢湖市土地整理项目毁林案"和"山东省烟台市栖霞市汇鑫矿业有限公司违法占用林地案"全程跟踪督办,推进问题整改。

森林督查 对皖鲁两省5市8县(市、区)2021年森林督查自查情况开展实地核查。赴皖鲁两省9市开展森林督查"回头看",推动2020年度森林督查遗留问题整改落实。重点对山东省泰安市新泰市“国家级现地复核自查违法图斑不一致率100%”问题开展现地督导并督促整改。

林地行政许可检查 抽取皖鲁两省10个建设项目开展建设项目使用林地及在国家级自然保护区建设行政许可监督检查。涉及10市15县(市、区)，检查林地面积1983.07公顷，发现问题15起，违法使用林地面积7.28公顷，行政罚款157.8万元，行政问责和纪律处分1人。

湿地公园监督检查 落实国家林草局湿地司关于做好第二轮第四批中央环保督察有关问题线索督导工作要求，赴山东省济南市核查济西国家湿地公园内违建项目整改情况。针对国家湿地公园征占用备案情况，重点抽查复核菏泽市成武县东鱼河和济宁市金乡县金水湖国家湿地公园13个疑似点位，责成地方林草主管部门及时整改发现问题，并对征占用有关规定、备案情况、管理机构及总体规划之外的建设项目监督管理情况进行现地调研。

森林防火督查 赴皖鲁两省14市12县(市、区)开展森林防火包片蹲点督查，对森林防火重点区域开展春节、全国“两会”、清明节等重点时段防控情况督查，监督地方政府按照《森林法》要求落实森林防火工作责任并提交督查报告。

林长制督导 重点督导皖鲁两省4市7县(区)推行林长制存在突出问题、重点工作等，推动各级林长发挥在森林资源保护管理中的协调指导作用。形成《督导林长履职尽责强化重点林区森林防火工作》《借助林长制破解执法办案执纪难题》2篇调研报告并在国家林草局简报刊发。

重点工作调研 赴安徽省黄山市等重点生态区开展松材线虫病防控包片蹲点调研，形成《合肥专员办扎实开展安徽省黄山风景区及周边县区松材线虫病防治情况督导工作》调研报告在国家林草局简报刊发；赴山东省淄博市、青岛市开展国土“三调”数据和森林资源“一张图”对接试点情况专题调研，对山东森林资源管理“一张图”与国土“三调”数据对接工作提出6点建议专报国家林草局领导。对安徽省重点林区基层林业站建设情况开展调研，国家林草局简报以《强化林业治理需加强林业工作站建设》为题刊发了调研情况。

互学互鉴促重点工作提质增效 组织安徽省5市林业主管部门负责人赴山东省威海市、泰安市开展松材线虫病疫情科学防控工作考察学习交流；组织山东省6市林业主管部门负责人赴安徽省宣城市、黄山市就全面推行林长制工作情况互学互鉴、考察学习交流等，促进皖鲁两省推行林长制、松材线虫病疫情防控等重点工作提质增效。

【濒危物种进出口管理】

行政许可管理 全年共审核发放各类野生动植物进出口证书1735份，其中证明书309份，物种证明1426份，不予受理通知书49份，涉及进出口贸易总额940亿元。开展进出口行政许可专项检查，强化对敏感物种及活体动物进出口的监督管理。

联合执法 联合皖鲁两省公安、林业、市场监管部门开展联合执法检查。督导两省相关部门开展“清风行动”，对5起破坏野生动物资源案件进行督查。联合两省林业、农业、市场、公安等部门，开展花鸟鱼虫市场鸟类等野生动物非法交易专项清理打击行动和实地执法督查。

野生动物保护执法检查 结合春秋两季候鸟迁飞季节，督导皖鲁两省强化候鸟保护和疫源疫病防控，加大执法巡查，做好清网、清套、清夹工作，严厉查处破坏野生动物资源违法犯罪活动。督导皖鲁两省进一步完善禁食野生动物后续处置工作。

重点事项调研 联合国家林草局动植物司、动物保护中心及安徽省林业局、文化和旅游厅等部门赴安徽宿州市开展东北虎人工繁育与展演展示利用、马戏团在养虎情况调研，推动妥善解决在养虎等野生动物管理问题。赴上海开展自贸区贸易政策考察学习，对标对表长三角一体化发展，与合肥海关研究强化安徽省自贸区濒危物种进出口贸易管理事宜，签署合作备忘录。

【大事记】

1月13日 联合安徽省林业、公安、农业、市场监管等部门下发《关于联合开展打击野生动物违法犯罪行为专项执法行动的通知》，开展为期一个半月的专项执法行动。

2月2日 办党组书记、专员李军带队赴安徽省黄山市，联合黄山市林业局、黟县林业局和应急管理部森林消防局机动支队驻皖三大队在黟县西递风景区开展防火宣传和巡护督导工作。

2月25日 赴安徽省合肥市开展森林防火工作专项督查。听取了合肥市、肥西县森林防火工作专题汇报，深入紫蓬山国家森林公园实地察看了森林防火巡护、防火宣传、火源管控、隐患排查、防火设施建设等。

3月3日 会同山东省自然资源厅(省林业局)组织开展保护野生动植物宣传教育活动。

3月16日至4月23日 会同国家林草局林产工业规划设计院对山东省开展国土“三调”数据与森林资源“一张图”对接试点情况专题调研。办党组书记、专员李军参加并指导调研工作。

3月26日 联合安徽省林业局在安徽省黄山市举办以“森林防火、文明祭祀、平安清明”为主题的森林防火宣传月启动活动。应急管理部森林消防局机动支队驻皖三大队、黄山市林业局等部门参加。

3月30日至4月2日 办党组书记、专员李军带队对青岛市黄岛区、胶州市开展森林防火督查。

4月22~24日 参加国家林草局防火包片蹲点督查组对山东省青岛市、日照市、临沂市部分县(区)开展森林防火专项督查。

5月27日 分别向皖鲁两省林业主管部门下发《关于进一步加强人工繁育及收容救护野生动物安全排查和监督检查的通知》，规范野生动物繁育和收容救护工作。

5月31日 分别联合皖鲁两省林业、公安、市场监管等部门下发《关于对花鸟鱼虫市场开展专项清理打击行动的通知》，对皖鲁两省花鸟鱼虫市场鸟类等野生动物非法交易专项清理开展为期一个月的联合打击行动，巩固“清风行动”成果。

6月22日至7月23日 分别联合皖鲁两省林业、公安、市场监管等部门赴山东省青岛市、潍坊市，安徽省蚌埠市、合肥市开展花鸟鱼虫市场鸟类等野生动物非法交易专项清理联合检查和野生动物驯养繁育单位安全检查。

7月5~8日 办党组书记、专员李军带队赴山东省济南市长清区、德州市齐河县、聊城市东昌府区和枣庄市山亭区，对国家林草局2020年审核的建设项目使用林地行政许可实施情况开展外业监督检查。

7月7日 组织开展线上濒危物种进出口履约业务交流活动，皖鲁两省60余家进出口企业参加，国家林草局野生动植物保护司相关领导出席活动并作业务指导。

7月30日 安徽省直机关加强效能建设领导小组办公室下发通报，国家林草局驻合肥专员办获“2020年度中央驻皖单位效能建设考核先进单位”称号。

9月2~3日 办党组书记、专员李军带队对山东省济南市济西国家湿地公园疑似违建问题进行督导督办，并就全国打击毁林专项行动、2021年森林督查进展及2020年森林督查问题整改、森林资源管理“一张图”和国土“三调”数据对接融合成果存在问题等与山东省自然资源厅(省林业局)进行沟通。

9月18日 办党组成员、副专员张旗带队参加山东省人民政府办公厅召开的“全省贸易便利化专题会议”，就进一步加强企业贸易便利化服务提出意见。

10月12日 分别向皖鲁两省林业主管部门下发《关于贯彻落实〈国家林业和草原局关于切实加强秋冬季候鸟等野生动物保护工作的通知〉的函》，要求做好秋冬季候鸟等野生动物保护工作，确保候鸟迁徙安全。

10月21日 办党组书记、专员李军带队对安徽省砀山通用机场建设使用林地项目开展行政许可监督检查。

11月4日 办党组书记、专员李军赴马鞍山市出席2021年以“湿地与碳汇”为主题的“安徽湿地日”系列活动并讲话。

11月10日 办党组书记、专员李军带领全体班子成员和各处负责人赴安徽省宣城市对林业改革发展综合试点工作进行调研督导。

11月23日 办党组书记、专员李军带队督导安徽省铜陵市林长制改革等林草重点工作。

11月25日 办党组成员、副专员潘虹出席安徽省重大林业有害生物防治指挥部在黄山市歙县举办的松材线虫病疫情灾害防治应急演练暨松材线虫病疫情防控五年攻坚行动部署会。

12月15日 办党组书记、专员李军带队，向安徽省林业局反馈2021年森林资源监督检查情况，并进行沟通交流。

12月15~19日 办党组成员、副专员张旗带队，联合国家林草局动植物司、动物保护中心及安徽省林业局、省文旅厅等组成调研组，对宿州市马戏团虎人工繁育与展演利用情况开展调研。

12月16~17日 办党组书记、专员李军带队赴安徽省池州市督导2020年长江经济带生态环境警示片披露的大历山省级风景名胜区生态环境破坏问题整改情况并调研指导升金湖国家级自然保护区越冬候鸟保护工作。

12月17日 办党组书记、专员李军带队赴山东省济宁市和淄博市开展林草重点工作调研督导。

12月21日 办党组书记、专员李军带队赴济南，向山东省自然资源厅(省林业局)反馈2021年森林资源监督检查情况，并进行沟通交流。

12月23日 与安徽省公安厅联合下发《国家林业和草原局驻合肥森林资源监督专员办事处与安徽省公安厅打击涉林违法犯罪工作协作配合办法(试行)》。

12月28日 安徽省直机关妇女工作委员会下发通报，国家林草局驻合肥专员办综合管理处获“巾帼文明岗”荣誉称号。

(合肥专员办由夏倩供稿)

乌鲁木齐专员办(濒管办)工作

【综　述】 2021年，乌鲁木齐专员办认真落实国家林草局党组“1+N”工作机制，按照“讲政治、守纪律、负责任、有效率”要求，全面加强党的建设，围绕核心职能，落实重点工作，强化林草资源监督，健全完善工作机制，加强队伍建设，较好完成各项工作任务。

【林草资源监督】

林草案件督办 以打击毁林专项行动督导和森林督查为契机，指导地方建立涉林案件数据库，及时将2433个问题推送基层自查整改。督促监督区全面压实整改责任，新疆维吾尔自治区以林长制领导小组办公室名义将219个森林督查未整改到位问题发地(州、市)级林长，新疆生产建设兵团副司令员专门召开兵团、师(市)、团场涉林草行业发现问题整改推进电视电话会议，确保整改到位。全年共督办案件647起，其中梳理出149个重点案件直接挂牌督办，挂图作战、办结销号，销号率超过80%，做到一案一卷电子化管理，可追溯、可查询。办党组高度重视国家林草局通报和挂牌督办案件，主要领导分别约谈乌鲁木齐市、兵团第八师分管领导和相关区县、团主要领导，全年共约谈(面谈)30批次80人次，其中厅级干部11人次、处级干部50人次。沙雅县、兵团145团毁林开垦林地已收回，3名涉案人员刑事立案并移送检察机关审查起诉，纪检监察部门启动了问责程序，对25名干部进行了问责，起到了查处一案、教育一片的作用。对第八师案件多发频发问题，按照行政监督与纪检监察监督衔接贯通机制，报国家林草局。

重点工作督导 将监督区林长制实施情况纳入督查工作范畴，及时掌握情况，推动林长制全面落实，截至2021年底，新疆维吾尔自治区和新疆兵团已全面建立林长制体系并印发省级实施意见，新疆维吾尔自治区党委组织部将林长制建立纳入2021年绩效考核。及时跟进督查监督区森林草原防灭火工作落实情况，办党组成员带队赴高风险地（州、市）和国有林管理局开展实地督导。监督区全年共发生一般火灾10起，受害面积9公顷，无人员伤亡，其中新疆维吾尔自治区火灾发生次数、过火面积、受害面积分别下降50%、92%、92%。指导督促监督区开展松材线虫病预防监测，实地督导天山东部国有林区松材线虫病秋季普查工作，全年未发现松材线虫病。

自然保护地监管 组织专家、技术人员对卡拉麦里山自然保护区整改情况进行现地核验。完成巴音布鲁克自然保护区未批先建问题督办整改，违建设施已拆除，地质恢复已基本完成。抽查核实2021年国家级自然保护区人类活动坐标点位，对发现问题及时跟踪。专门向新疆维吾尔自治区党委、政府分管领导反映建设国家公园的重要性，争取重视和支持。

行政许可审核审批监管和检查 履行国家林草局许可委托工作监管职能，开展专题调研，建立监管机制。开展林地、草原行政许可检查，发现违法占用草原3起800公顷，通报相关地（州、市）人民政府查处整改。针对交通建设项目违法占用林地草原问题多发频发的情况，联合新疆维吾尔自治区林草局和兵团林草局，汇编《建设项目使用林地、草原审核审批管理规定》，与新疆维吾尔自治区交通厅联合下发，在全区交通系统规范工程建设项目使用林地草原工作。

监督协作机制 与新疆维吾尔自治区纪委监委建立贯通协作机制，推动执纪问责到位。与新疆维吾尔自治区检察院重签合作协议，挂牌重点案件由省级检察院立案监督，共同督办，极大减少了地方行政干预。与审计厅签署协议，将挂牌督办案件纳入自然资源资产离任审计。深化与国家林草局西北院的合作，实现优势互补。2021年挂牌督办新疆维吾尔自治区的129起案件线索已全部移交公安、检察机关，公安机关立案26起，检察院作出检察意见19起，联合新疆维吾尔自治区森林公安局对S21公路建设违法侵占林草地问题联合进行现地督办。

【野生动植物保护】 春秋两季深入野生动物栖息地和候鸟迁徙停歇地，实地督导野生动物保护工作。会同新疆维吾尔自治区林草局、市场监督管理局、农业农村厅、公安厅联合开展"清风行动"，严厉打击乱捕滥猎野生动物违法行为。督导新疆维吾尔自治区和兵团开展野生动物收容救护排查整治工作。组织开展乌市非法交易野生鸟类调查。对群众举报杀害野生动物案件全过程督办，并妥善处理舆情。

【推进依法行政】 充分发挥党组在推进本单位法治建设中的领导核心作用，严格督促领导班子和处室负责人依法办事。坚持理论中心组带头示范，专题学习研讨习近平法治思想、习近平总书记关于法治建设的重要指示精神、党章、党内法规条例、监察法及实施条例、林草领域法律法规等内容，组织干部利用网络学法用法平台自觉学习法律知识，做到知法守法、依法履职。加大普法宣传工作力度。结合"普法宣传月""爱鸟周""世界野生动植物日"等活动多形式开展普法宣传。健全监督合作机制，先后与新疆维吾尔自治区纪委监委、公安厅、检察院、审计厅建立贯通协作机制，强化行刑衔接，形成全方位打击涉林草违法行为强大合力。

【驻村与民族团结】 认真落实新时代党的治疆方略，按照新疆维吾尔自治区党委统一部署，下派干部到南疆驻村，开展访民情、惠民生、聚民心及乡村振兴工作。全办干部与不同民族困难群众结对认亲，与亲戚同吃同住同学习同劳动，宣传党的路线方针政策，帮助解决实际困难。

【大事记】

1月20~22日 组织专家、技术人员对卡拉麦里山自然保护区整改情况进行现地核验。

3月19日 分别向新疆维吾尔自治区人民政府和新疆生产建设兵团报送2020年度森林资源管理情况监督报告。

4月23日 人事司宣布郑重任国家林业和草原局驻乌鲁木齐森林资源监督专员办事处（中华人民共和国濒危物种进出口管理办公室乌鲁木齐办事处）专员（主任）、党组书记。

4月23~28日 深入叶尔羌河和塔里木河流域天然胡杨林区，开展森林草原防火包片蹲点督导检查工作。

4月 李道泽被评为新疆维吾尔自治区优秀党员。

5月22日 资源和林政监管处被评为新疆维吾尔自治区脱贫攻坚先进集体，连永军被评为脱贫攻坚先进个人。

5月24日 参加新疆天山东部国有林管理局、乌鲁木齐县森林草原防扑火区域联动实战演练。

5月25~28日 赴塔城地区、兵团第九师、阿勒泰地区、阿尔泰山国有林管理局督导森林草原防灭火工作、全国打击毁林专项行动推进情况，调研林长制建立等工作。

6月2~3日 赴天山东部国有林管理局玛纳斯南山分局、昌吉回族自治州呼图壁县和昌吉市督导森林草原防灭火工作、全国打击毁林专项行动推进情况，调研林长制建立等工作。

6月11日 与新疆维吾尔自治区人民检察院乌鲁木齐铁路运输分院建立协作配合工作机制，签署《关于建立合作机制的意见》。

6月15日 赴喀纳斯国家级自然保护区，开展建设项目占用林地行政许可检查，督导森林草原防火工作。

6月29日 与新疆维吾尔自治区审计厅签署《关于加强自然资源资产保护管理工作的机制》，将挂牌督办案件纳入自然资源资产离任审计。

6月29日 综合处及王涛被中共新疆维吾尔自治

区委员会直属机关工作委员会分别授予新疆维吾尔自治区直属机关创建模范机关先进单位及优秀党务工作者称号。

6月30日 与新疆维吾尔自治区人民检察院签署《新疆维吾尔自治区人民检察院、国家林业和草原局驻乌鲁木齐专员办关于建立合作机制的意见》，联合打击涉林草违法犯罪，并探索建立“林长+检察长”机制。

7月12~17日 对新疆维吾尔自治区和新疆生产建设兵团“十三五”期间防沙治沙目标责任制完成情况进行考核。

7月25日 国家林草局副局长李树铭一行到乌鲁木齐专员办调研指导工作。

7月26日 阿勒泰地区行署专员、自治区交通厅厅长带队，赴乌鲁木齐专员办专题汇报S21阿乌高速违法占用草原问题整改工作。

8月11~13日 会同新疆维吾尔自治区交通厅、公安厅、林草局赴阿勒泰地区对行政许可检查中发现的违法使用林(草)地问题进行现地督办。

8月13日 确定2021年度148件重点挂牌督办案件。

8月19日 将2021年重点挂牌督办案件线索分别移送新疆维吾尔自治区检察院、公安厅和审计厅。

8月24日 哈密市副市长带队，赴乌鲁木齐专员办专题汇报G575高速公路建设违法占用草地问题整改工作。

8月24~25日 赴新疆维吾尔自治区林草局和兵团林草局，督导打击毁林专项行动、森林督查、林长制推进、松材线虫病防控以及违建别墅清理整顿等工作。

8月31日至9月3日 赴喀什、克孜勒苏柯尔克孜自治州和兵团第三师，调研督导林长制建立、打击毁林专项行动和森林督查等工作。

9月7~9日 赴塔城地区塔城市、额敏县调研督导打击毁林专项行动和森林督查工作。

9月7~10日 赴巴音郭楞蒙古自治州库尔勒、尉犁、和硕等县(市)调研督导林长制建立、打击毁林专项行动和森林督查等工作。

9月22~23日 对国家林草局通报的2020年森林督查破坏森林资源问题，分别约谈了乌鲁木齐市分管领导，市林草局、水磨沟区、达坂城区人民政府主要领导。

10月26日 根据国家林草局通报挂牌督办28起破坏森林资源重点案件情况，约谈兵团第八师，要求严格按照“三到位”要求，依法查处整改。

11月3~10日 检查发现乌鲁木齐市沙依巴克区大量违法侵占林地问题，并向乌鲁木齐市政府发函督办。

11月15日 约谈沙雅县政府主要领导，督促查处、整改该县罗某毁林开垦等问题。

11月29日 联合新疆维吾尔自治区林草局和兵团林草局，整理汇编建设项目使用林草地审核审批管理规定，与新疆维吾尔自治区交通厅联合下发。

12月28日 听取兵团林草局年度工作汇报，并对全面推行林长制、林草资源保护管理、打击毁林专项行动和森林督查等工作提出要求。

12月30日 督导新疆维吾尔自治区林草局和兵团林草局打击毁林专项行动、森林督查和违建别墅清理工作，检查打击毁林专项行动、森林督查问题整改情况。

(乌鲁木齐专员办由连永军供稿)

上海专员办(濒管办)工作

【综 述】 2021年，上海专员办以习近平新时代中国特色社会主义思想为指导，贯彻落实党的十九大和十九届历次全会精神，履职尽责、担当作为，团结带领全办干部职工圆满完成了全年目标任务。

【森林资源监督管理】

督查督办破坏森林资源案件 2021年共督办破坏森林资源案件179起(国家林草局交办8起，监督检查发现167起，信访案件4起)。其中：涉刑事案件19起，行政案件160起。涉案林地面积559.47公顷，蓄积量1227.64立方米。刑事移送38人，行政问责129人，行政处罚630人，罚款2215.1万元。约谈市、县人民政府6次、18人，跟踪督办中央环保督察转办案件并及时销号。

森林督查 开展打击毁林专项行动，全过程督导监督区2013~2021年3799起毁林案件，已查处整改3349起。跟踪2020年森林督查发现问题查处整改情况“回头看”，核查案件28起。抽取监督区10个县(市、区)开展森林督查，共核查问题图斑132个，查实违法违规使用林地图斑30个，林地面积41.01公顷；违法采伐图斑5个，蓄积量711.55立方米。对8个建设项目使用林地行政许可开展检查。

专项检查 开展松材线虫病疫情防控、林草防火包片蹲点督导工作，及时送达松材线虫病工作通报，督导苏浙17个县(市、区)松材线虫病疫情防控工作，沪苏浙39个县(市、区)森林草原防火工作，累计下发问题清单33份，指出存在问题80个。赴苏浙4个国家湿地公园，督导2021年第二批国家湿地公园疑似违建问题整改情况，核查7个点位，督促拆除违法建筑3处。加强野生动物保护管理工作，开展“清风行动”，督办野生动物案件3起，及时处置金钱豹出逃、售卖野味、“貉扰民”等各类舆情。

督导推进林长制工作 2月，赴安徽省调研开展林长制工作情况及经验做法，向国家林草局领导提交调研报告。在监督区16个地市开展建立林长制督导。截至2021年底，上海市建立了市、区、街镇三级林长体系；江苏、浙江两省全面建成五级林长体系，浙江省全部建立了“林长+警长”工作体系。向沪苏浙三省(市)人民政府提交2020年度林业资源监督情况通报。向局党组报送监督区2020年度监督报告。

【濒危物种进出口管理】

濒危物种进出口行政许可 2021年共办理两类四种证书28 999份，同比增长51.4%，涉及总贸易额140.5亿元。其中：允许进出口证明书16 203份，同比增长52.7%；物种证明9707份，同比增长61.5%。全部办证严格控制在5个工作日内完成。全力服务保障第四届进博会，上海市进博服务保障领导小组办公室、中国进博局发来感谢信。

履约宣传 开展“爱鸟周”“世界野生动植物日”主题宣传活动，利用五大国际机场濒危物种实物宣传展柜和三处宣教基地开展履约宣传。开展“濒危物种宣传进校园”主题活动。与上海海关开展专项工作交流，为上海海关、宁波海关和贵阳专员办培训班授课。

【大事记】

1月6日 督导浙江省宁波市、慈溪市城区周边森林防火督查工作。

1月7日 督导浙江省杭州湾国家湿地公园野生动物疫源疫病监测防控工作。

1月13日 督查浙江省钱江源国家公园、开化市林场、齐溪镇等地森林草原防火工作。

1月27日 分别向上海市、江苏省、浙江省人民政府发出2020年度林草资源监督通报。

2月23~25日 到安徽省池州市青阳县、黄山市调研林长制工作情况。

3月3日 与浙江省林业局联合开展世界野生动植物日宣传活动。

3月17日 上海专员办取得单位更名后的中央编办颁发的统一社会信用代码证书。

3月23日 赴上海临港新片区，现地督办南汇东滩“退湿造林”信访事件后续整改工作，上海市林业局派人参加。

3月24日 联合上海市林业局在上海市嘉定区开展“清风行动”。

3月29日至4月1日 赴江苏省南京市溧水区、六合区，浙江省台州市椒江区、玉环市、温岭市，开展打击毁林专项行动督导、森林督查及森林草原防火专项督查。

4月2日 赴上海市松江林场检查重点林区森林草原防火工作。

4月6~7日 对浙江省青田县森林草原防火工作开展专项督查。

4月11日 联合上海市绿容局(市林业局)在上海市闵行区吴泾镇举行第40届上海市“爱鸟周”启动仪式。

4月12~16日 赴江苏省徐州市邳州市、镇江市、常州市溧阳市开展打击毁林专项行动督导及森林草原防火专项督查。

4月15~16日 赴上海市松江区开展打击毁林专项行动督导及森林防火督查。

4月21~22日 先后参加江苏省、南京市“爱鸟周”活动启动仪式。

4月21~24日 赴江苏省苏州市吴中区、常熟市，无锡市宜兴市开展森林草原防火包片蹲点工作。

5月8日 督导浙江省杭州野生动物园“金钱豹”出逃处置工作。

5月10~15日 赴浙江省杭州市富阳区、文成县、乐清市开展打击毁林专项行动、森林督查、案件查处和森林草原防火督查。

5月11~12日 赴上海市奉贤区和闵行区对破坏森林资源案件开展现地督办。

5月26日 在浙江省龙游县召开胡金花信访举报问题调查反馈会。

5月31日 就浙江省东阳市佐村镇大龙山公司影视基地开发过程中破坏森林资源问题约谈东阳市林业局负责人。

6月1日 在上海市青浦区实验小学开展保护野生动植物进校园活动。

6月10日 联合上海市林业局、野保中心对上海动物园、上海野生动物园收容救护野生动物工作开展现场检查。

6月25~26日 赴浙江省杭州市吴山、风起花鸟市场，绍兴市塔山文化广场，诸暨市白塔湖等地开展候鸟等野生动物保护管理及执法情况检查。

7月8日 赴浙江省绍兴市越城区督办鹭鸟死亡案件。

8月26日 浙江省林业局、丽水市林业局、青田县委领导到上海专员办汇报毁林开垦查处整改情况。

9月15~18日 赴浙江省泰顺县开展建设项目使用林地行政许可检查、林长制、松材线虫病疫情防控工作督导。

10月11~16日 赴浙江省庆元县、桐庐县开展建设项目使用林地行政许可检查、林长制、松材线虫病疫情防控工作督导。

10月13~15日 赴江苏省连云港市连云区开展案件督办、建设项目使用林地行政许可检查、林长制推进工作督导。

10月15日 在外高桥办公点召开第四届进博会濒危物种办证工作座谈会。

11月2~3日 赴浙江省青田县督办国家林草局挂牌案件。

11月4日 赴浙江省嘉兴市督导野生动物保护执法工作。

11月5日 赴浙江省杭州市临安区督办舆情反映该区市场非法捕杀、交易、食用野生动物问题。

11月5~11日 派员进驻第四届进博会展馆开展现场巡查。

11月8~12日 督办浙江省宁波市鄞州区五乡镇公墓建设破坏森林资源案件；督导检查余姚市、柯桥区打击毁林专项行动、森林督查、森林草原防火及松材线虫病防治工作。

11月12~13日 赴浙江省嵊州市督办国家林草局挂牌案件。

11月15~18日 赴浙江省三门县督导检查打击毁林专项行动、森林督查、森林草原防火及松材线虫病防治工作。

11 月 15~17 日 赴江苏省潘安湖、长广溪、蠡湖国家湿地公园对疑似违建问题开展督查。

11 月 18~19 日 赴江苏省南京市六合区督办国家林草局挂牌案件。

11 月 22~23 日 联合浙江省林业局对浙江省杭州湾国家湿地公园疑似违建问题核查整改工作情况进行督导。

12 月 1~3 日 赴浙江省青田县对国家林草局通报青田县土地整理违法占用林地问题查处整改情况开展验收。

12 月 23~24 日 派员赴江苏省射阳县对非法猎捕、收购、出售野生动物案件开展现地督办。

12 月 27 日 就江苏省射阳县存在的非法猎捕、收购、出售野生动物问题约谈射阳县政府领导及相关部门负责人。 （上海专员办由沈影峰供稿）

北京专员办（濒管办）工作

【综　述】 2021 年，北京专员办（濒管办北京办事处）践行“绿水青山就是金山银山”理念，扎实开展党史学习教育，切实履行林草资源监督和野生动植物进出口管理职责，圆满完成全年工作任务。

【案件督查督办】 2021 年，共督办涉林案件 367 件，涉及违法侵占林地 1032.31 公顷，毁坏林木 2561.49 立方米，办结 345 件，其中行政立案 220 件，刑事立案 125 件，收回林地 741.47 公顷。严查河北察汗淖尔国家湿地公园违建光伏项目，责令拆除违建设施、恢复原状。针对属地人民政府对问责处理不到位等问题，专门下发督办意见，要求严肃处理相关责任人，当地纪检监察部门免去时任察汗淖尔国家湿地公园主要负责人职务，并立案调查。对 2020 年中央环保督察转交的 15 个案件，全部按照“案件查处到位、林地回收到位、追责问责到位”要求，逐个梳理，对账销号，督办到位，不留死角。在国家林草局挂牌督办 2 起重点案件的基础上，与北京市、河北省、山西省林草主管部门共同挂牌督办 10 起破坏林草资源案件，重点督办了北京密云、通州，河北宽城、峰峰矿区，山西陵川、沁源、繁峙、代县和太岳林管局等一批案件。完成了 2020 年国家林草局挂牌督办山西孝义、交口破坏森林资源问题整改情况验收工作。强化案件剖析，编写了《北京专员办 2020 年督查督办案件统计与分析》。

【督导监督区全面推行林长制】 落实《国家林草局贯彻落实〈全面推行林长制〉实施方案》要求，督导京津冀晋四省（市）2021 年底前完成各级林长制建立的工作目标，制订《北京专员办推进监督区林长制建设督导工作方案》，采取“月调度”机制强化日常督导。2021 年共完成 6~11 月六期监督区林长制督导情况月报，并专报国家林草局林长制办公室。结合案件督查督办、行政许可检查、防火包片蹲点等工作，实地了解林长制建立情况，同步进行督导。2021 年初，组织监督区四省（市）林草主管部门人员前往江西省调研学习，与江西省的省、市、县、乡（镇）、村五级林长办和当地林草干部职工进行座谈交流，为监督区林长制建立提供了借鉴。

【打击毁林专项行动督导】 按照《国家林草局关于开展打击毁林专项行动的通知》要求，第一时间制订了《北京专员办关于开展打击毁林专项行动的督导工作方案》，聚焦图斑变化、重点区域、大案要案、纠正出台违规文件等方面进行月调度、季总结，并参加北京市打击毁林专项行动启动工作会议，提出了明确要求和建议。因疫情防控和为基层减负需要，对北京市、天津市打击毁林专项行动由下沉式督导改为书面检查，共组织召开座谈会 2 次，问题整改汇报会 6 次，现地核查问题点位 2 次。

【常规检查】 制订了《北京专员办 2021 年度建设项目使用林地及在国家级自然保护区建设项目行政许可抽查工作方案》，成立 3 个检查组分别赴北京市、河北省、山西省，对 9 个行政许可项目的使用林地、林木采伐和植被恢复情况等进行现场检查。发现 3 个项目存在滥伐林木行为，已全部列入督办案件范围。以书面检查形式，对北京房山、天津武清开展森林督查。为做好检查准备工作，与国家林草局规划院、西北院等单位业务对接，准确掌握监督区遥感判读森林资源图斑变化情况，围绕林草数据与“三调”数据衔接等相关问题开展交流研讨。

【监督林草防火和松材线虫防治】 认真贯彻落实全国森林草原防灭火工作电视电话会议精神，重点做好春季森林草原防火和保障冬奥会赛区森林草原防火监督工作，共开展 11 次森林草原防火检查，检查重点区域 55 个，发现反馈问题 11 个，已全部整改到位。截至 2021 年底，京津冀晋四省（市）均无松材线虫病疫区，有重点预防区 127 个、一般预防区 95 个。聚焦冬奥会等重大任务，会同国家林草局生态司赴河北崇礼、北京延庆就林业有害生物预防及冬奥场馆周边绿化等情况开展调研，全力做好日常预防监督工作。

【发挥派驻机构的监督作用】 向监督区四省（市）人民政府提交了《2020 年林草工作监督通报》，提出针对性监督建议。组织召开与监督区四省（市）林草主管部门第八次联席会议，交流沟通并分析总结了各省（市）林长制建立、监督通报反馈问题整改、督办案件办结等情况，并将会议情况专报国家林草局领导。在联席会议、联合查办、明察暗访等工作机制的基础上，研究制定了《北京专员办约谈办法》。加强自然资源领域监督联动，与国家自然资源督察北京局开展座谈交流，共同研究涉及土地、林草问题线索移交，自然资源领域重大案件督查督办联动机制设立，督查成果运用等事项。

【野生动植物保护监管和进出口许可服务】 认真开展“清风行动”督导，专项检查京津冀重点区域的野生动物收容救护点、鸟市等场所，明察暗访重点县区8个，位点40余处，发现问题19个，全部反馈责令整改。对乱捕滥猎和非法出售、收购野生鸟类案件进行现地督办，重点查办了河北昌黎县、廊坊安次区非法猎捕鸟类，石家庄供电段干扰野生动物繁衍等案件和问题线索。督导河北、山西林草主管部门做好野猪危害防控和种群调控试点工作。全年共核发野生动植物及其制品进出口许可证书3546份，贸易额20.8亿元。进一步加强源头审核，在办理物种证明时，以向来源地发函确认、补正材料或撤销申请等方式，严格把关审核材料，先后对3家进出口企业提交材料的真实性提出质疑。强化服务意识，及时解答办证企业政策诉求。

【制度保障和机关管理】 进一步完善各项制度，成立工作专班召开3次会议专题研究制度修订工作，针对现有33项制度，提出修改意见20余条。全力推动“无纸化”办公，充分利用现有设备推行使用网上办公系统，已实现公文内网流转全覆盖。完成了北京市社保参保前期各项工作，全办干部职工已从2021年7月起正式参保。

【大事记】

1月27日 召开办务会，专项部署督导监督区野生动物禁食后续转产转型摸底调查工作。

2月8~10日 专员苏祖云带队赴山西省和顺县，对《经济参考报》报道山西省煤炭运销集团和顺鸿润煤业有限公司盗采煤炭资源毁林问题进行现地调查核实。

2月24日 向国家林草局和监督区四省(市)人民政府提交2020年度林草工作监督通报。

3月1~4日 对河北省平山县冶河湿地、海兴县杨埕水库湿地春季候鸟保护工作开展明察暗访。

3月5~11日 国家林草局防火司、北京专员办联合组成专项督查工作组，由专员苏祖云带队，对山西省森林草原防火工作开展督导检查。

3月11日 组成检查组赴山西省孝义市、交口县，对2市县落实挂牌督办问题整改工作进行检查验收。

3月22~27日 组织北京市、天津市、河北省、山西省林草主管部门分管负责人及相关处室人员，赴江西省调研学习林长制建立及禁食野生动物后续工作。

4月13日 组织召开与河北、山西林草主管部门第八次联席会。专员苏祖云出席并讲话，两省林业和草原主管部门分管领导，资源管理、野生动植物保护、湿地管理、森林防火、行政执法等部门负责人，山西吕梁市、河北平山县政府负责人和北京专员办班子成员、各处负责人参加会议。

4月20日 组织召开与北京、天津林草主管部门第八次联席会。专员苏祖云出席并讲话，两市林业和草原主管部门分管领导，资源管理、野生动植物保护、湿地管理、森林防火、行政执法等部门负责人，北京延庆区、天津蓟州区政府负责人和北京专员办班子成员、各处负责人参加会议。

4月28~30日 副专员钱能志及相关人员参加国家林草局森林草原防火包片蹲点工作组，对天津市宝坻区新开口镇、青龙湾自然保护区，蓟州区官庄镇、下营镇、盘山风景区、梨木台风景区等单位的森林草原防火工作进行督导检查。

5月8日 组织开展业务专题讲座，邀请碳汇基金会副理事长、秘书长刘家顺以“碳中和背景下林草应对气候变化行动”为主题，围绕党中央总体部署、碳达峰和碳中和的实现路径、林草应对气候变化行动与展望、碳汇项目开发、科学经营林草生态系统5个方面内容进行讲解。

5月17~22日 副专员钱能志及相关人员参加国家林草局森林草原防火包片蹲点工作组，对山西省忻州市五台县、代县，朔州市平鲁区、右玉县以及山西省直五台林管局、杨树林管局等单位的森林防火工作进行了督导检查。

6月1日 副专员钱能志及相关处室人员参加森林草原包片蹲点工作总结视频会。

6月8~17日 派员赴山西沁源县，对媒体反映破坏森林资源问题进行现地督查。

7月5~9日 派员赴山西省繁峙、代县，现地督查媒体反映破坏森林资源问题。

7月7日 专员苏祖云、副专员闫春丽及相关处室人员督导天津市蓟州区林长制建立工作。

7月27日 副专员闫春丽主持召开征询企业意见座谈会，邀请中艺编织品进出口有限公司、中国民航技术装备有限责任公司、中国乡镇企业有限公司、天津盛实百草药业有限公司、河北省霸州超拨乐器有限公司5家企业，就办理濒危物种进出口证明书事宜征询意见建议。

8月19日 国家林草局局长关志鸥听取派驻机构工作汇报，专员刘克勇参加会议并代表北京专员办汇报。

9月7~16日 派员赴山西省沁水、垣曲、河曲等县开展林地征占用行政许可检查。

9月8~17日 组成检查组对河北省隆化县县道宁石线栾家湾至承围公路段三级公路改建工程、河北抚宁抽水蓄能电站、新建天津至北京大兴国际机场铁路3个建设项目使用林地情况开展检查。

9月23日 党组书记、专员刘克勇主持召开业务工作专题会议，研究近期行政许可检查、松材线虫监督、野生动植物进出口相关许可试点改革等工作，部署做好下半年各项业务工作。

9月24日 专员刘克勇、副专员钱能志及相关处室人员听取河北省邯郸市峰峰矿区政府主要负责人关于国家林草局通报的森林督查核查有关问题整改情况的汇报。

9月28~30日 副专员钱能志及案件处相关人员赴河北省唐山市迁西县，督办中央环保督察通报的河北金厂峪金矿有限责任公司违法占用林地案。

10月12日 专员刘克勇参加国家林草局副局长李

树铭主持的专题会，听取承德市政府分管领导、宽城县党委主要负责人关于国家林草局挂牌督办宽城县兆兴灰石有限公司采矿违法占用林地问题整改情况的汇报。

10月21日 与北京海关召开工作座谈交流会，共同研讨协商政策执行、执法协作、疑难解答等方面内容。

11月10~11日 副专员钱能志带队对北京市密云区、通州区挂牌督办案件进行现地核查。

11月25日 专员刘克勇、副专员钱能志及相关处室人员，赴河北省承德市宽城县现地核查国家林草局挂牌督办的兆兴灰石有限公司违法占用林地案查处情况。

（北京专员办由于伯康供稿）

林草社会团体

26

中国绿化基金会

【综　述】 2021年，中国绿化基金会（以下简称基金会）突出主责主业，聚焦林草中心任务，从党的建设、募资机制、创新格局、内部治理上持续发力，统筹推进重点品牌项目建设。全年募资4.97亿元，达基金会历史最高水平。全年完成植树造林9571.87万株，较上年增长27.14%；造林面积5.73万公顷，较上年增长12.86%。在国土绿化、物种保护、生态科普、生态富农等领域迈出坚实步伐，各项工作成效显著，推动基金会发展行稳致远，为生态文明建设作出新贡献。

【大众汽车集团（中国）公益林项目】 4月1日，大众汽车集团（中国）公益林项目启动仪式在甘肃省武威市举行，中国绿化基金会主席陈述贤出席启动仪式并致贺词。9月17日，绿带行动——大众汽车集团（中国）公益林项目立牌活动在武威市古浪县黄花滩生态移民区举行。同期，大众汽车集团（中国）公关、传播及企业社会责任部医疗总监Alex Govender博士为古浪县西靖镇卫生院的30余名医护人员开展了急救医疗培训，捐赠医疗急救箱50个。2021年，大众汽车集团（中国）公益林项目在古浪县种植沙枣、白榆、柠条、花棒共85.128万株，完成人工治沙造林400公顷，项目通过独立第三方的核查验收，已进入后期管护抚育阶段。

【“我有一片胡杨林”华为公益林项目】 4月8日，“我有一片胡杨林”华为公益林项目在甘肃省金塔县启动，中国绿化基金会联合各方，将5万株胡杨栽植于“一带一路”沿线沙漠绿色明珠金塔县，为荒漠绿洲生态系统建设贡献力量。为扩大项目影响力，通过华为钱包、华为运动、华为官网等华为手机应用软件号召华为手机用户参与“我有一片胡杨林”华为公益林项目，并在华为手机内置胡杨公益卡片、胡杨主题壁纸等元素，为项目宣传助力。

【庆祝建党100周年井冈山纪念林植树活动】 4月22日，在第52个世界地球日之际，中国绿化基金会携手大自然家居走进井冈山，并联合江西省绿化委员会举办庆祝中国共产党成立100周年井冈山纪念林植树活动，中国绿化基金会主席陈述贤出席活动并致辞。本次活动由中国绿化基金会公益合作伙伴大自然家居（中国）有限公司捐助支持，是其“中国绿色版图工程”的重要组成部分，2021年种植泓森槐、银杏、楠木等共计13 154株、4.72公顷。活动期间，陈述贤率领植树团成员专程慰问了在井冈山革命斗争中作出突出贡献的无产阶级革命家曾志、革命烈士王佐、袁文才的后代，赴井冈山烈士陵园祭奠革命先烈，重温井冈山斗争的光辉岁月和伟大的井冈山精神。

4月22日，中国绿化基金会主席陈述贤（右二）在江西省井冈山市参加中国共产党成立100周年井冈山纪念林植树活动（中国绿化基金会　供图）

【雪豹守护行动项目】 2021年4月，中国绿化基金会分别与北京市海淀区山水自然保护中心、中国科学院动物研究所和迪庆藏族自治州哈巴雪山省级自然保护区管护局3家实施单位签署雪豹守护行动项目实施协议。有序开展雪豹栖息地植被恢复方案制订、牧民巡护员培训与自然体验、雪豹栖息地及周边区域环境状况的调查监测、雪豹及伴生动物重要疫病的主动监测、威胁野生雪豹种群健康因素的量化评估等方面相关工作。同时，在迪庆藏族自治州哈巴雪山省级自然保护区建立以自组网传输网络为基础的实时监测系统，实现了覆盖兽类、鸟类和物候监测等的生物多样性自动化实时监测。

【森林生态康养基金专项】 2021年5月，森林生态康养基金专项在新疆维吾尔自治区阿勒泰地区开展新疆蒙新河狸保护项目，种植灌木柳20 000丛，为河狸提供食物，并在富蕴县建造蒙新河狸自然教育基地。同时，于8月在全国启动为期12期的森林康养基地微型急救站自动体外除颤仪（AED）宣传培训活动，并编制森林康养基地应急急救标准和服务规范。

【获自然资源部“先进基层党组织”称号】 6月28日，国家林业和草原局召开“两优一先”表彰大会，中国绿化基金会党支部书记陈蓬荣获局“优秀党务工作者”称号，中国绿化基金会办公室党支部获“先进基层党组织”称号，后又被自然资源部评为“先进基层党组织”。

【“海峡两岸青年共护同根源”交流活动】 7月17日，中国绿化基金会与中华全国台湾同胞联谊会共同开展“海峡两岸青年共护同根源”交流活动。本次活动是两家联合举办海峡两岸青年交流活动的第二站，45名台湾青年和大陆志愿者代表在鄂尔多斯野生动物园学习交流生物多样性保护相关知识。活动强化了两岸青年对人与自然和谐共生的理解，增强青年一代对两岸人民同根同源的认知，带动社会各界关注和支持生态文明建设。

【出席2021服贸会“国际国内碳市场与碳汇经济”专题会议】 9月7日，在2021服贸会期间，由国际绿色经济协会主办的“国际国内碳市场与碳汇经济”专题会议在国家会议中心举行。中国绿化基金会副主席兼秘书长陈蓬受邀出席专题会议，并作主题为“生态系统碳汇助力碳达峰碳中和”的专题演讲。

【获国家林草局“乡村振兴与定点帮扶工作突出贡献单位”称号】 9月7日，国家林业和草原局乡村振兴与定点帮扶工作领导小组办公室在北京举行林业草原生态帮扶专项基金捐赠授牌仪式。国家林业和草原局党组成员、副局长李春良出席仪式并讲话，国家林业和草原局总工程师兼规划财务司司长闫振出席仪式，共同授予中国林业科学研究院、国家林业和草原局调查规划设计院、中国绿化基金会等10家单位“乡村振兴与定点帮扶工作突出贡献单位”称号。

【“BMW美丽家园行动”】 11月30日，中国绿化基金会携手宝马(中国)汽车贸易有限公司、华晨宝马汽车有限公司在北京启动“BMW美丽家园行动”公益项目，中国绿化基金会主席陈述贤、辽宁省人民政府副省长姜有为视频致辞，中国绿化基金会副主席兼秘书长陈蓬现场出席启动仪式。“BMW美丽家园行动”将致力于以国家公园为主体的自然保护地体系的生物多样性保护和公众教育，为中国的生物多样性保护和生态文明建设作出贡献。该项目一期(2022年)将捐资支持辽河口国家级自然保护区的生物多样性保护、管护能力提升、公众生物多样性教育、社区宣传以及辽河国家公园创建等方面的工作。

11月30日，中国绿化基金会副主席兼秘书长陈蓬(左一)出席在北京举办的“BMW美丽家园行动”启动仪式(华晨宝马汽车有限公司 供图)

【蚂蚁森林项目】 2021年，蚂蚁森林项目在地方各级林草主管部门的大力支持和统筹协调下，项目实施单位认真组织力量，精心施工，实施效果达到预期目标。项目涉及内蒙古、甘肃、青海、宁夏、陕西、山西6省(区)24个市(盟)50余个县(旗)。中国绿化基金会秉持“用制度管好项目，提升项目管理质量，防范项目管理风险”的理念。上半年，对蚂蚁森林项目管理办法和资金使用办法进行了优化修订，形成正式文件下发各项目省(区)。6月21日在北京召开蚂蚁森林生态修复项目战略研讨会，与会专家、学者围绕蚂蚁森林项目如何做好科学造林、规划部署、提升项目建设质量等方面，建言献策。

【幸福家园项目】 2021年，幸福家园项目共募集资金超过1000万元，援助宁夏回族自治区建档立卡贫困户204户，种植枸杞104万株、315.33公顷。同时在春节、“3·12植树节”“4·22世界地球日”“5·22国际生物多样性日”等重要时间节点在多个平台举办宣传活动，拓宽宣传渠道，提升宣传效果，宣传覆盖群体超5亿人次。

【“互联网+全民义务植树”项目】 2021年，全民义务植树网站访问量达到1808.7万人次，累计发布网络募款项目127个，发放义务植树尽责证书27.2万张、国土绿化荣誉证书7.4万张。同时为配合全民义务植树40周年纪念活动，动员国家林业和草原局机关和在京事业单位干部职工积极参与“我为大熊猫种竹子”“我为长征出发地种棵树”“我为英烈植棵树”等网络植树活动，活动期间共募集资金37.37万元、捐款达3905人次。为推进“互联网+全民义务植树”捐资项目规范发展，制定下发《中国绿化基金会“互联网+全民义务植树”捐资项目管理办法(试行)》，配合全国绿化委员会办公室建立“互联网+全民义务植树”多维服务平台体系，即全民义务植树官方网站、微信公众号、手机应用软件“三位一体”同步运行，扩大用户覆盖面、提升服务精准度。

【“一带一路”胡杨林生态修复计划】 2021年，“一带一路”胡杨林生态修复计划公益项目在“一带一路”沿线内蒙古自治区、新疆维吾尔自治区、甘肃省等地，共计种植以胡杨为主，柽柳、花棒、柠条、旱柳等混交树种24.66万株，造林面积180.78公顷，投入造林资金1273万元。2021年8月，“我有一片胡杨林”项目在苏宁公益支持下，联合线下苏宁易购百货广场全国30家门店发起“胡杨陪你温柔生长”公益活动，该活动参与了南京网信办举办的“2021南京网络公益周”活动，社会反响热烈。

【沙漠生态锁边林造林行动】 2021年，在内蒙古阿拉善左旗项目基地投入593万元，与当地民间组织合作，种植梭梭、花棒、柠条混交林865.53公顷。在甘肃民勤地区投入153万元，种植梭梭218.67公顷，减轻荒漠化对当地人们生存的冲击，并通过在梭梭根部嫁接肉苁蓉等名贵药材，帮助农户增加收入。有效地保护了当地的生态安全。造林完成后，聘请第三方专业机构，完成对沙漠生态锁边林项目2019年春秋季造林和2020年春季造林项目造林成活率验收工作，造林密度符合实施

方案要求，造林成活率达到《造林技术规程》的指标要求。沙漠锁边林行动公益项目获得2021年中国互联网公益峰会年度“活力慈善项目”奖。

【广汽丰田公益基金“云龙天池多重效益森林恢复项目”】 2021年，广汽丰田公益基金“云龙天池多重效益森林恢复项目”入选“COP15生物多样性100+全球典型案例”。在云龙天池国家级自然保护区持续开展火烧迹地科研监测工作的基础上，将云龙模式和保护工作延伸至整个云南省范围，分别在云南香格里格德钦县和普洱孟连县对滇金丝猴、怒江金丝猴、金钱豹、云豹等濒危物种开展空缺调查和保护工作。

【八达岭国际友谊林维护项目】 2021年，对友谊林现有2003年以来采购的部分设施设备进行更新，完善园区消防安全基础设施，开展环境教育项目，在友谊林内以蝴蝶、植物以及鸟类3个监测指标，组织7次科学志愿者监测活动，积极发挥友谊林作为环境教育基地的作用。

【“一平(方)米草原保护计划”项目】 2021年，“一平(方)米草原保护计划”项目在内蒙古自治区乌兰察布及鄂尔多斯两个项目区因地制宜开展项目实施。乌兰察布项目区主要开展现代集团盐碱干湖盆地生态治理与草原修复项目，通过“围封+补播+铺设草帘”等措施，修复退化草原及盐碱盆地66.67公顷；鄂尔多斯项目区采取“密植柠条+撒播草种”灌草结合的方式，修复治理退化草原19公顷。

【肯德基“国家公园自然保护公益行动”项目】 2021年，与百胜(中国)投资有限公司达成肯德基国家公园自然保护公益行动项目合作，内容包括在西双版纳热带雨林国家级自然保护区开展亚洲象保护和热带雨林珍稀植物挂牌认养，在三江源国家公园青海可可西里国家级自然保护区开展藏羚羊救助、白色垃圾清理以及野外生态环境巡护等；并计划以西双版纳热带雨林国家级自然保护区为基础，开展自然教育体验活动。

【与虎豹同行项目】 2021年，按照国家公园的整体布局和相关要求，持续推进东北虎豹及其栖息地生态环境修复，全年募资超过150万元。获“COP15生物多样性100+全球典型案例”。与央视社会与法频道(CCTV-12)、央视新闻频道(CCTV-13)合作，以纪录片的形式、巡护员的视角向观众们展示生态保护、生态田建设、自然教育等项目内容。

【拯救濒危亚洲象保护行动】 2021年，持续开展亚洲象救助中心象舍维修和亚洲象栖息地修复工作，完成象舍维修和栖息地修复一期项目验收工作。项目二期投入43万元，用于西双版纳保护区勐养片区昆满村南洼田地块修复，翻修救助室、隔离室等配套建筑，项目已竣工。

【自然教育科普合作】 2021年，与北京八达岭国有林场达成科学育林和自然教育科普合作。在八达岭国有林场开展科学育林项目，内容包括扩堰、浇水、除草、修枝、涂白、修剪以及修建步道等，为北京爱心人士和爱心企业提供实地体验造林护林工作平台；为八达岭国有林场青龙谷景区开发自然科普解说系统，打造城市自然科普基地，增强民众生态公益保护意识。

【关键节点开展特色宣传和活动】 “3·12植树节”，邀请许凯等12位艺人，在微博发起“木林森森”话题，并线上联动曹操出行、编程猫两家爱心企业，共同倡导公众参与网络植树；与网易游戏合作打造“万木萌芽”绿化公益活动；与腾讯新闻平台、和平精英合作开展腾格里沙漠锁边行动项目推广。“4·22世界地球日”，与中央广播电视台总台音频云听App合作，打造音频项目“地球守护人”，微博话题阅读量2.3亿人次；联合抖音开展“我和地球的约定”话题活动，获得抖音App开机广告位，用户观看热度高，最高达到抖音平台热榜第20位。“6·5世界环境日”，开启斗鱼平台直播，首次连线斗鱼平台直播“种一个快乐星球”，直播现场专家和明星艺人许凯向公众介绍日常碳中和妙招，倡导大家坚持低碳生活12天，充分调动公众参与生态保护公益项目的积极性，微博活动话题76.9万人次，直播1小时130万热度。“6·17世界防治荒漠化和干旱日”，在中国绿化基金会官方抖音账号开设公益摄影讲座，以全新视角、生动故事向公众展现镜头下保护区的大好风光，唤起公众对中国绿化基金会各项目地的保护热情。“8·25全国低碳日”，联合微信支付，开展“碳中和问答”全民科普活动，助力碳中和行动。“99公益日”期间，与腾讯电子签、腾讯公益共同打造“人人都是低碳达人”公益倡导项目，号召网友签署低碳倡议书，近20万网友参与了签署活动，同时腾讯电子签为“种树人的雾霾之战”项目进行配捐。

【与国外民间组织开展生态保护修复合作】 与韩中青少年协会(未来林)签署战略合作协议，约定在2021年至2040年，在中国境内继续围绕防治荒漠化、应对气候变化以及雾霾治理等方面开展造林项目；联合日本绿化沙漠协会共同申请小渊基金项目，在内蒙古阿拉善地区开展防治荒漠化植树造林项目；与美国植树节基金会开展二期合作，在辽宁省营口市盖州市矿洞沟镇苏堡村，种植红松和平榛混交林10.4公顷。

（中国绿化基金会由张桂梅供稿）

中国绿色碳汇基金会

【综　述】 中国绿色碳汇基金会以巡视整改和审计反馈问题整改为契机，狠抓基础建设，着力提升内部管理水平。抢抓碳达峰、碳中和机遇，克服突发疫情和舆情造成的影响，启动实施基金会“十四五”发展战略规划，积极做好林草应对气候变化及林业和草原生态帮扶工作，在资金募集、项目建设、科普宣传、党的建设和内部治理等方面取得了新的成效。2021 年全年共实现收入 7560 万元，支出 4880 万元，创五年来新高，实现了“十四五”良好开局。

【参谋助手】 根据国家林草局林草应对气候变化专班工作部署，在生态司直接指导下，参与起草了《我国林业碳汇交易和碳中和现状》《扎实做好林业应对气候变化工作建议》《林草应对气候变化科普宣传工作方案》；对《碳排放权交易管理暂行办法》《生态系统碳汇能力巩固提升实施方案》《国家适应气候变化战略 2035》《关于财政贯彻新发展理念支持做好碳达峰、碳中和工作的指导意见》等征求意见稿并提出了修改意见；提供了《我国林业碳汇现状和进展》《关于生态系统碳汇有关情况介绍》《基于自然的气候变化解决方案》等工作材料。为内蒙古、河北、吉林、江苏、安徽、江西、海南、四川、云南、青海等省级林草主管部门以及内蒙古大兴安岭林业集团、长白山森工集团、伊春森工集团等单位提供生态系统碳汇相关支持和建议方案。

【桥梁纽带】 联合举办了“生态系统碳汇助力碳中和实现”春季研讨会，梳理了生态系统增汇制约因素，提出相应解决策略，吸引了 1.6 万人线上参与。在北京中国国际服务贸易洽谈会期间，与主办方共同主办了“‘双碳’目标下的社会组织与企业合作论坛”。围绕社会组织与企业如何加强合作推动“双碳”战略目标实现这一主题，从宏观政策、行业发展和企业实践等视角，探讨可行性方案。与会各方共同发起了“打造创新引擎，促进绿色转型，共建零碳中国，争当‘双碳’先锋”的行动倡议，得到了线上线下的积极响应。

【生态帮扶】 积极配合局规财司推动定点帮扶县捐赠资金筹集工作，向局有关直属单位发函启动新一轮捐款，专项基金共募集资金 850 万元。自 2021 年起，基金会将连续 3 年每年捐赠 100 万元。赴荔波县召开项目调研帮扶工作座谈会，实地协调解决项目实施中存在的问题。组织专家组对广西、贵州的 4 个定点帮扶县 2019—2020 年度受资助的 10 个项目开展了检查验收和督导工作，其中 6 个项目通过评审验收，剩余 4 个项目待结项后另行安排验收。向定点帮扶县下发 2021 年项目申报通知，组织开展新项目立项、实施等工作，安排了两个新建项目。

【项目实施】 组织实施蚂蚁森林 2019 年、2020 年合作项目，配合上级开展蚂蚁森林公益造林项目评估调研，及时提交项目规划和实施情况，如实反映项目管理情况。在河北实施了太行山荒山造林项目，在陕西实施了宜君县荒山造林项目、黄河幸福林壶口惠洛沟人工造林项目，开展了 2 个蚂蚁森林公益开放计划项目。在青海、四川、陕西、河北、吉林、云南、江西等省有序开展碳汇、碳中和项目地块储备工作。

开展欧莱雅南涧碳中和林项目实施进度监管；启动汪清大东沟公益保护地项目；推动陵水蓝碳项目完成注册和现场计量工作；推进“加强中国对濒危野生动植物贸易供应链国家的打非能力建设”“以公众参与监测推动打击华南地区野生动物非法贸易”系列项目的实施。

【资金募集】 全年共实现收入 7560 万元。蚂蚁森林实现收入 3691 万元，生态帮扶基金 750 万元，投资保值增值收益 629 万元，申万宏源捐赠 500 万元，老牛生态恢复与保护基金及冬奥碳汇林捐赠 396 万元，高瓴资本捐赠 320 万元，欧莱雅集团捐赠 319 万元，时尚气候创新基金募集 252 万元，李娟个人捐赠 120 万元，中金公益基金会捐赠 100 万元，碳中和促进基金捐赠 100 万元。推动与欧莱雅(中国)有限公司、百胜集团等机构的捐赠对接工作。与中国林产工业协会红木分会、伊春森工集团、中海油、大众中国有限公司、新疆明坤公司等洽谈合作，达成初步捐赠意向。为东方航空、南方航空、工商银行、开发银行、宝马集团、奔驰集团、星巴克、腾讯集团、京东集团、远景集团、高瓴集团、申万宏源、德意志银行、慕尼黑再保险等机构提供林业碳汇及碳中和行动建议和合作方案。

【科普宣传】 加强林草应对气候变化科普宣传工作，起草了《林草应对气候变化科普宣传方案》《科普宣传大纲》，提供了《一张图读懂林草应对气候变化》材料，征集了 10 个林业碳汇产品价值实现典型案例。受邀为长白山森工集团党委理论学习中心组、河北省关注森林暨森林城市建设专题研讨活动、赣州市林业系统、乡村发展基金会农村碳中和论坛举办“碳中和背景下林草应对气候变化”专题讲座。利用基金会宣传平台大力宣传林草应对气候变化国内外动态和新政策、新举措。在世界地球日开展“地球日之夜”公益宣传活动。与野生救援等单位合作发布以健康饮食和减塑为主题的“地球一援”应对气候变化主题宣传片和海报。拯救中国虎基金组织拍摄《野性长白》宣传片，提升了传播与宣传效果。自然生态专项组织开展 2021～2022 年度“预健美好未来——自然康养，低碳前行”系列公益活动，深入百姓，开展宣讲。

【国际交流】 线上参加了在法国马赛举办的世界自然

保护大会。线上参加了在英国格拉斯哥召开的第26届联合国气候变化大会并发出寄语，倡导中国企业积极行动，争当零碳先锋，共建美丽世界，共享美好未来；参加“中国企业气候行动”碳中和联播活动，参与主题研讨。参加了生物多样性公约第十五次缔约方大会非政府组织论坛，发布“中国绿色碳汇基金会2030生物多样性保护自主贡献目标”，并被联合国生物多样性公约秘书处纳入“从沙姆沙伊赫到昆明——自然与人行动议程”且在联合国生物多样性平台上宣传。联合举办了2021中国国际生态竞争力峰会。

【内部治理】 加强资金使用监管和保值增值工作，取得了无保留意见的2020年度审计报告和专项审核报告。认真落实审计整改要求，按照民政部有关规定规范了捐赠票据管理，废除了捐赠票据借用单。修订了《中国绿色碳汇基金会经费审批办法》《中国绿色碳汇基金会日常办公费用报销管理规定》，制订了《中国绿色碳汇基金会专职领导干部兼职管理办法》《中国绿色碳汇基金会秘书处绩效考核办法》《中国绿色碳汇基金会秘书处员工年终奖分配办法》等内部管理制度并印发执行。召开了第二届理事会第十次、十一次会议，筹备第三届理事会改选换届工作。委托中国人事科学研究院团队，研究建立科学合理、权责清晰、有一定前瞻性、既符合国家政策又适应基金会现实需要、可操作性强的绩效考核体系和薪酬管理体系。与深圳国际公益学院网校合作，为员工定制网络学习课程。邀请局保密办到基金会进行保密和档案培训，委托专业机构支持我会档案管理能力建设。面向社会公开招聘5名员工，充实了团队力量。对办公用品实行集中采购，提高了办事效率。优化内部工作流程，编印《工作周报》供各部门参考。编印《工作月报》，供理事会成员和分管领导参阅。编辑印刷《中国绿色碳汇基金会十周年纪念册》。

（中国绿色碳汇基金会由高彩霞供稿）

中国生态文化协会

【综　述】 2021年，中国生态文化协会以服务林业草原事业高质量发展、服务国家生态文明建设为主要任务，积极践行协会“弘扬生态文化、倡导绿色生活、共建生态文明”宗旨，广泛传播生态文化知识，大力弘扬生态文明理念，努力提高社会生态文化素养，为“十四五”我国生态文化事业发展开好局、起好步，为建设生态文明和美丽中国作出了积极贡献。

【理论研究】

生态文化体系研究系列丛书编撰工作 一是在过去工作的基础上，生态文化理论体系研究和系列丛书编撰工作继续深入推进。《中国草原生态文化》完成统稿和专家评审，送印出版；《中国沙漠生态文化》《中国花文化》等完成编撰，进入定稿阶段。“中国森林文化价值评估”项目成果——《中国森林文化价值评估研究》已由人民出版社正式出版，并进行了成果发布。二是完成“十三五”期间协会承担的林业和草原科学普及项目验收工作，协会承担的6项课题全部通过验收；完成2021年度林草科普项目任务书和合同书签订工作。

“森林的文化价值评估研究”项目 项目组历时5年，分五个阶段开展深入研究，构建了包括8个一级指标、22个二级指标、53个指标因子在内的森林的文化价值评估指标体系，创建了“人与森林共生时间”理论和森林的文化价值评估方法，并首次进行了省级行政区域森林的文化价值评估。3月12日，国家林草局和国家统计局在北京联合举行“中国森林资源核算研究成果”新闻发布会，“中国森林文化价值评估研究”项目成果是其中之一。同时，项目研究报告经人民出版社编辑出版的《中国森林文化价值评估研究》专著，已经正式向社会公开发行。

《中国森林文化价值评估研究》首发式

【品牌创建】

第十一届中国生态文化高峰论坛 5月22日，由中国生态文化协会和中国花卉协会联合主办的“第十一届中国生态文化高峰论坛”在上海市崇明区举行。本届论坛的主题为“花开中国梦，花惠新生活”。协会专家指导委员会主任委员江泽慧教授以《花开在中国梦实现的道路上》为题，从发展历程、推广普及、发展战略等方面对中国花文化进行了系统论述，重点探讨花文化在生态文明建设中的特殊意义，阐述了生态文明主流价值观的核心观念。上海市崇明区委书记李政、上海市花卉协会会长蔡友铭、中国花卉协会绿化观赏苗木分会会长郑勇平、中国花卉协会零售业分会副会长飞雪梅、中国花卉协会花文化分会会长周武忠分别围绕“延伸花博价值链，拓展花卉产业链——奋力推动崇明世界级生态岛美丽蝶变”“上海花卉前世今生”“美丽中国建设中的景观定位和追求”“花卉：脱贫和乡村振兴的希望产业”“花文化：传播国家形象、服务品质生活”等内容作特邀报告。本届论坛的举办对于向公众普及中国生态文化和花文化知识，提高国家生态文化软实力，增强中华生态文化影响力，起到了积极作用。

“生态文化村”建设经验总结推广活动 一是组织专家对2020年各省(区、市)推荐的157个行政村的申报材料，按照“生态文化繁荣、生态环境良好、生态产业兴旺、人与自然和谐、示范作用突出”的条件，组织专家研究、分类梳理、精心提炼出128个“生态文化村”建设经验。二是中国生态文化协会会长刘红一行带队实地考察2021年向全国推广的具有先进建设经验的生态文化村——江苏省扬州市邗江区长塘村生态文化建设情况。三是积极响应中央关于实施乡村振兴战略的总体部署，充分发挥全国生态文化村建设经验的典型示范作用。4月13日，在2021扬州世界园艺博览会期间，组织召开了全国生态文化村建设经验交流会，向国内外宣传推广中国特色鲜明、亮点突出的生态文化村先进建设经验，集中展现了各地推进生态文化村建设的实践探索和工作成效，并向被列为宣传推广对象的生态文化村颁发证书。会上，江苏省扬州市邗江区长塘村、云南省富源县墨红镇普冲村、贵州省黔南州荔波县瑶麓村、新疆维吾尔自治区哈密市卡日塔里村的代表向大会作了生态文化村建设经验的典型发言。会议号召各省(区、市)、各村相互学习好做法、相互借鉴好经验，把生态文化村建设得更好更美，更好地发挥示范带动作用。来自各省(区、市)林业和草原主管部门分管宣传工作的负责人、省级生态文化协会负责人、部分生态文化村代表以及相关新闻媒体的记者等80余人参加了会议。

献给中国共产党百年华诞——生态文化·美丽乡村百图展 为庆祝中国共产党建党100周年，协会分别在江苏省扬州市举办世界园艺博览会和上海市举办第十届中国花卉博览会期间，开展了“献给中国共产党百年华诞——生态文化·美丽乡村百图展”，向大众展示中国美丽乡村新形象。

展览以“一村一景、一村一品、一村一韵”和视频与图片相结合的形式，生动呈现出中国美丽乡村独具特色的自然地貌、聚落形态、人文历史和民族风俗。

献给中国共产党百年华诞——生态文化·美丽乡村百图展

“百年绿色长征路·峥嵘岁月报国情”主题征文活动 在中国共产党百年华诞之际，深入学习党史，总结回顾党领导下我国生态建设和绿色发展历程，坚守初心使命，传承红色基因，中国生态文化协会面向全国高校在校大学生开展了“百年绿色长征路·峥嵘岁月报国情”主题征文活动，共收到22所高校135篇征文作品。经过对参赛资格和内容题材审核、文章内容查重等，确定有效征文124篇。协会邀请5位专家采取盲审的方式，对有效征文进行了评审和打分，最终评出一等奖5个、二等奖10个、三等奖20个，并且按照标准，对获奖作品给予奖励。同时，为表彰相关单位对本次活动的突出贡献，授予浙江大学、中山大学等5家单位优秀组织奖。

“缅怀革命先烈、传承红色基因”生态文化进校园系列公益活动 2021年，协会策划筹备开展以“缅怀革命先烈、传承红色基因”为引领，与传播“生态文化”相融合的生态文化进校园“走进江上青小学”系列主题活动，做好了前期调研和各项筹备工作。活动拟开展以“忆革命英烈、诵红色诗词、抒爱国情怀”为主题的革命烈士故事讲述和爱国主义诗词朗诵比赛；花文化和野生动物科普知识讲座；“我为校园添光彩”为主题的植竹、种花科普体验活动；“学习垃圾分类、共享绿色生活”为主题的实践体验活动和特色捐赠活动等，协同推进红色文化与生态文化的传承和传播。

参加第十届“母亲河奖”“绿色贡献奖”评选工作 协会以生态文化进校园活动为内容申报第十届“母亲河奖”“绿色贡献奖”。经申报推荐、审核初选、候选人公示、大众评选、评委会评选、公示、公布等程序，中国生态文化协会申报的生态文化进校园活动获得第十届“母亲河奖”“绿色贡献奖”，是20个获奖团队中唯一的全国性社会团体。

第18届国际青少年林业比赛 应俄罗斯联邦自然资源和生态部邀请，12月17~19日，中国生态文化协会选派2名大学生代表中国以视频方式参加俄罗斯青少年林业比赛，南京林业大学覃旭同学荣获三等奖，李颜君同学获得专业成果奖。本次比赛为期3天，设一等奖1名、二等奖2名、三等奖2名，比赛语言为英语或俄语，参赛选手年龄要求是14~22岁。协会会长刘红以视频方式出席了比赛闭幕式，并对两位同学表示祝贺。协会高度重视本次比赛，赛前组织召开初评会对参赛选手进行指导。覃旭同学的参赛作品《竹米，一种新型的食物》阐述了竹米这一新型食物在应对全球粮食安全和解决饥饿方面的作用，赢得了评委的赞赏；李颜君同学的参赛作品《中国原产树种——东京野茉莉和野茉莉涝渍胁迫生理响应研究》展现了中国大学生在林业应对全球气候变化中所做的探索，得到了评委的肯定。

完成《生态文明世界》期刊编辑出版 《生态文明世界》是协会刊物，《生态文明世界》编辑部始终秉承“感悟生态，对话文明，让生命更美好”的宗旨，坚持“纪实、探秘、趣味、科普”的办刊方针，着力生态文化与生态文明领域的科学普及、学术繁荣、国际交流，回眸人类文明发展印迹，挖掘抢救生态文化资源，促进生态文化国际交流与合作，展示中华民族生态文化瑰宝。按照高起点策划、高标准组稿、高质量编审和重大稿件实地采编的原则，围绕2021年扬州世界园艺博览会、第十届中国花卉博览会、第十一届中国竹文化节等重大活动，以及国家公园、竹文化、花文化、草原生态文化与红色文化等专题内容，全年共编辑出版4期正刊。2021年9月，期刊入选第二十八届北京国际图书博览会(BIBF)“2021中国精品期刊展”——“中国共产党建党100周年主题宣传精品期刊”主题展览，获得专家的高度认可和读者的广泛好评。同时，期刊不断加大宣传和征订力度，持续推进邮局、报刊零售、中国知网等渠道发行工作，刊物订阅量始终保持在1万册以上，社会影响力不断扩大。

荣誉证书

《生态文明世界》：

贵刊入选第二十八届北京国际图书博览会（BIBF）“2021中国精品期刊展”。

特发此证，以兹纪念。

中国期刊协会

二〇二一年九月十四日

证书编号：2021JP233

《生态文明世界》期刊入选第二十八届北京国际图书博览会(BIBF)“2021中国精品期刊展”证书

【自身建设】

完成2020年年检工作 按照民政部年检要求，认真准备相关材料，积极做好汇报工作，完成2019年协会年检工作，并取得合格的结果。

完成年度审计工作 根据民政部 财政部《关于规范全国性社会组织年度财务审计工作的通知》要求，协会配合审计部门，对协会的2021年度财务情况进行了审计。

宣传工作 通过协会网站和微信公众号以及国家林草局网站、竹藤中心网站等媒介及时宣传报道协会开展的重大活动，扩大了生态文化知识和生态文明理念的宣传，提高了协会的影响力和知名度。

第二届理事会第七次会议 按照《中国生态文化协会章程》规定和协会工作计划，以通讯方式召开第二届理事会第七次会议。

【其他工作】

参与“科创中国”各项工作和活动 12月，协会会长刘红参与“科创中国”现代农林领域先导技术榜单甄选工作，选择具有开创性突破和市场带动力的创新技术，推动现代农林创新科技需求有效对接。协会国际部主任、副研究员陈雷参加中国国土经济学会第二期会员日沙龙暨首届“骆驼湾”乡村振兴论坛，围绕“全国生态文化村”示范宣传推广、古村镇生态文化对于乡村振兴具有重要的时代价值作了交流发言。

宣传生态文明理念、传播绿色生活方式、引导绿色消费等系列重点工作 在宝能中心办公楼宇大厅显示屏滚动播放生态文化宣传片，强化大众生态文化意识；组织向深圳市留守儿童发放生态文化科普宣传册百余册，努力推行绿色生产生活方式和消费模式，助力推动青少年生态文明建设工作；组织制作倡导绿色生活宣传视频《童趣生态　变废为宝》；组织创办生态文化微课堂，在协会网站、公众号等平台向社会公众传播；组织编印“以竹代塑”科普宣传册，传播绿色生活方式、引导绿色消费。

（中国生态文化协会由付佳琳供稿）

中国治沙暨沙业学会

【综　述】 中国治沙暨沙业学会(以下简称“学会”)是由中国著名科学家钱学森、原林业部部长高德占等倡议，于1992年由民政部批准设立的国家一级学术性、公益性、非营利性社会组织。业务主管单位是国家林业和草原局，学会自成立以来严格按照国家有关规定开展工作，自觉接受民政部与国家林业和草原局党组的指导、管理和监督。2018年民政部对学会开展了社会组织评估工作，确定中国治沙暨沙业学会为3A级社会组织。2021年被民政部评为全国先进社会组织。

【学会建设】 建立和完善了办公、办事、办会和技术服务等制度，同时，强化内部档案管理，将所有活动建立档案，方便存档和阅览。认真完成了2020年度检查报告工作，学会2020年度年检合格。2021年6月17日召开了第四届第九次常务理事会，研究了学会章程修改和设立“钱学森沙业奖”等事宜，学会与钱学森之子、上海交通大学钱学森图书馆馆长钱永刚教授就设立以钱学森命名的奖项问题进行了会谈，钱永刚教授赞同学会设立以钱学森命名的沙产业方面的奖项。2021年6月25日至8月24日接受中共国家林草局党组第五巡视组巡视，对照局党组巡视反馈的4个方面问题和5点意见建议，学会制定了整改台账，明确细化了整改措施。11月30日召开了第四届理事会第五次会议(通讯形式)，审议通过了中国治沙暨沙业学会工作规则、财务有关规定。为充分提高会员服务质量及管理水平，学会建设了会员和会议系统并开始试运行。

【学术交流】 学会每年在世界防治荒漠化与干旱日都会举办纪念活动，2021年6月17日，在陕西省西安市举办了第27个世界防治荒漠化和干旱日纪念活动暨荒漠化防治高质量发展学术论坛。中国治沙暨沙业学会发出防治荒漠化倡议书，来自全国从事荒漠化治理的单位及企业代表近200人参加了此次活动。2021年9月11~12日，学会在鄂尔多斯市恩格贝生态示范区举办了“启航新征程、逐梦恩格贝”——纪念钱学森诞辰110周年暨恩格贝沙漠科学馆开馆十周年座谈会。中国科学技术协会原副主席刘恕、上海交通大学钱学森图书馆馆长钱永刚、国家林草局荒漠司司长孙国吉、鄂尔多斯市人民

政府代理市长杜汇良、钱学森生前秘书顾吉环、中国科学院兰州分院院长王涛、鄂尔多斯市恩格贝生态示范区管委会主任杨志忠等在会上发表主旨演讲。共有来自国家部委、内蒙古自治区及其他省份、行业协会、大专院校、科研院所及企业和媒体界等代表200余人参加。

【技术推广】 2021年2月22日，学会组织鉴定了“城镇防沙理论与技术体系构建及其应用成果”，完成单位为北京师范大学、中国科学院西北生态环境资源研究院、中央民族大学。2021年学会向国家林草局报送了《沙棘资源本底调查评估》《沙枣资源与开发利用调查研究》《三北工程精准治沙与乡村振兴课题研究》等调研报告。同时，与伊泰集团合作积极推广低覆盖度治沙造林技术；与内蒙古毛乌素沙漠产业发展有限公司合作开展基于高水分附加值的近自然治沙产业技术标准研发和毛乌素沙地资源持续利用的产业示范区建设。继续开展向各行业品牌企业、会员单位征集团体标准立项申报工作。2021年经评审会公布了《北方果园生物质材料循环利用技术规范》等5项标准，另外2项团体标准已通过立项阶段，并已进入征求意见阶段。

【科普宣传】 受中国林科院和《中国沙漠志》编纂委员会委托，组织编写《科尔沁沙地志》，已按要求完成统稿，并于3月19日，在内蒙古呼和浩特市组织召开了专家咨询会。编撰《科尔沁沙地及其治理概论》《毛乌素沙地及其治理概论》《浑善达克沙地及其治理概论》和《呼伦贝尔沙地及其治理概论》四大沙地治理概论系列丛书。其中，《科尔沁沙地及其治理概论》于12月正式出版。6月17日是第27个世界防治荒漠化与干旱日，为进一步提高广大群众对防治荒漠化重要性的认识，受国家林业和草原局荒漠司委托，学会通过网站、电话和公众平台等多种方式，集思广益，广泛征集2021年的宣传主题。

（中国治沙暨沙业学会由邹慧供稿）

中国林业文学艺术工作者联合会

【综　述】 2021年，中国林业文学艺术工作者联合会(以下简称中国林业文联)克服疫情影响，出版了多部作品、举办了丰富的线上、线下文化活动，不断推动中国林业文联品牌建设，鼓励广大会员深入社会，关注生活，创作更多优秀作品。

【出版生态文学艺术作品】 2021年，中国林业文联及其作家出版了《山水如画小康路——国家林业和草原局定点扶贫县生态扶贫采风散记》和《八步沙的故事》《白色的海绿色的海》三本书，并在《人民日报》副刊头条刊发《在梯田上种出美丽和富裕》散文作品。《山水如画小康路》一书为组织文学家和摄影家到国家林草局4个定点扶贫县采风创作的散文摄影集，讲述了林草生态扶贫的精彩故事，讴歌了林草生态扶贫的时代精神。《八步沙的故事》《白色的海绿色的海》两本书是林业作家协会作家冯小军通过在甘肃省古浪县八步沙林场和塞罕坝林场的实地采风，创作的两部文学作品，并由江西教育出版社和中信出版社出版发行，进一步宣传了由国家林草局推荐、中央宣传部授予“时代楷模称号”的八步沙六老汉的英雄事迹和塞罕坝林场的感人事迹。《在梯田上种出美丽和富裕》是中国林业文联组织作家张华北采风创作的反映广西龙胜县生态旅游扶贫的一篇散文作品，由《人民日报》于2021年3月20日刊发，展示了林草生态扶贫的巨大潜力和丰硕成果。组织完成了长篇报告文学《原山放歌》作品。经过一年多的采风与创作，由著名作家陈宜新创作的反映林业英雄孙建博积极实施国有林场改革，推进原山林场持续健康快速发展事迹的长篇报告文学《原山放歌》(14万字)已完成，并经过有关方面审核通过。

【生态文化高峰论坛】 “生态、人文、生活的对接和融合”第三届生态文化高峰论坛由中国林业文联与广东省清远市社会科学界联合会共同主办，生态文化杂志社和清远市社会科学服务中心承办，并于12月4日在线上举行。国家林草局宣传中心副主任王振到会致辞，来自全国各地的数十位文学家、艺术家、文化方面的专家学者通过线上和线下的方式分别从“生态文化与生态文学的时代表达”“生态批评前沿”“生态文明构建的维度”“生态与诗意栖居”等方面开展研讨，为生态文化繁荣与生态文明实践建言献策。本次论坛由新华社和光明日报社进行了全方位的报道，新华社新闻报道的读者点击量超过120万，在全社会引起了较大影响，进一步弘扬了尊重自然、顺应自然、保护自然的生态文明理念。

2021年12月4日，第三届生态文化高峰论坛在线上举行

【“让生命充满绿色”生态文学征文活动】 “让生命充满绿色”生态文学征文活动由生态文化杂志社与四川雅安林业公司联合主办，于2021年11月至2022年1月向

全国征集生态文学作品。此次征文活动引起了社会强烈反响，来自全国各地及海外的生态文学作家积极响应，共收到生态散文、生态小说、生态诗歌等应征文学作品近3000篇，作品弘扬了生态文明的价值理念，倡导了尊重自然、顺应自然、保护自然的生产生活方式，反映了生态文明理念广泛的深入人心和生态文学创作的巨大潜力。优秀作品的评选结果将在2022年上半年公布并颁奖。

【"生态文化产业园"创建活动】 为践行习近平总书记"绿水青山就是金山银山"的发展理念，推动生态保护修复、生态文化繁荣、生态产业发达三者融合发展，中国林业文联在全国开展了"生态文化产业园"创建活动，出台了《生态文化产业园遴选命名管理办法》，组织专家对申请创办生态文化产业园的广东省佛山市南海区"鱼耕粤韵"园区进行了实地考察核验和评审，并授予其"生态文化产业园"园区，对推进"绿水青山就是金山银山"发展理念的落地生根做了有益的探索，并在全国产生了积极的反响。

【"生态文化产业进行时"栏目工作】 中国林业文联与中国经济网、浙江大龙建设集团联合主办并于2020年底推出的"生态文化产业进行时"网络视频栏目，2021年继续实施，相继推出了雅安、青川、淅川、凉山四期，宣传了他们开展国土绿化、生态产业、生态文化的成绩与经验，收到了社会上的良好反响。同时，努力办好中国林业文联和新生态文化两个公众号，每周更新一期，扩大了中国林业文联的社会影响力。

【"森林草原科普专栏"科普作品研发项目】 利用中国林业文联的专业优势和《生态文化》杂志平台，完成了国家林草局科技司科普项目"森林草原科普专栏"科普作品研发。按照项目要求，在《生态文化》杂志专门开办了"生态科普"专栏，积极组织知名林草科技专家撰写森林草原科普作品，组织生态文学艺术家创作生态文学艺术和生态文化理论作品，全年共刊发生态科普及生态文化文章近30篇，并举办了1次生态文化论坛，有力地促进了林草科技知识的普及和生态文明价值理念的传播，为推进林业草原事业高质量发展营造了良好的生态文化条件。该项目经国家林草局科技司组织的专家评审，得到了专家的好评，通过了专家验收。

【《生态文化》杂志】 2021年，从选题策划、作者选择、文字编辑、设计制作等多环节入手，全面提高了杂志的质量，已得到有关领导和相关方面的肯定，在社会上的影响力逐渐扩大。在相关领导的支持下，杂志特别开设了"生态科普"栏目，并得到了局科技司科普经费的支持。同时，中国林业文联和杂志两个公众号刊载杂志的优秀作品，既增强了杂志内容的传播力度，也扩大了中国林业文联的社会影响力。

《生态文化》杂志2021年各期封面

【专业委员会活动】 中国林业作家协会组织作家创作刊发生态文学作品，已在各类媒体发表作品近20篇。中国林业美术协会组织会员围绕建党百年创作美术作品，并在公众号作线上展示。中国林业生态摄影协会围绕国家公园建设，在媒体上通过摄影图片进行大力宣传，同时组织会员拍摄《野性长白》电视专题片，获得中国国家地理野生生物年赛特别奖，并与长春电影制片厂合作，拍摄一部反映东北虎保护的电影；陈建伟主席特别推出以介绍中国野生动物为主题的中英双语生态摄影集《我们在中国——多样性的中国野生动物》，迎接2021年在中国昆明举行的联合国《生物多样性公约》第十五次缔约方大会；四川省林业和草原局与中国林业生态摄影协会联合主办"百年辉煌　美丽四川　筑牢长江黄河上游生态屏障　献礼建党百年"生态摄影大赛，以影像的力量讴歌美丽四川、生态四川，共聚迈步新发展征程的磅礴力量，推动四川省生态文明建设再上新台阶。

（中国林业文联由侯克勤供稿）

中国林业职工思想政治工作研究会

【综　述】 2021年，中国林业职工思想政治工作研究会(简称中国林业政研会)，坚持以习近平新时代中国特色社会主义思想为指导，坚持党的全面领导，认真贯彻落实党中央关于开展党史学习教育和庆祝建党一百周年工作部署，落实中国林业政研会常务理事会工作安排，宣传贯彻党的十九届四中、五中、六中全会精神，开展党史学习教育、思想政治工作研究和庆祝建党百年活动、弘扬林业精神活动，发挥了中国林业政研会党的思想政治工作参谋、助手作用和联系职工、疏导思想、凝聚力量、助力发展的作用。被民政部评定为3A级社会团体，被中国政研会评为全国政研会工作优秀单位。

思想政治工作课题研究 2021年，中国林业政研会积极贯彻党的十九届四中、五中、六中全会精神，贯彻党中央、国务院《关于新时代加强和改进思想政治工作的意见》，组织会员单位围绕林草行业建设发展大局和本单位建设发展实际情况，立项研究课题，开展思想

政治工作研究和弘扬林业精神、凝聚职工精神的研究，接受国家林业和草原局宣传中心的委托，立项“中国林草精神内涵及其时代价值研究”课题，深入开展中国林草精神内涵及其时代价值研究，全年各会员单位完成课题研究成果 299 项，针对加强和改进思想政治工作、加强文化建设等方面提出了相应的意见和建议。

党史学习教育　中国林业政研会贯彻党中央《关于在全党开展党史学习教育的通知》精神，组织秘书处和各会员单位在按照党组织的统一部署，积极开展党史学习教育，学习《中国共产党简史》等党史教材，增强了党员干部对党的百年历程和为初心使命奋斗的认知，坚定为初心使命做好思想政治工作的责任和信念。2021 年 5 月，中国林业政研会在福建古田会议会址举办了党史学习教育培训班，组织 130 多名会员单位政工干部聆听古田会议精神永放光芒党课和毛泽东才溪乡调查的党史讲解，实地观摩古田会议展览馆，学习毛泽东才溪乡调查精神，政工干部受到了深刻的党史教育，进一步增强了“四个意识”，坚定了“四个自信”，表示要做到“两个维护”，在习近平新时代中国特色社会主义思想引领下，发挥思想政治工作者作用，为启航新征程作出新贡献。

“林业英雄林”建设　中国林业政研会与国家林业和草原局林场和种苗管理司、中国农林水利气象工会、中国林学会合作开展“林业英雄林”建设活动，建设“林业英雄”宣传平台，大力弘扬“林业英雄精神”。先后于 5 月和 6 月在黑龙江伊春森工集团铁力林业局落成了第三处“全国林业英雄林”，在浙江省宁波市林场落成了第四处“全国林业英雄林”。在第三处“全国林业英雄林”落成仪式活动期间，各林业单位政工干部到第一位全国林业英雄马永顺纪念馆和马永顺生前营造的林业英雄林参观学习。全国林业英雄孙建博以“听党话、跟党走、做忠诚担当的老黄牛”为题，报告了他甘愿一生为党和人民事业奋斗的事迹。伊春森工集团在会上作出了《关于深入开展向马永顺、余锦柱、孙建博三位“林业英雄”学习活动的决定》，掀起了伊春林区向全国林业英雄马永顺、余锦柱、孙建博学习的热潮，推动了“林业英雄”精神宣传。“林业英雄林”建设活动为弘扬“林业英雄精神”和凝聚林业职工精神力量发挥了积极作用。

庆祝建党百年“四明山杯”最美务林人主题演讲活动　6 月，在浙江省宁波市林场落成第四处“全国林业英雄林”的活动期间，中国林业政研会与国家林业和草原局宣传中心、中国农林水利气象工会及宁波市自然资源和规划局共同举办了庆祝建党百年“四明山杯”最美务林人主题演讲大赛活动，全国林草行业 43 个代表队的演讲选手，围绕庆祝建党百年，宣传中国共产党领导林草职工开发林区、发展林业、建设绿水青山的林草建设史，以林草三代人坚守深山、保护生态、建设绿水青山的感人事迹，宣讲务林人爱岗敬业、艰苦奋斗、改革创新、无私奉献的中国林业精神，引导人们弘扬中国林业精神，树立社会主义核心价值观。

学习沈秀芹和全国劳动模范事迹　7 月，中国林业政研会与山东省荣成市委在荣成市国有成山林场组织了向沈秀芹学习“把一生交给党安排”的活动仪式和学习沈秀芹事迹暨生态文明教育报告会活动，会员单位和部分林草行业企事业单位的政工干部 90 多人参加活动。参加活动的政工干部参观了沈秀芹纪念馆，听取了优秀共产党员沈秀芹事迹报告，听取了来自林业战线的全国劳动模范宋士宝、王长斌、张英善、顾广山发挥共产党员作用、为生态文明建设坚守奉献的事迹报告，同时听取了荣成市生态文明教育和生态文明建设经验报告。

贯彻党中央、国务院《关于新时代加强和改进思想政治工作的意见》，加强和改进思想政治工作　党中央、国务院《关于新时代加强和改进思想政治工作的意见》发出后，中国林业政研会秘书处人员认真学习《关于新时代加强和改进思想政治工作的意见》，学习中国政研会秘书长吴建春发表的《坚持守正创新 强化使命担当 扎实做好新时代思想政治工作》文章，增强对《关于新时代加强和改进思想政治工作的意见》的理解，召开常务理事会审议通过了《〈关于新时代加强和改进思想政治工作的意见〉的实施意见》，及时为会员单位提供了学习指导。学习贯彻《关于新时代加强和改进思想政治工作的意见》，开拓了会员单位思想政治工作思路，推动基层单位思想政治工作守正创新。

“黄柏山精神”“塞罕坝精神”学习研讨活动　2021 年 7 月，中国林业政研会组织会员走进大别山下的河南省国有商城黄柏山林场，报告“塞罕坝精神”“黄柏山精神”，会员代表深入到黄柏山展览馆和黄柏山林场“苦干、实干、敢干、巧干”教学点实地观摩学习，听取“黄柏山精神”典型故事宣讲，开展“塞罕坝精神”“黄柏山精神”研讨，现场感受传承“大别山精神”的“黄柏山精神”。

学习贯彻习近平总书记考察塞罕坝林场重要讲话，弘扬“塞罕坝精神”　8 月 23 日，习近平总书记考察塞罕坝机械林场并作出重要指示。中国林业政研会及时安排各会员单位学习贯彻习近平的重要指示，引导会员单位深入领会习近平重要讲话精神的丰富内涵和深远意义。

林场脱贫振兴　中国林业政研会从践行“绿水青山就是金山银山”理念、服务经济发展出发，动员会员单位积极开展生态价值转化研究实践，组织会员单位建设生态价值转化研究实践基地 16 个，各基地经过一年多的生态价值转化研究实践，完成阶段性研究成果 12 项，为基层会员单位开展生态价值转化研究，加快生态文明建设和经济振兴发展提供了有益的启示。

自身建设　2021 年，中国林业政研会加强党的全面领导，认真贯彻党中央和局党组及党支部部署，学党史、悟思想、办实事、开新局，提高为党的中心工作和林草建设发展服务的思想意识和服务能力，积极创新思想政治工作的服务载体，开展学习宣传林业英雄精神活动、最美务林人主题演讲活动、弘扬“塞罕坝精神”“黄柏山精神”研讨活动等。落实《国家林业和草原局关于进一步规范社会组织管理的意见》，贯彻民政部《关于进一步加强社会组织管理　严格规范社会组织行为的通知》，完善中国林业政研会管理制度 30 项，加强行为自律、表彰管理、收费管理、会议管理，坚定正确的政治方向，进一步规范政研会建设管理工作。

（中国林业职工思想政治工作研究会由王凤芝供稿）

中国林学会

【综　述】 2021年，中国林学会(以下简称学会)以习近平新时代中国特色社会主义思想为指导，全面贯彻党的十九大和十九届历次全会精神，贯彻落实中国科学技术协会“十大”精神，克服疫情挑战，调整活动方式和内容，各项工作取得了显著成绩。根据中国科学技术协会组织的第三方评估结果显示，中国林学会在210个全国学会中排名第18位，在16个农科学会中排名第2位；再次入选世界一流学会建设项目；连续10年荣获“全国学会科普工作优秀单位”称号，获国家林草局“林草科普工作优秀集体”和“全国林草科普讲解大赛优秀组织单位”等称号；主办期刊《林业科学》继续保持EI收录，连续10年入选年度“中国国际影响力优秀学术期刊”，第19次被评为“百种中国杰出学术期刊”；梁希奖影响力持续提升。

学会建设　2021年，学会认真落实国家林草局和中国科协全面战略合作协议，贯彻落实局领导和中国科协领导调研中国林学会时提出的有关要求，积极创建中国特色世界一流学会，推动学会事业迈向新的高度。

科学编制学会“十四五”规划，加强改革发展的顶层设计和长远谋划。围绕新时代科技社团规范治理的机制和路径，承办中国科协2021年学会能力建设论坛，促进全国学会创新发展。以线上线下相结合方式召开理事、监事会议，全国林学会秘书长工作会议，总结工作，交流经验，谋划发展。制定修订《合同管理办法》《财务管理办法》等规范性文件，强化内控监督执行。

科学精神　在全行业倡导学习梁希科学精神，指导编创《梁希》话剧并在林草科技界广泛宣传。召开林草科学家精神暨梁希科学精神专家座谈会，拍摄林草科学家精神系列宣传视频，发出《关于进一步弘扬梁希科学精神的倡议书》。

在全系统倡导学习宣传最美林草科技工作者，遴选李延军等7名“最美林草科技工作者”，并向中国科协推荐谭晓风、费本华2名“最美科技工作者”候选人。举办“弘扬科学家精神　致敬林苑大先生”纪念大会，弘扬张海秋、薛纪如等老一辈林苑大先生的科学精神。在伊春、宁波建设“林业英雄林”，树旗帜，领方向，砥砺奋进新征程。

【国内主要学术会议】 2021年，中国林学会及分支机构通过线上、线下以及线上线下相结合的方式开展学术交流活动，推动林草科技创新，促进产学融合。

4月7日，学会在河南省三门峡市组织召开中国(三门峡)林下经济暨羊肚菌产业高质量发展大会。大会主题为“推介特色产业、打造区域品牌、提高质量水平”，300余人参加会议。

5月7~8日，学会在江西省宜春市铜鼓县召开第二届中国黄精产业发展研讨会，500余人参加会议。会议选举产生了联盟第一届理事会，中国工程院院士李文华、蒋剑春当选为顾问，学会副理事长兼秘书长陈幸良为理事长，学会学术部主任曾祥谓为副理事长兼秘书长。

7月7日，学会在上海市辰山植物园举办第十八届长三角科技论坛·经济林产业发展分论坛。论坛以“发展经济林产业，助推乡村振兴”为主题，旨在加强沪苏浙皖经济林产业相关领域专家与企业代表之间的沟通交流，80余名代表参加。

7月10日，学会在吉林省长白朝鲜族自治县组织召开中国(长白)林下经济暨灵芝产业高质量发展大会，推动林下经济与食用菌产业的融合发展。中国工程院院士李玉出席开幕式并致辞，500人参加开幕式。

7月11日，学会在浙江省东阳市举办2021中国(东阳)竹工艺产业发展大会。会议主题为“发扬原生态产业优势　促进竹工艺全面复兴”，学会理事长赵树丛出席大会并为“全国自然教育总校竹工艺自然教育学校”授牌。

7月20~21日，学会在山东省诸城市举办中国榛子产业发展大会暨2021年度诸城榛子丰收采摘活动，350余人参加。学会理事长赵树丛出席大会并为“山东省榛子产业技术创新战略联盟十佳联盟单位”授牌。

7月27日，学会在黑龙江省加格达奇市举办中药源头在行动——走进大兴安岭·2021中国寒地中药产业高质量发展论坛，推动林草产业和中医药产业融合发展。国家林草局总经济师兼改革发展司司长杨超出席论坛并致辞，500余人参加论坛。

9月22~24日，学会在山东省聊城市举办中国“南竹北移”与黄河流域生态保护和高质量发展学术经验交流会。会议主题为“碳达峰碳中和背景下北方竹产业创新与黄河流域生态保护发展”，70余人参加会议。学会理事长赵树丛出席会议并讲话，从10个方面论述习近平生态文明思想。

9月24~26日，学会在湖南省娄底市新化县举办首届中国林下生态黄精产业发展研讨会暨第二届九九黄精节文化活动，推动解决黄精产业发展中的科技难题，促进产业健康可持续发展。

9月28日，学会在北京召开粤港澳大湾区生态文明建设高层次专家研讨会，中国科学院院士刘嘉麒、中国工程院院士侯立安等一大批知名专家在会上作报告，助力粤港澳大湾区生态文明建设。新华网刊发的专题报道受到150万人次的浏览关注。

12月4日，学会以线上线下相结合的方式在北京举办第二届中国林草计算机应用大会。中国科学院院士龚健雅、中国工程院院士赵春江作主旨报告。大会设置了7个分会场，组织了76个报告，围绕智慧林业建设，就物联网、遥感、大数据、人工智能、虚拟现实、云计算、元宇宙等技术的林草应用展开探讨，线上线下近2万人参与交流互动。

12月15日，中国林学会热带雨林分会成立大会暨海南热带雨林保护发展研讨会在海南省海口市召开。联合国教科文组织理事会原主席、世界自然保护联盟原总裁、海南国家公园研究院理事长章新胜，中国科学院院士、海南大学校长骆清铭，海南省林业局（海南热带雨林国家公园管理局）党组书记、局长黄金城等出席大会。会议围绕热带雨林生物多样性保护、生态修复以及热带雨林科普教育等开展研讨交流，线上线下近 300 人参加。

12 月 18 日，学会以线上线下相结合的方式举办全国枣产业创新发展与乡村振兴研讨会，2600 余名代表参加会议。会议邀请了来自北京、山西、河北、新疆、陕西等地科研院所和高校的 18 位专家，就枣产业形势与对策、枣产业与乡村振兴、新品种、标准化和设施化栽培技术、重大病害综合防控技术、林下一体化经营、机械化技术与装备、精深加工等全产业链进行研讨交流。

【国际学术会议与交往】 10 月 26～27 日，学会在中南林业科技大学举办第一届中巴热带干旱经济林科技交流活动，并以视频连线方式在湖南省长沙市和巴基斯坦俾路支省瓜达尔港同时举行，推动中巴经济走廊和“一带一路”建设。会上，中国林学会、中南林业科技大学、中国海外港口控股有限公司、育林控股有限公司、卡拉奇大学、费萨拉巴德农业大学、印度河大学共同为“一带一路”热带干旱经济林工程技术研究中心揭牌。应邀线上参加第 132 届日本林学会年会。组织专家线上参加 2021 年世界自然保护大会。组织专家参加第 26 届国际杨树委员会（IPC）大会，成功推荐中国林学会杨树专业委员会副主任委员兼秘书长卢孟柱当选为新一届 IPC 执委。

第一届中巴热带干旱经济林科技交流活动

【两岸交流】 成功申报中国科协海峡两岸暨港澳科技交流合作重点项目和国际组织任职人员项目。

【自然教育】 开展自然教育调查研究，发布《中国自然教育发展报告 2020》，启动 2021 年度报告的编制工作，展示最新、最全的自然教育行业动态。启动中国自然教育中长期发展规划及自然教育丛书编撰工作。

联合有关单位组织开展主题为“千园千校，一起向自然”的自然教育嘉年华活动，受到全国各地 28 个省（区、市）76 个地级市共 305 家单位的积极响应，彰显各地自然教育活动风采，促进全国自然教育从业者的互动。

开展自然教育行业标准、指南、规范等指导性策略的研制和发布，发布《湿地类自然教育基地建设导则》《自然教育志愿者规范》《自然教育师规范》等团体标准。编撰《九连山自然教育手册》。

开通运营自然教育师线上培训平台，录制线上培训课程 11 门，开展 18 期线上线下培训，线上全年累计 5000 多人参加学习培训，考核通过 2030 人，线下实操培训考核通过 600 余人。

第一期自然教育师线下培训

组织专家赴北京、上海、广东深圳、浙江、福建、云南、贵州等地开展自然教育调研，大力推动自然教育发展。公布推荐一批优秀自然教育课程和教材。充分发挥“中国自然教育”微信公众号平台作用，推文 200 余篇，高效推介各地自然教育典型案例。

【科普活动】 认真落实《全民科学素质行动计划纲要（2021～2035 年）》，倡导尊重自然、顺应自然、保护自然的生态文明理念，积极谋划推进“十四五”科普工作。

“科普中国”林草科学家精神活动 联合林木遗传育种国家重点实验室、北京市第八中学开展“科普中国”林草科学家精神系列活动，积极推进落实“科普中国”林业和草原科学家精神系列宣讲活动 和“翱翔计划”，线上线下 6 万余人次参与活动。

“科普中国”全国林业和草原科普微视频大赛 汇集森林、草原、湿地、荒漠和陆生野生动植物保护等领域典型的风采、故事和科普知识，大力倡导生态文明理念，评选出优秀作品 152 部。

第五批“全国林草科普基地”评选命名 “全国林草科普基地”达到了 171 家，分布在全国 26 个省（区、市）。

2021 全国林业和草原科普讲解大赛 以“回望百年奋进路 共筑美丽中国梦”为主题，全国累计 25 个省（区、市）37 个代表团的 100 余名选手参赛，吸引超过 10 万人次受众关注和参与，打造科学与艺术完美融合的林草科普盛宴。

林草科普信息化建设 “林业科学传播公众服务平台”新增近 1500 篇科普文章，林业科学传播微信公众号累计刊登 500 余篇科普文章，《预防沙尘暴》《国家公园》《林竹百科》受到广泛关注。

【决策咨询】 召开中国林草智库建设暨2021年重大调研选题专家咨询会，牵头中国科协生态环境联合体10余家单位围绕"双碳"战略联合开展重大调研，参与国家公园科普宣教和特许经营专题调研，充分发挥智库专家在重大调研、决策建议、政策设计等方面的核心引领作用，服务国家重大战略决策。

发布《粤港澳大湾区生态保护与生态系统治理智库报告》《中国县域矿业绿色高质量发展百人论坛榆林宣言》等，服务区域重大发展战略。

围绕碳达峰碳中和、国家公园建设、黄河流域生态保护、林草防灭火队伍建设、林草智能化等重大国家战略和林草重大问题，高质量刊发8篇专家建议，其中关于森林草原防火队伍建设的建议得到有关国家领导人批示。

【科创中国】 充分利用中国林学会学科齐全、专家广泛的优势，利用现有平台积极打造新平台，推进"科创中国"产学融合工程，为林草高质量发展贡献智慧和力量。举办中国(三门峡)林下经济暨羊肚菌产业高质量发展大会、中国榛子产业发展大会、中国(长白)林下经济暨灵芝产业高质量发展大会、中国(东阳)竹工艺产业发展大会、中国林下生态黄精产业发展研讨会、宁波市竹产业高质量发展高峰论坛等系列活动，破解产业发展难题，推动科技经济深度融合。

搭建优质"政产学研金服用"综合交流平台 举办中国遵义第二届方竹农民丰收节，建立浙江金华服务站、河北任丘院士(专家)工作站，探索科技资源优化配置服务基层的新模式。

打造"科创中国"林草科技服务团 挖掘凝练50项草原草业服务需求，创建由105个单位138名专家组成的草原草业专家库。聚焦林草生态建设和新兴产业，积极助力地方经济发展和生态文明建设，先后到贵州黔西南、湖北咸宁、浙江宁波、广西贵港、山西吕梁山区、安徽大别山区等地，围绕竹产业、木材加工、桂花、红枣、沙棘、食用菌、林下经济等助力地方"科创中国"试点城市建设。

促进优秀林草科技成果转移转化 面向"科创中国"试点城市(园区)需求，征集315条技术应用案例，并通过"科创中国"平台推介。充分利用各类研讨会、展会等平台，推广学术价值较好的创新成果。

助力乡村振兴 组织开展中国科协决战决胜科技助力精准扶贫宣传项目总结验收，开展文冠果新品种高效栽培绿色脱贫示范现场培训，助力乡村振兴。

【学术期刊】 高质量完成主办期刊《林业科学》全年出版工作，刊发封面文章6篇。《林业科学》2021年收稿996篇，发稿230篇；影响因子1.167，总被引频次4470，综合评价总分列全国2084种核心期刊第42位、林学期刊第1位。1篇论文入选中国科协优秀论文遴选计划，1篇论文被评为中国科技期刊农林学科年度优秀论文一等奖，5篇论文入选2020年度中国精品科技期刊顶尖学术论文平台——领跑者5000(F5000)年度论文。

完成北京冬奥会科技支撑项目《林火无人机监测》专刊组稿，筹办森林碳汇、重大林业灾害防控专栏或虚拟专题。召开《林业科学》专家咨询座谈会，推出一流期刊建设新举措。举办"结构化森林经营——创新之旅"学术讲座。承担国家林草局"提升林草科技期刊整体实力的对策研究"项目，完成《中国林草科技期刊概况及论文分析报告》。持续开展生态公益活动，向中国绿化基金会捐出5230元，支持"幸福家园(网络植树)"公益项目，建立了中国网络植树《林业科学》主题林，发挥期刊在生态文明建设中的引领和示范作用。

【2021年学科发展研究】 发布2020年林草科技十件大事。召开学术工作座谈会，征集出版《中国林业优秀学术报告2020》，启动《林学名词术语》团体标准制定，开展新时代林草科技管理体系及能力研究，加强自然教育、科普传播、林下经济、古树名木和栎类创新团队建设，提升学术工作能力和水平。

人才奖励 组织开展两院院士候选人推选工作，向中国科协推选费本华等7人为2021年两院院士候选人。

组织开展梁希奖评选工作 完成第十二届梁希林业科学技术奖评选，评出获奖项目138项；完成第十届梁希科普奖评选，评选出获奖项目(人物)21项(名)；完成第十届梁希优秀学子奖评选，评出获奖者51名。

组织实施青年人才托举工程 完成第五届青年人才托举工程(以下简称青托工程)项目年度任务，遴选出2名第六届青托工程对象，完成第七届青托工程申报，持续跟踪服务青托工程托举对象。

开展专业技术人才知识更新与职业技能培训 举办人力资源和社会保障部专业技术人才知识更新工程2021年高级研修项目(木材加工领域、草原领域)。

【科技成果评价与标准建设】 按照中国林学会科技成果评价管理办法和团体标准管理办法，全年评价了100余项科技成果，受到高校、科研院所专家团队广泛认可。全年制定发布23项团体标准，助力构建高质量发展的林草行业团体标准体系。受全国绿化委员会办公室委托，承担并继续完善《古树名木保护条例》立法起草工作。受国家林草局改革发展司委托，编制《林下经济发展技术指南》，巩固拓展脱贫攻坚成果，促进与乡村振兴的有效衔接。受河北省三河市委托，制定三河市林下经济发展规划。组织编写《汉英-英汉林草常用词汇和用语》，收录词汇3万余条，规范和统一林草对外交流常用词汇和用语。

【分支机构与会员服务】 研究制定《关于进一步加强分支机构管理的意见》，召开分支机构管理工作会议，推进分支机构管理规范化。制定《加快会员发展 强化会员服务的暂行规定》，大力发展个人会员，落实会员主体的权利与义务，优化升级会员系统，完善会员系统开发，增强会员信息化精准服务。

【粤港澳大湾区生态保护与生态系统治理高端学术研讨会】 于11月7~8日在广东省广州市召开。理事长赵树丛，副理事长兼秘书长陈幸良，副理事长、中国林科院院长刘世荣，广东省林业局党组书记、局长陈俊光，香港渔农自然护理署助理署长叶彦，澳门市政署市政管

理委员会官员关诗敏出席会议并致辞。会议由分布在广州和北京的7个分会场组成，来自全国林草相关单位的600余位代表参会。

开幕式上，中国工程院罗锡文、金涌、王浩、蒋剑春和中国科学院于贵瑞5位院士作大会主旨报告，23位知名专家作专题报告，报告聚焦粤港澳大湾区建设中面临的生态环境问题、生态文明建设的新思路等提出相关解决措施和前瞻性对策建议，为推动粤港澳大湾区绿色生态高质量发展集智献策。开幕式结束后，举行了专家对话会，5位专家分别就粤港澳大湾区生态保护与生态系统治理科研进展或前沿问题进行了详细阐述和深度交流。

大会还发布了由中国科协生态环境联合体、中国林学会撰写的《粤港澳大湾区生态环境保护与生态系统治理智库报告》。报告指出了粤港澳大湾区生态环境保护与生态系统治理面临的六大问题和挑战，并提出了推进粤港澳大湾区生态环境保护与生态系统治理的8条政策建议。

粤港澳大湾区生态保护与生态系统治理高端学术研讨会

（中国林学会由林昆仑供稿）

中国野生动物保护协会

【综　述】 2021年，在国家林草局和中国科协的正确领导下，中国野生动物保护协会（以下简称“协会”）以习近平新时代中国特色社会主义思想为指导，紧紧围绕国家生态文明建设的总体部署和要求，以野生动物保护为中心任务来谋划和开展工作，切实发挥好联系政府和社会的桥梁和纽带作用，深入开展野生动物保护科普宣传教育，广泛动员社会各界参与支持野生动物保护工作，为中国野生动物保护事业作出了应有的贡献，树立了良好的社会公益形象。

协会建设　在网站和微信公众号上同步更新协会和社会信息。截至12月，协会官网2021年累计发布各类信息357条。新增设野生动物影像欣赏板块，其中《看四季》栏目视频共计发布40集，《你好大熊猫》栏目视频共计发布24集，《科普动画》栏目视频共发布12集；增设《动物世界》《人与自然》《秘境之眼》等相关野生动物栏目链接；微信公众平台2021年共发布214期，发文734篇，文章累计阅读次数160余万次，累计阅读人数110余万人，关注量达9.4万人；自9月20日起，协会微信公众号平台推出《中国野鸟日历》，每日一篇，以日历形式科普各种野生鸟类的保护级别、种群特征和生活习性。

组织召开协会2021年分支机构工作会议，传达加强社团管理相关文件精神，解读管理规定等。

学术会议　11月2~5日，通过线上线下结合的方式在成都举行亚欧两栖爬行动物多样性与保护国际学术大会暨中国动物学会两栖爬行动物学分会2021年度学术大会，就两栖爬行动物多样性调查研究、保护理论和方法等方面取得的成果、未来工作方向和重点展开探讨交流。

国际交往　继续保持与协会加入的国际狩猎和野生动物保护理事会（CIC）、野生动物保护联盟特别工作组（UFW）交流合作，及时掌握国际相关信息，为主管部门提供相关建议。

9月3~11日，参加世界自然保护联盟（IUCN）世界自然保护大会（WCC）。

科普活动　围绕联合国《生物多样性公约》缔约方大会第十五次会议（COP15）开展系列宣传活动，出版《中国鹤》图书，该书经国家林草局推荐，作为《生物多样性公约》第十五次缔约方大会用书；根据云南亚洲象北移南返的故事原型，指导并支持有关单位出版发行儿童书籍《大象的旅程》、科普图书《观象》，并成功入选COP15推荐读物；联合中国林业出版社等单位拍摄制作了《云南北移象群处置工作纪实》《象往之路》等科普宣传片，其中《象往之路》在COP15会议期间播放；发布《我们的未来在于此刻的行动》《拒绝走私　保护全球生物多样性》系列公益海报，并邀请郎朗、黄轩、杨紫和王一博为COP15大会发声，呼吁公众积极参与保护生物多样性。

开展系列品牌活动，包括第8个“世界野生动植物日”科普宣传活动、“爱鸟周”系列科普宣传活动、“保护野生动物宣传月”系列科普宣传活动、第九届“国际雪豹日”公益宣传活动、“播绿行动”野生动物保护知识进校园、进社区活动、2021年保护候鸟志愿者“护飞行动”，在全国28个省（区、市）的178个单位开展生物安全及公共卫生科普宣教活动。

参与制作《看春天》《看夏天》《看秋天》《看冬天》第二季，并在CCTV9、央视频等中央媒体播放。

4月6日，在北京玉渊潭公园举办了“春暖玉渊　万物生辉”玉渊潭公园第二届生态科普摄影展。

党建强会　在国家林草局绿色党建、中国科协科技社团党建微信公众号，《协会党建动态》杂志、中国科协党史教育网站等媒体进行协会党史学习教育宣传报道，截至12月，在上述各类媒体发稿40余次。

在中国科协组织的“百年党史·百家学会”党史知

识竞赛中获得“优秀组织奖”，并在中国科协全国212家学会党史教育工作数据排名中获得第三名。

会员服务 3月25日，联合国际野生物贸易研究组织在北京举办“野生动物保护科普宣传培训班”。

7月19~22日，在吉林省珲春市联合主办“野生动物保护管理知识培训班”，学习探讨野生动物保护管理和相关法律法规。

7月30日至8月2日，在黑龙江省伊春市举办“第六期志愿者候鸟保护‘护飞行动’培训班”。

12月24~27日，组织野生动物安全管理线上培训。31家会员单位超2500人通过在线观看直播的形式参加了本次培训学习。

【“世界野生动植物日”科普宣传活动】 3月3日，开展第8个“世界野生动植物日”科普宣传活动，主题为“推动绿色发展 促进人与自然和谐共生”。活动采取线上线下结合的方式，制作“世界野生动植物日”宣传视频，累计播放80余万次；设计印制“世界野生动植物日”主题海报，并邮寄各地专员办和协会开展宣传活动，形成全国联动的良好局面；开展野生动物保护知识线上有奖问答活动，共计5000余人次参与；联合腾讯企鹅爱地球、野生救援通过朋友圈公益广告和H5互动宣传禁止滥食野生动物和拒绝非法野生动物交易，曝光量超一亿次。

【打击野生动植物非法贸易活动】

3月23日，联合世界旅游联盟、国际野生物贸易研究组织在北京举办“旅游行业抵制野生动植物非法贸易自律公约倡议活动”。协会和世界旅游联盟联合发布《旅游行业抵制野生动植物非法交易自律公约》，携程、众信、中青旅等8家旅游行业领军企业签署了自律公约。

3月25日，联合国际野生物贸易研究组织在北京举办“野生动物保护科普宣传培训班”，邀请专家对野生动物保护的政策和网络宣传技巧策略进行讲解，40余人到场参会，2000余人通过线上直播收看本次培训。

9月23日，联合国际野生物贸易研究组织、国际爱护动物基金会、世界自然基金会在北京举办“打击网络野生动物非法贸易互联网企业联盟”2021交流活动，吸纳5家新成员单位，联盟成员增至47家，邀请专家和企业代表作报告，共同探讨国际网络野生动植物非法贸易综合治理，促进生物多样性保护。

与野生救援组织合作邀请演员成龙、杨紫分别以《不做大自然的反派》和《让旅行只留美好，不留遗憾》为主题拍摄野生动物保护公益宣传片和平面海报，在北京、上海等20余个城市进行投放，浏览量超12亿人次。

联合武汉大学环境法研究所、自然资源保护协会举办6期“野生动物保护良法善治”系列研讨活动，邀请国家林草局、农业农村部、中国科学院动物所等单位的领导和专家对野生动物保护形势、政策及法律法规进行解读。活动采取线上直播的形式，每期观看量达上万人次。

【第二届生态科普摄影展】 4月6日，在北京玉渊潭公园举办“春暖玉渊　万物生辉”玉渊潭公园第二届生态科普摄影展。此次展览共展出200余幅作品，涉及公园冬春景观环境、动植物栖息状态、野生动物保护和科普教育等内容，反映了随着生态文明建设的逐步迈进，野生动物的生存环境得到有效改善，逐步构建人与自然和谐共处的美好家园。

【“爱鸟周”系列科普宣传活动】 4月13日，与国家林草局联合主办，北京市园林绿化局、北京市公园管理中心协办，北京植物园、北京市野生动物保护协会承办的全国“爱鸟周”40周年暨北京市2021年“爱鸟周”活动启动仪式在北京植物园举行。启动仪式上，向表演艺术家六小龄童、主持人敬一丹颁发协会公益形象大使荣誉证书；六小龄童宣读了爱鸟护鸟倡议书；北京市园林绿化局发布《北京陆生野生动物名录——鸟类》；与会领导为2021年协会春季保护候鸟“护飞行动”志愿者队伍授旗；在北京植物园举办为期一个月的“爱鸟周”展览，内容包括爱鸟周来历、全国鸟类保护情况、北京市常见鸟类、观鸟方法等。

【分支机构工作会议】 4月19日，组织召开协会2021年分支机构工作会议。组织观看了党史教育纪录片，传达贯彻国家林草局、中国科学技术协会、民政部有关会议文件精神，对《中国野生动物保护协会分支机构管理办法》《中国野生动物保护协会关于加强分支机构管理的通知》进行解读，探讨面对当前野生动物保护工作形势，分支机构如何发挥自身积极作用、推动生态文明建设等议题。

【《你好，大熊猫》保护科普知识短视频】 5月22日是“国际生物多样性日”，协会与中央电视台《动物世界》共同策划制作的30集大熊猫保护科普知识短视频《你好！大熊猫》正式播出，每周一集，在12月17日全部播完，央视累计阅读量超千万，是“我为群众办实事”的一项重要内容。国家林草局、大熊猫国家公园、中国大熊猫保护研究中心、中国科协、学习强国、澎湃新闻等网站均转载播出。

【全国未成年人生态道德教育交流活动】 5月24~28日，在湖北省神农架国家公园举办2021年全国林业和草原科技活动周分会场活动暨全国未成年人生态道德教育交流活动，来自全国17个省(区、市)90余名代表参加了本次活动，探讨保护区自然资源和专业知识与自然教育相结合的途径和方法。

【参与云南北移亚洲象群处置工作】 5月下旬至8月下旬，协会领导带队参与国家林草局北移大象处置工作，蹲守云南一线近3个月指导地方有关部门开展转移安置方案和舆情应对方案编制、象群监测预警、活动轨迹分析研判、沿线群众疏导管控等工作。同时协调邀请资深专家多次在中央广播电视总台《新闻1+1》栏目就象群结构、象群为何向北移动、如何开展安全防范等热点话题进行科学论证分析，并向社会公众科普解答。经过各参

与单位的不懈努力，云南北移象群于8月8日晚8时8分跨过元江大桥顺利返回传统栖息地，人象平安。9月10日凌晨1点整，北移的14头亚洲象安全通过把边江大桥，进入普洱市宁洱县，北移象群安全防范与处置工作取得成功。

【中马大熊猫保护研究合作项目成功繁育幼崽】 5月31日，在中马两国建交47周年之际，协会与马来西亚能源及自然资源部野生动物和国家公园司开展的大熊猫保护研究合作期间旅马雌性大熊猫“凤仪”喜诞第三胎幼崽，被命名为“升谊”。这是我国2021年海外出生的首只大熊猫幼崽，也是继2015年幼崽“暖暖”、2018年幼崽“谊谊”之后，第三只在马来西亚出生的雌性大熊猫幼崽。

【野生动物保护管理知识培训班】 7月19~22日，协会与东北林业大学野生动物与保护地学院在吉林省珲春市联合主办野生动物保护管理知识培训班，来自全国17个省（市）共60名学员代表参加了本次培训，培训期间，就“国家公园为主体的自然保护地体系”“国家公园自然保护地体系实施”“国家公园行政规制”“野生动物保护与人兽冲突”等展开学习讨论。

【中日大熊猫保护研究合作项目成功繁育幼崽】 7月20日，协会与日本国东京都开展大熊猫保护研究合作期间，旅日雌性大熊猫“仙女”再次顺利生产一雄一雌双胞胎幼崽，被命名为“晓晓”（雄）、“蕾蕾”（雌），这是在日本东京都恩赐上野动物园第二次出生的大熊猫幼崽。

【全国第六期志愿者骨干培训班】 7月30日至8月2日，在黑龙江省伊春市举办第六期志愿者候鸟保护“护飞行动”培训班，邀请来自全国的50多名野保志愿者骨干和黑龙江省当地的50多名志愿者代表参加了培训，并有许多志愿者通过线上形式参加培训班课程。协会会长陈凤学、秘书长武明录、国家林草局动植物司副司长万自明等领导以及当地市委领导出席了本次培训班。

【林业草原生态帮扶工作】 2021年7月，协会被国家林草局授予“乡村振兴与定点帮扶工作突出贡献单位”。为积极响应党中央和国家林草局号召，协会已于2019~2020年连续两年共捐款400万元参与林业草原生态帮扶工作，助力脱贫攻坚。按照国家林草局党组要求，2021年协会再次向林业草原生态帮扶专项基金捐款100万元用于支持定点帮扶县生态产业发展。

【中新大熊猫保护研究合作项目成功繁育幼崽】 8月14日，协会与新加坡保育集团开展大熊猫保护研究合作期间，旅新雌性大熊猫“嘉嘉”首次诞下幼崽，此为中新双方经过9年的合作首次成功繁育幼崽。新加坡总理李显龙通过社交媒体发文祝贺。12月29日，副总理韩正与新加坡副总理王瑞杰共同视频出席了大熊猫幼崽命名仪式，并共同揭晓大熊猫幼崽名字“叻叻”。

【出版《中国鹤》图书】 《中国鹤》是国内第一部全面介绍中国九种野生鹤生存状况及保护成果的科普摄影中英文双语画册，是中国鹤类生存状况及保护成果的真实记录。该书经国家林草局推荐，作为COP15大会用书，COP15大会筹备工作执行委员会办公室来函感谢。

【世界自然保护联盟（IUCN）世界自然保护大会（WCC）】 9月3~11日，协会参加了世界自然保护联盟（IUCN）世界自然保护大会（WCC），全程参与IUCN主席、司库、科学委员会主席和区域理事等重要职位的选举投票工作，以及审议大会128个动议，同时配合国家林草局国际合作司开展有关议题研究及跟进，履行会员职责。

【“播绿行动”——野生动物保护知识进校园、进社区活动】 9月21日，在北京市朝阳区双合街道社区开展“播绿行动”——野生动物保护知识进社区活动。通过发放科普折页、图书、物料等方式，向社区公众介绍野生动物保护知识，传播尊重自然、顺应自然、保护自然的生态文明理念。

10月20日和25日分别在北京第一师范学校附属小学和北京分司厅小学举行“播绿行动”——野生动物保护知识进校园活动，累计3100余名学生通过线上线下参与本次活动。通过野生动物图片展、野生动物保护科普图书和野生动物知识讲座向学生和老师普及野生动物保护知识，启迪未成年人发现和欣赏自然之美。

【发布《我们的未来在于此刻的行动》系列公益海报】 9月26日，联合野生救援（WildAid）、《中国环境报》联合发布《我们的未来在于此刻的行动》系列公益海报，邀请郎朗、黄轩、杨紫和王一博为COP15大会发声，呼吁公众积极参与保护生物多样性。该广告从9月底开始陆续在北京、昆明、上海等10个城市的机场、高铁站、公交站等热点地区进行投放，浏览量超7亿人次。

【麋鹿、野马种群扩散与扩大放归专项】 9~10月，在内蒙古大青山国家级自然保护区放归27头麋鹿和12匹野马。放归活动被中央电视台财经频道、新闻频道、《人民日报》、新华社、央视网、《中国日报》、中国新闻、环球网、《中国绿色时报》、中国林业网、《环球时报》、《新京报》等近百家媒体或网站转载报道，各平台关注阅读量近亿次。

【发布《拒绝走私，保护全球生物多样性》系列公益海报】 10月9日，联合中国海关及多家NGO组织联合发布《拒绝走私，保护全球生物多样性》系列公益海报，在交通枢纽和边境口岸投放，预防出入境旅客及快递物流、互联网商家等相关人员走私濒危物种及其制品，维护全球生态环境安全、促进人与自然和谐共生。

【“国际雪豹日”公益宣传活动】 10月23日，主办第九届“国际雪豹日”公益宣传活动。通过主题分享互动、共同倡议、布设摄影展等活动向全社会宣传普及我国雪豹保护的成果，展示雪豹研究的最新动态，提升公众对雪豹及其栖息地保护的关注和支持。中国林业网、腾讯网、《中国绿色时报》等网站和媒体对此进行了报道。

【出版《大象的旅程》《观象》书籍】 根据云南亚洲象北移南返的故事原型，指导并支持贵州人民出版社、北京蒲公英童书馆、中国林业出版社等单位出版发行了儿童书籍《大象的旅程》、科普图书《观象》，并成功入选COP15大会推荐读物。《大象的旅程》获得了2021年第四届大鹏自然童书奖年度传播奖、《中国教育报》2021年度教师推荐的十大童书、当当网2021年度最具创新力奖等奖项。

【《云南北移象群处置工作纪实》《象往之路》等科普宣传片】 为真实反映我国野生动物保护工作者在云南开展亚洲象处置所做的工作及近些年我国在亚洲象保护方面取得的成果，联合中国林业出版社等单位拍摄制作了《云南北移象群处置工作纪实》《象往之路》等科普宣传片，《象往之路》于10月11~15日在COP15大会期间播放。

【调研评估云南其他亚洲象群扩散情况】 指导地方有关部门对向南移动并滞留中科院西双版纳热带植物园的象群进行监测和人为干预，并对亚洲象活动区域内的玉磨铁路安全运行风险进行评估、开展亚洲象适宜栖息地改造论证等，撰写了专项调研报告转呈主管部门阅研。

【亚欧两栖爬行动物多样性与保护国际学术大会】 11月2~5日，亚欧两栖爬行动物多样性与保护国际学术大会暨中国动物学会两栖爬行动物学分会2021年度学术大会通过线上线下结合的方式在成都举行，交流两栖爬行动物多样性调查研究、保护理论和方法等方面取得的成果，探讨未来工作方向和重点。

【2021年保护候鸟志愿者"护飞行动"】 经过组织和选拔，在全国各地招募了100支护飞队伍，联合执法部门，根据鸟类迁徙情况，深入乡间开展候鸟栖息地巡查、救助受伤鸟类、发放爱鸟护鸟宣传资料。截止到11月14日，护飞队伍累计开展活动2000多次，直接参加护飞行动的志愿者超过13 000人次。志愿者救助野鸟1万多只，协助执法部门拆除鸟网、鸟笼等捕鸟工具6000多件，开展科普、普法讲座及展览163场，向执法部门提供举报线索744条，发放宣传册、宣传单等各种形式的护飞资料8万余份。新华网、央广网、《人民日报》等100多家各级各地媒体累计报道转发护飞行动消息300余条。国家林草局把志愿者"护飞行动"作为加强野生动物保护的一项重要内容写入《"十四五"林业草原保护发展规划纲要》中。

1~8月，新发展注册志愿者862人，2017年至今累计发展注册志愿者5991人。

【"野生动物云博馆"共建工作】 截至11月18日，"野生动物云博馆"共有12个国家级自然保护区及数十名"铁杆"志愿者参与，经《动物世界》栏目组审核并发布短视频102条，累计播放量为19 348次。

【"保护野生动物宣传月"系列科普宣传活动】 11月20日，开展"保护野生动物宣传月"线上系列科普宣传活动，发布《在野外，遇见大型猛兽怎么办?》和5部《野生动物生物安全科普动画》，开展线上有奖知识问答活动，向公众普及野生动物保护知识。《在野外，遇见大型猛兽怎么办?》通过动画的形式讲述了如何科学在野外防治人兽冲突，保障人身和财产安全。《野生动物生物安全科普系列动画》——大天鹅篇、麋鹿篇、浣熊篇、豹猫篇、岩羊篇，向公众讲述上述5个物种的基本知识、保护级别、携带的病原体及防控知识。

【与英国苏格兰皇家动物学会开展大熊猫保护研究延期合作】 经批准，12月3日，协会与英国苏格兰皇家动物学会签署了为期两年的大熊猫保护研究合作的延期协议。

【野生动物安全管理线上培训】 12月24~27日，组织开展了野生动物安全管理线上培训。31家会员单位超2500人通过在线观看直播参加了本次培训学习，进一步规范中国野生动物园的野生动物安全管理工作，提高了从业者的安全管理水平和技能，促使野生动物安全管理工作逐步走向制度化、规范化。

【生物安全及公共卫生科普宣教活动】 在全国28个省(区、市)的178个单位开展生物安全科普活动，通过张贴海报和挂图、播放《野生动物生物安全科普系列动画》、发放宣传折页等形式，向公众普及野生动物疫源疫病和生物安全科普知识。

【鹤类同步调查】 组织2020~2021年全国越冬鹤类种群数量的同步调查，来自全国71家单位的800多名调查人员，对全国23个省(区、市)的134处鹤类越冬分布区进行了同步调查，根据调查结果编写《中国鹤》图册并开展鹤类保护宣传活动。

【撰写《科学家论保护》系列科普文章】 2021年共发表15篇《科学家论保护》系列科普文章，介绍中国的东黑冠长臂猿、穿山甲、扬子鳄等野生动物保护情况，在科学传播专家团队网站、协会微信公众号和《中国绿色时报》等平台发布。

【参与制作《看四季》栏目第二季】 自2020年协会策划摄制并于CCTV-9播出了《看春天》《看夏天》《看秋冬》栏目。2021年，协会继续参与制作了《看春天》《看夏天》《看秋天》《看冬天》第二季，并在CCTV-9、央视频等中央媒体播放，抖音、B站等新媒体转载。

【勐海-澜沧亚洲象隔离种群转移安置专项】 2021年，对象群持续不断地监测预警，并运用脉冲电围栏和食物引导的方式将4头肇事突出、安全风险高的成年雄象引入临时管控区(现临时管控区内有5头亚洲象，其中1头为勐腊肇事雄象)，之后象群再也未进村入寨，缓解了人象冲突，保障了当地人民群众的生命财产安全。据不完全统计：1~10月，该象群采食农作物造成的损

失仅为上年同期的 2.61%。肇事造成农作物损失补偿金额同比下降 97.4%。

通过对临时管控区内 5 头雄象 24 小时不间断地监测，记录了丰富的数据、影像资料。脉冲电围栏测试和使用后，还成功应用到云南北移象群的临时管控。

【实施人与自然关系失衡研究试点项目】 2021 年，参与了福建、广东、江西、河北、山西、陕西等试点省防控野猪危害综合试点方案评审工作。同时，搜集整理了各试点省野猪危害情况图片、视频及新闻报道等资料，为后续研究制定防控野猪致害措施提供基础资料。

【实施赛加羚羊栖息地恢复及重引入前期准备项目】 为恢复并重建国内赛加羚羊种群数量，提升种源繁育技术，在 2019~2020 年连续实施赛加羚羊项目的经验基础上，2021 年继续联合北京林业大学启动赛加羚羊重引入区域的动物生态地理学途径调查和分析、重引入区域的自然和社会因子综合调查和可行性分析等内容。

【麝类保护繁育与利用国家创新联盟】 2021 年，麝类保护繁育与利用国家创新联盟继续深入基层开展科技下乡、技术辅导等工作，重点在麝类寄生虫疾病防治领域开展科研攻关。联盟申报的“林麝人工繁育种群的优质种质资源评价体系研究项目”列入 115 项 2021 年度林草国家创新联盟自筹研发项目名单；联盟理事单位参与的“天然麝香产业化项目”分别获第三届“赢在昭通”创新创业大赛金奖、第八届“创青春”中国青年创新创业大赛全国总决赛银奖、第四届“中国创翼”创业创新大赛三等奖。

（中国野生动物保护协会由李雅迪供稿）

中国林业教育学会

【综　述】 中国林业教育学会系国家一级学会，成立于 1996 年 12 月，是学术性、科普性、公益性、全国性的非营利性社会团体。学会由教育部主管，业务挂靠国家林业和草原局，秘书处设在北京林业大学，专职工作人员 4 人。团体会员单位 207 个，覆盖全国设有林科专业的本科院校、科研机构和高职高专院校。涵盖 70 余个各级政府主管部门、20 家涉林企业、20 个基层林业管理部门和部分林区中小学。学会网址：http://www.lyjyxh.net.cn，会刊《中国林业教育》。截至 2021 年底，中国林业教育学会共有理事 172 人，常务理事 50 人。2021 年，中国林业教育学会紧密围绕林草教育开展各项工作，召开五届六次理事会、五届八次常务理事会、秘书长工作研讨会；承担 5 项学术研究项目，累计经费 82 万元；主办“创新・兴林”全国农林院校林科优秀学子学术论坛，开展“奋进百年　绿染华夏”林草科学家精神宣讲系列活动、“基于自然的解决方案”青年行动等；编辑出版《中国林业教育》正刊 6 期。

【组织工作】 3 月，学会以通讯会议形式召开学会五届八次常务理事会议，全面总结 2020 年工作，部署推进 2021 年重点工作。7 月，在宁夏银川召开中国林业教育学会 2021 年工作研讨会，总结学会上半年工作，部署推进下半年工作任务落实，研讨学会换届筹备工作，组织开展林草科学家精神宣讲实践活动，组织学习规范化办会政策规章制度。11 月，学会以通讯形式召开学会五届六次理事会议，提请审议延期至 2022 年上半年召开第六次会员代表大会。

【学术研究】 完成学会“十三五”期间承担的 4 项国家林草科普项目的结题验收工作，新申报获批国家林草软科学项目 1 项、林草科普项目 1 项，中国林学会科普项目 1 项；完成新农科实践项目进展报告；编撰《生态文明视域下的林业学科高等教育改革创新研究》入选《中国特色生态文明建设与林业发展报告（2020~2021）》，由社会科学文献出版社出版；组织编辑《“科技装扮绿水青山　创新助力乡村振兴”十校两院大学生实践活动优秀调研报告选编》，由中国林业出版社出版；组织完成《三北工程生态文化体系研究报告》。

【学术会议】 首次与北京林业大学联合主办“创新・兴林”全国农林院校林科优秀学子学术论坛，线上线下共计 2500 余名师生积极参与，来自全国 20 个农林院校的 125 名学生在各分论坛中进行了学术汇报分享交流；与中南林业科技大学联合举办自然教育课程建设研讨会，会议采用“线下+线上”相结合的方式举行，共有来自国内 20 多所高校、科研院所、自然教育机构的 200 余名专家学者对自然教育专业化发展和专业课程建设进行了深入研讨和交流。

【科普活动】 参与举办国家林草局 2021 全国林草科普活动周启动仪式，完成主会场大学生科技调研成果展、林草科学家精神宣讲团授旗工作；开展“奋进百年　绿染华夏”林草科学家精神宣讲系列活动，组建由 8 所农林院校师生构成的过百人的宣讲团于 5~11 月在全国范围内举办了 50 余场形式多样的宣讲活动，征集优秀宣讲微视频 15 个、制作宣讲 PPT 20 个，发布《弘扬梁希科学精神倡议书》，活动线上线下累计参与达 60 余万人次。开展“基于自然的解决方案”青年行动，支持 11 所院校的 14 个社团近百名大学生开展山水林田湖草沙系统治理、水资源保护、绿色社区创建等主题调研。开展学术大师绿色讲堂活动。举办学术大师绿色讲堂院士报告会 1 场次，线上线下约 2000 余名林草院校师生参与观看。

【服务林草教育培训领域中心工作】 启动开展国家林草局重点学科检查验收和申报工作；学会完成国家林草局领导开展共建院校调研的工作方案并提交国家林草局人事司审议，该项工作计划通过实地调研、座谈会等方式展开相关调研工作，并形成调研报告，为下一步深化院校共建工作提出政策建议；完成全国林草人才发展及教育培训“十四五”规划(高等教育部分)编制工作，为规划出台提供支持；坚持选树林科优秀毕业生先进典型，完成2021届林科优秀毕业生遴选工作，促进林草专业大学生就业创业，组织全国30名(研究生、本科、高职)林科优秀毕业生和120名优秀毕业生的推荐和进校园宣讲宣传工作；充分发挥支撑作用，完成国家林草局教育培训处交办的关于林草高等教育发展动态、政策实施和信息咨询等相关支撑服务工作，为林草教育高质量发展发挥提供有力保障。

【分会特色工作】

成教分会 组织国家林草局人才中心、中国林科院、中国林学会、北京林业大学、广西生态工程职业技术学院、辽宁生态工程职业学院等会员单位开展《“十四五”林业草原人才发展和教育培训规划》编制；完成局科技司课题“林草行业主要管理干部培训大纲研究”，在山东农业大学、福建农林大学、贵州省林业学校等多家会员单位的积极参与和共同努力下，及时梳理研究成果，形成针对性强的研究报告和政策建议报告；发挥成教分会学术交流平台作用，充分开展调查研究，开展局科技司课题“国有林区人才队伍建设研究”工作，为解决国有林区转型发展中面临的人才困境提供思路与建议；积极推动成人教育分会第五次会员代表大会筹备工作。

职业教育分会 完成林草类职业教育专业简介和教学标准制修订工作，促进林草职业院校教学质量不断提高；组织林草新专业、重点专业开发及申报，积极引导职业院校专业设置与行业发展对接，拟订《国家林业和草原局重点专业建设管理暂行办法》，加强对林草重点专业管理，促使林草专业建设更好地适应行业发展需求；指导和推动林草类专业的课程、师资、教材、实验实训等教学资源建设，按照教育部要求组织相关院校申报“十四五”首批职业教育国家规划教材，协助建设局重点规划教材，组织开发林草新兴和交叉专业类教材和课程，遴选林草职业教育优秀课程和教学成果；开展第三届全国林业和草原教学名师宣传活动。

教育信息化研究分会 适应“互联网+”和教育信息化发展的新形势，组织会员单位深入研究林业特色网络课程建设；进行相关专项课题申报工作；推动涉林涉草高校开展优质在线教育资源开放共享。

高教分会 强化学术研究，推动新林科建设。完成中国高教分会专题研究课题，与林学类专业教指委、林业专业学位教指委联合开展学术交流活动，推动一流专业建设，提升专业学位教育质量。

毕业生就业创业促进分会 完成2021届林科优秀毕业生遴选工作，举办相关宣传活动，促进林草专业大学生就业创业，组织全国30名(研究生、本科、高职)林科优秀毕业生和120名优秀毕业生的推荐和进校园宣讲宣传工作，通过《中国绿色时报》进行整版宣传报道。

自然教育分会 12月，自然教育分会联合国家林业草原森林旅游工程技术研究中心、湖南张家界生态旅游国家长期科研基地，在中南林业科技大学举办“2021中国林业教育学会自然教育分会年会暨自然教育课程建设研讨会”，来自国内20多所高校、科研院所、自然教育机构的200余名专家学者参与了研讨和交流。启动湖南南山国家公园自然教育专题项目，项目内容包括自然教育课程开发和活动策划、师资培训和自然教育基地规划，总预算为60万元，实施周期为3年。自然教育分会联合中南林业科技大学、湖南师范大学以及多家自然教育机构，承担了《湖南省自然教育体系建设规划》的编制工作；服务广东梧桐山国家森林公园自然教育二期项目。

(中国林业教育学会由康娟、田阳供稿)

中国花卉协会

【综　述】 2021年是“十四五”开局之年，也是中国花卉协会脱钩之年。协会围绕国家林业和草原局中心任务，结合党史学习教育活动，积极推动花卉业高质量发展。

【完成《全国花卉业发展规划(2021～2035年)》编制任务】 经过一年多的积极努力，在广泛征求各省(区、市)花卉协会、中国花卉协会各分支机构意见的基础上，多次组织实地调研、讨论交流、重点研究，专家评审与论证，形成了《全国花卉业发展规划(2021～2035年)》(报批稿)上报国家林草局审定。

【起草《推进花卉业高质量发展的指导意见》】 受国家林草局生态司委托，承担《推进花卉业高质量发展的指导意见》起草任务。这是我国花卉业发展的第一个指导意见。协会组织召开启动会议和专家座谈会，并广泛征求各省(区、市)花卉协会和各分支机构意见建议，提出了基本框架和主要内容，明确了工作方案和时间要求。

【国家花卉种质资源库建设】 花卉种质资源是花卉产业核心竞争力的关键。为加强花卉种质资源收集、保存和利用，修改完善了《国家花卉种质资源库管理办法》；通过组织申报与专家评审，确定第三批国家花卉种质资源库32个，上报国家林草局审核批准；建立了国家花卉种质资源库信息管理平台，启动线上申报，逐步实现信息化管理。

【出版《2021年全国花卉产销形势分析报告》】　为全面研判花卉产销形势，组织召开全国花卉产销形势分析会议，结合年宵花市场情况调查，分析2021年疫情下花卉产销发展趋势，提出对策措施，形成了《2021年全国花卉产销形势分析报告》，为全国花卉生产和销售提供重要参考依据。

【编写《2020年中国花卉产业发展报告》】　《中国花卉产业发展报告》收录2019~2020年全国花卉科研教育、生产经营、市场流通、花卉消费等信息，深入分析制约花卉业发展的主要问题，提出了对策措施，为政府宏观指导和企业生产经营等提供决策依据。

【编印《2020年我国花卉进出口数据分析报告》】　为进一步研究花卉进出口发展规律，探寻我国花卉贸易市场趋势，依据海关总署提供的2020年花卉进出口相关数据，经整理分析形成《2020年我国花卉进出口数据分析报告》，为指导我国花卉生产和贸易提供了重要信息。

【花卉标准化工作】　召开第三届全国花卉标准化技术委员会成立大会。审议通过了《全国花卉标准化技术委员会章程》《秘书处工作细则》《全国花卉标准体系》等；公开征集2020~2025年全国花卉标准制定修订计划项目，完善花卉标准体系；完成《月季切花等级》等3项国家标准发布；申请《主要切花采后处理》等6项国家标准和《郁金香》等3项行业标准制定修订任务；制定了《中国花卉协会团体标准制修订管理办法(试行)》和《中国花卉协会团体标准经费管理办法(试行)》，向国家标准化管理委员会履行了注册手续，使花卉标准化工作进入了一个新阶段。

10月12日，第三届全国花卉标准化技术委员会在北京成立

【组织编写《中国花文化》】　《中国花文化》是中国生态文化系统丛书之一。组织召开专家研讨会，对初稿进行评审，在全国范围内征集插图，丰富文化内涵，确保质量水平。经与人民出版社沟通，提交《中国花文化》出版选题表，基本完成出版前编撰任务。

【2021年扬州世界园艺博览会】　2021年扬州世界园艺博览会(B类)(简称“扬州世园会”)经国际园艺生产者协会(AIPH)批准，由国家林业和草原局、中国花卉协会和江苏省人民政府主办，扬州市人民政府承办，于4月8日至10月8日在扬州市枣林湾举办。全国人大常委会副委员长曹建明，全国政协原副主席、中国花卉协会名誉会长张梅颖，全国政协人口资源环境委员会主任李伟，江苏省委书记、省人大常委会主任娄勤俭，江苏省委副书记、省长吴政隆，中国花卉协会会长江泽慧，国家林业和草原局副局长彭有冬等出席开幕式并启动开幕，AIPH主席伯纳德视频致辞。扬州世园会以“绿色城市，健康生活”为主题，呈现了一届具有“时代特征、国际水准、中国特色”的国际盛会。本届世园会建造室外展园60余个，线上线下累计接待游客近220万人次，组织举办各类活动约1800场。

【第23届中国国际花卉园艺展览会】　由中国花卉协会主办的第23届中国国际花卉园艺展览会于4月17~19日在上海举办。本届展览会面积4万平方米，来自中国、德国、荷兰、丹麦、瑞典、拉脱维亚、爱沙尼亚、日本、比利时、以色列、法国、美国、芬兰、希腊、韩国、意大利等18个国家、地区的近700家企业参展，吸引4万多名专业观众入场参观。展会期间，还举办了2021年中荷园艺发展论坛、中国花境公益大讲堂、花园中心论坛、温室园艺技术开放论坛等多项活动。

【第十届中国花卉博览会】　在全国绿化委员会、财政部、海关总署的大力支持下，由国家林业和草原局、中国花卉协会和上海市人民政府共同主办的第十届中国花卉博览会于2021年5月21日至7月2日在上海市崇明区举办。中央政治局委员、上海市委书记李强，全国人大原副委员长、中国花卉协会名誉会长陈至立，国家林草局局长关志鸥，中国花卉协会会长江泽慧，上海市市长龚正等领导出席并启动开幕，有210名副省部级领导参观了花博会。本届花博会以“花开中国梦”为主题，园区总面积10平方千米，入园参观人数达212.6万人次。网上观展人数达2408万人次，举办各类活动近千场。

5月21日，第十届中国花卉博览会在上海开幕

【第十一届中国生态文化高峰论坛】　由中国花卉协会和中国生态文化协会共同主办的第十一届中国生态文化高峰论坛于5月22日在上海崇明区召开。论坛主题是“花开中国梦，花惠新生活”。江泽慧会长出席并作主旨报告，全国政协常委、国家林业和草原局副局长刘东

生，上海市政协主席董云虎出席并致辞，赵良平副会长宣读第十届中国花博会科技成果奖获奖名单。来自全国的200多位代表参加论坛。邀请上海市崇明区委书记李政，上海市花卉协会会长、上海市农业科学院院长蔡友铭，中国花卉协会绿化观赏苗木分会会长郑勇平，中国花卉协会零售业分会副会长、云南禾韵集团总裁飞雪梅，中国花卉协会花文化分会会长、上海交通大学创新设计中心主任周武忠等5位嘉宾作专题报告。江泽慧会长主旨报告阐述了中国花文化内涵及其与生态文化的关系，中国花文化的发展、推广和发展战略，特邀专家分享了与中国花文化相关的观点和故事，对于弘扬优秀花文化，促进花卉产业发展，传播生态文明理念等具有重要意义。

【积极筹备2024年成都世界园艺博览会（B类）】 2024年成都世园会（B类）经国际园艺生产者协会（AIPH）线上考察，于2021年1月18日得到批准。秘书处与成都市商议举办协议，明确职责与任务分工，成立了筹备机构，提出了总体规划方案，启动招商招展工作。在2021扬州世园会闭幕式上，江泽慧会长将国际园艺生产者协会会旗授予成都市副市长刘玉泉，正式进入成都世园会筹备阶段。

【确定第十一届中国花卉博览会举办城市】 协会组织专家组对申办城市实地考察，提出考察报告；6月18日，组织召开第十一届中国花卉博览会举办城市评定会议，通过各省（区、市）花卉协会和各分支机构投票推荐，由申办领导小组根据投票推荐和专家考察情况，研究确定郑州市获得第十一届花博会举办权。首次在花博会闭幕上把会旗授予了下一届举办城市。

【2021年中国（萧山）花木节】 2021年中国（萧山）花木节于3月26~28日在浙江省杭州市萧山区举办。这次花木节以“共建花木数智新时代，共享绿色生态新未来”为主题，来自10多个省、市的200多家花卉企业以及中栋国际花木城400多家企业参展，还举办了第十四届中国园林绿化高峰论坛、第二届全国花木产品（春季）发布会、全国三角梅产业创新论坛暨品种规范名称发布会等活动，有力促进了全国花卉园林界的交流合作。

【分支机构开展多项专业活动】 荷花分会举办了第35届全国荷花展览，茶花分会举办了第12届中国茶花博览会，杜鹃花分会举办了第17届中国杜鹃花展，月季分会举办了第11届中国月季展，盆景分会举办了第3届中国杯盆景大赛，兰花分会举办了首届中国春兰节和中国寒兰博览会，景观分会举办了首届中国国际花景大赛，蕨类分会举办了2021年中国蕨类植物研讨会，绿化观赏苗木分会举办了第十九届中国金华花卉苗木博览会等多项专业花事活动。

【花卉信息宣传】 2021年中国花卉协会网站更新信息168条，协会网站总访问达973万人次；微信公众号关注人数约1.3万人次，微信推文168篇，进一步加大行业宣传指导。《中国花卉园艺》杂志创刊20周年之际，江泽慧会长亲自题词：“开启新征程，共圆中国梦”，围绕“纪实、创新、科普、文化、文明”办刊理念，高质量出版了图文并茂的杂志12期；组织开展2021年中国花卉园艺短视频大赛，通过中央电视台、《中国绿色时报》等媒体，进一步加大宣传力度，扩大花卉行业的影响。

【中国参展2022年荷兰世园会（A1类）工作】 2022年荷兰阿尔梅勒世界园艺博览会（简称“荷兰世园会”）将于2022年4月14日至10月9日举行。经国务院批准，国家林草局代表中国政府组织参展荷兰世园会，中国花卉协会负责组织实施。召开专家会议，确定参展设计方案，与承办单位签订了参展合同，组建了施工团队；确定运营服务单位，开展招商宣传和活动策划工作；召开参展工作会议，了解荷兰疫情防控政策、制订疫情防控预案；协助第一批施工人员办理签证和施工许可手续；中荷双方签订正式参展协议，发布了“中国竹园”方案；成立了中国参展荷兰世园会组委会，确定中国馆政府代表和副代表人选，为中国参展做好了准备工作。

【英国曼彻斯特桥水公园中国园建设项目】 国家林草局将该项目列入局重点外事工作计划，明确由中国花卉协会和国际合作交流中心负责推动。克服疫情影响，中英双方共同成立工作小组，召开线上工作会议，研究推进事宜，在中国园概念性设计方案、中英双方签署合作备忘录、月桥湖命名立石等有关工作取得了积极进展。

【组织参加2021年AIPH春季和秋季会议】 协会成功推选北京农学院校长周剑平担任国际园艺生产者协会（AIPH）副主席，组织扬州市和成都市代表参加世园会专题汇报工作，协助AIPH开展世界绿色城市评选活动。

【积极推荐国内企业参与国际种植者评选】 协会选拔推荐贵州水湄园艺有限公司、湖北万千花境园艺有限公司、河南四季春园林艺术工程有限公司3家企业参加国际园艺生产者协会组织开展的2021国际种植者评选。

【巩固扶贫成果】 为响应国家战略，推进脱贫攻坚成果与乡村振兴有效衔接，协会继续为定点扶贫县河南省南召县参加上海国际花展提供免费展位，宣传推介南召县玉兰特色产品和花木发展情况；组织南召县代表团赴上海观摩第十届中国花博会，加强与上海市花卉企业的对接，帮助南召县巩固扶贫成果。

【换届工作】 按照协会换届要求，成立了协会换届领导小组，制订了换届工作方案，换届领导小组、理事、常务理事、监事会、负责人产生办法，修改了章程等相关换届文件，上报中央和国家机关工委审核通过；各省（区、市）花卉协会、分支机构及有关单位推荐了理事、常务理事以及有关负责人人选，初步拟定了新一届理事会负责人人选名单。

【提高会员服务水平】 优化中国花卉协会会员发展与服务系统，推进会员注册登记审核工作，拓展会员发展宣传渠道，大力发展新会员，加强信息资源共享，会员服务和管理工作得到进一步加强。2021 年度新注册会员 332 个，现有有效会员总数 1500 多个。

【规范分支机构管理】 完成 2020 年度分支机构考核。召开蕨类植物分会第六届会员代表大会，完成蕨类植物分会换届工作。启动了桂花分会换届筹备工作。开展分支机构会徽和微信公众号使用情况调查，进一步规范使用管理。 （中国花卉协会由马虹供稿）

中国林业产业联合会

【综 述】 2021 年，是中国林业产业联合会应对脱钩和走向市场的应考之年，按照民政部、国家林草局的总体部署和要求，中国林业产业联合会(以下简称联合会)，始终围绕我国林业改革发展大局，服务政府、服务企业、服务社会，经过各分会和全体会员单位的共同努力，为推进林业产业高质量发展积累了经验，取得了实效。

提高林业产业调研的层次和质量，为林业改革发展大局服务 一是申报了中央党史和文献研究院五年规划重大项目，承担并完成了中共中央宣传部、国家社科基金重大研究课题“塞罕坝精神”，在党史和文献研究院组织的专家评审会上得到高度评价，将收入党的革命精神系列丛书正式出版。二是倡议和推动国务院发展研究中心正式立项了“加强产融研协同创新，推动林业产业高质量发展”课题。作为课题组主要成员，拟通过开展座谈调研、生态产业实践等多种形式，找出当前制约林业产业高质量发展的主要矛盾和问题，并提出政策性建议和报告，提交中央领导同志决策参考。三是为培育战略性林业支柱产业，助力乡村振兴，参加了全国政协中国经社理事会、全国老科协开展的杜仲、山桐子、元宝枫、碧根果等高经济价值树种的调研并组织了产业技术攻关和推广。四是开展了林业产业重大问题年度调查研究，编印了《2021 年度中国林业产业重大问题调查研究报告》《2021 年度中国林业产业发展指南》《2021 年度中国林业生物产业发展调查研究报告》和《2021 年度中国林草产业信用建设与创新发展报告》，有效地推进了林草产业健康发展。

积极承担并圆满完成政府指导、支持或交办的有关工作 2019 年，国家林草局正式委托联合会承担国家森林生态标志产品建设工程的具体组织实施工作。在国家林草局发改司的大力支持下，2021 年，该项工作取得突破性进展。一是先后陪同国家林草局副局长刘东生、改革发展司领导赴森标工程运营机构及安徽、湖南、陕西等地开展专题调研，征求各省意见。二是向国家林草局提交了《森林生态标志产品建设工程试点工作总结报告》，根据各方反馈意见，重新修订完善了《森林生态标志产品 食用林产品》《森林生态标志产品标识管理办法》和《森林生态标志产品标识许可实施规则》等相关政策性文件。三是完成了拟于 2022 年全面开展国家森林生态标志产品建设工程的所有准备工作。

在疫情常态化的背景下，一是完成了国家林草局主办联合会承办的中国义乌森博会、第四届中国森林食品交易博览会等多个国家级展会，其中中国义乌森博会得到国家林草局的通报表扬。二是完成了国家林草局发改司组织的赴广西、江西等地的调研和第二批国家林业产业示范园区现场审核的有关任务。

以科技为引领，推进林业产业高质量发展 为推动林业产业高质量发展，2021 年，联合会着力开展了科技赋能林业产业高质量发展有关工作。在国家林草局科技司的指导和支持下，一是成立了中国林业产业联合会国家创新联盟管委会，加强了对联合会发起和推荐的 21 家国家创新联盟的支持和服务。2021 年由中国林业产业联合会推荐的联盟自筹项目中，5 个研发项目得了国家林草局科技司批准。二是以联合会为牵头管理单位联合国家创新联盟成员单位获批组建了山桐子工程技术研究中心和林下药用蟾蜍生态养殖工程技术研究中心，更好地促进林草科技成果转移转化。三是为壮大林业新兴产业，联合中国林学会、中国粮油学会和中国企业评价协会等，先后开展了竹缠绕复合材料技术、生物质气化多联产技术、沉香通体生物结香技术、植物活性成分物理提纯技术等先进技术和成果的鉴定推广工作。其中，沉香通体生物结香技术已在海南、云南等省份得到省领导重视并建立示范试点；生物质气化耦合燃煤技术装备已列入国家重大能源技术装备项目。四是为增强林草业在国民经济中的重要地位，落实国家“双碳”目标，积极探索发展植物新能源和林业资源信息产业，启动了林业碳汇金融服务。联合有关专家和企业开展了超级芦竹品种的选优、组培和试种，取得了重大突破，为我国化石能源替代提供了解决路径，现正向国家林草局科技发展中心申报新品种保护；联合中国科学院空天信息创新研究院和有关企业，开展了林业资源数字集成技术应用和推广，有望形成林业数字新产业。五是开展了林业产业团体标准化建设。作为国标委批准的首批团体标准试点单位，联合会编制并发布了目前社会比较关注的森林生态产品、森林康养基地建设、中国自然教育基地等级划分、高质量油茶籽油生产技术规范等 28 项团体标准，助力林业产业高质量发展。

加快推进中国林产品交易中心建设，着力夯实我国林业大国地位 为打造世界级的林产品交易市场，增强我国林业产业的国际定价权和话语权，9 月，中国林业产业联合会与宁波市人民政府就建设中国林产品交易中心签署战略合作协议，拟在浙江省自贸区宁波片区建设中国林产品交易中心，统筹全国优质森林生态产品品牌资源，着力打造世界级的优质林产品交易市场、大宗林产品交易中心、林产品价格指数等权威平台。2021 年，加快中国林产品交易中心的推进力度。一是协助浙江宁波市政府完成了全国大宗产品交易中心的调研和合作洽谈。二是召集有意参与林产品交易中心建设的重点企业进行了座谈和交流，并征求了意见。三是配合中国国际工程咨询公司完成了中国林产品交易中心的总体建设规划和中国林产品交易中心项目平台公司构建方案初稿，并召开了3次专家论证会。该项目已作为浙江省重点项目。

积极走向市场，构建联合会核心主导业务 按照中央有关要求和贾治邦会长等领导的有关指示，从2021年开始，联合会重点开展了咨询服务、会议展览展示、教育培训、国际交流与合作等民政部批准给联合会的主要核心业务工作。一是先后与广东省南雄市、湖北省神农架林区、河南省南阳市、河北省丰宁县、四川省攀枝花市等人民政府，中国化学工程集团、中国林业物资有限公司、天津泰达集团等单位签订了咨询服务合作协议。主要以国家储备林工程建设为切入点，帮助地方发展林业特色支柱产业，培育林业产业高质量发展链主企业，形成生态化建设的社会经营主体。联合会咨询服务主体业务已经构成。二是为推动社会资本投资林业产业和绿色发展，与香港高通资本集团达成合作。联合会作为战略投资顾问，拟与地方政府共同发起设立以林业产业为主要投资领域的生态文明建设类产业发展基金。重点投资生态保护与修复、国家储备林、木本油料、生物质新能源等产业，为乡村振兴、碳达峰和碳中和等国家重大战略服务。三是主办或参与主办、承办了第三届秦巴山区绿色农林产业投资贸易洽谈会、2021广州国际森林食品交易博览会、中国定州苗木花卉园林博览会、中国（西安）国际林业博览会暨林业产业峰会、中国林草经济发展博鳌大会、中国皂角产业发展大会、中国元宝枫产业发展峰会、第二届全国林草健康产业高峰论坛等大型行业会议，组织举办了中国乌克兰林业产业合作与发展线上交流会。启动了2022年广州森交会、上海森交会、长沙林草产业博览会等相关展会活动的宣传工作。四是经过努力，取得了人社部支持，启动了林业产业相关领域职业资格认证工作。与中林联智库、大象中体文旅、河北冀航科技有限公司等单位，共同开展自然教育、生态体验、林业无人机及林业碳汇领域专业管理人员职业培训。

加强联合会内部建设，提高服务能力 为提高联合会走向市场的服务能力，进一步规范了联合会内部管理制度，制定了“中国林业产业联合会规章制度规范服务体系表”。涉及议事规则、分支机构管理、财务与资产管理等各项规章制度30多项。重新修订了《中国林业产业联合会分支机构管理办法》《中国林业产业联合会分支机构年检管理办法》，并制定了实施细则。按照民政部的要求、联合会领导的指示，加强了对分支机构监测管理并建立了分支机构进出机制。2021年，分支机构能力建设得到进一步加强，森林康养、木本油料、生态药材、油茶分会等分支机构取得了新的成绩，扩大了联合会触角和影响力。同时成立了重大生态工程、碳汇等新领域分会。加强了新媒体开展林业产业宣传的研究和培训，加大了《中国林业产业》杂志合作办刊、开门办刊和横向合作的力度。

【承担完成国家社会科学基金项目“塞罕坝精神”】 为迎接中国共产党建党百年，总结提炼中国共产党在长期奋斗中构建的林业精神，锤炼出鲜明的政治品格，2021年3月，中国林业产业联合会申报中央党史和文献研究院五年规划重大项目、中央宣传部国家社科基金重大研究课题“塞罕坝精神”，联合会组织有生力量，承担大量基础资料收集和编撰工作，为项目圆满完成作出积极贡献。经过反复研讨修改，2021年7月提交项目成果并通过专家评审，获得中央党史和文献研究院评审专家的高度评价，“塞罕坝精神”将收入党的革命精神系列丛书正式出版。

【元宝枫产业发展】 根据元宝枫行业企业要求，2021年6月，由中国林业产业联合会主办，西北农林科技大学、西南林业大学、云南省林草科学院林产工业研究所、中国化学建设投资集团、中顺深圳金控有限公司、深圳市金阳光实业发展有限公司以及云南金枫生物科技有限公司共同承办，在云南曲靖召开中国元宝枫产业发展峰会。峰会以“绿水青山就是金山银山”为主题，旨在促进元宝枫产业高质量发展，进一步从理论、实践和制度层面深刻领会把握“绿水青山就是金山银山”理念，推进元宝枫种植基地快速发展，推进元宝枫生态养殖形成规模，推进元宝枫系列产品研发取得进展，推进元宝枫营养和医用价值研究取得突破，助力乡村振兴与美丽中国、健康中国，与会人员超过300人，专家和学者对元宝枫产业发展的有关技术和政策、元宝枫产业发展的优秀经验和元宝枫产业的前沿研究交流和探讨，取得了很好的社会效益和行业推进作用。

【完成印发四项林业产业调研报告】 中国林业产业联合会结合实际工作继续广泛开展推进林业产业发展调查研究，已延续多年。2021年依据重点工作，有针对性地开展了木材培育和国家木材储备、林纸一体化和林浆纸产业发展、森林生态标志产品建设工程、生态文化、森林旅游及康养、林产品对外贸易、特色经济林产品（杜仲、元宝枫、山桐子、油用牡丹、沙棘等）产业进行重点调查研究，分别编辑完成了《中国林业产业重大问题调查研究报告》《中国林业产业发展指南》《中国林业生物产业发展调查研究报告》和《中国林草产业信用建设与创新发展报告》四项调研报告。其中《中国林业产业发展指南》主要由总论、支撑报告、热门产业和附录等部分构成，对涉及林业产业的财政、林业和草原、产业目录、知识产权、政策指导资金等系列政策进行重点推介，对林业产业热点问题、重要信息、数据分析、林产品贸易纠纷、品牌建设、企业管理等核心内容进行重点介绍，受到林业产业行业和涉林企事业单位及从业人员的广泛欢迎。

【联合会业务标准化工作】 根据国家标准化法规，结合联合会各项业务工作规范推进的实际需要，2021年组织完成编制通过评审并发布团体标准8项；申请立项并分别组织落实编制团体标准25项。

发布团体标准8项：3月10日发布《南方红豆杉观赏苗木培育技术规程》《南方红豆杉用材林栽培技术规

程》2 项；6 月 29 日发布《特色(呼吸系统)森林康养规范》《特色(呼吸系统)森林康养基地建设指南》2 项；7 月 9 日发布《森林康养小镇标准》《森林康养人家标准》2 项；10 月 15 日发布《薄壳山核桃果材兼用林栽培技术规范》1 项；11 月 3 日发布《高质量油茶籽油生产技术规范》1 项。

立项团体标准 25 项：2 月 1 日立项《封边板理化性能要求及试验方法》《超强刨花板》《浸渍胶膜纸饰面纤维板贴面胶合板和细木工板》3 项；3 月 11 日立项《薄壳山核桃苗木繁育技术规程》《薄壳山核桃丰产栽培示范基地建设标准》《薄壳山核桃果材兼用林栽培技术规程》《薄壳山核桃坚果及果仁质量等级》4 项；3 月 12 日立项《全域森林康养市县乡镇建设标准》《中国森林康养人家建设标准》《呼吸系统森林康养规范》《呼吸系统森林康养基地建设导则》《森林研学教育服务机构评定标准》《森林研学教育管理和服务规范》6 项；5 月 11 日立项《红树林生态修复技术导则》《红树植物育苗技术规程》《浅海湿地生态修复技术导则》3 项；10 月 29 日立项《门墙柜一体化施工交付基本要求》《门墙柜一体化产品基本要求》《中国自然教育基地等级划分和评定》《中国生态体验基地等级划分与评定》《中国自然教育课程体系》5 项；11 月 3 日立项《特色(血糖调适)森林康养基地建设指南》《特色(血糖调适)森林康养规范》2 项；11 月 22 日立项《茶小绿叶蝉风险评估模型》《阻控邻苯二甲酸酯类(PAEs)污染茶叶的技术规程》2 项。

【林业产业及森林产品展会活动】 鉴于疫情防控要求，中国林业产业联合会根据各地实际情况，与合作地政府及合作机构友好协商，适时适地举办多种形式的会展，持续促进林业产业和森林产品贸易，服务广大涉林企业。

于 4 月 9~11 日在广州保利世贸博览馆组织举办了“2021 广州国际森林食品交易博览会”。展会规模 2 万平方米，参展企业 200 多家，观众数量超过 2 万人。

于 5 月 27~29 日在四川省巴中市举办“第三届秦巴山区绿色农林产业投资贸易洽谈会”，共有 11 个省(市)的 31 个展团及 350 余家展商参会。签约项目 99 个，投资总额 123.54 亿元。本届秦巴农洽会设置了“巴食巴适”美食品鉴、秦巴山区绿色农林产业展示展销会、秦巴山区绿色农林产业投资贸易推介会、第六届“巴中云顶”茶文化旅游节、“巴山牛”产业化发展研讨会、“道地药材”发展研讨会、“巴食巴适”网络直播带货、秦巴山区美食周等活动。

于 6 月 7~9 日在上海世博展览馆组织举办“第四届中国森林食品交易博览会”。展会规模超过 2 万平方米，参展企业 300 多家，观众数量超过 3 万人次，展览展示产品涵盖林粮、林油、林果、菌类、茶叶、蜂产品、林下特产等 1000 余种。

于 7 月 2~4 日在西安国际会展中心 5 号馆举办了首届“中国(西安)国际林业博览会暨林业产业峰会”。展览面积 1 万平方米，参展展商 400 余家，专业观众 1.8 万余人次。

由于疫情原因，拟定 9 月 27~29 日举办的河北定州中国定州苗木花卉园林博览会采取线上线下结合举办的方式。开幕式现场 200 余人，线下展位 30 个，线上展位 400 多个，点击数量超过 1 万人次。

于 10 月 11~12 日在河南省嵩县举办“中国皂角产业发展大会”。

11 月 1~4 日，国家林草局和浙江省人民政府主办的第十四届中国义乌森林产品博览会举办，到会中外客商 10.2 万人次，累计实现成交额 18.5 亿元。中国林业产业联合会作为承办单位，获得国家林草局的通报表扬。

启动了 2022 年广州森交会、上海森交会、长沙林草产业博览会等相关展会活动的宣传筹备工作。

【第二届全国林草健康产业高峰论坛】 林草健康产业国家创新联盟和生态中医药健康产业国家创新联盟于 12 月 19 日在江西省南昌市举办“第二届全国林草健康产业高峰论坛”。结合疫情防控要求，本次论坛采取线上与线下相结合的方式举办。论坛期间，国家林业和草原局科技司司长郝育军、江西省林业局副局长严成、北京林业大学原校长宋维明、中国林业产业联合会品牌分会理事长蒋周明、中国中医科学院中药研究所副所长边宝林、江西省竹产业协会秘书长刘光胜等专家就国家实施“大健康”战略背景下的林草健康产业的创新与改革、机遇和发展进行了深度交流与探讨。

【国际合作】 鉴于新冠病毒疫情影响，2021 年联合会充分利用网络技术，保持与传统国际合作国家、社团及企业的联系沟通，巩固合作拓展业务。8 月 10 日组织举办了“中乌林业产业合作与发展线上交流会”。联合会常务副会长封加平、外联部、金融分会相关负责人出席会议；乌克兰方面由国家林业局局长尤里 · 博洛霍夫茨、副局长及相关部门负责人参加会议。保持与奥地利、俄罗斯、斯洛文尼亚、新西兰、利比里亚等国驻华使馆间密切互动，维系良好的工作关系。

【森林生态标志产品建设工程】 2021 年 2 月 5 日，国家林草局副局长刘东生一行前往森标工程运营机构进行调研指导。根据局领导在座谈会上的指示，重新梳理试点工作情况，为正式启动森标工程做好各项准备工作。3 月，编制完成并正式向国家林草局改革发展司提交了《森林生态标志产品建设工程试点工作总结报告》，详细介绍了森标工程推进概况和试点工作取得的成果，明确了下一步工作思路。4 月，陪同国家林草局改革发展司领导先后赴安徽、湖南、陕西等地开展专题调研，主导参与多个座谈会，深入验证试点成效、检测机构能力及有关方面反映等情况。在此基础上，协助局改革发展司起草编制了《国家林业和草原局关于全面实施森林生态标志产品建设工程的通知(初稿)》。根据局领导批示的“标准先行、先易后难、稳步推进”的指示要求，在已发布的《国家森林生态标志产品 森林生态食品总则》和《国家森林生态标志产品 森林生态道地药材总则》两个团体标准基础上，根据生产组织实际情况，重新梳理编制了《森林生态标志产品 食用林产品》标准草案，待组织专家评审并对外征求意见后发布。

鉴于 2020 年“森林生态标志产品”标识已正式注册

为证明商标，森标产品的认定工作实质为证明商标使用许可审查，因此在已发布的《国家森林生态标志产品认定管理办法(试行)》和《国家森林生态标志产品认定证书和认定标识管理办法(试行)》的基础上，组织人员编制了《森林生态标志产品标识管理办法》草案，待专家评审并征求意见后发布。为了进一步规范森林生态标志产品的认定工作，组织人员编制了《森林生态标志产品标识许可实施规则(食用林产品)》草案，待专家评审并对外征求意见后发布。森标产品追溯系统已完成第2期平台建设任务，进一步完善了产品追溯和信息查询功能，在部分森标产品的质量追溯上开始试运行。

2021年在森标产品试点工作基础上，继续开展森标产品的认定工作。完成了5个批次的森标产品认定审核，涉及10家企业15款产品。2021年在北京市平谷区、密云区和广东省韶关市等地完成了数字化森标产品生产示范基地建设，为下一步全面开展森标产品生产基地创建奠定了基础。与太平洋保险公司合作，在部分森标产品上开展了森标产品保险试点工作，得到了企业和消费者的好评。

受国家林草局委托实施运行森林生态标志建设工程，中国林业产业联合会为在全国正式推进森标建设工程进行了充分准备。

【横向合作探索林业碳汇和生态文化推进机制路径】 中国林业产业联合会与岳阳林纸有限公司沟通，以探索林业生态产品价值实现机制和路径为出发点，共同探索林业发展新动能，共同推进林业产业高质量发展等方面达成共识，2021年9月，中国林业产业联合会与岳阳林纸有限公司签订战略合作协议，在林业重大生态工程、林业碳汇、林业产业宣传和推介等方面进行合作，组建专门机构推进实施。

中国林业产业联合会与国家林草局调查规划设计院协商，在推进特色林草产品生产和交易，打造论坛、博览会、研讨峰会三位一体的战略格局等方面开展深度合作，并于12月签订了合作协议及实施方案。

(中国林业产业联合会由白会学供稿)

中国林业工程建设协会

【综　述】 2021年的工作主要包括以下几个方面：按照中央和国家机关行业协会商会党委的部署做好党建工作；林业调查规划设计资质管理工作；林业调查规划设计资质单位管理人员和技术人员培训工作；专业委员会的特色工作和提升工程建设质量、推荐优秀项目成果等。

【资质管理】 林业调查规划设计资质管理工作是协会行业管理的重要环节，是关系到持证单位事业发展的一件大事。截至2021年底，共有168个单位完成资质换证、56个单位完成资质升级、214个单位首次获得资质证书。

【行业优秀成果评选和宣传】 协会积极履行职能，引导行业树立质量意识、创优意识，树立行业标杆，营造行业积极进取、健康发展的良好氛围。一是作为推荐单位，组织行业参加了中国勘察设计协会主办的2021年度工程勘察、建筑设计行业和市政公用工程优秀勘察设计奖的评选。二是推进国家绿色生态工程奖的储备工作。组织专家按照中国施工企业协会国优奖办公室的要求，在林草行业进行调研摸底，并根据绿色生态工程奖评选范围编写了生态工程项目的评选现场复查要点，组织开展行业推荐工作。

【管理人员和技术人员培训】 2021年共举办10期面授培训班，培训学员1245人，其中中高级技术人员继续教育培训班7期，培训学员772人；营造林工程监理培训班3期，培训学员473人。网络培训学习平台累计登陆5万人次，学习时长达3.2万学时。平台自开通以来，截止到2021年底累计总登录次数35.4万人次，总学时数16.6万，发放结业证书912份。7月组织开展了专门面向西藏林草调查规划干部职工的对口技术类培训，向西藏林草行业职工赠送了技术类书籍，并与当地林草行业主管部门一起座谈，研究进一步为民族地区做实事、好事的工作举措。

【第二届“问道自然”杯青年工程师职业技能展示大赛】 9月，协会工程咨询专业委员会在湖北省武汉市举办了第二届“问道自然”杯青年工程师职业技能展示大赛。来自全国22家单位的30位青年选手参加了成果的展示与交流。这次活动为林草青年提供了更加广泛的学习交流平台，为推动林草工程咨询成果质量提升、促进新理念、新技术、新方法在林草工程咨询中的运用发挥了积极的作用。

(中国林业工程建设协会由周奇供稿)

中国水土保持学会

【综　述】 中国水土保持学会(以下简称“学会”)已召开五次全国会员代表大会，陆桂华任第五届理事会理事

长。中国水土保持学会下设16个专业委员会，全国共有29个省级水土保持学会。2021年是中国共产党成立100周年、“十四五”规划开局之年，水保学会扎实推动学会各项工作协调发展，在学会建设、国内外学术交流、科学普及、评优表彰与人才举荐、社会服务、会员服务等各方面都开展了大量工作，团结引领广大会员和水土保持科技工作者致力于科技创新，组织开展创新争先行动，促进水土保持科技繁荣发展，促进水土保持科学普及和推广，为全面建设社会主义现代化强国作出积极贡献。

【学会建设】 2021年，水保学会坚持深化治理结构改革，推动改革向纵深拓展、向基层延伸，构建科学规范的制度体系，强化制度执行，提升管理效能。

推进分支机构改革 完善分支机构动态调整机制，成立科技产业工作委员会，搭建产学研交流平台，促进水土保持科技成果转化和推广。加强分支机构管理，分支机构负责人向理事长办公会述职，指导小流域综合治理、泥石流滑坡防治、城市水土保持生态建设专业委员会按时换届。

严格执行议事规则和决策程序 召开理事会、常务理事会会议和理事长办公会，审议学会重大事项和重要事宜，保障学会改革发展的顺利进行。

落实各工作委员会工作职责 召开学术交流、期刊与科技奖励工作委员会、组织宣传工作委员会、科普工作委员会、咨询与评价工作委员会会议，研讨各专项工作思路，审议相关工作事项。

对省级学会的业务指导 加强对省级水土保持学会的业务指导；召开全国水土保持学会2021年秘书长会议，传达有关文件精神，交流部署相关工作。

秘书处能力建设 组织秘书处工作人员参加中国科协举办的各类培训，提升秘书处工作人员业务能力，建立切实可行的秘书处专职工作人员工作绩效激励机制，提升秘书处的服务保障能力。

内部管理制度建设 围绕中国科协和学会改革重点工作，梳理已有制度，修订《中国水土保持学会科学技术奖奖励办法》《中国水土保持学会科学技术奖实施细则》《中国水土保持学会青年科技奖实施细则》《中国水土保持学会优秀设计奖实施细则》《生产建设项目水土保持方案编制单位水平评价管理办法》《生产建设项目水土保持监测单位水平评价管理办法》；制定《中国水土保持学会技术发明奖实施细则》。

信息公开 学会网站及时公开相关信息；定期编写《工作简报》，报送主管部门和理事会，印发各工作委员会、专业委员会和省级学会。按照中国科协要求，公开发布学会2020年年报。

建设网上“科技工作者之家” 学会网站和微信公众号及时发布相关宏观信息资源和行业动态，完善会员、科技奖励、水平评价和培训系统。期刊继续与中国知网合作，推出整期“优先出版”，期刊网站和微信公众号及时更新和推送当期目录和精选论文。

获批中国科协学会公共服务能力提升项目 完成民政部年检和中国科协项目申报、综合统计调查、财务决算等工作。学会获批中国科协2021年学会公共服务能力提升项目——科技奖励示范学会建设专项，获得专项资助。

【海峡两岸学术交流】 7月7~8日，学会联合台湾中华水土保持学会、福建省水土保持学会、长汀县人民政府联合举办海峡两岸水土保持学术研讨会，研讨会主题是“水土保持与乡幸福家园”，来自海峡两岸水土保持领域的50余家管理机构、高等院校、科研院所以及地方水土保持学会的近180名专家和代表参加研讨会。研讨会以“线上+线下”的方式召开。研讨会开设主会场和“水土保持与幸福家园”“水土保持与长汀实践”两个分会场，主会场特邀5名专家作主旨报告，分会场组织27名专家学者围绕水土保持科技创新、水土保持高质量发展、水土保持与长汀实践等议题作专题报告，并展开深入的研讨和交流。

【国内学术交流】

科技产业工作委员会成立大会暨科技产业交流会 5月29日，学会在北京举办科技产业工作委员会成立大会暨科技产业交流会，从事水土保持科技产业相关工作的高校、科研机构、企事业单位和从业者代表200余人参加了会议。会议举办了水土保持企业产品、设备展览，开展了科技产业技术交流，设置3个分会场特邀39名专家、代表，就智慧水土保持、水土保持与水生态、矿山生态修复技术、边坡生态修复新产品新技术等11个专题作专题报告，开展了广泛的研讨和交流。

指导分支机构和省级学会开展学术活动 指导分支机构围绕国家水土保持中心工作和水土保持领域前沿问题，举办主题鲜明的高水平专业性学术研讨会。指导省级学会举办富有区域特色、服务地方发展的高水平区域性学术研讨会。4月17日，工程绿化专业委员会在北京举办第八届全国生态修复研究生论坛；7月31日，土壤侵蚀专业委员会、风蚀防治专业委员会在内蒙古呼和浩特联合举办2021年草地水土保持与黄河流域生态修复研讨会；8月，城市水土保持生态建设专业委员会在水利云讲堂网络平台联合主办四期2021全国水土保持生态建设专家论坛；10月22~25日，林草生态修复工程专业委员会在山东临沂举办2021生态修复与水土保持高峰论坛暨生态保护修复产业高质量发展大会；11月5日，水土保持植物专业委员会在北京联合举办2021年高效水土保持植物学术交流视频会议；12月11日，科技协作工作委员会在线上举办2021年年会暨学术交流会。

【学术期刊】 进一步落实编委责任制，遴选优质稿源，提高“水保黄河”专栏的发文比例，高质量完成《中国水土保持科学》组稿出版。2021年1~6期共发表文章105篇，其中“水保黄河”专栏9篇、基础研究38篇，应用研究35篇，开发研究4篇，工程技术2篇、学术论坛9篇，研究综述8篇。期刊推荐的论文《东北和内蒙古重点国有林区天然林保护工程生态效益分析》被评为第六届中国科协优秀科技论文农林集群三等奖。

【科普工作】

《中华人民共和国水土保持法》宣贯活动 在《中华

人民共和国水土保持法》修订实施十周年之际，开展知识竞赛活动，深入宣传贯彻《中华人民共和国水土保持法》，提高民众遵法守法意识。

编印和推广科普读物　推进《水土保持读本（中学版）》的制作与出版工作。推广学会主编的《水土保持读本（小学版）》，广泛应用于全国各地的水土保持科普教育活动中。

评选第五批全国水土保持科普教育基地　加强学会科普教育基地管理，依托现有的国家水土保持科技示范园，评选龙寺水土保持科技示范园、水利部牧区水科所草地水土保持生态技术试验基地、黑龙江省二龙山水土保持科技示范园区为第五批全国水土保持科普教育基地。

举办形式多样的科普活动　5月12日，学会联合山东水土保持学会在山东济南举办2021年全国防灾减灾日科普宣传活动，活动主题是“防范化解灾害风险，筑牢安全发展基础”，活动设立了2处会场，影响受众2000余人。组织科学传播专家团队和科普教育基地依托各自的科普资源优势，通过线上线下等形式，开展了形式多样的科普活动，科普受众达到100万余人次。

举办第一届全国大学生“山水林田湖草沙”生态保护与修复创新设计大赛　以小流域综合治理规划和设计技术、水土保持工程的设计和综合管理技能为主要内容，举办第一届全国大学生“山水林田湖草沙”生态保护与修复创新设计大赛，提高学生的实践和创新能力，促进水土保持创新应用型人才的培养。

【服务创新型国家和社会建设】　2021年，修订《生产建设项目水土保持方案编制及监测单位水平评价管理办法》，规范和优化生产建设项目水土保持技术服务单位水平评价程序，加强事中事后监督管理。完成生产建设项目水土保持方案编制单位和监测单位水平评价证书变更工作。

【评优表彰与举荐人才】

公平公正评选学会奖项　按照国家科学技术奖励工作办公室有关规定和学会奖励办法，公平公正评选第十三届中国水土保持学会科学技术奖15项，其中一等奖4项、二等奖5项、三等奖6项；第三届中国水土保持学会优秀设计奖34项，其中一等奖6项、二等奖9项、三等奖19项。

托举水土保持青年科技人才　按照中国科协有关规定，评选北京林业大学吴旭东、中国科学院西北生态环境资源研究院杨林山，进入第六届中国科协青年人才托举工程计划，给予专项资助，开展专门的托举培养。组织水土保持青年科技工作者参加中国科协主办的“自立自强　青春向党”青年演讲大赛，学会推荐的中国科学院水利部成都山地灾害与环境研究所刘威获得大赛三等奖。

【科技成果评价】　2021年，学会接受黄河水利委员会黄河水利科学研究院委托，对“黄土高原坡沟系统植被减蚀机制及其空间优化配置关键技术”进行了科技成果评价。

【会员服务】　大力发展会员，新增个人会员1453人、单位会员99家，个人会员达到12223人，单位会员达到809家；扩大学会工作对会员的覆盖面，会员优先或优惠参加学会举办的学术交流、培训等活动，为单位会员订阅《中国水土保持》，切实加强与会员的实际联系，不断增强会员的荣誉感、自豪感和归属感。

【继续教育培训】　召开继续教育培训工作研讨会，优化各类培训班培养方案和课程设置。举办“生产建设项目水土保持方案编制技术人员”“生产建设项目水土保持监测技术人员”“生产建设项目水土保持设施验收报告编制技术人员”“水土保持规划设计”等培训班6期，培训学员3300余人次，提高从业人员业务能力。

（中国水土保持学会由宋如华供稿）

中国林场协会

【综　述】　中国林场协会（以下简称“协会”）成立于1993年3月，是由国有林场、乡村林场、联办林场、家庭林场、森林公园、有关企事业单位和群众团体，以及有关专家、学者和专业人员自愿组成的跨地区、跨部门、跨所有制的行业社会团体，是全国性林场系统非营利性质的社会组织。

2021年以来，中国林场协会坚持全心全意服务基层国有林场的工作方针，紧紧围绕国家林业和草原局关于国有林场工作的总体部署，砥“疫”奋进，积极作为，努力当好国有林场改革发展的助推器，搭建服务广大国有林场的桥梁纽带。

【2021会员代表大会暨理事会】　结合疫情防控形势以及协会工作安排，中国林场协会2021会员代表大会暨理事会会议4月在湖南省郴州市宜章县召开，来自18个省（区、市）135家会员单位，包括副会长、常务理事和理事单位以及会员单位代表参加会议。会议对协会2021年主要工作进行审议，议定事项包括中国林场协会2020年工作总结及2021年工作初步安排的报告，中国林场协会章程修改议案，中国林场协会森林康养、林场权益保障、林业产业和林场文化四个专业委员会年度工作报告审查意见，2020年年度全国十佳林场推选工作的说明，中国林场森林经营专业委员会组建方案的说明，增补部分中国林场协会常务理事、理事议案和由杨光副秘书长主持的中国林场协会秘书处工作议案。

【弘扬塞罕坝精神】　8月23日，习近平总书记考察塞罕坝机械林场并作重要讲话。中国林场协会迅速响应习近平总书记学习塞罕坝精神的号召，9月5日在海南省三亚市抱龙林场召开弘扬塞罕坝精神交流会，来自江苏、山东、河南、广西、海南、重庆、四川、陕西和甘肃等省（区、市）国有林场的35位代表参加了会议，就如何弘扬塞罕坝精神、推进生态文明建设进行了深入交流。会后，中国林场协会向全体会员林场以及全国国有林场发出倡议，倡议学习塞罕坝精神，发扬林业人牢记使命、艰苦创业、绿色发展精神，激发广大林场干部职工干事创业的热情，承担起新时代党和国家赋予国有林场的新使命，不断推进生态文明建设。

【中国林场协会十佳林场推选】 十佳林场的推选是协会坚持开展了11年的品牌活动，在广大会员林场中起到了"树典型、鼓干劲"的作用，得到了国有林场系统的充分肯定。为进一步增强十佳林场的影响力，提高十佳林场的说服力，确保十佳林场的先进性和代表性。3月，协会在江苏南京老山林场召开2021全国十佳林场评议会，会议邀请了吉林、黑龙江、山东、河南、湖南、广东、广西、重庆和四川等省（区、市）行业内的专家对申报2021十佳林场的候选单位进行评议，各专家经过审核申报材料，听取申报单位代表的汇报，结合实地考察老山林场的情况，经过22个省（区、市）国有林场主管部门严格把关，申报的37家会员林场全部通过评议，形成2021中国林场协会十佳林场候选名单，37家候选林场由2021会员代表大会暨理事会审议通过并授牌。10月底，协会正式向各省级国有林场发函，全面启动2022年十佳林场推荐工作，由各省级国有林场主管部门组织推荐，确保"十佳林场"推选工作的顺利开展。

【中国林场协会森林康养林场推选】 为贯彻国家林业和草原局等四部委《关于促进森林康养产业发展的意见》，发挥国有林场资源优势，拓展国有林场经济发展方式，促进林业产业转型升级，实现国有林场高质量发展，更好地满足人民群众日益增长的对生态产品和生态服务的需要，7月，协会在全会范围内开展提报中国林场协会森林康养林场活动。活动一经推出，在全国范围内得到了各省级国有林场主管部门和国有林场的积极响应，各省级国有林场主管部门和国有林场第一时间组织材料进行申报，活动收到17个省（区、市）国有林场主管部门推荐的42家国有林场的申报材料。经过协会秘书处对申报材料的初审，9月，中国林场协会邀请部分省级国有林场主管部门、协会会员单位、高校以及行业内的专家学者代表组成专家组对2021中国林场协会森林康养林场候选单位进行了评议。专家组听取了部分候选单位的现场汇报，审阅了申报材料，经质询讨论，最终确定了42家森林康养林场，形成2021中国林场协会森林康养林场名单。10月，协会在四川省洪雅县国有林场玉屏山国家森林康养基地召开的2021森林康养年会上对2021中国林场协会森林康养林场进行了授牌。

【国有林场文化建设及权益保障培训班】 根据2021会员代表大会暨理事会工作安排，秘书处在全面考量疫情防控形势后，结合国有林场改革后的发展需要。7月，在山东省淄博市原山林场举办国有林场文化建设及权益保障培训班，来自北京、河北、山西、内蒙古、吉林、江苏、浙江、安徽、福建、江西、山东、河南、湖北、湖南、广西、重庆、四川、青海、宁夏和新疆20个省（区、市）109家国有林场及有关单位的280名学员参加了培训。培训分为国有林场文化建设和权益保障两大主题，国有林场文化建设培训包括志书编纂基本知识、国有林场绿色发展和国有林场档案管理办法解读三部分内容，国有林场权益保障培训分为国有林场权益保障的现状、困境与未来和国有林场法律风险防控与权益保障以及现场答疑三部分内容。邀请了国家林业和草原局国有林场和种苗管理司、中国绿色时报社有关领导以及北京林业大学教授为学员授课。

【2021森林康养年会】 10月，为贯彻落实国家林业和草原局等四部委《关于促进森林康养产业发展的意见》，结合国有林场森林康养产业发展的形势，协会在四川省洪雅县国有林场玉屏山国家森林康养基地召开了2021森林康养年会。中国林场协会和四川省林业和草原局有关领导、四川省眉山市林业局和眉山市洪雅县委领导出席会议。会议邀请了有关省、自治区国有林场主管部门（机构）有关负责人到会指导，来自北京、河北、山西、黑龙江、江苏、浙江、安徽、江西、山东、河南、湖北、湖南、广东、广西、海南、重庆、四川、贵州、云南、青海和宁夏21个省（区、市）98家国有林场的近150名代表参加了会议。会上，中国林场协会森林康养专业委员会总结了国有林场森林康养发展的情况，授予四川省洪雅县国有林场为全国首家森林康养林场培训基地称号，中国林场协会"全国首家森林康养林场培训基地"在洪雅县国有林场正式挂牌成立，同时为北京市共青林场等42家2021中国林场协会森林康养林场授牌。山西省太岳山国有林管理局七里峪林场、江苏省常熟市虞山林场、广西壮族自治区国有六万林场和四川省洪雅县国有林场四家全国森林康养林场就森林康养产业发展交流发言，分别对各自森林康养产业发展的做法和成功经验进行介绍。

【林场改革调研】 一是创新模式，提高调研实效性。2021年以来，协会创新调研模式，通过南北和东西交叉的方式，或邀请南方省（区）的国有林场主管部门负责人参加东北地区国有林场的调研，或者邀请东部地区的国有林场主管部门负责人参加西部地区国有林场的调研，以此促进南北和东西国有林场的交流，搭建不同土壤、气候和立地条件的国有林场之间的交流纽带，提高调研的针对性和实效性。二是以国有林场绿色发展和现代化林场建设情况为主题，于4月、6月、8月、9月和10月到安徽和河南省、吉林和黑龙江省、广西壮族自治区、重庆市以及山西省的国有林场进行实地调研，走访近30家国有林场，涵盖了我国从东北到西南以及中原腹地有代表性的国有林场在林场改革后的发展现状、森林经营、产业发展等的情况，深入了解其绿色发展和现代化林场建设情况，对一些地区国有林场改革以及十佳林场好的经验和做法进行了总结，将逐步向全国推广。

【林场宣传】 一是开展"国有林场·生态脊梁"大型绿色传播活动，协会与中国绿色时报社合作，开设专版对全国范围内的国有林场进行免费宣传，已经在《中国绿色时报》上登载了河北塞罕坝机械林场、山东淄博原山林场、四川洪雅县国有林场、湖南青羊湖国有林场等14家具有代表性的国有林场，不断提高国有林场的影响力。二是对获得2021"十佳林场"称号的国有林场进行重点宣传，协会秘书处对十佳林场先进事迹进行提炼、总结，在《中国绿色时报》《林场信息》和协会网站上进行了集中宣传报道，进一步扩大全国十佳林场的社会影响。三是注重提高林场信息质量，截至12月底，协会共编印发行《林场信息》11期近9000册，其中发行了弘扬塞罕坝精神和康养林场2期特刊，发送至国家林业和草原局领导、省级林场主管部门和基层会员单位，对国有林场的改革发展起到了较好的宣传效果。四是扎实做好中国林场协会网站更新维护工作，及时更新行业资讯、林场动态，对当前林业发展动向、国有林场改革、疫情防控、会员动态信息等进行了广泛宣传，第一时间同步发布国家林草局重要信息，增强会员单位之间的互动交流。

【场级干部异地挂职锻炼】 协会秘书处按照协会理事会关于早部署、早沟通、早落实的工作方针，于5月发函对2021年场级干部挂职锻炼工作作出了部署，且根据各地方所报挂职锻炼人员情况进行指导性计划。场级干部异地挂职锻炼工作得到了省级国有林场主管部门和接收林场的大力支持，截至8月底，共安排挂职锻炼场长62人，其中派出单位中人数最多的是山东省，共8人。接收林场中河北塞罕坝机械林场、江苏省虞山林场和四川洪雅县国有林场接收人数最多，各接收了4人。所派出的场级干部全部完成场级干部异地挂职锻炼任务，该项工作圆满完成。

【加强管理，提升服务】 一是对协会领导架构进行更新强化，按照协会章程规定和程序调整补充任免了决策层及部分协会副会长、常务理事和理事。二是按照国家林业和草原局对协会审计提出的要求严肃整改，全面加强财务管理，聘用具有专业资质的财务人员专职负责协会财务管理工作。三是对相关工作制度、管理制度进行了修改完善，并在规范内部运行、切实改进工作作风、提升服务水平上下功夫，为树立协会形象提供有力保证。同时积极发展壮大会员队伍，2021年协会共发展会员单位74家，共有会员单位748家，会员林场数量和质量以及会员参与协会活动的积极性和主动性都有了较大提升。

（中国林场协会由郭远供稿）

林草大事记

27

2021年中国林草大事记

1月

1月12日 新华社发布《关于全面推行林长制的意见》。中共中央办公厅、国务院办公厅2020年12月26日印发通知，决定在全国全面推行林长制。

1月12日 国家林业和草原局、中央农村工作领导小组办公室印发《关于联合开展野猪等野生动物致害情况摸底调查的通知》，对野猪等野生动物致害情况进行全面摸底调查。

1月15日 自然资源部办公厅、国家林业和草原局办公室联合印发《关于加强协调联动进一步做好建设项目用地审查和林地审核工作的通知》。

1月22日 农业农村部、国家林业和草原局等五部门印发《进一步加强外来物种入侵防控工作方案的通知》。

1月26日 全国林业和草原工作视频会议在北京召开。会议总结回顾"十三五"时期和2020年工作，安排部署"十四五"时期及2021年重点工作。会议强调，各级林草部门要认真学习领会习近平总书记系列重要讲话精神，全面贯彻落实党中央、国务院重大决策部署，进一步提高政治站位，增强政治判断力、政治领悟力、政治执行力，聚焦重点，合力攻坚，全面推动林草工作高质量发展。会议明确，"十四五"期间，林草工作将以习近平新时代中国特色社会主义思想为指导，认真践行习近平生态文明思想和新发展理念，牢固树立绿水青山就是金山银山、山水林田湖草沙系统治理理念，以全面推行林长制为抓手，以加快推进林业、草原、国家公园"三位一体"融合发展为主线，聚焦重点、合力攻坚，埋头苦干、奋发有为，全面推动林草工作高质量发展，为构筑生态安全屏障、建设美丽中国作出新贡献，为建设人与自然和谐共生的现代化而努力奋斗。

1月28日 国家林业和草原局发布2021年第2号公告，将建设项目使用林地、草原及在森林和野生动物类型国家级自然保护区建设行政许可事项委托各省(区、市)和新疆生产建设兵团林草主管部门实施。

1月31日 国家林业和草原局联合农业农村部、中央政法委等8个部门启动实施为期3个月的打击野生动植物非法贸易联合行动——"清风行动"。

2月

2月1日 经党中央国务院批准，中央第七生态环境保护督察组向国家林业和草原局反馈督察意见。

2月1日 国务院办公厅印发《关于重点林区"十四五"期间年森林采伐限额的复函》，批复"十四五"期间重点林区年森林采伐限额537.7万立方米。

2月1日 国家林业和草原局、农业农村部发布公告，公布新调整的《国家重点保护野生动物名录》，收录野生动物980种和8类，包括国家一级重点保护野生动物234种和1类，国家二级重点保护野生动物746种和7类。

2月2日 国家林业和草原局会同应急管理部召开全国森林草原防火基础设施和装备力量工作视频推进会。

2月8日 国家林业和草原局启动野猪危害防控综合试点工作，首批试点范围包括河北、陕西、福建、江西、广东、陕西6个省，后续增加辽宁、黑龙江、浙江、安徽、湖南、湖北、四川、宁夏8个试点省(区)。

2月19日 全国第四届关注森林活动组委会第三次会议在北京召开。

2月25日 全国脱贫攻坚总结表彰大会在北京举行。河北省塞罕坝机械林场获"全国脱贫攻坚楷模"称号，河北省林业和草原局基金站综合科科长康志刚等12人获全国脱贫攻坚先进个人称号、山西省岚县"森生财"扶贫攻坚造林专业合作社等7个集体获全国脱贫攻坚先进集体称号。

3月

3月4日 国家林业和草原局印发《关于科学推进2021年国土绿化工作的通知》和《造林绿化落地上图工作方案》。2021年实现造林计划任务全部落地上图，造林完成任务上图率达91.38%。

3月12日 国务院办公厅印发《关于加强草原保护修复的若干意见》提出，到2025年，草原保护修复制度体系基本建立，草畜矛盾明显缓解，草原退化趋势得到根本遏制，草原综合植被盖度稳定在57%左右，草原生态状况持续改善。

3月12日 国家林业和草原局、国家统计局联合发布中国森林资源核算研究成果，全国林地林木资产总价值为25.05万亿元，全国人均拥有森林财富1.79万元，森林生态系统年生态服务价值为15.88万亿元。

3月12日 国家林业和草原局发布《2020年中国国土绿化状况公报》。

3月15日 农业农村部、国家林业和草原局等9个部门印发《关于加强红火蚁阻截防控工作的通知》。

3月17日 国务院台办、农业农村部、国家林业和草原局等11个部门联合出台《关于支持台湾同胞台资企业在大陆农业林业领域发展的若干措施》。

3月17日 国家林业和草原局启动全国打击毁林专项行动，对2013年以来毁林问题进行全面清理排查和专项整治。

3月18日 全国森林草原防灭火工作电视电话会议在北京召开。国务院总理李克强对森林草原防灭火工作作出重要批示。国务委员、国家森林草原防灭火指挥部总指挥王勇出席并讲话。

3月19日 国家林业和草原局召开全国春季森林草原防火工作电视电话会议，部署启动森林草原防火包片蹲点工作。

3月19日 国家林业和草原局印发《贯彻落实〈关

于全面推行林长制的意见〉实施方案》。

3月22日 习近平总书记在福建考察时，来到南平武夷山国家公园智慧管理中心察看智慧管理平台运行情况。习近平指出，建立以国家公园为主体的自然保护地体系，目的就是按照山水林田湖草是一个生命共同体的理念，保持自然生态系统的原真性和完整性，保护生物多样性。要坚持生态保护第一，统筹保护和发展，有序推进生态移民，适度发展生态旅游，实现生态保护、绿色发展、民生改善相统一。

3月24日 国家林业和草原局发布2021年5~8号公告，公布2021年松材线虫病、美国白蛾疫区，以及撤销的疫区名单。

3月26日 全国政协召开"全民义务植树行动的优化提升"网络议政远程协商会，全国政协主席汪洋出席会议并讲话。

3月30日 国家林业和草原局启动森林雷击火防控应急科技项目研究。

3月31日 国家林业和草原局发布2021年第9号公告，公布2020年度《林木良种名录(中英文)》。

4月

4月1日 中央宣传部、国家林业和草原局、财政部、国家乡村振兴局联合发布"最美生态护林员"的先进事迹。王明海、朱生玉等20人获评"最美生态护林员"。

4月2日 党和国家领导人习近平、李克强、栗战书、汪洋、王沪宁、赵乐际、韩正、王岐山等在北京市朝阳区温榆河的植树点，同首都群众一起参加义务植树活动。习近平总书记强调，要深入开展好全民义务植树，坚持全国动员、全民动手、全社会共同参与，加强组织发动，创新工作机制，强化宣传教育，进一步激发全社会参与义务植树的积极性和主动性。广大党员、干部要带头履行植树义务，践行绿色低碳生活方式，呵护好我们的地球家园，守护好祖国的绿水青山，让人民过上高品质生活。

4月2日 国家林业和草原局印发《关于科学防控松材线虫病疫情的指导意见》。

4月2日 国家林业和草原局印发《关于妥善解决人工繁育鹦鹉有关问题的函》，启动人工繁育鹦鹉专用标识试点。

4月6日 第二届国际森林城市大会在江苏省南京市召开，主题为"森林城市与城市生活"。

4月8日 全国绿化委员会全体会议在北京召开。中共中央政治局常委、国务院副总理、全国绿化委员会主任韩正出席会议并讲话。韩正指出，要认真践行习近平生态文明思想，大力推进国土绿化事业发展，为建设生态文明和应对气候变化作出新的更大贡献。

4月8日 中国加入《濒危野生动植物种国际贸易公约》40周年座谈会在北京举行。

4月8日 2021年扬州·世界园艺博览会在江苏扬州开幕。

4月9日 国家林业和草原局召开全面推行林长制工作视频会议。

4月10日 2021年共和国部长义务植树活动在北京市大兴区礼贤镇举行，122名部级领导干部参加植树活动。

4月13日 纪念全国"爱鸟周"40周年活动在北京举行。

4月13日 广东省珠三角9市森林城市建设通过专家验收，标志着我国首个森林城市群——珠三角国家森林城市群正式建成。

4月15日 国家林业和草原局分别复函广西壮族自治区人民政府和江西省人民政府，同意与两省(区)人民政府分别共建广西现代林业产业示范区和江西现代林业产业示范省。

4月15日 国家林业和草原局公布首批全国经济林咨询专家名单。

4月16日 国家林业和草原局召开全面从严治党工作会议，启动违规吃喝、违规收送礼品礼金问题专项治理工作。

4月26日 新华社发布中共中央办公厅、国务院办公厅出台的《关于建立健全生态产品价值实现机制的意见》。

4月26日 联合国森林论坛(UNFF)第十六届会议以线上形式召开。论坛发布《2021全球森林目标报告》，河北塞罕坝机械林场作为实现全球森林目标的最佳实践范例被收录入该报告。

4月27日 中华全国总工会公布2021年全国五一劳动奖和全国工人先锋号评选结果。林草系统2个单位获全国五一劳动奖状，10名个人获全国五一劳动奖章，6个集体荣获全国工人先锋号称号。

4月27日 国家林业和草原局举办先进事迹报告会，邀请"林业英雄"孙建博作先进事迹报告。

5月

5月15日 国家林业和草原局印发《关于切实加强人工繁育野生动物安全管理的紧急通知》，切实防范野生动物逃逸、伤人等事件发生，全面提高野生动物人工繁育行业安全及管理水平。

5月18日 国务院办公厅印发《关于科学绿化的指导意见》要求，统筹山水林田湖草沙系统治理，走科学、生态、节俭的绿化发展之路，科学开展大规模国土绿化行动，增强生态系统功能和生态产品供给能力，提升生态系统碳汇增量，推动生态环境根本好转，为建设美丽中国提供良好生态保障。

5月18日 我国首次成功救护的野生东北虎经科学评估后，在黑龙江穆棱林业局放归自然并实施持续监测。

5月18日 "防火码2.0"App正式上线应用。

5月21日 第十届中国花卉博览会在上海开幕。

5月22日 2021年全国林业和草原科技活动周在北京启动，主题为"回望百年奋进路　共筑美丽中国梦"。

5月22日至6月5日 为妥善处置云南北移象群工作，国家林业和草原局先后派出多个工作组赴云南了解情况、具体指导救助处置工作。5月22日派出中国野生动物保护协会专家组赶赴云南了解情况；6月1日成立紧急处置工作组赴云南玉溪现场指导北移处置工作；6月5日，局党组成立北移大象处置工作指导组，李春良副局长带队赴云南开展为期两个多月的蹲点指导工作。

5月24日 国家林业和草原局成立生态旅游、木雕标准化技术委员会。

5月25日 国家林业和草原局印发《关于开展野生动物收容救护排查整治和监督检查的通知》。

6月

6月1日 国家林业和草原局、国家发展改革委、自然资源部、生态环境部、水利部、农业农村部启动"十三五"省级政府防沙治沙目标责任期末综合考核工作。

6月1日 国家林业和草原局启动2021年度重点课题研究，共涉及5个大类19项课题。

6月2日 第三次中国—中东欧国家林业合作高级别会议在北京召开，会议通过了《中国—中东欧国家关于林业生物经济合作的北京声明》。

6月3日 全国绿化委员会复函河北省人民政府，确定河北雄安新区为2025年第五届中国绿化博览会承办城市。

6月4日 党史学习教育中央第二十二指导组进驻国家林业和草原局。

6月4日 全国林业改革发展综合试点工作启动，选取山西省晋城市、吉林省通化市、安徽省宣城市、福建省三明市、江西省抚州市和四川省成都市6个市开展试点，力争用3~5年时间，探索形成一批可复制、可推广的典型模式。

6月7日 国家林草生态综合监测评价工作启动。

6月8日 国家林业和草原局与中国科学院签署新一轮全面战略合作框架协议，并为双方共建的国家公园研究院揭牌。

6月11日 国家林业和草原局印发《关于进一步做好野猪危害防控工作的通知》及《防控野猪危害技术要点》。

6月11日 国家林业和草原局会同全国打击侵权假冒工作领导小组办公室召开林草种苗网络市场治理座谈会。

6月14日 联合国召开防治荒漠化、土地退化和干旱高级别会议。国家林业和草原局局长关志鸥应邀发表题为《共同推动全球荒漠化防治事业行稳致远》的视频讲话。

6月17日 世界防治荒漠化与干旱日纪念活动暨荒漠化防治高质量发展学术论坛在陕西西安举办，主题为"山水林田湖草沙共治　人与自然和谐共生"。

6月24日 国家林业和草原局与吉林、黑龙江两省人民政府建立东北虎豹国家公园局省联席会议机制。

6月24日 国家林业和草原局科学技术司宋红竹等2人获中央和国家机关优秀共产党员，人事司范晓棠、林科院贺顺钦获中央和国家机关优秀党务工作者称号，机关服务中心雷少将获全国优秀共青团员、中央和国家机关优秀共青团员称号，国家林业和草原局办公室党支部等3个基层党组织获中央和国家机关先进基层党组织称号。

6月29日 全国绿化委员会、国家林业和草原局等13个部门联合发布通知，进一步加强松材线虫病疫情防控。国家林业和草原局印发《全国松材线虫病疫情防控五年攻坚行动计划（2021~2025）》，明确到2025年，消灭黄山、泰山疫情，全国疫情发生面积和乡镇疫点数量实现双下降。

6月29日 林草行业张英善等9人获"全国优秀共产党员"称号，塞罕坝机械林场党委等11个基层党组织获"全国先进基层党组织"称号。

7月

7月7日 中共中央宣传部举行"传承红色基因，践行绿色使命"中外记者见面会，4位林草行业党员代表与中外记者见面交流。

7月10~12日 国家林业和草原局举办第四届全国职业院校林草技能大赛。

7月12日 国家林业和草原局举行第三季度新闻发布会，通报12起违法违规破坏森林资源典型案件。

7月14~15日 全国森林草原防火工作会议在吉林长春召开。

7月15日 全国草原保护修复推进工作会议在青海西宁举行。

7月16日 联合国教科文组织主办、中国承办的第44届世界遗产大会在福建省福州市开幕。国家主席习近平向大会致贺信。国务院副总理孙春兰出席开幕式。大会通过《福州宣言》。

7月19日 国家林业和草原局发布2021年第13号公告，公布《中华人民共和国主要草种目录（2021年）》，在牧草的基础上增加了生态修复用草、能源草、药用草等草种类型，标志着草种管理工作由侧重牧草管理进入到全口径草种管理的新阶段。

7月21日 国家林业和草原局与国家森林草原防灭火指挥部办公室、应急管理部、国家能源局、国家电网公司、南方电网公司联合发文，共同开展林牧区输配电设施火灾隐患专项排查治理。

7月22日 国家林业和草原局印发《自然保护地监督工作办法》。

7月23日 国家林业和草原局、国家发展改革委联合印发《"十四五"林业草原保护发展规划纲要》，明确"十四五"期间我国林业草原保护发展的总体思路、目标要求和重点任务。

7月28日 神农架世界自然遗产地边界微调项目通过联合国教科文组织第44届世界遗产大会审议，重庆五里坡国家级自然保护区部分区域纳入神农架世界遗产地范围。

7月29日 国家林业和草原局与九三学社中央召开座谈会，就共同推进草原保护修复进行深入交流。

7月30日 国家林业和草原局召开应对气候变化专家咨询委员会成立大会暨专家论证会。首届专家咨询委员会由中国科学院院士方精云、中国工程院院士王金南等15名专家组成，聘期5年。

8月

8月6日 国家林业和草原局办公室印发《关于业务主管及有关境外非政府组织境内活动指南（试行）》，对有关境外非政府组织在我国境内开展活动作出明确规定。

8月8日 云南北移亚洲象群14头大象晚8点跨过

元江，平安回归传统栖息地。国家林业和草原局党组向北移大象处置工作指导组发贺电。

8月18日 中国科学技术协会党组书记、书记处第一书记张玉卓一行到中国林学会调研座谈。

8月20日 国家林业和草原局印发《乡村护林(草)员管理办法》。

8月22日 国家林草局印发《国家林业和草原局关于加强自然保护地明查暗访的通知》。

8月23日 习近平总书记考察塞罕坝机械林场，对林场打造人防、技防、物防相结合的一体化资源管护体系，守护森林资源安全取得的成绩给予肯定。习近平总书记再三叮嘱，防火责任重于泰山，要处理好防火和旅游的关系，坚持安全第一，切实把半个多世纪接续奋斗的重要成果抚育好、管理好、保障好。要加强林业科研，推动林业高质量发展。习近平总书记强调，塞罕坝林场建设史是一部可歌可泣的艰苦奋斗史。你们用实际行动铸就了牢记使命、艰苦创业、绿色发展的塞罕坝精神，这对全国生态文明建设具有重要示范意义。希望你们珍惜荣誉、继续奋斗，在深化国有林场改革、推动绿色发展、增强碳汇能力等方面大胆探索，切实筑牢京津生态屏障。抓生态文明建设，既要靠物质，也要靠精神。要传承好塞罕坝精神，深刻理解和落实生态文明理念，再接再厉、二次创业，在实现第二个百年奋斗目标新征程上再建功立业。

8月24日 国家林业和草原局召开深化事业单位改革动员部署会。

8月24日 国家林业和草原局印发《关于支持福建省三明市南平市龙岩市林业综合改革试点若干措施》。

8月26日 国务院第三次全国国土调查领导小组办公室、自然资源部、国家统计局联合发布第三次全国国土调查主要数据公报。结果显示，我国林地面积28 412.59万公顷，草地面积26 453.01万公顷，湿地面积2346.93万公顷。

8月30日 第75届联合国大会第99次全体会议审议决定，将每年2月2日设立为世界湿地日。

8月31日 国家林业和草原局向社会公布《国家林业和草原局贯彻落实中央生态环境保护督察反馈问题整改方案》。

8月31日 国家林业和草原局办公室印发《全国森林、草原、湿地生态系统外来入侵物种普查工作方案》。

9月

9月1日 国家林业和草原局、中国科学技术协会、中国石油化工集团有限公司在北京举行全面战略合作协议签署仪式。

9月3~4日 国家林业和草原局党组赴河北省塞罕坝机械林场开展主题党日活动。

9月7日 经国务院批准，国家林业和草原局、农业农村部向社会发布调整后的《国家重点保护野生植物名录》，列入国家重点保护野生植物455种和40类，包括国家一级重点保护野生植物54种和4类，国家二级重点保护野生植物401种和36类。

9月12日 新华社发布中共中央办公厅、国务院办公厅印发的《关于深化生态保护补偿制度改革的意见》。

9月13日 国家林业和草原局印发《建设项目使用林地审核审批管理规范》和《关于规范林木采挖移植管理的通知》。

9月14日 国家林业和草原局召开局长专题会议，研究推进全国森林经营工作，决定开展以建立森林经营方案制度和探索有效森林经营投入机制为重点的试点工作。

9月16日 国家林业和草原局援藏工作座谈会在西藏拉萨召开。会上，国家林业和草原局与西藏自治区人民政府签署"十四五"林草援藏支持举措协议。

9月22日 中共中央、国务院印发《关于完整准确全面贯彻新发展理念做好碳达峰碳中和工作的意见》。

9月24日 全国秋冬季森林草原防灭火工作电视电话会议在北京召开。中共中央政治局常委、国务院总理李克强对森林草原防灭火工作作出重要批示。国务委员、国家森林草原防灭火指挥部总指挥王勇出席会议并讲话。

9月26日 四川省人民政府与国家林业和草原局签订共建四川农业大学框架协议。局共建院校累计达18所。

9月28日 科技部、国家林业和草原局、内蒙古自治区人民政府主办的第八届库布其国际沙漠论坛开幕。

9月28日 国家林业和草原局办公室印发《关于加快推进草种业发展的工作方案》。

9月28~29日 国家林业和草原局、内蒙古自治区人民政府成功在内蒙古大青山国家级自然保护区实施普氏野马和麋鹿野化放归。

9月29日 三北工程科学绿化现场会在陕西榆林召开。

9月29日 国家林业和草原局召开警示约谈会，约谈破坏森林资源问题严重的10个县级政府主要负责人。

9月30日 国务院批复同意设立三江源、大熊猫、东北虎豹、海南热带雨林、武夷山国家公园。

10月

10月9日 国家林业和草原局印发修订后的《国有林场管理办法》。

10月11~15日 《生物多样性公约》第十五次缔约方大会在昆明举办。国家主席习近平10月12日下午以视频方式出席《生物多样性公约》第十五次缔约方大会领导人峰会并发表主旨讲话。习近平主席宣布我国正式设立第一批五个国家公园，启动北京、广州等国家植物园体系建设。中共中央政治局常委、国务院副总理韩正10月11日出席开幕式并致辞。大会通过《昆明宣言》，呼吁各方采取行动，共建地球生命共同体。

10月19日 第一届京津冀晋蒙森林草原防火联席会议在河北张家口召开。华北五省(区、市)签署森林草原防火联防联控合作协议。

10月19日 国家林业和草原局(国家公园管理局)分别复函山东、陕西、广东、辽宁省政府，同意开展黄河口、秦岭、南岭、辽河国家公园创建工作。

10月19日 第十一届中国竹文化节在四川宜宾开幕。

10月21日 国务院新闻办公室举行首批国家公园建设发展情况新闻发布会。

10月21日 国家林业和草原局发布2021年第

19号公告，公布《2021年度草品种名录(中英文)》。

10月22日 国家林业和草原局印发《建设项目使用林地、草原及在森林和野生动物类型国家级自然保护区建设行政许可委托工作监管办法》。

10月23日 国家发展改革委、体育总局、自然资源部、水利部、农业农村部、国家林业和草原局、农业发展银行印发《关于推进体育公园建设的指导意见》。

10月25日 国务院办公厅印发《关于鼓励和支持社会资本参与生态保护修复的意见》。

10月25日 国家林业和草原局办公室、自然资源部办公厅联合印发《造林绿化落地上图技术规范(试行)》。

10月25日 国家林业和草原局同意布局建设国家林草种质资源设施保存库内蒙古分库，作为我国草种质资源保存中心库。

10月25~29日 国家林业和草原局与自然资源部等8个单位组团参加《湿地公约》特别缔约方大会线上会议。

10月26日 中央组织部、中央宣传部、人力资源社会保障部、科技部联合表彰93名全国杰出专业技术人才先进个人和97个先进集体，林草系统中，中国林业科学研究院张守攻、广西壮族自治区林业科学研究院杨章旗，四川省林业科学研究院、中国林业科学研究院森林生态系统保护修复与多功能经营团队受到表彰。

10月30日 国家林业和草原局在北京组织召开专家评审会，审阅通过《2020年全国林草碳汇计量分析主要结果报告》，报告显示我国林草碳储量达885.86亿吨。

10月31日至11月13日 联合国气候变化框架公约第26次缔约方大会在英国召开，会议发布《关于森林和土地利用的格拉斯哥领导人宣言》。

11月

11月3日 国务院办公厅批准成立《湿地公约》第十四届缔约方大会组织委员会和执行委员会。

11月3日 “南方典型森林生态系统多功能经营关键技术与应用”“竹资源高效培育关键技术”获2020年度国家科学技术进步奖二等奖。

11月9日 国家林业和草原局办公室、九三学社中央办公厅联合印发《关于大力推广免耕补播技术提升草原生态质量的通知》。

11月9日 国家林业和草原局(国家公园管理局)致函第一批国家公园涉及的10个省(区)，启动第一批国家公园总体规划编制及勘界立标工作。

11月10日 国家林业和草原局办公室、农业农村部办公厅联合印发《关于落实第三轮草原生态保护补助奖励政策 切实做好草原禁牧和草畜平衡有关工作的通知》。

11月11日 国家林业和草原局、国家发展改革委、科技部等10部门联合印发《关于加快推进竹产业创新发展的意见》。

11月16日 国家林业和草原局印发《关于加强野生植物保护的通知》。

11月18日 第二次中国—新西兰林业政策对话线上召开。

11月24日至12月3日 国家林业和草原局分别会同福建省、江西省政府，吉林省、黑龙江省政府，海南省委省政府，青海省、西藏自治区政府及四川省、陕西省、甘肃省政府召开国家公园建设管理工作推进视频会议，研究推进武夷山、东北虎豹、海南热带雨林、三江源、大熊猫国家公园建设管理工作。

11月30日 国家林业和草原局(国家公园管理局)印发《关于加强第一批国家公园保护管理工作的通知》。

12月

12月1日 国家林业和草原局印发《全国林下经济发展指南(2021~2030年)》。

12月1日 国家发展改革委、生态环境部、国家林业和草原局等5个部门联合印发《丹江口库区及上游水污染防治和水土保持“十四五”规划》。

12月2日 国家林业和草原局印发《关于进一步强化野猪危害防控工作有关事项的通知》。

12月3日 国家林业和草原局对全国防沙治沙综合示范区实施动态管理，公布考核后保留内蒙古赤峰市等6个地市级和山西省云州区等31个县级示范区。

12月6日 国家林业和草原局印发《关于进一步强化珍稀濒危野生动物及其栖息地保护管理的通知》。

12月6日 国家林业和草原局与科技部举行工作会谈，就推动“林科协同”工作机制举行深入探讨。

12月9日 国家林业和草原局(国家公园管理局)与青海、西藏、四川、陕西、甘肃、海南、福建、江西8个省(区)人民政府，分别建立三江源、大熊猫、海南热带雨林、武夷山国家公园局省会议机制。

12月10日 农业农村部、财政部、国家林业和草原局等5个部门联合印发《进口种子种源免征增值税商品清单(第一批)》。

12月14日 国家林业和草原局印发《关于加强“十四五”期间林木采伐管理的通知》。

12月14~16日 国家林业和草原局组织中国41处世界地质公园，线上参加在韩国济州岛召开的第九届联合国教科文组织世界地质公园大会，参展微电影《一方水土》荣获首届世界地质公园网络电影节全球第二名。

12月15日 国家林业和草原局与中国地质调查局签署战略合作协议。

12月15日 国家林业和草原局办公室印发《全国森林、草原、湿地生态系统外来入侵物种普查技术规程》。

12月17日 国家林业和草原局与国家文物局签署合作协议，两局将在世界遗产保护、传承和利用等方面加强合作。

12月20日 国家林业和草原局成立生物安全工作领导小组。

12月21日 国家林业和草原局离退休干部局办公室被评为全国老干部工作先进集体。

12月22日 国家林业和草原局与中国建设银行联合推出的善融商务林特产品馆正式上线。

12月24日 十三届全国人大常委会第三十二次会议表决通过《中华人民共和国湿地保护法》，国家主席习近平同日签署第102号主席令予以公布。这是我国首部湿地保护方面的专门法律，2022 年 6 月 1 日起正式施行。

12 月 28 日 国务院批复同意在北京设立国家植物园，由国家林业和草原局、住房城乡建设部、中国科学院、北京市人民政府合作共建。

12 月 28 日 国家林业和草原局召开电视电话会议，部署全国森林、草原、湿地生态系统外来入侵物种普查工作。

12 月 29 日 国务院副总理韩正和新加坡副总理王瑞杰，在以视频连线方式召开的中新双边合作联合委员会第十七次会议上，共同揭晓旅新大熊猫“沪宝”所产幼崽名字“叻叻”（意为聪明能干）。

12 月 30 日 国家林业和草原局、国家发展改革委、自然资源部、水利部联合印发《东北森林带生态保护和修复重大工程建设规划（2021～2035 年）》《北方防沙带生态保护和修复重大工程建设规划（2021～2035 年）》《南方丘陵山地带生态保护和修复重大工程建设规划（2021～2035 年）》。

12 月 30 日 国家林业和草原局官网在清华大学国家治理研究院、公共管理学院发布的《2021 年中国政府网站绩效评估报告》中位列部委网站第三名。

12 月 31 日 自然资源部、国家林业和草原局印发《关于在国土空间规划中明确造林绿化空间的通知》。

12 月 31 日 野生动物损毁被纳入中央财政补贴的政策性农业保险责任范围。

（林草大事记由韩建伟供稿）

附　录

国家林业和草原局各司(局)和直属单位等全称简称对照

1. 国家林业和草原局办公室（办公室）
2. 生态保护修复司(生态司)
3. 森林资源管理司（资源司）
4. 草原管理司(草原司)
5. 湿地管理司(湿地司)
6. 荒漠化防治司(荒漠司)
7. 野生动植物保护司(动植物司)
   中华人民共和国濒危物种进出口管理办公室(濒管办)
8. 自然保护地管理司(保护地司)
9. 林业和草原改革发展司(发改司)
10. 国有林场和种苗管理司(林场种苗司)
11. 森林草原防火司(防火司)
12. 规划财务司(规财司)
13. 科学技术司（科技司）
14. 国际合作司（国际司）
15. 人事司（人事司）
16. 机关党委（机关党委）
17. 离退休干部局（老干部局）
18. 机关服务中心（服务中心）
19. 信息中心（信息中心）
20. 林业工作站管理总站（工作总站）
21. 财会核心审计中心（财会审计中心）
22. 宣传中心（宣传中心）
23. 生态建设工程管理中心（生态中心）
24. 西北华北东北防护林建设局（三北局）
25. 国际合作交流中心（合作中心）
26. 科技发展中心（科技中心）
    植物新品种保护办公室（新品办）
27. 发展研究中心（发展研究中心）
28. 国家公国(自然保护地)发展中心(国家公园中心)
29. 野生动物保护监测中心(动物保护中心)
30. 森林草原火灾预防监测中心(防火中心)
31. 中国林业科学研究院（林科院）
32. 林草调查规划院（规划院）
33. 产业发展规划院（发展院）
34. 管理干部学院（林干院）
35. 中国绿色时报社（报社）
36. 中国林业出版社（出版社）
37. 国际竹藤中心（竹藤中心）
38. 亚太森林网络管理中心（亚太中心）
39. 中国林学会（林学会）
40. 中国野生动物保护协会（中动协）
    中国植物保护协会（中植协）
41. 中国花卉协会（花协）
42. 中国绿化基金会（中绿基）
43. 中国林业产业联合会（中产联）
44. 中国绿色碳汇基金会(中碳基)
45. 驻内蒙古自治区森林资源监督专员办事处（内蒙古专员办）
46. 驻长春森林资源监督专员办事处（长春专员办）
47. 驻黑龙江省森林资源监督专员办事处（黑龙江专员办）
48. 驻大兴安岭林业集团公司森林资源监督专员办事处(大兴安岭专员办)
49. 驻成都森林资源监督专员办事处（成都专员办）
50. 驻云南省森林资源监督专员办事处（云南专员办）
51. 驻福州森林资源监督专员办事处（福州专员办）
52. 驻西安森林资源监督专员办事处（西安专员办）
53. 驻武汉森林资源监督专员办事处（武汉专员办）
54. 驻贵阳森林资源监督专员办事处（贵阳专员办）
55. 驻广州森林资源监督专员办事处（广州专员办）
56. 驻合肥森林资源监督专员办事处（合肥专员办）
57. 驻乌鲁木齐森林资源监督专员办事处（乌鲁木齐专员办）
58. 驻上海森林资源监督专员办事处（上海专员办）
59. 驻北京森林资源监督专员办事处（北京专员办）
60. 生物灾害防控中心（防控中心）
61. 华东调查规划院（华东院）
62. 中南调查规划院（中南院）
63. 西北调查规划院（西北院）
64. 西南调查规划院（西南院）
65. 中国大熊猫保护研究中心(熊猫中心)
66. 大兴安岭林业集团公司(大兴安岭集团)

书中部分单位、词汇全称简称对照

北京林业大学(北林大)
长江流域防护林(长防林)
东北林业大学(东北林大)
国家发展和改革委员会(国家发展改革委)
国家市场监督管理总局(国家市场监管总局)
国家森林防火指挥部(国家森防指)
国有资产监督管理委员会(国资委)
林业工作站(林业站)
南京林业大学(南林大)
全国绿化委员会(全国绿委)
全国绿化委员会办公室(全国绿委办)
全国人大常委会法制工作委员会(全国人大常委会法工委)
全国人大环境与资源保护委员会(全国人大环资委)
全国人大农业与农村委员会(全国人大农委)
全国普及法律常识办公室(全国普法办)
全国政协人口资源环境委员会(全国政协人资环委)
森林病虫害防治(森防)
森林病虫害防治检疫站(森防站)
森林防火指挥部(森防指)
森林工业(森工)
世界银行(世行)
速生丰产林(速丰林)
天然林资源保护工程(天保工程)
西北、华北北部、东北西部风沙危害和水土流失严重地区防护林建设(三北防护林建设)
亚洲开发银行(亚行)
中国吉林森林工业集团有限责任公司(吉林森工集团)
中国科学院(中科院)
中国科学技术协会(中国科协)
中国龙江森林工业集团有限公司(龙江森工集团)
中国农业发展银行(中国农发行)
中国农业科学院(中国农科院)
中国银行保险监督管理委员会(中国银保监会)
中国证券监督管理委员会(中国证监会)
中央机构编制委员会办公室(中央编办)
珠江流域防护林(珠防林)

书中部分国际组织中英文对照

濒危野生动植物种国际贸易公约(CITES, Convention on International Trade in Endangered Species of Wild Fauna and Flora)
大自然保护协会(TNC, The Nature Conservancy)
泛欧森林认证体系(PEFC, Pan European Forest Certification)
国际热带木材组织(ITTO, International Tropical Timber Organization)
国际野生生物保护学会(WCS, Wildlife Conservation Society)
国际植物新品种保护联盟(UPOV, International Union For The Protection of New Varieties of Plants)
联合国防治荒漠化公约(UNCCD, United Nations Convention to Combat Desertification)
联合国粮食及农业组织(FAO, Food and Agriculture Organization of the United Nations)
欧洲投资银行(EIB, European Investment Bank)
全球环境基金(GEF, Global Environment Facility)
森林管理委员会(FSC, Forest Stewardship Council)
森林认证认可计划委员会(PEFC, Programme for the Endorsement of Forest Certification)
湿地国际(WI, Wetlands International)
世界自然保护联盟(IUCN, International Union for Conservation of Nature)
世界自然基金会(WWF, 旧称 World Wildlife Fund——世界野生动植物基金会，现在更名 World Wide Fund for Nature)
亚太经济合作组织(APEC, Asia-Pacific Economic Cooperation)
亚太森林恢复与可持续管理组织(APFNet, Asia-Pacific Network for Sustainable Forest Management and Rehabilitation)
亚洲开发银行(ADB, Asian Development Bank)

附表索引

索 引

B

C

D

G

H

J

L

N

T

Y

Z